W0259166

ALLE · ZEIT · WACH
1842

G. Clauss · E. Lehmann · C. Östergaard

Meerestechnische Konstruktionen

Mit 275 Abbildungen und 25 Tabellen

Springer-Verlag Berlin Heidelberg GmbH 1988

Professor Dr.-Ing. habil. Günther Clauss
Institut für Schiffs- und Meerestechnik, TU Berlin
Salzufer 17/19
1000 Berlin 10

Professor Dr.-Ing. Eike Lehmann
Arbeitsbereich Schiffstechnische Konstruktionen und Berechnungen
TU Hamburg-Harburg
Dampfschiffsweg 11
2100 Hamburg 90

Dr.-Ing. Carsten Östergaard
Germanischer Lloyd
Vorsetzen 32
2000 Hamburg 11

ISBN 978-3-662-08647-6

CIP-Kurztitelaufnahme der Deutschen Bibliothek:
Clauss, Günther: Meerestechnische Konstruktionen/G. Clauss; E. Lehmann; C. Östergaard.
ISBN 978-3-662-08647-6 ISBN 978-3-662-08646-9 (eBook)
DOI 10.1007/978-3-662-08646-9
NE: Lehmann, Eike:; Östergaard, Carsten:

Ursprünglich erschienen bei Springer-Verlag Berlin Heidelberg New York 1988
Softcover reprint of the hardcover 1st edition 1988

Texterfassung: Mit einem System der Springer Produktions-Gesellschaft, Berlin;
Datenkonvertierung: Brühlsche Universitätsdruckerei, Gießen;

2068/3020-543210 – Gedruckt auf säurefreiem Papier.

Vorwort

Seit etwa zwei Dekaden beteiligen sich Industrie und Bauwirtschaft der Bundesrepublik Deutschland intensiv an diversen internationalen Offshore-Vorhaben und anderen meerestechnischen Projekten. Die bisherigen Erfolge deutscher Entwicklungen meerestechnischer Konstruktionen sind dabei im internationalen Vergleich zwar immer noch bescheiden zu nennen, doch bilden hier wirtschaftspolitische Ausgrenzungen durch Erdölförderländer der westlichen Hemisphäre, die auf den Schutz der eigenen Industrie angelegt sind, das entscheidende und nur mit Beharrlichkeit und Geduld zu überwindende Hindernis auf dem Wege zu einem angemessenen Erfolg, denn das technische Niveau deutscher Entwicklungen ist im internationalen Vergleich als mindestens gleichwertig mit dem konkurrierender Industrienationen zu bewerten.

In dieser Situation ist die kontinuierliche Förderung deutscher Entwicklungen der Meerestechnik, bis hin zu Demonstrationsmodellen meerestechnischer Konstruktionen im großtechnischen Maßstab, durch das Bundesministerium für Forschung und Technologie hervorzuheben. Mit dieser Förderung konnte die Leistungsfähigkeit deutscher Technik auch auf dem Spezialgebiet meerestechnischer Konstruktionen sowohl in Industrie und Bauwirtschaft als auch in Forschung und Entwicklung immer wieder eindrucksvoll unter Beweis gestellt werden.

Wie immer bei neuen Technologien benötigt Forschung und Entwicklung eine gewisse Zeit, bis sich aus Spezialkenntnissen auf einzelnen, an zufälligen Bedarfsfällen orientierten, praktischen oder ingenieurwissenschaftlichen Aktivitäten ein überschaubarer Wissensbereich entwickeln kann, der in einem Gesamtzusammenhang geschlossen darstellbar ist. Wir sind der Überzeugung, daß dies heute für das Gebiet der Analyse und Bewertung meerestechnischer Konstruktionen erreicht ist und hoffen, mit dem vorliegenden Buch den Beweis hierfür zu liefern. Unser vornehmliches Ziel ist dabei, eine möglichst breite Palette technischen Grundwissens zu präsentieren, von der aus fachliche Kommunikation zwischen Spezialisten verschiedener, an der Entwicklung meerestechnischer Konstruktionen beteiligter Fachleute möglich wird. Dabei haben wir, um der Breite der Darstellung willen, bewußt und teilweise mit Bedauern, auf Möglichkeiten verzichtet, das eine oder andere Spezialgebiet nach unserem heutigen Wissen in der Tiefe wirklich auszuloten. Es erschien uns wichtiger, die Analyse und Bewertung meerestechnischer Konstruktionen soweit zu erläutern, daß der Leser in möglichst vielen konkreten Anwendungsfällen praktische Lösungen unmittelbar entwickeln oder auch weitergehende Spezialliteratur verstehen und anwenden kann. Besonders deswegen wenden wir uns an ausgebildete oder in der Ausbildung befindliche Berechnungs- und Entwicklungsingenieure, denen die Grundlagen mathematisch-physikalischer Betrachtungsweise technischer Probleme vertraut sind.

In diesem Sinne bietet das Buch sowohl eine Einstiegsmöglichkeit für Studenten und praktizierende Ingenieure, die dem Fachgebiet Meerestechnik bisher noch fern stehen, als auch eine Informationsmöglichkeit für auf diesem Gebiet tätige Fachleute sowie für Spezialisten angrenzender Fachgebiete, die sich über den Gesamtzusammenhang informieren wollen, in dem die eigene Arbeit an besonderen Problemen meerestechnischer Konstruktionen steht. Wir wissen, daß der Text vom Leser zum Teil mühevoll erarbeitet werden muß, glauben aber, daß diese Mühe spätestens bei der nächsten Begegnung mit praktischen Entwicklungsproblemen meerestechnischer Konstruktionen belohnt wird.

Die Entwicklung einer Konstruktion bedingt grundsätzlich die iterative Bearbeitung erster Entwürfe in Schritten, die sich durch Begriffe wie Konzeptspezifikation, Analyse und Bewertung beschreiben lassen. Dabei kennzeichnet der Begriff Analyse die mathematische Modellierung und Darstellung des Verhaltens einer Konstruktion unter beliebig definierbaren Randbedingungen, während der Begriff Bewertung die Festlegung bestimmter Randbedingungen beschreibt, bei deren Erfüllung die zur Analyse verwendeten Daten bzw. die durch Analyse ermittelten Ergebnisse akzeptiert werden können.

In Anlehnung an diese Schrittfolge haben wir unser Buch, in dem also praktisch relevante Grundlagen für die Entwicklung meerestechnischer Konstruktionen umfassend dargelegt werden, so gegliedert, daß nach einer einführenden Standortbestimmung der Gebiete Meeresforschung und Meerestechnik (Kapitel 1) zunächst alternative Konzepte meerestechnischer Konstruktionen vorgestellt und erklärt werden (Kapitel 2). Darauf aufbauend haben wir als Schwerpunkte der Analyse meerestechnischer Konstruktionen die hydromechanische Analyse (Kapitel 3) und die Festigkeitsanalyse (Kapitel 4) im Rahmen der für meerestechnische Konstruktionen gegebenen Besonderheiten so umfassend wie möglich erörtert. Solche Analysen sind in der Entwurfspraxis eingebunden in ein stochastisches Bewertungskonzept, aufgeteilt in die Bewertung der besonderen Umweltbedingungen, unter denen meerestechnische Konstruktionen betrieben werden (Kapitel 5) und die Bewertung dieser Konstruktionen selbst (Kapitel 6). Auf dieser Basis diskutieren wir neuere Entwicklungen und Besonderheiten der Bemessungspraxis nach Vorschriften (Kapitel 7). In allen Kapiteln verfolgen wir das Ziel, die Zusammenhänge möglichst in sich geschlossen und für den Leser nachvollziehbar darzustellen, wobei auf ergänzende Literatur verwiesen wird.

Die Themen dieses, verschiedene klassische und moderne Fachgebiete der Ingenieurswissenschaften integrierenden Buches, basieren einerseits auf Vorlesungen, die wir über Grundlagen der Hydromechanik, der Festigkeit und der mechanischen Zuverlässigkeit gehalten haben, andererseits auf unserer langjährigen Bemessungs- bzw. Prüfpraxis bei Analyse und Bewertung meerestechnischer Konstruktionen oder deren Komponenten. Die Arbeit am Manuskript haben wir nach unseren besonderen Interessengebieten aufgeteilt: Die Federführung für Kapitel 1 bis 3 hat G. Clauss übernommen, für Kapitel 4 und die Abschnitte 7.1 und 7.2 sowie Anhang A2 E. Lehmann. Für Kapitel 5 und 6 sowie die Abschnitte 7.3 und 7.4 und Anhang A1 hatte C. Östergaard die Federführung. Auf dieser

Grundlage haben wir die einzelnen Teile des Buches zu einem geschlossenen Gesamtwerk zusammengefügt. Wegen fachspezifischer Gepflogenheiten, die nicht einfach ignoriert werden durften, war es nicht möglich, alle Symbole durchgängig zu verwenden, da in einigen Fällen gleiche Symbole in verschiedenen Fachgebieten mit anderer Bedeutung verwendet werden oder umgekehrt, so daß die Symbolverzeichnisse und bestimmte methodische Grundlagen für jedes Kapitel getrennt entwickelt wurden. Für Leser, die das Buch gezielt als Nachschlagewerk zu Methoden der rationalen Analyse und Bewertung meerestechnischer Konstruktionen innerhalb bestimmter Problembereiche benutzen wollen, kann dieser Umstand aber durchaus vorteilhaft sein.

Das Buch geht auf eine Initiative des Springer-Verlages zurück, der für uns während der Entwicklung des Manuskripts in allen Fragen der Form und Ausstattung ein verständnisvoller Partner und Förderer war. Grundlage des Textes ist ein umfangreicher Erfahrungsschatz, den wir an der Technischen Universität Berlin, der Technischen Universität Hamburg-Harburg und beim Germanischen Lloyd sowohl auf der Grundlage öffentlich geförderter Forschungs- und Entwicklungsprojekte als auch durch Beteiligung an Projekten der Bauwirtschaft und Werftindustrie gewinnen konnten. Wir haben für vielfältige Möglichkeiten zu danken, die Einrichtungen der genannten Universitäten und des Germanischen Lloyd auch im Rahmen der Entwicklung dieses Buches zu nutzen. Insbesondere danken wir Kollegen und Mitarbeitern, die sich für Teilaufgaben bei der Erstellung des Manuskripts eingesetzt haben:

Am Institut für Schiffs- und Meerestechnik der Technischen Universität Berlin ist hier insbesondere Herrn H. Höhne zu danken, der mit Geschick und Ausdauer Bilder und Diagramme der ersten drei Kapitel anfertigte und dabei die oft widersprüchlichen Forderungen an die Gestaltung mit großem Einsatz gemeistert hat. Korrektur und Fertigstellung des Manuskripts der ersten drei Kapitel lag in Händen von Frau I. Meifert und Herrn Studienassessor J. Heeg, die in hervorragender Kooperation und mit großem Engagement die endgültige Textvorlage erarbeitet haben. Für die Unterstützung bei speziellen Problemstellungen dieses Teils des Buches danken wir Herrn Prof. H. Brandt sowie den Herren Dipl.-Ing. Tran van Tan und Dipl.-Ing. T. Riekert.

Am Arbeitsbereich Schiffstechnische Konstruktionen und Berechnungen der Technischen Universität Hamburg-Harburg waren besonders die Herren G. Nickel und W. Prediger bei der Herstellung des Manuskripts und der Anfertigung der Bilder zum Kapitel 4 und Teilen des Kapitel 7 beteiligt.

Im Forschungs- und Entwicklungsbereich Hydromechanik und Seefähigkeit schiffs- und meerestechnischer Konstruktionen des Germanischen Lloyd haben Herr T. E. Schellin, Ph. D., und Herr Dipl.-Ing. T. Jiang Spezialfragen der hydromechanischen Analyse und der stochastischen Bewertung meerestechnischer Konstruktionen erörtert und wertvolle Anregungen zur Gestaltung einiger Textteile aus Kapitel 3, 5 und 6 gegeben. Herr K. Hamann hat mit großer Aufmerksamkeit und Geduld die Bilder zu Kapitel 5 und 6 angefertigt.

Berlin/Hamburg, August 1988

Günther Clauss
Eike Lehmann
Carsten Östergaard

Inhaltsverzeichnis

1 Meeresforschung – Meerestechnik

Noahs Arche – 300 Ellen lang, 50 Ellen breit, also mit einem für Frachtschiffe typischen Längen-Breiten-Verhältnis von $L/B=6$ – bewährte sich als autonomes System über mehr als 150 Tage auf dem zu seiner Zeit noch weltweiten Ozean [1.1]. Auch heute übertreffen die Weltmeere mit 70 % der Erdoberfläche den terrestrischen Lebensraum bei weitem. Millionen von Schiffen und Plattformen, d.h. meerestechnischen Konstruktionen, sind weltweit im Einsatz, Nutzung wie Schutz des Meeres und seiner Ressourcen haben globale Bedeutung erlangt. Auch wenn das Fortbestehen der gesamten Menschheit heute nicht mehr von einer Arche abhängt, wird es zunehmend deutlicher, daß das Leben und Überleben auf unserem Planeten untrennbar mit der marinen Sphäre verflochten ist.

Neugier und Entdeckungsdrang waren seit jeher eine starke Triebfeder für die Erkundung fremder Länder und Meere. Weit spannt sich der Bogen von Pytheas, dem wagemutigen Nachfahren des legendären Odysseus, der bereits um 325 v. Chr. die britischen Inseln umsegelte, über den großen Entdecker Fernao Magalhaes, dem 1519–1522 die erste Weltumsegelung gelang, bis hin zu dem bedeutenden Forscher James Cook, der auf drei großen Reisen in den Jahren 1758–1779 insbesondere den Südpazifik bis zur Antarktis erkundete [1.2].

Entdeckungen sind untrennbar mit Eroberungen verbunden, und Machtgier wie wirtschaftliche Interessen begleiten die Erschließung dieses „Neulands" von den Konquistadoren bis in die jüngste Zeit. Die Diskussion um Wirtschafts- und politische Einflußzonen wird auch in Zukunft die Nutzung des Meeres als Verkehrsträger, die Erschließung seines Nahrungspotentials, vor allem aber die Gewinnung mineralischer Rohstoffe und Kohlenwasserstoffe im Offshore- und Tiefseebereich belasten und die sprichwörtliche Freiheit der Meere weiter einschränken.

Der Erkundung und Nutzung der Ozeane und seiner Ressourcen sowie dem Schutz des Meeres und seiner Küsten widmen sich im wesentlichen zwei große Disziplinen, die Meeresforschung und die Meerestechnik. Die Anfänge der modernen Meeresforschung reichen bis in das 19. Jahrhundert zurück. Aus den Grundlagen der Meeresforschung haben sich in unserem Jahrhundert vielfältige naturwissenschaftliche Spezialdisziplinen, wie z.B. die marine Meteorologie, Geologie, Geophysik, Biologie und physikalische Ozeanographie entwickelt. Vor dem Hintergrund der globalen Bedeutung der Ozeane und ihrer zahlreichen Auswirkungen auf die Menschheit ist die Intensivierung mariner Grundlagenforschung und die Schaffung geeigneter Infrastrukturen geboten.

Erkenntnisse der Meeresforschung sind die notwendige Grundlage für die Erschließung bzw. Erhaltung mariner Ressourcen, z.B. des Nahrungspotentials der Ozeane oder der mineralischen Rohstoffe des Meeres, des Meeresbodens und seines Untergrunds. Ihre Ergebnisse dienen der Verhütung und Bekämpfung der Meeresverschmutzung, der Beherrschung der Naturvorgänge an der Küste und im Küstenvorfeld sowie der Nutzung der Erkenntnisse über Wechselwirkung von Ozean und Atmosphäre. Es überrascht daher nicht, daß selbst ein kleines Land wie die Bundesrepublik Deutschland mit einem kurzen Küstenstreifen und – nach derzeit geltendem Seerecht – eingeschränktem Zugang zu den Weltmeeren, eine vitale Meeresforschung aufgebaut hat und bahnbrechende Ideen und Erkenntnisse wie z.B. die Kontinentalverschiebungstheorie des Berliner Meteorologen und Geophysikers Alfred Wegener (1880–1930) hier ihren Ursprung hatten.

Die Einsicht, daß nicht nur die Vergangenheit, sondern auch die Zukunft des Lebens auf unserem Planeten in starkem Maße durch die Ozeane bestimmt wird, hat zunächst zu einer wesentlichen Förderung der Grundlagen- und angewandten Meeresforschung geführt. Die Nutzung des Meeres und seiner Schätze erforderte dann Ingenieuraktivitäten, die sich aus den klassischen Zweigen der Ingenieurwissenschaften entwickelt haben. Aus der Verflechtung dieser Disziplinen bei der gemeinsamen Bearbeitung von Projekten hat sich schließlich die Meerestechnik als neuer Bereich der Ingenieurwissenschaften entwickelt [1.3].

1.1 Einordnung und Aufgaben der Meerestechnik

Im Unterschied zu den methodisch orientierten Zweigen der Meeresforschung ist die Meerestechnik aufgabenorientiert und umfaßt alle Ingenieuraufgaben, die sowohl bei der Erforschung wie auch bei Nutzung und Schutz des Meeres und seiner Ressourcen entstehen. Meerestechnik entspricht somit dem „Ocean Engineering" des angelsächsischen Sprachbereichs [1.3]. In diesem Sinne können Projekte nur fachgebietsübergreifend bearbeitet werden. Wie Bild 1.1 zeigt, setzt dies auch eine enge Verflechtung mit Disziplinen der Meeresforschung voraus. Zu den Ingenieuraufgaben zählen zunächst Entwicklungen, deren Ziel die Bereitstellung technischer Hilfsmittel für die Meeresforschung selbst ist. Dieser als Meeresforschungstechnik bezeichnete Bereich umfaßt u.a. folgende Projektgebiete:

- Stabilisierte Meßgeräteträger und Systeme automatischer Meßanlagen im Meer mit Datenfernübertragung, mit denen über große Räume und Zeiten kontinuierlich alle erforderlichen ozeanographischen und meteorologischen Daten erfaßt werden können.
- Labormethoden für Zwecke der marinen Biologie, Geologie und Geophysik, wobei es in erster Linie um die Rationalisierung der Forschung und die Automatisierung der Analyseverfahren geht, die heute bisweilen noch zeitraubend und unwirtschaftlich sind.
- Verfahren der Seegeophysik, vor allem zur Lokalisierung von Lagerstätten in großen Tiefen, wofür Magnetometer, hydroakustische und seismische Geräte höchster Präzision sowie neue Verfahren der digitalen Datenverarbeitungstechnik zu entwickeln sind.
- Sondenfahrzeuge (Remote Operating Vehicle ROV), die entweder durch Kabel mit einem Forschungsschiff verbunden sind oder auf programmiertem Kurs zum Einsatz gelangen und nach dem Baukastenprinzip für die verschiedensten unterseeischen Aufgaben ausgerüstet sein sollen.

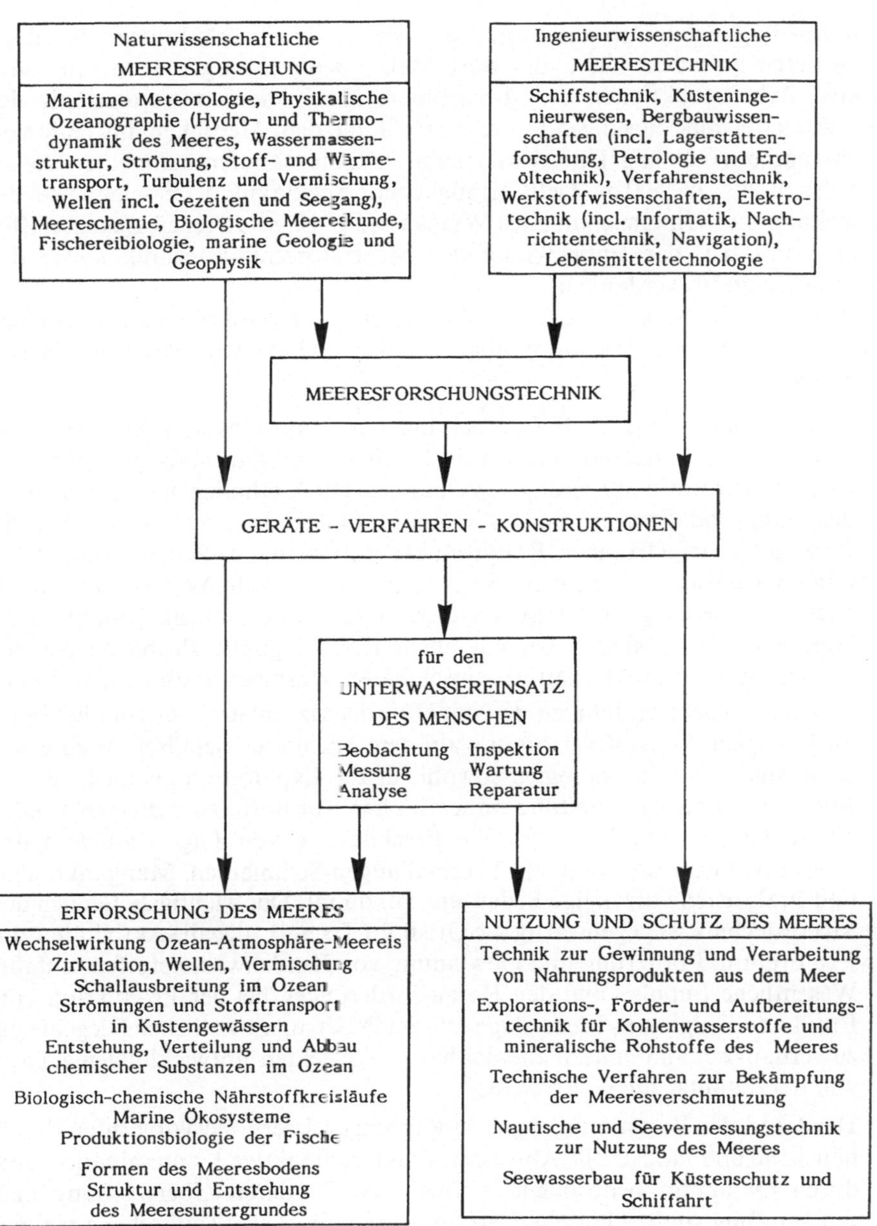

Bild 1.1. Tätigkeitsfeld Meer: Verflechtung von Meeresforschung und Meerestechnik. Atmosphäre – Wasseroberfläche – Wasserkörper – Meeresboden – Untergrund

Der Einsatz der hierbei entwickelten Geräte bleibt nicht auf Aufgaben der Meeresforschung beschränkt. Vielmehr dienen sie im weitesten Sinne auch Zielen der Meerestechnik.

Dies gilt auch für einen weiteren Aufgabenbereich, der Entwicklung von Geräten und Systemen für den Unterwassereinsatz des Menschen. Hierzu gehören einmal Tauchfahrzeuge, mit denen der Mensch unter Beibehaltung der gewohnten

Umweltbedingungen, also unter atmosphärischen Druckverhältnissen, beliebige Wassertiefen erreichen kann, um dort Meß-, Beobachtungs-, Kontroll- oder sonstige Arbeitsfunktionen zu übernehmen. Zum anderen werden mit der Unterwassertechnik diejenigen Systeme erfaßt, die dem Menschen mit Hilfe von Tauchkammern oder sog. Unterwasserhabitats Langzeitaufenthalte unter Umgebungsdruck bis zu 500 m Tiefe ermöglichen. Spektakuläre Erfolge, wie die Entdeckung und Untersuchung des Wracks des 1912 gesunkenen Luxusschiffes Titanic, sind u.a. der Entwicklung der Meeresforschungstechnik sowie der Tauchfahrzeuge zu verdanken.

Zentrale Aufgabenstellungen der Meerestechnik ergeben sich im Rahmen der Nutzung des Meeres, was untrennbar mit dem Schutz von Meer und Küste verbunden ist.

- Bei der Gewinnung und Verarbeitung von Nahrungsprodukten sind die Ortungs- und Fangmethoden für die Hochsee- und Küstenfischerei mit dem Ziel weiterer Rationalisierung zu verbessern. Die Methoden der Verarbeitung des Fangproduktes an Bord bis zum Endprodukt sind ebenso wie die Erzeugung tiefgefrorener Rohprodukte zur späteren Weiterverarbeitung unter hygienischen Gesichtspunkten weiterzuentwickeln. Wenn es schließlich auch in unseren geographischen Breiten zu großräumigen Aquakulturen kommen soll, so sind dabei vor allem technologische Probleme bei der Entwicklung von wirtschaftlich einsetzbaren Wärmeaustauschern zu lösen.
- Um in den nächsten Jahrzehnten mit Hilfe des Ozeanbergbaus vor allem eine ausgewogene Rohstoffversorgung auf dem Nichteisenmetallsektor zu erreichen, sind neue Technologien sowohl für die Exploration als auch für die Förderung und Aufbereitung mineralischer Rohstoffe zu entwickeln. Dies gilt in besonderem Maße für die Erschließung von Lagerstätten in der Tiefsee, wobei heute vor allem Thermallaugen-Sedimenten, Manganknollen und Erzkrusten vorrangige Bedeutung zukommt. Der wichtigste Bereich der Meerestechnik ist gegenwärtig die Offshore-Technik, die alle Aktivitäten zur Exploration, Förderung und Gewinnung von Kohlenwasserstoffen umfaßt. Wesentliche Impulse sind den Herausforderungen bei der Produktion von Erdöl und Erdgas aus Meereslagerstätten in tiefen, unwirtlichen Seegebieten zu verdanken, und nahezu alle der hier vorgestellten Entwicklungen zeugen von der Vitalität dieses Bereichs.
- Der Grad der Verunreinigungen in Küstengewässern, hervorgerufen durch häusliche und industrielle Abwässer, durch radioaktive Kontamination und durch Öl nimmt bedrohliche Formen an. Zu deren Überwachung und Bekämpfung sind technische Verfahren zu entwickeln. Tankerhaverien wie die der Amoco Cadiz oder der Torrey Canyon in europäischen Küstengewässern machen die Notwendigkeit von Verhütungsstrategien und der Bereitstellung von Ölabschöpfsystemen deutlich.
- Die nautische und Seevermessungstechnik bedarf einer Weiterentwicklung, wenn sie nicht nur erfolgreicher für die Schiffahrt, sondern auch bei der Nutzung von Lagerstätten im Meeresboden und beim Seewasserbau zum Einsatz gelangen soll. Hierzu gehört das gesamte Gebiet der Ortung und Navigation, sowohl über als auch unter Wasser.

- Schließlich ist auch der Seewasserbau für Küstenschutz und Schiffahrt weiterzuentwickeln. Dies schließt den Deichbau und den Hafenbau einschließlich der Zufahrtswege sowie die Konzeption neuer, der Küste vorgelagerter Häfen und Tiefwasserumschlagstationen ein [1.3].

Vergleiche der Entwicklung von Meerestechnik und Raumfahrttechnik, wie sie heute nicht nur in der Öffentlichkeit, sondern auch in Fachkreisen diskutiert werden, lassen Parallelen erkennen, wenn auch keine vollständige Analogie besteht. Die Raumfahrttechnik verdankt den derzeitigen Stand der Entwicklung dem auf eine relativ kurze Zeitspanne konzentrierten technologischen Fortschritt auf drei entscheidenden Gebieten: der Raketentechnik, der Werkstofftechnik und der Elektronik. Demgegenüber haben sich alle mit dem Meer verknüpften Technologien, von der Schiffstechnik bis zur Bohrtechnik auf See, zunächst nur schrittweise und ohne entsprechende spektakuläre technische Neuerungen entwickelt [1.3]. Dies ist u.a. darauf zurückzuführen, daß die verschiedenen Teilgebiete der Technik, die meeresorientierte Probleme behandeln, bisher kaum koordiniert sind, so daß zwischen ihnen breite, technisch nicht beherrschte Lücken existieren und ihre Fundierung durch meereskundliche und andere Gebiete der Naturwissenschaften noch unvollkommen ist. Die großen Zukunftsaufgaben können daher mit dem vorhandenen Instrumentarium nicht ohne weiteres gelöst werden, und es erscheint notwendig, daß ähnliche Anstrengungen, wie sie – wenn auch bei anderer technisch-wissenschaftlicher Ausgangslage – auf die Raumfahrttechnik angewendet wurden, nunmehr auch auf die Probleme der Meerestechnik gerichtet werden.

Da die Meerestechnik aufgabenorientiert ist, müssen Erfahrungen, Hilfsmittel und Arbeitsmethoden aus zahlreichen technischen und naturwissenschaftlichen Gebieten in interdisziplinärer Zusammenarbeit koordiniert werden, wobei Prozesse der Informations- und Wissensübermittlung eine wesentliche Rolle spielen. Es handelt sich hier um

- Naturwissenschaften, die nunmehr mit Hilfe des Ingenieurs in ein operatives, technisches Stadium überführt werden;
- handwerkliche Fertigkeiten, die unter Mitwirkung des Naturwissenschaftlers und des Ingenieurs in ein technisches Stadium überführt werden;
- Zweige der Technik, die – zu Lande bereits hoch entwickelt – nunmehr ihren Wirkungsbereich in die marine Sphäre verlagern [1.4].

Der Übergang von zunächst nur betrachtenden und theoriebildenden Naturwissenschaften auf Gebiete technischen Handelns ist in der Wissenschaftsgeschichte häufig nachzuweisen. Auf die Astronomie, die Himmelskörper betrachtete und Theorien, u.a. zu ihren Bewegungen, entwickelte, folgte in einem Jahrhunderte währenden Prozeß schließlich die Raumfahrttechnik, die künstliche Satelliten herstellen und auf gewünschte Umlaufbahnen bringen kann. Die Mikroskopie war seit ihrer Entstehung eine nur der Beobachtung dienende wissenschaftliche Hilfstechnik. In neuester Zeit jedoch sind Fertigungstechniken mittels Lichtstrahlen unter optischer Verkleinerung entstanden, die auf der Mikroskopie aufbauen. Hierzu zählen das Bohren und Schweißen mittels Laserstrahl und die Fertigungstechniken für elektronische Mikromodule.

In der Meerestechnik kann in Analogie zu den genannten Beispielen z.B. der Übergang von der analysierenden und erklärenden Meeresbiologie zur Aquakultur im industriellen Maßstab beobachtet werden. Auf die zunächst nur beobachtende und dokumentierende Küstengeographie und Ozeanographie stützt sich die aktive Veränderung von Küstenformen, z.B. durch großräumige Eindeichungen.

Auf die analysierende Meereschemie folgt die Gewinnung von Mineralien, Spurenelementen und Süßwasser aus dem Meerwasser. Der Beobachtung von Wellen und Gezeiten durch die Ozeanographie folgt deren Ausnutzung in Kraftwerken [1.4].

Die Überführung traditioneller handwerklicher Fertigkeiten in ein naturwissenschaftlich fundiertes, technisches Stadium wurde bereits erwähnt. Hierzu kann z.B. die Entwicklung moderner Verfahren zur Ablösung der jahrtausendealten Fischereitechnik gezählt werden, ferner moderne Methoden des Küstenwasserbaus und der Tauchtechnik.

Schließlich ist die Verlagerung des Anwendungsbereiches eingeführter Technikgebiete auf die marine Sphäre zu betrachten. Diese Entwicklung ist gegenwärtig bei der Fördertechnik zu beobachten, die schrittweise den Aufgaben der Förderung von Mineralien aus zunehmenden Wassertiefen angepaßt wird. Hierzu wird z.B. die hydraulische Förderung von Feststoffen in umfangreichen Entwicklungsvorhaben auf die Überwindung von Wassertiefen bis zu 5 000 m ausgedehnt. In Japan und den USA wurden bereits Schaufellader und Bagger so umgerüstet, daß sie auf dem Meeresboden fahren und arbeiten können. Zahlreiche Raupenfahrzeuge für den Einsatz auf dem Meeresboden befinden sich in Entwicklung.

Welche Arten von Ingenieuraufgaben entstehen nun für die Meerestechnik und mit welchen Formen der Organisation sind sie zu bewältigen? Für diese Frage sind die eben diskutierten Zusammenhänge zwischen traditionellen und neuartigen Arbeitsgebieten von größter Bedeutung, da der technische Fortschritt nur in enger, gemeinsamer Zusammenarbeit zwischen den grundlagenbezogenen Meereswissenschaften und den Ingenieurwissenschaften erreicht werden kann.

Die Meerestechnik ist als aufgabenorientiertes Gebiet definiert, wobei zur Lösung von Aufgaben Methoden der verschiedensten Wissenschafts- und Technikgebiete herangezogen werden. Es wäre also als Methode der Koordination denkbar, daß bei Vorliegen solcher Aufgaben ad hoc Vertreter verschiedenster Gebiete zu einer Arbeitsgruppe zusammengeführt werden. Dieses Verfahren – in Arbeitsgemeinschaften der Industrie häufig angewandt – führt zwar zu Problemlösungen, kann jedoch angesichts des Umfanges und der Verflechtung der gegenwärtigen und zukünftigen Probleme auf längere Sicht nicht befriedigen. Zur langfristigen, systematischen Erfassung, Verarbeitung und Dokumentation der bei meerestechnischen Projekten gewonnenen Erkenntnisse und Erfahrungen sind daher eigens hierfür konzipierte Institutionen notwendig, die den allseitigen Wissenstransfer koordinieren und der Nachwuchsförderung dienen. Im einzelnen zeichnen sich bereits heute erste Erfahrungen ab: so profitiert beispielsweise die Aquakultur von der Meerwasserentsalzung durch Werkstoff-, Wärmeaustauscher- und Pumpenentwicklungen, die zur verfahrenstechnischen Bewältigung sehr großer Meerwassermengen notwendig sind. Der Schiffbau profitiert von Erkenntnissen der Meeresbiologie im Bereich der Bewuchsforschung, und wir können auch hier damit rechnen, daß sich diese Entwicklung fortsetzt. Generell ist vorauszusehen, daß im Bereich der Meerestechnik viele weitere, oft noch nicht bestehende, interdisziplinäre Kontakte zu neuartigen technischen Lösungen führen werden.

Schließlich sind von der Forschung auf dem Gebiet der Meerestechnik auch Rückwirkungen auf die beteiligten Zweige der Technik selbst zu erwarten, die durch die besonderen Forderungen der Meerestechnik stimuliert werden. So werden für den Schiffbau und die Schiffahrt Ortungs- und Navigationsverfahren durch die extremen Forderungen der Meerestechnik beim Wiederauffinden eng begrenzter Bereiche auf dem Meeresgrund erheblich verbessert. Die Schiffsstabilisierung im Seegang wird schon heute wegen der hohen Anforderungen bei Bohrschiffen erfolgreich weiterentwickelt. Unterwasserortung und Seerettungswesen erfahren durch die intensiven Bemühungen um die Tauchtechnik neue Impulse. Ebenso profitiert die chemische Technik von den extremen Anforderungen, die an Werkstoffe und Apparate in der Meerwasserentsalzung gestellt werden. Verbesserte Hochdruckapparate sind eine Folge der Entwicklung der Tiefseesimulation. In den USA hat bereits jetzt die Meeresforschungstechnik durch extreme Forderungen an Größe, Druck und Bedienbarkeit von Hochdruckgefäßen für die Tiefseesimulation die Führung in der Technologie gegenüber der chemischen Industrie übernommen, die bisher in ihren Forderungen als Abnehmer von Hochdruckgefäßen dominierend war [1.4].

Die bedeutendsten, eigenständigen Entwicklungen auf dem Gebiet der Meerestechnik sind in Verbindung mit der Gewinnung von Erdöl und Erdgas in rauhen Seegebieten und Tiefwasserlokationen zu beobachten. Daher ist unser Buch im wesentlichen diesem Bereich gewidmet. Im folgenden Abschnitt stellen wir zunächst die wichtigsten Offshore-Regionen der Erde vor, wobei nicht die systematische Darstellung aller Lagerstätten weltweit im Vordergrund steht, sondern die Auswahl im Hinblick auf die für die Meerestechnik besonders bemerkenswerten Entwicklungen erfolgt.

1.2 Offshore-Regionen zur Gewinnung von Erdöl und Erdgas

Weltweit sind ca. 100 Mrd. t Erdöl- und 90 Billionen m^3 Erdgasreserven nachgewiesen. Bei einem jährlichen Ölverbrauch von 2,8 Mrd. t (1982) würden diese Vorräte ca. 35 Jahre reichen [1.5, 1.6]. In Bild 1.2 sind Reserven, Produktion und Verbrauch einzelnen Regionen zugeordnet, wobei die Länder und Kontinente entsprechend ihrem prozentualen Anteil verzerrt dargestellt wurden, um einen plastischen Eindruck der „Ölgeographie" zu vermitteln [1.7]. Die Daten machen folgende Zusammenhänge deutlich:

– Trotz spektakulärer Entdeckungen in der Nordsee, im Golf von Mexiko und vor der Küste Alaskas ist der Nahe Osten mit 55 % der Weltreserven nach wie vor die wichtigste Ölregion. Wie Bild 1.3 zeigt, gilt dies sowohl für Vorkommen an Land wie auch für Lagerstätten im Meer. Da kumulativ bislang weniger als ein Drittel der bekannten Reserven gefördert wurde, wird die wirtschaftliche Bedeutung des Nahen Ostens auch in Zukunft ungebrochen bleiben [1.8].

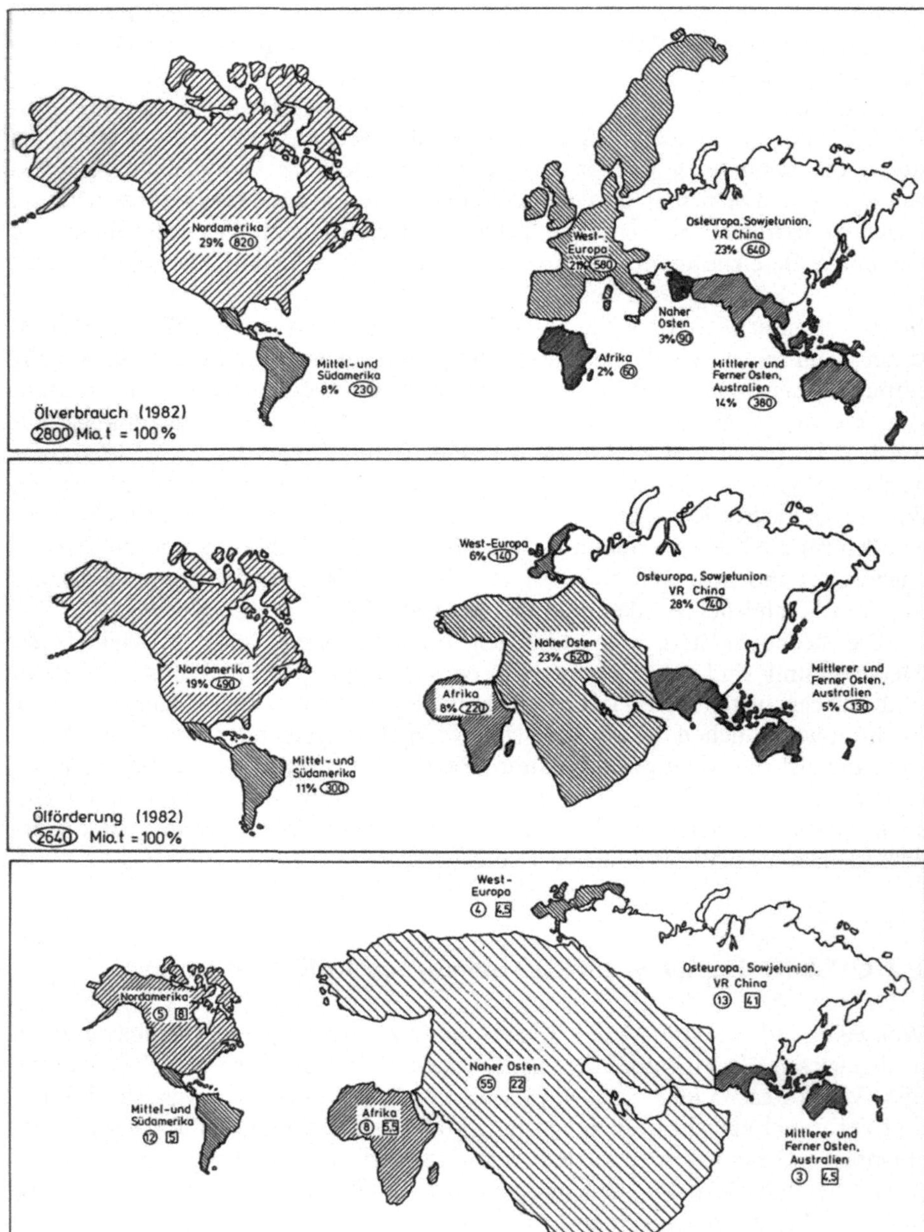

Bild 1.2. Ölverbrauch und -produktion im Vergleich zu Kohlenwasserstoffreserven in flächenäquivalenter Darstellung der Regionen nach [1.5–1.7]

Bild 1.3. Terrestrische und marine Lagerstätten im Nahen Osten nach [1.5]

- Zunehmend wird die Produktion von Erdgas an Bedeutung gewinnen. Nahezu die Hälfte aller Weltreserven wurden in der Sowjetunion entdeckt. Da energetisch 1 000 m^3 Erdgas etwa 1 m^3 Erdöl entsprechen, sind die so quantifizierten Reserven beider Energieträger im weltweiten Vergleich nahezu gleich.
- Da die Schwerpunkte von Produktion und Verbrauch geographisch oft weit voneinander entfernt sind, spielen Umschlags- und Transportfragen einschließlich des Pipelinebaus auch in Zukunft eine wesentliche Rolle. Bild 1.4 zeigt anschaulich, welche beträchtlichen Öltransportströme sich allein aus dem OPEC-Export ergeben [1.5].

	Erdöl (1000 m³/Tag)	Produkte (1000 m³/Tag)
Mittlerer Osten	3000	163
Afrika	843	28
Ferner Osten	179	23
Mittel- und Südamerika	244	108

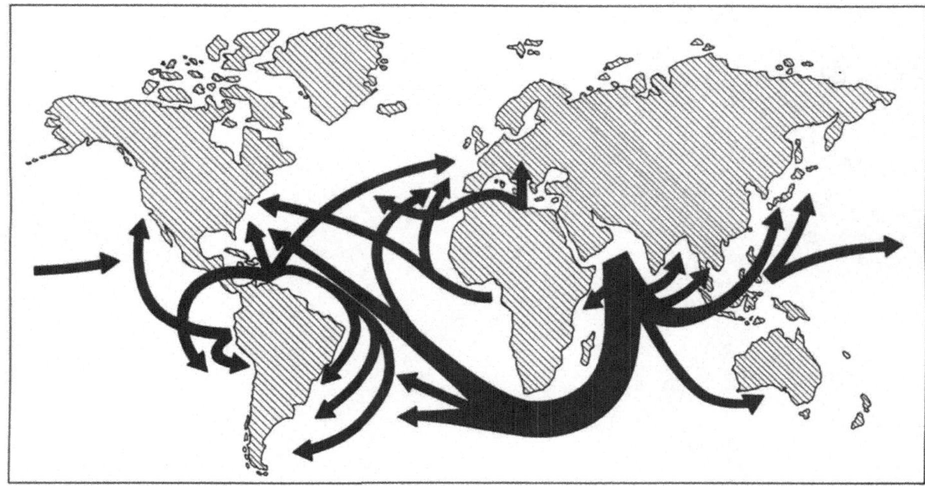

Bild 1.4. Öltransportströme durch OPEC-Exporte nach [1.5]

Tabelle 1.1. Die zehn größten Erdölfelder der Welt nach [1.9]

Feld	Land	Entdeckt	Nachgewiesene Reserven[a] in Mrd. t
Ghawar	Saudi-Arabien	1948	10,57
Burgan	Kuweit	1938	8,86
Kirkuk	Irak	1927	2,21
Safaniya	Saudi-Arabien	1951	2,13
Rumaila	Irak	1953	1,92
Abqaiq	Saudi-Arabien	1940	1,70
Gach Saran	Iran	1928	1,58
Marun	Iran	1964	1,49
Lagunillas	Venezuela	1926	1,47
Agha Jari	Iran	1938	1,41

[a] Einschließlich bisheriger Förderung

Etwa 33 Mrd. t Erdöl konnten allein in den zehn größten Feldern der Welt nachgewiesen werden [1.9]. Da aus diesen Vorkommen bislang 7 Mrd. t gefördert wurden, finden sich dort immer noch mehr als 25 % der Weltreserven. Wie aus Tabelle 1.1 folgt, konzentrieren sich diese Vorkommen auf die zwei Mammutfel-

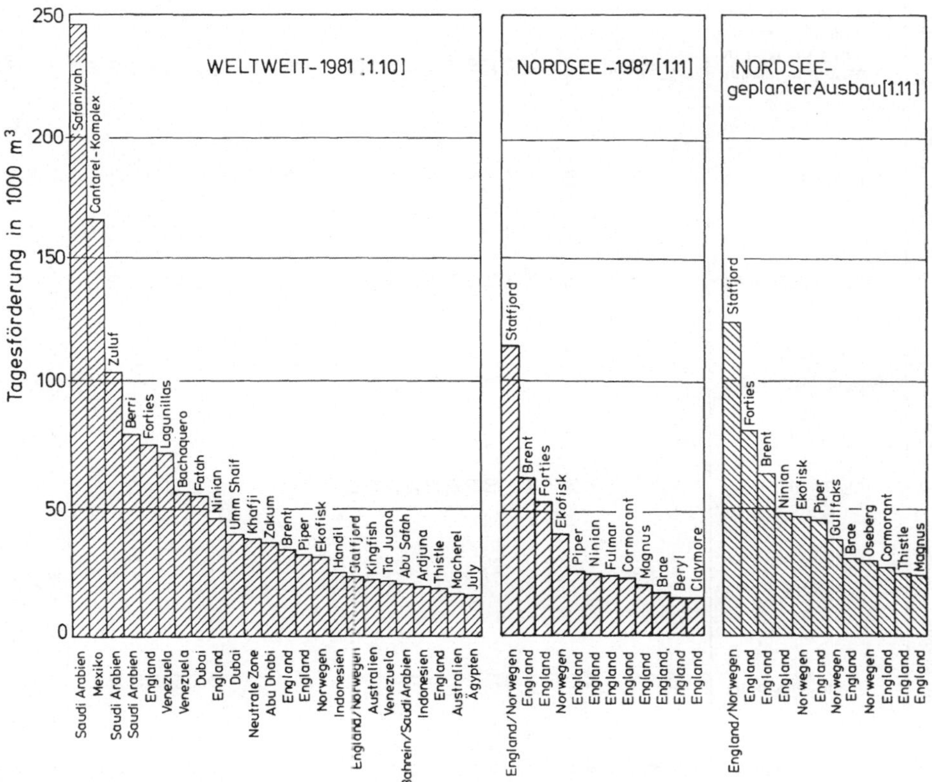

Bild 1.5. Produktion aus Offshore-Lagerstätten nach [1.10, 1.11]

der Ghawar und Burgan. Das größte Offshore-Feld ist Safaniya vor der Küste Saudiarabiens mit 2,13 Mrd. t Erdölreserven.

Wie Bild 1.5 zeigt, lag das Feld 1981 mit einer Tagesförderung von knapp 250 000 t im Jahr 1981 deutlich an der Spitze der 24 bedeutendsten Vorkommen im Meer [1.10]. Seinerzeit gehörten bereits sieben Lagerstätten der Nordsee zu dieser Gruppe, sechs Jahre später sind es bereits zehn, und eine weitere Zunahme ist abzusehen [1.11]. Allein im Statfjord-Brent-Ninian-Komplex mit zwölf großen Einzelfeldern wird derzeit mehr als aus dem Safaniya-Feld gefördert.

Bild 1.6 in Verbindung mit Tabelle 1.2 gibt einen Überblick über die Vorkommen in der Nordsee [1.6, 1.11]. Wie die Grenzmarkierungen zwischen den Anrainerstaaten zeigen, liegen die meisten Lagerstätten auf englischem oder norwegischem Gebiet. Im Süden, im englischen und niederländischen Küstenbereich, wurden bei Wassertiefen von 30 bis 40 m meist Erdgasvorkommen entdeckt, im dänischen Teil der Nordsee bei ca. 40 m Wassertiefe Erdöllagerstätten. Die Offshore-Funde in der Bundesrepublik Deutschland beschränken sich auf die kleinen Felder Mittelplate im Nordseewatt und Schwedeneck in der Ostsee.

Tabelle 1.2. Erdöl- und Erdgaslagerstätten in der Nordsee nach [1.11] – Lokationen siehe Bild 1.6 –

Nr.	Feld	Meerestechnische Konstruktion					Reserven		Spitzenförderung		Auslegungskapazität		Effizienz
		Stahlplattform	Betonplattform	Andere Produktions-plattformen[a]	Wassertiefe in m	Entwicklungskosten in Mio. US $	Öl in Mio. m^3	Gas in Mrd. m^3	Öl in 1000 m^3/Tag	Gas in Mio. m^3/Tag	Öl in 1000 m^3/Tag	Gas in Mio. m^3/Tag	Investitionskosten in 1000 US $ für eine Auslegungs-kapazität von 1 m^3/d
Großbritannien													
1	Magnus	1			186	2755	106	3,5	23	1,7	19	1,7	133
2	Thistle/Deveron	1			161	1580	74	60	25	–	41	–	38
3	Murchison	1			156	1150	60	4	19	–	26	–	44
4	Dunlin		1		151	1350	49	–	18	–	24	1,1	54
5	Tern	1			168	1300	28	–	9	–	–	–	–
6	N. Cormorant	1			161	1600	63	2,7	29	–	29	0,8	54
7	S. Cormorant		1	UK	150	1700	30	4,5	9	0,5	10	–	170
8	Brent	1	3		140	7700	348	9	64	16	88	–	88
9	Hutton			TLP	148	1800	30	–	18	–	24	–	75
10	N. W. Hutton	1			150	1250	33	3,4	16	1	17	–	73
11	Heather	1			143	710	13	–	5	–	12	–	59
12	Ninian	2	1		142	4000	175	–	50	–	88	–	45
13	Alwyn N.	2			130	2200	32	27	15	8	16	–	137
14	Beryl/Ness	1	1		121	2600	131	–	25	–	48	14,2	41
15	Brae	2			106	4350	76	23	33	15	30	11	106
16	Piper	1			144	1260	151	2	45	2	53	–	24
17	Claymore/ Scapa	1		UK	111	1160	78	–	17	–	26 14	–	44
18	Tartan/ Highlander Petronella	1		UK	140	765	17	0,7	5	0,34	14	12	29
19	Balmoral			HP UK	140	720	11	–	6	–	6	–	120
20	Maureen			SS	97	1400	24	–	13	–	13	–	107
21	Buchan			HP	120	500	11	–	11	–	12	–	42
22	Forties	4			125	3500	380	–	83	–	95	–	37
23	Montrose	1			91	310	14	–	7	–	10	2	26
24	Fulmar	1		UK	83	1740	68	4,2	26	1,4	29	2,5	63
25	Clyde	1		UK	80	1200	25	2	8	–	10	–	120
26	Auk	1		UK	82	240	14	–	8	–	13	–	19
27	Rough	5		UK	37	950	–	–	–	28	–	–	(34)
28	W. Sole	4		UK	28	–	–	48	–	8	–	–	
29	Viking	13		UK	27	–	–	82	–	18	–	–	–
30	Indefatigable	7		UK	30	365	–	133	–	20	–	–	(18)
31	Hewett und N. Hewett	5		UK	29	285	–	111	–	22	–	–	(13)
32	Leman	18		UK	38	820	–	320	–	46	–	–	(18)

Norwegen													
33	Statfjord		3		145	7700	525	60	125	12	110	–	69
34	Gullfaks		3		133–210	5800	213	14	39	–	103	–	94
35	Troll				300	–	–	1200	–	–	–	–	–
36	Oseberg	1	1	SP	110	10500	191	68	32	14	38	–	–
37	Odin	1			103	500	–	22	–	10,2	–	11,2	6,3
38	NO-Frigg			GT	100	400	–	10,7	–	9	–	6,3	7
39	O-Frigg			UK	73	325	–	12,5	–	2,5	–	–	–
40	Frigg	2	4		94–113	3680	–	165	–	70	–	60	63
41	Heimdal	1			116	1300	–	36	–	9,5	–	10	13
42	Sleipner				100	–	–	180	–	–	–	–	–
43	Ula	3			72	1300	40	2	12	–	16	–	82
44	Cod	1			73	–	2	5	2	10,4			
45	Tor	1			70	–	19	11	12	5,6			
46	Abuskjell	2			70		10	16	10	12,6			
47	Ekofisk	7	1	UK	70	9100	200	125	48	46	127	60	50
48	W. Ekofisk	1			70	–	12	22	19	11			
49	Eldfisk	3			70	–	48	31	40	15,3			
50	Edda	1			70	–	3	2	6	2,9			
51	Valhall	3			69	1200	39	21	10	5,7	27	9,9	31
Dänemark													
52	Roar	1			37	–	–	27	–	2	–	–	–
53	Tyra	9			37	–	–	70	–	11	–	–	–
54	Gorm	3			40	–	11	–	8	–	10	–	–
55	Skjold	1			39		6	–	5	–	–	–	–
56	Dan	8			40		13	12	4	–	11	–	–
Niederlande													
57	K-7; K-8; K-11	6			–	–	–	32	–	10	–	–	–
58	L-7; L-4	9			30	–	–	42	–	10	–	–	–
59	L-10; L-11; L-13	9			27	–	–	112	–	17,2	–	–	–
60	K-13; K-10	9			25	–	–	50	–	14	–	–	–
61	K-14	2			27	–	–	12	–	7,5	–	–	–
62	K-15	2			27	–	–	29	–	10	–	–	–
63	K-18	4			28	–	7	–	6	–	–	–	–
64	Helm, Helder, Hoorn	6			25	304	10	–	5	–	–	–	–
Bundesrepublik Deutschland													
65	Mittelplate				–	–	1	–	–	–	–	–	–
66	Schwedeneck (Ostsee)		2		23	140	3	–	1,3	10	–	–	–

[a] Andere Produktionsplattformen: TLP Zugspannungsverankerter Halbtaucher, HP Schwimmendes Produktionssystem-Halbtaucher, SP Schwimmendes Produktionssystem-Schiff, SS Stahlplattform mit Schwerkraftgründung, GT Gelenkturm, UK Unterwasserkomplettierung.

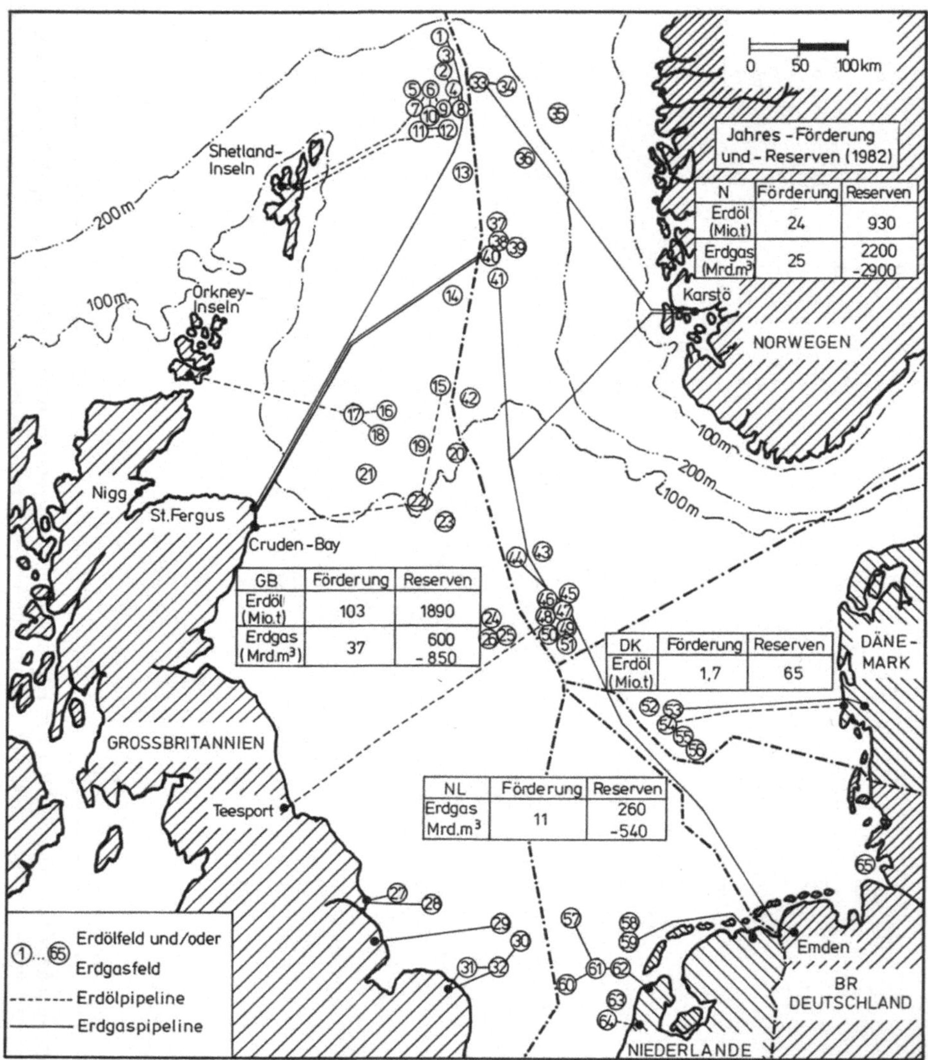

Bild 1.6. Erdöl- und Erdgaslagerstätten sowie Pipelines in der Nordsee nach [1.6]

Die wirtschaftlich bedeutendsten Komplexe liegen weiter nördlich, so

- im norwegischen Nordseebereich Ekofisk, Frigg, Oseberg, Statfjord, Gullfaks und Troll,
- im englischem Nordseebereich die Ninian-Brent-Gruppe und das Forties-Feld.

Wenn auch die Erdölreserven der Nordsee nur knapp 4 % der weltweit bekannten Vorkommen betragen, konnte hiermit 1982 immerhin 25 % des europäischen Bedarfs gedeckt werden [1.6]. Rauhe Seegangsbedingungen und große Wassertiefen erzwangen die Entwicklung neuer Strukturen aus Stahl und Beton. Meilenstei-

Bild 1.7. Erdölfelder im Golf von Mexiko

ne wie die Feldentwicklung von Ekofisk (Wassertiefe 70 m), Forties (125 m), Statfjord (145 m), Hutton (150 m) und Magnus (186 m) markieren den Fortschritt der Meerestechnik in diesem Bereich. Hier wurden Stahlbetonstrukturen mit Gewichten bis 815 000 t und die erste zugspannungsverankerte Halbtaucher-Produktionsplattform (TLP) installiert.

Je weiter die Vorkommen im Norden lagen, um so größer sind Wassertiefe und mögliche maximale Wellenhöhe. Wie Tabelle 1.2 im einzelnen ausweist, schlägt sich dies auf die Entwicklungskosten nieder. Bezogen auf die tägliche Entwurfsförderkapazität läßt sich hieraus auf die Wirtschaftlichkeit der Lagerstätte schließen: Unter extremen Umweltbedingungen steigen die Kosten für eine Auslegungskapazität von 1 m^3 Öltagesförderung auf mehr als 170 000 US $, im Schnitt liegen sie jedoch bei 70 000 US $. Hohe Investitionen setzen große Tagesförderkapazitäten sowie eine Lebensdauer der Lagerstätte von 15 bis 20 Jahren voraus. Auf die Gesamtreserven bezogen, ergibt sich hieraus für Nordseevorkommen ein Preis von ca. 2 US Cents pro Liter Erdöl (Wert 1988).

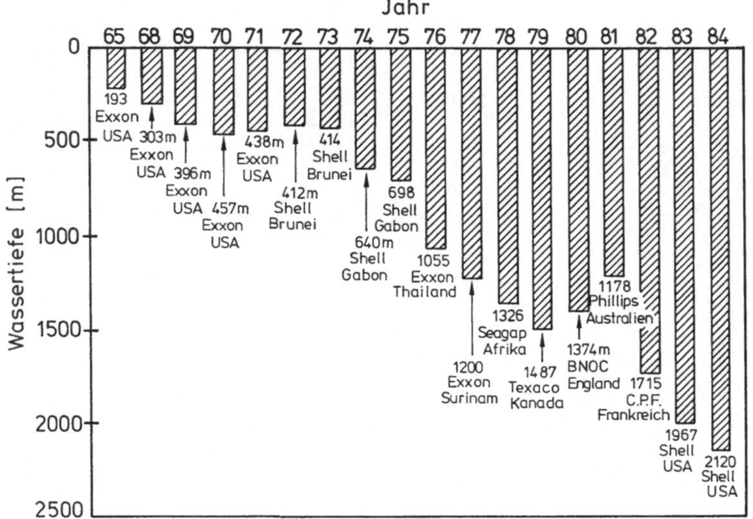

Bild 1.8. Offshore-Bohrungen nach [1.14]

Spektakulär verlief auch die Entwicklung im Golf von Mexiko. In diesem bislang traditionellen Offshore-Gebiet der USA mit mehr als tausend Stahlplattformen in Wassertiefen bis 70 m vor der Küste von Louisiana und Texas wurden, wie Bild 1.7 zeigt, vor der Küste Mexikos die großen Ölfelder bei Ciudad del Carmen und Tuxpan entdeckt. Allein aus Vorkommen des Cantarel-Abkatun-Komplexes im Golf von Campeche werden derzeit täglich über 214 000 m^3, d.h. ca. 50 % der Nordseeproduktion, gefördert, so daß dieser weltweit zur Spitzengruppe zählt (Bild 1.5) [1.5]. Für die Entwicklung meerestechnischer Konstruktionen hat jedoch der Tiefwasserbereich vor der amerikanischen Küste südlich der 200-m-Tiefenlinie größere Bedeutung. In diesem relativ milden Seegebiet mit maximalen Wellenhöhen bis 22 m wurden erstmals Plattformen in Tiefen über 300 m installiert. Obwohl die Ölreserven mit 350 Mio. t nur 0,35 % zu den weltweit entdeckten Vorkommen beitragen, entwickelte sich – siehe Bild 1.7 – das Gebiet zum Testfeld für Tiefwasserplattformen mit

- der in drei Segmenten installierten Cognac-Plattform (Wassertiefe 312 m),
- den als einteilige Strukturen gebauten bzw. geplanten Plattformen Cerveza (285 m) und Bullwinkle (412 m),
- der ersten seilabgespannten Turmplattform Lena (305 m),
- der für 537 m Wassertiefe geplanten zugspannungsverankerten Halbtaucher-Produktionsplattform [1.12].

Mit über 2 Mrd. t Ölreserven gehören auch die Offshore-Gebiete von Alaska zu den weltweit beachteten Offshore-Lagerstätten. Eisgang und arktische Umweltbedingungen haben hier die Spezifikationen der meerestechnischen Konstruktionen geprägt [1.13]. Nach der Erschließung der Felder des Cook Inlet vor Anchorage waren hier besonders die Entwicklungen in der Mackenzie Bay

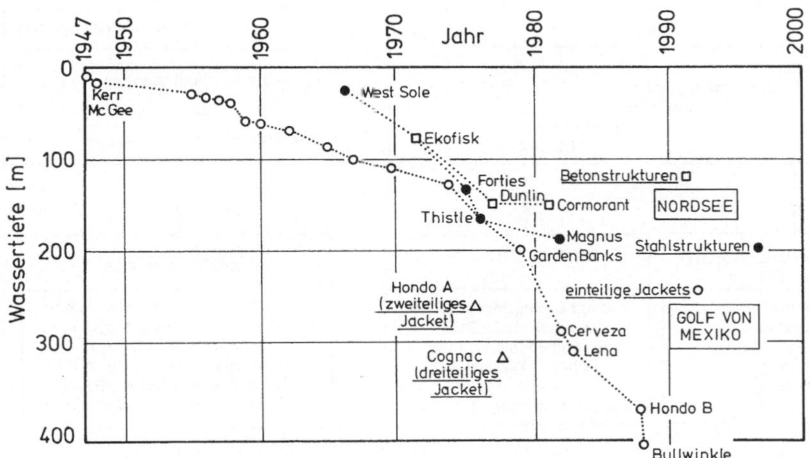

Bild 1.9. Offshore-Plattformen in der Nordsee und im Golf von Mexiko nach [1.15]

(Kanada) und der Prudhoe Bay (USA) mit der eigens hierfür gebauten Trans-Alaska-Pipeline wegweisend.

Tiefwasser und unwirtliche Umweltbedingungen sind die wichtigsten Herausforderungen für die Entwicklung der Meerestechnik. Bild 1.8 zeigt die Fortschritte der Offshore-Bohrtechnik bis zum Tiefwasserrekord von 2 120 m [1.14]. Entsprechend spektakulär hat sich auch die Produktionstechnik entwickelt. Bild 1.9 zeigt den Fortschritt beim Bau von Plattformen aus Stahl und Beton für die Regionen Nordsee und Golf von Mexiko [1.15].

Für große Felder sind die Entwicklungen in der Nordsee im Hinblick auf den Einsatz in rauhen Seegebieten wegweisend, im Golf von Mexiko beziehen sich die Pionierleistungen auf den Bau von Tiefwasserplattformen. Für kleinere Felder in großen Wassertiefen kann Brasilien – aufbauend auf ersten Entwicklungen in der Nordsee – auf große Erfolge bei Entwurf, Installation und Betrieb von Pilotförderanlagen und Unterwasserkomplettierungen im Campos-Becken bis in Tiefen von 492 m verweisen [1.16]. Diese Erfahrungen werden mittlerweile weltweit genutzt, da die Produktion aus kleineren Vorkommen zunehmend wichtiger wird.

Mit der Verlagerung von Produktionseinrichtungen unter die Wasseroberfläche rückt auch die vollständige Errichtung und der weitgehend automatisierte Betrieb meerestechnischer Konstruktionen auf dem Meeresboden oder unterhalb des Hauptwirkungsbereichs des Seegangs in greifbare Nähe [1.17, 1.18], wobei der Technologietransfer Weltraumtechnik – Meerestechnik zunehmend an Bedeutung gewinnt. Generell erweist sich, daß vieles technisch machbar, jedoch nur manches aus wirtschaftlichen Gründen realisierbar ist.

1.3 Konzeption meerestechnischer Konstruktionen

Lagerstättengröße, Wassertiefe und Umweltbedingungen sind die wichtigsten Parameter für die Konzeption von meerestechnischen Konstruktionen. Bild 1.10

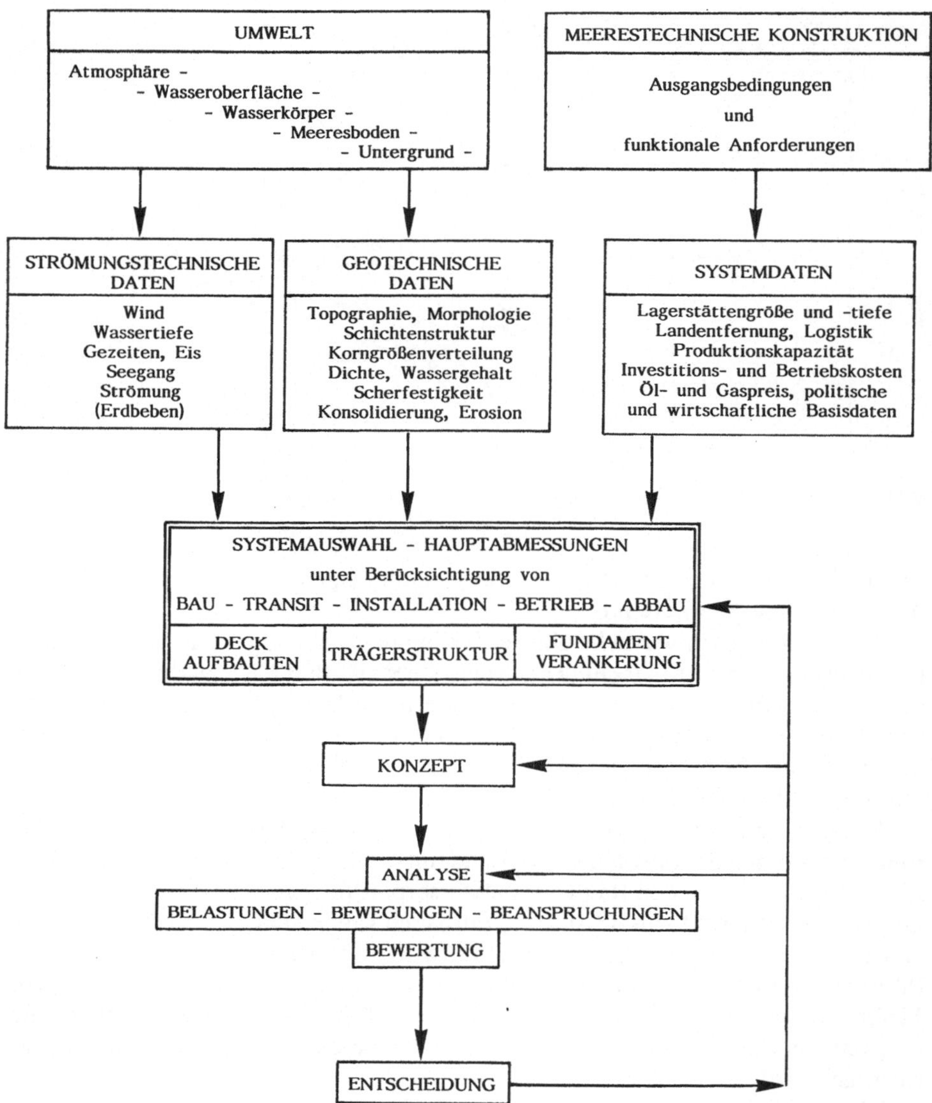

Bild 1.10. Konzeption meerestechnischer Konstruktionen

zeigt schematisch den Ablauf des Entwicklungsprozesses sowie entwurfsrelevante Aspekte bei der Analyse und Bewertung. Die Entscheidung, eine Lagerstätte zu erschließen, wird im wesentlichen von ihrer Größe, Ausdehnung und Tiefe bestimmt. Von den gewinnbaren Reserven hängt die Produktionskapazität und die Nutzungsdauer ab. Wirtschaftliche Kriterien in Verbindung mit strömungsmechanischen und geotechnischen Umweltdaten bestimmen die Systemauswahl und die Hauptabmessungen, wobei im einzelnen Bau, Transit, Installation und Betrieb zu berücksichtigen sind. Da das Deck mit Aufbauten und Ausrüstung im wesentlichen durch den Produktionsprozeß definiert ist, bezieht sich die Analyse auf die Trägerstruktur und ihre Bodenfixierung bzw. Verankerung. Der Dimensionierung liegen primär die sog. permanenten und Betriebslasten zugrunde. Die nähere Spezifikation erfolgt auf der Basis der extremen Umweltbelastungen und der großen dynamischen Beanspruchungen im Seegang.

Der Entwurf meerestechnischer Konstruktionen ist durch folgende Besonderheiten gekennzeichnet:

- Die horizontalen Kräfte sind im allgemeinen etwa zehnmal größer als bei terrestrischen Bauwerken, und führen auf extreme Momente, da ihr Angriffspunkt in der Nähe der Wasseroberfläche liegt.
- Die Dimensionierung hängt entscheidend von den Seegangsbedingungen ab, wobei sowohl Spitzenlasten als auch Betriebsfestigkeitsaspekte den Entwurf dominieren können.
- Das Medium Wasser eröffnet die Möglichkeit, Gewichtskräfte teilweise oder vollständig durch den Auftrieb geschickt angeordneter Strukturkomponenten zu kompensieren. Die große statische Auftriebskraft in Wasser – im Vergleich zur Luft um den Faktor 800 höher – ermöglicht sogar die Konzeption extrem schwerer Konstruktionen, die – ähnlich terrestrischer Fesselballons – am Meeresboden pendelnd befestigt sind.
- Im Gegensatz zu Bauwerken an Land, vor deren Errichtung ein aufwendiges Fundament – meist aus Beton – vor Ort gegossen wird, müssen meerestechnische Konstruktionen in der Regel weit von ihrem Einsatzort gefertigt werden. Bei Stahlbetonplattformen ist das Fundament voll integriert, so daß diese nach dem Schleppen zur Lokation ohne weitere Vorbereitung unmittelbar abgesetzt werden können. Bei Stahlplattformen ist die Gründung mit tief einzuschlagenden Pfählen meist so weit vorbereitet, daß auch hier die Bodenfixierung mit leistungsfähigen Rammvorrichtungen während kurzer Phasen günstigen Wetters erfolgen kann. Als weitere Besonderheit folgt hieraus, daß meerestechnische Konstruktionen für die Installation und oft auch für die Fertigung und Transit zur Lokation schwimmfähig sein müssen, selbst wenn es sich um fest gegründete Plattformen handelt.

Systemimmanent ist eine begrenzte, durch äußere Gegebenheiten oft unzureichende Vorbereitung des Gründungsbereichs sowie das Arbeiten mit explosiven brennbaren Medien wie Erdöl und Erdgas, die unter hohem Druck stehen und im Vergleich zu Meerwasser erheblich höhere Temperaturen haben, so daß neben den bisher vorgestellten Belastungen Beiträge zu berücksichtigen sind, die von differentiellen Bodensetzungen, Kriecherscheinungen und thermischen Spannungen herrühren. Ferner sind katastrophale Ereignisse, wie Explosionen und Feuer, Schiffskollisionen und Tragwerksversagen, u.U. mit der Folge des Auseinanderbrechens der Konstruktion zu berücksichtigen.

Unterwasserschäden an meerestechnischen Konstruktionen, wie auch immer verursacht, können am besten durch regelmäßige Inspektionen und – falls erforderlich – durch Wartungsarbeiten unter Wasser mit hochwertigen Reparatur- und Prüftechniken in Grenzen gehalten werden. Zu den wichtigsten technologischen Lösungen dieses besonderen Problems gehören ohne Zweifel Tauchgeräte und andere, unter Wasser betriebene Konstruktionen. Dieses wichtige Sondergebiet läßt sich im Rahmen dieses Buches nicht umfassend würdigen und bleibt daher unberücksichtigt.

Wie im Vorwort geschildert, orientiert sich der Aufbau dieses Buches an der Gesamtschau der Analyse und Bewertung von Seebauwerken und integriert damit Hydromechanik, Festigkeit und Zuverlässigkeit meerestechnischer Konstruktionen. Dieser Zielvorstellung wurden im Hinblick auf den vorgegebenen Rahmen und Umfang ausführliche Darstellungen der einzelnen Gebiete geopfert, und die Ausführungen auf spezifische – im Detail analysierte – Schwerpunkte beschränkt. Das Buch dient somit in erster Linie dem Einstieg in das weite Feld der Meerestechnik, die Literaturangaben der einzelnen Kapitel eröffnen jedoch den Weg zu spezielleren Bereichen.

2 Besonderheiten meerestechnischer Konstruktionen

Mit dem weltweit wachsenden Bedarf an Kohlenwasserstoffen entwickelte sich die Offshore-Technik zum dominierenden Bereich der Meerestechnik. Ihre Aufgabenstellungen orientierten sich in erster Linie an der konventionellen Bohr- und Produktionstechnik. Gemessen an der Tiefe der Erdöl/Erdgaslagerstätten mit einigen tausend Metern, erscheinen die Wassertiefen an Offshore-Lokationen mit wenigen hundert Metern relativ unbedeutend. Für die Installation und den Betrieb von Explorations- und Produktionsanlagen definiert jedoch dieser Wasserbereich aufgrund seiner unwirtlichen Umwelt mit hohen Belastungen den Entwurf der Trägerstrukturen. Ob es sich um frei schwimmende, gefesselte oder feste Konstruktionen handelt, Bohrgestänge und Standrohre sind in jedem Fall so zu installieren, daß diese nur minimale horizontale oder vertikale Relativbewegungen zum Meeresboden erfahren. Bewegen sich die Decksanlagen mit der Trägerkonstruktion im Seegang, so sind Ausgleichsvorrichtungen vorzusehen.

Bevor wir meerestechnische Strukturen im einzelnen beschreiben, soll daher zunächst die Bohr- und Produktionstechnik kurz erläutert werden.

2.1 Bohr- und Produktionstechnik

Bild 2.1 zeigt die wesentlichen Elemente einer Offshore-Bohrung auf der Basis der heute fast ausnahmslos angewandten Rotary-Bohrtechnik: Über einem Zentralschacht, dem sog. moonpool, hängt im Bohrturm *1* an einem Flaschenzug *2* die meist quadratische Mitnehmerstange *3* sowie das gesamte Bohrgestänge *4* mit Schwerstangen *5* und Meißel *6*. Mit etwa 50 bis 200 U/min wird die Mitnehmerstange und damit das gesamte Gestänge durch den Drehtisch *7* angetrieben, so daß der Bohrmeißel immer tiefer in das Erdinnere eindringt. In der Regel werden Rollenmeißel eingesetzt, die mit „Warzen“ oder Zähnen unterschiedlicher Länge, Anordnung und Beschaffenheit bewehrt sind. Für sehr harte Gesteinsschichten haben sich Diamantmeißel bewährt.

Zur Förderung des abgebohrten Materials über Tage dient der Spülkreislauf. Die Bohrspülung *8*, eine thixotrope Flüssigkeit auf Öl- oder Wasserbasis mit Beschwerungszuschlägen, wird mit Spülpumpen *9* bei einer Förderleistung von 2 000 bis 3 000 l/min und Drücken zwischen 150 und 200 bar über Spülschlauch *10* und Spülkopf *11* durch das Innere des hohlen Bohrgestänges nach unten gedrückt. Sie tritt mit Geschwindigkeiten von 30 bis 40 m/s aus Düsen am rotierenden Meißel aus, transportiert das Bohrklein im Ringraum zwischen Bohrstrang und Bohrlochwand nach oben und scheidet das geförderte Gesteinsmaterial über

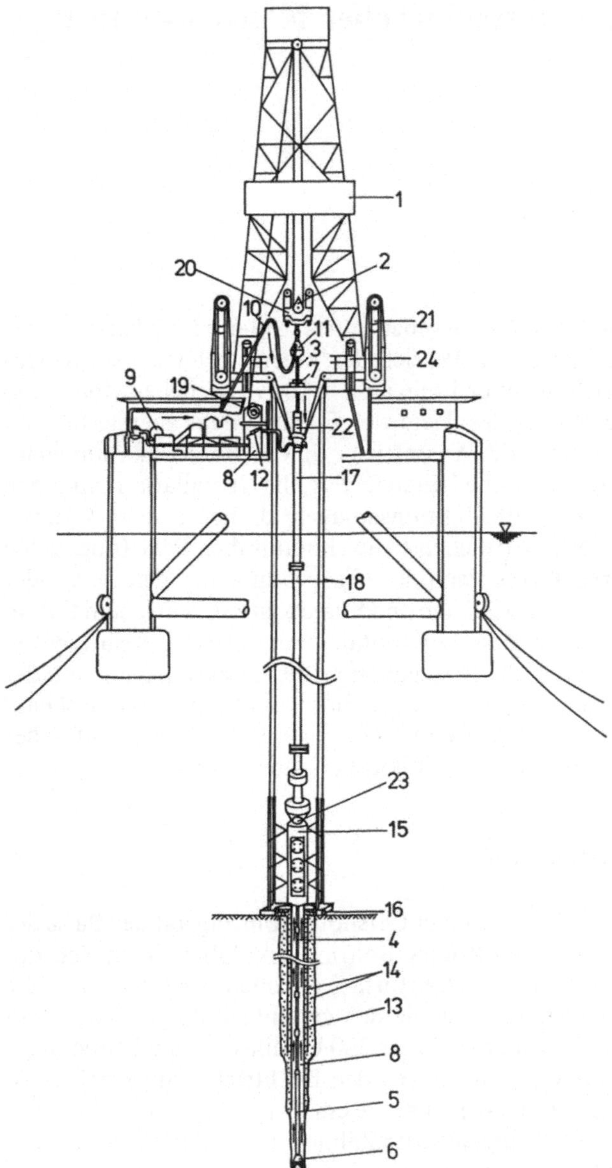

Bild 2.1. Offshore-Bohrtechnik. *1* Bohrturm; *2* Flaschenzug; *3* Mitnehmerstange; *4* Bohrgestänge; *5* Schwerstangen; *6* Meißel; *7* Drehtisch; *8* Bohrspülung; *9* Spülpumpen; *10* Spülschlauch; *11* Spülkopf; *12* Schüttelsieb; *13* Futterrohr; *14* Zementschlämme; *15* Sicherheitsschieber (BOP); *16* Landebasis; *17* Riser; *18* Führungsseile; *19* Hebewerk; *20* Bohrstrangkompensator; *21* Riserspannvorrichtung; *22* Teleskopvorrichtung; *23* Kugelgelenk; *24* Spannvorrichtung für Führungsseile

Schüttelsiebe *12* sowie Desander und Desilter aus. Während ihres Umlaufs schmiert und kühlt die Bohrspülung den Meißel, stabilisiert die Bohrlochwand und dichtet sie ab, verhindert also das Abbröckeln im Wandbereich und wirkt aufgrund ihrer hohen Dichte mit Werten bis über 2 g/cm^3 dem petrostatischen und dem Lagerstättendruck entgegen.

Abhängig vom Zustand des Bohrlochs bzw. bei Erreichen einer bestimmten Bohrtiefe, werden nahtlose Futterrohre (casings) *13* eingeführt und der Zwischenraum zur Bohrlochwandung mit Zementschlämme verpreßt. Mit fortschreitender Verrohrung des Bohrlochs sind die Durchmesser der von der Landebasis *16* aus eingehängten Futterrohrstränge abzustufen. Zu ihrer Verankerung wird eine vorgegebene Menge Zementschlämme zwischen zwei Stopfen eingebracht, mit der Bohrspülung wie ein Pfropfen nach unten verpumpt und in die Ringräume zwischen neuem Futterrohr und Gebirge bzw. dem vorangegangenem Futterrohr gepreßt.

Wichtig ist die Kontrolle des Flüssigkeitsspiegels im Spülungstank: Sinkt der Spiegel, so läuft Bohrflüssigkeit an der Sohle oder im Ringraum ins Gebirge, geht also verloren. Steigt der Spiegel, z.B. durch Anbohren von Zonen hohen Drucks mit Werten bis zur doppelten Höhe des hydrostatischen Drucks, d.h. bis zu mehreren hundert bar, so ist ein Ausbruch von Erdöl oder Erdgas zu befürchten. Da hierbei die Spülung trotz Beschwerungszuschlägen zeitweise nicht den ausreichenden Gegendruck liefert, muß das Bohrloch durch Sicherheitsschieber *15*, sog. Blow-out-preventer (BOP) mit elastischen Manschetten zunächst abgedichtet und die Spülungsdichte anschließend über die Totpumpleitung (kill line) erhöht werden, bevor der BOP erneut geöffnet und die Bohrung ordnungsgemäß fortgesetzt werden kann. Der Preventer kann durch verschiedene hydraulisch oder elektrohydraulisch angesteuerte, flexible Absperrschieber mit Stahlarmierung das Bohrloch verschließen, wobei

- Blindbacken (blind rams) das leere Bohrloch,
- Gestängebacken (pipe rams) das Bohrloch mit durchlaufendem Rohrstrang abdichten und
- Scherbacken (shear rams) diesen sogar im Notfall abtrennen können.

In der ersten Bohrphase wird ein 25-in.-Meißel (Durchmesser 0,635 m) verwendet, um das 23-in.-Standrohr bis zu einer Tiefe von ca. 30 m abzusetzen. Nach einer anschließenden Bohrung mit 17,5 in. Durchmesser, wird die 13 3/8-in.-Ankerrohrtour bis ca. 400 m Tiefe abgehängt, zementiert und eine permanente Landebasis sowie der ca. 180 t schwere BOP montiert. Als Verbindung zwischen Meeresboden und der Bohranlage über der Wasseroberfläche wird als Verlängerung der Futterrohrtour zur Spülungsrückführung ein Leitrohr (Riser) *17* installiert, das über ein Kugelgelenk *23* an den BOP angeschlossen ist. Ferner laufen Führungsseile *18* von der Landebasis zur Bohrplattform für den Auf- und Abtransport von schwerem Gerät.

Beim weiteren Abteufen der Bohrung verringern sich Durchmesser von Rollenmeißel, Bohrstrang und der von der Landebasis abgehängten Futterrohrstränge absatzweise, wobei der BOP für unterschiedliche Gestängedurchmesser und Drücke konzipiert sein muß. Abschließend wird ein Förderrohrstrang (tubing) mit einem Durchmesser bis zu 7 in. eingebaut, der BOP gegen einen einfacheren, speziell für die Produktion ausgelegten Sicherheitsschieber, das sog. Eruptionskreuz (christmas tree) ausgetauscht und die Bohrung durch eine perforierende Sprengung im Bereich des produzierenden Horizontes in Betrieb genommen.

Zum Nachführen des Bohrstrangs dient ein Hebewerk *19*, das über den Flaschenzug *2* das Gestänge mit einem Gewicht von ca. 200 t bewegt. Damit ist der gesamte Bohrstrang auf Zug beansprucht, und erst im Bereich der Schwerstangen wird bis zu 300 kN Druckkraft auf den Meißel aufgebaut. Ist der Meißel stumpf geworden und muß ausgebaut werden, so sind mehrere tausend Meter Gestänge zu ziehen und später wieder einzubauen (Roundtrip). Hierbei werden jeweils drei Gestängerohre mit einer Gesamtlänge von 27 m abgeschraubt und abgelegt, wodurch die Bohrturmhöhe von 40 bis 50 m bedingt ist. Da Lagerstätten etwa 2 000 bis 4 000 m unter dem Meeresgrund liegen, sind für eine Bohrmission mehrere tausend Meter Bohrgestänge vorzusehen.

Bei der Vielfalt der Arbeiten treten immer wieder Schadensfälle auf, bei denen u.a. infolge von Materialermüdung oder -überlastung Teile des Bohrstranges abgerissen und vor Weiterführung der Bohrtätigkeit geborgen oder weggesprengt werden müssen. Diese Fangarbeiten (fishing) mit Spezialtechniken sind schwierig und langwierig. Scheitern sie, wird das Bohrloch im Schadensbereich mit Zement ausgegossen und seitlich durch eine Ablenkungsbohrung umgangen.

Ist die Bohranlage auf einer schwimmenden Struktur montiert, bewegt sich also im Seegang, so sind vor allem die vertikalen Relativbewegungen zwischen Bohrgestänge und Plattform mit meist hydraulisch arbeitenden Ausgleichs- und Spannvorrichtungen zu kompensieren:

– Der Bohrstrangkompensator *20* (heave compensator), zwischen Haken und Spülkopf angeordnet, trägt den Bohrstrang und gleicht Bewegungen bis zu einer Doppelamplitude von 7,62 m (25 ft) aus.
– Die Riserspannvorrichtung *21* (riser tensioner) hält das Leitrohr unter hoher Zugkraft, um Auslenkungen infolge Wellen und Strömungskräften zu minimieren. Vertikalbewegungen mit Doppelamplituden bis zu 15,24 m (50 ft) werden hierbei durch eine Teleskopvorrichtung (slip joint) *22* abgefangen.
– Die Führungsseile *18* werden am Plattformdeck hydraulisch vorgespannt (guide line tensioner) *24*, wobei auch hier Grenzbewegungen bis zu 15,24 m zulässig sind.

Horizontalbewegungen lassen sich über die Elastizität des Gesamtsystems ausgleichen, solange deren Amplituden unter 10 % der Wassertiefe bleiben.

Für Bohrungen von schwimmenden Anlagen in Wassertiefen über 500 m sind folgende Verbesserungen entwickelt worden [2.115]:

– Die Bohrplattform wird dynamisch positioniert, wobei die Abweichung von der Sollposition über gespannte Drähte, Riserwinkelsensoren und akustische Positionsgeber am Preventer registriert wird. Über weitere Sensoren werden Wind-, Strömungs- und Seegangsdaten sowie die Schiffsbewegungen erfaßt, so daß die rechnergesteuerte Antriebsanlage mit drehbaren Düsenpropellern die hieraus folgenden Kräfte automatisch kompensiert und Positionsabweichungen korrigiert.

Tabelle 2.1. Grenzbewegungen bei Offshore-Arbeiten nach [2.1]

Tätigkeit	Zeitanteil in %	Grenzamplitude der Tauchbewegung in m	Grenzamplitude der Roll- bzw. Stampfbewegung in Grad	Grenzamplitude der Längs- bzw. Querbewegung in % der Wassertiefe
Bohren	43,4	1,1...2,5	3...7	5
Gestänge ziehen	15,7	1,2...2,75	3...6	7
Futterrohre einbringen	12,5	0,8...1,0	3...4	3
Setzen von BOP o. Riser	9,9	0,4...1,0	1	1
Fangarbeiten, Zementieren, Bohrlochmessung	11,0	0,8...1,7	5...7	3
Abkoppeln		5,0...10,0	6...9	10
Verankern	5,6	Bis zu Wellenhöhen von 3 m		
Diverses	1,9			

- Der Riser wird durch Auftriebsmaterial aus syntaktischem Schaum entlastet. Er läßt sich als Einheit vorspannen (Integralriser). Alternativ können auch das zentrale Führungsrohr und die im Auftriebsmaterial eingebetteten Stränge einzeln gespannt werden.
- Das Leitseilsystem entfällt. Selbst nach Abkoppeln von Bohrstrang und Riser ist eine Wiederankopplung am Bohrlochkopf möglich (re-entry). Die Landebasis ist hierfür mit einem trichterförmigen Aufsatz (funnel) ausgerüstet. Bei Beginn der Bohrarbeiten wird der Riser mit BOP hierauf abgesetzt, wobei die Positionierung – über Ultraschallsensoren gesteuert – mit Unterwasserantrieben erfolgt (siehe z.B. Bild 2.12).
- Die Steuerung aller Schieber und Ventile von Verteilern (manifold) und Eruptionskreuzen (christmas tree) auf Satellitenbohrungen und Bohrschablonenrahmen erfolgt elektrohydraulisch, da eine konventionelle hydraulische Steuerung zu langsam wäre.

Bis zu welchen Grenzbewegungen Offshore-Arbeiten mit modernen Plattformen möglich sind, zeigt Tabelle 2.1 nach [2.1], in der auch Durchschnittswerte für den jeweiligen zeitlichen Bedarf angegeben sind. Die niedrigeren Werte gelten für kleine, die höheren für große und moderne Bohrplattformen.

Bei höheren Bewegungen ist die Tätigkeit zu unterbrechen bzw. der Riser abzukoppeln. Ziel bei der Konzeption frei schwimmender oder gefesselter Plattformen muß daher die Optimierung des Bewegungsverhaltens im Seegang sein. Dies gilt gleichermaßen für Explorations- und Wartungsarbeiten, wobei letztere von Zeit zu Zeit zur Generalüberholung der Förderbohrungen notwendig sind, was jedoch mit erheblich leichteren Bohrtürmen bzw. Spezialplattformen ausführbar ist (workover).

Während bei Aufschlußarbeiten nur ein Rohrstrang zum Meeresboden führt, dessen Relativbewegungen bei schwimmenden Strukturen zu kompensieren sind, werden zur Produktion 20 bis 60 Förderstränge abgeteuft. Hierfür wird am

Meeresboden zunächst ein Bohrlochschablonenrahmen (template) abgesetzt und mit drei bis acht tief gerammten Pfählen fixiert. Durch die einzelnen Löcher des Rahmens werden anschließend Bohrungen niedergebracht, wobei der Strang durch Keile abgelenkt werden kann. Für solche Richtbohrungen werden Bohrturbinen eingesetzt, die über die durch das Bohrgestänge gepumpte Spülung angetrieben werden. Ablenkungen bis zu 90° (Horizontalbohrung in Tiefe des produzierenden Horizontes) sind möglich, jedoch werden Winkel von 55° selten überschritten. Der Bohrmeißel erreicht hierbei Positionen, die horizontal ca. 3 km von der Mittenposition entfernt sind. Mit 30 solcher Bohrungen läßt sich ein Feld von 7 km^2 über ein Template erschließen. Oft werden Bohrungen bereits vorzeitig von schwimmenden Bohranlagen niedergebracht und nach Komplettierung verschlossen (predrilling). Nach Installation der Produktionsplattform lassen sich dann unmittelbar alle Riserverbindungen zur Plattform herstellen, so daß die Förderung unverzüglich anlaufen kann. Bei dieser Operation (tie-back) werden alle Futterrohre und Förderrohrstränge bis zum Deck der ortsfesten Plattform verlängert. Die Produktionskreuze sind auf dem Kellerdeck installiert und können dort einfach überwacht sowie gewartet werden. Der Einsatz fester Plattformen wird daher bevorzugt und gilt für Wassertiefen bis 300 m als kostengünstigste Alternative. Sie werden sogar bisweilen aus sicherheitstechnischen Gründen für Tiefen bis 500 m anderen Lösungen vorgezogen, selbst wenn diese beträchtlich geringere Investitionskosten versprechen. Im wesentlichen ist dies darauf zurückzuführen, daß Unterwasserkomplettierungen, die bis vor wenigen Jahren noch in der Erprobungsphase waren, schwerer zugänglich sind und höhere Wartungskosten verursachen. Mit niedrigeren Rohölpreisen und höheren Wassertiefen hat sich zwangsläufig ein Trend zu schwimmenden Produktionsanlagen ergeben, wobei die Steuer- und Sicherungsanlagen als Unterwasserkomplettierung am Meeresboden oder im Kopf eines autonomen, integrierten Risers installiert sind, so daß von diesen getauchten Hochdrucksystemen der weitere Öl/Gas-Transfer durch biegsame und bewegliche Schlauchleitungen bzw. Gelenkverbindungen möglich ist. Unterwassereruptionskreuze sind entweder in Druckkammern integriert (dry tree) oder ohne Kapselung direkt auf der Landebasis montiert (wet tree). Für Kontrollmessungen (logging) und Wartungsarbeiten sind Geräte, Werkzeuge und Instrumente in das Bohrloch zu transferieren. Diese werden entweder an Drähten herabgelassen oder über eine in weiten Bögen geführte Förderleitung nach unten gepumpt (TFL – through flow line). Mit der TFL-Technik kann ohne Taucher gearbeitet werden, so daß diese Systeme in tiefen Lokationen bei unwirtlichen Seegangsbedingungen im Einsatz sind.

Vom Erfolg der heute in Erprobung befindlichen Prototypanlagen wird es in Zukunft abhängen, wo Wirtschaftlichkeitsgrenzen zwischen den Alternativkonzepten zu ziehen sind.

2.2 Konstruktionstypen

Tabelle 2.2 zeigt Konzeptalternativen für meerestechnische Konstruktionen sowie einige Bewertungskriterien. Wichtiger Unterschied zwischen Bauwerken an Land und im Meer ist die extrem hohe Querbelastung, wozu Wellenkräfte etwa zehnmal

Tabelle 2.2. Konstruktionsprinzipien für Exploration, Produktion, Bohrlochwartung, Aufbereitung und Speicherung

Gesamtkonstruktion	Frei beweglich (schwimmend)	Partiell gefesselt (nachgiebig)	Unbeweglich
Starrkörperfreiheitsgrade	6	1...5	0
Konstruktionsprinzip	Boje, Schiff, Halbtaucher	Boje, Halbtaucher, Turmplattform	Stahlplattform, Betonplattform
Bodenverbindung	Sternförmige Verankerung mit Trossen, Ketten, Zwischengewichten, Auftriebskörpern	Zugseile, Zugstäbe, Gelenkverbindungen, elastische Rahmentragwerke	Rahmentragwerke, Massivkonstruktionen, Hybridstrukturen
Steifigkeit	Sehr gering	Gering	Hoch
Rückstellkräfte	Schwerkraft	Auftriebskraft, elastische Kräfte	Elastische Kräfte
Eigenschwingungen	Niederfrequent (Starrkörper)	Nieder- und hochfrequent (Starrkörper- und elastische Schwingungen)	Hochfrequent (elastische Schwingungen)
Öl/Gas-Transfer Bohrstrangführung	Riser mit Tensioner und Teleskopvorrichtung, autonomer Riser mit Schlauchverbindung	Integrierte Riser mit Gelenkverbindung	Gebündelte Standrohre (conductors), Produktionsriser
Krafteinleitung im Meeresboden	Anker (Erdwiderstand), Ankersteine (Schwerkraft)	Pfahlgründung (Flächenreibung längs des Pfahls), Schwerkraftgründung (großflächige Fundamente mit tiefreichenden Schürzen)	Pfahlgründung (Flächenreibung längs des Pfahls), Schwerkraftgründung (großflächige Fundamente mit tiefreichenden Schürzen)

mehr beitragen als Windkräfte. Bei schwimmenden bzw. partiell gefesselten Konstruktionen sind ferner Starrkörperbewegungen zu berücksichtigen, wobei Vertikalbewegungen besonders kritisch sind.

Für die Verbindung der Anlagen über der Meeresoberfläche bzw. deren Trägerstruktur mit dem Meeresboden gibt es eine Vielfalt unterschiedlicher Konstruktionen, wobei die statische Vertikalkraft sowie die dynamischen Kräfte und Momente

- bei einer Schwerkraftgründung unmittelbar als Druck- und Schwerkräfte auf die oberste Bodenschicht übertragen werden, während
- bei Pfahlgründungen die Aufnahme im wesentlichen über Oberflächenreibung längs der gerammten Pfähle erfolgt.

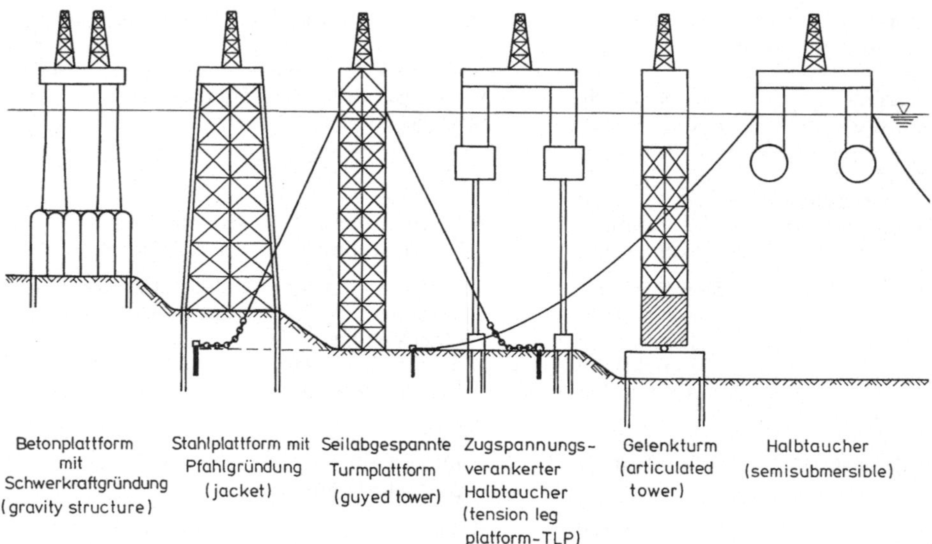

Bild 2.2. Meerestechnische Konstruktionen für Exploration und Produktion

Horizontalkräfte werden über Ankersysteme mit hohem Erdwiderstand bzw. bei Schwerkraftgründungen über tiefreichende Schürzen an der Peripherie der Fundamente aufgenommen.

Bei den Verbindungen zwischen Oberflächenstruktur und Fundament ist zwischen

- der mechanischen Fixierung der Struktur über der Lokation und
- dem Öl/Gas-Transfer bzw. der Bohrstrangführung vom Meeresboden zur Meeresoberfläche zu unterscheiden.

Bild 2.2 zeigt alternative Konzeptionen für Explorations- und Produktionsplattformen.

Bei festen Plattformen werden die Kräfte über ein Rahmentragwerk (jacket) oder eine Massivkonstruktion unmittelbar auf das Fundament übertragen. Die Elastizität des Systems wirkt als Rückstellkraft, die Steifigkeit und damit die erste Eigenfrequenz der elastischen Schwingungen ist hoch.

Bei schwimmenden Konstruktionen, z.B. Schiffen oder Halbtauchern, erfolgt die Positionierung in der Regel über eine sternförmige Trossen-Ketten-Verankerung, so daß die Rückstellkraft im wesentlichen aus der Schwerkraft des Ankersystems resultiert. Bei sehr geringer Steifigkeit ergeben sich hierbei niederfrequente Starrkörpereigenschwingungen der in allen sechs Freiheitsgraden weitgehend frei beweglichen Struktur.

Wird die Zahl der Freiheitsgrade eingeschränkt die Struktur also z.B. über Zugseile, Zugstäbe oder Gelenke gefesselt, so ergibt sich bei Auslenkung aus der Gleichgewichtslage eine Rückstellkraft infolge von Auftriebskräften, wobei die Systemsteifigkeit gering ist, so daß die Starrkörpereigenschwingungen weiterhin niederfrequent bleiben. Bei Verwendung schlanker, turmartiger Komponenten können zusätzlich hochfrequente elastische Schwingungen auftreten. Ranke Strukturen für Tiefwasser werden daher in mehrere gelenkig verbundene Bauelemente aufgelöst. In der Regel wird die Fesselung so konzipiert, daß die Riserlänge konstant bleibt. Beim Gelenkturm (articulated tower) ist eine schlanke Turmkonstruktion gelenkig mit dem Fundament verbunden und erfährt im Seegang Pendelbewegungen um den Fußpunkt. Beim zugspannungsverankerten Halbtaucher (tension leg platform, TLP) bewegt sich das Deck nahezu wie bei einer Parallelführung (Bild 2.2).

Ein Sonderfall ist die seilabgespannte Turmplattform (guyed tower), bei der eine schlanke Turmkonstruktion, ähnlich wie ein Mast, über ein sternförmiges Trossensystem mit dem Meeresboden verspannt ist. Die Trossen laufen allerdings nicht auf feste Haltepunkte, sondern sind an schweren, gliederkettenähnlichen Gewichten befestigt, die teilweise auf dem Meeresboden aufliegen und über radial nach außen laufende Kettensegmente mit einer Pfahlgründung verbunden sind. Das System ist so ausgelegt, daß sich die Plattform bis zu hohen Umweltbelastungen wie eine unbewegliche Turmplattform verhält, d.h. nur hochfrequente elastische Schwingungen erfährt. Erst bei extremen Belastungen heben die Gewichte vom Meeresboden ab, die Struktur führt endliche Pendelbewegungen niedriger Frequenz aus.

Besonders problematisch sind Resonanzerscheinungen bei meerestechnischen Konstruktionen, sofern ausreichende Anregungsenergie vorhanden ist. Wie z.B. in Abschnitt 3.4.4 detailliert erörtert, reagiert die Struktur im Bereich der Resonanzfrequenz auf die Seegangserregung mit sprunghaft höheren Werten für Kraft, Spannung, Bewegung etc., insbesondere wenn die hydrodynamische und Strukturdämpfung gering sind. Da der Frequenzumfang hoher Seegangsenergie bekannt ist, werden Resonanzerscheinungen soweit möglich auf den hoch- und niederfrequenten Bereich eingegrenzt. Dabei erweisen sich frequenzabhängige Übertragungsfunktionen, die die jeweilige Reaktion der Struktur auf die Wellenerregung angeben, als außerordentlich hilfreiche Indikatoren des Strukturverhaltens: Wie in Bild 2.3 schematisch dargestellt, wirken auf eine Konstruktion in Abhängigkeit vom Eingangssignal (Seegangserregung) Kräfte und Momente, die Bewegungen zur Folge haben können. Die Seegangsregistrierung, wie auch die zugehörigen Ausgangssignale (Strukturantwort), lassen sich unter der Voraussetzung linearen Verhaltens in harmonische Komponenten unterschiedlicher Frequenz zerlegen. Als Antwort der Struktur auf eine harmonische Erregung bzw. eine Elementarwelle der Frequenz ω_n stellt sich ein bei linearen Systemen phasenverschobenes, harmonisches Ausgangssignal gleicher Frequenz ein. Eingangs- wie Ausgangssignal werden für die mathematische Behandlung komplex dargestellt, wobei in der Regel den Realteilen die physikalische Bedeutung zugeordnet wird. Das Verhältnis der komplexen Amplituden von Ausgangsgröße $s(\omega_n)$ zu Eingangsgröße $\zeta(\omega_n)$ ist die Übertragungsfunktion

$$H(\omega_n) = \frac{s(\omega_n)}{\zeta(\omega_n)} = \frac{s_{an}}{\zeta_{an}} e^{i\varepsilon_n} .$$

Ihr Betrag, das Verhältnis der realen Ausgangs- und Eingangsamplituden

$$|H(\omega_n)| = \frac{s_{an}}{\zeta_{an}} ,$$

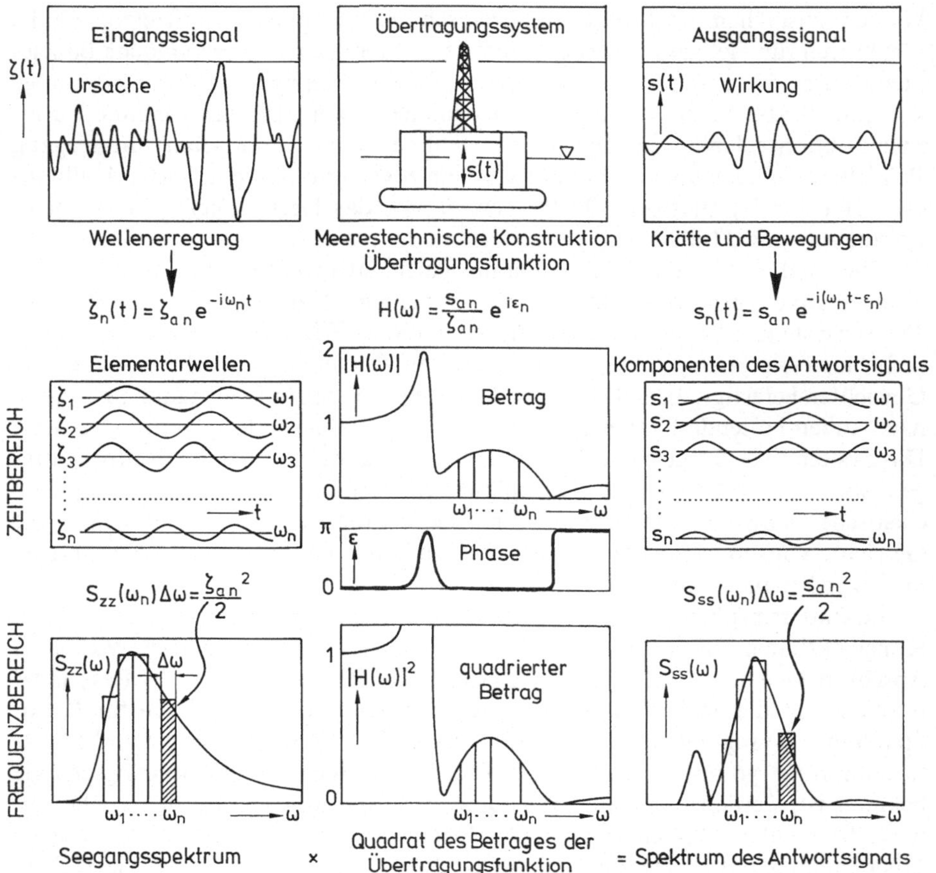

Bild 2.3. Übertragungsfunktion einer meerestechnischen Konstruktion

und die dazugehörige Phasenverschiebung ε_n sind in Bild 2.3 als Funktion der Wellenfrequenz ω_n aufgetragen.

Für die auf die Oberfläche bezogene Energie $\bar{E}$ einer Elementarwelle gilt – wie in Abschnitt 3.2.1 abgeleitet –

$$\bar{E}(\omega_n) = \frac{1}{2}\varrho g \zeta_{an}^2 .$$

Stellen wir diese Energie im Frequenzbereich als Fläche dar und normieren sie auf den Faktor ϱg, so ergibt sie sich als Produkt des Frequenzintervalls $\Delta\omega$ mit der sog. spektralen Energiedichte $S_{ZZ}(\omega)$ – wie in Abschnitt 5.1.1 definiert –

$$\frac{1}{\varrho g}\bar{E}(\omega_n) = S_{ZZ}(\omega_n)\Delta\omega = \frac{1}{2}\zeta_{an}^2 .$$

Zum Seegangsspektrum trägt jede Elementarwelle eine Teilfläche bei, deren Höhe dem Quadrat der Wellenamplitude entspricht. Durch Verkleinerung des Frequenzintervalls geht die in Bild 2.3 gezeigte Stufenkurve des Spektrums in eine kontinuierliche Verteilung über. Die Voraussetzungen und Randbedingungen für die Gültigkeit dieser Betrachtung werden wir in Kapitel 5 näher erörtern.

In analoger Weise ergibt sich das Spektrum des Ausgangssignals aus den harmonischen Komponenten der beobachteten Seegangswirkung, wobei die Teilflächen

$$S_{SS}(\omega_n)\Delta\omega = \frac{1}{2}s_{an}^2$$

wiederum dem Quadrat der Amplitude des Ausgangssignals proportional sind.

Damit verhalten sich die spektralen Energiedichten von Ausgangs- und Eingangssignal wie die Quadrate der zugehörigen Amplituden der Elementarwellen bzw. wie das Quadrat des Betrages der Übertragungsfunktion

$$\frac{S_{SS}(\omega_n)}{S_{ZZ}(\omega_n)} = \frac{s_{an}^2}{\zeta_{an}^2} = |H(\omega_n)|^2 .$$

Die Charakteristik der Übertragungsfunktion erklärt also das Verhalten der Konstruktion im natürlichen Seegang. Das Ausgangsspektrum (Strukturantwort) folgt mit

$$S_{SS}(\omega) = |H(\omega)|^2 \cdot S_{ZZ}(\omega)$$

aus dem Seegangsspektrum. Hohe Werte der Übertragungsfunktion, beispielsweise aufgrund von Resonanzen, führen – insbesondere bei großer Seegangsenergie – zu außerordentlich großen Reaktionen des Bauwerks.

Die Analyse und Bewertung meerestechnischer Konstruktionen schließt alle Betriebsphasen ein, d.h. auch Bau und Überführung zur Offshore-Lokation, zwischenzeitliche Montagen und endgültige Installation einschließlich Fixierung am Meeresboden sowie Montage des Decks und dessen Komponenten. Wie in Bild 2.4 illustriert, bezeichnen wir als Umweltbedingungen Naturphänomene wie Wind, Wasserstände, Seegang und Strömung sowie geophysikalische Verhältnisse des Meeresbodens. Bei einigen Offshore-Lokationen sind zusätzlich Erdbeben oder Eisgang u.a.m. zu berücksichtigen.

In Abhängigkeit vom Einsatzprofil sowie von Wassertiefe, Umweltbelastungen und bodenmechanischen Gegebenheiten ergibt sich das besondere Problem, wie die hohen vertikalen und horizontalen Kräfte über Tragstrukturen, Fundamente und Verankerungen in den Meeresboden eingeleitet werden.

Bei pfahlgegründeten Stahlplattformen werden die Belastungen über gerammte Pfähle in den Untergrund übertragen. Die Pfähle erfahren axiale Belastungen, wobei sich durch die Reibung längs der Pfahloberflächen Scherkräfte im Boden aufbauen. Durchmesser, Rammtiefe und Zahl der Pfähle sind in Abhängigkeit von Umweltbelastungen und Bodeneigenschaften in Verbindung mit Wassertiefe und Fundamentgröße zu ermitteln. Bei Tiefwasserplattformen werden Pfähle mit einem Durchmesser bis zu 1,83 m (72 in.) durch die Hauptstützen geschlagen. Zusätzlich wird das Fundament durch Peripheriepfähle (skirt piles) mit Durchmessern bis zu 2,13 m (84 in.) im Meeresboden fixiert, wobei diese vertikal von speziellen Bargen oder parallel zu den Stützen vom Deck der Struktur gerammt werden. Vertikales Rammen ist einfacher, doch das Rammen geneigter Pfähle

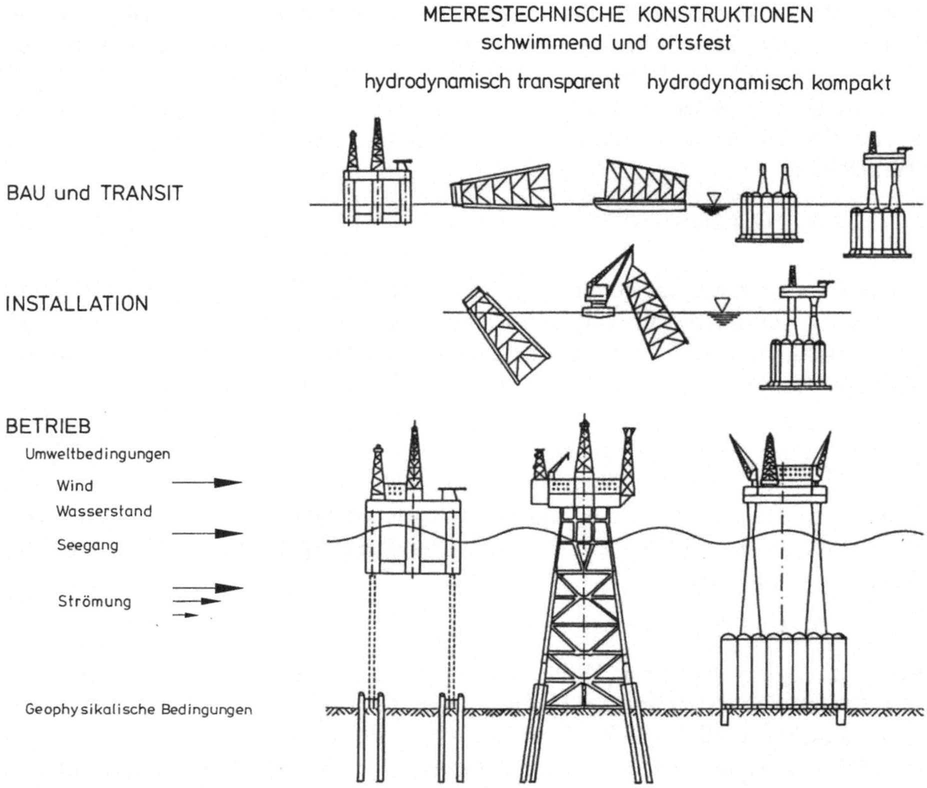

Bild 2.4. Konstruktionstypen und Bauphasen

vergrößert die Fundamentdimensionen im Meeresboden sowie die Steifigkeit des Rahmentragwerks, und damit wird dessen Resonanzfrequenz erhöht. Bei Nordseeplattformen werden die Pfähle in Gruppen um die Hauptstützen gerammt, wobei sie durch Gleitbuchsen längs der Stütze geführt und über Verlängerungen vom Plattformdeck eingeschlagen werden. Eingesetzt werden dampfgetriebene und hydraulische Hämmer mit Schlaggewichten bis zu 125 t und Fallhöhen von 1,75 m. Hydraulische Hämmer sind auch unter Wasser verwendbar [2.2, 2.3]. Neueste Entwicklung ist ein autonomes Unterwasserrammsystem mit Antriebsaggregaten zur Positionierung beim Aufsetzen auf den Pfahl [2.4]: Der 534-t-Hammer entwickelt eine Energie von 3 MNm und ist in Wassertiefen bis 1 000 m einsetzbar.

Bei Schwerkraftgründungen reicht das Eigengewicht der Struktur aus, um die umweltbedingten Momente aufzunehmen. Tief in den Meeresgrund eindringende Schürzen an der Peripherie des Gründungskörpers übertragen die Horizontalkräfte auf untere Bodenschichten ausreichender Stabilität, um ein Gleiten der Plattform zu verhindern. Setzungen können zum Absinken und Neigen der Struktur führen, so daß die Standrohre relativ zum Deck nicht fest eingespannt sein dürfen. Hohlräume zwischen Fundament und Meeresboden werden in der Regel mit Mörtel verpreßt.

Sind nur Horizontalkräfte aufzunehmen, werden Anker mit Flunken verwendet. Bei 50 t Eigengewicht können Haltekräfte von 5 bis 10 MN aufgenommen werden. Andere Verankerungskonzepte lassen beliebige Kraftrichtungen zu: Vergrabene Plattenanker mit 1 t Eigengewicht halten Lasten bis zu 1,5 MN in beliebiger Richtung, gerammte Pfähle mit Gewichten von 200 bis 300 t nehmen bis zu 50 MN in vertikaler und 8 MN in horizontaler Richtung auf [2.5].

Für die Auslegung von Verankerungen, Pfahlgründungen und Schwerkraftfundamenten sind verläßliche geotechnische Daten erforderlich, die in der Regel in situ zu ermitteln sind. Ferner sind mit seismischen Untersuchungen auch tiefere Bodenschichtungen zu analysieren sowie Gastaschen und eingebettete Felsbrocken aufzuspüren. Die Ergebnisse solcher Messungen werden mit wenigen Bohrungen und Konus-Eindringtests (cone penetration test) kalibriert, und so die Schichtenstruktur durch Bodenproben und Tiefenangaben genau spezifiziert.

Die detaillierte Bemessung von Fundamenten für meerestechnische Konstruktionen erfordert spezifische bodenmechanische Kenntnisse, deren Erörterung den hier vorgegebenen Rahmen sprengen würden. Als weiterführende Literatur für bodenmechanische Fragestellungen wird dem interessierten Leser die umfassende Darstellung [2.6] empfohlen.

In den folgenden Abschnitten werden meerestechnische Konstruktionen beispielhaft beschrieben und deren Vor- und Nachteile in generalisierter Form gegenübergestellt. In Einzelfällen lassen sich nur Prototypen präsentieren, mit denen jedoch richtungsweisende Entwurfskonzeptionen illustriert werden können. Insgesamt wird hieraus auch die historische Entwicklung der Meerestechnik sichtbar.

2.3 Feststehende Konstruktionen

Für die Bohr- und Produktionstechnik sind Trägerstrukturen ohne Starrkörperbewegungen optimal. So wurden für Bohrungen in Binnengewässern pfahlgegründete Holzplattformen verwendet, u.a.

- 1909 im Ferry Lake, Louisiana,
- 1924 im Maracaibo-See, Venezuela,
- 1933 in den USA, ca. 1 000 m von der Küste entfernt in 4 m Wassertiefe [2.7].

Im Jahre 1938 wurde der erste Beton-Senkkasten im Maracaibo-See bei 18 m Wassertiefe installiert. Als Geburtsjahr der Offshore-Technik gilt das Jahr 1947, als vor der Küste der USA im Golf von Mexiko zwei Stahlplattformen in Wassertiefen von 6 und 15 m errichtet wurden. Die Tragkonstruktionen in diesen Jahren waren relativ leicht und wurden mit vielen Rammpfählen am Meeresboden fixiert. So wurden zur Befestigung einer Plattform vor Grand Isle in 15 m Wassertiefe 100 Stahlpfähle bis zu einer Tiefe von 60 m gerammt. Für zunehmende Wassertiefe mit einer – für die 50er Jahre – dramatischen Steigerung der Kosten, wurden sog. Tenderplattformen gebaut, bei denen nur der Bohrturm auf dem Jacket stand und die restliche schwere Ausrüstung sowie die Mannschaftsquartiere auf einer Barge untergebracht waren.

Während Anfang der 60er Jahre die Einsatztiefe pfahlgegründeter Stahlplattformen bei 60 m lag, wurden bis zum Ende des Jahrzehnts 120 m, in den 70er Jahren mehr als 300 m erreicht. Aufgrund ihrer Größe werden die Jackets in horizontaler Lage auf speziellen Auftriebskonstruktionen oder Bargen zur Lokation geschleppt und zu Wasser gelassen, sofern sie nicht selbsttragend sind.

Für ausgewählte Lokationen und Einsatzziele, vor allem in der Nordsee, werden seit 1970 alternativ auch Stahl- und Stahlbetonplattformen installiert, die aufgrund ihres Eigengewichtes ohne gerammte Pfähle am Meeresboden fixiert sind, wobei tief in den Meeresboden eindringende Schürzen die Struktur gegen horizontale Verschiebungen sichern. Die erste dieser sog. Schwerkraftplattformen wurde 1958 aus Stahl gebaut und vor der kalifornischen Küste in 30 m Wassertiefe abgesenkt [2.8]. In der Nordsee gingen bis heute über 20 Einheiten in Wassertiefen bis 150 m und mit Gewichten bis 815 000 t in Betrieb.

In der Arktis wurde 1984 im Nordwesten der Prudhoe-Bucht in einer Wassertiefe von 15 m die erste 90 × 90 m große, caissonartige Stahlbetonstruktur mit tief in den Meeresboden eindringenden Schürzen abgesetzt. Heute sind fünf solcher Strukturen in der Beaufortsee installiert, u.a. eine achteckige Konstruktion mit einem Durchmesser von 105 m, die sich durch 36 bewegliche Haltevorrichtungen mit einem Durchmesser von 2 m gegen horizontale Verschiebungen sichern läßt [2.8].

Während pfahl- und schwerkraftgegründete Stahl- und Betonplattformen nahezu ausschließlich für langjährige Produktionsaufgaben eingesetzt werden, dient eine weitere Entwicklung – die Hubinsel – vornehmlich der Exploration. Hubinseln sind mobile Bohrplattformen mit schwimmfähigem Deck und ausfahrbaren Beinen, die – auf Lokation verholt – dort ihre Stützen auf dem Meeresboden absetzen und das Deck über den Wasserspiegel heben. Im Betrieb verhält sich die Struktur wie eine feste Plattform. Da Hubinseln relativ kostengünstig erstellt und betrieben werden können, stellen sie die Hälfte aller mobilen Bohranlagen.

2.3.1 Hubinseln

Als Hubinseln werden schwimmfähige Konstruktionen bezeichnet, deren meist rechteckiges oder dreieckiges Deck auf mehreren Caissonpfählen oder Beinen mit Gitterkonstruktion ruht (Bild 2.5). Die Stützen lassen sich mit zahnstangengetriebenen oder hydraulischen Hubanlagen aus- und einfahren. Im Transit ragen sie hoch über das schwimmende Deck hinaus. Da damit der Schwerpunkt weit über der Plattform liegt, ist – wie in Abschnitt 3.3.2 näher beschrieben – der Stabilitätsumfang gering, so daß Operationen im Schwimmzustand nur unter günstigen Wetterbedingungen durchführbar sind. Hubinseln bis zu einer Operationstiefe von 90 m sind Standard, wobei sich die Stützen einiger Konstruktionen zur Erhöhung der Standfestigkeit im Betrieb schräg ausfahren lassen (Bild 2.5). Einzelne Strukturen sind bis zu einer Wassertiefe von 135 m einsetzbar, Entwicklungen bis zu einer Tiefe von 180 m sind in Vorbereitung [2.8]. Diese Plattformen können auch mehrstöckig sein, wobei sich das Deck über einer auf halber Höhe angeordneten Unterkonstruktion erhebt und der Unterbau teleskopartig aus dem Oberbau ausgefahren wird (Bild 2.5) [2.9].

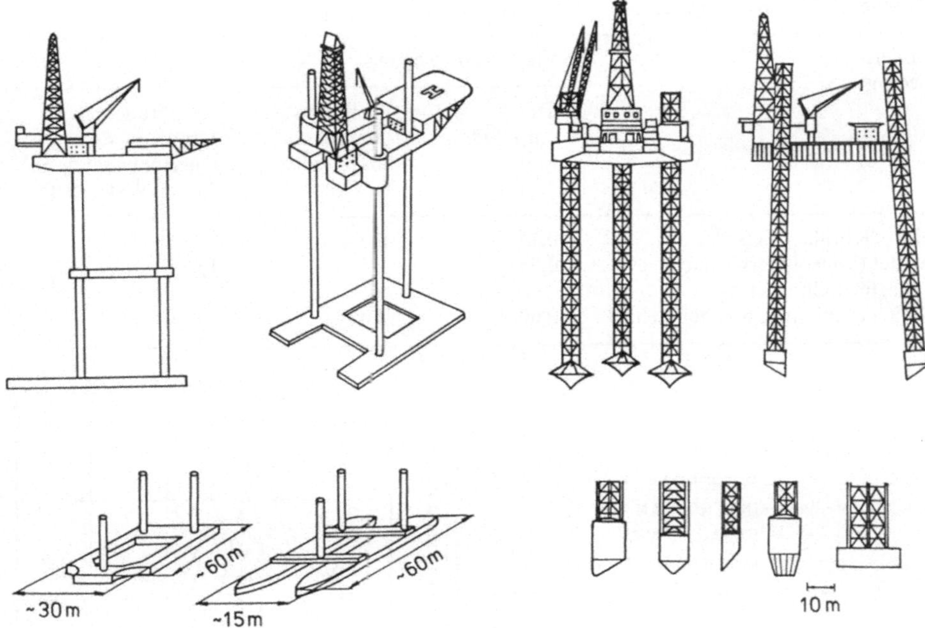

Bild 2.5. Hubinselkonzeptionen (jackup)

Um das Einsinken der Stützbeine in weichem Boden zu begrenzen, besteht deren Fußkonstruktion aus großvolumigen Auftriebskörpern oder einer Fundamentplatte (Bild 2.5). Bei Plattformgewichten von 5 000 bis 20 000 t beträgt die Einzellast pro Stütze 1 000 bis 5 000 t, was in Abhängigkeit von der Fußkonstruktion zu einer Bodenbelastung von ca. 200 bis 300 kN/m^2 führt – Werte, die um den Faktor 10 höher liegen als bei Fundamentplatten [2.6]. Die Bodenplatten, die oft mit Schürzen ausgestattet sind, sinken daher selbst in weichen Böden nur 3 bis 4 m ein, während Einzelstützen bis zu 20 m tief eindringen können. Beim Einziehen der Plattformbeine muß der Boden in der Regel durch eingebaute Hochdruckwasserstrahlsysteme aufgelockert oder verflüssigt werden.

Für Huboperationen im Seegang dürfen die Bewegungen der Plattform die in Tabelle 2.3 zusammengestellten Richtwerte nicht überschreiten [2.1]. Da sich schwimmende Hubinseln hydrodynamisch wie Pontons verhalten, bei mittleren Wellenlängen also der Welle folgen, ist das Absetzen und Anheben oder das Aufschwimmen einer solchen Struktur nur bei geringen Wellenhöhen möglich, wie aus den in Bild 2.6 zusammengestellten Übertragungsfunktionen für Tauchen bzw. Stampfen bei ausgefahrenen Stützbeinen deutlich wird [2.1]. Bereits bei einer Periode von $T = 10$ s, d.h. bei einer Tiefwasserwellenlänge von 156 m entspricht die Tauchbewegung der Wellenbewegung. Beim Stampfen und Rollen sind – insbesondere bei kleineren Hubinseln – Resonanzerscheinungen beobachtbar, die auf Winkelbewegungen führen, die dem Doppelten der maximalen Wellenneigung entsprechen. Diese ist mit $2\pi\zeta_a/L$ durch die Amplitude ζ_a und Länge L der Tiefwasserwelle definiert. Bezogen auf die Wellenamplitude ist sie als

Tabelle 2.3. Grenzbedingungen für Huboperationen nach [2.1]

Boden-bedingung	Plattformbewegung		
	Tauch-amplitude in m	Roll- bzw. Stampf-amplitude in Grad	Amplitude der Längs- bzw. Querschwingung in % der Wassertiefe
Hart (Korallen/Fels)	0,15	0,5	0,5
Mittel (konsolidierter Sand, harter Lehm, Kies)	0,45	1,5	1,0
Weich (Schlamm, weicher Lehm)	0,60	2,0	2,0

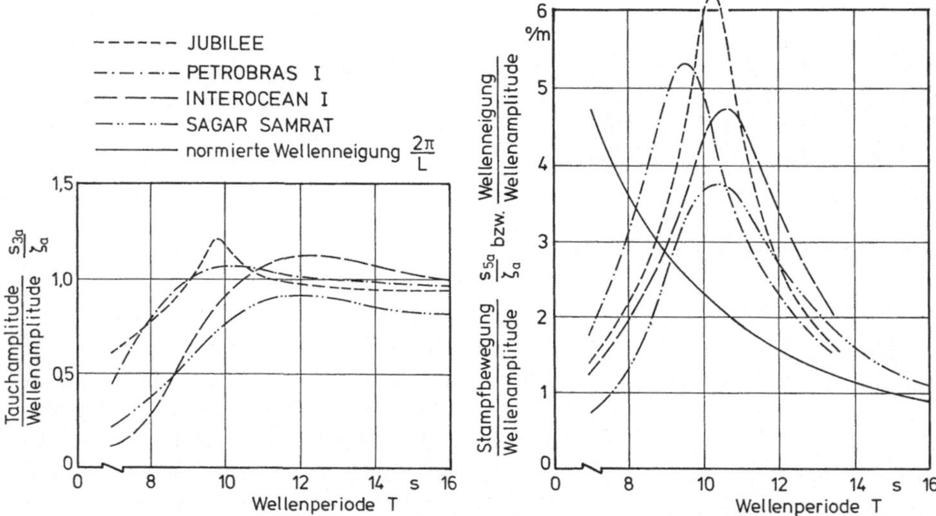

Bild 2.6. Übertragungsfunktionen schwimmender Hubinseln – Plattformbeine etwa auf Operationstiefe ausgefahren – nach [2.1]

normierte Vergleichsgröße $2\pi/L \triangleq 360\,°/L$ in Bild 2.6 dargestellt. Aus der ungünstigen Bewegungscharakteristik schwimmender Hubinseln folgt, daß ihr Einsatz einer sorgfältigen Planung im Hinblick auf aktuelle Seegangs-, Wind- und Strömungsdaten bedarf. Bodenproben sind zur Sicherung der Tragfähigkeit der Stützen zu entnehmen. Besondere Beachtung ist den Seeverhältnissen beim Anheben und Absenken zu widmen, da Knicklasten in den Stützbeinen und überhohe Bodenpressungen durch Stöße auf die Fußkonstruktionen zu vermeiden sind. Vor Huboperationen sind daher oft längere Wartezeiten auf Wetterfenster, d.h. Phasen besseren Wetters, in Kauf zu nehmen. Der wirtschaftliche Anreiz zum Einsatz einer Hubinsel infolge niedriger Erstellungs- und Betriebskosten kann so durch wochenlange Wartezeiten zunichte gemacht werden.

Zur Reduzierung der Strukturbewegung lassen sich einziehbare, horizontale Dämpfungsbleche an der Bordwand anbringen. Bei einigen Plattformen sind im oberen Bereich der Stützbeine stabilisierende Verdrängungskörper integriert, womit sich eine Halbtauchercharakteristik während der Endphase des Aufsetzens auf dem Boden erzielen läßt (vgl. Abschnitt 2.4.2).

Zusammenfassend lassen sich die Vorteile der Hubinseln folgendermaßen charakterisieren:

- Ausreichende Mobilität mit Geschwindigkeiten zwischen 2 und 8 kn, geschleppt oder mit Eigenantrieb,
- exzellente Arbeitsbedingungen im Bohrbetrieb, da die Plattform in angehobener Position keine Starrkörperbewegungen aufweist,
- hohe Wirtschaftlichkeit aufgrund niedriger Erstellungs- und Betriebskosten, vor allem im Vergleich zu schwimmenden Bohrplattformen.

Die Nachteile der Hubinseln sind dagegen:

- Abhängigkeit von Wetterfenstern, d.h. günstigen Seegangsbedingungen über einen längeren Zeitraum, da beim Verholen mit hochgefahrenen Beinen sowie beim Anheben und Absenken des Plattformdecks Schwimmstabilitäts- und Festigkeitsprobleme auftreten. Gegebenenfalls ist die Plattform bei aufkommendem Sturm sofort in Hubposition zu bringen, was bei der Planung der Schlepproute zu berücksichtigen ist. Beschränkung auf das Schelfgebiet, begrenzter Einsatz im Hinblick auf Wassertiefe und Bodenbeschaffenheit,
- schwierige Fundamentierung durch Auskolken des Untergrundes, seitliche Unterspülung der Fußkonstruktion bei Bodenströmungen über 2 kn. Zur Vorhersage der Einsinktiefe der Stützbeine sind umfangreiche Bodenuntersuchungen notwendig.
- Risiko des Totalverlustes der Stützkraft des Fundamentes bei einem unkontrollierbaren Blow-out, da sich der Boden hierbei verflüssigen und die Plattform umkippen kann.

Trotz der zitierten Nachteile, die schon zu spektakulären Unfällen geführt haben, zeichnen sich Hubinseln durch eine hervorragende Bilanz im Hinblick auf ihre Betriebssicherheit aus. Außerdem sind sie die wirtschaftlichsten und leistungsfähigsten Bohranlagen – sofern es Wassertiefe und Wetterbedingungen zulassen.

2.3.2 Pfahlgegründete Stahlplattformen

Für die Produktion von Erdöl und Erdgas sind – vor allem beim Anfahren des Feldes – gelegentlich modifizierte Hubinseln eingesetzt worden. In der Regel werden hierfür jedoch Stahl- oder Betonplattformen größerer Abmessungen konzipiert. Bild 2.7 zeigt Tiefwasserplattformen für den Golf von Mexiko im Vergleich zu den derzeit größten Stahlstrukturen in der Nordsee.

Entsprechend ihrem Aufbau unterscheiden wir das Rahmentragwerk oder Jacket, die Fundamentkonstruktion oder Pfahlgründung und die Deckskonstruktion. Bei der Konzeption des Jacket sind Umweltdaten sowie konstruktive und operative Bedingungen für den Bau, das Schleppen zur Lokation, das Absetzen und Fixieren im Meeresboden sowie die Indienststellung und den Betrieb zu berücksichtigen.

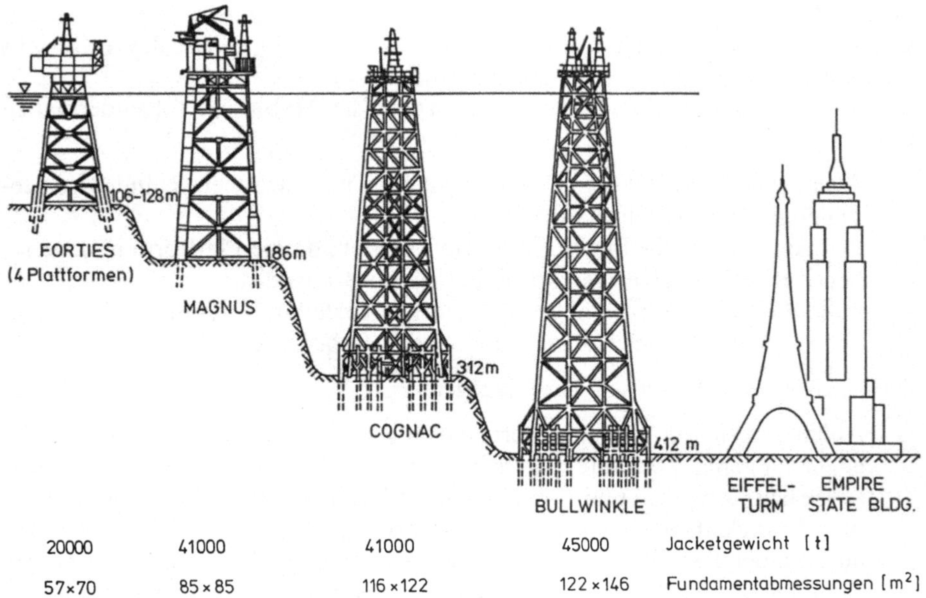

Bild 2.7. Pfahlgegründete Stahlplattformen

Tabelle 2.4. Vergleich extremer Umweltdaten von Nordsee und Golf von Mexiko nach [2.10]

	Nördliche Nordsee	Golf von Mexiko
100-Jahressturm:		
Maximale Wellenhöhe	31 m	22 m
zugeordnete Periode	14...18 s	12...15 s
100-Jahres-Sommersturm:		
Maximale Wellenhöhe	14 m	Weniger rauh als in der Nordsee
zugeordnete Periode	9...11 s	
Größte Strömungsgeschwindigkeit	1,5 m/s an der Oberfläche	0,26 m/s stetig
	0,75 m/s über dem Meeresboden	Im Mississippi-Delta starke Strömungen sowie Erdrutschgefahr
Höchste Windgeschwindigkeit	41 m/s über 10 min (10 m über Meeresspiegel)	45 m/s Dauergeschwindigkeit (60 min)

Da die Strukturen im allgemeinen liegend gebaut werden, bestimmt z.B. die größte Hubhöhe und -kapazität der Baukräne die Fundamentdimensionen. Trotz vergleichbarer Basisabmessungen unterscheiden sich die Stahlplattformen für den Golf von Mexiko und die Nordsee hinsichtlich ihrer Seegangsbelastungen. Wie Tabelle 2.4 zeigt, ist dies auf die erheblich rauheren Umweltbedingungen in der Nordsee zurückzuführen, so daß sich hier nicht nur beträchtlich höhere Horizontalkräfte, sondern auch – trotz der geringeren Wassertiefe – größere Kippmomente ergeben. Zusätzlich sind Betriebsfestigkeitsbelastungen einzubeziehen, wobei die Nordsee als größte „Ermüdungsmaschine" der Welt apostrophiert wird. Die Auslegung der Knotenkonstruktionen hat diesen Gegebenheiten Rechnung zu tragen.

Das Graythorp-Jacket, die Tragkonstruktion für eine der vier Plattformen im Forties-Feld mit Fundamentabmessungen von 70 × 57 m wurde für eine Wassertiefe von 106 m konzipiert. Bei einem Gewicht von 20 000 t trägt es ein 18 000 t schweres Deck und ist mit 36 Pfählen, Durchmesser 1,37 m (54 in.), Gewicht jeweils 200 t, am Meeresboden fixiert. Die Pfähle wurden in Gruppen um die vier Hauptstützen der Plattform durch Führungsöffnungen in den Boden gerammt. Bei einer Eindringtiefe von mindestens 70 m läßt sich die erforderliche Zugbelastung von 27 MN pro Pfahl gewährleisten [2.11].

Das Graythorp-Jacket wurde in liegender Position auf einer 10 800 t schweren, kontrolliert flutbaren Auftriebskonstruktion gebaut, nach Fertigstellung im Trockendock aufgeschwommen, im Huckepackverfahren zur Lokation geschleppt und dort kontrolliert abgesetzt. Die rahmenartige Auftriebskonstruktion wurde anschließend abgesprengt und für die folgenden drei Plattformen im Forties-Feld weiterverwendet.

Im Unterschied zu den Forties-Plattformen ist das Jacket der Magnus-Plattform ohne zusätzliche Auftriebshilfen schwimmfähig, da zwei der Hauptstützen mit einem Durchmesser von 10,5 m sowie ein dazwischen im Fundamentbereich angeordneter, 70 m langer Auftriebskörper mit einem Durchmesser von 8 m einen Auftriebsüberschuß von 195 MN bewirken, so daß sich für das 41 000 t schwere Jacket ein verhältnismäßig geringer Tiefgang ergibt [2.12]. Durch kontrolliertes Fluten einzelner Sektionen wird die Struktur auf Lokation bei 186 m Wassertiefe in die vertikale Position gedreht und auf dem Meeresboden abgesetzt. Zur Fixierung der Plattform mit Fundamentabmessungen von 85 × 85 m werden anschließend um die vier Stützbeine Gruppen von je neun Pfählen in den Meeresboden gerammt und der Ringraum zwischen Führungsrohr und Pfahl mit Mörtel verpreßt. Die 100 m langen und 300 t schweren Pfähle mit einem Durchmesser von 2,13 m sind ca. 80 m tief gerammt und damit jeweils mit 60 MN belastbar. Erforderlich sind ca. 40 MN pro Pfahl, wobei für die beiden Auftriebssäulen eine Last von jeweils 365 MN, für die beiden anderen Säulen jeweils 326 MN angesetzt werden. Hierbei sind das Strukturgewicht einschließlich Deck mit 755 MN sowie die dynamischen Maximalbelastungen von Wind und Seegang mit 9 MN bzw. 130 MN berücksichtigt [2.13]. Letztere führen auf Horizontalbewegungen der Struktur mit Amplituden von ca. 10 cm im Bereich des Meeresbodens.

Für die nördliche Nordsee sind auch für größere Wassertiefen solche selbstschwimmenden Stahlplattformen mit vier oder sechs Hauptstützen und einer Pfahlgründung in Gruppen um diese Stützen geplant. Für eine 365 m tiefe Lokation wurde von einem Firmenkonsortium ein Jacket des Magnustyps mit Basisabmessungen von 120 × 120 m und einer Deckslast von 22 700 t entworfen [2.14]. Die beim Aufschwimmen und Transit tragenden Säulen zeichnen sich nur im unteren Bereich durch extrem hohe Durchmesser aus und verjüngen sich in der Nähe der Wasseroberfläche. Da die Wellenkräfte exponentiell mit der Tiefe abklingen, läßt sich so die Gesamtbelastung reduzieren.

Unter Einbeziehung der Strömungseffekte erfährt die Plattform mit 30 Standrohren (Durchmesser 0,762 m = 30 in.) in einer 100-Jahreswelle eine Horizontalkraft von 137 MN und ein Kippmoment von ca. 37 000 MNm. Das 73 000 t schwere Jacket wird an den vier Hauptstützen mit Pfahlgruppen von jeweils zehn Pfählen – Durchmesser 3,5 m – im Boden fixiert. Lassen sich 75 % der Pfähle auf 81 m und 25 % auf 70 m rammen, so wird im Mittel die erforderliche Zugkraft von 60 MN pro Pfahl erreicht. Die Struktur hat ein Gesamtgewicht von 99 500 t bzw. einschließlich Deckinstallation 122 000 t. Die höchste elastische Eigenperiode liegt bei 5,43 s, d.h. im Bereich häufig zu erwartender Wellen.

Mit einem leichteren Deck (12 500 t) sowie ohne Standrohre läßt sich die Einsatztiefe auf 457 m erhöhen. Bei diesem modifizierten Konzept mit einem Jacketgewicht von 81 700 t reduzieren sich die Dimensionen des Fundaments auf 100 × 100 m, die maximale Horizontalkraft erreicht ca. 80 MN, das Kippmoment 26 700 MNm. Die höchste elastische Eigenperiode liegt hier bei 6,3 s.

In Abhängigkeit von den Bodenbedingungen dürfte damit in 400 bis 450 m Wassertiefe die Grenze für den Einsatz pfahlgegründeter Stahlplattformen in der Nordsee erreicht sein [2.10].

Für den Golf von Mexiko wurde für weniger unwirtliche Umweltbedingungen ein anderer Konstruktionstyp entwickelt. Bild 2.7 zeigt hierzu die Plattformen Bullwinkle und Cognac im Vergleich zum Eiffelturm und Empire State Building. Mit einer Gesamthöhe von 493 m übertrifft die Bullwinkle-Plattform sogar das derzeit höchste Bauwerk der Erde, den Sears Tower in Chicago, um ca. 50 m. Das Jacket besitzt acht Hauptstützen sowie einen Fundamentrahmen mit vertikalen Führungsrohren für sog. Peripheriepfähle. Zwei Mittelstützen laufen parallel und dienen als Gleitschienen für den Stapellauf von speziellen Bargen großer Länge. Diese sind mit Gleitschienen und einer Kippvorrichtung ausgerüstet. Wie in Bild 2.8 dargestellt, wird die Struktur für den Transit auf der Barge befestigt. An der Lokation wird sie über das Heck der Barge zu Wasser gelassen, wobei sie mit Winden so lange nach achtern verholt wird, bis die Gleitbewegung einsetzt und das Jacket über eine adaptive Kippvorrichtung ins Wasser abläuft. Hierbei können das Heck der Barge bis zu 15 m unter die Wasseroberfläche gedrückt werden und Auflagerkräfte von 400 MN an der Kippvorrichtung entstehen [2.15]. Da solche Operationen innerhalb 1 min ablaufen, sind neben den wechselnden hydrostatischen Belastungen erhebliche dynamische Beanspruchungen zu berücksichtigen. Wie Bild 2.8 zeigt, liegt das Jacket nach dem Stapellauf stabil im Wasser, wobei der Auftriebsüberschuß ca. 10 bis 20 % beträgt. Mit Hilfe eines Schwimmkrans, unterstützt durch kontrolliertes Fluten, wird die Struktur aufgerichtet und auf dem Meeresboden abgesetzt, wobei spezielle Fundamentplatten, sog. „mudmats“, im Bodenrahmen eine gleichmäßige Auflage garantieren. Unmittelbar im Anschluß hieran werden Pfähle durch die Plattformhauptstützen gerammt, wobei Durchmesser von 1,83 m (72 in.) und Rammtiefen von 135 m typisch sind. Diese Pfähle werden bis auf unterschiedliche Plattformhöhen geführt. Mit zusätzlichen Peripheriepfählen (Durchmesser 2,13 m), die bis zur Oberkante der Bodensektion reichen, werden so die mit den Seegangsbelastungen variierenden Wechselkräfte in verschiedene Ebenen der Struktur eingeleitet. Kraftschlüssige Verbindungen ergeben sich durch Verpressung der Zwischenräume von Pfählen und Stützen mit Zementschlämme. Zahl, Anordnung, Durchmes-

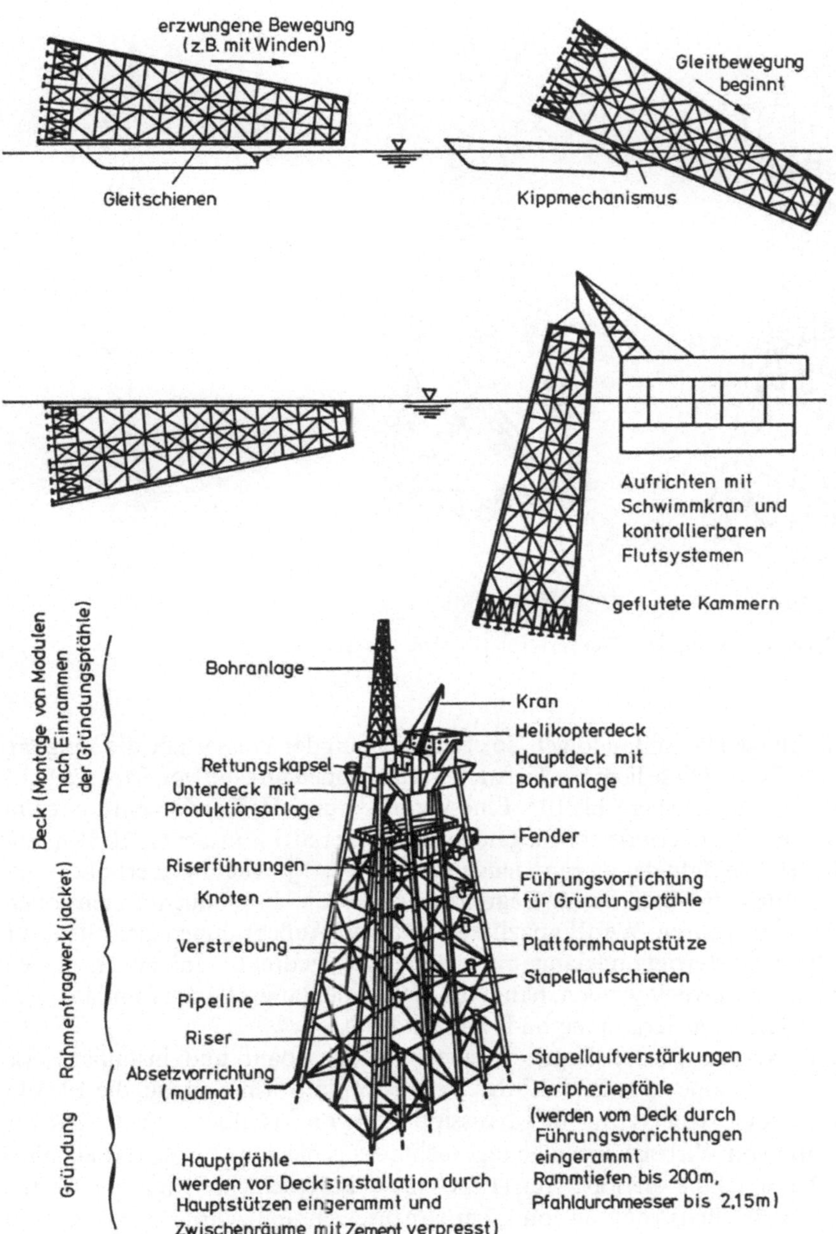

Bild 2.8. Installationsphasen pfahlgegründeter Stahlplattformen

ser und Rammtiefe der Pfähle hängen von Umweltbedingungen und Bodeneigenschaften an der Lokation ab.

Gehen wir davon aus, daß Größe und Gewicht des Decks durch die Zahl der Bohrtürme und Standrohre sowie die Produktionskapazität vorgegeben sind, und die maximalen Dimensionen des Fundamentes aus den fertigungsbedingten

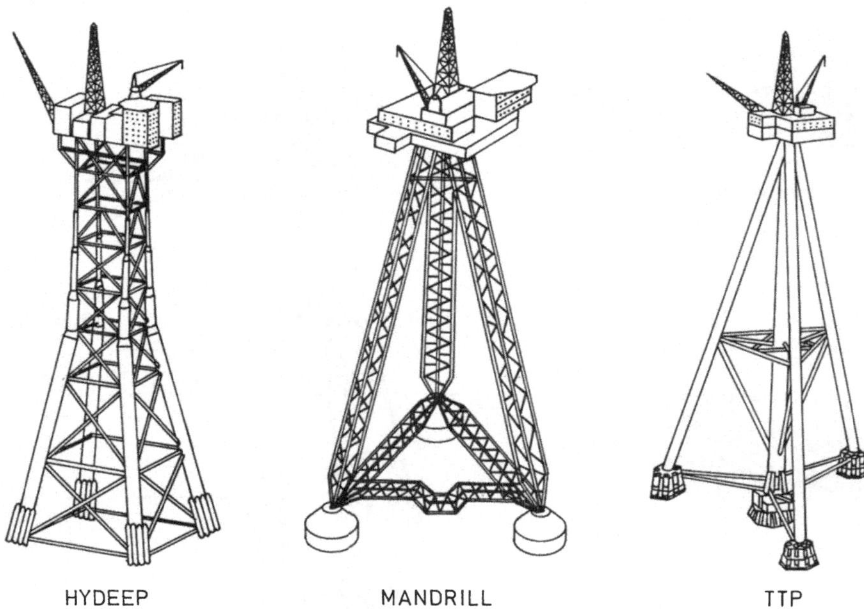

Bild 2.9. Neuentwicklung von Tiefwasserplattformen aus Stahl

Einschränkungen beim Bau folgen, so ergibt sich mit der Wassertiefe die Neigung der Hauptstützen. Diese liegt bei Tiefwasserplattformen im Golf von Mexiko bei 4 bis 5 °, in der Nordsee bei 8 bis 10 °. Eine Vergrößerung der Fundamentbreite um 10 % setzt die Eigenperiode der Biegeschwingung der Struktur um ca. 10 % herab und reduziert die Zahl der zu rammenden Pfähle [2.15]. Allerdings erhöhen sich hierdurch auch die Baukosten. Begrenzt werden die Fundamentdimensionen durch die verfügbaren Werftkapazitäten. Da die Außenrahmen der Struktur abschnittsweise gefertigt und dann – in die Vertikale gedreht – mit dem nächsten Rahmenteil verschweißt werden, hängt die maximale Baugröße des Fundamentes von der verfügbaren Kranhöhe und -kapazität ab.

Jackets werden in der Regel in einem Stück gebaut und installiert. Als wichtigste Ausnahme zeigt Bild 2.7 die Tiefwasserplattform Cognac, die 1978 in einer Wassertiefe von 312 m im Mississippi-Canyon installiert wurde. Da für dieses häufig von Wirbelstürmen heimgesuchte Seegebiet eine Entwurfswellenhöhe von 22 m und eine -periode von 11,5 s, eine Windgeschwindigkeit von 77 m/s und eine Oberflächenströmung von 1,2 m/s anzusetzen sind, wurde die Struktur in drei Teilen konzipiert. Zunächst wurde eine ca. 14 000 t schwere Fundamentkonstruktion von Kranschiffen abgesenkt und mit 24 Pfählen auf dem Meeresboden fixiert. Die Pfähle – mit einem Durchmesser von 2,13 m (84 in.), einer Länge von 190 m und einem Gewicht von jeweils 360 t – wurden einzeln eingeschleppt, am Einsatzort geflutet, an Leitseilen abgesenkt und vertikal – im Mittel bis zu einer Tiefe von 137 m – in den Meeresboden gerammt sowie in die Führungsrohre einzementiert, um die pro Pfahl zu erwartende Querkraft von 2,6 MN und die Axiallast von 35 MN in weichem Ton aufnehmen zu können [2.16–2.19]. Unter

Entwurfsbedingungen – bei 22 m hohen Wellen – erfährt die Plattform in 312 m tiefem Wasser eine Horizontalkraft von 63,4 MN. Im Vergleich hierzu – die Horizontalkraft auf die Magnus-Plattform in 186 m Wassertiefe bei 31 m hohen Wellen beträgt 140 MN – sind die Nordseeverhältnisse ungleich rauher. Nach Fixierung der Bodensektion, die mit einer Höhe von 53 m aufrecht gebaut werden konnte und daher die ungewöhnliche Größe von 122 × 116 m aufweist, wurde die Mittelsektion – Gewicht 8 000 t – und die oberste Sektion – Gewicht 11 000 t – abgesenkt und alle Bauteile zunächst mit temporären, hydraulischen Verbindungselementen verklammert. In die Hauptstützen wurden anschließend durchlaufende Rohre mit einem Durchmesser von 1,8 m – Gesamtgewicht 5 900 t – eingeführt und über die Gesamtlänge einzementiert [2.20, 2.21]. Mit der 2 000 t schweren Decksunterkonstruktion und den 10 800 t schweren Rammpfählen erreicht die Cognac-Plattform ein Gesamtgewicht von 51 700 t. Einschließlich der Decksinstallation mit 11 000 t und Standrohren mit 7 000 t, ist die Struktur damit die größte und schwerste Offshore-Konstruktion der 70er Jahre. Allein das Jacket kostete 275 Mio. US $, die Entwicklung des gesamten Feldes mit einer täglichen Kapazität von 8 000 m^3 Öl und 2,8 Mio. m^3 Gas 800 Mio. US $. Mit 67 Mio. US $ Jacketkosten und 500 Mio. US $ Gesamtkosten ist dagegen die Entwicklung des Hondo-Feldes mit einem zweiteiligen Jacket in 259 m Wassertiefe vergleichsweise billig [2.21], was jedoch u.a. durch die milderen Umweltbedingungen im Santa Barbara Kanal vor der kalifornischen Küste bedingt ist.

In den 80er Jahren werden mit der Bullwinkle-Plattform auf der Lokation Green Canyon – Block 65 – im Golf von Mexiko Wassertiefen von 400 m überschritten. In Planung sind feste Stahlplattformen mit 40 Standrohren für 490 m tiefe Lokationen bei einer Entwurfswellenhöhe von 23 m und einer -periode von 13 s, bei Windgeschwindigkeiten von 76 m/s und Strömungen von 1,2 m/s. Für ein solches Jacket mit Fundamentabmessungen von 120 × 150 m und einem Gewicht von 67 000 t werden Wind-, Strömungs- und Seegangskräfte von ca. 55 MN sowie ein Kippmoment von 23 500 MNm veranschlagt. Diese Belastungen werden durch Haupt- und Peripheriepfähle mit einem Gesamtgewicht von 16 300 t auf den Untergrund übertragen [2.22]. Bis zu dieser Grenzwassertiefe gelten pfahlgegründete Stahlplattformen im Golf von Mexiko als wirtschaftliche Lösung [2.23]. Zum Transport solcher Riesenstrukturen sind Bargen mit 300 m Länge und 60 m Breite für eine Zuladung von 70 000 t geplant [2.15, 2.24]. Mit der derzeit größten Barke, Heeremas H-851 (260 m × 63 m × 15 m) wurde die Bullwinkle-Plattform auf Lokation gebracht und – über eine Kippvorrichtung am Heck – zu Wasser gelassen.

Mit den in Bild 2.7 skizzierten Stahlplattformen wurden die wichtigsten, für die Nordsee und den Golf von Mexiko realisierten Strukturen vorgestellt. Um das mit zunehmender Wassertiefe überproportional wachsende Kippmoment aufzunehmen, gibt es folgende Möglichkeiten:

- Vergrößerung des Fundaments,
- Erhöhung der Zahl der gerammten Pfähle und der Belastbarkeit des einzelnen Pfahls (größere Durchmesser und Rammtiefe).

Bei allen bisher beschriebenen Jackets sind die Stützen gerade und stehen bei extremen Wassertiefen nahezu senkrecht. Als Alternative zeigt Bild 2.9 konzeptionelle Neuansätze, bei denen die Plattformbeine höhere Neigungen gegenüber der Vertikalen aufweisen. Bei der von Norsk Hydro konzipierten Hydeep-Plattform sind die Hauptstützen geknickt; sie verlaufen im oberen Bereich vertikal und spreizen sich in mittleren Tiefen mit so großen Neigungswinkeln ab, daß der Schnittpunkt der Achsen der unteren Hauptstützen in gleicher Ebene liegt wie der Angriffspunkt der Seegangslasten [2.25]. Hierdurch werden die äußeren Belastungen im wesentlichen auf die Plattformstützen übertragen und die dazwischen liegenden Verstrebungen und Knoten entlastet. Dies wirkt sich günstig auf das Betriebsfestigkeitsverhalten der Strukturkomponenten aus.

Die zweite, in Bild 2.9 gezeigte Konzeption ist die von einem deutschen Firmenkonsortium vorgestellte Plattform Mandrill 400. Sie ist eine auffaltbare Tetraederstruktur mit Betongründungskörpern [2.26, 2.27, 2.108]. Die Konstruktion besteht aus einem steifen Grundrahmen mit zwei fachwerkartigen Hauptstützen und einer festen Quertraverse, an dem die dritte Hauptstütze sowie ein ausfaltbarer Dreiecksrahmen gelenkig angeschlagen sind. Im Transit schwimmt der steife, A-förmige Grundrahmen horizontal an der Wasseroberfläche, das dritte Bein und die bewegliche Traverse sind angeklappt. An der Lokation wird zunächst die bewegliche Traverse durch Fluten abgesenkt. Durch Ballastieren läßt sich anschließend die mittlere Stütze abklappen, wobei diese in einer Kulisse der ausgefahrenen Traverse geführt ist. Nach dem Auffalten wird die Struktur durch weiteres Fluten in die Vertikale gedreht und abgesenkt.

Die dritte Struktur in Bild 2.9, die von einer holländischen Firma konzipierte „Tripod Tower Platform (TTP)“ ist eine ausgesteifte Tetraederkonstruktion mit einer vertikalen Mittelsäule [2.26, 2.28], deren drei weit auseinanderliegende Gründungskörper mit gerammten Pfählen im Meeresboden fixiert werden. Zur Montage wird zunächst die sternförmige Gründungskörperkonfiguration auf den Boden gesenkt, dann die Mittelsäule montiert und schließlich werden die drei schrägen Stützbeine abgesenkt und in einem zentralen Knotenpunkt unter der Wasseroberfläche verbunden. Die Plattform gilt als Strukturalternative für das 340 m tiefe Troll-Feld im Norwegischen Tiefseegraben [2.29]. Eine kleinere Plattform dieses Typs ist vor der holländischen Küste im Helder-Feld bei 30 m Wassertiefe in Betrieb [2.30].

2.3.3 Schwerkraftgegründete Plattformen

Geeignete Bodenbedingungen bis in tiefste Schichten sowie kurze Montagezeiten innerhalb eines Wetterfensters sind unabdingbare Voraussetzungen für Pfahlgründungen. Als Alternative sind vor allem in der Nordsee im Bereich überkonsolidierter Böden Produktionsplattformen zum Einsatz gekommen, bei denen aufgrund extremer Fundamentabmessungen und des großen Gewichts keine zusätzlichen Einrichtungen zur Gründung des Bauwerks notwendig sind. Bild 2.10 zeigt unterschiedliche Bauformen solcher Plattformen. Die Condeep-Plattform im Brent-Feld mit 142 m Wassertiefe wurde für 30 m hohe Wellen, eine Oberflächenströmung von 1,5 m/s und eine Windgeschwindigkeit von 56 m/s entworfen. Die Hauptmasse ist in dem ca. 50 m hohen Speichertank aus 16 zylindrischen Elementen mit einem Durchmesser von jeweils 20 m konzentriert. Auf diesem Fundament erheben sich drei Säulen gleichen Durchmessers, die sich

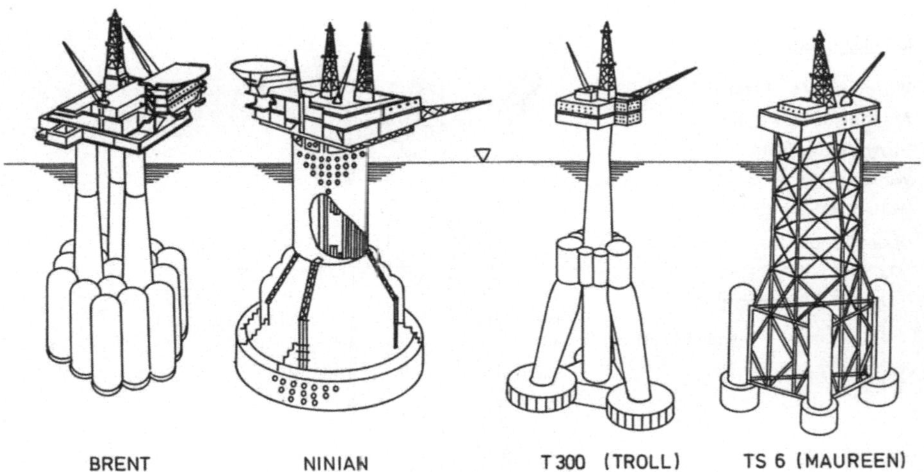

Bild 2.10. Schwerkraftgegründete Beton- und Stahlplattformen

im Bereich der Wasseroberfläche auf 12 m verjüngen und das Stahldeck mit Bohrturm, Mannschaftsunterkünften und Produktionseinrichtungen tragen. Die Tanks werden in der Regel zur Zwischenspeicherung geförderten Erdöls verwendet und bei Leerung mit Wasser ballastiert. Wie Bild 2.11 zeigt, befinden sich der Produktionsriser sowie die übrigen Zu- und Ableitungen für Öl in einer der Säulen, in einer anderen sind entsprechende Rohranlagen für Wasser installiert, durch die dritte Säule lassen sich Bohrungen niederbringen. Für die Produktion sind bis zu 48 Standrohre mit einem Durchmesser von 0,76 m (30 in.) vorgesehen.

Mit Ballast erreichen Stahlbetonplattformen ein Gesamtgewicht von 200 000 bis 815 000 t. Windlasten von 10 MN auf Deck und Aufbauten, Wellenkräfte von 120 MN auf die Säulen und 330 MN auf den Unterwassertank sind typische Werte in einem 100-Jahressturm. Mit einer horizontalen Gesamtkraft von 460 MN und einem Kippmoment von 23 000 MNm sind die Spitzenbelastungen für eine Stahlbetonplattform etwa 2- bis 3mal höher als bei einer vergleichbaren Stahlplattform. Unter ihrer Wirkung erfährt die Struktur Schaukelbewegungen (rocking), deren Amplituden an der Peripherie bei 20 cm, auf Deck bei 50 cm liegen [2.6].

Auch die Ninian-Plattform besteht aus einem voluminösen Caisson auf dem Meeresboden und einer monolithischen Struktur als Unterbau für das Deck. Charakteristisch für diesen Bautyp ist ein perforierter Schutzmantel um den Speichertank und die Säule. Hierdurch wird etwa zu gleichen Teilen die Seegangsenergie reflektiert und dissipiert. Weiterhin baut sich um das Fundament im Wellenfeld eine Sekundärströmung auf, die am Meeresboden auf das Bauwerk zuläuft und daher Erosion im Bereich der Sohle vermeiden hilft.

Im Unterschied zur Pfahlgründung sind bei der Schwerkraftgründung die horizontalen und vertikalen Kräfte sowie das Moment von den oberen Bodenschichten aufzunehmen. Neben den hohen Gewichtskräften sind die beträchtlichen Wechselbelastungen im Seegang zu berücksichtigen. Hierbei ist vor allem zu

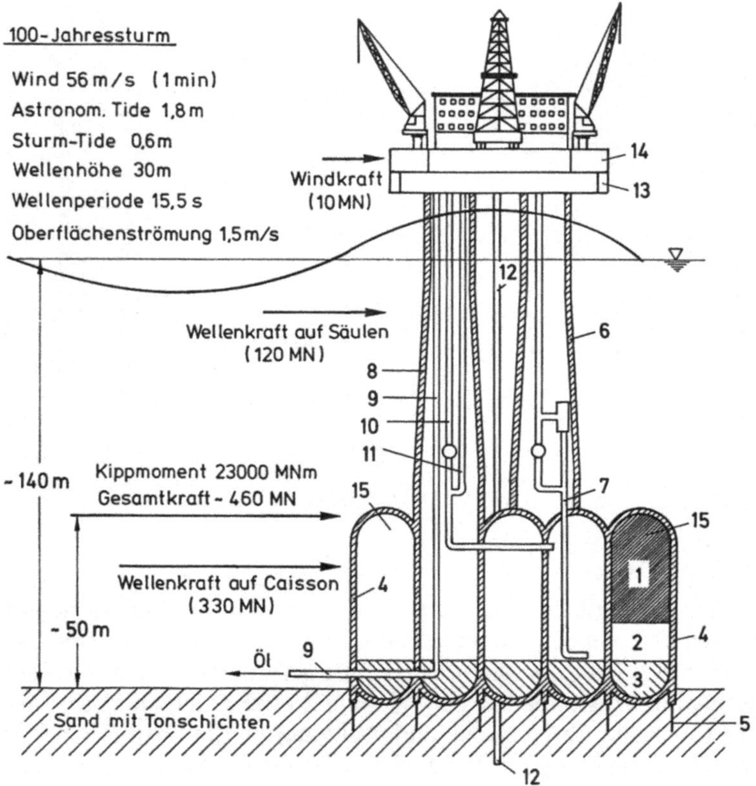

Bild 2.11. Details einer Betonplattform. *1* Öl; *2* Wasser; *3* Ballast; *4* Spannbeton; *5* Stahlschürze; *6* Wassersäule; *7* Wasserzu- und -ableitung; *8* Ölsäule; *9* Produktionspipeline; *10* Ölableitung vom Speichertank; *11* Ölzuleitung zum Speichertank; *12* Standrohre (Conductors) bei Condeep-Plattformen im Inneren einer Säule; *13* Decksunterkonstruktion (Stahl); *14* Stahldeck; *15* Ölspeichertank

gewährleisten, daß die Struktur nicht auf oder mit der obersten Bodenschicht abgleitet. Die Schaukelbewegungen infolge der Wechselmomente, hohe Belastungen an den Fundamentkanten, Erosion und schließlich die Verflüssigung des Meeresbodens durch kontinuierliche Wasseraufnahme im Korngerüst können zu partiellem oder totalem Versagen der Gründung führen. Der Gründungskörper ist daher mit Stahlschürzen bewehrt, die in den Meeresgrund eindringen. Da stabile Bodenschichten erreicht werden müssen, können diese Schürzen in Abhängigkeit von der Schichtenstruktur mehrere Meter tief reichen und werden durch das hohe Plattformgewicht in den Meeresboden gedrückt. Damit ergibt sich der in Bild 2.11 gezeigte Detailaufbau des Gründungskörpers einer Condeep-Plattform: Die Fundamentplatte mit sphärischen Böden ist mit Stahlschürzen bestückt. Sie wird in einem Trockendock gefertigt und in einen Fjord ausgeschwommen, wobei unter die Schürzen als Auftriebshilfe Druckluft eingeblasen wird [2.117]. Am neuen Tiefwasserbauplatz werden die einzelnen Zellen des Caissons und die Säulen in Gleitschaltechnik hochgezogen und die zylindrischen Öltanks nach Einbringen von Ballast auch oben durch sphärische Deckel abgeschlossen, ferner die Säulen bis zur Endhöhe fertiggestellt. Selbstverständlich nimmt der Tiefgang mit fortschreitendem Bauzustand zu, wobei in allen Phasen eine stabile Schwimmlage zu garantieren ist. Nach Fertigstellung und Ballastierung der Unterkonstruktion wird diese in tiefere Gewässer geschleppt und abgesenkt, um das auf Pontons montierte Stahldeck darüber einzuschwimmen und aufzusetzen. In weitgehend einsatzbereitem Zustand, d.h. mit fertig installiertem Deck, wird die Plattform in aufrechter Position zur Lokation verholt und dort abgesetzt. Der erste Bodenkontakt erfolgt über lange Stahlstifte, sog. „dowels", die die schwimmende Struktur zum Stillstand bringen. Erst dann wird der endgültige Absenkprozeß eingeleitet, wobei bei weiterem Ballastieren durch Fluten der Speichertanks die Schürzen tief in den Boden gedrückt und auch der Betongründungskörper entsprechend der Bodentragfähigkeit eingebettet wird.

Beim Schleppen der Plattform mit extrem hohem und veränderlichem Tiefgang ist zu gewährleisten, daß die Wassertiefe auf dem gesamten Weg zur Lokation ausreichend ist. Bei zunehmender Operationstiefe läßt sich diese Forderung in Verbindung mit ausreichender Schwimmstabilität immer schwerer erfüllen. Lösungsansätze zeigt das Konzept Condeep T 300, das für Wassertiefen bis 350 m entwickelt und mit einem Decksgewicht von 6 000 t als Alternative für das Norwegische Troll-Feld konzipiert wurde. Wie in Bild 2.10 zu erkennen, ruht die Struktur auf drei miteinander verbundenen Einzelfundamenten mit Schürzen, die in weichem Boden bis zu 20 m tief reichen, wobei die Plattform selbst während ihres ca. 50jährigen Betriebes durch ihr hohes Eigengewicht zusätzlich um 3 bis 5 m einsinken kann [2.10]. In Gleitschalung werden die drei geneigten Hauptstützen gegossen. In einem Großversuch konnte ein Neigungswinkel von 11 ° realisiert werden, so daß die gewählte Bauweise auch für die hier vorgesehene 16 ° Neigung Erfolg verspricht. Die drei geneigten Stützen laufen mit einer vertikalen Mittelstütze in einem Knotenbereich, dem sog. „Riegel", zusammen, der zusätzlichen Auftrieb liefert, so daß die Struktur mit voll ausgerüstetem Deck bei begrenztem Tiefgang in stabiler Schwimmlage zur Lokation geschleppt werden kann.

Durch Vergrößerung der Fundamentdimensionen lassen sich schwerkraftgegründete Plattformen auch aus Stahl bauen [2.31], wie die für das Maureen-Feld vorgesehene Struktur Tecnomare TS 6 in Bild 2.10 illustriert. Da das Gesamtgewicht des Bauwerks wesentlich geringer ist als bei Betonstrukturen, sind Tiefgangsbeschränkungen nicht gravierend. Wie bei den Betonplattformen lassen sich die Auftriebskörper als Speichertanks nutzen. Kritisch dürfte jedoch die Verbindung großvolumiger Elemente mit der filigraneren Stahlstruktur sein, vor allem, was Betriebsfestigkeitsprobleme betrifft. Tief in den Boden eindringende Schürzen sind wiederum für die Übertragung der horizontalen Wind-, Seegangs- und Strömungskräfte auf den Boden vorgesehen.

Bei der Festlegung der Gesamthöhe der Konstruktion ist zu gewährleisten, daß selbst die höchste Welle klar unter dem Deck durchlaufen muß. Für die Bemessung sind folgende Einzelbeiträge zu berücksichtigen:

– Zur theoretischen Wassertiefe vom Meeresboden zum Niedrigstwasserstand (SKN, siehe Abschnitt 5.2.3) – Meßtoleranz 1 m – sind die astronomische (0 bis 3 m) sowie die Sturmtide (<0,6 m) zu addieren.

- Über diesem Höchstwasserstand bauen sich Wellenberge auf. Für besonders hohe Wellen ist davon auszugehen, daß die Wellenberge kürzer und steiler als die -täler sind. Für die Amplitude des Kamms der 100-Jahreswelle ist ca. 60 % ihrer Höhe anzusetzen.
- Läuft eine solch lange und hohe Welle über den Speichertank einer Betonplattform, d.h. über eine Bodenstufe von 20 bis 50 m Höhe, so steilt sie sich zusätzlich um 0,5 bis 3 m auf.
- Zwischen Wellenberg und Decksunterkante verengt sich der Querschnitt, die Windströmung läuft wie durch eine Düse. Dies führt auf eine Vergrößerung der örtlichen Windgeschwindigkeit sowie – nach der Bernoulli-Gleichung (siehe Abschnitt 3.1) – auf ein Unterdruckfeld im Bereich des Wellenkamms. Dies kann zu einer weiteren Aufsteilung der Welle bis zu 0,5 m führen.
- Nach dem Absetzen der Struktur auf dem Meeresboden dringt diese je nach Bodenbeschaffenheit um ca. 0,5 m ein. Durch Langzeitsenkungen können Betonplattformen um weitere 0,5 m absinken.
- Schließlich kann sich der Meeresboden insgesamt infolge der aus dem Untergrund abgezogenen Ölproduktion um 0,5 bis 1 m, in tektonischen Ausnahmefällen (Ekofisk) sogar um 3 bis 6 m, absenken.

Nach Berücksichtigung aller Einflußgrößen ist ein Sicherheitsluftspalt zwischen Wellenkamm und Decksunterkante von 1,2 m erforderlich.

Als Kriterien, die zur Entscheidung für eine Stahl- oder eine Betonplattform benötigt werden, sind primär die Bodeneigenschaften bezüglich

- horizontaler Scherfestigkeit,
- Tragfähigkeit,
- Kurz- und Langzeitsenkung,
- Verhalten unter oszillierender Belastung (Fluidisierung),
- Kolk- und Erosionsgefahren,

zu diskutieren [2.32]. Alternativ ist zwischen Pfahlgründung und Schwerkraftgründung zu unterscheiden. Für weiche Böden mit einer Tragfähigkeit unter 3 N/cm^2 ist keine der Gründungsalternativen ideal. Finden sich allerdings unmittelbar darunter härtere Schichten, so lassen sich Schürzen der Caissons entsprechend dimensionieren. Andernfalls ist eine Pfahlgründung bis in tiefere, tragfähigere Schichten vorzusehen. Das Rammen der Pfähle erfordert Zeit. Während dieser Bauphase können Stürme mit erheblichen Belastungen für die Konstruktion auftreten, was gegebenenfalls zu unkontrolliertem Einsinken oder Kippen führen kann. Es ist daher ein Mindestzeitraum mit günstigem Wetter erforderlich, um zu einer ausreichenden Grundfixierung zu kommen. Die vollständige Pfahlgründung muß vor den Winterstürmen, d.h. während des Sommerwetterfensters, abgeschlossen sein. Läßt sich dies nicht garantieren, so sind Schwerkraftgründungen zu bevorzugen, die im übrigen für härtere und ebene Böden prädestiniert sind. Betonplattformen können vollständig in Küstennähe gebaut und voll ausgerüstet auf Lokation geschleppt werden, so daß die Bohr- und Produktionstätigkeit unmittelbar nach dem Absetzen auf dem Meeresboden aufgenommen werden kann. Am Bauplatz und im Transit bis zur Lokation sind allerdings große Wassertiefen erforderlich, so daß dieser Plattformtyp im wesentlichen auf die Nordsee mit ihren küstennahen, tiefen Fjorden beschränkt bleibt. Die hohe Masse führt zwangsläufig auf große Abmessungen, so daß sich die Säulen zur Unterbringung von Risern und Standrohren, die Caissons als Ölspeicher anbieten. Hierbei treten u.U. thermische Probleme auf, da das geförderte Öl um 40 °C wärmer ist als Seewasser.

Der hohe Entwicklungsstand und die weite Verbreitung der Stahlplattformen ist vor allem darauf zurückzuführen, daß diese Technologie über mehr als 40 Jahre perfektioniert werden konnte, wobei die kostenträchtigen Offshore-Arbeiten durch den Einsatz von Halbtaucher-Kranfahrzeugen mit Hubkapazitäten über 10 000 t immer wirtschaftlicher werden, da das Deck aus wenigen großen, an Land gefertigten Modulen montiert werden kann. Mit diesem Verfahren können bei kleineren Plattformen das Jacket und – nach Abschluß der Pfahlgründung – das gesamte Deck in einem einzigen Arbeitsgang installiert werden.

Einsatzgrenzen für feste Plattformen ergeben sich mit wachsender Wassertiefe. Als Alternative für Produktionsplattformen mit großen Einsatztiefen bieten sich nachgiebig verankerte Strukturen an. Für Explorationstätigkeiten werden schwimmende Plattformen bevorzugt, da sie mobil und vielseitig einsetzbar sind.

2.4 Schwimmende Konstruktionen

In allen Bereichen der Meerestechnik, vor allem aber bei der Exploration von Lagerstätten, sind schwimmende Konstruktionen im Einsatz. Zur Ankerverlegung sowie zur Versorgung von Offshore-Operationen werden Spezialschiffe eingesetzt. Aus der Vielfalt schwimmender Strukturen wählen wir für die folgenden Abschnitte Bohrschiffe, Halbtaucher sowie Ladebojen und Speichertanks aus. Mit schwimmenden Anlagen beschäftigen wir uns auch im Abschnitt 2.6 über Einpunktverankerungen und schwimmende Produktionssysteme.

2.4.1 Bohrschiffe

Bohrschiffe sind in der Regel Schiffe mit hohem sog. Blockkoeffizienten, d.h., das Verhältnis ihrer Verdrängung zum Produkt von Länge, Breite und Tiefgang ist hoch. Sie zeichnen sich durch ein völliges Vorschiff und ein entsprechendes Achterschiff mit Spiegelheck aus. Hierdurch ergibt sich ein langes paralleles Mittelschiff, Querstrahl- und Doppelschraubenantriebe für dynamische Positionierung lassen sich gut unterbringen. Schlingerkiele sind üblich, in einigen Fällen werden auch geteilte Achtersteven vorgesehen, um Bewegungen im Seegang zu reduzieren, was allerdings zu Lasten der Fahrtgeschwindigkeit und Steuerfähigkeit geht. Im Vergleich zu anderen schwimmenden Bohrplattformen haben Schiffe hohe Zuladekapazität, vor allem auch im Decksbereich, benötigen keine Ankerschlepper und können große Entfernungen in kurzer Zeit bewältigen.

Bohrschiffe werden in der Regel bei Wassertiefen bis 300 m über der Lokation sternförmig verankert und können damit ihre Ausrichtung relativ zur Wind- und Seegangsrichtung nur wenig ändern. Da gerade bei Schiffen wegen ihrer beträchtlichen Rollbewegungen in schwerem Wetter und der hieraus folgenden

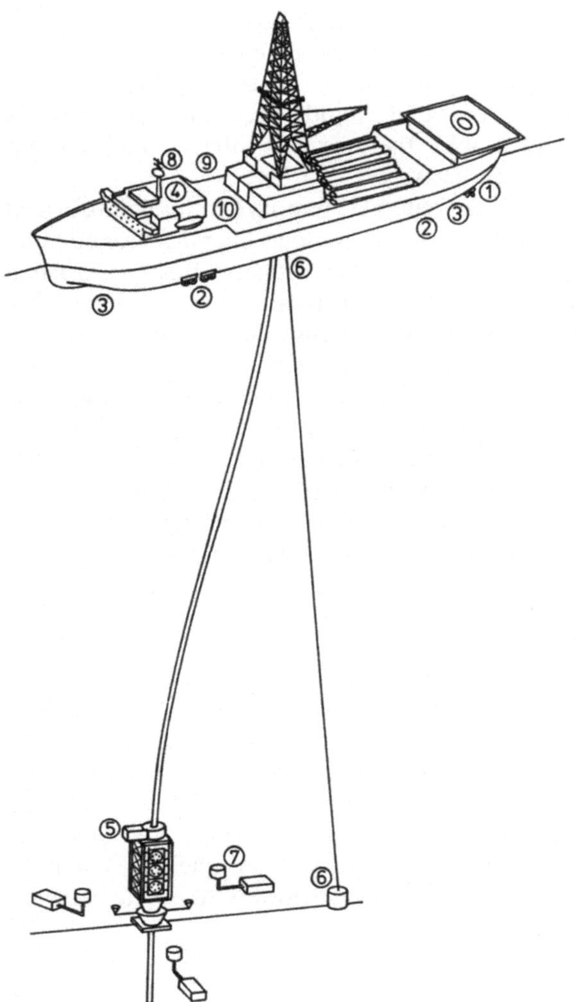

Bild 2.12. Bohrschiff (drill ship) SEDCO 445: Länge 135,7 m, Breite 31,4 m, Seitenhöhe 9,8 m, Verdrängung 11 700 bis 15 100 t, bei Tiefgang 6 bis 7,5 m, Decklast 65 MN, Rollperiode 12 bis 13,5 s. *1* zwei Hauptantriebsanlagen; *2* acht Düsenpropeller; *3* drei Querstrahlpropeller; *4* zwei Prozeßsteueranlagen; *5* Riserwinkelanzeige am Kugelgelenk; *6* Spanndraht mit Winkelanzeige; *7* akustischer Positionsgeber; *8* Windsensoren; *9* Seegangs- und Strömungssensoren; *10* Schiffsbewegungsaufnehmer

Einschränkung des Bohrbetriebs ein Drehen in Wetterrichtung wünschenswert ist, wurde für die sog. „Discoverer-Klasse" eine spezielle Drehkranzverankerung entwickelt, bei der die gesamte Bohranlage mit Zentralschacht im Schiffskörper drehbar gelagert ist, und die Trossen unter Wasser am Innenring dieses Rollenlagers angeschlagen sind [2.1]. Hiermit kann das Schiff bei unveränderter Verankerungsgeometrie in die bewegungsgünstigste Position gegen die jeweilige Hauptwetterrichtung gedreht werden. Ähnliche Vorzüge weist die dynamische

Tabelle 2.5. Einsatzgrenzen eines Bohrschiffes nach [2.33]

Offshore-Tätigkeit	Maximal zulässige, signifikante Wellenhöhe (m) bei Ausrichtung des Schiffes zur Hauptwetterrichtung			
	0...20°	30°	60°	90°
Bohren	5,2	4,9	3,7	3,1
Gestängeziehen	7,3	6,4	4,0	3,7
Futterrohre einbringen	4,3	4,0	2,7	1,8
Setzen des BOP	3,7	3,1	1,8	1,2
Abkoppeln des Risers	6,1	5,5	4,0	3,4
Wiederankoppeln des Risers	3,4	3,1	2,1	1,2

Positionierung auf, die bei Wassertiefen von ca. 300 m bis weit über 2 000 m gebräuchlich ist. Hierbei wird das unverankerte Schiff mit drehbaren Düsenpropellern in beliebiger Ausrichtung über der Lokation gehalten. Bild 2.12 zeigt ein solches Schiff mit zugehörigen Positionierungseinrichtungen [2.33].

Die Einsatzgrenzen eines solchen Bohrschiffs sind in Tabelle 2.5 nach [2.33] zusammengefaßt. Als Kriterium für die maximal zulässigen Seegangsbedingungen für die jeweilige Offshore-Tätigkeit ist die kennzeichnende oder signifikante Wellenhöhe angegeben, die als Mittelwert der 33 % höchsten Wellen eines Seegangs definiert ist. Wie in Abschnitt 5.2.1 näher ausgeführt, können wir hieraus auf Extremwerte schließen. Aus der Tabelle wird deutlich, daß die Möglichkeit, die Ausrichtung des Bohrschiffs zu optimieren, die Einsatzmöglichkeiten beträchtlich verbessert.

Heute sind Bohrschiffe mit einer Verdrängung von 15 000 bis 35 000 t und Blockkoeffizienten zwischen 0,65 und 0,85 weltweit im Einsatz. Um die Vertikalbewegungen am Bohrtisch zu minimieren, wird dieser aus dem Mittschiffsbereich zum Heck hin verlagert, da sich ca. 10 bis 20 m hinter der Schiffsmitte die phasenverschobenen Vertikalkomponenten der Tauch- und Stampfbewegung teilweise kompensieren, wenn der Schwerpunkt der Wasserlinienfläche weiter vorn, der Verdrängungsschwerpunkt weiter hinten liegt [2.34]. Auf dem Vorschiff ergibt sich hierdurch eine geräumige Lagerfläche für Bohrgestänge. In der Regel sind große Bohrschiffe für zwei aufeinanderfolgende Missionen ausgerüstet. Der Schiffsrumpf ist aus sicherheitstechnischen Erwägungen doppelwandig ausgeführt, wobei im 1,5 m breiten Zwischenraum Tanks für Treibstoff, Ballast und Bohrflüssigkeit untergebracht sind. Für rauhe Seegebiete und arktische Einsätze ist das Deck völlig geschlossen. Mit dynamischer Positionierung stehen die größten Bohrschiffe bezüglich ihrer Effizienz großen Halbtauchern wenig nach. Bei kleineren Einheiten ist das Bewegungsverhalten unbefriedigend, wie ein Vergleich der Übertragungsfunktionen in Bild 2.13 zeigt. Vor allem im Bereich großer Seegangsenergie sind hohe Tauch-, Stampf- und Rollbewegungen zu beobachten. Wie am Beispiel der Glomar Sirte deutlich wird, ergeben sich erhebliche Verbesserungen durch Ausrichten des Schiffes gegen die Hauptwetterrichtung, was allerdings nur mit Drehkranzverankerung oder dynamischer Positionierung möglich ist. Die dann auftretenden Stampfbewegungen sind bei

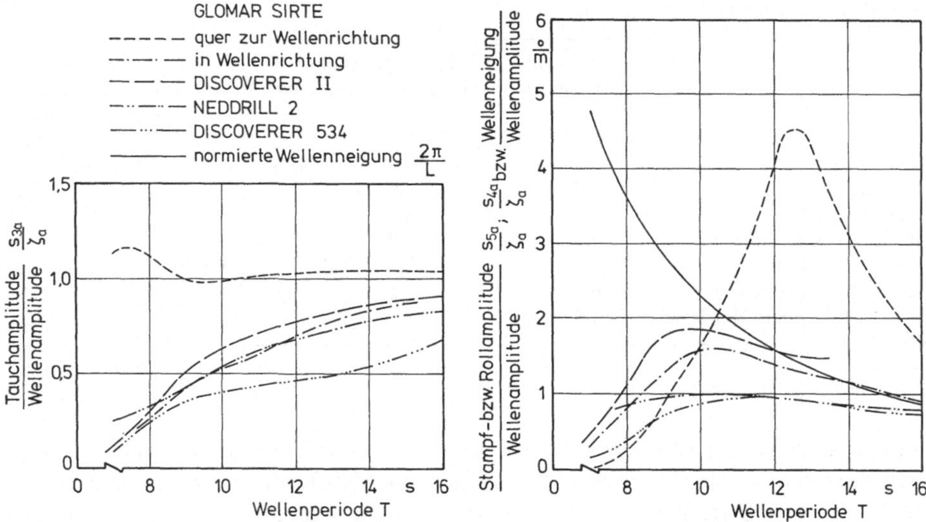

Bild 2.13. Übertragungsfunktionen typischer Bohrschiffe

großen Schiffen wesentlich geringer als die maximale Wellenneigung, die – normiert auf die Wellenamplitude – zum Vergleich eingezeichnet ist. Bei kleinen Bohrschiffen haben sich Schlingerkiele, Stabilisatoren und Flume- oder U-Tanks als wirksame Maßnahmen zur Reduktion der Rollbewegung bewährt. Gieren, sowie Längs- und Querbewegungen sind bei einem typischen, an acht Punkten verankerten Bohrschiff von untergeordneter Bedeutung, abgesehen von der Notwendigkeit, den Konstantzug der Ankertrossen bei stärker werdendem Seegang zu erhöhen, um innerhalb der Flexibilitätsgrenzen von Kugelgelenken, Riser und Bohrstrang zu bleiben, da so die radialen und horizontalen Versetzungen klein gehalten werden. Die zulässige horizontale Versetzung liegt bei etwa 10 % der Wassertiefe. Steigerungen des Konstantzuges führen natürlich zu größerer Ermüdung und damit kürzerer Lebensdauer der Trossen sowie zu möglichem Schlieren des Ankers. Als charakteristische Vorteile von Bohrschiffen gelten [2.1]:

- hohe Mobilität mit Geschwindigkeiten bis 16 kn,
- Deckslast und variable Zuladungskapazität sind weit größer als bei Halbtauchern und Hubinseln, was größere Unabhängigkeit im Hinblick auf Ergänzung der Ausrüstung bedeutet,
- die Möglichkeit der Benutzung von Suez- und Panamakanal führt zu verkürzten Seewegen,
- geringere Aufwendungen für den Eigenantrieb reduzieren den Leistungsbedarf bei allen Geschwindigkeiten,
- geringes Stahlgewicht, bezogen auf die Verdrängung, führt zu niedrigen Anschaffungs- und Betriebskosten im Hinblick auf die Arbeitswassertiefe,
- ausgezeichnete Seefähigkeit, sowie große Sicherheit in extremen Wettersituationen führen u.a. auch zu niedrigen Versicherungskosten beim Verholen.

Als Nachteile der Bohrschiffe gelten:

- schlechte Bewegungscharakteristik aufgrund des hohen Verhältnisses von Wasserlinienfläche zu Verdrängung; das Schiff folgt der Welle mit relativ großen Roll- und Tauchamplituden,
- schlechte Staumöglichkeiten an Deck für Bohrgestänge, Futterrohre, Riser und Blow-out-preventer,
- mittlere und kleine Bohrschiffe setzen häufig in die See ein, das Arbeitsdeck ist ständig feucht,
- Schwierigkeiten beim Setzen von BOP und Riser bei hohem Seegang.

2.4.2 Halbtaucher

Die für den Bohrbetrieb nachteilige Bewegungscharakteristik von Bohrschiffen hat die Entwicklung von Halbtauchern begünstigt. Wie Bild 2.14 zeigt, wird bei diesen Konstruktionen das Deck mit der gesamten Bohranlage von Säulen getragen, die auf tief getauchten Hauptverdrängungskörpern stehen. Im allgemeinen sind drei Tiefgänge definiert:

- Im Transittiefgang, d.h. bei Fahrten zur Lokation, sind die Säulen ausgetaucht, die voluminösen, meist strömungsgünstig konzipierten Verdrängungskörper gewährleisten bei kleinem Freibord hohe Zuladekapazität, geringen Widerstand sowie große Wasserlinienfläche für Stabilität und Seefähigkeit.
- Im Operationstiefgang, d.h. für den Bohrbetrieb, wird die Konstruktion durch Fluten der Ballasttanks in den Pontons „halb getaucht". Die Hauptverdrängungskörper befinden sich nun tief unter dem Wasserspiegel, die Wasserlinienfläche, durch die Zahl und den Querschnitt der Säulen gegeben, ist klein. Wie in Abschnitt 3.4 im einzelnen erläutert, erfahren hierbei die voll getauchten Pontons unter einem Wellenberg nach unten gerichtete Erregerkräfte, während die durch die Oberfläche dringenden Säulen nach oben gedrückt werden. Hierbei spielen die geschwindigkeitsabhängigen Zähigkeitskräfte gegenüber den beschleunigungsabhängigen Trägheitskräften eine untergeordnete Rolle. Bei einer bestimmten Frequenz, der sog. Auslöschungsfrequenz, kompensieren sich die Trägheitskräfte vollständig, so daß die Plattform aufgrund der wesentlich niedrigeren Zähigkeitskräfte nur minimale Tauchbewegungen erfährt. Auch bei anderen Frequenzen kompensieren sich verschiedene Kraftwirkungen weitgehend. Da diese Gesetzmäßigkeiten für alle Freiheitsgrade gelten, bewegen sich Halbtaucher im irregulären Seegang sehr wenig und sind daher ideale Träger schwimmender Bohranlagen. Da die Plattform auch unter schwersten Wetterbedingungen auf Lokation bleiben kann und aufgrund ihrer günstigen Bewegungscharakteristik nur wenig der Welle folgt, hängt die im Operationstiefgang maximal zulässige Wellenamplitude vom Abstand zwischen Ruhewasserspiegel und Decksunterkante ab.
- Im Überlebenstiefgang (Survival), d.h. bei extrem schwerem Seegang, wird daher der Tiefgang verringert, damit auch noch die höchsten Wellenberge klar unter dem Deck durchlaufen.

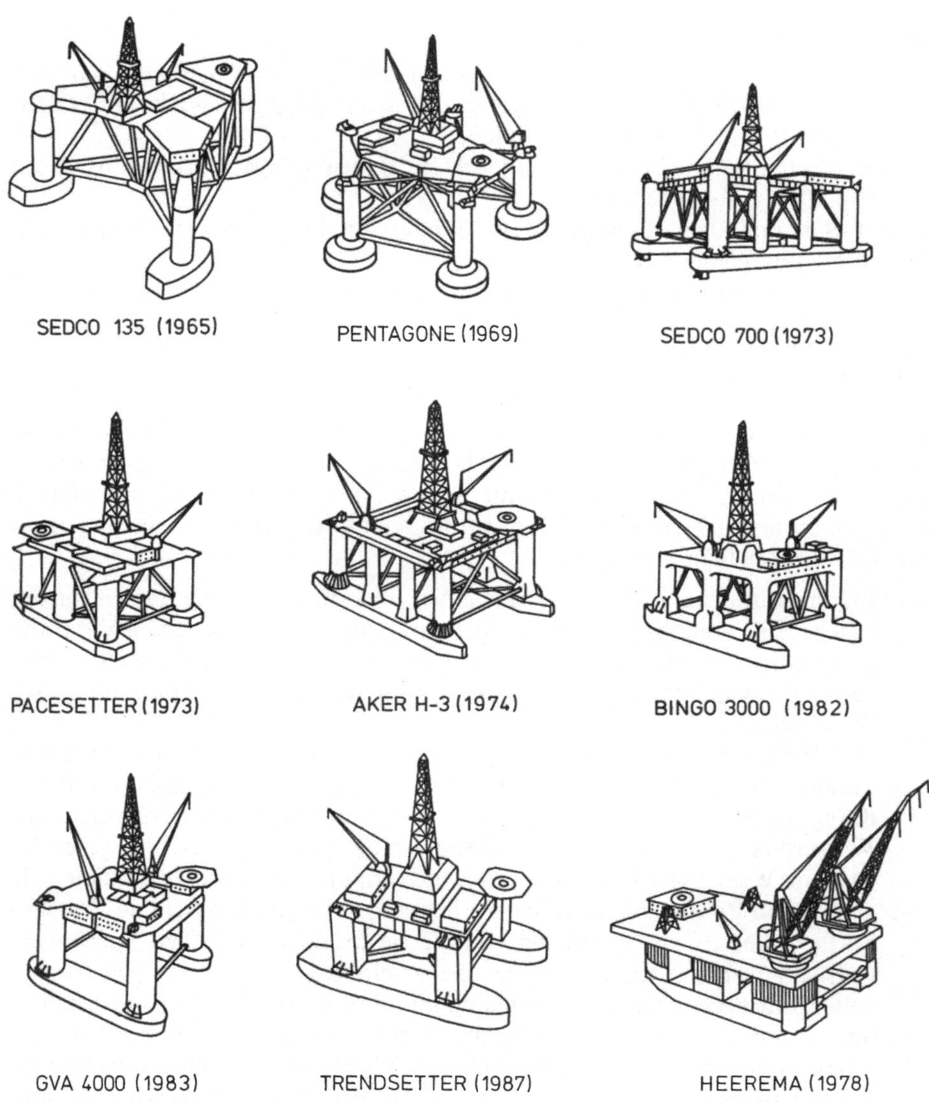

Bild 2.14. Halbtaucher (semisubmersible)

Trotz der im Vergleich zu Bohrschiffen oder Hubinseln höheren Kosten für Bau und Betrieb, haben sich Halbtaucher in vielen Bereichen der Offshore-Technik durchgesetzt, so für explorative Bohrtätigkeit in rauhen Seegebieten, für Kran- und Rohrlegeoperationen sowie als schwimmende Produktionsanlagen. Dem Vorteil exzellenter Bewegungscharakteristik steht der Nachteil geringer Auftriebsreserve und statischer Stabilität gegenüber, da die Wasserlinienfläche im Betrieb klein ist und der Schwerpunkt infolge der großen Bauhöhen hoch liegt.

Tabelle 2.6 gibt die variable Zuladung eines typischen Halbtauchers für 450 m Wassertiefe wieder [2.35]. Hieraus wird deutlich, daß hohe Nutzlastkapazität, im

Tabelle 2.6. Variable Lasten eines typischen Halbtauchers für 450 m Wassertiefe nach [2.35]. (Variable Lasten in MN)

	Transit-tiefgang	Betriebs-tiefgang	Maximal-kapazität
Deck			
Blow-out-preventer (Sicherheitsventil)	2	–	–
Riser	2,5	0,5	–
Bohrgestänge mit Schwerstangen	3	1,5	12
Futterrohre (casing)	1	3	–
Bohrwerkzeuge	1	1	–
Sackmaterial (Zement, Schwerspat, etc.)	2	2	3,5
Lagerbestand	1	1	–
Hauptdecktanks	1	1	1,5
Tauchausrüstung	1,5	1,5	–
Testeinrichtungen, Laboratorien	1	1	–
Riser- und Leitseilzugkraft		3	5
Drehtischbelastbarkeit			6
Bohrspülung		4	6
Säulen			
Schüttgut	5	5	10
Trinkwasser	1,5	1,5	2
Verankerung			
Ankertrossen		4	18
Vertikale Zugkraft		6	

amerikanischen beziehungsvoll „pay load“ genannt, für Tiefwasserlokationen bei größerer Entfernung zur Küste notwendig ist, insbesondere unter dem Aspekt der Wetterabhängigkeit und Kosten kurzfristiger Versorgungsoperationen. Wie in Tabelle 2.7 dokumentiert, hat sich die Nutzlast im Laufe der vergangenen 20 Jahre verdreifacht. Eine Sonderstellung nehmen die Kranhalbtaucher ein, die bei einer Verdrängung von mehr als 150 000 t mit zwei Kränen im Tandembetrieb über 10 000 t schwere Strukturen anheben können.

Zur Entwicklung des Halbtauchers zeigt Bild 2.14, daß sich der strukturelle Aufbau im Laufe der vergangenen zwei Jahrzehnte vereinfacht hat. Die Zahl der Pontons und Säulen, der Verstrebungen und Knotenpunkte hat sich verringert, die Verbindungen von Säulen zu Pontons und Verstrebungen sind vereinfacht worden, das Deck ist aus wenigen Modulen aufgebaut. Katastrophen mit Halbtauchern, insbesondere das Kentern der Alexander Kielland und der Untergang der Ocean Ranger, haben zu erheblichen Verschärfungen einzelner Bauvorschriften beigetragen [2.36, 2.37]. Dadurch zusätzlich erforderliche Säulen oder wulstartige Verdickungen an Säulen im Decksbereich und um den Betriebstiefgang, Vergrößerung der Hauptverdrängungskörper sowie Abschottung und Unterteilung des Decks erhöhen die Baukosten einer Einheit um ca. 5 bis 10 Mio. US $. Oft werden ältere Halbtaucher daher aus der Nordsee in mildere Meeresgebiete in Afrika oder in Südostasien verlegt.

Moderne Halbtaucher bestehen – ähnlich wie Katamarane – aus zwei länglichen, strömungsgünstigen Hauptverdrängungskörpern, die das Deck auf

Tabelle 2.7. Typische Entwurfsgrößen meerestechnischer Konstruktionen nach [2.35]

Bohrplattform (Baujahr)	Leergewicht (light ship) in t	Verdrängung Betriebs-tiefgang in t	Variable Deckslast in t	Einsatztiefe in m	Verankerungssystem
Halbtaucher					
Sedco 135 (1965)	9500	14600	1250	600... 800	9 Trossen oder Ketten
Pentagone (1969)	10000	17600	2100	600...1200	10 Trossen
Ocean Victory (1972)	10000	23000	–	600...1000	8 Ketten
Sedco 700 (1973)	13500	23000	3000	1000...2000	8 Ketten oder DP[a] und 6 Ketten
Pacesetter (1973)	10500	19600	3000	650...2000	8 Ketten, Trossen o. Ketten-Trossen-kombination
Aker H 3 (1974)	10600	19600	2200	600...1500	8 Ketten
Bingo 3000 (1982)	–	25000	3000	1500	8 Ketten
GVA 4000 (1983)	13350	26000	4000	1500...2000	8 Ketten o. Ketten-Trossenkombination
Trendsetter (1987)	23000	50000	6000	1500	Ketten-Trossen-Kombination
Offshore-Kräne					
Heerema (1978) 2 Kräne – 3600, 3000 t	46500	105000	7250...8000	–	12 Trossen
Micoperi (1987) 2 Kräne je 7000 t	–	130000... 156000	15000	–	16 Trossen und/oder DP[a]
DB 102 (1986) 2 Kräne je 6000 t	41000	175000	12000	–	12 Trossen und/oder DP[a]
Bohrschiff					
IHC gusto (1972)	10300	18400	4600	1500...6000	8 Trossen und/oder DP[a]
Hubinsel					
Marathon-Le Tourneau 116-C (1976)	5500	–	1800	90	Ohne

[a] DP Dynamische Positionierung

vier bis sechs Säulen tragen. Standard ist ferner eine Querverbindung dieser Caissons, da auf die Seiten der Struktur bei bestimmten Wellenlängen – wie in Abschnitt 3.4 erläutert – große, entgegengesetzte Horizontalkräfte wirken. Ohne Querverstrebungen ergeben sich hohe Wechselbelastungen an den Verbindungen von Säulen und Deck, was hohen konstruktiven Aufwand zur Folge hat (siehe Kapitel 4).

Als neueste Entwicklung zeigt Bild 2.14 einen Trendsetter-Halbtaucher, bei dem der Moonpool als doppelwandige Mittelsäule mit einem Durchmesser von 22 m bis tief unter den Wasserspiegel reicht [2.38, 2.39, 2.118]. Hierdurch lassen sich alle Explorationsarbeiten im geschützten Zentralschacht ausführen. Der wasserdichte Ringraum dient als Lager für Futterrohre in Längen von 18 m. Er läßt sich fluten, wodurch sich die Taucheigenperiode von 20 s auf 23 s erhöht [2.119]. Bei dieser Plattform kann der Riser auch bei extremen Seegangsverhältnissen nach dem Abkoppeln vom Blow-out-preventer in hängender Position vorgehalten werden. Die zusätzliche Mittelsäule bewirkt ein Auswandern des Gewichtsschwerpunktes nach unten, so daß sich die Deckszuladung auf 6 000 t erhöhen läßt.

Im allgemeinen weisen Halbtaucher der 80er Jahre ein Leergewicht von 11 000 bis 13 000 t auf, ihre Verdrängung im Betriebstiefgang mit etwa 21 m beträgt 25 000 bis 28 000 t. Bei extremen Seegangsverhältnissen – im Survival-Fall – wird der Tiefgang auf 18 m reduziert. Die Maschinenanlage ist üblicherweise mit 6 000 bis 7 500 kW ausgelegt. Über ein dieselelektrisches System mit 6 000 V Wechselstromgeneratoren werden auch die beiden Düsenpropeller im Heck der Hauptauftriebskörper angetrieben. Mit 4 500 kW Antriebsleistung erreichen die Plattformen eine Transitgeschwindigkeit um 7 kn. Bei dynamischer Positionierung beträgt die Antriebsleistung 18 000 bis 24 000 kW, die Maschinenanlage ist auf 22 000 bis 25 000 kW ausgelegt. Zur Verankerung sind Trossen, Ketten oder kombinierte Systeme installiert. Für die Nordsee werden Kettenverankerungen bevorzugt, da diese geringere Verschleißerscheinungen zeigen und sich im Boden eingraben, was die Verankerungskapazität erhöht. Für größere Einsatztiefen werden Ketten mit Trossen kombiniert, wobei die Winden im unteren Bereich der Säulen oder in den Pontons untergebracht sind. Hierdurch werden die Ankersysteme leichter, der Gewichtsschwerpunkt der Plattform liegt tiefer [2.35].

Von besonderer Bedeutung für die Einsatzgrenzen von Halbtauchern ist ihr dynamisches Verhalten im Seegang. Bild 2.15 zeigt Übertragungsfunktionen für Tauch- und Stampfbewegungen im Betriebstiefgang. In kürzeren Wellen bei Perioden unter $T = 10$ s bewegen sich die Konstruktionen kaum, verhalten sich also ähnlich wie feste Plattformen, so daß der Bohrbetrieb kaum beeinflußt wird. In längeren Wellen, mit Perioden über 10 s, erreichen die Übertragungsfunktionen der Tauchbewegung Werte zwischen 0,3 und 0,7, wobei die Halbtaucher – wie die Auswertung der Phasenlage zeigt – der Welle folgen. Auch hier sind die für große Plattformen typischen niedrigeren Werte günstiger, da die Bohrtätigkeit auch bei extremen Seegangsbedingungen fortgesetzt werden kann. Da sich die Plattform synchron zur Welle bewegt, wird sie beispielsweise in einem 10 m hohen Wellenberg bei einer Periode von 15 s um etwa 4 m angehoben, so daß der Wellenkamm relativ zur Plattform nur um 6 m steigt. Somit kann der Luftspalt zwischen Ruhewasserspiegel und Deck im Vergleich zu festen Plattformen erheblich geringer gewählt werden. Infolge der Relativbewegungen laufen bei einem Luftspalt von nur 12 m auch 100-Jahreswellen mit 30 m Höhe und Perioden von 14 bis 17 s noch klar unter dem Deck durch, obwohl sich der Wellenkamm ca. 18 m über den Ruhewasserspiegel erhebt (siehe Abschnitt 6.2). Bei höheren Perioden – im Bereich um 19 s – nehmen die Vertikalbewegungen wiederum ab, da sich die vertikalen Trägheitskräfte von Säulen und Caissons gegenseitig aufheben. In noch längeren Wellen – mit Perioden um 22 s – wird die

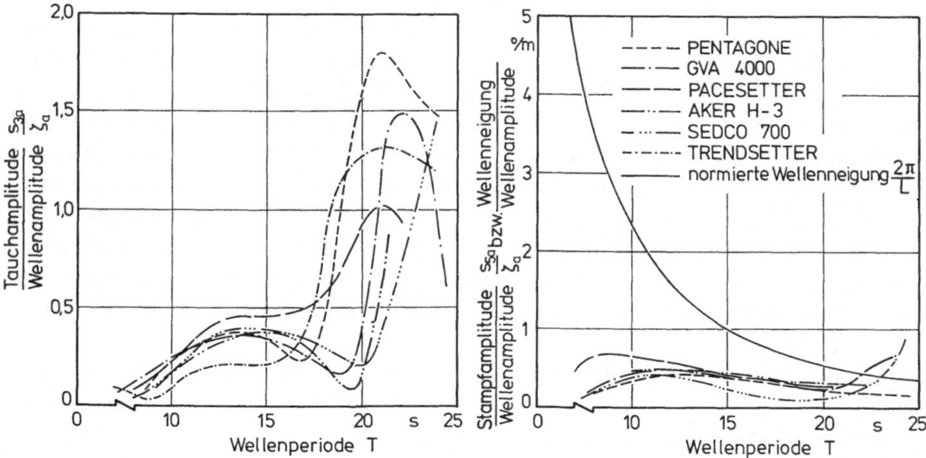

Bild 2.15. Übertragungsfunktionen für Tauch- und Stampfbewegungen typischer Halbtaucher

Tauchresonanzbewegung angefacht, was zu Spitzenwerten der Übertragungsfunktion, insbesondere bei diesen hydrodynamisch schwach gedämpften Strukturen, führt. Im Bereich der Auslöschungs- und Resonanzperiode, d.h. zwischen 18 und 23 s, ist die Übertragungsfunktion der Tauchbewegung von der Wellenamplitude abhängig, da hier der Einfluß der Trägheitskräfte gegenüber dem der zähigkeitsbedingten und nichtlinear von der Wellenhöhe abhängigen Erregungs- und Dämpfungskräfte zurücktritt.

Im einzelnen ist das dynamische Verhalten durch die Verdrängung der Säulen und Pontons sowie durch deren Eintauchtiefe, Querschnittsform und Abstand definiert, wie in Kapitel 3 näher erläutert wird.

Im Vergleich zu schwimmenden Hubinseln (Bild 2.6) und Bohrschiffen (Bild 2.13) zeigen Halbtaucher (Bild 2.15) ein deutlich besseres Bewegungsverhalten im Seegang. Insbesondere die Stampfbewegung liegt beträchtlich unter der Wellenneigung, die – normiert auf die Wellenamplitude – zum Vergleich wiederum eingezeichnet ist.

Zusammenfassend lassen sich für Halbtaucher folgende Vorteile nennen:

- hohe Transitgeschwindigkeit von 7 bis 10 kn,
- günstiges Bewegungsverhalten im Bohrbetrieb,
- große Decksfläche für Bohrgestänge, Futterrohre, Riser usw.

Als Nachteile gelten:

- hohe Anschaffungs- und Betriebskosten,
- begrenzte Zuladekapazität an Deck,
- geringe statische Stabilität und niedrige Auftriebsreserven,
- hohe Transkontinental-Überführungskosten, eingeschränkte Passagemöglichkeit von Suez- und Panamakanal sowie Notwendigkeit von Schlepperassistenz,
- begrenzte Dockmöglichkeiten,
- schwierige Handhabung des Ankergeschirrs bei hohem Seegang,
- Schwierigkeiten beim Setzen von BOP und Riser bei schwerem Wetter.

Für mobile Operationen in rauhen Seegebieten, z.B. für Kranarbeiten und Rohrlegeoperationen, haben sich Halbtaucher bewährt. In einzelnen Fällen werden sie als schwimmende Produktionssysteme eingesetzt. In modifizierter Form mit Zugspannungsverankerung werden sie auch als Produktionsplattformen verwendet.

2.4.3 Ladebojen und Speichertanks

Zu den wichtigsten schwimmenden Strukturen in der Offshore-Technik zählen sternförmig verankerte Bojen zum Festmachen von Tankern auf Lokation. Ausführlich wird die hiermit verbundene Thematik der Einpunktverankerung als Bewegung von Zweikörpersystemen in Abschnitt 2.6 behandelt, so daß wir zunächst die Bojen als schwimmende Strukturen vorstellen. Wie Bild 2.16 zeigt, dienen sie sowohl der Verankerung von Tankern als auch dem Öl/Gas-Transfer von der Produktionsplattform. Für besonders rauhe Seegebiete werden sie als autonome Einheiten mit Hubschrauberlandeplatz etc. konzipiert, in Sonderfällen verfügen sie sogar über Speicherkapazitäten zur Zwischenlagerung von Öl. Charakteristisch sind sternenförmig ausgelegte 8-Punkt-Verankerungen, bei denen die einzelnen Ketten so vorgespannt sind, daß die Rückstellkraft der Boje proportional mit der Auslenkung aus der Gleichgewichtslage anwächst. Die Verbindung zum Tanker erfolgt über Trossen (hawser) oder einen starren Ausleger (yoke), wobei die Befestigung auf der Boje drehbar gelagert ist, so daß sich der Tanker entsprechend den Umweltkräften ausrichten kann. Der Öltransfer von der Pipelinestation am Meeresboden (pipeline end manifold PLEM) zur Boje verläuft – unabhängig vom Verankerungssystem – über einen oder

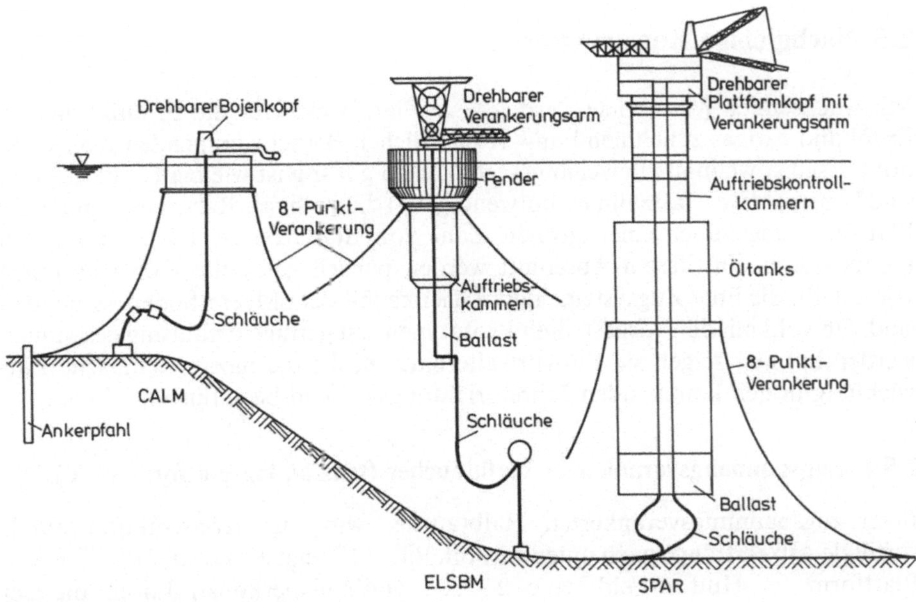

Bild 2.16. Bojen und Speichertanks

mehrere elastische Schläuche, die in weiten Bögen nach oben geführt werden, um Vertikalbewegungen durch Tidenhub und Seegang ausgleichen zu können. Die Schläuche laufen in der Regel von unten in die Boje ein. Der Umschlag zum Tanker erfolgt über schwimmende Schläuche oder gelenkig verbundene Pipelineelemente, die im Ausleger integriert sind und über Seegangsfolgeeinrichtungen verfügen. Wie schon die Verankerung ist auch die Pipelineverbindung drehbar gelagert, wobei diese im allgemeinen gegen Drücke von 345 bar (5 000 psi) abgesichert sind. Bild 2.16 zeigt neben einer konventionellen Boje zur Einpunktverankerung die im Auk-Feld installierte Großboje ELSBM (Exposed Location Single Buoy Mooring) sowie die im Brent-Feld verankerte Ladeboje SPAR mit einer Tankkapazität von ca. 45 000 m^3 [2.40 – 2.42]. Entsprechend ihrem Aufbau aus einem tiefgetauchten Vertikalzylinder und einer die Wasseroberfläche durchdringenden Säule kann die SPAR-Boje auch als Grundform des Halbtauchers bezeichnet werden. Auch wenn damit ihre Bewegungen im Seegang geringer sind als bei einem Oberflächenschwimmkörper, muß das Verankerungs- und Ölumschlagsystem so konzipiert sein, daß es in allen sechs Freiheitsgraden flexibel ist. Während die hochfrequenten Bewegungen erster Ordnung durch die Verankerung kaum beeinflußt werden, ist den Driftkräften, d.h. Wellenkräften zweiter Ordnung und den hieraus folgenden niederfrequenten Resonanzschwingungen im relativ weichen und schwach gedämpften Verankerungssystem besondere Beachtung zu schenken, wobei die Systemsteifigkeit durch das Kettengewicht und die Vorspannung vorgegeben ist. Horizontalbewegungen sind bei meerestechnischen Konstruktionen weniger problematisch, während Vertikalbewegungen eine Reihe von Offshore-Arbeiten erheblich beeinträchtigen können.

Im folgenden Abschnitt werden wir Strukturen vorstellen, bei denen die Zahl der Bewegungsfreiheitsgrade eingeschränkt ist.

2.5 Nachgiebige Konstruktionen

Mit wachsender Wassertiefe werden feste Plattformen für die Produktion von Erdöl und Erdgas zunehmend unwirtschaftlicher. Bei schwimmenden Konstruktionen, selbst wenn ihr Bewegungsverhalten so günstig ist wie bei Halbtauchern, sind konstruktive Maßnahmen notwendig, um die vertikale Relativbewegung der Plattform gegenüber einer großen Zahl von Standrohren (conductors) zu kompensieren. In diesem Abschnitt werden partiell gefesselte Konstruktionen vorgestellt, die über Zugsysteme oder Gelenke mit dem Meeresboden verbunden sind. Obwohl mit den vorgestellten Prototypen erst geringe Erfahrung gesammelt werden konnte, zeigen sie Entwurfsalternativen, die die meerestechnische Entwicklung in den kommenden Jahren richtungsweisend beeinflussen können.

2.5.1 Zugspannungsverankerter Halbtaucher (tension leg platform – TLP)

Beim zugspannungsverankerten Halbtaucher wird die Konstruktion durch vertikale Ankerstränge nach unten verholt. Bild 2.17 zeigt als Beispiel die Conoco-Plattform im Hutton-Feld, eine 26 500 t Halbtaucherkonstruktion, die ein 20 800 t Deck trägt und über Zuganker und Riser-Vorspannsysteme auf einem

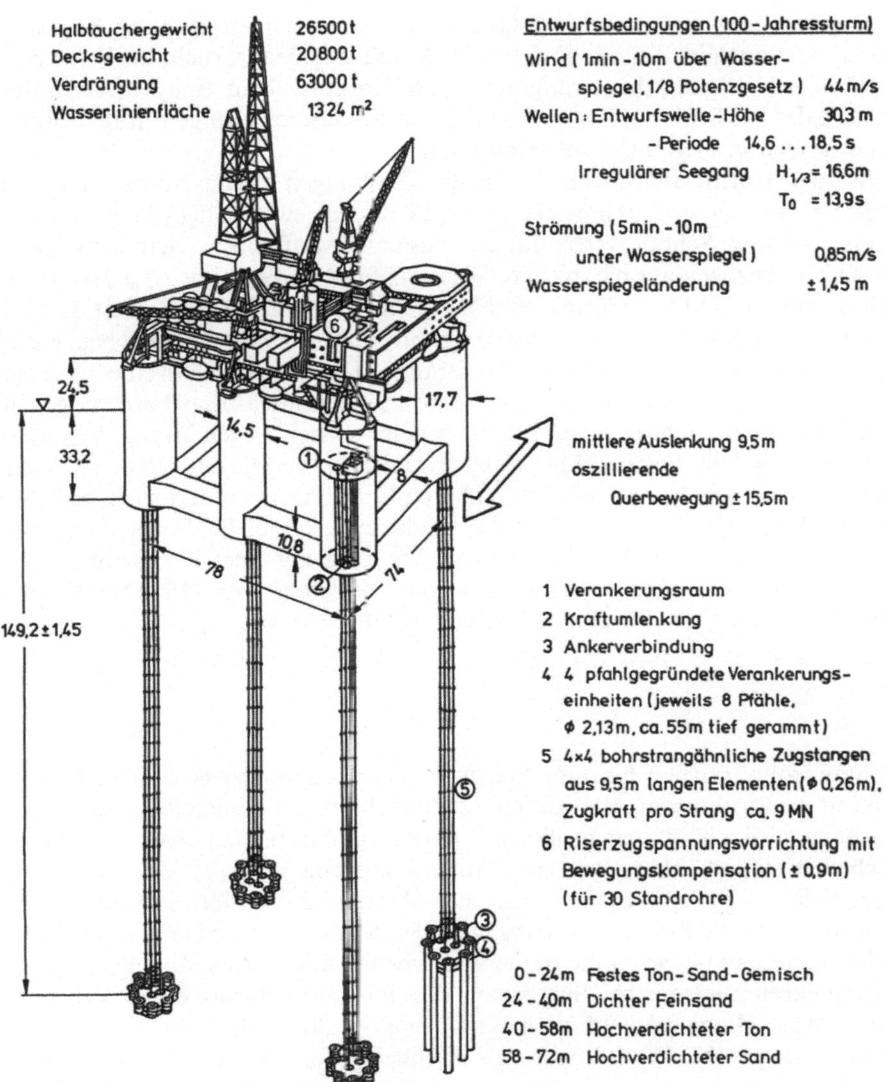

Bild 2.17. Zugspannungsverankerter Halbtaucher (tension leg platform – TLP)

Tiefgang von 33,2 m (Wassertiefe 149,2 m) gehalten wird, so daß sich eine Verdrängung von ca. 63 000 t sowie ein Auftriebsüberschuß von 156 MN ergibt. Die Ankerstränge sind an vier Fundamente gekoppelt, die ihrerseits durch gerammte Pfähle am Meeresboden fixiert sind [2.43]. Wird der Halbtaucher aus der Gleichgewichtsposition verschoben, so beschreiben die Ankerstränge Kreisbahnen. Mit zunehmender Auslenkung wird die Struktur durch die erzwungene Parallelführung tiefer unter Wasser gezogen, ohne jedoch ihre waagerechte Lage zu ändern. Hierdurch erhöht sich einerseits die Zugkraft, andererseits ergibt sich eine Rückstellkraft, die der Zugkraft und dem Sinus des Auslenkwinkels proportional ist.

Zugspannungsverankerte Halbtaucher sind so konzipiert, daß das Verankerungssystem auch im Tal der höchsten Welle auf Zug beansprucht bleibt, so daß die Vertikalbewegung der zwangsgeführten Struktur allein eine Funktion der horizontalen Auslenkung ist, und Roll- bzw. Stampfbewegungen in den Starrkörperfreiheitsgraden nicht auftreten können.

Bei der Hutton-Plattform ähneln die Zugstangen einem Bohrstrang. Die Elemente mit einem Durchmesser von 0,26 m sind jeweils 9,5 m lang und mit hochbelastbaren Schraubverbindungen zusammengefügt. Im Betriebstiefgang von 33,2 m, bezogen auf die mittlere Wassertiefe von 149,2 m, wird jeder der 16 Stränge mit ca. 9 MN beansprucht [2.44]. Im Extremfall sind sie mit 32 MN belastbar, so daß auch zwei bis drei Stränge pro Plattformstütze ausreichen, wenn Reparaturen vorzunehmen sind. Je vier Stränge laufen von unten in eine Säule ein und werden ca. 3 m über deren Unterkante über ein hoch belastbares Lager in einem Ankerrohr nach oben geführt. Über dem Wasserspiegel, im sog. Verankerungsraum, sind die Ankerstränge verholbar auf Böcken gelagert. Wenn auch der gesamte Strang von hier mit einem drehbaren Portalkran montiert wird, befindet sich der Aufhängepunkt 3 m über der Säulenunterkante. Bei Auslenkung der Plattform um x aus der Ruhelage bewegt sich diese auf einer Kreisbahn, deren Radius r der Stranglänge bis zum Lager entspricht ($r = 119$ m). Für die Abwärtsbewegung der Plattform (set down) folgt hieraus

$$\Delta z = r\left[1 - \sqrt{1 - \left(\frac{x}{r}\right)^2}\right] \approx \frac{x^2}{2r} .$$

Die Standrohre reichen bis zum Plattformdeck, laufen also 60 m über diesem Punkt in die Struktur ein. Bei Auslenkung der Plattform beschreiben auch diese Kreisbögen, jedoch mit dem größeren Radius r_s, so daß sie sich relativ zum Deck verschieben ($r_s = 179$ m). Bei einer Auslenkung von $x = 15$ m, d.h. 10 % der Wassertiefe, ergibt sich beispielsweise eine Absenkung der Plattform um 0,95 m sowie eine vertikale Relativbewegung zwischen Standrohr und Deck von 0,32 m. Solche Werte sind typisch für extreme Wetterbedingungen: Aus Modellversuchen im irregulären Seegang bei Simulation des 100-Jahressturms ergab sich eine mittlere Auslenkung von 9,5 m, der sich eine oszillierende Komponente von 15,5 m überlagerte [2.45]. Bezogen auf die Ruhelage folgt hieraus eine Absenkung von 2,65 m und eine Relativbewegung von 0,90 m. Die Absenkung ist bei der Festlegung des Luftspalts zu berücksichtigen. Zum Ausgleich der vertikalen Relativbewegungen sind alle 30 Standrohre der Hutton-Plattform und die zugehörigen Produktionsköpfe über Tauchkompensationseinrichtungen am sog. „Tree“-deck mit der Struktur verbunden, wobei Wegdifferenzen bis 1,8 m ausgeglichen und die Standrohre mit maximal 425 kN unter Zug gehalten werden können [2.46]. Insgesamt ergibt sich hiermit im Betriebstiefgang die Zugkraft von Ankersträngen und Risern zu 156 MN, d.h., die Plattform wird um etwa 12 m aus der stabilen Schwimmlage nach unten verholt. Aus diesem Auftriebsüberschuß resultiert bei horizontaler Auslenkung ein Rückstellkoeffizient von ca. 1,3 MN/m. In vertikaler Richtung ergibt sich aufgrund der elastischen Dehnung der Ankerstränge ebenfalls eine Rückstellkraft, der zugehörige Koeffizient ist mit 1 000 MN/m ungleich höher. Dementsprechend liegen die Resonanzperioden der

Transversalschwingungen in Längs- und Querrichtung (surge, sway) mit 50 s und der Gier-Schwingung um die Hochachse (yaw) mit 42 s jenseits des langwelligen Bereichs, die Tauchresonanzschwingungen mit 2 s am hochfrequenten Ende des Seegangsspektrums [2.45, 2.47].

Zur Berechnung solcher Eigenperioden ist neben der Eigenmasse der Plattform die hydrodynamische Masse zu berücksichtigen. Da diese – wie in Abschnitt 3.4 erläutert – von Form und Bewegungsrichtung der Strukturkomponenten abhängt, lassen sich die dynamischen Eigenschaften des Systems durch entsprechende Gestaltung optimieren, zumal die hydrodynamische Masse oft höher als die Eigenmasse ist. Bei der hier vorgestellten Hutton-Plattform fällt beispielsweise auf, daß die horizontalen Hauptverdrängungskörper höher als breit sind. Durch diese Maßnahme wird erreicht, daß die hydrodynamische Masse – bezogen auf die Einheitslänge – in vertikaler Richtung um 40 % niedriger liegt als in horizontaler Richtung. Dementsprechend lassen sich die oszillierenden Trägheitskräfte in vertikaler Richtung begrenzen, was vor allem für die Lebensdauer des Zugankersystems von entscheidender Bedeutung ist.

Mit dem zugspannungsverankerten Halbtaucher lernen wir zum ersten Mal eine Konstruktion kennen, bei der sowohl hochfrequente als auch niederfrequente Resonanzerscheinungen eine Rolle spielen. Weiterhin sind der mittlere Wasserstand sowie dessen Höchst- und Tiefstwerte in Verbindung mit der maximalen Wellenhöhe wichtig, da unter extremen Seegangsbedingungen

- die Ankerstränge auch in tiefsten Wellentälern auf Zug beansprucht bleiben müssen,
- das Deck auch bei größter horizontaler Auslenkung und damit vertikaler Absenkung von den höchsten Wellenbergen nicht erreicht werden darf.

Die dynamische Analyse wird hierbei wesentlich von den Steifigkeitseigenschaften der Ankerstränge beeinflußt. Taucheigenperioden über 3 s führen auf hohe Wechsellasten und infolge hiervon auf schwer beherrschbare Betriebsfestigkeitsprobleme [2.48]. Auch nichtlineare Effekte spielen – wie bei allen Verankerungsproblemen – eine große Rolle, so daß Rechnungen im Zeitbereich oder Experimente in irregulärem Seegang notwendig sind, um u.a. die mittlere Auslenkung und die oszillierende Querschwingung zu ermitteln [2.49, 2.50].

Zugspannungsverankerte Halbtaucher sind bisher für Wassertiefen bis 600 m entwickelt worden, Einsatztiefen bis 1 500 m gelten als realistisch. Typisch sind Verdrängungen von 36 000 bis 80 000 t bei einem Gewicht zwischen 27 000 und 60 000 t sowie einem Tiefgang von 24 bis 36 m [2.50 – 2.53]. Die wichtigste Komponente ist das Verankerungssystem, da

- die Plattform im Betriebstiefgang eine negative Anfangsstabilität haben kann, so daß sie beim Versagen der Verankerung instabil ist (siehe Abschnitt 3.3) [2.50],
- das Ankersystem statisch unbestimmt ist. Kleine Längenänderungen haben große Laständerungen zur Folge, und die Lastverteilung auf die einzelnen Stränge ist nicht eindeutig.

Sicherlich ist der zugspannungsverankerte Halbtaucher als Produktionsplattform für tiefe Gewässer eine zukunftsweisende Option, wie die Konzepte für die Jolliet-

Stahlplattform (Wassertiefe 537 m, Verdrängung 18000 t) und die geplanten Betonplattformen Snorre (Wassertiefe 335 m, Verdrängung 106000 t) und Heidrun (Wassertiefe 156 m, Verdrängung 156000 t) dokumentieren [2.120–2.122]. Mit wachsender Wassertiefe wird auch das Gewicht der Ankerstränge zunehmend problematisch, doch sind hier Lösungen durch Einführung neuer Verbundwerkstoffe und auftriebsneutraler Stahlrohrkonstruktionen in Sicht [2.48, 2.123].

Vorteilhaft ist die Möglichkeit der Anordnung der Produktionsköpfe an Deck. Dies gilt auch für eine andere nachgiebige Struktur, die seilabgespannte Turmplattform, die im folgenden Abschnitt beschrieben wird.

2.5.2 Seilabgespannte Turmplattformen (guyed tower)

Eine seilabgespannte Turmplattform ist eine Tiefwasserkonstruktion mit relativ kleinen Fundamentabmessungen, die in einem strahlenförmig, vom oberen Teil

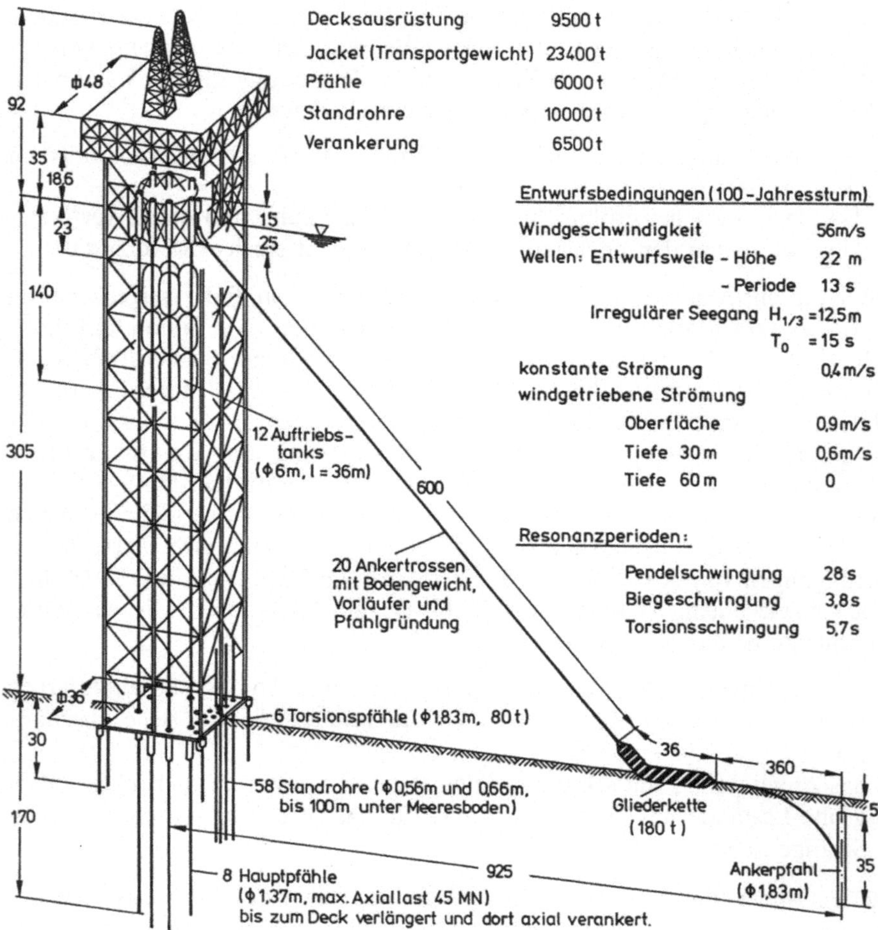

Bild 2.18. Seilabgespannte Turmplattform (guyed tower)

der Struktur zum Meeresboden ausgehenden Ankertrossensystem verspannt ist. Bild 2.18 zeigt als Prototyp die im Jahre 1983 installierte Lena-Turmplattform [2.54]. Das 329 m hohe Stahlrahmentragwerk, mit einem quadratischen Querschnitt von nur 36 m Kantenlänge, ist im Bereich des Decks auf acht gerammten Pfählen aufgeständert, die – auf einem Kreis von ca. 17 m Durchmesser äquidistant angeordnet – durchschnittlich 170 m tief in den Meeresboden getrieben wurden und – in Gleitbuchsen geführt – bis auf Deckshöhe laufen, wo sie 15 m über der Wasseroberfläche mit den Führungsrohren verschweißt sind. Aufgrund der Länge der Rammpfähle und deren Anordnung nahe der Achse sind Pendelbewegungen der Struktur zulässig. In aufrechter Position wird der Turm von 20 straff gespannten Ankertrossen gehalten, die ca. 25 m unter der Wasseroberfläche – in der Höhe der resultierenden Umweltkräfte – sternförmig unter einem Winkel von ca. 60 ° zum Meeresboden befestigt und dort – etwa 550 m von der Turmachse entfernt – an schweren Gliederketten angeschlagen sind. Im weiteren radialen Verlauf sind die 36 m langen und 180 t schweren Gliederketten ihrerseits über 360 m lange, kunststoffarmierte Stahlseile mit jeweils einem 35-m-Ankerpfahl (Durchmesser 1,83 m) verbunden, der bis zu einer Tiefe von 40 m in den Meeresboden gerammt ist. In Gleichgewichtsposition steht der Strang am oberen Einlaufpunkt unter einer Zugkraft von 2 MN, d.h., etwa ein Viertel der Gliederkette ist vom Boden abgehoben. Kleine Schaukelbewegungen des Turms führen zum Anheben bzw. Ablegen einzelner Kettenglieder, wobei sich große Rückstellkräfte ergeben. Unter Entwurfsbedingungen betragen die Pendelbewegungen 2 °, das Deck schwingt hierbei seitlich bis zu einer Maximalauslenkung von 12 m aus, wobei die Spannkraft der höchst beanspruchten Trossen auf 6,3 MN anwächst. Vom Plattformdeck führen insgesamt 58 Standrohre bis 100 m unter den Meeresboden. Da der Führungsrahmen (template) am Meeresboden außermittig liegt, ergeben sich bei Schwingungen des Turms Relativbewegungen von Bohrlochköpfen und Plattformdeck von maximal 0,9 m [2.55]. Da die Standrohre über die gesamte Höhe in Gleitlagerungen geführt sind, ist eine Vorspannung nicht notwendig, und die Relativbewegungen lassen sich mit schwanenhalsförmigen Zuleitungen zu den Produktionsköpfen auffangen.

Ungewöhnlich bei diesem Entwurf ist die Neuerung, daß die tief gerammten Pfähle nicht an den Hauptstützen der Struktur am Meeresboden ansetzen, sondern bis über die Wasseroberfläche geführt in einer stabilen Rahmenkonstruktion enden, so daß der 21 000 t schwere Turm mit dem 10 000 t schweren Deck sowie die 7 000 t schweren Ankertrossen dort aufgehängt sind. Entlastet werden die Pfähle durch 12 Auftriebstanks, die – unterhalb des Hauptwirkungsbereichs der Wellen – in Tiefen von 23 bis 140 m unter der Wasseroberfläche um die Mittelachse des Turms installiert sind und einen Auftriebsüberschuß von 90 MN sowie ein entsprechendes aufrichtendes Moment erbringen. Da die Struktur im achsnahen Bereich mit dem Meeresboden verbunden ist, sind Maßnahmen gegen Torsionsschwingungen vorzusehen. Hierzu wurden insgesamt sechs Pfähle mit einem Durchmesser von 1,83 m an den Ecken des Turms 30 m tief in den Boden gerammt und über Gleitführungen mit der Struktur verbunden.

Wie alle nachgiebigen Strukturen ist auch die seilabgespannte Turmplattform durch Eigenschwingungen im hoch- und niederfrequenten Bereich charakterisiert: Die Resonanzperiode der Pendelschwingung liegt bei 28 s, die der ersten Biegeschwingung des Turms bei 3,8 s. Für die erste Torsionsschwingung ergibt

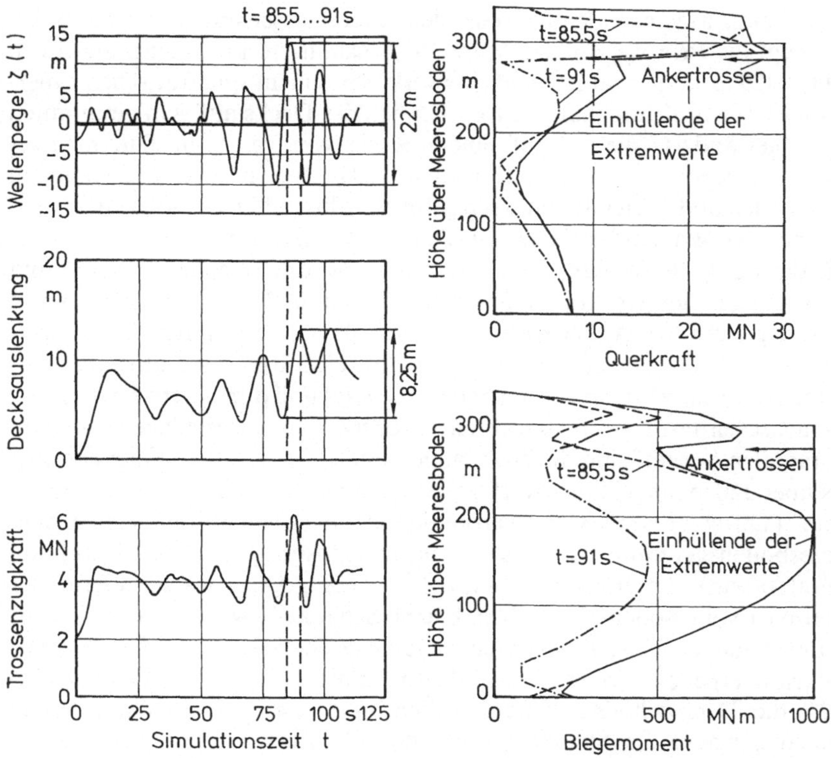

Bild 2.19. Extrembewegungen und -belastungen der seilabgespannten Turmplattform nach [2.54]

sich eine Eigenperiode von 5,7 s. Ergebnisse der Simulation extremer Bewegungen und Belastungen unter 100-Jahressturm-Umweltbedingungen zeigt Bild 2.19 [2.54, 2.55]. Die hier vorgestellte Sequenz im Zeitbereich enthält auch eine Welle, deren Höhe der Entwurfswelle entspricht. Unter der Wirkung des Wellenzuges erfährt das Deck eine maximale Auslenkung von 12,5 m bei einer Schwingungsweite von 8,25 m. In den höchstbelasteten Trossen treten Zugkräfte bis 6,3 MN auf. Für die beiden kritischsten Zeitpunkte bei 85,5 und 91 s gibt Bild 2.19 den Verlauf von Querkraft und Biegemoment wieder. Deutlich ist die Wirkung der Ankertrossen im Bereich ihres Einlaufs in die Struktur zu erkennen.

Die Plattform wurde aus mehreren einzeln gefertigten Sektionen zusammengebaut und auf eine 177 m lange, 49 m breite Barge verladen [2.56], hing also um 59 bzw. 93 m über Heck bzw. Bug. An der Lokation wurde die Barge um 7 ° um die Rollachse geneigt. Nach Lösen des Befestigungsmechanismus glitt der Turm auf vier Ablaufschienen über die Seite der Barge, die an Steuerbord mit einem speziellen Kippmechanismus ausgerüstet war [2.57].

Die seilabgespannte Plattform hat den Vorteil, daß trotz großer Wassertiefe das hohe Plattformgewicht direkt auf den Meeresboden übertragen wird. Die Umweltbelastungen sind erheblich geringer als bei festen Plattformen, da die Turmplattform leichter ist und im Seegang nachgibt. Dabei werden geringe Bewegungen – auch Relativbewegungen in bezug auf die Bohrlochköpfe an Deck

– in Kauf genommen. Das in einem weiten Umkreis sternförmig verspannte Verankerungssystem ist aufwendig und kann zu Behinderungen bei Versorgungsoperationen führen. Ohne Ankertrossen kommt eine andere nachgiebige Struktur aus, der Gelenkturm, der im folgenden Abschnitt vorgestellt wird.

2.5.3 Zugspannungsverankerte Bojen und Gelenktürme (articulated tower)

Zu den wichtigsten Hilfskonstruktionen in der Meerestechnik zählen verankerte Bojen zur Befestigung und Beladung von Tankern oder anderen meerestechnischen Konstruktionen. In Ergänzung zu den in Bild 2.16 gezeigten, frei beweglichen Bojen und Speichertanks werden in Bild 2.20 zwangsgeführte Systeme vorgestellt. Sie sind am Meeresboden an einem einzigen Punkt gelenkig befestigt. Bei Auslenkung aus der Gleichgewichtslage erfolgt die Rückführung durch Auftriebskräfte. Als Systemkomponenten sind Bojen, Ketten und kreiszylindrische Säulen gebräuchlich. Wie in Abschnitt 3.3.3 ausgeführt, wächst die Rückstellkraft linear mit der Auslenkung, sofern die Bewegungen um die Gleichgewichtsposition hinreichend klein sind. Große Rückstellkräfte ergeben sich für hochliegende Verdrängungs- und tiefliegende Gewichtsschwerpunkte. Günstig ist ferner ein hoher Auftriebsüberschuß, was allerdings nur bei Kettensystemen nutzbar ist. Bei gelenkig gelagerten Säulen bzw. beim Gelenkturm (ALC Articulated Loading Column, ALT Articulated Loading Tower) überwiegt in der Regel die Gewichtskraft, d.h. die Struktur drückt auf die kardanische Lagerung am Meeresboden. Auch in hohen Wellen sollte das Gelenk auf Druck belastet bleiben, da ein Wechsel der Kraftrichtung zu größerem Verschleiß führt. Sollte das Gelenk doch einmal versagen, so bleibt der Turm durch diese Maßnahme aufrecht stehen, und

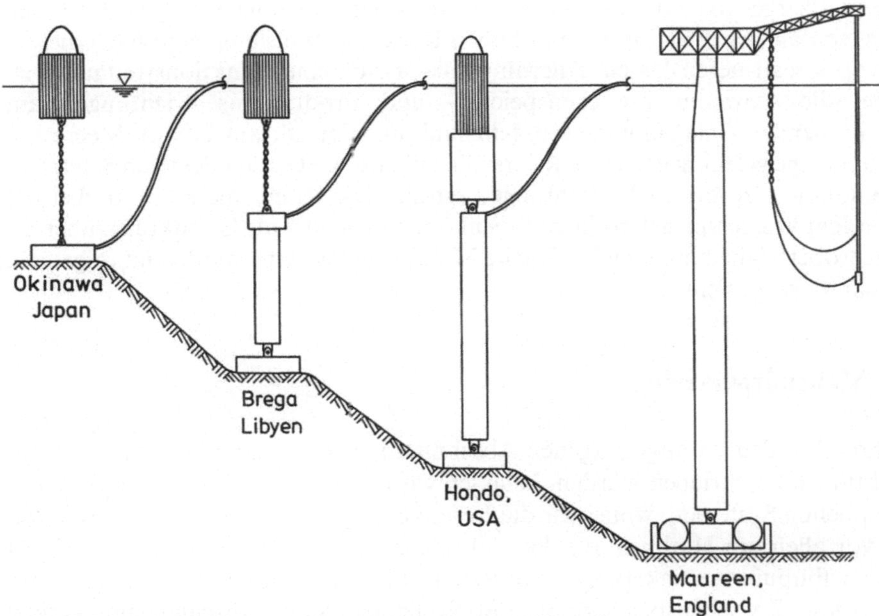

Bild 2.20. Zugspannungsverankerte Bojen und Gelenktürme

Schäden am elastischen Schlauchsystem im Bereich der kardanischen Lagerung lassen sich eingrenzen. Bei hohem Auftriebsüberschuß wäre in diesem Fall zu befürchten, daß die Konstruktion nach oben schießt und die ölführenden Schläuche abreißen, was zu Umweltschäden führen könnte.

Wie Bild 2.20 zeigt, haben gelenkig gelagerte Säulen den Vorteil, daß sich die Riser geschützt in das Innere der Struktur integrieren lassen und nur im Bereich der Aufhängung elastische Verbindungen notwendig sind [2.58]. Bei Gelenktürmen läßt sich hierdurch auch der Öltransfer über den Ausleger oberhalb der Wasseroberfläche leiten, während bei zugspannungsverankerten Bojen in der Regel schwimmende Schläuche verwendet werden. Wie schon bei den bisher vorgestellten nachgiebigen Konstruktionen treten auch hier Resonanzerscheinungen im hoch- und niederfrequenten Bereich auf. Pendelschwingungen im niederfrequenten Bereich sind gekoppelt, wenn das System aus mehreren Komponenten besteht. Da sich beim Durchlauf von Wellen der Auftrieb ändert, ist die Rückstellkraft zeitabhängig. In regulären Wellen überlagert sich dem konstanten Rückstellkoeffizient ein zeitlich harmonischer Beitrag. Die Bewegungsgleichung ergibt sich hieraus – bei Vernachlässigung der Dämpfung – in Form einer Matthieu-Differentialgleichung [2.59]. Hieraus folgen Instabilitäten, sog. parametererregte Schwingungen, die u.a. zu Bewegungen quer zur Welle führen können.

Im hochfrequenten Bereich beobachten wir Biegeschwingungen der Säulen, wobei die Eigenperioden mit wachsender Bauteillänge größer werden, so daß die Struktur dann höheren Seegangsenergien ausgesetzt ist. Mit zunehmender Wassertiefe empfiehlt sich daher die Aufteilung in mehrere kürzere Komponenten.

Das empfindlichste Bauteil der hier vorgestellten Konstruktionen ist das Unterwassergelenk, das nur für begrenzte Axialbelastungen ausgelegt werden kann, so daß sich Plattformen mit hohen Deckslasten bislang nicht nach diesem Prinzip konstruieren lassen. Allerdings bietet sich eine Funktionstrennung an, wobei die schweren Zwischenspeicher- und Produktionseinrichtungen auf schwimmenden Anlagen untergebracht sind, und der Öltransfer vom Meeresboden über eine gelenkig gelagerte Risersäule mit anschließenden flexiblen Schlauchverbindungen zu diesen Einrichtungen erfolgt. Die Risersäule kann hierbei tief unter dem Wasserspiegel in einem Bojenkopf enden oder als Gelenkturm über die Wasseroberfläche hinausragen. Solche Mehrkörpersysteme werden im folgenden Abschnitt vorgestellt.

2.6 Mehrkörpersysteme

Während in den vorangegangenen Abschnitten einzelne meerestechnische Konstruktionen beschrieben wurden, befassen wir uns zum Ende dieses Kapitels mit gekoppelten Systemen, wobei wir die Verankerungs- bzw. Kopplungseinrichtungen vor allem im Hinblick auf den Öltransfer diskutieren. Im ersten Abschnitt werden Einpunktverankerungen vorgestellt, die zur Beladung von Tankern mit oder ohne Zwischenspeicherkapazität konzipiert sind. Anschließend werden schwimmende Produktionssysteme behandelt. Im Rückblick auf Bild 2.16 und

Bild 2.20 erinnern wir daran, daß Ladebojen und Zwischenspeicher entweder als sternförmig verankerte und somit in allen Freiheitsgraden bewegliche Konstruktionen oder als zwangsgeführte, nachgiebige Strukturen konzipiert sein können. Analog dazu kann auch die Verbindung zwischen Boje und Speicher – bzw. Produktionsanlage –

- über Ankertrossen (hawser) oder
- Zwangsführungen (Joch bzw. yoke)

erfolgen. Alternativ ist auch eine Integration der Boje in den Speichertank oder eine völlig getrennte Verankerung von Riser und Produktionsanlage möglich. Im letzteren Fall sind beide Systeme nur über flexible Schlauchleitungen verbunden.

2.6.1 Einpunktverankerungen

Bild 2.21 und 2.22 zeigen alternativ frei bewegliche und zwangsgeführte Einpunktverankerungen [2.60, 2.61]. In der amerikanischen Fachliteratur werden diese generell als SBM (Single Buoy Mooring) oder SPM (Single Point Mooring) Systeme bezeichnet. Bei den sternförmig verankerten Bojen (CALM Catenary Anchor Leg Mooring) ist zusätzlich auf die in Bild 2.16 skizzierte Großboje ELSBM und den Speichertank SPAR zu verweisen. In Bild 2.21 ist die Verbindung von Boje und Tanker in fünf Alternativen gezeigt, wobei die Fesselung schrittweise zunimmt:

- Im ersten Fall einer Bojensternverankerung – das dargestellte Beispiel gibt die Ladestation im Buchan-Feld wieder [2.62] – dient die Boje ausschließlich der Verankerung und Beladung von Tankern, die im Pendelverkehr (shuttle) das geförderte Öl zur Küste transportieren. Ankertrosse (hawser) und Schlauchverbindungen (hose) sind schwimmfähig, wobei die Haltepunkte auf dem drehbaren Kopf der Boje angeschlagen sind, so daß sich das Schiff entsprechend der vorherrschenden Wetterrichtung um die Boje drehen kann. Beide Verbindungen sind leicht lösbar, eine Notwendigkeit, die sich insbesondere bei schwerem Wetter bewähren muß, wenn die Tankerbewegungen an der Boje zu heftig werden. Da es keine Speichermöglichkeit gibt, sind in solchen Feldern mindestens zwei CALM-Bojen installiert, um die Produktion fortsetzen zu können, wenn die Beladung eines Tankers abgeschlossen ist. Im hier gezeigten Fall erfolgt der Öltransfer von der Zusammenführung der Pipelines am Meeresboden (PLEM Pipeline End Manifold) zur Boje über eine flexible, S-förmige Schlauchverbindung, die als Steep-S bezeichnet wird, während wir bei flacherem Verlauf mit mehreren längs des Schlauchs angeordneten Auftriebskörpern von einer Lazy-S-Konfiguration sprechen.
- Während der Tanker bei der Schwimmtrossenverankerung oft rückwärts fahren muß, um nicht mit der Boje zu kollidieren, ist die Verbindung bei der zweiten in Bild 2.21 gezeigten Version eindeutig definiert: der Tanker ist am Heck über zwei schwere Ketten mit einem gegabelten Ausleger der Boje verbunden. In dieser relativ weichen Verankerung kann sich das Schiff mit dem Ausleger um die Boje drehen und wird durch den mit schweren Endgewichten ballastierten Ausleger in definiertem Abstand zur Boje

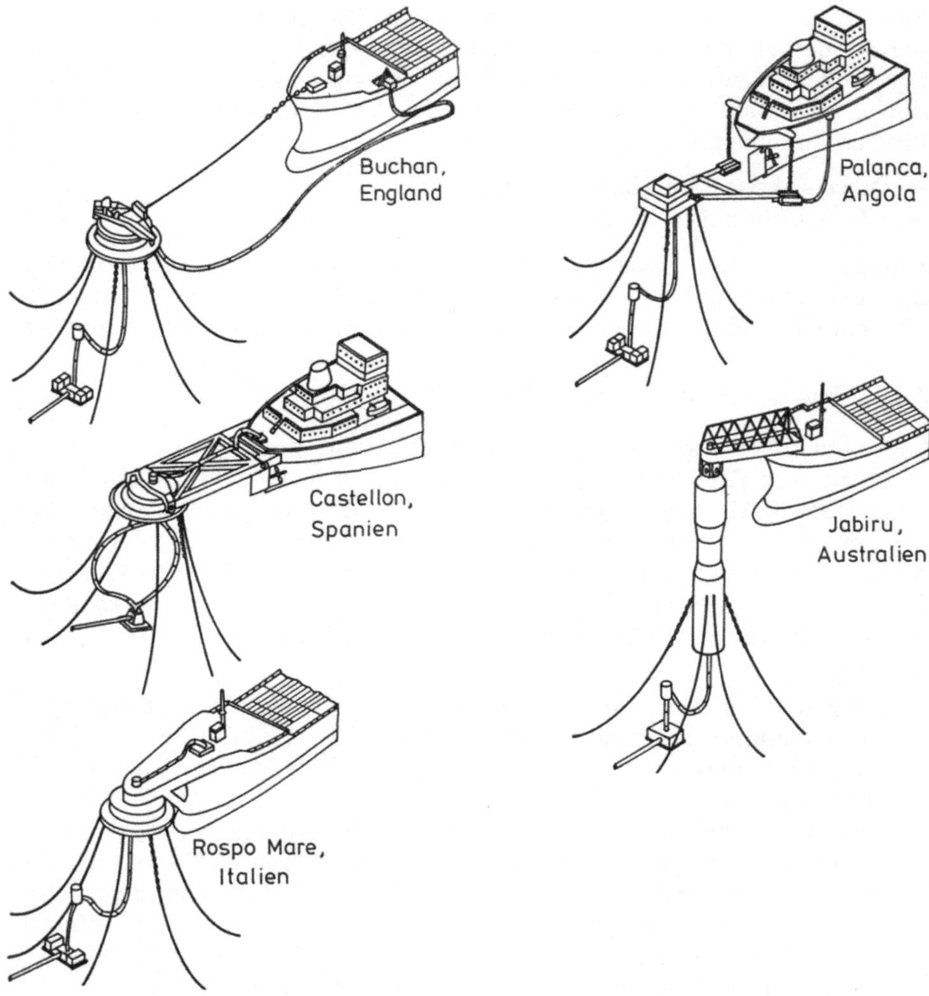

Bild 2.21. Frei bewegliche Einpunktverankerungen

gehalten, ohne die Seegangsbewegungen zu behindern [2.124]. Der Öltransfer erfolgt längs des Auslegers, so daß flexible Schläuche nur bei der Übergabe zum Tanker notwendig sind. Die Ankopplung am Heck hat den Vorteil, daß die im Hinterschiff angeordneten Mannschaftsquartiere stromauf und damit nicht im Bereich der bei der Beladung austretenden Öldämpfe liegen.

– Bei der dritten Alternative, der Bojenauslegerverankerung (SBS Single Buoy Storage), ist der Tanker über eine gelenkige Auslegerkonstruktion (yoke) definiert mit der Boje verbunden. Die Gelenkverbindungen müssen die Relativbewegungen von Tauchen und Stampfen aufnehmen, der Ausleger muß um die Bojenachse drehbar sein. Bei der Rollbewegung nimmt der Tanker die Boje mit. Der Öltransfer hat sich bei dieser Lösung weiter

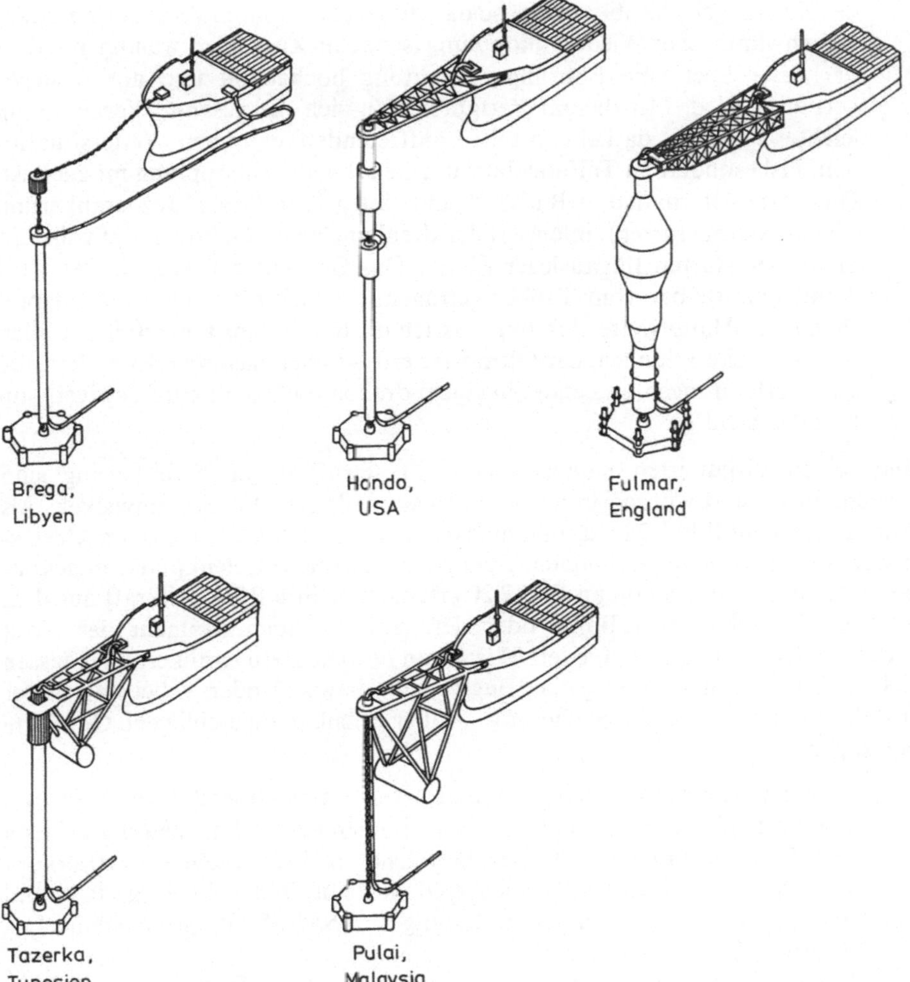

Bild 2.22. Zwangsgeführte Einpunktverankerungen

vereinfacht. Als Schlauchverbindung zum Meeresboden ist hier im übrigen die Version „Chinese Latern" dargestellt, die gewählt wird, wenn sich der Wasserstand im Gezeitenwechsel überdurchschnittlich ändert.

– Bei der vierten Alternative in Bild 2.21, der ankoppelbaren Riserturmverankerung (DART Disconnectable Articulated Riser Turret), ist eine sternförmig verankerte Risersäule pendelnd am Bugausleger eines Tankers aufgehängt [2.63, 2.64]. Bei Auslenkung aus der Gleichgewichtslage neigt sich der am unteren Ende durch ein Gegengewicht ballastierte Riser und die Ketten heben vom Boden ab. Beide Effekte, das aufrichtende Moment des gekrängten Risers wie auch das Gewicht der angehobenen Ketten tragen zur Rückstellkraft bei. Alle Öltransfer- und Kontrolleitungen lassen sich durch eine hydraulische Fernsteuerung lösen, und der gesamte Riserturm unterhalb des Kardangelenks abkoppeln, so daß dieser als autonom verankerte Einheit aufschwimmt. Zur Wiederankopplung ist nur ein Zugseil notwendig, mit dem der Riser über eine Führungsvorrichtung hochgeholt und am Ausleger verriegelt wird. Mit diesem Verfahren läßt sich die gesamte Verankerung leichter auslegen, da bei den selten auftretenden, extremen Wettersituationen, insbesondere in Taifungebieten, eine schnelle Abkopplung möglich ist.

- Die letzte Alternative in Bild 2.21, eine integrierte Drehkranzverankerung (fixed external turret), integriert den drehbar gelagerten Bojenkopf vollständig in den starren Bugausleger [2.63]. Das Gewicht der Ankerketten wird damit unmittelbar vom Tanker getragen, der sich im Drehkranz entsprechend der Hauptwetterrichtung ausrichtet. Bei diesem Grenzfall entfallen Bewegungskopplungen, der Öltransfer erfolgt über elastische Riserelemente und -verbindungen und endet in einem drehbaren Gelenkkopf (swivel) am Bug des Schiffes.

Die zuletzt diskutierten Konzeptionen mit sternförmiger Verankerung sind kostengünstig und wurden unter dem Druck niedriger Ölpreise entwickelt. Als Alternative stellt Bild 2.22 zugspannungsverankerte Systeme vor, die am Meeresboden an einem pfahlgegründeten Fundament in einem Gelenkpunkt angekoppelt sind und – wie schon an Bild 2.20 erläutert – ihre Rückstellkraft aus dem Auftriebsüberschuß von Bojen oder dem aufrichtenden Moment der meist kreiszylindrischen Säulen ableiten. Wie schon bei den Sternverankerungen lassen sich die Tanker zur Beladung über Bugtrossen (hawser) oder – bei stationärer Installation mit Zwischenspeicherung – über gelenkig angeschlagene Geschirre befestigen.

- Als erste Alternative zeigt Bild 2.22 einen konventionell über Bugtrosse verankerten Tanker, der mit einer schwimmenden Schlauchleitung beladen wird. Diese ist unter der Wasseroberfläche an einem drehbaren Riserkopf angeschlossen. Ähnliche Systeme sind auch in Bild 2.20 dargestellt und werden als Zugspannungsverankerungen (SALM Single Anchor Leg Mooring) bezeichnet.
- Wird der Tanker zur Zwischenspeicherung genutzt, erfolgt die Ankopplung über eine gelenkig gelagerte Auslegerkonstruktion (yoke). Bei großen Wassertiefen ist es – wie hier für das Hondo-Feld – sinnvoll, den Riser aus zwei kardanisch verbundenen Elementen aufzubauen. Mit starrem Ausleger werden diese Verankerungen als SALMRA-Systeme bezeichnet (Single Anchor Leg Mooring Rigid Arm).
- Auf Schwerwetterlokationen werden Gelenktürme (ALT Articulated Loading Tower) installiert, die ebenfalls über einen drehbaren Ausleger mit dem Tanker verbunden sind. Die Verbindung zum Tanker muß Stampf-, Roll- und Tauchbewegungen des Schiffes aufnehmen. Wie der hier dargestellte Fulmar-Gelenkturm zeigt, befinden sich der drehbare Schlauchanschluß zum Öltransfer sowie die elektrischen und hydraulischen Verbindungen am Kopf des Risers über Wasser [2.65]. Um die Zahl der über das Drehgelenk laufenden Fluidanschlüsse zu minimieren, werden die von den einzelnen Unterwasserkomplettierungen (underwater completions) oder von der Bohrschablone (template) ausgehenden Produktionsstränge unter Wasser

oder – wartungsfreundlicher – am Riserkopf zusammengeführt (manifolding) [2.66]. Um eine hohe Rückstellkraft zu gewährleisten, ist der Turm im oberen Bereich stark verdickt, im unteren Teil entsprechend ballastiert. Der Ölstranport zur Küste geschieht mit Shuttle-Tankern im Pendelverkehr, wobei diese am Heck des verankerten Tankschiffes festmachen und über Heckausleger mit flexiblen Schläuchen ankoppeln.

– Als letzte Alternative zeigt Bild 2.22 ein Tauchkörperverankerungssystem (SALS Single Anchor Leg Storage System) in zwei Versionen. Bei dieser Konfiguration wird die Zugkraft auf den gelenkig gelagerten Riserturm oder eine entsprechende Kombination von Riser und Trosse vom Tanker über ein Buggeschirr mit einem getauchten Auftriebskörper aufgebracht. Im Riserkopf werden alle Leitungen zusammengeführt (manifold) und laufen über einen drehbaren Verteiler (swivel) und das Buggeschirr auf den Tanker. In Verbindung mit einem Riserturm kann sich das autonome System – unterstützt durch ein kleines Begleitschiff – selbständig installieren [2.81]. Eine Anlage mit einem 120 000 t Produktionsschiff ist seit November 1982 im tunesischen Tazerka-Feld in Betrieb [2.82].

Entsprechend dem hohen Lagerstättendruck sind alle Umschlagsysteme auf mindestens 275 bar (4 000 psi) ausgelegt [2.125]. In der Regel wird Rohöl mit einem Gasanteil gefördert (GOR Gas/Oil-Ratio), der separiert wird. Ist die Gasproduktion nicht wirtschaftlich und kommt ein Abfackeln wegen Sicherheits- oder Regierungsauflagen nicht in Betracht, so wird es wieder in die Lagerstätte zurückgepumpt. Die hierfür erforderlichen Injektionssysteme mit flexiblen Schlauchleitungen, drehbaren Verteilern etc. sind auf ca. 800 bar ausgelegt [2.67].

Zum Abschluß sind noch einige Ausführungen zu den Bewegungen des verankerten Tankers im Seegang zu ergänzen. Problematisch sind Rollbewegungen, doch werden gerade diese durch Ausrichtung in Wetterrichtung weitgehend vermieden. Durch weltweiten Ölpreisverfall und Tankerüberkapazität in den 80er Jahren ist die Beschaffung und der Umbau großer Tanker kostengünstig. Für ein Schiff von 200 000 t Tragfähigkeit, in Wetterrichtung gedreht, ergibt sich unter Nordseebedingungen bei 20 ° Gierbewegungen ein maximaler Rollwinkel von 4 °; jedoch während 90 % der Einsatzzeit liegt der Rollwinkel unter 1 ° [2.67]. Große konventionelle Tankersysteme können also hydrodynamisch aufwendigen Halbtaucherkonzepten durchaus ebenbürtig sein.

Driftkräfte, d.h. Wellenkräfte zweiter Ordnung und die nichtlineare Rückstellcharakteristik bestimmen das Verhalten des verankerten Mehrkörpersystems, so daß die Modellversuchstechnik von besonderer Bedeutung ist [2.68]. Zur theoretischen Analyse von Einpunktverankerungen läßt sich das Energieäquivalenzprinzip anwenden, wobei die potentielle Energie des ausgelenkten Verankerungssystems ins Verhältnis zur Seegangsenergie gesetzt wird [2.69]. Zur Berücksichtigung nichtlinearer Effekte sind Rechnungen im Zeitbereich notwendig [2.70]. Bei Anströmung ist insbesondere das Problem der Pendelbewegung des Tankers (fishtailing) zu berücksichtigen [2.71].

Die große Zahl kleinerer Ölvorkommen, die in den vergangenen 15 Jahren weltweit entdeckt wurden, sowie Neuentwicklungen bei Einpunktverankerungen großer Konstruktionen und Fortschritte in der Risertechnik haben zur Konzeption schwimmender Produktionssysteme geführt. Im folgenden Abschnitt werden zukunftsweisende Prototypen beschrieben, die für kleinere Felder geeignet sind und sich aufgrund ihrer Mobilität auf verschiedenen Lokationen einsetzen lassen.

2.6.2 Schwimmende Produktionssysteme

Weltweit sind mehr als 30 000 Erdöl- und Erdgasfelder entdeckt, jedoch mehr als die Hälfte der Kohlenwasserstoffvorkommen der Erde finden sich in nur 21 riesigen Lagerstätten [2.72]. Die Erschließung besonders großer Felder wie Brent, Statfjord oder Forties ist in Einzelfällen zwar auch in Zukunft zu erwarten, jedoch gewinnt die Nutzung kleinerer, sog. marginaler Felder, zunehmend an Bedeutung. Großinvestitionen für die eingangs beschriebenen Stahl- und Betonstrukturen sowie Pipelinesysteme und periphere Einrichtungen werden daher seltener werden, und schwimmende Produktionssysteme mit Optionen für mehrere kleine Lagerstätten erfahren zunehmende Beachtung. Im Vergleich zu konventionellen Anlagen weisen schwimmende Produktionssysteme folgende Vorteile auf [2.72]:

- Niedrige Investitionskosten und hohe Wirtschaftlichkeit, vor allem in Zeiten reduzierter Ölpreise, wenn Tanker und Halbtaucher zu Niedrigpreisen angeboten und umgebaut werden können,
- Mobilität und Wiederverwendbarkeit, was insbesondere bei Lagerstätten mit ungewissen Reserven, beim Einsatz zur Pilotförderung (early production system) und bei marginalen Vorkommen wesentlich ist,
- Einsatz auf Feldern ohne Infrastruktur, z.B. ohne Pipelinenetz etc.,
- kurze Bau- und Vorbereitungszeiten bis zum Einsatz,
- weitgehende Unabhängigkeit von Wassertiefe und Erdbeben, kurze Abkopplungszeiten auf polaren Lokationen bei Gefährdung durch treibende Eisberge.

Im einzelnen umfassen schwimmende Produktionsanlagen folgende Subsysteme:

- Produktionsbohrungen, die über Unterwasserkomplettierungen auf Bohrschablonenrahmen (templates) oder Satellitenbohrungen (satellite wells) in einem zentralen Verteiler (manifold center) zusammengeführt werden,
- starre, flexible oder kombinierte Risersysteme als Verbindung zwischen Pipelinezusammenführung (PLEM) oder Bohrschablone mit der
- schwimmenden Trägerstruktur – Schiff, Barge oder Halbtaucher – zur Förderung, Verarbeitung und Speicherung der gewonnenen Kohlenwasserstoffe sowie
- Transportsysteme für deren Beförderung zum Land.

Besondere Aufmerksamkeit ist allen flexiblen, gelenkigen und drehbaren Verbindungen zwischen

- Meeresbodenstrukturen und kardanisch gelagertem Riser bzw.
- Riser- oder Bojenkopf und frei beweglicher Produktionsplattform sowie der
- Produktionsanlage und dem Transportfahrzeug, sofern nicht ein Pipelinetransfer vorgesehen ist,

zu widmen.

Bei den mechanischen Verbindungen sind

- operative Lasten der Struktur und der Betriebsanlagen,
- hochfrequente Seegangsbelastungen aus der Wellenwirkung erster Ordnung sowie
- Verankerungskräfte aufgrund nichtlinearer Wellenwirkungen

zu berücksichtigen.

Für Schiffe oder Bargen ist eine Ausrichtung in Hauptwetterrichtung vorzusehen. Da sich damit die Produktionsplattform um den Riser dreht, sollten drehbare Fluidverbindungen zur Förderung von Kohlenwasserstoffen, zum Injizieren von Wasser oder separiertem Gas, für Hydraulikfunktionen, sowie Wartungs-, Meß- und Kontrolloperationen (workover, TFL Through Flow Line Operation) auf ein Minimum beschränkt werden, da diese auf Drücke von mehr als 280 bar auszulegen sind. Vorteilhaft ist eine weitgehende Zusammenführung von Produktionspipelines (manifolding) – am günstigsten am Meeresboden –, da dann die Zahl der Riserstränge begrenzt ist. Diese werden in der Regel einzeln vorgespannt. Alternativ sind auch starre Integralriser gebräuchlich, die – durch Auftriebskörper entlastet – sämtliche Einzelstränge integrieren und als Einheit vorgespannt werden. Neuerdings werden auch elastische, durch Bojen gestützte Riser eingesetzt, die bei schwersten Wetterbedingungen nicht abgekoppelt werden müssen. Höheren Kosten stehen die Vorteile einfacher Installation und Handhabung gegenüber. Für Neuentwicklungen ist die Kombination beider Risertypen vorgesehen: Ein am Fundament gelenkig gelagerter, starrer Riser, den etwa 60 m unter der Wasseroberfläche Auftriebskörper unter Spannung halten, wird über ein leicht abkoppelbares, flexibles Schlauchsystem mit der schwimmenden Produktionsanlage verbunden [2.72].

Tabellen 2.8 und 2.9 stellen charakteristische Daten für Tanker- und Halbtaucher-Produktionsanlagen gegenüber [2.73]. Erwartungsgemäß ist nur auf Tankern hinreichende Speicherkapazität vorhanden, bei Halbtaucheranlagen ist ein getrenntes Speicher- und Transfersystem vorzusehen. Die Zahl der Komplettierungen und somit die Produktionskapazität ist niedrig. Der Gasanteil wird in den meisten Fällen abgefackelt, wobei dessen Energieanteil – 1 000 m^3 Gas entsprechen 1 m^3 Öl – bis zu 6 % beträgt. Nur im Garoupa- und Hondo-Feld wird das gewonnene Gas in eine Pipeline eingespeist.

Das erste schwimmende Produktionssystem wurde 1975 im Argyll-Feld installiert [2.101]. Mit umgerüsteten Halbtauchern, anfangs mit der Transworld 58, seit 1984 mit der Aker H3-AC Plattform Deepsea Pioneer [2.126, 2.127], sind in den ersten Jahren aus zunächst vier, später acht Satellitenbohrungen täglich bis zu 10 000 m^3 Öl gewonnen worden. Die Förderung wird in einer zentralen Verteilerstation zusammengeführt, über einen starren Riser zum Halbtaucher geleitet, dort aufbereitet und über Riser, Transferpipeline und SBM-Beladestation auf einen Tanker gepumpt. Wie das Argyll-Feld eine Pionierentwicklung für weitere Produktionssysteme wie Buchan (Pentagonehalbtaucher) [2.83], Balmoral (GVA 5 000) oder Green Canyon ist, gilt das Tazerkaprojekt als Vorläufer aller tankergestützten Gewinnungsanlagen.

Zu den neuesten schwimmenden Produktionssystemen zählt das Spezialschiff Petrojarl 1, das in Bild 2.23 dargestellt ist. Mit 209 m Länge, 32 m Breite und einem

Tabelle 2.8. Schwimmende Produktionsanlagen – Tankersysteme nach [2.73]

	Cadlao (marginal)	Castellon (marginal)	Garoupa (Pilotförderung)	Hondo (Pilotförderung)	Tazerka (marginal)	Oseberg (Pilotförderung)
Lokation	Philippinen	Spanien	Brasilien	Kalifornien	Tunesien	Norwegen
Wassertiefe in m	95	117	166	150	140	129
Verankerung	CALM-Joch	SALS	CALM-Trosse	SALM-Joch	SALS	Drehkranz
Produktionskapazität in $10^3 m^3$/Tag	4,6	3,1	10,8	7,0	3,1	4,8
Gasanteil in m^3 Gas unter Normalbedingungen/m^3 Öl	80	20	unbekannt	100	niedrig	niedrig
Speicherkapazität in m^3	115000	67000	55000	33000	100000	30000
Öltransfer (Umschlag/Landtransport)	Tanker (Heck)	Tanker (längsseits)	CALM/ Pipeline	Tanker (Heck)	Tanker (längsseits)	Tanker (Heck)
Zahl der Bohrköpfe	2	2	7	20 (Plattform)	8	1

Tabelle 2.9. Schwimmende Produktionsanlagen – Halbtauchersysteme nach [2.73]

	Argyll (marginal)	Buchan (marginal)	Casablanca (Pilotförderung)	Dorada (marginal)	Enchova (Pilotförderung)	Balmoral (marginal)
Lokation	England	England	Spanien	Spanien	Brasilien	England
Wassertiefe in m	80	120	120	95	190	143
Produktionskapazität in $10^3 m^3$/Tag	10,8	11,0	3,8	3,1	9,6	9,5
Gasanteil (abgefackelt) in m^3 Gas unter Normalbedingungen/m^3 Öl	25...50	55	10...12	55	unbekannt	65
Speicherkapazität in m^3	0	560	0	0	0	0
Öltransfer (Umschlag/Landtransport)	CALM/Tanker	CALM/Tanker	Pipeline	Pipeline	CALM/Tanker	Pipeline
Zahl der Bohrköpfe						
– Templatekomplettierungen	0	4	2	3...4	4	14
– Satellitenkomplettierungen	7	4	2	3...4	6	3

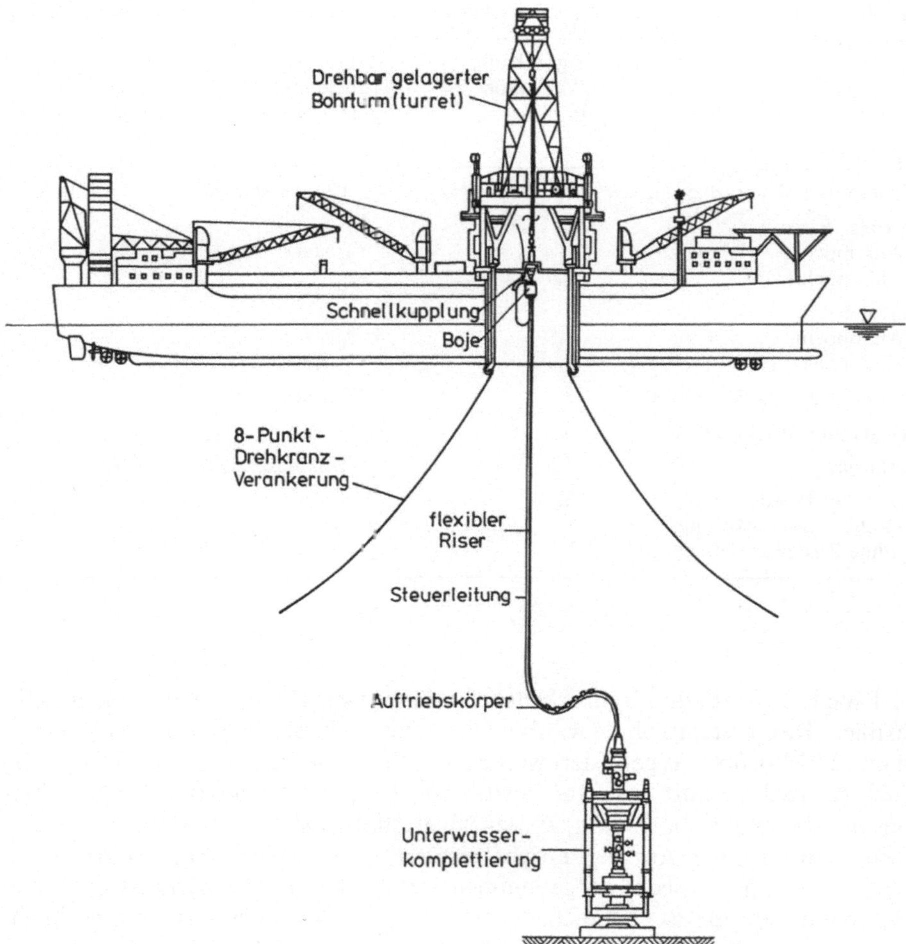

Bild 2.23. Produktionsschiff Petrojarl 1 für marginale Vorkommen nach [2.74]

Tiefgang von 12 m verdrängt das Schiff 50 910 t, kann bis zu 30 000 m³ Öl zwischenspeichern und fördert sowie verarbeitet 4 770 m³ Öl pro Tag [2.74]. Charakteristisches Entwurfsmerkmal ist eine in Kielhöhe weit auskragende Buglippe, die der Bewegungsminderung dient. Das beim Prozeß abgespaltene Gas dient der Energieversorgung, überschüssige Mengen werden abgefackelt. Die erste Testförderung im norwegischen Oseberg-Feld erfolgte bei 129 m Tiefe über einen 145 m langen, flexiblen 4-in.-Riser (Coflexip), der auf 345 bar ausgelegt ist und am unteren Ende – gestützt durch Auftriebskörper – auf einer Kettenlinienkurve in einen komplettierten Unterwasserbohrkopf einläuft. Das Schiff ist drehkranzverankert und zusätzlich dynamisch positionierbar, pendelt sich also in die Wetterrichtung ein, wobei die Kopfleinen durch Fahren gegen die Wellen entlastet werden können. Bei der Drehkranzverankerung laufen acht Ketten, jeweils 1 600 m lang, von unten in den rollengelagerten Bohrturm, den sog. „turret“ ein.

Tabelle 2.10. Grenzarbeitsbedingungen des schwimmenden Produktionsschiffs Petrojarl 1 [2.74]

	Signifikante Wellenhöhe H_S in m	Zulässige Tauchamplitude in m	Zulässige Roll- bzw. Stampfamplitude in Grad
Förderung und Verarbeitung	8,3	6,5 (Prozeßanlage)	6
Flexibler Riser			
– Ankoppeln	1,8	1 (Turret)	2
– Abkoppeln	16,0		
Starrer Riser			
– Ankoppeln	1,8	1	2
– Abkoppeln	5,3	4 (Turret)	6
Bohrlochwartung (workover)	3,2	2 (Turret)	2
Anlegen des Shuttle-Tankers	3,5		
Öltransfer	5,0	5,7 (Achterdeck)	3,5
Halten der Position mit Drehkranzverankerung (ohne Zusatzantrieb)	8,3		

Tabelle 2.10 faßt die Grenzarbeitsbedingungen der Petrojarl 1 zusammen. Mit flexiblem Risersystem konnte während des ersten Winters 1986/87 ca. 540 000 m^3 Öl und 81 Mio. m^3 Gas gefördert werden, die Verfügbarkeit erreichte 98 % [2.75, 2.76]. Kann das Schiff nicht auf Position bleiben, so läßt sich der flexible Riser vom Bohrturm abkoppeln und auf den Meeresboden absenken, wobei das obere Ende – durch einen Auftriebskörper gestützt – 10 m über Grund schwebt, so daß es problemlos wieder aufgenommen werden kann. Alternativ ist auch ein Betrieb mit starrem Riser möglich, der zusätzlich für Bohrlochmessungen geeignet ist, jedoch nur bis zu signifikanten Wellenhöhen von 5,3 m eingesetzt werden kann. Der Landtransport des geförderten Öls erfolgt mit dem Tanker Petroskald, der am Heck festmacht und mit 4 200 m^3/h beladen wird. Aufgrund des erfolgreichen Betriebs der Petrojarl 1 ist der Einbau eines 5-in-Risers mit einer Förderleistung von ca. 5 000 m^3 pro Tag vorgesehen. Eine weitere Verdopplung durch Einsatz mehrerer Riser und Installation von Anlagen zum Injizieren des geförderten Erdgases ist ohne größere Modifikation möglich [2.77]. Eine leistungsfähigere Einheit, die Tentech 1070 mit einer Verdrängung von 227 000 t und 160 000 m^3 Speicherkapazität ist für eine Tagesförderung von 18 000 m^3 konzipiert [2.73].

Kurz vor dem Einsatz steht ein ähnliches System, die autonome Produktionsanlage SWOPS (Single Well Oil Production Ship). Dieses Schiff – mit einer Verdrängung von 76 440 t und einer Speichermöglichkeit für 39 000 m^3 Öl – nimmt 1988 die Pilotproduktion des Cyrus-Feldes mit einer täglichen Förderleistung von 2 400 m^3 Öl und 0,17 Mio. m^3 Gas auf. Die Förderung soll über einen starren Riser erfolgen, der nach Befüllung der Tanks abgekoppelt wird, da das Schiff auch den Landtransport des Öls übernimmt [2.78 – 2.80, 2.128].

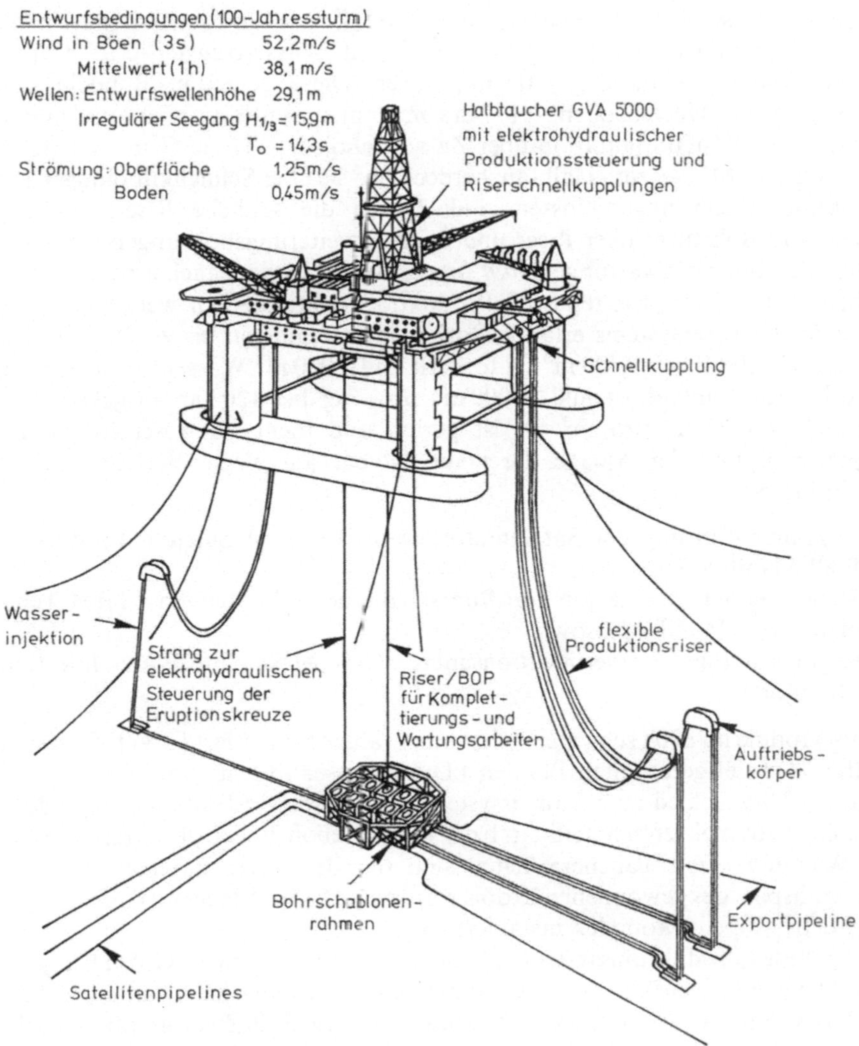

Bild 2.24. Halbtauchergestütztes Produktionssystem Balmoral (Wassertiefe 143 m) nach [2.87]

Auch wenn bei drehkranzverankerten Produktionsschiffen, insbesondere bei größeren Einheiten mit flexiblen Risern, exzellente Einsatzerfahrungen vorliegen, werden Halbtaucher – insbesondere bei extremen Seegangsbedingungen – wegen ihrer günstigeren Bewegungscharakteristik bevorzugt, obwohl sie über erheblich weniger Speicherkapazität verfügen. Seit November 1986 ist der erste speziell hierfür konzipierte Produktionshalbtaucher GVA 5000 mit 33 000 t Verdrängung im Operationstiefgang und 6 800 t Deckstragfähigkeit im englischen Balmoral-Feld bei 143 m Wassertiefe im Einsatz [2.85 – 2.87, 2.90, 2.91].

Bild 2.24 zeigt den mit vier drehbaren Düsenpropellern ausgerüsteten Halbtaucher – festgelegt in einer 8-Punktverankerung – über einer 14-Loch-

Bohrschablone sowie einem Feld von drei Produktions- und sechs Wasserinjektions-Satellitenbohrungen [2.87]. Der Öl- und Wassertransfer erfolgt über mehrere, jeweils 245 m lange, flexible Riser. Diese gehen in Bündeln von Basispunkten am Meeresboden – 117 m vom Zentrum entfernt – aus und laufen in einer „steep S"-Konfiguration über Zwischenbojen – Höhe 50 m, Auftriebsüberschuß 0,21 MN – zum Halbtaucherdeck, wo sie über Schnellkupplungen am Produktionssystem angeschlossen sind. Durch die seitliche Riserzuführung können vom Bohrturm über Riser und BOP Erweiterungsbohrungen niedergebracht oder Bohrlochwartungen bzw. -reparaturen sowie Taucherinspektionen durchgeführt werden, während die Produktion kontinuierlich weiterläuft. Die Elastizität des Risersystems erlaubt Horizontalbewegungen bis zu 28 m. Insgesamt lassen sich täglich 9 500 m^3 Öl fördern und 8 000 m^3 Wasser injizieren. Die Wasserinjektionsanlage ist auf 16 000 m^3 pro Tag bei 120 bar ausgelegt. Der Gasanteil von 65 m^3 pro m^3 Öl ist gering und dient im wesentlichen der Energieversorgung der Anlage. Drei auf 345 bar ausgelegte Verteileranlagen (manifold) zur

- Zusammenführung der Satellitenförderung (SPWM Satellite Production Well Manifold),
- Steuerung der Produktion von Bohrschablone und Satelliten (TRM Template Riser Manifold) sowie
- Regulierung der Wasserinjektionsanlage (SWIM Satellite Water Injection Manifold)

sind als Module im 820 t schweren Schablonenrahmen integriert [2.87]. Dieser ist mit drei 58 m tief gerammten Pfählen (Durchmesser 1,06 m) am Meeresgrund fixiert. Im Unterschied zum Tankersystem wird bei dieser Halbtaucherproduktionsanlage aus mehreren Satelliten- bzw. Templatebohrungen gleichzeitig gefördert, Wartungs- und Taucherarbeiten sind parallel hierzu möglich. Für den Weitertransport des gewonnenen Erdöls wurde eine 14-in.-Pipeline (0,35 m) zum Brae-Forties-Pipelinekomplex installiert.

Ein zweites Produktionssystem auf Halbtaucherbasis wird im Green Canyon, Block 29, in einer Tiefe von 465 m vor der Küste von Louisiana installiert [2.129, 2.134]. Als Trägerstruktur dient die Penrod 72, ein 1975 als Zweirumpfkonstruktion mit sechs Säulen gebauter, dynamisch positionierter Halbtaucher, der im Operationstiefgang eine Verdrängung von ca. 45 000 t erreicht [2.92]. Zur Erhöhung der Decklastkapazität und Schwimmstabilität wurde dieser umgerüstet und an den vier Ecksäulen durch 21 m hohe, vertikale Stützschwimmer mit einem Querschnitt von $8{,}8 \times 5{,}5$ m ergänzt. In deren Innenraum sind tiefliegende Verankerungseinrichtungen untergebracht [2.88]. Wie Bild 2.25 zeigt, ist die Plattform über einem 1 250 t schweren Bohrschablonenrahmen mit 24 Löchern für Bohrungen verankert, der als Basis für einen frei stehenden Riser dient. Das Risersystem mit 48 integrierten Rohrleitungen besteht aus einem zentralen Innenrohrstrang, aufgebaut aus 26 verflanschten, jeweils 15 m langen Elementen mit einem Außendurchmesser von 1,17 m, die von 0,48 m dicken Auftriebsschalen aus syntaktischem Schaum mit integrierten Rohrführungen ummantelt sind, so daß sie sich nahezu auftriebsneutral verhalten [2.89]. Spiralenförmige Spoiler, um den Schaummantel gewunden, unterdrücken die Wirbelablösung. Am oberen

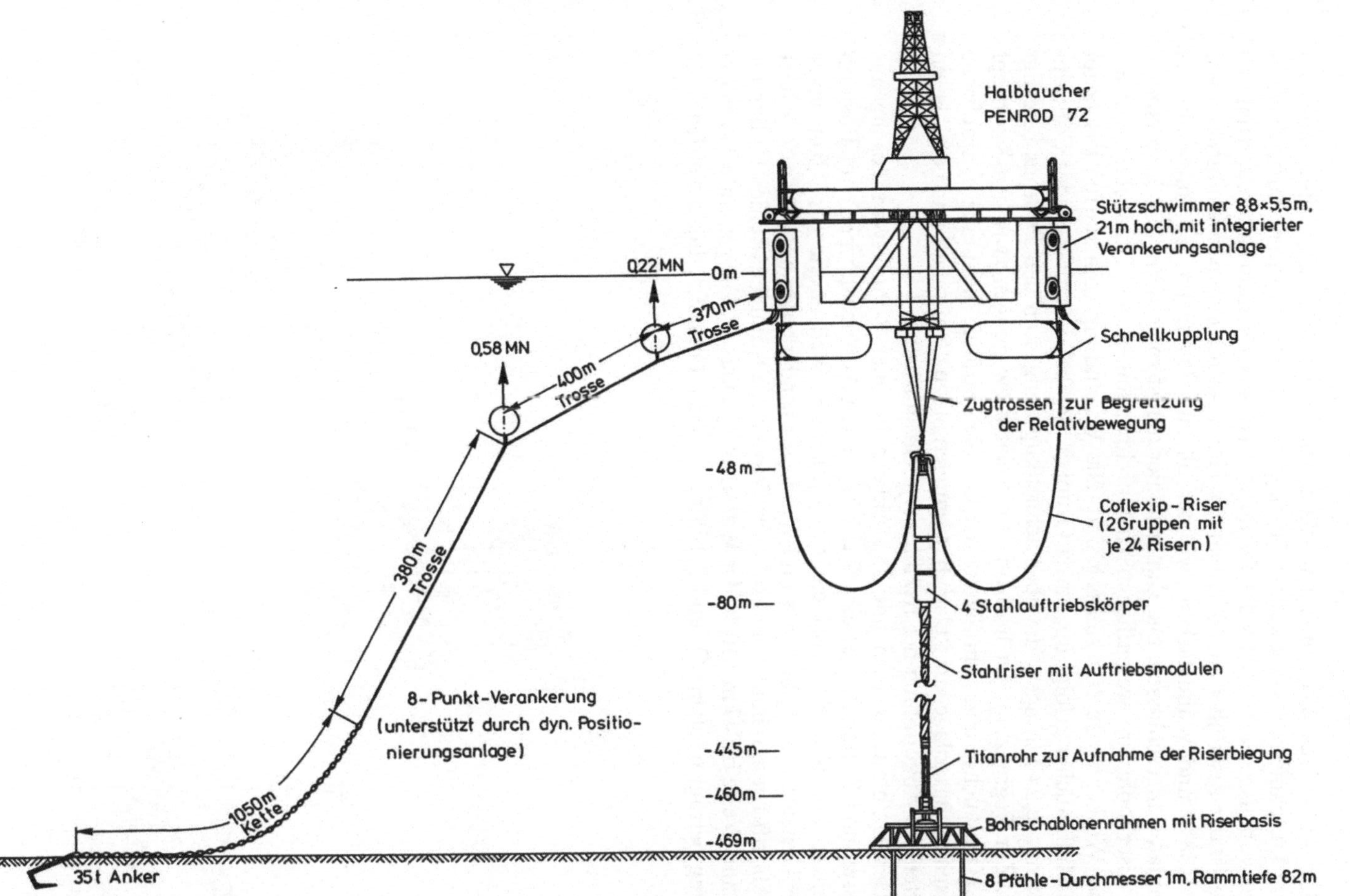

Bild 2.25. Halbtauchergestütztes Produktionssystem Penrod 72 – Green Canyon – (Wassertiefe 470 m) nach [2.89]

Ende des Risers, ca. 45 m unter dem Wasserspiegel, sind vier luftgefüllte Tanks mit einem Durchmesser von jeweils 4,5 m angebracht, die mit ihrem Auftriebsüberschuß von insgesamt 2,2 MN den Strang in vertikaler Position halten. Am unteren Ende ist der Riser über ein 10,7 m langes Titanrohr mit einem Innendurchmesser von 0,38 m und Wandstärken zwischen 38 und 75 mm an den Fußpunkt des Templates angeschlossen. Die Dimensionierung ist so gewählt, daß Bewegungen des Riserkopfes im wesentlichen zu Durchbiegungen des Titanrohres führen, wobei Winkel bis zu 10° zulässig sind. Die Verbindung vom starren Riserkopf zum Halbtaucher erfolgt über zwei Gruppen flexibel durchhängender Coflexip-Riser mit je 24 Strängen, die über Schnellkupplungen an den Pontons befestigt sind. Zur Begrenzung der horizontalen Relativbewegungen zwischen Riserkopf und Halbtaucher und zum Schutz der flexiblen Stränge dient eine hydraulische Zugspannungsanlage, die Relativbewegungen bis zu 45 m zuläßt und bei höheren Werten die Abkopplung des flexiblen Systems auslöst.

Der Halbtaucher wird mit 35 t Ankern in einer 8-Punktverankerung aus Trossen und Ketten mit jeweils zwei integrierten Auftriebskörpern auf Position gehalten. Im Betrieb – bei einer signifikanten Wellenhöhe bis 7,6 m, einer Oberflächenströmung bis 1 m/s und Windgeschwindigkeiten unter 38 m/s – liegt die Abdrift bei maximal 28 m (6 % der Wassertiefe), unter extremen Bedingungen sind Werte bis 47 m (10 % der Wassertiefe) zulässig. Die geplante Tagesförderung beträgt 6350 m^3 Öl und 3,4 Mio, m^3 Gas. Diese Produkte werden über

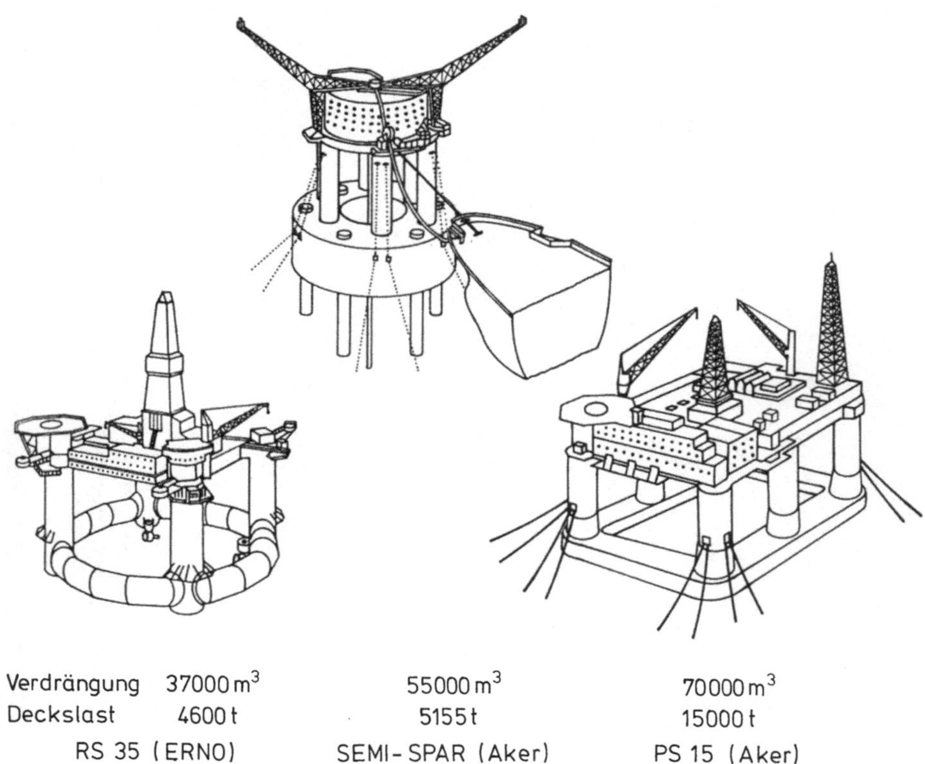

Bild 2.26. Plattformen für schwimmende Produktionssysteme

14-in.- und 16-in.-Pipelines zur neuen Produktionsplattform im „Ship Shoal Block 207" transportiert [2.88].

Die Gewinnung von Öl und Gas mit schwimmenden Produktionsanlagen hat sich als effizientes Verfahren für kleinere Lagerstätten oder die Pilotförderung bewährt. Wie Bild 2.26 zeigt, sind als Trägerstrukturen neuere Entwürfe in Vorbereitung:

- Der Halbtaucher RS 35 mit vier Säulen und torusförmigem Hauptauftriebskörper ist bezüglich seines Seegangsverhaltens unabhängig von der Wellenrichtung [2.93, 2.94]. Aufgrund der kreiszylindrischen und ringförmigen Unterwasserstruktur weist der Entwurf – wie in Kapitel 3 und 6 illustriert – hervorragende Bewegungs- und Festigkeitseigenschaften auf und ist daher als stationär verankerte Produktionsplattform optimal geeignet.
- Die Plattform Semi-Spar ist eine Sechs-Säulen-Konstruktion mit einem getauchten Unterwasserring, aus dem sich sechs zylindrische Ballastkörper nach unten ausfahren lassen. Besonderheit der Struktur ist ein integrierter Drehtisch mit Hubschrauberdeck, Rettungsbooten und Abfackeltürmen zur richtungsunabhängigen Verankerung von 100 000-t-Tankern, so daß die Aufbauten und Anlagen immer optimal zur Windrichtung orientiert sind [2.84, 2.95].
- Der Halbtaucher PS 15 mit sechs Säulen und rechteckiger Unterwasserstruktur ist für hohe Deckslasten und Zwischenspeicherung des geförderten Erdöls ausgelegt [2.96].

Gemeinsames Merkmal aller Konzeptionen ist ein geschlossener, voluminöser Hauptverdrängungskörper u.a. zur Zwischenspeicherung des geförderten Erdöls und zur Erhöhung der Deckslast. Dieser ist für die Festigkeit und das Bewegungsverhalten der Struktur günstig, so daß selbst unter extremen Seegangsbedingungen die signifikante Tauchamplitude unter 5 m, beim Entwurf PS 15 sogar unter 3 m bleibt.

Neuentwicklungen, wie sie u.a. im Balmoral-Feld zum Einsatz kommen, werden jedoch in Zeiten niedriger Ölpreise bei einem Überangebot aufliegender Bohrinseln Ausnahmen bleiben, selbst wenn Nachfolgebauten erheblich kostengünstiger erstellt werden können [2.135]. Der Umbau großer Halbtaucher wie der Penrod 72 [2.92] ist erheblich wirtschaftlicher und läßt sich in kurzer Zeit bewältigen [2.97].

Bei einer Entscheidung zwischen Tanker und Halbtaucher sind im Hinblick auf Seegangsbedingungen und Wassertiefe folgende Kriterien zu beachten [2.98]:

- Bewegungen und Verankerungskräfte,
- Speichermöglichkeiten und Öltransfer,
- Einsatz flexibler oder starrer Riser, auch in bezug auf Erweiterungsbohrungen, BOP-Operationen etc.,
- Bohrlochwartung über seilgeführte Geräte oder mit TFL-Technik,
- Installationsfristen und Kapitalkosten.

Tankersysteme sind derzeit in Wassertiefen bis 1 800 m einsetzbar und lassen sich – begrenzt durch die Technik der drehbaren Übergabeverbindung (swivel) – auf eine Produktion von maximal 15 000 m^3/Tag auslegen. Umgerüstete Halbtaucher können in weniger rauhen Seegebieten bis 500 m Wassertiefe gut verankert werden, in unwirtlicheren Bereichen liegt die Grenze bei ca. 300 m. Mittelgroße Halbtaucher sind auf eine Tagesproduktion von 10 000 m^3, größere auf 15 000 m^3 ausgelegt [2.72].

Interessant erscheint die Möglichkeit, standardisierte Drehkranzverankerungen in vorhandene Großtanker einzubauen [2.99]. Die Kosten hierfür sind nahezu unabhängig von der Förderkapazität und liegen erheblich unter Vergleichswerten für neugebaute, speziell konzipierte Halbtaucher und Schiffe [2.73]. Für große Wassertiefen ist geplant, schwimmende Produktionsanlagen in Verbindung mit festen Unterwasserstrukturen zu betreiben, die vom Meeresboden bis etwa 50 m unter die Wasseroberfläche reichen und als Träger für alle Unterwasserbohrlochköpfe dienen [2.100]. Gewicht und Kosten dieser Jackets können niedrig sein, da sich die Struktur unter dem Hauptwirkungsbereich des Seegangs befindet. Zur Wartung der Unterwasserkomplettierungen lassen sich Taucher einsetzen, und alle Vorteile der schwimmenden Produktionssysteme bleiben gewahrt.

2.7 Vergleich der unterschiedlichen Konzeptionen von Produktionsplattformen

In den vorausgegangenen Abschnitten wurden Plattformen zur Öl- und Gasgewinnung vorgestellt, die sich bezüglich

- Wassertiefen (bis 412 m),
- Material und Gewicht: Stahlplattformen bis 60 000 t
Betonplattformen bis 815 000 t,
- Konzeption: fest – nachgiebig – schwimmend,
- Gründung: Schwerkraft – Pfähle – Anker

unterscheiden. Vorgegeben sind die Eigenschaften der Lokation, wie Lagerstättengröße, maximale Förderkapazität, Landentfernung, Wassertiefe und Umweltbedingungen. Wählbar ist die technische Auslegung der Anlage zur Gewinnung von Öl/Gas

- aus Satelliten- oder Templatebohrungen,
- mit Über- oder Unterwassereruptionskreuzen,
- bei Zusammenführung der Förder- und Kontrolleitungen am Meeresboden und
- Hochführung der Stränge über Riser,
- Transfer zum Gewinnungssystem bzw. Zwischenspeicher oder zur Pipeline über
- Gelenkverbindungen sowie – bei frei schwoienden Schiffen – drehbare Gelenkköpfe.

Entscheidend für die Gesamtkonzeption sind die wirtschaftlichen Randbedingungen, u.a.

- Förderzinsen und Steuern,
- Investitions- und Betriebskosten, Charterraten etc. sowie
- der erzielbare Verkaufserlös.

Der Begriff „kleine" oder „große" Lagerstätte ist daher nur in bezug auf eine Gesamtbewertung möglich. Die Entwicklung schwimmender Produktionssysteme folgt z.B. sowohl aus der Hinwendung zu marginalen Vorkommen als auch aus dem Zwang zu wirtschaftlicheren Gewinnungsverfahren. Vergleichende Gegenüberstellungen unterschiedlicher Konzeptionen [2.102 – 2.109] sind daher problematisch, führen jedoch zu Abgrenzungen. In Tabelle 2.11 sind einige Kriterien zur kritischen Bewertung der in den vorangegangenen Abschnitten beschriebenen Plattformen zusammengestellt. Die Tabelle stützt sich im wesentlichen auf Daten aus [2.102 – 2.104] und bezieht sich auf Plattformen mit einem Decksgewicht von 12 500 t im Golf von Mexiko und 30 000 t in der Nordsee. Die Grenzeinsatztiefe hängt wesentlich von den Umweltbedingungen ab. Sie erhöht sich z.B. beim Wechsel von der Nordsee zum Golf von Mexiko bzw. zur Westküste der Vereinigten Staaten um 150 bzw. 300 m. Das Gewicht fester Plattformen steigt exponentiell mit der Wassertiefe. Kurzperiodische, elastische Resonanzschwingungen, die zu erheblichen Betriebsfestigkeitsproblemen führen, wenn die Perioden mit 4 bis 5 s im Bereich hoher Seegangsenergie liegen, werden mit zunehmender Wassertiefe kritischer. Bei Tiefen über 500 m kommen daher nachgiebige Strukturen zum Einsatz, bei denen die Wellenkräfte im wesentlichen durch Massenkräfte kompensiert werden. Mit der Entwicklung von Unterwasserkomplettierungen und -verteilerstationen, flexiblen und starren Tiefwasserrisern sowie drehbaren Hochdruckgelenkköpfen für den Fluidtransport gewinnen schwimmende Produktionssysteme zunehmend an Bedeutung.

Bei der wirtschaftlichen Einordnung der unterschiedlichen Konzepte ist daran zu denken, daß oft kostspielige Unterwasserinstallationen notwendig sind und die besonders kostengünstigen Alternativen nur in Verbindung mit aufwendigen und wartungsintensiven Unterwasserkomplettierungen betrieben werden können. Plattformkosten, wie sie in Tabelle 2.11 für den Golf von Mexiko [2.102] und die Nordsee [2.104] angegeben sind, können allenfalls der Orientierung dienen, da Wassertiefe und Umweltbedingungen sowie die Produktionskapazität und das hieraus folgende Decksgewicht in mannigfaltiger Weise eingehen. Pilotsysteme sind besonders kostenintensiv, da Fehlschläge unbedingt zu vermeiden sind und einschlägige Erfahrungen noch nicht vorliegen. Ähnlich wie die Ekofisk-Betonstruktur weniger kostenintensive Entwicklungen wie die Ninian- und Brent-Plattformen (Bild 2.10) bewirkte, werden die aufwendigen Pilotplattformen des Hutton-Feldes (TLP) und Lena-Feldes (seilverspannte Turmplattform) zu Konzeptverbesserungen und Kostenreduktionen bei Nachbauten führen. Als Beispiel verweisen wir auf die Entwicklung der Tiefwasserplattformen:

- Cognac (312 m – Golf von Mexiko), in drei Segmenten in situ installiert, Jacketkosten 275 Mio. US $, Gewicht 41 000 t.
- Cerveza (285 m – Golf von Mexiko), als Einheit auf einer Barge eingeschwommen und installiert, Jacketkosten 90 Mio. US $, Gewicht 23 000 t.
- Hondo (259 m – Santa Barbara Kanal, Kalifornien), in zwei Segmenten eingeschwommen und als Einheit montiert, Jacketkosten 67 Mio. US $, Gewicht 10 900 t.

Tabelle 2.11. Produktionsalternativen für Tiefwasserlokationen

	Feste Plattform	Seilabgespannte Turmplattform (guyed tower)	Zugspannungs-verankerter Halbtaucher (tension leg plattform)	Schwimmendes Produktionssystem (Halbtaucher) (FPS-semi)	Schwimmendes Produktionssystem (Tanker) (FPS-tanker)
Einsatztiefe in m	0...500	200...600	150...900	100...1 500	100...2000
Maximale Produktionskapazität in $10^3 m^3$/Tag	16	16	13	10	10
Golf von Mexiko-Deckslast 12 500 t					
– Kosten der Trägerstruktur in Mio. US $	120...160	120...140	120...140	80...100	70...90
– Kosten der Bodenstruktur in Mio. US $	0	0	50...80	30...50	30...50
Nordsee-Deckslast 30 000 t					
– Gesamtkosten in Mio. US $	300	450	600	150	150
– Jährliche Betriebskosten in Mio. US $	100	150	50	20	20
– Strukturgewicht in t	48 000	22 500	63 000	Halbtaucher	Tanker
– Gewicht der Pfahlgründung in t	20 000	9 000	14 500	4 500	2 200
– Gewichtszunahme mit Wassertiefe	Exponentiell	Überproportional	Unterproportional	Unterproportional	Unterproportional
– Position der Eruptionskreuze	Deck	Deck	Deck	Meeresboden	Meeresboden
Zahl der Bohrlochköpfe	25...65	25...40	20...30	10...15	10
Bohrlochwartung und -reparatur sowie Bohrlochmessungen	ja	ja	ja	Möglich	Unüblich
Speichermöglichkeit	Keine	Keine	Keine	Gering	Hoch
Montage	auf Lokation	auf Lokation	Küstennah	Küstennah	Küstennah
Servicefahrzeuge	große Offshore-Kräne, Stapellaufbargen	große Stapellaufbargen	nein	nein	nein
Wiederverwendbarkeit der Anlage	nein	nein	ja	ja	ja
Dauerfestigkeitsprobleme	Struktur	Struktur, Verankerung	Struktur, Verankerung, Riser	Struktur, Riser	Struktur, Riser

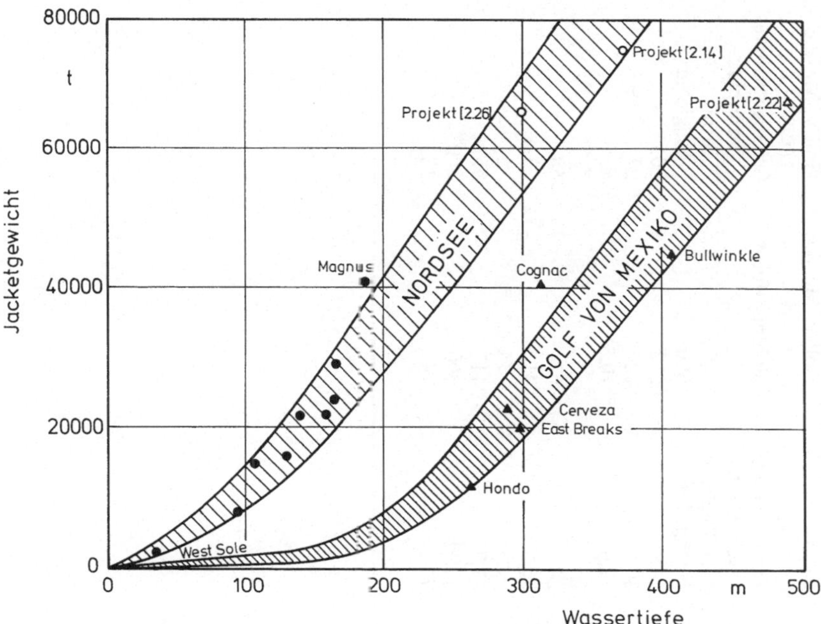

Bild 2.27. Vergleich von Jacketgewichten für die Region Nordsee und Golf von Mexiko

Für die in 412 m vorgesehene Bullwinkle-Plattform ist ein Bargetransport des 45 000-t-Jackets vorgesehen, die Kosten sollen bei 210 Mio. US $ liegen.

Der Einfluß von Wassertiefe und Umweltbedingungen auf das Jacketgewicht ist in Bild 2.27 skizziert, wobei sich die Streubandbereiche der Plattformen für die Nordsee und den Golf von Mexiko klar unterscheiden. Außerhalb der Streubänder liegt die Magnus-Plattform aufgrund des ungewöhnlich hohen Decksgewichts von 30 000 t sowie die Cognac-Plattform wegen ihres aufwendigen Aufbaus aus drei Einzelsegmenten. Zum Jacketgewicht sind die Gewichte von Pfählen, Standrohren, Decksunterkonstruktion und Deck sowie – bei nachgiebigen Strukturen – von Verankerung und Fundamenten zu addieren, um das Gesamtgewicht zu ermitteln. Systematische Studien zur Erfassung der Baukosten sowie deren Abhängigkeit von Entwurfs-, Fertigungs-, Installations- und Versicherungsparametern liegen in Ansätzen für Stahlplattformen vor [2.23]. Nur für diese Konstruktionen ist das Jacketgewicht ein guter Indikator, da dessen

- Dimensionierung die Umweltdaten und die Produktionskapazität berücksichtigt und
- die Baukosten einen Großteil der Gesamtkosten der Plattform ausmachen, lassen sich
- die Kosten für Pfahlgründung, Standrohre, Decksausrüstung in Abhängigkeit vom Jacketgewicht zuordnen.

Bei anderen Konzeptionen sind die Kosten für das Jacket oft erheblich günstiger, ohne daß sich die Gesamtkosten wesentlich verringern, da aufwendige Funda-

Tabelle 2.12. Vergleichsdaten für unterschiedliche Produktionskonzeptionen

	Statfjord B	Magnus	Hutton	Cognac	Lena
Standort (Baujahr)	Nordsee (1982)	Nordsee (1983)	Nordsee (1984)	Golf v. Mexiko (1979)	Golf v. Mexiko (1984)
Konstruktion	Betonplattform (280000 m^3 Tanks)	Stahlplattform	Zugspannungs-verankerter Halbtaucher	Stahlplattform	Seilabgespannte Turmplatt-form
Typ	Starr	Starr	Nachgiebig	Starr	Nachgiebig
Wassertiefe in m	144	186	148	312	305
Höchste Welle in 100 Jahren in m	30,5	31	30	22	22
Förderung in $10^3 m^3$/Tag mit eingerechnetem Gasanteil	24	19,2	17,6	10,8	6
Standrohre	32	15	24	62	58
Jacketgewicht in 10^3 t	815 (Gesamtstruktur)	40	26,8	41	23,4
Decksgewicht in 10^3 t	37	30	17,7	11	9,5
Plattformkosten in Mio. US $	1800	2600	1300	800	800
Investitionskosten pro m^3 bei Tagesproduktionskapazität in 10^3 US $	75	135	74	74	133

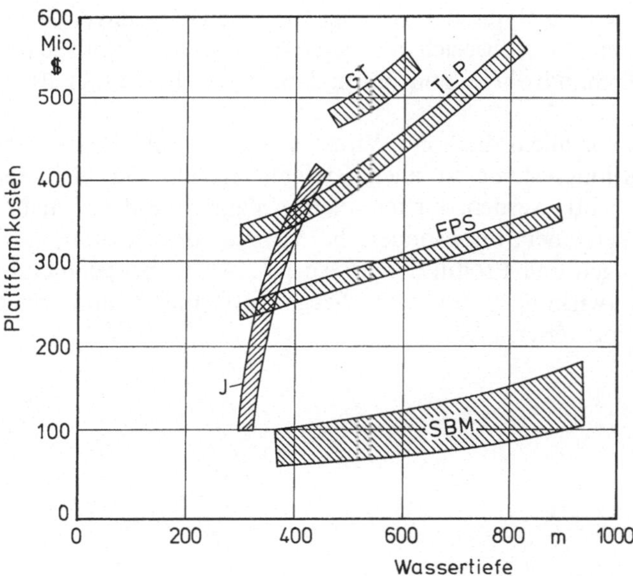

Bild 2.28. Gesamtkosten für eine Produktionsplattform im Golf von Mexiko (Deckslast 11 300 t, 30 Standrohre, ohne Komplettierungen und Produktionseinrichtungen) nach [2.104]. GT Seilabgespannte Turmplattform – guyed tower; J Pfahlgegründete Stahlplattform – jacket; TLP Zugspannungsverankerter Halbtaucher – tension leg platform; FPS Halbtauchergestütztes Produktionssystem – floating production system; SBM Einpunktverankerter Tanker – offloading system

mente und Verankerungssysteme notwendig werden, die vor Ort zu installieren sind. Entscheidend ist vor allem die tägliche Förderkapazität, wie Tabelle 2.12 zeigt: Trotz der relativ niedrigen Plattformkosten für die seilabgespannte Turmplattform im Lena-Feld ergeben sich infolge der geringen Förderleistung extrem hohe Investitionskosten in Höhe von 133 000 US $/m^3 Tagesproduktionskapazität [2.110]. Für die Förderung aus einer Landlagerstätte ähnlicher Größenordnung liegen die Kosten bei 3 500 US $/m^3 Tageskapazität, d.h. um den Faktor 40 niedriger. Im Vergleich hiermit ist die Förderung aus dem Piper-Feld mit 24 000 US $/m^3 Tageskapazität extrem günstig und die Produktion des Balmoral-Feldes mit 110 000 US $/m^3 Tageskapazität noch etwas wirtschaftlicher [2.111]. Vergleiche der Wirtschaftlichkeit der hier vorgestellten Systeme sind daher mit Vorsicht zu interpretieren. Diagramme mit qualitativen und quantitativen Daten zeigen im allgemeinen, daß pfahlgegründete Stahlplattformen bis zu Wassertiefen von 400 m, seilabgespannte Turmplattformen bis 550 m und zugspannungsverankerte Halbtaucher in noch größeren Wassertiefen wirtschaftlich vertretbar sind [2.102 – 2.109]. Modifikationen pfahlgegründeter Stahlplattformen in starrer oder flexibler, nachgiebiger Bauweise, die in diesen Gegenüberstellungen nicht berücksichtigt sind, können zu einer weiteren Steigerung der Einsatztiefe für diesen Konstruktionstyp führen [2.112, 2.113]. Hierbei ist nicht zu verkennen, daß ein Wettstreit der Konzeptionen auch ein Wettbewerb konkurrierender Industriezweige ist.

Mit Bild 2.28 stellen wir ein typisches Beispiel für einen Kostenvergleich unterschiedlicher Bauformen vor, wobei sich diese auf eine Produktionsanlage im Golf von Mexiko mit 30 Standrohren und einem Decksgewicht von 11 300 t beziehen [2.104].

Deutlich wird hieraus vor allem die hohe Wirtschaftlichkeit schwimmender Umschlags- und Produktionssysteme in allen Tiefenbereichen. Da kleinere Lagerstätten zunehmend wichtig werden, dürften solche Anlagen in Zukunft mehr und mehr an Bedeutung gewinnen, insbesondere bei weiterer Entwicklung von Unterwasserkomplettierungen und Produktionsrisern [2.114], wobei getauchte Riser unterhalb des Hauptwirkungsbereichs des Seegangs technisch und wirtschaftlich große Vorzüge aufweisen [2.116].

3 Hydromechanische Analyse meerestechnischer Konstruktionen

Wir behandeln in diesem Kapitel sowohl hydrostatische als auch hydrodynamische Analysemethoden und sprechen aus diesem Grund zusammenfassend von hydromechanischer Analyse meerestechnischer Konstruktionen.

Zunächst geben wir in Abschnitt 3.1 einen Überblick über einige Grundlagen der Hydromechanik, die wir soweit behandeln, wie wir sie bei der Betrachtung meerestechnischer Konstruktionen benötigen.

Zu den Grundlagen gehören eigentlich auch die hydrodynamischen Eigenschaften von Oberflächenwellen, denen wir aber einen besonderen Abschnitt 3.2 widmen, weil der Seegang, den wir nach unseren kurzen Anmerkungen in Abschnitt 2.2 auf die Superposition harmonischer Elementarwellen zurückführen können – siehe Bild 2.3 – von überragender Bedeutung für Analyse und Bewertung meerestechnischer Konstruktionen ist. Bei linearen Systemen lassen sich nach Bild 2.3 auch die Wirkungen dieser harmonischen Wellen in analoger Weise zur gesuchten Gesamtwirkung des Seegangs überlagern, so daß die Behandlung der harmonischen Welle von zentraler Bedeutung für die hydrodynamische Analyse meerestechnischer Konstruktionen ist und deshalb in diesem und den folgenden Abschnitten eingehend behandelt wird.

Anschließend wenden wir uns der eigentlichen hydromechanischen Analyse zu: In Abschnitt 3.3 beschäftigen wir uns zunächst mit Fragen der hydrostatischen Analyse, d.h. mit der Schwimmfähigkeit und Stabilität meerestechnischer Konstruktionen, deren Gesetzmäßigkeiten sowohl beim Bau, beim Transit zur Lokation, während der Installation als auch im Betrieb an der Lokation zu beachten sind. Dieses Spezialthema der Hydromechanik ist dem Schiffbauingenieur im allgemeinen bestens vertraut, aber wegen der Besonderheit meerestechnischer Konstruktionen, auf die wir im Kapitel 2 ausführlich hingewiesen haben, gibt es auch auf diesem klassischen Gebiet der Schiffstheorie besondere Gesichtspunkte zu beachten. Für den Ingenieur anderer Fachrichtungen als dem Schiffbau bietet Abschnitt 3.3 eine Möglichkeit grundlegender Information, die er im Bedarfsfalle anhand der angegebenen Literatur vertiefen kann.

Die hydrodynamische Analyse meerestechnischer Konstruktionen ist der Bestimmung von Kräften (Drücken) auf meerestechnische Konstruktionen gewidmet, wobei das Zusammenwirken äußerer Bedingungen (Meeresströmung und Seegang) sowie der damit in Beziehung stehenden Antworten der Konstruktion (Bewegungen) im Mittelpunkt der in Abschnitt 3.4 dargestellten Analysemethoden steht. In diesem wichtigen und deshalb relativ umfangreichen Abschnitt ergibt sich unsere Darstellungsweise zum einen aus der Zielsetzung, den Leser an die zunächst vielleicht komplex erscheinende Materie langsam heranzuführen

– wir betrachten zunächst einfachere Beispiele, bevor wir schrittweise zu einer immer umfassenderen Darstellung der Zusammenhänge übergehen – zum anderen aus der grundsätzlichen hydrodynamischen Unterscheidungsmöglichkeit zweier Gruppen von meerestechnischen Konstruktionen, den hydrodynamisch durchlässigen (transparenten) Strukturen und den hydrodynamisch kompakten Strukturen. Erstere lassen sich allgemein dadurch beschreiben, daß die Welle bei ihrer Begegnung mit der Struktur relativ wenig deformiert wird und entsprechend wenig Energie an die Konstruktion bzw. zur Bildung neuer Wellen verliert, letztere dagegen dadurch, daß sie eine Welle relativ stark deformieren, so daß die Welle entsprechend viel Energie an die Struktur bzw. zur Bildung neuer Wellen verliert. Dem entsprechend gibt es verschiedene Analysemethoden für den jeweiligen Strukturtyp. Wir haben bei der Darstellung versucht, die damit verbundenen praktischen Gesichtspunkte hydrodynamischer Analyse zu verdeutlichen, mußten aber wegen des viel weiter reichenden Rahmens dieses Buches auf viele Details verzichten. An geeigneter Stelle wird natürlich auf die umfangreiche Literatur hingewiesen, die es dem Leser ermöglicht, die hydrodynamische Analyse in Richtung auf die vertiefende Theorie weiterzuverfolgen.

3.1 Ausgewählte Grundlagen der Hydromechanik

Die Analyse der Bewegungsvorgänge in einem Fluid geht von Grundgesetzen der Mechanik aus. Das Gesetz der Massenerhaltung führt auf die Kontinuitätsgleichung. Ist das Fluid reibungs- und wirbelfrei, so folgt hieraus die Laplace-Differentialgleichung, aus der sich das Geschwindigkeitsfeld der gesamten Strömung ableiten läßt.

Das Axiom der Energieerhaltung führt auf die Euler-Gleichung. Hierbei gehen wir vom Kräftegleichgewicht am Fluidelement aus und bilanzieren Trägheitskraft, Druckkraft und Schwerkraft. Die Integration der Euler-Gleichung ergibt die instationäre Bernoulli-Gleichung, aus der das Druckfeld im gesamten Flüssigkeitsbereich berechnet werden kann.

Beziehen wir zusätzlich die Zähigkeitskräfte ein, so läßt sich die Euler-Gleichung in die Navier-Stokes-Gleichung überführen. In dieser allgemeinsten Form sind beliebige Strömungsvorgänge darstellbar, eine Lösung ist jedoch nur in speziellen Fällen möglich.

3.1.1 Kontinuitätsgleichung

Wir bilanzieren den Massenfluß für ein Volumenelement $d\forall = dx dy dz$ eines inkompressiblen Fluids der Dichte ϱ als Differenz von einströmender und ausströmender Masse. Für die x-Komponente ergibt sich mit der Annahme, daß sich die Geschwindigkeit u beim Passieren des Volumenelements linear um $(\partial u/\partial x)\,dx$ ändert, die

– einströmende Masse $\varrho u dt \cdot dy dz$,

– ausströmende Masse $\varrho\left(u + \dfrac{\partial u}{\partial x}\right) dt \cdot dy dz$

und somit die Massendifferenz

$$\varrho \frac{\partial u}{\partial x} \mathrm{d}x \cdot \mathrm{d}t \cdot \mathrm{d}y\mathrm{d}z = \varrho \frac{\partial u}{\partial x} \mathrm{d}t\mathrm{d}\forall \,.$$

Ist die Dichte konstant, so folgt aus dem Gesetz der Massenerhaltung

$$\partial u/\partial x = 0\,.$$

Im allgemeinen Fall ergibt sich bei Berücksichtigung aller Komponenten des Geschwindigkeitsvektors $\boldsymbol{v}^T = (u, v, w)$ die Kontinuitätsgleichung

$$\frac{\partial u}{\partial x} + \frac{\partial v}{\partial y} + \frac{\partial w}{\partial z} = 0 \quad \text{bzw.} \quad \nabla^T \boldsymbol{v} = 0\,, \tag{3.1}$$

mit dem Nabla-Vektor

$$\nabla^T = (\partial/\partial x, \partial/\partial y, \partial/\partial z)\,.$$

Vektoren sind hier grundsätzlich – analog zur Komponentenschreibweise der linearen Algebra – als Spaltenvektoren definiert. Um Platz zu sparen, transponieren wir sie gegebenenfalls in Reihenvektoren und kennzeichnen dies durch ein hochgestelltes T.

3.1.2 Laplace-Differentialgleichung

Wir gehen von einer ruhenden und damit wirbelfreien Flüssigkeit aus. Ist sie reibungsfrei, so können auch bei beliebigen Bewegungen keine Wirbel entstehen, da an den Flüssigkeitsteilchen keine Schubspannungen wirken. Eine so entstandene Strömung bleibt drallfrei, d.h. die sog. Rotation des Geschwindigkeitsvektors ist Null,

$$\nabla \times \boldsymbol{v} = \begin{vmatrix} \boldsymbol{i} & \boldsymbol{j} & \boldsymbol{k} \\ \partial/\partial x & \partial/\partial y & \partial/\partial z \\ u & v & w \end{vmatrix} = 0\,. \tag{3.2}$$

Formal gilt für beliebige skalare Funktionen Φ

$$\nabla \times (\nabla \Phi) = 0\,,$$

so daß im Vergleich zu (3.2) der Geschwindigkeitsvektor $\boldsymbol{v}$ mit

$$\boldsymbol{v} = \nabla \Phi \quad \text{d.h.} \quad u = \frac{\partial \Phi}{\partial x}\,;\; v = \frac{\partial \Phi}{\partial y}\,;\; w = \frac{\partial \Phi}{\partial z}\,, \tag{3.3}$$

als Gradient des sog. Geschwindigkeitspotentials Φ definiert ist.

Mit dieser Substitution folgt aus der Kontinuitätsgleichung (3.1) die Laplace-Differentialgleichung

$$\nabla\nabla \Phi = \nabla^2 \Phi = 0\,, \tag{3.4}$$

d.h. in kartesischen Koordinaten

$$\frac{\partial^2 \Phi}{\partial x^2} + \frac{\partial^2 \Phi}{\partial y^2} + \frac{\partial^2 \Phi}{\partial z^2} = 0\,.$$

Da die Laplace-Differentialgleichung linear ist, lassen sich beliebige Lösungen Φ_1, $\Phi_2, \ldots \Phi_n$ skalar superponieren, d.h. $\Phi = c_1\Phi_1 + c_2\Phi_2 + \ldots + c_n\Phi_n$ (c_n reell) ist ebenfalls eine Lösung. Die aus den Einzelpotentialen folgenden Geschwindigkeiten sind Vektoren und werden daher vektoriell addiert

$$\boldsymbol{v} = c_1\boldsymbol{v}_1 + c_2\boldsymbol{v}_2 + \ldots + c_n\boldsymbol{v}_n .$$

3.1.3 Euler-Differentialgleichung

Für inkompressible, reibungsfreie Flüssigkeiten ergibt sich in Verbindung mit dem Gesetz der Massenerhaltung die Laplace-Differentialgleichung, aus der sich das Geschwindigkeitsfeld ableiten läßt. Um die zugehörige Druckverteilung zu ermitteln, gehen wir vom Kräftegleichgewicht am infinitesimalen Volumenelement $\mathrm{d}\forall = \mathrm{d}x\mathrm{d}y\mathrm{d}z$ mit der Masse $\mathrm{d}m = \varrho\mathrm{d}\forall$ aus. Nach dem Grundgesetz von Newton entspricht die Trägheitskraft

$$\mathrm{d}\boldsymbol{F} = \mathrm{d}m\frac{\mathrm{d}\boldsymbol{v}}{\mathrm{d}t} = \varrho\frac{\mathrm{d}\boldsymbol{v}}{\mathrm{d}t}\cdot\mathrm{d}\forall ,$$

der Summe von Schwerkraft

$$-\nabla^T(\varrho gz\mathrm{d}\forall) = (0, 0, -\varrho g\mathrm{d}\forall)$$

und der normal zur Oberfläche wirkenden Druckkraft. Für die x-Richtung ergibt sich diese Druckkraft nach Bild 3.1 zu

$$p\mathrm{d}y\mathrm{d}z - \left(p + \frac{\partial p}{\partial x}\mathrm{d}x\right)\mathrm{d}y\mathrm{d}z = -\frac{\partial p}{\partial x}\mathrm{d}\forall .$$

Im allgemeinen Fall erhält man für die Druckkraft

$$-\nabla^T p\cdot\mathrm{d}\forall = \left(-\frac{\partial p}{\partial x}\mathrm{d}\forall,\ -\frac{\partial p}{\partial y}\mathrm{d}\forall,\ -\frac{\partial p}{\partial z}\mathrm{d}\forall\right).$$

Aus dem Kräftegleichgewicht folgt damit

$$\varrho\frac{\mathrm{d}\boldsymbol{v}}{\mathrm{d}t} = -\nabla(p + \varrho gz) .$$

Zerlegen wir die substantielle Beschleunigung $\mathrm{d}\boldsymbol{v}/\mathrm{d}t$ in die sog. lokalen und konvektiven Anteile, so erhalten wir die Euler-Differentialgleichung in vektorieller Form

$$\underbrace{\varrho\frac{\mathrm{d}\boldsymbol{v}}{\mathrm{d}t}}_{\text{substantiell}} = \varrho\left[\underbrace{\frac{\partial\boldsymbol{v}}{\partial t}}_{\text{lokal}} + \underbrace{(\boldsymbol{v}^T\nabla)\boldsymbol{v}}_{\text{konvektiv}}\right] = -\nabla(p + \varrho gz), \tag{3.5}$$

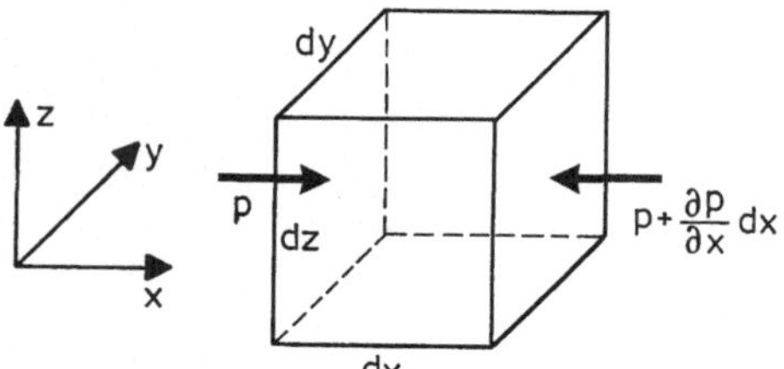

Bild 3.1. Normalspannungen am Fluidelement in ebener Strömung

bzw. in Komponentenschreibweise

$$\varrho\left[\frac{\partial u}{\partial t}+\left(u\frac{\partial u}{\partial x}+v\frac{\partial u}{\partial y}+w\frac{\partial u}{\partial z}\right)\right]=-\frac{\partial p}{\partial x},$$

$$\varrho\left[\frac{\partial v}{\partial t}+\left(u\frac{\partial v}{\partial x}+v\frac{\partial v}{\partial y}+w\frac{\partial v}{\partial z}\right)\right]=-\frac{\partial p}{\partial y},$$

$$\varrho\left[\frac{\partial w}{\partial t}+\left(u\frac{\partial w}{\partial x}+v\frac{\partial w}{\partial y}-w\frac{\partial w}{\partial z}\right)\right]=-\frac{\partial p}{\partial z}-\varrho g.$$

3.1.4 Instationäre Bernoulli-Gleichung

Die Euler-Gleichung (3.5) läßt sich integrieren, wenn bei der lokalen Beschleunigung der Geschwindigkeitsvektor nach (3.3) durch das Potential Φ substituiert und die konvektive Beschleunigung – wie in Komponentenschreibweise durch geschickte Addition und Subtraktion identischer Zusatzterme leicht nachvollziehbar – entsprechend

$$(\boldsymbol{v}^T\nabla)\,\boldsymbol{v}=\nabla\frac{|\boldsymbol{v}|^2}{2}+(\nabla\times\boldsymbol{v})\times\boldsymbol{v}.$$

umgeformt wird. Für wirbelfreie Strömungen verschwindet nach (3.2) der zweite Term, so daß die Euler-Gleichung lautet

$$\varrho\frac{\partial}{\partial t}\nabla\Phi+\nabla\left(\frac{\varrho}{2}|\boldsymbol{v}|^2\right)=-\nabla(p+\varrho g z).$$

Hieraus folgt

$$\nabla\left(\varrho\frac{\partial\Phi}{\partial t}+\frac{\varrho}{2}|\boldsymbol{v}|^2+p+\varrho g z\right)=0.$$

Die Integration längs einer Stromlinie führt auf die Bernoulli-Gleichung

$$\varrho\frac{\partial\Phi}{\partial t}+\frac{\varrho}{2}|\boldsymbol{v}|^2+p+\varrho g z=p_0. \tag{3.6a}$$

wobei die Integrationskonstante $p_0=p_0(t)$ eine Funktion der Zeit sein kann. In der Regel kann man hierfür den an der freien Flüssigkeitsoberfläche herrschenden – konstanten – Luftdruck p_0 ansetzen. Vernachlässigt man in der Euler-Gleichung (3.5) den konvektiven Geschwindigkeitsanteil, so ergibt sich die Bernoulli-Gleichung in linearisierter Form. Hieraus folgt für den orts- und zeitabhängigen Druck

$$p=-\varrho\frac{\partial\Phi}{\partial t}-\varrho g z. \tag{3.6b}$$

3.1.5 Navier-Stokes-Differentialgleichung

Sind bei Bewegungsvorgängen in Flüssigkeiten Zähigkeitseffekte nicht zu vernachlässigen, so ist die tangentiale Reibungskraft in das Kräftegleichgewicht am differentiellen Volumenelement einzubeziehen.

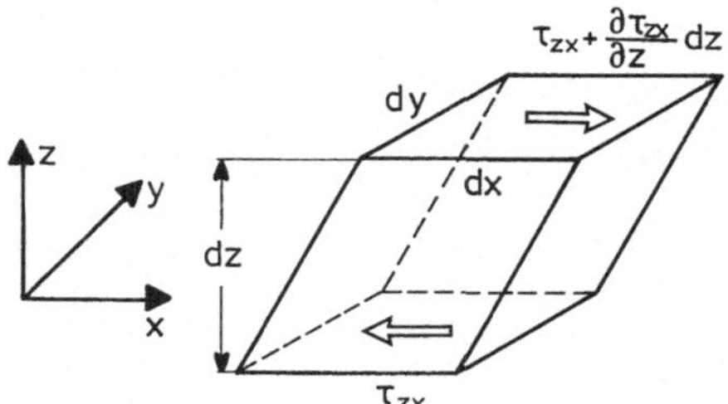

Bild 3.2. Tangentialspannungen am Fluidelement in ebener Strömung

In ebener Strömung ergibt sich mit den Bezeichnungen von Bild 3.2 für die x-Komponente der zähigkeitsbedingten Scherkraft

$$\left[\tau_{zx}+\frac{\partial\tau_{zx}}{\partial z}\mathrm{d}z\right]\mathrm{d}x\mathrm{d}y-\tau_{zx}\cdot\mathrm{d}x\mathrm{d}y=\frac{\partial\tau_{zx}}{\partial z}\mathrm{d}\forall\,.$$

Führen wir den Newtonschen Schubspannungsansatz $\tau_{zx}=\mu(\partial u/\partial z)$ ein, der die Schubspannung als Funktion des Geschwindigkeitsgradienten und der sog. dynamischen Zähigkeit μ beschreibt, so folgt hieraus für die Reibungskraft in ebener Scherströmung

$$\mathrm{d}F_\mathrm{R}=\mu(\partial^2u/\partial z^2)\mathrm{d}\forall\,.$$

Für den dreidimensionalen Fall ergibt sich aus dem Spannungszustand ein komplizierter Deformationszustand. In Analogie zur Reibungskraft in ebener Scherströmung folgt hieraus für den Reibungskraftvektor

$$\mu\nabla^2\boldsymbol{v}\cdot\mathrm{d}\forall=(\mu\nabla^2u\mathrm{d}\forall,\ \mu\nabla^2v\mathrm{d}\forall,\ \mu\nabla^2w\mathrm{d}\forall)^T.$$

Beziehen wir die Zähigkeitskräfte in die Kräftebilanz am Volumenelement ein, so erhalten wir durch Erweiterung der Euler-Gleichung (3.5) die Navier-Stokes-Gleichung in vektorieller Schreibweise

$$\varrho\left[\frac{\partial\boldsymbol{v}}{\partial t}+(\boldsymbol{v}^T\nabla)\boldsymbol{v}\right]=-\nabla(p+\varrho gz)+\mu\nabla^2\boldsymbol{v}\,. \tag{3.7}$$

3.1.6 Dimensionslose Kennzahlen

Strömungsvorgänge bei verschiedenen Maßstäben und Fluideigenschaften sind vergleichbar, wenn einerseits die geometrische Ähnlichkeit der umströmten Struktur und der Begrenzungen gewährleistet ist, zum anderen die auf ein beliebiges Volumenelement wirkenden Kräfte zu jedem Zeitpunkt in gleichem Verhältnis zueinander stehen.

Beziehen wir alle Koordinaten auf eine Referenzlänge l_0, die Geschwindigkeiten auf eine Referenzgeschwindigkeit v_0 und die Zeit – bei periodischen Vorgängen – auf die Referenzperiode T_0, so läßt sich die Navier-Stokes-Differentialgleichung dimensionslos darstellen. Führen wir die dimensionslosen Größen

$$x^*=\frac{x}{l_0}\,;\ y^*=\frac{y}{l_0}\,;\ z^*=\frac{z}{l_0}\,;$$

$$t^*=\frac{t}{T_0}\,;\ \boldsymbol{v}^*=\frac{\boldsymbol{v}}{v_0}\,;\ \nabla^*=l_0\cdot\nabla$$

in (3.7) ein und multiplizieren diese mit dem Faktor $l_0/(\varrho v_0^2)$, so ergibt sich

$$\frac{l_0}{v_0 T_0} \frac{\partial \boldsymbol{v}^*}{\partial t^*} + (\boldsymbol{v}^{*T} \cdot \nabla^*) \boldsymbol{v}^* = -\nabla^* \left(\frac{p}{\varrho v_0^2} + \frac{g l_0}{v_0^2} z^* \right) + \frac{\mu}{\varrho v_0 l_0} \nabla^{*2} \boldsymbol{v}^* . \qquad (3.8)$$

Hieraus lassen sich folgende dimensionslose Kennwerte ableiten:

– Die dimensionslose Periode $v_0 T_0/l_0$, die wir auf zwei unterschiedliche Weisen interpretieren können:

  1. In harmonischen Wellen der Periode T ergibt sich mit der maximalen horizontalen Partikelgeschwindigkeit u_a und dem Bauwerksdurchmesser D die sog. Keulegan-Carpenter-Zahl

  $$KC = \frac{u_a T}{D} . \qquad (3.9)$$

  Wie in Abschnitt 3.4.1 noch gezeigt wird, gibt sie das Verhältnis von Umfang der Wellenpartikelbahn im Tiefwasser zum Bauwerksdurchmesser an und ist dem Verhältnis von Zähigkeits- zu Trägheitskräften proportional.

  2. Die Strouhal-Zahl

  $$Sr = \frac{l_0}{v_0 T_0} = \frac{l_0 f_0}{v_0} \qquad (3.10)$$

  gibt das Verhältnis der charakteristischen Länge l_0 zu dem von einem Wasserpartikel mit der Geschwindigkeit v_0 während der Zeit T_0 zurückgelegten Weg wieder. Die Strouhal-Zahl wird vornehmlich zur Identifikation periodischer Wirbelablösungen der Frequenz f_0 verwendet.

– Die Euler-Zahl

  $$Eu = \frac{p}{\varrho v_0^2} = p^* \qquad (3.11)$$

  gibt den Druck in dimensionsloser Form an. Die Normierungsgröße ist dem Staudruck $\varrho v_0^2/2$ proportional. Im Hinblick auf die Ableitung aus dem Kräftegleichgewicht läßt sich die Euler-Zahl auch als Verhältnis von Druckkraft zu Trägheitskraft bzw. von Druckenergie zu kinetischer Energie interpretieren. Durch Normierung auf den Staudruck und eine charakteristische Fläche A lassen sich ganz allgemein dimensionslose Kraftbeiwerte bilden, so z.B. der Widerstandsbeiwert C_d und der Auftriebsbeiwert C_l

  $$C_d = \frac{F_d}{\frac{\varrho}{2} v_0^2 A} , \; C_l = \frac{F_l}{\frac{\varrho}{2} v_0^2 A} . \qquad (3.12)$$

– Die Froude-Zahl

  $$Fr = \frac{v_0}{\sqrt{g l_0}} \qquad (3.13)$$

  folgt aus dem Verhältnis von Trägheitskraft zu Schwerkraft bzw. von kinetischer zu potentieller Energie. Diese Kennzahl spielt insbesondere bei Strömungen mit freier Flüssigkeitsoberfläche oder inneren Grenzflächen eine Rolle. Sie läßt sich auch als Geschwindigkeitsverhältnis deuten, wenn man die

Referenzgeschwindigkeit v_0 auf die in Abschnitt 3.2.1 abgeleitete Phasengeschwindigkeit $c=\sqrt{gd}$ von Flachwasserwellen bei der Wassertiefe d bezieht.

– Die Reynolds-Zahl

$$Re=\frac{\varrho v_0 l_0}{\mu}=\frac{v_0 l_0}{\nu} \tag{3.14}$$

folgt aus dem Verhältnis von Trägheitskraft zu Zähigkeitskraft. Hierbei wird in der Regel die dynamische Zähigkeit μ durch die kinematische Zähigkeit ν substituiert.

Mit diesen Kennzahlen lautet die Navier-Stokes-Differentialgleichung in dimensionsloser Form

$$\frac{1}{KC}\frac{\partial \boldsymbol{v}^*}{\partial t^*}+(\boldsymbol{v}^{*T}\nabla^*)\,\boldsymbol{v}^*=-\nabla^*\left(p^*+\frac{z^*}{Fr^2}\right)+\frac{1}{Re}\nabla^{*2}\boldsymbol{v}^*. \tag{3.15}$$

Bei geometrischer Ähnlichkeit lassen sich die Ergebnisse von einem System auf ein anderes umrechnen, wenn trotz unterschiedlicher Maßstäbe und Flüssigkeitseigenschaften die Kennzahlen und damit die Navier-Stokes-Gleichung beider Systeme identisch sind. Dies gilt auch für experimentell erzielte Ergebnisse, die damit vom Modellmaßstab auf die Großausführung übertragbar sind. Froude- und Reynolds-Ähnlichkeit sind jedoch unvereinbar, wenn der Modellversuch im gleichen Fluid durchgeführt wird, da die Gravitationskonstante g und kinematische Zähigkeit ν für Modell und Großausführung identisch sind: Führt man den geometrischen Maßstab λ_1 als Verhältnis der Abmessungen von Großausführung zu Modell ein, so ergibt sich nach dem Reynolds-Modellgesetz das Geschwindigkeitsverhältnis zu $1/\lambda_1$, nach dem Froude-Modellgesetz zu $\sqrt{\lambda_1}$.

In der Regel werden Versuche in Wellen nach dem Froude-Modellgesetz durchgeführt und die Fehler bei der Übertragung der Zähigkeitseffekte durch Erfahrungswerte oder theoretische Ansätze korrigiert. Lassen sich die Einflüsse nicht überschauen, sind Serienversuche mit unterschiedlichen Maßstäben, sog. Geosim-Versuche, zu empfehlen.

3.1.7 Ebene Potentialströmungen inkompressibler Fluide

In ebener Strömung ist der Geschwindigkeitsvektor durch zwei Komponenten gegeben:

$$\boldsymbol{v}^T=(u(x,y,t),\,v(x,y,t),\,0)\,.$$

Die Tangenten der Geschwindigkeitsvektoren eines Strömungsfeldes definieren zu einem festen Zeitpunkt eine Kurve, die als Stromlinie bezeichnet wird. Aus deren Steigung

$$\frac{\mathrm{d}y}{\mathrm{d}x}=\frac{v}{u} \tag{3.16a}$$

ergibt sich die Gleichung der Stromlinie

$$-v\mathrm{d}x+u\mathrm{d}y=0\,.$$

Führen wir eine skalare Funktion $\Psi(x, y)$ ein und setzen deren totales Differential gleich Null, d.h.

$$d\Psi = \frac{\partial \Psi}{\partial x} dx + \frac{\partial \Psi}{\partial y} dy = 0,$$

so ergibt der Koeffizientenvergleich mit der Gleichung der Stromlinie

$$u = \frac{\partial \Psi}{\partial y}\ ;\ v = -\frac{\partial \Psi}{\partial x}\ . \tag{3.17}$$

Da $d\Psi = 0$ die Stromlinie definiert, ist die Funktion Ψ längs einer Stromlinie konstant und wird daher Stromfunktion genannt. Die Kontinuitätsgleichung

$$\nabla^T \boldsymbol{v} = \frac{\partial u}{\partial x} + \frac{\partial v}{\partial y} = 0 \tag{3.18}$$

wird von der Stromfunktion identisch erfüllt.

Ist die Strömung wirbelfrei, so ergibt sich mit der Definitionsgleichung (3.2) aus (3.17) die Laplace-Differentialgleichung für die Stromfunktion Ψ

$$\nabla^2 \Psi = \frac{\partial^2 \Psi}{\partial x^2} + \frac{\partial^2 \Psi}{\partial y^2} = 0\ .$$

Alternativ können wir – wie in Abschnitt 3.1.2 gezeigt – wirbelfreie Potentialströmungen mit einer skalaren Potentialfunktion beschreiben. In diesem Fall erfüllt das Geschwindigkeitspotential Φ die Bedingungen der Wirbelfreiheit (3.2) identisch, und die Kontinuitätsgleichung (3.18) führt auf die Laplace-Gleichung für das Geschwindigkeitspotential

$$\nabla^2 \Phi = \frac{\partial^2 \Phi}{\partial x^2} + \frac{\partial^2 \Phi}{\partial y^2} = 0\ .$$

Setzen wir das totale Differential der Potentialfunktion gleich Null

$$d\Phi = \frac{\partial \Phi}{\partial x} dx + \frac{\partial \Phi}{\partial y} dy = u dx + v dy = 0,$$

so ergibt sich für Linien gleichen Potentials die Steigung

$$\frac{dy}{dx} = -\frac{u}{v}\ . \tag{3.16b}$$

Ein Vergleich von (3.16a) und (3.16b) zeigt, daß Stromlinien und Äquipotentiallinien senkrecht aufeinander stehen, d.h. ein orthogonales Kurvennetz bilden.

Da sich die Geschwindigkeiten alternativ aus der Stromfunktion oder aus dem Geschwindigkeitspotential ableiten lassen, ergeben sich mit (3.3) und (3.17) die Cauchy-Riemann-Differentialgleichungen

$$u = \frac{\partial \Phi}{\partial x} = \frac{\partial \Psi}{\partial y}\ ;\ v = \frac{\partial \Phi}{\partial y} = -\frac{\partial \Psi}{\partial x}\ . \tag{3.19}$$

Bezeichnen wir die Stromlinienrichtung mit s und deren Normale mit n, so folgt aus (3.19) mit den Bezeichnungen von Bild 3.3

$$\frac{\partial \Phi}{\partial s}=\frac{\partial \Psi}{\partial n}=|\boldsymbol{v}|\,; \quad \frac{\partial \Phi}{\partial n}=\frac{\partial \Psi}{\partial s}=0, \tag{3.20}$$

wobei sich die Beziehungen nach dem Schema

$$\frac{\partial \Phi}{\partial s}=\frac{\partial \Phi}{\partial x}\frac{\mathrm{d}x}{\mathrm{d}s}+\frac{\partial \Phi}{\partial y}\frac{\mathrm{d}y}{\mathrm{d}s}=u\frac{u}{|\boldsymbol{v}|}+v\frac{v}{|\boldsymbol{v}|}=|\boldsymbol{v}|$$

ergeben. Senkrecht zur Stromlinie ist die Geschwindigkeit gleich Null. Damit ist jede Stromlinie auch als feste, undurchdringliche Kontur eines umströmten Körpers interpretierbar. Der Durchsatz Q zwischen zwei benachbarten Stromlinien ergibt sich für eine Schicht der Dicke $z=b_0$ zu

$$Q=b_0\int_{\Psi_1}^{\Psi_2}|\boldsymbol{v}|\mathrm{d}n=b_0\int_{\Psi_1}^{\Psi_2}\frac{\partial \Psi}{\partial n}\mathrm{d}n=b_0(\Psi_2-\Psi_1),$$

ist also zwischen benachbarten Stromlinien über deren gesamte Länge konstant.

Für ebene Potentialströmungen lassen sich Potential- und Stromfunktionen zu einem komplexen Strömungspotential

$$W(z,t)=\Phi(x,y,t)+\mathrm{i}\Psi(x,y,t) \tag{3.21a}$$

mit $z=x+\mathrm{i}y$ zusammenfassen. Die Strömung wird hierbei in der komplexen Zahlenebene dargestellt.

Mit den Ableitungen

$$\frac{\partial}{\partial x}=\frac{\partial(x+\mathrm{i}y)}{\partial x}\frac{\partial}{\partial z}=\frac{\partial}{\partial z}\,; \quad \frac{\partial}{\partial y}=\frac{\partial(x+\mathrm{i}y)}{\partial y}\frac{\partial}{\partial z}=\mathrm{i}\frac{\partial}{\partial z}, \tag{3.21b}$$

ergibt sich

$$\frac{\partial^2 W}{\partial x^2}+\frac{\partial^2 W}{\partial y^2}=\frac{\partial^2 W}{\partial z^2}+\mathrm{i}^2\frac{\partial^2 W}{\partial z^2}=0,$$

d.h. das komplexe Strömungspotential erfüllt die Laplace-Gleichung.

Wesentlicher Vorteil dieser Darstellung ist, daß jede analytische komplexe Funktion $W(z)$ eines komplexen Arguments z eine ebene Potentialströmung ergibt. Wie wir gesehen haben, folgt die Laplace-Gleichung für das Potential (Realteil) aus der Kontinuitätsgleichung, für die Stromfunktion (Imaginärteil) aus der Bedingung der Wirbelfreiheit. Als Ableitung des komplexen Strömungspotentials nach z ergibt sich mit (3.19)

$$\frac{\partial W}{\partial z}=\frac{\partial(\Phi+\mathrm{i}\Psi)}{\partial x}=u-\mathrm{i}v, \tag{3.21c}$$

d.h. der konjugiert komplexe Geschwindigkeitsvektor.

Einfache Potentialströmungen sind beispielsweise

— die Parallelströmung in Richtung der positiven x-Achse

$$W(z)=u_\infty z. \tag{3.22a}$$

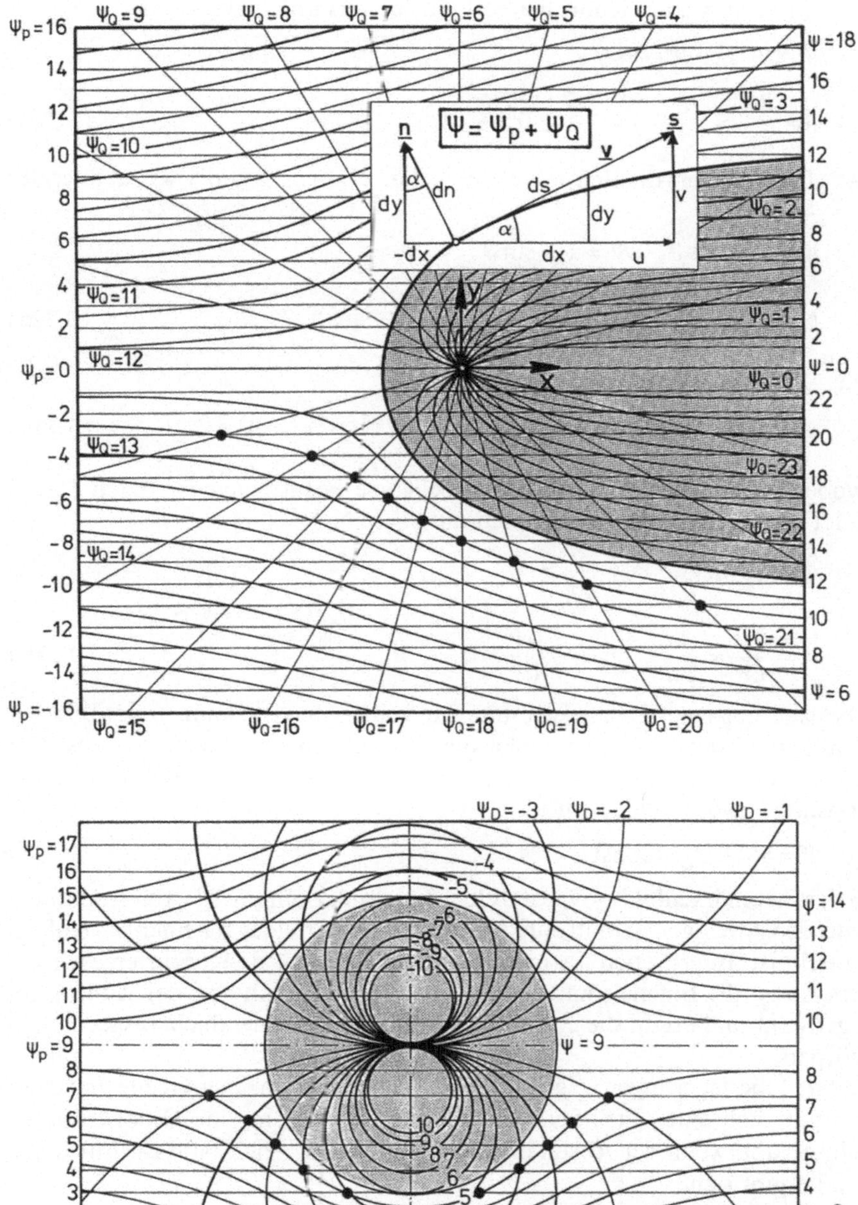

Bild 3.3. Überlagerung von Elementarströmungen – Parallelströmung mit Quellströmung (oben), mit Dipolströmung (unten)

- In kartesischen Koordinaten folgt hieraus mit (3.19) und (3.21)

$$\Phi = u_\infty x, \quad \Psi = u_\infty y,$$

$$u = \frac{\partial \Phi}{\partial x} = u_\infty, \quad v = \frac{\partial \Phi}{\partial y} = 0. \tag{3.22b}$$

- In Polarkoordinaten mit $z = re^{i\vartheta}$, d.h. $x = r\cos\vartheta$ und $y = r\sin\vartheta$, ergibt sich

$$\Phi = u_\infty r\cos\vartheta, \quad \Psi = u_\infty r\sin\vartheta,$$

$$v_r = \frac{\partial \Phi}{\partial r} = u_\infty \cos\vartheta, \quad v_\vartheta = \frac{1}{r}\frac{\partial \Phi}{\partial \vartheta} = -u_\infty \sin\vartheta. \tag{3.22c}$$

- die Quell- oder Senkenströmung

$$W(z) = \frac{q}{2\pi}\ln\frac{z}{l} \tag{3.23a}$$

wobei q die Quellstärke und l eine beliebige Bezugslänge ist. Nach (3.21) folgt hieraus in Polarkoordinaten mit $z = re^{i\vartheta}$

$$\Phi = \frac{q}{2\pi}\ln\frac{r}{l}, \quad \Psi = \frac{q}{2\pi}\vartheta,$$

$$v_r = \frac{\partial \Phi}{\partial r} = \frac{q}{2\pi r}, \quad v_\vartheta = \frac{1}{r}\frac{\partial \Phi}{\partial \vartheta} = 0. \tag{3.23b}$$

Die Überlagerung einer Parallelströmung und einer Quellströmung zeigt Bild 3.3. Strahlenförmig vom Ursprung gehen die Stromlinien der Quelle Ψ_Q aus. Die Stromlinien der Parallelströmung Ψ_P verlaufen parallel zur x-Achse. Für die Superposition beider Felder gilt

$$\Psi = \Psi_P + \Psi_Q = \text{const},$$

so daß das Stromlinienbild – wie in Bild 3.3 exemplarisch für $\Psi = 10$ verdeutlicht ist – aus den jeweiligen Schnittpunkten der Elementarfelder zeichnerisch einfach zu ermitteln ist. Interpretieren wir die Stromlinie $\Psi = 12$ als Kontur eines festen Körpers, so ist die Innenströmung mit der Quelle deutlich von der Außenströmung getrennt und ergibt die ebene Umströmung eines unendlich ausgedehnten Halbkörpers.

Weitere Überlagerungen zeigt Bild 3.4: Aus den Feldern einer Quelle und einer Senke ergibt sich eine Quell-Senkenströmung, die sich in eine Dipolströmung überführen läßt, wenn der Abstand der Singularitäten gleich Null ist. Für deren Potential ergibt sich

$$W(z) = \frac{m}{2\pi z}, \tag{3.24a}$$

wobei $m = 2qa$ das Dipolmoment ist. Hieraus folgt in Polarkoordinaten

$$\Phi = \frac{m}{2\pi r}\cos\vartheta; \quad \Psi = -\frac{m}{2\pi r}\sin\vartheta;$$

$$v_r = \frac{\partial \Phi}{\partial r} = -\frac{m}{2\pi r^2}\cos\vartheta; \quad v_\vartheta = \frac{1}{r}\frac{\partial \Phi}{\partial \vartheta} = -\frac{m}{2\pi r^2}\sin\vartheta. \tag{3.24b}$$

Quelle und Senke

(Quellstärke q, Abstand 2a)

$$W(z)=\frac{q}{2\pi}\left[\ln\left(\frac{z}{a}+1\right)-\ln\left(\frac{z}{a}-1\right)\right]$$

$$\frac{\partial W}{\partial z}=-\frac{qa}{\pi(z^2-a^2)}=u-iv$$

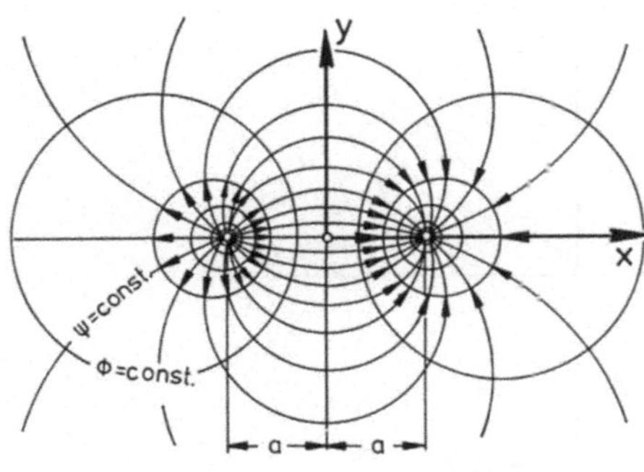

Quelle und Senke in Parallelströmung

(Anströmungsgeschwindigkeit u_∞)

$$W(z)=u_\infty z+\frac{q}{2\pi}\left[\ln\left(\frac{z}{a}+1\right)-\ln\left(\frac{z}{a}-1\right)\right]$$

$$\frac{\partial W}{\partial z}=u_\infty-\frac{qa}{\pi(z^2-a^2)}=u-iv$$

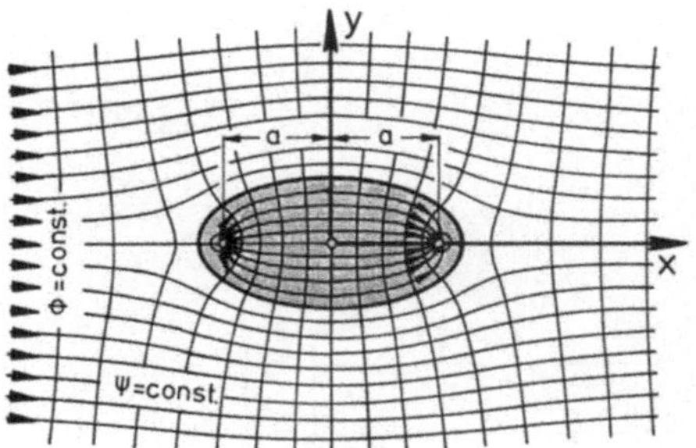

Dipol

(Dipolmoment m = 2qa)

$$W(z)=\frac{m}{2\pi z};\quad \Phi=\frac{m}{2\pi r}\cos\vartheta;\quad \Psi=-\frac{m}{2\pi r}\sin\vartheta$$

$$\frac{\partial W}{\partial z}=-\frac{m}{2\pi z^2};\quad u_r=-\frac{m}{2\pi r^2}\cos 2\vartheta;\quad v_\vartheta=-\frac{m}{2\pi r^2}\sin 2\vartheta$$

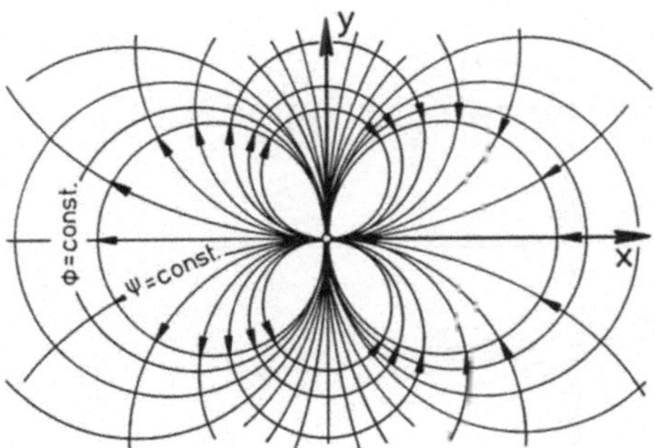

Dipol in Parallelströmung

(Dipolmoment $m=2\pi u_\infty R^2$)

$$W(z)=u_\infty\left(z+\frac{R^2}{z}\right)$$

$$\frac{\partial W}{\partial z}=u_\infty\left(1-\frac{R^2}{z^2}\right)=u-iv$$

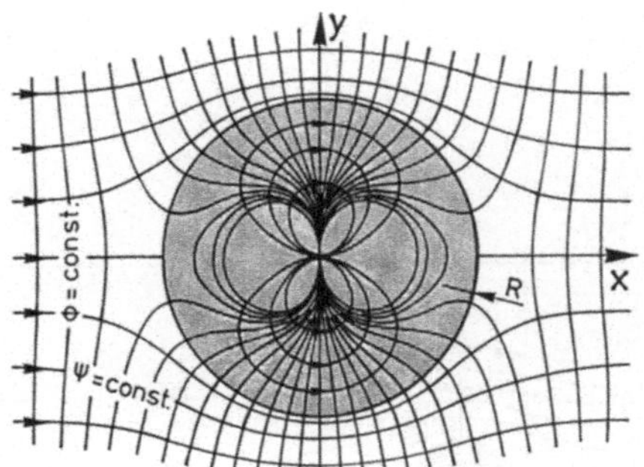

Bild 3.4. Ebene Potentialströmungen – Überlagerung von Elementarströmungen

Aus diesen Feldern läßt sich durch Überlagerung einer Parallelströmung wiederum die Umströmung zylindrischer Körper ableiten, wobei sich die Stromlinien – wie in Bild 3.3 für einen ruhenden Kreiszylinder gezeigt – aus der skalaren Addition der Stromfunktionen von Elementarfeldern, hier von Dipol- und Parallelströmung, ergeben. Für das überlagerte Potential ergibt sich mit (3.22c) und (3.24b) in Zylinderkoordinaten

$$\Phi=u_\infty\left(r+\frac{R^2}{r}\right)\cos\vartheta\,, \tag{3.25}$$

da für das Dipolmoment aus den Randbedingungen $m=2\pi u_\infty R^2$ folgt. Bewegt sich der Zylinder mit der Geschwindigkeit $u_K=-u_\infty$ entgegen der positiven

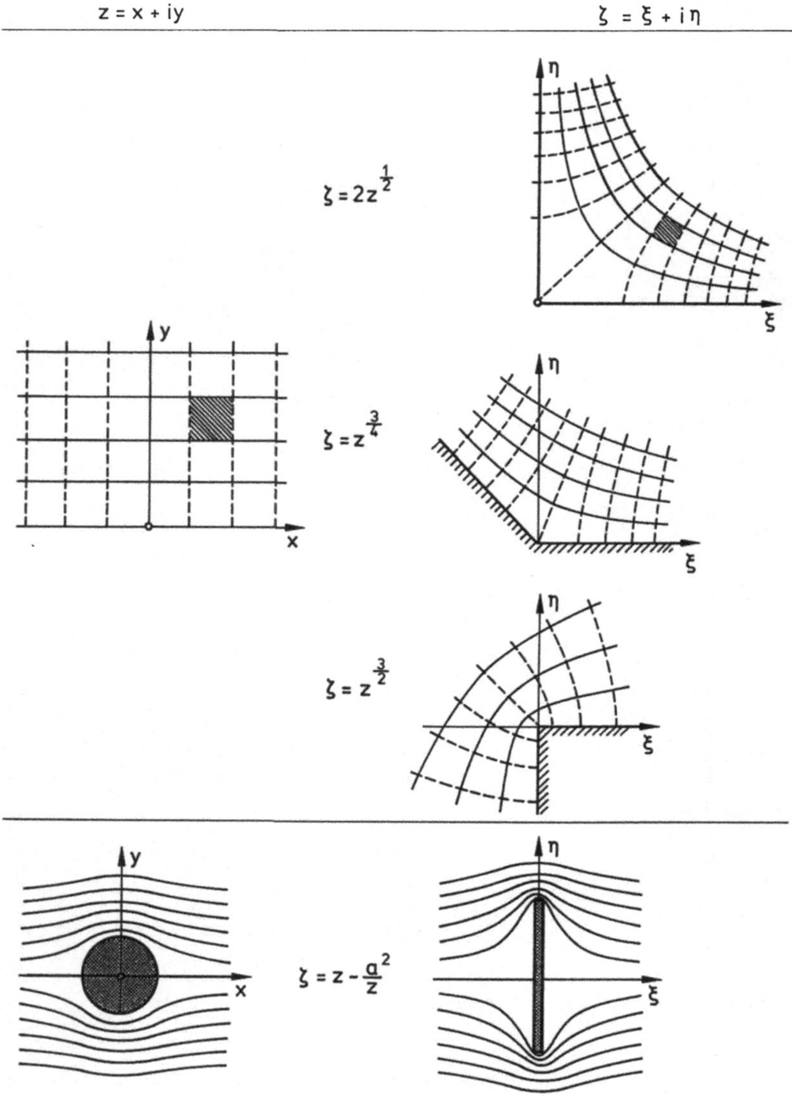

Bild 3.5. Konforme Abbildungen ebener Potentialströmungen

x-Richtung, entfällt also die parallele Außenströmung und damit ihr Potential $u_\infty r \cos \vartheta$, so erhalten wir das Potential eines in einem ruhenden Fluid bewegten Zylinders

$$\Phi = -u_\mathrm{K} \frac{R^2}{r} \cos \vartheta . \tag{3.26}$$

Bewegungsrichtung und Anströmrichtung des Kreiszylinders sind entgegengesetzt. Für den mitfahrenden Beobachter entspricht das Stromlinienbild dem in

Bild 3.4, rechts unten, dargestellten Verlauf, während sich für den ruhenden Beobachter das Stromlinienbild eines Dipols ergibt (Bild 3.4, links unten).

Weitere Lösungen der Laplace-Differentialgleichungen lassen sich nach der Methode der konformen Abbildung gewinnen. Durch eine komplexe Funktion $\zeta(z)$ kann jeder Punkt $P_i(x_i, y_i)$ der Z-Ebene einem Punkt $\pi_i(\xi_i, \eta_i)$ der ζ-Ebene zugeordnet werden. Ist die Funktion $\zeta(z)$ analytisch, so ist die Abbildung in kleinsten Teilen ähnlich und winkeltreu. Auf diese Weise läßt sich ein bekanntes Potential- und Stromlinienfeld konform in ein neues transformieren, wobei die Körperkontur ebenfalls verzerrt wird. Bild 3.5 gibt einige Abbildungsfunktionen wieder und zeigt die Verzerrung beim Übergang von der Z-Ebene in die ζ-Ebene.

3.1.8 Räumliche Potentialströmungen inkompressibler Fluide

Bei der Behandlung räumlicher Potentialströmungen gehen wir – ähnlich wie bei ebenen Strömungen – von Elementarströmungen aus, die beliebig überlagerbar sind. Relevante Problemlösungen der Meerestechnik ergeben sich durch Superposition der Potentiale von Oberflächenwellen und Parallelströmungen mit Potentialen von zweckmäßig angeordneten Singularitäten, wie Quellen und Senken oder Dipolen, deren Stärke bzw. Moment gegebenenfalls mit der Wellenfrequenz pulsieren. Die hieraus folgenden Stromflächen können als physikalisches Ersatzmodell des Körpers dienen. Das Verfahren eignet sich zur Analyse von stationären und instationären Vorgängen.

Für rotationssymmetrische Potentialströmungen ist eine Darstellung in Zylinderkoordinaten sinnvoll. Mit dem Geschwindigkeitsvektor

$$\boldsymbol{v}^T = [v_r(r, z, t), 0, v_z(r, z, t)]$$

lautet die Kontinuitätsgleichung (3.1)

$$\frac{\partial v_r}{\partial r} + \frac{v_r}{r} + \frac{\partial v_z}{\partial z} = \frac{1}{r}\frac{\partial (r v_r)}{\partial r} + \frac{\partial v_z}{\partial z} = 0 .$$

Diese wird durch eine Stromfunktion Ψ identisch erfüllt, wenn die Geschwindigkeitskomponenten folgendermaßen dargestellt werden

$$v_r = -\frac{1}{r}\frac{\partial \Psi}{\partial z}, \quad v_z = \frac{1}{r}\frac{\partial \Psi}{\partial r} .$$

Andererseits läßt sich für wirbelfreie Strömungen der Geschwindigkeitsvektor als Gradient des skalaren Potentials Φ ausdrücken

$$v_r = \frac{\partial \Phi}{\partial r}, \quad v_z = \frac{\partial \Phi}{\partial z} .$$

Für rotationssymmetrische Potentialströmungen sind damit die Cauchy-Riemann-Differentialgleichungen (3.19) nicht mehr erfüllt, es existiert kein komplexes Potential. Das Äquipotentialfeld ist jedoch orthogonal zum Stromlinienfeld. Führen wir das Geschwindigkeitspotential in die Kontinuitätsgleichung ein, so ergibt sich die Laplace-Gleichung in Zylinderkoordinaten

$$\nabla^2 \Phi(r, z, t) = \frac{\partial^2 \Phi}{\partial r^2} + \frac{1}{r}\frac{\partial \Phi}{\partial r} + \frac{\partial^2 \Phi}{\partial z^2} = 0 . \tag{3.27}$$

Wie bereits im Fall ebener Potentialströmungen abgeleitet, lassen sich durch Überlagerung von Strömungen komplizierte Strömungsvorgänge berechnen. So ergibt sich die Umströmung einer Kugel aus der Überlagerung einer Parallelströmung mit einer räumlichen Dipolströmung. Analog gewinnen wir den Stromlinienverlauf um das sog. Rankine-Ovoid durch Überlagerung einer Parallelströmung mit dem Feld einer räumlichen Quell-Senken-Strömung. In beiden Fällen ergibt sich eine geschlossene Stromlinienfläche, die als physikalisches Ersatzmodell der Körperoberfläche interpretierbar ist.

Die Umströmung einfacher rotationssymmetrischer Körper läßt sich berechnen, indem wir Singularitäten auf einer Achse oder Skelettlinie verteilen und deren Belegungsdichte so bestimmen, daß die vorgegebene Körperoberfläche mit einer Stromlinienfläche übereinstimmt und alle Randbedingungen erfüllt sind.

Andere Verfahren geben die Körperoberfläche vor, unterteilen sie in Flächenelemente und belegen diese mit Singularitäten. Das aus der Superposition folgende Singularitätenpotential wird dem Potential der Außenströmung überlagert, wobei die Randbedingungen an der Körperkontur sowie an der Wasseroberfläche, im Unendlichen und am Meeresboden zu erfüllen sind. Hierbei ist a priori nicht gewährleistet, daß für jede Idealisierung auch eine Lösung, d.h. eine Singularitätenverteilung, existiert. Im Detail wird dieses Verfahren in Abschnitt 3.4.3 vorgestellt.

3.2 Wellentheorien

Die Kinematik einer inkompressiblen, reibungs- und wirbelfreien Strömung folgt aus der Laplace-Gleichung (3.4). Ist das Potentialfeld und damit die Geschwindigkeitsverteilung bekannt, so können wir mit der instationären Bernoulli-Gleichung (3.6) das Druckfeld im gesamten Flüssigkeitsbereich berechnen. Randbedingungen ergeben sich durch die Begrenzungsflächen am Meeresboden und an der freien Flüssigkeitsoberfläche. Letztere ist jedoch in unbekannter Weise verformt, so daß Randbedingungen nur näherungsweise darstellbar sind. Begrenzungsflächen S lassen sich allgemein durch die Gleichung $S(x, y, z, t)=0$ definieren. Sie werden nicht durchströmt, bestehen also stets aus denselben Teilchen. Ist die Begrenzungsfläche bewegt, so ist auch $S(x+\mathrm{d}x, y+\mathrm{d}y, z+\mathrm{d}z, t+\mathrm{d}t)=0$, d.h.

$$\frac{\mathrm{d}S}{\mathrm{d}t}=\frac{\partial S}{\partial t}+(\boldsymbol{v}^T\nabla)S=\frac{\partial S}{\partial t}+\frac{\partial S}{\partial x}\frac{\mathrm{d}x}{\mathrm{d}t}+\frac{\partial S}{\partial y}\frac{\mathrm{d}y}{\mathrm{d}t}+\frac{\partial S}{\partial z}\frac{\mathrm{d}z}{\mathrm{d}t}=0. \tag{3.28}$$

— Für den Meeresboden $z=-d$ gilt $S:=z+d=0$. Mit (3.28) folgt hieraus die Bodenbedingung

$$\frac{\partial S}{\partial z}\frac{\mathrm{d}z}{\mathrm{d}t}=\frac{\mathrm{d}z}{\mathrm{d}t}=0.$$

Am Meeresboden verschwindet also die Normalkomponente der Strömungsgeschwindigkeit

$$w=\frac{\mathrm{d}z}{\mathrm{d}t}=\frac{\partial \Phi}{\partial z}=0 \quad \text{für} \quad z=-d. \tag{3.29}$$

– Für die Wellenerhebung, d.h. die zeitabhängige Kontur der freien Flüssigkeitsoberfläche $z=\zeta(x, y, t)$ gilt $S:=\zeta(x, y, t)-z=0$. Mit (3.28) folgt hieraus die kinematische Oberflächenbedingung

$$\frac{\partial\zeta}{\partial t}+\frac{\partial\zeta}{\partial x}u+\frac{\partial\zeta}{\partial y}v-w=0 \quad \text{für} \quad z=\zeta\,. \tag{3.30a}$$

An der Flüssigkeitsoberfläche ist außerdem eine dynamische Randbedingung zu erfüllen, da überall der konstante Atmosphärendruck $p=p_0$ herrscht und damit alle Oberflächenteilchen die gleiche Energie besitzen. Aus der Bernoulli-Gleichung (3.6) ergibt sich

$$\varrho\frac{\partial\Phi(x,y,\zeta,t)}{\partial t}+\frac{\varrho}{2}\left[\left(\frac{\partial\Phi}{\partial x}\right)^2+\left(\frac{\partial\Phi}{\partial y}\right)^2+\left(\frac{\partial\Phi}{\partial z}\right)^2\right]_{z=\zeta}+\varrho g\zeta(x,y,t)=0\,. \tag{3.30b}$$

Wir suchen das Geschwindigkeitspotential Φ und die hieraus folgende Verformung der freien Flüssigkeitsoberfläche, die Amplitudenfunktion $\zeta(x, y, t)$, sowie die Felder von Druck, Partikelgeschwindigkeiten und -beschleunigungen im gesamten Fluid.

Da die Randbedingungen nichtlinear und an der unbekannten freien Flüssigkeitsoberfläche einzuhalten sind, ist das Problem so kompliziert, daß sich im allgemeinen keine geschlossene, analytische Lösung ableiten läßt.

Grundsätzlich unterscheiden wir zwei Typen von Wasserwellen:

– Bei translatorischen Wellen, wie Flutwellen oder Erdbebenwellen, sog. Tsunamis, ist die fortschreitende Verformung der Wasseroberfläche mit einem beträchtlichen Massentransport in Ausbreitungsrichtung verbunden.
– Bei oszillatorischen Wellen findet kein oder ein geringer Massentransport statt, die Wasserpartikel bewegen sich also auf geschlossenen oder nahezu geschlossenen Bahnen.
  – Ist die Bewegung benachbarter Oberflächenteilchen phasenverschoben, so beobachten wir Wellenberge und -täler, die mit der sog. Phasengeschwindigkeit in Fortschrittsrichtung wandern. Ändert sich die Wellenkontur während des Ausbreitungsvorgangs nicht, so bezeichnet man die Welle als stationär. Läßt sich die Amplitude durch eine Sinus- oder Kosinusfunktion beschreiben, so sprechen wir von harmonischen, fortschreitenden Wellen.
  – Ist die Bewegung benachbarter Oberflächenteilchen nicht phasenverschoben, so bleiben Extremwerte und die dazwischen liegenden Knoten der Wellenkontur ortsfest. Bei solchen stehenden Wellen schwingen die Flüssigkeitspartikel auf geraden Bahnen auf und nieder.

Mit der Wellenhöhe H, der Wellenlänge L und der Wassertiefe d lassen sich dimensionslose Größen definieren:

– die Wellensteilheit H/L,
– die relative Wassertiefe d/L sowie
– die relative Wellenhöhe H/d.

Näherungslösungen für die Wellenkontur und das Geschwindigkeitspotential gewinnen wir aus der Potenzreihenentwicklung eines geeigneten, kleinen Parameters:

- Bei Tiefwasserwellen führt eine Reihenentwicklung in Potenzen von H/L zu Lösungen, die als Stokes-Theorien bezeichnet werden und bis zur fünften Ordnung gebräuchlich sind. Wird die Reihe bereits nach dem ersten Glied abgebrochen, so erhalten wir als 1. Ordnung die lineare Airy-Wellentheorie.
- Bei Flachwasserwellen führt eine Reihenentwicklung in Potenzen von H/d auf geeignete Lösungen, wobei Ableitungen bis zur zweiten Ordnung gebräuchlich sind. Bereits das erste Glied einer solchen Entwicklung folgt aus nichtlinearen Gleichungen. Die Wellenparameter ergeben sich als elliptische, sog. Cnoidal-Funktionen, woraus sich die Beziehungen Cnoidal-Theorie 1. und 2. Ordnung ableiten.

Die Parameter H/L und H/d lassen sich zu einer weiteren dimensionslosen Größe, dem Ursell-Parameter [3.1, 3.2]

$$U_R = \frac{(H/d)^3}{(H/L)^2} = \frac{HL^2}{d^3} \tag{3.31}$$

zusammenfassen, mit dem wir die Gültigkeitsbereiche der Wellentheorien für Tief- und Flachwasser abgrenzen werden (vgl. (3.58)).

Vielseitig anwendbar ist die lineare Wellentheorie, die aufgrund ihrer universellen Bedeutung im Abschnitt 3.2.1 ausführlich behandelt wird. In Abschnitt 3.2.2 folgt eine kurze Darstellung von Stokes-Theorien höherer Ordnung, der sich eine Diskussion der jeweiligen Anwendungsbereiche anschließt. Unser Ziel ist dabei nicht die umfassende Präsentation aller Wellentheorien, sondern eine Sichtung dieser Theorien nach ihrer Eignung für den konstruierenden Ingenieur als Mittel zur Berechnung und Auslegung meerestechnischer Konstruktionen.

3.2.1 Lineare Wellentheorie

Diese klassische Wellentheorie ist von Airy und Laplace entwickelt worden [3.3]. Die Wellenamplituden werden im Verhältnis zu Wellenlänge und Wassertiefe so klein angenommen, daß die Randbedingungen näherungsweise an der Ruhewasserlinie $z=\zeta=0$ erfüllt werden können. In Querrichtung (y) ändert sich die Wellenform nicht, die Wellen werden als langkämmig bezeichnet. Das Geschwindigkeitspotential folgt damit aus der Laplace-Differentialgleichung (3.4)

$$\frac{\partial^2 \Phi}{\partial x^2} + \frac{\partial^2 \Phi}{\partial z^2} = 0, \tag{3.32}$$

in Verbindung mit den Randbedingungen am Meeresboden und an der Flüssigkeitsoberfläche. Während die Bodenbedingung (3.29)

$$w = \frac{\partial \Phi}{\partial z} = 0 \quad \text{für} \quad z = -d$$

exakt erfüllt wird, werden in der kinematischen und dynamischen Oberflächenbedingung (3.30) nur die linearen Terme berücksichtigt. Dies ergibt mit (3.3)

$$\frac{\partial \zeta}{\partial t} - \frac{\partial \Phi}{\partial z} = 0, \tag{3.33}$$

$$\frac{\partial \Phi}{\partial t} + g\zeta = 0 \quad \text{für} \quad z = \zeta = 0. \tag{3.34}$$

In zusammengefaßter Form folgt hieraus die linearisierte, generalisierte Oberflächenbedingung

$$\frac{\partial^2 \Phi}{\partial t^2} + g\frac{\partial \Phi}{\partial z} = 0 \quad \text{für} \quad z = \zeta = 0. \tag{3.35}$$

Zur Lösung wollen wir das Potential als Produkt von drei Funktionen darstellen, die jeweils nur von einer Variablen abhängen, d.h.

$$\Phi(x, z, t) = \Xi(x) \cdot Z(z) \cdot \Pi(t).$$

Verwenden wir diesen Ansatz in (3.32), so ergeben sich unter Berücksichtigung der Randbedingungen (3.29) und (3.35) für das Geschwindigkeitspotential Lösungen, die bezüglich der Variablen x und t harmonisch sind, z.B.

$$\Phi = -\frac{\zeta_a \omega}{k} \frac{\cosh k(z+d)}{\sinh kd} \cos(kx - \omega t) = -\frac{\zeta_a g}{\omega} \frac{\cosh k(z+d)}{\cosh kd} \cos(kx - \omega t), \tag{3.36}$$

mit der Kreisfrequenz

$$\omega = \frac{2\pi}{T} = \sqrt{kg \tanh kd} \tag{3.37}$$

und der Wellenzahl

$$k = \frac{2\pi}{L}. \tag{3.38}$$

Über die Cauchy-Riemann-Gleichungen (3.19) läßt sich hieraus die Stromfunktion ermitteln

$$\Psi = \frac{\zeta_a \omega}{k} \frac{\sinh k(z+d)}{\sinh kd} \sin(kx - \omega t) = \frac{\zeta_a g}{\omega} \frac{\sinh k(z+d)}{\cosh kd} \sin(kx - \omega t). \tag{3.39}$$

Als Kontur der freien Wasseroberfläche ergibt sich aus dem Potential (3.36) mit der linearisierten Oberflächenbedingung (3.35) die Wellenform

$$\zeta = \zeta_a \sin(kx - \omega t). \tag{3.40}$$

Für einen mitbewegten Beobachter ändert sich diese Wellenform nicht, sofern die Geschwindigkeit so gewählt wird, daß die Phase $\theta = kx - \omega t$ konstant bleibt. Mit $\mathrm{d}\theta = k\mathrm{d}x - \omega \mathrm{d}t = 0$ folgt hieraus die sog. Phasengeschwindigkeit

$$c = \frac{\mathrm{d}x}{\mathrm{d}t} = \frac{\omega}{k} = \frac{L}{T}. \tag{3.41}$$

Tabelle 3.1. Ergebnisse der linearen Wellentheorie

		Tiefwasser ($\frac{d}{L} \geq 0{,}5$)	Mittlere Wassertiefe ($0{,}05 < \frac{d}{L} < 0{,}5$)	Flachwasser ($\frac{d}{L} \leq 0{,}05$)
Partikel-geschwindigkeiten	$u = \frac{\partial \Phi}{\partial x}$	$\zeta_a \omega e^{kz} \sin \Theta$	$\zeta_a \omega \frac{\cosh k(z+d)}{\sinh kd} \sin \Theta$	$\zeta_a \omega \frac{1}{kd} \sin \Theta$
	$w = \frac{\partial \Phi}{\partial z}$	$-\zeta_a \omega e^{kz} \cos \Theta$	$-\zeta_a \omega \frac{\sinh k(z+d)}{\sinh kd} \cos \Theta$	$-\zeta_a \omega (1 + \frac{z}{d}) \cos \Theta$
Partikel-beschleunigungen	$\dot{u} = \frac{\partial u}{\partial t}$	$-\zeta_a \omega^2 e^{kz} \cos \Theta$	$-\zeta_a \omega^2 \frac{\cosh k(z+d)}{\sinh kd} \cos \Theta$	$-\zeta_a \omega^2 \frac{1}{kd} \cos \Theta$
	$\dot{w} = \frac{\partial w}{\partial t}$	$-\zeta_a \omega^2 e^{kz} \sin \Theta$	$-\zeta_a \omega^2 \frac{\sinh k(z+d)}{\sinh kd} \sin \Theta$	$-\zeta_a \omega^2 (1 + \frac{z}{d}) \sin \Theta$
Druck	$p = -\rho \frac{\partial \Phi}{\partial t} - \rho g z$	$\rho g \zeta_a e^{kz} \sin \Theta - \rho g z$	$\rho g \zeta_a \frac{\cosh k(z+d)}{\cosh kd} \sin \Theta - \rho g z$	$\rho g \zeta_a \sin \Theta - \rho g z$
Phasengeschwindigkeit	$c = \frac{\omega}{k}$	$c_0 = \sqrt{\frac{g}{k_0}} = \frac{g}{\omega}$	$c = \sqrt{\frac{g}{k} \tanh kd}$	$c = \sqrt{gd}$
Kreisfrequenz	ω	$\omega = \sqrt{k_0 g}$	$\omega = \sqrt{kg \tanh kd}$	$\omega = k\sqrt{gd}$
Wellenlänge	L	$L_0 = \frac{g}{2\pi} T^2$	$\frac{2\pi d}{L} \tanh \frac{2\pi d}{L} = 4\pi^2 \frac{d}{gT^2}$	$L = T\sqrt{gd}$
Partikelbahnen		Kreise	Ellipsen	Ellipsen
Vertikale Halbachse		$\zeta_a e^{kz}$	$\zeta_a \frac{\sinh k(z+d)}{\sinh kd}$	$\zeta_a (1 + \frac{z}{d})$
Horizontale Halbachse		$\zeta_a e^{kz}$	$\zeta_a \frac{\cosh k(z+d)}{\sinh kd}$	$\zeta_a \cdot \frac{1}{kd}$

Mit (3.37) ergibt sich

$$c=\sqrt{\frac{g}{k}\tanh kd}\,, \tag{3.42}$$

d.h. die Phasengeschwindigkeit hängt von der Wellenzahl k und der Wassertiefe d ab. Lange Wasserwellen breiten sich also schneller aus als kurze, eine Erscheinung, die Dispersion genannt wird. Für extrem lange Wellen, z.B. als Folge eines Seebebens oder Vulkanausbruchs, wurden schon Ausbreitungsgeschwindigkeiten über 500 km/h beobachtet.

Die Partikelgeschwindigkeiten ergeben sich nach (3.3) aus dem Potential. Nach der Zeit differenziert folgen hieraus die Partikelbeschleunigungen. Den instationären Druck im Wellenfeld ermitteln wir nach der linearisierten Bernoulli-Gleichung (3.6b). Alle Ergebnisse sind in Tabelle 3.1 zusammengestellt, wobei sich die Näherungen

– für große Wassertiefen ($d/L \geqq 0{,}5$) mit

$$\cosh k(z+d) \approx \sinh k(z+d) \approx \frac{1}{2}\mathrm{e}^{kz}\mathrm{e}^{kd}\,,$$

$$\cosh kd \approx \sinh kd \approx \frac{1}{2}\mathrm{e}^{kd}\,,$$

– für kleine Wassertiefen ($d/L \leqq 0{,}05$) mit

$$\cosh k(z+d) \approx \cosh kd \approx 1\,,$$

$$\sinh k(z+d) \approx k(z+d)\,,\ \sinh kd \approx kd$$

ergeben. Die Partikelbahnen erhalten wir durch Integration der Geschwindigkeiten in der Nähe des Punktes $P(x_0, z_0)$

– horizontal

$$x-x_0=\int u\,\mathrm{d}t=\zeta_\mathrm{a}\frac{\cosh k(z+d)}{\sinh kd}\cos\theta\,,$$

– vertikal

$$z-z_0=\int w\,\mathrm{d}t=\zeta_\mathrm{a}\frac{\sinh k(z+d)}{\sinh kd}\sin\theta\,.$$

Hieraus folgt für die Bahnkurve

$$\left[\frac{x-x_0}{\zeta_\mathrm{a}\dfrac{\cosh k(z+d)}{\sinh kd}}\right]^2+\left[\frac{z-z_0}{\zeta_\mathrm{a}\dfrac{\sinh k(z+d)}{\sinh kd}}\right]^2=1\,. \tag{3.43}$$

Die Wasserpartikel bewegen sich also auf elliptischen Orbitalbahnen, deren Achsen mit wachsender Tiefe kleiner werden. Für Tiefwasser gehen sie in Kreisbahnen über, deren Radien sich exponentiell mit der Wassertiefe verringern.

Für Tiefwasser illustriert Bild 3.6 das Fortschreiten einer Oberflächenwelle: Während sich die Partikel rotationsfrei auf Orbitalbahnen um einen ortsfesten Punkt bewegen, läuft der Wellenberg mit der Phasengeschwindigkeit nach rechts.

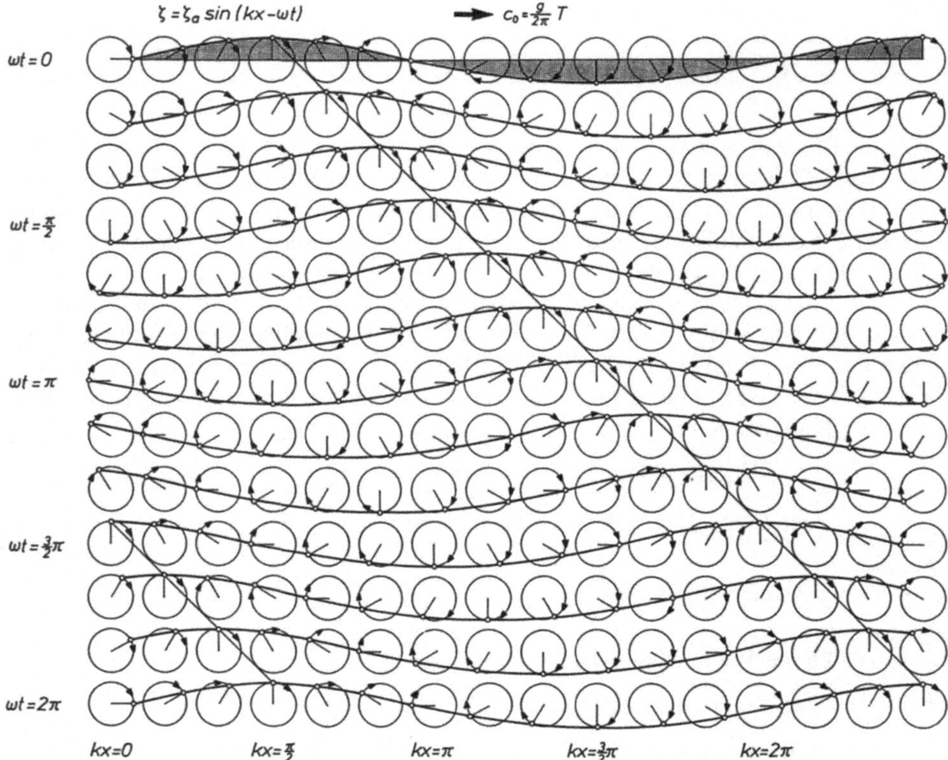

Bild 3.6. Fortschreiten einer Tiefwasserwelle

Deutlich ist bei dieser schematischen Darstellung zu erkennen, daß – bezogen auf die Bahnmittelpunkte – bei endlicher Wellenhöhe der Wellenberg kürzer als das Wellental ist. Um Flächengleichheit zu gewährleisten, ist die Wasserlinie gegenüber den Kreismittelpunkten um $\pi H^2/(4L)$ nach unten zu verschieben. Die Wellenform ist eine Trochoide (siehe auch Abschnitt 3.2.2). Nur für unendlich kleine Wellenhöhen ist also eine harmonische Oberflächenform mit der Kreisbewegung der Oberflächenpartikel kompatibel.

Mit zunehmender Tiefe nimmt die Amplitude dieser Orbitalbewegung ab. Für eine Tiefwasserwelle großer Steilheit ($H/L = 0{,}14$) zeigt Bild 3.7 das exponentielle Abklingen von Kreisbahndurchmesser und Partikelgeschwindigkeit. Die wichtigsten physikalischen Parameter sind in Bild 3.8 zusammengestellt. Deutlich ist zu erkennen, daß der Betrag von Partikelgeschwindigkeit und -beschleunigung nicht von der Position der Welle abhängt. Druck und Horizontalgeschwindigkeit sind in Phase mit der Wellenerhebung, Vertikalgeschwindigkeit und Horizontalbeschleunigung sind um eine viertel Periode phasenverschoben, und die Vertikalbeschleunigung ist um eine halbe Periode versetzt. Diese Phasenrelationen sind von besonderer Bedeutung für die Berechnung von Kräften auf meerestechnische Konstruktionen.

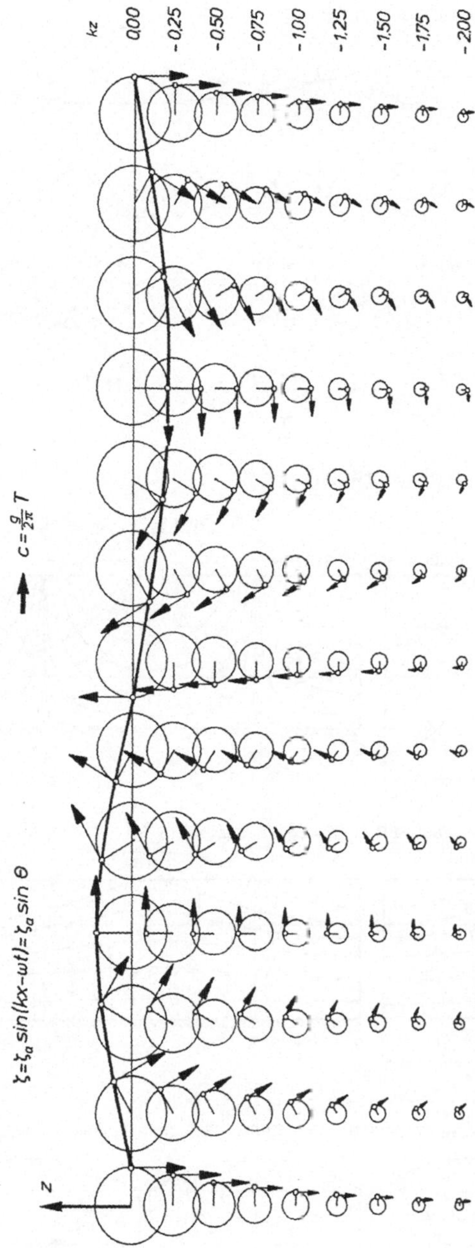

Bild 3.7. Orbitalbahnen und Partikelgeschwindigkeiten einer Tiefwasserwelle

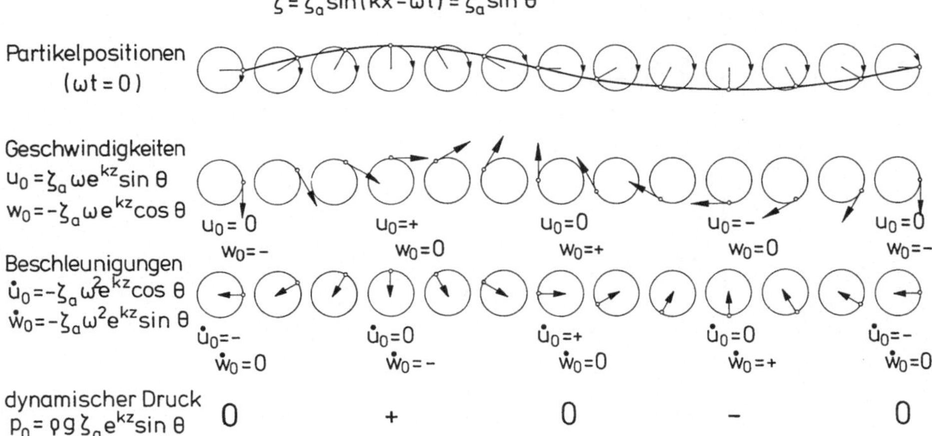

Bild 3.8. Physikalische Parameter einer Tiefwasserwelle

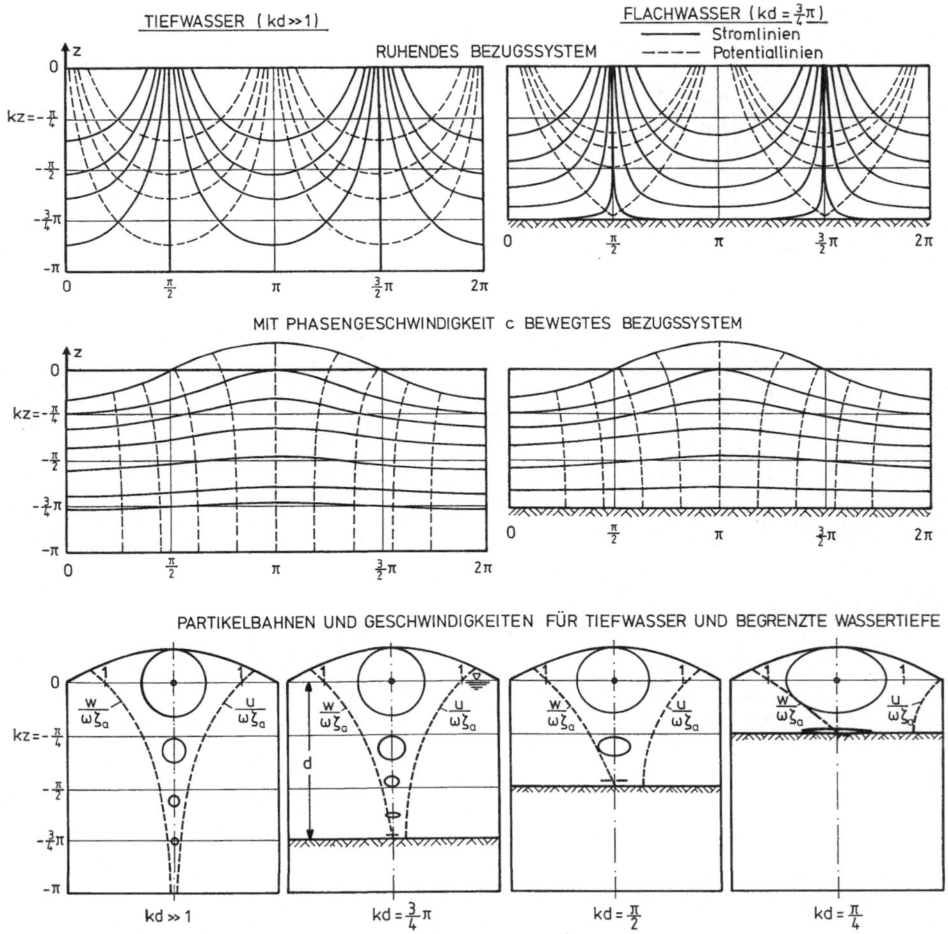

Bild 3.9. Tiefwasser- und Flachwasserwellen im Vergleich

Bild 3.9 zeigt Potential- und Stromlinienfelder von Tiefwasser- und Flachwasserwellen sowie die sich hieraus ergebenden Partikelbahnen und Geschwindigkeitsverteilungen. Für ein ruhendes Bezugssystem folgen die aufeinander senkrecht stehenden Felder nach (3.36) und (3.39). Für den mit Phasengeschwindigkeit c bewegten Beobachter sind Strom- und Potentiallinien stationär, ein Ergebnis, das in der Stromfunktionstheorie Anwendung findet [3.4]. Für diese Darstellung ist die Stromfunktion (3.39) um cz zu erweitern, d.h.

$$\Psi = -cz + \frac{\zeta_a g}{\omega} \frac{\sinh k(z+d)}{\cosh kd} \sin(kx - \omega t), \tag{3.44}$$

und kann dann der Wellenkontur an der Oberfläche angepaßt werden. Die Bahnkurven und Partikelgeschwindigkeiten in Bild 3.9 machen deutlich, daß im Flachwasserbereich die Horizontalkomponenten größer als die Vertikalkomponenten sind. Für eine der Welle folgenden Struktur, z.B. eine Boje, sind daher in Flachwasser Längsbewegungen größer als Tauchbewegungen. Ferner existiert am Meeresboden eine endliche Horizontalgeschwindigkeit der Wasserteilchen.

Die Energie einer Welle setzt sich aus einem potentiellen und einem kinetischen Anteil zusammen. Wie in Bild 3.10 skizziert, wird mit der Wellenerhebung $\zeta = \zeta_a \sin(kx - \omega t)$ ein Massenelement – Länge dx, Höhe ζ, Breite 1 m –

$$\mathrm{d}m = \varrho \mathrm{d}\forall = \varrho \cdot \zeta \cdot 1 \cdot \mathrm{d}x$$

über die Ruhewasserlinie gehoben, wobei dessen Schwerpunkt um $\zeta/2$ über der Ruhewasserlinie liegt. Hieraus folgt mit (3.40) für die potentielle Energie

$$\mathrm{d}E_{\mathrm{pot}} = \mathrm{d}m \cdot g\frac{\zeta}{2} = \frac{1}{2}\varrho g \zeta^2 \mathrm{d}x = \frac{1}{2}\varrho g \zeta_a^2 \mathrm{d}x \sin^2(kx - \omega t).$$

Über eine Wellenlänge integriert, erhalten wir

$$E_{\mathrm{pot}} = \frac{1}{2}\varrho g \zeta_a^2 \int_0^L \sin^2(kx - \omega t)\,\mathrm{d}x = \frac{1}{4}\varrho g \zeta_a^2 L. \tag{3.45}$$

Analog ergibt sich die kinetische Energie für ein beliebiges Massenelement $\mathrm{d}m = \varrho \cdot 1 \cdot \mathrm{d}x\mathrm{d}z$ unter der Welle zu

$$\mathrm{d}E_{\mathrm{kin}} = \frac{1}{2}\varrho(u^2 + w^2)\,\mathrm{d}x\mathrm{d}z.$$

Führen wir die Partikelgeschwindigkeiten – Tabelle 3.1 – ein und integrieren über die gesamte Wassertiefe d und eine Wellenlänge L, so folgt hieraus

$$E_{\mathrm{kin}} = \frac{\varrho}{2} \frac{\zeta_a^2 \omega^2}{\sinh^2 kd} \int_{-d}^{0} \int_0^L [\cosh^2 k(z+d) \sin^2(kx - \omega t) + \sinh^2 k(z+d) \cos^2(kx - \omega t)]\,\mathrm{d}x\mathrm{d}z.$$

Mit trigonometrischen Umformungen lassen sich die Variablen trennen, und wir erhalten

$$E_{\mathrm{kin}} = \frac{\varrho}{2} \frac{\zeta_a^2 \omega^2 L}{\sinh^2 kd} \int_{-d}^{0} \sinh^2 k(z+d)\,\mathrm{d}z + \frac{\varrho}{2} \frac{\zeta_a^2 \omega^2 d}{\sinh^2 kd} \int_0^L \sin^2(kx - \omega t)\,\mathrm{d}x.$$

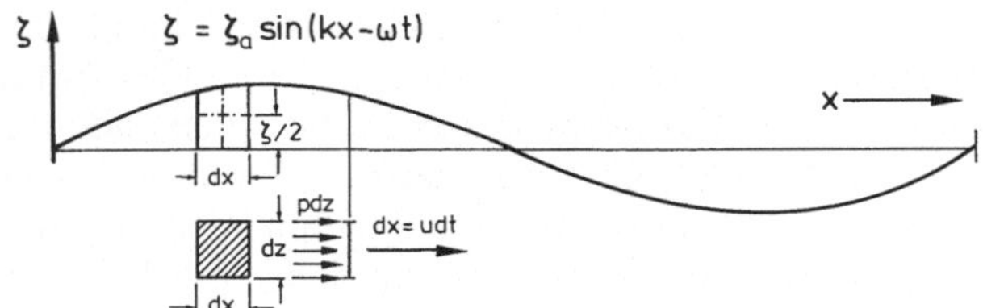

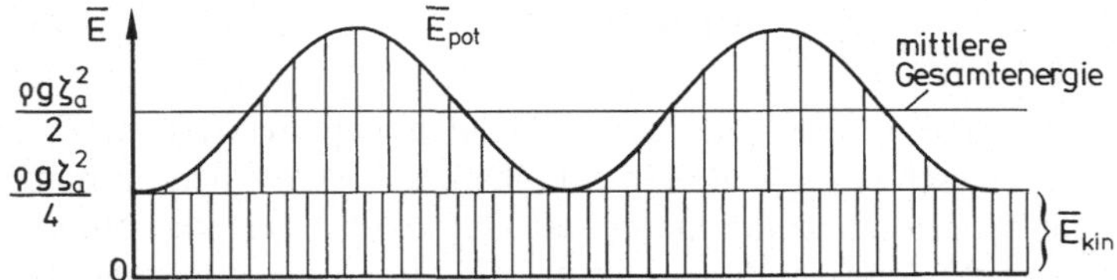

Bild 3.10. Potentielle und kinetische Energie einer Tiefwasserwelle

Nach Integration ergibt sich mit (3.37) für die kinetische Energie

$$E_{\text{kin}}=\frac{1}{4}\varrho g\zeta_a^2L+\frac{\varrho}{2}\zeta_a^2\omega^2\frac{d}{\sinh^2kd}\left[\int_0^L\sin^2(kx-\omega t)\,dx-\frac{L}{2}\right]. \tag{3.46}$$

Ein Vergleich der beiden Energieanteile zeigt, daß die potentielle Energie (3.45) unabhängig von der Wassertiefe örtlich und zeitlich mit $\sin^2\theta$ oszilliert, während die kinetische Energie

- bei großen Wassertiefen konstant ist, da der zweite Summand in (3.46) wegen $\lim\limits_{d\to\infty}\dfrac{d}{\sinh^2kd}=0$ verschwindet,
- bei kleinen Wassertiefen der potentiellen Energie (3.45) gleicht, also ebenfalls mit $\sin^2\theta$ oszilliert, da mit der Näherung $\sinh kd\approx kd$ und $\omega=k\sqrt{gd}$ nur dieses Glied übrig bleibt.

Bezogen auf die Wasseroberfläche – Länge L, Breite 1 m – folgt für die gesamte Wellenenergie im zeitlichen Mittel

$$\bar{E}=\frac{1}{2}\varrho g\zeta_a^2, \tag{3.47}$$

d.h., sie hängt nur vom Quadrat der Wellenamplitude ab.

Mit welcher Geschwindigkeit wandert nun diese Energie in Wellenfortschrittsrichtung? Wir haben einerseits ermittelt, daß sich die Wellenerhebung mit Phasengeschwindigkeit ausbreitet und die davon abhängige potentielle Energie mit $\sin^2\theta$ oszilliert. Andererseits hängt die kinetische Energie von den Geschwindigkeiten der Wellenpartikel ab, die sich bei Tiefwasser rotationsfrei auf ortsfesten Kreisbahnen bewegen. Zur Ermittlung der Ausbreitungsgeschwindigkeit der Energie berechnen wir den Energiefluß, d.h. die Leistung, die von der Flüssigkeit in einem ebenen Vertikalschnitt des Wellenfeldes in Fortschrittsrichtung übertragen wird. Wie in Bild 3.10 skizziert, wirkt auf ein Element der 1 m breiten, vertikalen Schnittfläche $1\cdot dz$ die dynamische Druckkraft $p\cdot 1\cdot dz$ längs des Weges

$dx = u \cdot dt$. Beziehen wir die hieraus folgende Energie $p \cdot dz \cdot u \cdot dt$ auf die Wellenperiode T und integrieren diese Leistung über die Wassertiefe und die Zeit, so ergibt sich der mittlere Energiefluß zu

$$\dot{E} = \frac{\partial E}{\partial t} = \int_{-d}^{0} \int_{0}^{T} \frac{p \cdot u \cdot dz \cdot dt}{T} .$$

Für den dynamischen Druck und die horizontale Partikelgeschwindigkeit führen wir die Werte aus Tabelle 3.1 ein. Hieraus folgt

$$\dot{E} = \varrho g \zeta_a^2 \omega \int_{-d}^{0} \int_{0}^{T} \frac{\cosh^2 k(z+d)}{\sinh kd \cosh kd} \sin^2(kx - \omega t)\, dz \cdot \frac{dt}{T}$$

mit der Lösung

$$\dot{E} = \frac{\varrho g \zeta_a^2}{2} \cdot \frac{c}{2} \left[1 + \frac{2kd}{\sinh 2kd} \right], \tag{3.48}$$

d.h. der mittlere Energiefluß ergibt sich als Produkt von mittlerer Energiedichte $\bar{E}$ und der Energieausbreitungsgeschwindigkeit bzw. – wie später abgeleitet – der sog. Gruppengeschwindigkeit

$$c_{gr} = \frac{c}{2} \left[1 + \frac{2kd}{\sinh 2kd} \right]$$

Für Tiefwasser entspricht sie der halben Phasengeschwindigkeit, für Flachwasser der Phasengeschwindigkeit und wird dann Schwallgeschwindigkeit genannt.

Wie in Abschnitt 2.2 – Bild 2.3 – ausgeführt, läßt sich eine Seegangsregistrierung als zufällige Überlagerung vieler harmonischer Wellen verschiedener Höhe und Frequenz interpretieren. Diese bezeichnen wir als Elementarwellen und können – mit (3.47) – erkennen, daß die Gesamtenergie eines Seegangs der Summe der Amplitudenquadrate dieser Wellen proportional ist. Um zu verstehen, wie sich ein aus vielen Elementarwellen überlagerter Wellenzug ausbreitet, demonstrieren wir das Verhalten solcher Gruppen für den einfachsten Fall, der Superposition von zwei Wellen, die sich bezüglich Periode und Wellenzahl nur geringfügig voneinander unterscheiden:

$$\zeta_1 = \zeta_a \sin[(k + dk)x - (\omega + d\omega)t]$$

$$\zeta_2 = \zeta_a \sin[(k - dk)x - (\omega - d\omega)t].$$

Der hieraus resultierende Wellenzug

$$\zeta = \zeta_1 + \zeta_2 = 2\zeta_a \cos(dk \cdot x - d\omega \cdot t) \sin(kx - \omega t)$$

wandert mit nahezu gleicher Phasengeschwindigkeit wie die beiden Komponentenwellen, zeigt jedoch eine Modulation der Amplitude mit $\cos(dk \cdot x - d\omega \cdot t)$, die in Bild 3.11 dargestellt ist. Wie aus der Phase der Amplitudenmodulation abzuleiten, wandert die Gruppe, d.h. die Einhüllende der Welle, mit der Geschwindigkeit

$$c_{gr} = \frac{d\omega}{dk} . \tag{3.49}$$

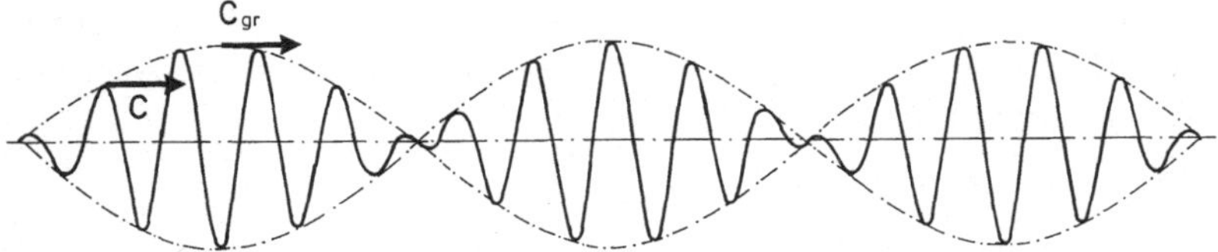

Bild 3.11. Ausbreitung einer Wellengruppe

Mit der Dispersionsgleichung (3.37) folgt hieraus die bereits aus (3.48) bekannte Gruppengeschwindigkeit

$$c_{gr} = \frac{c}{2}\left[1 + \frac{2kd}{\sinh 2kd}\right], \tag{3.50}$$

d.h., die hier abgeleitete Gruppengeschwindigkeit und die zuvor ermittelte Ausbreitungsgeschwindigkeit der Energie sind identisch.

Die Erscheinung unterschiedlicher Phasen- und Gruppengeschwindigkeiten in Tiefwasser läßt sich deutlich im Wellenkanal beobachten: Beim Einschalten des Wellengenerators breiten sich die Wellen zwar mit Phasengeschwindigkeit aus, verlieren jedoch im Bereich der Wellenfront erheblich an Höhe, da hier die Orbitalbewegung in Gang gebracht und somit potentielle in kinetische Energie umgewandelt wird. In Folge davon breitet sich die Gesamtenergie bzw. die Wellenfront im Mittel mit der niedrigeren Gruppengeschwindigkeit aus. Umgekehrt beobachtet man nach Abschalten der Wellenmaschine, daß die Wellenbewegung nicht plötzlich abbricht, sondern weitere Wellen generiert werden. Diese Erscheinung beruht auf Rückwandlung kinetischer in potentielle Energie im Nachlauf der letzten, vom Generator erzeugten Welle.

Die Erscheinung der Ausbreitung einer Tiefwasserwelle illustriert folgende Interpretation, die auf einem Vorschlag von Kinsman [3.5] unter Bezug auf Gatewood (siehe [3.6]) beruht: Wie die tabellarische Aufstellung in Bild 3.12 ausweist, überträgt die Wellenmaschine in jeder Periode eine bestimmte Energie – in unserem Beispiel 1 024 Einheiten – in den Kanal. Eine Hälfte – 512 Einheiten – verbleibt ortsfest als kinetische Energie im Bereich der ersten Wellenlänge vor dem Wellenblatt, die zweite Hälfte, die potentielle Energie, breitet sich mit der Phasengeschwindigkeit c aus, wandert also um eine Wellenlänge pro Periode weiter. Auch in den folgenden Perioden werden jeweils 1 024 Energie-Einheiten vom Wellenblatt in den Kanal eingebracht, wobei in jeder Position eine Hälfte der jeweiligen Gesamtenergie als kinetische Energie am Ort bleibt, die andere Hälfte als potentielle Energie um eine Wellenlänge weiterwandert. Die tabellarische Aufstellung sowie die hieraus folgende graphische Darstellung des Energieverlaufs zeigt, daß die Welle mit Phasengeschwindigkeit c in Ausbreitungsrichtung fortschreitet, die Energie an vorderster Front jedoch kontinuierlich abklingt. Nach 11 Perioden ist nur eine der 1 024 Energieeinheiten um 11 Wellenlängen vom Wellenblatt weitergekommen. Betrachten wir die gesamte Energieverteilung der Wellenfront im Kanal und werten die letzten fünf

Bild 3.12. Ausbreitung einer Tiefwasserwelle – Energieprofil und Wellenfront

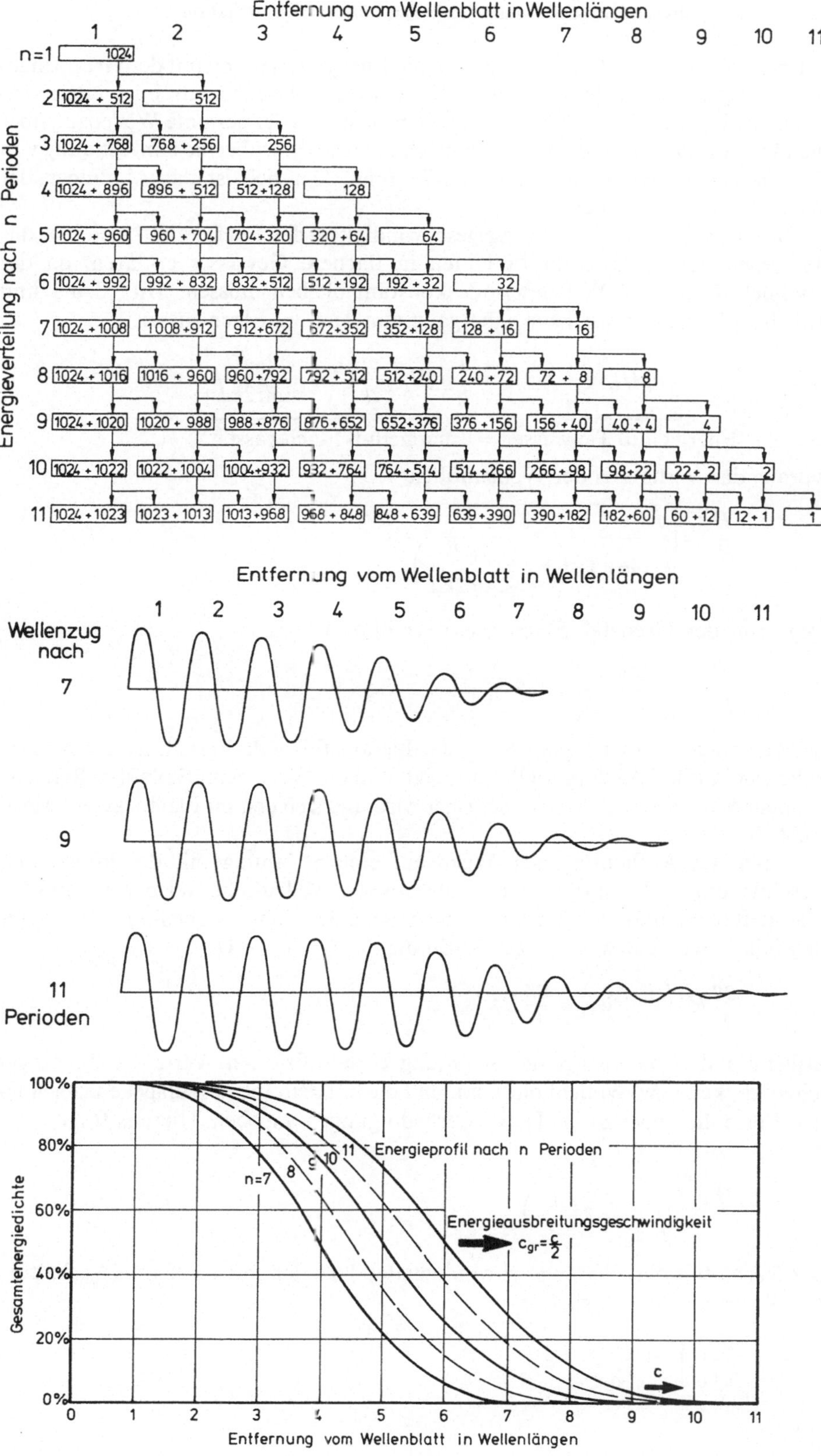
Entfernung vom Wellenblatt in Wellenlängen
1 2 3 4 5 6 7 8 9 10 11
Energieverteilung nach n Perioden
n=1 1024
2 1024 + 512 | 512
3 1024 + 768 | 768 + 256 | 256
4 1024 + 896 | 896 + 512 | 512+128 | 128
5 1024 + 960 | 960 + 704 | 704+320 | 320 + 64 | 64
6 1024 + 992 | 992 + 832 | 832+512 | 512+192 | 192 + 32 | 32
7 1024 + 1008 | 1008+912 | 912+672 | 672+352 | 352+128 | 128 + 16 | 16
8 1024 + 1016 | 1016 + 960 | 960+792 | 792 + 512 | 512+240 | 240 + 72 | 72 + 8 | 8
9 1024 + 1020 | 1020 + 988 | 988 + 876 | 876 + 652 | 652+376 | 376 + 156 | 156 + 40 | 40 + 4 | 4
10 1024 + 1022 | 1022 + 1004 | 1004+932 | 932 + 764 | 764 + 514 | 514 + 266 | 266 + 98 | 98+22 | 22+ 2 | 2
11 1024 + 1023 | 1023 + 1013 | 1013+968 | 968 + 848 | 848 + 639 | 639 + 390 | 390 + 182 | 182+60 | 60 + 12 | 12 + 1 | 1
Entfernung vom Wellenblatt in Wellenlängen
1 2 3 4 5 6 7 8 9 10 11
Wellenzug nach
7
9
11
Perioden
100%
80%
60%
40%
20%
0%
Gesamtenergiedichte
n=7
8
9
10
11
Energieprofil nach n Perioden
Energieausbreitungsgeschwindigkeit
$c_{gr} = \frac{c}{2}$
c
0 1 2 3 4 5 6 7 8 9 10 11
Entfernung vom Wellenblatt in Wellenlängen

Schritte aus, so zeigt Bild 3.12, daß sich die Energieverteilung mit der Gruppengeschwindigkeit $c_0/2$ ausbreitet und die Grenzwellenhöhe erst nach einigen Perioden erreicht wird. Für den 7., 9. und 11. Zeitschritt wurde der gesamte Wellenzug über dem Diagramm von Bild 3.12 schematisch dargestellt, wobei die Umrechnung von Energie zu Wellenerhebung aus (3.47) folgt. Deutlich ist das Abklingen der Wellenfront zu erkennen.

In Kenntnis der Ausbreitungsgeschwindigkeit der Energie läßt sich u.a. das Aufsteilen der Welle beim Einlaufen in flachere Gewässer erklären, da der Energiefluß und die Wellenperiode konstant bleiben müssen. Mit (3.48) und Tabelle 3.1 erhalten wir beim Übergang von Tief- zu Flachwasser

$$\underbrace{\frac{1}{8}\varrho g H_0^2 \cdot \frac{\omega}{2k_0}}_{\text{Energiefluß Tiefwasser}} = \underbrace{\frac{1}{8}\varrho g H^2 \cdot \frac{\omega}{2k}\left[1+\frac{2kd}{\sinh 2kd}\right]}_{\text{Energiefluß Flachwasser}},$$

woraus das Verhältnis der Wellenhöhen

$$\frac{H}{H_0}=\sqrt{\frac{1}{\tanh kd\left(1+\dfrac{2kd}{\sinh 2kd}\right)}}$$

folgt. Für den Grenzfall Flachwasser ergibt sich

$$\frac{H}{H_0}=\sqrt{\frac{\sqrt{g}}{4\pi}\frac{T}{\sqrt{d}}}\approx 0{,}5\frac{T^{1/2}}{d^{1/4}}.$$

Die Gruppengeschwindigkeit sowie das hieraus folgende Verhältnis der Wellenhöhen ist in Bild 3.13 dargestellt und zeigt, daß die Welle beim Einlauf in Bereiche geringer Wassertiefe zunächst niedriger wird und sich erst im Flachwasserbereich aufsteilt.

Auch das Auflaufen einer Welle auf eine Strömung mit der konstanten Geschwindigkeit U führt zu einer Änderung der Wellenhöhe. Wiederum muß der Energiefluß mit und ohne Strömung gleich sein. Bei Tiefwasserbedingungen ergibt sich mit $c_{gr}=c_0/2$ bzw. – in der Strömung – $c_{gr}=c/2+U$

$$\frac{\varrho g}{8}H^2\left(\frac{c}{2}+U\right)=\frac{\varrho g}{8}H_0^2\cdot\frac{c_0}{2},$$

wobei c und H die infolge der Strömung U modifizierten Werte der Phasengeschwindigkeit bzw. Wellenhöhe sind, und die mit dem Index Null gekennzeichneten Werte die ungestörten Tiefwasserbedingungen angeben. Hieraus folgt

$$\frac{H}{H_0}=\frac{1}{\sqrt{\dfrac{c}{c_0}+2\left(\dfrac{U}{c_0}\right)}}.$$

Das Verhältnis der Phasengeschwindigkeiten läßt sich mit (3.42) als Verhältnis der Wellenlängen ausdrücken

$$\left(\frac{c}{c_0}\right)^2=\frac{L}{L_0}.$$

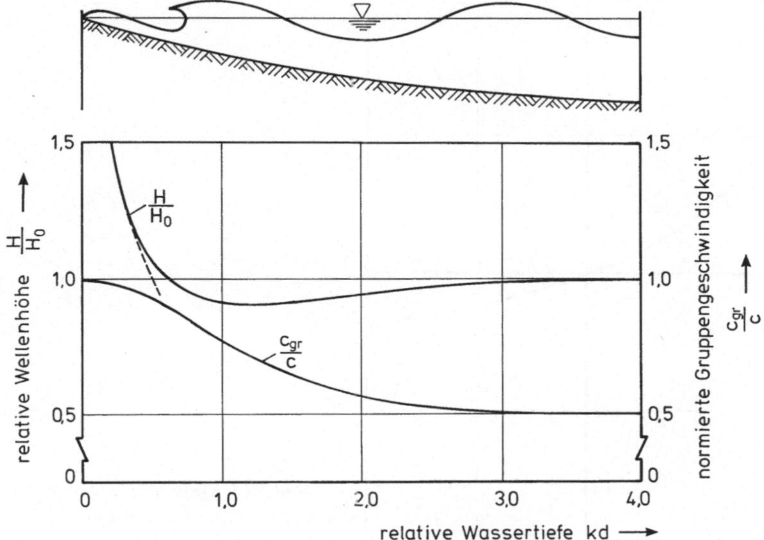

Bild 3.13. Wellenhöhenänderung beim Einlaufen in flachere Gewässer

Andererseits bleibt die Wellenperiode T beim Auflaufen der Welle auf eine Strömung konstant

$$T = \frac{L_0}{c_0} = \frac{L}{c+U},$$

woraus sich eine weitere Bedingung für das Verhältnis der Wellenlängen ergibt. Damit können wir L/L_0 eliminieren und das Verhältnis der Phasengeschwindigkeiten berechnen:

$$\frac{c}{c_0} = \frac{1}{2}\left[1 + \sqrt{1 + 4\frac{U}{c_0}}\right].$$

Hieraus ergibt sich schließlich das Verhältnis der Wellenhöhen

$$\frac{H}{H_0} = \frac{1}{\sqrt{\frac{1}{2}\left[1 + \sqrt{1 + 4\frac{U}{c_0}}\right] + 2\frac{U}{c_0}}}.$$

Wie in Bild 3.14 dargestellt, werden die Wellen mit der Strömung niedriger, gegen die Strömung höher, wobei für Geschwindigkeiten

$$U \leqq -\frac{c_0}{4}$$

keine Energieausbreitung gegen den Strom möglich ist und die Welle bricht.

Wie die letzten Beispiele zeigen, sind mit der linearen Wellentheorie wichtige physikalische Zusammenhänge darstellbar. Da allerdings die Einschränkung geringer Wellenamplituden zu beachten ist, lassen sich manche Erscheinungen nur

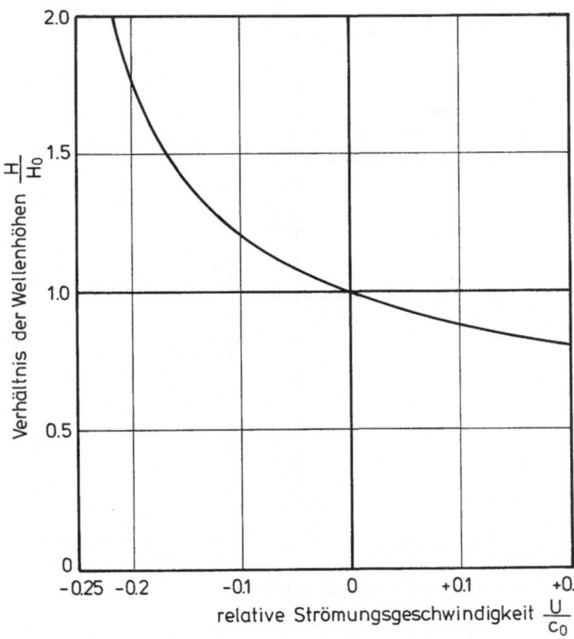

Bild 3.14. Wellenhöhenänderung beim Auflaufen auf eine Strömung in Tiefwasser

qualitativ ableiten. So läßt sich die Grenzbedingung für die Wellenbrechung aus dem einfachen Zusammenhang gewinnen, daß die horizontale Partikelgeschwindigkeit im Wellenkamm nach Tabelle 3.1

$$u_a = \frac{\zeta_a \omega}{\tanh kd} = \frac{\zeta_a kc}{\tanh kd}$$

gleich oder größer ist als die Phasengeschwindigkeit c, da dann Wasserpartikel horizontal aus der Welle ausbrechen würden. Hieraus folgt für die Grenzamplitude $\zeta_a = H/2$

$$\left(\frac{\zeta_a}{L}\right)_{\max} \geqq \frac{1}{2\pi} \tanh kd \approx 0{,}16 \tanh kd\,.$$

Tatsächlich ergibt sich nach Miche [3.7] als Grenzbedingung für die Wellenhöhe H

$$\left(\frac{H}{L}\right)_{\max} = 0{,}142 \tanh kd\,, \tag{3.51}$$

d.h. der physikalische Zusammenhang der Wellenbrechung wurde richtig abgeleitet, die Konstante ist jedoch zu modifizieren.

Überprüfen wir abschließend die Näherungsannahmen zur Linearisierung der Randbedingungen (3.30)

$$\frac{\partial \zeta}{\partial x} u \ll w \quad \text{bzw.} \quad \frac{\partial \zeta}{\partial t} \quad \text{sowie}$$

$$\frac{1}{2}\left[\left(\frac{\partial \Phi}{\partial x}\right)^2 + \left(\frac{\partial \Phi}{\partial z}\right)^2\right] \ll \frac{\partial \Phi}{\partial t} \quad \text{bzw.} \quad g\zeta\,,$$

so ergibt die Abschätzung der jeweiligen Beträge mit Tabelle 3.1

– nach der kinematischen Bedingung

$$\frac{\zeta_a}{L} \ll \frac{1}{2\pi} \tanh kd ,$$

– nach der dynamischen Bedingung

$$\frac{\zeta_a}{L} \ll \frac{1}{\pi} \tanh kd .$$

Wie ein Vergleich mit der Grenzbedingung (3.51) zeigt, ist die Bedingung für große Wellensteilheiten erwartungsgemäß nicht erfüllt. Es läßt sich jedoch folgern, in welcher Größenordnung die Geschwindigkeiten und Drücke bei endlichen Wellenhöhen durch die Linearisierung der Randbedingungen verfälscht werden. Für endliche Wellensteilheiten ζ_a/L sind daher u.U. Theorien höherer Ordnung genauer.

3.2.2 Stokes-Wellentheorien höherer Ordnung

Die im letzten Abschnitt abgeleitete lineare Wellentheorie gilt nur für verschwindend kleine Amplituden. Bereits die zeichnerische Darstellung der Ergebnisse zeigt – siehe Bild 3.6 –, daß geschlossene Partikelbahnen und eine harmonische Oberflächenform nicht kompatibel sind. Vielmehr folgt die Wellenerhebung einer Trochoidenkurve. Wie Bild 3.15 zeigt, werden die Wellenberge mit zunehmender Höhe immer kürzer und steiler, im Grenzfall geht die Trochoide in eine Zykloide über. Aus Kontinuitätsgründen ist die Ruhewasserlinie gegenüber den Bahnmittelpunkten um $\pi H^2/(4L)$ nach unten verschoben.

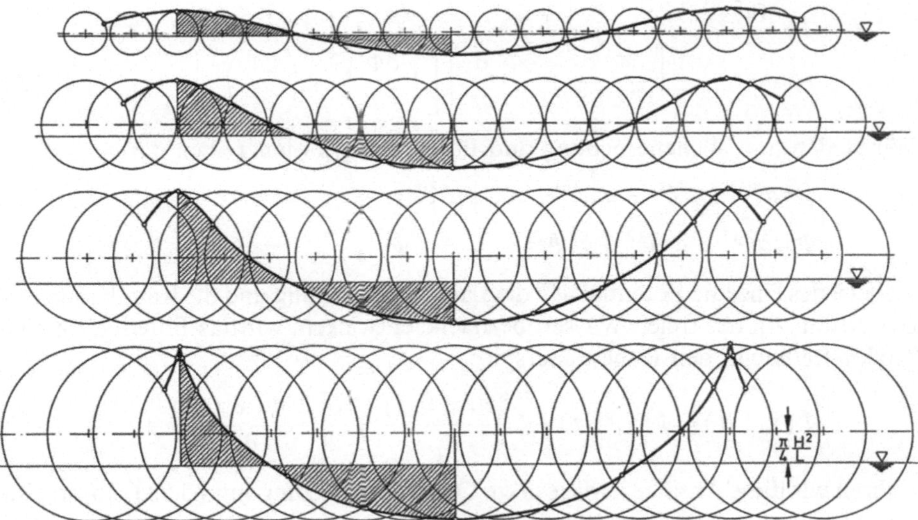

Bild 3.15. Trochoidenwellen

Die hier geschilderte Betrachtungsweise stammt von Gerstner [3.8]. Wie bei der linearen Tiefwassertheorie klingen die Partikelbahnen exponentiell mit der Wassertiefe ab. Oberflächen konstanten Drucks einschließlich der freien Flüssigkeitsoberfläche lassen sich als Rollkurven erzeugen. Hierbei rollt ein Kreis mit Radius $R=L/2\pi$ entlang der positiven x-Achse, wobei ein Punkt im Abstand $r=H/2$ eine Trochoide, im Grenzfall $r=R$ ein Zykloide beschreibt. Da diese Bewegung nicht rotationsfrei verläuft, ist eine wesentliche Randbedingung der linearen Wellentheorie nicht erfüllt.

Gehen wir von einer inkompressiblen, reibungs- und wirbelfreien Strömung aus, so ergibt sich die Wellentheorie 1. Ordnung aus der Laplace-Gleichung (3.4) in Verbindung mit den Randbedingungen am Meeresboden (3.29) sowie an der Flüssigkeitsoberfläche (3.33) und (3.34). Letztere sind linearisiert und folgen aus der kinematischen und dynamischen Oberflächenbedingung (3.30) durch Vernachlässigung der Wellenneigung bzw. der konvektiven Beschleunigung, siehe (3.5).

Ohne diese Vereinfachungen ergibt sich für die Wellenerhebung aus (3.30b)

$$\zeta=-\frac{1}{g}\left[\frac{\partial\Phi}{\partial t}+\frac{1}{2}\left(\frac{\partial\Phi}{\partial x}\right)^2+\frac{1}{2}\left(\frac{\partial\Phi}{\partial z}\right)^2\right]. \tag{3.52}$$

Ferner folgt aus der Bedingung, daß der Druck an der freien Flüssigkeitsoberfläche konstant ist, das totale Differential

$$\frac{\mathrm{d}p}{\mathrm{d}t}=\frac{\partial p}{\partial t}+\frac{\partial p}{\partial x}\frac{\mathrm{d}x}{\mathrm{d}t}+\frac{\partial p}{\partial z}\frac{\mathrm{d}z}{\mathrm{d}t}=\left(\frac{\partial}{\partial t}+u\frac{\partial}{\partial x}+w\frac{\partial}{\partial z}\right)p=0\,.$$

Führen wir die Bernoulli-Gleichung (3.6) in diesen Ausdruck ein, so ergibt sich mit der kinematischen Randbedingung (3.30a) sowie (3.3) die exakte Oberflächenbedingung in der Form

$$\begin{aligned}&\frac{\partial^2\Phi}{\partial t^2}+g\frac{\partial\Phi}{\partial z}+\frac{\partial}{\partial t}\left[\left(\frac{\partial\Phi}{\partial x}\right)^2+\left(\frac{\partial\Phi}{\partial z}\right)^2\right]\\&\qquad+\frac{1}{2}\left[\frac{\partial\Phi}{\partial x}\frac{\partial}{\partial x}+\frac{\partial\Phi}{\partial z}\frac{\partial}{\partial z}\right]\left[\left(\frac{\partial\Phi}{\partial x}\right)^2+\left(\frac{\partial\Phi}{\partial z}\right)^2\right]=0\,.\end{aligned} \tag{3.53}$$

Wir stellen nun Wellenerhebung und Potential als Potenzreihen dar

$$\zeta=\alpha\zeta^{(1)}+\alpha^2\zeta^{(2)}+\alpha^3\zeta^{(3)}+\ldots+\alpha^n\zeta^{(n)},$$

$$\Phi=\alpha\Phi^{(1)}+\alpha^2\Phi^{(2)}+\alpha^3\Phi^{(3)}+\ldots+\alpha^n\Phi^{(n)},$$

wobei jedes einzelne Potential $\Phi^{(n)}$ die Laplace-Gleichung und die Randbedingungen erfüllt. An der freien Wasseroberfläche entwickeln wir das Potential in eine Taylor-Reihe um den Ruhewasserspiegel

$$\Phi(x,\zeta,t)=\Phi(x,0,t)+\zeta\frac{\partial\Phi(x,0,t)}{\partial z}+\frac{\zeta^2}{2!}\frac{\partial^2\Phi(x,0,t)}{\partial z^2}+\ldots\,.$$

Führen wir diese Ansätze in die exakte Oberflächenbedingung (3.52) ein, so läßt sich hieraus das Geschwindigkeitspotential sowie – mit der genauen Bestimmungsgleichung (3.53) – die Wellenerhebung berechnen. Erwartungsgemäß erhalten wir bei Berücksichtigung der Glieder 1. Ordnung die linearen Gleichungen (3.34) und (3.35)

$$\frac{\partial^2 \Phi^{(1)}}{\partial t^2} + g\frac{\partial \Phi^{(1)}}{\partial z} = 0 \quad \text{sowie} \quad \zeta^{(1)} = -\frac{1}{g}\frac{\partial \Phi^{(1)}}{\partial t}.$$

Brechen wir die Entwicklung bei Gliedern zweiter Ordnung ab, so ergibt sich aus der Oberflächenbedingung (3.53) mit

$$\frac{\partial^2 \Phi^{(2)}}{\partial t^2} + \zeta^{(1)}\frac{\partial}{\partial z}\frac{\partial^2 \Phi^{(1)}}{\partial t^2} + g\left(\frac{\partial \Phi^{(2)}}{\partial z} + \zeta^{(1)}\frac{\partial^2 \Phi^{(1)}}{\partial z^2}\right) + \frac{\partial}{\partial t}\left[\left(\frac{\partial \Phi^{(1)}}{\partial x}\right)^2 + \left(\frac{\partial \Phi^{(1)}}{\partial z}\right)^2\right] = 0$$

eine Bestimmungsgleichung für das Potential 2. Ordnung. Hieraus folgt die Wellenerhebung 2. Ordnung nach (3.52)

$$\zeta^{(2)} = \frac{1}{g}\left[\frac{\partial}{\partial t}\left(\Phi^{(2)} + \zeta^{(1)}\frac{\partial \Phi^{(1)}}{\partial z}\right) + \frac{1}{2}\left(\frac{\partial \Phi^{(1)}}{\partial x}\right)^2 + \frac{1}{2}\left(\frac{\partial \Phi^{(1)}}{\partial z}\right)^2\right].$$

Ergebnisse dieser sog. Stokes-Wellentheorie 2. Ordnung sind in Tabelle 3.2 nach [3.9–3.11] zusammengestellt. Die hier gewählte Darstellung erfolgt in dimensionsloser Form, da so die Glieder 1. und 2. Ordnung im Vergleich von Ansatz und Lösung deutlich zu erkennen sind. Als Entwicklungsparameter der Potenzreihenansätze für Wellenerhebung und Potential ergibt sich mit $k\zeta_a$ eine zur Wellensteilheit proportionale Größe.

Aus den Ergebnissen für die Partikelbewegung ist ersichtlich, daß die Bahnkurven nicht mehr geschlossen sind, d.h., der oszillatorischen Partikelgeschwindigkeit überlagert sich eine konvektive Strömung mit der Geschwindigkeit u_{co} in Ausbreitungsrichtung. In einem geschlossenen Kanal würde dies zu einem Aufstau sowie – aus Kontinuitätsgründen in Folge hiervon – zu einer Rückströmung u_r führen. Hieraus folgt für die Geschwindigkeit der konvektiven Strömung $u_c = u_{co} - u_r$ [3.9]

$$\frac{u_c}{c} = (k\zeta_a)^2 \frac{1}{2\sinh^2 kd}\left[\cosh 2k(z+d) - \frac{\sinh 2kd}{2kd}\right], \tag{3.54}$$

woraus sich an der Oberfläche ein Massentransport in Ausbreitungsrichtung ableiten läßt, während sich am Boden die Rückströmung

$$\frac{u_{cb}}{c} = \frac{(k\zeta_a)^2}{2\sinh^2 kd}\left[1 - \frac{\sinh 2kd}{2kd}\right] \quad \text{für} \quad z = -d$$

ergeben würde. Dies wird jedoch durch experimentelle Beobachtungen nicht bestätigt. Vielmehr findet auch am Boden ein Massentransport in Ausbreitungsrichtung mit der Geschwindigkeit

$$\frac{u_{cb}}{c} = \frac{5(k\zeta_a)^2}{4\sinh^2 kd} \tag{3.55}$$

statt [3.9].

Tabelle 3.2. Ergebnisse der Stokes-Wellentheorie 2. Ordnung

Potential	$\frac{k^2}{\omega}\Phi = (k\zeta_a)\frac{\cosh k(z+d)}{\sinh kd}\sin\theta + \frac{3}{8}(k\zeta_a)^2\frac{\cosh 2k(z+d)}{\sinh^4 kd}\sin 2\theta$
Phasengeschwindigkeit	$c = \sqrt{\frac{g}{k}\tanh kd}$
Wellenerhebung	$k\zeta = (k\zeta_a)\cos\theta + \frac{1}{4}(k\zeta_a)^2\frac{\cosh kd}{\sinh^3 kd}[2+\cosh 2kd]\cos 2\theta$
horizontale Partikelgeschwindigkeit	$\frac{u}{c} = (k\zeta_a)\frac{\cosh k(z+d)}{\sinh kd}\cos\theta + \frac{3}{4}(k\zeta_a)^2\frac{\cosh 2k(z+d)}{\sinh^4 kd}\cos 2\theta$
vertikale Partikelgeschwindigkeit	$\frac{w}{c} = (k\zeta_a)\frac{\sinh k(z+d)}{\sinh kd}\sin\theta + \frac{3}{4}(k\zeta_a)^2\frac{\sinh 2k(z+d)}{\sinh^4 kd}\sin 2\theta$
horizontale Partikelbeschleunigung	$\frac{\dot{u}}{\omega c} = (k\zeta_a)\frac{\cosh k(z+d)}{\sinh kd}\sin\theta + \frac{3}{2}(k\zeta_a)^2\frac{\cosh 2k(z+d)}{\sinh^4 kd}\sin 2\theta$
vertikale Partikelbeschleunigung	$\frac{\dot{w}}{\omega c} = -(k\zeta_a)\frac{\sinh k(z+d)}{\sinh kd}\cos\theta - \frac{3}{2}(k\zeta_a)^2\frac{\sinh 2k(z+d)}{\sinh kd}\cos 2\theta$
Druck	$\frac{k}{\rho g}p = -kz + (k\zeta_a)\frac{\cosh k(z+d)}{\cosh kd}\cos\theta + \frac{(k\zeta_a)^2}{2\sinh 2kd}\left(\frac{3\cosh 2k(z+d)}{\sinh^2 kd} - 1\right)\cos 2\theta + (k\zeta_a)^2\frac{1-\cosh 2k(z+d)}{2\sinh 2kd}$
horizontale Partikelbewegung	$k\xi = (k\zeta_a)\frac{\cosh k(z+d)}{\sinh kd}\sin\theta + \frac{(k\zeta_a)^2}{4\sinh^2 kd}\left[1 - \frac{3\cosh 2k(z+d)}{2\sinh^2 kd}\right]\sin 2\theta + \frac{1}{2}(k\zeta_a)^2\frac{\cosh 2k(z+d)}{\sinh^2 kd}(\omega t)$
vertikale Partikelbewegung	$k\zeta = (k\zeta_a)\frac{\sinh k(z+d)}{\sinh kd}\cos\theta + \frac{3}{8}(k\zeta_a)^2\frac{\sinh 2k(z+d)}{\sinh^4 kd}\cos 2\theta$

Unter Berücksichtigung der Zähigkeit hat Longuet-Higgins [3.12] eine Theorie entwickelt, die mit den Beobachtungen gut übereinstimmt. Obwohl dieser die unrealistische Annahme zugrunde liegt, daß die Wellenhöhe sehr klein gegenüber der Grenzschichtdicke ist, zeigt sich im Experiment bei endlichen Wellenhöhen eine Übereinstimmung mit den theoretischen Voraussagen [3.13]. Für die Konvektionsgeschwindigkeit ergibt sich

$$\frac{u_{cb}}{c} = \frac{(k\zeta_a)^2}{4\sinh^2 kd}\left\{2\cosh k(z+d) + 3 + 3\left(\frac{\sinh 2kd}{2kd} + \frac{3}{2}\right)\left[\left(\frac{z}{d}\right)^2 - 1\right] + \left[3\left(\frac{z}{d}\right)^2 + 4\left(\frac{z}{d}\right) + 1\right]kd\sinh 2kd\right\}, \tag{3.56}$$

woraus für die Strömung am Boden (3.55) folgt.

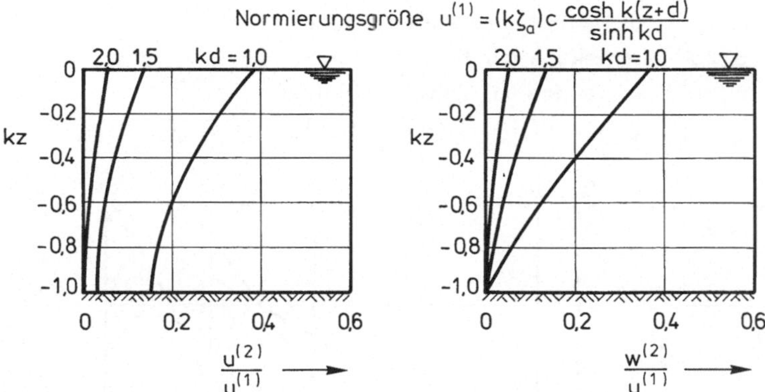

Bild 3.16. Einfluß der relativen Zusatzgeschwindigkeiten 2. Ordnung bei maximaler Wellenhöhe, normiert auf die horizontale Partikelgeschwindigkeit 1. Ordnung

Für die Bewertung von meerestechnischen Konstruktionen sind diese Überlegungen insoweit wichtig, als Theorien höherer Ordnung aufgrund größerer Partikelgeschwindigkeiten und -beschleunigungen auf höhere Kräfte führen als die lineare Wellentheorie. Zur Abschätzung dieser Einflüsse werden die aus der Theorie 2. Ordnung abgeleiteten Zusatzgeschwindigkeiten $u^{(2)}$ und $w^{(2)}$ sowie die konvektive Strömungsgeschwindigkeit u_{co} bzw. u_c auf den Betrag der horizontalen Partikelgeschwindigkeit $u^{(1)}$ nach der linearen Theorie, entsprechend Tabelle 3.1, bezogen, und das Verhältnis für die steilste Welle [3.7]

$$(k\zeta_a)_{max} = \pi \cdot 0{,}142 \tanh kd \approx 0{,}45 \tanh kd$$

ausgewertet. Bild 3.16 zeigt diese relative Zusatzgeschwindigkeit 2. Ordnung in horizontaler und vertikaler Richtung in Abhängigkeit von der Wassertiefe für verschiedene Werte von kd. Deutlich ist zu erkennen, daß der Anteil selbst für steilste Wellen in Tiefwasser sehr gering ist, hier also kaum ein Unterschied zwischen den Geschwindigkeiten 1. und 2. Ordnung zu beobachten ist. Gleiches gilt auch für die Beschleunigungen, so daß mit den Werten nach der Airy-Theorie im allgemeinen hinreichend genau gerechnet werden kann.

Schwieriger ist die Beurteilung des Einflusses der Konvektionsströmung. Bezogen auf den Betrag der horizontalen Partikelgeschwindigkeit nach linearer Theorie und wiederum für den Grenzfall der steilsten Welle zeigt Bild 3.17 die relativen Geschwindigkeiten für den Fall reibungsfreier Flüssigkeit nach (3.54) mit und ohne Rückströmung sowie die Lösung unter Berücksichtigung der Zähigkeit nach (3.56). Die für zwei Werte von kd berechneten Diagramme zeigen deutlich, daß die Geschwindigkeiten vergleichsweise groß sind und stark von der Wassertiefe abhängen. Daher ist zu erwarten – insbesondere bei hoch aufgelösten, hydrodynamisch transparenten Konstruktionen –, daß schwimmende Strukturen in extrem hohen Wellen infolge konvektiver Strömung andere Kräfte erfahren als ortsfeste Plattformen. Diese Problematik, die naturgemäß von der verwendeten Theorie und der jeweiligen Wellenhöhe abhängt, ist bei kompakten Konstruktionen ohne Bedeutung, da hier die beschleunigungsabhängigen Trägheitskräfte gegenüber den geschwindigkeitsabhängigen Zähigkeitskräften dominieren (siehe Abschnitt 3.4).

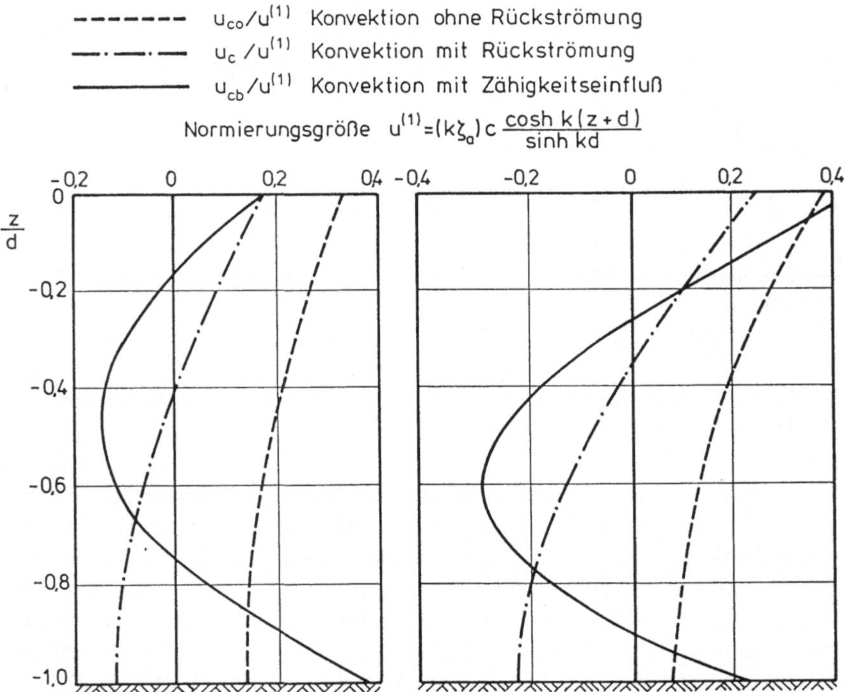

Bild 3.17. Einfluß der relativen Konvektionsgeschwindigkeit bei maximaler Wellenhöhe

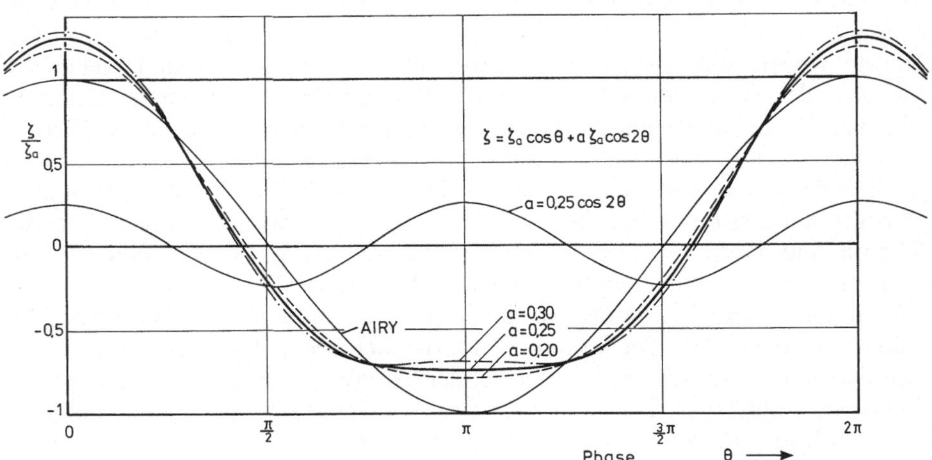

Bild 3.18. Stokes II – Grenzfall verschwindender Krümmung im Wellental sowie benachbarte Wellenprofile

Die Stokes-Theorie 2. Ordnung führt auf steilere Wellenberge und flachere -täler. Mit zunehmender Größe des zweiten Gliedes der Wellenamplitude, der sog. Oberwelle, wird die Krümmung des Wellenprofils im Wellental kleiner und erreicht bei der Steilheit

$$\frac{H}{L}=\frac{1}{\pi}\frac{\tanh^3 kd}{3-\tanh^2 kd} \tag{3.57}$$

den Wert Null.

Bei weiterer Erhöhung der Oberwelle wächst ein sekundärer Wellenberg aus dem Tal. Im Grenzfall (3.57) ergibt sich für die Wellenerhebung

$$\zeta=\zeta_a \cos\theta+\frac{1}{4}\zeta_a \cos 2\vartheta$$

(vgl. Tabelle 3.2). Dieses Profil ist in Bild 3.18 im Vergleich zu Überlagerungen mit höherer bzw. niedrigerer Oberwelle dargestellt.

Die Grenzbedingung (3.57) führt unter Tiefwasserbedingungen auf eine maximale Wellensteilheit von

$$\frac{H}{L}=\frac{1}{2\pi} \tag{3.58a}$$

in guter Übereinstimmung mit (3.51), während sich unter extremen Flachwasserbedingungen

$$\frac{HL^2}{d^3}=\frac{8}{3}\pi^2\approx 26 \tag{3.58b}$$

ergibt. Damit läßt sich der Ursell-Parameter (3.31) aus dem Verhältnis der Amplituden von Oberwelle zur Grundwelle nach der Stokes-Theorie 2. Ordnung ableiten. Ferner lassen sich mit dem Kriterium (3.58b) die Stokes-Wellentheorien gegenüber den Flachwasserwellentheorien abgrenzen.

Bild 3.19 zeigt im einzelnen die Gültigkeitsbereiche der unterschiedlichen Wellentheorien nach [3.14]. Die Kurven mit konstanter Ursell-Zahl $U_R=26$ und 500 kennzeichnen die Bereichsgrenzen der

- Cnoidalwellentheorie, die der Berechnung periodischer Flachwasserwellen dient, und der
- Einzelwellentheorie, die zur Analyse von Erdbeben- und Flutwellen herangezogen wird.

Die Abgrenzung ist willkürlich, da sich Einzelwellen als Cnoidalwellen mit sehr großer Periode und Wellenlänge definieren lassen, so daß die oszillatorische Partikelbewegung in ein translatorisches Fortschreiten des Wellenberges übergeht. Die Cnoidal-Wellentheorie, deren Parameter – und Bezeichnung – aus elliptischen Kosinusfunktionen *cn* folgen, zählt zur Familie der Langwellentheorien [3.9, 3.10].

Von den Theorien kleiner Amplitude, die als Stokes-Wellentheorien die zweite große Familie definieren, grenzen sie sich durch die Bedingung (3.57) ab. Wie der in Bild 3.19 exakt eingezeichnete Verlauf dieser Kurve zeigt, ist bereits die Theorie 2. Ordnung nach diesem Kriterium bis zu höchsten Wellensteilheiten zulässig.

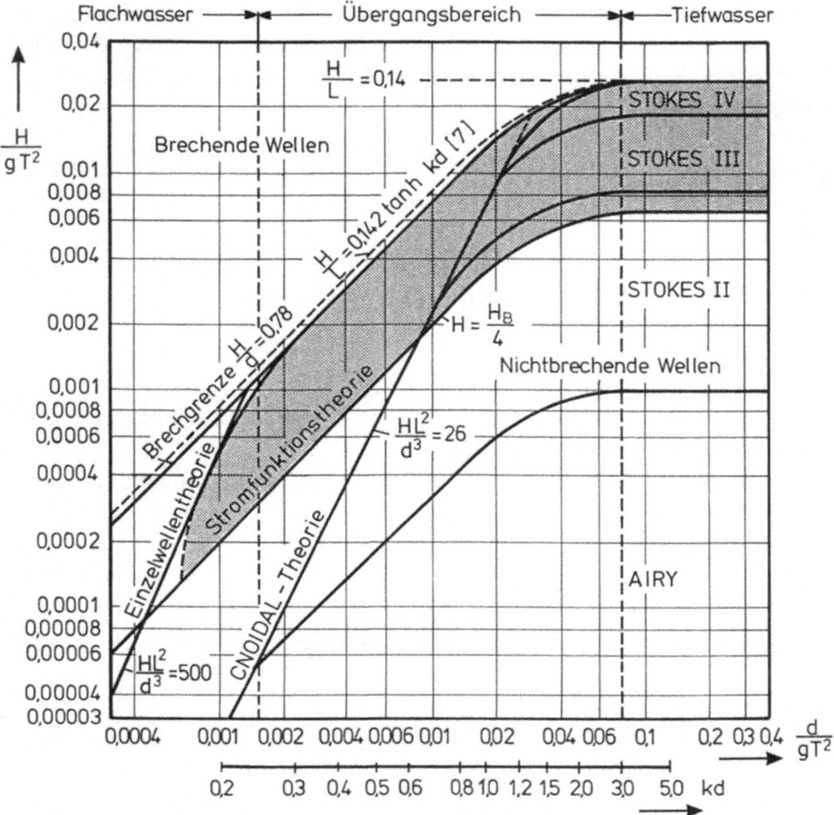

Bild 3.19. Bereichgrenzen der Wellentheorien nach [3.14]

Bei Stokes-Theorien höherer Ordnung werden zusätzliche Oberwellen superponiert. Für Tiefwasser ergeben sich nach [3.5] folgende Wellenprofile

Stokes III

$$k\zeta = k\zeta_a \cos\theta + \frac{1}{2}(k\zeta_a)^2 \cos 2\theta + \frac{3}{8}(k\zeta_a)^3 \cos 3\theta, \quad (3.59)$$

Stokes IV

$$k\zeta = k\zeta_a \cos\theta + \frac{1}{2}(k\zeta_a)^2 \left[1 + \frac{17}{12}(k\zeta_a)^2\right] \cos 2\theta + \frac{3}{8}(k\zeta_a)^3 \cos 3\theta + \frac{1}{3}(k\zeta_a)^4 \cos 4\theta. \quad (3.60)$$

Für relativ steile Wellen ($k\zeta_a = 0{,}4$) sind diese Profile in Bild 3.20 im Vergleich zu Theorien niedrigerer Ordnung aufgetragen. Es ist bemerkenswert, daß die Wellenform nach Stokes III identisch ist mit der Reihenentwicklung der Zykloiden bis zur 3. Ordnung [3.5]. Je höher die Ordnung der Wellentheorie, um so komplizierter werden die Rechenverfahren. Bei Anwendung von Stokes V ist zu empfehlen, die Werte auf der Grundlage der Veröffentlichung von Skjelbreia und

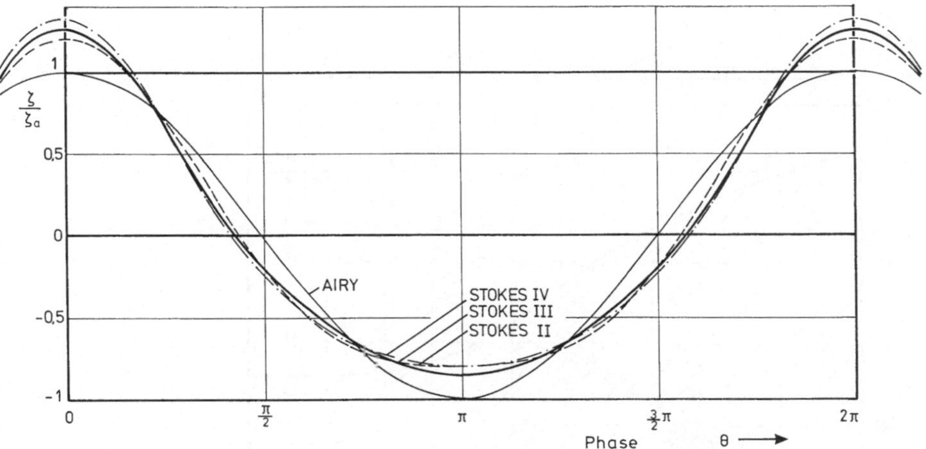

Bild 3.20. Wellenprofile nach Stokes-Wellentheorien

Henrickson [3.15] auf dem Rechner zu tabellieren, um Übertragungsfehler zu vermeiden.

Alle bisher diskutierten Wellentheorien gehen von Potentialfunktionen aus. Alternativ können wir auch die Stromfunktion nach (3.39) bzw. (3.44) ermitteln. Für einen mit Phasengeschwindigkeit mitbewegten Beobachter ist die Wellenform unveränderlich und damit die unbekannte Flüssigkeitsoberfläche eine Stromfläche (Bild 3.9). Diese von Dean [3.4] vorgeschlagene Stromfunktionstheorie wurde ebenfalls für höhere Ordnungen entwickelt und erweist sich, wie Bild 3.19 zeigt, in fast allen Bereichen als genaueres oder gleichwertiges Verfahren.

Universell einsetzbar ist die Airy-Theorie, die selbst für steilere Wellen bei mittleren Wassertiefen auf realistischere Ergebnisse führt als Theorien höherer Ordnung [3.10]. Weil es sich hier um lineare Lösungen der Laplace-Differentialgleichung handelt, sind beliebige Überlagerungen und somit die in Bild 2.3 angedeutete und in den Kapiteln 5 und 6 ausführlich erörterte Methode der spektralen Betrachtungsweise des Seegangs und seiner Wirkungen möglich – ein Vorzug, der auch in der Modellversuchstechnik elegante Analyseverfahren zuläßt [3.75]. Dabei ist grundsätzlich zu bemerken, daß die Ungenauigkeiten bei der probabilistisch-statistischen Ermittlung von Bemessungswerten für Wellenhöhen und -perioden wesentlich gravierender sind als bei Vernachlässigung von Nichtlinearitäten in der Wellentheorie. Hinzu kommt, daß Theorien höherer Ordnung auf den Tiefwasserbereich beschränkt bleiben (Bild 3.19). Im Vergleich mit dem Experiment erweisen sich die Theorie 2. Ordnung und die Airy-Theorie als hinreichend genau, wie eingehende Studien belegen [3.9, 3.10].

Zur Bewertung feststehender Konstruktionen in extrem hohen Wellen ist zu empfehlen, die Wellenwirkung unter Berücksichtigung des bezüglich der Ruhewasserlinie asymmetrischen Wellenprofils zu berechnen. Entsprechende Werte aus [3.14] sind in Bild 3.21 zusammengefaßt. Aufgetragen ist die Erhebung des Wellenkamms über den Ruhewasserspiegel sowie die zugehörige Wellenlänge für beliebige Kombinationen von Wassertiefe und Wellenhöhe bzw. -periode. Das Diagramm zeigt, daß mit wachsender Höhe der Welle auch deren Länge zunimmt, was u.a. für die Ermittlung der Grenzhöhe nach (3.51) zu berücksichtigen ist.

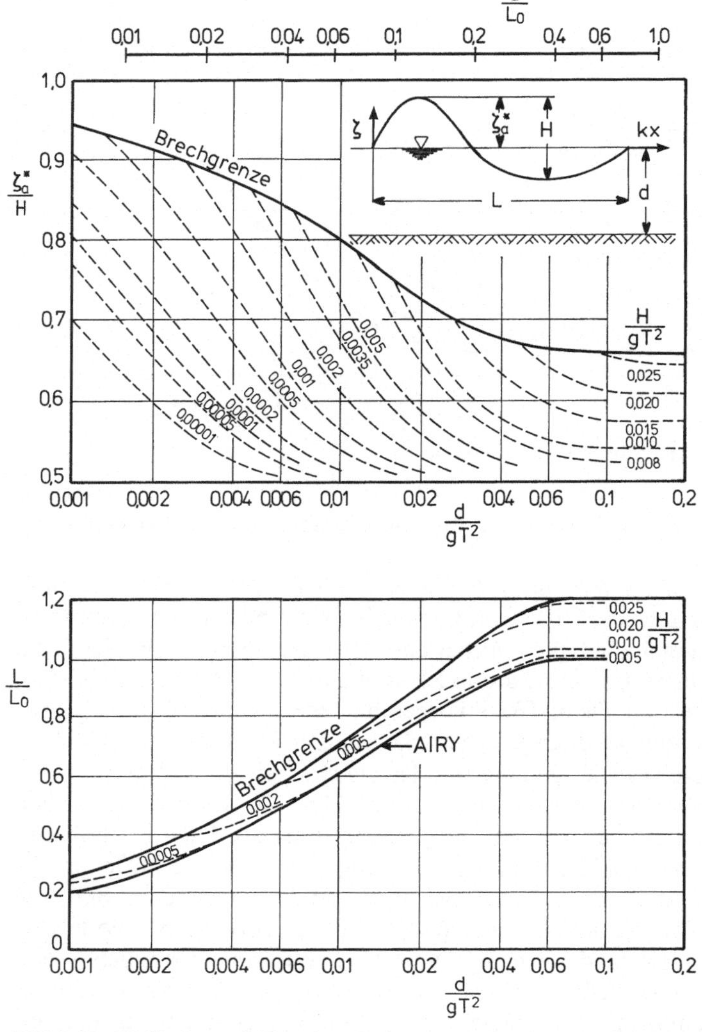

Bild 3.21. Wellenkammhöhe über Ruhewasserspiegel und Wellenlänge in Abhängigkeit von Wassertiefe und Wellenhöhe bzw. -periode

Nach wie vor ist die Diskussion um realistische Wellentheorien im Fluß. Vielversprechend sind konsequente Interpretationen der linearen Wellentheorie, bei denen das Geschwindigkeitsprofil bis zum Wellenberg gestreckt bzw. im Wellental gestaucht wird [3.16–3.18, 3.92]. Wie eingangs betont, ist unser Ziel nicht eine umfassende Diskussion aller Wellentheorien, sondern ihre Sichtung in bezug auf ihre Eignung zur Berechnung und Auslegung meerestechnischer Konstruktionen. Aus Vergleichen von Rechnungen, Modellversuch und Messungen am Prototyp bestätigt sich, daß die Anwendung der Airy-Theorie exzellente Ergebnisse liefert und daher bei der hohen Zahl komplexer Einflußgrößen für Entwurfsverfahren im allgemeinen zu empfehlen ist.

3.3 Hydrostatische Analyse

Die Hydrostatik schwimmender Konstruktionen ist ein klassisches Gebiet des Schiffbaus. Wir beschränken uns daher in diesem Abschnitt auf die Präsentation der wichtigsten Grundkenntnisse und greifen im folgenden spezielle Fragestellungen meerestechnischer Strukturen auf, wobei auch eingehend die derzeit aktuellen Stabilitätsvorschriften diskutiert werden.

Aus der Bernoulli-Gleichung (3.6) ergibt sich für ruhende, reibungsfreie und inkompressible Fluide der Gesamtdruck aus dem Luftdruck p_0 und dem hydrostatischen Druck p_s

$$p = p_0 + p_s = p_0 - \varrho g z = p_0 - \gamma z .$$

Der hydrostatische Druck hängt von der Fluiddichte ϱ bzw. -wichte γ ab und nimmt linear mit der Tiefe zu. Für Wasser kann man von folgenden Mittelwerten ausgehen:

- Süßwasser $\varrho = 1\,000\ \mathrm{kg/m^3}$ ($\gamma = 9{,}81\ \mathrm{kN/m^3}$),
- Salzwasser $\varrho = 1\,025\ \mathrm{kg/m^3}$ ($\gamma = 10{,}055\ \mathrm{kN/m^3}$).

In Einzelfällen ist die Abhängigkeit der Dichte von Tauchtiefe, Temperatur und Salzgehalt zu beachten.

Druck ist eine skalare Größe, d.h. richtungsunabhängig. Er wirkt stets normal auf benetzte Flächen, da die Fluidteilchen tangential beliebig verschieblich sind und keine Schubspannungen auftreten können.

Druck wird im allgemeinen in folgenden Einheiten angegeben

$$1\ \text{Pascal (Pa)} = 1\ \mathrm{N/m^2} = 10^{-5}\ \text{bar} = 10^{-2}\ \text{mbar} .$$

3.3.1 Auftrieb und Schwimmfähigkeit

Bild 3.22 zeigt den Verlauf des hydrostatischen Drucks für ausgewählte Konstruktionen. Bei schwimmenden oder allseitig benetzten Konstruktionen kann der Luftdruck unberücksichtigt bleiben, da er das Druckniveau insgesamt um einen konstanten Betrag erhöht und somit – bei allseitiger Wirkung auf die betrachtete Struktur – keine resultierende Kraftwirkung zur Folge hat.

Auf ein benetztes Flächenelement dS ergibt sich die differentielle Kraftwirkung (Bild 3.22)

$$\mathrm{d}\boldsymbol{F} = -p_s \boldsymbol{n}\,\mathrm{d}S , \tag{3.61}$$

wenn $\boldsymbol{n}$ der nach außen weisende Normalenvektor des Flächenelements dS ist. Führen wir (3.6) ein und integrieren über die benetzte Oberfläche S, so folgt hieraus die hydrostatische Druckkraft

$$\boldsymbol{F} = \varrho g \int_{(S)} \boldsymbol{n} z\,\mathrm{d}S .$$

Dieses Flächenintegral läßt sich nach dem Gauß-Satz (siehe [3.61]) umformen, und es ergibt sich

$$\boldsymbol{F} = \varrho g \int_{(\forall)} (\nabla z)\,\mathrm{d}\forall = (0, 0, \varrho g \forall)^T , \tag{3.62}$$

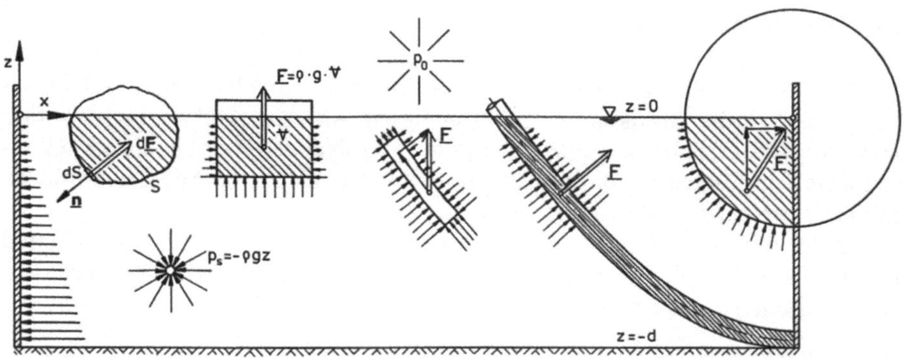

Bild 3.22. Hydrostatischer Druck und Druckkräfte

d.h., auf eine im Wasser schwebende oder schwimmende Struktur wirkt nur eine Vertikalkraft, die im Schwerpunkt des verdrängten Wasservolumens angreift, resultierende Horizontalkräfte lassen sich aus dem hydrostatischen Druck nicht ableiten. Diese bereits von Archimedes entdeckte statische Auftriebskraft $\boldsymbol{F}$ entspricht dem vom Körper verdrängten Fluidgewicht. Eine Struktur schwebt im Wasser, wenn ihr Eigengewicht der Auftriebskraft entspricht. Ist ihr Gewicht größer, so sinkt sie zu Boden. Ist es kleiner, so taucht sie so weit aus, bis ihr Gewicht dem Gewicht des dann verdrängten Wassers entspricht.

Für eine Pipeline während des Verlegens gelten analoge Überlegungen. Wie Bild 3.22 für ein Element zeigt, wirkt die resultierende Kraft senkrecht zur Mantelfläche, da nur diese benetzt ist. Würden auch die Stirnflächen von Wasser umspült sein, so ergäbe sich hieraus eine zusätzliche axiale Kraftkomponente. Erst die Überlagerung dieser beiden Komponenten führt auf die vertikale Auftriebskraft, die dem Gewicht des verdrängten Wassers entspricht.

Auch das nächste Beispiel des Bildes 3.22 – ein in der Wasseroberfläche gelagertes Rad, das nur zu einem Viertel in die Flüssigkeit eintaucht – macht deutlich, daß eine unreflektierte Anwendung des Archimedes-Prinzips zu Fehlinterpretationen führen kann. Betrachten wir nur die Vertikalkomponente, so würde das Rad ein Moment erfahren und sich drehen, das perpetuum mobile wäre erfunden. Die Integration über die benetzte Oberfläche führt jedoch auf eine Kraft, die auf die Achse gerichtet ist und damit keine Rotationsbewegung zur Folge haben kann.

Bei den bisher genannten Beispielen war die Betrachtung des hydrostatischen Drucks ausreichend, da der Luftdruck keine resultierende Kraftwirkung zur Folge hatte. Bei Strukturen, die fest auf dem Meeresboden stehen, ist jedoch der Gesamtdruck nach der Bernoulli-Gleichung (3.6) anzusetzen, wie aus Bild 3.23 deutlich wird. Dargestellt ist eine ortsfeste Struktur kurz vor dem Absetzen auf den Meeresboden, wobei die vertikalen Druckwirkungen bevorzugt eingezeichnet wurden. Dem hydrostatischen Druck überlagert sich als konstanter Beitrag der Luftdruck, die Auftriebskraft F_B entspricht nach dem Archimedes-Prinzip dem Gewicht W der im Wasser schwebenden Struktur bzw. des von ihr verdrängten Wassers und ist entgegengesetzt gerichtet. Nach dem Aufsetzen auf den Meeresbo-

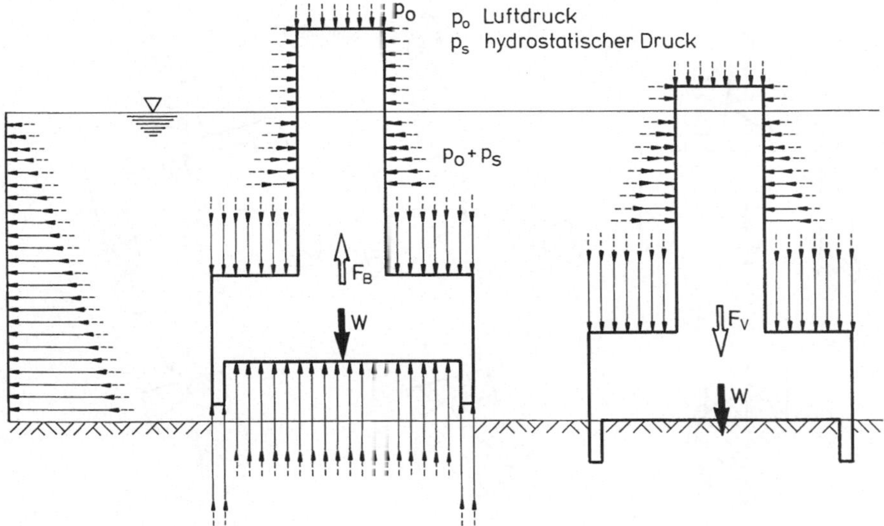

Bild 3.23. Statische Druckkraft auf ortsfeste Strukturen

den – rechts im Bild – entfällt im Grenzfall, d.h. bei fugenlosem Abschluß, der Druckanteil auf der Unterseite des Gründungskörpers. Die Druckkraft folgt aus den Beiträgen des Luftdrucks und des hydrostatischen Drucks, integriert über die gesamte Fläche über und unter Wasser. Die vertikale Druckkraft und die Gewichtskraft sind nun gleichgerichtet, die effektive Bodenauflagerkraft wächst hierdurch erheblich. Zum Aufschwimmen oder Anheben einer so eingebetteten Struktur ist die Unterspülung des Gründungskörpers unumgänglich – ein Verfahren, das auch beim Heben gesunkener Schiffe gebräuchlich ist.

3.3.2 Stabilität schwimmender meerestechnischer Konstruktionen

Bei schwimmenden Konstruktionen entspricht die Auftriebskraft dem Gewicht des von der Struktur verdrängten Wassers und greift im Schwerpunkt des verdrängten Volumens an. Dieses Volumen läßt sich in N Teilvolumina zerlegen

$$\forall = \sum_{i=1}^{N} \forall_i , \tag{3.63}$$

aus deren Schwerpunktskoordinaten (x_i, y_i, z_i) – bezogen auf Oberkante Kiel K – die Lage des Formschwerpunkts $B_0(x_B, y_B, z_B)$ berechnet werden kann:

$$x_{B_0} = \frac{\sum_{i=1}^{N} \forall_i x_i}{\forall} , \quad y_{B_0} = \frac{\sum_{i=1}^{N} \forall_i y_i}{\forall} ; \quad z_{B_0} = \overline{KB}_0 = \frac{\sum_{i=1}^{N} \forall_i z_i}{\forall} . \tag{3.64}$$

Der im Formschwerpunkt B_0 angreifenden Auftriebskraft wirkt das im Gewichtsschwerpunkt G angreifende Gewicht entgegen. Im statischen Gleichgewicht sind beide Kräfte entgegengesetzt gleich und wirken längs der gleichen vertikalen Linie (Bild 3.24). Wird die Struktur aus dieser Gleichgewichtslage um den kleinen

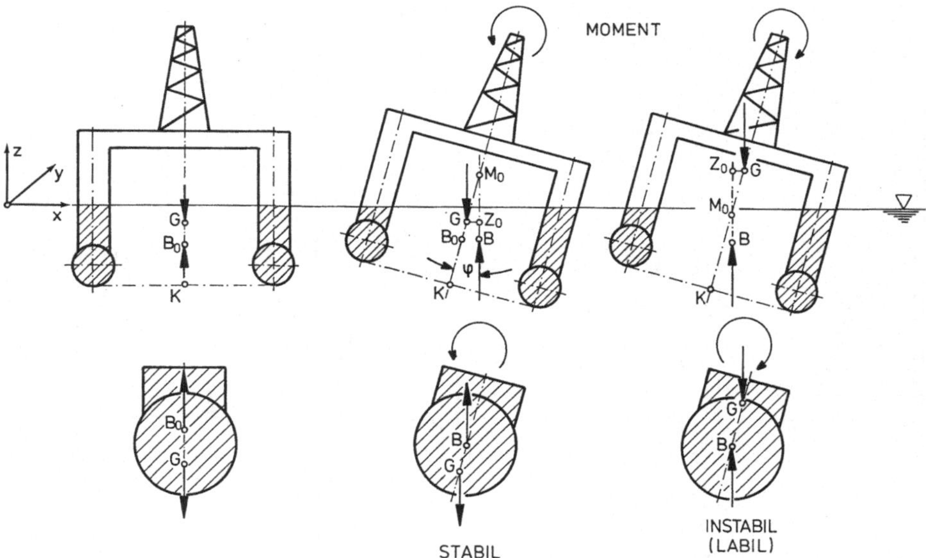

Bild 3.24. Stabilität meerestechnischer Konstruktionen

Winkel φ gekrängt, so verändert sich die Geometrie des verdrängten Volumens, der Formschwerpunkt verlagert sich. In dieser ausgelenkten Position läßt sich eine neue Wasserlinie definieren. Die neue Auftriebswirkungslinie schneidet die vorherige im Metazentrum M_0 und ist gegenüber der Wirkungslinie der Gewichtskraft um den Hebelarm $h=\overline{GZ}_0$ versetzt. Das hieraus resultierende Moment

$$M_{St}=\varrho g \forall \overline{GZ}_0=\varrho g \forall \overline{GM}_0 \sin \varphi \tag{3.65}$$

dreht die Struktur in die Ausgangslage zurück, wenn das Metazentrum über dem Gewichtsschwerpunkt liegt, die anfangsmetazentrische Höhe, die sog. Anfangsstabilität $\overline{GM}_0$, also positiv ist.

Liegt das Metazentrum unter dem Gewichtsschwerpunkt, ist $\overline{GM}_0$ also negativ, so war die ursprüngliche Gleichgewichtslage labil, das Moment bewirkt eine Vergrößerung der Krängung: Ein vollgetauchter Körper würde in diesem Fall kentern. Bei schwimmenden Strukturen verlagert sich mit zunehmender Krängung der Formschwerpunkt. Für senkrechte Seitenwände folgt hieraus ein stabilisierendes Zusatzmoment, so daß die Struktur eine neue Gleichgewichtsposition erreicht und mit Schlagseite liegen bleibt.

Bei größeren Krängungswinkeln liegt der Schnittpunkt benachbarter Auftriebswirkungslinien nicht mehr auf der vertikalen Symmetrieachse, das Metazentrum wandert aus, wobei die Auftriebswirkungslinie die Schwerpunktachse im sog. Scheinmetazentrum N_φ schneidet. Bild 3.25 zeigt Kurven für den Formschwerpunkt und das Metazentrum sowie die Hüllkurve der Wasserlinien. Dem aus dem Kräftepaar von Gewicht und Auftrieb folgenden Moment

$$M_{St}=\varrho g \forall \overline{GZ}_\varphi=\varrho g \forall \overline{GN}_\varphi \sin \varphi=\varrho g \forall [\overline{GM}_0+\overline{M_0 N}_\varphi] \sin \varphi \tag{3.66}$$

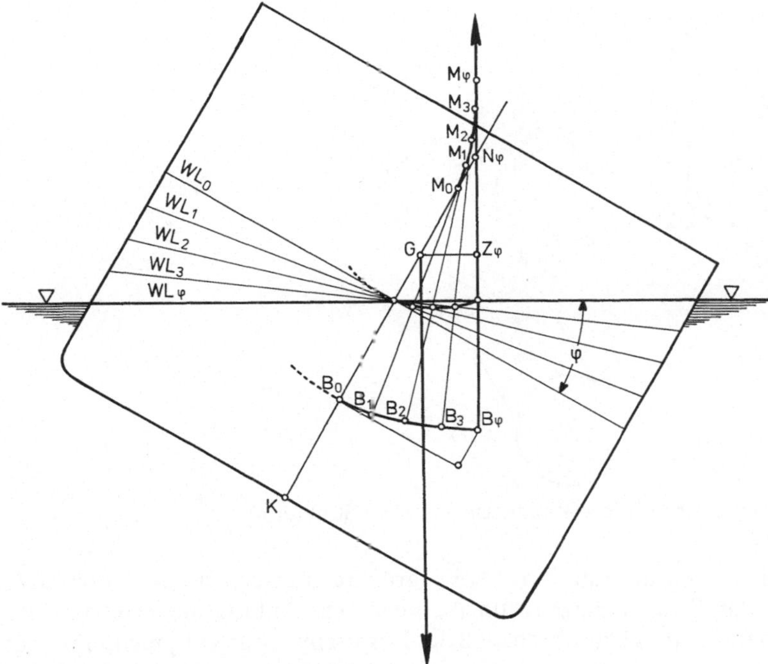

Bild 3.25. Stabilität bei größeren Krängungswinkeln

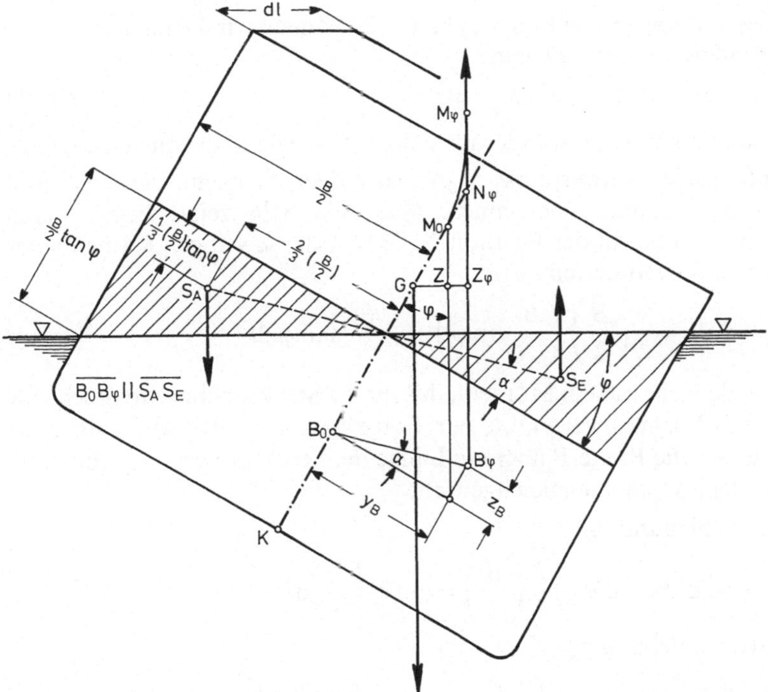

Bild 3.26. Berechnung der metazentrischen Höhe am Beispiel senkrechter Seitenwände

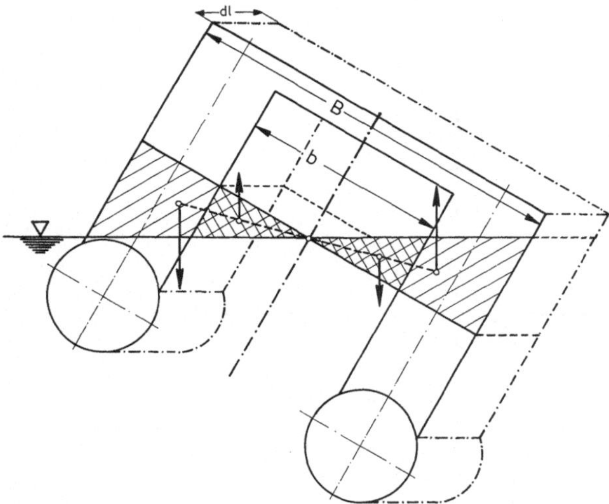

Bild 3.27. Stabilität einer mehrfach zusammenhängenden Struktur

liegt eine um die Zusatzstabilität $\overline{M_0N_\varphi}$ größere metazentrische Höhe $\overline{GN_\varphi}$ zugrunde, da das Scheinmetazentrum N_φ über dem Anfangsmetazentrum M_0 liegt. Dies ist darauf zurückzuführen, daß der Formschwerpunkt B_φ nicht nur quer zur Mittelachse auswandert, sondern auch parallel hierzu angehoben wird. Bei senkrechten Seitenwänden hat die Kurve der Formschwerpunkte einen parabolischen Verlauf.

Mit den Bezeichnungen von Bild 3.25 bzw. 3.26 können wir die metazentrische Höhe aus folgenden Größen ableiten

$$\overline{GN_\varphi}=\overline{KB_0}+\overline{B_0M_0}+\overline{M_0N_\varphi}-\overline{\mathrm{KG}}\,. \tag{3.67}$$

Für den Fall senkrechter Seitenwände läßt sich die Höhe des Scheinmetazentrums über dem Anfangsformschwerpunkt $\overline{B_0N_\varphi}$ aus dem Moment der aus- und eintauchenden Keilvolumina berechnen. Wie Bild 3.26 zeigt, liegen deren Schwerpunkte S_A und S_E auf der Position (2/3; 1/3) der jeweiligen Katheten des Dreiecks. Mit den Keilvolumina

$$\mathrm{d}\forall_A=\mathrm{d}\forall_E=\frac{1}{2}\left(\frac{B}{2}\right)\left(\frac{B}{2}\tan\varphi\right)\mathrm{d}l=\frac{B^2}{8}\tan\varphi\,\mathrm{d}l$$

führt dies für beide Keile auf ein Moment, das für die Struktur eine entsprechende Verschiebung des Formschwerpunkts zur Folge hat. Bei Integration über die Wasserlinie l, wobei die Breite B über die Länge der Struktur variabel sein kann, ergibt sich aus dem Momentengleichgewicht

– die Querverschiebung y_B

$$y_B\forall=\int_0^l(\mathrm{d}\forall_A+\mathrm{d}\forall_E)\frac{2}{3}\left(\frac{B}{2}\right)=\tan\varphi\int_0^l\frac{B^3}{12}\mathrm{d}l,$$

– die Höhenverschiebung z_B

$$z_B\forall=\int_0^l(\mathrm{d}\forall_A+\mathrm{d}\forall_E)\frac{1}{3}\left(\frac{B}{2}\tan\varphi\right)=\frac{\tan^2\varphi}{2}\int_0^l\frac{B^3}{12}\mathrm{d}l,$$

– sowie die Steigung

$$\tan\alpha = \frac{z_B}{y_B} = \frac{1}{2}\tan\varphi\,.$$

Hieraus folgt, daß die Strecken $\overline{B_0B_\varphi}$ und $\overline{S_AS_E}$ parallel sind.

Führen wir das Wasserlinienträgheitsmoment

$$I_T = \int_0^l \frac{B^3}{12}\,\mathrm{d}l \tag{3.68}$$

ein und berücksichtigen, daß $y_3 = \overline{B_0M_0}\tan\varphi$ sowie $z_B = \overline{M_0N_\varphi}$ ist, so folgt hieraus

$$\overline{B_0M_0} = \frac{I_T}{\forall}\,, \tag{3.69}$$

$$\overline{M_0N_\varphi} = \frac{I_T}{\forall}\,\frac{\tan^2\varphi}{2}\,, \tag{3.70}$$

$$\overline{B_0N_\varphi} = \frac{I_T}{\forall}\left[1 + \frac{\tan^2\varphi}{2}\right]. \tag{3.71}$$

In dieser Form ist die Berechnung der Größe $\overline{B_0N_\varphi}$ auch für mehrfach zusammenhängende Strukturen gültig, wie in Bild 3.27 für ein Element einer Katamaranstruktur gezeigt. Das Moment der ein- und austauchenden Strukturkomponenten ergibt sich hier aus der Differenz der über die Gesamtbreite angesetzten Keilvolumina (Kantenlänge $B/2$) und der Innenkeile (Kantenlänge $b/2$). Da deren Auftriebsanteile analog anzusetzen sind, jedoch mit entgegengesetzten Vorzeichen in die Bilanz eingehen, ergibt sich aus dem Momentengleichgewicht

$$y_B\forall = \tan\varphi\int_0^l \frac{B^3\mathrm{d}l}{12} - \tan\varphi\int_0^l \frac{b^3\mathrm{d}l}{12}\,.$$

Mit dem Wasserlinienträgheitsmoment

$$I_T = \int_0^l \frac{B^3 - b^3}{12}\,\mathrm{d}l$$

folgt hieraus bei senkrechten Seitenwänden wiederum

$$y_B\forall = I_T\tan\varphi\,,$$

so daß (3.69) bis (3.71) generell gelten, solange nicht Decks- oder Bodenkanten ein- bzw. austauchen.

In allgemeiner Form wird das Wasserlinienträgheitsmoment I_T nach dem Steiner-Satz berechnet. Mit den Bezeichnungen von Bild 3.28 ergibt sich für n Säulen

$$I_T = n(A_0 \cdot a^2 + I'_T)\,, \tag{3.72}$$

wobei a der Achsenabstand, A_0 die Wasserlinienfläche einer Säule und I'_T ihr Wasserlinienträgheitsmoment ist. Für rechteckige Querschnittsflächen – siehe

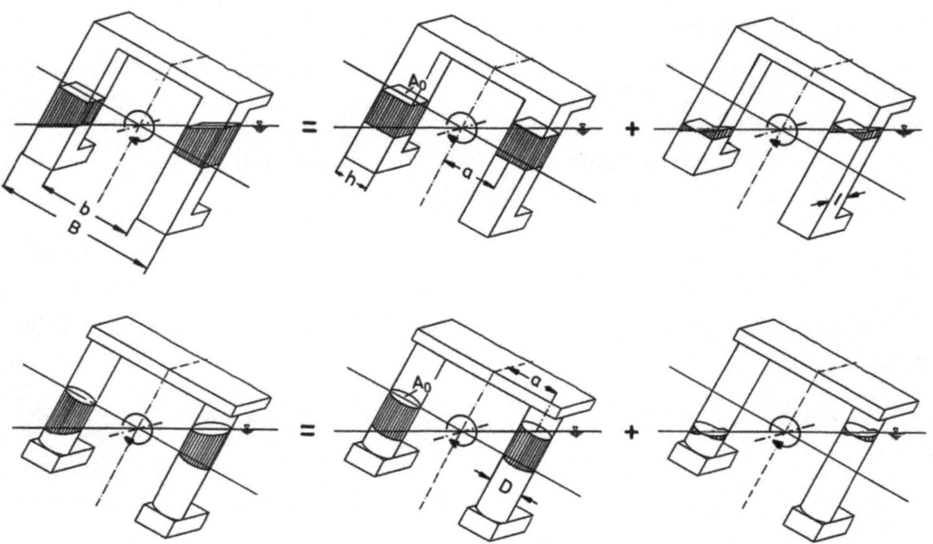

Bild 3.28. Berechnung des Wasserlinienträgheitsmoments meerestechnischer Konstruktionen

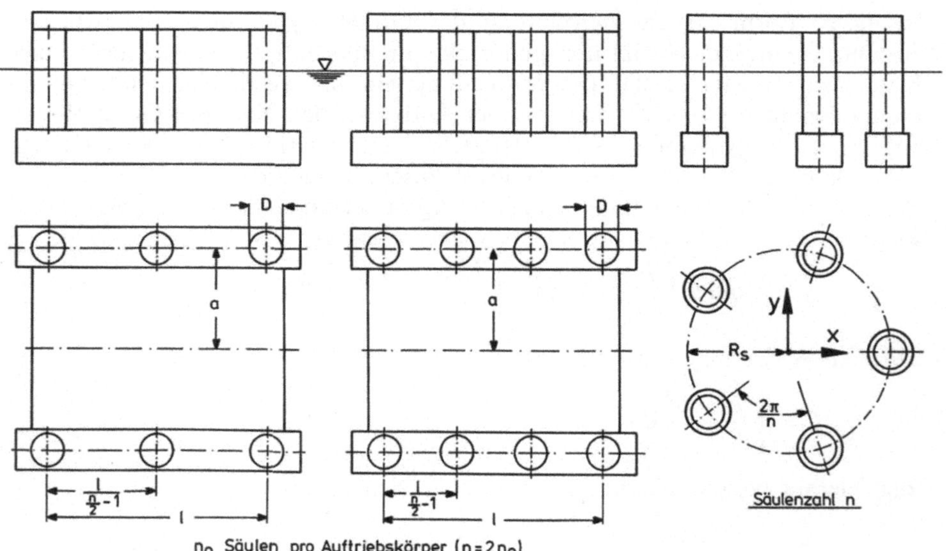

Bild 3.29. Wasserlinienträgheitsmomente von Halbtauchern

Bild 3.28 – ist $I'_T = h^3 l/12$, für kreiszylindrische Säulen mit dem Durchmesser D gilt $I'_T = \pi D^4/64 = A_0^2/4\pi$. Mit $a = (B+b)/4$, $h = (B-b)/2$ und $A_0 = (B-b)l/2$ läßt sich damit das bereits nach Bild 3.27 berechnete Ergebnis $I_T = (B^3 - b^3)l/12$ bestätigen, so daß beide Verfahren äquivalent sind.

Die Berechnung des Wasserlinienträgheitsmoments nach dem Steiner-Satz wird im folgenden für Standardversionen von Halbtauchern angewendet. Für

Zweirumpfhalbtaucher – Bild 3.29 – mit n kreiszylindrischen Säulen ergibt sich für Krängungen im Säulenbereich das Breitenträgheitsmoment

$$I_{\mathrm{T}}=nA_0\left(a^2+\frac{A_0}{4\pi}\right), \tag{3.73}$$

wobei A_0 die Querschnittsfläche der Säule und a der Säulenabstand von der Achse ist. Für das Längenträgheitsmoment ergibt sich

$$I_{\mathrm{L}}=nA_0\left(\frac{n+2}{n-2}\frac{l^2}{12}+\frac{A_0}{4\pi}\right) \tag{3.74}$$

bzw. im einzelnen für

$$n=4 \quad I_{\mathrm{L}}=A_0\left(l^2+2\frac{A_0}{2\pi}\right),$$

$$n=6 \quad I_{\mathrm{L}}=A_0\left(l^2+3\frac{A_0}{2\pi}\right),$$

$$n=8 \quad I_{\mathrm{L}}=A_0\left(\frac{10}{9}l^2+4\frac{A_0}{2\pi}\right),$$

$$n=10 \quad I_{\mathrm{L}}=A_0\left(\frac{5}{4}l^2+5\frac{A_0}{2\pi}\right),$$

$$n=12 \quad I_{\mathrm{L}}=A_0\left(\frac{7}{5}l^2+6\frac{A_0}{2\pi}\right).$$

Ähnlich ergibt sich für Caissonhalbtaucher (Bild 3.29) bei insgesamt n kreiszylindrischen Säulen mit den Ansätzen

$$I_{xx}=A_0\sum_{i=0}^{n-1}R_s^2\sin^2\frac{2\pi i}{n}+\frac{nA_0^2}{4\pi},$$

$$I_{yy}=A_0\sum_{i=0}^{n-1}R_s^2\cos^2\frac{2\pi i}{n}+\frac{nA_0^2}{4\pi}$$

nach trigonometrischen Umformungen das Wasserlinienträgheitsmoment

$$I_{xx}=I_{yy}=nA_0\left[\frac{1}{2}R_s^2+\frac{A_0}{4\pi}\right], \tag{3.75}$$

denn für $n>2$ ist

$$\sum_{i=0}^{n-1}\cos\frac{4\pi i}{n}=0.$$

Gleichungen (3.73) bis (3.75) lassen erkennen, daß der entscheidende Beitrag für die Stabilität meerestechnischer Konstruktionen von den großen Säulenabständen herrührt, da die Querschnittsfläche der Einzelsäule in der Regel relativ klein ist. Die Gleichungen sind nur für Krängungen im Säulenbereich gültig. Tauchen

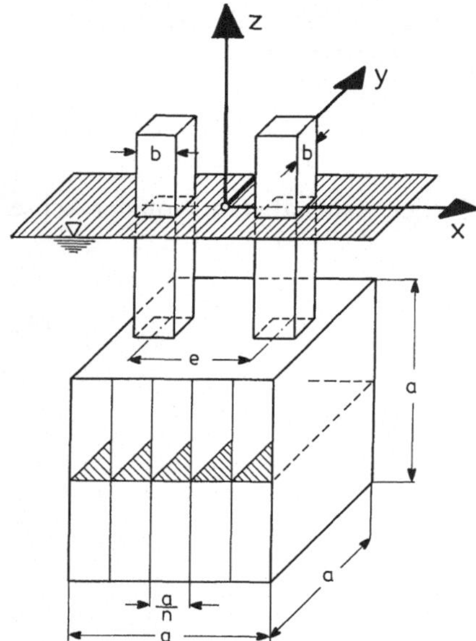

Bild 3.30. Einfluß von Säulenabstand und inneren freien Oberflächen auf die Stabilität

Komponenten des Decks ein bzw. Teile der Hauptverdrängungskörper aus, so ergeben sich beträchtliche Zusatzmomente.

Freie Wasseroberflächen im Inneren der Strukturen haben eine erhebliche Destabilisierung zur Folge, da das Wasserlinienträgheitsmoment I_T um die Trägheitsmomente aller freien Flüssigkeitsoberflächen i_T vermindert wird. Für große Krängungswinkel ergibt sich in Analogie zu (3.71)

$$\overline{B_0 N_\varphi} = \frac{I_T - i_T}{\forall}\left(1 + \frac{\tan^2\varphi}{2}\right). \tag{3.76}$$

Sind die Tanks mit einem Fluid der Dichte ϱ_F gefüllt, so ist statt i_T als Zusatzglied $i_T \varrho_F/\varrho$ einzusetzen.

Bild 3.30 zeigt eine ortsfeste Struktur mit Flutungstanks kurz vor dem Absetzen auf den Meeresboden. Die Säulenanordnung und Tankunterteilung sind für dieses Beispiel so gewählt, daß die Auswirkungen auf die Stabilität der Struktur deutlich werden. Mit den Bezeichnungen von Bild 3.30 folgt für kleine Krängungswinkel

$$\overline{B_0 M_{xx}} = \frac{I_{xx} - i_{xx}}{\forall} \approx \frac{1}{a^3}\left(\frac{b^4}{6} - \frac{a^4}{12}\right),$$

$$\overline{B_0 M_{yy}} = \frac{I_{yy} - i_{yy}}{\forall} \approx \frac{1}{a^3}\left(\frac{b^4}{6} + \frac{b^2 e^2}{2} - \frac{a^4}{12 n^2}\right).$$

Als typische Größen setzen wir $a = 50$ m, $b = 10$ m und $e = 30$ m. Für eine Unterteilung in $n = 5$ Tanks ergibt sich $\overline{B_0 M_{xx}} = -4{,}15$ m sowie $\overline{B_0 M_{yy}} = 0{,}20$ m. In unserem Beispiel trägt die Tankunterteilung 4 m, der Säulenabstand 0,35 m zur Erhöhung des BM-Wertes bei. Hieraus folgt, daß freie Flüssigkeitsoberflächen im

Inneren von Strukturen – z.B. durch vollständige Füllung der Tanks – vermieden oder durch entsprechende Tankunterteilung in ihrer Wirkung entschärft werden müssen.

Zusammenfassend gilt für das Stabilitätsmoment

$$M_{St} = \varrho g \forall \cdot \overline{GZ}_\varphi ,$$

wobei der Hebelarm $\overline{GZ}_\varphi$

$$\overline{GZ}_\varphi = (\overline{GM}_0 + \overline{M_0 N}_\varphi) \sin \varphi = \overline{GN}_\varphi \sin \varphi$$

aus der metazentrischen Höhe $\overline{GN}_\varphi$ folgt

$$\overline{GN}_\varphi = \overline{B_0 N}_\varphi - \overline{B_0 G} .$$

Mit (3.76) ergibt sich der Hebelarm bei senkrechten Seitenwänden und freien Wasseroberflächen im Inneren der Struktur zu

$$GZ_\varphi = \left[\frac{I_T - i_T}{\forall} \left(1 + \frac{\tan^2 \varphi}{2} \right) + KB_0 - KG \right] \sin \varphi . \tag{3.77}$$

Der Vollständigkeit halber wollen wir ergänzen, daß bis zum Jahr 1937 $\overline{B_0 G}$ als Gewichtsstabilität, $\overline{B_0 M_0}$ als Formstabilität und $\overline{M_0 N}_\varphi$ als Formzusatzstabilität definiert war. Seit 1937 wird $\overline{GM}_0$ als Gewichtsstabilität und $\overline{M_0 N}_\varphi$ als Formstabilität bezeichnet [3.19].

Typische Hebelarmkurven für Schiffe, Halbtaucher und Hubinseln sind in Bild 3.31 skizziert. Bei kleinen Krägungswinkeln beginnen sie mit konstanter Steigung. Zeichnen wir die zugehörige Tangente im Nullpunkt ein, so können wir bei $\varphi = 180°/\pi = 57{,}3°$ die anfangsmetazentrische Höhe $\overline{GM}_0$ direkt ablesen. Diese ist für Hubinseln mit Werten um 30 bis 40 m extrem hoch, während sie für Schiffe und Halbtaucher in der Größenordnung von 0,5 bis 2 m liegt. Andererseits ist der Bereich positiver Hebelarme, der sog. Stabilitätsumfang, für Hubinseln sehr klein.

Typisch für Schiffe und Halbtaucher ist die überproportionale Zunahme des Hebelarms mit größeren Krängungswinkeln, eine Erscheinung, die auf die Zusatzstabilität $\overline{M_0 N}_\varphi$ nach (3.70) zurückzuführen ist. Bei Halbtauchern steigt die Hebelarmkurve steil an, wenn ein Hauptauftriebskörper aus- bzw. das Deck eintaucht, da hierbei sehr große, rückstellende Momente wirksam werden. Gleichzeitig geraten damit jedoch auch nicht verschließbare Öffnungen unter Wasser, wie z.B. Kettenkästen, die dann vollaufen können, so daß die Kurve bei diesen Winkeln gegebenenfalls abrupt fällt und deswegen einen sägezahnförmigen Verlauf aufweist.

Bei der Berechnung der Hebelarmkurven sind also folgende Einflüsse zu berücksichtigen:

- Eindringendes Leckwasser hat freie Wasseroberflächen im Inneren und damit eine Verminderung des Wasserlinienträgheitsmoments zur Folge.
- Durch das zusätzliche Gewicht erhöht sich die Verdrängung und folglich der Tiefgang.

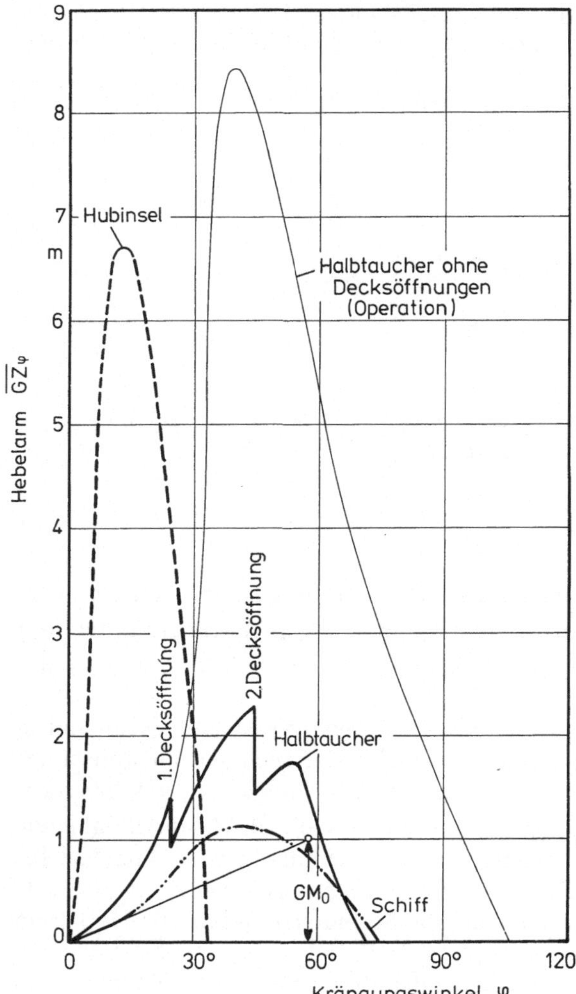

Bild 3.31. Hebelarmkurven typischer meerestechnischer Konstruktionen

– Der Gewichtsschwerpunkt verlagert seine Position in vertikaler und horizontaler Richtung.

Bei Verlagerung eines an Bord befindlichen Gewichts W von P nach P_1 um die Strecke s wandert der Gewichtsschwerpunkt parallel zu $\overline{PP_1}$ um die Strecke

$$\overline{GG_1} = \frac{Ws}{\varrho g \forall} \,. \tag{3.78}$$

Bild 3.32 zeigt schematisch die Verhältnisse bei Verschiebung einer Last W auf einem Halbtaucher.

– Bei vertikaler Versetzung, z.B. durch Kranbetrieb, wandert der Gewichtsschwerpunkt nach oben. Mit zunehmender Krängung verkleinert sich der

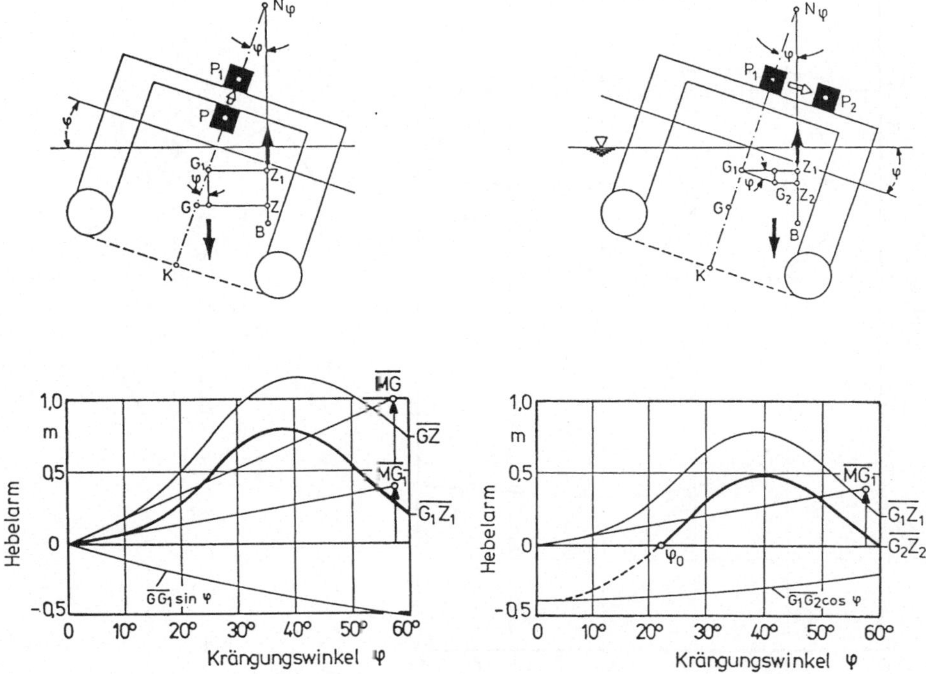

Bild 3.32. Hebelarmkurven bei Gewichtsverlagerung

Hebelarm $\overline{GZ}$ um $\overline{GG_1}\sin\varphi$. Die aus der Differenz mit der ursprünglichen Kurve folgende Hebelarmkurve $\overline{G_1Z_1}$ verläuft flacher.

– Bei horizontaler Versetzung verlagert sich der Gewichtsschwerpunkt quer zur Mittelachse um $\overline{G_1G_2}$, der zugehörige Hebelarm nimmt mit $\overline{G_1G_2}\cos\varphi$ ab. Die aus der Differenz folgende Hebelarmkurve $\overline{G_2Z_2}$ schneidet die horizontale Achse im Krängungswinkel φ_0, dem neuen Gleichgewichtszustand. Mit dieser Schlagseite bleibt die Struktur stabil liegen.

Wird die Struktur beladen oder entladen, so ist die Hebelarmkurve für eine neue Verdrängung zu ermitteln. Hierfür werden sog. Pantokarenen berechnet, die den Hebelarm der Auftriebskraft, bezogen auf Oberkante Kiel, für unterschiedliche Krängungswinkel als Funktion der Verdrängung angeben. Mit den Bezeichnungen von Bild 3.33 ergibt sich die Hebelarmkurve

$$\overline{GZ}_\varphi = h_K - h_G = (\overline{KN}_\varphi - \overline{KG})\sin\varphi\,, \tag{3.79}$$

wobei $\overline{KG}$ aus der Gewichtsrechnung zu ermitteln ist. Sofern freie Wasseroberflächen im Inneren einzubeziehen sind, ist der Hebelarm nach (3.77) um

$$\frac{i_T}{\forall}\left(1+\frac{\tan^2\varphi}{2}\right)\sin\varphi$$

zu reduzieren.

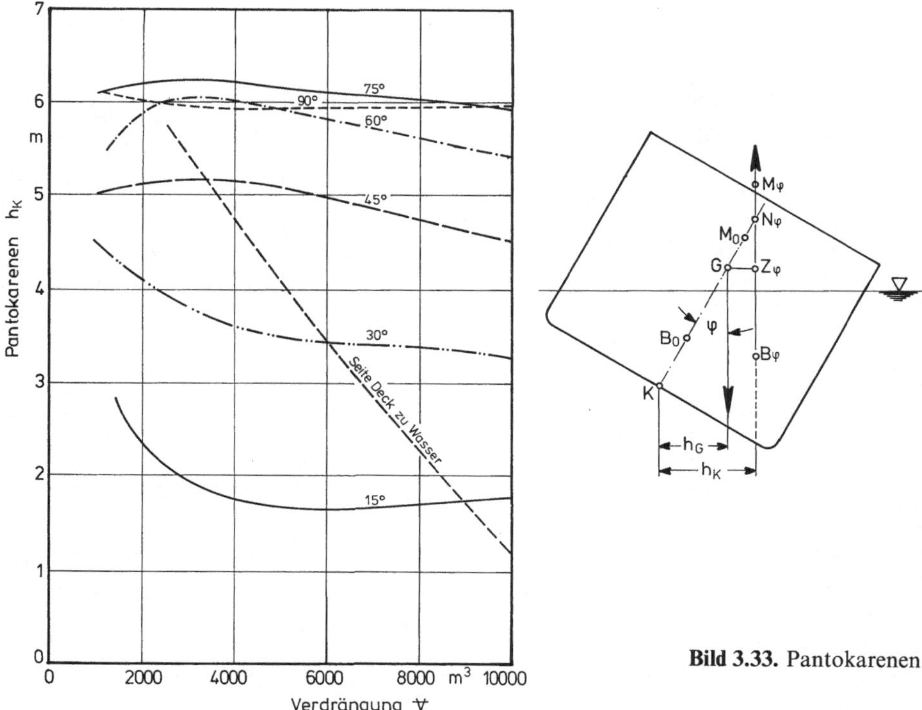

Bild 3.33. Pantokarenen

Im Vergleich zu Schiffen ist das Stabilitätsverhalten meerestechnischer Konstruktionen ungleich komplexer, da

- das Einsatzprofil oft durch stark unterschiedliche Tiefgänge, wie Transit-, Betriebs- und Überlebenstiefgang bei Halbtauchern, gekennzeichnet ist,
- beim Absenken und Aufrichten große Änderungen der Wasserlinienflächen auftreten,
- beim Fluten zeitweise große – destabilisierende – Fluidoberflächen im Inneren existieren,
- die Bauhöhen und übrigen Dimensionen sehr groß sind, so daß bei Materialtransporten in vertikaler und horizontaler Richtung beträchtliche Verschiebungen des Gewichtsschwerpunkts zu berücksichtigen sind. Dies ist insbesondere beim Betrieb von Kranfahrzeugen wichtig, da für die Berechnung des Gewichtsschwerpunkts die Last im Aufhängepunkt anzusetzen ist.

Zu beachten ist ferner, daß viele meerestechnische Strukturen – z.B. feststehende Plattformen oder Hubinseln – nur während kurzer Phasen ihrer gesamten Einsatzzeit schwimmen. Hierfür sind alle Stabilitätsfälle, während des Baus sowie im Transit und beim Absenken, zu untersuchen. Da in der Regel das hydrodynamische Verhalten der Struktur im Betrieb, vor allem im Hinblick auf extreme Seegangsbedingungen, ein vorrangiges Entwurfsziel ist, wird die Lateralfläche – und damit die Wasserlinienfläche – so klein wie möglich gewählt, was z.B. bei Halbtauchern und Produktionsplattformen aus Stahl und Beton zu erheblichen Stabilitätsproblemen führen kann.

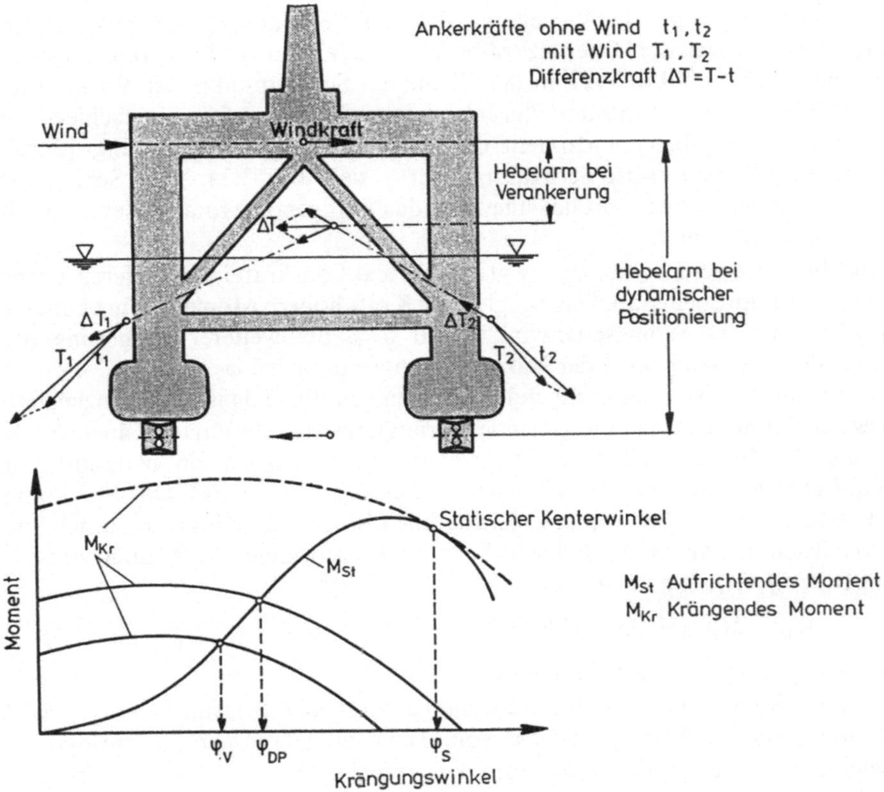

Bild 3.34. Gleichgewicht statischer Momente nach [3.20]

In Bauvorschriften wird an Stelle des Hebelarms $\overline{GZ}_\varphi$ das Stabilitätsmoment M_{St} verwendet. Damit ist für jeden Krängungswinkel das Rückstellmoment definiert. Über den Krängungswinkel φ integriert, ergibt die Fläche unter der Stabilitätsmomentenkurve die Stabilitätsenergie

$$E_{St} = \int_0^\varphi M_{St} d\varphi = \varrho g \forall \int_0^\varphi \overline{GZ}_\varphi d\varphi \,, \qquad (3.80a)$$

die notwendig ist, um die Struktur aus der Ruhelage in die gekrängte Lage zu drehen. In dieser Position ist die geleistete Arbeit als potentielle Energie gespeichert. Bei kleinen Krängungen ergibt sich die Stabilitätsenergie zu

$$E_{St} = \varrho g \forall \cdot \overline{GM}_0 (1 - \cos\varphi) \,. \qquad (3.80b)$$

Unter der Wirkung von Windkräften werden schwimmende Strukturen gekrängt. In Bild 3.34 wird dies am Beispiel eines verankerten Halbtauchers im Sturm demonstriert: Die Windkräfte hängen von der Angriffsfläche und damit vom Krängungswinkel der Struktur ab. Unter der Wirkung dieser Kräfte wird der Halbtaucher versetzt. Während die Ankertrossen anfangs symmetrisch zum Meeresboden ablaufen und somit keine resultierende Horizontalkraft auf das

System ausüben, führt die Versetzung zu einer Veränderung der Ankerkräfte: Hieraus ergeben sich die Differenzkräfte ΔT_1 und ΔT_2 sowie die hieraus folgende horizontale Rückstellkraft ΔT in der Ebene des Schnittpunkts der Wirkungslinien. Die Kräfte aus Wind und Verankerungsreaktion greifen in verschiedenen Ebenen an und ergeben ein Moment, das vom Krängungswinkel abhängt [3.20]. Unter dessen Wirkung wird der Halbtaucher – siehe Bild 3.34 – mit Schlagseite φ_v liegen bleiben, wobei im Gleichgewicht das krängende Moment dem Stabilitätsmoment entspricht.

Bei dynamischer Positionierung greift die Reaktionskraft in der tieferen Ebene der Querstrahlpropeller an. Das bei gleicher Kraft höhere Moment führt auf eine Vergrößerung des Schlagseitenwinkels auf φ_{DP}. Bei weiterer Steigerung des krängenden Moments wird der statische Kenterpunkt bei φ_S erreicht.

Zur Charakteristik des krängenden Moments in Bild 3.34 ist zu ergänzen, daß dieses bei Halbtauchern mit wachsenden Krängungswinkeln zunächst ansteigt, da sich die Windwiderstandsfläche vergrößert und zusätzlich ein beträchtlicher dynamischer Auftrieb auf die differenzierte Decksstruktur wirkt. Das Maximum der Kurve ergibt sich bei mittleren Krängungswinkeln und hängt wesentlich von der Windrichtung ab [3.21]. Bei Schiffen mit kastenförmigen Aufbauten wird das krängende Moment in der Form

$$M_{Kr} = M_{Kr,0}\,(0{,}25 + 0{,}75 \cos^3 \varphi)$$

angesetzt, das Maximum liegt also bei $\varphi = 0°$.

Für Kranschiffe lassen sich die Vorgänge mit den Hebelarmkurven von Bild 3.32 interpretieren: Wird eine Last vom Deck aufgenommen, so springt der Gewichtsschwerpunkt der Last von der ursprünglichen Decksposition zum Aufhängepunkt an der obersten Umlenkrolle, wobei sich auch der Schwerpunkt des Gesamtsystems nach oben verlagert. Beim Schwenken der Last wandert er zusätzlich in horizontaler Richtung aus.

Bei impulsartigen Belastungen – der ausgeschwenkte Kran nimmt beispielsweise die Last ruckartig von Decksmitte auf oder eine starke Bö fällt ein – wird die gesamte Energie des krängenden Moments augenblicklich freigesetzt. Die Struktur schwingt nun über die Gleichgewichtslage hinaus, bis die Gesamtenergie des krängenden Moments der Stabilitätsenergie des aufrichtenden Moments entspricht. In Bild 3.35 sind diese Zusammenhänge schematisch dargestellt: Im linken Diagramm wirkt ein kleines krängendes Moment, das im statischen Fall auf den Schlagseitenwinkel φ_1 führen würde. Bei impulsartiger Krängung sind jedoch die Stabilitäts- und Krängungsenergien zu betrachten, die im unteren Diagramm dargestellt wurden. Im Schnittpunkt der unteren Kurven sind die Energien gleich. Bis zu diesem Krängungswinkel φ_{max} schwingt folglich die Struktur aus, da hierfür die Flächen unter den Momentenkurven gleich groß sind, d.h.

$$\int_0^{\varphi_{max}} M_{St}\,d\varphi = \int_0^{\varphi_{max}} M_{Kr}\,d\varphi\,.$$

Im zweiten Fall – rechts in Bild 3.35 dargestellt – ist das Krängungsmoment erheblich größer. Die Krängungsenergie liegt im gesamten Bereich über der Stabilitätsenergie: Es gibt keinen Schnittpunkt beider Kurven, so daß die Struktur

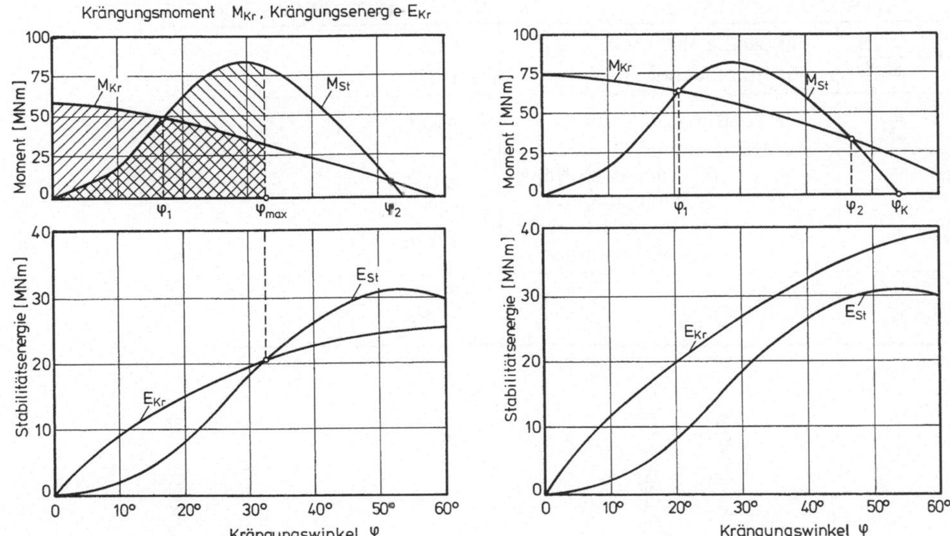

Bild 3.35. Dynamische Stabilität

bei impulsartiger Krängung über den absoluten Kenterpunkt φ_K hinausschwingt, d.h. kentert.

Die Stabilitätsvorschriften [3.22–3.29] berücksichtigen diese dynamischen Vorgänge nicht im Detail, sondern gehen von standardisierten Erfahrungswerten aus. Bild 3.36 zeigt die wesentlichen Kriterien für Intakt- und Leckstabilität meerestechnischer Konstruktionen. Dargestellt sind Krängungsmoment und Stabilitätsmoment als Funktion des Krängungswinkels, wobei die Wirkung von nichtverschließbaren Öffnungen einbezogen wurde. Bei diesen kritischen Winkeln wird eine abgeschottete Sektion, z.B. ein Kettenkasten, geflutet, so daß das Stabilitätsmoment sägezahnähnliche Sprünge aufweist. Die Teilabschnitte der Momentenkurve entsprechen hierbei den unterschiedlichen Ballastzuständen bei zunehmender Zahl vollgeschlagener Abteilungen. Die Kurven von Krängungsmoment und Stabilitätsmoment schneiden sich bei den Krängungswinkeln φ_1 und φ_2, wobei sich der zweite Schnittpunkt auch auf der vertikalen Flanke eines Sägezahns befinden kann. Die Stabilitätsenergie bis zum zweiten Schnittpunkt ergibt sich aus den Teilflächen A und B

$$E_{St} = \int_0^{\varphi_2} M_{St} d\varphi = A + B .$$

Analog gilt für die Krängungsenergie

$$E_{Kr} = \int_0^{\varphi_2} M_{Kr} d\varphi = B + C .$$

Zur Klassifizierung meerestechnischer Konstruktionen sind für das Verhältnis der Flächen

$$K = \frac{A+B}{B+C}$$

STABILITÄTSKRITERIEN		INTAKTSTABILITÄT	LECKSTABILITÄT
$K = \frac{A+B}{B+C}$	für Schiffe, Hubinseln für Halbtaucher	≥ 1,4 ≥ 1,3	≥ 1 ≥ 1
$\overline{GM}$	für Schiffe, Hubinseln für Halbtaucher - unter Operationsbedingungen - während kurzer Zwischenphasen	≥ 0,5m ≥ 1,0 ≥ 0,3m	
φ_1 φ_2		≤ 15° ≤ 30°	≤ 15°

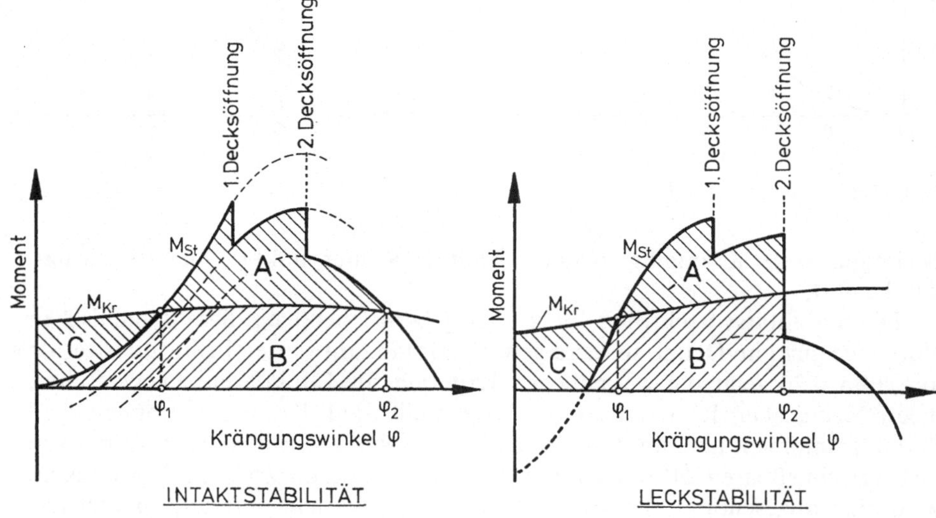

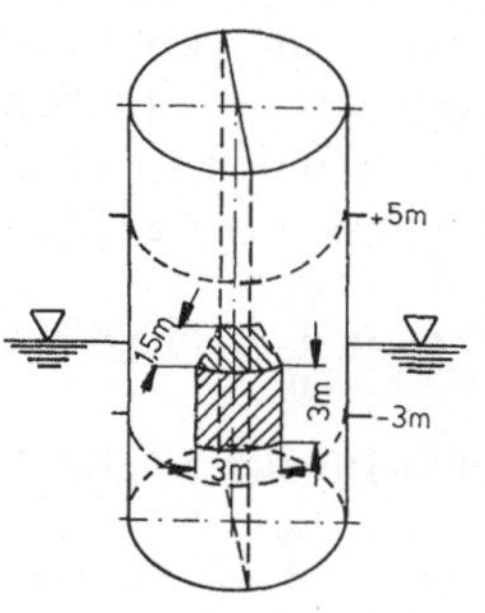

Bild 3.36. Intakt- und Leckstabilität sowie Stabilitätskriterien meerestechnischer Konstruktionen nach [3.22]

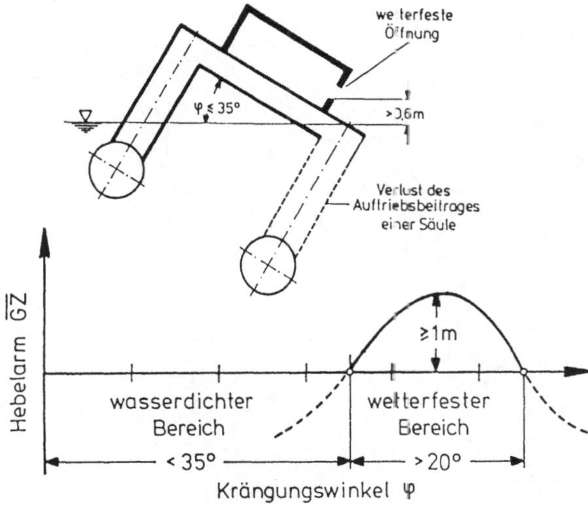

Bild 3.37. Leckstabilitätsanforderungen an Halbtaucher bei Verlust des Auftriebs einer Säule nach [3.22]

sowie für die metazentrische Höhe $\overline{GM}_0$ und die charakteristischen Krängungswinkel φ_1 und φ_2 die in Bild 3.36 zusammengefaßten Forderungen zu erfüllen. Hierbei wird im Fall der Leckstabilität von Halbtauchern davon ausgegangen, daß bis zu zwei Abteilungen gleichzeitig betroffen sind, und bei dem Schaden ein 3 × 3 m großes Loch mit einer Eindringtiefe von 1,5 m im Bereich von 5 m über bis 3 m unter Wasserlinie in die Struktur gerissen werden kann.

Zusätzlich wird der Nachweis gefordert, daß für den maximalen Betriebstiefgang auch bei Verlust einer Säule bzw. des entsprechenden Auftriebsbeitrags das Kentern der Plattform auszuschließen ist. Bild 3.37 zeigt die Zusatzbedingungen für diesen Katastrophenfall [3.22].

Die Verschärfung der Stabilitätsvorschriften ist im wesentlichen eine Reaktion auf das Kentern der Alexander L. Kielland im März 1980. Dieser ursprünglich für Explorationsbohrungen genutzte Halbtaucher wurde im Ekofisk-Feld als Hotelplattform eingesetzt und hatte z.Zt. des Unfalls 212 Personen an Bord, von denen 123 starben. Das Umschlagen der Struktur nach dem Verlust von einer der fünf Säulen folgte aus dem progressiven Fluten der Decksabteilungen [3.30].

Die derzeit gültigen Vorschriften erfordern zum Teil erhebliche konstruktive Änderungen an vorhandenen bzw. neuen Plattformen, durch die auch der Gewichtsschwerpunkt angehoben und damit die metazentrische Höhe reduziert wird. Es ist daher zu erwarten, daß die Stabilitätskriterien für Halbtaucher weiter überarbeitet werden. Insbesondere der Einfluß des Flächenverhältnisses K auf die Dynamik der Struktur sowie deren Leckstabilitätsverhalten werden in umfangreichen Forschungsprojekten analysiert [3.31 – 3.33].

3.3.3 Stabilität nachgiebiger meerestechnischer Konstruktionen

Wie in Kapitel 2 im einzelnen ausgeführt, spielen in der Meerestechnik nachgiebige Strukturen eine wichtige Rolle. Diese sind mit dem Meeresboden verbunden

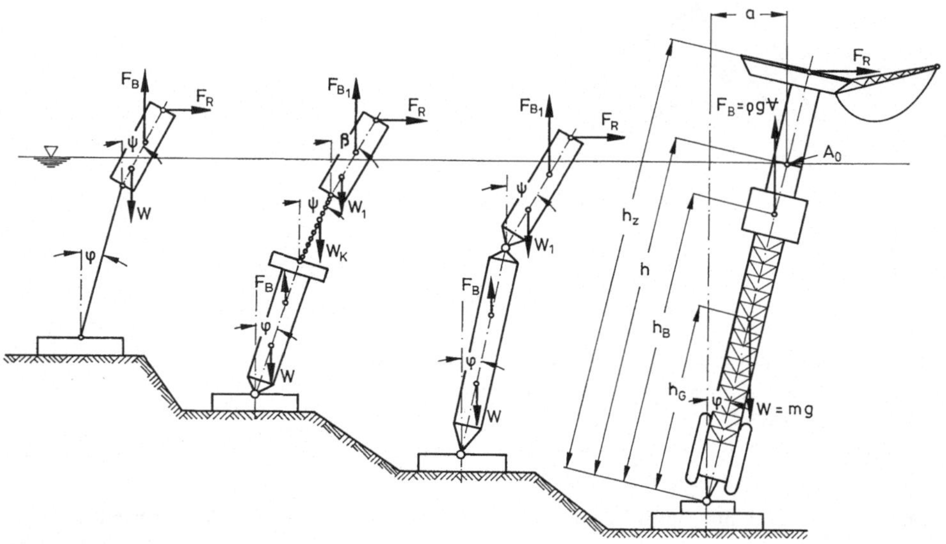

Bild 3.38. Stabilität partiell gefesselter Konstruktionen

und bewegen sich bei Auslenkung aus der Gleichgewichtslage entsprechend ihrer Zwangsführung, wobei Rückstellkräfte aus der Elastizität der Struktur sowie Gewichts- oder Auftriebskräften folgen. Stellvertretend für solche Konstruktionen zeigt Bild 3.38 zugspannungsverankerte Bojen und einen Gelenkturm in ausgelenkter Position. Für den Gelenkturm ergibt sich die in Auslegerhöhe wirkende Rückstellkraft F_R aus der Auftriebskraft des vertikalen Turms

$$F_B = \varrho g \forall ,$$

dem Zusatzauftrieb bei Krängung um den Winkel φ

$$\Delta F_B = \varrho g A_0 h \frac{1-\cos\varphi}{\cos\varphi}$$

sowie der Gewichtskraft W. Mit den Bezeichnungen von Bild 3.38 folgt aus dem Momentengleichgewicht

$$M_\varphi = c_\varphi \varphi = \left(\varrho g \forall h_B + \varrho g A_0 h^2 \frac{1-\cos\varphi}{\cos\varphi} - W h_G \right) \sin\varphi = F_R h_z \cos\varphi .$$

Für kleine Auslenkungen a folgt hieraus für den Koeffizienten des Rückstellmomentes

$$c_\varphi = \varrho g \forall h_B - m g h_G \tag{3.81a}$$

sowie für die Rückstellkraft

$$F_R = [\varrho g \forall h_B - m g h_G] \frac{a}{h \cdot h_z} , \tag{3.81b}$$

d.h., die Rückstellkraft hängt von der Größe und dem Angriffspunkt der Auftriebs- und Gewichtskraft ab und ist im übrigen proportional zur Auslenkung.

Im Seegang ändert sich die Auftriebskraft mit der Wellenhöhe, so daß die Rückstellkraft eine zeitabhängige Größe ist, woraus Bewegungsinstabilitäten folgen können [3.34].

Auf der hier skizzierten Grundlage läßt sich die Rückstellcharakteristik der übrigen, in Bild 3.38 dargestellten nachgiebigen Konstruktionen berechnen, wobei sich durch das vertikale Verholen und Schrägziehen der Oberflächenbojen komplizierte Ausdrücke ergeben. Da die Rückstellkraft nicht mehr proportional zur Auslenkung ist und bei der dynamischen Analyse im Seegang weitere Nichtlinearitäten zu berücksichtigen sind, werden die Berechnungen der Bewegungen im Wellenfeld im Zeitbereich durchgeführt. Der dynamischen Analyse meerestechnischer Konstruktionen, bei der u.a. auch diese Fragen erörtert werden, ist der folgende Abschnitt gewidmet.

3.4 Hydrodynamische Analyse

Als Wirkung von Seegang und Strömung auf meerestechnische Konstruktionen betrachten wir Kräfte auf deren Baukomponenten sowie – für den Fall, daß dies möglich ist – auch Bewegungen der gesamten Struktur. Zur Berechnung der hydrodynamischen Kraft ist das Druckfeld über die benetzte Oberfläche der Konstruktion zu integrieren. In den folgenden Abschnitten werden wir als wichtigste Komponenten der hydrodynamischen Kraft

- die Froude-Krylov-Kraft als Druckwirkung der ungestörten, erregenden Welle,
- die hydrodynamische Massen- und Potentialdämpfungskraft als Druckwirkung infolge der Relativbeschleunigung,
- die zähigkeitsbedingte Widerstandskraft als Druckwirkung infolge der Relativgeschwindigkeit

zwischen Wellenpartikel und Bauteil kennenlernen und deren jeweilige Größe in Abhängigkeit von den Verhältniswerten Bauteildurchmesser zu Wellenlänge D/L sowie Wellenhöhe zu Bauteildurchmesser H/D ermitteln.

Im Abschnitt 3.4.1 leiten wir diese Kraftkomponenten für unterschiedlich gestaltete und bewegte Strukturelemente zunächst unter der Voraussetzung ab, daß die Körperabmessungen klein im Vergleich zur Wellenlänge sind, so daß die Welle keine nennenswerten Veränderungen erfährt. Zur Berechnung der Gesamtkraft auf solche hydrodynamisch transparenten Konstruktionen stellen wir die Morison-Gleichung vor, in der Trägheits- und Zähigkeitskräfte zusammengefaßt sind. Die Größe der Einzelkräfte hängt von Trägheits- und Widerstandskoeffizienten ab, die im Hinblick auf relevante Einflußgrößen diskutiert werden. Hieraus werden Empfehlungen abgeleitet und der Einsatzbereich sowie die Gültigkeitsgrenzen des Berechnungsverfahrens erörtert. Ein Großteil der im Abschnitt 3.4.1 vorgestellten Untersuchungen bezieht sich hierbei auf kreiszylindrische Bauelemente, da diese bei meerestechnischen Konstruktionen sehr häufig anzutreffen sind, wie z.B. aus Bild 3.39 ersichtlich.

Im Abschnitt 3.4.2 behandeln wir die Bewegungen hydrodynamisch transparenter Konstruktionen im Seegang, vor allem im Hinblick auf ihr dynamisches

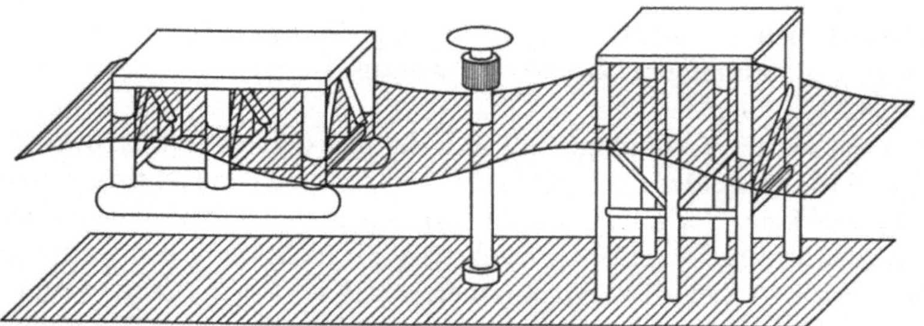

Bild 3.39. Kreiszylindrische Strukturen und Komponenten in der Meerestechnik

Verhalten im Bereich von Resonanzfrequenzen. Unter der Wirkung harmonischer Erregerkräfte führen schwimmende und nachgiebige Strukturen Starrkörperschwingungen aus, die durch Massen-, Dämpfungs- und Rückstellcharakteristik der Struktur definiert sind. In diesem Zusammenhang wird als eine der wichtigsten Einflußgrößen die hydrodynamische Massenkraft erörtert, die aus dem Druckfeld des relativ zum Fluid beschleunigten Bauteils folgt und von Form, Größe und Bewegungsrichtung der Strukturkomponente abhängt. Auf dieser Grundlage wird die Dynamik von Halbtauchern im Wellenfeld untersucht und die Bewegung nachgiebiger Konstruktionen an Beispielen illustriert.

Im Abschnitt 3.4.3 behandeln wir Strukturen, deren Bauteilabmessungen in der Größenordnung der Wellenlänge liegen, so daß die einfallende Welle durch das Bauwerk erheblich gestört wird, d.h., dem ungestörten Wellenfeld des erregenden Seegangs überlagert sich ein Eigenwellenfeld des Körpers. Wir sprechen hier von hydrodynamisch kompakten Konstruktionen. Da Zähigkeitskräfte in diesem Fall von untergeordneter Bedeutung sind, kann die Berechnung der gesamten Kraftwirkungen nach der Potentialtheorie erfolgen, d.h., die Druckverteilung im gesamten Flüssigkeitsraum läßt sich entsprechend (3.6) aus einem Geschwindigkeitspotential ableiten. Da die Oberfläche der Struktur in jeder Phase eine Stromfläche ist, müssen die Normalkomponenten der Geschwindigkeiten verschwinden, eine Randbedingung, die sich durch Einführung eines Diffraktionspotentials sowie – bei Bewegung der Struktur – weiterer Potentiale erfüllen läßt. Hydrodynamische Massen und Dämpfungen, und damit das dynamische Verhalten, lassen sich in Abhängigkeit von diesen Potentialen darstellen. Analytische Lösungen sind nur in Einzelfällen möglich. Im allgemeinen wird die Oberfläche der Struktur in einzelne Flächenelemente gegliedert und diese durch pulsierende Singularitäten belegt. An Beispielen erläutern wir dieses numerische Verfahren und demonstrieren durch Vergleich mit analytisch und experimentell gewonnenen Ergebnissen seine Genauigkeit.

Im Abschnitt 3.4.4 behandeln wir schließlich Kräfte zweiter Ordnung, die sich aus der Interaktion der bewegten Struktur mit der fortschreitenden Welle ergeben. Diese sog. Driftkräfte sind eine Funktion der Wellenamplitude und ändern sich im natürlichen Seegang langsam entsprechend der Variation aufeinanderfolgender Wellenhöhen. Für verankerte Systeme können sich hieraus – wie in Kapitel 6 ausführlich erörtert wird – langperiodische Resonanzerscheinungen mit außerordentlich großen horizontalen Amplituden ergeben, die gegebenenfalls die Einsatzgrenzen des Verankerungssystems definieren.

3.4.1 Wellenkräfte auf hydrodynamisch transparente Konstruktionen

Sind charakteristische Abmessungen, z.B. der Durchmeser D von Strukturkomponenten, klein im Vergleich zur Wellenlänge $L(D/L<0{,}2)$, so beobachten wir kaum Veränderungen der Welle, wenn diese durch die Konstruktion läuft. Diffraktions- und Reflexionserscheinungen sind von untergeordneter Bedeutung, die Struktur ist hydrodynamisch nahezu transparent. Bei relativ kleinen Abmessungen sind örtliche Änderungen von Partikelgeschwindigkeit und -beschleunigung im Bereich des Strukturdurchmessers vernachlässigbar klein, so daß die an der Stelle der Komponentenachse berechneten Werte repräsentativ für das jeweilige Bauteil sind.

Kraftwirkungen auf hydrodynamisch transparente Konstruktionen ergeben sich aus Druckfeldern, die wir skalar überlagern:

- die Froude-Krylov-Kraft folgt aus dem Druckfeld der ungestörten Welle,
- die hydrodynamische Massenkraft aus dem Druckfeld, das sich aus der Relativbeschleunigung von Fluid und Bauteil ableiten läßt,
- die Zähigkeitskraft aus dem Druckfeld, das sich aus der Relativgeschwindigkeit von Bauteil und Fluid ergibt.

3.4.1.1 Froude-Krylov-Kraft

Für einen getauchten Körper im Wellenfeld zeigt Bild 3.40, daß die x-Komponente dieser Kraft auf ein Volumenelement $\mathrm{d}\forall = \mathrm{d}x\mathrm{d}y\mathrm{d}z$ aus der Druckdifferenz zwischen vorderer und hinterer Elementfläche $\mathrm{d}S = \mathrm{d}y\mathrm{d}z$ folgt. Entwickeln wir den Druck in eine lineare Taylorreihe, so ergibt sich

$$\mathrm{d}F_x = (p_{x_1} - p_{x_2})\mathrm{d}y\mathrm{d}z = \left(-\frac{\partial p}{\partial x}\right)\mathrm{d}x\mathrm{d}y\mathrm{d}z = -\frac{\partial p}{\partial x}\mathrm{d}\forall\,.$$

Ist $\boldsymbol{n}$ der nach außen weisende Normalenvektor der Körperoberfläche, so erhalten wir – bei Berücksichtigung aller Komponenten – die Froude-Krylov-Kraft aus der Integration des Druckfeldes der ungestörten Welle über die benetzte Strukturoberfläche S nach dem Gauß-Satz (siehe [3.61]):

$$\boldsymbol{F} = -\int_{(S)} p\boldsymbol{n}\mathrm{d}S = -\int_{(\forall)} \nabla p\mathrm{d}\forall\,. \tag{3.82}$$

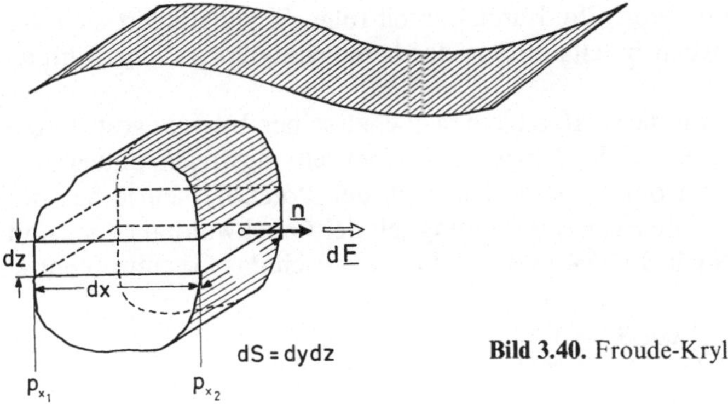

Bild 3.40. Froude-Krylov-Kraft

Führen wir in das Volumenintegral die Euler-Gleichung (3.5) ein, wobei wir hier nur den instationären Anteil berücksichtigen und damit den statischen Auftrieb außer acht lassen, so ergibt sich

$$\boldsymbol{F}=\int_{(\forall)} \varrho \frac{\mathrm{d}\boldsymbol{v}}{\mathrm{d}t}\mathrm{d}\forall = \int_{(\forall)} \varrho \frac{\partial \boldsymbol{v}}{\partial t}\mathrm{d}\forall + \int_{(\forall)} \varrho(\boldsymbol{v}^T\cdot\nabla)\boldsymbol{v}\mathrm{d}\forall\,. \tag{3.83}$$

Nach der linearen Wellentheorie vernachlässigen wir den konvektiven Anteil der Beschleunigung. Ferner ändert sich für schlanke Konstruktionen die lokale Beschleunigung in der Nähe der Struktur nur wenig, d.h. (3.83) läßt sich integrieren, und es ergibt sich die Froude-Krylov-Kraft

$$\boldsymbol{F}=\varrho\forall\cdot\frac{\partial \boldsymbol{v}}{\partial t} \tag{3.84}$$

als Produkt von verdrängter Wassermasse und lokaler Beschleunigung. Die physikalische Interpretation dieses Ergebnisses ist trivial: Die Druckkraft auf ein beliebig geformtes, kleines Volumenelement der Masse $\varrho\forall$ führt im Wellenfeld zu einer Bewegung dieses Elements mit der Partikelbeschleunigung $\partial\boldsymbol{v}/\partial t$. Ein kleiner, im Wasser schwebender Körper läuft also unter der Wirkung der Froude-Krylov-Kraft rotationsfrei auf einer Orbitalbahn um. Die Bewegung ist ohne Schlupf, Relativbeschleunigungen zwischen schwebendem Körper und Fluid treten nicht auf. Die Ableitung ist unabhängig von der Form des Strukturelements, gilt also allgemein für ein voll getauchtes Volumenelement.

Gehen wir von den Definitionsgleichungen (3.82) aus und substituieren den instationären Druck nach (3.6b) durch das Potential der ungestörten Welle Φ_0, so ergibt sich die Froude-Krylov-Kraft für beliebig orientierte schlanke Bauteile

$$\boldsymbol{F}=-\int_{(S)} p\boldsymbol{n}\mathrm{d}S=\varrho\int_{(S)}\frac{\partial\Phi_0}{\partial t}\boldsymbol{n}\mathrm{d}S\,. \tag{3.85}$$

Für voll getauchte, schlanke Komponenten folgt hieraus (3.84). Bei schwimmenden und feststehenden Strukturen ist für alle die Wasseroberfläche durchstoßenden Bauteile die Druckintegration über die benetzte Fläche S nach (3.85) durchzuführen.

3.4.1.2 Hydrodynamische Massenkraft

Wie eingangs bereits gesagt, ergibt sich die hydrodynamische Massenkraft aus der über die benetzte Oberfläche durchgeführten Integration des Druckfeldes, das aus der Relativbeschleunigung von Fluid und Bauteil folgt. Sie überlagert sich der Froude-Krylov-Kraft, wenn bereits infolge der beschleunigten Außenströmung ein Druckfeld existiert.

Als erstes berechnen wir die Kraft auf einen quer zu seiner Achse angeströmten Kreiszylinder mit Radius R und der Länge 1 m in einer reibungsfreien, unbegrenzten Flüssigkeit. Die Umströmung läßt sich nach der Potentialtheorie aus der Überlagerung der Potentiale einer Anströmung mit der Geschwindigkeit u_∞ und eines Dipols ableiten. Nach Bild 3.4 und (3.25) ergibt sich das Gesamtpotential

$$\Phi=u_\infty\left(r+\frac{R^2}{r}\right)\cos\vartheta\,,$$

wobei r und ϑ Zylinderkoordinaten sind. Ist die Strömung beschleunigt, so hat sie ein stationäres und ein instationäres Druckfeld zur Folge. Das stationäre ist symmetrisch und bedingt daher keine resultierende Kraft (d'Alembert-Paradoxon).

Das instationäre Druckfeld ergibt sich nach der linearisierten Bernoulli-Gleichung (3.6b)

$$p = -\varrho \frac{\partial \Phi}{\partial t} = -\varrho \left[\left(r + \frac{R^2}{r} \right) \cos \vartheta \right] \cdot \dot{u}_\infty$$

als Summe der Anteile aus der Außenströmung und der Dipolströmung, und erreicht auf der Zylinderoberfläche $r = R$ den Wert

$$p = [-2\varrho R \cos \vartheta] \cdot \dot{u}_\infty ,$$

wobei $\dot{u}_\infty$ die Beschleunigung $\partial u_\infty / \partial t$ ist. Über die Oberfläche (Zylinderlänge 1 m) integriert folgt hieraus mit $n_x = \cos \vartheta$ und $\mathrm{d}S = R \cdot 1 \cdot \mathrm{d}\vartheta$ die Druckkraft

$$F_x = \int_{(S)} p n_x \mathrm{d}S = -\int_0^{2\pi} p \cos \vartheta \cdot 1 \cdot R \mathrm{d}\vartheta = \varrho \cdot 2\pi R^2 \cdot 1 \cdot \dot{u}_\infty = 2\varrho \forall \cdot \dot{u}_\infty$$

als Produkt der Beschleunigung und der doppelten Masse der verdrängten Flüssigkeit. Jeweils eine Hälfte dieser Kraft ergibt sich aus den Beiträgen der beschleunigten Anströmung und der Dipolströmung. Der erste Anteil ist die bereits bekannte Froude-Krylov-Kraft nach (3.84), der zweite Anteil die sog. hydrodynamische Massenkraft. Der Körper erfährt also eine zusätzliche Kraft, die der Relativbeschleunigung zwischen Fluid und Körper proportional ist. Der Proportionalitätsfaktor ist die sog. hydrodynamische Masse. Beide Kraftanteile sind hier zufällig gleich groß, da für den Sonderfall eines quer angeströmten Kreiszylinders die hydrodynamische Masse der Masse des verdrängten Wassers entspricht.

Ohne Anströmung, d.h. für den Fall des mit der Beschleunigung $\dot{u}_K$ in einem ruhenden Fliuid quer zur Achse bewegten Kreiszylinders, ergibt sich mit dem Potential (3.26)

$$\Phi = -u_K \cdot \frac{R^2}{r} \cos \vartheta$$

die Druckverteilung auf der Zylinderoberfläche zu

$$p_{r=R} = -\varrho \left(\frac{\partial \Phi}{\partial t} \right)_{r=R} = (\varrho R \cos \vartheta) \cdot \dot{u}_K .$$

Wir beachten, daß die Körperbewegung entgegengesetzt zur Fluidbewegung ist und die Zylinderlänge wiederum 1 m beträgt. Aus der Druckverteilung (Bild 3.41) erhalten wir die hydrodynamische Massenkraft

$$F_x = -\int_0^{2\pi} p_{r=R} \cos \vartheta \cdot R \cdot \mathrm{d}\vartheta = -\varrho \pi R^2 \cdot \dot{u}_K = -m_h \cdot \dot{u}_K ,$$

wobei wir m_h als hydrodynamische Masse definieren. Hinzu kommt die Trägheitskraft des Zylinders, so daß sich für die der Beschleunigung entgegenwirkende Gesamtkraft

$$F_x = -(m_0 + m_h) \cdot \dot{u}_K$$

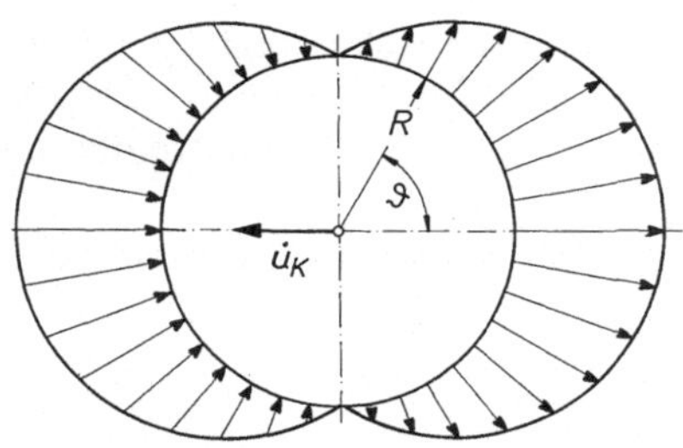

Bild 3.41. Instationäres Druckfeld eines beschleunigten Kreiszylinders

ergibt. Die sog. scheinbare Masse eines in einem Fluid querbeschleunigten Zylinders liegt um die hydrodynamische Masse höher als die Eigenmasse. Für einen Kreiszylinder entspricht die hydrodynamische Masse der verdrängten Wassermasse.

Ist die Zylinderform beliebig, so läßt sich dies durch eine Formfunktion $\Gamma(r)$ berücksichtigen, wobei r eine Funktion von ϑ ist. Hieraus ergibt sich in Analogie zu (3.26) für das Strömungspotential in Zylinderkoordinaten

$$\Phi = -u_K \cdot [r\Gamma(r)\cos\vartheta]\,.$$

Mit den Bezeichnungen von Bild 3.42 folgt für die x-Komponente der Druckkraft

$$F_x = -\int_{(S)} p_{r=R_K} \cdot \cos\beta \cdot \mathrm{d}y\mathrm{d}s\,,$$

wobei der Druck auf der benetzten Oberfläche S wiederum nach der instationären Bernoulli-Gleichung aus dem o.g. Potential ermittelt wird, d.h.

$$p_{r=R_K} = -\varrho\left(\frac{\partial\Phi}{\partial t}\right)_{r=R_K} = [\varrho R_K \Gamma(R_K)\cos\vartheta]\cdot\dot{u}_K\,.$$

Mit $x_K = R_K\cos\vartheta$ und $\mathrm{d}z = \cos\beta\mathrm{d}s$ ergibt sich die der Beschleunigung entgegenwirkende Druckkraft

$$F_x = -\dot{u}_K \int_{(S)} \varrho\Gamma(R_K)x_K\mathrm{d}y\mathrm{d}z = -\dot{u}_K \int_{(\forall)} \Gamma(R_K)\varrho\mathrm{d}\forall = -m_h\dot{u}_K\,, \quad (3.86)$$

da das Volumenelement $\mathrm{d}\forall = x_K\mathrm{d}y\mathrm{d}z$ ist.

Das Integral

$$m_h = \varrho\forall \int_{(\forall)} \Gamma(R_K)\frac{\mathrm{d}\forall}{\forall} = C_a\varrho\forall \quad (3.87)$$

ist die hydrodynamische Masse eines querbeschleunigten Zylinders beliebiger Form, der zugehörige Koeffizient C_a wird als Beiwert der hydrodynamischen Masse bezeichnet.

Für den Sonderfall des querbeschleunigten Kreiszylinders (Länge 1 m) ist die Formfunktion

$$\Gamma(r) = \left(\frac{R}{r}\right)^2, \quad \text{d.h.} \quad \Gamma(R_K) = 1$$

und somit die hydrodynamische Masse $m_h = \varrho\forall = \varrho\pi R^2$, d.h. $C_a = 1$.

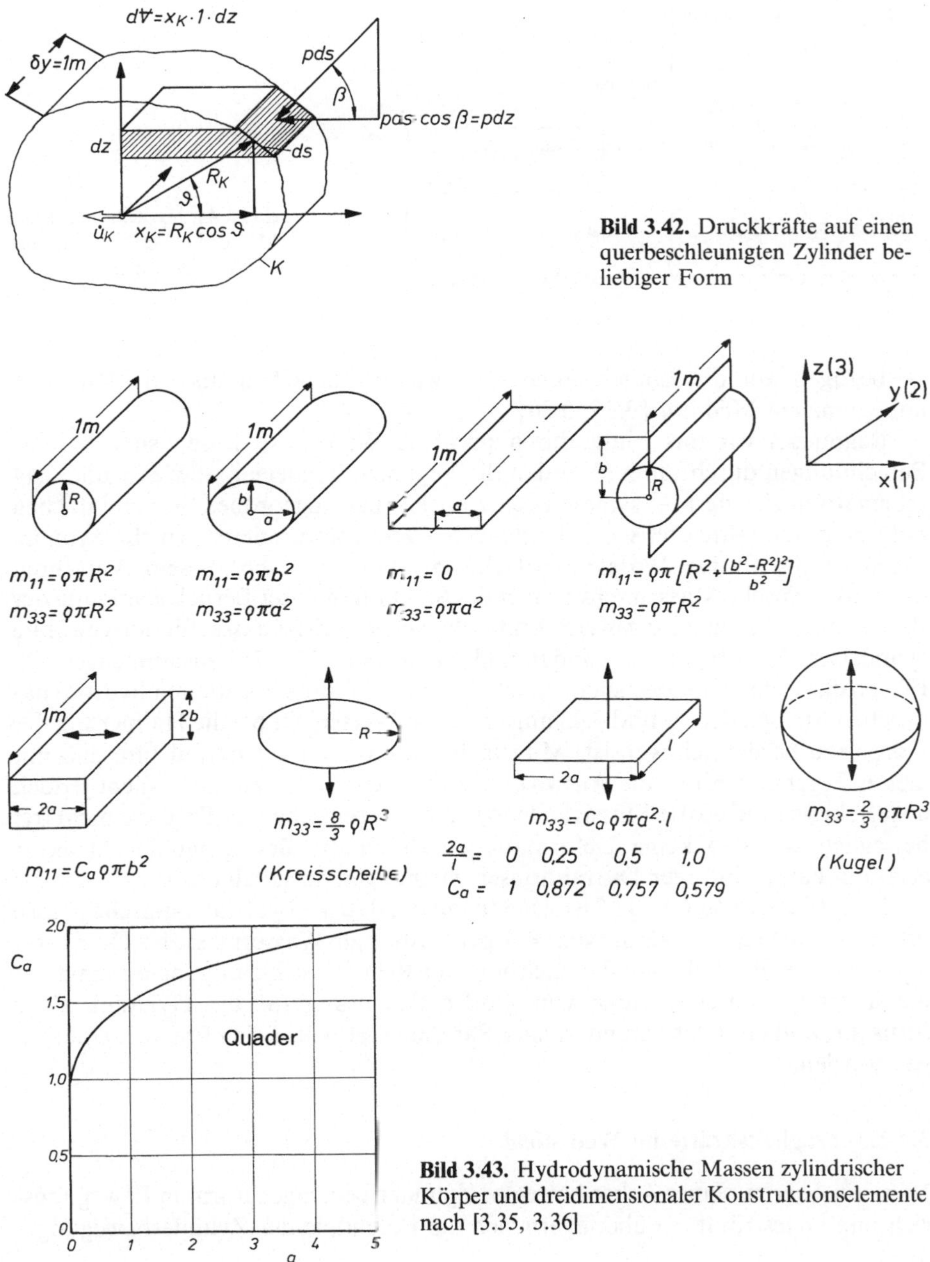

Bild 3.42. Druckkräfte auf einen querbeschleunigten Zylinder beliebiger Form

Bild 3.43. Hydrodynamische Massen zylindrischer Körper und dreidimensionaler Konstruktionselemente nach [3.35, 3.36]

Im allgemeinen Fall hängt das Druckfeld bei beschleunigter Bewegung der Struktur von deren Form und Bewegungsrichtung ab. Die hieraus folgenden form- und richtungsabhängigen hydrodynamischen Massen indizieren wir doppelt, wobei der erste Index die Kraftrichtung, der zweite Index die Beschleunigungsrichtung angibt. Bild 3.43 zeigt einige Werte für zylindrische Konstruktionen

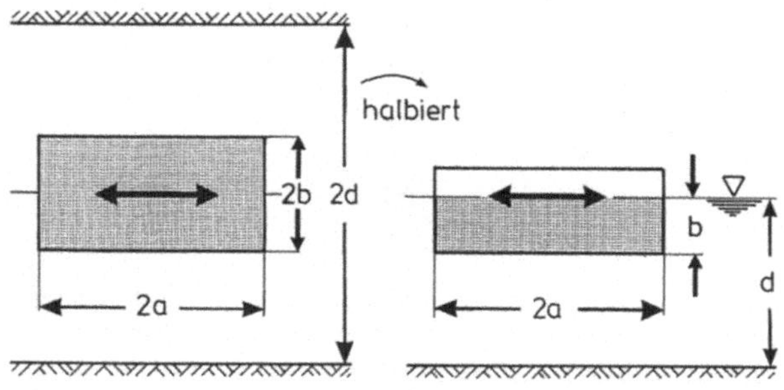

Bild 3.44. Hydrodynamische Massen bei Berücksichtigung des Meeresbodens

– bezogen auf die Einheitslänge – sowie für Scheiben und die Kugel in unbegrenztem Medium [3.35, 3.36].

Begrenzen wir das Fluid durch parallele Wände, so lassen sich analoge Berechnungen durchführen. Werden die Begrenzungsebenen – wie in Bild 3.44 schematisch skizziert – symmetrisch zum Körper angeordnet, so vereinfachen sich die potentialtheoretischen Untersuchungen. Interpretieren wir die Symmetrieebene als fiktive Wasseroberfläche, so können nach diesem Verfahren hydrodynamische Massen schwimmender Strukturen unter Berücksichtigung des Bodeneinflusses näherungsweise ermittelt werden. Ergebnisse für ausgewählte zylindrische Konstruktionen sind in Bild 3.45 nach [3.37, 3.38] zusammengestellt. Für große Tiefen entsprechen die nach diesem Verfahren ermittelten hydrodynamischen Massen den in Bild 3.43 angegebenen Werten, wobei die Halbierung der Körper zu berücksichtigen ist. Mit Nachdruck weisen wir darauf hin, daß mit diesen Ergebnissen nur die Auswirkungen begrenzter Wassertiefe, nicht jedoch der effektive Einfluß der Flüssigkeitsoberfläche beschrieben ist. Da diese nicht frei beweglich ist, also keine Deformationen durch die Bewegung der Struktur erfahren kann, sind hier Diffraktionserscheinungen ausgeschlossen.

Den Bildern 3.43 und 3.45 ist zu entnehmen, daß die hydrodynamische Masse oft beträchtlich größer als die vom Körper verdrängte Wassermasse ist. Da sie von der Form des Bauteils und der Richtung der Relativbeschleunigung abhängt, ist die hydrodynamische Masse von großer Bedeutung für die Dynamik einer Struktur, und kann als veränderlicher Parameter gezielt in den Entwurf einbezogen werden.

3.4.1.3 Trägheitskräfte im Wellenfeld

Wird ein quer zu seiner Achse bewegter Zylinder beliebiger Form in Bewegungsrichtung angeströmt, so überlagern sich die Potentiale der Zylinderbewegung

$$\Phi_K = -u_K r \cdot \Gamma(r) \cos\vartheta$$

und der Anströmung

$$\Phi_S = ux = ur\cos\vartheta\,.$$

Für einen ortsfesten Zylinder ergibt sich mit $u = -u_K$

$$\Phi = ur[1 + \Gamma(r)]\cos\vartheta\,.$$

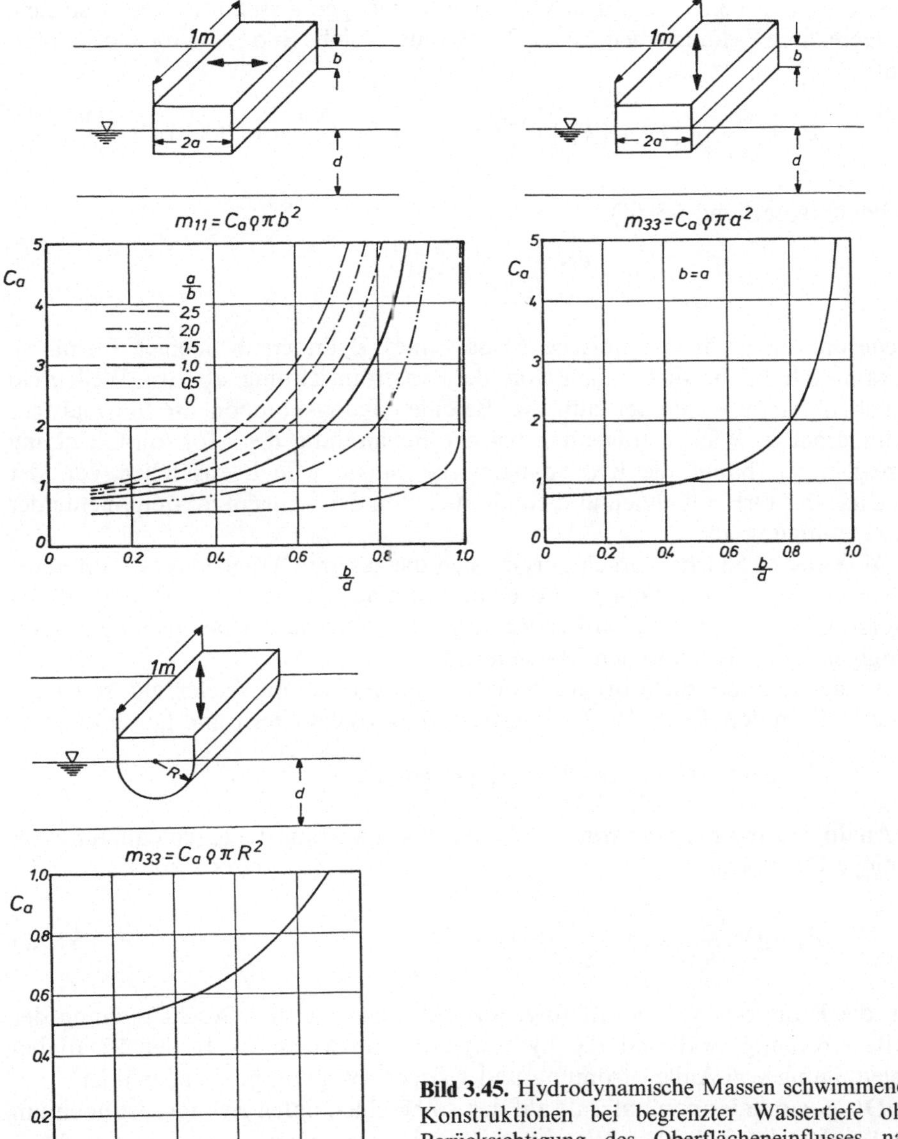

Bild 3.45. Hydrodynamische Massen schwimmender Konstruktionen bei begrenzter Wassertiefe ohne Berücksichtigung des Oberflächeneinflusses nach [3.37, 3.38]

Ist die Anströmung durch ein Wellenfeld bedingt, so läßt sich der instationäre Druck auf der Körperoberfläche nach der linearisierten Bernoulli-Gleichung (3.6b) berechnen, wobei nur die Beschleunigungskomponente normal zur Zylinderachse relevant ist

$$p_{\mathrm{r=R_K}} = -\varrho \left(\frac{\partial \Phi}{\partial t} \right)_{\mathrm{r=R_K}} = -\varrho R_{\mathrm{K}} [1 + \Gamma(R_{\mathrm{K}})] \cos \vartheta \cdot \frac{\partial u}{\partial t} .$$

In Analogie zu (3.86) ergibt sich für einen 1 m langen Abschnitt eines ortsfesten, waagerechten Zylinders beliebigen Querschnitts (siehe Bild 3.42) die Horizontalkraft

$$F_x = \varrho \frac{\partial u}{\partial t} \int_{(\forall)} [1 + \Gamma(R_K)] \mathrm{d}\forall = [\varrho \forall + m_{11}] \frac{\partial u}{\partial t} = (1 + C_a) \varrho \forall \cdot \frac{\partial u}{\partial t}, \tag{3.88}$$

wobei entsprechend (3.87)

$$m_{11} = \varrho \forall \int_{(\forall)} \Gamma(R_K) \frac{\mathrm{d}\forall}{\forall} = C_a \varrho \forall$$

wiederum die hydrodynamische Masse eines Zylinders beliebiger Form ist. Bekanntlich hängt diese auch von der Anströmrichtung ab. Im Wellenfeld beziehen wir uns hierbei auf die Beschleunigungskomponente normal zur Zylinderachse. Wie im folgenden bei der Behandlung der Morison-Gleichung gezeigt wird, hängt die hydrodynamische Masse jedoch zusätzlich von der Ovalität der Orbitalbahnen und somit auch von der Tangentialkomponente der Beschleunigung ab.

Wie aus (3.88) hervorgeht, ergibt sich die gesamte Trägheitskraft auf einen ortsfesten Zylinder beliebiger Form als Summe der aus dem Druckfeld der ungestörten Welle folgenden Froude-Krylov-Kraft und der beschleunigungsabhängigen hydrodynamischen Massenkraft.

Ist der Zylinder nicht ortsfest, sondern bewegt sich im Wellenfeld, so ist das Potential um den Term der Zylinderbewegung zu erweitern und lautet damit

$$\Phi = ur[1 + \Gamma(r)] \cos \vartheta - u_K r \Gamma(r) \cos \vartheta .$$

In Analogie zur Ableitung von (3.88) ergibt sich hieraus die beschleunigungsabhängige Druckkraft

$$F_x = \varrho \forall \frac{\partial u}{\partial t} + C_a \varrho \forall \left(\frac{\partial u}{\partial t} - \dot{u}_K \right), \tag{3.89a}$$

d.h. die Froude-Krylov-Kraft folgt ausschließlich aus der Beschleunigung der Außenströmung, während die hydrodynamische Massenkraft der Relativbeschleunigung von Außenströmung und Körperbewegung proportional ist.

Die gesamte Horizontalkraft auf den so beschleunigten Zylinder ist noch um die Trägheitskraft der beschleunigten Zylindereigenmasse m zu ergänzen, d.h.

$$F_x = (1 + C_a) \varrho \forall \frac{\partial u}{\partial t} - (m + C_a \varrho \forall) \dot{u}_K . \tag{3.89b}$$

Für den Sonderfall steiler Wellen, bei denen die lokale Beschleunigung von der substantiellen abweicht, leitet Newman [3.36] als konvektiven Anteil der Horizontalkraft den Zusatzterm

$$(\varrho \forall + m_{11}) \left[(u - u_K) \frac{\partial u}{\partial x} \right]$$

ab, so daß sich für den allgemeinen Fall ergibt

$$F_x = (1 + C_a)\varrho\forall\left[\frac{\partial u}{\partial t} + (u - u_K)\frac{\partial u}{\partial x}\right] - (m + C_a\varrho\forall)\dot{u}_K. \qquad (3.89c)$$

Hieraus folgen alle bisher diskutierten Fälle:

– Ortsfester Zylinder in beschleunigter Strömung

$$F_x = (1 + C_a)\varrho\forall\left[\frac{\partial u}{\partial t} + u\frac{\partial u}{\partial x}\right] = (\varrho\forall + m_{11})\frac{du}{dt}.$$

– Beschleunigter Zylinder in ruhender Flüssigkeit

$$F_x = -(m + C_a\varrho\forall)\dot{u}_K = -(m + m_{11})\dot{u}_K.$$

– In beschleunigter Strömung schwebender Zylinder, d.h. $m = \varrho\forall$; $u = u_K$; $F_x = 0$. Unter alleiniger Wirkung der Froude-Krylov-Kraft bewegt sich der schwebende Zylinder wie ein Flüssigkeitselement, es ergeben sich weder Relativgeschwindigkeiten noch Relativbeschleunigungen zwischen Körper und umgebendem Fluid.

3.4.1.4 Morison-Gleichung

Zur Berechnung der Kräfte auf vertikale Pfähle im Wellenfeld haben Morison et al. [3.39] einen Ansatz vorgeschlagen, nach dem die auf einen Abschnitt – Länge dz – eines vertikalen Kreiszylinders wirkende Horizontalkraft dF_x als Summe einer Trägheitskraft und einer um 90° phasenverschobenen, nichtlinearen Zähigkeitskraft dargestellt werden kann.

Mit den Bezeichnungen von Bild 3.46 lautet die sog. Morison-Gleichung

$$dF_x = f_0 dz = (f_m + f_d)dz = C_m\varrho\frac{\pi D^2}{4}dz\frac{\partial u}{\partial t} + C_d\cdot\frac{\varrho}{2}Ddz|u|u. \qquad (3.90)$$

Hierbei sind u bzw. $\partial u/\partial t$ die in der Tiefe z wirkende Horizontalgeschwindigkeit bzw. -beschleunigung, $C_m = 1 + C_a$ ist der Trägheitsbeiwert und C_d der Widerstandsbeiwert.

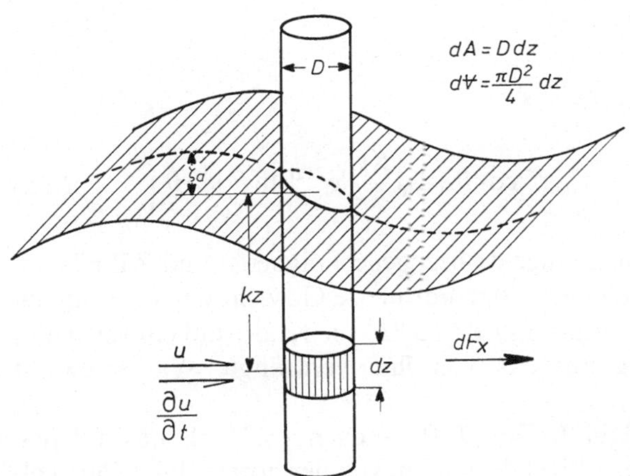

Bild 3.46. Kräfte auf einen vertikalen Kreiszylinder im Wellenfeld

Es wird vorausgesetzt, daß der Zylinder hinreichend schlank ist, die Störung der einfallenden Welle also vernachlässigt werden kann. Morison et al. [3.39] führen an Stelle der substantiellen Beschleunigung du/dt die lokale Beschleunigung $\partial u/\partial t$ ein, eine Substitution, die aus der linearen Wellentheorie folgt, da hier der konvektive Geschwindigkeitsanteil vernachlässigt wird. Der nichtlineare Anteil kann jedoch in hohen Wellen beträchtliche Werte annehmen [3.10, 3.40].

Der aus Froude-Krylov-Kraft und hydrodynamischer Massenkraft folgenden Trägheitskraft

$$\mathrm{d}F_{\mathrm{m}} = f_{\mathrm{m}}\mathrm{d}z = C_{\mathrm{m}}\varrho\mathrm{d}\forall\frac{\partial u}{\partial t} = (1+C_{\mathrm{a}})\varrho\mathrm{d}\forall\frac{\partial u}{\partial t} \tag{3.91a}$$

wird also phasenverschoben eine nichtlineare, geschwindigkeitsabhängige Kraft, die sog. Widerstands- oder Zähigkeitskraft

$$\mathrm{d}F_{\mathrm{d}} = f_{\mathrm{d}}\mathrm{d}z = C_{\mathrm{d}}\frac{\varrho}{2}\mathrm{d}A|u|u \tag{3.91b}$$

überlagert. Diese zähigkeitsbedingte Kraft schließt Form- und Reibungswiderstand ein. Sie ist proportional zum Widerstandsbeiwert C_{d} sowie zum Quadrat der instationären Anströmgeschwindigkeit, wobei die Schreibweise $|u|u$ gewährleistet, daß Kraft und Geschwindigkeit immer gleichgerichtet sind.

Bewegt sich die Strukturkomponente in der Wellenströmung, so bleibt die Froude-Krylov-Kraft unverändert, während die hydrodynamische Massenkraft und Zähigkeitskraft von der Relativbeschleunigung und -geschwindigkeit abhängen. Mit (3.89a) ergibt sich

$$\mathrm{d}F_{\mathrm{x}} = \varrho\mathrm{d}\forall\frac{\partial u}{\partial t} + C_{\mathrm{a}}\varrho\mathrm{d}\forall\left(\frac{\partial u}{\partial t} - \dot{u}_{\mathrm{K}}\right) + C_{\mathrm{d}}\frac{\varrho}{2}\mathrm{d}A|u-u_{\mathrm{K}}|(u-u_{\mathrm{K}}). \tag{3.91c}$$

Führen wir in die Morison-Gleichung (3.90) die horizontale Partikelgeschwindigkeit und -beschleunigung nach der linearen Wellentheorie für Tiefwasser ein (Tabelle 3.1) und normieren die Horizontalkraft auf das Gewicht des vom Zylinderelement verdrängten Wassers

$$\mathrm{d}G = g_0\mathrm{d}z = \varrho g\frac{\pi D^2}{4}\mathrm{d}z, \tag{3.92}$$

so ergibt sich mit $\omega^2 = kg = 2\pi g/L_0$

$$\frac{\mathrm{d}F_{\mathrm{x}}}{\mathrm{d}G} = \frac{f_{\mathrm{m}}+f_{\mathrm{d}}}{g_0} = k\zeta_{\mathrm{a}}\left[-C_{\mathrm{m}}\mathrm{e}^{kz}\cos\theta + C_{\mathrm{d}}\frac{KC}{\pi^2}\mathrm{e}^{2kz}|\sin\theta|\sin\theta\right]. \tag{3.93}$$

Da f_{m} und f_{d} die auf die Elementlänge $\mathrm{d}z$ bezogene Trägheits- und Zähigkeitskraft ist und g_0 das auf diese Elementlänge normierte Gewicht des verdrängten Wassers, können wir mit dem Verhältniswert (3.93) die Kräfte auf ein vertikales Kreiszylinderelement in bezug auf das von ihm verdrängte Wassergewicht beschreiben.

Die Keulegan-Carpenter-Zahl $KC = u_{\mathrm{a}}T/D$ – nach (3.9) als das auf den Zylinderdurchmesser D bezogene Produkt von maximaler horizontaler Partikelgeschwindigkeit u_a und Wellenperiode T definiert – ergibt nach der linearen Wellentheorie (Tabelle 3.1)

$$KC = \frac{2\pi\zeta_a}{D \tanh kd}\,. \tag{3.94a}$$

Für Tiefwasser folgt hieraus die Keulegan-Carpenter-Zahl als Verhältnis von Orbitalbahnumfang zu Zylinderdurchmesser an der Flüssigkeitsoberfläche

$$\mathrm{KC} = \frac{2\pi\zeta_a}{D}\,. \tag{3.94b}$$

Das Verhältnis der Maximalwerte von Widerstands- und Trägheitskraft für ein vertikales, kreiszylindrisches Strukturelement in der Tiefe z ergibt sich hieraus mit (3.93) zu

$$\frac{f_{da}}{f_{ma}} = \frac{1}{\pi^2}\frac{C_d}{C_m} KC \cdot e^{kz} = \frac{C_d}{\pi C_m}\frac{H}{D} e^{kz}\,, \tag{3.95a}$$

ist also proportional zur Keulegan-Carpenter-Zahl bzw. zur Relation von Wellenhöhe H zu Pfahldurchmesser D und klingt exponentiell mit der Tiefe ab. Für ein kreiszylindrisches Element mit $C_m = 1 + C_a = 2$ und $C_d = 1$ folgt hieraus das Kräfteverhältnis

$$\frac{f_{da}}{f_{ma}} \approx 0{,}05 KC \cdot e^{kz} \approx \frac{H}{6D} e^{kz}\,, \tag{3.95b}$$

d.h., erst für $KC > 10$ bzw. $H > 3D$ wird die Zähigkeitskraft signifikante Beiträge zur Gesamtkraft liefern, zumal sie gegenüber der Trägheitskraft um 90° phasenverschoben ist.

Für Werte von

$$KC \cdot e^{kz} > \frac{\pi^2}{2}\frac{C_m}{C_d}$$

liegt das Maximum der Gesamtkraft bei

$$\cos\varepsilon_m = -\frac{\frac{\pi^2}{2}\frac{C_m}{C_d}}{KC \cdot e^{kz}}\,. \tag{3.96a}$$

Für ein vertikales, kreiszylindrisches Strukturelement in der Tiefe z ergibt sich hiermit als Maximum der Gesamtkraft f_0, normiert auf das vom Bauteil verdrängte Wassergewicht g_0

$$\left(\frac{f_0}{g_0}\right)_{\max} = \frac{1}{2} k\zeta_a C_m e^{kz}\left[|\cos\varepsilon_m| + \frac{1}{|\cos\varepsilon_m|}\right]. \tag{3.96b}$$

Im Grenzfall $KC \exp(kz) = \pi^2 C_m/(2C_d)$ bzw. für kleinere Werte sind die Extremwerte von Gesamtkraft und Trägheitskraft nach Betrag und Phase identisch, d.h.

$$\cos\varepsilon_m = 1\,;\ \varepsilon_m = 0°\,;\ \left(\frac{f_0}{g_0}\right)_{\max} = k\zeta_a C_m e^{kz}\,. \tag{3.96c}$$

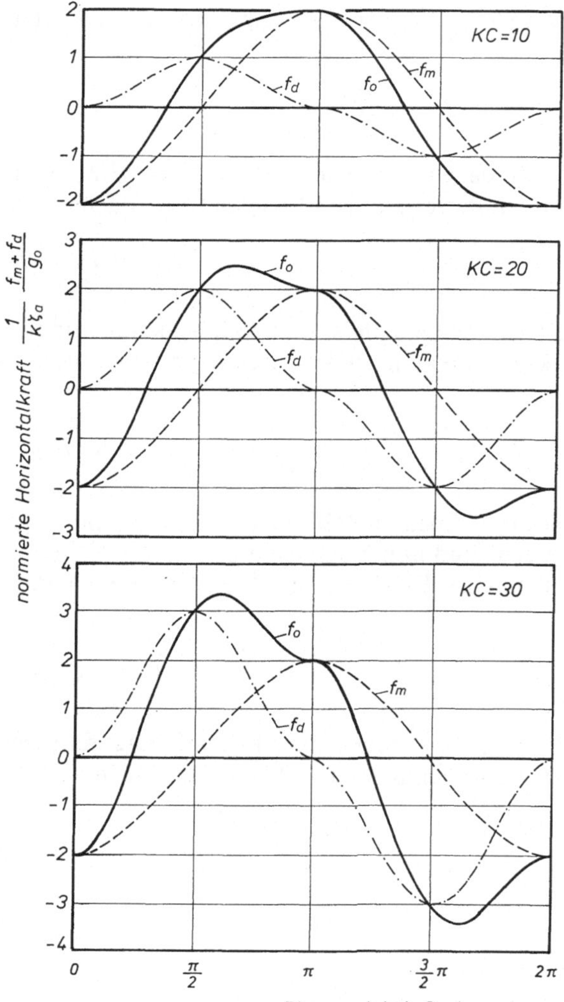

Bild 3.47. Verlauf der normierten Horizontalkraft auf ein Zylinderelement an der Wasseroberfläche ($C_m=2$; $C_d=1$)

Für $C_m=2$ und $C_d=1$ bedeutet dies, daß sich Zähigkeitseffekte erst ab

$$KC \cdot e^{kz} > \pi^2 \approx 10$$

auf Betrag und Phase der maximalen Gesamtkraft auswirken.

Bild 3.47 zeigt in drei Diagrammen die normierte Horizontalkraft auf ein vertikales, kreiszylindrisches Element an der Wasseroberfläche ($kz=0$) nach (3.93). Für $KC=10$ ist der Grenzfall dargestellt, bei dem trotz erheblicher Zähigkeitskraft f_d die Extremwerte von Gesamtkraft f_0 und Trägheitskraft f_m zusammenfallen. Allerdings weicht der zeitliche Verlauf von f_0 deutlich von der harmonischen f_m-Kurve ab. Für $KC=20$ und 30 prägt die hohe Widerstandskraft den Kurvenverlauf, die maximale Gesamtkraft tritt vor dem Wellenberg auf.

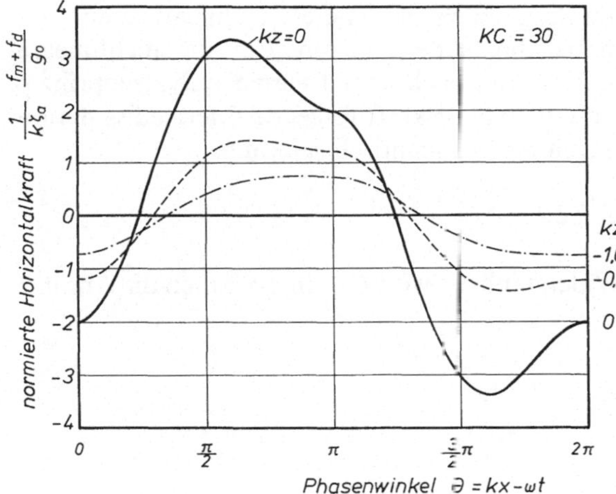

Bild 3.48. Verlauf der normierten Horizontalkraft auf ein Zylinderelement in drei verschiedenen Tiefen

Da die Widerstandskraft mit wachsender Tiefe schneller abklingt als die Trägheitskraft, verschiebt sich auch die Phase der Maximalkraft, wie in Bild 3.48 zu erkennen ist: An der Wasseroberfläche dominieren die Zähigkeitskräfte, in größeren Tiefen die Trägheitskräfte.

Entwickeln wir den vom Quadrat der örtlichen Orbitalgeschwindigkeit

$$u(z) = u_a(z) \sin\theta = \zeta_a \omega e^{kz} \sin\theta$$

abhängigen Widerstandsanteil

$$dF_d = f_d dz = C_d \frac{\varrho}{2} dA|u|u = C_d \frac{\varrho}{2} dA u_a^2(z) |\sin\theta| \sin\theta$$

in eine Reihe, so ergibt sich mit

$$|\sin\theta|\sin\theta = \sum_{n=0}^{\infty} \frac{8 \sin(2n+1)\theta}{\pi(2n+1)[4-(2n+1)^2]} \tag{3.97}$$

die Näherung

$$dF_d \approx \left[\frac{8}{3\pi}\sin\theta - \frac{8}{15\pi}\sin 3\theta\right] C_d \frac{\varrho}{2} u_a^2(z)\, dA. \tag{3.98}$$

Die Zähigkeitskraft, die sich bei dieser Betrachtung im wesentlichen aus der Wirkung einer harmonischen Elementarwelle der Kreisfrequenz ω ergibt, setzt sich also aus einer linearen Komponente mit gleicher Frequenz und einer weiteren nichtlinearen mit dreifacher Frequenz der Welle zusammen. Diese hier am vertikalen Kreiszylinder dargestellte Erscheinung kann in ähnlicher Form bei der dynamischen Analyse meerestechnischer Konstruktionen von großer Bedeutung sein, da eine niederfrequente Wellenerregung höherfrequente Resonanzen zur Folge haben kann.

Führen wir die nach der Morison-Gleichung ermittelte Wellenkraft als Erregerkraft in die linearen Differentialgleichungen zur Analyse des dynamischen

Verhaltens einer Konstruktion im Seegang ein, so ist diese zu linearisieren. Nur dann lassen sich die Lösungen beliebig superponieren. Für die nichtlineare Zähigkeitskraft kann diese Linearisierung nach dem Energieäquivalenzprinzip erfolgen: Hierbei muß die aus der Widerstandskraft folgende Energiedissipation nach dem linearen und nichtlinearen Ansatz identisch sein, d.h.

$$\delta E = \int_0^{2\pi} \delta F_d u \mathrm{d}\theta = \int_0^{2\pi} \delta F_{dl} \cdot u \mathrm{d}\theta .$$

Führen wir einen linearisierten Widerstandsbeiwert C_{dl} ein, so lauten die Ansätze

$$\delta F_d = C_d \frac{\varrho}{2} \delta A |u| u ,$$

$$\delta F_{dl} = C_{dl} \frac{\varrho}{2} \delta A u .$$

Mit der in der Tiefe z wirkenden, horizontalen Partikelgeschwindigkeit $u = u_a(z) \sin\theta$ folgt hieraus

$$C_d u_a^3(z) \int_0^{2\pi} |\sin\theta| \sin^2\theta \mathrm{d}\theta = C_{dl} u_a^2(z) \int_0^{2\pi} \sin^2\theta \mathrm{d}\theta ,$$

woraus sich für den linearisierten Widerstandsbeiwert

$$C_{dl} = \frac{8}{3\pi} u_a(z) C_d \tag{3.99a}$$

ergibt. Bewegt sich die Strukturkomponente harmonisch mit der Geschwindigkeit $\dot{s}$, so ist der Betrag der Relativgeschwindigkeit einzuführen, d.h.

$$C_{dl} = \frac{8}{3\pi} C_d [u(z) - \dot{s}]_a . \tag{3.99b}$$

Damit entspricht die linearisierte Zähigkeitskraft

$$\mathrm{d}F_{dl} = C_{dl} \frac{\varrho}{2} \mathrm{d}A [u(z) - \dot{s}] = \frac{8}{3\pi} C_d \frac{\varrho}{2} \mathrm{d}A [u(z) - \dot{s}]_a \cdot [u(z) - \dot{s}] \tag{3.100a}$$

erwartungsgemäß dem ersten Glied der Reihenentwicklung (3.97). Die Orbitalgeschwindigkeit $u(z)$ und die Geschwindigkeit der Strukturkomponente sind harmonische Funktionen. Da die Bewegung s unbekannt ist, sind die Lösungen iterativ zu ermitteln, ein spezieller Algorithmus findet sich in [3.56]. Diese Lösungen gelten dann nur für definierte Wellenhöhen, da der linearisierte Widerstandsbeiwert nach (3.99) von Wellenhöhe, Frequenz und Wassertiefe sowie der Eigengeschwindigkeit der Struktur abhängt.

Beziehen wir die mit der Morison-Gleichung berechnete Gesamtkraft nach Linearisierung des Zähigkeitswiderstands auf das vom Zylinderelement verdrängte Wassergewicht nach (3.92), so ergibt sich mit (3.93) und (3.100a)

$$\frac{f_{0l}}{g_0} = k\zeta_a \left[-C_m e^{kz} \cos\theta + \frac{8}{3\pi^3} C_d KC \cdot e^{2kz} \sin\theta \right] . \tag{3.101a}$$

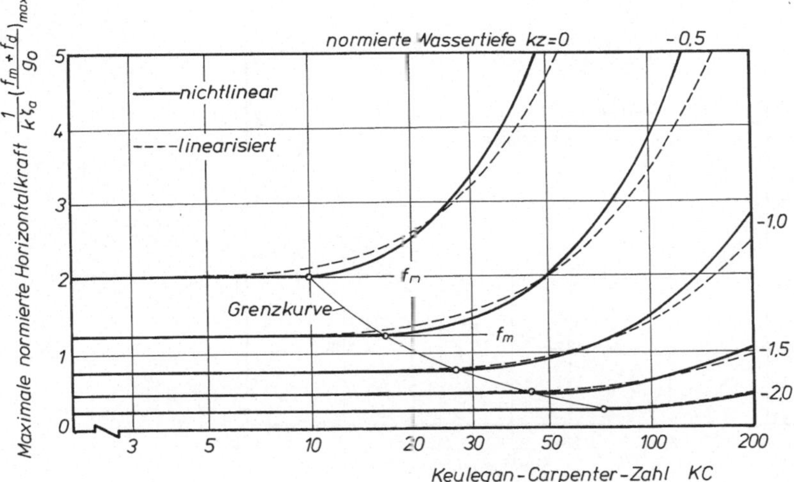

Bild 3.49. Maximale normierte Horizontalkraft auf ein Zylinderelement

Vergleichen wir dessen auf $k\zeta_a$ normierten Maximalwert

$$\frac{1}{k\zeta_a}\left(\frac{f_{0l}}{g_0}\right)_{\max}=C_m e^{kz}\sqrt{1+\left[\frac{8}{3\pi^3}\frac{C_d}{C_m}KC\cdot e^{kz}\right]^2} \qquad (3.101b)$$

mit dem Höchstwert nach dem nichtlinearen Ansatz (3.96), so ergeben sich mit $C_m=2$ und $C_d=1$ für den Kreiszylinder die in Bild 3.49 dargestellten Kurven. Wir erkennen den Grenzbereich, bis zu dem die Zähigkeitskraft nach exakter Rechnung keine Auswirkung auf die Maximalkraft hat.

Die Diagramme machen deutlich, daß meerestechnische Konstruktionen im wesentlichen Trägheitskräfte erfahren und nur für relativ schlanke Komponenten in hohen Wellen in Oberflächennähe zusätzlich Zähigkeitskräfte relevant sind. Sofern es sich dabei um Verstrebungen oder Steifen handelt, fällt dieser Effekt im Vergleich zu größeren Bauteilen kaum ins Gewicht, da die effektive Kraft proportional zu g_0 ist. Da $g_0=\varrho g\pi D^2/4$ als das auf die Längeneinheit bezogene Gewicht des vom kreiszylindrischen Strukturelement verdrängten Wassers definiert ist, dominiert der durch überwiegende Trägheitskräfte gekennzeichnete Beitrag der Komponenten großer Durchmesser entsprechend dem Verhältnis der Querschnittsflächen, selbst wenn bei den schlankeren Verstrebungen relativ hohe Zähigkeitseinflüsse zu beobachten sind.

Der in hohen Wellen dominierende Beitrag der Zähigkeitskräfte ist daher vor allem für Pipelines, Riser und filigranere Rohrkonstruktionen (Jackets) sowie bei Detailanalysen örtlicher Belastungen und für Betriebsfestigkeitsuntersuchungen von Bedeutung. Eine besondere Rolle spielt die Berücksichtigung der bewegungsdämpfenden Zähigkeitskräfte für schwimmende Konstruktionen im Resonanzfall, da dann nur diese die Schwingungsamplitude begrenzen.

Die Gesamtkraft auf einen vertikalen Kreiszylinder in Tiefwasser folgt aus der Integration von (3.93) über die Wassertiefe. Unter Berücksichtigung von (3.92) erhalten wir

$$F_x(t)=\int_{-\infty}^{0}(f_m+f_d)\,dz=\varrho g\frac{\pi D^2}{4}\zeta_a\left[-C_m\cos\theta+C_d\frac{KC}{2\pi^2}|\sin\theta|\sin\theta\right]. \qquad (3.102a)$$

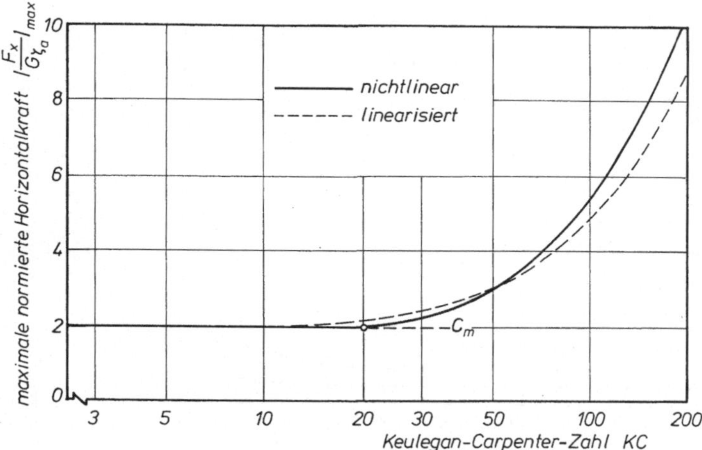

Bild 3.50. Normierte Maximalkraft auf einen vertikalen Kreiszylinder ($C_m = 2$; $C_d = 1$)

Für den Fall begrenzter Wassertiefe ergibt sich mit (3.90) und den Partikelgeschwindigkeiten und -beschleunigungen nach Tabelle 3.1

$$F_x(t) = \varrho g \frac{\pi D^2}{4} \zeta_a \tanh kd \left[-C_m \cos\theta + C_d \left(1 + \frac{2kd}{\sinh 2kd} \right) |\sin\theta| \sin\theta \right]. \tag{3.102b}$$

Führen wir als Bezugsgröße das Gewicht eines vom Kreiszylinder verdrängten Wasservolumens ein, dessen Höhe der Wellenamplitude ζ_a entspricht, d.h.

$$G_{\zeta_a} = \varrho g \frac{\pi D^2}{4} \zeta_a, \tag{3.103a}$$

so ergibt sich mit (3.102a) als normierte Maximalkraft für Tiefwasser

$$\left(\frac{F_x}{G_{\zeta_a}} \right)_{max} = \frac{C_m}{2} \left[\frac{C_d KC}{C_m \pi^2} + \frac{C_m \pi^2}{C_d KC} \right], \tag{3.103b}$$

sofern

$$KC \geqq \frac{C_m \pi^2}{C_d}$$

ist. Unterhalb dieses Grenzwertes fällt die normierte Kraft auf den konstanten Betrag C_m ab. Für $C_m = 2$ läßt sich hieraus als Faustformel ableiten, daß die horizontale Wellenkraft auf einen vertikalen Kreiszylinder dem Gewicht eines vom Zylinder verdrängten Wasservolumens entspricht, dessen Höhe der Wellenhöhe gleicht.

Gehen wir von dem linearisierten Ansatz (3.101a) aus, so führt die Integration über die Wassertiefe auf die normierte Maximalkraft

$$\left(\frac{F_x}{G_{\zeta_a}} \right)_{max} = C_m \sqrt{1 + \left(\frac{4}{3\pi^3} \frac{C_d}{C_m} KC \right)^2}. \tag{3.103c}$$

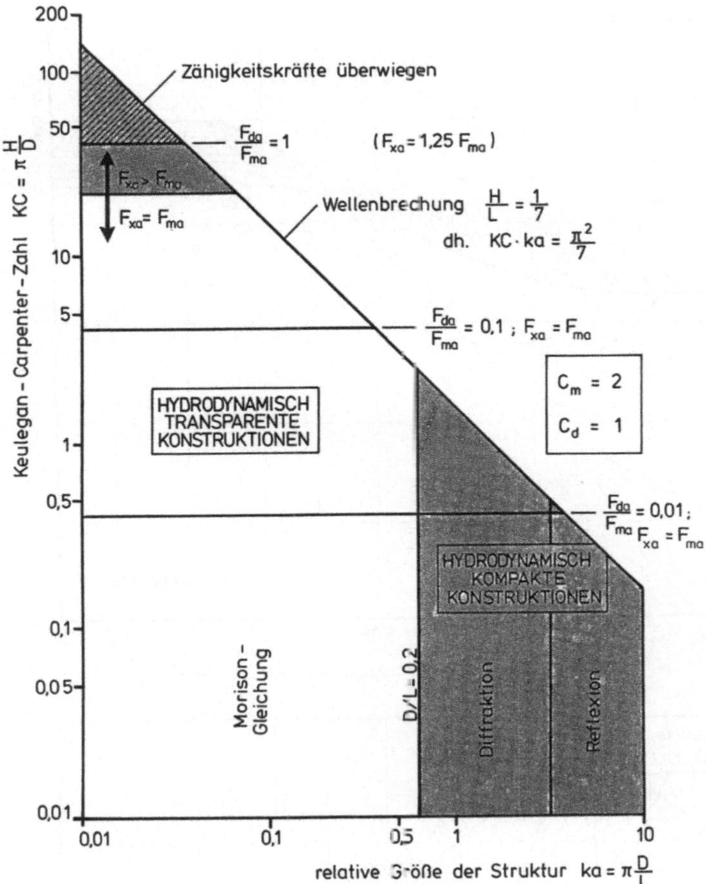

Bild 3.51. Horizontalkraft auf vertikale Kreiszylinder im Wellenfeld bei großen Wassertiefen – Einflußbereiche und Gültigkeitsgrenzen nach [3.41]

Für die Beiwerte $C_m = 2$ und $C_d = 1$ zeigt Bild 3.50 den Verlauf der Maximalkraft nach (3.103b) und (3.103c). Wiederum wird deutlich, daß der Einfluß der Zähigkeitskräfte auf die Gesamtkraft erst bei hohen Keulegan-Carpenter-Zahlen relevant ist.

Beziehen wir in die Betrachtungen das Verhältnis von Zylinderdurchmesser zu Wellenlänge ein, so ergibt sich die Darstellung nach Bild 3.51 [3.41]. In doppellogarithmischem Maßstab ist hier die Keulegan-Carpenter-Zahl über der relativen Größe der Struktur aufgetragen. Das Produkt beider Kennzahlen ist der Wellensteilheit proportional, so daß das Diagramm zur rechten Seite durch die Wellenbrechung begrenzt ist. Unterhalb dieser Kurve lassen sich folgende Bereiche definieren:

– Hydrodynamisch kompakte Konstruktionen: Diffraktion bzw. Reflexion des Wellenfeldes aufgrund der Wechselwirkung mit der Struktur für $D/L > 0{,}2$ bzw. $D/L > 1$.

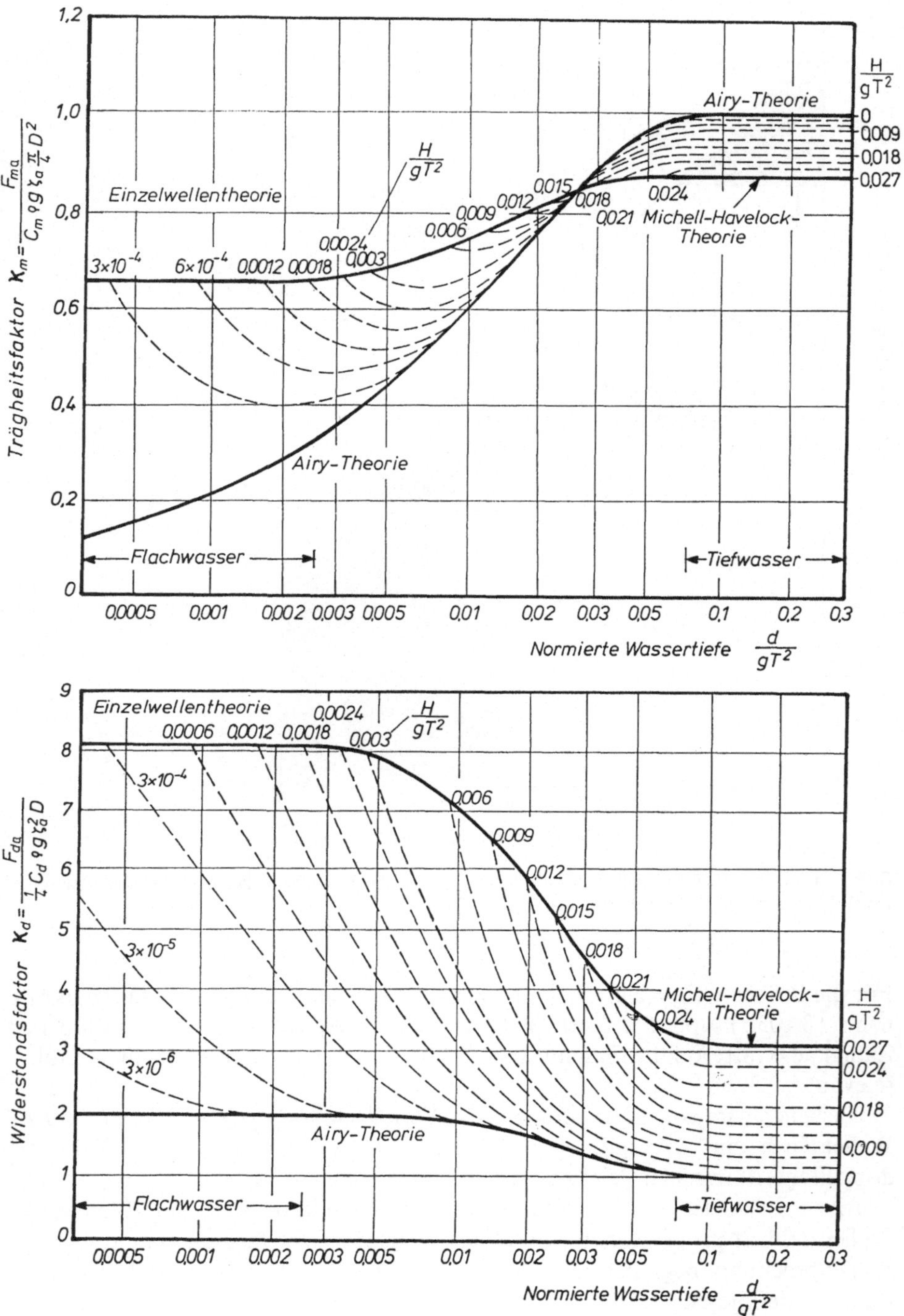

Bild 3.52. Trägheits- und Widerstandskraft auf vertikale Kreiszylinder nach [3.42]

– Hydrodynamisch transparente Konstruktionen für $D/L \leqq 0{,}2$: Ist $KC \leqq 20$, so entspricht der Maximalwert der Horizontalkraft der maximalen Trägheitskraft. Zähigkeitseinflüsse sind erst für größere Werte von KC relevant, für $KC > 40$ dominant. Diese Grenzdaten, markiert durch waagerechte Linien, machen deutlich, daß bei meerestechnischen Konstruktionen meist die Trägheitskräfte dominieren, insbesondere bei relativ großen Strukturen.

Die bisherigen Ausführungen behandelten im wesentlichen Kräfte auf Strukturen in flachen Wellen. Hierbei fand die lineare Wellentheorie Anwendung, die Integration lief vom Meeresboden bis zur Ruhewasserlinie. Nach diesem Verfahren können im Prinzip auch alle schwimmenden Konstruktionen analysiert werden.

Für den Fall beliebiger Wellenhöhen hat Bretschneider [3.42] Diagramme entwickelt, aus denen sich Kräfte und Momente auf vertikale Kreiszylinder unmittelbar ablesen lassen. Den Diagrammen liegen Wellentheorien höherer Ordnung zugrunde, bei der Integration wurde das effektive Wellenprofil berücksichtigt. Bild 3.52 gibt die Trägheits- und Widerstandskraft für beliebige Wassertiefen und Wellenhöhen wieder, Bild 3.53 liefert die zugehörigen Hebelarme zur Berechnung der Momente. Aus der Phasenlage bzw. dem Verhältnis von Zähigkeitskraft zur Trägheitskraft läßt sich schließlich mit Bild 3.54 die Gesamtkraft bzw. das Gesamtmoment berechnen. Im folgenden verwenden wir diese Diagramme, um die Relevanz von Wellentheorien höherer Ordnung und die Problematik der Integrationsgrenzen im Vergleich zum Ansatz von Morison bei Verwendung der linearen Wellentheorie zu erörtern.

Zur Diskussion der Integrationsgrenzen zeigt Bild 3.55 zunächst drei Alternativen in Relation zu Messungen [3.41, 3.43], welche mit einem instrumentierten, vertikalen Kreiszylinder im Seegang gewonnen wurden: Deutlich ist zu erkennen, daß bei Anwendung der linearen Wellentheorie die Integration bis zum Wellenkamm zu hohe Ergebnisse liefert. Chakrabarti [3.41] empfiehlt daher, den exponentiellen bzw. hyperbolischen Anstieg der relevanten, physikalischen Parameter im Wellental nur bis zum Wellenprofil, im Wellenberg jedoch bis zur Ruhewasserlinie zu integrieren und dann einen linearen Abfall bis zur jeweiligen Wellenoberfläche anzusetzen.

Einen Vergleich unterschiedlicher Analyseverfahren zeigt Bild 3.56 nach [3.44]. Das obere Diagramm illustriert, wie gering die Unterschiede von Beschleunigungen und Geschwindigkeiten nach der Airy- und der Stokes-Wellentheorie 5. Ordnung sind. In den unteren Diagrammen sind in Anlehnung an die Morison-Gleichung (3.90) die hieraus folgenden Kräfte und Momente wiedergegeben. Hier zeigt sich die entscheidende Bedeutung der Integrationsgrenzen vor allem für den Widerstandsanteil: Bis zur Ruhewasserlinie $z=0$ integriert, ergibt sich kaum ein Unterschied zwischen den Wellentheorien. Erst die spezifizierte Integration bis zum Wellenkamm bzw. -tal führt auf erhebliche Änderungen.

Berechnen wir zum Vergleich den Zähigkeitsanteil der Morison-Gleichung (3.90) mit der linearen Wellentheorie (Tabelle 3.1) für Tiefwasser, integrieren jedoch bis zum Wellenkamm, so erhalten wir für die maximale Widerstandskraft

$$F_\mathrm{d} = \frac{1}{4} C_\mathrm{d} \varrho g D \zeta_\mathrm{a}^2 \left[\mathrm{e}^{2kz}\right]_{z=-d}^{z=\zeta_\mathrm{a}},$$

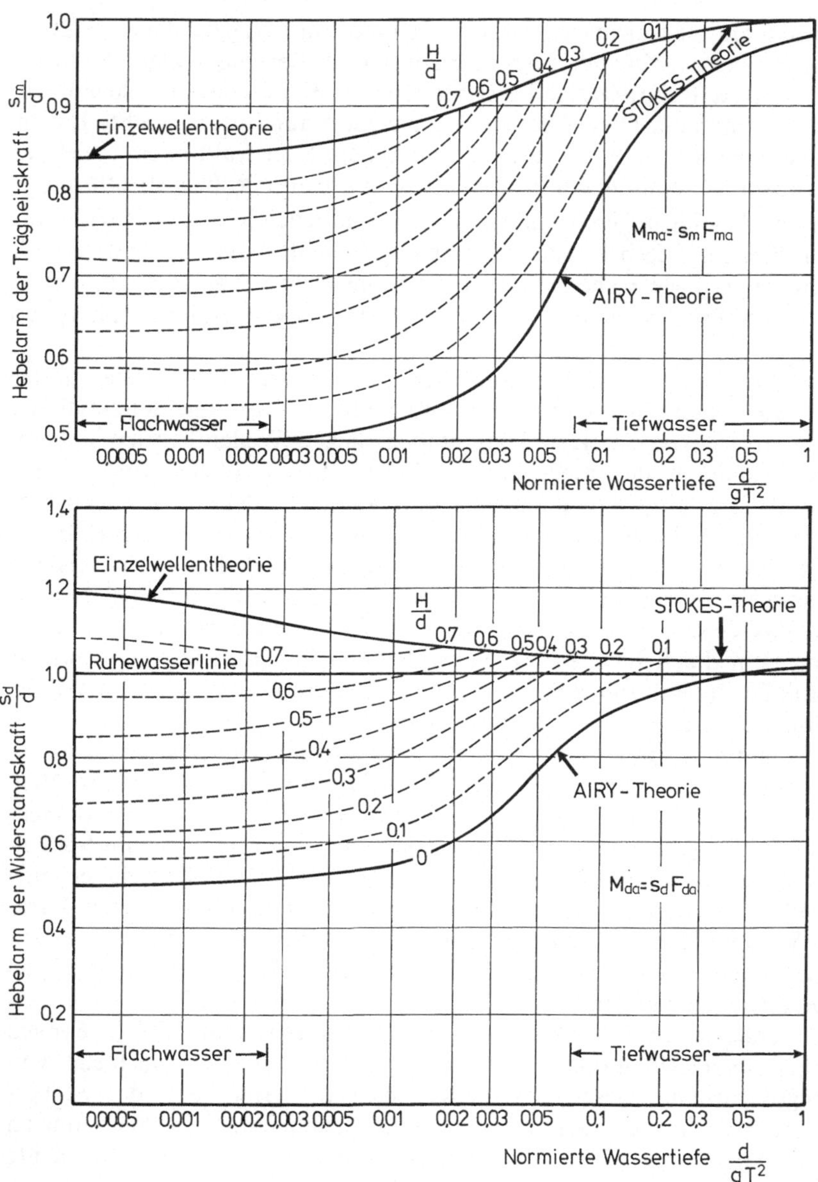

Bild 3.53. Momente von Trägheits- und Widerstandskraft auf vertikale Kreiszylinder nach [3.42]

woraus sich nach unserer Definition in Bild 3.56 der Betrag der normierten Widerstandskraft

$$\varkappa_d = \exp(2kz)\Big|_{-d}^{\zeta_a} = \exp(2k\zeta_a) - \exp(-2kd)$$
$$= \exp\left(2kd \cdot \frac{H}{d} \cdot \frac{\zeta_a}{H}\right) - \exp(-2kd)$$

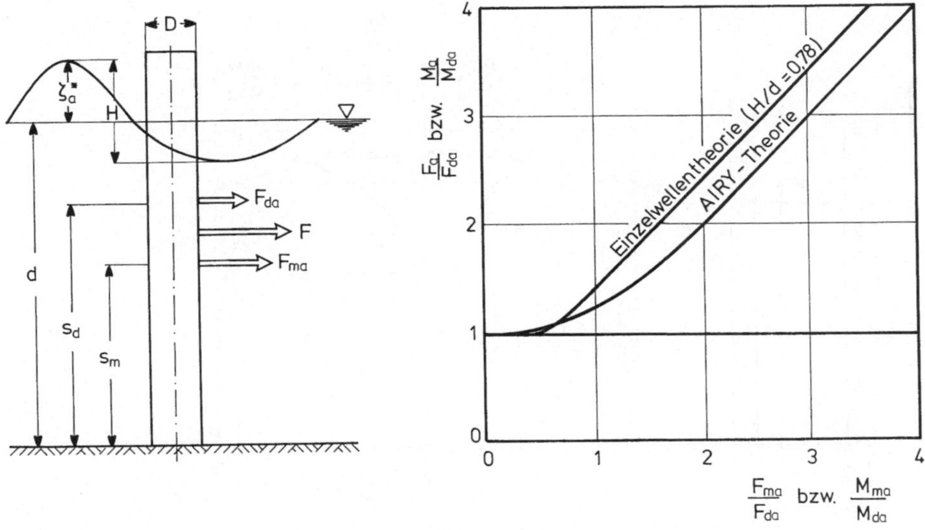

Bild 3.54. Gesamtkraft bzw. -moment auf vertikale Kreiszylinder nach [3.42]

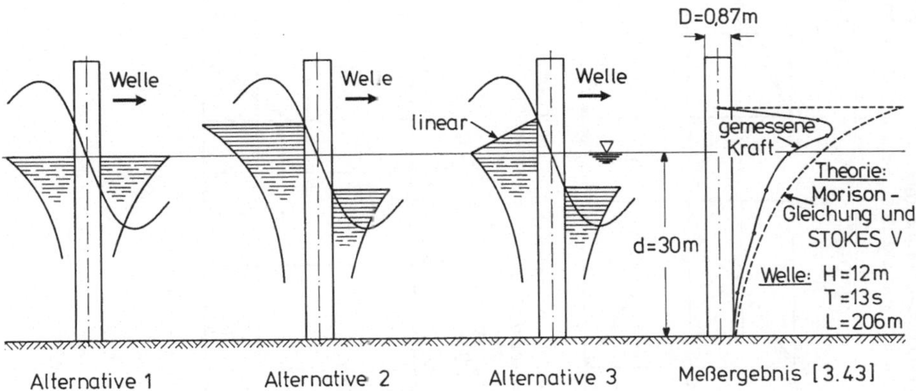

Bild 3.55. Alternativen für Integrationsgrenzen im Vergleich zu Messungen nach [3.41, 3.43]

ergibt. Für die in unserem Beispiel nach [3.44] große, relative Wassertiefe $kd = 3$ folgt hieraus mit $H/d = 0{,}2$ bei Integration

- bis zur Ruhewasserlinie $\zeta_a = 0$ $\quad \varkappa_d = 1$,
- bis zum Wellenkamm $\zeta_a = H/2$ $\quad \varkappa_d = 1{,}82$,
- bis zum Wellental $\zeta_a = -H/2$ $\quad \varkappa_d = 0{,}55$.

Im Vergleich mit Ergebnissen nach der Stokes-Wellentheorie 5. Ordnung in Bild 3.56 ist die Übereinstimmung sehr gut, wenn bis zur Wellenkontur integriert wird.

Gehen wir alternativ von den Diagrammen in Bild 3.52 aus, so ergeben sich für $d/gT^2 = 0{,}076$ und $H/gT^2 = 0{,}015$ – entsprechend $kd = 3$ und $H/d = 0{,}2$ – geringfügig andere Maximalwerte $\varkappa_m = 0{,}93$ und $\varkappa_d = 2$. Berücksichtigen wir

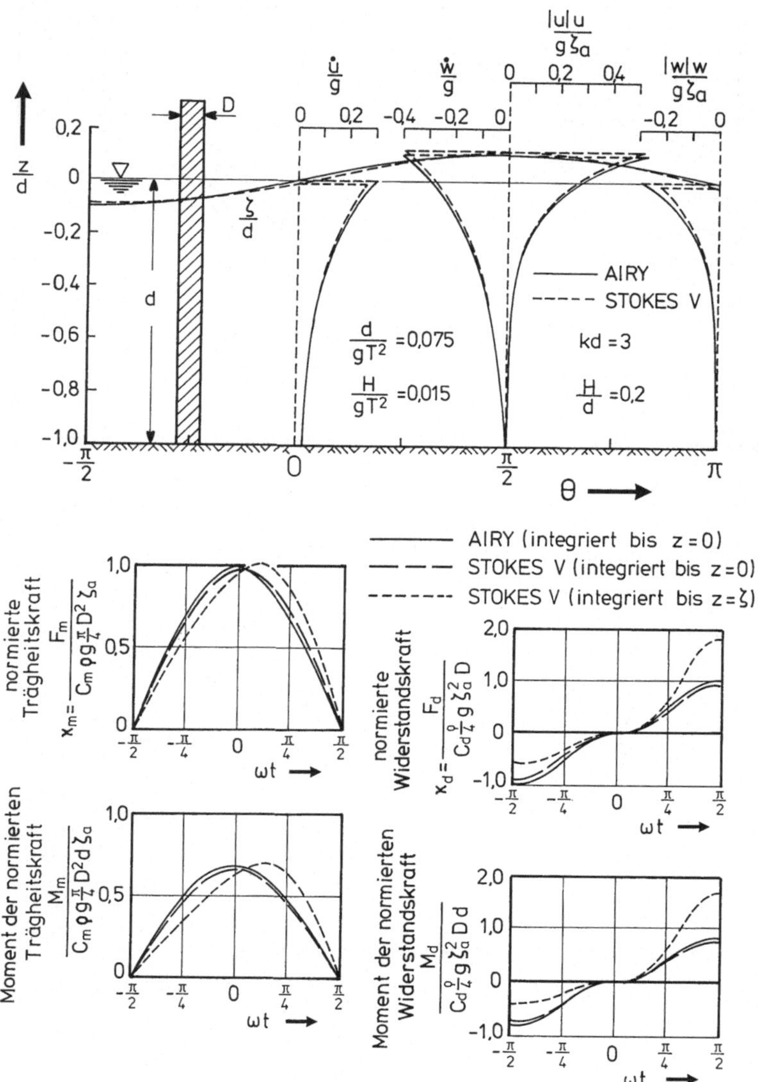

Bild 3.56. Wellentheorien im Vergleich: Partikelgeschwindigkeiten und -beschleunigungen sowie Kräfte und Momente auf einen vertikalen Kreiszylinder nach [3.44]

jedoch für den in Bild 3.56 wiedergegebenen Beispielfall nach [3.44], daß mit den hier gewählten Daten der Wellenkamm nach Bild 3.21 mit $\zeta_a^*/H = 0{,}58$ über dem nach Airy berechneten Wert liegt, so folgt hieraus bei Integration

– bis zu diesem Wellenkamm $\zeta_a = 0{,}58H$ $\varkappa_d = 2$

in Übereinstimmung mit dem aus Bild 3.52 gewonnenen Ergebnis.

Da nach der Morison-Gleichung Kräfte auf Strukturkomponenten aus dem Druckfeld der Welle sowie aus Relativbeschleunigungen und -geschwindigkeiten abgeleitet werden, läßt sich dieses – ursprünglich für vertikale Kreiszylinder

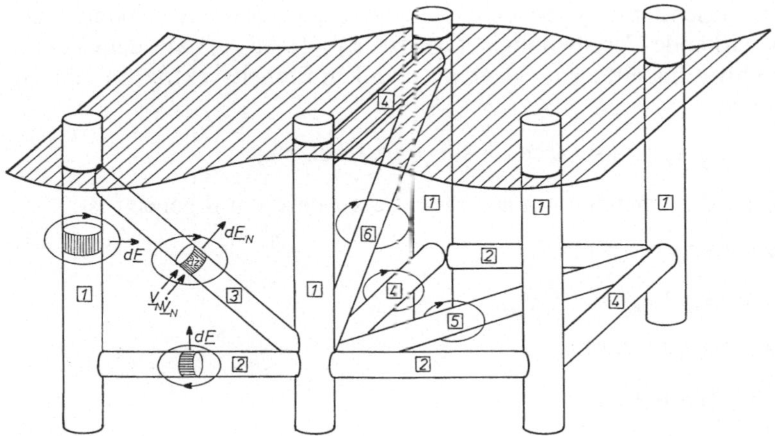

Bild 3.57. Strömungsverhältnisse für eine typische meerestechnische Konstruktion im Wellenfeld

angegebene – Verfahren auch für beliebig angeordnete Zylinderkörper verwenden. Wie in Bild 3.57 für eine typische meerestechnische Konstruktion beim Durchlauf einer Welle dargestellt, gleichen die Strömungsverhältnisse für die in Wellenausbreitungsrichtung liegenden Komponenten *2* und *3* denen der vertikalen Säulen *1*, die Orbitalbahnen liegen parallel zum Längsschnitt. Für quer und schräg zur Wellenausbreitung angeordnete Komponenten *4*, *5*, *6* umfaßt dagegen die Orbitalbahn das Bauteil. Diese strömungstechnisch unterschiedlichen Ausgangsbedingungen wirken sich – wie im folgenden Abschnitt erläutert – einerseits auf die Größe von C_m und C_d aus, andererseits ist die zunächst nur für vertikale Kreiszylinder gültige Morison-Gleichung zu modifizieren [3.45].

Bezeichnen wir die senkrecht zur Zylinderachse wirkende Geschwindigkeits- bzw. Beschleunigungskomponente mit $\mathbf{v}_N$ bzw. $\partial \mathbf{v}_N/\partial t$, so ergibt sich für den in dieser Richtung wirkenden Kraftvektor (Bild 3.57):

$$d\mathbf{F}_N = \left[C_m \varrho \frac{\pi D^2}{4} \frac{\partial \mathbf{v}_N}{\partial t} + C_d \frac{\varrho}{2} D |\mathbf{v}_N| \mathbf{v}_N \right] dz\,. \tag{3.104}$$

Für waagerechte, quer zur Wellenausbreitung angeordnete Zylinder der Länge l folgen hieraus mit dem Geschwindigkeitsvektor

$$\mathbf{v}_N^T = (u, 0, w)$$

und dessen Betrag

$$|\mathbf{v}_N| = \sqrt{u^2 + w^2}$$

die Komponenten des Wellenkraftvektors

$$F_x = C_m \varrho \frac{\pi D^2}{4} \cdot l \cdot \frac{\partial u}{\partial t} + C_d \frac{\varrho}{2} D \cdot l \cdot |\mathbf{v}_N| \cdot u\,,$$

$$F_z = C_m \varrho \frac{\pi D^2}{4} \cdot l \cdot \frac{\partial w}{\partial t} + C_d \frac{\varrho}{2} D \cdot l \cdot |\mathbf{v}_N| \cdot w\,, \tag{3.105}$$

d.h., die Widerstandskraft liegt bereits in linearer Form vor.

Für beliebig orientierte zylindrische Bauteile ergibt sich der senkrecht zur Zylinderachse wirkende Geschwindigkeitsvektor $\boldsymbol{v}_N^T = (v_x, v_y, v_z)$ aus dem Vektor der Orbitalgeschwindigkeiten $\boldsymbol{v}^T = (u, 0, w)$ und dem Einheitsvektor in Richtung der Zylinderachse

$$\boldsymbol{e}_t^T = (e_x, e_y, e_z) = (\sin\varphi \cos\vartheta, \sin\varphi \sin\vartheta, \cos\varphi) ,$$

wenn diese gegen die Vertikale um φ, gegen die x-Achse um ϑ geneigt ist:

$$v_x = u - e_x(e_x u + e_z w) ,$$

$$v_y = -e_y(e_x u + e_z w) ,$$

$$v_z = w - e_z(e_x u + e_z w) .$$

Hieraus folgt für den Betrag

$$|\boldsymbol{v}_N| = \sqrt{u^2 + w^2 - (e_x u + e_z w)^2} .$$

Analoge Ausdrücke ergeben sich für die Beschleunigungen.

Für die auf die Länge bezogene Wellenkraft erhalten wir damit in Komponentenschreibweise

$$f_x = C_m \varrho \frac{\pi D^2}{4} \frac{\partial v_x}{\partial t} + C_d \frac{\varrho}{2} D |\boldsymbol{v}_N| v_x ,$$

$$f_y = C_m \varrho \frac{\pi D^2}{4} \frac{\partial v_y}{\partial t} + C_d \frac{\varrho}{2} D |\boldsymbol{v}_N| v_y ,$$

$$f_z = C_m \varrho \frac{\pi D^2}{4} \frac{\partial v_z}{\partial t} + C_d \frac{\varrho}{2} D |\boldsymbol{v}_N| v_z . \tag{3.106}$$

Hieraus lassen sich alle Sonderfälle ableiten

– vertikaler Zylinder

$$\varphi = 0° ; \boldsymbol{e}_t^T = (0, 0, 1) ; \boldsymbol{v}_N^T = (u, 0, 0) ,$$

– waagerechter Zylinder quer zur Wellenausbreitung

$$\varphi = 90° ; \vartheta = 90° ; \boldsymbol{e}_t^T = (0, 1, 0) ; \boldsymbol{v}_N^T = (u, 0, w) = \boldsymbol{v}^T ,$$

– waagerechter Zylinder in Wellenrichtung

$$\varphi = 90° ; \vartheta = 0° ; \boldsymbol{e}_t^T = (1, 0, 0) ; \boldsymbol{v}_N^T = (0, 0, w) .$$

Im allgemeinen Fall eines beliebig orientierten, bewegten Strukturelements mit kreiszylindrischem Querschnitt ergibt sich nach [3.46] in Analogie zu (3.91c) der normal zum Element wirkende Kraftvektor

$$\mathrm{d}\boldsymbol{F} = \underbrace{\varrho \frac{\pi D^2}{4} \mathrm{d}s \frac{\partial \boldsymbol{v}_N}{\partial t}}_{\substack{\text{Froude-Krylov-} \\ \text{Kraft}}} + \underbrace{C_a \varrho \frac{\pi D^2}{4} \mathrm{d}s \frac{\partial \boldsymbol{u}_{RN}}{\partial t}}_{\substack{\text{hydrodynamische} \\ \text{Massenkraft}}} + \underbrace{C_d \frac{\varrho}{2} D \, \mathrm{d}s |\boldsymbol{u}_{RN}| \boldsymbol{u}_{RN}}_{\substack{\text{zähigkeitsbedingte} \\ \text{Widerstandskraft}}} , \tag{3.107}$$

– Die Froude-Krylov-Kraft hängt von der Normalkomponente der Wellenpartikelbeschleunigung ab. Diese folgt hieraus mit dem Einheitsvektor in Richtung der Zylinderachse $\boldsymbol{e}_t$:

$$\frac{\partial \boldsymbol{v}_N}{\partial t} = \boldsymbol{e}_t \times \left(\frac{\partial \boldsymbol{v}}{\partial t} \times \boldsymbol{e}_t \right). \tag{3.108a}$$

– Die hydrodynamische Massenkraft hängt von der Normalkomponente der Relativbeschleunigung ab. Analog zu (3.108a) ergibt sich diese zu

$$\frac{\partial \boldsymbol{u}_{RN}}{\partial t} = \boldsymbol{e}_t \times \left(\frac{\partial \boldsymbol{u}_R}{\partial t} \times \boldsymbol{e}_t \right), \tag{3.108b}$$

wobei die Relativbeschleunigung $\partial \boldsymbol{u}_R/\partial t$ aus der Differenz von Wellenpartikelbeschleunigung $\partial \boldsymbol{v}/\partial t$ und Beschleunigung des Strukturelements $\partial \boldsymbol{u}_K/\partial t$ folgt:

$$\frac{\partial \boldsymbol{u}_R}{\partial t} = \frac{\partial \boldsymbol{v}}{\partial t} - \frac{\partial \boldsymbol{u}_K}{\partial t}. \tag{3.109a}$$

Die Beschleunigung des Strukturelements leiten wir aus den Beschleunigungen der Translations- und Drehbewegungen der Gesamtstruktur, $\partial \boldsymbol{u}_T/\mathrm{d}t$ und $\partial \boldsymbol{u}_D/\partial t$ ab. Mit dem Radiusvektor $\boldsymbol{r}_s$ vom Drehpunkt der Struktur zum betrachteten Element erhalten wir

$$\frac{\partial \boldsymbol{u}_K}{\partial t} = \frac{\partial \boldsymbol{u}_T}{\partial t} + \frac{\partial \boldsymbol{u}_D}{\partial t} \times \boldsymbol{r}_s. \tag{3.110a}$$

– Die zähigkeitsbedingte Widerstandskraft hängt von der Normalkomponente der Relativgeschwindigkeit von Fluid und Strukturelement $\boldsymbol{u}_R$ ab, und ergibt sich analog zu (3.108a) mit dem Einheitsvektor in Richtung der Zylinderachse $\boldsymbol{e}_t$

$$\boldsymbol{u}_{RN} = \boldsymbol{e}_t \times (\boldsymbol{u}_R \times \boldsymbol{e}_t), \tag{3.108c}$$

wobei

$$\boldsymbol{u}_R = \boldsymbol{v} - \boldsymbol{u}_K. \tag{3.109b}$$

Die Geschwindigkeit des Strukturelements $\boldsymbol{u}_K$ leiten wir wiederum aus den Geschwindigkeiten der Translations- und Drehbewegungen der Gesamtstruktur, $\boldsymbol{u}_T$ und $\boldsymbol{u}_D$, ab. Mit dem Radiusvektor $\boldsymbol{r}_s$ vom Schwerpunkt der Struktur zum betrachteten Element erhalten wir analog zu (3.110a)

$$\boldsymbol{u}_K = \boldsymbol{u}_T + \boldsymbol{u}_D \times \boldsymbol{r}_s. \tag{3.110b}$$

Die Gesamtkraft ergibt sich aus der phasenrichtigen Überlagerung der Teilkräfte auf alle Strukturelemente. Die Einzelkräfte folgen aus der Integration von (3.107) über die Länge der jeweiligen Elemente bzw. bis zum Ruhewasserspiegel. Zur Linearisierung ist die Widerstandskraft in (3.107) analog (3.99b) zu modifizieren und lautet

$$\mathrm{d}F_d = \frac{8}{3\pi} C_d \cdot \frac{\varrho}{2} D \mathrm{d}s \cdot \boldsymbol{u}_{RNa} \boldsymbol{u}_{RN}, \tag{3.100b}$$

wobei $\boldsymbol{u}_{RNa}$ die Amplitude der Normalen der Relativgeschwindigkeit von Fluid und Strukturelement ist.

3.4.1.5 Beiwerte von hydrodynamischer Masse und Widerstand

Die bisherige Diskussion der Morison-Gleichung ging von konstanten Beiwerten für Trägheit, hydrodynamische Masse und Widerstand kreiszylindrischer Bauteile aus:

$$C_m = 1 + C_a = 2\,;\; C_a = 1\,;\; C_d = 1\,.$$

Im allgemeinen werden die Beiwerte experimentell bestimmt, indem die auf ein Zylinderelement wirkende Horizontalkraft der Größe und Phase nach analysiert wird. Die so ermittelten Beiwerte hängen von den Partikelbeschleunigungen und -geschwindigkeiten und damit von der verwendeten Wellentheorie ab, sofern diese Größen nicht gesondert gemessen werden. Die Auswertung setzt weiterhin voraus, daß Trägheits- und Zähigkeitskräfte um 90 ° phasenverschoben sind und nach den in der Morison-Gleichung vorgegebenen Gesetzmäßigkeiten verlaufen. Selbst mit diesen Prämissen ist die Ermittlung der Beiwerte problematisch, da geringe Auswertungsfehler der Phasenzuordnung erhebliche Variationen der Beiwerte zur Folge haben. Dies zeigt Bild 3.58, in dem die normierte Horizontalkraft – siehe (3.93) und Bild 3.47 – auf einen kreiszylindrischen, vertikalen Pfahl in Tiefwasser für $KC = 10$ dargestellt ist. Trotz deutlicher Änderungen des Widerstandsbeiwerts C_d bleibt die Maximalkraft konstant und tritt immer beim Phasenwinkel π auf. Der Widerstandsbeiwert kann also nur aus der Form der Kurve ermittelt werden, was zu erheblichen Auswertungsfehlern führt.

Im Hinblick auf diese Problematik wird im folgenden die umfangreiche Literatur zum speziellen Problem von Kreiszylindern im Wellenfeld ausschnittsweise diskutiert. Die Standardarbeit von Keulegan und Carpenter [3.47] basiert

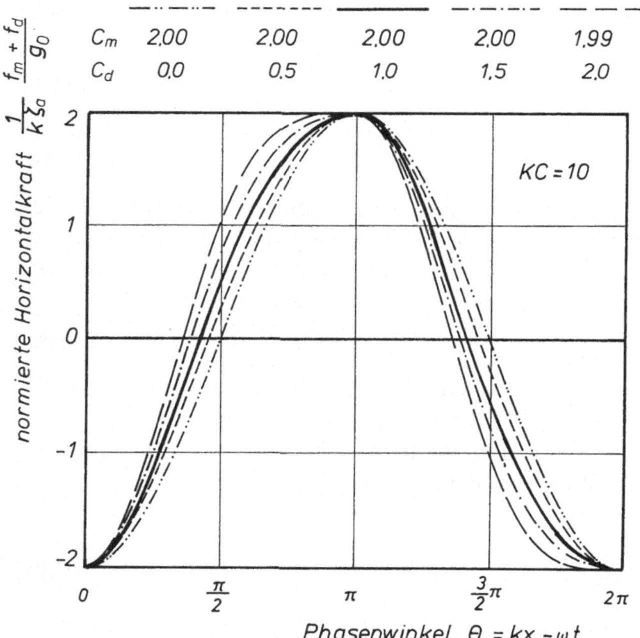

Bild 3.58. Normierte Horizontalkraft auf vertikalen Kreiszylinder in Tiefwasser

auf Meßwerten in stehenden Wellen und ist daher für die Erfassung des Verhaltens solcher Konstruktionen im Orbitalwellenfeld nur begrenzt gültig. Gleiches gilt für die von Sarpkaya und Isaacson [3.10] veröffentlichten Daten, da sie in der oszillierenden Strömung eines U-förmigen Tanks gemessen wurden. Bei diesen Versuchen ist die Eigenperiode der harmonischen Schwingung T durch die Tankabmessungen festgelegt. In Abhängigkeit von der Amplitude der im U-Tank hin- und herschwingenden Wassersäule ergibt sich eine normal zum kreiszylindrischen Element gerichtete, harmonische Anströmungsgeschwindigkeit u. Die für die Orbitalbewegung im Wellenfeld charakteristische Vertikalkomponente w ist gleich Null. Während des Versuches klingt die Geschwindigkeitsamplitude u_a und damit die Reynolds-Zahl $Re = u_a D/\nu$ sowie die Keulegan-Carpenter-Zahl $KC = u_a T/D$ ab, das Verhältnis

$$\beta = \frac{Re}{KC} = \frac{D^2}{\nu T}$$

bleibt jedoch konstant. Gemessen wird die periodische Querkraft. Aus deren Größe und Phase läßt sich der Trägheits- und Widerstandsbeiwert, C_m und C_d, ableiten. Jede einzelne Schwingung ergibt hierfür Werte, die sich den jeweiligen Kennzahlen Re und KC zuordnen lassen. Aus einem einzigen Versuch folgen so hunderte von Einzeldaten. Bild 3.59 zeigt Ergebnisse von Versuchen mit unterschiedlichen Zylinderdurchmessern. Aus dieser durch konstante β-Werte gekennzeichneten Kurvenschar in Abhängigkeit von KC läßt sich eine zweite Kurvenschar für konstante Reynolds-Zahlen ableiten. Aufschlußreicher ist jedoch die alternative Auftragung der C_m- und C_d-Beiwerte als Funktion der Re-Zahl für konstante KC-Werte. Wie Bild 3.60 zeigt, steigen die C_m-Werte mit zunehmender Re-Zahl auf Grenzwerte von 1,8 bis 2,0 an, während die C_d-Werte auf ca. 0,6 abfallen. Wie aus dem zusätzlich dargestellten Kurvenverlauf für stationäre Anströmung deutlich wird, hängt dieser Abfall mit dem Übergang von laminarer zu turbulenter Umströmung zusammen. Im Vergleich zu stationärer Anströmung ist dieser Übergang bei oszillierender Umströmung – abhängig von der KC-Zahl – bei niedrigeren Re-Zahlen zu beobachten, da die Wirbel nicht abfließen, sondern eine inhomogene Turbulenzzone um die Struktur aufbauen. Die Wirbel beeinflussen sich hierbei gegenseitig, so daß sich Kräfte sowohl in Strömungsrichtung als auch transversal hierzu ergeben.

Für die Analyse meerestechnischer Konstruktionen ist die Kenntnis der Beiwerte vor allem im Bereich hoher Re-Zahlen, d.h. bei turbulenter Umströmung, wichtig. Gerade hierfür existieren jedoch nur wenige Messungen. Für die Praxis sind ferner Ergebnisse für rauhe Kreiszylinder relevant. Wie aus Bild 3.61 für $KC = 20$ hervorgeht, hat die Rauhigkeit signifikanten Einfluß, wobei allerdings nur wenige Messungen im Bereich hoher Reynoldszahlen vorliegen [3.93].

Trotz der Vielfalt der von Sarpkaya in [3.10] umfassend dargestellten Ergebnisse bleibt der prinzipielle Einwand bestehen, daß die nur in einer Richtung erfolgende, harmonische Anströmung von Kreiszylindern nicht den Verhältnissen entspricht, die sich bei Orbitalbewegungen im Wellenfeld einstellen. In Folgeversuchen ist es Sarpkaya gelungen, durch phasenverschobene, harmonische Bewegungen des kreiszylindrischen Meßelements in Verbindung mit der im U-Tank schwingenden Wassersäule eine solche Anströmung zu simulieren [3.48, 3.49].

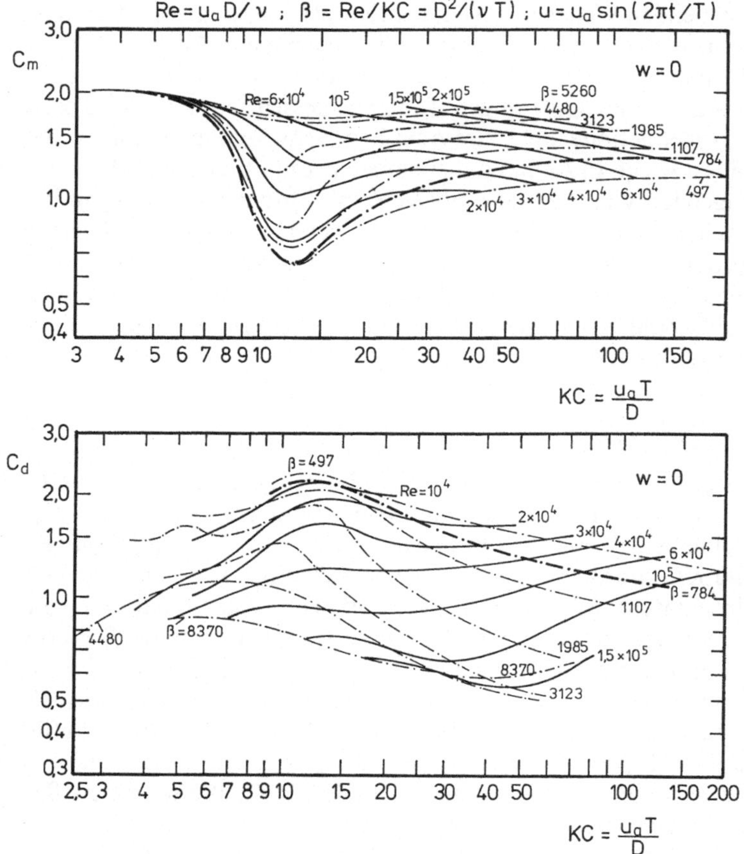

Bild 3.59. Trägheits- und Widerstandsbeiwerte von Kreiszylindern bei harmonischer Anströmung in Querrichtung nach [3.10]

Für vertikale und horizontale Kreiszylinder zeigen die Bilder 3.62 und 3.63 Ergebnisse für unterschiedliche Ovalität der Orbitalbewegung, allerdings nur für den Kennwert $\beta = 784$, d.h. für den Reynoldszahl-Bereich $6\,000 < Re < 40\,000$. Die Grenzkurve $w_a/u_a = 0$ entspricht hierbei den Werten für harmonische Anströmung in einer Richtung (siehe Bild 3.59). Diese von Sarpkaya vorgelegten Daten zeigen eine weitgehende Konstanz der Beiwerte im Bereich höherer KC-Zahlen. Überraschend sind die in Bild 3.62 dargestellten, deutlichen Auswirkungen der axialen Zylinderbewegung, da sie ausschließlich auf Grenzschichteinflüsse zurückzuführen sind. Versuche im Wellenkanal, z.B. die Messungen von Cotter und Chakrabarti [3.50, 3.51] für Reynolds-Zahlen $1\,500 < Re < 91\,000$, führen auf ähnliche Ergebnisse.

Höhere Reynolds-Zahlen im Bereich $6 \cdot 10^5 < Re < 1{,}5 \cdot 10^6$ sind erst in neuester Zeit bei Versuchen in den großen Wellenkanälen in Holland und Deutschland erreicht worden [3.52, 3.53]. Wie die vergleichende Zusammenstellung der Ergebnisse für vertikale Kreiszylinder in regulären Wellen in Bild 3.64 zeigt, sind

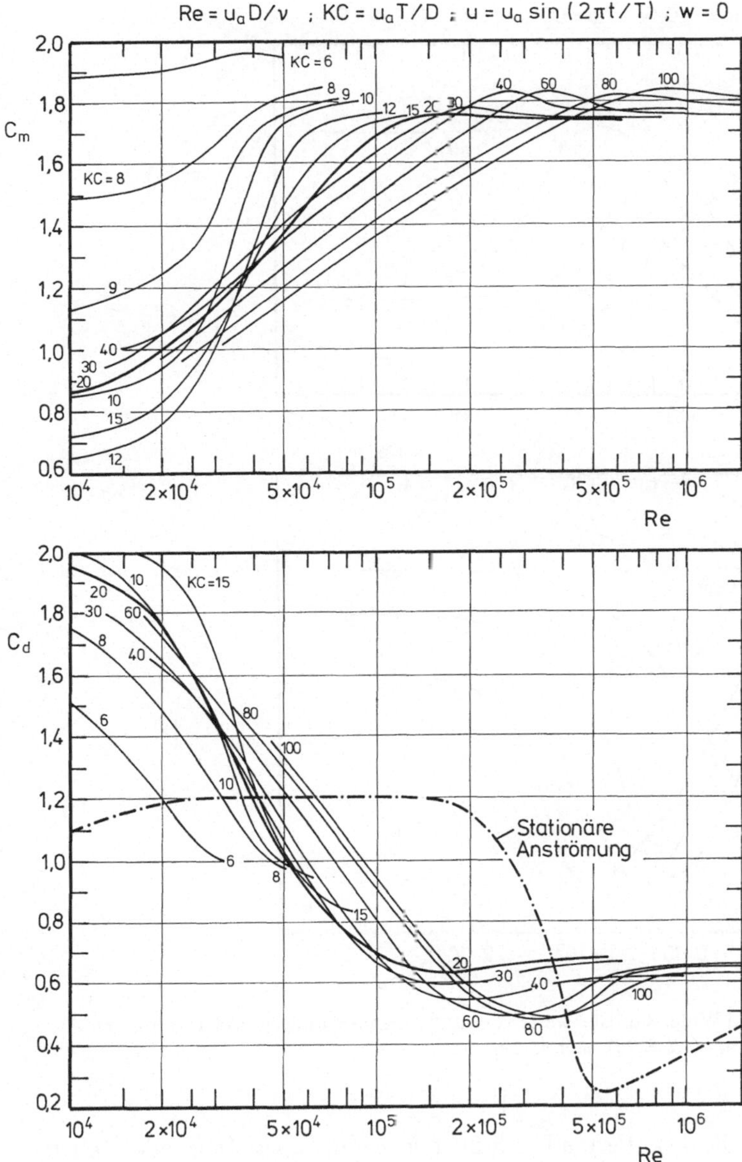

Bild 3.60. Trägheits- und Widerstandsbeiwerte von Kreiszylindern bei harmonischer Anströmung in Querrichtung nach [3.10]

die mit großen und kleinen Versuchsanlagen gewonnenen Resultate für Trägheitsbeiwerte kompatibel. Im Bereich $0 < KC < 20$ beobachten wir einen Abfall von $C_m = 2{,}0$ auf $C_m = 1{,}5$. Der Widerstandsbeiwert hängt erwartungsgemäß deutlich vom Reynoldszahl-Bereich ab. Für KC-Werte über 10 folgt aus den Messungen bei unterkritischer Strömung $C_d = 1{,}35$, bei überkritischer Strömung $C_d = 0{,}6$. Für niedrigere KC-Werte spielt der Zähigkeitswiderstand eine untergeordnete Rolle.

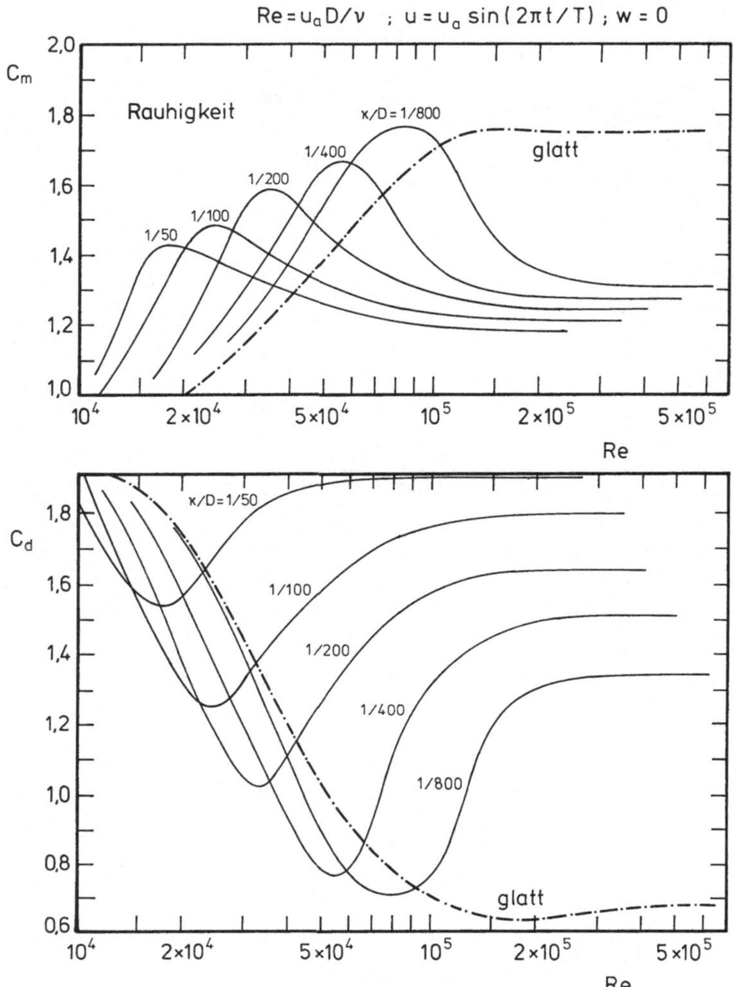

Bild 3.61. Trägheits- und Widerstandsbeiwerte von rauhen Kreiszylindern bei harmonischer Anströmung in Querrichtung ($KC=20$) nach [3.10]

Im Hinblick auf die diskutierten Einflußbereiche und andere Imponderabilien bei der Analyse meerestechnischer Konstruktionen mit Tragwerksstrukturen erscheint es uns praktisch ausreichend, für die Berechnung der Kräfte von den in Tabelle 3.3 zusammengestellten Beiwerten auszugehen. Diese Werte gelten für glatte Kreiszylinder. Für rauhe Zylinder erhöht sich der Reibungsbeiwert um 60 bis 80 %, wobei gegebenenfalls die Vergrößerung des Durchmessers zusätzlich zu berücksichtigen ist [3.54].

Vergleiche von Modellversuchen und theoretischen Berechnungen an Halbtauchern führen hiermit zu ausreichender Übereinstimmung der Ergebnisse [3.32, 3.46]. Ähnliche Erkenntnisse sind aus der Studie der International Towing Tank Conference (ITTC) zu ziehen, bei der 34 Rechnerprogramme zur Analyse des

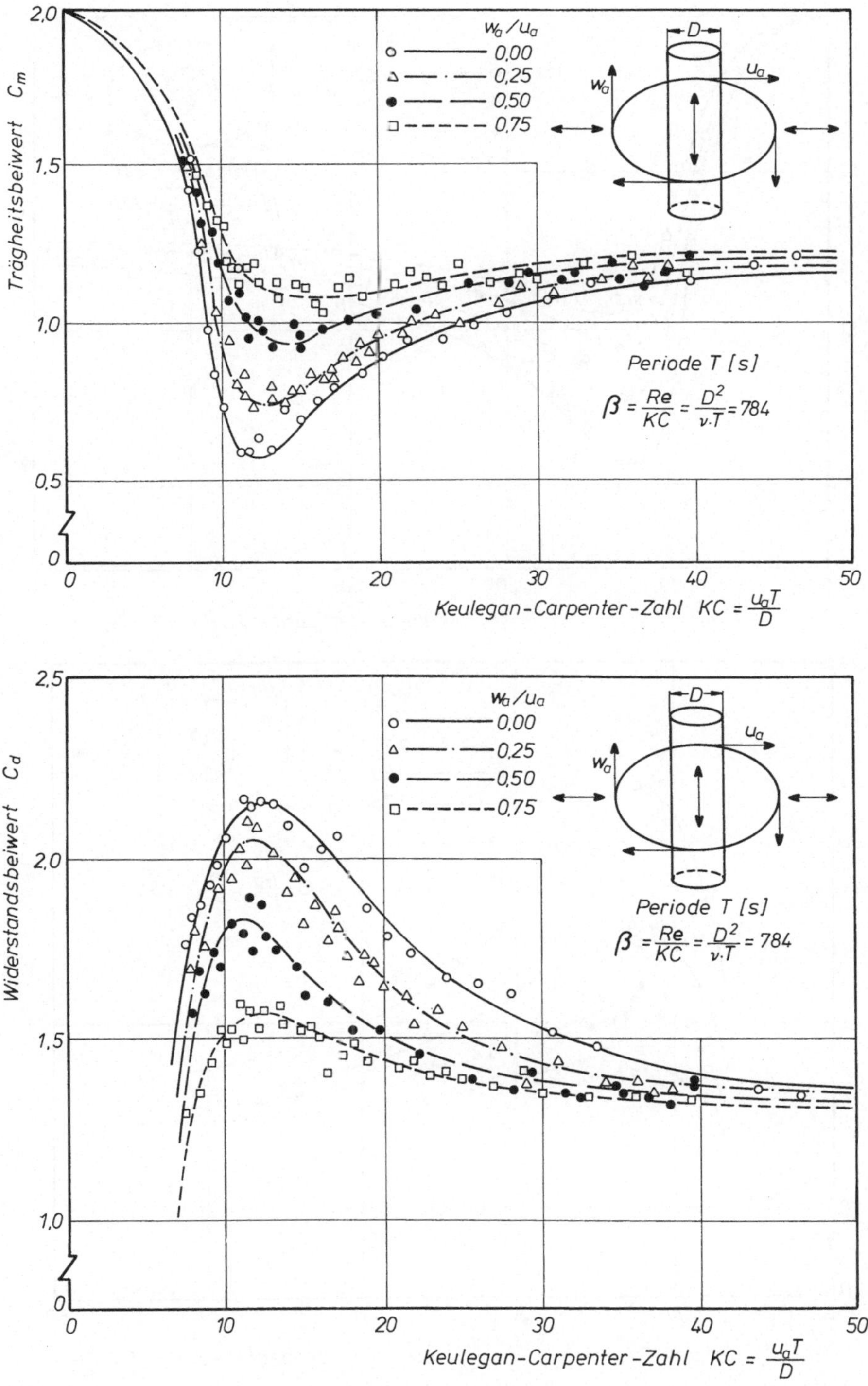

Bild 3.62. Trägheits- und Widerstandsbeiwerte vertikaler Kreiszylinder nach [3.48, 3.49]

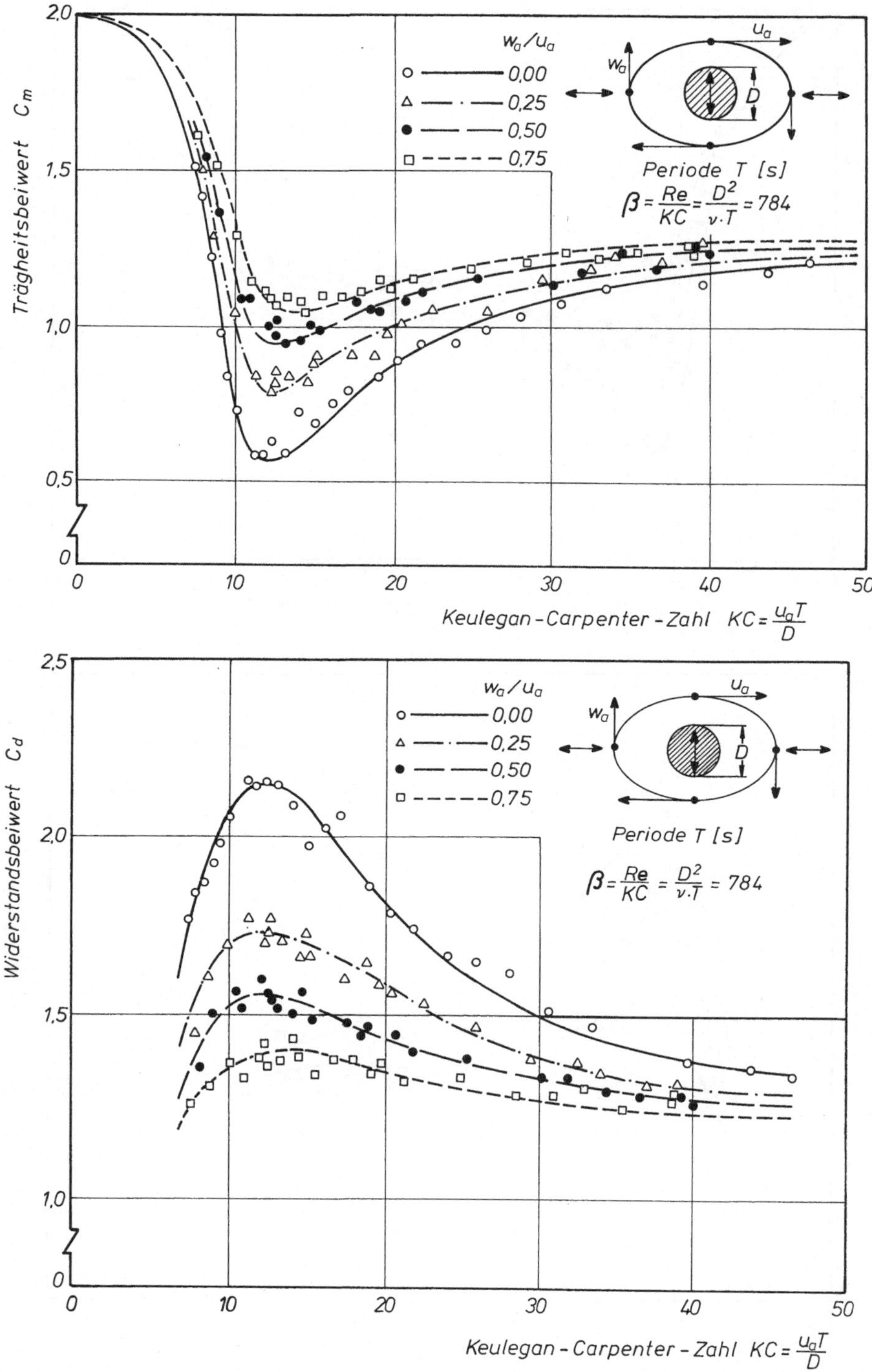

Bild 3.63. Trägheits- und Widerstandsbeiwerte horizontaler, quer zur Wellenausbreitungsrichtung liegender Kreiszylinder nach [3.48, 3.49]

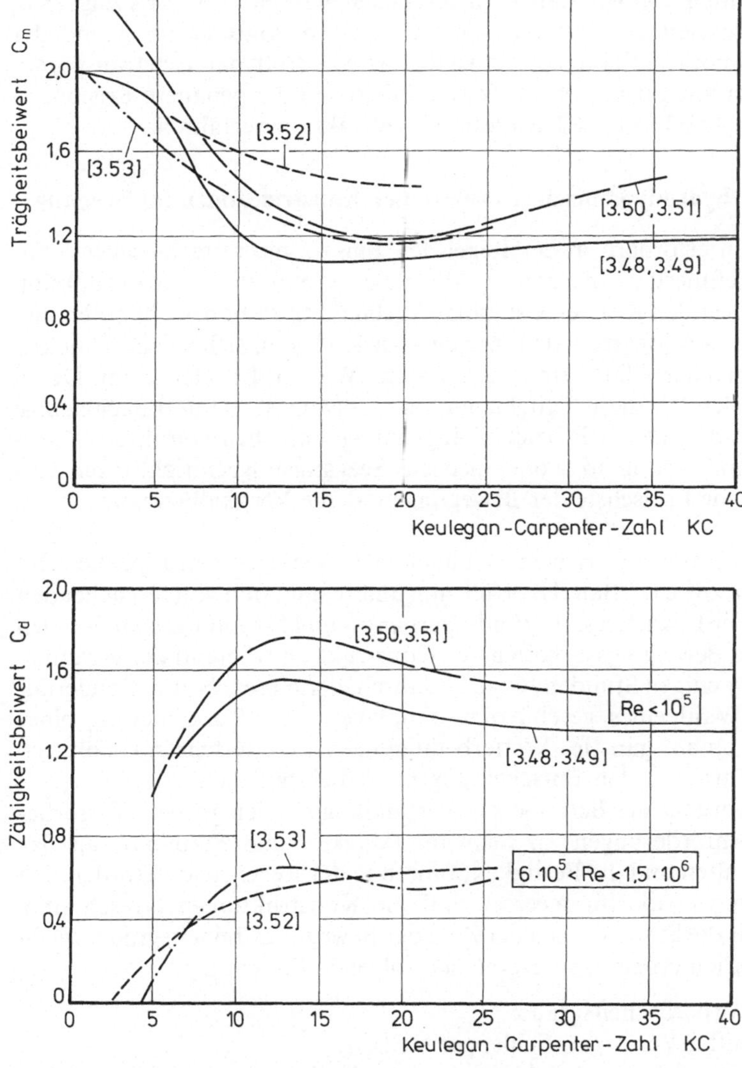

Bild 3.64. Trägheits- und Widerstandsbeiwerte vertikaler Kreiszylinder im Wellenfeld

Tabelle 3.3. Trägheits- und Widerstandsbeiwerte für kreiszylindrische Komponenten mit glatter Oberfläche

	Re < 10^5	Re > 10^5
KC < 5	$C_m = 2{,}0$; $C_d = 1{,}2$	$C_m = 2{,}0$; $C_d = 0{,}6$
KC ≥ 5	$C_m = 1{,}5$; $C_d = 1{,}2$	$C_m = 1{,}5$; $C_d = 0{,}6$

Bewegungsverhaltens von Halbtauchern verglichen wurden [3.55]. Es zeigt sich, daß die hier beschriebene Methode, die auf der Morison-Gleichung und der linearen Wellentheorie aufbaut, bei der Analyse von hydrodynamisch transparenten Halbtauchern mit geringerem Aufwand adäquate oder genauere Ergebnisse liefert, als das in Abschnitt 3.4.3 vorgestellte Diffraktionsverfahren.

3.4.2 Bewegung hydrodynamisch transparenter Konstruktionen im Seegang

Offshore-Arbeiten erfordern in der Regel den Einsatz meerestechnischer Konstruktionen an definierter Lokation im Meer. Bei Exploration und Produktion existiert hierbei über den Riser eine ständige Verbindung zu Bohrlochköpfen und Übergabepunkten am Meeresboden. Am einfachsten lassen sich solche Tätigkeiten von feststehenden Plattformen ausführen. Wie in Kapitel 2 im Detail beschrieben, werden für diese Tätigkeiten auch schwimmende und nachgiebige Strukturen eingesetzt. Deren Effizienz hängt im wesentlichen von ihrem Bewegungsverhalten im Seegang ab, wobei meistens Seegangsfolgeeinrichtungen notwendig sind, um die kritischste der Bewegungen – die Vertikalbewegung – zu kompensieren.

Vergleichbare Probleme ergeben sich auch beim Verlegen von Pipelines und Kranoperationen sowie bei Bau, Überführung und Installation von feststehenden Strukturen. Mit der Lokation sind Wind-, Seegangs- und Strömungsbedingungen festgelegt, die das Bewegungsverhalten der Konstruktion während der gesamten Betriebszeit, von wenigen Stunden bis zu 20 Jahren, definieren. Nur in Sonderfällen, z.B. durch Wahl eines geschützten Bauplatzes oder Terminierung einer diffizilen Operation auf günstige Wetterbedingungen (Wetterfenster), läßt sich das Seegangsspektrum in den Entscheidungsprozeß einbeziehen.

Die Nutzlastvorgabe des Betreibers in Verbindung mit den großen Wassertiefen sowie den Anforderungen an Schwimmfähigkeit und Stabilität, an das dynamische Verhalten und die Festigkeit, führen in der Regel zu außerordentlich großen Abmessungen, die für meerestechnische Konstruktionen typisch sind. Unterscheiden wir die Systeme nach der Zahl der Bewegungsfreiheitsgrade, wie in Kapitel 2 ausführlich erörtert, so ergibt sich folgende Einteilung:

- Sechs Starrkörperfreiheitsgrade:
  - Bohrschiffe, Versorger, Schlepper etc.,
  - verankerte und dynamisch positionierte Halbtaucher,
  - Ladebojen und Speichertanks,
  - Schwimmkräne,
  - Rohrlegefahrzeuge.
- Drei Starrkörperfreiheitsgrade:
  - zugspannungsverankerte Halbtaucher (TLP – tension leg platform),
  - seilabgespannte Turmplattformen (guyed tower).
- Zwei Starrkörperfreiheitsgrade:
  - gelenkig gelagerte Türme.

Am Beispiel der Vertikalbewegung einer Boje im Seegang werden wir zunächst für diesen einfachen Fall die Bewegungsgleichung ableiten und deren Lösung eingehend diskutieren. Hieran schließen wir die Berechnung des Seegangsverhaltens eines Halbtauchers sowie anderer hydrodynamisch transparenter Strukturen an.

3.4.2.1 Tauchbewegung einer Boje

Auf eine Boje der Masse $m=\varrho\forall$ in einer harmonischen Welle wirkt nach (3.85) als vertikale Resultierende der Druckkraft der ungestörten Welle die Froude-Krylov-Kraft. Unter ihrer Wirkung erfährt die Boje eine

– vertikale Bewegung $z=z_a e^{-i(\omega t-\varepsilon)}$,
– mit der Geschwindigkeit $\dot{z}=z_a(-i\omega)e^{-i(\omega t-\varepsilon)}=-i\omega z$ (3.111)
– und der Beschleunigung $\ddot{z}=-z_a\omega^2 e^{-i(\omega t-\varepsilon)}=-\omega^2 z$.

Hieraus ergeben sich als Reaktionskräfte

– die hydrostatische Rückstellkraft $F_R=-cz=-\varrho g A_0 z$,
– die Trägheitskraft $F_T=-m\ddot{z}=-\varrho\forall\ddot{z}$

sowie die aus der Relativbeschleunigung und -geschwindigkeit abgeleiteten Druckkräfte,

– die hydrodynamische Trägheitskraft $F_h=-m_h(\ddot{z}-\dot{w})$,
– die linearisierte Widerstandskraft $F_{dl}=-b(\dot{z}-w)$,

wenn w die vertikale Wellenpartikelgeschwindigkeit und $\dot{w}$ die -beschleunigung sind. Der Rückstellkoeffizient c entspricht der mit dem spezifischen Gewicht ϱg multiplizierten Wasserlinienfläche A_0, $m_{33}=m_h$ ist die hydrodynamische Masse und b der Dämpfungskoeffizient.

Aus dem Kräftegleichgewicht – die Froude-Krylov-Kraft ist nach (3.85) einbezogen –

$$\varrho\int_{(S)}\frac{\partial\Phi_0}{\partial t}n_z\mathrm{d}S-cz-\varrho\forall\ddot{z}-m_h(\ddot{z}-\dot{w})-b(\dot{z}-w)=0$$

folgt nach Trennung der Variablen die lineare Bewegungsgleichung

$$(\varrho\forall+m_h)\ddot{z}+b\dot{z}+cz=\varrho\int_{(S)}\frac{\partial\Phi_0}{\partial t}n_z\mathrm{d}S+m_h\dot{w}+bw=F_a e^{-i\omega t}. \quad (3.112)$$

Die linke Seite charakterisiert ein schwingungsfähiges lineares System, die rechte Seite ist die periodische Erregerkraft der Welle. Normieren wir die Gleichung auf den Rückstellkoeffizienten c und führen die Abkürzungen

$$\omega_R=\sqrt{\frac{c}{\varrho\forall+m_h}}\quad\text{und}\quad\delta=\frac{b}{2c}\omega_R \quad (3.113)$$

ein, so ergibt sich

$$\frac{\ddot{z}}{\omega_R^2}+\frac{2\delta}{\omega_R}\dot{z}+z=\frac{F_a}{c}e^{-i\omega t}. \quad (3.114)$$

Ist die äußere Kraft gleich Null, so klingt eine Auslenkung um z_a entsprechend

$$z=z_a e^{-\delta\omega_R t}e^{\pm i\omega_R\sqrt{1-\delta^2}t}$$

ab. Das Verhältnis zweier aufeinanderfolgender Amplituden ergibt $\exp(2\pi\delta)$, dessen natürlicher Logarithmus $2\pi\delta$ heißt logarithmisches Dekrement. Verschwindet die Dämpfung, so beobachten wir eine harmonische Schwingung mit der Eigenfrequenz ω_R.

Bei Wirkung einer harmonischen Wellenkraft der Frequenz ω führt die Boje phasenverschoben eine erzwungene Schwingung gleicher Frequenz aus. Diese ergibt sich mit dem Ansatz (3.111) aus (3.114) und läßt sich – wie in Abschnitt 2.2 und Bild 2.3 skizziert – durch Normierung auf die Wellenerregung als Übertragungsfunktion der Tauchbewegung darstellen

$$H(\omega) = \frac{z_a(\omega)}{\zeta_a(\omega)} e^{i\varepsilon} = \frac{F_a}{c\zeta_a} V(\Omega, \delta) e^{i\varepsilon} \tag{3.115}$$

mit dem Frequenzverhältnis

$$\Omega = \frac{\omega}{\omega_R} \tag{3.116}$$

und dem realen Vergrößerungsfaktor

$$V(\Omega, \delta) = \frac{1}{\sqrt{(1-\Omega^2)^2 + (2\delta\Omega)^2}}, \tag{3.117}$$

wobei letzterer den Dämpfungseinfluß im Resonanzbereich der Tauchbewegung beschreibt. Die Phasenverschiebung ε ergibt sich aus

$$\tan\varepsilon = \frac{2\delta\Omega}{1-\Omega^2}. \tag{3.118}$$

Beide Größen sind für verschiedene Dämpfungsfaktoren δ in Bild 3.65 in Abhängigkeit von der Frequenz aufgetragen. Bei hohen Frequenzen nähert sich die Vergrößerungsfunktion asymptotisch dem Wert Null, d.h., in sehr kurzen Wellen erfährt die Boje keine Vertikalbewegung. Im Resonanzfall bei $\Omega = 1$, d.h. $\omega = \omega_R$, ist die Vergrößerungsfunktion nur vom Dämpfungsfaktor δ abhängig, die Phasenverschiebung beträgt 90°. Bei niedrigen Frequenzen bewegt sich die Boje in Phase mit der Welle, die Vergrößerungsfunktion erreicht den Wert Eins. Hier entspricht die Amplitude z_a der Vertikalbewegung der Wellenamplitude ζ_a, da die aus dem langsamen Steigen und Sinken des Wasserspiegels mit der Welle folgende Erregerkraft $F_a = c\zeta_a$ ergibt und somit gleich der hydrostatischen Rückstellkraft ist.

Bei Werten von $\Omega \leqq 0{,}3$ sind dynamische Effekte vernachlässigbar klein, die Rückstellkraft definiert das Bewegungsverhalten, die Struktur kann quasistationär behandelt werden. Im Bereich $0{,}3 < \Omega < 2$ wird das dynamische Verhalten im wesentlichen durch die Dämpfung bestimmt, während für $\Omega \geqq 2$ die Masse der entscheidende Einflußparameter ist.

Ist die Boje ein vertikal schwimmender Zylinder, der bis zur Tiefe h_S eintaucht, so ergibt sich die Froude-Krylov-Kraft im Tiefwasser nach (3.85) und Tabelle 3.1 als Druckkraft der ungestörten Welle auf die untere Bezugsfläche A_0, d.h.

$$F_a = p_{z=-h_S} \cdot A_0 = A_0 \varrho g \zeta_a e^{-kh_S}.$$

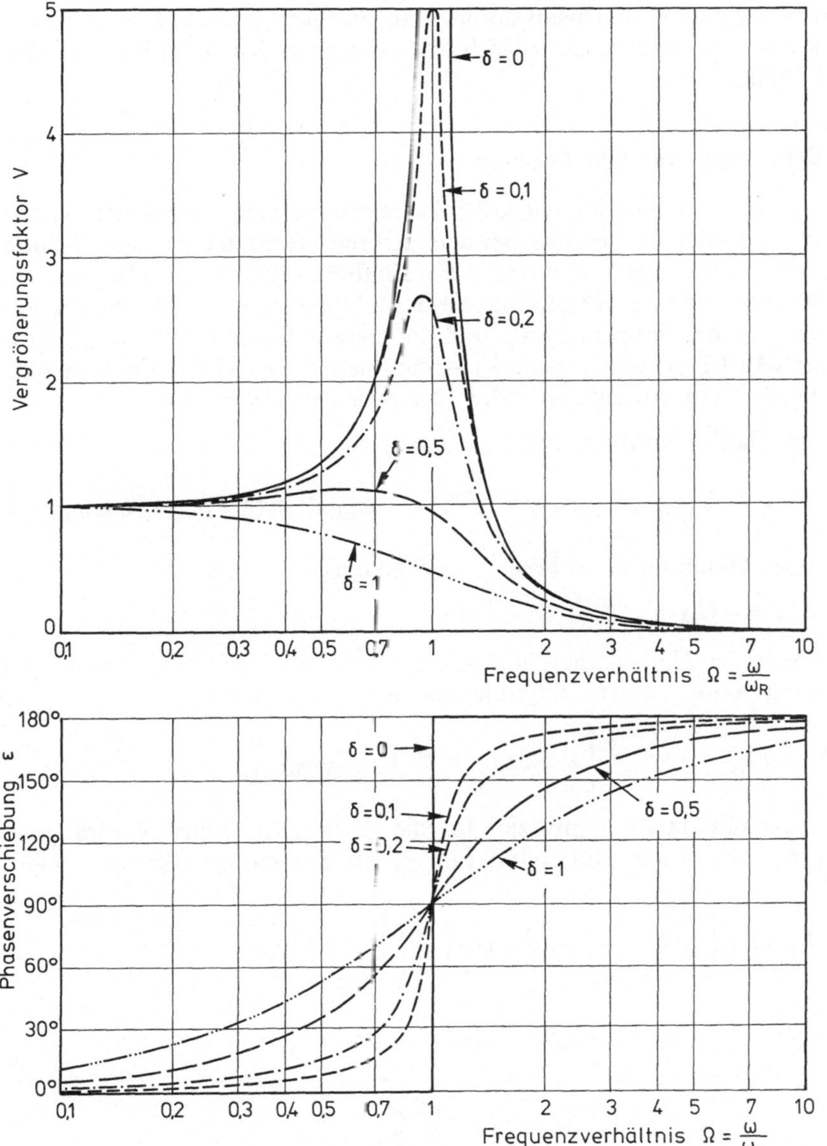

Bild 3.65. Vergrößerungsfaktor und Phasenverschiebung einer erzwungenen Schwingung

Vernachlässigen wir die in diesem Beispiel kleine hydrodynamische Massen- und Widerstandskraft, so erhalten wir mit $c = \varrho g A_0$ und (3.115)

$$\frac{z_a}{\zeta_a} = e^{-kh_S} \cdot V(\Omega, \delta), \tag{3.119}$$

d.h., der Betrag der Übertragungsfunktion der Tauchbewegung hängt – unter Tiefwasserbedingungen – von der Eintauchtiefe h_S bzw. vom Abklingen der

Wellenwirkung mit der dimensionslosen Tiefe $kh_S = \omega^2 h_S/g$ ab. In langen Wellen, d.h. für kleine Frequenzen, nähern sich beide Faktoren dem Wert Eins, die Boje folgt der Welle.

3.4.2.2 Bewegungen von Halbtauchern

In Kenntnis der auf kreiszylindrische Strukturelemente wirkenden Kräfte berechnen wir im folgenden die Seegangsbewegungen eines Halbtauchers und diskutieren an diesem Beispiel die wichtigsten Einflußgrößen. Bild 3.66 gibt die Bezeichnungen sowie die hier gewählten Hauptabmessungen wieder. Berücksichtigt werden nur die Trägheitskräfte und die hieraus folgenden Bewegungen in Tiefwasser. Mit (3.90) und Tabelle 3.1 – die Phase $\theta = kx - \omega t$ – ergibt sich die Horizontalkraft (in x-Richtung: Index 1) aus den Beiträgen

– für jede Säule (Verdrängung $\forall_S = A_S h_S$)

$$F_{1S} = -C_m \varrho A_S \omega^2 \zeta_a \cos\theta \int_{-h_S}^{0} e^{kz} dz = -C_m \varrho g \zeta_a A_S (1 - e^{-kh_S}) \cos\theta ,$$

– für jeden Hauptauftriebskörper (Verdrängung $\forall_A = Al$)

$$F_{1A} = -C_m \varrho \forall_A \omega^2 \zeta_a e^{-k(h_S+R)} \cos\theta .$$

Für eine Seite des Halbtauchers mit n_0 Säulen pro Auftriebskörper und einer Verdrängung von $n_0 \forall_S + \forall_A$ folgt hieraus die Horizontalkraft

$$F_H = n_0 F_{1S} + F_{1A} = -\varrho g \zeta_a A_S \left[n_0 C_m (1 - e^{-kh_S}) + C_m k h_S \left(\frac{\forall_A}{\forall_S} \right) e^{-k(h_S+R)} \right] \cos\theta .$$

Mit deren Amplitude F_{Ha} ergibt sich für die gesamte Struktur (Verdrängung $\forall = 2(n_0 \forall_S + \forall_A)$) die Horizontalkraft F_1 als Summe der Beiträge beider Seiten:

$$F_1 = F_{Ha} \left[\cos\left(\frac{kb_0}{2} - \omega t \right) + \cos\left(-\frac{kb_0}{2} - \omega t \right) \right] .$$

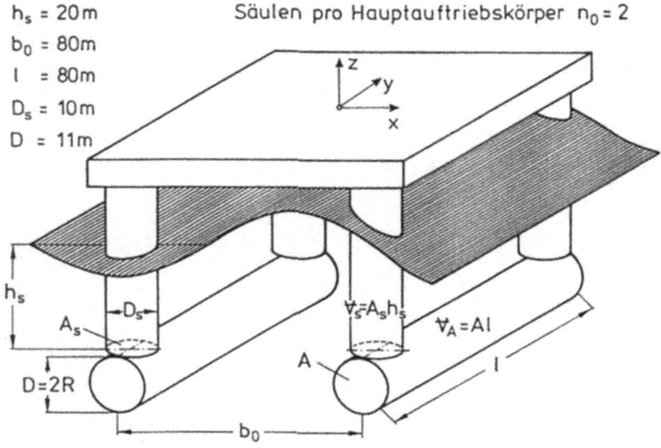

Bild 3.66. Halbtaucher im harmonischen Wellenfeld

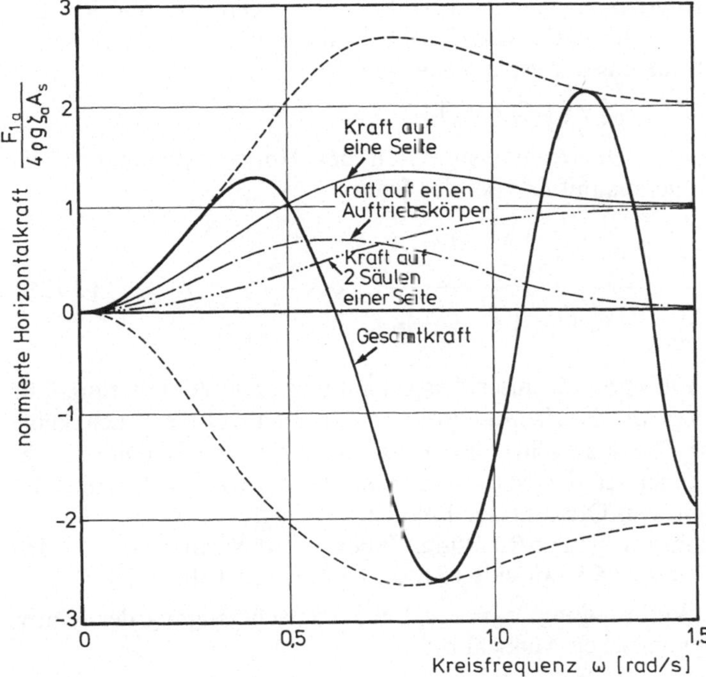

Bild 3.67. Normierte Horizontalkraft auf Halbtaucher

Beziehen wir diese auf das Produkt aus der gesamten Wasserlinienfläche und $\varrho g \zeta_a$, so erhalten wir nach einigen trigonometrischen Umformungen die normierte Horizontalkraft in dimensionsloser Form

$$\frac{F_1}{2n_0 \varrho g \zeta_a A_S} = \left[C_m (1 - e^{-kh_S}) + C_m k h_S \frac{\forall_A}{n_0 \forall_S} e^{-k(h_S + R)} \right] \cos \frac{kb_0}{2} \cos \omega t . \tag{3.120}$$

Für die in Bild 3.66 angegebenen Abmessungen zeigt Bild 3.67 mit $C_m = 1 + C_a = 2$ und $\omega = \sqrt{kg}$ den Verlauf der Horizontalkraft auf Einzelkomponenten für $\theta = 0$ sowie auf die Gesamtstruktur zum Zeitpunkt $t = 0$. Während die normierte Kraft auf eine Seite des Halbtauchers mit wachsender Frequenz ansteigt und nach einem flachen Maximum auf den Grenzwert Eins abfällt, oszilliert die Gesamtkraft aufgrund des Phasenunterschiedes der Wellenwirkung auf die jeweiligen Seiten.

Für $b_0/L_0 = \omega^2 b_0/(2\pi g) = 0{,}5 \ldots 1{,}5 \ldots 2{,}5 \ldots$ etc. erfahren beide Seiten hohe, entgegengesetzt gleiche Horizontalkräfte, die Gesamtkraft ist gleich Null. Der Halbtaucher wird also bei so definierten Wellenfrequenzen keine Horizontalbewegung erfahren, die Belastungen der Konstruktion sind jedoch erheblich. Aus der Horizontalkraft (3.120) folgt mit (3.115) und (3.117) sowie (3.113) und (3.116) der Betrag der Übertragungsfunktion der Halbtaucherbewegung

$$\frac{s_{1a}}{\zeta_a} = \frac{F_{1a}}{c_1 \zeta_a} \frac{1}{1 - \Omega^2} = \frac{F_{1a}/\zeta_a}{c_1 - (\varrho \forall + m_h)\omega^2} ,$$

wobei $c=c_1$ der Koeffizient der Rückstellkraft der Verankerung ist. Die Gesamtmasse, die sog. scheinbare Masse, schließt die hydrodynamische Masse $m_{11}=m_h$ ein, so daß für unser Beispiel nach Bild 3.66

$$\varrho \forall + m_h = 2[C_m n_0 \varrho \forall_S + C_m \varrho \forall_A]$$

anzusetzen ist. Für die Übertragungsfunktion der Horizontalbewegung der Struktur ergibt sich hieraus mit $\omega^2=kg$ der Betrag

$$\frac{s_{1a}}{\zeta_a} = \left| \frac{(1-e^{-kh_S}) + kh_S \dfrac{\forall_A}{n_0 \forall_S} e^{-k(h_S+R)}}{\dfrac{c_1}{2n_0 \varrho g A_S} - C_m kh_S\left(1+\dfrac{\forall_A}{n_0 \forall_S}\right)} C_m \cos\frac{kb_0}{2} \right|. \qquad (3.121)$$

Bild 3.68 zeigt diese Funktion für unser Beispiel mit und ohne Verankerung. Für Frequenzen, an denen die Horizontalkraft verschwindet, gibt es auch keine Horizontalbewegung. Die dazwischen liegenden Extremwerte werden mit zunehmender Frequenz kleiner, da das Massenglied im Nenner von (3.121) mit der Wellenzahl k, d.h. mit dem Quadrat der Frequenz wächst.

Für die Vertikalkräfte (in z-Richtung: Index 3) ergeben sich mit den Bezeichnungen von Bild 3.66 sowie mit (3.85), (3.90) und Tabelle 3.1

– für jede Säule (Verdrängung $\forall_S=A_S h_S$) bei Vernachlässigung der relativ kleinen hydrodynamischen Massenkraft

$$F_{3S}=p_{z=-h_S}\cdot A_S=\varrho g \zeta_a A_S e^{-kh_S}\sin\theta,$$

– für jeden Hauptauftriebskörper (Verdrängung $\forall_A=Al$)

$$F_{3A}=-C_m \varrho \forall_A \zeta_a \omega^2 e^{-k(h_S+R)}\sin\theta,$$

– für eine Seite des Halbtauchers (n_0 Säulen, Verdrängung $n_0\forall_S+\forall_a$)

$$F_V=n_0F_{3S}+F_{3A}=n_0\varrho g\zeta_a A_S\left[e^{-kh_S}-C_m\frac{\forall_A}{n_0\forall_S}kh_S e^{-k(h_S+R)}\right]\sin\theta.$$

Mit deren Amplitude F_{Va} folgt hieraus die Vertikalkraft der gesamten Struktur (Verdrängung $\forall=2(n_0\forall_S+\forall_A)$)

$$F_3=F_{Va}\left[\sin\left(\frac{kb_0}{2}-\omega t\right)+\sin\left(-\frac{kb_0}{2}-\omega t\right)\right].$$

Normieren wir diese auf das Produkt aus der gesamten Wasserlinienfläche und $\varrho g\zeta_a$, so ergibt sich hieraus nach einigen trigonometrischen Umformungen die normierte Vertikalkraft in dimensionsloser Form

$$\frac{F_3}{2n_0\varrho g\zeta_a A_S}=\left[e^{-kh_S}-C_m\frac{\forall_A}{n_0\forall_S}kh_S e^{-k(h_S+R)}\right]\cos\frac{kb_0}{2}\sin(-\omega t). \qquad (3.122)$$

Mit $C_m=1+C_a=2$ und $\omega=\sqrt{kg}$ zeigt Bild 3.69 für die im Beispielfall gewählten Abmessungen die normierten Kräfte auf Einzelkomponenten für $\theta=90°$ sowie auf die gesamte Struktur für $\sin(-\omega t)=1$. Die Kraft auf die Säulen ist in Phase mit der Wellenerhebung und klingt exponentiell mit wachsender Frequenz ab. Die Kraft auf den voll getauchten Hauptauftriebskörper ist proportional zur vertika-

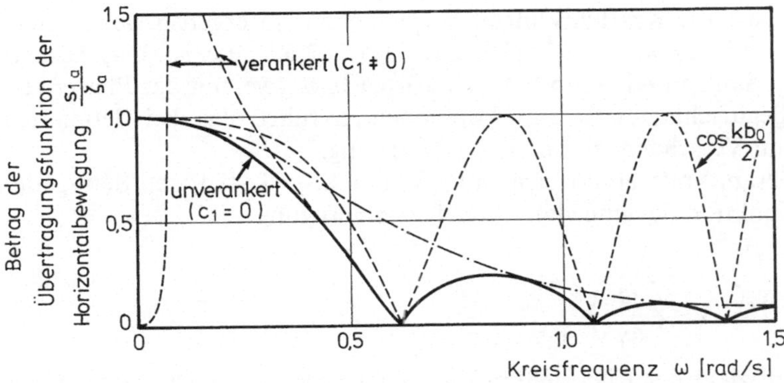

Bild 3.68. Übertragungsfunktion der Horizontalbewegung eines Halbtauchers (Surge)

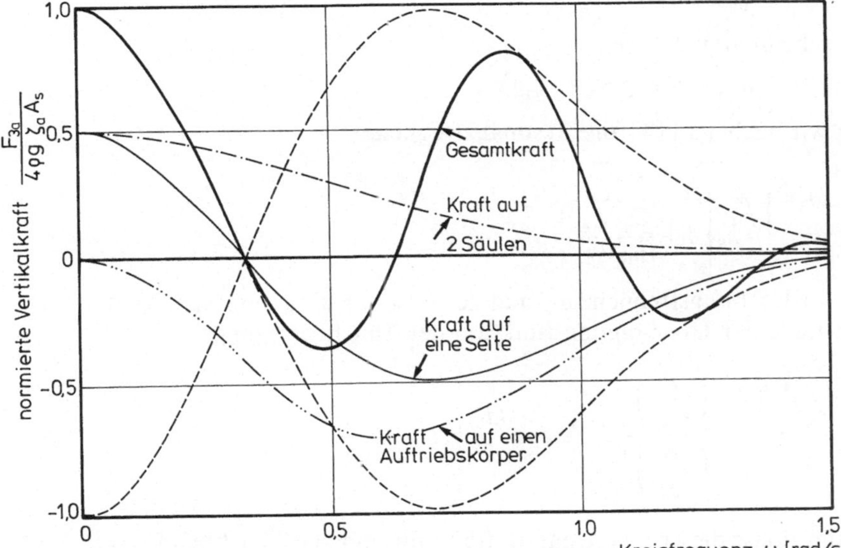

Bild 3.69. Normierte Vertikalkraft auf Halbtaucher

len Partikelbeschleunigung und daher in Gegenphase zur Wellenerhebung, d.h. im Wellenberg wirkt die Kraft nach unten. Hieraus folgt, daß die Kraft auf eine Seite des Halbtauchers für

$$k_c R \cdot e^{-k_c R} = \frac{R}{h_s} \frac{n_0 \forall_S}{C_m \forall_A} \tag{3.123a}$$

gleich Null ist, woraus sich die sog. Auslöschungsfrequenz $\omega_c = \sqrt{k_c g}$ ergibt. Diese ist also näherungsweise

$$\omega_c \approx \sqrt{\frac{g}{h_S} \frac{n_0 \forall_S}{C_m \forall_A}} \tag{3.123b}$$

Bei niedrigen Frequenzen überwiegt der Beitrag der Säulen, bei höheren der Beitrag des Hauptauftriebskörpers.

Überlagern wir die Kraftwirkungen beider Seiten, so ergeben sich weitere Nullstellen, wenn $b_0/L_0 = \omega^2 b_0/(2\pi g) = 0{,}5 \ldots 1{,}5 \ldots 2{,}5 \ldots$ etc. ist. Das Zusammenwirken von Säulen und Hauptauftriebskörper bzw. zwei mit der Phasenverschiebung π beaufschlagter Strukturkomponenten führt also bei definierten Frequenzen zum Verschwinden der Tauchbewegung.

Aus der Gesamtkraft ergibt sich mit (3.115) bis (3.117) der Betrag der Übertragungsfunktion der ungedämpften Tauchbewegung

$$\frac{s_{3a}}{\zeta_a} = \left| \frac{F_{3a}}{c_3 \zeta_a} \frac{1}{1 - \left(\dfrac{\omega}{\omega_R}\right)^2} \right|, \tag{3.124}$$

wobei der Koeffizient der Rückstellkraft aus dem hydrostatischen Auftrieb der Säulen folgt, d.h.

$$c_3 = 2 n_0 \varrho g A_S .$$

Mit der scheinbaren Masse

$$\varrho \forall + m_{33} = 2(n_0 \varrho \forall_S + C_m \varrho \forall_A)$$

erhalten wir nach (3.113) die Resonanzfrequenz

$$\omega_R = \sqrt{\frac{g}{h_S \left[1 + \dfrac{C_m \forall_A}{n_0 \forall_S}\right]}} . \tag{3.125}$$

Mit der Auslöschungsfrequenz ω_C und der Resonanzfrequenz ω_R folgt damit für die Amplitude der Übertragungsfunktion der Tauchbewegung

$$\frac{s_{3a}}{\zeta_a} = \left| \frac{1 - \left(\dfrac{\omega}{\omega_C}\right)^2}{1 - \left(\dfrac{\omega}{\omega_R}\right)^2} e^{-kh_S} \cos \frac{kb_0}{2} \right| . \tag{3.126}$$

Betrag und Phase dieser Übertragungsfunktion sind in Bild 3.70 als Funktion der Wellenfrequenz $\omega = \sqrt{kg}$ aufgetragen. Positive Phasenwinkel bedeuten hierbei, daß das positive Maximum von Kräften oder Bewegungen auf die Struktur vor dem Durchlauf des Wellenberges auftritt. In langen Wellen folgt der Halbtaucher erwartungsgemäß der Wellenamplitude, der Phasenwinkel zwischen Vertikalbewegung und Wellenerhebung ist gleich Null ($\varepsilon = 0$), der Betrag der Übertragungsfunktion der Tauchbewegung erreicht den Wert Eins. Bei $\omega_R = 0{,}29\ \mathrm{s}^{-1}$, d.h. bei der Periode $T_R = 2\pi/\omega_R = 21{,}7\ \mathrm{s}$, ergibt sich eine Resonanzstelle, unmittelbar darauf bei $\omega_C = 0{,}33$ ($T_C = 19{,}2\ \mathrm{s}$) die Auslöschungsnullstelle. Im anschließenden Bereich bis zur nächsten Nullstelle bei $\omega = 0{,}63$ ($T = 10\ \mathrm{s}$) durchläuft die Funktion ein Maximum. Zu höheren Frequenzen bzw. niedrigeren Wellenperioden klingt die Übertragungsfunktion oszillierend ab. Für Offshore-Tätigkeiten an Bord eines Halbtauchers folgt hieraus, daß die Tauchbewegung für die am häufigsten auftretenden Wellenperioden ($T < 10\ s$) unter 10 % der Wellenbewegung liegt. Im Bereich höchster Wellen, z.B. der 100-Jahreswelle, deren Periode im Bereich $T = 14$ s bis 17 s liegt, können die Tauchbewegungen in unserem Beispiel Werte bis

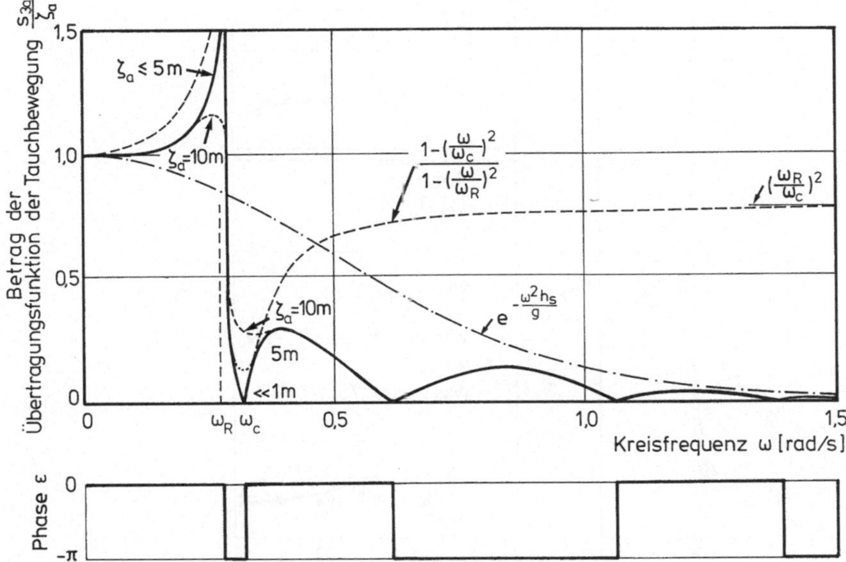

Bild 3.70. Übertragungsfunktion der Tauchbewegung eines Halbtauchers

zu 30 % der Wellenbewegung erreichen. Hier ist die Phase gleich Null, d.h., der Halbtaucher folgt der Welle. Im Maximum bei $T=16$ s bedeutet dies, daß die Tauchamplitude der Struktur in einer 20 m hohen Welle 30 % der Wellenamplitude erreicht, d.h. 3 m ergibt. Da der Halbtaucher der Welle folgt, ändert sich der Wasserspiegel relativ zur bewegten Struktur maximal um 7 m. Damit zeigt der Halbtaucher folgende Vorteile:

- in kurzen Wellen – siehe Bilder 3.68 und 3.70 – sind die Bewegungen minimal, die Plattform verhält sich fast wie eine feststehende Struktur,
- in langen Wellen folgt der Halbtaucher den Wellen, wobei infolge der vertikalen Relativbewegung die Bauhöhen über dem Ruhewasserspiegel geringer gehalten werden können als bei feststehenden Konstruktionen.

Die bisherigen Aussagen gelten nur für die ungedämpfte Bewegung von Halbtauchern unter der ausschließlichen Wirkung von Trägheitskräften. Hieraus folgt, daß bei $\omega=\omega_C$ die reale Übertragungsfunktion der Tauchbewegung gleich Null ist, bei $\omega=\omega_R$ über alle Grenzen wächst. In diesem eng begrenzten Frequenzbereich sind jedoch Widerstands- bzw. Dämpfungskräfte zu berücksichtigen, die sich aus der Zähigkeitskraft ableiten lassen.

Die geschwindigkeitsabhängige Zähigkeitskraft für bewegte Strukturkomponenten im Wellenfeld ergibt sich in linearisierter Form nach (3.99) und (3.100)

$$F_{dl}=\frac{8}{3\pi}C_d[w-\dot{z}]_a\cdot\frac{\varrho}{2}A_A(w-\dot{z}), \tag{3.127a}$$

wobei w die vertikale Orbitalgeschwindigkeit in der Tiefe $z_A=-(h_S+R)$, $\dot{z}$ die Geschwindigkeit der Tauchbewegung des Halbtauchers, $[w-\dot{z}]_a$ die Amplitude der Relativbewegung und $A_A=2Dl$ die wirksame Widerstandsfläche der beiden

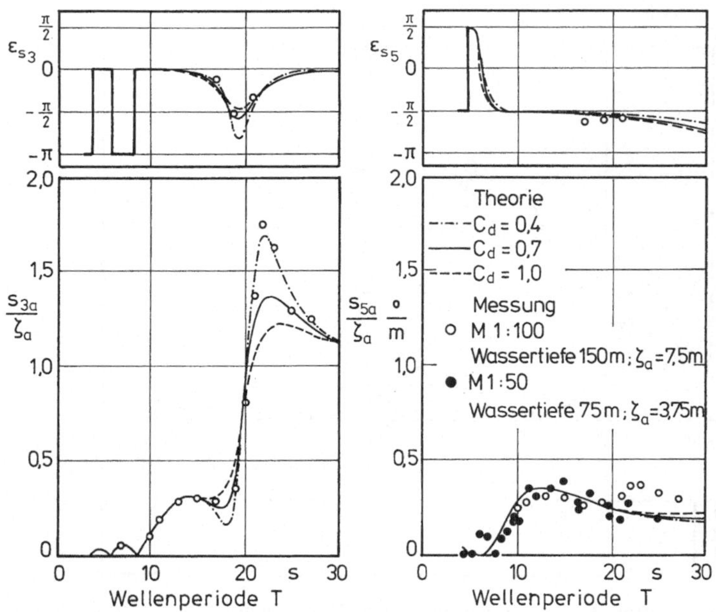

Bild 3.71. Halbtaucher RS 35 – Übertragungsfunktion für Tauchen und Stampfen nach [3.46]

Hauptauftriebskörper sind. Die Vertikalgeschwindigkeiten von Struktur und Orbitalbewegung sind phasenverschoben, so daß sich – mit Tabelle 3.1 sowie (3.111) – diese Zähigkeitskraft bei Tiefwasserbedingungen

$$F_{\mathrm{dl}} = \frac{4}{3\pi}\varrho C_{\mathrm{d}}\left[\mathrm{e}^{-k(h_{\mathrm{S}}-R)} - \frac{z_{\mathrm{a}}}{\zeta_{\mathrm{a}}}\mathrm{e}^{\mathrm{i}\varepsilon}\right]\cdot\zeta_{\mathrm{a}}\omega A_{\mathrm{A}}(w-\dot{z}) = b(w-\dot{z}) \qquad (3.127\mathrm{b})$$

als Funktion der Übertragungsfunktion für Tauchen darstellen läßt. Hieraus folgt – nach Trennung der Variablen – die geschwindigkeitsabhängige Wellenkraft bw sowie die Dämpfungskraft $b\dot{z}$ in linearisierter Form, wie in (3.112) eingeführt.

Für den Betrag der Übertragungsfunktion der Tauchbewegung ergibt sich mit (3.115) bis (3.117) sowie (3.113)

$$\frac{z_{\mathrm{a}}}{\zeta_{\mathrm{a}}} = \frac{F_{\mathrm{a}}}{c\zeta_{\mathrm{a}}\sqrt{\left[1-\left(\dfrac{\omega}{\omega_{\mathrm{R}}}\right)^2\right]^2 + \left(\dfrac{b\omega}{c}\right)^2}}\,. \qquad (3.128)$$

Bei der Auslöschungsfrequenz $\omega = \omega_{\mathrm{C}}$ – siehe (3.123) – verschwindet die Trägheitskraft, so daß die Wellenkraft auf die Struktur ausschließlich aus der geschwindigkeitsabhängigen Zähigkeitskraft $F_{\mathrm{a}} = bw_{\mathrm{a}}$ besteht. Bei der Resonanzfrequenz $\omega = \omega_{\mathrm{R}}$ reduziert sich der Nenner auf das Glied $b\zeta_{\mathrm{a}}\omega_{\mathrm{R}}$, hängt also ebenfalls vom Dämpfungskoeffizienten b ab. Im Bereich der Auslöschungs- und Resonanzfrequenz ist also Zähler wie Nenner von (3.128) eine Funktion der Relativbewegung und hängt damit von der gesuchten Übertragungsfunktion ab, so daß sich diese nur iterativ ermitteln läßt. Wie Bild 3.70 zeigt, führt die

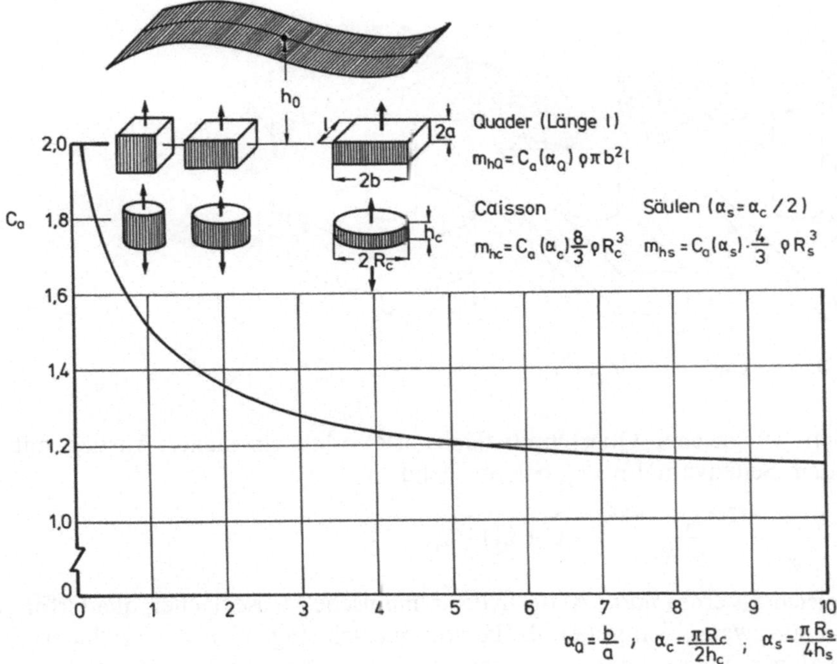

Bild 3.72. Hydrodynamische Massen harmonisch in Axialrichtung schwingender Strukturen nach [3.35, 3.36, 3.57]

Dämpfung auf eine Begrenzung der Resonanzamplituden, die Widerstandskraft auf endliche Bewegungen im Bereich der Auslöschungsfrequenz, wobei die jeweiligen Kurven eine Funktion der Wellenamplitude sind.

Systematische Untersuchungen zum Zähigkeitseinfluß beim Bewegungsverhalten meerestechnischer Konstruktionen finden sich in [3.46, 3.56]: Wie Bild 3.71 am Beispiel des Halbtauchers RS 35 (Bild 2.26) zeigt, kann durch Vergleich von experimentellen mit theoretischen Ergebnissen der praktisch relevante Widerstandskoeffizient durch Kalibrierung ermittelt werden.

Die Ergebnisse nach (3.120) bis (3.128) machen deutlich, daß die Kräfte und das Bewegungsverhalten schwimmender Strukturen von den Dimensionen, dem Tiefgang und der Form der Komponenten abhängen. Hierbei spielen vor allem die hydrodynamischen Massen und der hieraus folgende Trägheitsbeiwert $C_m=1+C_a$ eine entscheidende Rolle. Über die Auswirkung unterschiedlicher Geometrie auf das Tauchverhalten von Halbtauchern wird in [3.57] berichtet. Auf der Grundlage dieser Studie wurden weitere Untersuchungen durchgeführt, die sich auf Halbtaucher konstanter Verdrängung, jedoch unterschiedlicher Form der Hauptverdrängungskörper beziehen.

Für diese detaillierte Untersuchung zeigt Bild 3.72 die hydrodynamischen Massenbeiwerte C_a für quaderförmige Zylinder unterschiedlicher Seitenverhältnisse $\alpha_Q=b/a$ entsprechend Bild 3.43, wobei C_a hier über den Kehrwert b/a aufgetragen ist. Als Verhältnis der hydrodynamischen Massen von Rechteckzylindern $m_{33}=m_{hQ}$ und quer zu ihrer Achse schwingenden Kreiszylindern $m_{33}=m_{hK}$

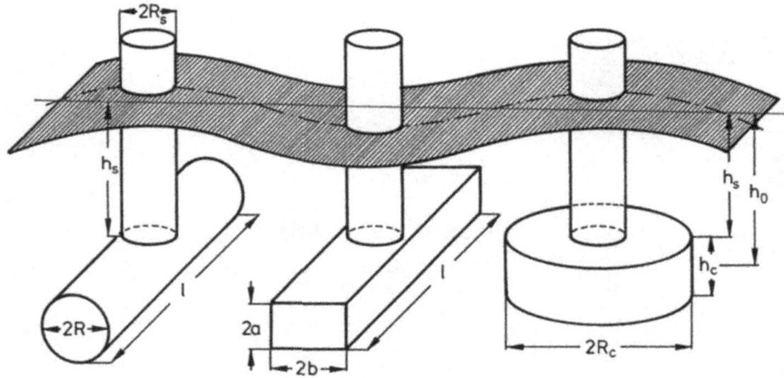

Bild 3.73. Bauelemente von Halbtauchern

ergibt sich bei gleicher Querschnittsfläche $\pi R^2 = 4ab$ ein steiler Anstieg mit wachsendem Seitenverhältnis α_Q entsprechend

$$\frac{m_{hQ}}{m_{hK}} = \frac{C_a(\alpha_Q)\varrho\pi b^2 l}{\varrho\pi R^2 l} = C_a(\alpha_Q)\frac{\pi}{4}\alpha_Q,$$

d.h., bei gleicher Verdrängung ist die hydrodynamische Masse flacher, quaderförmiger Zylinder wesentlich höher als die von querschwingenden Kreiszylindern.

In analoger Weise können wir auch die hydrodynamische Masse von Kreiszylindern bei Beschleunigung in axialer Richtung berechnen, was gleichbedeutend mit der Berücksichtigung der Wirkung der Endflächen ist. Hierbei gehen wir von der hydrodynamischen Masse einer Kreisscheibe nach Bild 3.43 aus und modifizieren diese in Abhängigkeit vom Verhältnis Zylinderradius R zu dessen Höhe h

$$\alpha_C = \frac{\pi}{2}\frac{R_C}{h_C}.$$

Mit dem in Bild 3.72 abgelesenen Trägheitswert C_a ergibt sich die hydrodynamische Masse solcher getauchter, zylindrischer Caissons bei axialer Beschleunigung zu

$$m_{hC} = C_a(\alpha_C)\frac{8}{3}\varrho R_C^3. \tag{3.129}$$

Bei den Säulen eines Halbtauchers ist nur die untere Querschnittsfläche benetzt, so daß für das Seitenverhältnis α_S und die hydrodynamische Masse m_{hS} der halbe Wert der für Caissons gültigen Größen anzusetzen ist.

Für die Bauelemente in Bild 3.73 können wir nach diesem Verfahren die vertikale Trägheitskraft sowie die für Vertikalbewegungen relevante Gesamtmasse der Hauptauftriebskörper ermitteln:

- horizontaler Kreiszylinder (links)

$$\varrho\forall + m_{hK} = (1 + C_a)\varrho\pi R^2 l = 2\varrho\pi R^2 l,$$

- horizontaler Quader ($\alpha_Q = b/a$) (mitte)

$$\varrho\forall + m_{hQ} = \varrho[4abl + C_a(\alpha_Q)\cdot\pi b^2 l],$$

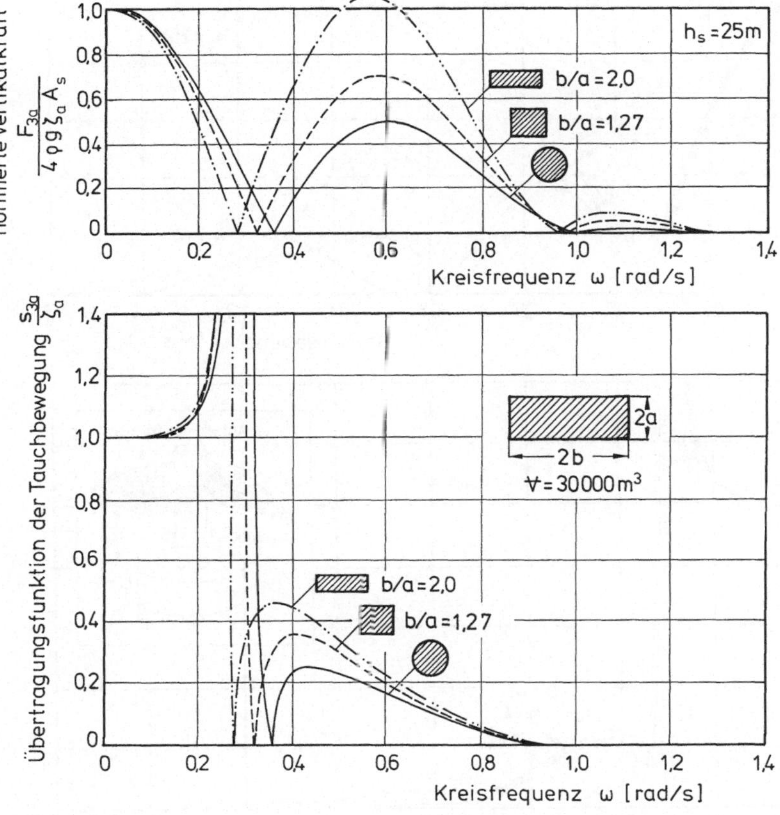

Bild 3.74. Normierte Vertikalkraft und Tauchbewegung von Halbtauchern mit vier Säulen – Vergleich unterschiedlicher Hauptauftriebskörper – parallel zur Wellenfortschrittsrichtung

– Caisson ($\alpha_C = \pi R_C / 2h_C$) (rechts)

$$\varrho \forall + m_{hC} = \varrho \left[\pi R_C^2 h_C + C_a(\alpha_C) \frac{8}{3} R_C^3 \right],$$

woraus sich die Vertikalkraft auf die jeweiligen Hauptauftriebskörper

$$F_3 = (\varrho \forall + m_h) \frac{\partial w(z)}{\partial t}$$

mit $z = -h_0$ ergibt.

Entsprechend gilt für die Masse sowie die Vertikalkraft auf

– vertikale Säulen ($\alpha_S = \pi R_S / 4h_S$)

$$\varrho \forall + m_{hS} = \varrho \left[\pi R_S^2 h_S + C_a(\alpha_S) \frac{4}{3} R_S^3 \right]$$

$$F_3 = \pi R_S^2 p(z) + m_{hS} \frac{\partial w(z)}{\partial t}$$

mit $z = -h_S$.

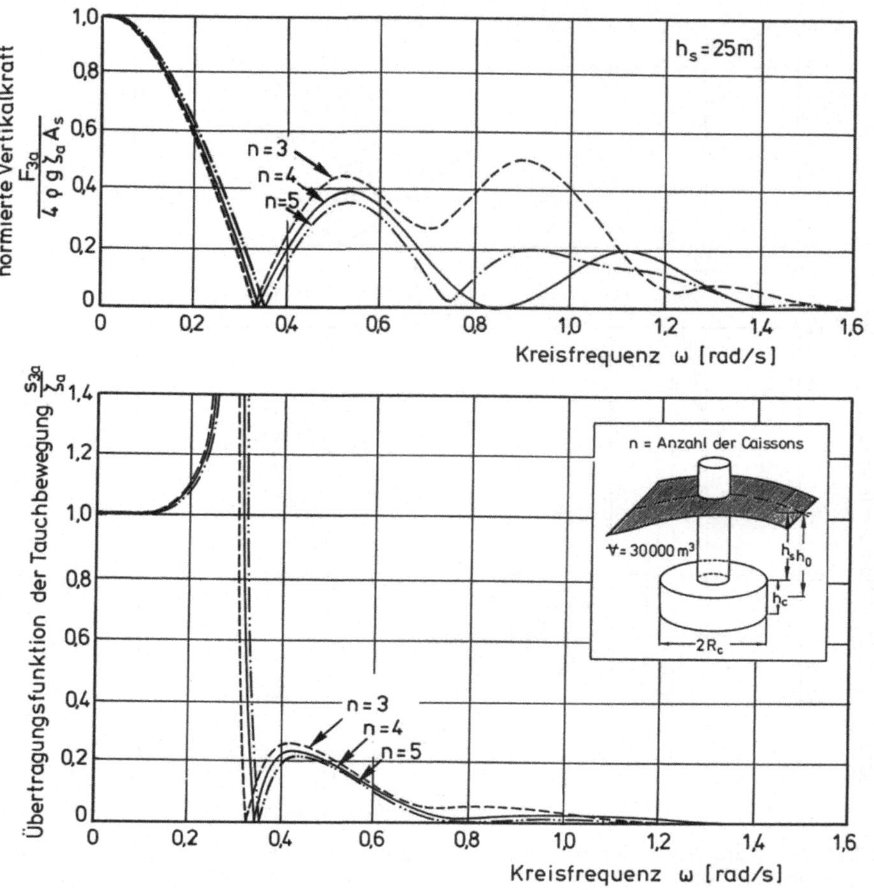

Bild 3.75. Normierte Vertikalkraft und Tauchbewegung von Halbtauchern – Vergleich von Caisson-Strukturen unterschiedlicher Säulenzahl – Ausrichtung im Wellenfeld 0°

Nur die Druckkraft auf die Säule ist in Phase mit der Welle, alle übrigen Kräfte sind proportional zur Beschleunigung und daher um 180 ° phasenverschoben.

Liegt der Hauptauftriebskörper nicht quer, sondern parallel zur Wellenfortschrittsrichtung, so ergibt die Integration der phasenverschobenen Teilkräfte über die Gesamtlänge mit Tabelle 3.1

$$F_3 = \int_{-l/2}^{l/2} (\varrho \forall + m_h) \left(\frac{\partial w}{\partial t} \right) \frac{dx}{l} = (\varrho \forall + m_h) \left(\frac{\partial w}{\partial t} \right)_a \frac{\sin(kl/2)}{kl/2} \sin \omega t \,, \tag{3.130}$$

d.h. im Vergleich zum quer liegenden Hauptauftriebskörper ist der Betrag der Kraft um den Faktor $\sin(\pi l/L)/(\pi l/L)$ zu modifizieren, für ganzzahlige Verhältnisse von l/L wird die Kraft gleich Null.

Zur Bestimmung der realen Übertragungsfunktion der Tauchbewegung sind die Kräfte auf Säulen, Caissons und Hauptauftriebskörper unter Berücksichti-

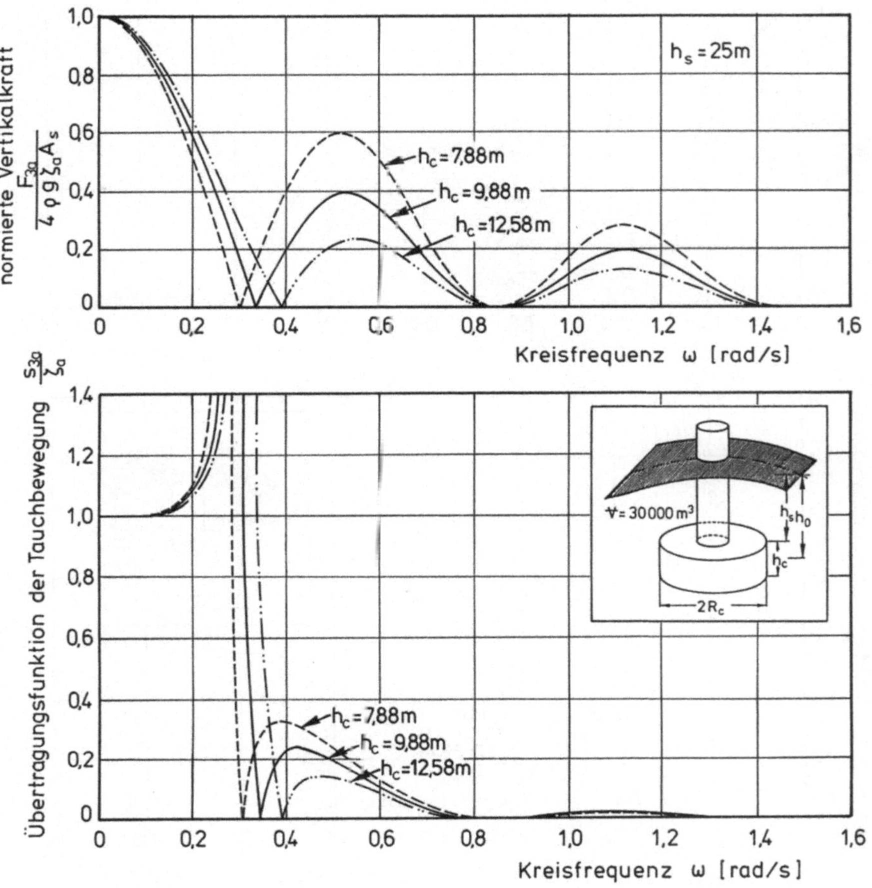

Bild 3.76. Normierte Vertikalkraft und Tauchbewegung von Viersäulen-Halbtauchern – Vergleich unterschiedlicher Caissongeometrien – Ausrichtung im Wellenfeld 0°

gung der Phasenrelationen zu überlagern und nach (3.124) auszuwerten. In Anlehnung an [3.57] zeigen die folgenden Bilder die Beträge von normierten Vertikalkräften und Tauchbewegungen für Halbtaucher unterschiedlicher Geometrie für eine Verdrängung von $\forall = 30\,000\ \mathrm{m}^3$, wobei die Gesamtverdrängung der Hauptauftriebskörper $18\,000\ \mathrm{m}^3$, die der Säulen $12\,000\ \mathrm{m}^3$ und deren Länge $h_S = 25$ m betragen. Bild 3.74 zeigt den Vergleich von Halbtauchern mit kreisrunden Hauptverdrängungskörpern und Rechteckkörpern mit den Seitenverhältnissen $b/a = 2{,}0$ und 1,27 (Länge jeweils 72,4 m) bei Orientierung in Wellenfortschrittsrichtung. Sowohl die normierte Vertikalkraft als auch die Übertragungsfunktion der Tauchbewegung sind für kreiszylindrische Strukturen am günstigsten. Rechteckige Hauptverdrängungskörper führen auf ein schlechteres Bewegungsverhalten und höhere Kräfte.

Bild 3.75 illustriert die Verhältnisse für Caisson- Strukturen mit drei, vier und fünf Säulen mit $h_S = 25$ m, wobei die Caissons eine Höhe von $h_C = 9{,}88$ m haben und ca. 42 m von der Mittelachse der Struktur entfernt sind. Im Vergleich zu den

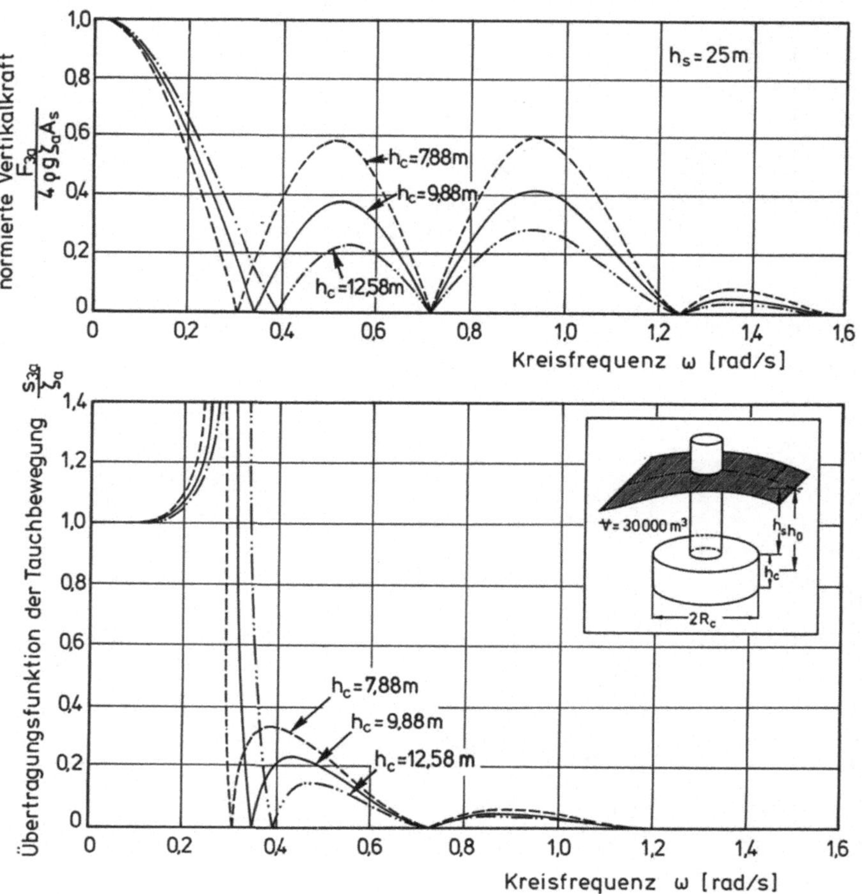

Bild 3.77. Normierte Vertikalkraft und Tauchbewegung von Viersäulen-Halbtauchern – Vergleich unterschiedlicher Caissongeometrien – Ausrichtung im Wellenfeld 45°

Entwürfen mit horizontalen Auftriebskörpern (Bild 3.74) sind die Vertikalkräfte und Tauchbewegungen deutlich günstiger.

Schließlich zeigen die Bilder 3.76 und 3.77 für eine Caissonstruktur mit vier Säulen ($h_S = 25$ m), wie sich eine Veränderung der Höhe der Caissons bei gleicher Gesamtverdrängung sowie eine Drehung der Struktur um 45° auswirken. Die Diagramme machen den Einfluß der Dimensionen und der Orientierung meerestechnischer Konstruktionen deutlich.

3.4.2.3 Bewegungen von Gelenktürmen

Als weiteres Beispiel für die Dynamik nachgiebiger Strukturen illustrieren wir im folgenden die Bewegung eines Gelenkturms im Seegang (Bild 3.38). Dessen Pendelbewegung um den Drehpunkt am Meeresboden läßt sich durch die lineare Differentialgleichung

$$(\Theta_\varphi + \Theta_{h\varphi})\ddot{\varphi} + b_\varphi \dot{\varphi} + c_\varphi \varphi = M_\varphi = M_{\varphi a} e^{-i\omega t} \tag{3.131}$$

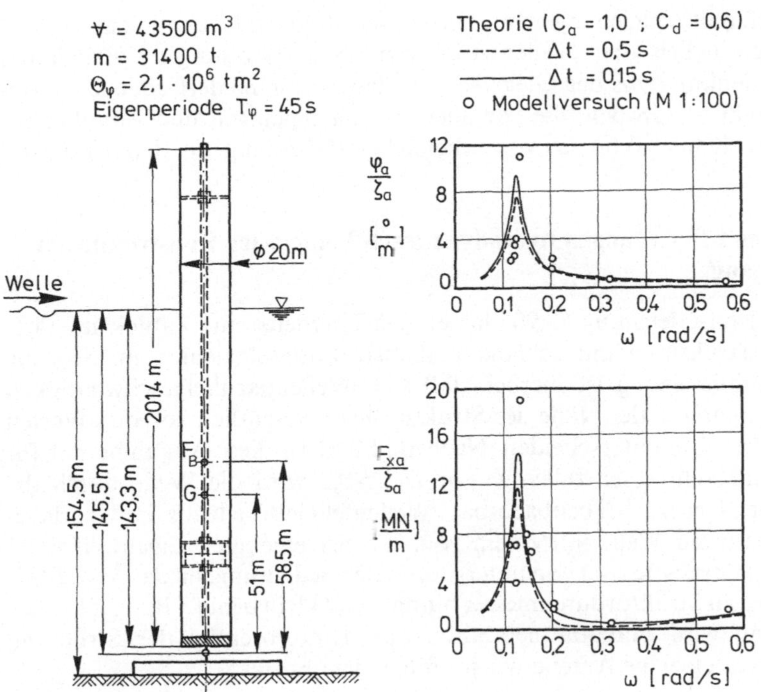

Bild 3.78. Hydrodynamische Analyse von Gelenktürmen – Übertragungsfunktion von Pendelbewegung und Horizontalkraft nach [3.46, 3.58]

beschreiben, wobei Θ_φ das Massenträgheitsmoment und $\Theta_{h\varphi}$ das hydrodynamische Massenträgheitsmoment, b_φ und c_φ der Koeffizient des Dämpfungs- bzw. Rückstellmoments und M_φ das Moment der Wellenkräfte ist.

Die Wellenkräfte auf beliebig orientierte, bewegte Strukturelemente ergeben sich nach der Morison-Gleichung (3.107) in Abhängigkeit von der Bewegung der Wellenpartikel und des Bauteils, wobei die zähigkeitsbedingte Widerstandskraft nach (3.100b) zu linearisieren ist. Hieraus folgen die jeweiligen Beiträge zum Moment sowie – nach Summierung und Trennung der Variablen analog zu (3.112) – das hydrodynamische Massenträgheitsmoment, das Dämpfungsmoment und das Moment der Wellenkräfte. Der Koeffizient des Rückstellmoments folgt aus (3.81a). Infolge der Bewegung des Gelenkturms ist das Dämpfungsmoment sowie das aus dem geschwindigkeitsabhängigen Beitrag der Wellenkraft folgende Moment nach (3.127) von der Relativbewegung des jeweiligen Bauteils abhängig, so daß die Lösung iterativ zu ermitteln ist. Die harmonische Winkelbewegung des Gelenkturms ergibt sich in Analogie zu (3.111) phasenverschoben zum erregenden Moment. Ausführlich wird die Analyse solcher Strukturen in [3.46, 3.58] behandelt: Für den in Bild 3.78 skizzierten Gelenkturm zeigen die im gleichen Bild dargestellten Ergebnisse für die Übertragungsfunktionen von Pendelbewegung φ_a und Horizontalkraft F_{xa} gute Übereinstimmung von Theorie und Experiment. Auch die Resonanzfrequenz läßt sich genau ermitteln. Die Berechnungen wurden hier im Zeitbereich durchgeführt, d.h. die Integration der

Bewegungsdifferentialgleichung erfolgt in Zeitschritten Δt. Nach diesem Verfahren lassen sich neben den Wellenwirkungen erster Ordnung zusätzlich die konstante Auslenkung aus der Gleichgewichtslage sowie niederfrequente Bewegungen ermitteln – Größen, die vor allem bei nachgiebigen und verankerten, schwimmenden Konstruktionen von erheblicher Bedeutung für deren Einsatzgrenzen sind.

3.4.3 Kräfte und Bewegungen hydrodynamisch kompakter Konstruktionen im Seegang

Nach der Morison-Gleichung (3.90) lassen sich Trägheits- und Zähigkeitskräfte auf Tragwerksstrukturen mit schlanken Konstruktionselementen im Seegang berechnen. Voraussetzung ist hierbei, daß sich Wellenpartikelgeschwindigkeit und -beschleunigung in der Nähe der Struktur nicht wesentlich von den Werten auf der Zylinderachse unterscheiden. Nach Bild 3.51 ist diese Annahme nur für kleine Strukturdurchmesser zulässig. Für $D/L > 0{,}2$ wird die Welle durch die Struktur gestört. Das hierbei beobachtbare Wellenfeld läßt sich aus der Überlagerung der ungestörten Welle mit einem vom Körper erzeugten Eigenwellenfeld ableiten. Zähigkeitskräfte sind von untergeordneter Bedeutung, da das Verhältnis von Wellenhöhe zu Strukturdurchmesser hinreichend klein bleibt (Bild 3.51). Die Druckverteilung wird potentialtheoretisch aus dem Potential der Strömung berechnet, dessen einzelne Anteile wir im folgenden erörtern.

3.4.3.1 Froude-Krylov-Kraft

Nach der linearisierten Bernoulli-Gleichung (3.6) läßt sich aus dem Potential der ungestörten Welle die Froude-Krylov-Kraft ableiten, wobei wir das Potential bzw. die Geschwindigkeit nun an der Oberfläche der benetzten Struktur benötigen. Hieraus folgt gemäß (3.85) die Froude-Krylov-Kraft zu

$$\boldsymbol{F} = \varrho \int_{(S)} \frac{\partial \Phi_0}{\partial t} \boldsymbol{n} \mathrm{d}S \,. \tag{3.132}$$

3.4.3.2 Hydrodynamische Massen und Kräfte bei harmonischer Bewegung in Oberflächennähe

Bei Bewegung einer oberflächennahen Struktur in Glattwasser werden Wellen erzeugt, die vom Körper weglaufen, wobei die Energieausbreitungsgeschwindigkeit der Gruppengeschwindigkeit entspricht. Durch diese Energieabstrahlung wird die Körperbewegung gedämpft. Anschaulich läßt sich dies für einen schwimmenden Zylinder großer Länge zeigen: Bei harmonischer Oszillation ergibt sich die beidseitig (Faktor 2) abgestrahlte Wellenenergie pro Zeiteinheit nach (3.48) und (3.50) zu

$$\dot{E} = 2\varrho g \frac{\zeta_a^2}{2} \cdot c_{gr} \,,$$

wobei ζ_a die Amplitude und $c_{gr} = c/2 = g/(2\omega)$ die Gruppengeschwindigkeit der abgestrahlten Wellen unter Tiefwasserbedingungen ist.

Dieser Energiefluß entspricht der Leistung der oszillierenden Struktur

$$\dot{E} = b_{kj}\overline{\dot{s}_j^2}\,,$$

wobei der Dämpfungskoeffizient b_{kj} die Dämpfung in Richtung k bei Bewegung in Richtung j beschreibt. Bei harmonischer Bewegung mit

$$s_j = s_{ja}e^{-i\omega t}; \quad \dot{s}_j = -i\omega s_j; \quad \ddot{s}_j = -i\omega\dot{s}_j = -\omega^2 s_j \tag{3.133}$$

folgt hierfür als mittlere Leistung

$$\dot{E} = b_{kj}\frac{(\omega s_{ja})^2}{2}\,.$$

Hieraus ergibt sich der Dämpfungskoeffizient b_{kj} als frequenzabhängiges Amplitudenverhältnis von abgestrahlter Welle und Körperbewegung

$$b_{kj} = \frac{\varrho g^2}{\omega^3}\left(\frac{\zeta_a}{s_{ja}}\right)^2. \tag{3.134}$$

Zur Definition einer dimensionslosen Frequenz ω^* beziehen wir den Zylinderumfang $2\pi R$ auf die Länge L_0 der abgestrahlten Welle unter Tiefwasserbedingungen

$$\omega^* = \sqrt{2\pi\frac{R}{L_0}} = \sqrt{kR} = \omega\sqrt{\frac{R}{g}}\,. \tag{3.135}$$

Bei harmonischer Bewegung eines Körpers in Oberflächennähe erfährt dieser also zusätzlich zu einer beschleunigungsabhängigen Massenkraft eine geschwindigkeitsabhängige Dämpfungskraft. Die Gesamtkraft ist gegenüber der Beschleunigung phasenverschoben. In Erweiterung von (3.86) ergibt sich diese aus der bereits bekannten Trägheitskraft und einer Potentialdämpfungskraft, d.h.

$$F_k = F_{ka}e^{-i(\omega t - \varepsilon)} = -(a_{kj}\ddot{s}_j + b_{kj}\dot{s}_j)\,, \tag{3.136a}$$

wobei a_{kj} als hydrodynamische Masse in Richtung $\boldsymbol{k}$ bei Bewegung in Richtung $\boldsymbol{j}$ definiert ist. Mit (3.133) folgt hieraus

$$F_{ka}\cos\varepsilon + iF_{ka}\sin\varepsilon = \left(a_{kj} + \frac{i}{\omega}b_{kj}\right)\ddot{s}_{ja}\,, \tag{3.136b}$$

d.h. Trägheits- und Potentialdämpfungskraft lassen sich zu einer komplexen Kraft zusammenfassen. Formal läßt sich also die hydrodynamische Masse als komplexe Größe definieren, die von der Frequenz der harmonischen Bewegung abhängt.

Die Flüssigkeitsbewegungen um einen harmonisch oszillierenden Körper beschreiben wir durch ein Geschwindigkeitspotential Φ, wobei es sinnvoll ist, für jeden Bewegungsfreiheitsgrad j ein oszillierendes Potential $\Phi_j(x, y, z, t)$ einzuführen, und dieses als Produkt der harmonischen Körpergeschwindigkeit $\dot{s}_j$ und einer Ortsfunktion $\varphi_j(x, y, z)$ darzustellen, d.h.

$$\Phi = \sum_{j=1}^{6}\Phi_j = \sum_{j=1}^{6}\dot{s}_j\varphi_j = -i\sum_{j=1}^{6}\dot{s}_{ja}\varphi_j e^{-i\omega t}\,. \tag{3.137}$$

Die Ortsfunktion repräsentiert damit das jeweilige Potential bezogen auf die Geschwindigkeit 1m/s und wird auch als Körperbewegungspotentialfunktion bezeichnet.

Auf der bewegten Körperoberfläche ist die Randbedingung zu erfüllen, daß für jedes Element die Körpergeschwindigkeitskomponente in Normalenrichtung der Fluidgeschwindigkeit entspricht. Die Geschwindigkeit $\dot{\boldsymbol{s}}$ des Elements folgt aus den Geschwindigkeitskomponenten der Translations- und Drehbewegungen der Gesamtstruktur, $\boldsymbol{u}_{\mathrm{T}}^T = (\dot{s}_1, \dot{s}_2, \dot{s}_3)$ und $\boldsymbol{u}_{\mathrm{D}}^T = (\dot{s}_4, \dot{s}_5, \dot{s}_6)$

$$\dot{\boldsymbol{s}} = \boldsymbol{u}_{\mathrm{T}} + \boldsymbol{u}_{\mathrm{D}} \times \boldsymbol{r}_{\mathrm{s}}, \tag{3.138}$$

wobei $\boldsymbol{r}_{\mathrm{s}}(x, y, z)$ der Radiusvektor vom Schwerpunkt der Struktur zum betrachteten Element ist. Mit dem nach außen, d.h. in die Flüssigkeit weisenden Einheitsvektor der Körpernormalen $\boldsymbol{n}$ ergibt sich aus der Identität der Normalkomponenten von Fluidgeschwindigkeit und Körpergeschwindigkeit

$$\frac{\partial \Phi}{\partial n} = \dot{\boldsymbol{s}}^T \boldsymbol{n} = \sum_{j=1}^{6} \dot{s}_{\mathrm{j}} \cdot n_{\mathrm{j}}. \tag{3.139a}$$

Hieraus folgt mit (3.137) und (3.138)

$$\sum_{j=1}^{6} \dot{s}_{\mathrm{j}} \frac{\partial \varphi_{\mathrm{j}}}{\partial n} = \dot{s} n_1 n_1 + \dot{s}_2 n_2 + \dot{s}_3 n_3 + \dot{s}_4 (y n_3 - z n_2) + \dot{s}_5 (z n_1 - x n_3) + \dot{s}_6 (x n_2 - y n_1). \tag{3.139b}$$

Bezeichnen wir die Größen

$$n_1 = \cos(\boldsymbol{n}, \boldsymbol{x});\ n_2 = \cos(\boldsymbol{n}, \boldsymbol{y});\ n_3 = \cos(\boldsymbol{n}, \boldsymbol{z});$$

$$n_4 = y n_3 - z n_2;\ n_5 = z n_1 - x n_3;\ n_6 = x n_2 - y n_1 \tag{3.139c}$$

als verallgemeinerte Richtungskosinuswerte n_{j}, so ergibt sich aus (3.139) durch Koeffizientenvergleich

$$n_{\mathrm{j}} = \frac{\partial \varphi_{\mathrm{j}}}{\partial n}, \tag{3.140}$$

d.h., n_{j} läßt sich als Funktion der ortsabhängigen Potentialfunktion φ_{j} ableiten.

Die Potentialfunktion φ_j ist ein Charakteristikum von Körpergeometrie und Bewegungsrichtung. Da sie unabhängig von der Größe der unbekannten Körperbewegung ist, werden wir sie im folgenden zur Definition der hydrodynamischen Massen und Dämpfungskoeffizienten heranziehen.

Zur Berechnung der dynamischen Druckkraft wird zunächst der Druck auf der Körperoberfläche nach der linearisierten Bernoulli-Gleichung (3.6b) mit (3.137) ermittelt

$$p = -\varrho \frac{\partial \Phi_{\mathrm{j}}}{\partial t} = -\varrho \ddot{s}_{\mathrm{j}} \varphi_{\mathrm{j}}.$$

Für kleine Bewegungen folgt hieraus die Druckkraft in Richtung k. Mit (3.140) erhalten wir

$$F_{\mathrm{k}} = -\int_{(S)} p n_{\mathrm{k}} \mathrm{d}S = -\int_{(S)} p \frac{\partial \varphi_{\mathrm{k}}}{\partial n} \mathrm{d}S = \varrho \ddot{s}_{\mathrm{j}} \int_{(S)} \varphi_{\mathrm{j}} \frac{\partial \varphi_{\mathrm{k}}}{\partial n} \mathrm{d}S. \tag{3.141}$$

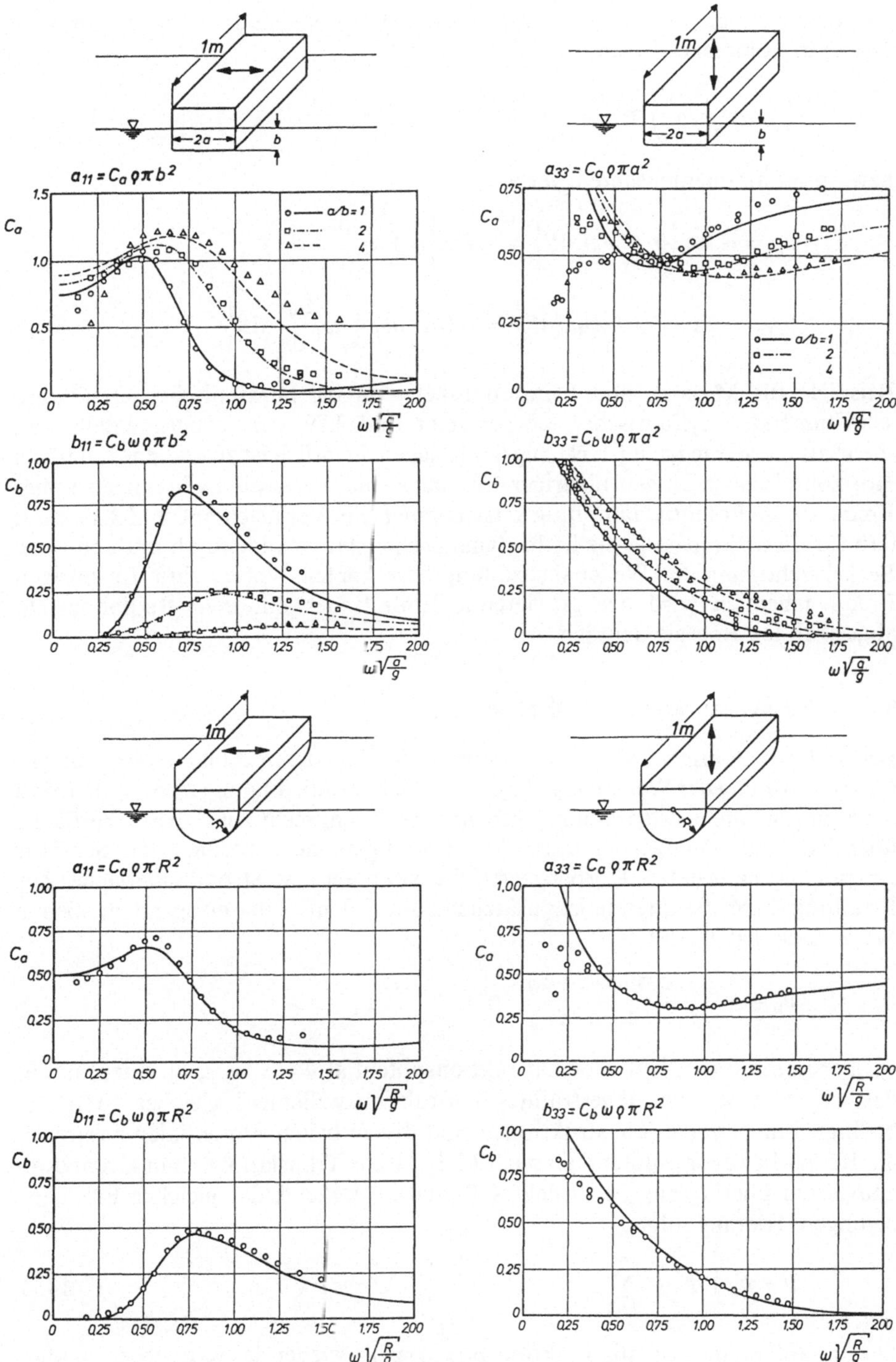

Bild 3.79. Hydrodynamische Massen- und Potentialdämpfungskoeffizienten schwimmender, harmonisch oszillierender Zylinder nach [3.59]

Aus dem Vergleich von (3.141) und (3.136a) ergibt sich die hydrodynamische Masse in komplexer Form

$$\left(a_{kj}+\frac{i}{\omega}b_{kj}\right)=-\varrho\int_{(S)}\varphi_j n_k \mathrm{d}S=-\varrho\int_{(S)}\varphi_j\frac{\partial\varphi_k}{\partial n}\mathrm{d}S, \tag{3.142}$$

bzw. in Komponentenschreibweise

$$a_{kj}=-\mathrm{Re}\left\{\varrho\int_{(S)}\varphi_j n_k \mathrm{d}S\right\}=-\mathrm{Re}\left\{\varrho\int_{(S)}\varphi_j\frac{\partial\varphi_k}{\partial n}\mathrm{d}S\right\},$$

$$b_{kj}=-\mathrm{Im}\left\{\varrho\omega\int_{(S)}\varphi_j n_k \mathrm{d}S\right\}=-\mathrm{Im}\left\{\varrho\omega\int_{(S)}\varphi_j\frac{\partial\varphi_k}{\partial n}\mathrm{d}S\right\}.$$

Beispiele für Massen- und Dämpfungsbeiwerte bei harmonischer Oszillation schwimmender, zylindrischer Körper zeigt Bild 3.79, dem experimentelle und theoretische Werte nach [3.59] zugrunde liegen. Deutlich ist zu erkennen, daß bei Horizontalschwingungen niedriger Frequenz und Vertikalschwingungen hoher Frequenz die Potentialdämpfung verschwindet. Ein Vergleich mit Bild 3.45 zeigt, daß für diese Grenzfälle die hydrodynamischen Massen identisch mit den ohne Berücksichtigung der Wellenabstrahlung berechneten Werten sind. Im übrigen Frequenzbereich wird der gravierende Einfluß der mit dem Radiationsfeld abgestrahlten Energie deutlich.

3.4.3.3 Trägheitskräfte im Wellenfeld

Bei hydrodynamisch kompakten Konstruktionen, deren Abmessungen in der Größenordnung der Wellenlänge liegen, ist die Nebenbedingung zu beachten, daß die Komponente der Strömungsgeschwindigkeit senkrecht zur Körperoberfläche überall und zu jeder Zeit der Normalgeschwindigkeit der Oberfläche der Struktur entspricht. Die benetzte Körperoberfläche ist immer eine Stromlinienfläche. Zur Erfüllung dieser Bedingung ist zusätzlich zum Potential der erregenden, ebenen Welle nach Tabelle 3.1

$$\Phi_0=-\frac{\zeta_a g}{\omega}\frac{\cosh k(z+d)}{\cosh kd}\cdot e^{i(kx-\omega t)}$$

ein harmonisch oszillierendes Diffraktionspotential $\Phi_7(x, y, z, t)$ einzuführen, das ein vom Körper abgestrahltes Diffraktionswellenfeld gleicher Frequenz bedingt. Für bewegte Konstruktionen sind diesen beiden Potentialen zusätzlich die Körperbewegungspotentiale nach (3.137) aus Translations- und Drehbewegungen zu überlagern, die ihrerseits Radiationswellenfelder gleicher Frequenz bedingen. Hieraus folgt

$$\Phi=\Phi_0+\Phi_7+\sum_{j=1}^{6}\dot{s}_j\varphi_j\,. \tag{3.143}$$

Die ortsabhängige Potentialfunktion $\varphi_j(x, y, z)$ ist wieder das Körperbewegungspotential bezogen auf die Geschwindigkeit 1 m/s und damit unabhängig von der zunächst unbekannten Körpergeschwindigkeit.

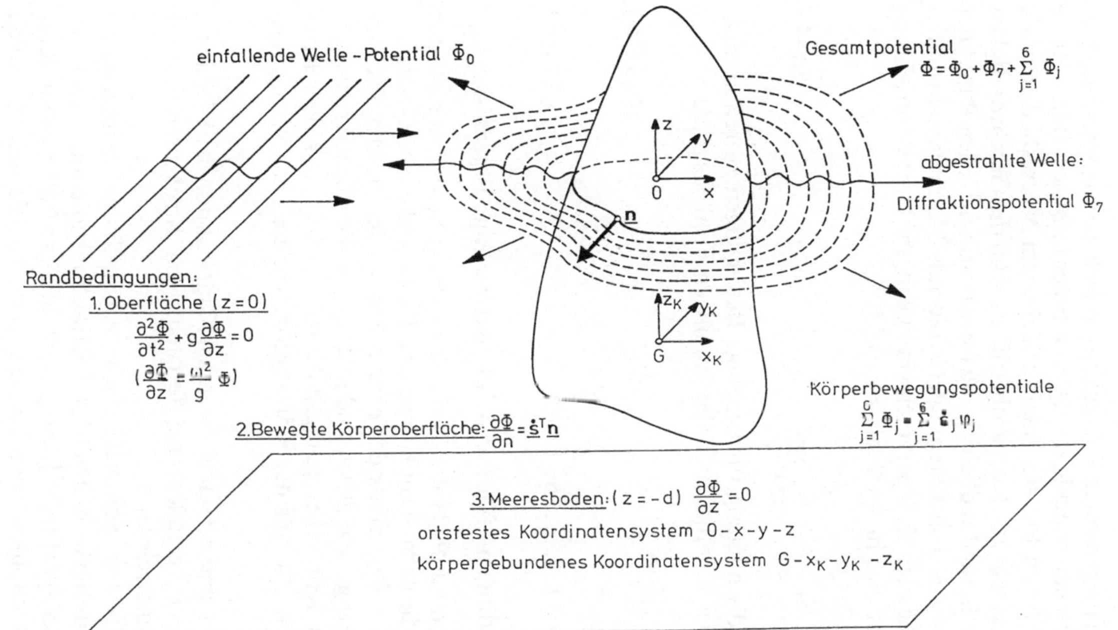

Bild 3.80. Randbedingungen zur Analyse hydrodynamisch kompakter, beweglicher Konstruktionen im Wellenfeld

Alle Potentiale müssen im gesamten Flüssigkeitsbereich die Laplace-Differentialgleichung erfüllen. Für einen beliebig bewegten Körper illustriert Bild 3.80 die Randbedingungen an der freien Flüssigkeitsoberfläche, am Meeresboden sowie am bewegten Körper: Senkrecht zur Körperoberfläche muß die Geschwindigkeit verschwinden. Die kinematische Randbedingung fordert also für jeden Punkt der Körperoberfläche, daß die aus dem Potentialfeld folgende Normalgeschwindigkeit $\partial\Phi/\partial n$ der entsprechenden Körpergeschwindigkeit in Normalenrichtung gleicht. Mit (3.143) ergibt dies in Analogie zu (3.139)

$$\frac{\partial\Phi_0}{\partial n}+\frac{\partial\Phi_7}{\partial n}+\sum_{j=1}^{6}\dot{s}_j\frac{\partial\varphi_j}{\partial n}=\sum_{j=1}^{6}\dot{s}_j n_j\,. \tag{3.144}$$

Da die kinematische Randbedingung für beliebige Bewegungen zutreffen muß, folgt aus dem Vergleich der Koeffizienten der jeweiligen Freiheitsgrade

$$\frac{\partial\Phi_0}{\partial n}=-\frac{\partial\Phi_7}{\partial n}\,, \tag{3.145a}$$

$$\frac{\partial\varphi_j}{\partial n}=n_j \quad \text{mit} \quad j=1,2,\ldots,6\,. \tag{3.145b}$$

Die kinematische Randbedingung führt also auf zwei wichtige Ergebnisse:

- Das Diffraktionspotential Φ_7 läßt sich aus dem Potential der ungestörten Welle Φ_0 ableiten, da die normal zur Körperoberfläche wirkenden Geschwindigkeiten aufgrund des Potentials der erregenden Welle und des Diffraktionspotentials entgegengesetzt gleich sind und sich zu allen Zeiten aufheben.
- Die Ortsfunktion der Körperbewegungspotentiale φ_j folgt aus dem Richtungskosinus, läßt sich also aus der Körpergeometrie und der Bewegungsrichtung j berechnen.

Beide Bedingungen (3.145) sind bei schwimmenden Konstruktionen hydrodynamisch kompakter Bauart zu erfüllen, bei feststehenden Strukturen ist nur (3.145a) als Randbedingung relevant.

Schließlich ist noch die sog. Sommerfeldsche Ausstrahlungsbedingung zu erfüllen, die das Ausbreitungsverhalten des Diffraktionspotentials und der Körperbewegungspotentiale beschreibt [3.60]. Obwohl diese Potentiale in Körpernähe außerordentlich kompliziert sein können, verhalten sie sich in großen Entfernungen wie das Potential einer einfachen Kreiswellensingularität

$$\Phi(r,z,t)=R(kr)\,\frac{\cosh k(z+d)}{\cosh kd}\,e^{-i\omega t}\,.$$

Dieser zeitharmonische Ansatz erfüllt die Laplace-Gleichung sowie die Boden- und Oberflächenbedingungen und führt auf die Lösung

$$\Phi(r,z,t)=[C_1J_0(kr)+C_2Y_0(kr)]\,\frac{\cosh k(z+d)}{\cosh kd}\,e^{-i\omega t}\,,$$

wobei $J_0(kr)$ und $Y_0(kr)$ Besselfunktionen 0. Ordnung, 1. bzw. 2. Gattung sind [3.61].

Mit zunehmender Entfernung vom Körper klingt das Potential der Kreiswellensingularität asymptotisch ab. Bei großen Entfernungen ergibt sich der Betrag

$$\lim_{kr \to \infty} |\Phi(r, z)| = C \frac{1}{\sqrt{kr}} \frac{\cosh k(z+d)}{\cosh kd} e^{ikr}.$$

Im Fernbereich gilt die Bedingung allgemein, auch wenn es sich im Nahbereich um eine komplizierte Konstruktion handelt. In der o.g. Form folgt das Potential aus dem Satz der Energieerhaltung und erfüllt automatisch die Sommerfeldsche Ausstrahlungsbedingung [3.60]

$$\lim_{r \to \infty} \sqrt{r} \left(\frac{\partial \Phi_j}{\partial r} - ik\Phi_j \right) = 0, \quad \text{mit } j = 1, \ldots, 7. \tag{3.146}$$

Ist das Gesamtpotential Φ bekannt, so folgt der dynamische Druck wiederum aus der linearisierten Bernoulli-Gleichung (3.6b). Für eine feststehende Struktur ergibt sich mit

$$p = -\varrho \frac{\partial \Phi}{\partial t} = -\varrho \left(\frac{\partial \Phi_0}{\partial t} + \frac{\partial \Phi_7}{\partial t} \right)$$

die Kraftkomponente in k-Richtung

$$F_k = -\int_{(S)} p n_k dS = \varrho \int_{(S)} \frac{\partial \Phi_0}{\partial t} n_k dS + \varrho \int_{(S)} \frac{\partial \Phi_7}{\partial t} n_k dS.$$

- Der erste Term beschreibt die Wirkung des ungestörten Druckfeldes auf die benetzte Oberfläche, ist also die Froude-Krylov-Kraft. In Analogie zu (3.85) bzw. – für getauchte Körper – (3.84) ergibt sich hierfür

$$F_{k1} = \varrho \int_{(S)} \frac{\partial \Phi_0}{\partial t} n_k dS = \varrho \int_{(\forall)} \frac{\partial v_k}{\partial t} d\forall, \tag{3.147a}$$

wobei das Potential Φ_0 bzw. die lokale Beschleunigung auf der Berandung anzusetzen ist. Für den Sonderfall schlanker Konstruktionen, d.h. relativ langer Wellen, können diese Werte in Körpernähe als ortsunabhängig betrachtet werden, so daß sich als Froude-Krylov-Kraft

$$F_{k1} = \varrho \forall \frac{\partial v_k}{\partial t}$$

ergibt (siehe Abschnitt 3.4.1).
- Der zweite Term ist die hydrodynamische Massenkraft

$$F_{k2} = \varrho \int_{(S)} \frac{\partial \Phi_7}{\partial t} n_k dS = \varrho \int_{(S)} \frac{\partial}{\partial t} \left(\Phi_7 \frac{\partial \varphi_k}{\partial n} \right) dS,$$

wobei der Richtungskosinus n_k entsprechend (3.145b) durch die Ableitung der fiktiven Körperbewegungspotentialfunktion φ_k substituiert wurde. Mit dem Greenschen Satz [3.61]

$$\int_{(\forall)} (\Phi_7 \nabla^2 \varphi_k - \varphi_k \nabla^2 \Phi_7) d\forall = \int_{(S)} \left(\Phi_7 \frac{\partial \varphi_k}{\partial n} - \varphi_k \frac{\partial \Phi_7}{\partial n} \right) dS$$

läßt sich die hydrodynamische Massenkraft weiter umformen, da nach der Laplace-Gleichung (3.4)

$$\nabla^2 \Phi_7 = 0 \quad \text{und} \quad \nabla^2 \varphi_k = 0$$

ist und somit die linke Seite verschwindet. Mit der rechten Seite folgt hieraus

$$\int_{(S)} \Phi_7 \frac{\partial \varphi_k}{\partial n} \mathrm{d}S = \int_{(S)} \varphi_k \frac{\partial \Phi_7}{\partial n} \mathrm{d}S .$$

Führen wir hier die Randbedingung für feststehende Plattformen (3.145a) ein, so können wir das Diffraktionspotential als Funktion des Wellenpotentials darstellen.

$$\int_{(S)} \Phi_7 \frac{\partial \varphi_k}{\partial n} \mathrm{d}S = - \int_{(S)} \varphi_k \frac{\partial \Phi_0}{\partial n} \mathrm{d}S .$$

Damit läßt sich das Diffraktionspotential eliminieren, so daß die hydrodynamische Massenkraft nur noch von den fiktiven Körperbewegungspotentialfunktionen φ_k und dem Potential der einfallenden Welle abhängen

$$F_{k2} = -\varrho \int_{(S)} \frac{\partial}{\partial t} \left(\varphi_k \frac{\partial \Phi_0}{\partial n} \right) \mathrm{d}S . \qquad (3.147\mathrm{b})$$

Zusammengefaßt ergibt sich hieraus als Gesamtkraft auf eine feststehende, kompakte Struktur

$$F_k = \varrho \int_{(S)} \frac{\partial \Phi_0}{\partial t} n_k \mathrm{d}S - \varrho \int_{(S)} \frac{\partial}{\partial t} \left(\varphi_k \frac{\partial \Phi_0}{\partial n} \right) \mathrm{d}S . \qquad (3.147\mathrm{c})$$

Für den Grenzfall relativ schlanker Konstruktionen läßt sich die partielle Ableitung der Geschwindigkeit vor das Integral ziehen. Aus (3.147a) und (3.147b) erhalten wir mit $\partial \Phi_0 / \partial n_j = n_j v_j$ sowie (3.142)

$$F_k = \varrho \forall \frac{\partial v_k}{\partial t} - \varrho \frac{\partial v_j}{\partial t} \int_{(S)} \varphi_k n_j \mathrm{d}S = \left[\varrho \forall \delta_{jk} + \left(a_{jk} + \frac{\mathrm{i}}{\omega} b_{jk} \right) \right] \frac{\partial v_j}{\partial t} .$$

Für $j = k$ ist das Kroneckersymbol $\delta_{jk} = 1$, sonst gleich Null. Die hydrodynamische Kraft ergibt sich also in der bekannten Form als Summe von Froude-Krylov-Kraft (3.84) und hydrodynamischer Massenkraft (3.142), da die Indizes aus Symmetriegründen vertauschbar sind [3.36].

Als Beispiel für eine einfache kompakte Struktur wird im folgenden der feststehende, vertikale Kreiszylinder im Wellenfeld behandelt. Für große Wassertiefen liegen analytische Lösungen nach [3.62] vor, die in [3.63] und [3.64] auf begrenzte Wassertiefen erweitert wurden. In Zylinderkoordinaten ergeben sich die Potentiale der Welle und der Diffraktion als unendliche Reihen von Bessel- und Hankelfunktionen erster Art. Die Horizontalkraft auf einen Zylinderquerschnitt läßt sich als Funktion der Beiwerte C_{FK}, C_a und C_b darstellen

$$\mathrm{d}F_x = \varrho \pi R^2 \frac{\partial u}{\partial t} [C_{FK} + C_a + \mathrm{i} C_b] \mathrm{d}z .$$

Der Beiwert der Froude-Krylov-Kraft C_{FK} folgt aus dem Potential der ungestörten Welle Φ_0 nach (1.147a), während die beiden anderen Beiwerte der hydrody-

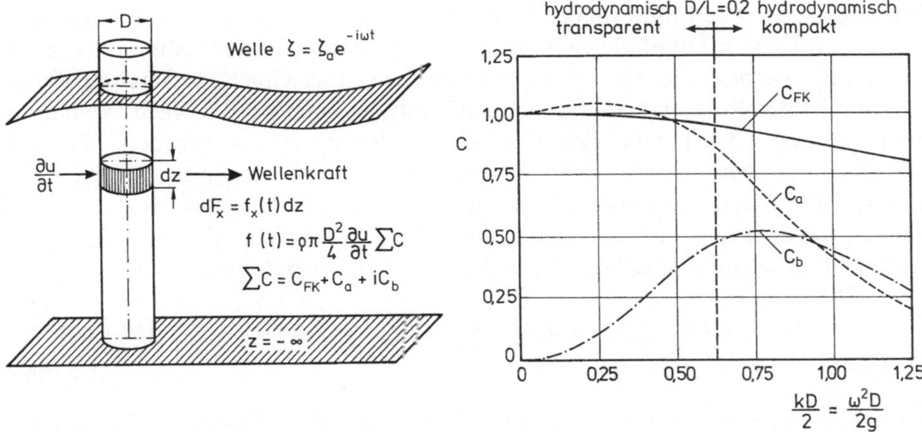

Bild 3.81. Kräfte und Kraftbeiwerte für einen vertikalen Kreiszylinder im Wellenfeld nach [3.65]

namischen Masse und Potentialdämpfung mit dem Diffraktionspotential Φ_7 bzw. – nach Substitution – mit (3.147b) berechnet werden. In [3.65] wurden die Beiträge der jeweiligen Potentiale einzeln ausgewertet. Bild 3.81 zeigt sie in Abhängigkeit vom dimensionslosen Zylinderradius $kR = kD/2$ bzw. dem Frequenzparameter $\omega^2 R/g$ (siehe (3.135)). Für relativ kleine Werte, d.h. für $kR < 0{,}5$, ist sowohl der Beiwert der Froude-Krylov-Kraft wie auch der Beiwert der hydrodynamischen Massenkraft näherungsweise gleich Eins. Die Potentialdämpfung wächst deutlich mit kR, trägt jedoch selbst bei $kR = 0{,}5$ nur wenig zur Gesamtkraft bei, da ihre Wirkung um 90° phasenversetzt ist.

Bei großen Werten von kR nehmen alle Beiwerte mit wachsendem Durchmesser des Zylinders ab. Für die Froude-Krylov-Kraft läßt sich das anschaulich interpretieren: Steht der Wellenkamm über der Mittelachse des Zylinders, so ergibt sich der Beitrag des ungestörten Druckfeldes aus den mit $\cos kR$ abklingenden Werten des dynamischen Drucks auf der benetzten Oberfläche, was mit wachsendem Durchmesser auf kleinere Kräfte führt. Bild 3.81 zeigt so für eine einfache Konstruktion die Abgrenzung von hydrodynamisch transparenten und kompakten Strukturen.

Zur Berechnung komplizierterer Strukturen ersetzen wir die Körperoberfläche S durch eine Fläche aus vielen Singularitäten und überlagern deren Potentiale mit dem der gegebenen Wellenströmung sowie – falls eine Parallelströmung vorhanden – auch mit deren Potential (siehe Abschnitt 3.1.8).

Auf der Körperoberfläche sind die jeweiligen Singularitäten einem Oberflächenelement dS zugeordnet und befinden sich im Ort $x = \xi$, $y = \eta$, $z = \zeta$. Ihre Intensität

$$\frac{1}{4\pi} Q(\xi, \eta, \zeta, t)\,dS$$

pulsiert mit der Wellenfrequenz ω. Zum Potential im Punkt $p(x, y, z)$ liefern sie den Beitrag

$$d\Phi = \frac{1}{4\pi} Q(\xi, \eta, \zeta, t) \cdot G(x, y, z, \xi, \eta, \zeta)\,dS\,.$$

Die sog. Greensche Funktion des Problems, $G(x, y, z, \xi, \eta, \zeta)$, ist eine Funktion, die die Laplace-Differentialgleichung sowie vorgegebene Randbedingungen außer auf der Körperoberfläche in (ξ, η, ζ) erfüllt. Sie kennzeichnet den Singularitätentyp und ist das Potential einer Singularität mit der Intensität 1. Nach Wehausen und Laitone [3.66] läßt sich eine Greensche Funktion angeben, die alle Randbedingungen am Meeresboden und an der Flüssigkeitsoberfläche erfüllt. Zur Erfüllung der Körperoberflächenrandbedingung überlagern wir das Potential der ungestörten Außenströmung Φ_0 mit den Potentialen aller Singularitäten auf der Körperoberfläche S und erhalten das Gesamtpotential Φ zu

$$\Phi(x, y, z, t) = \Phi_0(x, y, z, t) + \frac{1}{4\pi} \int_{(S)} Q(\xi, \eta, \zeta, t) G(x, y, z, \xi, \eta, \zeta) \mathrm{d}S. \tag{3.148}$$

Ist die Greensche Funktion gegeben, so läßt sich die unbekannte pulsierende Belegungsdichte $Q(\xi, \eta, \zeta, t)$ in (3.148) aus der Körperrandbedingung (3.145) so bestimmen, daß eine Stromlinienfläche mit derselben Gestalt wie die gegebene Konstruktion entsteht.

Bewegt sich die Struktur im Wellenfeld, so führen wir in Analogie zu (3.137) eine auf die Körpergeschwindigkeit normierte Belegungsdichte q_j ein und strukturieren die gesuchte Belegungsdichte analog (3.143)

$$Q = Q_7 + \sum_{j=1}^{6} q_j \dot{s}_j .$$

Entsprechend (3.148) ergeben sich folgende Einzelbeiträge

$$\varphi_j(x, y, z) = \frac{1}{4\pi} \int_{(S)} q_j(\xi, \eta, \zeta) G(x, y, z, \xi, \eta, \zeta) \mathrm{d}S; \quad j = 1, 2, \ldots, 6. \tag{3.149}$$

$$\Phi_7(x, y, z, t) = \frac{1}{4\pi} \int_{(S)} Q_7(\xi, \eta, \zeta, t) G(x, y, z, \xi, \eta, \zeta) \mathrm{d}S. \tag{3.150}$$

Die zuvor hergeleiteten Randbedingungen für schwimmende Konstruktionen (3.145) liefern je eine lineare, sog. inhomogene Fredholm-Integralgleichung zur Berechnung von q_1 bis q_6 bzw. Q_7 [3.67, 3.68].

$$-\frac{1}{2} q_j(x, y, z) + \frac{1}{4\pi} \int_{(S)} q_j(\xi, \eta, \zeta) \frac{\partial G(x, y, z, \xi, \eta, \zeta)}{\partial n} \mathrm{d}S = n_j; \quad j = 1, 2, \ldots, 6. \tag{3.151}$$

$$-\frac{1}{2} Q_7(x, y, z, t) + \frac{1}{4\pi} \int_{(S)} Q_7(\xi, \eta, \zeta, t) \frac{\partial G(x, y, z, \xi, \eta, \zeta)}{\partial n} \mathrm{d}S = -\frac{\partial \Phi_0}{\partial n}. \tag{3.152}$$

Die Terme $-q_j(x, y, z)/2$ bzw. $-Q_7(x, y, z, t)/2$ berücksichtigen hierbei den Beitrag der Normalableitungen der Greenschen Funktion im Punkt $x = \xi$, $y = \eta$, $z = \zeta$, wo die Greensche Funktion und deren Ableitung nicht definiert ist.

Da der Kern der Integralgleichung $\partial G/\partial n$ wegen seiner Kompliziertheit eine Lösung der Differentialgleichung in geschlossener Form nicht gestattet, wird ein numerisches Verfahren angewandt. Hierzu wird die Oberfläche des Körpers unterteilt, z.B. in kleine Dreieckselemente, weil sich so eine gekrümmte Oberfläche gut adaptieren läßt und sog. Klaffungen vermieden werden. Im Schwerpunkt eines jeden Dreieckselements ist eine pulsierende Singularität angeordnet. In diesem Punkt wird auch die Körperrandbedingung erfüllt. Mit der Unterteilung in N Elemente ergibt sich aus der Integralgleichung ein lineares Gleichungssystem, aus dem die gesuchte Belegungsdichte $q_j(\xi, \eta, \zeta)$ bzw. $Q_7(\xi, \eta, \zeta, t)$ gewonnen wird. Mit (3.142) folgen hieraus die hydrodynamischen Massen und Potentialdämpfungen. Weiterhin läßt sich – für feststehende Konstruktionen – das Gesamtpotential berechnen sowie – über die linearisierte Bernoulli-Gleichung (3.6b) – das dynamische Druckfeld, woraus sich alle Kräfte und Momente auf den Körper ableiten lassen.

3.4.3.4 Bewegungen hydrodynamisch kompakter Konstruktionen

Für lineare Systeme wird die Bewegung durch lineare, gekoppelte Differentialgleichungen beschrieben

$$(\boldsymbol{M}+\boldsymbol{A})\ddot{\boldsymbol{s}}+\boldsymbol{B}\dot{\boldsymbol{s}}+\boldsymbol{C}\boldsymbol{s}=\boldsymbol{F}_a e^{-i\omega t} \tag{3.153}$$

wobei $\boldsymbol{M}$ als Massenmatrix, $\boldsymbol{A}$ als Matrix der hydrodynamischen Massen, $\boldsymbol{B}$ als Matrix der Potentialdämpfungen, $\boldsymbol{C}$ als Matrix der Rückstellkräfte sowie $\boldsymbol{F}_a$ als Amplitude der Erregerkraft definiert ist. Mit dem Ansatz $\boldsymbol{s}=\boldsymbol{s}(\omega)e^{-i\omega t}$, wobei $\boldsymbol{s}(\omega)$ eine komplexe Amplitude der Bewegung ist, und dem Matrizenoperator

$$\boldsymbol{V}=\boldsymbol{C}-(\boldsymbol{M}+\boldsymbol{A})\omega^2-i\boldsymbol{B}\omega \tag{3.154}$$

folgt

$$\boldsymbol{V}\boldsymbol{s}(\omega)=\boldsymbol{F}_a. \tag{3.155}$$

Damit erhalten wir für die Bewegungsamplituden

$$\boldsymbol{s}(\omega)=\boldsymbol{V}^{-1}\boldsymbol{F}_a \tag{3.156}$$

und die zugehörigen Phasenverschiebungen

$$\tan\varepsilon=\frac{\operatorname{Im}\boldsymbol{s}(\omega)}{\operatorname{Re}\boldsymbol{s}(\omega)}. \tag{3.157}$$

Für einen einfach symmetrischen Körper – Symmetrieebene $x-z$ – sieht die Massenmatrix z.B. folgendermaßen aus:

$$\boldsymbol{M}=\begin{bmatrix} m & 0 & 0 & 0 & 0 & 0 \\ 0 & m & 0 & 0 & 0 & 0 \\ 0 & 0 & m & 0 & 0 & 0 \\ 0 & 0 & 0 & m_{44} & 0 & -m_{46} \\ 0 & 0 & 0 & 0 & m_{55} & 0 \\ 0 & 0 & 0 & -m_{64} & 0 & m_{66} \end{bmatrix}, \tag{3.158}$$

wobei die Masse des Körpers m bei schwimmenden Strukturen der Masse des verdrängten Wassers entspricht und m_{kj} die aus den Flächenträgheitsmomenten folgenden Massenträgheitsmomente bzw. Deviationsmomente sind,

$$m_{44} = \int_{(m)} (y^2 + z^2)\,\mathrm{d}m\,,$$

$$m_{55} = \int_{(m)} (x^2 + z^2)\,\mathrm{d}m\,,$$

$$m_{66} = \int_{(m)} (x^2 + y^2)\,\mathrm{d}m\,,$$

$$m_{46} = m_{64} = \int_{(m)} xz\mathrm{d}m\,.$$

Für doppelt symmetrische Körper ist $m_{46} = m_{64} = 0$, so daß die Matrix nach (3.158) nur Diagonalglieder enthält. Analog ergibt sich die Matrix der hydrodynamischen Massen $\boldsymbol{A}$ für einfach symmetrische Körper zu

$$\boldsymbol{A} = \begin{bmatrix} a_{11} & 0 & a_{13} & 0 & a_{15} & 0 \\ 0 & a_{22} & 0 & a_{24} & 0 & a_{26} \\ a_{31} & 0 & a_{33} & 0 & a_{35} & 0 \\ 0 & a_{42} & 0 & a_{44} & 0 & a_{46} \\ a_{51} & 0 & a_{53} & 0 & a_{55} & 0 \\ 0 & a_{62} & 0 & a_{64} & 0 & a_{66} \end{bmatrix}. \tag{3.159}$$

Bei Doppelsymmetrie gilt für die Matrixelemente der hydrodynamischen Massen

$$a_{26} = a_{62} = a_{35} = a_{53} = a_{46} = a_{64} = 0\,.$$

Für getauchte Körper wird zusätzlich $a_{13} = a_{31} = 0$.

Die Matrix der Potentialdämpfungen $\boldsymbol{B}$ hat ebenfalls die Form (3.159), für symmetrische und getauchte Körper gelten die gleichen Vereinfachungen. Die Matrixelemente der hydrodynamischen Massen und Dämpfungen folgen aus (3.142) mit (3.149).

Schließlich ergibt sich die Matrix der Rückstellkräfte zu

$$\boldsymbol{C} = \begin{bmatrix} 0 & 0 & 0 & 0 & 0 & 0 \\ 0 & 0 & 0 & 0 & 0 & 0 \\ 0 & 0 & c_{33} & 0 & c_{35} & 0 \\ 0 & 0 & 0 & c_{44} & 0 & 0 \\ 0 & 0 & c_{53} & 0 & c_{55} & 0 \\ 0 & 0 & 0 & 0 & 0 & 0 \end{bmatrix}, \tag{3.160}$$

wobei bei Doppelsymmetrie $c_{35} = c_{53} = 0$, für getauchte Körper $c_{33} = 0$ ist.

Für doppelsymmetrische Körper werden die Kopplungsglieder in den Differentialgleichungen Null, so daß die Bewegungsgleichungen entkoppelt werden. Für längliche Körper – im wesentlichen Schiffe – ist nur die Längsbewegung entkoppelt, aber Tauchen und Stampfen sowie Querversetzen, Rollen und Gieren bleiben untereinander gekoppelt. Da dieses Thema hier nicht im einzelnen erörtert wird, verweisen wir auf die relevante Literatur zum Bewegungsverhalten solcher Strukturen im Seegang [3.69, 3.72].

Die Erregerkraft $\boldsymbol{F}$ folgt aus der Froude-Krylov-Kraft und der hydrodynamischen Massenkraft nach (3.147c). Hierfür ist das Gesamtpotential aus dem Potential der erregenden Welle, dem Diffraktionspotential und den Körperbewegungspotentialen nach (3.143) zu ermitteln. Diese Größen dienen auch der Berechnung der hydrodynamischen Massen und Dämpfungen nach (3.142).

An drei Beispielen aus [3.46] werden im folgenden Ergebnisse der hydrodynamischen Analyse kompakter meerestechnischer Konstruktionen illustriert. Im ersten Beispiel werden Kräfte und Bewegungen auf eine schwimmende Halbkugel – Radius r – im Wellenfeld bei unbegrenzter Wassertiefe untersucht, wobei die benetzte Körperoberfläche alternativ in 56 bzw. 264 dreieckige Flächenelemente aufgeteilt und mit pulsierenden Singularitäten belegt ist. Bild 3.82 zeigt Horizontal- und Vertikalkräfte, hydrodynamische Massen und Dämpfungen sowie Längs- und Tauchbewegungen in Abhängigkeit vom Frequenzparameter $kr=\omega^2 r/g$, wobei die Größen mit der Dichte von Wasser ϱ, der Erdbeschleunigung g, der Verdrängung $\forall$ und dem Kugelradius r sowie der Wellenzahl k, der Wellenamplitude ζ_a und -frequenz ω in dimensionslose Form überführt worden sind. Die numerischen Ergebnisse sind im Vergleich zu einer analytischen Lösung [3.73, 3.74] dargestellt: Deutlich ist zu erkennen, daß das auf der hier erläuterten Singularitätenmethode beruhende Verfahren bereits bei einer Aufteilung der benetzten Oberfläche in nur 56 Dreiecke hinreichend genaue Ergebnisse liefert.

Auch die zweite Referenzstruktur, eine rechteckige Barge – in der Offshore-Technik häufig als Kran- oder Rohrlegebarge im Einsatz – dokumentiert die Genauigkeit des Verfahrens der Flächenbelegung mit pulsierenden Singularitäten. Bild 3.83 zeigt als Idealisierung der Struktur die Aufgliederung der benetzten Oberfläche in 156 rechteckige Elemente. Die numerischen Ergebnisse sind hier im Vergleich zu Messungen dargestellt, die am Netherlands Ship Model Basin im Maßstab 1:50 für eine Wassertiefe von 50 m durchgeführt wurden [3.84]. Rechnung und Experiment zeigen gute Übereinstimmung, selbst im Bereich der Resonanzperioden. Sogar die Phasenwinkel – positive Werte bedeuten, daß das positive Bewegungsmaximum vor Durchlauf des Wellenberges erreicht wird – zeugen von der Genauigkeit der numerischen Voraussagen.

Mit dem letzten Beispiel – dem schwimmenden LNG-Speichertank SEA-GAS – wird demonstriert, daß das Verfahren der Oberflächenbelegung auch zur Analyse komplizierter Strukturen mit hydrodynamisch transparenten und kompakten Baukomponenten herangezogen werden kann [3.76]. Bild 3.84 zeigt als Idealisierung der Struktur mit einem zentralen Speichertank und acht peripheren Säulen die Aufgliederung der benetzten Tankoberfläche in 132 Dreieckselemente. Bei der rechnerischen Analyse wurden die Kräfte auf den zentralen Körper nach der Methode der Oberflächenbelegung, die Kräfte auf die Säulen nach der Morison-Gleichung berechnet, und die jeweiligen Beiträge linear überlagert.

Die im Vergleich zu Messungen an der Hamburgischen Schiffbauversuchsanstalt [3.77] dargestellten numerischen Ergebnisse dokumentieren, daß sich die Methode der potentialtheoretischen Berechnung mit Oberflächenbelegung und die Analyse nach der Morison-Gleichung gut kombinieren lassen. Abweichungen von den experimentellen Ergebnissen im Bereich höherer Wellenperioden sind

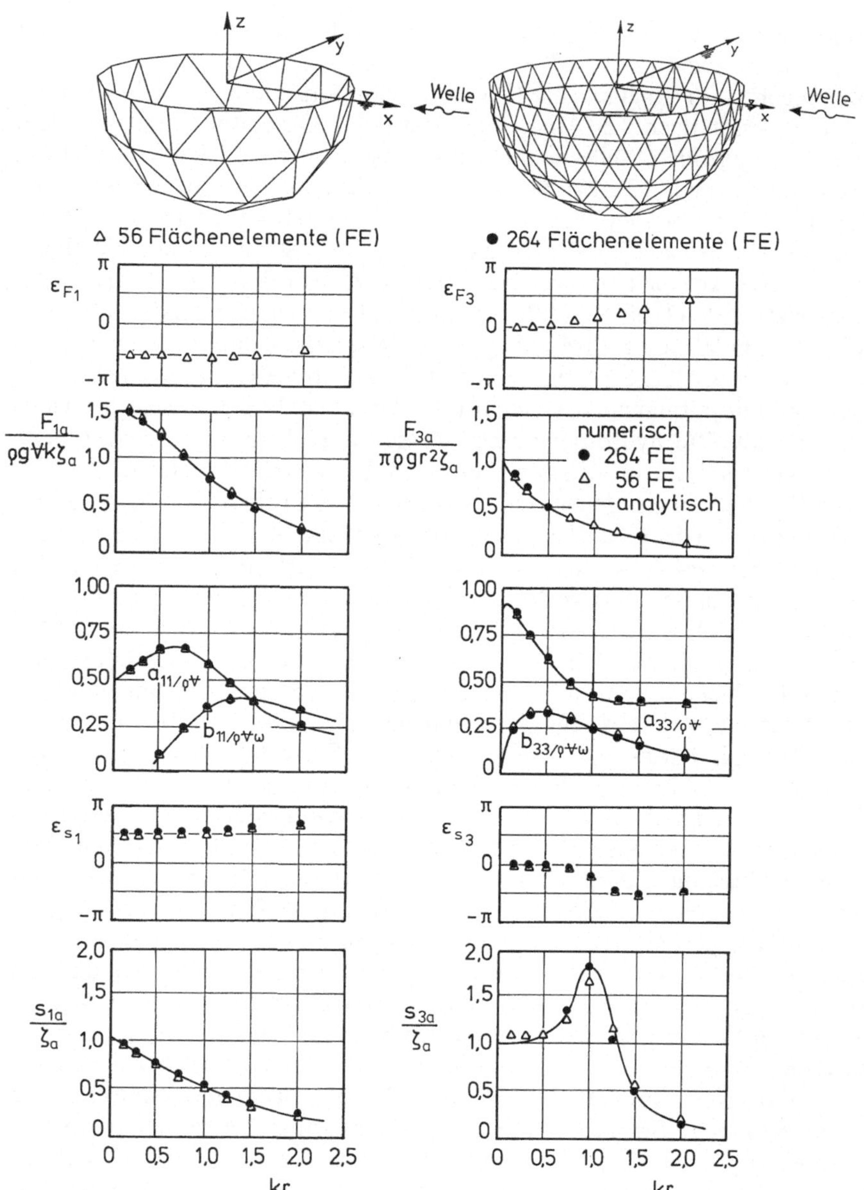

Bild 3.82. Vergleich von numerischer und analytischer Lösung für eine schwimmende Halbkugel – Kräfte, hydrodynamische Massen und Dämpfungen sowie Bewegungen in Längsrichtung und vertikal nach [3.46, 3.73, 3.74]

darin begründet, daß bei der theoretischen Behandlung generell der Schwerpunkt der Struktur als Drehpunkt festgelegt wurde. Damit werden einerseits hydrostatische Effekte – Drehung um die Hauptachsen der Wasserlinienfläche – andererseits Einflüsse der hydrodynamischen Massen – Drehung um den Massenmittelpunkt der Gesamtmasse – vernachlässigt.

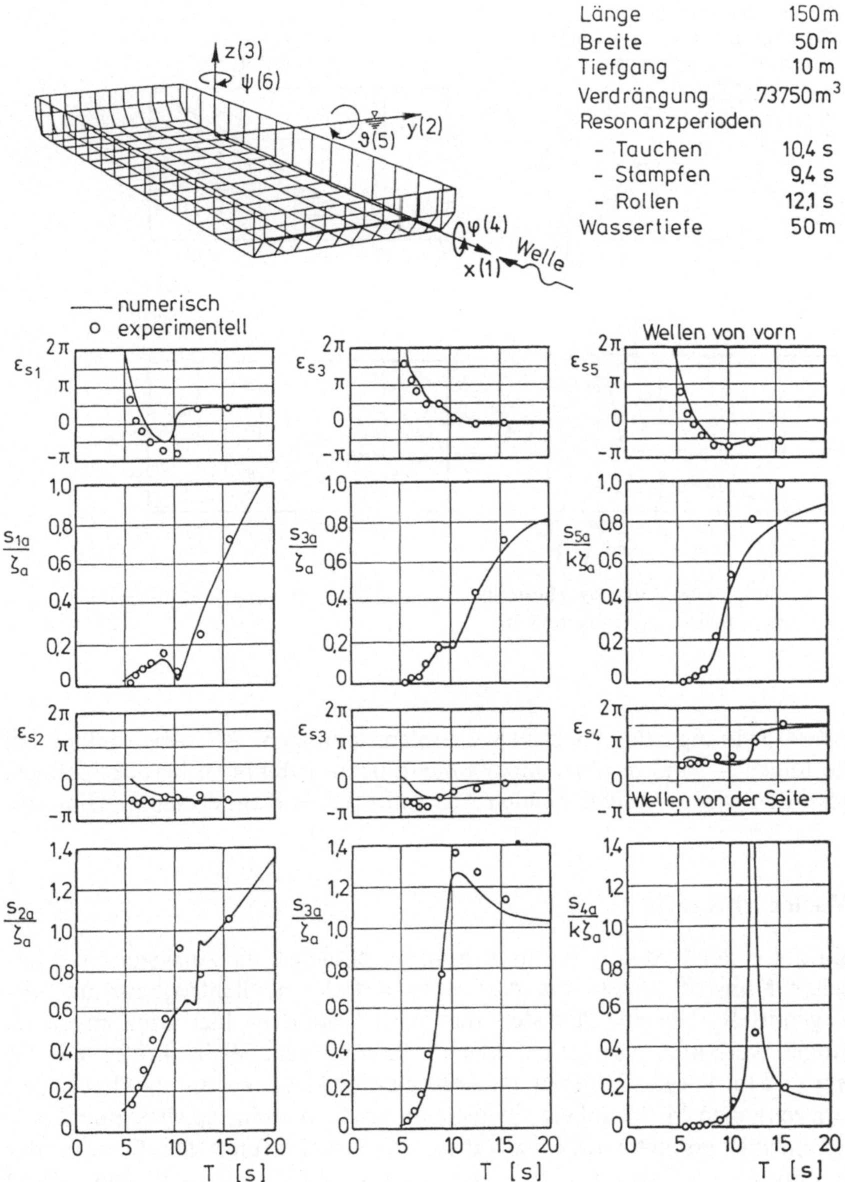

Bild 3.83. Bewegungen einer rechteckigen Barge im Seegang nach [3.46, 3.84]

Zusammenfassend ist festzustellen, daß das Verfahren der linearen Analyse nach der Potentialtheorie und der Morison-Gleichung praktisch brauchbare und im allgemeinen völlig ausreichende Grundlagen zur Analyse und Bewertung meerestechnischer Konstruktionen liefert. Nach einfacher Zuordnung zu hydrodynamisch transparenten bzw. kompakten Strukturen liefern diese Verfahren – einzeln oder in Kombination – zuverlässige Ergebnisse für Kräfte und Bewegun-

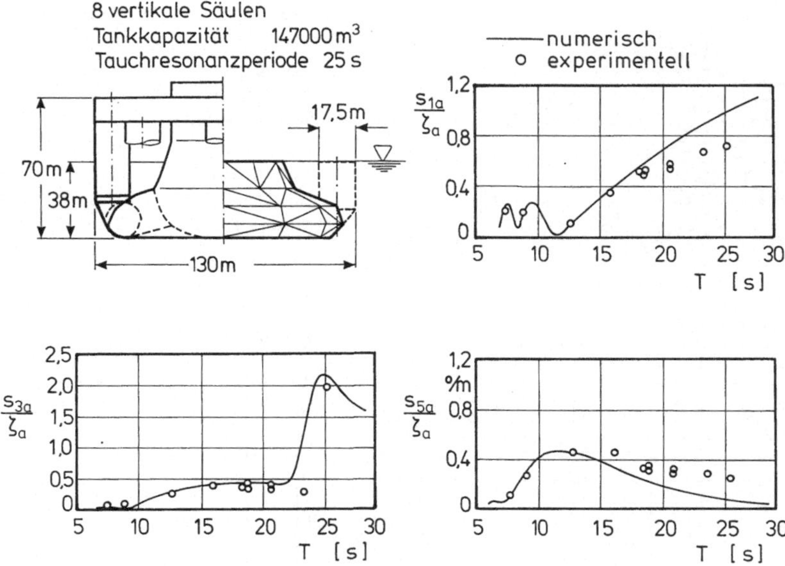

Bild 3.84. Schwimmender LNG-Speichertank SEAGAS – Übertragungsfunktionen für Längs-, Tauch- und Stampfbewegungen nach [3.46, 3.76, 3.77]

gen erster Ordnung. Bei speziellen Problemstellungen – insbesondere bei Verankerungen – sind darüber hinaus nichtlineare Effekte zu berücksichtigen. Hierzu werden wir im abschließenden Abschnitt dieses Kapitels einige Hinweise geben.

3.4.4 Wellendriftkräfte

Wellenkräfte erster Ordnung bestimmen im wesentlichen die Auslegung meerestechnischer Konstruktionen. Sie oszillieren mit der Wellenfrequenz und ergeben – gemittelt über eine Periode – den Wert Null, d. h., hierdurch angeregte Bewegungen verlaufen auf geschlossenen Bahnkurven. Wellenkräfte zweiter Ordnung sind im Vergleich hierzu um mehr als eine Größenordnung kleiner und führen im zeitlichen Mittel auf eine in Wellenfortschrittsrichtung wirkende Kraft. Wie im folgenden gezeigt wird, wächst diese sog. Driftkraft mit dem Quadrat der Wellenamplitude, ist also für eine harmonische Welle im zeitlichen Mittel konstant. Im irregulären Seegang ändert sich die Driftkraft langsam entsprechend der Variation aufeinanderfolgender Wellenhöhen, und ist proportional dem Quadrat der Hüllkurve der Wellenerregung. Hieraus folgt eine mittlere Driftkraft, der sich eine langsam ändernde Kraftkomponente überlagert. Eine schwimmende Plattform erfährt unter ihrer Wirkung eine konstante Abdrift, der sich langperiodische Bewegungen überlagern. Liegt die Resonanzfrequenz der im Verankerungssystem horizontal schwingenden Konstruktion in diesem Frequenzbereich, können die Bewegungsamplituden außerordentlich groß werden. In diesem Abschnitt leiten wir die Grundzüge der Driftkraftanalyse ab, die Strukturbewegungen im natürlichen Seegang und die daraus resultierenden Verankerungskräfte werden in Kapitel 6 behandelt.

Zur Berechnung von Wellenkräften zweiter Ordnung (Driftkräften) auf hydrodynamisch kompakte Strukturen werden im allgemeinen zwei Methoden angewandt. Eine Methode befaßt sich mit der Ermittlung des Geschwindigkeitspotentials in großer Entfernung vom Körper und der Integration über eine vom Körper weit entfernte Kontrollfläche [3.74, 3.78, 3.79] (far field solution). Sie basiert auf dem asymptotischen Verhalten des Potentials im Unendlichen. Die Berechnungen werden meist für ein monochromatisches Wellenfeld, d.h. ebene Airywellen konstanter Periode, durchgeführt.

Bei der anderen Methode wird der Druck bis zum Glied zweiter Ordnung über die benetzte Oberfläche des Körpers integriert [3.80 – 3.90]. Diese Methode bietet den Vorteil, daß durch die Komponentenzerlegung der Driftkraft die physikalischen Zusammenhänge besser verstanden werden und die Einflüsse der einzelnen Komponenten darstellbar sind. Sie wird daher im folgenden kurz skizziert.

Der Berechnung wird die sog. Störungsmethode zugrunde gelegt, wobei folgende Annahme gilt: Größen wie Wellenhöhe, Bewegungen, Potentiale und Druck unterscheiden sich so wenig von einem statischen Anfangswert, daß sie sich als Reihenentwicklung eines kleinen Störungsparameters α ausdrücken lassen ($\alpha \ll 1$).

Bezogen auf ein raumfestes Koordinatensystem oszilliert der Körper unter der Wirkung der Wellenkräfte erster und zweiter Ordnung, wobei ein Oberflächenelement $\mathrm{d}S$ die Bewegung

$$\boldsymbol{r} = \boldsymbol{r}^{(0)} + \alpha \boldsymbol{r}^{(1)} + \alpha^2 \boldsymbol{r}^{(2)} + \ldots \tag{3.161}$$

erfährt. Seine mittlere Position

$$\boldsymbol{r}^{(0)} = \boldsymbol{r}_{\mathrm{G}}^{(0)} + \boldsymbol{r}_{\mathrm{S}} \tag{3.162a}$$

ist durch die Ortsvektoren vom Koordinatenursprung zum Gewichtsschwerpunkt, sowie von diesem zum Oberflächenelement, $\boldsymbol{r}_{\mathrm{G}}^{(0)}$ und $\boldsymbol{r}_{\mathrm{S}}$, gegeben. Die Bewegungen erster Ordnung folgen aus den Vektoren der Translations- und Drehbewegungen, $\boldsymbol{s}_{\mathrm{T}}^{(1)} = (s_1^{(1)}, s_2^{(1)}, s_3^{(1)})^T$ und $\boldsymbol{s}_{\mathrm{D}}^{(1)} = (s_4^{(1)}, s_5^{(1)}, s_6^{(1)})^{\mathrm{T}}$

$$\boldsymbol{r}^{(1)} = \boldsymbol{s}_{\mathrm{T}}^{(1)} + \boldsymbol{s}_{\mathrm{D}}^{(1)} \times \boldsymbol{r}_{\mathrm{S}}\,, \tag{3.162b}$$

so daß sich für den Radiusvektor der Bewegung des Oberflächenelements im raumfesten Koordinatensystem nach (3.162a)

$$\boldsymbol{r} = \boldsymbol{r}_{\mathrm{G}}^{(0)} + \boldsymbol{r}_{\mathrm{S}} + \alpha(\boldsymbol{s}_{\mathrm{T}}^{(1)} + \boldsymbol{s}_{D}^{(1)} \times \boldsymbol{r}_{\mathrm{S}}) \tag{3.162c}$$

ergibt.

Für den im raumfesten Koordinatensystem definierten Einheitsvektor $\boldsymbol{N}$, der normal zum Oberflächenelement nach außen gerichtet ist, erhalten wir in der statischen Ruhelage

$$\boldsymbol{N}^{(0)} = \boldsymbol{n}\,, \tag{3.163a}$$

wenn $\boldsymbol{n}$ der nach außen weisende Einheitsvektor im körperfesten Koordinatensystem ist. Bei Drehbewegungen der Struktur ändert sich seine Richtung im raumfesten System

$$\boldsymbol{N} = \boldsymbol{n} + \alpha(\boldsymbol{s}_{\mathrm{D}}^{(1)} \times \boldsymbol{n})\,. \tag{3.163b}$$

Durch Koeffizientenvergleich mit der Reihenentwicklung

$$N = N^{(0)} + \alpha N^{(1)} + \alpha^2 N^{(2)} + \dots \tag{3.163c}$$

ergibt sich

$$N^{(1)} = s_D^{(1)} \times \boldsymbol{n}\,. \tag{3.163d}$$

Die Flüssigkeit sei homogen, reibungsfrei, inkompressibel und rotationsfrei, so daß die Flüssigkeitsbewegung ein Geschwindigkeitspotential Φ besitzt, das eine skalare Funktion des Ortes und der Zeit ist, und sich ebenfalls als Reihe darstellen läßt

$$\Phi = \alpha \Phi^{(1)} + \alpha^2 \Phi^{(2)} + \dots \tag{3.164}$$

Die Geschwindigkeitspotentiale 1. und 2. Ordnung ergeben sich nach (3.143) aus dem Potential der einfallenden Welle Φ_0, dem Diffraktionspotential Φ_7 und den Körperbewegungspotentialen Φ_j

$$\Phi = \Phi_0 + \Phi_7 + \sum_{j=1}^{6} \Phi_j\,.$$

Die Potentiale 2. Ordnung $\Phi_0^{(2)}$, $\Phi_7^{(2)}$ und $\Phi_j^{(2)}$ sind quadratische Funktionen der Potentiale 1. Ordnung $\Phi_0^{(1)}$, $\Phi_7^{(1)}$ und $\Phi_j^{(1)}$. Diese Potentiale müssen folgende Grundgleichungen und Randbedingungen erfüllen:

- Laplace-Differenzialgleichung,
- kombinierte, freie Oberflächenbedingung,
- Bodenbedingung,
- Oberflächenbedingung am Körper,

und zwar für das Flüssigkeitsgebiet, dessen Umrandung aus der Körperoberfläche, der freien Flüssigkeitsoberfläche außerhalb des Körpers, der festen waagerechten Bodenfläche sowie der Mantelfläche eines Kreiszylinders mit unendlich großem Radius besteht. Zusätzlich müssen Diffraktions- und Bewegungspotentiale 1. und 2. Ordnung die Sommerfeldsche Ausstrahlungsbedingung (3.146) erfüllen, damit die Eindeutigkeit des Problems gesichert ist.

Die gesamte hydrodynamische Kraft folgt mit

$$\boldsymbol{F} = -\int_{(S)} p_S(x, y, z, t)\, \boldsymbol{N} \mathrm{d}S \tag{3.165}$$

aus dem instationären Druck, der über die benetzte Oberfläche zu integrieren ist. Diese läßt sich als Summe der bis zur Ruhewasserlinie reichenden Fläche S_0 und der zwischen Ruhewasserlinie und Wellenprofil oszillierenden – um eine Ordnung kleineren – Fläche S_1 mit

$$S = S_0 + \alpha S_1 \tag{3.166}$$

darstellen. Der instationäre Druck

$$p = -\varrho g z - \varrho \frac{\partial \Phi}{\partial t} - \frac{\varrho}{2} |\nabla \Phi|^2 \tag{3.167}$$

folgt aus der Bernoulli-Gleichung (3.6). Da die Struktur nur kleine Bewegungen $\boldsymbol{r}^{(1)}$ um die Ruhelage $\boldsymbol{r}^{(0)}$ erfährt, läßt sich der Druck p_S um den Mittelwert p_m in eine Taylor-Reihe entwickeln

$$p_S = p_m + \boldsymbol{r}^T \nabla p_m . \tag{3.168}$$

Führen wir (3.164) ein und ordnen die Glieder entsprechend

$$p_S = p^{(0)} + \alpha p^{(1)} + \alpha^2 p^{(2)} , \tag{3.169a}$$

so ergibt sich

$$p^{(0)} = -\varrho g r_3^{(0)} = -\varrho g z , \tag{3.169b}$$

$$p^{(1)} = -\varrho \frac{\partial \Phi^{(1)}}{\partial t} - \varrho g r_3^{(1)} , \tag{3.169c}$$

$$p^{(2)} = -\varrho \frac{\partial \Phi^{(2)}}{\partial t} - \frac{\varrho}{2} |\nabla \Phi^{(1)}|^2 - \varrho \boldsymbol{r}^{(1)T} \nabla \frac{\partial \Phi^{(1)}}{\partial t} , \tag{3.169d}$$

wobei $r_3^{(1)}$ die Vertikalkomponente der Bewegung erster Ordnung nach (3.162b) ist.

Hiermit folgt für die gesamte hydrodynamische Kraft

$$\begin{aligned} \boldsymbol{F} = &- \int_{(S_0)} (p^{(0)} + \alpha p^{(1)} + \alpha^2 p^{(2)}) (\boldsymbol{n} + \alpha \boldsymbol{N}^{(1)}) \, dS \\ &- \int_{(S_1)} (p^{(0)} + \alpha p^{(1)} + \alpha^2 p^{(2)}) (\boldsymbol{n} + \alpha \boldsymbol{N}^{(1)}) \, \alpha dS , \end{aligned} \tag{3.170}$$

woraus sich mit dem Ansatz

$$\boldsymbol{F} = \boldsymbol{F}^{(0)} + \alpha \boldsymbol{F}^{(1)} + \alpha^2 \boldsymbol{F}^{(2)}$$

- als Kraft nullter Ordnung

$$\boldsymbol{F}^{(0)} = - \int_{(S_0)} p^{(0)} \boldsymbol{n} \, dS = \int_{(S_0)} \varrho g z \boldsymbol{n} \, dS = \varrho g \forall \boldsymbol{k} \tag{3.171a}$$

  die hydrostatische Auftriebskraft ergibt.
- Als Kraft erster Ordnung erhalten wir mit $\boldsymbol{N}^{(1)} = \boldsymbol{s}_D^{(1)} \times \boldsymbol{n}$ und 3.171a)

$$\boldsymbol{F}^{(1)} = - \int_{(S_0)} p^{(1)} \boldsymbol{n} \, dS - \int_{(S_0)} p^{(0)} \boldsymbol{N}^{(1)} dS = - \int_{(S_0)} p^{(1)} \boldsymbol{n} \, dS + \boldsymbol{s}_D^{(1)} \times \varrho g \forall \boldsymbol{k} . \tag{3.171b}$$

- Schließlich ergibt sich für die Kraft zweiter Ordnung

$$\boldsymbol{F}^{(2)} = - \int_{(S_0)} p^{(1)} \boldsymbol{N}^{(1)} dS = \int_{(S_0)} p^{(2)} \boldsymbol{n} \, dS - \int_{(S_1)} p^{(1)} \boldsymbol{n} \, dS . \tag{3.171c}$$

Für das erste Integral erhalten wir mit (3.163d)

$$- \int_{(S_0)} p^{(1)} \boldsymbol{N}^{(1)} dS = - \boldsymbol{s}_D^{(1)} \times \int_{(S_0)} p^{(1)} \boldsymbol{n} \, dS ,$$

d.h. diese Kraft zweiter Ordnung, relativ zum raumfesten Koordinatensystem, folgt aus der Drehung der Kraft erster Ordnung, bezogen auf das körperfeste Koordinatensystem. Analog ergibt sich aus der Drehung der

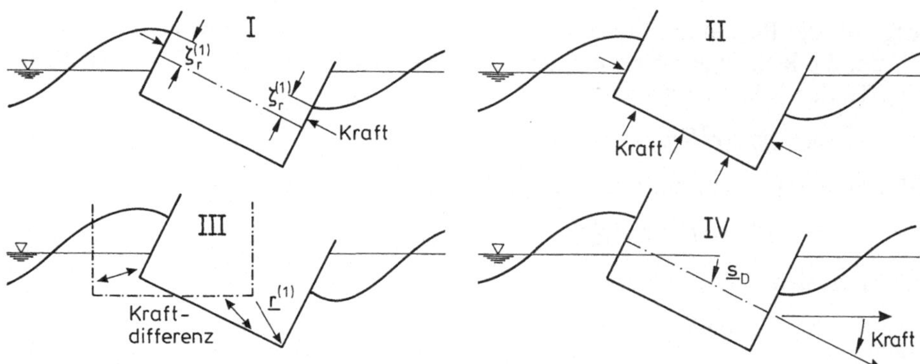

Bild 3.85. Komponenten des Driftkraftvektors nach [3.89]. I Beitrag der relativen Wellenhöhe $\zeta_r^{(1)} = \zeta^{(1)} - r_{3\,\mathrm{WL}}^{(1)}$; II Beitrag des quadrierten Geschwindigkeitsvektors bzw. des hieraus folgenden Druckfeldes; III Beitrag des Produktes aus Druckgradient und Bewegungsamplitude bzw. der aus den unterschiedlichen Positionen folgenden Differenzen der Druckfelder; IV Beitrag des Vektorproduktes von Drehbewegung und Trägheitskraft

Kraft nullter Ordnung, bezogen auf das körperfeste Koordinatensystem, ein Beitrag zur Kraft erster Ordnung im raumfesten Koordinatensystem, d.h.

$$- \int_{(S_0)} p^{(0)} \boldsymbol{N}^{(1)} \mathrm{d}S = -\boldsymbol{s}_\mathrm{D}^{(1)} \times \int_{(S_0)} p^{(0)} \boldsymbol{n} \mathrm{d}S = \boldsymbol{s}_\mathrm{D}^{(1)} \times \varrho g \forall \boldsymbol{k}\,.$$

Beziehen wir diesen aus der Drehung des hydrostatischen Auftriebs folgenden Beitrag ein, so erhalten wir mit (3.171b) den Kraftanteil

$$-\boldsymbol{s}_D^{(1)} \times \left\{ \int_{(S_0)} p^{(1)} \boldsymbol{n} \mathrm{d}S - \boldsymbol{s}_\mathrm{D}^{(1)} \times \int_{(S_0)} p^{(0)} \boldsymbol{n} \mathrm{d}S \right\} = \boldsymbol{s}_\mathrm{D}^{(1)} \times \boldsymbol{F}^{(1)} = \boldsymbol{s}_\mathrm{D}^{(1)} \times m \ddot{\boldsymbol{s}}_\mathrm{T}^{(1)} \tag{3.172a}$$

als Vektorprodukt von Drehbewegung und Trägheitskraft, da $\boldsymbol{F}^{(1)}$ als gesamte hydromechanische Kraft einschließlich hydrostatischer Rückstellkraft, Wellenerregungskraft und hydrodynamischer Reaktionskräfte nach Newton gleich der Trägheitskraft ist und damit dem Produkt von Strukturmasse und schwerpunktsbezogener Strukturbeschleunigung entspricht [3.75].

Das zweite Glied in (3.171c) ergibt mit (3.169d)

$$- \int_{(S_0)} p^{(2)} \boldsymbol{n} \mathrm{d}S = \int_{(S_0)} \left[\varrho \frac{\partial \Phi^{(2)}}{\partial t} + \frac{\varrho}{2} |\nabla \Phi^{(1)}|^2 + \varrho \boldsymbol{r}^{(1)T} \nabla \frac{\partial \Phi^{(1)}}{\partial t} \right] \boldsymbol{n} \mathrm{d}S\,. \tag{3.172b}$$

Für das letzte Glied in (3.171c), das über die oszillierende Oberfläche S_1 zu integrieren ist, folgt schließlich mit (3.169c)

$$- \int_{(S_1)} p^{(1)} \boldsymbol{n} \mathrm{d}S = \int_{(S_1)} \left[\varrho \frac{\partial \Phi^{(1)}}{\partial t} + \varrho g r_3^{(1)} \right] \boldsymbol{n} \mathrm{d}S\,.$$

Hieraus ergibt sich mit der linearisierten, freien Oberflächenbedingung

$$-\varrho \frac{\partial \Phi^{(1)}}{\partial t} = \varrho g \zeta^{(1)}$$

sowie

$$dS = dr_3^{(1)} dl$$

die Driftkraftkomponente

$$-\int_{(S_1)} p^{(1)} \boldsymbol{n} dS = -\int_{(WL)} \varrho g \left\{ \int_{r^{(1)}_{3WL}}^{\zeta^{(1)}} (\zeta^{(1)} - r_3^{(1)}) dr_3^{(1)} \right\} \boldsymbol{n} dl = -\int_{(WL)} \frac{\varrho g}{2} \zeta_r^{(1)2} \boldsymbol{n} dl , \tag{3.172c}$$

wenn wir als relative Wellenamplitude

$$\zeta_r^{(1)} = \zeta^{(1)} - r_{3WL}^{(1)} \tag{3.173}$$

definieren. $\zeta^{(1)}$ kennzeichnet hierbei die Wellenbewegung und $r_{3WL}^{(1)}$ ist die Vertikalbewegung von Punkten des Körpers, die vor Beginn der Bewegung in der Ruhewasserlinie lagen. Beide Bewegungen werden auf die Ruhewasserlinie des Fluids bezogen. Die Integration von (3.172c) erfolgt über diese Wasserlinie.

Zur Bestimmung der mittleren, horizontalen Driftkraft $F_x^{(2)}(\omega)$ wird der zeitliche Mittelwert der Teilkräfte über eine Periode berechnet. Bezogen auf das Quadrat der Wellenamplitude und eine charakteristische Länge l_0 läßt er sich in dimensionsloser Form als frequenzabhängiger Driftkraftbeiwert

$$\alpha^2(\omega) = \frac{F_x^{(2)}(\omega)}{\frac{1}{2} \varrho g \zeta_a^2 l_0} \tag{3.174}$$

darstellen, wobei sich dieser – wie in Bild 3.85 skizziert [3.89] – entsprechend (3.172) aus folgenden Teilbeiträgen ergibt [3.87, 3.88]:

I. Beitrag der relativen Wellenhöhe nach (3.172c)

$$\alpha_{\mathrm{I}}^2(\omega) = -\int_{WL} \overline{\left(\frac{\zeta_r^{(1)}}{\zeta_a} \right)^2} \boldsymbol{n}_{1x} \frac{dl}{l_0} , \tag{3.175a}$$

wobei $\boldsymbol{n}_{1x}$ der auf die Längsachse bezogene Richtungskosinus eines Wasserlinienelements ist und die Integration über die Wasserlinie erfolgt.

II. Beitrag des quadrierten Geschwindigkeitsvektors nach (3.172b)

$$\alpha_{\mathrm{II}}^2(\omega) = \int_{(S_0)} \frac{\overline{|\nabla \Phi^{(1)}|^2}}{g l_0} \boldsymbol{n}_x \frac{dS}{\zeta_a^2} . \tag{3.175b}$$

III. Beitrag des Produktes aus Druckgradient und Bewegungsamplitude nach (3.172b)

$$\alpha_{\mathrm{III}}^2(\omega) = \int_{(S_0)} \frac{\overline{\boldsymbol{r}^{(1)T} \nabla \frac{\partial \Phi^{(1)}}{\partial t}}}{\frac{1}{2} g l_0} \boldsymbol{n}_x \frac{dS}{\zeta_a^2} , \tag{3.175c}$$

wobei $\boldsymbol{r}^{(1)}$ der Bewegungsvektor erster Ordnung im raumfesten System ist.

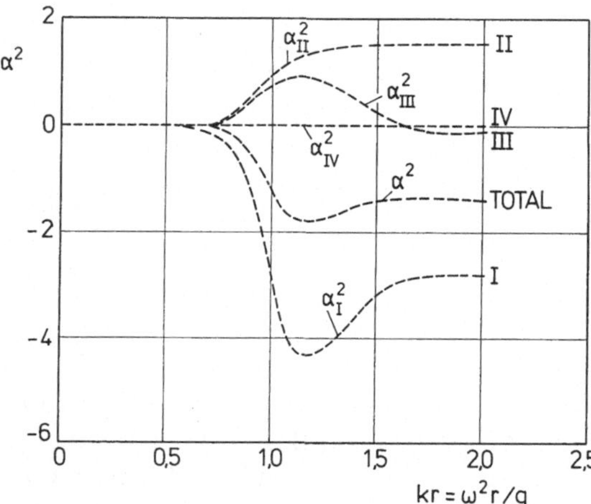

Bild 3.86. Komponenten des Beiwerts der horizontalen Driftkraft für eine schwimmende Halbkugel nach [3.75]

IV. Beitrag des Vektorproduktes von Drehbewegung und Trägheitskraft nach (3.172a)

$$\alpha_{\mathrm{IV}}^2(\omega) = \left(\frac{\overline{s_{\mathrm{D}}^{(1)} \times m\ddot{s}_{\mathrm{T}}^{(1)}}}{\frac{1}{2}\varrho g l_0 \zeta_{\mathrm{a}}^2} \right)_{\mathrm{x}} . \qquad (3.175\mathrm{d})$$

Das verbleibende Glied in (3.172b)

$$\varrho \int_{(S_0)} \overline{\frac{\partial \Phi^{(2)}}{\partial t}} \boldsymbol{n}_{\mathrm{x}} \mathrm{d}S$$

ist für reguläre Wellen gleich Null, so daß sich der Driftkraftbeiwert ausschließlich aus Größen erster Ordnung berechnen läßt. Die Auswertung der einzelnen Integrale ergibt – wie bereits aus (3.175a) unmittelbar hervorgeht – konstante Werte für die vier Beiträge, d.h. die horizontale Driftkraft ist proportional zum Quadrat der Wellenamplitude. Über diese vier Anteile hinaus lassen sich weitere Komponenten ableiten [3.75, 3.89, 3.90], die sich auf die vertikale Driftkraft und das Moment zweiter Ordnung auswirken, im Hinblick auf die bei Offshore-Verankerung wichtigen Kräfte zweiter Ordnung jedoch wenig relevant sind.

Für das Beispiel der in Bild 3.82 dargestellten Halbkugel mit Radius r zeigt Bild 3.86 die Driftkraftbeiwerte als Funktion des Frequenzparameters kr [3.75], wobei deutlich wird, daß vor allem die ersten beiden Komponenten – mit unterschiedlichen Vorzeichen – dominieren. Da die relative Wellenhöhe $\zeta_{\mathrm{r}}^{(1)}$ und die aus dieser Bewegung resultierenden Geschwindigkeiten vor der Struktur, d.h. im Bereich der auftreffenden Welle groß, hinter der Struktur klein sind, wird verständlich, daß der erste Beitrag zu einer Kraft in Wellenrichtung führt und der zweite entgegengesetzt gerichtet ist, da aus den Übergeschwindigkeiten vor der Struktur ein Unterdruck folgt. Der dritte und vierte Beitrag bleibt dagegen klein, wobei letzterer für eine Halbkugel gleich Null ist, da hier keine Drehbewegungen auftreten. Für hohe Wellenfrequenzen läßt sich nach [3.74] der Grenzwert der Driftkraft ableiten, da die sehr kurzen Wellen nur im Bereich der Wasseroberfläche wirken und von der – dann als vertikale Wand idealisierbaren –

Strukturberandung vollständig reflektiert werden, so daß dahinter keine Wellenbewegung existiert. Unter dieser Prämisse ergibt sich für die Halbkugel mit dem Radius r nach [3.75] – in Übereinstimmung mit Bild 3.86 – im Grenzfall hoher Frequenzen die in Wellenfortschrittsrichtung wirkende, mittlere, horizontale Driftkraft $F_x^{(2)} = -(2/3)\varrho g \zeta_a^2 r$, bzw. der Driftkraftbeiwert $\alpha^2 = -4/3$.

Wie einleitend betont, lassen sich die in regulären Wellen abgeleiteten Driftkräfte zur Analyse der Driftkraftbewegungen im natürlichen Seegang heranziehen. Jeder der aufeinander folgenden Einzelwellen wird eine Driftkraft nach (3.174) und (3.175) zugeordnet, so daß sich diese – entsprechend dem Quadrat der jeweiligen Wellenamplitude und damit der Einhüllenden der Seegangserregung – langsam ändert. Am Beispiel eines schwimmenden Pontons in begrenzter Wassertiefe wird dies in Kapitel 6 eingehend erörtert.

Mit der Driftkraftanalyse haben wir nur einen kleinen Teilbereich aus dem Problemkreis nichtlinearer Seegangswirkungen vorgestellt. Eine umfassende Darstellung erfordert auch die Behandlung parametererregter Schwingungen. Hierbei erweist sich, daß die Frequenz der Strukturantwort nicht mehr der Erregerfrequenz gleicht. Zur analytischen Erarbeitung dieser Phänomene, die im Ansatz in (3.98) diskutiert wurden, verweisen wir auf weiterführende Literatur [3.91, 3.46].

3.5 Symbolverzeichnis

A_0	Wasserlinienfläche
A_S	Säulenquerschnitt
$\boldsymbol{A}$	Matrix der hydrodynamischen Massen
B	Breite einer Konstruktion
B_0	Formschwerpunkt bei geringem Krängungswinkel
B_φ	Formschwerpunkt bei größeren Krängungswinkeln
$\boldsymbol{B}$	Matrix der hydrodynamischen Dämpfungen
C_a	Beiwert der hydrodynamischen Masse
C_b	Beiwert der Potentialdämpfung
C_d	zähigkeitsbedingter Widerstandsbeiwert
C_l	Auftriebsbeiwert
C_m	Trägheitsbeiwert ($C_m = 1 + C_a$)
$\boldsymbol{C}$	Matrix der Rückstellkräfte
D	Durchmesser eines Kreiszylinders
$\bar{E}$	Wellenenergie pro Flächeneinheit
$\dot{E}$	mittlerer Energiefluß
E_{kin}	kinetische Energie
E_{pot}	potentielle Energie
E_{St}	Stabilitätsenergie
E_{Kr}	Krängungsenergie
Eu	Euler-Zahl

$\boldsymbol{F}$	Kraftvektor
F_B	hydrostatische Auftriebskraft
F_R	hydrostatische Rückstellkraft
F_d	zähigkeitsbedingte Widerstandskraft
F_m	Trägheitskraft
Fr	Froude-Zahl
G	Gewichtsschwerpunkt
G	Greensche Funktion
G_{ζ_a}	Gewicht des von einem Kreiszylinder der Höhe ζ_a verdrängten Wassers
$\overline{GG_1}$, $\overline{G_1G_2}$	Verlagerung des Gewichtsschwerpunkts
$\overline{GM_0}$	Anfangsstabilität
$\overline{GZ_\varphi}$	Hebelarm
H	Wellenhöhe
$H(\omega)$	Übertragungsfunktion
I_T	Breitenträgheitsmoment einer Konstruktion
I'_T	Breitenträgheitsmoment eines Konstruktionselements
I_L	Längenträgheitsmoment
I_{xx}, I_{yy}	Wasserlinienträgheitsmomente (Flächenträgheitsmomente)
J_0	Besselfunktion 0. Ordnung 1. Gattung
K	Kiel
K	Flächenverhältnis von Stabilitäts- zu Krängungsenergie, $K = E_{St}/E_{Kr} = (A+B)/(B+C)$
KC	Keulegan-Carpenter-Zahl
L	Wellenlänge
M	Metazentrum
M_0	Anfangsmetazentrum
M_{Kr}	krängendes Moment
M_{St}	stabilisierendes Moment
$\boldsymbol{M}$	Massenmatrix
$\overline{M_0N_\varphi}$	Zusatzstabilität
$\boldsymbol{N}$	im raumfesten System definierter, nach außen weisender Einheitsvektor, normal zur Körperoberfläche
N_φ	Scheinmetazentrum bei Krängung um den Winkel φ
Q	Durchsatz
Q	Intensität von Singularitäten, Belegungsdichte
Q_7	Belegungsdichte zur Berechnung des Diffraktionspotentials
R	Radius eines Kreiszylinders
R_C	Caissonradius
R_S	Säulenabstand von der Mittelachse bei Caisson-Halbtauchern
Re	Reynolds-Zahl

S	Fläche (Flächenelement dS)
$S(x, y, z, t)$	Gleichung der Fläche
S_A, S_E	Formschwerpunkte der aus- und eintauchenden Keilvolumina
S_0	benetzte Körperoberfläche bis zur Ruhewasserlinie
S_1	oszillierend benetzte Körperoberfläche bei harmonischer Strukturbewegung im Wellenfeld
T	Wellenperiode
T_0	charakteristische Periode
U	Strömungsgeschwindigkeit
U_R	Ursell-Zahl ($U_R = HL^2/d^3$)
$V(\Omega, \delta)$	Vergrößerungsfaktor
$\boldsymbol{V}$	Matrizenoperator
$\forall$	Verdrängtes Wasservolumen, Verdrängung
$\forall_i$	Verdrängung einzelner Baukomponenten der Struktur
$\forall_S$, $\forall_A$, $\forall_C$	Verdrängung von Säulen, Auftriebskörpern, Caissons
$\forall_A$, $\forall_E$	Verdrängung aus- und eintauchender Keilvolumina
W	Gewichtskraft
W	komplexes Strömungspotential $W = \Phi + i\Psi$
WL	Wasserlinie
Y_0	Besselfunktion 0. Ordnung 2. Gattung
a	Abstand zur Mittelachse
a	Auslenkung
a_{kj}	hydrodynamische Masse in k-Richtung bei Beschleunigung in j-Richtung
b, b_0	Breite einer Konstruktion
b	Dämpfungskoeffizient
b_{kj}	hydrodynamische Dämpfung in k-Richtung bei Beschleunigung in j-Richtung
b_φ	Koeffizient des Dämpfungsmoments
c	Rückstellkoeffizient
c	Phasengeschwindigkeit
c_{gr}	Gruppengeschwindigkeit
c_φ	Koeffizient des Rückstellmoments
d	Wassertiefe
dS	Flächenelement der Körperoberfläche
$\boldsymbol{e}_t$	Einheitsvektor in Axialrichtung $\boldsymbol{e}_t^T(e_x, e_y, e_z)$
f_0	hydrodynamische Kraft pro Längeneinheit
f_d	zähigkeitsbedingte Widerstandskraft pro Längeneinheit
f_m	Trägheitskraft pro Längeneinheit
f_x, f_y, f_z	Komponenten der auf die Längeneinheit bezogenen Wellenkraft f_0

g	Gravitationskonstante
g_0	Gewicht des von einem Kreiszylinder verdrängten Wassers pro Längeneinheit
h	Hebelarm
h_k	Pantokarene
h_S	Säulenlänge
h_C	Caissonhöhe
$\boldsymbol{i}$	Einheitsvektor in x-Richtung
i	$=\sqrt{-1}$
i_T	Summe der Wasserlinienträgheitsmomente aller freien Flüssigkeitsoberflächen
$\boldsymbol{j}$	Einheitsvektor in y-Richtung
$\boldsymbol{k}$	Einheitsvektor in z-Richtung
k	Wellenzahl ($k=2\pi/L$)
l	Bezugslänge, Länge einer Konstruktion
l_0	charakteristische Länge
m	Strukturmasse
m_0	Körpereigenmasse
m_h	hydrodynamische Masse
m_{kj}	Körpermasse (bzw. –massenträgheitsmoment) in k-Richtung bei Beschleunigung in j-Richtung
n	Richtung normal zur Stromlinie
n	Säulenzahl
n_0	Säulenzahl pro Auftriebskörper
$\boldsymbol{n}$	im körperfesten Koordinatensystem definierter, nach außen weisender Einheitsvektor, normal zur Körperoberfläche
n_j	verallgemeinerter Richtungskosinus
n_{lx}	Richtungskosinus eines Elements der Wasserlinie, bezogen auf die Längsrichtung
p	Druck
p_0	Druck an der freien Flüssigkeitsoberfläche (Atmosphärendruck)
p_S	Druck an der Körperoberfläche
p_s	hydrostatischer Druck
p_m	mittlerer Druck bei Ruhelage der Struktur
q	Quellstärke
q_i	normierte Belegungsdichte zur Berechnung der Körperbewegungspotentiale
r, ϑ, z	Polarkoordinaten
$\boldsymbol{r}$	Ortsvektor vom Koordinatensprung zu einem Oberflächenelement einer bewegten Struktur im raumfesten Koordinatensystem

$r_3^{(1)}$	Vertikalbewegung des Oberflächenelements einer Struktur (1. Ordnung)
$r_{3WL}^{(1)}$	Vertikalbewegung eines Punktes der Ruhewasserlinie einer Struktur (1. Ordnung)
$\boldsymbol{r}_G$	Ortsvektor vom Koordinatenursprung zum Schwerpunkt der bewegten Struktur
$\boldsymbol{r}_s$	Ortsvektor vom Schwerpunkt der bewegten Struktur zum betrachteten Oberflächenelement dS bzw. zur Strukturkomponente
s	Stromlinienrichtung
$\boldsymbol{s}_D$	Vektor der Winkelbewegung der Struktur $\boldsymbol{s}_D^T = (s_4, s_5, s_6)$
$\boldsymbol{s}_T$	Vektor der Translationsbewegung der Struktur $\boldsymbol{s}_T^T = (s_1, s_2, s_3)$
$\dot{\boldsymbol{s}}_D$	Drehvektor der Winkelgeschwindigkeiten $\dot{\boldsymbol{s}}_D^T = (\dot{s}_4, \dot{s}_5, \dot{s}_6)$
$\dot{\boldsymbol{s}}_T$	Vektor der Translationsgeschwindigkeiten der Struktur $\dot{\boldsymbol{s}}_T^T = (\dot{s}_1, \dot{s}_2, \dot{s}_3)$
$s_j, \dot{s}_j, \ddot{s}_j$	Bewegung, Geschwindigkeit und Beschleunigung der Struktur in j-Richtung ($j=1, 2 \ldots 6$)
t	Zeit
u	horizontale Wellenpartikelgeschwindigkeit
u	Strömungsgeschwindigkeit in x-Richtung, Anströmgeschwindigkeit
$\dot{u}$	horizontale Wellenpartikelbeschleunigung
u_K	Körpergeschwindigkeit
$\boldsymbol{u}_D$	Vektor der Winkelgeschwindigkeiten der Drehbewegung $\boldsymbol{u}_D^T = \dot{\boldsymbol{s}}_D^T = (\dot{s}_4, \dot{s}_5, \dot{s}_6)$
$\boldsymbol{u}_T$	Vektor der Translationsgeschwindigkeiten $\boldsymbol{u}_T^T = \dot{\boldsymbol{s}}_T^T = (\dot{s}_1, \dot{s}_2, \dot{s}_3)$
u_c	resultierende Konvektionsgeschwindigkeit $u_c = u_{co} - u_r$
u_{co}	Konvektionsgeschwindigkeit bei Wellenausbreitung
u_r	Rückströmung infolge der Konvektion
u_{cb}	Bodengeschwindigkeit infolge der Konvektion
$u_R, \dot{u}_R$	Relativgeschwindigkeit bzw. -beschleunigung zwischen Wellenpartikeln und Körper
$u_{RN}, \dot{u}_{RN}$	Normalkomponente der Relativgeschwindigkeit bzw. -beschleunigung zwischen Welle und Körper (senkrecht zur Körperoberfläche)
v	Strömungsgeschwindigkeit in y-Richtung
v_0	charakteristische Geschwindigkeit
v_r	Geschwindigkeit in radialer Richtung
v_z	Geschwindigkeit in axialer Richtung
v_δ	Geschwindigkeit in tangentialer Richtung
$\boldsymbol{v}$	Vektor der Orbitalgeschwindigkeiten $\boldsymbol{v}^T = (u, v, w)$
$\boldsymbol{v}_N, \dot{\boldsymbol{v}}_N$	Normalkomponente der Wellenpartikelgeschwindigkeit und -beschleunigung (senkrecht zur Körperoberfläche)
$w, \dot{w}$	vertikale Wellenpartikelgeschwindigkeit und -beschleunigung
w	Strömungsgeschwindigkeit in z-Richtung

x	Koordinate in Längsrichtung (1)
y	Koordinate in Querrichtung (2)
y_B	Querverschiebung des Formschwerpunkts bei Krängung
z	Koordinate in vertikaler Richtung (3), positiv nach oben zeigend
z	komplexe Variable, in kartesischen Koordinaten $z=x+iy$, in Polarkoordinaten $z=r\exp(i\vartheta)$
z_B	Höhenverschiebung des Formschwerpunkts bei Krängung
$\Gamma(r)$	Formfunktion zur Definition der hydrodynamischen Masse (3.87)
Δ	Laplaceoperator ($\Delta=\nabla\cdot\nabla$)
θ	Phase der Wellenbewegung $\theta=kx-\omega t$
Θ_φ	Massenträgheitsmoment
$\Theta_{h\varphi}$	hydrodynamisches Massenträgheitsmoment
Φ	Geschwindigkeitspotential
Φ_0	Geschwindigkeitspotential der erregenden Welle
Φ_7	Diffraktionspotential
Φ_j	Körperbewegungspotentiale ($j=1, 2\ldots 6$)
Φ_K	Geschwindigkeitspotential infolge der Bewegung eines Körpers
Φ_S	Geschwindigkeitspotential der Anströmung
Ψ	Stromfunktion
Ψ_D	Stromfunktion einer Dipolströmung
Ψ_P	Stromfunktion einer Parallelströmung
Ψ_Q	Stromfunktion einer Quellströmung
Ω	dimensionslose Frequenz ω/ω_R
∇	Nablaoperator $\nabla^T=(\partial/\partial x, \partial/\partial y, \partial/\partial z)$
α	kleiner Parameter bei Reihenentwicklungen ($\alpha\ll 1$)
α_C	Seitenverhältnis von Caissons ($\alpha_C=\pi R_C/2h_C$)
α_Q	Seitenverhältnis von quaderförmigen Zylindern ($\alpha_Q=b/a$)
$\alpha^2(\omega)$	Driftkraftbeiwert bei Wellenerregung mit Kreisfrequenz ω
β	Kennwert der Zylinderumströmung, $\beta=Re/KC=D^2/(\nu T)$
γ	spezifisches Gewicht von Wasser
δ	Dämpfungsfaktor, $2\pi\delta=$ logarithmisches Dekrement
δ_{jk}	Kroneckersymbol, $\delta_{jk}=1$ für $j=k$, sonst Null
ε	Phasenverschiebung, positiv, wenn positive Wellenwirkung vor Durchlauf des Wellenberges auftritt
$\zeta(x, y, t)$	Wellenerhebung in bezug auf Ruhewasserlinie; Wellenprofil
$\zeta_a(\omega)$	Wellenamplitude, Amplitude einer Elementarwelle der Frequenz ω
ζ_r	relative Wellenamplitude als Differenz von Wellenprofil und vertikaler Körperbewegung, jeweils bezogen auf die Ruhewasserlinie
$\varkappa/D$	Verhältnis der Oberflächenrauhigkeit zum Durchmesser eines Kreiszylinders
$\varkappa_d$	Widerstandsfaktor, normierte Widerstandskraft $F_d/C_d\frac{\varrho}{4}g\zeta_a^2 D$
$\varkappa_m$	Trägheitsfaktor, normierte Trägheitskraft $F_m/C_m\varrho g\frac{\pi}{4}D^2\zeta_a$

λ_l	geometrischer Maßstab, Verhältnis der Dimensionen von Großausführung und Modell
μ	dynamische Zähigkeit
ν	kinematische Zähigkeit
ξ	Wellenpartikelbewegung in x-Richtung
ϱ	Dichte von Wasser
ϱ_F	Dichte eines beliebigen Fluids
τ	Schubspannung
φ	Krängungswinkel
φ_j	Ortsfunktion der Körperbewegungspotentiale $\Phi_j = \dot{s}_j \varphi_j$
ω	Kreisfrequenz bei harmonischer Schwingung $2\pi/T$
ω_C	Auslöschungsfrequenz
ω_R	Resonanzfrequenz

Auswahl tiefgesetzter Indizes

$_0$	Tiefwasserwerte bei Wellentheorie
$_H$	Horizontal
$_V$	Vertikal
$_a$	Amplitude
$_d$	Widerstand
$_l$	linearisiert
$_m$	Trägheit
$_{1,2,3}$	Längs-, Quer-, Vertikalbewegung
$_{4,5,6}$	Rollen, Stampfen, Gieren

Auswahl hochgestellter Indizes

*	dimensionslose Größen
$^{(0),(1),(2)}$	Bezeichnung der Ordnung von Gliedern einer Reihenentwicklung
^{T}	Transposition eines Spaltenvektors in einen Reihenvektor (oder umgekehrt)

4 Festigkeitsanalyse meerestechnischer Konstruktionen

Mehr noch als im konventionellen Schiffbau ist die Strukturanalyse meerestechnischer Konstruktionen integraler Bestandteil des Entwurfs dieser Konstruktionen. So ist die Funktionsfähigkeit z.B. eines Halbtauchers oder einer sog. Tension Leg Platform wesentlich vom jeweiligen Entwurfsgewicht abhängig. Dieses richtet sich aber ganz besonders nach den notwendigen Materialabmessungen, die sich u.a. aus einer Strukturanalyse als Basis einer rationalen Bewertung ergeben. Ein Beispiel möge das verdeutlichen.

Bei üblichen Halbtaucherkonstruktionen, wie z.B. Aker H3, Bild 4.1a, werden die Schwimmkörper durch horizontale Streben verbunden. Hierdurch entsteht aus statischer Sicht eine in sich kompakte, räumliche Tragwerksstruktur, die sehr

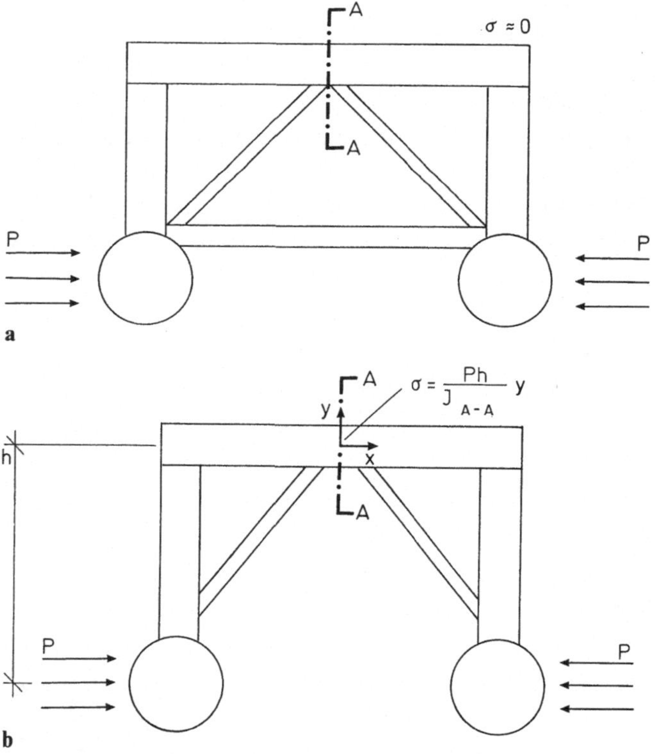

Bild 4.1 a, b. Unterschiedliche Halbtaucherkonstruktionen. **a** Aker H3, **b** Chris Chenery

gut geeignet ist, besonders auch horizontale Kräfte aufzunehmen. Um nun im Falle eines sog. „blow outs" die Bohrlokation sofort verlassen zu können, sind jedoch solche horizontalen Aussteifungen hinderlich. Eine Konstruktion ohne diese Aussteifung, wie z.B. die der „Chris Chenery", Bild 4.1b, hat erhebliche Folgen auf die gesamte Konstruktion. So ist in der Plattform (Schnitt $A-A$) eine zusätzliche Biegebeanspruchung beachtlicher Größe vorhanden, die nur durch das Fehlen der horizontalen Aussteifungen entsteht. Diese Beanspruchung muß ebenfalls von der Stahlstruktur aufgenommen werden. Es steht also außer Frage, daß eine Strukturanalyse meerestechnischer Konstruktionen sowohl im Entwurfsstadium als auch bei der baureifen Durcharbeitung eines Entwurfs unabdingbar ist.

Die Analyse so komplexer Bauwerke erfordert im allgemeinen ein nicht minder komplexes Rechenmodell, wie es mit Hilfe Finiter Matrizenmethoden erstellt werden kann. Im allgemeinen können wir bei umfangreichen Strukturanalysen auf größere Programmsysteme zurückgreifen. Wichtig ist es aber dennoch, die Grundlagen der statischen und dynamischen Strukturanalyse an elementaren Beispielen zu studieren, um einerseits überhaupt die Problemstellung erkennen zu können und andererseits die richtige Programmauswahl zu treffen.

Darüber hinaus sind solche Grundlagen wichtig, um ausreichend korrekte Dateneingaben bereitstellen und die Ergebnisse der Berechnungen beurteilen zu können.

Die Strukturanalyse selbst umfaßt die folgenden Probleme:

- die Gesamtfestigkeit unter statischer und dynamischer Belastung,
- die Festigkeitsanalyse einzelner Module (z.B. Ringversteifte Zylinder bei Halbtauchern),
- die Festigkeitsanalyse lokaler Bauteile (z.B. Rohrknoten),
- das Schwingungsverhalten einzelner Bauteile, Module und/oder der gesamten Konstruktion.

Methodisch unterscheiden sich die Verfahren der Strukturanalyse nicht von denen, die im Schiffbau, Stahlbau oder Flugzeugbau verwendet werden, wenn wir einmal von den Lastannahmen und speziellen Konstruktionsgegebenheiten absehen.

4.1 Zeitunabhängige elastische Probleme

In diesem Abschnitt werden die wichtigsten Grundlagen für die Strukturanalyse, abgestimmt auf meerestechnische Konstruktionen, dargestellt. Die Basis ist die allgemeine Festigkeitslehre elastischer Strukturen. Wenn auch aus Platzgründen auf eine wünschenswerte breite Darstellung verzichtet werden muß, so soll dennoch versucht werden, die wichtigsten Grundlagen so darzustellen, daß einerseits ein tieferes Verständnis für die Beanspruchung der Konstruktion und andererseits die notwendigen Grundlagen zur Beurteilung von numerischen Berechnungen, z.B. nach der Methode der Finiten Elemente, möglich wird. Wir unterscheiden neben den Balkentragwerken Scheiben-, Platten- und Schalentragwerke. Scheibentragwerke, wie hochstegige Träger und Rahmen oder biegeweiche breite Flansche, zeichnen sich dadurch aus, daß sie nur Kräfte in Scheibenebene übertragen können, während Platten ausschließlich Kräfte, die normal zur Plattenebene wirken, durch Biegemomente und Querkräfte abtragen können. Dieses gilt für die lineare Betrachtung. In einer Reihe von praktischen Fällen ist dagegen eine nichtlineare Betrachtung unumgänglich, für die eine Koppelung zwischen der Verbiegung der Platte und den Membranspannungen der Scheibe einerseits und eine Kopplung des Spannungszustandes der Scheibe mit den Krümmungen der Plattenbiegung andererseits zu beachten ist. Neben ebenen Flächentragwerkselementen sind es vor allem die unversteiften und versteiften Zylinderschalen, derer man sich am häufigsten als Konstruktionselement bei meerestechnischen Konstruktionen bedient. Ihre Beliebtheit verdanken Schalen ihrer Eigenschaft, daß sie normal zur Oberfläche wirkende Flächenlasten nicht in Form von Biegemomenten, sondern im Idealfall in Form von Membrankräften weiterleiten können. Da die Membransteifigkeit in aller Regel bei zylindrischen Schalen wesentlich größer als die Biegesteifigkeit ist, ergeben unter allen Flächentragwerken die Schalen die leichtesten und damit wirtschaftlichsten Konstruktionen. Diese sehr günstigen Eigenschaften der Schalen werden durch die Wirkung von Biegemomenten gemindert, die durch Krafteinleitungen oder Randbedingungen entstehen. Gemäß dieser Überlegung unterscheiden wir die sog. Membrantheorie und die Biegetheorie der zylindrischen Schale. Es ist, wie gesagt, nicht möglich, hier eine vollständige Darstellung aller elastizitätstheoretischen Grundlagen zu geben. Einerseits würde das den gesteckten Rahmen des Buches sprengen, andererseits existiert eine Vielzahl von guten Lehrbüchern, in denen weitere Einzelheiten ausführlich dargestellt sind [4.3–4.5].

4.1.1 Balkentragwerke

Die inneren Beanspruchungen der einzelnen Elemente einer Konstruktion lassen sich ermitteln, indem wir das sog. Schnittprinzip anwenden. Wir schneiden aus dem betrachteten Bauteil ein definiertes, infinitesimales Element heraus und bringen an den Schnittkanten diejenigen Kräfte und Momente an, die dieses Element im Gleichgewicht halten. Diese sog. Schnittkräfte sind den inneren, sonst nicht sichtbaren Beanspruchungen, äquivalent. Wir betrachten z.B. die Horizontalaussteifung des in Bild 4.1a dargestellten Halbtauchers als einen auf zwei Stützen aufgelegten Balken, wobei die Balkenenden elastisch gegen Verdrehen eingespannt sind (Bild 4.2).

Schneiden wir an einer beliebigen Stelle x ein Element von der Länge dx heraus und bringen die Schnittkräfte derart an, daß auf der linken Seite des Elements, dem sog. negativen Schnittufer, alle Kräfte und Momente in negativer Richtung und auf der rechten Seite, dem sog. positiven Schnittufer, alle Kräfte und Momente in positiver Richtung angreifen, dann befindet sich ein solches Element im statischen Gleichgewicht. Natürlich sind an dem positiven Schnittufer die gegenüber dem negativen Schnittufer veränderten Schnittgrößen zu berücksichtigen. Man macht dieses am zweckmäßigsten, indem man diese Schnittgrößen als Summe der Schnittgrößen des negativen Schnittufers und der Änderung der Schnittgrößen auf dem Weg dx darstellt. Die drei Gleichgewichtsbedingungen

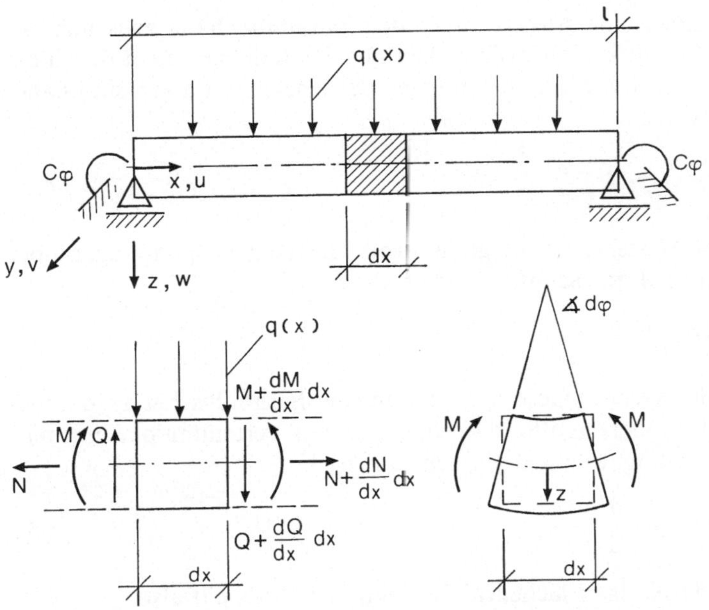

Bild 4.2. Balken auf zwei Stützen mit elastischer Randeinspannung

liefern bei Vernachlässigung der höheren Terme die Differentialgleichungen 1. Grades

$$\frac{\mathrm{d}N}{\mathrm{d}x}=0, \quad \frac{\mathrm{d}Q}{\mathrm{d}x}=-q(x), \quad \frac{\mathrm{d}M}{\mathrm{d}x}=Q. \tag{4.1}$$

Wir können durch entsprechendes Differenzieren die beiden Letzteren in eine Differentialgleichung 2. Grades überführen.

$$\frac{\mathrm{d}^2M}{\mathrm{d}x^2}=-q(x). \tag{4.2}$$

Die Lösung ist elementar und besitzt zwei freie Konstanten. Wir erhalten mit $q(x)=q$

$$M=A_1+A_2x-\frac{qx^2}{2}.$$

Die Konstanten A_1 und A_2 sind mit Hilfe der noch zu formulierenden Randbedingungen zu bestimmen. Diese können nur in Form der Lösung selbst bzw. ihrer ersten Ableitung erfolgen, also dem Moment und der Querkraft an der Stelle $x=0$ bzw. $x=l$. Für unser Beispiel reicht dieses nicht, da hierfür die Randbedingungen mit

$$\begin{aligned} &M(x)=c_\varphi\varphi(x)|_{x=0,\ x=l} \\ &w(x)=0|_{x=0,\ x=l}, \end{aligned} \tag{4.3}$$

also Verformungsrandbedingungen, vorliegen.

Wir benötigen noch eine Aussage über den Zusammenhang zwischen der Biegelinie und den Schnittkräften. Wir stellen uns das Balkenelement durch die Schnittgrößen deformiert vor. Die Dehnungen der einzelnen Fasern sind näherungsweise mit $\varphi = \mathrm{d}w/\mathrm{d}x$

$$\varepsilon = -z\frac{\mathrm{d}^2w}{\mathrm{d}x^2}\,. \qquad (4.4)$$

Das Schnittmoment M stellt, die integrale Größe der Normalspannungen über den Balkenquerschnitt A am Schnittufer dar, so daß wir

$$M = \int_A \sigma z \mathrm{d}A$$

erhalten. Mit dem Hookeschen Gesetz, $\sigma = E\varepsilon$, und der Bernoullischen Hypothese vom Ebenbleiben der Querschnitte, d.h. einer linearen Verteilung der Normalspannungen in z-Richtung, erhalten wir schließlich

$$M = -E\int_A z^2 \mathrm{d}A \cdot \frac{\mathrm{d}^2w}{\mathrm{d}x^2}\,. \qquad (4.5)$$

Das Integral in (4.5) ist das Flächenträgheitsmoment I. Es gilt also

$$M = -EI\frac{\mathrm{d}^2w}{\mathrm{d}x^2}\,. \qquad (4.6)$$

Durch zweifaches Differenzieren und Einsetzen in (4.2) folgt daraus die allgemeine Differentialgleichung der linearen Balkenbiegung

$$EI\frac{\mathrm{d}^4w}{\mathrm{d}x^4} = q(x)\,. \qquad (4.7)$$

Ihre Lösung lautet mit $q = q(x)$

$$w(x) = C_1 + C_2x + C_3x^2 + C_4x^3 + \frac{q}{EI}\frac{x^4}{24}\,. \qquad (4.8)$$

Mit Hilfe der Randbedingungen (4.3) lassen sich die Konstanten C_1 bis C_4 durch Einsetzen in (4.8) und Lösen des linearen Gleichungssystems ermitteln. Wir erhalten die Durchbiegung zu

$$w(x) = \frac{ql^4}{24EI}\left[\frac{x}{l}\cdot\frac{1}{1+\bar{c}_\varphi} + \left(\frac{x}{l}\right)^2\frac{\bar{c}_\varphi}{1+\bar{c}_\varphi} - 2\left(\frac{x}{l}\right)^3 + \left(\frac{x}{l}\right)^4\right], \qquad (4.9)$$

wobei die Drehfederkonstante c_φ dimensionslos mit

$$\bar{c}_\varphi = \frac{c_\varphi l}{2EI}$$

dargestellt ist. Den Verlauf des Momentes erhalten wir unmittelbar durch zweifaches Differenzieren von (4.9) und Einsetzen in (4.6)

$$M(x) = -\frac{ql^2}{12}\left[\frac{\bar{c}_\varphi}{1+\bar{c}_\varphi} - 6\frac{x}{l} + 6\left(\frac{x}{l}\right)^2\right]. \qquad (4.10)$$

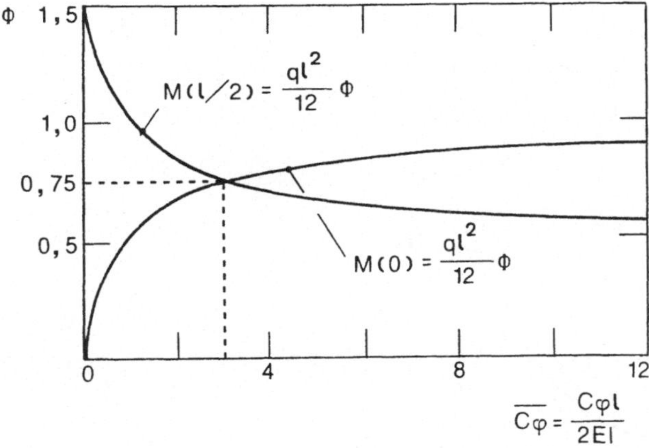

Bild 4.3. Einspann- und Feldmoment des Balkens auf zwei Stützen mit konstanter Streckenlast in Abhängigkeit einer elastischen Randeinspannung

Der Querkraftverlauf, den wir durch Differenzieren von (4.10) erhalten, ist unabhängig von $\bar{c}_\varphi$ und damit vom Einspannungsgrad

$$Q(x) = \frac{ql}{2}\left(1 - 2\frac{x}{l}\right). \tag{4.11}$$

In Bild 4.3 sind die Momente auf Feldmitte und im Bereich der Auflager in Abhängigkeit von der Federkonstanten $\bar{c}_\varphi$ aufgetragen. Wir wollen folgende allgemeine Aussagen aus diesen Ergebnissen herleiten:

- Das volle Einspannmoment $M(0) = ql^2/12$ wird erst bei relativ großer Federsteifigkeit $\bar{c}_\varphi$ annähernd erreicht, was bei dem vorliegenden Problem nur durch erhebliche konstruktive Maßnahmen möglich ist.
- Die optimale Tragfähigkeit des Balkens erreicht man, wenn das Einspannmoment und das Feldmoment gleich groß werden. Das gilt, wenn $\bar{c}_\varphi = 3$ wird. Die beiden Momente sind dann gleich groß, nämlich
$$M(0) = M\left(\frac{l}{2}\right) = \frac{ql^2}{16}.$$
- Die Summe der beiden Momentenbeträge ist unabhängig von $\bar{c}_\varphi$ und stets $ql^2/8$. Die Feder beeinflußt nur das Verhältnis der beiden Momente.

Sehr häufig ist die Lastverteilung $q(x)$ nicht als konstant anzusehen, sondern z.B. dreieckig oder trapezförmig. Bild 4.4 zeigt den Momentenverlauf eines beidseitig eingespannten Trägers mit konstanter und dreieckiger Lastverteilung.

Wir können gut erkennen, daß das Feldmoment auf halber Länge für beide Lastfälle identisch ist und daß das maximale Feldmoment bei Dreiecksbelastung nicht wesentlich größer ist als das bei konstanter Belastung. Es ist also in den meisten praktischen Berechnungsfällen, insbesondere bei fachwerkartigen Tragwerken, ausreichend, die Gesamtlast in Form einer gleichverteilten Belastung zu berücksichtigen.

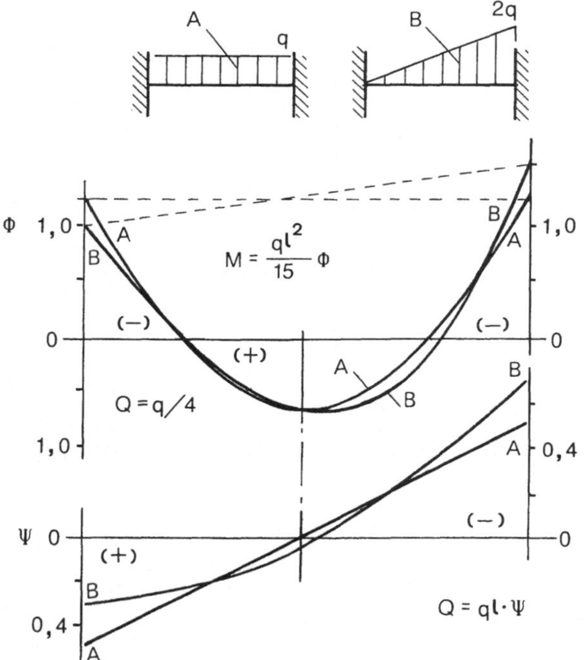

Bild 4.4. Momenten- und Querkraftverlauf des eingespannten Trägers auf zwei Stützen unter Gleichlast und Dreieckslast

Die vorhergehende Ableitung setzte voraus, daß die Balken prismatisch sind, d.h. daß das Trägheitsmoment zumindest abschnittsweise konstant ist, was für die meisten praktischen Fälle ausreicht. Für den Fall eines veränderlichen Querschnittes geht (4.7) in

$$EI(x)\frac{d^4w}{dx^4}=q(x) \tag{4.12}$$

über. Für diesen Fall ist die geschlossene Lösung von (4.12) unvergleichlich komplizierter. Je nach dem Verlauf des Trägheitsmomentes in x-Richtung erhalten wir eine mehr oder weniger komplizierte nichtlineare Differentialgleichung.

Wir gehen daher zweckmäßigerweise auf Näherungslösungen über. Es sind eine Vielzahl von Verfahren bekannt, z.B. Differenzenverfahren, Mehrstellenverfahren etc. Im Folgenden soll ein wichtiges Näherungsverfahren erläutert werden, welches im Hinblick auf die rechnergestützten Methoden des Abschnitts 4.5 von außerordentlicher Bedeutung ist. Dieses Näherungsverfahren ist allgemein als das Prinzip vom Minimum der potentiellen Energie in Verbindung mit den Verfahren von Ritz [4.1] und Galerkin [4.2] bekannt.

Als illustratives Beispiel soll ein elastisch gebetteter Balken betrachtet werden. Solche Probleme sind im Zusammenhang mit der Flächengründung von auf dem Meeresgrund ruhenden Bauwerken von Bedeutung Bild 4.5.

Das sog. elastische Potential setzt sich aus der Formänderungsarbeit und der Arbeit der äußeren Lasten zusammen. Für das obige Problem erhalten wir

$$\Pi=\frac{1}{2}\int\sigma\cdot\varepsilon\,dV+\frac{1}{2}\int kw(x)^2dx-P\cdot w(0), \tag{4.13}$$

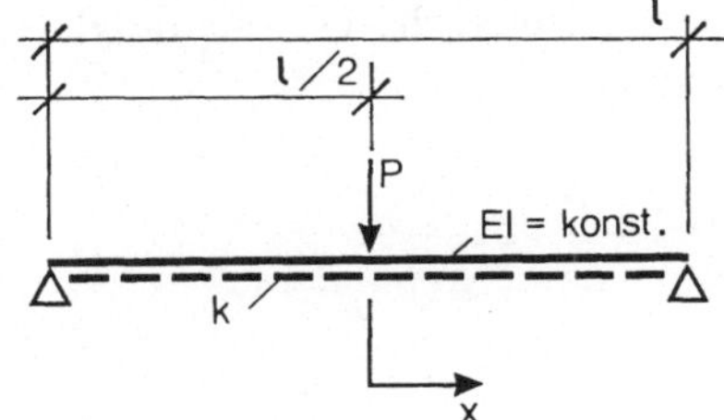

Bild 4.5. Balken auf zwei Stützen mit Einzellast auf elastischer Bettung

wobei V das Volumen des Balkens ist.

Zu bemerken ist hierbei, daß die sog. Bettungsziffer k als Konstante angesehen wird, d.h., daß die Bettung durch den Boden als enge, nebeneinander angeordnete, sich gegenseitig nicht beeinflussende Federn betrachtet wird (Winklersche Bettungsannahme, Dimension Kraft pro Länge zum Quadrat). Das ist im allgemeinen nicht exakt erfüllt. Im Hinblick auf die zum Teil sehr vagen Angaben über die Bodenbeschaffenheit ist eine solche vereinfachende Maßnahme dennoch häufig sinnvoll.

Unter Berücksichtigung von (4.4) und Beachtung des Hookesche Gesetzes erhalten wir nach Integration über den Querschnitt

$$\Pi=\frac{1}{2}\int_0^l\left[EI\left(\frac{\mathrm{d}^2w}{\mathrm{d}x^2}\right)^2+kw^2\right]\mathrm{d}x-P\cdot w(0). \tag{4.14}$$

Das Prinzip vom Minimum der potentiellen Energie besagt nun, daß dieses Potential stationär werden muß. Hieraus ergibt sich zwingend, daß die Variation des Potentials stets verschwindet

$$\delta\Pi=0. \tag{4.15}$$

Wir können die Fehlerfreiheit des Ausdruckes (4.14) wie folgt überprüfen. Für ein Funktional F erhalten wir

$$\begin{aligned}\delta\Pi&=\delta\int_0^l F(w'',w',w,x)\,\mathrm{d}x\\&=\int_0^l\left(\frac{\partial F}{\partial w''}\delta w''+\frac{\partial F}{\partial w'}\delta w'+\frac{\partial F}{\partial x}\delta w\right)\mathrm{d}x=0.\end{aligned}$$

Aus Gründen der bequemeren Darstellung wird statt der Leibnitzschen Darstellung der Differentiale $\mathrm{d}w/\mathrm{d}x$ die Lagrangesche w', w'' verwendet. Nach zweifacher partieller Integration ergibt sich

$$\delta\Pi=\int_0^l\left[\left(\frac{\partial F}{\partial w''}\right)''-\left(\frac{\partial F}{\partial w'}\right)'+\frac{\partial F}{\partial w}\right]\delta w\mathrm{d}x=0. \tag{4.16}$$

Wegen der Willkürlichkeit von δw muß der Klammerausdruck in (4.16) verschwinden. Das Funktional lautet in unserem Fall

$$F=\frac{1}{2}\left[EI\left(\frac{\mathrm{d}^2w}{\mathrm{d}x^2}\right)^2+kw^2\right]. \tag{4.17}$$

Die im Klammerausdruck von (4.16) angegebene Eulersche-Differentialgleichung ergibt auf das Funktional (4.17) angewendet:

$$\frac{\partial F}{\partial w''}=EI\frac{\mathrm{d}^2w}{\mathrm{d}x^2},\quad \frac{\partial F}{\partial w'}=0,\quad \frac{\partial F}{\partial w}=kw,$$

$$EI\frac{\mathrm{d}^4w}{\mathrm{d}x^4}+kw=0, \tag{4.18}$$

bzw.

$$\frac{\mathrm{d}^4w}{\mathrm{d}x^4}+4\alpha^4w=0$$

mit

$$\alpha=\sqrt[4]{\frac{k}{4EI}}.$$

Das ist die für das vorliegende Problem gültige homogene Differentialgleichung des elastisch gebetteten Balkens mit der Lösung

$$w(x)=\mathrm{e}^{\alpha x}(C_1\cos\alpha x+C_2\sin\alpha x)+\mathrm{e}^{-\alpha x}(C_3\cos\alpha x+C_4\sin\alpha x). \tag{4.19}$$

Zur Bestimmung der Konstanten C_1 bis C_4 verwenden wir die folgenden Randbedingungen:

$$\frac{\mathrm{d}w}{\mathrm{d}x}=0|_{x=0},\quad \frac{\mathrm{d}^3w}{\mathrm{d}x^3}=-\frac{P}{2EI}\bigg|_{x=0},$$

$$w=0|_{x=l/2},\quad \frac{\mathrm{d}^2w}{\mathrm{d}x^2}=0|_{x=l/2}. \tag{4.20}$$

Wir erhalten die maximale Durchbiegung bei $x=0$ mit

$$\bar{w}_0=\frac{P}{8EI\alpha^3}\cdot\frac{\sinh\alpha l-\sin\alpha l}{\cosh\alpha l+\cos\alpha l}.$$

Die exakte Lösung dient im vorliegenden Fall als Referenzlösung für das jetzt zu entwickelnde Näherungsergebnis nach dem Verfahren von Rayleigh-Ritz. Wir gehen davon aus, daß wir eine brauchbare Näherungslösung für die Durchbiegung in Form einer Summe von Einzelfunktionen $f(x)$ angeben können,

$$w(x)=\sum_{i=0}^{n}w_i\cdot f(x),$$

wobei diese die sog. geometrischen Randbedingungen, d.h. in unserem Fall Durchbiegung und Neigung, erfüllen müssen. Die Freiwerte w_i sind nun so zu bestimmen, daß das elastische Potential ein Minimum wird. Da alle Vorgänge in der Natur unter dem kleinsten denkbaren Energieaufwand ablaufen, d.h. die exakte Lösung auch das geringste Potential besitzt, können alle Näherungslösungen nur ein relatives Minimum besitzen, welches größer als das Exakte ist. Das elastische Potential ist also nach den Freiwerten w_i zu variieren

$$\frac{\partial\Pi}{\partial w_i}=0,\ i=1,2,\ldots,n.$$

Hieraus erhalten wir n lineare Gleichungen zur Bestimmung der unbekannten Freiwerte w_i. Damit sich ein lineares Gleichungssystem ergibt, dürfen im Potential Π demnach nur maximale quadratische Terme in w_i auftreten. Wir beginnen mit einem eingliedrigen Ansatz:

$$w(x)=w_0\cdot\cos\frac{\pi x}{l}\,.$$

Dieser liefert in (4.14) eingesetzt:

$$\Pi=\frac{1}{2}EI\int\limits_{-l/2}^{l/2}\left(\frac{\pi}{l}\right)^4 w_0^2\cos^2\frac{\pi x}{l}\,dx+\frac{1}{2}k\int\limits_{-l/2}^{l/2}w_0^2\cos^2\frac{\pi x}{l}\,dx-Pw_0$$

und die Variation nach w_0

$$\frac{\partial\Pi}{\partial w_0}=w_0EI\left(\frac{\pi}{l}\right)^4\int\limits_{-l/2}^{l/2}\cos^2\frac{\pi x}{l}\,dx+w_0k\int\limits_{-l/2}^{l/2}\cos^2\frac{\pi x}{l}\,dx-P=0\,.$$

Nach der unbekannten Durchbiegung w_0 aufgelöst erhalten wir, da die Integrale sich zu $l/2$ ergeben,

$$w_0=\frac{2P}{l\left[EI\left(\frac{\pi}{l}\right)^4+k\right]}\,. \tag{4.21}$$

Wie die Fehlerstudie in Bild 4.6 für ein Reihenglied zeigt, ist das bereits ein außerordentlich gutes Ergebnis, vor allem, wenn wir bedenken, daß die Querkraft einen Sprung macht und durch eine Sinusfunktion angenähert wird. Erst bei sehr starken Bettungen $\alpha l>2$ wird die Lösung merklich ungenauer. Ein verbesserter Ansatz ist:

$$w(x)=w_0\cdot\cos\frac{\pi x}{l}+w_1\cos\frac{3\pi x}{l}\,.$$

Mit der Orthogonalitätsbedingung

$$\int\cos\frac{i\pi x}{l}\cos\frac{j\pi x}{l}\,dx=\begin{cases}0 & \text{wenn}\quad i\neq j\\ \dfrac{l}{2} & \text{wenn}\quad i=j\end{cases} \tag{4.22}$$

erhalten wir

$$\Sigma=EI\left(\frac{\pi}{l}\right)^4\frac{l}{4}(w_0^2+81w_0^2)+k\frac{l}{4}(w_0^2+w_1^2)-P(w_0+w_1)\,, \tag{4.23}$$

$$\frac{\partial\Pi}{\partial w_0}=EI\left(\frac{\pi}{l}\right)^4 w_0\frac{l}{2}+kw_0\frac{l}{2}-P=0\,,$$

$$\frac{\partial\Pi}{\partial w_1}=81EI\left(\frac{\pi}{l}\right)^4 w_1\frac{l}{2}+kw_1\frac{l}{2}-P=0\,.$$

Das Gleichungssystem ist vollständig entkoppelt, da alle gemischten Integrale verschwinden. In (4.23) sind bereits die gemischten Terme gemäß (4.22)

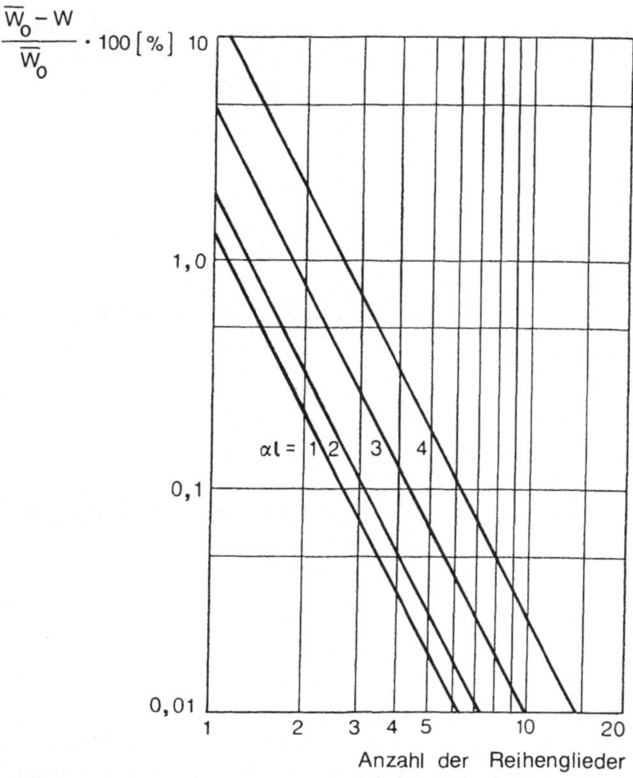

Bild 4.6. Fehlerstudie des Verfahrens von Ritz am Balken auf zwei Stützen mit mittiger Einzellast auf elastischer Bettung

fortgelassen. Wir erhalten die Konstante w_0 in Übereinstimmung mit (4.21) und w_1 mit

$$w_1 = \frac{2P}{l\left[81EI\left(\frac{\pi}{l}\right)^4 + k\right]}.$$

Da das Gleichungssystem entkoppelt ist, können wir den Ansatz

$$w(x) = \sum_{i=1}^{n} w_i \cos \frac{(2i-1)\pi x}{l}$$

verwenden. Durch gleiches Vorgehen erhalten wir schließlich alle Konstanten zu

$$w_i = \frac{2P}{l} \frac{1}{(2i-1)^4 EI\left(\frac{\pi}{l}\right)^4 + k}, \quad i = 1, 2, \ldots, n. \tag{4.24}$$

In Bild 4.6 sind die Fehler in Abhängigkeit der Anzahl der Ansatzfunktionen aufgetragen. Als Fehlergröße ist die Durchbiegung unter der Last P angegeben.

Aus Bild 4.6 lesen wir eine Reihe von wichtigen Aussagen ab, die im übrigen zum Teil auch für die Beurteilung der in Abschnitt 4.5 zu erläuternden numerischen Methoden gelten.

- Die Fehler nehmen mit wachsender Anzahl von Ansatzfunktionen monoton ab.
- Die Fehlerabnahme folgt einem Potenzgesetz, da die Fehlerverläufe im doppellogarithmischen Papier Geraden darstellen.
- Die Fehler sind vom Faktor αl abhängig, d.h. mit stärker werdender Bettung ist eine wesentlich größere Anzahl von Ansatzfunktionen notwendig.
- Die Freiwerte w_i sind unabhängig von der Anzahl der verwendeten Ansatzglieder.

Das Galerkinsche Verfahren geht ebenfalls vom Energieprinzip in der Formulierung des Minimums der potentiellen Energie unter Verwendung des Prinzips der virtuellen Arbeiten aus. Das sich daraus entwickelnde Variationsproblem wird gelöst, indem die Orthogonalitätseigenschaft zwischen den gewählten Ansätzen für das Verschiebungsfeld und der daraus folgenden Fehlerfunktion, der Eulerschen Differentialgleichung, des jeweiligen Problems verwendet wird. (Sonderfall der Methode der gewichteten Reste). Für einen Balken mit konstantem Trägheitsmoment und verteilter Last $q(x)$ erhalten wir das elastische Potential zu

$$\Pi=\frac{1}{2}\int_0^l EI\left(\frac{d^2w}{dx^2}\right)^2 dx-\int_0^l q(x)\,w\,dx\,. \tag{4.25}$$

Die Variation des elastischen Potentials liefert

$$\delta\Pi=\frac{1}{2}\int_0^l EI\delta w''^2 dx-\int_0^l q(x)\,\delta w\,dx=0\,.$$

Nach zweimaliger partieller Integration erhalten wir

$$\int_0^l [EIw''''-q(x)]\,\delta w\,dx+EIw''\delta w'|_0^l-EIw'''\delta w|_0^l=0\,. \tag{4.26}$$

Jeder Term muß für sich identisch Null werden. Wir erhalten also

$$\int_0^l [EIw''''-q(x)]\,\delta w\,dx=0\,. \tag{4.27}$$

Aus (4.26) ist ersichtlich, daß die in Ansatz zu bringende Näherungslösung nur dann (4.27) erfüllt, wenn die Randbedingungen bis hin zur 3. Ableitung von diesem Näherungsansatz erfüllt werden, d.h. die Randterme auch wirklich verschwinden.

Mit der Methode von Galerkin erhalten wir bei gleichen Näherungssätzen die gleichen Ergebnisse wie mit der Ritzmethode. Während wir bei der Ritzmethode nur die sog. notwendigen, d.h. geometrischen, Randbedingungen, das sind in unserem Fall die Durchbiegung und Neigung an den Auflagern, zu erfüllen brauchen, müssen wir bei der Methode von Galerkin alle Randbedingungen erfüllen. Diese schärferen Bedingungen führen in einigen Fällen zu genaueren Lösungen. Allgemein sind Näherungsansätze, die alle Randbedingungen erfüllen, allerdings nur schwer anzugeben. Die Ritzmethode ist daher universeller anwendbar.

Wir wenden uns nunmehr der Berechnung von typischen Flächentragwerken zu, die bei meerestechnischen Konstruktionen verwendet werden.

4.1.2 Scheibentragwerke

Um den Zusammenhang zwischen den einzelnen Spannungs- und Verformungsgrößen ermitteln zu können, schneiden wir ein infinitesimales Element aus einer Scheibe heraus.

Die Schnittkräfte pro Einheitslänge ergeben sich dann wie in Bild 4.7 dargestellt. Die Bedingung, daß sich dieses Element im Gleichgewicht befinden soll, liefert

$$\frac{\partial n_x}{\partial x}+\frac{\partial n_{yx}}{\partial y}=0, \quad \frac{\partial n_y}{\partial y}+\frac{\partial n_{xy}}{\partial x}=0, \quad n_{xy}-n_{yx}=0\,, \tag{4.28}$$

wobei Volumenkräfte, wie z.B. das Eigengewicht, nicht berücksichtigt sind. Die Dehnungen nehmen wir mit

$$\varepsilon_x=\frac{\partial u}{\partial x}, \quad \varepsilon_y=\frac{\partial v}{\partial y}, \quad \gamma_{xy}=\frac{\partial v}{\partial x}+\frac{\partial u}{\partial y} \tag{4.29}$$

an. Andere Dehnungs- oder Spannungskomponenten werden nicht berücksichtigt, da die Scheibendicke als klein gegenüber den Abmessungen in x- und z-Richtung anzusehen ist und damit der ebene Spannungszustand gilt. Die Differentialgleichungen (4.29) lassen sich in Form einer Gleichung darstellen

$$\frac{\partial^2\varepsilon_x}{\partial y^2}-\frac{\partial^2\gamma_{xy}}{\partial x\partial y}+\frac{\partial^2\varepsilon_y}{\partial x^2}=0\,. \tag{4.30}$$

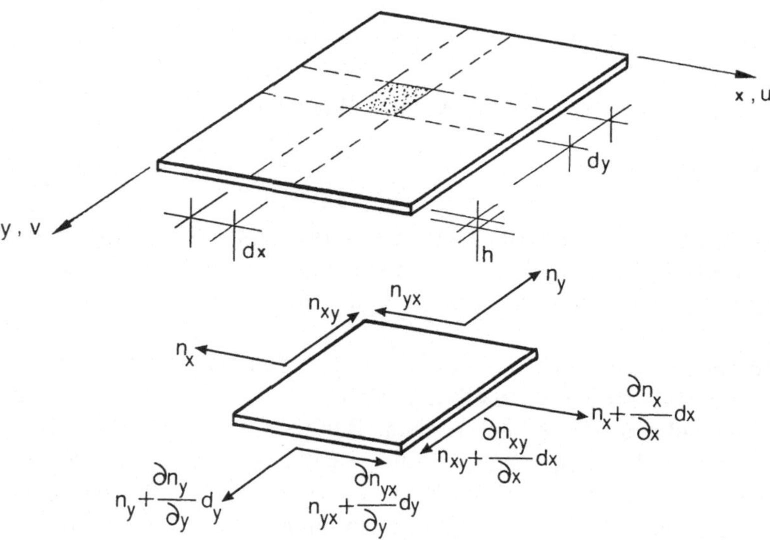

Bild 4.7. Schnittkräfte am infinitesimalen Scheibenelement

Sie wird als Verträglichkeitsbedingung des ebenen Spannungszustandes bezeichnet.

Die Dehnungen und Spannungen sind über das Hookesche Gesetz des ebenen Spannungszustandes gekoppelt.

$$\varepsilon_x = \frac{1}{E}(\sigma_x - \nu\sigma_y),$$
$$\varepsilon_y = \frac{1}{E}(\sigma_y - \nu\sigma_x), \tag{4.31}$$
$$\gamma_{xy} = \frac{\tau}{G} = \frac{2(1+\nu)}{E}\tau_{xy}.$$

Das Einsetzen des Hookeschen Gesetzes in die Verträglichkeitsbeziehung (4.30) führt zu

$$2(1+\nu)\frac{\partial^2\tau_{xy}}{\partial x\partial y} = \frac{\partial^2\sigma_x}{\partial y^2} + \frac{\partial^2\sigma_y}{\partial x^2} - \nu\left(\frac{\partial^2\sigma_x}{\partial x^2} + \frac{\partial^2\sigma_y}{\partial y^2}\right).$$

Unter Beachtung, daß die Spannungen sich aus den Schnittkräften pro Länge zu

$$\sigma_x = \frac{n_x}{h}, \quad \sigma_y = \frac{n_y}{h}, \quad \tau_{xy} = \frac{n_{xy}}{h} \tag{4.32}$$

ergeben, lassen sich die Gleichgewichtsbedingungen (4.28) in Spannungen angeben. Führen wir weiterhin die sog. Airysche Spannungsfunktion F mit

$$\frac{\partial^2 F}{\partial y^2} = \sigma_x, \quad \frac{\partial^2 F}{\partial x^2} = \sigma_y, \quad -\frac{\partial^2 F}{\partial x\partial y} = \tau_{xy} \tag{4.33}$$

ein, so erhalten wir schließlich unter Verwendung der Gleichgewichtsbedingungen die homogene, partielle Differentialgleichung

$$\frac{\partial^4 F}{\partial x^4} + 2\frac{\partial^4 F}{\partial x^2\partial y^2} + \frac{d^4 F}{\partial y^4} = 0 \quad \text{oder} \quad \Delta\Delta F = 0. \tag{4.34}$$

Den Verformungszustand erhalten wir direkt durch die Integration von (4.29), wobei die Dehnungen von ε_x bzw. ε_y gemäß (4.31) durch die Spannungsfunktion F gemäß (4.33) ersetzt wird.

$$u = \frac{1}{E}\left[\int \frac{\partial^2 F}{\partial y^2}dx - \nu\frac{\partial F}{\partial x} + \Phi(y)\right],$$
$$v = \frac{1}{E}\left[\int \frac{\partial^2 F}{\partial x^2}dy - \nu\frac{\partial F}{\partial y} + \Psi(x)\right]. \tag{4.35}$$

($\Phi(y)$, $\Psi(x)$ sind Integrationsfunktionen.)

Die Airysche Differentialgleichung (4.34) läßt sich in geschlossener Form nur auf wenige technische Probleme anwenden. Die Mehrzahl der technischen Scheibenprobleme wird daher heute mit numerischen Methoden behandelt. Eine Ausnahme bilden die Probleme der sog. mittragenden Breite 1. Art.

Wir betrachten zwei typische Tragwerke von Decks oder ähnlichem, mit einseitig angeordneten Trägern wie in den Bildern 4.8 bzw. 4.9 dargestellt. Während in den Stegen ein linearer Verlauf der Normalspannungen gilt, erfährt

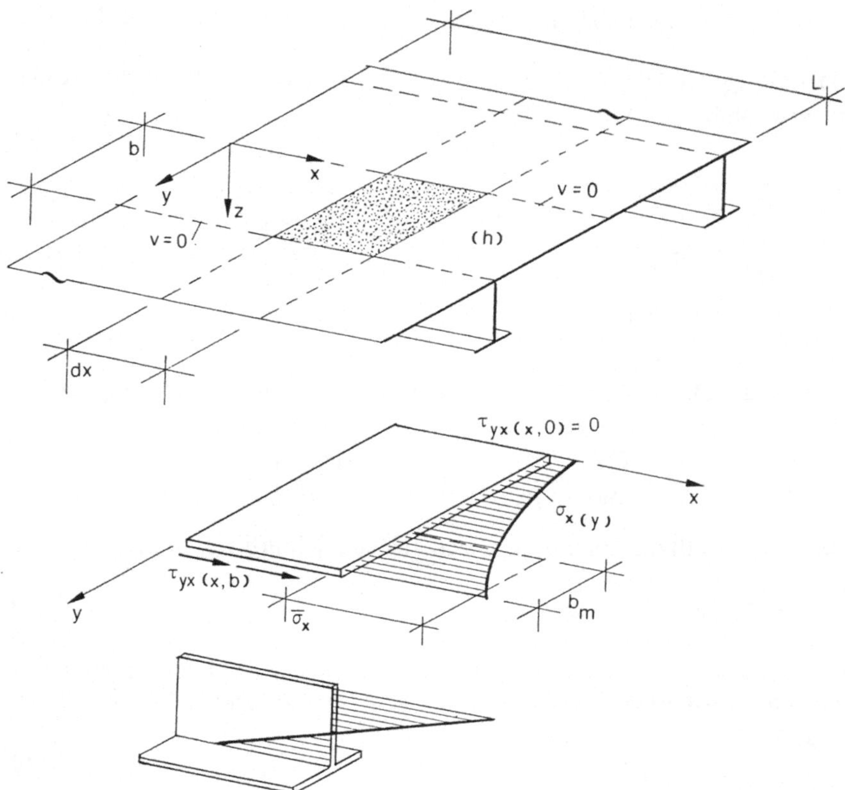

Bild 4.8. Biegeträger mit symmetrischem, scheibenartigem Gurt

der Spannungszustand in den breiten Gurten einen nichtlinearen Abfall. Natürlich können wir heute mit Hilfe eines finiten Scheibenmodells diese Spannungsverteilung bestimmen. In der Regel möchte man aber vereinfachte Balkenmodelle verwenden. Hierfür ist das wirksame Trägheitsmoment zu bestimmen. Dieses setzt voraus, daß wir einen Ersatzgurt von der Breite b_m und der Dicke h bestimmen, der bei konstantem Spannungszustand die gleiche Gurtkraft wie der vorhandene Gurt aufnimmt. Es gilt also für die mittragende Breite b_m

$$\frac{b_m}{b} = \frac{\int_0^b \sigma_x(y)\,\mathrm{d}y}{b\bar{\sigma}_x} \tag{4.36}$$

unter der Voraussetzung, daß durch die Schnittführung keine weiteren Spannungszustände berührt werden. Liegt dagegen ein Fall wie Bild 4.9 vor, so ist der Gurt an der seitlichen Einspannung ebenfalls abzuschneiden. Die dort frei werdenden Schubkräfte sind dann ebenfalls zu berücksichtigen. Wir können nicht auf die Einzelheiten eingehen und verweisen auf das Schrifttum [4.11 – 4.14].

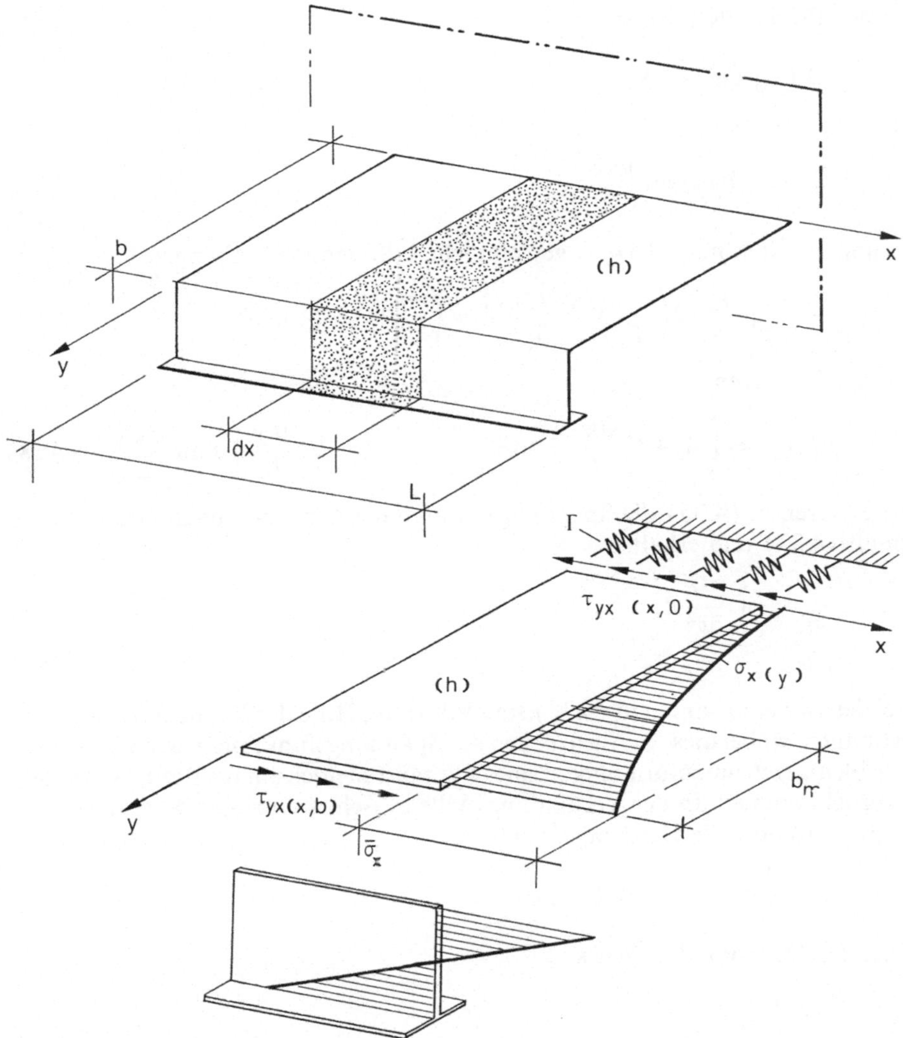

Bild 4.9. Biegeträger mit unsymmetrischem, scheibenartigem Gurt

Wir wollen aber anhand des Beispieles in Bild 4.8 wenigstens den Lösungsweg aufzeichnen. Dazu trennen wir ein geeignetes Scheibenelement von der Breite b und der Länge dx aus dem Tragwerk heraus. Es ist nun notwendig, daß wir den die Airysche Differentialgleichung erfüllenden Scheibenspannungszustand unter Beachtung der Randbedingungen formulieren, um diesen in (4.36) zur Verfügung zu stellen. Da es hoffnungslos ist, eine allgemeine Lösung für die Airysche Differentialgleichung zu finden, verwenden wir Ansätze, die in x-Richtung einer harmonischen Reihe entsprechen. Wenn wir dieses auch für die Belastung durchführen, können wir für jede harmonische Komponente die mittragende Breite getrennt berechnen und diese Teilergebnisse gemäß den harmonischen Lastanteilen superponieren.

Wir führen als Lösungsansatz

$$F(x,y) = \sum_{n=1}^{\infty} F_n ,$$

mit

$$F_n = f_n(y) \cdot \sin \frac{n\pi x}{L}$$

ein und erhalten mit (4.34) n gewöhnliche Differentialgleichungen

$$\frac{d^4 f_n(y)}{dy^4} - 2\left(\frac{n\pi}{L}\right)^2 \frac{d^2 f_n(y)}{dy^2} + \left(\frac{n\pi}{yL}\right)^4 f_n(y) = 0 , \qquad (4.37)$$

mit den Lösungen

$$f_n(y) = \left(A_n + C_n \frac{n\pi y}{L}\right) \cosh \frac{n\pi y}{L} + \left(B_n + D_n \frac{n\pi y}{L}\right) \sinh \frac{n\pi y}{L} . \qquad (4.38)$$

Wir ersetzen in (4.36) die Spannungen durch die Airysche Spannungsfunktion, gemäß (4.33) und erhalten

$$\frac{b_m}{b} = \frac{\int_0^b \frac{\partial^2 F}{\partial y^2} dy}{b \bar{\sigma}_x} .$$

Drei der vier Konstanten in (4.38) sind sofort mit Hilfe der Randbedingungen zu bestimmen, wobei diese in Ausdrücken der Spannungsfunktion bzw. entsprechender Ableitungen umzuformulieren sind. Wir müssen noch auf die Bezugsspannung $\bar{\sigma}_x$ zurückkommen. In der Verbindungsstelle zwischen Gurt und Steg setzen wir voraus, daß dort die Dehnung des Gurtes

$$\varepsilon_x = \frac{1}{E} [\sigma_x(b) - \nu \sigma_y(b)]$$

gleich der Dehnung des Steges

$$\varepsilon = \frac{1}{E} \bar{\sigma}_x$$

sein soll. Für die Bezugsspannung gilt dann

$$\bar{\sigma}_x = \sigma_x(b) - \nu \sigma_y(b) .$$

Die Bezugsspannungen des Ersatzbalkens ist im Falle, daß quergerichtete Spannungen vorhanden sind, kleiner als die tatsächliche Scheibenspannung. Mit anderen Worten, der Ersatzbalken kann eine etwas größere mittragende Gurtbreite besitzen als tatsächlich vorhanden ist. Wir erhalten schließlich den Ausdruck für die mittragende Breite in Abhängigkeit von der Spannungsfunktion zu

$$\frac{b_{mn}}{b} = \frac{\left.\frac{\partial F_n}{\partial y}\right|_0^b}{b\left(\frac{\partial^2 F_n}{\partial y^2} - \nu \frac{\partial^2 F_n}{\partial x^2}\right)_{y=b}} . \qquad (4.39)$$

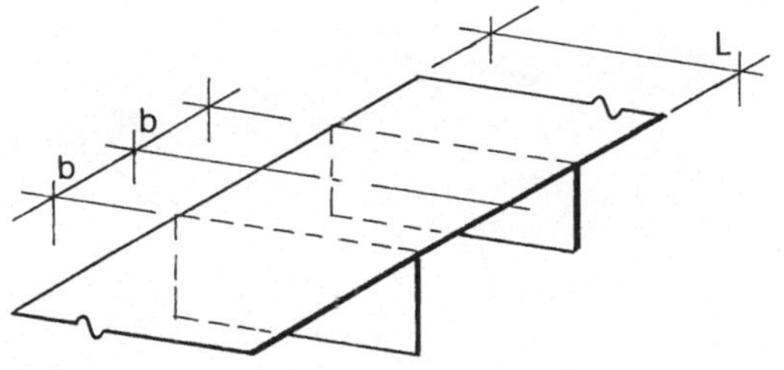

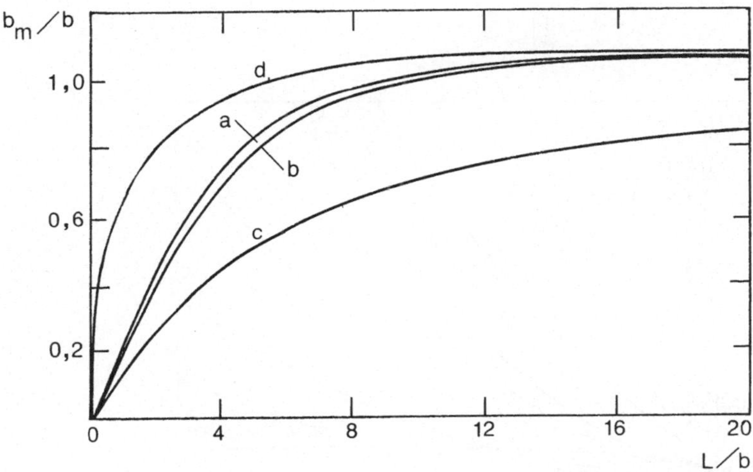

Bild 4.10. Mittragende Breiten des Plattenbalkens bei verschiedenen Belastungen. *a* Gleichlast; *b* sinusförmige Lastverteilung; *c* Einzellast; *d* konstantes Moment

Die bisher nicht bestimmte Konstante A_n kürzt sich heraus und braucht nicht explizit ermittelt zu werden. Wir erhalten für den vorliegenden Fall

$$\frac{b_{mn}}{b} = \frac{4}{n\pi}\,\frac{L}{b}\,\frac{\cosh\dfrac{n\pi b}{L} - 1}{(3-\nu)(1+\nu)\sinh\dfrac{n\pi b}{L} - (1+\nu)^2\dfrac{n\pi b}{L}}\,. \tag{4.40}$$

Die Belastung muß nunmehr ebenfalls als Fourierreihe dargestellt werden, z.B.

$$M(x) = \sum_{n=1}^{\infty} M_n \sin\frac{n\pi x}{L}\,,$$

so daß die Bezugsspannung

$$\bar{\sigma}_x = \sum_{n=1}^{\infty} \frac{M_n}{W_n} \sin\frac{n\pi x}{L}$$

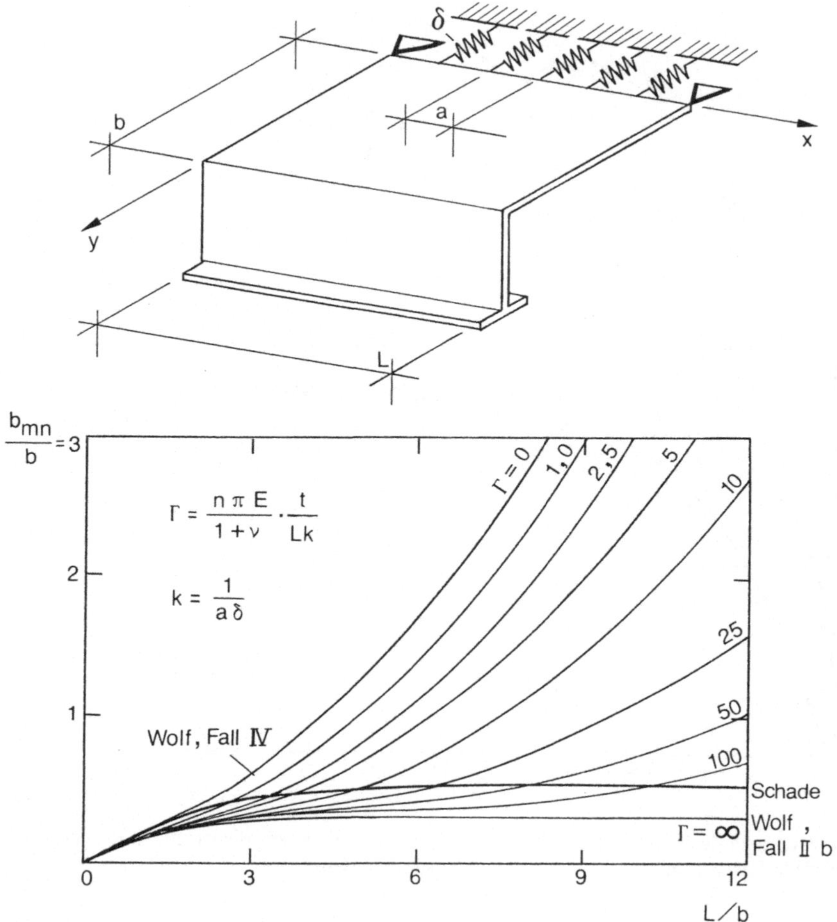

Bild 4.11. Mittragende Breite des unsymmetrischen Plattenbalkens bei sinusförmiger Belastung. Kurvenparameter Γ berücksichtigt die elastische seitliche Stützung. Zum Vergleich Lösungen von Wolf [4.11] und Schade [4.12]

wird, wobei die W_n die Ersatzwiderstandsmomente sind. Wir erhalten damit schließlich summiert über alle n

$$\frac{b_m}{b} = \frac{\sum_{n=1}^{\infty} \frac{b_{mn}}{b} \frac{M_n}{W_n} \sin \frac{n\pi x}{L}}{\sum_{n=1}^{\infty} \frac{M_n}{W_n} \sin \frac{n\pi x}{L}} . \tag{4.41}$$

In Bild 4.10 und 4.11 sind die Ergebnisse einiger wichtiger Fälle zusammengestellt. Die Länge L bezieht sich auf den Abstand der Momentennullpunkte. Die mittragende Breite gilt auf der halben Länge des Trägers. Sie kann sich über die Trägerlänge verändern. Für die Verwendung zur Ermittlung der Ersatzträgheitsmomente in größeren Rechenmodellen können solche Effekte teilweise vernachlässigt werden.

4.1.3 Plattentragwerke

Für die Plattentheorie gibt es ein weites Anwendungsfeld bei meerestechnischen Konstruktionen sowohl für isotrope als auch anisotrope orthogonale oder kurz orthotrope ebene Tragwerke. Die Ableitung der Differentialgleichung für die Platte erfolgt wieder derart, daß wir ein infinitesimales Element aus dem Tragwerk herausschneiden, Bild 4.12, wobei wir eine isotrope Platte konstanter Dicke betrachten.

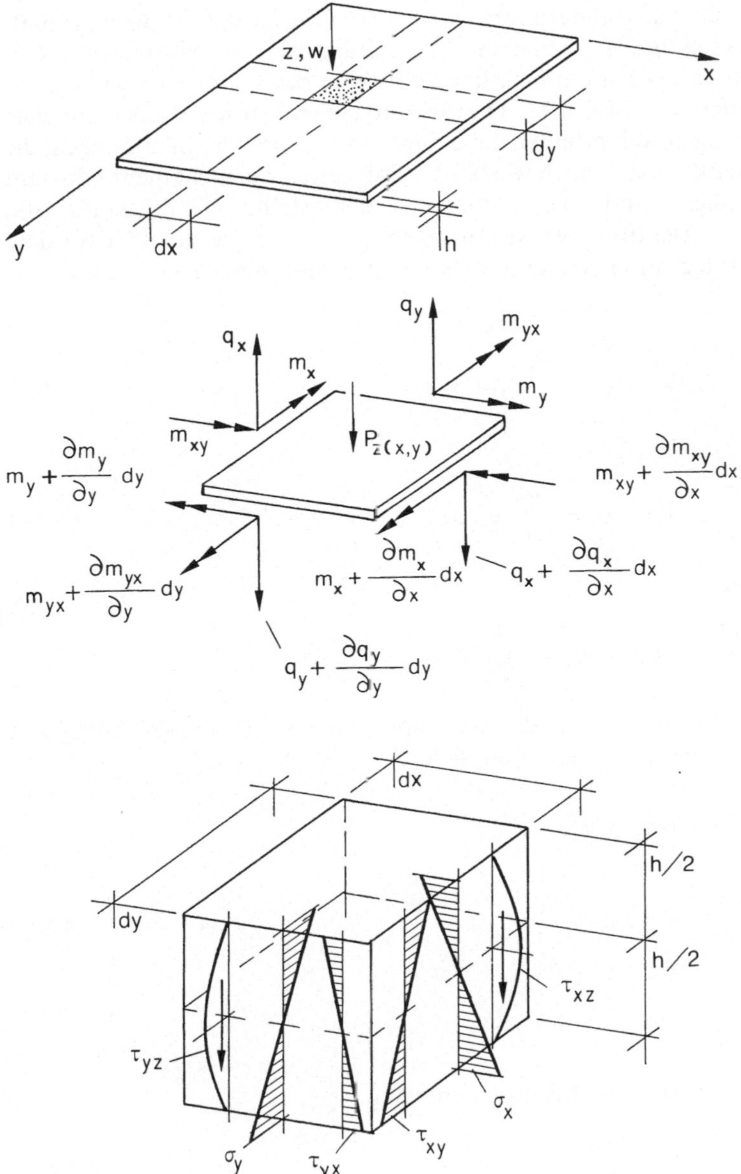

Bild 4.12. Gleichgewicht des Plattenelementes

Die allgemeinen Voraussetzungen der Plattentheorie besagen, daß wir die Plattendicke klein gegenüber den Flächenabmessungen annehmen müssen. Daraus ergibt sich, daß die Normalspannungen und Dehnungen senkrecht zur Plattenebene vernachlässigbar sind. Weiter gilt, daß alle Punkte einer Normalen zur Mittelfläche bei Durchbiegung der Platte auf einer Geraden bleiben, die senkrecht zur verformten Mittelfläche steht. Dies ist die erweiterte Bernoulli-Hypothese, wie wir sie bereits beim Balken kennengelernt haben. Die Durchbiegung soll klein sein, d.h., die Dehnungen und Winkeländerungen der Mittelfläche sind vernachlässigbar. Ähnlich wie bei der Scheibentheorie werden bei Spannungs- und Verschiebungsänderungen nur lineare Glieder der Taylorreihenentwicklung berücksichtigt. In späteren Abschnitten werden wir einige dieser Vereinfachungen verfeinern um nichtlineare Effekte beschreiben zu können.

Nun betrachten wir Bild 4.12. Die Schnittgrößen werden wieder auf eine Einheitslänge bezogen. Wir erhalten diese durch Integration der Spannungen, die im Fall der Plattentheorie ähnlich wie bei der Balkentheorie, nicht mehr konstant über die Plattendicke sind. Die in Bild 4.12 dargestellten Schnittkräfte und -momente sind in Richtung der Spannungen, aus denen sie gebildet werden, dargestellt. Die Integration erfolgt jeweils von der neutralen Fläche aus.

Querkräfte

$$q_x = \int_{-h/2}^{h/2} \tau_{xz} \mathrm{d}z, \quad q_y = \int_{-h/2}^{h/2} \tau_{yz} \mathrm{d}z,$$

Biegemomente

$$m_x = \int_{-h/2}^{h/2} \sigma_x z \mathrm{d}z, \quad m_y = \int_{-h/2}^{h/2} \sigma_y z \mathrm{d}z, \tag{4.42}$$

Torsionsmomente

$$m_{xy} = \int_{-h/2}^{h/2} \tau_{xy} z \mathrm{d}z, \quad m_{yx} = \int_{-h/2}^{h/2} \tau_{yx} z \mathrm{d}z.$$

Die Gleichgewichtsbedingungen, also die Summe aller Kräfte in z-Richtung und die Summe aller Momente gleich Null, liefert

$$\begin{aligned} &\frac{\partial q_x}{\partial x} + \frac{\partial q_y}{\partial y} = -p_z(x,y), \\ &\frac{\partial m_y}{\partial y} + \frac{\partial m_{xy}}{\partial x} = q_y, \\ &\frac{\partial m_x}{\partial x} + \frac{\partial m_{yx}}{\partial y} = q_x \end{aligned} \tag{4.43}$$

oder nach Differenzierung und Zusammenfassen

$$\frac{\partial^2 m_x}{\partial x^2} + 2\frac{\partial^2 m_{xy}}{\partial x \partial y} + \frac{\partial^2 m_y}{\partial y^2} = -p_z(x,y). \tag{4.44}$$

Die Spannungen in (4.42) können nun durch die Dehnungen mit Hilfe des Hookeschen Gesetzes

$$\sigma_x = \frac{E}{1-\nu^2}(\varepsilon_x + \nu\varepsilon_y), \quad \sigma_y = \frac{E}{1-\nu^2}(\varepsilon_y + \nu\varepsilon_x),$$

$$\tau_{xy} = \frac{E}{1-\nu^2}\frac{1-\nu}{2}\gamma_{xy} \tag{4.45}$$

ersetzt werden, und die Dehnungen wie bei der Balkentheorie durch die zweite Ableitung der Durchbiegung w

$$\varepsilon_x = -z\frac{\partial^2 w}{\partial x^2}, \quad \varepsilon_y = -z\frac{\partial^2 w}{\partial y^2}, \quad \gamma_{xy} = -2z\frac{\partial^2 w}{\partial_x \partial y}, \tag{4.46}$$

so daß wir die Biegemomente mit

$$m_x = \int_{-h/2}^{h/2} \sigma_x z\,dz = -D\left(\frac{\partial^2 w}{\partial x^2} + \nu\frac{\partial^2 w}{\partial y^2}\right),$$

$$m_y = \int_{-h/2}^{h/2} \sigma_y z\,dz = -D\left(\frac{\partial^2 w}{\partial y^2} + \nu\frac{\partial^2 w}{\partial x^2}\right), \tag{4.47}$$

$$m_{xy} = \int_{-h/2}^{h/2} \tau_{xy} z\,dz = -D(1-\nu)\frac{\partial^2 w}{\partial x \partial y}$$

erhalten, wobei

$$D = \frac{Eh^3}{12(1-\nu^2)}$$

der sog. Plattenmodul ist. Setzen wir diese Ausdrücke in (4.44) ein, so erhalten wir schließlich die sog. Kirchhoffsche Differentialgleichung der Plattenbiegung

$$\frac{\partial^4 w}{\partial x^4} + 2\frac{\partial^4 w}{\partial x^2 \partial y^2} + \frac{\partial^4 w}{\partial y^4} = \frac{p_z(x, y)}{D}, \qquad \Delta\Delta w = \frac{p_z(x, y)}{D}. \tag{4.48}$$

Für eine Reihe von technisch wichtigen Problemen sind Lösungen gelungen. Als Beispiel soll hier eine ausgesteifte Platte nach Bild 4.13 dienen. Aus Gründen der Symmetrie braucht nur der schraffierte Teil betrachtet zu werden. Der Lösungsansatz für (4.48) kann in Form eines Produktes

$$w(x, y) = \sum_{m=1}^{\infty} f_m(y) \sin\frac{m\pi x}{l}$$

gewählt werden, wobei aufgrund der Natur der Sinusfunktionen frei drehbare Lagerungen an den Rändern $x=0$, $x=l$ vorausgesetzt werden muß. Für die Last wird ein entsprechender Ansatz gewählt

$$p_z(x, y) = \sum_{m=1}^{\infty} p_{zm}(y) \sin\frac{m\pi x}{l}.$$

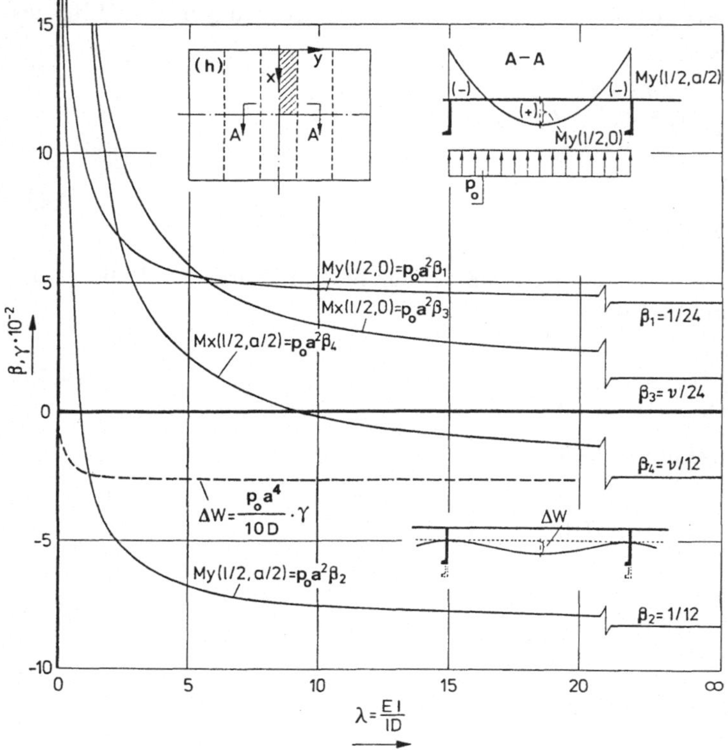

Bild 4.13. Biegemomente und Durchbiegung des ausgesteiften Plattenfeldes in Abhängigkeit der Steifigkeit der Aussteifung

Diese beiden Ansätze, in die Gleichung der Plattenbiegung eingesetzt, ergeben:

$$\sum_{m=1}^{\infty}\left[\left(\frac{m\pi}{l}\right)^4 f_m(y)-2\left(\frac{m\pi}{l}\right)^2\frac{d^2 f_m}{dy^2}+\frac{d^4 f_m}{dy^4}\right]\sin\frac{m\pi x}{l}$$

$$=\frac{1}{D}\sum_{m=1}^{\infty} p_{zm}(y)\sin\frac{m\pi x}{l}\,. \qquad (4.49)$$

Für den Fall der Gleichlast erhalten wir aus einer Fourieranalyse

$$p_{zm}(y)=p_0\frac{4}{m\pi}\,.$$

Wir erhalten also m lineare gewöhnliche Differentialgleichungen 4. Ordnung

$$\left(\frac{m\pi}{l}\right)^4 f_m(y)-2\left(\frac{m\pi}{l}\right)^2\frac{d^2 f_m}{dy^2}+\frac{d^4 f_m}{dy^4}=\frac{p_0}{D}\frac{4}{m\pi}\,. \qquad (4.50)$$

Die Lösungen dieser Differentialgleichungen erhalten wir unter Beachtung der Symmetrie des Problems zu

$$f_m(y) = \frac{p_0 a^4}{D}\left(\frac{l}{a}\right)^4\left(\frac{4}{(m\pi)^5} + A_m \cosh\frac{m\pi y}{l} + B_m \frac{m\pi y}{l}\sinh\frac{m\pi y}{l}\right). \tag{4.51}$$

Die Konstanten lassen sich mit Hilfe der Randbedingungen

$$\frac{\partial w}{\partial y} = 0|_{y=\pm a/2},$$

$$D\left[\frac{\partial^3 w}{\partial y^3} + (2-\nu)\frac{\partial^3 w}{\partial x^2 \partial y}\right] = EI\frac{\partial^4 w}{\partial y^4}|_{y=\pm a/2} \tag{4.52}$$

ermitteln:

$$B_m = \frac{4}{m^5\pi^5}\frac{1}{\left(\frac{2}{\lambda m\pi} - \alpha_m\right)\sinh\alpha_m + (1+\alpha_m\coth\alpha_m)\cos\alpha_m}$$

bzw.

$$A_m = -\frac{4}{m^5\pi^5}\frac{1+\alpha_m\coth\alpha_m}{\left(\frac{2}{\lambda m\pi} - \alpha_m\right)\sinh\alpha_m + (1+\alpha_m\coth\alpha_m)\cosh\alpha_m},$$

wobei

$$\lambda = \frac{EI}{lD} \quad \text{und} \quad \alpha_m = \frac{m\pi a}{2l}$$

ist. Die Biegemomente sind nun mit Hilfe von (4.47) zu ermitteln. In Bild 4.13 sind diese über dem Parameter λ aufgetragen. Wir erkennen, daß für große Werte von λ die Steifen wie eine feste Auflagerung wirken und die Momente den Wert der an zwei Seiten eingespannten Platte erreichen. Die in Bild 4.13 dargestellten Kurven gelten für typische Aussteifungen in schiffs- und meerestechnischen Konstruktionen, bei denen das Seitenverhältnis der Plattenfelder relativ groß ist. Für eine Vielzahl von technisch wichtigen Problemen finden wir in den Büchern [4.3], [4.5] und anderen weitere Lösungen, die auch heute noch, im Zeichen der rechnergestützten Strukturanalysen, hilfreich sind.

Wir wollen, ähnlich wie bei der Balkentheorie, auch für die Plattentheorie eine Anwendung nach der Energiemethode liefern. Das elastische Potential einer Platte mit den Abmessungen $a \cdot l$ lautet

$$\Pi = \int_0^a\int_0^l \left\{-p_z w + \frac{D}{2}\left[\left(\frac{\partial^2 w}{\partial x^2} + \frac{\partial^2 w}{\partial y^2}\right)^2 - 2(1-\nu)\left(\frac{\partial^2 w}{\partial x^2}\cdot\frac{\partial^2 w}{\partial y^2} - \left(\frac{\partial^2 w}{\partial x \partial y}\right)^2\right)\right]\right\}\mathrm{d}x\mathrm{d}y, \tag{4.53}$$

wobei p_z eine Funktion von x und y sein kann. Abgesehen von dem Anteil $p_z w$ ist das Potential der Platte formal identisch mit dem der Scheibe. Fassen wir den Integranden (4.53) als Funktional F auf, also

$$\Pi = \int_0^a\int_0^l F(x, y, w, w', w^{\cdot}, w'', w^{\cdot\cdot}, w'^{\cdot})\mathrm{d}x\mathrm{d}y, \tag{4.54}$$

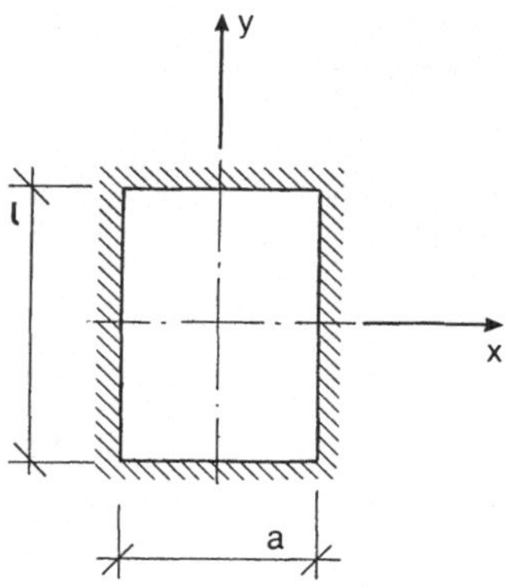

Bild 4.14. An vier Seiten eingespannte Platte

(Ableitungen nach x mit $'$ und Ableitungen nach y mit $\cdot$ gekennzeichnet) dann läßt sich sofort mit der Eulerschen Differentialgleichung

$$\frac{\partial F}{\partial w}-\frac{\partial F}{\partial w'}-\frac{\partial F}{\partial w^{\cdot}}+\frac{\partial^2 F}{\partial w''}+\frac{\partial^2 F}{\partial w^{\cdot\cdot}}+\frac{\partial^2 F}{\partial w'^{\cdot}}=0 \tag{4.55}$$

die Richtigkeit des Potentials (4:53) überprüfen. Wenden wir die Eulersche Differentialgleichung auf das Funktional F an, dann erhalten wir die Kirchhoffsche Differentialgleichung. Das für Balken erläuterte Verfahren nach Rayleigh-Ritz läßt sich nun auch für Platten anwenden. Das ist im Hinblick auf die außerordentlich schwierige Lösung der Plattendifferentialgleichung von besonderem Wert. Ergänzend soll noch gesagt werden, daß wir mit Hilfe des Greenschen Satzes für allseitig aufgelagerte Platten eine merkliche Vereinfachung des Ausdruckes für das Potential erhalten, nämlich

$$\Pi=\int_0^a\int_0^l\left[-p_z w+\frac{D}{2}\left(\frac{\partial^2 w}{\partial x^2}+\frac{\partial^2 w}{\partial y^2}\right)^2\right]\mathrm{d}x\mathrm{d}y. \tag{4.56}$$

Als Beispiel für die Anwendung der Energiemethode soll die an vier Seiten eingespannte Platte mit konstanter Flächenlast dienen (Bild 4.14). Für die allseitig eingespannte Platte wird folgender Ansatz gewählt

$$w(x, y)=\sum_{m=1}^{\infty}\sum_{n=1}^{\infty} w_{mn}\frac{1}{2}\left[1-(-1)^m\cos\frac{2m\pi x}{a}\right]\cdot$$
$$\frac{1}{2}\left[1-(-1)^n\cos\frac{2n\pi y}{l}\right] \quad \text{mit} \quad m, n=1, 3, 5\ldots \tag{4.57}$$

Der Ansatz erfüllt die Randbedingungen. Wir wählen den eingliedrigen Ansatz $m=n=1$

$$w(x, y)=w_{11}\frac{1}{4}\left(1+\cos\frac{2\pi x}{a}\right)\left(1+\cos\frac{2\pi y}{l}\right) \tag{4.58}$$

und erhalten mit (4.56) nach Integration mit $p_z=p_0$

$$\Pi=-p_0 w_{11}\frac{al}{4}+\frac{D\pi^4}{8}\frac{1}{al}w_{11}^2\left[3\left(\frac{l}{a}\right)^2+3\left(\frac{a}{l}\right)^2+2\right]. \tag{4.59}$$

Da der Wert von w_{11} gesucht wird, für den das Potential ein Minimum annimmt, gilt

$$\frac{\partial \Pi}{\partial w_{11}}=0\,.$$

Wir erhalten also die Konstante w_{11} zu

$$w_{11}=\frac{p_0(al)^2}{D\pi^4}\,\frac{1}{3\left(\dfrac{l}{a}\right)^2+3\left(\dfrac{a}{l}\right)^2+2}\,. \tag{4.60}$$

Wir setzen diesen Ausdruck in (4.59) ein und erhalten

$$\prod_{\min}=-\frac{1}{2}p_0 w_{11}\frac{al}{4}\,.$$

Wir erkennen hieraus eine Reihe von wichtigen Eigenschaften. Das minimierte Potential ist stets negativ. Das äußere Potential ist immer doppelt so groß wie das innere Potential, denn die äußere Arbeit ist gleich der Formänderungsarbeit. Das gilt unabhängig davon, ob wir eine Näherung oder die exakte Lösung für die Durchbiegefunktion einsetzen. Setzen wir für eine quadratische Platte $a=l$, so erhalten wir für w_{11} aus (4.60)

$$w_{11}=0{,}00128\frac{p_0a^4}{D}\,.$$

Als exakte Lösung wird diejenige angesehen, die bei weiterer Erhöhung des Ansatzes gemäß (4.57) keine Verbesserung ergibt. Für dieses als exakte Lösung anzusehende Ergebnis sind Angaben in [4.3] und [4.15] zu finden. Für ein Seitenverhältnis von $a/l=1$ erhalten diese

$$w_{\text{exakt}}=0{,}00127\frac{p_0a^4}{D}\,.$$

Verwenden wir einen weiteren Näherungsansatz, z.B.

$$w=w_{11}\left[x^2-\left(\frac{a}{2}\right)^2\right]^2\left[y^2-\left(\frac{l}{2}\right)^2\right]^2,$$

so ergibt die gleiche Vorgehensweise [4.5]

$$w_{11}=\frac{p_0a^4}{D}\,\frac{1}{7+7\left(\dfrac{a}{l}\right)^4+4\left(\dfrac{a}{l}\right)^2}\,\frac{49}{128\cdot 16}\,,$$

bzw. für ein Seitenverhältnis von $a/l=1$

$$w_{11}=0{,}00133\frac{p_0a^4}{D}\,.$$

Es überrascht, daß die exakte Lösung die kleinere Durchbiegung ergibt. Jeder Näherungsansatz kann ja nur zu einem größeren Potential als dem exakten

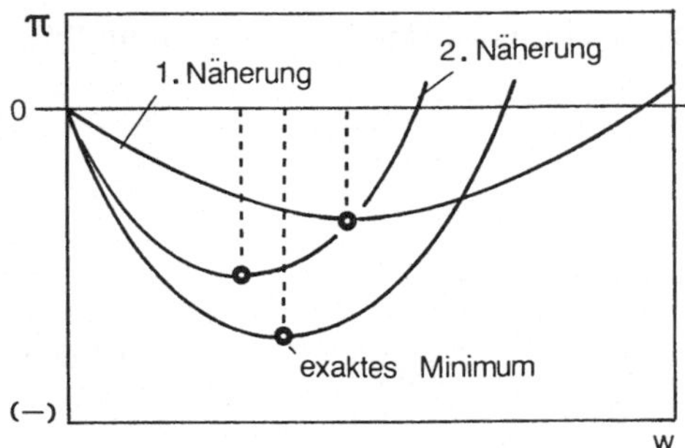

Bild 4.15. Verlauf des elastischen Potentials in Abhängigkeit der maximalen Durchbiegung für verschiedene Näherungsansätze und der exakten Lösung

führen. Daher könnte man denken, daß auch ein zu kleines Potential zu kleineren Durchbiegungen führt. Das ist aber nur gesichert für den Fall, daß eine äußere Einzelkraft P, und damit ein Potential von

$$\Pi = -\frac{1}{2} w_{11} P$$

existiert. Für einen solchen Fall wird mit einer Näherungslösung stets eine zu kleine Durchbiegung ermittelt. Wir erhalten z.B. für den Fall der eingespannten quadratischen Platte mit Einzellast nach [4.4]

$$w_{\text{exakt}} = 0{,}0056 \cdot \frac{pa^2}{D}$$

und eine Näherung mit

$$w_{11} = 0{,}00513 \cdot \frac{pa^2}{D} .$$

Offensichtlich kann im allgemeinen das Potential sowohl von unten, d.h. von größeren Durchbiegungen, als auch von oben, d.h. von kleineren Durchbiegungen, her angenähert werden. Anschaulich können wir uns das mit Bild 4.15 verdeutlichen. Diese Überlegungen sind im Hinblick auf die später zu behandelnden numerischen Näherungsverfahren, die sich aus dem Prinzip vom Minimum der potentiellen Energie herleiten lassen, von besonderer Bedeutung.

4.1.4 Zylinderschale

Wir wollen nunmehr einen kurzen Einblick in die Schalentheorie geben. Dazu betrachten wir ausschließlich die im Bereich der Meerestechnik besonders wichtigen Zylinderschalen. In Analogie zu den Scheiben betrachten wir zunächst eine zylindrisch gekrümmte Membranschale (Bild 4.16).

Es sollen nur Kräfte normal zur Schalenoberfläche berücksichtigt werden. Das Kraft- und Momentengleichgewicht liefert mit den Kantenlängen dx bzw. $r\mathrm{d}\varphi$

$$\frac{\partial n_x}{\partial x} + \frac{\partial n_{\varphi x}}{r \partial \varphi} = -p_x, \quad \frac{\partial n_{x\varphi}}{\partial x} + \frac{\partial n_\varphi}{r \partial \varphi} = -p_y, \quad \frac{n_\varphi}{r} = -p_z . \tag{4.61}$$

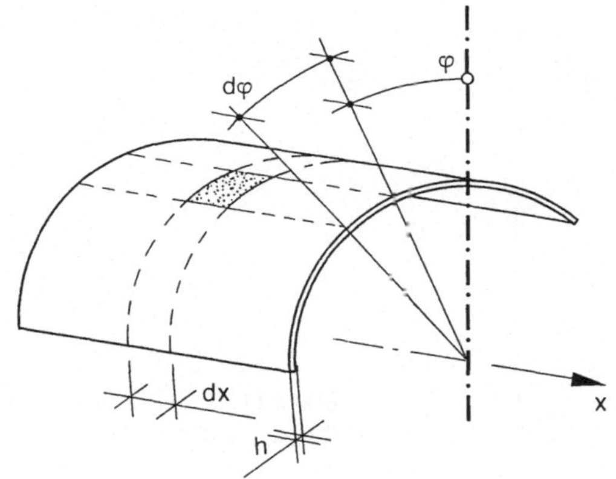

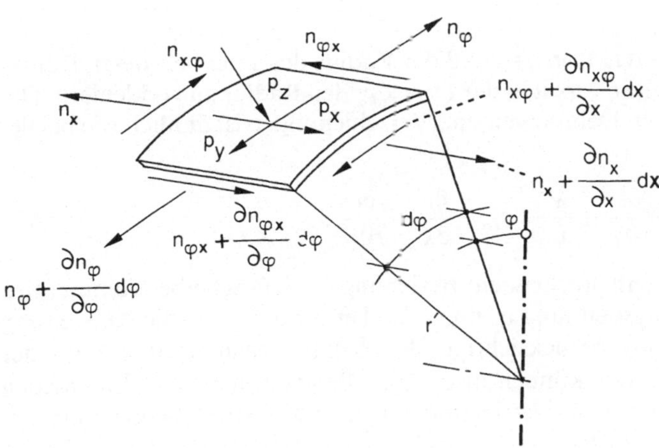

Bild 4.16. Gleichgewicht am zylindrischen Membranschalenelement

Die Schnittkräfte $n_{x\varphi}$ und n_x ergeben sich nach Integration von (4.61) zu

$$n_{x\varphi} = -\int \left(p_y + \frac{\partial n_\varphi}{r \partial \varphi} \right) \mathrm{d}x + C_1(\varphi),$$

$$n_x = -\int \left(p_x + \frac{\partial n_{\varphi x}}{r \partial \varphi} \right) \mathrm{d}x + C_2(\varphi). \tag{4.62}$$

Wir betrachten hier den einfachen Fall eines Rohres unter konstanter axialer Last und konstantem Außendruck (Bild 4.17). Wir erhalten

$$n_\varphi = -p_z r, \quad n_x = -p_0 h, \quad n_{x\varphi} = 0 \tag{4.63}$$

oder, in Spannungen ausgedrückt,

$$\sigma_\varphi^m = -p_z \frac{r}{h}, \quad \sigma_x^m = -p_0, \quad \tau_{x\varphi}^m = 0. \tag{4.64}$$

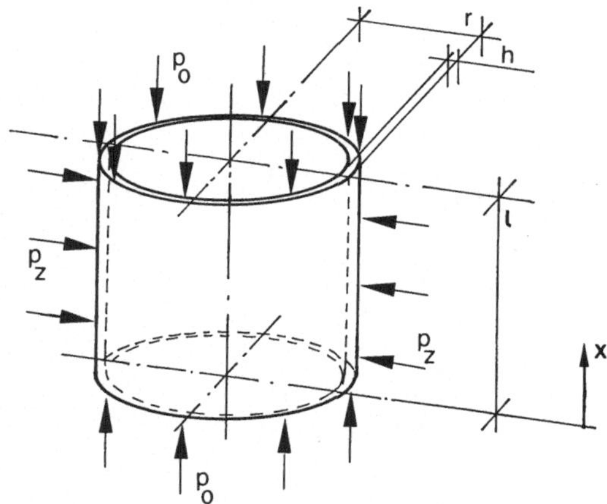

Bild 4.17. Zylinderschale unter Radial- und Axiallast

Die Druckkraft staucht das Rohr, so daß der Radius des axial belasteten Rohres sich vergrößert, gleichzeitig versucht der Druck p_z den Radius zu verkleinern. Der Zusammenhang zwischen Dehnungen und Verschiebungen ist ähnlich wie bei der Scheibe

$$\varepsilon_x = \frac{\partial u}{\partial x}, \quad \varepsilon_\varphi = \frac{\partial v}{r\partial\varphi} + \frac{w}{r}, \quad \gamma_{x\varphi} = \frac{\partial v}{\partial x} + \frac{\partial u}{r\partial\varphi}. \tag{4.65}$$

Im Vergleich zu den entsprechenden Beziehungen der Scheibe kommt also lediglich bei der Umfangsdehnung ε_φ noch ein Term hinzu, der die Aufweitung bzw. Zusammendrückung berücksichtigt. Bei Rotationssymmetrie entfällt der erste Term vollständig. Wir können also unter Beobachtung des Hookeschen Gesetzes, wie bei der Scheibentheorie eingeführt, nun mit der Berechnung der Membranschalenschnittkräfte

$$\begin{aligned} \varepsilon_x &= \frac{1}{Eh}(n_x - \nu n_\varphi), \\ \varepsilon_\varphi &= \frac{1}{Eh}(n_\varphi - \nu n_x), \\ \gamma_{x\varphi} &= \frac{2(1+\nu)}{Eh} n_{x\varphi} \end{aligned} \tag{4.66}$$

die Verschiebungen integrieren

$$\begin{aligned} u &= \frac{1}{Eh}\int_0^x (n_x - \nu n_\varphi)\,dx, \\ v &= \frac{2(1+\nu)}{Eh}\int_0^x n_{x\varphi}\,dx - \int_0^x \frac{\partial u}{r\partial\varphi}\,dx, \\ w &= \frac{r}{Eh}(n_\varphi - \nu n_x) - \frac{\partial v}{\partial\varphi}, \end{aligned} \tag{4.67}$$

oder die Integration ausführen

$$\frac{u}{x} = -\frac{1}{E}\left(p_0 - \nu\frac{r}{h}p_z\right),$$

$$\frac{w}{r} = -\frac{1}{E}\left(\frac{r}{h}p_z - \nu p_0\right). \tag{4.68}$$

Dieses einfache Beispiel zeigt die große Ähnlichkeit der Membranschalentheorie mit der Scheibentheorie, gleichzeitig aber auch die Grenzen der Membranschalentheorie. Hierzu müssen wir uns die praktische bauliche Ausführung eines solchen Rohres vorstellen. Dieses wird normalerweise in einer geeigneten Weise mit anderen Bauteilen an seinen Enden verschweißt oder z.B. durch Stringer horizontal versteift, d.h. die Verformung des Rohres ist in radialer Richtung unterdrückt oder zumindestens behindert. Hierdurch kann sich die durch die Membranschalentheorie einstellende Verschiebung w nicht ausbilden. Mit anderen Worten, die baupraktischen Randbedingungen lassen sich mit der Membranschalentheorie der Zylinderschale nicht erfüllen. Es sind zusätzliche Überlegungen notwendig. Wir müssen offensichtlich die Biegung der Rohrwand berücksichtigen.

Wir betrachten wieder ein zylindrisches Rohr (Bild 4.18) und schneiden in gewohnter Weise ein infinitesimales Element heraus und bringen die Gleichgewichtskräfte und -momente an. Dabei berücksichtigen wir die völlige Rotationssymmetrie des Problems, d.h. $p_y = 0$, und keine Änderung der Schnittgrößen in Umfangsrichtung $\partial n_\varphi/\partial\varphi = 0$, $\partial q_y/\partial\varphi = 0$ usw. Die Gleichgewichtsbedingungen erhalten wir aus Bild 4.18

$$\frac{\partial n_x}{\partial x} = -p_x, \quad \frac{\partial q_x}{\partial x} + \frac{n_\varphi}{r} = -p_z, \quad \frac{\partial m_x}{\partial x} = q_x. \tag{4.69}$$

Den vier Schnittgrößen n_x, n_φ, q_x und m_x stehen drei Gleichgewichtsbedingungen gegenüber. Wir benötigen also noch eine zusätzliche Bedingung, die wir aus der Biegeverformung der Schale gewinnen. Die Gesamtdehnung ist nun

$$\varepsilon_x = \frac{\partial u}{\partial x} - z\frac{\partial^2 w}{\partial x^2}, \quad \varepsilon_\varphi = \frac{w}{r}. \tag{4.70}$$

Die Spannungen, also Membran- und Biegespannungen, erhalten wir mit Hilfe des Hookeschen Gesetzes

$$\sigma_x = \frac{E}{1-\nu^2}(\varepsilon_x + \nu\varepsilon_\varphi), \quad \sigma_\varphi = \frac{E}{1-\nu^2}(\varepsilon_\varphi + \nu\varepsilon_x) \tag{4.71}$$

aus (4.66), wobei $\sigma_x = n_x \cdot h$ bzw. $\sigma_\varphi = n_\varphi \cdot h$ gesetzt wird zu

$$\sigma_x = \frac{E}{1-\nu^2}\left(\frac{\partial u}{\partial x} - z\frac{\partial^2 w}{\partial x^2} + \nu\frac{w}{r}\right),$$

$$\sigma_\varphi = \frac{E}{1-\nu^2}\left(\frac{w}{r} + \nu\frac{\partial u}{\partial x} - \nu z\frac{\partial^2 w}{\partial x^2}\right). \tag{4.72}$$

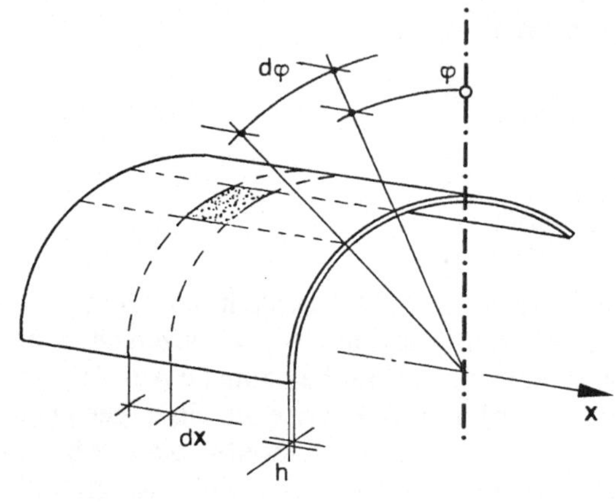

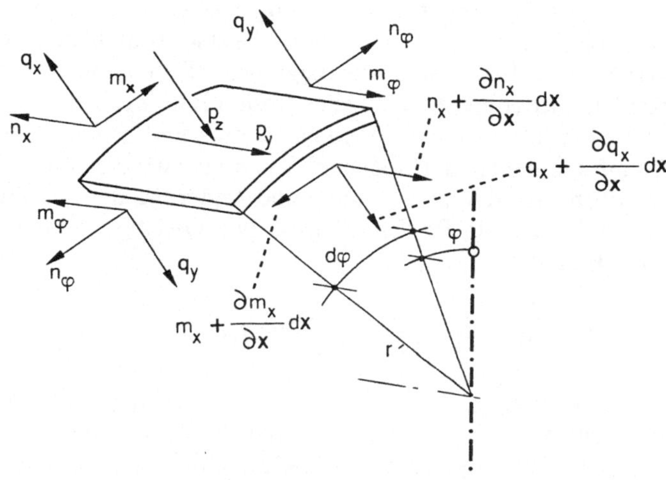

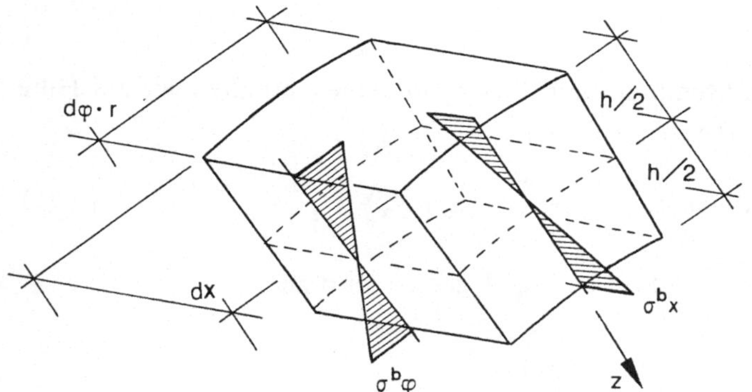

Bild 4.18. Gleichgewicht am zylindrischen Biegeschalenelement

Natürlich liefern die Membranspannungsanteile keinen Beitrag zum Biegemoment, so daß wir

$$m_x = -\int_{-h/2}^{h/2} \sigma_x z\mathrm{d}z = D\frac{\partial^2 w}{\partial x^2},$$

$$m_\varphi = -\int_{-h/2}^{h/2} \sigma_\varphi z\mathrm{d}z = \nu D\frac{\partial^2 w}{\partial x^2} \tag{4.73}$$

erhalten. Die Membranspannungen ergeben sich mit

$$\sigma_x^m = \frac{B}{h}\left(\frac{\partial u}{\partial x} + \nu\frac{w}{r}\right), \quad \sigma_\varphi^m = \frac{B}{h}\left(\frac{w}{r} + \nu\frac{\partial u}{\partial x}\right), \tag{4.74}$$

wobei die Dehnsteifigkeit mit

$$B = \frac{Eh}{1-\nu^2}$$

eingeführt wird.

Setzen wir in die Ausdrücke (4.74) die Verschiebungen (4.68) ein, so erhalten wir wieder (4.64). Die Biegespannungen erhalten wir an der Oberfläche der Schale zu

$$\sigma_x^b = \pm 6\frac{m_x}{h^2}, \quad \sigma_\varphi^b = \pm 6\frac{m_\varphi}{h^2}. \tag{4.75}$$

Nun haben wir genug Gleichungen, um die Schnittgrößen bestimmen zu können. Zunächst lassen sich (4.74) zu einer Gleichung zusammenfassen

$$n_\varphi = B(1-\nu^2)\frac{w}{r} + \nu n_x.$$

Setzen wir sie in (4.69) ein, so erhalten wir unter Beachtung von (4.73)

$$D\frac{\mathrm{d}^4 w}{\mathrm{d}x^4} + B\frac{1-\nu^2}{r^2}w = -p_z + \frac{\nu}{r}\int_0^x p_x \mathrm{d}x. \tag{4.76}$$

Wir können die partiellen Differentialquotienten durch gewöhnliche ersetzen, da nur entlang einer Koordinate integriert zu werden braucht. Dieses ist nun exakt die Differentialgleichung, wie sie formal auch für den elastisch gebetteten Balken gilt. Wir betrachten wieder das Beispiel Bild 4.17 und berücksichtigen auf halber Höhe einen horizontalen Stringer. Die Länge des Rohres sei so groß, daß sich der Einfluß des Stringers nicht bis zum oberen oder unteren Rohrende bemerkbar macht. Die Differentialgleichung (4.76) etwas umgeformt ergibt

$$\frac{\mathrm{d}^4 w}{\mathrm{d}x^4} + 4\alpha^4 w = -\frac{p_z}{D} + \frac{\nu}{Dr}\int_0^x p_x \mathrm{d}x, \tag{4.77}$$

mit

$$\alpha^4 = \frac{3(1-\nu^2)}{r^2 h^2}.$$

Die homogene Lösung der Differentialgleichung (4.77) ist bereits unter (4.19) angegeben. Im vorherigen Beispiel hatten wir die Verformung des Rohres nach der Membranschalentheorie ermittelt. Wir brauchen daher nur noch die Wirkung des Stringers auf diesen Verformungszustand zu untersuchen. Da dieser örtlich auf den Bereich des Stringers beschränkt ist, genügt die homogene Lösung. Da, wie gesagt, in größerem Abstand vom Stringer dessen Einfluß auf den Verformungszustand verschwinden soll, müssen die beiden Konstanten C_1 und C_2 verschwinden. Die Neigung bei $x=0$ verschwindet ebenfalls, so daß $C_3 = C_4 = C$ gilt. Die Lösung ist nunmehr nur noch von einer Unbekannten abhängig. Die Konstante C erhalten wir sofort mit (4.68). Stellen wir uns vor, daß das Rohr ohne die stützende Wirkung des Stringers um den Betrag von

$$w(0) = -\frac{r}{E}\left(\frac{r}{h}p_z - \nu p_0\right)$$

zusammengedrückt wird. Gerade um diesen Betrag muß, da der Stringer eine Radialverschiebung verhindert, das Rohr wieder aufgeweitet werden. Die Konstante C ist damit $-w(0)$. Den Verformungszustand erhalten wir dann, wenn wir die Verformung auf das Ausgangssystem beziehen, zu

$$w(x) = C[e^{-\alpha x}(\cos\alpha x + \sin\alpha x) - 1]$$

und den Neigungswinkel mit

$$\frac{dw}{dx} = -2\alpha C e^{-\alpha x}\sin\alpha x.$$

Die Biegemomente erhalten wir nach abermaliger Differenzierung zu

$$m_x(x) = -2D\alpha^2 C e^{-\alpha x}(\cos\alpha x - \sin\alpha x),$$

bzw.

$$m_\varphi(x) = \nu m_x(x).$$

Letztlich erhalten wir die Querkraft mit

$$q_x(x) = -4D\alpha^3 C e^{-\alpha x}\cos\alpha x.$$

Diese Ergebnisse sind in Bild 4.19 dargestellt, wobei die radiale Verschiebung aus der Membranschalentheorie gestrichelt eingetragen ist, so daß man den örtlichen Einfluß des Stringers gut erkennen kann. So können wir unmittelbar erkennen, daß z.B. im Abstand von $\alpha x = 3/4\pi$ die örtliche Durchbiegungsbehinderung durch den Stringer verschwindet, die Verdrehung der Schale bis zum Abstand von $\alpha x = \pi$ abklingt, im Abstand von $\alpha x = \pi/4$ das Biegemoment sein Vorzeichen ändert, um schließlich ab $\alpha x = \pi$ praktisch unbedeutend klein zu werden, und die Querkraft bei $\alpha x = \pi/2$ ebenfalls verschwindet, um bei größeren Werten von $\alpha x = \pi/2$ schließlich schnell gegen Null zu konvergieren.

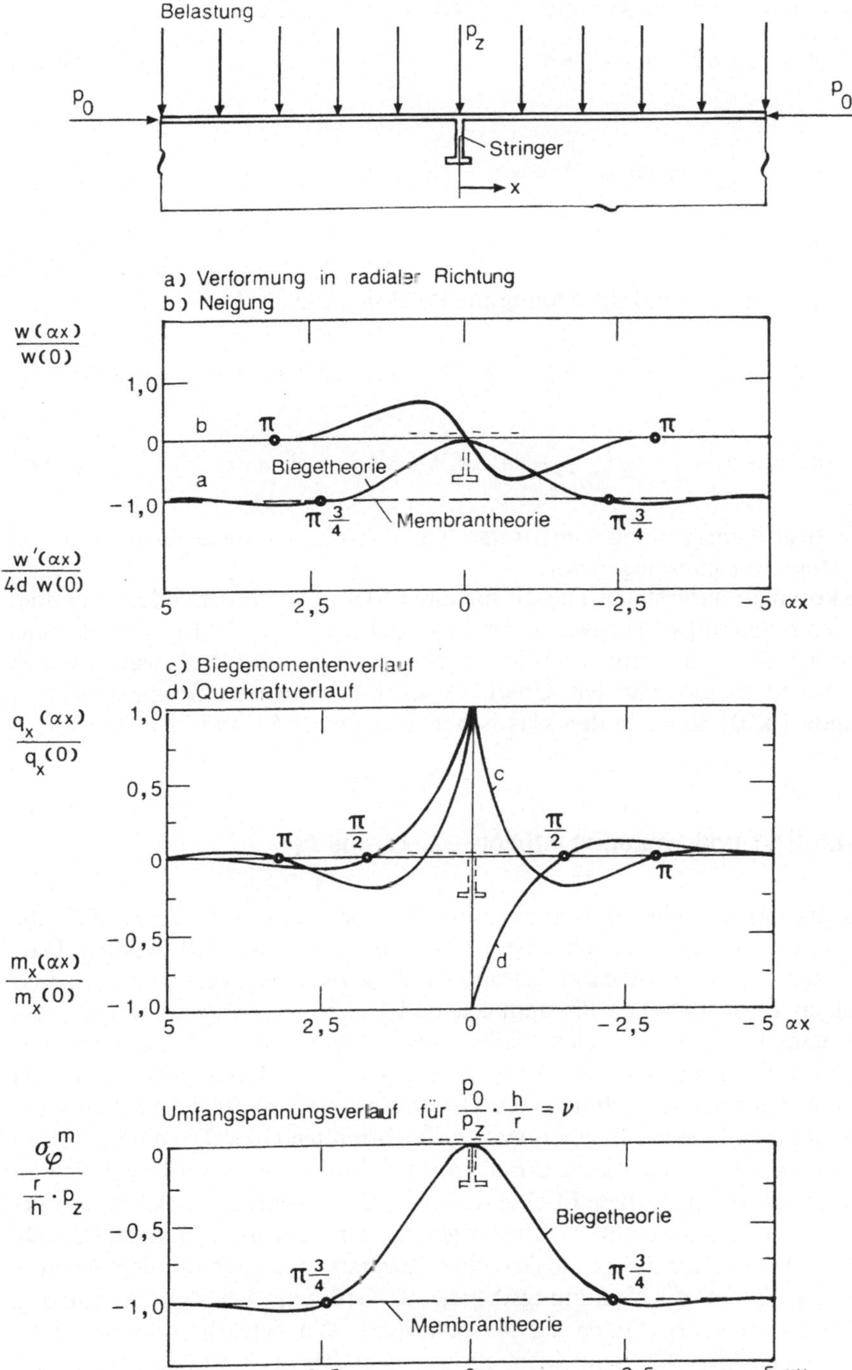

Bild 4.19. Spannungen und Verformungen in einem Rohr im Bereich eines Stringers

Wir können nun den kompletten Spannungszustand ermitteln

$$\sigma_x = \sigma_x^b + \sigma_x^m, \quad \sigma_\varphi = \sigma_\varphi^b + \sigma_\varphi^m, \tag{4.78}$$

wobei

$$\sigma_x^b = \mp \frac{12}{h^2} D\alpha w(0) e^{-\alpha x}(\cos \alpha x - \sin \alpha x),$$

$$\sigma_\varphi^b = \nu \sigma_x^b \tag{4.79}$$

die Biegeanteile sind und die Membrananteile sich mit

$$\sigma_\varphi^m = -\frac{r}{h} p_z + \frac{1}{1-\nu^2}\left(\frac{r}{h} p_z - \nu p_0\right) e^{-\alpha x}(\cos \alpha x + \sin \alpha x),$$

$$\sigma_x^m = -p_0 + \frac{\nu}{1-\nu^2}\left(\frac{r}{h} p_z - \nu p_0\right) e^{-\alpha x}(\cos \alpha x + \sin \alpha x) \tag{4.80}$$

ergeben. In großem Abstand vom Stringer ($\alpha x \to \infty$) liegen wieder die ungestörten reinen Membranspannungen vor.

Die komplett dargestellte Theorie mit einer Vielzahl von Anwendungen findet sich in den Büchern [4.16] sowie in den Lehrbüchern [4.3] und [4.5]. Praktische Anwendung obiger Biegetheorie bei Rohren mit Versatz und Dickenspannungen [4.17]. Einen ausgezeichneten Überblick über die diversen Schalenprobleme findet man [4.10] sowie in den klassischen Büchern [4.8] und in [4.18].

4.2 Stabilität und Spannungstheorie 2. Ordnung

In den bisherigen Ableitungen ist stets so vorgegangen worden, daß die Gleichgewichtsbedingungen am unverformten Element aufgestellt werden. Darüber hinaus wurde ein linearer Zusammenhang zwischen Verformungen und Dehnungen sowie zwischen Spannungen und Dehnungen angenommen. Diese Voraussetzungen sind in vielen Fällen ausreichend genaue Annahmen. Die Lösungen auf der Basis dieser Annahmen ergeben bei Laststeigerungen stets Steigerungen der Beanspruchungen gleichen Umfangs. Also führt eine Verdoppelung der äußeren Lasten z.B. zu doppelten Verformungen bzw. Spannungen, und dieses gilt theoretisch unbegrenzt. Exemplarisch wollen wir an übersichtlich zu handhabenden Systemen diese Effekte studieren. Die Ergebnisse der Computerberechnungen sind noch wesentlich schwieriger zu beurteilen als im linearen Bereich. Daher ist das Studium der grundsätzlichen Zusammenhänge besonders wichtig. Anwendung findet die Spannungstheorie 2. Ordnung bei der Berechnung schlanker Rohrkonstruktionen der Meerestechnik. Wir betrachten wieder einen Balken wie in Bild 4.2, schneiden ein Element heraus und betrachten das Gleichgewicht am verformten Element. Dazu ist eine Vereinbarung der Schnittkräfte zu treffen: Während bei der einfachen Balkentheorie Querkraft und Längskraft entkoppelt sind, setzen sich diese bei der Spannungstheorie 2.

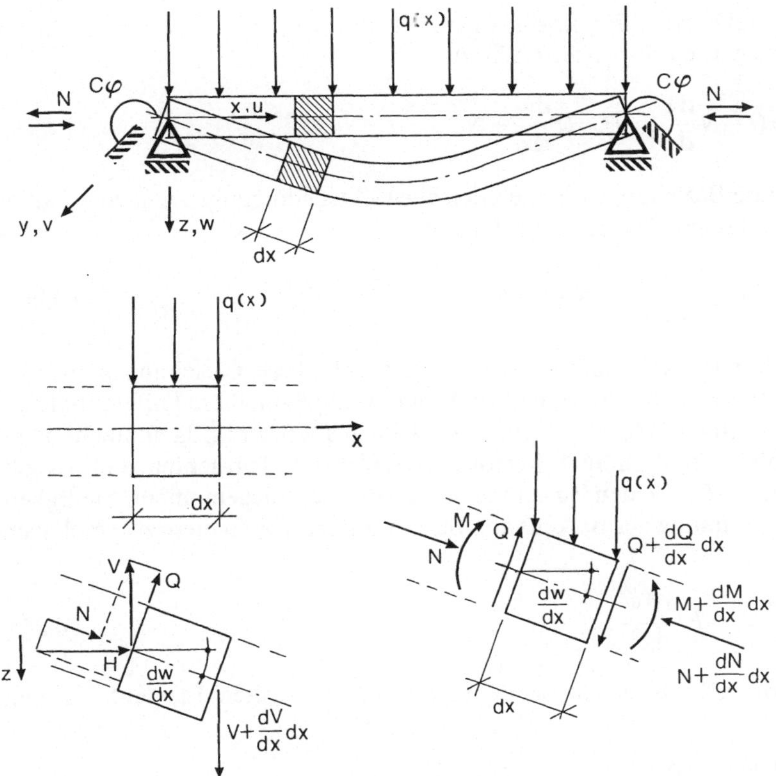

Bild 4.20. Gleichgewicht am verformten Balkenelement

Ordnung in der Gleichgewichtsbetrachtung am verformten Element aus den Vertikal- und Horizontalkräften zusammen. Mit Bild 4.20 erhalten wir die Gleichgewichtsbedingungen

$$\sum P_x = H - \left(H + \frac{\mathrm{d}H}{\mathrm{d}x}\mathrm{d}x\right) = 0,$$

$$\sum P_z = -V + \left(V + \frac{\mathrm{d}V}{\mathrm{d}x}\mathrm{d}x\right) + q(x)\,\mathrm{d}x = 0,$$

$$\sum M = -M + \left(M + \frac{\mathrm{d}M}{\mathrm{d}x}\mathrm{d}x\right) - q(x)\,\mathrm{d}x\frac{\mathrm{d}x}{2}$$

$$-\left(V + \frac{\mathrm{d}V}{\mathrm{d}x}\mathrm{d}x\right)\mathrm{d}x - H\frac{\mathrm{d}w}{\mathrm{d}x}\mathrm{d}x = 0. \tag{4.81}$$

Vertikal- und Horizontalkraft erhalten wir aus Quer- und Normalkraft zu

$$V = Q\cos\frac{\mathrm{d}w}{\mathrm{d}x} - N\sin\frac{\mathrm{d}w}{\mathrm{d}x}, \quad H = Q\sin\frac{\mathrm{d}w}{\mathrm{d}x} + N\cos\frac{\mathrm{d}w}{\mathrm{d}x}. \tag{4.82}$$

Für kleine Winkel wird der Kosinus gleich 1 und der Sinus wird gleich seinem Argument gesetzt, damit wird (4.83) zu

$$V=Q-N\frac{dw}{dx}, \quad H=Q\frac{dw}{dx}+N. \tag{4.83}$$

Setzen wir diese Beziehungen in die Gleichgewichtsbedingungen ein, so erhalten wir, wenn wir höhere Terme vernachlässigen

$$\frac{dN}{dx}=0, \quad \frac{dQ}{dx}=-q(x)+N\frac{d^2w}{dx^2}, \quad \frac{dM}{dx}=Q. \tag{4.84}$$

Ein Vergleich mit (4.1) läßt erkennen, daß sich diese Gleichungen nur im vertikalen Gleichgewicht unterscheiden. Es hat wenig Sinn, diese Differentialgleichung in eine Differentialgleichung gemäß (4.2) zu überführen, da nunmehr nicht nur Kraftgrößen, sondern auch Verformungsgrößen zu betrachten sind. Es gilt aber weiterhin (4.6) die den Zusammenhang zwischen Biegemoment, Steifigkeit EI und der Krümmung des Balkens angibt. Wir differenzieren diese zweimal nach w und erhalten

$$\frac{d^2M}{dx^2}=-EI\frac{d^4w}{dx^4}. \tag{4.85}$$

Wir setzen die Gleichgewichtsbedingungen am verformten Element ein und erhalten

$$EI\frac{d^4w}{dx^4}+N\frac{d^2w}{dx^2}=q(x), \tag{4.86}$$

bzw., wenn wir für die Normalkraft eine Zugkraft einsetzen,

$$EI\frac{d^4w}{dx^4}-N\frac{d^2w}{dx^2}=q(x).$$

Gewöhnlicherweise schreiben wir

$$\frac{d^4w}{dx^4}+\alpha^2\frac{d^2w}{dx^2}=\frac{q(x)}{EI}, \tag{4.87}$$

mit

$$\alpha^2=\pm\frac{N}{EI}.$$

Die Lösungen sind für den Druckfall mit $q(x)=q$

$$w(x)=C_1+C_2x+C_3\sin\alpha x+C_4\cos\alpha x+\frac{ql^2}{2EI}\left(\frac{x}{\alpha l}\right)^2 \tag{4.88}$$

und für den Zugfall

$$w(x)=C_1+C_2x+C_3\sinh\alpha x+C_4\cosh\alpha x-\frac{ql^2}{2EI}\left(\frac{x}{\alpha l}\right)^2. \tag{4.89}$$

Die Randbedingungen sind

$$w = \frac{d^2w}{dx^2} = 0|_{x=0,\ x=l}$$

wenn wir $C\varphi = 0$ setzen. Mit Hilfe dieser Randbedingungen sind die Konstanten C_1 bis C_4 zu bestimmen, so daß wir für die Durchbiegung

$$w(x) = \frac{ql^4}{2EI(\alpha l)^4}\left[-2-(\alpha l)^2\frac{x}{l} + (\alpha l)^2\left(\frac{x}{l}\right)^2 + 2tg\frac{\alpha l}{2}\sin\alpha x + 2\cos\alpha x\right],$$

bzw. für den Zugfall

$$w(x) = \frac{ql^4}{2EI}\left(\frac{1}{\alpha l}\right)^4\left[-2+(\alpha l)^2\frac{x}{l} - (\alpha l)^2\left(\frac{x}{l}\right)^2 - 2th\frac{\alpha l}{2}\sin h\alpha x + 2\cos h\alpha x\right]$$

erhalten. Setzen wir die Querbelastung in Abhängigkeit von der Längskraft $ql = \Phi \cdot N$ so erhalten wir für die Durchbiegung auf halber Balkenlänge.

$$\frac{w}{l} = \Phi\frac{N}{N_{\mathrm{Ki}}}\frac{\pi^2}{16}\frac{1}{\beta^4}\left[\frac{1}{\cos\beta} - 1 - \frac{\beta^2}{2}\right], \qquad (4.90)$$

wobei

$$N_{\mathrm{Ki}} = \frac{EI\pi^2}{l^2} \qquad (4.91)$$

die vorhandene Eulersche Knicklast ist und $\beta = \alpha l/2$. In Bild 4.21 sind für verschiedene Querbelastungen die Durchbiegungen in Abhängigkeit der Axiallasten aufgetragen. Wir können erkennen, daß mit verschwindender Querbelastung, d.h. $\Phi = 0$, die Kurven in einen vertikalen und horizontalen Ast entarten. Der Schnittpunkt ist der sog. Verzweigungspunkt. Das Gleichgewicht verzweigt sich entweder derart, daß die Verformungen Null bleiben oder unbestimmt. Liegt ein solches Tragwerksverhalten vor, so sprechen wir von einem Stabilitätsversagen im Eulerschen Sinne. Was mathematisch bedeutet, daß ein Eigenwertproblem vorliegt. Ist die Lastverformungskurve dagegen stetig ($\Phi \neq 0$), dann spricht man von einem Spannungsproblem 2. Ordnung, welches, da geringe Querkraftbelastungen meist nicht zu verhindern sind, ein wesentlich realistischeres Tragwerksverhalten ergibt, als die üblichen linearen Lösungen, die gestrichelt in Bild 4.21 eingezeichnet sind. Das gilt insbesondere im Bereich größerer Längsdruckkräfte. Wir können aber aus Bild 4.21 auch erkennen, daß die Lösungen der Spannungstheorie 2. Ordnung, die man mit Hilfe von (4.87) für eine Vielzahl von Problemen bei meerestechnischen Bauwerken gewinnen kann, im Bereich der Eulerlast keine brauchbaren Ergebnisse liefern können, da nach dieser Theorie die Verformungen beliebig wachsen, was schon bei einer Durchbiegung von $w/l \geqq 0{,}5$ aus geometrischen Gründen nicht möglich ist. Die Ursache liegt natürlich in der Annahme (4.6), in der ein linearer Zusammenhang zwischen Biegemoment und Krümmung

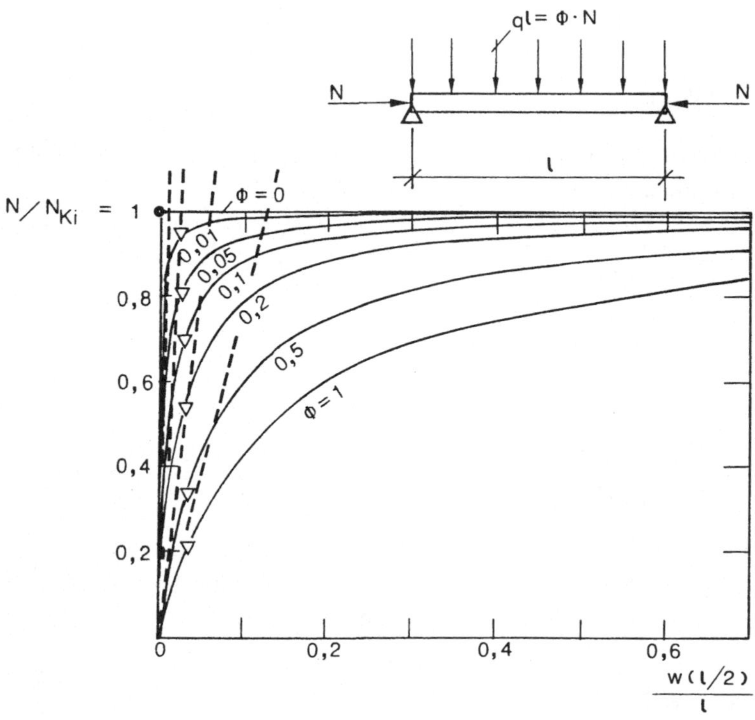

Bild 4.21. Durchbiegung des Balkens auf zwei Stützen unter Quer- und Längsbelastung. ∇ Grenzlast nach (4.185)

angenommen wurde. Auf der anderen Seite werden üblicherweise nur Bauteile verwendet, bei denen Durchbiegungen auftreten, die im Vergleich zur Länge der einzelnen Balken klein sind, so daß man sich in der Regel im Bereich zwischen $N/N_{Ki}=0$ bis 0,5 befindet. Immerhin läßt sich die Bedeutung der ideellen Eulerschen Knicklast erkennen. Man könnte nunmehr zu der Auffassung kommen, daß ein homogenes Problem, also z.B. ein Balken ohne Querbelastung, stets ein Verzweigungsproblem beschreibt, bei dem es gilt den Verzweigungspunkt oder mathematisch den Eigenwert zu bestimmen, ein inhomogenes Problem dagegen ein Spannungsproblem 2. Ordnung. Dieses ist nicht hinreichend, wie wir an dem folgenden Problem beobachten können.

Wir entnehmen z.B. einem Jacket eine Verstrebung und bringen statt dessen die äußeren Lasten auf. Dabei ist es häufig, daß die Normalkraft N nicht mittig angreift, sondern exzentrisch um den Betrag e, (Bild 4.22). Neben den Querbelastungen, äußeren Momenten aus angrenzenden Konstruktionen sind also noch von der Längskraft abhängige Randmomente zu betrachten. Um das Problem nicht zu überladen, betrachten wir einen Balken, der nur durch exzentrisch angeordnete Längskräfte belastet ist. Es gilt der homogene Teil der Differentialgleichung (4.87) mit der Lösung (4.88) ($q=0$). Die Konstanten erhalten wir mit Hilfe der Randbedingungen, die für die Krümmung bei $x=0$ bzw. $x=l$ das äußere

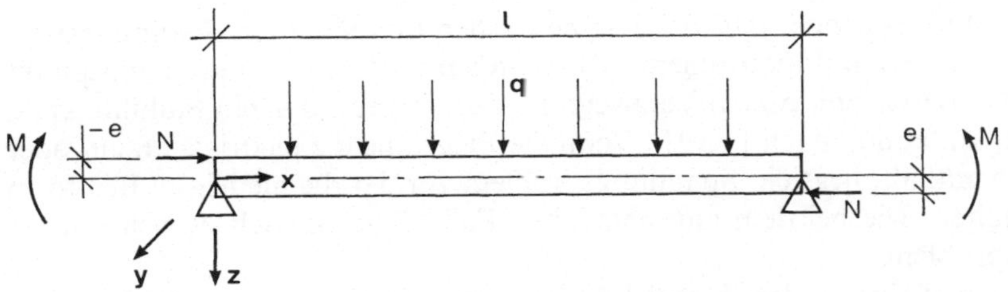

Bild 4.22. Balken auf zwei Stützen mit exzentrischen Längslasten

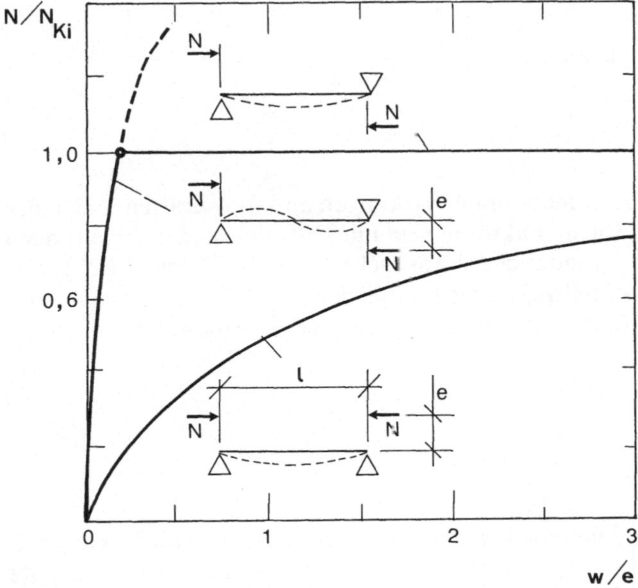

Bild 4.23. Durchbiegung des Balkens auf zwei Stützen bei exzentrischen Längslasten

Moment beinhalten und den an den Balkenrändern verschwindenden Durchbiegungen. Wir erhalten für die symmetrische Biegelinie die Durchbiegung auf $l/4$ mit

$$\frac{w}{e} = \frac{\sin\frac{3\alpha l}{4} + \sin\frac{\alpha l}{4}}{\sin\alpha l} - 1$$

und für den antimetrischen Fall

$$\frac{w}{e} = \frac{\sin\frac{3\alpha l}{4} - \sin\frac{\alpha l}{4}}{\sin\alpha l} - \frac{1}{2}\,.$$

Bild 4.23 zeigt die Durchbiegung, dimensionslos mit dem Hebel e dargestellt, in Abhängigkeit der Längskraft N, dimensionslos gemacht mit der Eulerschen

Knicklast. Wir erkennen, daß bei symmetrischer Biegelinie ein Spannungsproblem vorliegt, bei antimetrischem Momentenangriff ein Verzweigungspunkt auftritt. Das Kriterium, ob ein Verzweigungsfall vorliegt, d.h. ein Stabilitätsfall, oder nicht, lautet nun nach [4.19]: Wenn die Biegelinie die niedrigste Beul- oder Knickform enthält, liegt ein Spannungsproblem vor. Ist die niedrigste Beulform nicht enthalten, wie bei dem antimetrischen Fall, dann handelt es sich um ein Stabilitätsproblem.

Gehen wir zurück zu dem Beispiel des Trägers auf zwei Stützen mit Gleichlast. Das Moment erhalten wir mit (4.6) unter zweifachem Differenzieren der Durchbiegung. Daraus folgt das Biegemoment auf halber Trägerlänge zu

$$M=\frac{ql^2}{8}\left(\frac{2}{\alpha l}\right)^2\left[\frac{2}{\cos\alpha\, l/2}-2\right]$$

oder

$$M=M_0 f\,,$$

wobei $M_0=ql^2/8$ das Biegemoment ohne Wirkungen an Längskräften und f der sog. Erhöhungsfaktor ist. Solche Faktoren sind mit Hilfe der obigen Ableitungen zu finden und sind in den Handbüchern angegeben, z.B. [4.2] und [4.21]. Die Ausdrücke für f sind dabei teilweise sehr kompliziert, so daß wir versucht sind, einfachere Ausdrücke zu finden. Ein solcher Ausdruck ist vereinfacht mit

$$f=\frac{1+\Psi\dfrac{N}{N_{\mathrm{Ki}}}}{1-\dfrac{N}{N_{\mathrm{Ki}}}} \tag{4.92}$$

anzugeben. In Bild 4.24 sind für eine Reihe von praktischen Fällen die Faktoren Ψ angegeben. Ein numerischer Vergleich zeigt, daß (4.92) eine außerordentlich gute Näherung darstellt.

Gelegentlich treten mehrparametrige Eigenwertprobleme auf. Hier sind sog. Interaktionen zwischen den einzelnen Eigenwerten zu ermitteln. Ein illustratives Beispiel ist ein Rohr, welches durch Längskräfte und Torsionsmomente belastet ist. Ein solches Problem tritt z.B. bei einem Bohrstrang, der sowohl unter Zug- als auch Drucklängskräften steht, auf. Um das Problem geschlossen behandeln zu können, betrachten wir einen frei auf zwei Stützen gelagerten Rohrabschnitt (Bild 4.25).

Wir betrachten das Rohr im verformten Zustand, dabei ist zu beachten, daß dieses unter Wirkung des Torsionsmomentes sich nicht mehr ausschließlich in y-Richtung verbiegt. Wir erhalten also zwei Differentialgleichungen für die Biegelinie in z- bzw. y-Richtung

$$EI\frac{\mathrm{d}^2 w}{\mathrm{d}x^2}=-Nz+M_{\mathrm{T}}\frac{\mathrm{d}v}{\mathrm{d}x}\,,$$

$$EI\frac{\mathrm{d}^2 w}{\mathrm{d}y^2}=-Ny-M_{\mathrm{T}}\frac{\mathrm{d}w}{\mathrm{d}x}\,. \tag{4.93}$$

FALL	Ψ	M_0
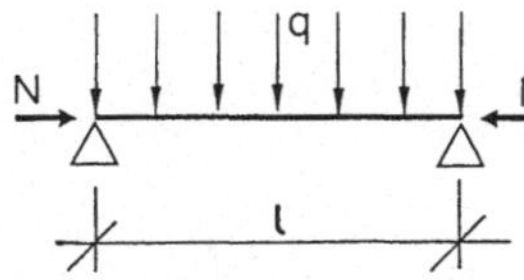 N q N l	0	$\frac{ql^2}{8}$
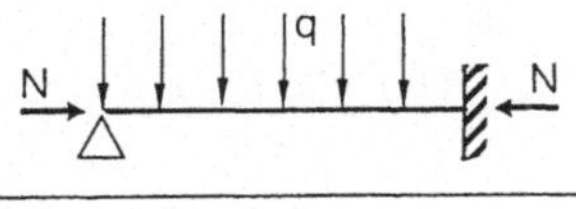 N q N	$-0,3$	
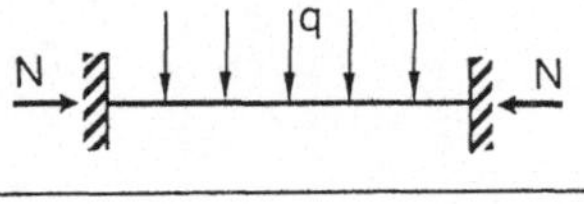 N q N	$-0,4$	$\frac{ql^2}{12}$
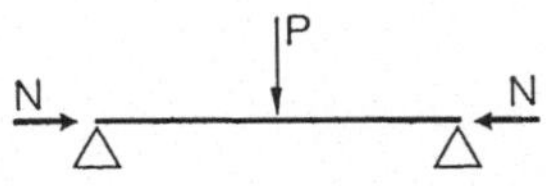 N P N	$-0,2$	$\frac{Pl}{4}$
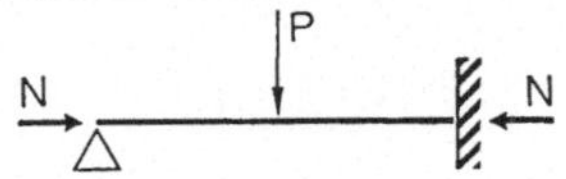 N P N	$-0,4$	$\frac{3Pl}{16}$
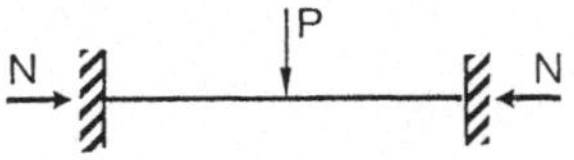 N P N	$-0,6$	$\frac{Pl}{8}$
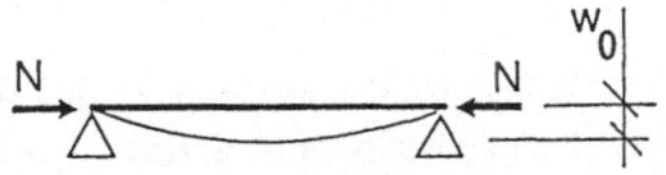 N N w_0	0	$N \cdot w_0$
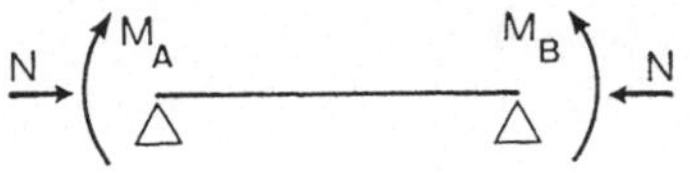 N M_A M_B N $M_B/M_A < 0$	$\frac{-0,4\left(1+\frac{M_B}{M_A}\right)}{N/N_{Ki}}$ $-1 < M_B/M_A < 0,5$	M_A $M_A > M_B$ M_B $M_B > M_A$
$M_B/M_A > 0$	$-\frac{0,6}{N/N_{Ki}}$ $M_B/M_A > 0,5$	

Bild 4.24. Erhöhungsfaktoren zur Berücksichtigung des Einflusses der Längskräfte auf das maximale Biegemoment für verschiedene Lastfälle nach AISC [4.20] u.a.

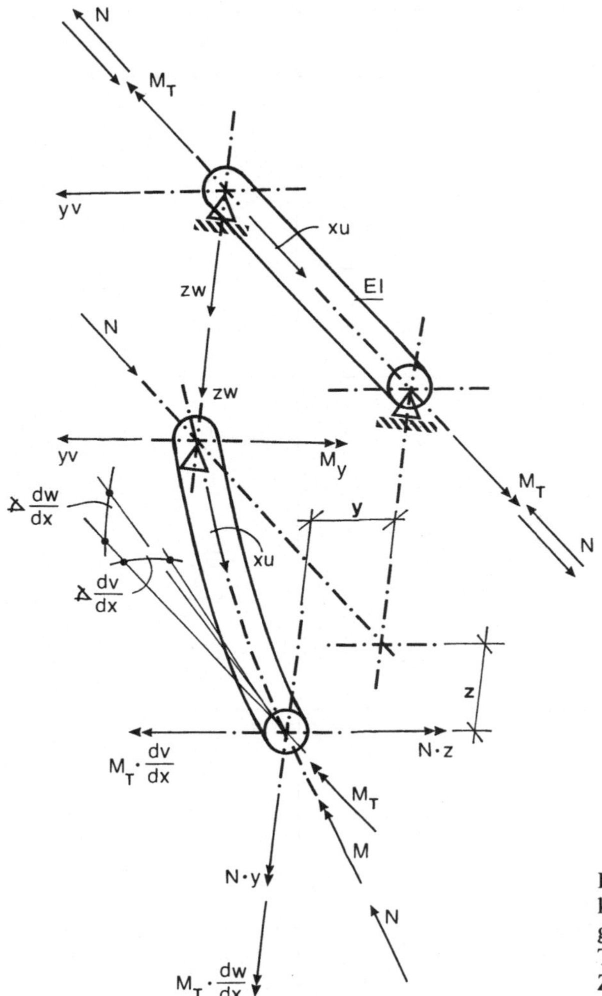

Bild 4.25. Gleichgewicht des Balkenelementes unter Berücksichtigung einer Längskraft und eines Torsionsmomentes im verformten Zustand

Durch mehrfaches Differenzieren können wir diese Gleichungen in eine Differentialgleichung 4. Ordnung überführen

$$\frac{\mathrm{d}^4 w(x)}{\mathrm{d}x^4} + \left[\frac{2N}{EI} + \left(\frac{M_\mathrm{T}}{EI}\right)^2\right]\frac{\mathrm{d}^2 w}{\mathrm{d}x^2} + \left(\frac{N}{EI}\right)^2 w(x) = 0 . \tag{4.94}$$

Die Lösung dieser Differentialgleichung ist

$$w(x) = C_1 \sin\lambda_1 \frac{x}{l} + C_2 \cos\lambda_1 \frac{x}{l} + C_3 \sin\lambda_2 \frac{x}{l} + C_4 \cos\lambda_2 \frac{x}{l} ,$$

mit

$$\left(\frac{\lambda_{1,2}}{l}\right)^2 = \left[\frac{N}{EI} + \frac{1}{2}\left(\frac{M_\mathrm{T}}{EI}\right)^2\right] \pm \frac{M_\mathrm{T}}{EI}\sqrt{\frac{N}{EI} + \frac{1}{4}\left(\frac{M_\mathrm{T}}{EI}\right)^2} .$$

Die Konstanten C_1 bis C_4 sind an die Randbedingungen des frei aufgelegten Rohres anzupassen. Diese sind

$$w(x) = 0|_{x=0,\ x=1},$$

$$\left[\frac{d^3w}{dx^3} + \frac{N}{EI} + \left(\frac{M_T}{EI}\right)^2 \frac{dw}{dx}\right] = 0|_{x=0,\ x=1}. \tag{4.95}$$

Die charakteristische Gleichung der Determinante des sich ergebenden homogenen Gleichungssystems lautet

$$2\Phi_1\Phi_2(1 - \cos\lambda_1 \cos\lambda_2) - \sin\lambda_1 \sin\lambda_2(\Phi_1^2 + \Phi_2^2) = 0, \tag{4.96}$$

mit

$$\Phi_{1,2} = \frac{\lambda_{1,2}}{l}\left[\left(\frac{\lambda_{1,2}}{l}\right)^2 - \frac{N}{EI} - \left(\frac{M_T}{EI}\right)^2\right].$$

Wir finden die kleinste Nullstelle in (4.96) mit

$$\frac{1}{4}\left(\frac{M_T}{EI}\right)^2 + \frac{N}{EI} = \left(\frac{\pi}{l}\right)^2, \tag{4.97}$$

bzw.

$$\frac{\lambda_{1,2}}{l} = \frac{\pi}{l} \pm \frac{1}{2}\frac{M_T}{EI}.$$

Mit der Eulerschen Knicklast und dem kritischen Torsionsmoment ohne Einfluß der Längskraft

$$M_{TKi} = 2\frac{EI\pi}{l}$$

erhalten wir

$$\left(\frac{M_T}{M_{TKi}}\right)^2 + \frac{N}{N_{Ki}} = 1, \tag{4.98}$$

die Interaktionskurve Bild 4.26.

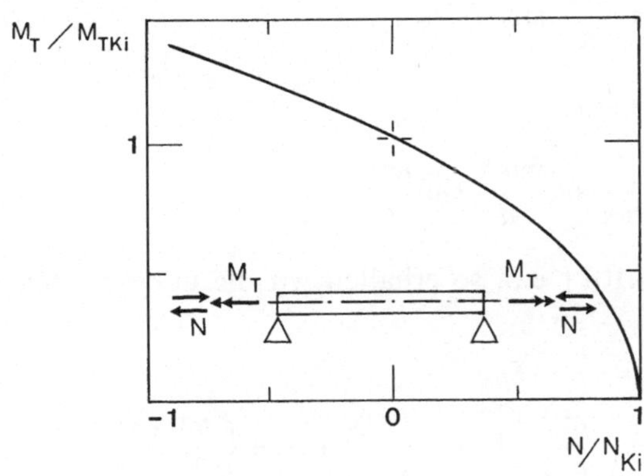

Bild 4.26. Interaktionskurve zwischen kritischer Längskraft und Torsionsmoment

Aus Bild 4.26 lesen wir ab, daß im oberen Bereich eines Bohrstranges, der unter Zugnormalkräften steht, diese das kritische Torsionsmoment erhöhen, $M_T/M_{TKi} \geqq 1$, während im unteren Bereich eines Bohrstranges Drucknormalkräfte auftreten und diese zu einer Erniedrigung der kritischen Torsionsmomente führen, $M_T/M_{TKi} \leqq 1$ (rechte Bildhälfte).

Die Spannungstheorie 2. Ordnung einschließlich des Eigenwertproblems läßt sich in analoger Weise auf Plattenprobleme anwenden. Hierzu müssen wir das Gleichgewicht der Kräfte am verformten Plattenelement darstellen. Dabei berücksichtigen wir, daß genau wie bei der Betrachtung des Balkens die Schnittmomente im verformten Zustand mit denen im unverformten Zustand übereinstimmen sollen. Die Gleichgewichtsbedingungen (4.43) sind lediglich für die Summe aller Kräfte in z-Richtung zu ergänzen, wie wir aus Bild 4.27 erkennen können

$$\frac{\partial q_x}{\partial x}+\frac{\partial q_y}{\partial y}=-p_z(x,y)+n_x\frac{\partial^2 w}{\partial x^2}+n_y\frac{\partial^2 w}{\partial y^2}+2n_{xy}\frac{\partial^2 w}{\partial x\partial y},$$

$$\frac{\partial m_y}{\partial y}+\frac{\partial m_{xy}}{\partial x}=q_y,\quad \frac{\partial m_x}{\partial x}+\frac{\partial m_{xy}}{\partial y}=q_x. \tag{4.99}$$

Nach Differenzierung und Einsetzen erhalten wir

$$\frac{\partial^2 m_x}{\partial x^2}+2\frac{\partial^2 m_{xy}}{\partial x\partial y}+\frac{\partial^2 m_y}{\partial y^2}=-p_z(x,y)+n_x\frac{\partial^2 w}{\partial x^2}+n_y\frac{\partial^2 w}{\partial y^2}+2n_{xy}\frac{\partial^2 w}{\partial x\partial y}. \tag{4.100}$$

Unter Berücksichtigung von (4.47) erhalten wir schließlich die Platten-Differentialgleichung

$$D\Delta\Delta w=n_x\frac{\partial^2 w}{\partial x^2}+n_y\frac{\partial^2 w}{\partial y^2}+2n_{xy}\frac{\partial^2 w}{\partial x\partial y}+p_z(x,y). \tag{4.101}$$

Eine strenge Lösung dieser Differentialgleichung gelingt für die frei aufgelegte Platte unter axialer Belastung und konstanter Querbelastung p_0 (Bild 4.28). Für die Verformungsfläche wählen wir einen Sinusreihenansatz

$$w(x,y)=\sum_{m=1}^{\infty}\sum_{n=1}^{\infty} w_{mn}\sin\frac{m\pi x}{a}\sin\frac{n\pi y}{b}$$

und für die Querbelastung $p_z(x,y)=p_0$

$$p_z(x,y)=\frac{16p_0}{\pi^2}\sum_{m=1}^{\infty}\sum_{n=1}^{\infty}\frac{1}{mn}\sin\frac{m\pi x}{a}\sin\frac{n\pi y}{b}.$$

Setzen wir diese Funktionen in (4.101) ein, so erhalten wir die unbekannten Konstanten mit

$$w_{mn}=\frac{16p_0}{\pi^2 mn\left\{D\left[\left(\frac{m\pi}{a}\right)^2+\left(\frac{n\pi}{b}\right)^2\right]^2+n_x\left(\frac{m\pi}{a}\right)^2+n_y\left(\frac{n\pi}{b}\right)^2\right\}},$$

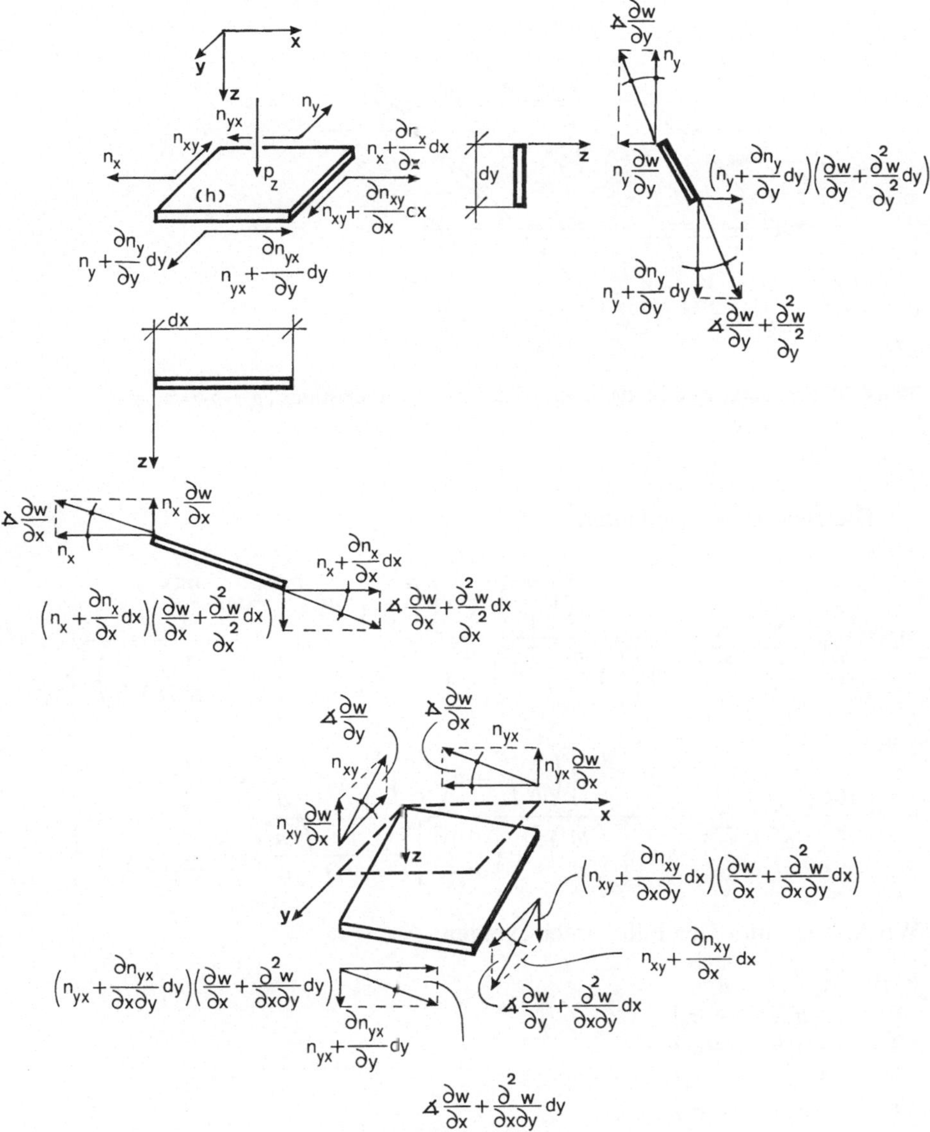

Bild 4.27. Gleichgewicht des verformten Scheibenelementes

bzw. die Lösung der Differentialgleichung

$$w(x,y)=\frac{16p_0}{D\pi^6}\sum_{m=1}^{\infty}\sum_{n=1}^{\infty}\frac{\sin\dfrac{m\pi x}{a}\sin\dfrac{n\pi y}{b}}{mn\left\{\left[\left(\dfrac{m}{a}\right)^2+\left(\dfrac{n}{b}\right)^2\right]^2+\dfrac{n_x}{\pi^2 D}\left(\dfrac{m}{a}\right)^2+\dfrac{n_y}{\pi^2 D}\left(\dfrac{n}{b}\right)^2\right\}}$$

$$m, n = 1, 3, 5, \ldots \qquad (4.102)$$

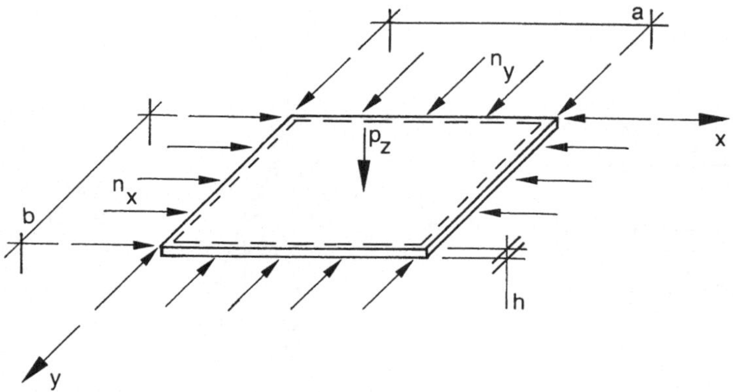

Bild 4.28. Frei aufgelegte Platte unter axialer und Querbelastung ($p_z = p_0 = \text{const}$)

Die Biegemomente lauten

$$m_x = \frac{16 p_0}{\pi^4} \sum_{m=1}^{\infty} \sum_{n=1}^{\infty} \frac{\left\{\left(\frac{m}{a}\right)^2 + \nu \left(\frac{n}{b}\right)^2\right\} \sin \frac{m\pi x}{a} \sin \frac{n\pi y}{b}}{mn\left\{\left[\left(\frac{m}{b}\right)^2 + \left(\frac{n}{b}\right)^2\right]^2 + \frac{n_x}{\pi^2 D}\left(\frac{m}{a}\right)^2 + \frac{n_y}{\pi^2 D}\left(\frac{n}{b}\right)^2\right\}},$$

$$m_y = \frac{16 p_0}{\pi^4} \sum_{m=1}^{\infty} \sum_{n=1}^{\infty} \frac{\left\{\left(\frac{n}{b}\right)^2 + \nu \left(\frac{m}{a}\right)^2\right\} \sin \frac{m\pi x}{a} \sin \frac{n\pi y}{b}}{mn\left\{\left[\left(\frac{m}{a}\right)^2 + \left(\frac{n}{b}\right)^2\right]^2 + \frac{n_x}{\pi^2 D}\left(\frac{m}{a}\right)^2 + \frac{n_y}{\pi^2 D}\left(\frac{n}{b}\right)^2\right\}}.$$

Wir können nun vier Fälle unterscheiden:

Fall	n_x	n_y
1	$+\sigma_x h$	$+\sigma_y h$
2	$-\sigma_x h$	$+\sigma_y h$
3	$+\sigma_x h$	$-\sigma_y h$
4	$-\sigma_x h$	$-\sigma_y h$

Der Fall 1 bedeutet, daß die Membranspannungen die Durchbiegungen verkleinern. Der Nenner in den Doppelsummen wächst und hat keine Nullstellen.

In den drei anderen Fällen treten bei entsprechenden Membranspannungen Nullstellen auf, d.h. die Durchbiegungen wachsen über alle Grenzen. Um den Einfluß der Membranspannungen auf die Durchbiegung zu verdeutlichen, sei das Beispiel der frei aufgelegten Platte unter einachsiger Längs- und Querbelastung siehe Bild 4.29 gegeben, wobei

$$n_y = 0;\ \alpha = \frac{a}{b} = 1;\ \beta = \frac{a}{h} = 100;\ \gamma = \pm \frac{n_x}{p_0 h} = 10^3;\ \bar{p}_0 = \frac{D h \pi^6}{16 a^4};\quad p_z = p_0$$

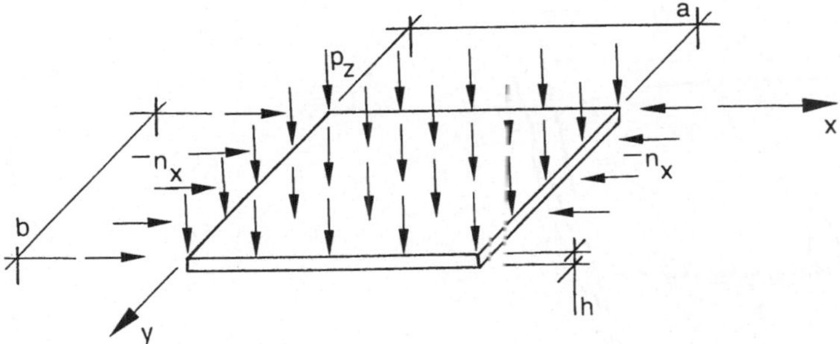

Bild 4.29. Frei aufgelegte Platte unter einachsiger Länge und Querbelastung

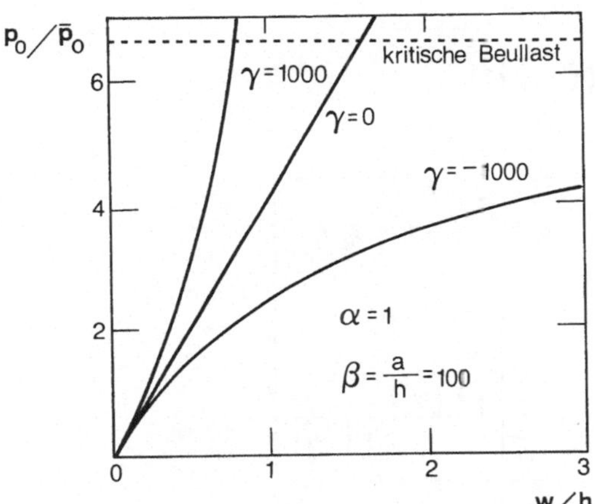

Bild 4.30. Durchbiegung der Plattenmitte mit einem Seitenverhältnis von $\alpha=1$

sein soll. Die Durchbiegung ergibt sich dann mit

$$\frac{w(x,y)}{h}=\frac{p_0}{\bar{p}_0}\sum_{m=1}^{\infty}\sum_{n=1}^{\infty}\frac{\sin\dfrac{m\pi x}{a}\sin\dfrac{n\pi y}{b}}{mn\left\{[m^2+(\alpha n)^2]^2\pm\dfrac{p_0}{\bar{p}_0}m^2\dfrac{\gamma\pi^4}{\beta^2 16}\right\}}.$$

In Bild 4.30 ist die Durchbiegung auf Plattenmitte in Abhängigkeit der Belastung aufgetragen, wobei m und n gleich 1 gesetzt sind. Wir können erkennen, daß im Fall einer Druckspannung die Verformungen sehr stark zunehmen, und in Höhe der kritischen Beullast der Nenner zu Null wird, d.h. die Durchbiegung über alle Grenzen wächst. Natürlich ist eine solche Berechnung im Bereich der kritischen Beullast unbrauchbar, die Gründe wurden bereits erläutert. Das liegt natürlich daran, daß (4.102) im Bereich der Knicklasten nicht gilt, da der Einfluß großer Verformungen Berücksichtigung finden muß. Von praktischem Interesse ist es nun, das Verhalten einer solchen Platte bei größeren Seitenverhältnissen zu studieren. Gewählt wird

$$n_y=0;\ \alpha=\frac{a}{b}=3;\ \beta=\frac{a}{h}=300;\ \gamma=\frac{n_x}{p_0 h}=\pm 2\cdot 10^6\,.$$

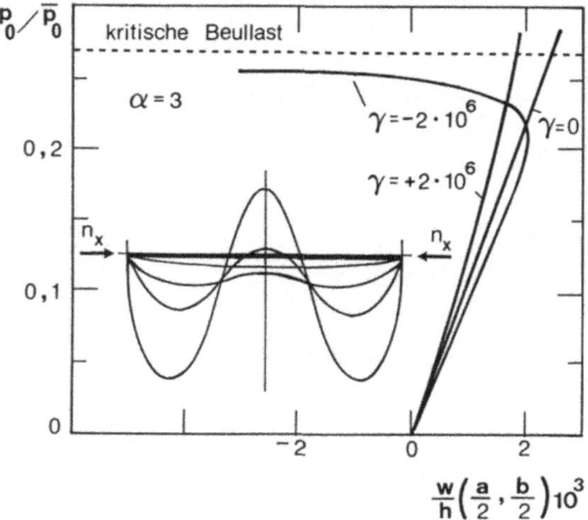

Bild 4.31. Durchbiegung der Platte mit einem Seitenverhältnis von $\alpha = 3$

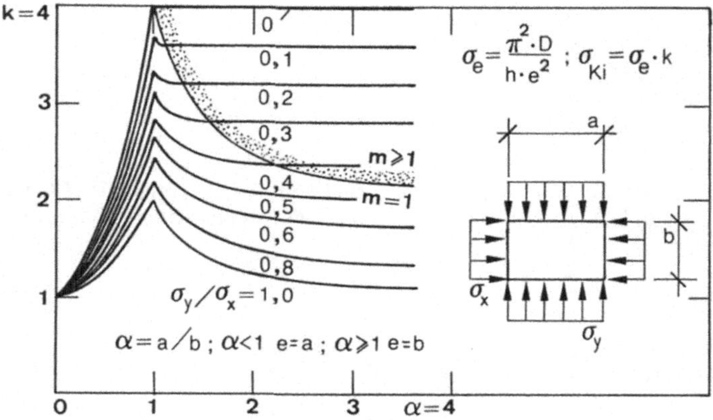

Bild 4.32. Beulwert der rechteckigen frei aufgelegten Platte unter axialer Belastung

Bild 4.31 zeigt den Verlauf der Durchbiegung auf $a/2$, $b/2$. Wir können erkennen, daß die Platte unter Längskräften durchschlagen kann, wobei zu beachten ist, daß bei einem Seitenverhältnis von $\alpha = 3$, $m = 3$, $n = 1$ zu setzen ist. Das Verformungsverhalten hängt natürlich von γ ab. Dominiert die Querbelastung, dann kommt es nicht zum Durchschlagen, überwiegt die Längskraft, ist ein Durchschlagen zu erwarten.

Wenn auch die Verformungen in Höhe der Eulerschen Beullast unrealistisch sind, so bleibt es dennoch von großer Bedeutung, die Beulwerte selbst zu bestimmen, denn so können wir erkennen, in welchen Bereichen überhaupt Instabilitäten zu erwarten sind, abgesehen davon, daß weitergehende nichtlineare Theorien auf der Kenntnis der Verzweigungslasten aufbauen. Es gilt also, die Nullstellen in (4.102) näher zu untersuchen, wobei wir für n_x bzw. n_y die vorher gemachten Fallunterscheidungen durchführen. Fall 1 $n_x \geqq 0$; $n_y \geqq 0$ ist in diesem

Zusammenhang ohne Bedeutung. Betrachten wir den Nenner von (4.102) dessen Verschwinden uns die gesuchte Singularität liefert (Fall 4)

$$\left[\left(\frac{m}{a}\right)^2+\left(\frac{n}{b}\right)^2\right]^2+\frac{n_x}{\pi^2 D}\left(\frac{m}{a}\right)^2+\frac{n_y}{\pi^2 D}\left(\frac{n}{b}\right)^2=0. \qquad (4.103)$$

Wir führen der Einfachheit $\alpha=a/b$ ein und berücksichtigen (4.32) sowie die sog. Eulerspannung

$$\sigma_e=\frac{\pi^2 D}{hb^2}.$$

Wir erhalten diese als die kritische Knickspannung eines Plattenstreifens der Breite 1 eines gestreckten Plattenfeldes. Führen wir noch $k_x=\sigma_x/\sigma_e$ bzw. $k_y=\sigma_y/\sigma_e$ ein, so wird aus (4.103)

$$[m^2+(na)^2]^2-(m\alpha)^2 k_x-(n\alpha^2)^2 k_y=0. \qquad (4.104)$$

Bild 4.32 zeigt die Auswertung obiger Gleichung, wobei feste Werte für das Verhältnis σ_x/σ_y angenommen wurden, so daß wir unter der Voraussetzung, daß es sich um Druckspannungen handelt,

$$k_x=k=\frac{[m^2+(\alpha n)^2]^2}{(m\alpha)^2+(n\alpha^2)^2\dfrac{\sigma_y}{\sigma_x}} \qquad (4.105)$$

erhalten. Die ideelle Knickspannung ist dann

$$\sigma_{Ki}=\sigma_e k.$$

Eine andere Darstellung als Interaktionsdiagramm zeigt Bild 4.33.

Die Größen R_y bzw. R_x bezeichnen das Verhältnis der kritischen Beulspannung unter Berücksichtigung des zweiachsigen Spannungszustandes zu der jeweiligen einachsigen Beulspannung

$$R_x=\frac{\sigma_x}{\sigma_{xKi}} \quad \text{bzw.} \quad R_y=\frac{\sigma_y}{\sigma_{yKi}}.$$

Wir lesen aus Bild 4.32 ab

$$\sigma_{xKi}=\sigma_e\cdot 4$$

und für $k_x=0$, $m=1$ und $n=1$ aus (4.104)

$$\sigma_{yKi}=\sigma_e\frac{(1+\alpha^2)^2}{\alpha^4}.$$

Wir erhalten dann

$$R_y+\left(\frac{2m\alpha}{1+\alpha^2}\right)^2 R_x=\left(\frac{m^2+\alpha^2}{1+\alpha^2}\right)^2. \qquad (4.106)$$

Die Sicherheit gegenüber Erreichen der Verzweigungslast läßt sich nun anschaulich aus dem Quotienten $\overline{0B}/\overline{0A}$ ermitteln. Die Strecken $\overline{0B}$ bzw. $\overline{0A}$ sind in Bild

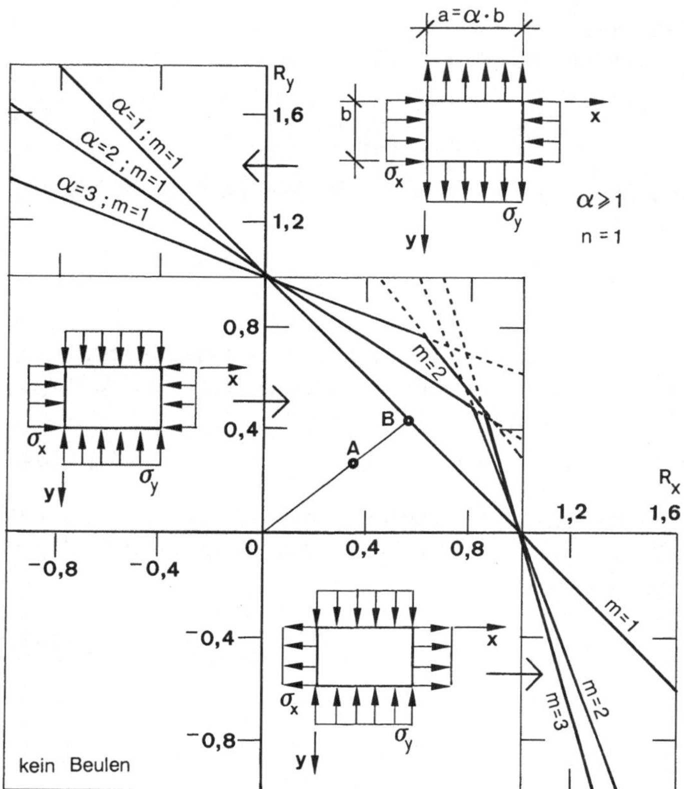

Bild 4.33. Interaktionsdiagramm der Beulwerte für die rechteckige, frei aufgelegte Platte unter axialer Belastung

4.33 definiert. Für eine Vielzahl von Anwendungsfällen sind die kritischen Beulspannungen berechnet worden und liegen in Handbüchern vor, z.B. [4.2, 4.3]. In den meisten Fällen sind Näherungslösungen mit Hilfe der Energiemethode ein bequemes Lösungsverfahren. Häufig sind mehrere Lastanteile zu berücksichtigen, so daß eine drei- oder mehrdimensionale Interaktion notwendig wird. Die Interaktion zwischen Normalspannungen liefert eine Gerade wie wir eben gesehen haben. Für die Kombination von Schub- und konstanter Normalspannung erhalten wir eine Parabel. In Bild 4.34 sind zwei typische Interaktionen graphisch dargestellt.

Betrachten wir (4.101) so erkennen wir, daß die Normalkräfte n_x, n_y, n_{xy} als konstante Größen eingeführt werden. Nun wissen wir aber, daß diese durch die Gesetze der Scheibentheorie durchaus nicht unabhängig voneinander sind, sondern über die Airysche Spannungsfunktion miteinander gekoppelt sind. Wir erhalten unter Berücksichtigung dieser Kopplung die endgültige Plattengleichung

$$D\Delta\Delta w=\left[p_z(x,\ y)+h\left(\frac{\partial^2 F}{\partial y^2}\frac{\partial^2 w}{\partial x^2}+\frac{\partial^2 F}{\partial x^2}\frac{\partial^2 w}{\partial y^2}-2\frac{\partial^2 F}{\partial x\partial y}\frac{\partial^2 w}{\partial x\partial y}\right)\right], \tag{4.107}$$

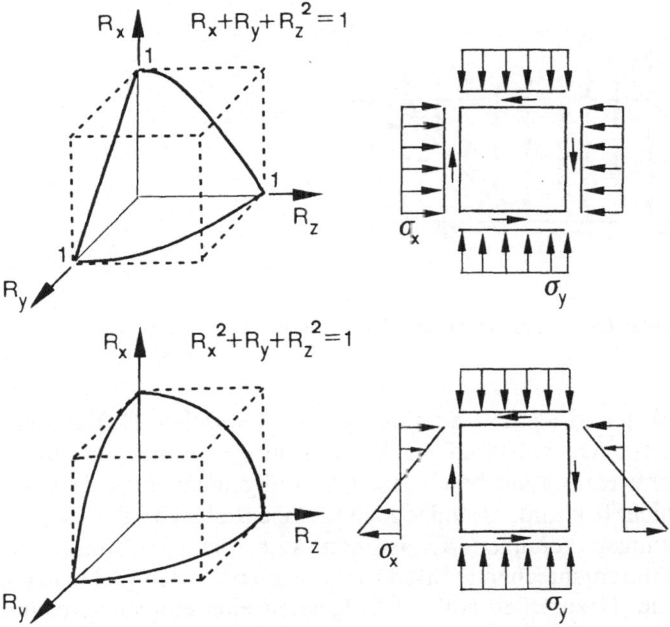

Bild 4.34. Interaktionskurven für mehrparametrische Belastung der Platte

die nunmehr auch in bezug auf die Membrankräfte einen Gleichgewichtszustand beschreibt. Es sind also die Durchbiegung und die Membrankräfte gekoppelt. Wenn einerseits die Durchbiegung von der Airyschen Spannungsfunktion abhängt, dann ist zu erwarten, das die Airysche Differentialgleichung der Scheibenspannung bei Berücksichtigung nichtlinearer Glieder in der Verträglichkeitsbedingung auch von den Durchbiegungen abhängt. Wir ergänzen die Dehnungsbeziehung (4.29) durch zusätzliche, durch die Durchbiegung verursachte Terme, zu

$$\varepsilon_x=\frac{\partial u}{\partial x}+\frac{1}{2}\left(\frac{\partial w}{\partial x}\right)^2, \quad \varepsilon_y=\frac{\partial v}{\partial y}+\frac{1}{2}\left(\frac{\partial w}{\partial y}\right)^2,$$

$$\gamma_{xy}=\frac{\partial u}{\partial y}+\frac{\partial v}{\partial x}+\frac{\partial w}{\partial x}\frac{\partial w}{\partial y}. \tag{4.108}$$

Diese Dehnungsbeziehungen in die Verträglichkeitsbeziehung (4.30) eingesetzt, liefert

$$\frac{\partial^2\varepsilon_x}{\partial y^2}-\frac{\partial^2\gamma_{xy}}{\partial x\partial y}+\frac{\partial^2\varepsilon_y}{\partial x^2}=\left(\frac{\partial^2 w}{\partial x\partial y}\right)^2-\frac{\partial^2 w}{\partial x^2}\frac{\partial^2 w}{\partial y^2}. \tag{4.109}$$

Alles weitere erfolgt in Analogie zu den Ableitungen der linearen Plattentheorie, so daß wir schließlich die vollständige Differentialgleichung der Scheibe erhalten

$$\Delta\Delta F=\left[\left(\frac{\partial^2 w}{\partial x\partial y}\right)^2-\frac{\partial^2 w}{\partial x^2}\frac{\partial^2 w}{\partial y^2}\right]\cdot E. \tag{4.110}$$

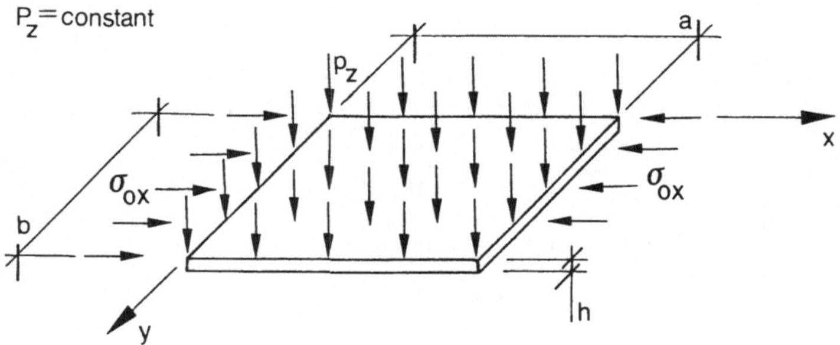

Bild 4.35. Quadratplatte unter Quer- und einachsiger Längsbelastung $p_z = p_0 = \text{const}$

Die Gleichungen (4.107) und (4.110) sind die sog. Kármánschen Differentialgleichungen, die nunmehr den vollständigen Verschiebungszustand auch oberhalb der Eulerschen Verzweigungslast beschreiben. Eine allgemeine Lösung dieser Gleichungen ist zwar nicht bekannt, es sind jedoch für eine Reihe von Plattenproblemen Näherungslösungen gelungen. Es ist hier kein Platz, Lösungen zu entwickeln, es muß auf die entsprechende Literatur verwiesen werden [4.23, 4.24]. Um das Grundsätzliche darzustellen soll im Folgenden eine einfache Lösung erarbeitet werden, die alle wesentlichen Merkmale beschreibt. Wir betrachten die frei aufgelegte Quadratplatte unter einachsiger Druckspannung, Bild 4.35. Für das Verschiebungsfeld wird ein eingliedriger Doppelsinus angenommen

$$w(x, y) = w_0 \sin \frac{\pi x}{a} \sin \frac{\pi y}{a} . \tag{4.111}$$

Der Membranspannungszustand der einachsigen Druckspannung ist als Spannungsfunktion ausgedrückt

$$F_0 = -\sigma_{0x} \frac{y^2}{2} .$$

Diese erfüllt den homogenen Teil von (4.110). Die inhomogene Differentialgleichung erhalten wir mit (4.111)

$$\Delta\Delta F = w_0^2 E \left(\frac{\pi}{a}\right)^4 \left[\left(\cos \frac{\pi x}{a} \cos \frac{\pi y}{a}\right)^2 - \left(\sin \frac{\pi x}{a} \sin \frac{\pi y}{a}\right)^2\right]. \tag{4.112}$$

Mit dem Theorem

$$(\cos\alpha \cos\beta)^2 - (\sin\alpha \sin\beta)^2 = \frac{1}{2} (\cos 2\alpha + \cos 2\beta)$$

erhalten wir

$$\Delta\Delta F = \frac{1}{2} w_0^2 \left(\frac{\pi}{a}\right)^4 E \left(\cos \frac{2\pi x}{a} + \cos \frac{2\pi y}{a}\right). \tag{4.113}$$

Wir finden eine Lösung mit

$$F_{\text{inh}} = \frac{1}{32} E w_0^2 \left(\cos \frac{2\pi x}{a} + \cos \frac{2\pi y}{a}\right).$$

Den kompletten Scheibenspannungszustand erhalten wir dann zu

$$F = F_0 + F_{inh} \tag{4.114}$$

oder direkt in Koordinatenspannungen

$$\sigma_x = \frac{\partial^2 F}{\partial y^2} = -\sigma_{0x} - \frac{E}{8} w_0^2 \left(\frac{\pi}{a}\right)^2 \cos\frac{2\pi y}{a},$$

$$\sigma_y = \frac{\partial^2 F}{\partial x^2} = -\frac{E}{8} w_0^2 \left(\frac{\pi}{a}\right)^2 \cos\frac{2\pi x}{a}. \tag{4.115}$$

Dieser zusätzliche Spannungszustand ist also von w_0 abhängig und bewirkt, daß beim Auftreten einer Durchbiegung die Ränder gerade bleiben. Zur Lösung von (4.107) verwenden wir das Verfahren von Galerkin

$$\int_0^a \int_0^a [D\Delta\Delta w - h(\frac{p_0}{h} + \frac{\partial^2 F}{\partial y^2}\frac{\partial^2 w}{\partial x^2} - 2\frac{\partial^2 F}{\partial x \partial y}\frac{\partial^2 w}{\partial x \partial y} + \frac{\partial^2 F}{\partial x^2}\frac{\partial^2 w}{\partial y^2})]\delta w \mathrm{d}x\mathrm{d}y = 0. \tag{4.116}$$

Wir setzen in diesen Ausdruck (4.111) für die Durchbiegung und (4.114) für den Spannungszustand ein, wobei wir für die virtuelle Durchbiegung die gleiche Verlaufsfunktion wie für die Durchbiegung $w(x, y)$ selbst ansetzen.

$$\delta w_0 \int_0^a \int_0^a \left[4D\left(\frac{\pi}{a}\right)^4 w_0 \sin^2\frac{\pi x}{a} \sin^2\frac{\pi y}{a} - p_0 \sin\frac{\pi x}{a} \sin\frac{\pi y}{a}\right] \mathrm{d}x\mathrm{d}y$$

$$-\delta w_0 \int_0^a \int_0^a h[\left(\sigma_{0x} + \frac{E}{4} w_0^2 \left(\frac{\pi}{a}\right)^2 \cos\frac{2\pi x}{a}\right)$$

$$\cdot \left(\frac{\pi}{a}\right)^2 w_0 \sin^2\frac{\pi x}{a} \sin^2\frac{\pi y}{a}]\mathrm{d}x\mathrm{d}y = 0.$$

Da die virtuelle Verschiebung δw_0 ungleich Null sein soll, müssen die Integrale verschwinden. Wir erhalten mit

$$\sigma_{xKi} = 4\sigma_e \quad \text{bzw.} \quad \bar{p}_0 = \pi^2 D \frac{h}{16}\left(\frac{\pi}{a}\right)^4,$$

$$\left(\frac{w_0}{h}\right)^3 - \frac{8}{3}\frac{1}{1-\nu^2}\frac{w_0}{h}\left(\frac{\sigma_{0x}}{\sigma_{xKi}} - 1\right) - \frac{2}{3}\frac{1}{1-\nu^2}\frac{p_0}{\bar{p}_0} = 0. \tag{4.117}$$

Die Voraussetzung ist, daß die Kanten $y=0$ und $y=b$ gerade bleiben. Lassen wir eine freie Verschieblichkeit dieser Ränder in y-Richtung zu, dann ergibt sich

$$\frac{1}{2}\left(\frac{w_0}{h}\right)^3 - \frac{8}{3}\frac{1}{1-\nu^2}\frac{w_0}{h}\left(\frac{\sigma_{0x}}{\sigma_{xKi}} - 1\right) - \frac{2}{3}\frac{1}{1-\nu^2}\frac{p_0}{\bar{p}_0} = 0. \tag{4.118}$$

Lassen wir auch die beiden Seiten $x=0$ und $x=a$ sich frei verformen, so erhalten wir

$$\frac{w_0}{h} - \frac{p_0/\bar{p}_0}{4(\sigma_{0x}/\sigma_{xKi} - 1)} = 0. \tag{4.119}$$

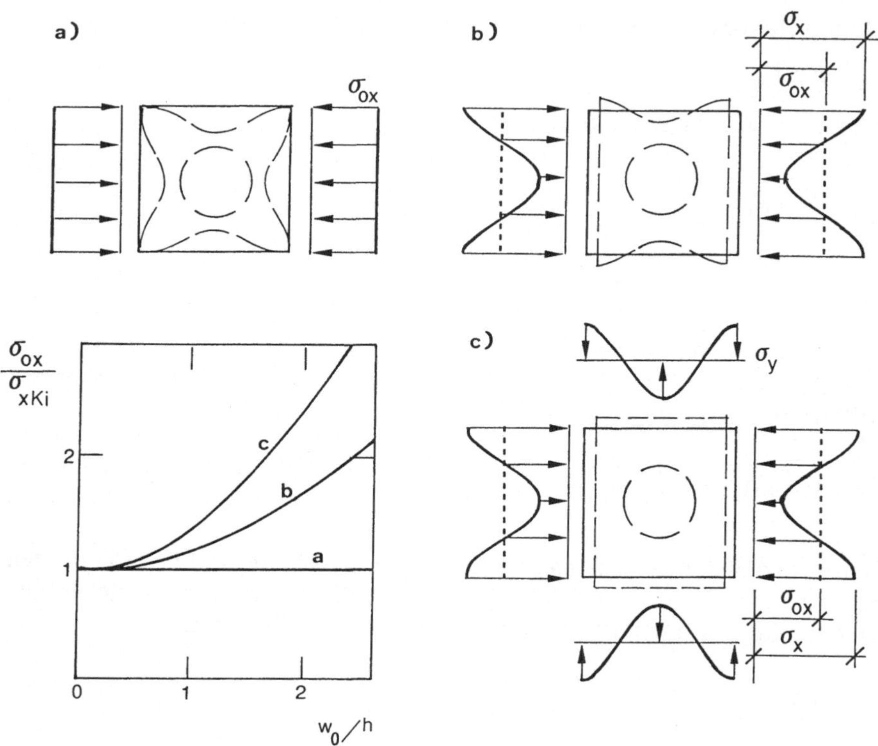

Bild 4.36a–c. Verformungsverhalten oberhalb der Eulerlast $\sigma_{0x}/\sigma_{xKi} \geqq 1$ für verschiedene Randbedingungen. **a** Ränder frei verschieblich; **b** seitliche Ränder frei verschieblich; **c** alle Ränder in Plattenebene gerade

In Bild 4.36 sind für den Fall $p_0/\bar{p}_0 = 0$ die Funktionen (4.117), (4.118) bzw. (4.119) aufgetragen. Sie geben also Auskunft über das sog. Nachbeulverhalten oberhalb der Eulerlast σ_{xKi}. Wir können erkennen, daß das Verhalten im Nachbeulbereich ausschließlich von dem Verhalten der Ränder in Membranrichtung bestimmt wird. Hier liegt die Schwierigkeit bei der Berechnung einer realen Konstruktion, diese Randverschiebungen richtig anzugeben, insbesondere auch deshalb, weil eine solche Platte als ein Teil einer im allgemeinen wesentlich komplexeren Konstruktion betrachtet werden muß. Wollen wir für solche Strukturen eine Berechnung durchführen, so ist dieses heute mit Hilfe von nichtlinearen Finite-Element-Berechnungen möglich. Trotzdem geben die Lösungen der Kármánschen Differentialgleichung einen vertieften Einblick in das Strukturverhalten oberhalb der linearen Beullast und fördern damit das Verständnis der Ergebnisse von numerischen Methoden.

In Bild 4.37 ist für verschiedene Querbelastungen die Gleichung (4.117) dargestellt. Wir können erkennen, daß sich bei größerer Querbelastung ein stetiger Verlauf der Durchbiegungen einstellt, was z.B. bedeutet, daß bei einer Platte mit größerer Vorverformung ein verzweigungspunktartiges Tragverhalten nicht zu erwarten ist. Um an die Ergebnisse der Spannungstheorie 2. Ordnung anzuschlie-

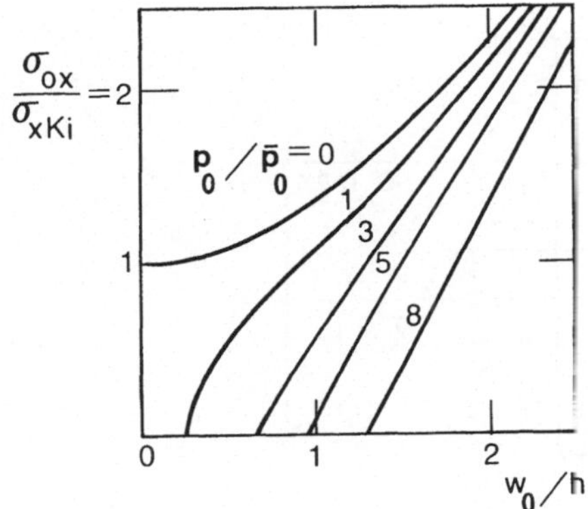

Bild 4.37. Spannungsverhalten der Quadratplatte bei großen Verformungen unter Quer- und Längsbelastung

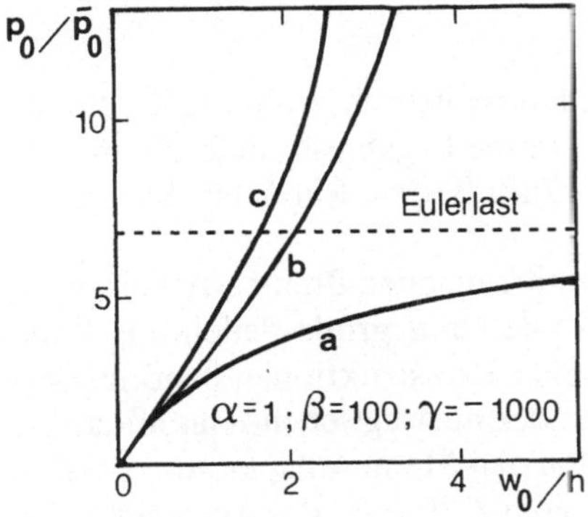

Bild 4.38. Durchbiegung der Quadratplatte nach unterschiedlichen Annahmen der Randverschiebung. *a* alle Ränder verschieblich; *b* seitliche Ränder verschieblich; *c* alle Ränder in Plattenebene unverschieblich

ßen sind in Bild 4.38 die Ergebnisse der Spannungstheorie 2. Ordnung und die aus der Lösung der Kármánschen Differentialgleichung gegenübergestellt. Hierzu sind (4.117) bis (4.119) umzuformen, und die Ausdrücke γ und β einzuführen. Wir erhalten daher

$$\frac{p_0}{\bar{p}_0}=\frac{\left(\frac{w_0}{h}\right)^3+\frac{8}{3}\frac{1}{1-\nu^2}\frac{w_0}{h}}{\frac{2}{3}\frac{1}{1-\nu^2}\left[1-\frac{w_0}{h}\frac{\gamma}{\beta^2}\left(\frac{\pi}{2}\right)^4\right]}, \tag{4.120}$$

$$\frac{p_0}{\bar{p}_0}=\frac{\frac{1}{2}\left(\frac{w_0}{h}\right)^3+\frac{8}{3}\frac{1}{1-\nu^2}\frac{w_0}{h}}{\frac{2}{3}\frac{1}{1-\nu^2}\left[1-\frac{w_0}{h}\frac{\gamma}{\beta^2}\left(\frac{\pi}{2}\right)^4\right]}, \tag{4.121}$$

$$\frac{p_0}{\bar{p}_0}=\frac{4\frac{w_0}{h}}{1-\frac{w_0}{h}\frac{\gamma}{\beta^2}\left(\frac{\pi}{2}\right)^4}. \tag{4.122}$$

Wir können gut den unterschiedlichen Charakter der Lösungen erkennen. Die Ergebnisse der Spannungstheorie 2. Ordnung sind im Bereich der kritischen

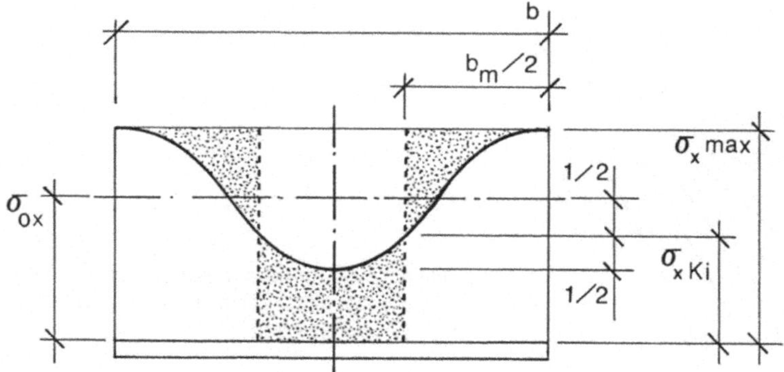

Bild 4.39. Definition zur mittragenden Breite 2. Art

Eulerlast (lineare Beullast) unbrauchbar und unrealistisch, während die Lösung der Kármánschen Differentialgleichung realistische Ergebnisse liefern kann. Wir können auch in dieser Darstellung den Einfluß der Randverschiebung in Scheibenebene eindrucksvoll beobachten.

An dieser Stelle wollen wir den Begriff der mittragenden Breite 2. Art erläutern, der bei der Bemessung von schlanken Tragwerken eine große Bedeutung besitzt und häufig bei der Bemessung meerestechnischer Konstruktionen benötigt wird, so z.B. in den entsprechenden Bauvorschriften der norwegischen Klassifikationsgesellschaft Det Norske Veritas. Wir betrachten den Membranspannungszustand in x-Richtung ohne Querbelastung, Bild 4.39, zum Zeitpunkt des Ausbeulens. Der bis zu diesem Zeitpunkt konstante Spannungszustand verändert sich derart, daß sich im Bereich der Beule die Platte des Membranspannungszustandes entzieht und die Membranspannung in Plattenmitte abnimmt. Dieses ist natürlich mit einer Erhöhung der Spannungen am Rand verbunden. Wir erhalten mit den Bezeichnungen aus Bild 4.39 durch Einsetzen des Spannungszustandes (4.115) in (4.117) (ohne Querbelastung)

$$\sigma_x(y) = -\sigma_{0x} - (\sigma_{0x} - \sigma_{xKi}) \cos \frac{2\pi y}{b} .$$

Als mittragende Breite 2. Art erhalten wir

$$\frac{b_m}{b} = \frac{\int_0^b \sigma_x(y)\,dy}{b\sigma_{xmax}} . \tag{4.123}$$

Die Spannung $\sigma_x(y)$ eingesetzt liefert

$$\frac{b_m}{b} = \frac{\sigma_{0x}}{2\sigma_{0x} - \sigma_{xKi}} ,$$

bzw. mit $\Psi = \sigma_{0x}/\sigma_{xKi}$

$$\frac{b_m}{b} = \frac{1}{2 - 1/\Psi} . \tag{4.124}$$

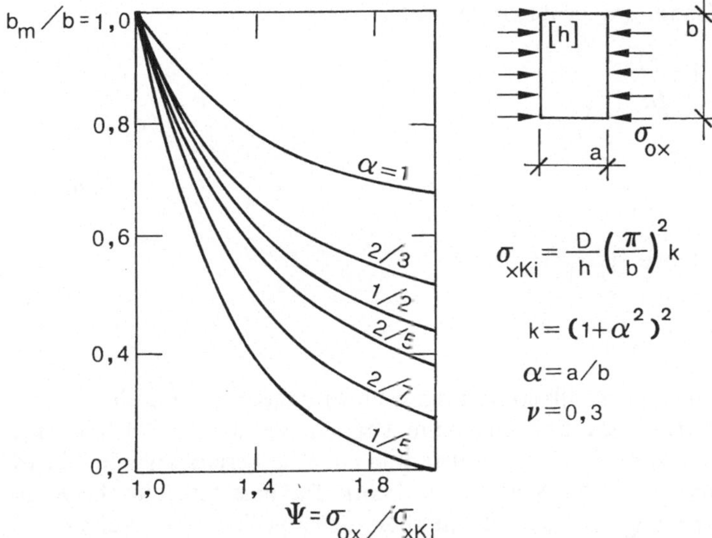

Bild 4.40. Mittragende Breite 2. Art für Platten mit verschiedenen Seitenverhältnissen

In Bild 4.40 ist das Ergebnis (4.124) eingetragen zu den für verschiedene Seitenverhältnisse errechneten Ergebnissen nach [4.24].

Wir schließen die Abschnitte zeitunabhängiger elastischer Probleme ab mit einem einfachen Beispiel des Beulens einer Zylinderschale von der Länge l unter axialem Druck. Es ist in diesem Rahmen nicht möglich auch nur die wichtigsten Grundgleichungen für das Schalenbeulen, wie sie für die Behandlung von Problemen der meerestechnischen Konstruktionen Verwendung finden, umfassend darzustellen. Es muß auf die umfangreiche Spezialliteratur verwiesen werden [4.8–4.10].

Einen einfachen Sonderfall können wir aber mit den bisherigen Ableitungen zeigen. Gehen wir davon aus, daß eine Beulform entsteht, die axialsymmetrisch ist, also eine gleichmäßige Ringbeule auftritt, dann können wir das Problem eindimensional behandeln. Wir hatten festgestellt, daß sich bei axialsymmetrischen Problemen der Zustand durch die Differentialgleichung des elastisch gebetteten Balkens beschreiben läßt. Mit (4.76) und (4.86) erhalten wir dann die homogene Differentialgleichung

$$D\frac{d^4w}{dx^4}+n_x\frac{d^2w}{dx^2}+B\frac{1-\nu^2}{r^2}w=0. \tag{4.125}$$

Als Lösungsansatz bietet sich

$$w(x)=C\sin\frac{m\pi}{l}x$$

an, d.h. in Rohrlängsrichtung sind m Beulen angenommen. Wir erhalten

$$\sigma_{\text{Ki}}=\frac{n_x}{h}=D\left[\frac{1}{h}\left(\frac{m\pi}{l}\right)^2+\left(\frac{l}{m\pi}\right)^2\frac{E}{Dr^2}\right].$$

Die minimale Beulspannung erhalten wir mit

$$\left(\frac{m\pi}{l}\right)^2=\sqrt{\frac{Eh}{Dr^2}}$$

zu

$$\sigma_{\mathrm{Ki}}=\frac{E}{\sqrt{3(1-\nu^2)}}\frac{h}{r} \tag{4.126}$$

und die Halbwellenlänge zu

$$\frac{l}{m}=\pi\sqrt[4]{\frac{r^2h^2}{12(1-\nu^2)}}.$$

Das Ergebnis (4.126) ist deshalb so wichtig, weil wir es ebenfalls erhalten, wenn wir eine schachbrettartige Ein- und Ausbeulung annehmen, wofür allerdings eine wesentlich umfangreichere Ableitung notwendig ist. Wie bereits angedeutet, ist eine komplette Darstellung der Schalenbeultheorie für meerestechnische Konstruktionen hier nicht möglich. Es erscheint aber noch aus einem weiteren Grund nicht besonders dringlich: Die Ergebnisse der linearen und nichtlinearen Beultheorie lassen sich im Experiment in der Regel nicht nachweisen. Ursache ist die außerordentliche Empfindlichkeit der Zylinderschale gegenüber Imperfektionen, abweichenden Randbedingungen etc., die dazu führen, daß die tatsächlichen kritischen Beulspannungen wesentlich niedriger liegen als sich theoretisch ergeben müßte. Für den praktischen Gebrauch zum Bemessen von Schalentragwerken haben sich daher diese direkten Berechnungsverfahren nicht durchsetzen können. Man verwendet zwar die Ergebnisse der Beultheorie korrigiert diese dann aber mit Hilfe experimentell gefundener Faktoren. Wir werden im Kapitel 7 noch auf solche Faktoren zurückkommen und einige wichtige praktische Anwendungen geben.

4.3 Zeitabhängige elastische Probleme

In den vorhergehenden Abschnitten waren wir davon ausgegangen, daß die Belastung der einzelnen Systeme quasi statischer Natur ist. Nun lehrt die Wirklichkeit, daß dieses nur für wenige Fälle gilt. Bei einer Vielzahl von Strukturen ist es notwendig, den dynamischen Charakter der Strukturen zu ermitteln.

4.3.1 Eigenfrequenzen von Balken und Platten

Wir betrachten beispielhaft den Balken auf zwei Stützen, Bild 4.41. Der Balken soll in z-Richtung zeitabhängige Bewegungen ausführen. Wir führen die Massenwirkung als sog. d'Alembertsche Trägheitskraft ein und finden das Gleichgewicht der Kräfte mit

$$\frac{\partial Q}{\partial x}=-\left(-\mu\frac{\partial^2 w}{\partial t^2}\right),\quad \frac{\mathrm{d}M}{\mathrm{d}x}=Q. \tag{4.127}$$

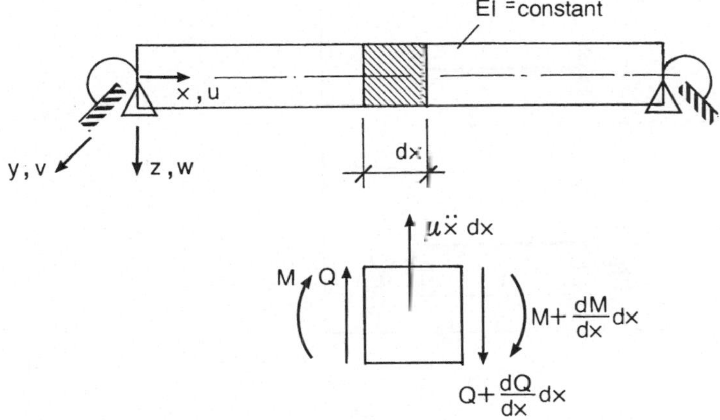

Bild 4.41. Gleichgewicht des schwingenden Balkens

Die Differentialgleichung der Balkenbiegung ergibt sich nun zu

$$EI\frac{\partial^4 w(x,t)}{\partial x^4} = -\mu\frac{\partial^2 w(x,t)}{\partial t^2}\,, \tag{4.128}$$

mit $\mu = \varrho A$ und A = Balkenquerschnitt. Wir können die Zeit eliminieren, indem wir

$$w(x,t) = w(x)\mathrm{e}^{\mathrm{i}\omega t}$$

einsetzen. Wir erhalten dann

$$EI\frac{\mathrm{d}^4 w}{\mathrm{d}x^4} - \mu\omega^2 w(x) = 0\,. \tag{4.129}$$

Die Kreiseigenfrequenz ist mit $\omega = 2\pi f$, $\omega = 2\pi/T$ definiert, wobei f die Eigenfrequenz in Hz und T die Periode einer Schwingung ist. Wir führen weiterhin ein

$$\alpha^4 = \frac{\mu\omega^2}{EI}$$

und erhalten

$$\frac{\mathrm{d}^4 w}{\mathrm{d}x^4} - \alpha^4 w(x) = 0\,. \tag{4.130}$$

Die Lösung dieser homogenen Differentialgleichung ist

$$w(x) = C_1 \sinh\alpha x + C_2 \cosh\alpha x + C_3 \sin\alpha x + C_4 \cos\alpha x\,.$$

Die Randbedingungen (4.3) liefern ein homogenes Gleichungssystem für die unbekannten Konstanten C_1 bis C_4. Dieses homogene Gleichungssystem besitzt nur dann eine nichttriviale Lösung, wenn die Determinante des Koeffizientenschemas verschwindet. Dieses führt auf die charakteristische Gleichung

$$\bar{c}_\varphi \frac{\sinh\frac{\alpha l}{2}\cos\frac{\alpha l}{2} + \cosh\frac{\alpha l}{2}\sin\frac{\alpha l}{2}}{\alpha l} + \cosh\frac{\alpha l}{2}\cos\frac{\alpha l}{2} = 0\,. \tag{4.131}$$

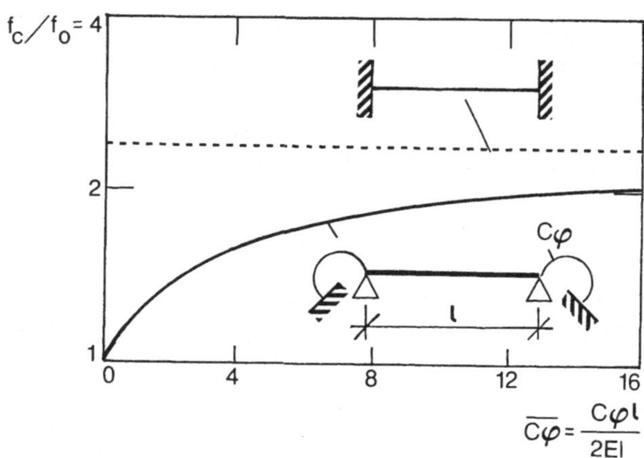

Bild 4.42. Eigenfrequenzen des elastisch eingespannten Balkens auf zwei Stützen. Bezugsfrequenz s. Bild 4.43

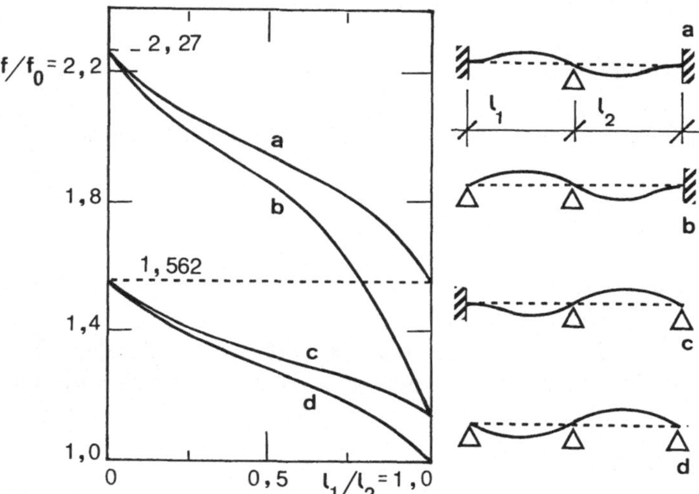

Bild 4.43. Eigenfrequenzen des Zweifeldträgers. Bezugsfrequenz $f_0 = \frac{\pi}{2l^2}\sqrt{\frac{EI}{\mu}}$

Die kleinste Nullstelle dieser Gleichung führt auf die niedrigste Eigenfrequenz f_c in Abhängigkeit der Federkonstanten. Bild 4.42 zeigt die graphische Auswertung.

Wir können gut erkennen, daß erst bei sehr großen Federkonstanten c_φ die niedrigste Eigenfrequenz des eingespannten Balkens erreicht wird (gestrichelte Linie). Wir müssen daher häufig bei der Wahl der Randbedingung „festeingespannt" sinnvolle Abschläge machen, um die niedrigsten Eigenfrequenzen nicht zu überschätzen. Bild 4.43 zeigt ein weiteres Beispiel des Zweifeldträgers mit verschiedenen Einspannungen und Feldlängen. Den Grenzfall eines einseitig frei und anderseitig fest eingespannten Trägers finden wir bei $l_1/l_2 = 0$ mit $f/f_0 = 1{,}562$. Für die Oberschwingungen und den Fall des Kragträgers sind Angaben in Bild 4.44 zu finden. Den Einfluß einer elastischen Bettung können wir

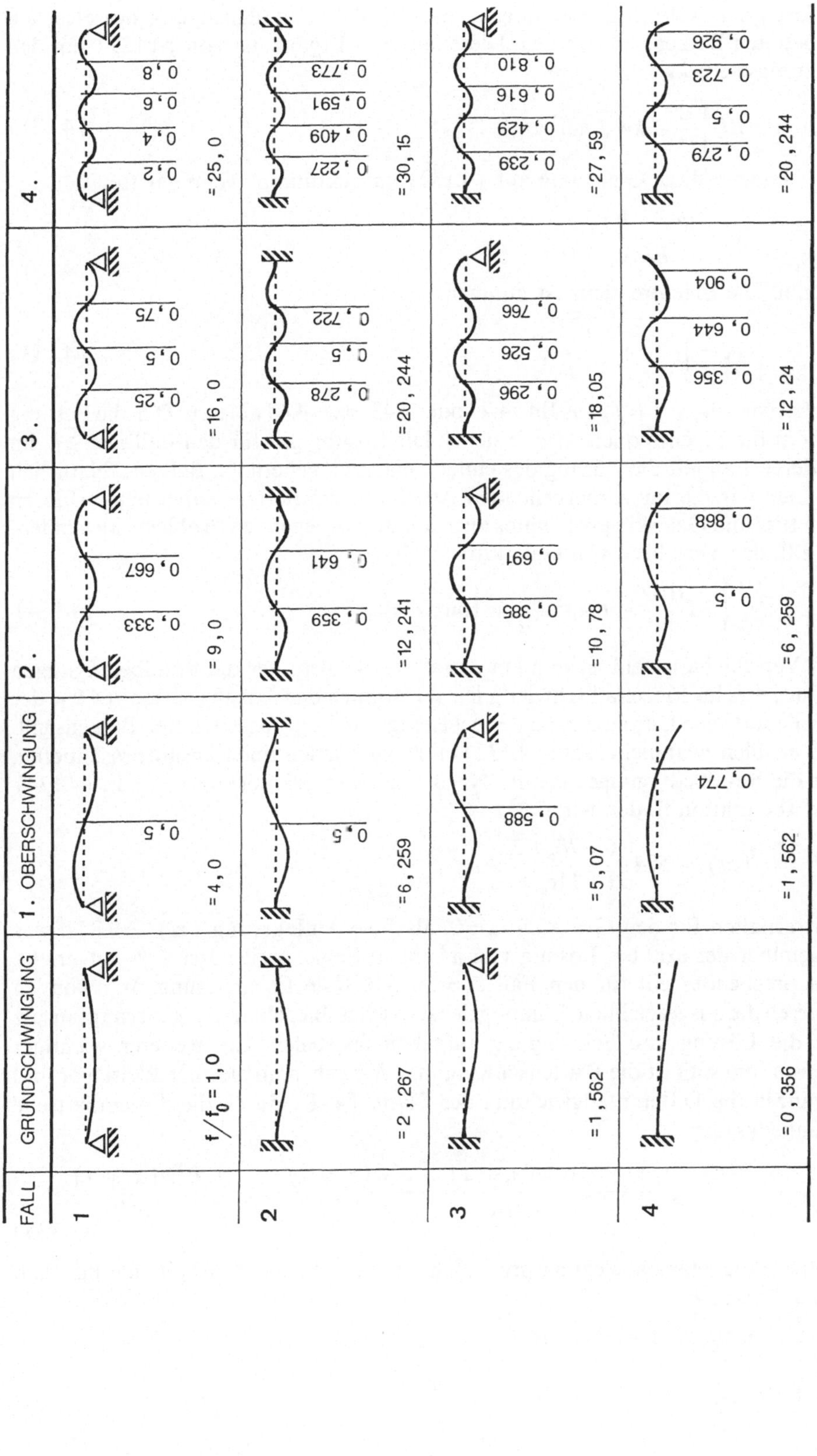

FALL	GRUNDSCHWINGUNG	1. OBERSCHWINGUNG	2.	3.	4.
1	$f/f_0 = 1,0$	0,5 = 4,0	0,333; 0,667 = 9,0	0,25; 0,5; 0,75 = 16,0	0,2; 0,4; 0,6; 0,8 = 25,0
2	= 2,267	0,5 = 6,259	0,359; 0,641 = 12,241	0,278; 0,5; 0,722 = 20,244	0,227; 0,409; 0,591; 0,773 = 30,15
3	= 1,562	0,588 = 5,07	0,385; 0,691 = 10,78	0,296; 0,526; 0,766 = 18,05	0,239; 0,429; 0,616; 0,810 = 27,59
4	= 0,356	0,774 = 1,562	0,5; 0,868 = 6,259	0,356; 0,644; 0,904 = 12,24	0,279; 0,5; 0,723; 0,926 = 20,244

Bild 4.44. Eigenfrequenzen des Balkens für verschiedene Randbedingungen. Bezugsfrequenz $f_0 = \frac{\pi}{2l^2}\sqrt{\frac{EI}{\mu}}$

sofort ohne weitere Berechnungen aus der Differentialgleichung des elastisch gebetteten Balkens entnehmen. Diese lautet in Ergänzung von (4.129) um den Bettungsstern kw

$$EI\frac{d^4w}{dx^4}+kw-\mu\omega^2w=0. \tag{4.132}$$

Wir können diese Gleichung auf (4.130) zurückführen, wenn wir für

$$\alpha^4=\frac{\mu\omega^2-k}{EI}$$

setzen. Die Eigenfrequenz ist nunmehr

$$f_{\text{be}}=\sqrt{f^2+\frac{k}{4\pi^2\mu}}, \tag{4.133}$$

wobei wir f bzw. $f=f_c$ aus Bild 4.42 oder 4.43, bzw. 4.44 ablesen. D.h. die Bettung erhöht die Eigenfrequenz des Systems. Die Lösung gilt für den Fall $\mu\omega^2\geqq k$, im anderen Fall gilt die Lösung des einfach elastisch gebetteten Balkens. Natürlich können wir die im vorhergehenden Abschnitt erläuterten Näherungsverfahren von Ritz und Galerkin problemlos auch auf die vorliegenden Probleme anwenden, so z.B. das Verfahren von Galerkin

$$\int_0^l\left[EI\frac{d^4w}{dx^4}-(\mu\omega^2-k)w\right]\delta w\,dx=0. \tag{4.134}$$

Als Verschiebungsfeld ist nun ein Ansatz zu wählen, der die Randbedingungen erfüllt, was im Einzelfall schwierig ist. Wir wählen den Lösungsansatz (4.9), der für die statische Durchbiegung des beidseitig elastisch eingespannten Balkens gilt. Wir erfüllen zwar nicht exakt (4.132), aber wir können einen Ansatz präsentieren, der die Randbedingungen erfüllt. Nach Einsetzen der Lösung (4.9) in (4.134) und Integration finden wir

$$(\alpha l)^4=504\frac{6+7\bar{c}_\varphi+\bar{c}_\varphi^2}{31+11\bar{c}_\varphi+\bar{c}_\varphi^2}.$$

Wir erhalten für den Grenzfall $\bar{c}_\varphi=0$, als freie Auflagerung $(\alpha l)^2=9{,}877$, was gegenüber der exakten Lösung von π^2 einem Fehler weit unter 1 % entspricht. Entsprechendes gilt für den Fall $\bar{c}_\varphi=\infty$, d.h. feste Einspannung. Wir können generell die ausgezeichnete Eignung der statischen Biegelinie als Näherungsansatz für die Lösung von Schwingungsaufgaben feststellen. Ein weiterer wichtiger Anwendungsfall ist die Plattenschwingung. Wir gehen, in gleicher Weise vor und ergänzen die Differentialgleichung der Platte (4.48) durch die d'Alembertsche Trägheitskraft

$$\frac{\partial^4w(x,y,t)}{\partial x^4}+2\frac{\partial^4w(x,y,t)}{\partial x^2\partial y^2}+\frac{\partial^4w(x,y,t)}{\partial y^4}=-\frac{\mu}{D}\frac{\partial^2w(x,y,t)}{\partial t^2}, \tag{4.135}$$

wobei μ die Massenbelegung pro Fläche ist, $\mu=\varrho h$. Die Zeit läßt sich mit dem Produktansatz

$$w(x,y,t)=w(x,y)e^{i\omega t}$$

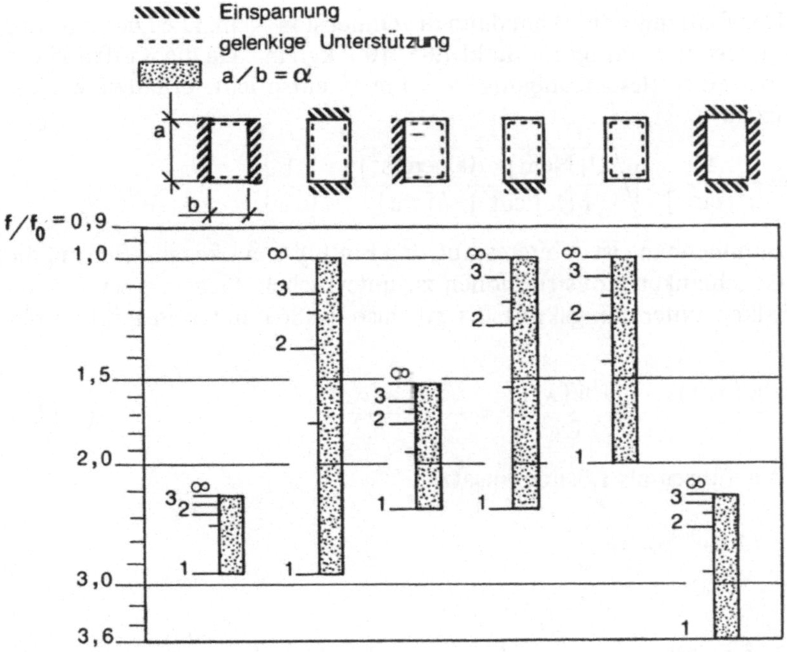

Bild 4.45. Eigenfrequenzen von Rechteckplatten f/f_0 Bezugsfrequenz $f_0 = \frac{h}{b^2}\pi\sqrt{\frac{E}{12(l-\nu^2)\varrho}}$ in Hz, $f_0 = \frac{h}{b^2}$ 2,46 · 10^5 in Hz, h in cm, b in cm für Stahl

eliminieren. Wir erhalten

$$\frac{\partial^4 w}{\partial x^4} + 2\frac{\partial^4 w}{\partial x^2 \partial y^2} + \frac{\partial^4 w}{\partial y^4} = \frac{\varrho h}{D}\omega^2 w(x, y). \qquad (4.136)$$

Für die frei aufgelegte Platte mit der Länge a und der Breite b gilt

$$w(x, y) = w_0 \sin\frac{m\pi x}{a} \sin\frac{n\pi y}{b}.$$

In die Differentialgleichung eingesetzt erhalten wir

$$f_0 = \frac{1}{2\pi}\left[\left(\frac{m\pi}{a}\right)^2 + \left(\frac{n\pi}{b}\right)^2\right]\sqrt{\frac{D}{\varrho h}}$$

und für die Grundschwingung

$$f_0 = \frac{\pi}{2}\frac{1}{a^2}\left[1 + \left(\frac{a}{b}\right)^2\right]\sqrt{\frac{D}{\varrho h}}. \qquad (4.137)$$

In Bild 4.45 ist eine Vielzahl von Eigenfrequenzen von Platten mit unterschiedlichen Seitenverhältnissen und Randbedingungen zusammengestellt. An dieser Stelle ist es nützlich, sich über die Dimensionen der einzelnen Größen Klarheit zu verschaffen. Wir wollen als Kraftgröße Newton N und als Längeneinheit cm verwenden. Der Plattenmodul D hat dann die Dimension Ncm. Die Dichte ϱ wird in kg/cm^3 definiert und beträgt für Stahl $7{,}85 \cdot 10^{-3}$kg/cm^3. Da die Kraft 1 N der Masse 1 kg bei einer Beschleunigung von 1 m/s^2 entspricht, erhalten wir die Eigenfrequenz zu

$$f_0 = \frac{1}{a^2[\mathrm{cm}^2]} \cdot \sqrt{\frac{D[\mathrm{Ncm}] \cdot 100[\mathrm{cm/s}^2]}{\varrho[\mathrm{kg/cm}^3] \cdot h[\mathrm{cm}]}} = \left[\frac{1}{\mathrm{s}}\right]. \tag{4.138}$$

In diesem Zusammenhang ist es interessant, den Einfluß von Längskräften auf die Eigenfrequenz schlanker Konstruktionen zu untersuchen. Gegeben sei der frei aufgelegte Balken unter Längskraft. Es gilt also (4.86) unter Beachtung der Massenkräfte

$$EI\frac{\partial^4 w(x,t)}{\partial x^4} + N\frac{\partial^2 w(x,t)}{\partial x^2} = -\mu\frac{\partial^2 w(x,t)}{\partial t^2} \tag{4.139}$$

mit $\mu = \varrho A$. Wir führen als Lösungsansatz

$$w(x,t) = \mathrm{e}^{\mathrm{i}\omega t} w_0 \sin\frac{\pi x}{l}$$

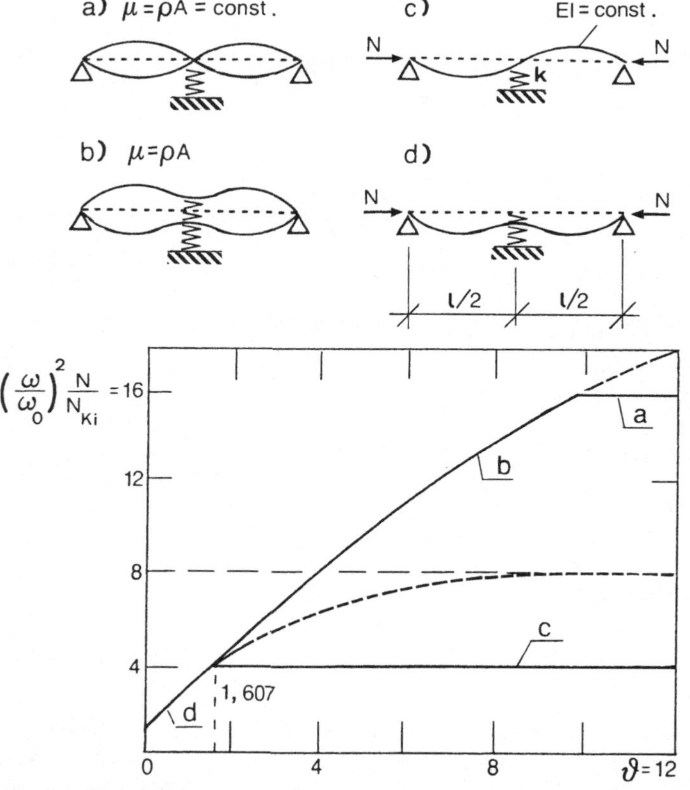

Bild 4.46. Schwingender Balken auf zwei Stützen mit mittiger Feder und Längslasten. Kreiseigenfrequenz und kritische Längskraft in Abhängigkeit der Federsteifigkeit

ein und erhalten

$$EI\left(\frac{\pi}{l}\right)^4 - \mu\omega^2 - \left(\frac{\pi}{l}\right)^2 N = 0 .$$

Mit N_{Ki} aus (4.91) und f_0 bzw. $\omega_0 = 2\pi f_0$ erhalten wir die Interaktionskurve

$$\frac{N}{N_{\text{Ki}}} + \left(\frac{\omega}{\omega_0}\right)^2 = 1 . \qquad (4.140)$$

Das heißt, bei Erhöhung der Längskraft N erniedrigen wir in gleichem Maße das Quadrat der Eigenfrequenz des Systems. Wir sprechen auch von der sog. Dunkerleyschen Geraden. Dieser Zusammenhang wird gelegentlich bei meßtechnischen Untersuchungen der Knicklasten für schlanke Bauwerke verwendet. Man ändert die Belastung der Struktur und mißt die sich ändernden Eigenfrequenzen. Mit Hilfe von (4.140) kann dann auf die Knicklast extrapoliert werden. Ein Verfahren, welches sich besonders bei großen Gitterkonstruktionen im Meer anbietet. Es ist aber sehr sorgfältig zu prüfen, ob die Eigenformen, die zu den niedrigsten Knicklasten, und die, die zu den niedrigsten Eigenfrequenzen gehören, auch den gleichen Charakter besitzen. Das folgende Beispiel, das auch die Anwendung der Energiemethode demonstriert vertieft diese Bemerkung. Gegeben sei ein Balken auf zwei Stützen mit einer Feder in der Mitte, Bild 4.46. Es gilt also das Potential

$$\Pi = \frac{1}{2}\int_0^l \left[EI\left(\frac{\mathrm{d}^2 w}{\mathrm{d}x^2}\right)^2 - N\left(\frac{\mathrm{d}w}{\mathrm{d}x}\right)^2 - \mu\omega^2 w(x)^2 \right]\mathrm{d}x + kw^2(l/2) = \text{const} . \qquad (4.141)$$

Wir können diesen Ausdruck mit (4.16) überprüfen, wollen aber nicht die geschlossene Lösung verwenden, sondern setzen

$$w(x) = w_0 \sin\frac{\pi x}{l} + w_1 \sin\frac{3\pi x}{l}$$

in (4.141) ein und integrieren:

$$\Pi = w_0^2\left(\frac{\pi}{l}\right)^4 EI + w_1^2\left(\frac{3\pi}{l}\right)^4 EI + k(w_0 - w_1)^2\frac{2}{l}$$
$$-N\left[w_0^2\left(\frac{\pi}{l}\right)^2 + w_1^2\left(\frac{3\pi}{l}\right)^2\right] - \mu\omega^2(w_0^2 + w_1^2) = \text{const} . \qquad (4.142)$$

Die Konstanten w_0 und w_1 sollen so gewählt werden, daß wir ein Minimum erhalten. D. h. $\partial\Pi/\partial w_0 = 0$; $\partial\Pi/\partial w_0 = 0$. Wir erhalten dann

$$\left[\left(\frac{\pi}{l}\right)^4 EI + \frac{2k}{l} - N\left(\frac{\pi}{l}\right)^2 - \mu\omega^2\right]w_0 - \frac{2k}{l}w_1 = 0 ,$$

$$-w_0\frac{2k}{l} + \left[\left(\frac{3\pi}{l}\right)^4 EI + \frac{2k}{l} - N\left(\frac{3\pi}{l}\right)^2 - \mu\omega^2\right]w_1 = 0 .$$

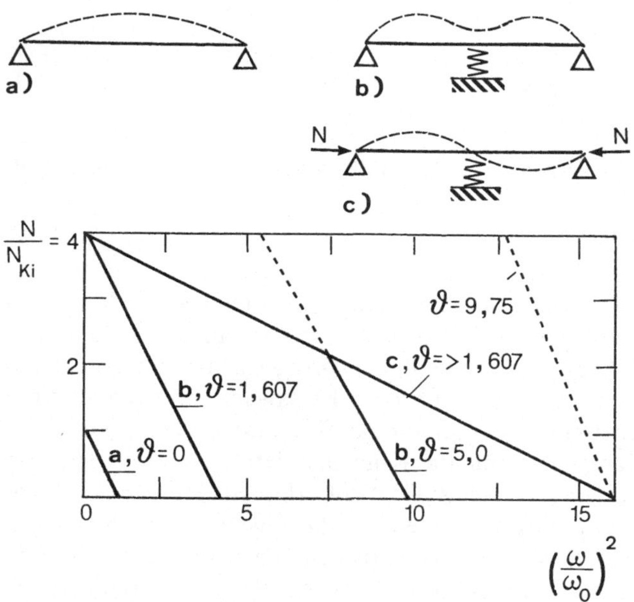

Bild 4.47. Interaktionskurven des Balkens auf zwei Stützen mit mittiger Feder

Die Determinante der Koeffizientenmatrix muß verschwinden, wenn eine nichttriviale Lösung des Gleichungssystems bestimmt werden soll. Mit

$$\vartheta = \frac{kl^3}{\pi^4 EI}$$

erhalten wir die charakteristische Gleichung

$$81 + 164\vartheta - 90\frac{N}{N_{\mathrm{Ki}}} - 82\left(\frac{\omega}{\omega_0}\right)^2 - 20\vartheta\frac{N}{N_{\mathrm{Ki}}} - 4\vartheta\left(\frac{\omega}{\omega_0}\right)^2 + 10\frac{N}{N_{\mathrm{Ki}}}\left(\frac{\omega}{\omega_0}\right)^2 + 9\left(\frac{N}{N_{\mathrm{Ki}}}\right)^2 + \left(\frac{\omega}{\omega_0}\right)^4 = 0. \tag{4.143}$$

Wir betrachten zunächst den Fall $\omega/\omega_0 = 0$ und erhalten für $N/N_{\mathrm{Ki}} \leqq 4$ und $\vartheta \leqq 1{,}607$

$$\frac{N}{N_{\mathrm{Ki}}} = 5\left(1 + \frac{2}{9}\vartheta\right) - \sqrt{16 - \frac{64}{9}\vartheta + \frac{100}{81}\vartheta^2}. \tag{4.144}$$

Der Fall $N/N_{\mathrm{Ki}} = 0$ ergibt:

$$\left(\frac{\omega}{\omega_0}\right)^2 = 41 + 2\vartheta - 2\sqrt{400 + \vartheta^2}, \tag{4.145}$$

für den Gültigkeitsbereich $(\omega/\omega_0)^2 \leqq 16$ und $\vartheta \leqq 9{,}75$. Der Fall $\vartheta = 0$ ergibt die bekannte Interaktion (4.140). Wird die Feder sehr steif also $\vartheta \geqq 9{,}75$ dann gilt

$$\left(\frac{\omega}{\omega_0}\right)^2 + 4\frac{N}{N_{\mathrm{Ki}}} = 16. \tag{4.146}$$

In Bild 4.46 und Bild 4.47 ist die Situation graphisch dargestellt. Bis zu einer Federsteifigkeit von $\vartheta = 1{,}607$ existiert nur eine Eigenform, ganz gleichgültig welche Kombination zwischen Eigenkreisfrequenz und Längskraft vorliegt. Ist die Federsteifigkeit $1{,}607 \leqq \vartheta \leqq 9{,}75$, dann existieren, je nachdem wie groß die Längskraft ist, unterschiedliche Eigenformen für die Eigenschwingung. Erst wenn die Federsteifigkeit größer wird, schlägt in jedem Fall die Eigenform in eine antimetrische um.

Wir können daher als Resultat festhalten, daß die Bedingung gleichartiger Eigenformen für die Schwingungs- und Knickform Voraussetzung für die Gültigkeit einer linearen Interaktionskurve ist.

4.3.2 Erzwungene Schwingungen

Nach der Behandlung des Problems der freien ungedämpften Schwingung, dessen Resultat die Suche nach den Eigenwerten bzw. den Eigenformen war, wollen wir nunmehr das Problem der erzwungenen Schwingungen ohne Dämpfung behandeln. Hierzu betrachten wir einen Kragträger, der fest oder auch drehelastisch gelagert ist, Bild 4.48.

Wir bestimmen zunächst die Eigenformen und Eigenfrequenzen nach vorheriger Ableitung und erhalten die folgende Frequenzdeterminante

$$(1 + \cos \alpha l \cosh \alpha l) - \Psi l (\sin \alpha l \cosh \alpha l - \cos \alpha l \sinh \alpha l) = 0\,. \tag{4.147}$$

$\Psi = EI/c_\varphi l \cdot \alpha l$ liefert uns die Eigenfrequenzen, die in Abhängigkeit der Einspannfelder in Bild 4.49 dargestellt sind. Interessant ist es, den Einfluß der Einspannung auf die Eigenfrequenz zu beobachten. Während für die Grundschwingung dieser außerordentlich groß ist, beeinflußt dieser die Oberschwingung praktisch überhaupt nicht. Dies leuchtet unmittelbar ein, denn im Fall $c_\varphi = 0$ würde das System zunächst eine Starrkörperrotation durchführen, was mit einer Frequenz von Null verbunden ist.

Wir untersuchen nunmehr den Fall, einer harmonischen Erregung der Größe

$$w(x, t) = w(x) \sin \Omega t\,.$$

Dieser Ansatz, in (4.128) eingesetzt, ergibt

$$EI \frac{\mathrm{d}^4 w}{\mathrm{d}x^4} - \varrho A \Omega^2 w(x) = 0\,. \tag{4.148}$$

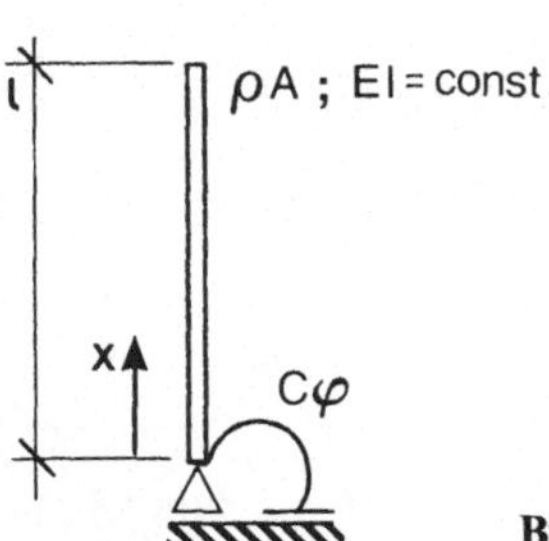

Bild 4.48. Kragträger mit elastischer Einspannung

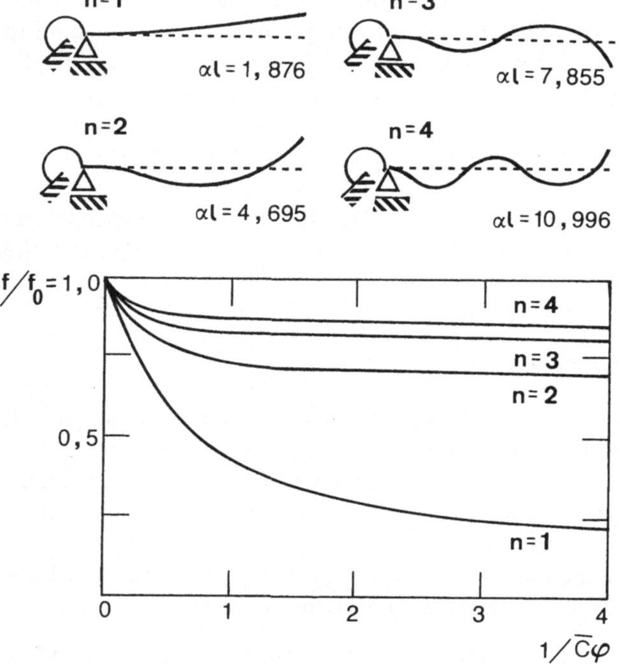

Bild 4.49. Eigenfrequenzen des elastisch eingespannten Kragträgers. Bezugseigenfrequenz $f_0 = \left(\frac{\alpha l}{2\pi}\right)^2 \frac{1}{l^2}\sqrt{\frac{EI}{\mu}}$

Wir erhalten formal also die gleiche Differentialgleichung wie bei der Berechnung der freien Schwingung. Statt der Eigenfrequenzen ist nunmehr die Frequenz der Erregung Ω eingesetzt. Mit

$$\beta^4 = \frac{\varrho A \Omega^2}{EI}$$

ergibt sich

$$\frac{d^4 w}{dx^4} - \beta^4 w(x) = 0, \qquad (4.149)$$

mit der Lösung

$$w(x) = C_1 \sinh \beta x + C_2 \cosh \beta x + C_3 \sin \beta x + C_4 \cos \beta x .$$

Die Konstanten C_1 bis C_4 erhalten wir mit Hilfe der Randbedingungen

$$w = w(x) \sin \Omega t|_{x=0}, \quad \frac{dw}{dx} = -\frac{EI}{c_\varphi} w''|_{x=0},$$

$$\frac{d^2 w}{dx^2} = 0|_{x=1}, \quad \frac{d^3 w}{dx^3} = 0|_{x=1}. \qquad (4.150)$$

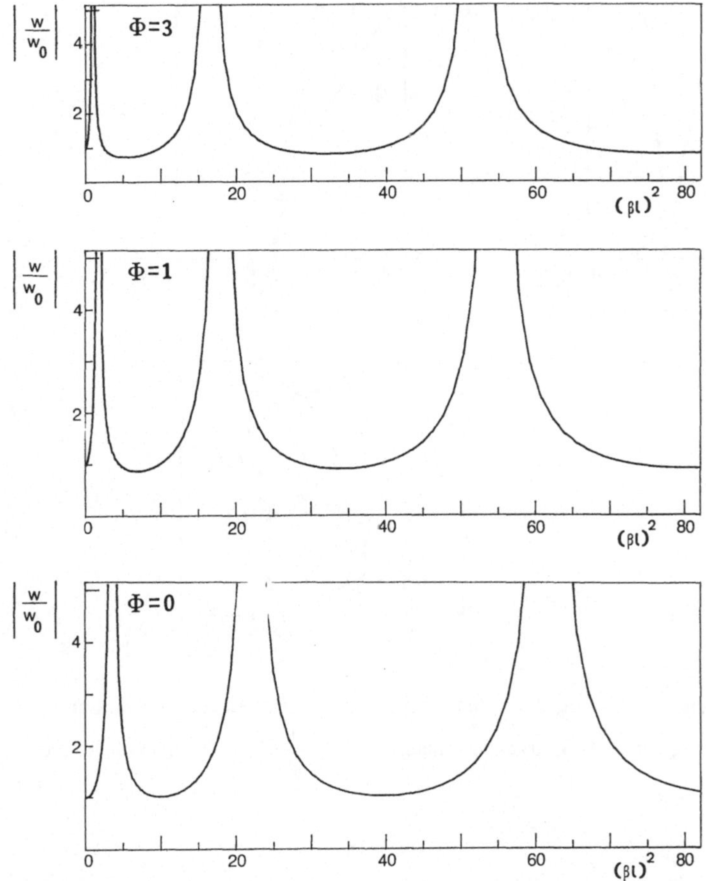

Bild 4.50. Erzwungene Schwingungen des Kragträgers mit elastischer Einspannung w = Ausschlag an der Stelle $x = l$. Kurvenparameter $\Phi = \frac{EI}{c_\varphi l}\beta l$ in Abhängigkeit der dimensionslosen Erregerfrequenz $(\beta l)^2$

Die Konstanten C_i, in die Lösung von (4.149) eingesetzt, ergeben den in Bild 4.50 dargestellten Verlauf der Amplitude an der Spitze des Kraftträgers zum maximalen Ausschlag am Fuß $w_0 = w(0)$ in Abhängigkeit der dimensionslosen Erregerfrequenz $(\beta l)^2$. Wir erkennen, daß sich die Resonanzstellen bei immer weicherer Einspannung zunächst stark verschieben, die Resonanzstellen der Oberschwingungen dann aber von den Einspannverhältnissen nahezu unabhängig sind. Abgesehen davon, daß in unmittelbarer Umgebung der Resonanzstellen die Dämpfung die Ausschläge beeinflußt, ergeben die in Bild 4.51 zusammengestellten erzwungenen Schwingungsformen ein realistisches Bild von den möglichen Schwingungserscheinungen. Natürlich ist die Dämpfung eines schwingungsfähigen Systems zu beachten. Um die Darstellung nicht zu überladen, übersetzen wir das System in Bild 4.48 in ein System mit einem Schwingungsgrad, also einem System bestehend aus einer Masse und einer Feder. Die Federkonstante der

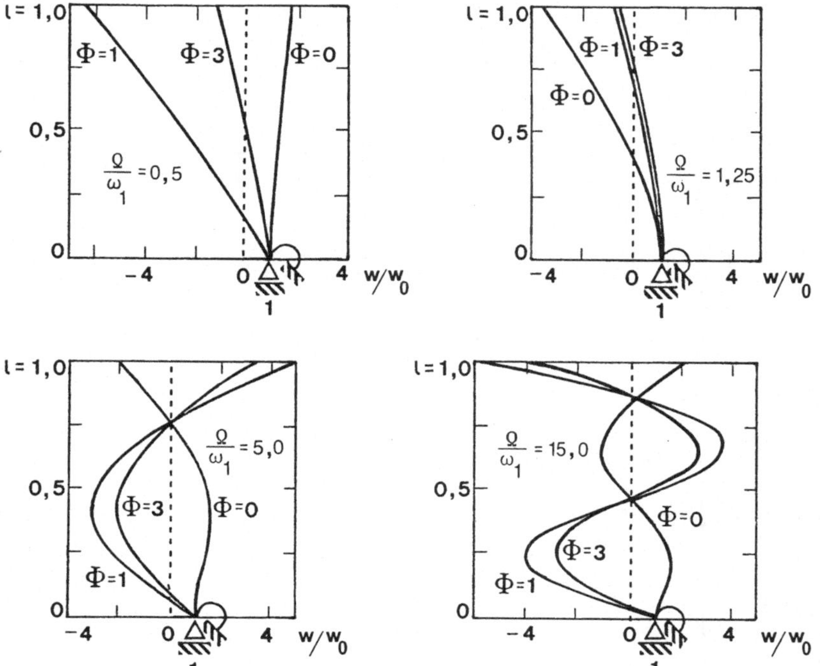

Bild 4.51. Schwingungsformen des ungedämpften Kragträgers bei elastischer Einspannung bei unterschiedlichen Erregungen. Kurvenparameter $\Phi = \frac{EI}{c_\varphi l} \beta l$. Bezugskreisfrequenz $\omega_1 = (\alpha l) \frac{1}{l^2} \sqrt{\frac{EI}{\mu}}$; $\alpha l = 1{,}876$

Ersatzfeder wird dann $k = 3EI/l^3$. Wenn wir fordern, daß die niedrigste Eigenfrequenz des Systems mit verteilter Masse gleich der des Systems bestehend aus einer Einzelmasse ist, so erhalten wir die Größe der Ersatzmasse zu

$$m = 0{,}242 \frac{\varrho A l}{1 + \frac{3}{\bar{c}_\varphi}} . \tag{4.151}$$

Wir können nunmehr das Verhalten des vereinfachten Systems im Bereich der niedrigsten Eigenfrequenzen unter Beachtung der Dämpfung elementar studieren. Dabei wollen wir das Verhalten eines solchen Systems einerseits bei einer Fußpunktanregung und andererseits bei einer direkten Anregung der Masse vergleichen. Bild 4.52 zeigt die beiden Systeme. Für das System nach Bild 4.52a erhalten wir die Differentialgleichung

$$m\ddot{x}_1 + d(\dot{x}_1 - \dot{x}_2) + k(x_1 - x_2) = 0 . \tag{4.152}$$

Wir können diese Differentialgleichung in die bequemer zu handhabende Form

$$m(\ddot{x}_1 - \ddot{x}_2) + d(\dot{x}_1 - \dot{x}_2) + k(x_1 - x_2) = -m\ddot{x}_2 \tag{4.153}$$

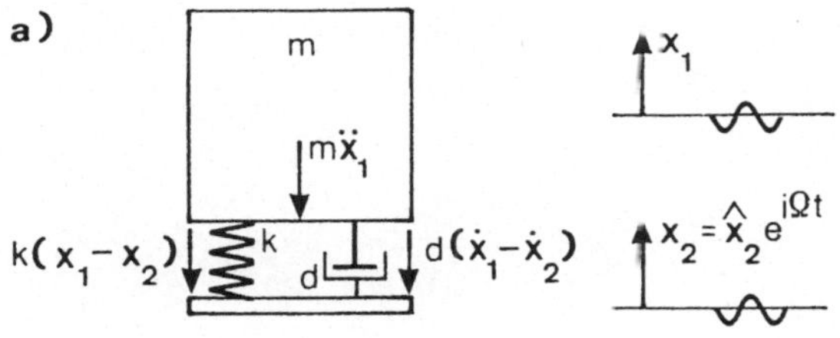

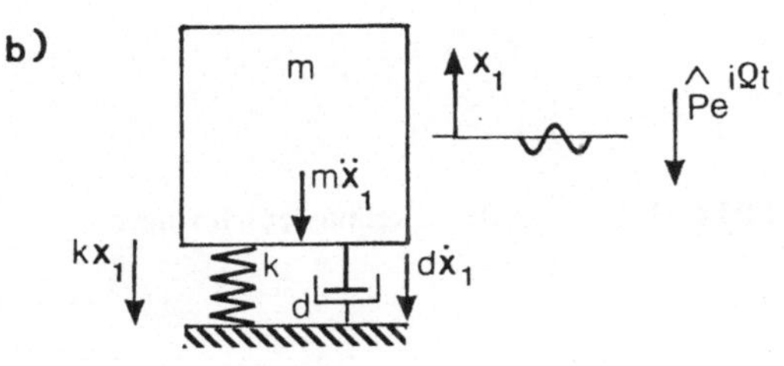

Bild 4.52a, b. Gedämpfter Einmassenschwinger. **a** mit Fußpunktanregung; **b** Erregung der Masse

oder

$$m\ddot{x}_1 + d\dot{x}_1 + kx_1 = d\dot{x}_2 + kx_2 \tag{4.154}$$

umschreiben. Als Lösungsansatz wählen wir

$$x_1 = \hat{x}_1 e^{(i\Omega t + \varphi)},$$
$$x_2 = \hat{x}_2 e^{i\Omega t}. \tag{4.155}$$

In (4.154) eingesetzt erhalten wir den Absolutbetrag der sog. Amplitudenverhältnisse zu

$$\left|\frac{\hat{x}_1}{\hat{x}_2}\right| = \sqrt{\frac{1+(2D\eta)^2}{(1-\eta^2)^2+(2D\eta)^2}}, \tag{4.156}$$

wobei

$$D = \frac{d}{2m\omega} = \frac{d}{2\sqrt{mk}}; \; \eta = \frac{\Omega}{\omega}$$

ist. Interessant ist die Lösung von (4.153). Setzen wir die komplexen Lösungen (4.155) ein, so erhalten wir

$$\left|\frac{\hat{x}_1-\hat{x}_2}{\hat{x}_2}\right| = \frac{\eta^2}{\sqrt{(1-\eta^2)^2+(2D\eta)^2}}. \tag{4.157}$$

Bei bekannten Schwingungsparametern Ω/ω bzw. D kann man diese Lösung verwenden, um die Bewegungen x_2 einer Struktur zu messen, indem man die leicht zu messende Relativbewegung $|\hat{x}_1 - \hat{x}_2|$ mißt und so auf die Größe $\hat{x}_2$ schließt (Seismisches Prinzip). Für das schwingungsfähige System Bild 4.52b gilt die Gleichgewichtsdifferentialgleichung

$$m\ddot{x}_1 + d\dot{x}_1 + kx_1 = \hat{P}e^{i\Omega t}. \tag{4.158}$$

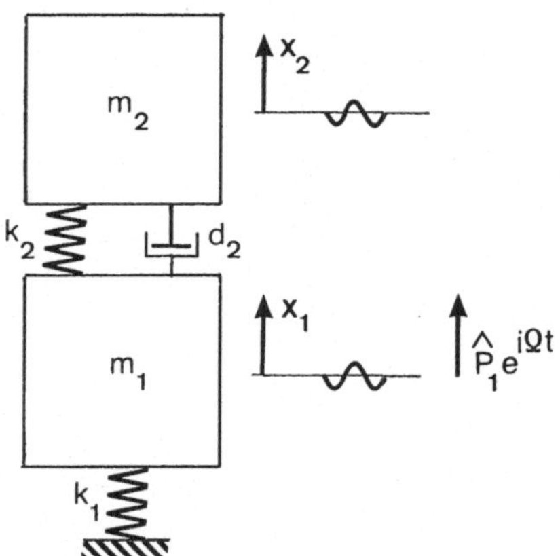

Bild 4.53. Gedämpfter Zweimassenschwinger

Mit (4.155) erhalten wir

$$\left|\frac{\hat{x}_1}{x_{\mathrm{St}}}\right| = \frac{1}{\sqrt{(1-\eta^2)^2 + (2D\eta)^2}}, \tag{4.159}$$

mit $x_{\mathrm{St}} = \hat{P}/k$. Nun interessieren meist nicht so sehr die Ausschläge, sondern mehr die Kräfte, die über die Feder in das Fundament eingeleitet werden. Diese Kraft erhalten wir, wenn wir die rechten Seiten von (4.154) und (4.158) vergleichen:

$$d\dot{x}_1 + kx_1 = P\mathrm{e}^{\mathrm{i}\Omega t}$$

zu

$$|P| = \hat{x}_1 k\sqrt{1 + (2D\eta)^2}\,.$$

Wir indizieren mit 1 da wir uns auf das System Bild 4.52b beziehen. Mit (4.159) erhalten wir dann den Betrag des Verhältnisses der Kraft, die in das Fundament übertragen wird, zu der Kraft der statischen Belastung mit

$$\left|\frac{P}{\hat{P}}\right| = \sqrt{\frac{1 + (2D\eta)^2}{(1-\eta^2)^2 + (2D\eta)^2}}\,. \tag{4.160}$$

Dieses ist die gleiche Übertragungsfunktion wie für das Verhältnis der Amplituden bei der Fußpunktanregung.

Wir wollen diesen Abschnitt mit dem 2-Massenschwinger abschließen, der als Modell für eine Vielzahl von Anwendungen zu verwenden ist. Gegeben ist das in Bild 4.53 abgebildete System. Die Bewegungsgleichungen sind

$$\begin{aligned} &m_1\ddot{x}_1 + d_2(\dot{x}_1 - \dot{x}_2) + k_2(x_1 - x_2) + k_1 x_1 = \hat{P}_1 \mathrm{e}^{\mathrm{i}\Omega t}, \\ &m_2\ddot{x}_2 - k_2 x_1 + k_2 x_2 = 0\,. \end{aligned} \tag{4.161}$$

Zunächst bestimmen wir die Eigenfrequenzen des Systems, indem wir den homogenen Teil des Gleichungssystems ohne Berücksichtigung der Dämpfung betrachten. Das Verschwinden der Determinanten der Koeffizientenmatrix liefert uns die Eigenkreisfrequenzen des Systems zu

$$\omega_{1,2}^2 = \frac{1}{2}\left[\left(\frac{k_1+k_2}{m_1}+\frac{k_2}{m_2}\right) \pm \sqrt{\left(\frac{k_1+k_2}{m_1}+\frac{k_2}{m_2}\right)^2 - 4\frac{k_1 k_2}{m_2 m_1}}\right]. \tag{4.162}$$

Mit

$$\bar{\omega}_1^2 = \frac{k_1}{m_1};\ \bar{\omega}_2^2 = \frac{k_2}{m_2};\ \mu = \frac{m_2}{m_1}$$

erhalten wir

$$\omega_{1,2}^2 = \frac{1}{2}\left\{[\bar{\omega}_1^2 + (1+\mu)\bar{\omega}_2^2] \pm \sqrt{[\bar{\omega}_1^2 + (1+\mu)\bar{\omega}_2^2]^2 - 4\bar{\omega}_1^2\bar{\omega}_2^2}\right\}.$$

Die Lösung von (4.161) erhalten wir mit (4.155) zu

$$\left|\frac{\hat{x}_1}{x_{St}}\right| = \sqrt{\frac{(v^2-\eta_1^2)^2 + (2D_2\eta_1 v)^2}{[\eta_1^4 - \eta_1^2(1+v^2+\mu v^2)+v^2]^2 + [2D_2\eta_1 v(1-\eta_1^2(1+\mu))]^2}} \tag{4.163}$$

und

$$\left|\frac{\hat{x}_2}{x_{St}}\right| = \sqrt{\frac{v^4 + (2D_2\eta_1 v)^2}{[\eta_1^4 - \eta_1^2(1+v^2+\mu v^2)+v^2]^2 + [2D_2\eta_1 v(1-\eta_1^2(1+\mu))]^2}}, \tag{4.164}$$

wobei die folgenden Abkürzungen eingeführt werden

$$v^2 = \left(\frac{\bar{\omega}_2}{\omega_1}\right)^2;\ D_2 = \frac{d_2}{2\sqrt{m_2 k_2}};\ \eta_1 = \frac{\Omega}{\bar{\omega}_1};\ x_{St} = \frac{\hat{P}_1}{k_1}.$$

Eine ausführliche Diskussion dieses Systems finden wir in [4.25]. Wir zeichnen (4.163) bzw. (4.164) mit den Parametern $\mu=0$, 1, $v=1$ auf (Bild 4.54).

Wir erkennen, daß bei $\eta=1$ im Fall einer verschwindenden Dämpfung die Ausschläge verschwinden. Dieses ist der bekannte Tilgereffekt. Wir können diesen Effekt für die Konstruktion eines Schwingungstilgers verwenden. Die Umströmung von rohrartigen Konstruktionen führt bekanntlich zu Wirbelablösungen deren Physik im Kapitel 3 erläutert wurde. Liegt die Frequenz der Wirbel im Bereich einer Eigenfrequenz der rohrartigen Stahlstruktur, so kommt es zu kritischen Resonanzzuständen. Bringen wir im Bereich des größten Ausschlags eine gedämpfte zusätzliche Masse an, so kann man bei geschickter Wahl der Parameter solche Schwingungserscheinungen bis auf einen unbedenklichen Rest tilgen. Wir betrachten die Stahlstruktur des Halbtauchers in Bild 4.1a. Eine Schwingungsanalyse möge uns eine relativ niedrige Eigenschwingung mit einer ausgeprägten Schwingung des horizontalen Verbindungsrohres zwischen den beiden Auftriebskörpern zeigen. Beim Schleppen dieses Halbtauchers sei eine wirbelerregte Resonanzsituation gegeben. Um die richtige Wahl der Parameter für

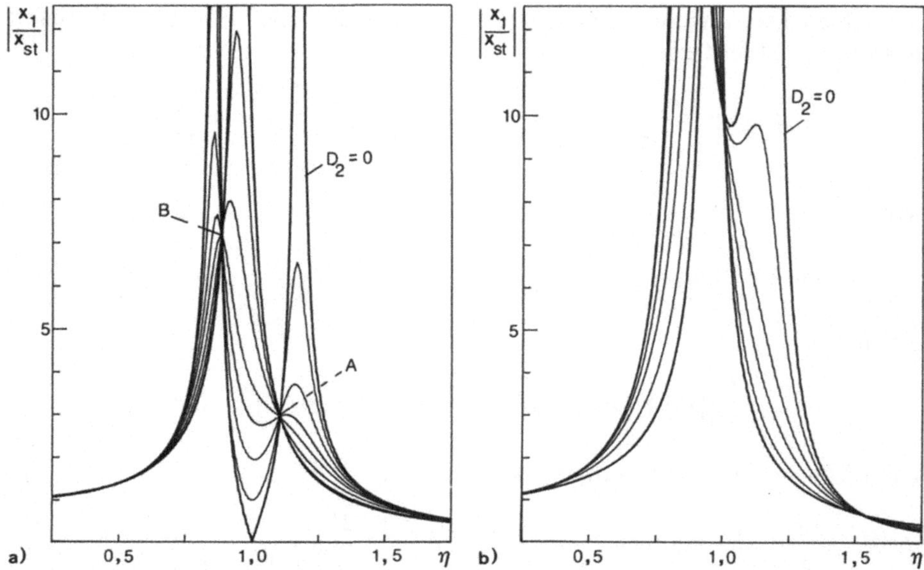

Bild 4.54a, b. Verhalten des 2-Massenschwingers. **a** Masse m_1; **b** Masse m_2; Kurvenparameter Dämpfungsmaß D_2

den Tilger zu finden ist zunächst das System auf einen 1-Massenschwinger zu reduzieren. Wir setzen also die Kreiseigenfrequenz des 1-Massenschwingers gleich der zu tilgenden Resonanzfrequenz des Rohres, die wir aus einer globalen Eigenfrequenzanalyse des Halbtauchers erhalten,

$$m_{\text{Ers}} = \frac{k}{\omega^2}, \tag{4.165}$$

wobei wir mit Hilfe einer statischen Rechnung die Federsteifigkeit k des Bauwerkes am Ort der Anbringung des Tilgers in Richtung der zu tilgenden Ausschläge bestimmen müssen. Wir können aus Bild 4.54a erkennen, daß die Kurven für vier verschiedene Dämpfungen stets durch die Punkte A und B verlaufen, wir versuchen also das Verhältnis der Massen μ und Frequenzen ν so zu gestalten, daß die Schnittpunkte bei A und B gleiches Niveau erhalten, (Bild 4.55a). Dieses erreichen wir, wenn wir

$$\nu = \frac{1}{1+\mu} \tag{4.166}$$

wählen. Die dazugehörige optimale Dämpfung ist

$$D = \sqrt{\frac{\mu}{2}}\left(1 - \frac{1}{2}\mu\right). \tag{4.167}$$

Versuche haben gezeigt, daß auch abweichende Werte der optimalen Dämpfung noch zu außerordentlich guten Ergebnissen führen. Bild 4.56 zeigt eine Skizze für die Ausführung eines solchen Tilgers.

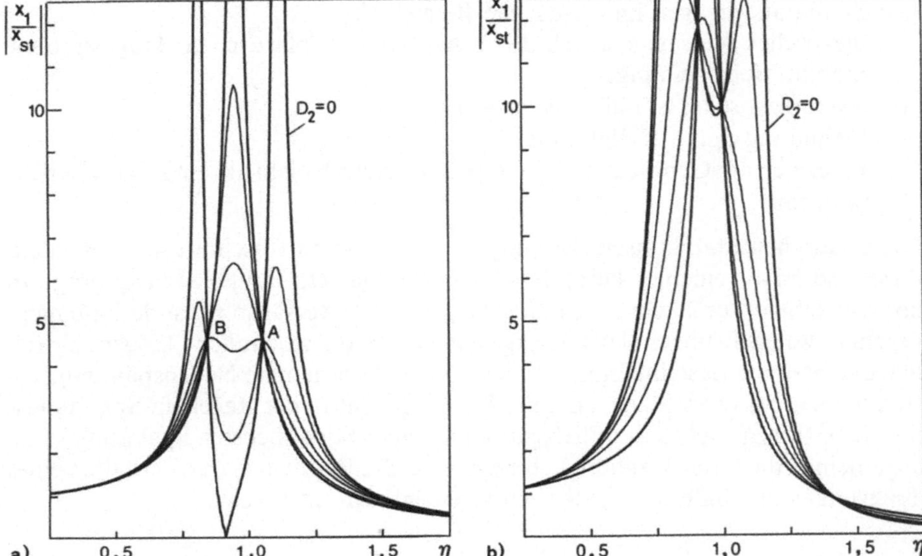

Bild 4.55a, b. Verhalten des optimierten 2-Massenschwingers. **a** Masse m_1; **b** Masse m_2; Kurvenparameter Dämpfungsmaß D_2

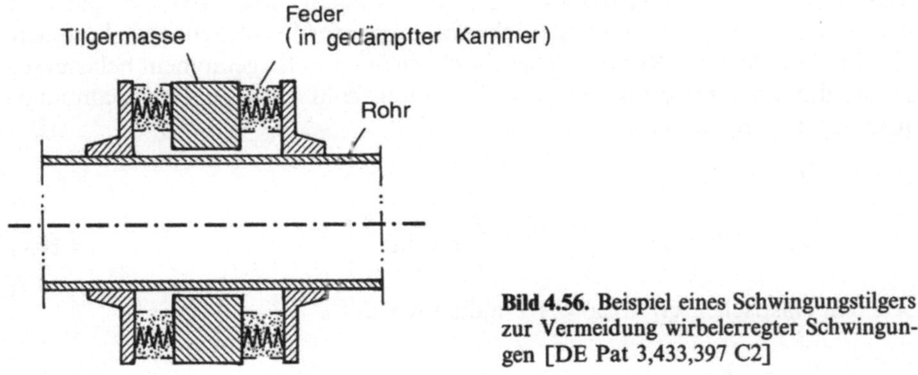

Bild 4.56. Beispiel eines Schwingungstilgers zur Vermeidung wirbelerregter Schwingungen [DE Pat 3,433,397 C2]

Im allgemeinen kommen wir mit Tilgermassen von 10 bis 50 kg aus. Beim Bau dieser einfachen Geräte ist darauf zu achten, daß die Federn einer Ermüdung unterliegen und sorgfältig nach Gesichtspunkten der Dauerschwingfestigkeit ausgelegt werden müssen.

4.4 Grenztragfähigkeit

Neben der Kenntnis der Spannungsverteilung und Verformungen bei gegebener Belastung ist natürlich die Frage nach derjenigen Belastung von Bedeutung, die zu einem Versagen der Struktur oder der Gebrauchsuntüchtigkeit führt. Es sind die folgenden Grenzlastzustände zu beachten.

- Stabilitätsversagen im elastischen Bereich.
- plastisches Versagen durch Erreichen der vollplastischen Traglast ohne Stabilitätserscheinungen.
- elastoplastisches Stabilitätsversagen.
- Ermüdung durch Rißbildung.
- Erreichen der Gebrauchsuntüchtigkeit z.B. durch nicht akzeptierbare Verformungen.

Die elastischen Stabilitätserscheinungen haben wir im Abschnitt 4.2 behandelt, diese sind im allgemeinen besonders bei sehr schlanken Bauteilen ausgeprägt. In der realen Struktur ist ein solches ideelles Stabilitätsversagen meist deshalb nicht gegeben, weil Störungen des Gleichgewichts, z.B. durch bauliche Ungenauigkeiten, exzentrische Lasteinleitungen oder auch nicht beachtete Nebenspannungszustände nicht zu vermeiden sind. Hierdurch entsteht in der Regel ein Spannungsproblem. Mit Erreichen der Fließspannung am Ort der höchsten Spannung ist im allgemeinen die Grenztragfähigkeit nicht erreicht. Es gilt also das Verhalten eines Tragwerkes oberhalb der elastischen Grenzlast zu untersuchen.

4.4.1 Der vollplastische Querschnitt von Balken

Der bei meerestechnischen Bauwerken meist verwendete Stahl hat ein ausgeprägt linear-elastisch, ideal-plastisches Werkstoffverhalten, Bild 4.57, so daß wir oberhalb der Fließgrenze ohne Berücksichtigung einer Verfestigung auskommen.

Wir betrachten ein Rohr, welches durch ein äußeres Biegemoment belastet sei. Es sind drei Spannungszustände von Bedeutung, Bild 4.58a–c. Der Spannungszustand b) integriert liefert

$$M = W_{\mathrm{ep}} \sigma_{\mathrm{F}} ,$$

$$W_{\mathrm{ep}} = d^2 h \frac{1}{2} \left\{ \sqrt{1 - \left(\frac{d'}{d}\right)^2} + \frac{d}{d'} \arcsin \frac{d'}{d} \right\}. \tag{4.168}$$

Den rein elastischen Grenzfall a) erhalten wir mit $d' = d$

$$W_{\mathrm{e}} = d^2 h \frac{\pi}{4} \tag{4.169}$$

und den vollplastischen Fall c) mit $d' = 0$

$$W_{\mathrm{p}} = d^2 h . \tag{4.170}$$

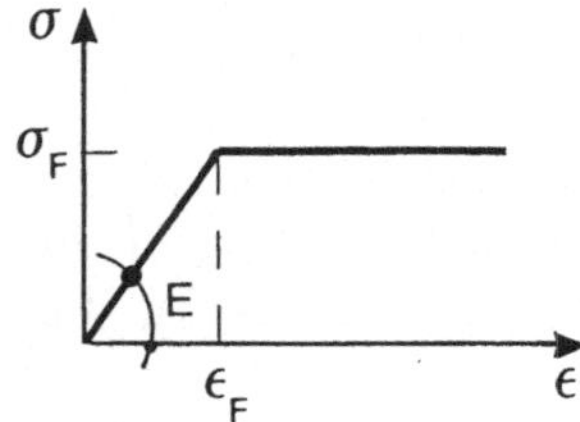

Bild 4.57. Ideal elastoplastisches Werkstoffgesetz

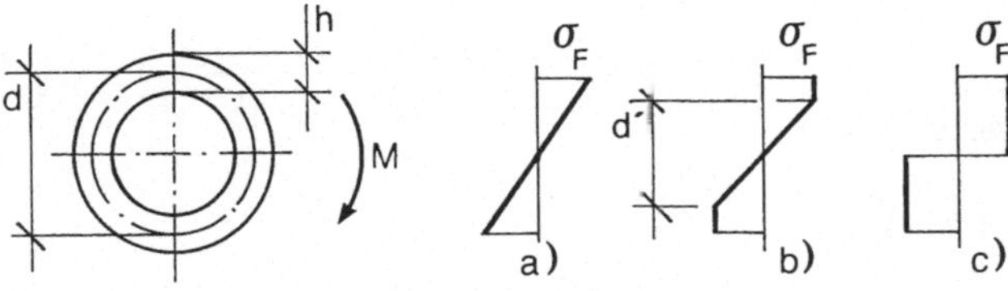

Bild 4.58a – c. Spannungsverteilung im Rohrquerschnitt

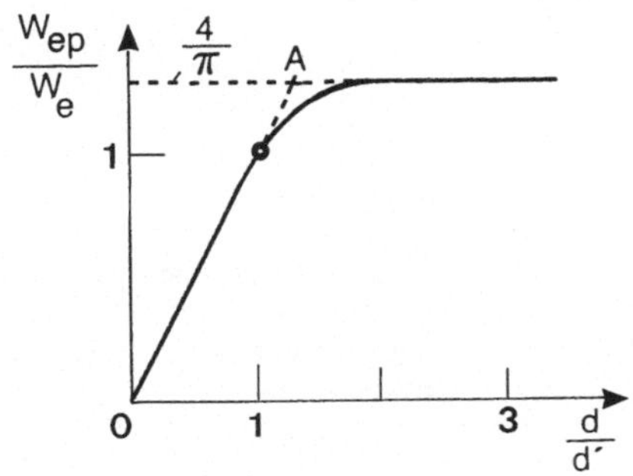

Bild 4.59. Größe des Widerstandsmomentes in Abhängigkeit des Plastizierungsgrades

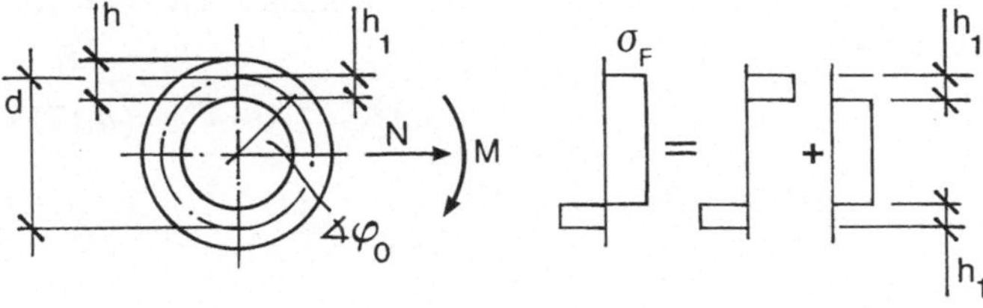

Bild 4.60. Vollplastische Spannungsverteilung im Rohr unter Normal- und Momentenbelastung

Die sog. plastische Reserve ist also $\alpha = W_p/W_e = 4/\pi = 1{,}27$. Die Funktion (4.168) ist in Bild 4.59 für den Bereich $d/d' \geqq 1$ dimensionslos dargestellt.

Das vollplastische Widerstandsmoment erhalten wir praktisch schon wenn $d/d' \geqq 2$ ist. Die Berechnungen der Traglast für komplizierte Tragwerke vereinfachen sich erheblich, wenn wir bis zum Erreichen des vollplastischen Widerstandsmomentes eine lineare Beziehung annehmen (Punkt A). Um dann erst eine Abweichung von einem linearen Tragverhalten derart zu postulieren, daß keine weitere Erhöhung der Last mehr von dem Tragwerk aufgenommen werden kann, sofern das Tragwerk statisch bestimmt gelagert ist. Anderenfalls kann eine Lasterhöhung nur durch eine Lastumlagerung in noch nicht vollausgelastete Bereiche erfolgen. Um die Grenztragfähigkeit eines Rohrquerschnittes vollständig beurteilen zu können, sind außer Momenten auch Längskraft und Querkraft zu beachten. Wir betrachten einen Rohrquerschnitt mit volldurchplastiziertem Querschnitt unter Wirkung einer Längskraft und eines Momentes, Bild 4.60. Wir erhalten die Längskraft mit

$$N = 2\sigma_F d h \varphi_0 \,.$$

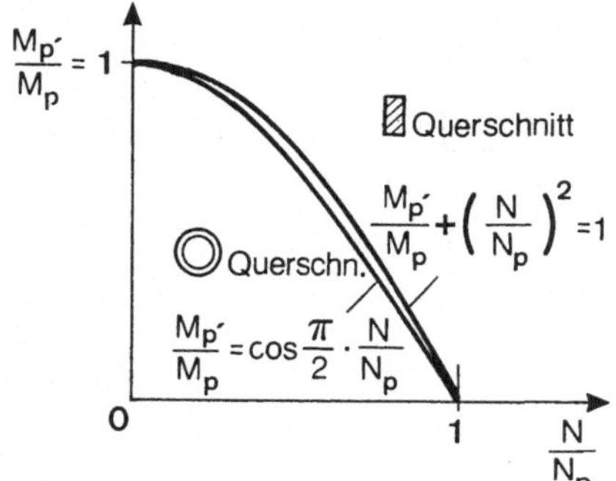

Bild 4.61. Interaktionskurve zwischen Biegemoment und Längskraft

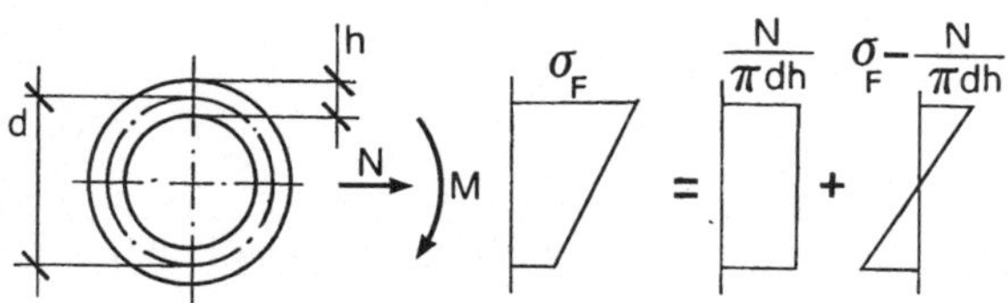

Bild 4.62. Elastische Spannungsverteilung im Rohr bei Biegemomenten- und Längskraftbelastung

Die vollplastische Längskraft N_p ist gleich der elastischen Grenzlast d.h. $N_F = N_p$. Für den Fall $M = 0$ erhalten wir

$$N_p = \pi \sigma_F d h \tag{4.171}$$

und damit

$$\varphi_0 = \frac{\pi}{2} \frac{N}{N_p} \, .$$

Das Biegemoment erhalten wir aus der Integration des Spannungszustandes zwischen $\varphi = \varphi_0$ und $\varphi = \pi/2$

$$M'_p = \sigma_F d^2 h \cos \varphi_0 \, .$$

Mit dem vollplastischen Moment $M_p = W_p \sigma_F$ erhalten wir

$$\frac{M'_p}{M_p} = \cos\left(\frac{\pi}{2} \frac{N}{N_p}\right). \tag{4.172}$$

Wir können erkennen, daß die Interaktionskurve, Bild 4.61,

$$\frac{M'_p}{M_p} + \left(\frac{N}{N_p}\right)^2 = 1 \, , \tag{4.173}$$

die für einen Rechteckquerschnitt gilt, nur geringfügig von einem Rohrquerschnitt abweicht. Den elastischen Grenzzustand erhalten wir gemäß Bild 4.62 zu

$$M = \left(\sigma_F - \frac{N}{\pi d h}\right) W_e \, ,$$

so daß wir als elastische Interaktion

$$\frac{M}{M_F} + \frac{N}{N_F} = 1 \tag{4.174}$$

erhalten, wobei M_F das elastische Grenzmoment $W_e \sigma_F$ ohne Längskraft ist. Die Integration zwischen einer Längskraft und einem Torsionsmoment M_T können wir mit guter Näherung aus der v. Mises Vergleichsspannung

$$\sigma_F^2 = \sigma^2 + 3\tau^2$$

erhalten. Dabei können wir davon ausgehen, daß bei Torsionsbelastung für dünnwandige Rohre $\alpha = 1$ ist, d.h. $M_{TF} = M_{Tp}$. Wir ersetzen die Spannungen durch Kräfte und Momente, und erhalten

$$\left(\frac{N}{N_p}\right)^2 + \left(\frac{M_T}{M_{TP}}\right)^2 = 1, \tag{4.175}$$

wobei

$$M_{TP} = \frac{\pi}{2} d^2 h \frac{\sigma_F}{\sqrt{3}}$$

ist. Die elastische Grenzlast erhalten wir mit

$$\frac{N}{N_p} + \frac{M_T}{M_{TP}} = 1, \tag{4.176}$$

denn beide Lastkomponenten erzeugen konstante Spannungszustände.

Ohne auf die umfangreichen Berechnungen im einzelnen einzugehen, sei ergänzend der Zusammenhang zwischen Torsion und Biegung mit

$$\frac{M'_p}{M_p} + \left(\frac{M_T}{M_{TP}}\right)^2 = 1 \tag{4.177}$$

mitgeteilt. Die Berücksichtigung von Querkräften erfolgt wieder unter Beachtung der v. Mises Vergleichsspannung, so daß wir

$$\left(\frac{N}{N_p}\right)^2 + \left(\frac{Q}{Q_p}\right)^2 = 1 \tag{4.178}$$

erhalten, wobei

$$Q_p = \pi d h \frac{\sigma_F}{\sqrt{3}}$$

zu setzen ist. Wirken alle Belastungsanteile, so ist die Interaktion

$$\left(\frac{N}{N_p}\right)^2 + \left(\frac{M_T}{M_{TF}}\right)^2 + \frac{M'_p}{M_p} + \left(\frac{Q}{Q_p}\right)^2 = 1 \tag{4.179}$$

als gute Näherung für den Grenztraglastfall anzusehen. Den elastischen Grenzzustand erhalten wir mit

$$\frac{N}{N_F} + \frac{M_T}{M_{Te}} + \frac{M}{M_F} + \frac{Q}{Q_F} = 1, \tag{4.180}$$

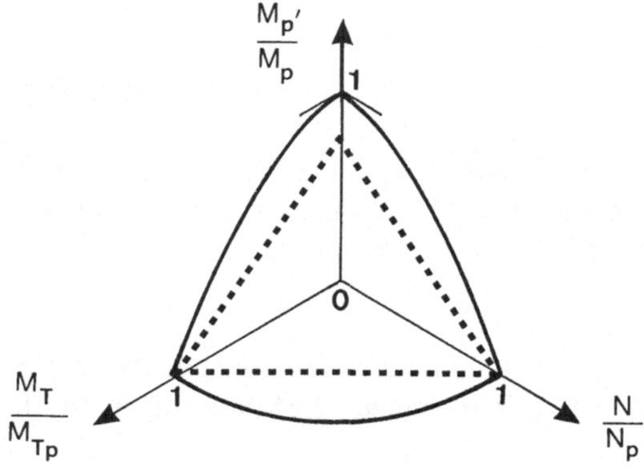

Bild 4.63. Interaktion zwischen Längskraft und Biege- und Torsionsmoment für die elastische und vollplastische Grenzlast

bzw., auf die vollplastischen Schnittgrößen bezogen, für ein Rohr zu

$$\frac{N}{N_p}+\frac{M_T}{M_{Tp}}+\frac{M}{M_p}\frac{4}{\pi}+\frac{Q}{Q_p}=1\,. \tag{4.181}$$

In Bild 4.63 sind die Interaktionen zwischen Längskraft, Torsionsmoment und Biegemoment für den elastischen und vollplastischen Grenzzustand graphisch dargestellt. Wir können nun der Frage der Grenztragfähigkeit einfacher Tragwerke weiter nachgehen.

4.4.2 Die Grenztragfähigkeit einfacher Tragwerke

Wir betrachten wieder die bereits mehrfach verwendete horizontale Aussteifung des Halbtauchers Bild 4.1a und untersuchen dessen Grenztragverhalten (Bild 4.64). Wir betrachten zunächst als Rechenmodell den frei aufgelegten Balken und finden elementar das maximale Biegemoment auf der Trägermitte mit

$$M=\frac{ql^2}{8}\,.$$

Die Last, bei der die Fließgrenze jeweils an der äußeren Faser erreicht wird ist damit

$$q_{el}=\frac{8\sigma_F W_e}{l^2}\,.$$

Die Grenzlast ist erreicht, wenn der Querschnitt vollplastisch ist, d.h.

$$q_p=\frac{8\sigma_F}{l^2}W_p=\frac{8}{l^2}M_p\,.$$

Dann besitzt das Tragwerk keine weitere Tragreserve, es ist eine sog. kinematische Kette entstanden, das Tragwerk kollabiert.

Zur Ermittlung der Grenzlast ist nur die Form der kinematischen Kette, d.h. der Verformungszustand während des Zusammenbruches zu ermitteln. Hieraus läßt sich dann mit Hilfe des Prinzips der virtuellen Verrückungen oder auch durch

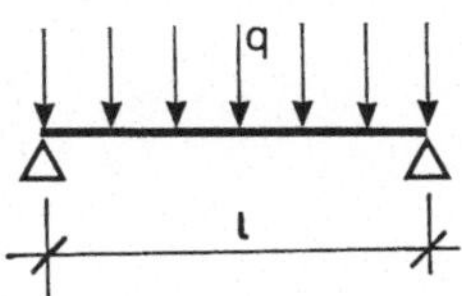

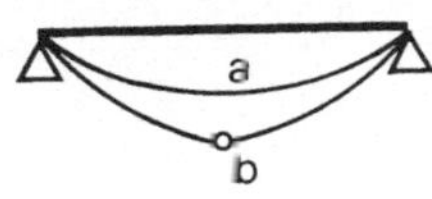

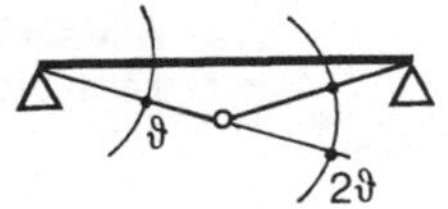

Bild 4.64. Balken auf zwei Stützen

Anwendung der elementaren Gleichgewichtssätze die Grenzlast ermitteln. Wir betrachten hierzu den Balken beidseitig fest eingespannt. Die elastische Grenzlast ist elementar

$$q_{el} = \frac{12}{l^2} \sigma_F W_e .$$

Der Ort des ersten Fließens liegt im Bereich der größten auftretenden Momente. Also in diesem Fall in den Auflagern. Erhöhen wir die Last, dann kommt es zur Bildung von sog. Fließgelenken, d.h. einem totalen Durchplastizieren an den Auflagern

$$q_1 = \frac{12}{l^2} \sigma_F W_e \alpha .$$

Nunmehr entsteht ein neues statisches System, nämlich ein Balken auf zwei Stützen, frei gelagert mit zwei Endmomenten von der Größe der Fließmomente des Querschnittes, wobei $W_e \alpha = W_p$ ist

$$M_p = \sigma_F W_p .$$

Wir stellen uns das neue System so vor, als ob sich an den Auflagern Rutschkupplungen befinden, deren Rutschmoment gerade dem vollplastischen Moment entspricht. Während vorher die Durchbiegung auf halber Trägerlänge der Durchbiegung des eingespannten Balkens entsprach

$$w = \frac{q l^4}{384 EI},$$

ist nach Auftreten der Fließgelenke an den Auflagern diese gleich dem frei aufgelegten Balken

$$w = \frac{5 q l^4}{384 EI},$$

also 5fach größer. Wir können die äußere Last nunmehr weiter steigern bis auch auf halber Trägerlänge das Fließmoment entsteht, so daß die Grenzlast insgesamt

$$q_p = \frac{16}{l^2} M_p$$

ist.

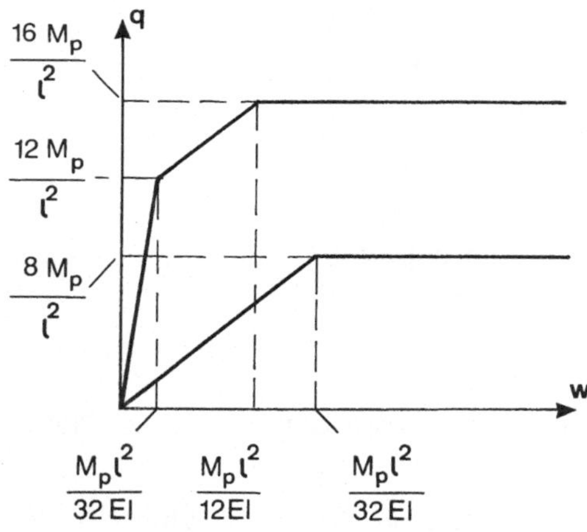

Bild 4.65. Last-Verformung des Balkens auf zwei Stützen bis zum Versagen

Die Erhöhung der äußeren Last nach Erreichen der elastischen Grenzlast beträgt also mit $\alpha = 4/\pi$

$$\frac{q_p}{q_e} = \frac{16}{3\pi} \,.$$

Diese Ergebnisse sind in Bild 4.65 dargestellt.

Wir können die Traglast auch mit Hilfe der kinematischen Kette ermitteln, die sich im Moment des Kollapses einstellt. Wir betrachten dazu den virtuellen Verformungszustand bei dem die Summe der virtuellen äußeren Arbeiten und die der inneren Arbeiten, die nur in den Fließgelenken entstehen, verschwindet. Wir betrachten den Fall des frei aufgelegten Balkens und finden mit Bild 4.64

$$2M_p\vartheta - 2\frac{ql}{2}\vartheta\frac{l}{4} = 0\,, \tag{4.182}$$

woraus wir sofort die Traglast erhalten. Wie einfach dieses Verfahren ist, zeigt sich z.B. auch bei dem Fall beidseitig eingespannter Träger. Hier sind lediglich die Arbeiten der beiden Fließmomente an den Auflagern hinzu zu addieren

$$4M_p\vartheta - 2\frac{q_p l}{2}\vartheta\frac{l}{4} = 0\,, \tag{4.183}$$

und wir erhalten sofort die Traglast des eingespannten Trägers.

Wir müssen nun den Einfluß einer stets vorhandenen Teileinspannung untersuchen. Die Berechnung erfolgt in gleicher Art wie vorher, ohne Besonderheiten, bis auf die Fallunterscheidung wo das erste Fließgelenk auftritt. Bei sehr weicher Randeinspannung wird dieses in Feldmitte, bei sehr steifer Einspannung am Rand auftreten. Ergebnisse sind in Bild 4.66 dargestellt, mit den beiden Grenzfällen frei- bzw. eingespannt gelagert. Wir erkennen sofort, daß bei Teileinspannung stets die Traglast des festeingespannten Trägers erreicht wird. Wird die Teileinspannung sehr gering, sind hierzu allerdings sehr große Verdrehungen der Ränder notwendig, die mit dem System nicht verträglich sind. Das ist

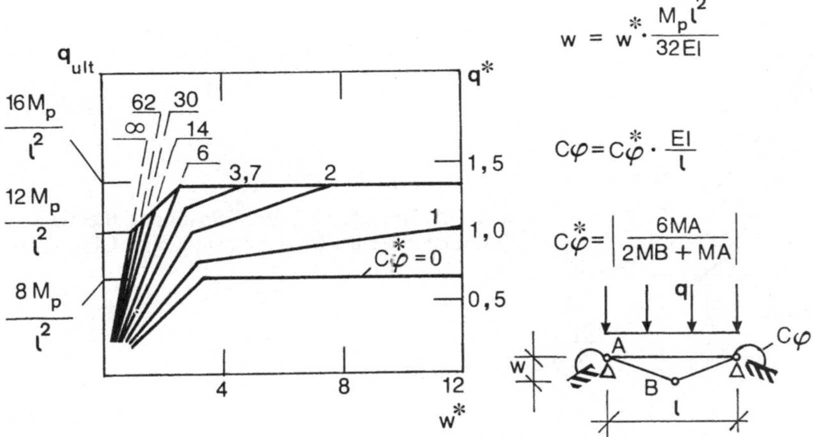

Bild 4.66. Last-Verformung des Balkens auf zwei Stützen bei Teileinspannung der Ränder

die Erklärung des sog. Stüssi-Paradoxons, welches lange die Einführung der Traglastmethode verzögerte. Betrachten wir nur die Traglasten eines teileingespannten Trägers, so würde man mit verschwindender Federsteifigkeit stets die Traglast eines eingespannten Systems erhalten, die doppelt so groß ist wie die des frei aufgelegten Trägers, was in der Tat ein Widerspruch ist. Mit anderen Worten es ist stets zu überprüfen, ob die Randeinspannung ausreichend ist, um bei kleinen Verdrehungen bereits ein Fließmoment aufzunehmen. Dieses ist stets gegeben, wenn $c_\varphi \geqq 2$ ist. Diese Feststellung bedeutet aber auch, daß im Gegensatz zur elastischen Berechnung eine Erhöhung des Einspanngrades keine Erhöhung der Traglast bedeutet. Wir können auf die Berechnung von komplizierteren Tragwerken insbesondere auch auf die Diskussion der sog. Traglastsätze nicht eingehen und müssen auf die Literatur verweisen [4.26]. Wir wollen aber auch noch den wichtigen Fall des Verhaltens von schlanken Tragwerken unter axialen Lasten betrachten. Wie bereits in Abschnitt 4.2 erläutert, ist in solchen Fällen ein Stabilitätsversagen möglich. Uns interessiert darüber hinaus, unter welchen Bedingungen an der höchstbelasteten Stelle eines solchen Tragwerkes die Fließgrenze erreicht wird, wenn Axial- und Querbelastungen auftreten, also ein Problem der Spannungstheorie 2. Ordnung vorliegt. Wir vermuten nämlich, daß mit Erreichen der Fließspannung die Tragfähigkeit fast erschöpft ist, zumindestens erhalten wir aber eine untere Abschätzung hierfür. Wir betrachten den Balken beidseitig frei aufgelegt unter axialer Last N und einer Querbelastung. Wir wenden die Interaktionsformel (4.174) an, wobei wir das Moment unter Berücksichtigung der Längskräfte und beliebiger Querbelastung nach (4.92) verwenden,

$$\frac{M}{M_F} \frac{1+\Psi \dfrac{N}{N_{Ki}}}{1-\dfrac{N}{N_{Ki}}} + \frac{N}{N_F} = 1 . \tag{4.184}$$

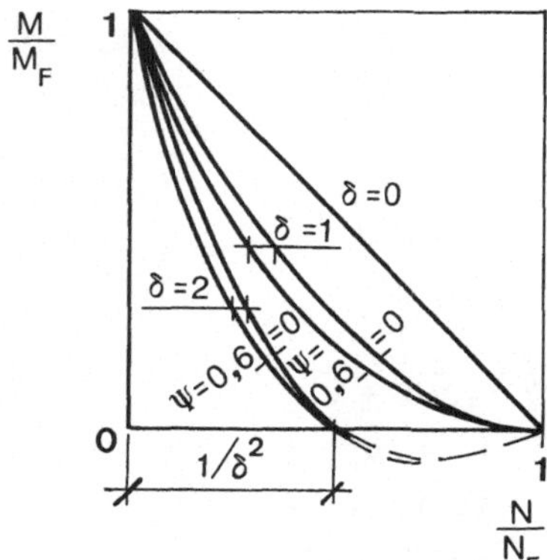

Bild 4.67. Interaktionskurven Spannungstheorie 2. Ordnung zwischen Biegemomenten und Längskräften

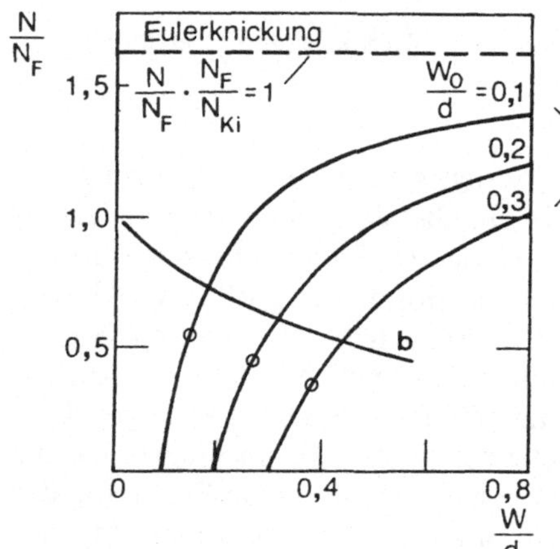

Bild 4.68. Abschätzung der Traglast eines vorverformten Balkens auf zwei Stützen unter Längskräften. *a* Last-Verformung nach (4.187); *b* nach (4.189). Die Ergebnisse von (4.188) sind mit Kreisen angegeben. Rohr 180 × 10 mm, Länge 3 400 mm, $\sigma_F = 450\ \text{N/mm}^2$

Wir führen für $N_F/N_{Ki} = \delta$ ein und erhalten

$$\frac{M_0}{M_F}\,\frac{1+\Psi\dfrac{N}{N_F}\delta}{1-\dfrac{N}{N_F}\delta}+\frac{N}{N_F}=1 \tag{4.185}$$

Bild 4.67. Wir können auch eine andere Darstellung wählen

$$\frac{N}{N_F}=\frac{1+\delta\left(1+\dfrac{M_0}{M_F}\Psi\right)-\sqrt{\left[1+\delta\left(1+\dfrac{M_0}{M_F}\Psi\right)\right]^2-4\delta\left(1-\dfrac{M_0}{M_F}\right)}}{2\delta}\,. \tag{4.186}$$

Letztere wird im angelsächsischen Sprachraum als Perry-Robertson-Formel bezeichnet. Sie wird heute gerne als Grundlage für Normen verwendet und eignet sich für Entwurfszwecke. Wir wählen ein Beispiel mit $\delta^2 = 2$ und einem Rohr von der Länge $l = 20d$. Wir tragen das Ergebnis in Bild 4.21 als Dreiecke ein.

Wir wollen den Abschnitt mit der Behandlung des vorverformten Balkens und seiner Grenztragfähigkeit abschließen. Dieses erscheint schon deshalb besonders interessant, weil bauliche oder während des Betriebes, z.B. durch Anlegerstöße, verursachte Vorverformungen eigentlich stets vorhanden sein können. Wir betrachten ein unter Druckkräften stehendes Rohr. Der Einfachheit halber betrachten wir dieses beidseitig, frei aufgelagert. Es möge eine sinusförmige Vorverformung mit einer maximalen Vorverformung von w_0 haben. Mit guter Näherung finden wir unter Beachtung des Abschnittes 4.2

$$\frac{w}{d}=\frac{w_0}{d}\frac{1}{1-\delta\dfrac{N}{N_F}}\,. \tag{4.187}$$

Wir stellen dieses Ergebnis in dimensionsloser Darstellung in Bild 4.68 dar. Als untere Abschätzung der Gültigkeit dieser Abhängigkeit verwenden wir die Formel von Perry-Robertson in der Darstellung (4.186) unter Beachtung, daß $M_0=Nw_0$ ist, und erhalten

$$\frac{N}{N_F}=\frac{1+\delta+\eta-\sqrt{(1+\delta+\eta)^2-4\delta}}{2\delta}\,, \tag{4.188}$$

mit $\eta=Aw_0/W$, wobei W Widerstandsmoment und A Rohrquerschnitt ist. Eine obere Abschätzung erhalten wir, wenn wir davon ausgehen, daß der Zusammenhang (4.187) vom Beginn des Fließens bis zum vollständigen Durchplastizieren erhalten bleibt. Das ist die gleiche Annahme, wie im linearen Fall am Anfang des Abschnittes. Wir können daher die Interaktionsformel für das Rohr (4.172) verwenden und setzen

$$M'_p=Nw\,.$$

Damit erhalten wir

$$\frac{w}{d}=\frac{1}{\pi}\frac{N_F}{N}\cos\frac{\pi}{2}\frac{N}{N_F}\,. \tag{4.189}$$

Die Schnittpunkte von (4.187) und (4.189) ergeben die gesuchte obere Abschätzung. Genauere Berechnungen zeigen, daß diese Abschätzungen die tatsächliche Tragfähigkeit sehr genau einschränken [4.21].

4.5 Numerische Lösungen (Finite-Element-Methode)

Wir haben in den vorhergehenden Abschnitten einen Überblick über einige wichtige Methoden der Strukturanalyse gegeben, wobei meist auf die geschlossenen Lösungen der Gleichgewichtsdifferentialgleichungen zurückgegriffen wurde. Wir haben bereits gesehen, daß uns nur für relativ einfache Anwendungsbeispiele geschlossene Lösungen gelingen. Wir sind daher in der Regel auf die Anwendung numerischer Verfahren angewiesen. Hier steht die Methode der Finiten Elemente (FE-Methode) an überragender Stelle. Mit dieser Methode verbindet sich zunächst kein bestimmtes mechanisches Prinzip. Man kann die Modellvorstellung der Finiten Elemente methodisch auf die Kraftgrößenmethode oder auf die Deformationsmethode oder auch auf gemischte Verfahren anwenden. Wir werden uns auf die Anwendung der Letzteren beschränken. Dabei werden wir soweit wie möglich geschlossene Lösungen entwickeln und dort, wo dieses nicht opportun erscheint, werden wir mit Hilfe der Energiemethode die gewünschten finiten Näherungslösungen angeben. Bei der Darstellung der Energiemethode haben wir die Methode von Ritz und Galerkin kennengelernt. Diese Methoden lassen sich direkt auf die Ableitung von Finiten Elementen anwenden. Während die klassische Ritzmethode von einem Lösungsansatz für das gesamte Berechnungsgebiet ausgeht, setzt man bei der Methode der Finiten Elemente lokale Lösungsansätze an. Während die Verbesserung der Lösung des klassischen Ritzverfahrens dadurch erreicht wird, daß der Lösungsansatz für das ganze Berechnungsgebiet verfeinert wird, geschieht dies bei der FE-Methode durch Verfeinerung des Elementnetzes, wobei die einzelnen Lösungsansätze innerhalb der Elemente unverändert bleiben können.

4.5.1 Finite-Element-Methode

Zunächst ein einführendes Beispiel für die FE-Technik unter Verwendung der Deformationsmethode. Die Unbekannten, die zu ermitteln sind, sind die Verformungen an bestimmten Punkten, sog. Knoten. Zu diesem Zweck zerteilen wir ein Tragwerk in endliche Bereiche und koppeln diese endlichen Bereiche (sog. Finite Elemente) wieder an den Knoten. Die Belastungen greifen dabei an den Knoten an. Den Zusammenhang zwischen den Kräften $\boldsymbol{p}$ und den Verformungen $\boldsymbol{u}$ finden wir mit Hilfe eines linearen Operators $\boldsymbol{K}$, Steifigkeitsmatrix genannt

$$\boldsymbol{p}_{\mathrm{K}} = \boldsymbol{K} \cdot \boldsymbol{u}_{\mathrm{K}} \,. \tag{4.190}$$

Der Vektor $\boldsymbol{p}_{\mathrm{K}}$ umfaßt alle Knotenkräfte, wobei unter Kräften auch Momente verstanden werden. $\boldsymbol{u}_{\mathrm{K}}$ beinhaltet alle Knotenpunktverschiebungen, wobei Verdrehungen eingeschlossen sind. Die Matrix $\boldsymbol{K}$ ist eine Matrix bestimmter, von der Art der zu behandelnden Tragwerke abhängiger, Federkonstanten. Durch Auflösung des Gleichungssystems (4.190) nach $\boldsymbol{u}_{\mathrm{K}}$ erhalten wir für das gesamte Tragwerk die Verformungen, aus denen wir dann elementweise alle Schnittgrößen, wie Kräfte und Momente bzw. direkt die Spannungen ermitteln können. Wir betrachten ein Tragwerk, welches sich aus Stäben zusammensetzt, Bild 4.69. Zunächst zerlegen wir dieses Tragwerk in einzelne Stäbe und stellen die Gleichgewichtsbedingungen auf. Dieses tun wir in elementeigenen, sog. lokalen Koordinaten, da wir dann relativ einfache Ausdrücke erhalten. Für ein Element i erhalten wir den Zusammenhang zwischen Knotenverschiebungen und Knotenkräften, Bild 4.70

$$\begin{Bmatrix} p_1 \\ p_2 \end{Bmatrix} = \frac{EA}{l} \begin{bmatrix} 1 & -1 \\ -1 & 1 \end{bmatrix} \cdot \begin{Bmatrix} u_1 \\ u_2 \end{Bmatrix} .$$

Wollen wir mehrere Stäbe zu einem Tragwerk koppeln, so müssen wir die Kräfte und Verschiebungen nicht nur in Stabrichtung, sondern in beliebiger Richtung kennen, da wir an den Knoten neben der kinematischen Verträglichkeit auch

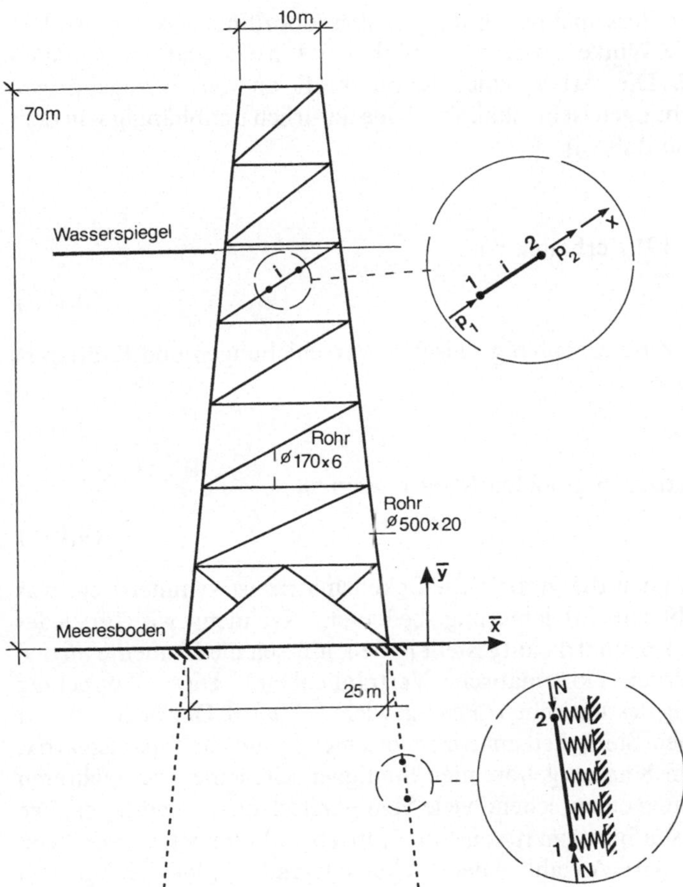

Bild 4.69. Meerestechnische Rohrkonstruktion

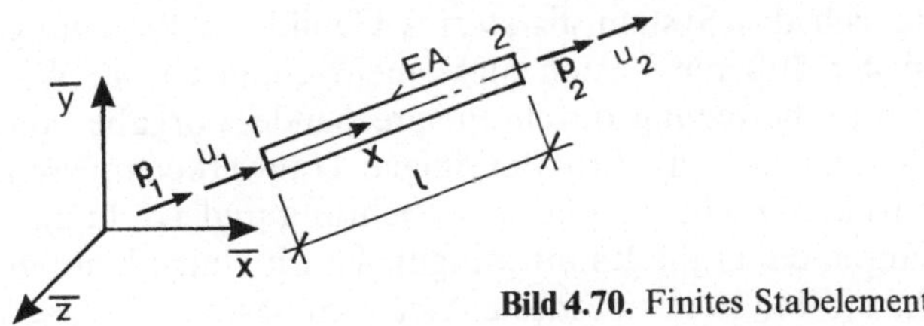

Bild 4.70. Finites Stabelement

statische Verträglichkeit $\sum p = 0$ erfüllen müssen. Der Vektor der Knotenverschiebung in lokalen Koordinaten läßt sich nun in globalen Koordinaten ausdrücken

$$u_K = \lambda \bar{u}_K \,, \tag{4.191}$$

wobei die Matrix λ die Richtungskosinus der beiden Knoten 1 und 2 eines Stabes zwischen den beiden Koordinatensystemen enthält

$$\lambda = \left[\begin{array}{c|c} \cos\alpha \cos\beta \cos\vartheta & 0 \\ \hline 0 & \cos\alpha \cos\beta \cos\vartheta \end{array} \right], \tag{4.192}$$

und $\bar{\boldsymbol{u}}_K$ der Vektor der Verschiebungen im globalen Koordinatensystem ist. Die Winkel α, β, ϑ sind die Winkel zwischen der lokalen Achse x und den globalen Koordinaten $\bar{x}$, $\bar{y}$, $\bar{z}$. Die Arbeit einer Knotenkraft an den dazugehörigen Knotenpunktverschiebungen ist als skalare Größe natürlich unabhängig von dem Koordinatensystem, so daß wir

$$\bar{\boldsymbol{u}}_K^T \bar{\boldsymbol{p}}_K = \boldsymbol{u}_K^T \boldsymbol{p}_K$$

setzen dürfen. Mit (4.191) erhalten wir

$$\bar{\boldsymbol{p}}_K = \boldsymbol{\lambda}^T \boldsymbol{p}_K . \tag{4.193}$$

Wir erhalten also den Zusammenhang zwischen Verschiebungen und Kräften in globalen Koordinaten zu

$$\bar{\boldsymbol{p}}_K = \boldsymbol{\lambda}^T \boldsymbol{K} \boldsymbol{\lambda} \bar{\boldsymbol{u}}_K , \tag{4.194}$$

bzw. die Steifigkeitsmatrix in globalen Koordinaten zu

$$\bar{\boldsymbol{K}} = \boldsymbol{\lambda}^T \boldsymbol{K} \boldsymbol{\lambda} . \tag{4.195}$$

Sowohl die lokale als auch die globale Steifigkeitsmatrix ist symmetrisch, was rechentechnisch erhebliche Erleichterung bedeutet. Nachdem wir für jedes Stabelement die Steifigkeitsmatrix aufgestellt haben, müssen die Elemente an den Knoten gekoppelt werden (kinematische Verträglichkeit). Diese Koppelung geschieht durch Bildung des statischen Gleichgewichtes $\sum p = 0$. Das bedeutet, wir überlagern die einzelnen Steifigkeitsmatrizen zu einer Systemsteifigkeitsmatrix, indem wir die zu jedem Knoten gehörenden Steifigkeitselemente (bei mehreren Freiheitsgraden je Knoten entsprechend viele Steifigkeitselemente) addieren. Die so entstandene Systemsteifigkeitsmatrix ist quadratisch und symmetrisch und von der Größe $n \cdot n$ (n = Anzahl der Freiheitsgrade der möglichen Knotenbewegungen). Diese Matrix ist in diesem Zustand singulär, d.h. die Determinante ist Null, es existiert keine Inverse, denn durch Aufbringen einer beliebig kleinen Last würde sich das System als starres Gebilde in Bewegung setzen, so daß die Arbeiten der äußeren Lasten nicht mehr endlich sind. Wir müssen also die sog. Starrkörperbewegung durch entsprechende Vorgabe von Verschiebungen an einigen Knoten ausschließen. Bei einigen Tragwerken müssen wenigstens drei Bewegungen (in x-Richtung und in y-Richtung und Drehung) unterbunden werden. Wir führen daher die Randbedingungen für einige Knoten ein, so daß das zu untersuchende Tragwerk mindestens statisch bestimmt, besser noch mehrfach statisch unbestimmt gelagert ist. Nach dem Einsetzen der Randbedingungen führen wir die Invertierung durch und finden durch Multiplikation mit dem Kraftvektor den gewünschten Verschiebungsvektor (Invertierung und anschließende Multiplizierung ist gleichbedeutend mit einer Auflösung des linearen Gleichungssystems). Im allgemeinen interessieren die Verschiebungen nur im raumfesten Koordinatensystem. Wollen wir dagegen Kräfte und Spannungen innerhalb der Finiten Elemente bestimmen, dann benötigen wir die Verschiebungen in elementfesten Koordinaten. Die Spannungen innerhalb der Stäbe sind konstant, damit sind die Dehnungen ebenfalls konstant. Die Verschiebungsverteilung, abhängig von den Verschiebungen der Endknoten lautet

$$u_x = u_1 + (u_2 - u_1)\frac{x}{l},$$

$$\frac{du_x}{dx} = \varepsilon_x = \frac{1}{l}(u_2 - u_1).$$

Die Spannungen ergeben sich sonst zu

$$\sigma_x = E\varepsilon_x = \frac{E}{l}[-1 \quad 1]\begin{Bmatrix} u_1 \\ u_2 \end{Bmatrix},$$

$$\sigma_x = E\boldsymbol{B}\boldsymbol{u}_K. \tag{4.196}$$

Da wir den Verschiebungsvektor in $\bar{x}$, $\bar{y}$, $\bar{z}$-Koordinaten kennen, müssen wir $\boldsymbol{u}_K$ durch $\bar{\boldsymbol{u}}_K$ ersetzen:

$$\sigma_x = E\boldsymbol{B}\boldsymbol{\lambda}\bar{\boldsymbol{u}}_K. \tag{4.197}$$

Ein solches Modell aus Stäben kann nur Kräfte in Stabrichtung übertragen. Nun sind aber z.B. auch Wellenkräfte, die einzelne Stäbe biegen wollen, zu berücksichtigen. Wir benötigen also ein verbessertes Element, welches Biegemomente aufnehmen kann. Wir erinnern uns, daß das Potential für einen Balken

$$\Pi = \frac{1}{2}\int_0^l \sigma\varepsilon \, dV \tag{4.198}$$

ist. Nunmehr ist eine Annahme für das Verschiebungsfeld w zu machen. Dieses wählen wir mit

$$w(\xi) = \alpha_1 + \alpha_2\xi + \alpha_3\xi^2 + \alpha_4\xi^3; \; \xi = x/l \tag{4.199}$$

und die Knotenpunktfreiheitsgrade sind

$$\boldsymbol{u}_K^T = [w_1 \varphi_1 w_2 \varphi_2].$$

Wir erhalten dann den Zusammenhang zwischen physikalischen Knotenfreiheitsgraden und Konstanten α mit

$$\boldsymbol{u}_K = \boldsymbol{A}\boldsymbol{\alpha}, \tag{4.200}$$

wobei

$$\boldsymbol{A} = \begin{bmatrix} 1 & 0 & 0 & 0 \\ 0 & 1/l & 0 & 0 \\ 1 & 1 & 1 & 1 \\ 0 & 1/l & 2/l & 3/l \end{bmatrix} \tag{4.201}$$

ist, so daß (4.199) sich mit

$$w(\xi) = \xi\boldsymbol{A}^{-1}\boldsymbol{u}_K \tag{4.202}$$

$$w(\xi) = (1 - 3\xi^2 + 2\xi^3)w_1 + (\xi - 2\xi^2 + \xi^3)\varphi_1 \cdot l$$
$$+ (3\xi^2 - 2\xi^3)w_2 + (-\xi^2 + \xi^3)\varphi_2 \cdot l \tag{4.203}$$

ergibt. Die Dehnung der Balkenfaser ist mit der Durchbiegung über die Neigung verbunden (4.4) und die Spannung über das Hookesche Gesetz $\sigma = \varepsilon E$ mit der Dehnung. Wir erhalten also

$$\Pi = \frac{1}{2} \int_V \varepsilon E \varepsilon \mathrm{d}V,$$

$$\Pi = \frac{1}{2} \int_V z \frac{\mathrm{d}^2 w}{\mathrm{d}x^2} E z \frac{\mathrm{d}^2 w}{\mathrm{d}x^2} \mathrm{d}V. \qquad (4.204)$$

Mit

$$\boldsymbol{B} = -z \frac{\mathrm{d}^2 w}{\mathrm{d}x^2}$$

erhalten wir das Potential zu

$$\Pi = \frac{1}{2} \boldsymbol{u}_{\mathrm{K}}^T \boldsymbol{A}^{-1T} \int_V \boldsymbol{B}^{*T} E \boldsymbol{B}^* \mathrm{d}V \boldsymbol{A}^{-1} \boldsymbol{u}_{\mathrm{K}}. \qquad (4.205)$$

Die Matrix $\boldsymbol{B}^*$ wird Kerndehnungsmatrix genannt. Wir wenden nun den sog. 1. Satz von Castigliano an, der besagt, daß die Ableitungen des Potentials nach den Verschiebungen die Kräfte ergeben, die zu diesen Verschiebungen, also in unserem Fall zu den Knotenpunktverschiebungen, gehören

$$\frac{\partial \Pi}{\partial \boldsymbol{u}_{\mathrm{K}}} = \boldsymbol{A}^{-1T} \int_V \boldsymbol{B}^{*T} E \boldsymbol{B}^* \mathrm{d}V \boldsymbol{A}^{-1} \boldsymbol{u}_{\mathrm{K}} = \boldsymbol{p}_{\mathrm{K}}.$$

Vergleichen wir den Ausdruck mit (4.190), so erkennen wir sofort, daß

$$\boldsymbol{K} = \boldsymbol{A}^{-1T} \boldsymbol{K}^* \boldsymbol{A}^{-1} \qquad (4.206)$$

mit

$$\boldsymbol{K}^* = \int_V \boldsymbol{B}^{*T} E \boldsymbol{B}^* \mathrm{d}V$$

ist. Wir erhalten also die Kernsteifigkeitsmatrix mit der Kerndehnungsmatrix

$$\boldsymbol{B}^{*T} = -\frac{z}{l^2} [0 \;\; 0 \;\; 2 \;\; 6\xi] \qquad (4.207)$$

zu

$$\boldsymbol{K}^* = \frac{EI}{l^3} \begin{bmatrix} 0 & 0 & 0 & 0 \\ 0 & 0 & 0 & 0 \\ 0 & 0 & 4 & 6 \\ 0 & 0 & 6 & 12 \end{bmatrix}, \qquad (4.208)$$

wobei die Integration über den Querschnitt des Balkens das Flächenträgheitsmoment I ergibt. Durch Multiplikation mit $\boldsymbol{A}^{-1}$ nach (4.201) erhalten wir schließlich

$$\boldsymbol{K} = \frac{EI}{l^3} \begin{bmatrix} 12 & 6l & -12 & 6l \\ & 4l^2 & -6l & 2l^2 \\ & & 12 & -6l \\ & \text{sym.} & & 4l^2 \end{bmatrix} \qquad (4.209)$$

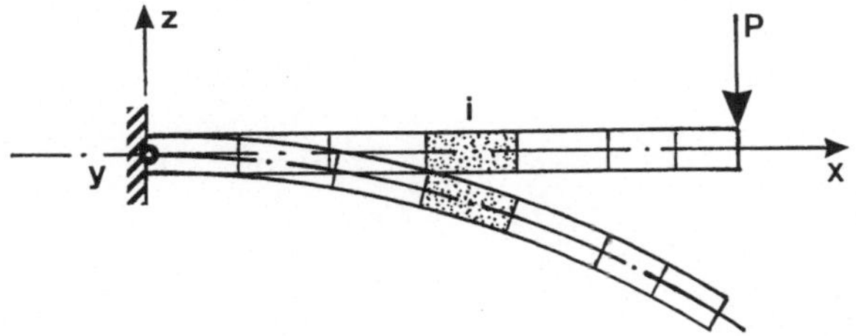

Bild 4.71. Kragträger

als symmetrische Matrix. Als Knotenpunktskräfte sind nunmehr

$$p_K^T = [Q_1 \, M_1 \, Q_2 \, M_2]$$

zugelassen. Interessant ist, daß in [4.208] zwei Spalten und zwei Zeilen identisch Null sind. Diese Spalten zeigen die Starrkörperbewegungen an, durch die keine Verzerrungen innerhalb eines Elementes entstehen und damit kein Anteil zur Formänderungsarbeit, hier Potential, liefern. Wir wollen uns die Bedeutung dieser Starrkörperbewegungen anhand des Bildes 4.71 verdeutlichen. Der dort dargestellte Kragträger ist in eine Reihe von Finiten Elementen eingeteilt: Wir betrachten das Element *i*. Zunächst muß es im Verband mit den angrenzenden Elementen eine translatorische Bewegung in *z*-Richtung und eine Drehung um die *y*-Achse durchführen, sodann kann es Verzerrungen unterzogen werden. Mit anderen Worten, in der Darstellung der Kernsteifigkeitsmatrix läßt sich sofort feststellen, ob der gewählte Verlauf für das Verschiebungsfeld auch die notwendigen Starrkörperverschiebungen beinhaltet. Wir rechnen also das Jacket in Bild 4.69 einmal als einfaches Stabwerk und zum anderen als Stabwerk einschließlich der Biegesteifigkeit der einzelnen Rohrelemente durch (siehe Bild 4.72 bis Bild 4.75). Die Verschiebung des Jacketkopfes ist in beiden Fällen praktisch gleich. D.h., daß wir mit einem Stabwerk das grundsätzliche Verformungsverhalten ermitteln können, die Biegesteifigkeit aber zur Spannungsermittlung erheblich beiträgt und daher nicht vernachlässigt werden darf.

Der Lösungsansatz (4.199) erfüllt, das sei am Rand vermerkt, exakt die Gleichgewichtsdifferentialgleichung des Balkens. Die hieraus ermittelte Steifigkeitsmatrix ergibt also exakte Lösungen. Wenn wir einmal den Abschnitt 4.1 und 4.4 überfliegen, so stellen wir fest, daß die meisten Differentialgleichungen vom Typ

$$y'''' + \left(\frac{a}{l}\right)^2 y'' - \left(\frac{b}{l}\right)^4 y = \text{const} \tag{4.210}$$

sind. Es liegt nun nahe, diese Differentialgleichung als Grundlage für eine ganze Klasse von Finiten Elementen zu verwenden, wobei lediglich die Faktoren *a* und *b*, sowie die Konstante die physikalischen Aufgaben beschreiben. Das zu (4.210) gehörende Potential ist

$$\Pi = \frac{1}{2} \int_0^l \left\{ \left(\frac{d^2 y}{dx^2}\right)^2 - \left(\frac{a}{l}\right)^2 \left(\frac{dy}{dx}\right)^2 - \left(\frac{b}{l}\right)^4 y^2 - 2y \, \text{const} \right\} dx, \tag{4.211}$$

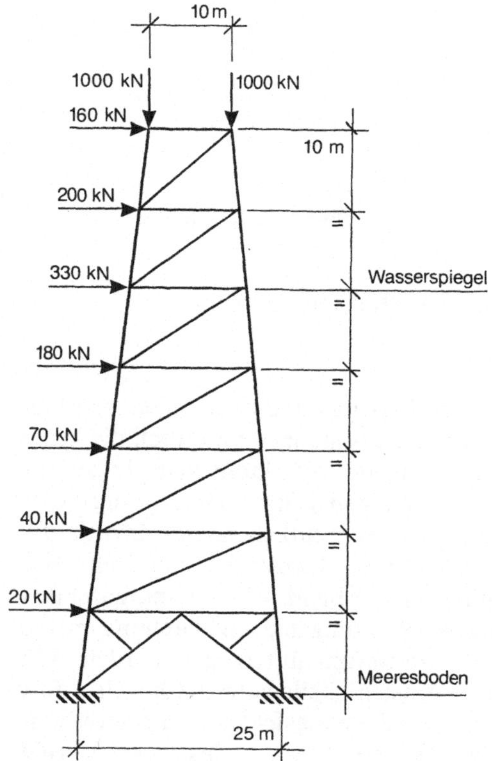

Bild 4.72. Rechenmodell eines Jackets

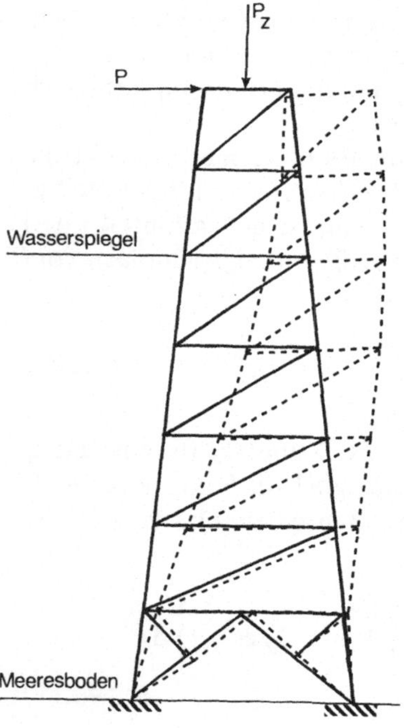

Bild 4.73. Verformungen

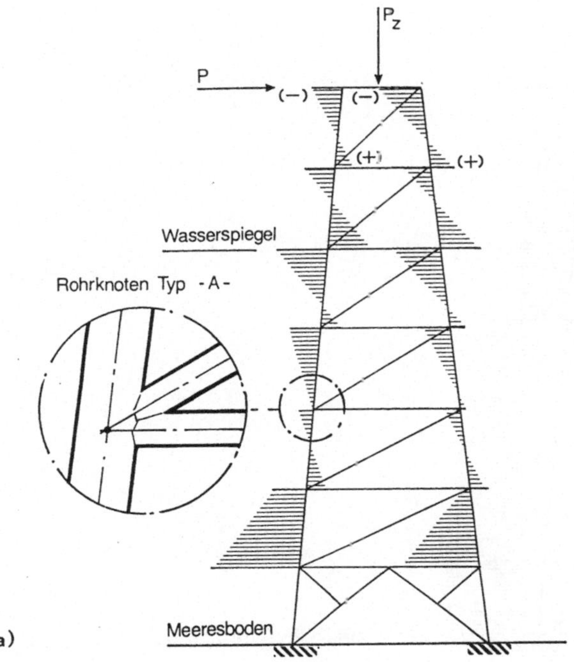

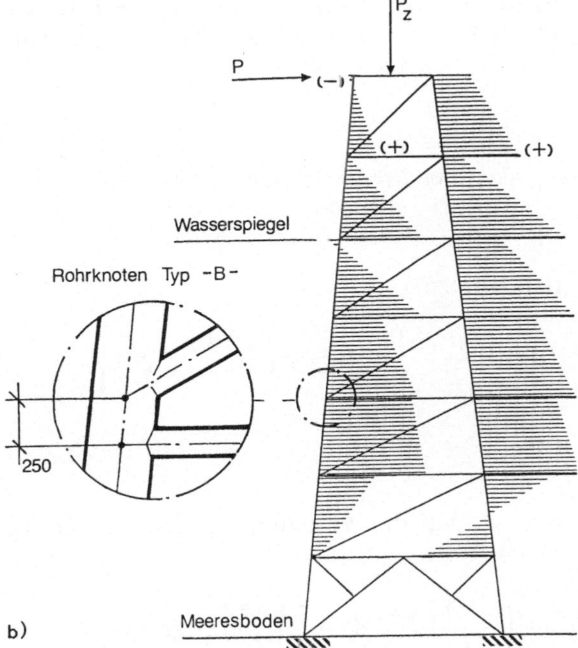

Bild 4.74a, b. Biegemomente.
a Rohrknoten Typ A;
b Rohrknoten Typ B

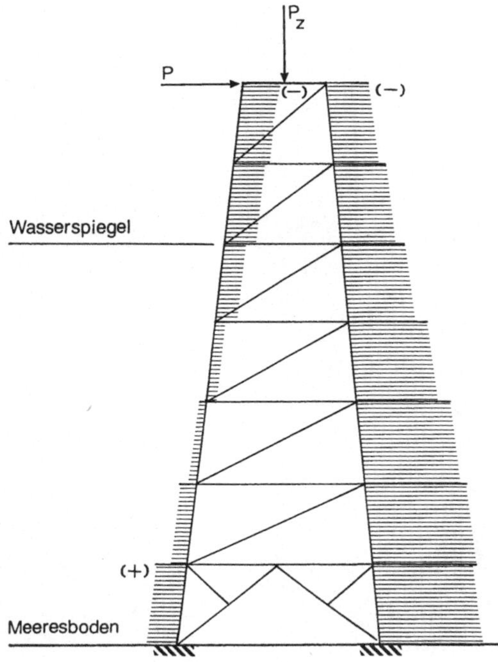

Bild 4.75. Normalkräfte

was wir sofort mit Hilfe des Abschnittes 4.1.1 überprüfen können. Wir wählen wieder die Ansatzfunktion (4.199), wobei wir y statt w setzen. Als Freiheitsgrade führen wir ein

$$\boldsymbol{y}_K^T = [y_1\, y_1'\, y_2\, y_2'],$$

so daß wir die Lösung in Abhängigkeit der Freiheitsgrade $\boldsymbol{y}_K$ mit

$$y = \xi \boldsymbol{A}^{-1} \boldsymbol{y}_K$$

finden. Wir erhalten das Potential dann zu

$$\Pi = \frac{1}{2} \boldsymbol{y}_K^T \boldsymbol{A}^{-1T} \left\{ \int_0^l \xi''^T \xi'' \mathrm{d}x - \left(\frac{a}{l}\right)^2 \int_0^l \xi'^T \xi' \mathrm{d}x - \left(\frac{b}{l}\right)^4 \int_0^l \xi^T \xi \mathrm{d}x \right\}$$

$$\boldsymbol{A}^{-1} \boldsymbol{y}_K - \int_0^l \xi \,\mathrm{const}\, \mathrm{d}x \boldsymbol{A}^{-1} \boldsymbol{y}_K . \tag{4.212}$$

Das Potential soll stationär sein, so daß die Variation der Konstanten $\boldsymbol{y}_K$ verschwindet.

$$\frac{\partial \Pi}{\partial \boldsymbol{y}_K} = \boldsymbol{A}^{-1T} \left\{ \int_0^l \xi''^T \xi'' \mathrm{d}x - \left(\frac{a}{l}\right)^2 \int_0^l \xi'^T \xi' \mathrm{d}x - \left(\frac{b}{l}\right)^4 \int_0^l \xi^T \xi \mathrm{d}x \right\}$$

$$\boldsymbol{A}^{-1} \boldsymbol{y}_K - \int_0^l \xi \mathrm{d}x \boldsymbol{A}^{-1} \mathrm{const} = 0 ,$$

bzw.

$$A^{-1T}\left[K_1^* - \left(\frac{a}{l}\right)^2 K_2^* - \left(\frac{b}{l}\right)^4 K_3^*\right] A^{-1} y_K = R^* A^{-1} \,\text{const}, \qquad (4.213)$$

bzw.

$$\left[K_1 - \left(\frac{a}{l}\right)^2 K_2 - \left(\frac{b}{l}\right)^4 K_3\right] y_K = R \,\text{const}, \qquad (4.214)$$

wobei

$$K_1^* = \frac{1}{l^3}\begin{bmatrix} 0 & 0 & 0 & 0 \\ & 0 & 0 & 0 \\ & & 4 & 6 \\ \text{sym.} & & & 12 \end{bmatrix}; \quad K_1 = \frac{1}{l^3}\begin{bmatrix} 12 & 6l & -12 & 6l \\ & 4l^2 & -6l & 2l^2 \\ & & 12 & -6l \\ \text{sym.} & & & 4l^2 \end{bmatrix}; \qquad (4.215)$$

$$K_2^* = \frac{1}{30l}\begin{bmatrix} 0 & 0 & 0 & 0 \\ & 30 & 30 & 30 \\ & & 40 & 45 \\ \text{sym.} & & & 54 \end{bmatrix}; \quad K_2 = \frac{1}{30l}\begin{bmatrix} 36 & 3l & -36 & 3l \\ & 4l^2 & -3l & -l^2 \\ & & 36 & -3l \\ \text{sym.} & & & 4l^2 \end{bmatrix}; \qquad (4.216)$$

$$K_3^* = \frac{l}{420}\begin{bmatrix} 420 & 210 & 140 & 105 \\ & 140 & 105 & 84 \\ & & 84 & 70 \\ \text{sym.} & & & 60 \end{bmatrix}; \quad K_3 = \frac{l}{420}\begin{bmatrix} 156 & 221 & 543 & -13l \\ & 4l^2 & 13l & -3l^2 \\ & & 156 & -22l \\ \text{sym.} & & & 4l^2 \end{bmatrix}; \qquad (4.217)$$

$$R^* = \frac{l}{12}[12 \quad 6 \quad 4 \quad 3] \cdot \text{const}; \quad R = \frac{l}{12}[6 \quad l \quad 6 \quad l] \cdot \text{const}$$

ist. Wir haben nun eine allgemeine Übersetzung der Lösung der Differentialgleichung (4.210) in Finite Elemente. Nach Formulierung der Gleichgewichtsdifferentialgleichung ist es nun möglich, das dazugehörige Finite Element anzugeben. Wir brauchen lediglich die Koeffizienten a und b sowie die Konstante der rechten Seite zu bestimmen. Wir wollen dieses nun an einem einfachen Beispiel erklären. Die Beine des in Bild 4.69 skizzierten Jackets sind in den Meeresboden gerammt. Um nun diese Beine in Finiten Elementen zu idealisieren, benötigen wir die hierfür gültige Differentialgleichung. Wir fassen die Beine als Balkenelemente, elastisch durch das Erdreich gestützt und unter beachtlicher Längskraft stehend, auf. Hierfür gilt die Differentialgleichung

$$\frac{d^4w}{dx^4} \pm \frac{N}{EI}\frac{d^2w}{dx^2} + \frac{k}{EI}w = \frac{q}{EI}, \qquad (4.218)$$

wovon wir uns leicht durch Kombination von (4.87) und (4.18) überzeugen können, q ist eine innerhalb eines Elementes konstante Querbelastung. Die zu diesem Element gehörenden Konstanten sind dann

$$a^2 = \pm \frac{Nl^2}{EI}; \; b^4 = -\frac{kl^4}{EI}; \; \frac{q}{EI} = \text{const}.$$

Wir erkennen, daß die Koeffizienten der Matrix $\boldsymbol{K}_2$ der sog. geometrischen Steifigkeitsmatrix entsprechen während $\boldsymbol{K}_3$ die Bettung beschreibt. $\boldsymbol{K}_3$ ist auch als sog. Massenmatrix bekannt, denn im Falle eines schwingenden Balkens entspricht die Konstante b^4 dem Ausdruck

$$b^4 = \frac{\mu\omega^2 l^4}{EI}.$$

Wir stellen die wichtigsten Elemente in Bild 4.76 zusammen und geben die dazugehörigen Konstanten an. Wir können also ein allgemeines Rechenprogramm für Balkenelemente für sehr anspruchsvolle Aufgaben verwenden, sofern die Steifigkeitsmatrix aus den drei Teilen (4.215) bis (4.217) besteht. Da sowohl a und auch b Eigenwerte sein können, muß dieses Rechenprogramm in der Lage sein, Eigenwerte und Eigenformen zu bestimmen. Es stellt sich nunmehr die Frage nach der Genauigkeit der so definierten Elemente. Zunächst sei darauf hingewiesen, daß wir nur dadurch eine Näherung erhalten, weil wir als Ansatzfunktion (4.199) gewählt haben. Wir hätten natürlich auch die exakten Lösungen der Differentialgleichung (4.210) verwenden können. Das ist möglich, und z.B. in [4.27] geschehen. Die mit diesen Lösungen gefundenen Steifigkeitsmatrizen sind exakte Lösungen, haben aber den Nachteil, daß diese recht verwickelte Ausdrücke in 8facher Fallunterscheidung besitzen. Wir können aber nachweisen, daß die exakte Lösung in eine Taylor-Reihe entwickelt, identisch mit der hier angegebenen Näherungslösung ist, sofern man höhere Taylor-Glieder vernachlässigt. Es handelt sich also bei den hier vorgestellten Näherungen um konsistente Elemente.

Wir betrachten z.B. den elastisch gebetteten Stab und wählen der Einfachheit halber eine freie Auflagerung an beiden Seiten. Wir erhalten mit den vorhergehend abgeleiteten Steifigkeitsmatrizen das Eigenwertproblem

$$\left| \frac{1}{l}\begin{bmatrix} 4 & 2 \\ 2 & 4 \end{bmatrix} + \frac{Nl^2}{30lEI}\begin{bmatrix} 4 & -1 \\ -1 & 4 \end{bmatrix} + \frac{kl^3}{420EI}\begin{bmatrix} 4 & -3 \\ -3 & 4 \end{bmatrix} \right| = 0.$$

Die charakteristische Gleichung lautet

$$\left(\frac{4EI}{l} + \frac{4Nl}{30} + \frac{4kl^3}{420}\right)^2 - \left(\frac{2EI}{l} - \frac{Nl}{30} - \frac{3kl^3}{420}\right)^2 = 0.$$

Wir erhalten für die kleinste Längskraft

$$N_{\mathrm{Ki}} = 12\frac{EI}{l^2} + \frac{kl^2}{10}.$$

	Dgl.	a^2	b^4
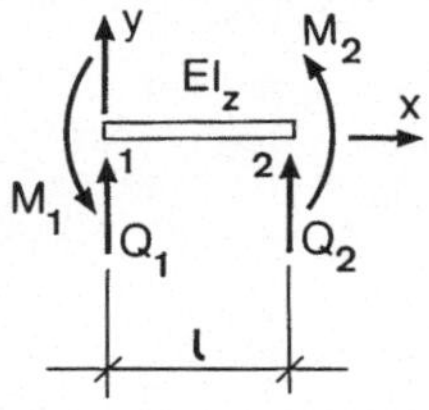 y, M_2, EI_z, x, M_1, 1, 2, Q_1, Q_2, l	$EIw'''' = 0$ $EI_z = D$	0	0
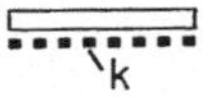 k	$w'''' + \frac{k}{EI_z} w = 0$	0	$-\frac{kl^4}{EI_z}$
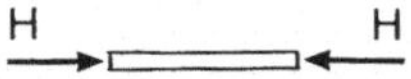 H H	$w'''' + \frac{H}{EI_z} w'' = 0$	$\frac{Hl^2}{EI_z}$	0
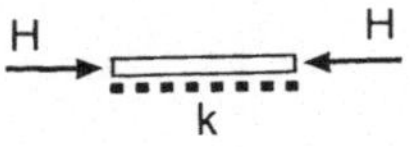 H H k	$w'''' + \frac{H}{EI_z} w'' + \frac{k}{EI_z} w = 0$	$\frac{Hl^2}{EI_z}$	$-\frac{kl^4}{EI_z}$
 H H	$w'''' - \frac{H}{EI_z} w'' = 0$	$-\frac{Hl^2}{EI_z}$	0
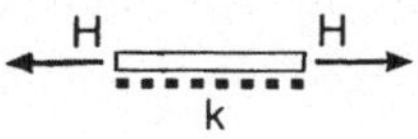 H H k	$w'''' - \frac{H}{EI_z} w'' + \frac{k}{EI_z} w = 0$	$-\frac{Hl^2}{EI_z}$	$-\frac{kl^4}{EI_z}$
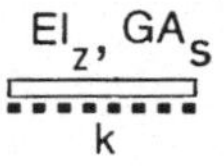 EI_z, GA_S k	$w'''' - \frac{k}{GA_S} w'' + \frac{k}{EI_z} w = 0$ A_S = Schubfläche	$-\frac{k}{GA_S} l^2$	$-\frac{k}{EI_z} l^4$
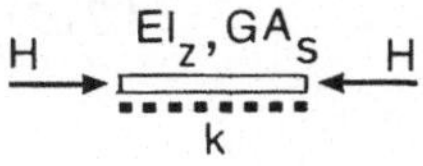 H EI_z, GA_S H k	$w'''' + \left(\frac{H}{EI_z} - \frac{k}{GA_S}\right) w'' + \frac{k}{EI_z} w = 0$	$\left(\frac{H}{EI_z} - \frac{k}{GA_S}\right) l^2$	$-\frac{k}{EI_z} l^4$
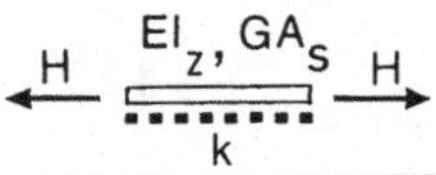 H EI_z, GA_S H k	$w'''' - \left(\frac{H}{EI_z} + \frac{k}{GA_S}\right) w'' + \frac{k}{EI_z} w = 0$	$-\left(\frac{H}{EI_z} + \frac{k}{GA_S}\right) l^2$	$-\frac{k}{EI_z} l^4$

Bild 4.76. Finite Balkenelemente

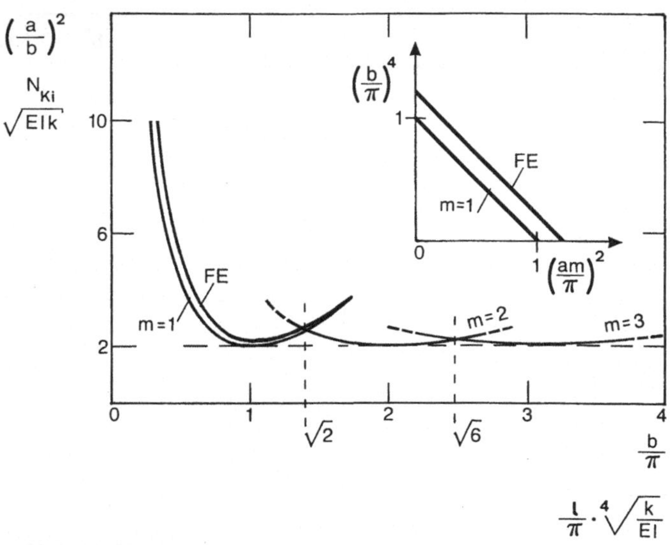

Bild 4.77. Zusammenhang der Konstanten *a* und *b*

Die exakte Lösung liegt mit

$$N_{\mathrm{Ki}} = (m\pi)^2 \frac{EI}{l^2} + \frac{kl^2}{(m\pi)^2}$$

vor. Bild 4.77 zeigt das Ergebnis. Es wurde eine dimensionslose Auftragung gewählt, denn mit

$$\alpha = \frac{l}{\pi} \sqrt[4]{\frac{k}{EI}}$$

erhalten wir

$$\frac{N_{\mathrm{Ki}}}{\sqrt{EIk}} = \frac{12}{\pi^2} \frac{1}{\alpha^2} + \frac{\pi^2}{10} \alpha^2 \tag{4.219}$$

für die Näherungslösung und

$$\frac{N_{\mathrm{Ki}}}{\sqrt{EIk}} = \left(\frac{m}{\alpha}\right)^2 + \left(\frac{\alpha}{m}\right)^2 \tag{4.220}$$

für die exakte Lösung. Das ist aber auch die sog. Girlanden-Kurve, wie sie für das Beulen von Platten bekannt ist. Wir formen die letzte Gleichung etwas um und führen die allgemeinen Größen *a* und *b* ein. Wir erhalten

$$\left(\frac{a}{b}\right)^2 = \left(\frac{m\pi}{b}\right)^2 + \left(\frac{b}{m\pi}\right)^2. \tag{4.221}$$

Der Girlanden-Kurve wird damit eine ganz allgemeine Bedeutung gegeben. Sind a und b Eigenwerte, so können wir

$$\left(\frac{b}{\pi}\right)^4+\left(\frac{a}{\pi}m\right)^2=m^4 \tag{4.222}$$

als Interaktionsgeraden einführen. Für die Näherungslösung gilt

$$\left(\frac{a}{b}\right)^2=\frac{12}{b^2}+\frac{b^2}{10}, \tag{4.223}$$

bzw.

$$\frac{b^4}{120}+\frac{a^2}{12}=1. \tag{4.224}$$

Bei Verwendung der Näherung mit finiten Elementen ist darauf zu achten, daß diese nur für den Bereich

$$\alpha=\frac{l}{\pi}\sqrt[4]{\frac{k}{EI}}\leqq\sqrt{2}$$

gelten kann, d.h. ein Element darf nur eine bestimmte Länge besitzen, die sich mit

$$l\leqq\pi\sqrt[4]{\frac{4EI}{k}}$$

ergibt. Damit ist eine wichtige Modellierregel angegeben, die sich allgemein zu

$$b^4\leqq 4\pi^4$$

ergibt. Für den Fall $a=0$ erhält man den Fehler

$$\Delta F=\left(\frac{120}{\pi^4}-1\right)\cdot 100=23{,}2\ \%,$$

bzw., wenn $b=0$,

$$\Delta F=\left(\frac{12}{\pi^2}-1\right)\cdot 100=21{,}6\ \%.$$

Diese Fehler nehmen bei Verwendung mehrerer Elemente schnell ab. Bei Verwendung von zwei Elementen rutscht der Fehler schon deutlich unter 1 %. Die eben beschriebenen Elemente wollen wir zur Stabilitätsanalyse des in Bild 4.69 skizzierten Jackets heranziehen. Dabei bringen wir die Vertikalkräfte p_z auf und führen für verschiedene Laststufen jeweils eine Eigenfrequenzanalyse durch, siehe Bild 4.78.

Wir können erkennen, daß sich die bereits an einem vereinfachten Modell in Abschnitt 4.3.1 gefundenen Aussagen auch bei diesem wesentlich komplizierteren Tragwerk bestätigen. Die Eigenformen der niedrigsten Eigenschwingungen unterscheiden sich deutlich von denen der niedrigsten Knicklast. Es ist also nicht

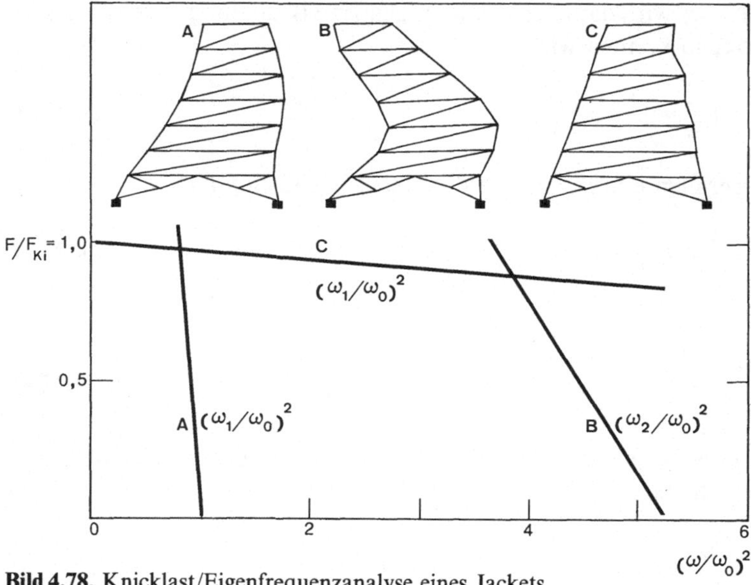

Bild 4.78. Knicklast/Eigenfrequenzanalyse eines Jackets

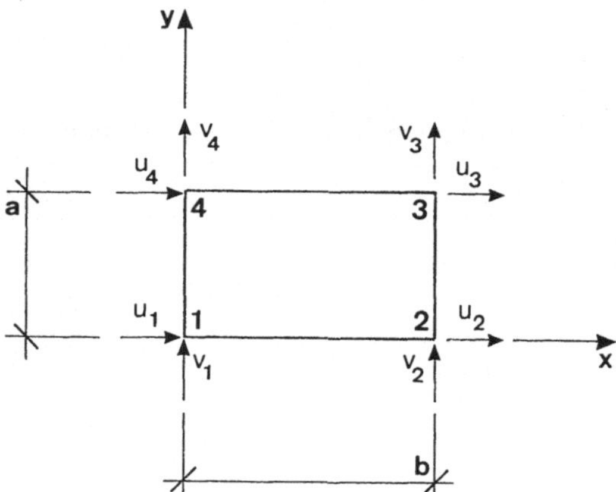

Bild 4.79. Finites Scheibenelement

ohne weiteres möglich, z.B. im Versuch, die Knicklast eines solchen Bauwerkes zu bestimmen, indem man für einige Vertikallasten mäßiger Größe die Veränderung des Schwingungsverhaltens mißt, um dann linear auf die Knicklast zu extrapolieren. Dieses würde in unserem Fall zu einer außerordentlichen Überschätzung der tatsächlichen Kicklast führen. Dieser lineare Zusammenhang zwischen niedrigsten Eigenfrequenzen und Knicklast ist erst bei sehr hohen Lasten gegeben, die sich im Versuch natürlich verbieten, bzw. bei höheren Eigenfrequenzen, deren Eigenformen mit denen der Knicklast affin sind. Diese wiederum sind meßtechnisch schwierig zu ermitteln. Dieser Befund ist bei realen Bauwerken nicht

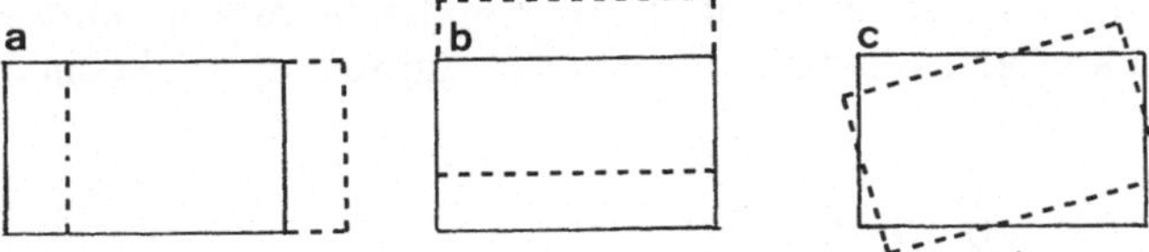

Bild 4.80a – c. Starrkörperverschiebungen eines finiten Scheibenelementes. **a** in x-Richtung; **b** in y-Richtung; **c** Drehung

auszuschließen, daher sollten ausführliche Berechnungen obiger Art eine meßtechnische Untersuchung begleiten.

Die FE-Methode ist in ihren Anfängen besonders bei der Berechnung von Flächentragwerken verwendet worden. Daher stehen Elemente für Scheiben, Platten und Schalen in besonders vielfältiger Weise zur Verfügung. Wir können diese nach ihrer Form (Dreieck bzw. Viereck) oder der Art des Verschiebungsansatzes klassifizieren. Es liegen heute sehr umfangreiche Monografien z.B. [4.28], [4.29] und [4.30] vor, um nur einige zu nennen. Es soll daher nur anhand von viereckigen Elementen die Ableitung der Steifigkeitsmatrizen erläutert werden, ohne hier auf die vielfältigen Möglichkeiten, die z.B. eine isoparametrische Darstellung unter Verwendung der numerischen Integration oder Verwendung von speziellen Koordinaten, wie z.B. Flächenkoordinaten, ermöglichen, einzugehen. Wir gehen grundsätzlich wieder von der elementaren Formel (4.190) aus und betrachten ein rechteckiges Scheibenelement mit vier Eckknoten, Bild 4.79. Jeder Knoten kann sich in x- und y-Richtung verschieben. Diese Verschiebungen liegen ausschließlich in Scheibenebene. Wir benötigen daher einen Ansatz für das Verschiebungsfeld mit acht freien Konstanten

$$u=\alpha_1+\alpha_2\cdot x+\alpha_3\cdot y+\alpha_4 xy\,,$$
$$v=\alpha_5+(\alpha_6-\alpha_3)\cdot x+\alpha_7\cdot y+\alpha_8 xy\,. \tag{4.225}$$

Die Dehnungsmatrix erhalten wir mit

$$\boldsymbol{\varepsilon}=\begin{bmatrix}\partial u/\partial x & 0\\ 0 & \partial v/\partial y\\ \partial v/\partial x & \partial u/\partial y\end{bmatrix}$$

zu

$$\boldsymbol{B}^*=\begin{bmatrix}0&1&0&y&0&0&0&0\\0&0&0&0&0&0&1&x\\0&0&0&x&0&1&0&y\end{bmatrix}. \tag{4.226}$$

Die drei Nullspalten geben die drei Starrkörperbewegungen an, denen ein solches Element unterworfen ist, Bild 4.80. Die Zuordnung der Konstanten zu den Knotenverschiebungen erhalten wir mit (4.200) zu

$$\boldsymbol{u}_{\mathrm{K}}=\boldsymbol{A}\boldsymbol{\alpha}\,, \tag{4.227}$$

wobei die Wahl des Koordinatensystems natürlich auch in den Schwerpunkt des Elementes gelegt werden kann. Die Koordinatenwahl schlägt sich ausschließlich in der Matrix $\boldsymbol{A}$ nieder

$$\boldsymbol{A}=\begin{bmatrix} 1 & 0 & 0 & 0 & 0 & 0 & 0 & 0 \\ 0 & 0 & 0 & 0 & 1 & 0 & 0 & 0 \\ 1 & a & 0 & 0 & 0 & 0 & 0 & 0 \\ 0 & 0 & -a & 0 & 1 & a & 0 & 0 \\ 1 & a & b & ab & 0 & 0 & 0 & 0 \\ 0 & 0 & -a & 0 & 1 & a & b & ab \\ 1 & 0 & b & 0 & 0 & 0 & 0 & 0 \\ 0 & 0 & 0 & 0 & 1 & 0 & b & 0 \end{bmatrix}. \tag{4.228}$$

Man kann die Formfunktion natürlich auch explizit angeben mit

$$\boldsymbol{u}=\boldsymbol{x}\boldsymbol{y}\boldsymbol{\alpha},\ \boldsymbol{u}=\boldsymbol{x}\boldsymbol{y}\boldsymbol{A}^{-1}\boldsymbol{u}_{\mathrm{K}},\ \boldsymbol{u}=\boldsymbol{N}\boldsymbol{u}_{\mathrm{K}} \tag{4.229}$$

bzw. ausgeschrieben mit $\xi=x/a$ bzw. $\eta=y/b$,

$$\boldsymbol{N}=\begin{bmatrix} (1-\xi)\cdot(1-\eta) & 0 & \xi(1-\eta) & 0 & \xi\eta & 0 & \eta(1-\xi) & 0 \\ 0 & (1-\xi)\cdot(1-\eta) & 0 & \xi(1-\eta) & 0 & \xi\eta & 0 & \eta(1-\xi) \end{bmatrix}.$$

Wir können erkennen, daß der Verschiebungsverlauf an den Elementrändern zu den angrenzenden Elementen kompatibel ist. Wie steht es nun mit der Erfüllung des Kraftgleichgewichtes innerhalb eines Elementes? Hierzu müssen wir den Spannungsverlauf innerhalb des Elementes bestimmen

$$\boldsymbol{\sigma}=\boldsymbol{E}\boldsymbol{B}^{*}\boldsymbol{A}^{-1}\boldsymbol{u}_{\mathrm{K}}\,, \tag{4.230}$$

wobei das Hookesche Gesetz mit

$$\boldsymbol{E}=\frac{1}{1-\nu^2}\begin{bmatrix} 1 & \nu & 0 \\ \nu & 1 & 0 \\ 0 & 0 & \frac{1-\nu}{2} \end{bmatrix} \tag{4.231}$$

definiert ist. Wir erhalten die Spannungen mit (4.232).

$$\boldsymbol{\sigma}=\frac{E}{1-\nu^2}\begin{bmatrix} \frac{-1}{a}(1-\xi) & -\frac{\nu}{a}(1-\xi) & \frac{1}{a}(1-\eta) & -\frac{\nu}{b}\xi & \frac{1}{a}\eta & \frac{\nu}{b}\xi & -\frac{\eta}{a} & \frac{\nu}{b}(1-\xi) \\ -\frac{\nu}{a}(1-\eta) & -\frac{1}{b}(1-\xi) & \frac{\nu}{a}(1-\eta) & -\frac{\xi}{b} & \frac{\nu}{a}\eta & \frac{\xi}{b} & -\frac{\nu}{a}\eta & \frac{1}{b}(1-\xi) \\ -\frac{1-\nu}{2b}(1-\xi) & -\frac{1-\nu}{2a}(1-\eta) & -\frac{1-\nu}{2b}\xi & \frac{1-\nu}{2a}(1-\eta) & \frac{1-\nu}{2b}\xi & \frac{1-\nu}{2a}\eta & \frac{1-\nu}{2b}(1-\xi) & -\frac{1-\nu}{2a}\eta \end{bmatrix}\cdot\begin{Bmatrix} u_1 \\ v_1 \\ u_2 \\ v_2 \\ u_3 \\ v_3 \\ u_4 \\ v_4 \end{Bmatrix}, \tag{4.232}$$

$$\boldsymbol{K}=\frac{Et}{12(1-\nu^2)}\begin{bmatrix} 4\beta+2(1-\nu)\beta^{-1} & \frac{3}{2}(1+\nu) & -4\beta+(1-\nu)\beta^{-1} & -\frac{3}{2}(1-3\nu) & -2\beta-(1-\nu)\beta^{-1} & -\frac{3}{2}(1+\nu) & 2\beta-2(1-\nu)\beta^{-1} & \frac{3}{2}(1-3\nu) \\ & 4\beta^{-1}+2(1-\nu)\beta & \frac{3}{2}(1-3\nu) & 2\beta^{-1}-2(1+\nu)\beta & -\frac{3}{2}(1+\nu) & -2\beta^{-1}-(1-\nu)\beta & -\frac{3}{2}(1-3\nu) & -4\beta^{-1}+(1+\nu)\beta \\ & & 4\beta+2(1-\nu)\beta^{-1} & -\frac{3}{2}(1+\nu) & 2\beta-2(1-\nu)\beta^{-1} & \frac{3}{2}(1-3\nu) & -2\beta-(1-\nu)\beta^{-1} & \frac{3}{2}(1+\nu) \\ & & & 4\beta^{-1}+2(1-\nu)\beta & -\frac{3}{2}(1-3\nu) & -4\beta^{-1}+(1-\nu)\beta & \frac{3}{2}(1+\nu) & -2\beta^{-1}-(1-\nu)\beta \\ & & & & 4\beta+2(1-\nu)\beta^{-1} & \frac{3}{2}(1+\nu) & -4\beta+(1-\nu)\beta^{-1} & \frac{3}{2}(1-3\nu) \\ & & \text{sym.} & & & 4\beta^{-1}+2(1-\nu)\beta & -\frac{3}{2}(1-3\nu) & 2\beta^{-1}-2(1-\nu)\beta \\ & & & & & & 4\beta+2(1-\nu)\beta^{-1} & -\frac{3}{2}(1+\nu) \\ & & & & & & & 4\beta^{-1}+2(1-\nu)\beta \end{bmatrix}. \tag{4.233}$$

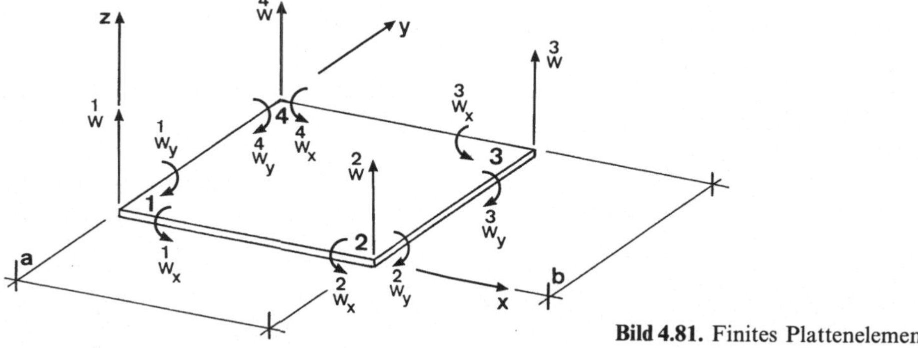

Bild 4.81. Finites Plattenelement

Setzen wir die Gleichgewichtsbedingungen, die wir bereits in leicht abgewandelter Form formuliert haben, auf die Spannungen im Element an, so erhalten wir

$$\frac{\partial \sigma_x}{\partial x} + \frac{\partial \tau}{\partial y} = \frac{E}{1-\nu} \frac{1}{ab} (v_1 - v_2 + v_3 - v_4) = 0 ,$$

$$\frac{\partial \sigma_y}{\partial y} + \frac{\partial \tau}{\partial x} = \frac{E}{1-\nu} \frac{1}{ab} (u_1 - u_2 + u_3 - u_4) = 0 .$$

Dieses ist jedoch nur für den Fall erfüllt, daß alle Verschiebungen gleich sind, d.h., daß eine reine, spannungsfreie Starrkörperbewegung oder ein konstanter Dehnungszustand vorliegt. Mit anderen Worten: Für den Sonderfall des konstanten Dehnungszustandes werden alle Bedingungen der Elastizitätstheorie, also die Kompatibilität der Verschiebungen und das Gleichgewicht der Kräfte, erfüllt. Es ist also zu erwarten, daß für beliebige Spannungszustände das obige Element mit zunehmender Netzverfeinerung genauere Ergebnisse liefert. Die Steifigkeitsmatrix ist in (4.233) dargestellt.

Wir wenden uns nun einem weiteren wichtigen Element zu, dem Plattenelement, Bild 4.81. Auch bei den Plattenelementen gilt, was für die Scheibenelemente festgestellt wurde. Es gibt eine schier unübersehbare Anzahl von Elementen, dieses insbesondere deshalb, weil ein Plattenelement einem komplizierteren Dehnungszustand unterworfen werden kann, so daß die Anzahl der möglichen Ansätze noch viel umfangreicher als bei den Scheibenelementen ist. Die Ableitung erfolgt wieder unter Berücksichtigung von (4.190). Wir wollen uns wiederum auf ein Rechteckelement beschränken und müssen numehr die Freiheitsgrade definieren. Zunächst sind offensichtlich die Durchbiegungen und Verdrehungen um die x- bzw. y-Achse als Freiheitsgrade geeignete Parameter für die Beschreibung einer gebogenen Platte. Wir kommen dabei auf 12 Freiheitsgrade. Wir erinnern uns, daß wir für einen Balken einen Ansatz mit vier Freiheitsgraden gewählt haben, d.h. jeweils eine Durchbiegung und eine Verdrehung an den Knoten. Da wir später bei der Modellierung ganzer Tragwerke sowohl Balkenelemente als auch Plattenelemente verwenden wollen, bietet sich an, aus Gründen der Verträglichkeit, den Ansatz für das Verschiebungsfeld des Balkens auf das Plattenelement anzuwenden. Der Index x bzw. y bedeutet Ableitung von w nach x bzw. y. Der Übersichtlichkeit halber ist die Knotennummerangabe hochgesetzt, Bild 4.81. Der Ansatz mit $\xi=x/a$ bzw. $\eta=y/b$ ist dann:

$$
\begin{aligned}
w(\xi,\eta) = {} & (1-3\xi^2+2\xi^3)(1-3\eta^2+2\eta^3)\overset{1}{\mathrm{w}} \\
& +(1-3\xi^2+2\xi^3)(\eta-2\eta^2+\eta^3)\,b\,\overset{1}{\mathrm{w}}_{\mathrm{x}} \\
& -(\xi-2\xi^2+\xi^3)(1-3\eta^2+2\eta^3)\,a\,\overset{1}{\mathrm{w}}_{\mathrm{y}} \\
& +(3\xi^2-2\xi^3)(1-3\eta^2+2\eta^3)\overset{2}{\mathrm{w}} \\
& +(3\xi^2-2\xi^3)(\eta-2\eta^2+\eta^3)\,b\,\overset{2}{\mathrm{w}}_{\mathrm{x}} \\
& +(\xi^2-\xi^3)(1-3\eta^2+2\eta^3)\,a\,\overset{2}{\mathrm{w}}_{\mathrm{y}} \\
& +(3\xi^2-2\xi^3)(3\eta^2-2\eta^3)\overset{3}{\mathrm{w}} \\
& -(3\xi^2-2\xi^3)(\eta^2-\eta^3)\,b\,\overset{3}{\mathrm{w}}_{\mathrm{x}} \\
& +(\xi^2-\xi^3)(3\eta^2-2\eta^3)\,a\,\overset{3}{\mathrm{w}}_{\mathrm{y}} \\
& +(1-3\xi^2+2\xi^3)(3\eta^2-2\eta^3)\overset{4}{\mathrm{w}} \\
& -(1-3\xi^2+2\xi^3)(\eta^2-\eta^3)\,b\,\overset{4}{\mathrm{w}}_{\mathrm{x}} \\
& -(\xi-2\xi^2+\xi^3)(3\eta^2-2\eta^3)\,a\,\overset{4}{\mathrm{w}}_{\mathrm{y}}\,.
\end{aligned}
\tag{4.234}
$$

Wir können aus Bild 4.82 die Verformungen des Elementes in Abhängigkeit des jeweiligen Knotenfreiheitsgrades ablesen. Die Dehnungsmatrix erhalten wir mit (4.46). Wir gehen davon aus, daß die Plattendicke innerhalb eines Elementes konstant ist und können daher die Integration der Steifigkeitsmatrix über die Dicke bereits durchführen, so daß wir die Steifigkeitsmatrix mit

$$
\boldsymbol{K}=\frac{h^2}{12}\int_0^a\int_0^b \boldsymbol{B}^T\boldsymbol{E}\boldsymbol{B}\,\mathrm{d}x\,\mathrm{d}y \tag{4.235}
$$

erhalten. Aus Platzgründen können wir die Steifigkeitsmatrix und die Dehnungsmatrix nicht angeben. Sie ist z.B. in [4.31] zu finden. In aller Regel interessieren nicht nur die Verschiebungen, sondern auch die Momente der Platte, um daraus die Spannungen zu bestimmen. Diese sind aus der Dehnungsmatrix direkt zu erhalten

$$
\boldsymbol{m}=\boldsymbol{E}\boldsymbol{B}\boldsymbol{u}_{\mathrm{K}}\,, \tag{4.236}
$$

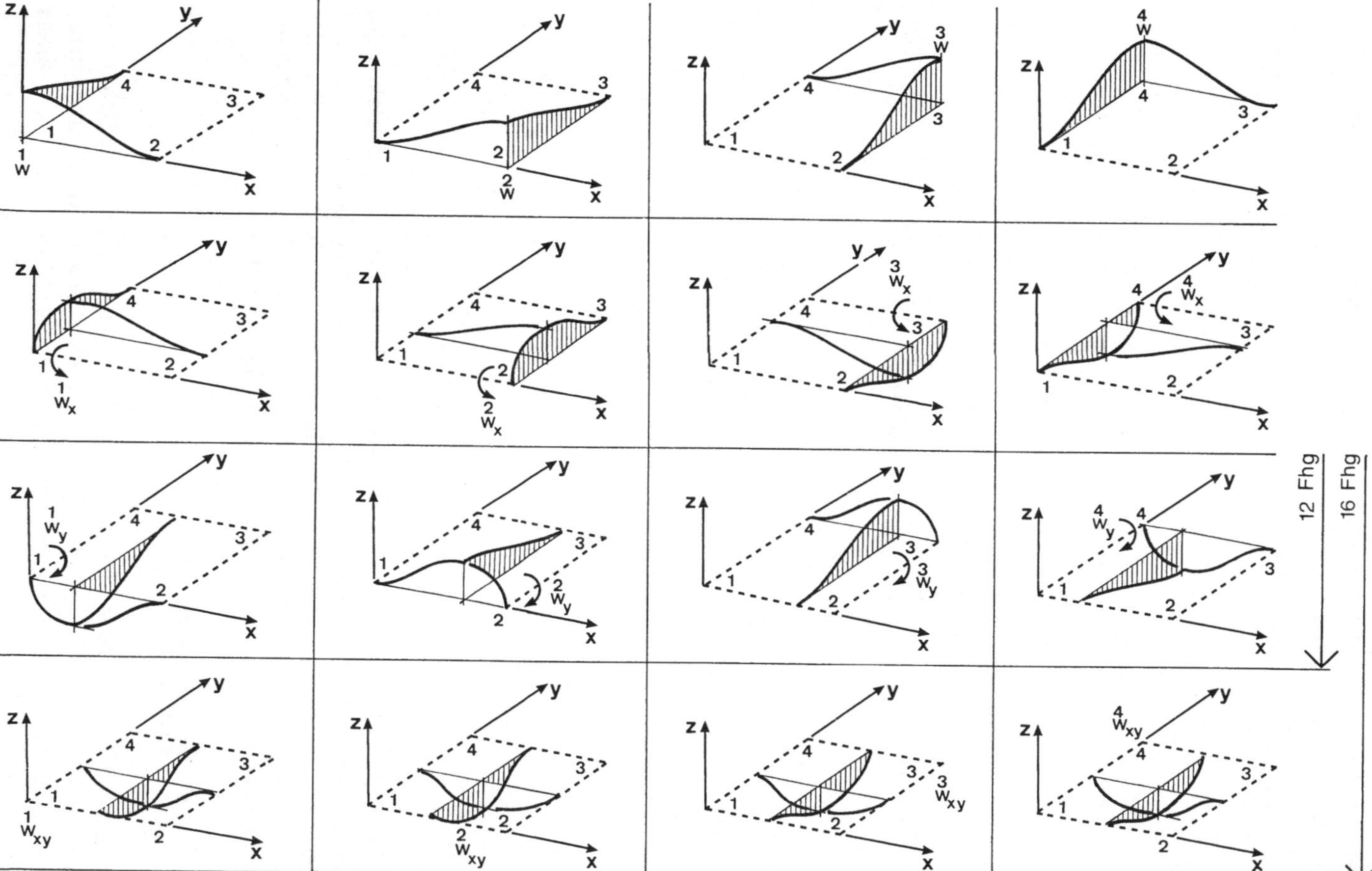

Bild 4.82. Verformungen des Plattenelementes

Wobei u_K der Vektor der 12 Knotenpunktfreiheitsgrade ist. Zur Beschreibung der Torsionsmomente der Platte wird die gemischte Ableitung der Durchbiegung benötigt. Wir berechnen diese einmal für den Knoten 1 mit Hilfe von (4.234)

$$\frac{\partial^2 w}{\partial x \partial y} = \frac{36}{ab}(-\xi+\xi^2)(-\eta+\eta^2)\overset{1}{\mathrm{w}} + \frac{6}{a}(-\xi+\xi^2)(1-4\eta+3\eta^2)\overset{1}{\mathrm{w}}_x - \frac{6}{b}(1-4\xi+3\xi^2)(-\eta+\eta^2)\overset{1}{\mathrm{w}}_y . \tag{4.237}$$

Wir müssen feststellen, daß dieser Ansatz gerade an den Knotenpunkten verschwindet. Der Fall der sog. reinen Torsion der Platte kann also mit diesem Element nicht richtig dargestellt werden, was für die Anwendung auf allgemeine Plattenprobleme natürlich als ein Mangel angesehen werden muß. Wir können diesen Mangel nur ausbessern, indem wir die gemischte Ableitung als zusätzliche Unbekannte an den Knoten einführen, so daß dieses verbesserte Element nunmehr 16 Freiheitsgrade besitzt. Für den Verlauf dieser zusätzlichen Freiheitsgrade wählen wir die Formfunktion

$$\begin{aligned} w(\xi,\eta) = &-(\xi-2\xi^2+\xi^3)(\eta-2\eta^2+\eta^3)\,ab\,\overset{1}{\mathrm{w}}_{xy} \\ &-(\xi^2-\xi^3)(\eta-2\eta^2+\eta^3)\,ab\,\overset{2}{\mathrm{w}}_{xy} \\ &-(\xi^2-\xi^3)(\eta^2-\eta^3)\,ab\,\overset{3}{\mathrm{w}}_{xy} \\ &-(\xi-2\xi^2+\xi^3)(\eta^2-\eta^3)\,ab\,\overset{4}{\mathrm{w}}_{xy} . \end{aligned} \tag{4.238}$$

Wir erhalten ergänzend zu (4.237) für den Knoten 1

$$\frac{\partial^2 w}{\partial x \partial y} = -(1-4\xi+3\xi^2)(1-4\eta+3\eta^2)\overset{1}{\mathrm{w}}_{xy} \tag{4.239}$$

und für die weiteren Knoten entsprechende Ausdrücke. Wir können leicht nachweisen, daß nunmehr der Fall der reinen Torsion durch ein Element bereits richtig dargestellt wird, dessen exakte Lösung

$$w(\xi,\eta) = (1-2\xi)(1-2\eta) \tag{4.240}$$

ist. Es gelten die Bedingungen für die Knoten

$$\overset{1}{\mathrm{w}} = -\overset{2}{\mathrm{w}} = \overset{3}{\mathrm{w}} = -\overset{4}{\mathrm{w}} = 1, \quad \overset{1}{\mathrm{w}}_x = \frac{\partial w}{\partial y} = -\overset{2}{\mathrm{w}}_x = -\overset{3}{\mathrm{w}}_x = \overset{4}{\mathrm{w}}_x = -\frac{2}{b},$$

$$\overset{1}{\mathrm{w}}_y = -\frac{\partial w}{\partial x} = \overset{2}{\mathrm{w}}_y = -\overset{3}{\mathrm{w}}_y = -\overset{4}{\mathrm{w}}_y = \frac{2}{a},$$

$$\overset{1}{\mathrm{w}}_{xy} = -\frac{\partial^2 w}{\partial x \partial y} = \overset{2}{\mathrm{w}}_{xy} = \overset{3}{\mathrm{w}}_{xy} = \overset{4}{\mathrm{w}}_{xy} = -\frac{4}{ab}.$$

Wir können erkennen, daß die Verformungsverläufe für die Elemente mit 12 und 16 Freiheitsgraden am Rande identisch und kompatibel sind. Bei 16 Freiheitsgraden wird die Verdrillung nunmehr exakt dargestellt, Bild 4.83.

An den vorhergehenden Beispielen sollte beispielhaft gezeigt werden, daß bei der Benutzung vorhandener FE-Programme die wichtige Frage der Genauigkeit der Ergebnisse nur bei genauer Kenntnis der Eigenschaften der verwendeten Elemente befriedigend behandelt werden kann. Leider müssen wir feststellen, daß viele Nutzer moderner FE-Software wenig Wert auf die Untersuchung der Eigenschaften der von ihnen benutzten Elemente legen, was häufig zu unsicherer Interpretation der Ergebnisse führt.

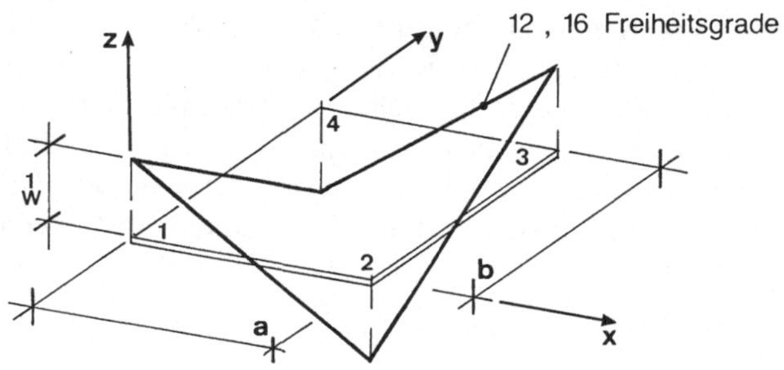

a) Verformung

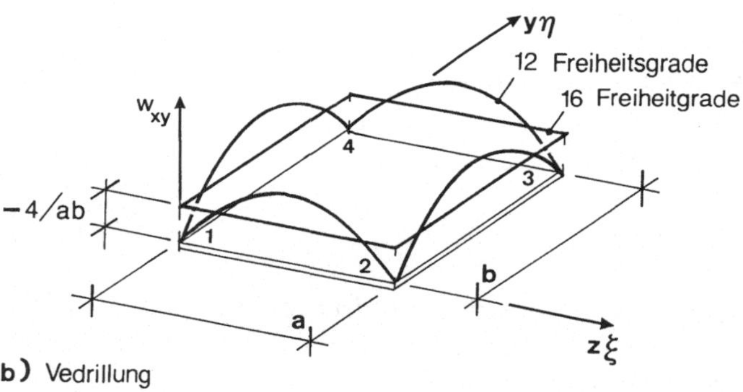

b) Vedrillung

Bild 4.83. Verdrillung des 12 bzw. 16 Freiheitsgrade-Plattenelementes für den Fall der reinen Torsion der Platte

4.5.2 Strukturmodellierung mit Finiten Elementen

Die Qualität eines Rechenergebnisses mit Finiten Elementen hängt entscheidend davon ab, ob es gelingt, ein die wirklichen Verhältnisse ausreichend genau beschreibendes Rechenmodell zu erzeugen. Dabei sollte der Aufwand, d.h. die

Feinheit des Rechenmodells, der Qualität des gewünschten Rechenergebnisses angepaßt sein. Hierin liegt eine gewisse Problematik. Einerseits ist im allgemeinen bei Beginn einer Berechnung nicht bekannt, welche Spannungsverteilung vorliegt, nach der man das Rechenmodell in bezug auf die Feinheit des Netzes abstimmen sollte, und weiterhin ist stets fraglich, wieweit bei der Bemessung nicht zu berücksichtigende Nebenspannungen approximiert werden sollen oder nicht. Wir können auch diesen Fragenkomplex nicht vollständig beschreiben und beschränken uns auf einige typische Beispiele.

Wir betrachten wieder das Jacket Bild 4.69, welches wir mit finiten Balken bzw. Stabelementen idealisiert haben. Aus verschiedenen Gründen ist es dabei nicht immer möglich, die Wirkungslinien der an einem Knoten angreifenden Rohre in einem Punkt zu zentrieren, vielmehr ist häufig die Situation gegeben, daß die einzelnen Wirkungslinien zu einem Versatz führen. Dieser Versatz, auch wenn er im Verhältnis der Gesamtabmessungen vielleicht als gering anzusehen ist, führt zu beachtlichen zusätzlichen Beanspruchungen, die unbedingt im FE-Modell zu berücksichtigen sind. Bild 4.74b zeigt für das bereits durchgerechnete Jacket die Ergebnisse für den Fall eines Versatzes von 50 % des Rohrdurchmessers.

Mit einem solchen Modell läßt sich natürlich nicht die exakte Spannungsverteilung im Bereich der Rohrknoten selbst bestimmen. Hierfür ist ein aufwendiges FE-Modell bestehend aus Schalenelementen notwendig. Die Geometrie insbesondere der Verschnitte ist zwar recht kompliziert, sie ist aber mit Hilfe entsprechender Kegelschnitte mathematisch beschreibbar. Daher können für die Finiten Rechenmodelle von Knoten spezielle Netzgeneratoren eingesetzt werden, bei denen nur einige wichtige Parameter wie Rohrdurchmesser, Neigungen, Versatz etc. festgelegt werden müssen. Das eigentliche Netz wird dann automatisch erzeugt.

Bild 4.84 zeigt ein finites Berechnungsmodell für einen Rohrknoten. Ein solches Modell ist in der Lage, die Spannungsverteilung recht genau zu ermitteln. Benötigt man die genaue Spannungsverteilung in den Schweißnähten, so sind noch feinere Modelle mit Hilfe von Finiten Volumenelementen zu wählen. Dieses bedeutet dann allerdings, daß ein außerordentlich hoher Aufwand getrieben werden muß, der eigentlich nur in besonderen Ausnahmefällen angebracht ist. Wir können schon sehen, daß eine große verwickelte Struktur unterschiedliche Rechenmodelle benötigt, nämlich eine

- Grobstrukturmodellierung,
- Detailmodellierung
- Feinmodellierung,

wobei für die letzteren beiden aus dem Detailmodell bzw. Grobmodell Teile herausgetrennt werden müssen, und als Randbedingungen die Ergebnisse der übergeordneten Berechnung eingesetzt werden. Wir dürfen dabei nicht vergessen, daß wir ein Näherungsverfahren für alle drei typischen Idealisierungsformen verwenden, ein Verfahren, welches im allgemeineren mit feiner werdendem Netz immer genauere Ergebnisse liefert. Mit anderen Worten, die eben skizzierte Vorgehensweise berücksichtigt nicht diese Eigenschaften einer Näherungsrechnung, so daß Fehler häufig nicht zu vermeiden sind. Ein sicheres Verfahren ist es

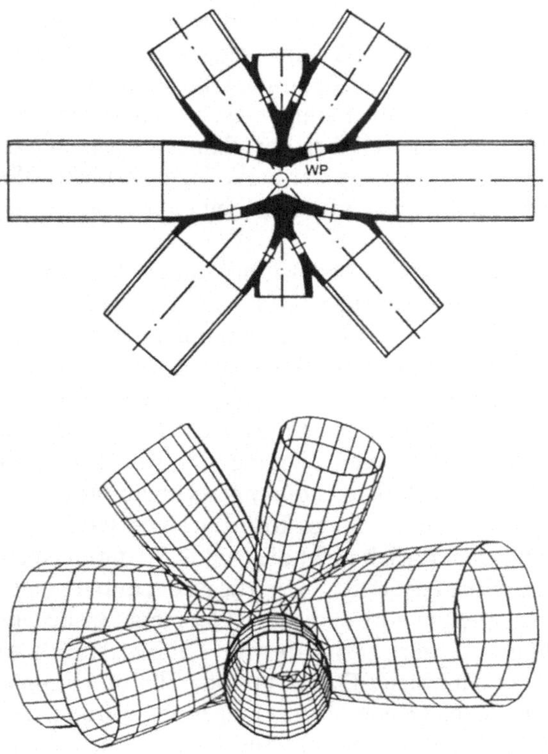

Bild 4.84. Rohrknoten in finite Scheibenelemente geteilt

gelegentlich von einer Grobidealisierung direkt auf eine feinere innerhalb eines Rechenmodells überzugehen. Also z.B. von einer Rohrknotenidealisierung aus Schalenelementen zu einem einfachen Balkenmodell. Bei dem Übergang zwischen ganz unterschiedlichen Modellen sind einige Besonderheiten zu beachten. Zunächst ist die Schnittstelle zwischen den beiden Modellen in einen Bereich zu legen der bereits mit dem einfacheren Modell ausreichend genau zu beschreiben ist. Sodann sind die unterschiedlichen Modelle so zu verbinden, daß die jeweiligen Freiheitsgrade gekoppelt werden können, so daß diese nicht unrealistischen Zwangsbedingungen unterworfen werden. Die Freiheitsgrade des Balkenelementes i am Knoten A, Bild 4.85, sind

$$\boldsymbol{u}_{\mathrm{KB}}^{\mathrm{T}} = [u, w, \varphi]_{\mathrm{A}} . \tag{4.241}$$

Die der Knoten $n-2$, $n-1$, n, $n+1$, $n+2$ der Scheibenelemente a, b, c, d sind

$$\boldsymbol{u}_{\mathrm{KS}}^{\mathrm{T}} = [u_{\mathrm{n-2}} v_{\mathrm{n-2}} u_{\mathrm{n-1}} v_{\mathrm{n-1}} u_{\mathrm{n}} v_{\mathrm{n}} u_{\mathrm{n+1}} v_{\mathrm{n+1}} u_{\mathrm{n+2}} v_{\mathrm{n+2}}] . \tag{4.242}$$

Wir benötigen daher zwischen diesen beiden Vektoren der Freiheitsgrade eine kinematische Kopplung.

$$\boldsymbol{u}_{\mathrm{KS}} = \boldsymbol{A} \boldsymbol{u}_{\mathrm{KB}}$$

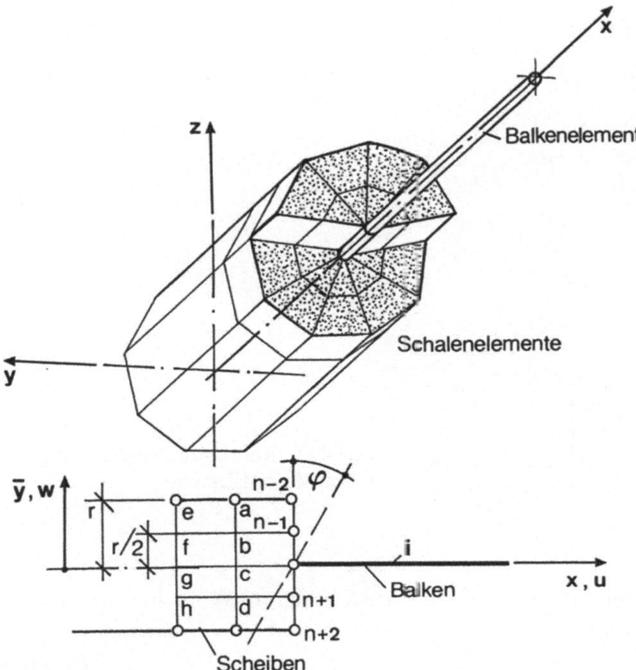

Bild 4.85. Modellierung zwischen Balken- und Scheibenelementen

mit

$$A^{\mathrm{T}} = \begin{bmatrix} 1 & 0 & 1 & 0 & 1 & 0 & 1 & 0 & 1 & 0 \\ 0 & 1 & 0 & 1 & 0 & 1 & 0 & 1 & 0 & 1 \\ -r & 0 & -r/2 & 0 & 0 & 0 & r/2 & 0 & r & 0 \end{bmatrix}. \tag{4.243}$$

Diese bewirkt, daß im Übergang zwischen Scheiben- und Plattenmodell die Bernoulli-Hypothese vom Ebenbleiben des Querschnittes erzwungen wird und damit eine kinematisch einwandfreie Kopplung zwischen ganz unterschiedlichen Modellen entsteht. Ähnliche Probleme entstehen im Bereich der Verbindung der Rohrkonstruktion und dem oder den Plattformdecks. Sehr häufig sind relativ dünne Rohre, die im allgemeinen mit Balkenelementen sehr gut beschrieben sind, mit Zylindern großer Durchmesser, die als Schalenstruktur approximiert werden müssen, zu koppeln. Hier gilt der schon skizzierte Grundsatz, den eigentlichen Übergang zwischen den Konstruktionsteilen sorgfältig mit Schalenelementen zu idealisieren, und dann den Übergang zu Balkenelementen in einem ungestörten Bereich vorzunehmen. Gelegentlich liegt die Situation vor, daß sehr kurze Elemente mit sehr hohen Steifigkeiten verwendet werden müssen. Hierdurch können numerische Fehler entstehen. Eine solche Situation kann z.B. bei einer im Bereich der Knoten verstärkten Rohrkonstruktion vorliegen, Bild 4.86. Es gilt, die

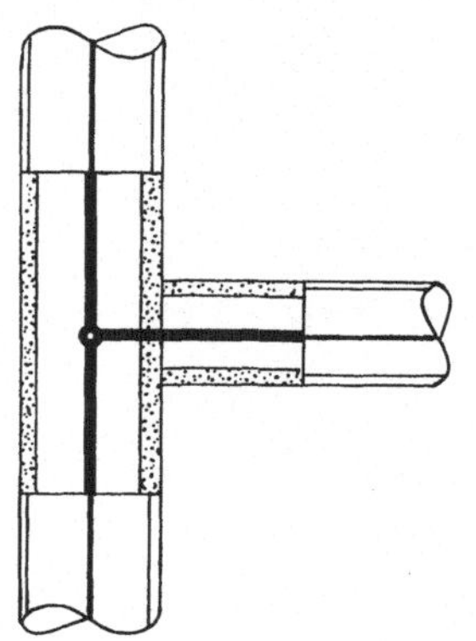

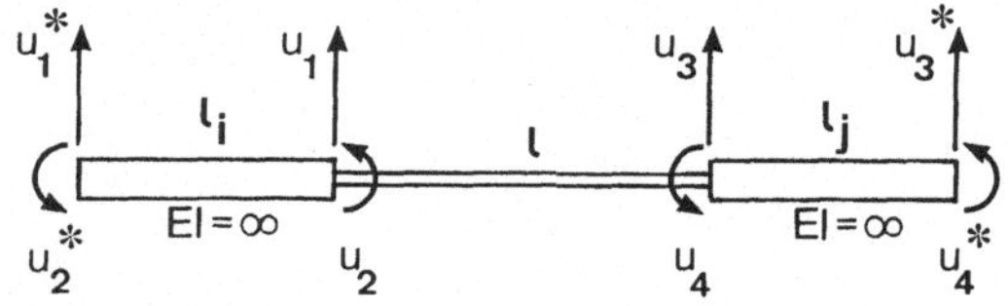

Bild 4.86. Rohrknotenidealisierung durch starre Elemente

Freiheitsgrade $\boldsymbol{u}_\mathrm{K}$ in die Freiheitsgrade $\boldsymbol{u}_\mathrm{K}^*$ zu transformieren. Wir erhalten mit den Bezeichnungen aus Bild 4.86

$$\boldsymbol{u}_\mathrm{K} = \boldsymbol{I}\boldsymbol{u}_\mathrm{K}^*, \tag{4.244}$$

wobei $\boldsymbol{I}$ sich wie folgt ergibt

$$\boldsymbol{I} = \begin{bmatrix} 1 & l_\mathrm{i} & 0 & 0 \\ 0 & 1 & 0 & 0 \\ 0 & 0 & 1 & -l_\mathrm{j} \\ 0 & 0 & 0 & 1 \end{bmatrix}. \tag{4.245}$$

Die Transformation auf die Steifigkeitsmatrix des Balkens angewendet ergibt

$$\bar{\boldsymbol{K}} = \boldsymbol{I}^T \boldsymbol{K} \boldsymbol{I}. \tag{4.246}$$

Nach Ausmultiplikation erhalten wir

$$\bar{\boldsymbol{K}} = \boldsymbol{K} + \boldsymbol{K}_\mathrm{s},$$

wobei $\boldsymbol{K}$ die Steifigkeitsmatrix ist und $\boldsymbol{K}_\mathrm{s}$ starre Enden berücksichtigt

$$\boldsymbol{K}_\mathrm{s} = \frac{EI}{l^3} \begin{bmatrix} 0 & 12 l_\mathrm{i} & 0 & 12 l_\mathrm{i} \\ & 12 l_\mathrm{i}(l + l_\mathrm{i}) & -12 l_\mathrm{i} & 12 l_\mathrm{i} l_\mathrm{j} + 6 l l_\mathrm{i} + 6 l l_\mathrm{j} \\ & & 0 & -12 l_\mathrm{j} \\ & \text{sym.} & & 12 l_\mathrm{j}(l + l_\mathrm{j}) \end{bmatrix}. \tag{4.247}$$

Eine solche Transformation ist auch mit der Steifigkeitsmatrix aus (4.214) durchzuführen,

$$\boldsymbol{K} = \boldsymbol{I}^T \left[\boldsymbol{K}_1 - \left(\frac{a}{l}\right)^2 \boldsymbol{K}_2 - \left(\frac{b}{l}\right)^4 \boldsymbol{K}_3 \right] \boldsymbol{I}, \tag{4.248}$$

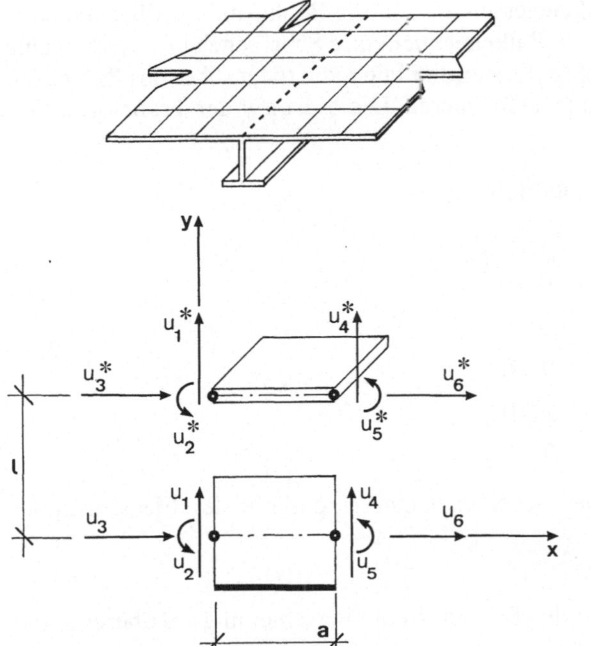

Bild 4.87. Scheiben/Balkenidealisierung

wobei wir ausmultipliziert

$$K = (K_1 + K_{1s}) - \left(\frac{a}{l}\right)^2 (K_2 + K_{2s}) - \left(\frac{b}{l}\right)^4 (K_3 + K_{3s})$$

erhalten. Die Koeffizienten der Matrix K_{1s} sind in (4.247) bereits angegeben. Für K_{2s} erhalten wir

$$K_{2s} = \frac{1}{30l} \begin{bmatrix} 0 & 36l_i & 0 & 36l_j \\ & 36l_i^2 + 6ll_i & -36l_i & 36l_il_j + 3ll_i + 3ll_j \\ & & 0 & -36l_j^2 \\ & \text{sym.} & & 36l_j^2 + 6ll_j \end{bmatrix} \tag{4.249}$$

und für K_{3s}

$$K_{3s} = \frac{l}{420} \begin{bmatrix} 0 & 156l_i & 0 & -54l_j \\ & 156l_i^2 + 44ll_i & 54l_i & 54l_il_j - 13ll_i - 13ll_j \\ & & 0 & -156l_j \\ & \text{sym.} & & 156l_j^2 + 44ll_j \end{bmatrix}. \tag{4.250}$$

Bei Verwendung dieser Transformationen ist im Anwendungsfall die physikalische Notwendigkeit zu begründen. Wie schon mehrfach angedeutet, muß man bei der Modellierung und der Verwendung unterschiedlicher Finiter Elemente sehr sorgfältig vorgehen. Wir wollen die Problematik an einem häufigen Detail der Modellierung von ausgesteiften Decks studieren. Es ist üblich, die einzelnen

Träger und Unterzüge in Balkenelementen und die Beplattung mit Scheibenelementen zu idealisieren, Bild 4.87. Balkenelement und Scheibenelement haben eine um e verschobene neutrale Achse. Es ist nun üblich, die Biegeachse des Balkens in die neutrale Scheibenebene zu transformieren. Dieses ist mit der Transformation

$$\boldsymbol{u}_{\mathrm{K}} = \boldsymbol{I}\boldsymbol{u}_{\mathrm{K}}^{*},$$

durchzuführen, wobei $\boldsymbol{I}$ wie folgt definiert ist

$$\boldsymbol{I} = \begin{bmatrix} 1 & 0 & 0 & & & \\ 0 & 1 & 0 & & 0 & \\ -e & 0 & 1 & & & \\ & & & 1 & 0 & 0 \\ & 0 & & 0 & 1 & 0 \\ & & & -e & 0 & 1 \end{bmatrix}. \tag{4.251}$$

Für das Verschiebungsfeld des Scheibenelementes entlang des Elementrandes erhält man

$$u_{\mathrm{s}} = \beta_1 + \beta_2 x, \tag{4.252}$$

also eine lineare Beziehung. Für den Balken gilt die Verschiebung am oberen Rand

$$u_{\mathrm{B}} = -e\frac{\mathrm{d}w}{\mathrm{d}x}. \tag{4.253}$$

Mit der Ansatzfunktion (4.199) erhalten wir nach (4.253)

$$u_{\mathrm{B}} \cong \alpha_2 + 2\alpha_3\xi + 3\alpha_4\xi^2, \tag{4.254}$$

also einen quadratischen Verlauf. Abgesehen von der Wahl der Konstanten β bzw. α, die sich aus den Knotenpunktverschiebungen ergeben, ist ein solches Modell an der Verbindungslinie zwischen Balken und Scheibenelement unverträglich. Numerische Rechnungen zeigen, daß dieser Einfluß bei feiner werdendem Netz verschwindet, so daß man in diesem Fall im allgemeinen noch praktisch brauchbare Ergebnisse erzielen kann, wenn wir für die Scheibenelementlänge etwa die Balkenhöhe verwenden. Für viele Fälle ist die Berücksichtigung jeder einzelnen Steife zu mühsam, denn dieses erfordert, daß man jede Steife als Elementgrenze für die Scheiben bzw. auch Plattenelemente ansieht. Hier können sog. Aranea-Elemente eine wesentliche Erleichterung bringen [4.32]. In ein beliebiges, vorhandenes Netz sollen diskrete Versteifungen eingesetzt werden, die mit den bereits definierten Knotenpunkten auskommen, Bild 4.88. Wir betrachten

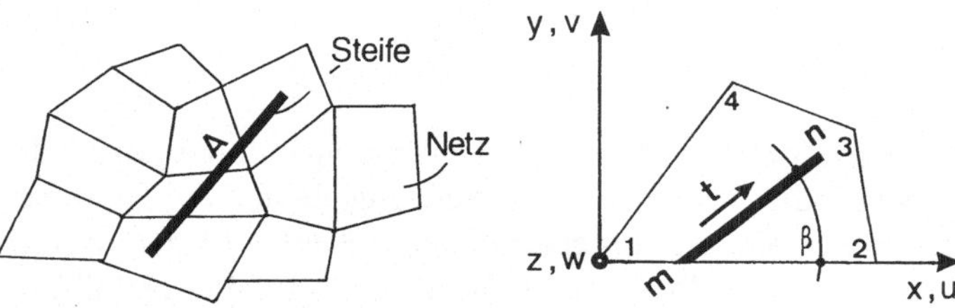

Bild 4.88. Definition des Aranea-Elementes

zunächst einmal ein Netz aus beliebigen viereckigen Scheibenelementen. Für das Verschiebungsfeld verwenden wir den Ansatz des Rechteckelementes. Die Dehnungen erhalten wir mit

$$\varepsilon = \boldsymbol{B}^{*}\alpha\,. \tag{4.255}$$

Es kann nur der Dehnungszustand auf der Linie $m-n$ einen Beitrag liefern, daher müssen wir eine Transformation zwischen dem Koordinatensystem x, y und t durchführen

$$\varepsilon_{t} = \boldsymbol{\lambda}\varepsilon\,. \tag{4.256}$$

Die Steifigkeitsmatrix erhalten wir nunmehr mit

$$\boldsymbol{K} = \boldsymbol{A}^{-1T} E A \int_{0}^{l} \boldsymbol{B}^{*T} \boldsymbol{\lambda}^{T} \boldsymbol{\lambda} \boldsymbol{B}^{*} \mathrm{d}l \boldsymbol{A}^{-1}\,. \tag{4.257}$$

Der Querschnitt A der Steifen soll jeweils konstant sein und ist daher aus dem Integral (4.257) herauszuziehen. A ist nicht zu verwechseln mit der Zuordnungsmatrix $\boldsymbol{A}$, die die Verknüpfung der Konstanten mit den Koordinaten der Knotenpunkte ermöglicht. Die Transformationsmatrix $\boldsymbol{\lambda}$ lautet

$$\boldsymbol{\lambda} = [\cos^2\beta \sin^2\beta \sin\beta \cos\beta]\,. \tag{4.258}$$

Natürlich läßt sich das gleiche Prinzip auch auf Platten anwenden, dann ist z.B. ein Polynom dritten Grades mit 12 Konstanten zu wählen. Wir fragen uns, weshalb in dieser und auch der vorhergehenden Ableitung nicht direkt die Formfunktion, d.h. die Verlaufsfunktion für die Verschiebungen in Abhängigkeit der Knotenfreiheitsgrade verwendet wurde, sondern der etwas umständlich wirkende Weg der Bildung der Kernsteifigkeitsmatrix mit anschließender Ähnlichkeitstransformation durch die Matrix $\boldsymbol{A}$. Hier, bei der Ableitung der Aranea-Elemente, wird dies deutlich. Da die Integration nicht innerhalb der gesamten, durch ein beliebiges Viereck beschriebenen Fläche, sondern nur entlang der Geraden $m-n$ verläuft, braucht man auch keine für ein beliebiges Viereck kompliziert zu definierende Formfunktion. Ein Anwendungsbeispiel zeigt Bild 4.89. Ein Rohr wird in eine ebene, ausgesteifte Struktur eingeführt. Während sich zur Ermittlung des Spannungszustandes an der Verbindungsstelle ein in Polarkoordinaten formuliertes Netz anbietet, wäre für die Berücksichtigung der Steifen ein rechtwinkliges Koordinatensystem bequemer. Hier helfen die Aranea-Elemente vorzüglich. Deutlich ist der Einfluß der Aussteifung auf die Spannungsverteilung an der Verbindungsstelle Rohr/Deck zu erkennen, Bild 4.89.

Wir erinnern uns, daß die fallweise sehr aufwendige Modellierung der realen Struktur in ein FE-Modell stets auf ein Gleichungssystem für irgendwie definierte diskrete Freiheitsgrade führt. Alle kontinuierlichen Wirkungen müssen durch diskrete, an den jeweiligen Knoten wirkenden Größen, ersetzt werden. Dieses gilt natürlich auch für die Lasten. Konzentrierte Einzellasten und Momente sind sofort an den Knotenpunkten nach Richtung und Größe einzusetzen. Aufwendiger ist es, verteilte Lasten in solche Einzellasten umzurechnen. Wir betrachten wieder ein einzelnes Element der Diagonalstrebe des in Bild 4.69 dargestellten Jackets. Das lokale Koordinatensystem x, y korrespondiert nicht mit dem globalen Koordinatensystem $\bar{x}$, $\bar{y}$, in dem die Belastung definiert ist.

P
2000
Durchdringung
17
t_R
l=15 000
7000
Deck
700
7000
$t_D=15$
Steife
HP 180X10
h=5000
Schott
15
a
Normalspannung β_σ
3
2
1
0
P
FEM
Deck ohne Schott und Steifen
P
ARANEA
Deck ohne Schott mit Steifen
Berechnungsnetz im 90°- Kreissegment , spiegelbildlich je Segment im Vollkreis
$\sigma = \frac{P \cdot h}{r^3}\left(1+\frac{l}{h}\right)\frac{t_R}{t_D}\beta_\sigma$
P
FEM
b Deck mit Schott ohne Steifen
P
ARANEA
Deck mit Schott und Steifen

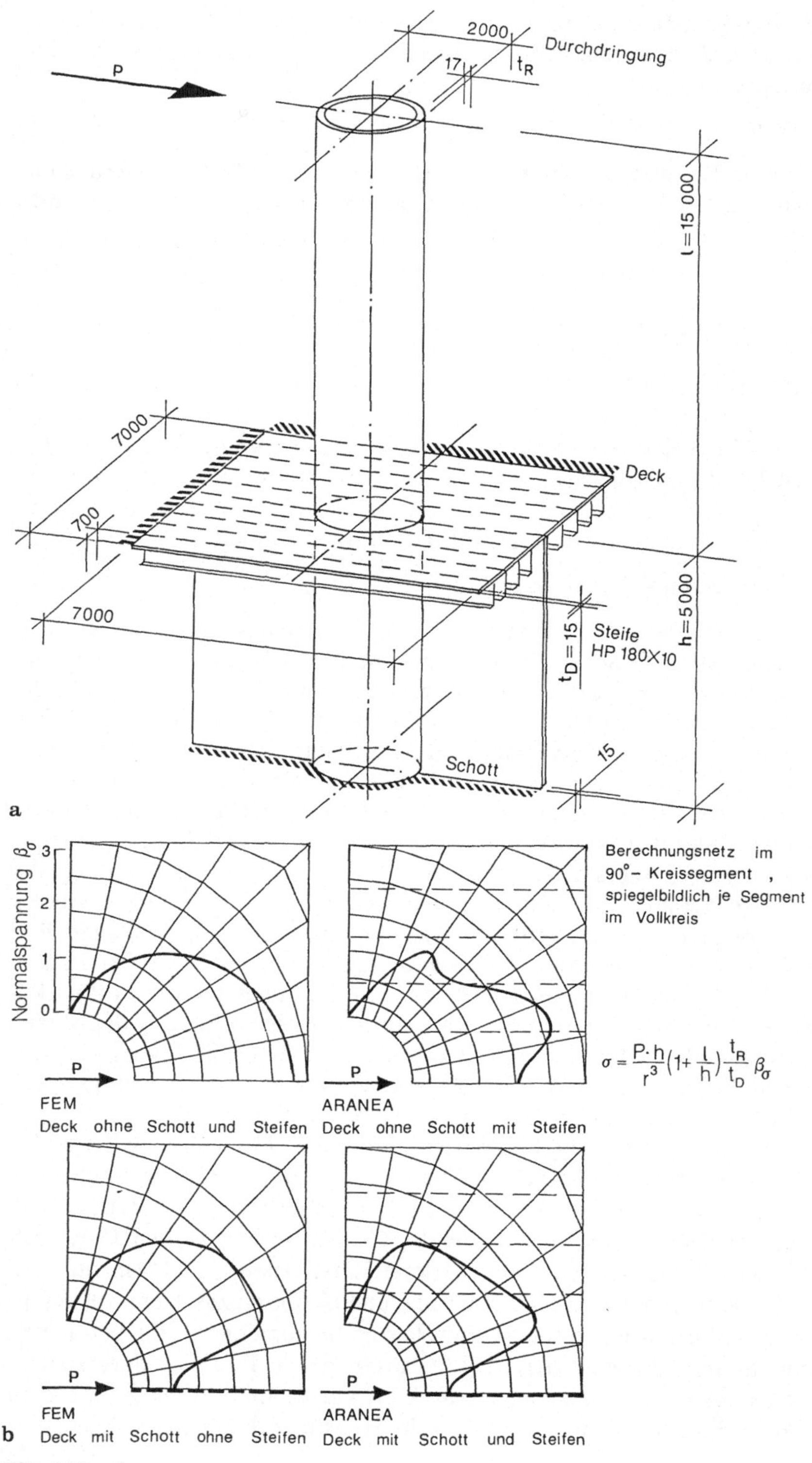

Bild 4.89 a, b.

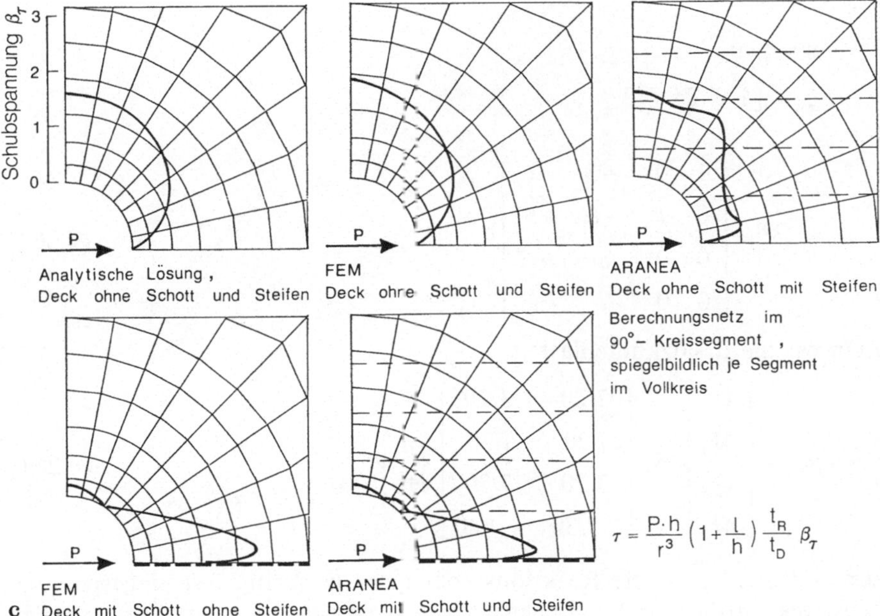

Bild 4.89 a – c. Anwendungsbeispiel für Aranea-Elemente

Wir gehen davon aus, daß die Arbeit der Ersatzeinzellasten und Momente an den zugehörigen Verschiebungen und Verdrehungen gleich der Arbeit der verteilten Lasten an den im Bereich der verteilten Lasten auftretenden Verschiebungen ist

$$\boldsymbol{u}_{\mathrm{K}}^{T}\boldsymbol{p}_{\mathrm{K}} = \int_{\Gamma} wp\,\mathrm{d}x\,. \tag{4.259}$$

Für die Verformung gilt für den Balken (4.199), so daß wir

$$\boldsymbol{p}_{\mathrm{K}} = \boldsymbol{A}^{-1T}\int_{\Gamma} \xi^{T}\boldsymbol{p}\,\mathrm{d}x \tag{4.260}$$

erhalten. Wir wollen ein konkretes Beispiel durchrechnen, wobei wir die Belastung von den globalen Koordinaten in lokale umrechnen müssen

$$\boldsymbol{p} = \begin{Bmatrix} p_{\mathrm{x}} \\ p_{\mathrm{y}} \end{Bmatrix} = \boldsymbol{\lambda}\begin{Bmatrix} \bar{p}_{\mathrm{x}} \\ \bar{p}_{\mathrm{y}} \end{Bmatrix}. \tag{4.261}$$

Der Verlauf von p_{y} sei

$$p_{\mathrm{y}} = p_1(1-\xi) + p_2\xi\,,$$

in Matrizenschreibweise

$$p_{\mathrm{y}} = [1-\xi \quad \xi]\begin{Bmatrix} p_1 \\ p_2 \end{Bmatrix}. \tag{4.262}$$

Mit

$$w = \xi \cdot \boldsymbol{u}_K ,$$

$$\xi_w = [1 \;\; \xi \;\; \xi^2 \;\; \xi^3]$$

und

$$A^{-1T} = \begin{bmatrix} 1 & 0 & -3 & 2 \\ 0 & l & -2l & l \\ 0 & 0 & 3 & -2 \\ 0 & 0 & -l & l \end{bmatrix} \tag{4.263}$$

erhalten wir die Ersatzknotenlasten

$$\boldsymbol{p}_{Ky} = \begin{Bmatrix} Q_1 \\ M_1 \\ Q_2 \\ M_2 \end{Bmatrix} = l \begin{bmatrix} 7/20 & 3/20 \\ l/20 & l/30 \\ 3/20 & 7/20 \\ -l/30 & -l/20 \end{bmatrix} \begin{Bmatrix} p_1 \\ p_2 \end{Bmatrix} . \tag{4.264}$$

Dieses sind aber auch die Reaktionsgrößen des beidseitig fest eingespannten Balkens, weshalb diese im Englischen auch als fixed-end-forces bezeichnet werden und für weitere Lastfälle aus den entsprechenden Handbüchern entnommen werden können.

Zum Anschluß dieses Kapitels soll noch eine Bemerkung zur Modellierung der Fundamentierung von Jackets gemacht werden. Jackets werden im allgemeinen mit Hilfe von verhältnismäßig tiefen Rammungen im Meeresboden befestigt. Während sich das Strukturmodell praktisch linear verhält, ist dieses für die Gründung nicht gegeben. Berechnungstechnisch haben wir es also mit einer sich überwiegend linear verhaltenden Struktur zu tun, deren Randbedingungen partiell nichtlinear sind. Es bietet sich daher ein ökonomisches Vorgehen an, bei dem zunächst in getrennten Modellen das Strukturverhalten des am Boden fest fixierten Jackets und das Verhalten jedes einzelnen Rammpfahls derart untersucht werden, daß letztere durch ein System von nichtlinearen Federn ersetzt und dann durch eine Iteration die Wirkung dieser nichtlinearen Federn auf das Tragverhalten des ganzen Jackets ermittelt wird.

4.6 Symbolverzeichnis

A	Querschnittsfläche
A_i	Konstanten
$\boldsymbol{A}$	Zuordnungsmatrix
B	Dehnsteifigkeit
$\boldsymbol{B}$	Dehnungsmatrix
B_i	Konstanten
C_i	Konstanten, Integrationsfunktion
D	Plattenmodul, $\frac{Eh^3}{12(1-v^2)}$, Dämpfung

D_i	Konstanten
E	Elastizitätsmodul
F	Funktional
F	Airysche Spannungsfunktion
F	allg. Lösungsansatz
G	Schubmodul
H	Horizontalkraft
I	Trägheitsmoment
$\boldsymbol{I}$	Inzidenzmatrix
$\boldsymbol{K}$	Steifigkeitsmatrix
L	Länge
M	Biegemoment
M_T	Torsionsmoment
N	Normalkraft
N_{K_i}	ideelle kritische Normalkraft
P	Kraft
Q	Querkraft
R_x, R_y	Spannungsverhältnisse
T	Schwingungsperiode
V	Volumen, Vertikalkraft
W	Widerstandsmoment
a	Elementlänge, Faktor
b	Breite, Faktor
b_m	mittragende Breite
c	Federkonstante
d	gewöhnliches Differential
d	Durchmesser
e	Exponentialfunktion
f	Funktion, Frequenz
g	Gravitationskonstante
h	Plattendicke
k	Bettungsziffer, Federkonstante
k_x, k_y	Beulfaktoren
l	Länge
m	Index, Halbwellenzahl
m_x, m_y	Biegemomente pro Länge
n_x, n_y	Normalkraft pro Länge
$\boldsymbol{p}$	Lastvektor
q	Streckenlast
q_x, q_y	Querkraft pro Länge
r	Radius
$\boldsymbol{r}$	Lastvektor
t	Zeit, Koordinate
u	Verschiebungen
$\boldsymbol{u}$	Verschiebungsvektor
v	Verschiebungen
w	Durchbiegung

x	Koordinate
y	Koordinate
z	Koordinate
Δ, $\Delta\Delta$	Laplace Operatoren
Π	elastische Potential
Φ	Integrationsfunktion
Φ	Konstante
Ψ	Integrationsfunktion
Ψ	Faktoren
Ψ	Spannungsverhältnis
Ω	Erregerkreisfrequenz
α	Konstante, plastischer Formfaktor
α_m	Seitenverhältnis
β	Konstante, Schlankheitsgrad
γ	Schubwinkel
γ	dimensionslose Längskraft
δ	Variation, partielle Ableitung
δ	Verhältnis zwischen Fließ- und Knicklast
ε_x, ε_y	Dehnung
η	Verhältnis Erreger- zu Eigenfrequenz
ϑ	virtueller Drehwinkel
λ	Steifigkeitsverhältnis
λ	Transformationsmatrix
μ	Massenbelegung
μ	Massenverhältnis
ν	Querkontraktionszahl
ν	Frequenzverhältnis
ξ	dimensionslose x-Koordinate
ϱ	Dichte
σ_x, σ_y	Normalspannung
σ_e	Eulersche Beulspannung
τ	Schubspannungen
φ	Drehwinkel
ω	Kreisfrequenz

5 Bewertung der besonderen Umweltbedingungen meerestechnischer Konstruktionen

Wie in Kapitel 2 ausführlicher erläutert, hängen die im Vergleich zu ähnlichen Konstruktionen auf dem Festland feststellbaren Besonderheiten meerestechnischer Konstruktionen eng mit den unwirtlichen Umweltbedingungen des Meeres zusammen, vor allem mit den relativ hohen, horizontalen Seegangslasten, die häufig eine Zehnerpotenz höher sind als Wind- oder Meeresströmungslasten. Bezüglich Erdbebenlasten besteht für meerestechnische Konstruktionen zwar eine physikalische Besonderheit hinsichtlich des Einflusses sog. hydrodynamischer Massen und Dämpfungen auf das dynamische Verhalten, doch davon abgesehen ist das Erdbebenproblem kein spezifisches Problem der Meerestechnik, so daß wir bei unseren Betrachtungen nicht näher darauf eingehen werden. In diesem Kapitel geht es um eine rationale Bewertung der durch Seegang, Wind und Meeresströmungen repräsentierten marinen Umwelt.

Gelegentlich müssen weitere Umweltparameter berücksichtigt werden, z.B. Luft- und Wassertemperaturen, Schneemengen und Vereisung, bis hin zu See-Eis, Eisbergen oder marinem Bewuchs oberflächennaher Strukturteile. Die Berücksichtigung dieser Umweltparameter kann auf deterministischer Basis nach dem sog. Bemessungswertkonzept durchgeführt werden:

Bei diesem Konzept werden im allgemeinen in Vorschriften festgelegte Bemessungswerte der wichtigsten Umweltparameter, so z.B. ein sog. 100-Jahre-Bemessungswert der Wellenhöhe und die zugehörige Wellenperiode, nach den in Kapitel 3 entwickelten deterministischen Beziehungen zwischen Konstruktion und Einzelwelle, zur Berechnung von Bemessungswerten der Bewegungs- und Kraftgrößen meerestechnischer Konstruktionen herangezogen. Letztere liefern nach den im Kapitel 4 entwickelten Methoden der Festigkeitsanalyse die zugehörigen Bemessungswerte der Spannungen oder Deformationen. Die heute gebräuchlichen Bemessungsvorschriften meerestechnischer Konstruktionen, auf deren Besonderheiten und moderne Entwicklungen wir im Kapitel 7 noch kurz eingehen werden, bieten im Rahmen des Bemessungswertkonzeptes nützliche, häufig auf Erfahrungen beruhende Entwurfsformeln an. Für die sicherheitstechnische Bewertung meerestechnischer Konstruktionen im Seegang ist dieses einfache Bemessungswertkonzept im allgemeinen aber unzureichend oder uneffektiv, so daß wir uns im Kapitel 6 im Rahmen eines sog. stochastischen Bewertungskonzeptes vor allem mit den Seegangswirkungen und deren stochastischer, d.h. probabilistischer und statistischer Bewertung auseinandersetzen wollen, wofür dieses Kapitel zunächst einmal die notwendigen Grundlagen schaffen soll.

Die für die analytische Beschreibung des Seegangs benötigte Theorie der Zufallsprozesse wird in Abschnitt 5.1 in Form eines kurzen Überblicks über die wichtigsten Definitionen und Zusammenhänge behandelt. Dieser Überblick kann im Rahmen dieses Buches nur sehr kurz und kompakt sein, und beim Leser müssen wir einige Kenntnisse der Grundlagen der Wahrscheinlichkeitstheorie voraussetzen, die wir als Anhang 1, ebenfalls in sehr geraffter Form, anbieten.

Auf der Theorie der Zufallsprozesse aufbauend, wollen wir der erwähnten besonderen Bedeutung des Seegangs dadurch gerecht werden, daß wir uns im Abschnitt 5.2 ausführlich mit den praktisch wichtigsten Möglichkeiten seiner stochastischen Beschreibung auseinandersetzen. Zu Wind und Meeresströmungen werden wir einige praktische Entwurfsformeln entwickeln, die für die Bewertung meerestechnischer Konstruktionen von Bedeutung sind.

Wir verwenden zur Kennzeichnung von Zufallszahlen die Großschreibung und zur Kennzeichnung der Realisierungen von Zufallszahlen die Kleinschreibung (Einzelheiten siehe Anhang 1). So ist X eine Zufallszahl mit der Realisierung x und dementsprechend ist $\boldsymbol{X}$ ein Zufallsvektor, dessen I Komponenten die Zufallszahlen X_i, $i=1,2,\ldots,I$, sind. Die Realisierungen dieser Zufallszahlen sind nach unserer Vereinbarung Werte x_i, die wir als Komponenten des Vektors $\boldsymbol{x}$ zusammenfassen. Eine I-dimensionale Wahrscheinlichkeitsdichtefunktion der Zufallsgrößen X_i können wir damit z.B. durch $f_{\boldsymbol{X}}(\boldsymbol{x})$, die zugehörige Wahrscheinlichkeitsverteilung durch $F_{\boldsymbol{X}}(\boldsymbol{x})$ symbolisieren. Zufallsvektoren $\boldsymbol{X}$ dürfen im Text nicht mit Matrizen $\boldsymbol{X}$ verwechselt werden.

5.1 Bewertung stochastischer Prozesse

In Abschnitt 5.1.1 werden wir Begriffe und Zusammenhänge für stationäre Zufallsprozesse zusammenfassen. Darauf aufbauend beschreiben wir in Abschnitt 5.1.2 als praktisch wichtigstes Beispiel einige Eigenschaften des stationären Gaußschen Zufallsprozesses, und in Abschnitt 5.1.3 behandeln wir kurz den bekannten Poissonschen Zufallsprozeß und die sog. Markoff-Kette. Schließlich werden wir in Abschnitt 5.1.4 einen kurzen Abriß eines für unsere weiteren Betrachtungen wichtigen Teils der stochastischen Dynamik linearer Systeme mit einem Freiheitsgrad entwickeln. Wir benötigen diese Zusammenhänge zum Verständnis eines neueren, sog. Zustandsmodells des natürlichen Seegangs in Abschnitt 5.2.1.2. Davon abgesehen werden die in Abschnitt 5.1.4 entwickelten Grundlagen aber erst für die Bewertung meerestechnischer Konstruktionen im Seegang, d.h. für das Kapitel 6, Bedeutung haben.

Die genannten Themen behandeln wir hier mit der Ausführlichkeit, die zum Verständnis stochastischer Betrachtungsweisen bei der Bewertung meerestechnischer Konstruktionen in der marinen Umwelt angemessen ist. Natürlich läßt sich jedes Thema unabhängig von den hier verfolgten Zielen weiter vertiefen, so daß der Leser von vornherein auf eine für diesen Zweck geeignete Auswahl aus der weitläufigen Spezialliteratur hingewiesen sei, [5.1 – 5.6]. Zur Einführung scheinen uns [5.2, 5.5, 5.6] besonders geeignet.

5.1.1 Stationäre Zufallsprozesse

Ein Zufallsprozeß $\{X(t)\}$ ist die Gesamtheit aller Zufallsgrößen X, die zu verschiedenen Zeiten oder an verschiedenen Orten betrachtet werden. Wir können einen Zufallsprozeß, der durch kontinuierlich definierte Zufallsgrößen X zu diskreten Zeitpunkten t_k, $k=1,2,\ldots,K$, beschrieben ist, durch die gemeinsame Wahrscheinlichkeitsdichtefunktion $f_X(\boldsymbol{x})$ seiner Zufallsgrößen $X_k=X(t_k)$ definieren

$$f_X(\boldsymbol{x}),\ \boldsymbol{x}^T=(x(t_1),\ldots,x(t_K))=(x_1,\ldots,x_K), \qquad (5.1)$$

wobei die zeitliche Entwicklung des Prozesses durch das Anwachsen von K gekennzeichnet ist. Wir definieren Vektoren analog zur Komponentenschreibweise der linearen Algebra grundsätzlich als Spaltenvektoren, so daß wir zu ihrer platzsparenden Darstellung in Form von Reihenvektoren zusätzlich ein hochgestelltes T für „transponiert" ergänzen.

Eine Beobachtung $x(t)$ wird als eine Realisierung oder Stichprobe des Zufallsprozesses bezeichnet, die Gesamtheit aller gezogenen Stichproben heißt Ensemble. Also ist das aus unendlich vielen Stichproben bestehende Ensemble gleich dem Zufallsprozeß selbst.

Wenn wir einen bestimmten Zeitpunkt $t=t_1$ betrachten, so können wir verschiedene probabilistische Kennwerte des Zufallsprozesses $\{X(t)\}$ aus der Wahrscheinlichkeitsdichtefunktion $f_{X1}(x_1)$ zu diesem Zeitpunkt ermitteln, z.B. die Erwartung zur Zeit t_1, siehe (A1.22),

$$E[X_1]=m_{X1}=\int_{-\infty}^{\infty} x_1\cdot f_{X1}(x_1)\mathrm{d}x_1,\ x_1=x(t_1) \qquad (5.2)$$

oder die sog. mittlere quadratische Abweichung, siehe (A1.22),

$$E[X_1^2]=\int_{-\infty}^{\infty} x_1^2\cdot f_{X1}(x_1)\mathrm{d}x_1 \qquad (5.3)$$

sowie die Varianz bzw. das Quadrat der Standardabweichung σ_{X1}, siehe (A1.24),

$$\mathrm{Var}[X_1]=\sigma_{X1}^2=E[(X_1-E[X_1])^2]=E[X_1^2]-E^2[X_1]. \qquad (5.4)$$

Wenn wir den Zufallsprozeß zu zwei verschiedenen Zeiten $t=t_1$ und $t=t_2$ betrachten, so definieren wir die sog. Kovarianz zwischen den Zufallsgrößen $X(t_1)=X_1$ und $X(t_2)=X_2$ mittels

$$\begin{aligned}\mathrm{Cov}[X_1,X_2]&=E[(X_1-E[X_1])\cdot(X_2-E[X_2])\\&=E[X_1\cdot X_2]-E[X_1]\cdot E[X_2],\end{aligned} \qquad (5.5)$$

siehe (A1.26), wobei die sog. Autokorrelationsfunktion wie folgt definiert ist

$$R_{XX}(t_1,t_2)=E[X_1\cdot X_2]=\int_{-\infty}^{\infty}\int_{-\infty}^{\infty} x_1\cdot x_2\cdot f_{X1,X2}(x_1,x_2)\mathrm{d}x_1\mathrm{d}x_2. \qquad (5.6)$$

Falls der Mittelwert des Zufallprozesses bei t_1 oder t_2 gleich Null ist, so besagt (5.5), daß die Autokorrelationsfunktion gleich der Kovarianz des Prozesses zu diesen Zeiten ist. Wenn die Autokorrelationsfunktion Null ist, so ist der Prozeß zu Zeiten t_1 und t_2 unkorreliert.

Bei Betrachtung zweier Zufallsprozesse $\{X(t)\}$ und $\{Y(t)\}$ wird analog (5.6) eine sog. Kreuzkorrelationsfunktion wie folgt definiert

$$R_{XY}(t_1, t_2) = E[X_1 \cdot Y_2] = \int_{-\infty}^{\infty} \int_{-\infty}^{\infty} x_1 \cdot y_2 \cdot f_{X1,Y2}(x_1, y_2)\, dx_1 dy_2 \quad (5.7)$$

$$= \langle x(t) \cdot y(t+\tau) \rangle = \lim_{T \to \infty} 1/(2T) \cdot \int_{-T}^{T} x(t) \cdot y(t+\tau)\, d\tau . \quad (5.8)$$

In der Darstellung nach (5.8) haben wir angenommen, daß das zeitliche Mittel des Produktes der Stichproben zweier Prozesse zu beliebigen Zeiten $t=t_1$ und $t+\tau=t_2$, gleich ist der Erwartung des Produktes der zufälligen Prozeßwerte zu diesen Zeiten. Eine solche Übereinstimmung zwischen Prozeßerwartung und Stichprobenmittel wird allgemeiner als Ergodizität bezeichnet. Ergodizität kann nur gelten, wenn der Zufallsprozeß gleichzeitig die im folgenden zu erläuternde Eigenschaft der Stationarität besitzt:

Wenn wir voraussetzen können, daß die Wahrscheinlichkeitsstruktur des Zufallsprozesses nach (5.1) unabhängig von einer Verschiebung der Anfangszeit ist, so wird der Zufallsprozeß als stationär im engeren Sinne bezeichnet (als homogen im engeren Sinne, wenn wir t als Ortskoordinate interpretieren), und es muß dann u.a. gelten

$$E[X_1] = E[X_2] = \ldots = E[X(t)] = \text{const}. \quad (5.9)$$

Weiterhin folgt für $\tau = t_2 - t_1$ gemäß (5.6)

$$E[X_1 \cdot X_2] = R_{XX}(\tau) = E[X(t) \cdot X(t+\tau)], \quad (5.10)$$

d.h., die Autokorrelationsfunktion ist nur noch eine Funktion von τ. Umgekehrt wird ein Zufallsprozeß, bei dem nur (5.9) und (5.10) gelten, als stationär (homogen) im weiteren Sinne oder als schwach stationär (homogen) bezeichnet. Wenn der stationäre Zufallsprozeß den Mittelwert Null hat, so gilt nach (5.4), (5.5) und (5.10) zu allen Zeiten t

$$R_{XX}(0) = E[X^2] = \text{Var}[X] = \text{Cov}[X, X] = \sigma_X^2 . \quad (5.11)$$

Die Autokorrelationsfunktion eines stationären Prozesses wollen wir hier unter Verwendung einer Fourier-Transformation zur Definition der Spektraldichte bzw. des Autospektrums $S_{XX}(\omega)$ des Zufallsprozesses benutzen [5.7]

$$S_{XX}(\omega) = 1/(2\pi) \int_{-\infty}^{\infty} R_{XX}(\tau) \cdot \exp\{-i\omega\tau\}\, d\tau . \quad (5.12)$$

Die inverse Fourier-Transformation liefert die Autokorrelationsfunktion

$$R_{XX}(\tau) = \int_{-\infty}^{\infty} S_{XX}(\omega) \cdot \exp\{i\omega\tau\}\, d\omega . \quad (5.13)$$

Nach (5.11) gilt daher mit (5.13) für $\tau = 0$

$$\sigma_X^2 = \text{Var}[X] = R_{XX}(0) = \int_{-\infty}^{\infty} S_{XX}(\omega)\, d\omega . \quad (5.14)$$

Analog (5.12) läßt sich mit (5.7) natürlich auch ein sog. Kreuzspektrum definieren. Wenn eine Verwechslung mit dem Kreuzspektrum ausgeschlossen ist, wollen wir im folgenden unter dem Begriff Spektrum immer das Autospektrum verstehen.

5.1.2 Stationäre Gaußsche Zufallsprozesse

Unser Interesse an Gaußschen Zufallsprozessen hängt mit der Tatsache zusammen, daß lineare Funktionen Gaußscher Zufallsgrößen ebenfalls Gaußsche Zufallsgrößen sind, so daß die Antworten eines linearen Systems auf Erregungen durch Gaußsche Zufallsprozesse nach den gleichen Prinzipien zu ermitteln sind, wie die Eigenschaften des erregenden Gaußschen Zufallsprozesses selbst. Insbesondere sind Gaußsche Zufallsprozesse bei Gültigkeit von (5.9) und (5.10) immer auch stationär (homogen) im engeren Sinn!

Stationäre Gaußsche Zufallsprozesse haben die besondere Eigenschaft, daß sich für sie die interessierenden Kenngrößen darstellen lassen, wenn die Spektraldichte (5.12) oder die Autokorrelationsfunktion (5.13) gegeben ist. Für Gaußsche Zufallsprozesse lautet die K-dimensionale Verteilungsdichte für (5.1)

$$f_X(\boldsymbol{x}) = \frac{1}{\sqrt{(2\pi)^K |\boldsymbol{C}_X|}} \exp\left\{-\frac{1}{2}(\boldsymbol{x}-E[\boldsymbol{X}])^T \boldsymbol{C}_X^{-1}(\boldsymbol{x}-E[\boldsymbol{X}])\right\}. \tag{5.15}$$

Hierin bedeuten

$$(\boldsymbol{x}-E[\boldsymbol{X}])^T = (x_1-E[X_1], x_2-E[X_2], \ldots, x_K-E[X_K]),$$

$$E[\boldsymbol{X}]^T = (E[X_1], E[X_2], \ldots, E[X_K]), \tag{5.16}$$

$$\boldsymbol{C}_X = \begin{bmatrix} \mathrm{Var}[X_1] & \mathrm{Cov}[X_1, X_2] & \ldots & \mathrm{Cov}[X_1, X_K] \\ & \mathrm{Var}[X_2] & \ldots & \mathrm{Cov}[X_2, X_K] \\ \text{sym.} & & \ldots & \vdots \\ & & & \mathrm{Var}[X_K] \end{bmatrix} \tag{5.17}$$

und $|\boldsymbol{C}_X| = \det \boldsymbol{C}_X$, wobei $\boldsymbol{C}_X$ als Kovarianzmatrix bezeichnet wird, det steht als Abkürzung für Determinante. Zur Veranschaulichung von (5.15) wollen wir den eindimensionalen Fall illustrieren, bei dem also die Kovarianzmatrix in die Varianz $\mathrm{Var}[X] = \sigma_X^2$ der Zufallsgröße $X = X_1$ übergeht: Mit der sog. standardisierten Zufallsgröße $U = (X - m_X)/\sigma_X$ folgt mit (A1.25)

$$\varphi(u) = \frac{1}{\sqrt{2\pi}} \cdot \exp\left\{-\frac{1}{2}u^2\right\}, \tag{5.18}$$

wobei φ die sog. standardnormale Verteilungsdichte ist. Also erhalten wir nach (5.15) die bekannte Form der Gaußschen Normalverteilung

$$f_X(x) = \frac{1}{\sqrt{2\pi}\sigma_X} \exp\left\{-\frac{1}{2}\left(\frac{x-m_X}{\sigma_X}\right)^2\right\}. \tag{5.19}$$

Eine für praktische Anwendungen besonders wichtige Kenngröße Gaußscher Zufallsprozesse ist die sog. Aufwärtsüberschreitensrate $\nu_X^+(a) = \nu_a^+$, d.h. eine Zahl, die angibt, wie oft ein stationärer Gaußscher Zufallsprozeß $\{X(t)\}$

bestimmte Werte $x=a$ je Zeiteinheit aufwärts (+) überschreitet. Sie läßt sich relativ einfach nach der sog. Riceschen Formel bestimmen, [5.8]. Daraus ergibt sich folgende, für unsere Zwecke besonders wichtige Form der Null-Aufwärtsüberschreitensrate des Gaußschen Zufallsprozesses

$$\nu_0^+ = 1/(2\pi)\sqrt{\int_{-\infty}^{\infty} \omega^2 \cdot S_{XX}(\omega)\,d\omega \Big/ \int_{-\infty}^{\infty} S_{XX}(\omega)\,d\omega}\,. \tag{5.20}$$

Diese Aussage ist gültig für stationäre Gaußsche Zufallsprozesse $\{X(t)\}$ mit dem Mittelwert Null.

Wir betrachten nun zwei nahe beieinander liegende Niveaus $x=a$ und $x=a+dx$. Dann repräsentiert die Differenz

$$\nu_a^+ - \nu_{a+dx}^+ = -(d\nu_a^+/dx)\,dx \tag{5.21}$$

die Anzahl relativer Größt- oder Spitzenwerte des Prozesses, die zwischen beiden Niveaus je Zeiteinheit auftreten. Wenn wir voraussetzen, daß der Prozeß schmalbandig ist, so meinen wir mit diesem Begriff, daß die Wahrscheinlichkeit von relativen Größt- oder Spitzenwerten im Bereich unter dem Mittelwert sehr klein wird. Das bedeutet im Grenzfall, daß wir die Anzahl der Spitzenwerte des Prozesses je Zeiteinheit gleich der Rate der Null-Aufwärtsüberschreitungen (ν_0^+) des Prozesses setzen dürfen. Also ist der Anteil von Spitzenwerten im Intervall $a<x\leqq a+dx$ an allen auftretenden Spitzenwerten gegeben durch

$$-(d\nu_a^+/dx)\,dx/\nu_0^+ = P[a<X\leqq a+dx] = f_X(a)\,dx\,. \tag{5.22}$$

Wir haben hier die relative Häufigkeit als Wahrscheinlichkeitsaussage interpretiert und mit einer Wahrscheinlichkeitsdichtefunktion die Wahrscheinlichkeit $f_X(a)\,dx$ für das Auftreten von Spitzenwerten im Intervall $a<x\leqq a+dx$ eingeführt. Damit ergibt sich, siehe z.B. [5.2],

$$f_X(a) = \frac{a}{\sigma_X^2}\exp\left\{-\frac{1}{2}\left(\frac{a}{\sigma_X}\right)^2\right\}, \quad a\geqq 0, \tag{5.23}$$

und für die Wahrscheinlichkeit von Spitzenwerten des Gaußschen Zufallsprozesses $\{X(t)\}$, die größer sind als $x=a$, folgt

$$P[X>a] = 1-F_X(a) = \exp\left\{-\frac{1}{2}\left(\frac{a}{\sigma_X}\right)^2\right\}, \tag{5.24}$$

Gleichung (5.23) ist die sog. Rayleighsche Verteilungsdichte der Spitzenwerte $X=a$ des schmalbandigen Zufallsprozesses $\{X(t)\}$, und (5.24) ist die zugehörige (komplementäre) Rayleigh-Verteilungsfunktion $\bar{F}_X$ (a) dieser Spitzenwerte. Statt Spitzenwert wird in diesem Zusammenhang auch der Term Amplitude verwendet, so daß (5.23) und (5.24) auch als Amplitudenverteilungen des stationären Gaußschen Zufallsprozesses $\{X(t)\}$ bezeichnet werden. Die Wahrscheinlichkeitsaussage in (5.24) stellt nach (5.21), (5.22) und (A1.12) bis (A1.14) das Verhältnis der Überschreitungen des Wertes $x=a$ zu den Überschreitungen des Wertes $x=0$ dar, also

$$P[X>a] = \nu_a^+/\nu_0^+\,. \tag{5.25}$$

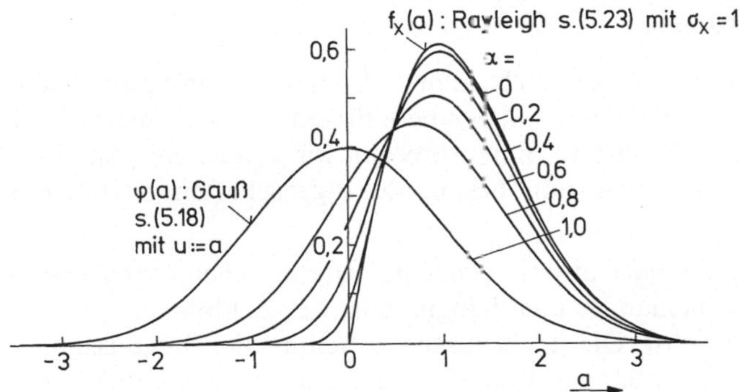

Bild 5.1. Verteilungen der Maxima verschieden breitbandiger Zufallsprozesse

Unter der Voraussetzung der Ergodizität können wir (5.24) auch als die Verteilung der Grundgesamtheit aller Amplituden interpretieren, die bei Registrierung einer unendlich langen Stichprobe des schmalbandigen, stationären Gaußschen Zufallsprozesses $\{X(t)\}$ größer als a sind.

Für nicht schmalbandige Prozesse, mit denen wir uns bei Betrachtung dynamischen Konstruktionsverhaltens gelegentlich befassen müssen, siehe hierzu vor allem Abschnitt 6.2.3.3, sind Überschreitensraten nicht ganz so einfach zu bestimmen. In solchen Fällen läßt sich zeigen, [5.9], daß der sog. Breitenparameter α des Spektrums, d.h.

$$\alpha = \sqrt{1 - m_2^2/(m_0 m_4)}, \; 0 \leqq \alpha \leqq 1, \tag{5.26}$$

mit den sog. Momenten des Spektrums

$$m_i = \int_{-\infty}^{\infty} \omega^i \cdot S_{XX}(\omega)\,\mathrm{d}\omega, \tag{5.27}$$

die Verteilungen der relativen Größtwerte bestimmt, wobei sich im Falle $\alpha = 0$ die Rayleigh-Verteilung und im Falle $\alpha = 1$ die Gaußsche Verteilung ergibt, Bild 5.1.

Wir erkennen an Bild 5.1, daß mit abnehmender Schmalbandigkeit (zunehmender Breitbandigkeit) eines Zufallsprozesses auch eine zunehmende Anzahl von relativen Größtwerten unterhalb des Prozeßmittelwertes zu erwarten sind: Das Spektrum verteilt sich über ein breites Frequenzband. Für unsere Zwecke können wir diese Aussage als eine anschauliche Definition des Begriffs Breitbandigkeit eines Zufallsprozesses interpretieren, vor allem aber können wir in diesem Zusammenhang den Begriff Weißes Rauschen erklären: Unter Weißem Rauschen verstehen wir einen Prozeß, dessen Spektrum im betrachteten Frequenzbereich den gleichen Wert hat. Daraus folgt nach (5.26), daß für Weißes Rauschen im Frequenzband $0 \leqq \omega < \omega_{max}$ $\alpha = 2/3$ ist.

5.1.3 Stationäre Poisson-Zufallsprozesse und Markoff-Ketten

In diesem Abschnitt beschreiben wir Zufallsprozesse sog. diskreter (nicht kontinuierlicher) Zufallsgrößen

5.1.3.1 Poisson-Zufallsprozesse

Wir betrachten hier einen Prozeß, bei dem bestimmte Ereignisse zufällig auftreten, wobei uns die Häufigkeit N interessiert, mit der diese Ereignisse (wahrscheinlich) beobachtet werden können. In diesem Sinne sprechen wir von einem (Zufalls-) Zählprozeß $\{N(t)\}$, für den wir nun bestimmte Eigenschaften postulieren wollen:

1. Die in verschiedenen, einander ausschließenden Zeitintervallen auftretenden Ereigniszahlen seien voneinander unabhängig, d.h., der Zählprozeß $\{N(t)\}$ habe unabhängige Zuwächse. Die stochastische Verteilung der Ereigniszahl N in irgend einem der betrachteten Zeitintervalle sei nur von der Länge τ des betrachteten Zeitintervalls abhängig, d.h., der Zählprozeß $\{N(t)\}$ habe stationäre Zuwächse.
2. Zur Zeit $t=0$ gelte $N(0)=0$, d.h., zu Beginn des Zählprozesses sei noch keines der betrachteten Ereignisse aufgetreten.
3. Die Wahrscheinlichkeit, daß genau ein Ereignis in einem relativ kurzen Zeitinterval τ auftritt, sei proportional τ:

   $$P[N(\tau)=1]=P_1(\tau)=\nu\tau,\ \nu>0,\ \tau\rightarrow 0.$$

4. Die Wahrscheinlichkeit, daß genau zwei oder mehr Ereignisse in einem relativ kurzen Zeitintervall τ auftreten, sei $o(\tau)$, d.h. „klein von der Ordnung τ“:

   $$P[N(\tau)\geqq 2]=o(\tau).$$

   Hierbei repräsentiert $o(\tau)$ jede denkbare Funktion $g(\tau)$, die folgende Eigenschaft besitzt:

   $$\lim_{\tau\rightarrow 0} g(\tau)/\tau=0,\ \tau>0.$$

   Anschaulich formuliert, die Wahrscheinlichkeit von zwei oder mehr Ereignissen in τ ist sehr klein.

Mit den Postulaten 1. bis 4. ist ein besonderer Zählprozeß definiert, dessen Eigenschaften sich aus diesen Postulaten direkt herleiten lassen, siehe z.B. die ausführliche Darstellung in [5.10] oder auch [5.1, 5.5, 5.6]. Wir fassen hier die uns interessierenden Ergebnisse zusammen: So gilt für jedes $n=1, 2, \ldots, \infty$

$$P_n(t)=P[N(t)=n]=(\nu t)^n\cdot\exp\{-\nu t\}/n!.$$

$P_n(t)$ wird als Poissonsche Massenverteilung der diskreten Zufallsgröße N bezeichnet. Der stationäre (zeithomogene) Zählprozeß $\{N(t)\}$ hat daher seinen Namen Poissonscher Zählprozeß oder einfacher: Poisson-Prozeß.

Wir sehen an vorstehender Massenverteilung, daß analog (A1.22) mit $m=n-1$ gilt:

$$\begin{aligned}E[N(t)]&=\sum_{n=0}^{\infty} n\cdot(\nu t)^n\cdot\exp\{-\nu t\}/n!\\&=(\nu t)\cdot\sum_{n=1}^{\infty}(\nu t)^{n-1}\cdot\exp\{-\nu t\}/(n-1)!\\&=(\nu t)\cdot\sum_{m=0}^{\infty}(\nu t)^m\cdot\exp\{-\nu t\}/m!=\nu t,\end{aligned}\tag{5.28}$$

denn die Summe über den gesamten Definitionsbereich von m ist bei jeder Wahrscheinlichkeitsverteilung gleich 1 (sicheres Ereignis). Daraus folgt wegen $v = E[N(t)]/t$ die Bezeichnung mittlere Ereignisrate des Poisson-Prozesses für die Konstante v.

Wir interessieren uns bei praktischen Anwendungen des Poisson-Prozesses häufig für die (Zufalls-) Wartezeit T bis zum ersten Ereignis. Mit $n = 0$ gilt mit der Poissonschen Massenverteilung für die Wartezeit T

$$1 - F_T(t) = P[T > t] = P[N(t) = 0] = P_0(t) = \exp\{-vt\}, \tag{5.29}$$

denn T kann nur größer als t sein, wenn bis t kein Ereignis stattgefunden hat. Dies ist die sog. Exponentialverteilung, die wegen ihres einfachen, einparametrischen Aufbaus, in der Praxis Verwendung findet, wann immer der zugrundeliegende Zählprozeß die Postulate 1. bis 4. erfüllt. Die Wartezeit T auf das erste Ereignis hat nach (A1.15) also die Verteilungsdichte

$$f_T(t) = \mathrm{d}F_T(t)/\mathrm{d}t = v \cdot \exp\{-vt\}, \; t \geqq 0. \tag{5.30}$$

Wegen (A1.22), d.h.

$$E[T] = m_T = \int_0^\infty t \cdot v \cdot \exp\{-vt\} \mathrm{d}t = 1/v \tag{5.31}$$

können wir v auch als den Kehrwert der mittleren Wartezeit auf das erste Ereignis interpretieren.

5.1.3.2 Markoff-Ketten

Für neuere Entwicklungen in der Meerestechnik gewinnt die sog. Markoff-Kette, die wir hier hauptsächlich in Vorbereitung auf ein in Abschnitt 6.2.2.3 zu diskutierendes, modernes Betriebsfestigkeitsmodell darstellen wollen, zunehmend an Bedeutung.

Wir stellen uns zunächst einen Zufallsprozeß $\{D(t)\}$ vor, der nur zwei diskrete Werte (Zustände) 0 und 1 zu diskreten Zeiten $t = 1, 2, \ldots$ annehmen kann, z.B. $D(t) = 0$ als Indikator für ein intaktes Konstruktionselement zur Zeit t und $D(t) = 1$ als Indikator für eine nicht tolerierbare Rißgröße im Konstruktionselement. Zur Zeit $t = 0$ sei der Prozeß im Zustand $D = 0$ mit der Wahrscheinlichkeit $\pi_{t=0}(D=0) = \pi_0(0)$ und im Zustand $D = 1$ mit der Wahrscheinlichkeit $\pi_{t=0}(D=1) = \pi_0(1)$. Die Wahrscheinlichkeiten, daß der Prozeß zur Zeit $t = 1$ in den Zuständen $D = 0$ bzw. $D = 1$ ist, seien entsprechend $\pi_1(0)$ und $\pi_1(1)$.

Die Wahrscheinlichkeit, daß der Prozeß vom Zustand $D = 0$ in den Zustand $D = 1$ wechselt, sei p_{01}, und umgekehrt p_{10}, d.h., die Wahrscheinlichkeiten, daß der Prozeß in dem einen oder anderen Zustand beharrt, sind $p_{00} = 1 - p_{01}$ und $p_{11} = 1 - p_{10}$. Dann gilt zur Zeit $t = 1$

$$\pi_1(0) = \pi_0(0) \cdot p_{00} + \pi_0(1) \cdot p_{10},$$

$$\pi_1(1) = \pi_0(0) \cdot p_{01} + \pi_0(1) \cdot p_{11}.$$

In Matrix-Schreibweise lassen sich diese Gleichungen wie folgt darstellen

$$\boldsymbol{\pi}_1^T = \boldsymbol{\pi}_0^T \boldsymbol{P},$$

wobei

$$\pi_0^T = (\pi_0(0), \pi_0(1)), \ \pi_1^T = (\pi_1(0), \pi_1(1))$$

und

$$P = \begin{bmatrix} p_{00} & p_{01} \\ p_{10} & p_{11} \end{bmatrix}.$$

ist. Wir bezeichnen P als Übergangsmatrix, die sich bei einer stationären Entwicklung des Prozesses $\{D(t)\}$ nicht ändert. Wenn wir nun $\{D(t)\}$ als sog. stationäre Markoff-Kette bezeichnen, so heißt das, daß die Entwicklung von $t=x$ auf $t=x+1$ unabhängig sein soll von allen Zuständen, die der Prozeß zu Zeiten $t<x$ hatte. Anschaulich formuliert: Die Markoff-Kette entwickelt sich „erinnerungslos“. Also gilt

$$\pi_2^T = \pi_1^T P,$$

$$\pi_3^T = \pi_2^T P,$$

$$\vdots \quad \vdots$$

Auf diese Weise können wir die stationäre Markoff-Kette bis zu jedem beliebigen Entwicklungsschritt $t=x$ aufbauen. Dabei stellen wir fest, daß folgender Zusammenhang zwischen der Wahrscheinlichkeitsverteilung im x-ten und im 0-ten Entwicklungsschritt besteht, siehe z.B. [5.5, 5.6]:

$$\pi_x^T = \pi_0^T \cdot P^x. \tag{5.32}$$

Nun können wir die eingangs nur aus Gründen des leichteren Verständnisses gemachte Voraussetzung von nur zwei Zuständen $D=0$ und $D=1$ aufheben und (5.32) als eine allgemein gültige Beziehung für eine beliebige Anzahl von Zuständen $D=d_i$, $i=1, 2, \ldots, I$, ansehen, wobei die Vektoren π_x nun I Komponenten $\pi_x(i)$ enthalten. P ist also eine quadratische Matrix der Größe $I \cdot I$ mit den Elementen p_{ij}, die als Übergangswahrscheinlichkeiten vom Zustand d_i in den Zustand d_j zu interpretieren sind. Natürlich muß für jedes i gelten

$$\sum_{j=1}^{I} p_{ij} = 1, \tag{5.33}$$

denn in irgend einem Zustand d_j befindet sich der Prozeß mit Sicherheit, d.h. mit 100 %iger Wahrscheinlichkeit. Die in π_0 und P enthaltenen Informationen sind notwendig und ausreichend, um die stationäre Markoff-Kette zu jeder Zeit $t=x$ zu beschreiben.

5.1.4 Lineare Systeme mit einem Freiheitsgrad

Wir betrachten die lineare Differentialgleichung

$$m \cdot \ddot{s}(t) + d \cdot \dot{s}(t) + k \cdot s(t) = f(t),$$

die im allgemeinen das Gleichgewicht der an einem linearen System wirkenden Kräfte (Trägheits-, Dämpfungs-, Rückstell- und Erregerkräfte) zu jedem

Zeitpunkt t beschreibt. Division durch die Masse m liefert diese Differentialgleichung in etwas anderer Form

$$\ddot{s}(t)+2\delta\omega_0\cdot\dot{s}(t)+\omega_0^2\cdot s(t)=f(t)/m, \tag{5.34}$$

mit der ungedämpften Eigenfrequenz $\omega_0^2=k/m$, der Masse m, dem Steifigkeitskoeffizienten k und dem Dämpfungsmaß (Dämpfungsverhältnis) $\delta=d/(2\omega_0\cdot m)=d/(2\sqrt{k\cdot m})$. Wir wollen uns zunächst mit der für die Behandlung praktischer Probleme besonders wichtigen harmonischen Erregung befassen, und das System als „eingeschwungen" ansehen. Dann hat das lineare System die gleiche Schwingungsfrequenz ω wie die erregende Kraft, und die Bewegungsgröße $s(t)$, als Antwort auf eine harmonische Erregungskraft

$$f(t)=\varphi(\omega)\cdot\exp\{\mathrm{i}\omega t\},\ \varphi(\omega)=\varphi_R(\omega)+\mathrm{i}\varphi_I(\omega), \tag{5.35}$$

ergibt sich in der Form

$$s(t)=\sigma(\omega)\cdot\exp\{\mathrm{i}\omega t\},\ \sigma(\omega)=\sigma_R(\omega)+\mathrm{i}\sigma_I(\omega), \tag{5.36}$$

und die im allgemeinen komplexen Amplituden $\sigma(\omega)$ und $\varphi(\omega)$ verhalten sich wie $H(\omega)$, d.h.

$$\sigma(\omega)=H(\omega)\cdot\varphi(\omega), \tag{5.37}$$

wobei die komplexe Übertragungs- oder Verstärkungsfunktion $H(\omega)$ wie folgt definiert ist

$$H(\omega)=1/[m\cdot(\omega_0^2-\omega^2+2\mathrm{i}\cdot\delta\cdot\omega_0\cdot\omega)]. \tag{5.38}$$

(Wir können uns durch Einsetzen von s, $\dot{s}$, $\ddot{s}$ und f in (5.34) davon überzeugen, daß s nach (5.36 bis 5.38) eine partikuläre Lösung von (5.34) ist.) Wenn wir als Erregung nur den Realteil von $f(t)$ nach (5.35) meinen, also $f(t)=\varphi_R(\omega)\cdot\cos(\omega t)-\varphi_I(\omega)\cdot\sin(\omega t)$, so ist als Lösung nur der Realteil von (5.36) anzusehen.

Wir wollen nun eine beliebige Erregungsfunktion $f(t)$ aus unendlich vielen, harmonischen Elementar-Erregungen $\varphi(\omega)\cdot\exp\{\mathrm{i}\omega t\}$ superponieren. Dann gilt

$$f(t)=\int_{-\infty}^{\infty}\varphi(\omega)\cdot\exp\{\mathrm{i}\omega t\}\mathrm{d}\omega \tag{5.39}$$

mit der Fourier-Transformation

$$\varphi(\omega)=1/(2\pi)\int_{-\infty}^{\infty}f(t)\cdot\exp\{-\mathrm{i}\omega t\}\mathrm{d}t, \tag{5.40}$$

von der wir annehmen wollen, daß sie existiert. Da wir beliebig viele partikuläre Lösungen einer linearen Differentialgleichung zu weiteren Lösungen zusammensetzen können, gilt für den eingeschwungenen Zustand des linearen Systems

$$s(t)=\int_{-\infty}^{\infty}\sigma(\omega)\cdot\exp\{\mathrm{i}\omega t\}\mathrm{d}\omega=\int_{-\infty}^{\infty}H(\omega)\cdot\varphi(\omega)\cdot\exp\{\mathrm{i}\omega t\}\mathrm{d}\omega, \tag{5.41}$$

mit der Fourier-Transformation

$$\sigma(\omega)=1/(2\pi)\int_{-\infty}^{\infty}s(t)\cdot\exp\{-\mathrm{i}\omega t\}\mathrm{d}t. \tag{5.42}$$

Wenn wir die Erregungsfunktion $f(t)$ als Aneinanderreihung von unendlich schnell aufeinander folgenden Impulsen der Größe $f(\tau)$ zu Zeiten $t=\tau$ auffassen, so gilt formal für eine unendlich lang andauernde Erregung

$$f(t)=\int_{-\infty}^{\infty} f(\tau)\cdot\delta(t-\tau)\mathrm{d}\tau. \tag{5.43}$$

Hierin ist die sog. Dirac-Delta-Funktion $\delta(t-\tau)=1$ für $t=\tau$, sonst immer 0. Da der Beitrag jedes Impulses zur Antwortfunktion des eingeschwungenen Zustands gerade gleich $f(\tau)\cdot h(t-\tau)$ ist, wobei h als komplexe Impulsantwortfunktion auf einen Einheitsimpuls $f(\tau)=1$ zur Zeit $t=\tau$ aufzufassen ist, so gilt

$$s(t)=\int_{-\infty}^{\infty} f(\tau)\cdot h(t-\tau)\mathrm{d}\tau. \tag{5.44}$$

Die Gleichungen (5.40) und (5.41) liefern aber

$$s(t)=\int_{-\infty}^{\infty} H(\omega)\cdot\left[1/(2\pi)\int_{-\infty}^{\infty} f(\tau)\cdot\exp\{-\mathrm{i}\omega\tau\}\mathrm{d}\tau\right]\cdot\exp\{\mathrm{i}\omega t\}\mathrm{d}\omega,$$

d.h., mit $t{:}=t-\tau$ folgt durch Vergleich der Komponenten in den beiden letzten Gleichungen

$$h(t)=1/(2\pi)\int_{-\infty}^{\infty} H(\omega)\cdot\exp\{\mathrm{i}\omega t\}\mathrm{d}\omega \tag{5.45}$$

und damit als Fourier-Transformation

$$H(\omega)=\int_{-\infty}^{\infty} h(t)\cdot\exp\{-\mathrm{i}\omega t\}\mathrm{d}t. \tag{5.46}$$

Durch Fourier-Transformation beider Seiten von (5.44) läßt sich nachweisen, daß (5.37) unverändert auch für die durch (5.40) (5.42) und (5.46) erweiterten Bedeutungen von $\varphi(\omega)$, $\sigma(\omega)$ und $H(\omega)$ gilt.

Wir betrachten $f(t)$ und $s(t)$ nun wieder als Stichproben der Zufallsprozesse $\{F(t)\}$ und $\{S(t)\}$. Dann gilt nach (5.44) mit $\theta=t-\tau$

$$E[S(t)]=\int_{-\infty}^{\infty} E[F(t-\theta)]\cdot h(\theta)\mathrm{d}\theta. \tag{5.47}$$

Bei stationären Zufallsprozessen ist die Erwartung (der Mittelwert) $E[F(t-\theta)]=E[F(t)]$ eine Konstante, siehe (5.9). Also gilt mit (5.46) und (5.47)

$$E[S(t)]=E[F(t)]\cdot\int_{-\infty}^{\infty} h(\theta)\mathrm{d}\theta=E[F(t)]\cdot H(0). \tag{5.48}$$

Für lineare Systeme gilt daher folgende Eigenschaft: Wenn der stationäre Zufallsprozeß der Erregung den Mittelwert Null hat, so hat auch der (ebenfalls) stationäre Zufallsprozeß der Systemantwort den Mittelwert Null.

Wir suchen nun noch eine Beziehung zwischen den Autokorrelationsfunktionen bzw. den Spektren der beiden Prozesse $\{F(t)\}$ und $\{S(t)\}$, denn dann können wir bei Kenntnis der Systemeigenschaften $H(\omega)$ bzw. $h(t)$ und der probabilistischen Kenngrößen des Erregungsprozesses $\{F(t)\}$ die entsprechenden Kenngrößen des Antwortprozesses $\{S(t)\}$ ermitteln. Insbesondere gelten für Gaußsche Erregungsprozesse die Aussagen des Abschnitts 5.1.2 zu Überschreitensraten auch für die Antwortprozesse, die dann selbst wieder Gaußsche Zufallsprozesse sind!

Für $\tau = t - \theta$ in (5.44) erhalten wir

$$E[S(t) \cdot S(t+\tau)]$$

$$= E\left[\int_{-\infty}^{\infty} \int_{-\infty}^{\infty} F(t-\theta_1) \cdot F(t+\tau-\theta_2) \cdot h(\theta_1) h(\theta_2) \mathrm{d}\theta_1 \mathrm{d}\theta_2 \right] \qquad (5.49)$$

und unter Beachtung von (5.10) folgt dann

$$R_{SS}(\tau) = \int_{-\infty}^{\infty} \int_{-\infty}^{\infty} R_{FF}(\tau+\theta_1-\theta_2) \cdot h(\theta_1) \cdot h(\theta_2) \mathrm{d}\theta_1 \mathrm{d}\theta_2 . \qquad (5.50)$$

Wir multiplizieren nun beide Seiten von (5.50) mit $\exp\{-\mathrm{i}\omega t/(2\pi)\}$ und integrieren von $-\infty$ bis $+\infty$. Dann gilt nach (5.12) mit der Abkürzung r.S.v. „rechte Seite von ..."

$$S_{SS}(\omega) = 1/(2\pi) \int_{-\infty}^{\infty} \exp\{-\mathrm{i}\omega\tau\} \mathrm{d}\tau \cdot [\text{r.S.v.}(5.50)]. \qquad (5.51)$$

Vertauschung der Integrationsreihenfolge und Ergänzung von exp-Faktoren, deren Produkt 1 ist, liefert

$$S_{SS}(\omega) = \int_{-\infty}^{\infty} h(\theta_1) \cdot \exp\{\mathrm{i}\omega\theta_1\} \mathrm{d}\theta_1 \int_{-\infty}^{\infty} h(\theta_2) \cdot \exp\{-\mathrm{i}\omega\theta_2\} \mathrm{d}\theta_2$$

$$\int_{-\infty}^{\infty} R_{FF}(\tau+\theta_1-\theta_2) \cdot \exp\{-\mathrm{i}\omega(\tau+\theta_1-\theta_2)\} \mathrm{d}\tau/(2\pi).$$

Mit der Substitution $t = \tau + \theta_1 - \theta_2$ können wir das dritte Integral gemäß (5.12) als Spektraldichte des Erregungsprozesses interpretieren

$$S_{FF}(\omega) = 1/(2\pi) \int_{-\infty}^{\infty} R_{FF}(t) \cdot \exp\{-\mathrm{i}\omega t\} \mathrm{d}t . \qquad (5.52)$$

Nach (5.46) lassen sich die beiden ersten Integrale als konjugiert komplexe Übertragungsfunktionen $H(-\omega)$ bzw. $H(\omega)$ interpretieren, also gilt

$$S_{SS}(\omega) = H(-\omega) \cdot H(\omega) \cdot S_{FF}(\omega). \qquad (5.53)$$

Da $H(-\omega)$ und $H(\omega)$ konjugiert komplexe Funktionen sind, siehe (5.38), folgt daraus schließlich

$$S_{SS}(\omega) = |H(\omega)|^2 \cdot S_{FF}(\omega). \qquad (5.54)$$

Mit der Spektraldichte der Systemantwort nach (5.53) und der Erwartung nach (5.48) ist ein schwach stationärer Antwortprozeß $\{S(t)\}$ eines Systems mit einem Freiheitsgrad (Einmassenschwinger) vollständig definiert. Wenn darüber hinaus die Erregung $\{F(t)\}$ von einem stationären Gaußschen Zufallsprozeß herrührt, so gilt die einleitende Bemerkung zu Abschnitt 5.1.2, d.h., die Aussagen des Abschnitts 5.1.2 gelten sinngemäß ebenso für $\{S(t)\}$ wie für $\{F(t)\}$, wobei beide Zufallsprozesse auch im engeren Sinne stationär sind.

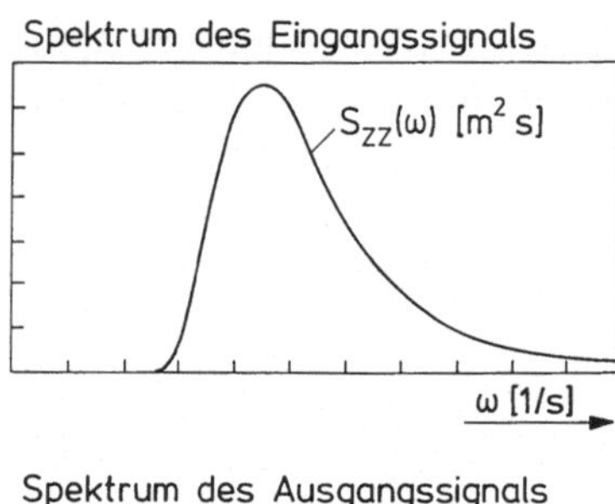

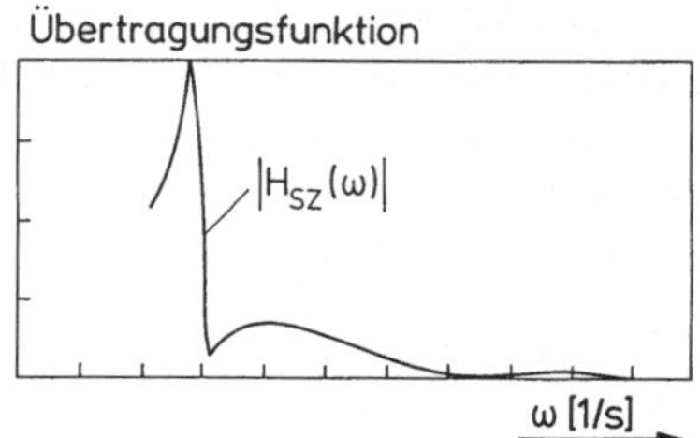

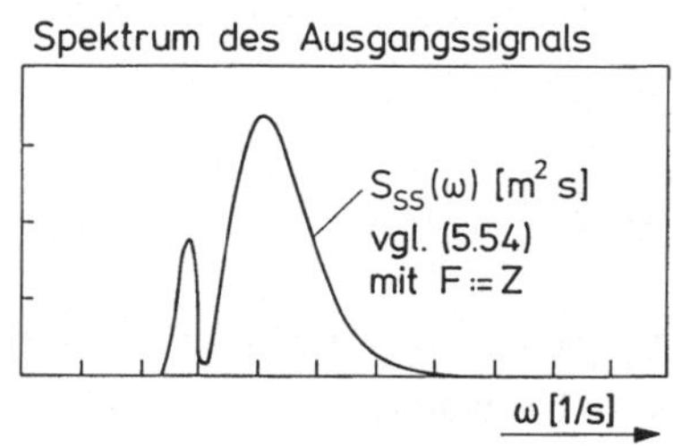

Bild 5.2a–c. Prinzip der spektralen Betrachtungsweise

Natürlich können wir die hier behandelten Zufallsgrößen F und S durch jede andere, mit der linearen Differentialgleichung (5.34) beschreibbare lineare Beziehung zwischen zwei Systemgrößen, ersetzen, z.B. durch die Wellenerhebung Z als Eingangssignal für eine schwimmende Meeresplattform und einer Bewegung S als Ausgangssignal, wobei wir uns bei Anwendung der wichtigen Beziehungen (5.37) oder (5.53) und (5.54) die benötigte Übertragungsfunktion $H(\omega)$ für harmonische Eingangssignale z.B. nach den Prinzipien der in Kapitel 3 behandelten hydromechanischen Analyse punktweise, d.h. für eine Reihe von Frequenzen ω, konstruieren können. (Siehe Bild 2.3 und Beispiele in Bild 2.6, 2.13 und 2.15.) Wo zur Kennzeichnung nötig, verwenden wir Indizes von Ausgangs- und Eingangssignal, z.B. H_{SZ} für das vorgenannte Beispiel.

Auf diesem Prinzip baut ein bedeutender Teil der als spektrale Betrachtungsweise bekannten Analyse meerestechnischer Konstruktionen auf. Wir werden im folgenden häufiger darauf zurückkommen, wollen aber bereits an dieser Stelle das grundsätzliche Schema der spektralen Betrachtungsweise analog (5.54) mit $H_{SZ}(\omega)$ einmal bildlich darstellen, Bild 5.2. In diesem Fall geht uns natürlich die Phaseninformation zwischen Eingangs- und Ausgangssignal verloren.

Anmerkung: Zur Vereinfachung unserer Überlegungen haben wir von vornherein nur eingeschwungene lineare Systeme betrachtet. Für praktische Anwendungen in der Meerestechnik ist es in diesem Zusammenhang wichtig zu wissen, daß bei einem Dämpfungsmaß $\delta=0{,}05$ eine Zeit von etwa vier Eigenperioden ausreicht, um den durch einen Anfangszustand (z.B. die Auslenkung aus der Ruhelage) beeinflußten Einschwingvorgang (die sog. transiente Antwort) abklingen zu lassen. Bei $\delta=0{,}01$ wird dazu eine Zeit von etwa 20 Eigenperioden benötigt. Nach dieser sog. Einschwingzeit sprechen wir bei stochastischer Erregung von einem eingeschwungenen Zustand im probabilistischen Sinne.

Für die wichtigsten Anwendungen in der sicherheitstechnischen Bewertung meerestechnischer Konstruktionen kommen wir mit der Behandlung von stationären bzw. schwach stationären Erregungs- oder Antwortprozessen aus. Wir werden in Kapitel 6 noch zeigen, wie wir die geschlossene Behandlung von Systemen mit mehr als einem Freiheitsgrad auf die hier nur für einen Freiheitsgrad entwickelten Grundlagen zurückführen können.

5.2 Bewertung stochastischer Prozesse der marinen Umwelt

In Abschnitt 5.2.1 behandeln wir Möglichkeiten der probabilistischen Beschreibung des natürlichen Seegangs, d.h. im wesentlichen das klassische Superpositionsmodell, das modernere Zustandsmodell, sowie einige aus diesen Modellen ableitbare Kenngrößen des Seegangs. In Abschnitt 5.2.2 ergänzen wir diese Modelle durch die mit Beobachtungen des Seegangs zusammenhängenden statistischen Modelle des Seegangs, insbesondere durch die Darstellung sog. Standardspektren und deren Verwendung für kurz- und langfristige Voraussagen extremaler Kenngrößen des Seegangs, soweit wir sie für die Bewertung meerestechnischer Konstruktionen benötigen. Im abschließenden Abschnitt 5.2.3 weisen wir auf einige Möglichkeiten der Darstellung entsprechender Kenngrößen für Wind und Meeresströmungen hin.

Die marine Umwelt wird in diesem Abschnitt also überwiegend stochastisch (probabilistisch-statistisch) beschrieben, weil uns dieses Konzept zum Verständnis der praktischen Bewertungsmethoden für meerestechnische Konstruktionen in der marinen Umwelt am geeignetsten erscheint. Innerhalb anderer Forschungsgebiete, z.B. der Geophysik (hier: Ozeanographie und Meeresforschung) wird die marine Umwelt unter dem Gesichtspunkt der Erforschung und Erklärung bestimmter Naturphänomene im wesentlichen physikalisch beschrieben, z.B. in [5.51]. Einige der auf dieser Basis entwickelten geophysikalischen Modelle der marinen Umwelt werden unter Ausnutzung der wachsenden Möglichkeiten des Rechnereinsatzes auch für die praktische Bewertung meerestechnischer Konstruktionen in der marinen Umwelt genutzt, teilweise in vernünftiger Synthese mit den stochastischen Modellen. Beispielsweise beteiligt sich eine Reihe an der praktischen Nutzung der Offshore Ressourcen beteiligten Erdölgesellschaften am Projekt der North European Storm Study (NESS). Dabei geht es um die Simulation von statistischen Seegangsdaten, und zwar auf der Basis von statistischen Wetterdaten, mittels geophysikalischer Modelle der Wechselwirkungen zwischen Atmosphäre und Meer für das gesamte nordeuropäische Einsatzgebiet meerestechnischer Konstruktionen, siehe z.B. [5.52].

Unabhängig von solchen, zur rein stochastischen Bewertung meerestechnischer Konstruktionen parallelen Entwicklungen, läßt es der hier vorgegebene, auf die wichtigsten Anwendungen abgestellte Rahmen des Buches, nicht einmal zu, die Fülle der Forschungsergebnisse auf dem Gebiet der rein stochastischen Betrachtungsweise der marinen Umwelt meerestechnischer Konstruktionen auch nur annähernd vollständig zu würdigen. Wir müssen uns darauf beschränken, den Leser an die wichtigsten Konzepte heranzuführen, so daß er auf dieser Grundlage weitergehende Entwicklungen verstehen und verfolgen kann. Zu diesem Zweck erscheint uns der jeweils neueste Bericht des Ausschusses für Umweltbedingungen (z.Zt. Committee V1: Environmental Conditions) des International Ship Structure Congress (ISSC), der alle drei Jahre veröffentlicht wird, und der zusammenfassende Darstellungen der neuesten Entwicklungen mit relativ ausführlichen Kommentaren und Literaturhinweisen anbietet, besonders geeignet, siehe [5.53]. Für den von uns nicht behandelten Spezialfall des Flachwasserseegangs mit begrenzter Windwirkstrecke verweisen wir insbesondere auf [5.54].

5.2.1 Probabilistische Beschreibung des stationären Seegangs

Wenn wir die Oberfläche der natürlichen, windbewegten See (Windsee) betrachten, so können wir im allgemeinen Wellen verschiedener Höhe H, Länge L und Fortschrittsrichtung μ identifizieren. Wir können meistens auch eine aus Kapitel 3 bekannte Eigenschaft dieser Wellen erkennen, nämlich die größere Ausbreitungsgeschwindigkeit längerer Wellen im Vergleich zu kürzeren Wellen, was dazu führt, daß die momentane Abweichung (Wellenerhebung) ζ von der Ruhewasserfläche (Meeresspiegel) an irgend einer Stelle der wellenbewegten Wasseroberfläche, als Ergebnis einer zufälligen Überlagerung vieler Wellen verschiedener Höhe, Länge und Ausbreitungsrichtung erscheint. Wir wollen im folgenden annehmen, daß sich jede dieser Wellen vollkommen regelmäßig fortsetzt und in diesem Sinne von (unendlich langen) Elementarwellen des Seegangs sprechen.

5.2.1.1 Das Superpositionsmodell des Seegangs

Die einleitende Beschreibung des Seegangs ist die Basis des sog. Superpositionsmodells des Seegangs, das seit langem in seinem grundlegenden Konzept bekannt ist, siehe z.B. [5.11]. Zur vereinfachten Darstellung des Superpositionsmodells betrachten wir hier N stochastisch unabhängige Elementarwellen gleicher Ausbreitungsrichtung ($\mu=0$), gemessen von einer im Meeresspiegel liegenden Achse x eines rechtsorientierten Koordinatensystems (x, y, z), dessen positive z-Achse aus dem Wasser herausweist, und wir stellen uns vor, daß jede der Elementarwellen nur die Bedingungen der linearen (Airyschen) Wellentheorie erfüllen muß. Dann gilt für diesen sog. langkämmigen Seegang auf der gesamten y-Achse ($x=0$)

$$\zeta(t) = \sum_{n=1}^{N} \zeta_{\mathrm{an}} \cdot \cos\{-\omega_{\mathrm{n}} t + \varepsilon_{\mathrm{n}}\} = \sum_{n=1}^{N} \zeta_{\mathrm{n}}(t). \tag{5.55}$$

Hierbei beschreibt $\varepsilon_{\mathrm{n}} = \varepsilon(\omega_{\mathrm{n}})$ die Phasenwinkel der Elementarwellen, d.h., $\zeta_{\mathrm{n}}(0) = \zeta_{\mathrm{an}} \cdot \cos \varepsilon_{\mathrm{n}}$ ist eine Elementarwellenerhebung zur Zeit $t=0$ in $x=0$, und $\zeta_{\mathrm{an}} = \zeta_{\mathrm{a}}(\omega_{\mathrm{n}})$ ist die zugehörige Amplitude. Den zufälligen Charakter des so beschriebenen Superpositionsprozesses von Elementarwellen berücksichtigen wir im klassischen Superpositionsmodell dadurch, daß wir die Phasenwinkel ε_{n} als gleichverteilte Zufallsphasenwinkel $E_{\mathrm{n}} = E(\omega_{\mathrm{n}})$ definieren. Die Verteilungsdichtefunktion der Phasenwinkel lautet damit

$$f_{\mathrm{En}}(\varepsilon_{\mathrm{n}}) = 1/(2\pi), \; 0 \leqq \varepsilon_{\mathrm{n}} < 2\pi. \tag{5.56}$$

Also ist die zufällige Wellenerhebung bei $x=0$ gegeben durch

$$Z(t) = \sum_{n=1}^{N} \zeta_{\mathrm{an}} \cdot \cos\{-\omega_{\mathrm{n}} t + E_{\mathrm{n}}\} = \sum_{n=1}^{N} Z_{\mathrm{n}}(t). \tag{5.57}$$

(Wir verwenden zur Kennzeichnung von Zufallsgrößen weiterhin die Großschreibung und zur Kennzeichnung irgendwelcher Realisierungen dieser Zufallsgrößen die Kleinschreibung, d.h. hier: Z ist die zufällige Wellenerhebung mit der Realisierung ζ, und E ist der zufällige Phasenwinkel mit der Realisierung ε.)

Da wir voraussetzen, daß keine der Elementarwellen, aus denen wir unsere natürliche Windsee vermittels Superposition nach (5.57) gebildet haben, einen besonders ausgeprägten Einfluß hat (Gleichverteilung der Zufallsphasenwinkel E), besagt der zentrale Grenzwertsatz der Wahrscheinlichkeitstheorie (siehe Einzelheiten z.B. in [5.12]), daß die Verteilungsdichte $f_Z(\zeta)$ mit Z nach (5.57) bei genügend großem N normalverteilt ist, siehe (5.18) und (5.19). Also haben wir es bei wachsendem t mit einem Gaußschen Zufallsprozeß $\{Z(t)\}$ zu tun, auf den wir unsere in Abschnitt 5.1.2 entwickelten Grundlagen anwenden können, wenn dieser Prozeß stationär (zeithomogen) ist. Wir kommen auf diesen Punkt im folgenden Abschnitt noch zurück, wollen uns zunächst aber fragen, wie die Amplituden ζ_{an} der Elementarwellen mit den Prozeßparametern des Seegangs, z.B. mit seinem Spektrum in der Definition nach (5.12), zusammenhängen.

Dazu berechnen wir die Verteilungsdichte der Wellenerhebungen der Elementarwellen zu irgend einer Zeit t im Koordinatenursprung $x=0$. Grundlage ist die Transformationsgleichung

$$\zeta_n(t)=\zeta_{an}\cdot\cos\{-\omega_n t+\varepsilon_n\}, \tag{5.58}$$

die wir zur monotonen 1-zu-1-Transformation der Verteilung $f_{En}(\varepsilon_n)$ in die gesuchte Verteilung $f_{Zn}(\zeta_n)$ verwenden, siehe (A1.25),

$$\begin{aligned} f_{Zn}(\zeta_n) &= f_{En}(\varepsilon_n)/|d\zeta_n/d\varepsilon_n| \\ &= f_{En}(\varepsilon_n)/|\zeta_{an}\cdot\sin\{-\omega_n t+\varepsilon_n\}| \\ &= 2/(2\pi)/\sqrt{\zeta_{an}^2-\zeta_{an}^2\cdot\cos^2\{-\omega_n t+\varepsilon_n\}} \\ &= 1/\pi/\sqrt{\zeta_{an}^2-\zeta_n^2}, \quad \zeta_n<\zeta_{an}. \end{aligned}$$

(Wegen der Amonotonie der sin-Funktion haben wir zweimal je einen halben monotonen Teilabschnitt dieser Funktion berücksichtigt.) Wir sehen, daß $f_{Zn}(\zeta_n)$ symmetrisch ist zu $\zeta_n=0$, d.h. für die Erwartung

$$E[Z_n]=m_{Zn}=0. \tag{5.59}$$

Die Varianz der Zufallsgröße Z_n ergibt sich daher wie folgt

$$\begin{aligned} \mathrm{Var}[Z_n]=\sigma_{Zn}^2 &= \int_{-\zeta_{an}}^{\zeta_{an}} \zeta_n^2\cdot f_{Zn}(\zeta_n)\,d\zeta_n \\ &= 1/(2\pi)\cdot\int_{-\zeta_{an}}^{\zeta_{an}} \zeta_n^2/\sqrt{\zeta_{an}^2-\zeta_n^2}\,d\zeta_n \\ &= 1/\pi\cdot\left[-\zeta_{an}/2\cdot\sqrt{\zeta_{an}^2-\zeta_n^2}+\zeta_{an}^2/2\cdot\sin^{-1}\{\zeta_n/\zeta_{an}\}\right]_{-\zeta_{an}}^{\zeta_{an}} \\ &= 1/\pi\cdot[\zeta_{an}^2/2\cdot(\sin^{-1}\{1\}-\sin^{-1}\{-1\})] \end{aligned}$$

$$\sigma_{Zn}^2=1/\pi\cdot[\zeta_{an}^2/2\cdot(\pi/2+\pi/2)]=\zeta_{an}^2/2. \tag{5.60}$$

Die Varianz der Summe stochastisch unabhängiger Größen ist gleich der Summe der Varianzen dieser Größen. Da wir die Elementarwellen (genauer die durch sie zu irgend einer Zeit an irgend einem Ort definierten Wellenerhebungen) als stochastisch unabhängig voneinander vorausgesetzt haben, gilt mit (5.60) für den stationären (Gaußschen) Seegangsprozeß:

$$\sigma_Z^2 = \sum_{n=1}^{N} \sigma_{Zn}^2 = \sum_{n=1}^{N} \zeta_{an}^2/2 .$$

Nach (5.14) gilt daher unter der Bedingung, daß wir jedem $\omega = \omega_n$ eine Elementarwelle der Amplitude $\zeta_a(\omega)$ zuordnen

$$\sigma_Z^2 = \int_{-\infty}^{\infty} S_{ZZ}(\omega)\,\mathrm{d}\omega \mathrel{\hat{=}} \int_{-\infty}^{\infty} \zeta_a^2(\omega)/2 , \tag{5.61}$$

wobei rechts eine Summationsvorschrift $\left(\sum \to \int\right)$, kein Riemannsches Integral steht. Diese Beziehung ist sicher erfüllt für

$$\zeta_a^2(\omega)/2 \mathrel{\hat{=}} S_{ZZ}(\omega)\,\mathrm{d}\omega, \quad \zeta_a(\omega) \mathrel{\hat{=}} \sqrt{2 \cdot S_{ZZ}(\omega)\,\mathrm{d}\omega} . \tag{5.62}$$

Damit haben wir die Amplituden der verschiedenen harmonischen Elementarwellen, deren Superposition den stationären Seegangsprozeß $\{Z(t)\}$ bildet, jeweils als einen Streifen der infinitesimalen Breite $\mathrm{d}\omega$ des Spektrums $S_{ZZ}(\omega)$ dieses Prozesses interpretiert: Das Spektrum definiert durch seine Verteilung die Amplituden der Elementarwellen, und umgekehrt.

Gleichung (5.62) erlaubt schließlich eine physikalische Interpretation des Spektrums selbst: Wie in Kapitel 3 bereits erläutert, hat eine Welle der Länge L die Gesamtenergie $\varrho g L \zeta_a^2/2$ (Summe aus kinetischer und potentieller Energie). Bezogen auf die Wasseroberfläche entfällt L in diesem Ausdruck, d.h. nach (5.62), daß die gesamte Fläche unter dem Spektrum proportional zur gesamten Energie des Seegangs ist. Aus diesem Grunde sprechen wir auch vom Energiespektrum $S_{ZZ}(\omega)$ des Seegangs. In dieser Interpretation wird es nun allerdings etwas problematisch, die nach (5.12) formal zu berücksichtigenden negativen Wellenfrequenzen ω physikalisch sinnvoll zu interpretieren. Wegen der Symmetrie des Spektrums, ebenso wie der Autokorrelationsfunktion nach (5.13), bezüglich $\omega = 0$, dürfen wir uns auf positive (d.h. auf physikalisch interpretierbare) Frequenzen ω beschränken, wenn wir das Seegangsspektrum wie folgt interpretieren

$$S_{ZZ}(\omega) \leftarrow S_{ZZ}(-\omega) + S_{ZZ}(\omega), \quad 0 \leqq \omega < \infty . \tag{5.63}$$

Im Zusammenhang mit dem Seegang und damit verbundenen Wirkungen an meerestechnischen Bauwerken werden wir im folgenden ausschließlich von positiven Wellenfrequenzen ausgehen und dann bei Integration in den Grenzen $0 \leqq \omega < \infty$ auf den Hinweis auf (5.63) verzichten. So gilt nun nach (5.57) und (5.62) mit den für (5.61) gemachten Vereinbarungen

$$Z(t) = \int_{0}^{\infty} \sqrt{2 \cdot S_{ZZ}(\omega)\,\mathrm{d}\omega} \cdot \cos\{-\omega t + E(\omega)\} . \tag{5.64}$$

In dieser Gleichung ist an der unteren Integrationsgrenze zu erkennen, daß das Energiespektrum des Seegangs nach (5.63, links) gemeint ist. Ebenso wie (5.61, rechts) drückt auch (5.64, rechts) eine Summationsvorschrift aus und darf nicht als Riemannsches Integral interpretiert werden.

Das bis hier entwickelte Superpositionsmodell des Seegangs hat im Zusammenhang mit der sog. spektralen Betrachtungsweise, d.h. der Analyse des Seegangs und seiner Wirkungen auf meerestechnische Konstruktionen in der Frequenzebene, siehe Bild 5.2, überragende praktische Bedeutung erlangt. Aus verschiedenen Gründen, auf die wir an gegebener Stelle noch näher eingehen werden, muß aber mitunter zu sog. Simulationstechniken, d.h. zu Betrachtungen in der Zeitebene übergegangen werden. Auch hierfür wird seit langem das Superpositionsmodell des Seegangs auf der Basis von (5.64) verwendet, doch modernere Untersuchungen mit langzeitlichen Simulationen zeigen, daß dann bestimmte Probleme auftreten, auf die wir an dieser Stelle kurz hinweisen wollen, [5.13]:

Eine Stichprobe des Seegangs erhalten wir gemäß (5.64) mittels

$$\zeta(t) = \sum_{n=1}^{N} \sqrt{2S_{ZZ}(\omega_n)\Delta\omega_n} \cos\{-\omega_n t + \varepsilon(\omega_n)\} = \sum_{n=1}^{N} \zeta_n, \tag{5.65}$$

wobei das Spektrum $S_{ZZ}(\omega_n)$ einfach in N Streifen der Breite $\Delta\omega_n$ mit der Frequenz ω_n geteilt wird. Nach (5.56) generieren wir für jeden dieser Streifen einen Phasenwinkel $0 \leqq \varepsilon(\omega_n) < 2\pi$ aus einer Gleichverteilung $f_{En}(\varepsilon_n) = 1/(2\pi)$, $\varepsilon_n = \varepsilon(\omega_n)$, und addieren entsprechend (5.65) die zu jeder Zeit t darstellbaren Elementarwellenerhebungen ζ_n. Dabei ergeben sich folgende Fragen:

1. Wie groß soll N gewählt werden?
2. Soll $\Delta\omega_n = \omega_{max}/N = \Delta\omega$ konstant gewählt werden?
3. Wie soll $\Delta\omega_n$ gewählt werden, wenn wir Frage 2 verneinen?

In [5.13] wird gezeigt, daß wir bei konstantem $\Delta\omega$ eine Stichprobe $\zeta(t)$ erhalten, die in einem Zeitraum

$$T = 2\pi N/\omega_{max} = 2\pi/\Delta\omega \tag{5.66}$$

periodisch ist. Angenommen, reale Seegangsprozesse seien über 10 min praktisch stationär, so wäre $\Delta\omega = 2\pi/600 = 0{,}0105/\mathrm{s}$, d.h., $N = \omega_{max}/\Delta\omega = 300$ mit $\omega_{max} = \pi/\mathrm{s}$. In Bild 5.3 ist als durchgezogene Linie ein Seegangsspektrum $S_{ZZ}(\omega)$ vorgegeben, aus dem für diese Daten mittels (5.65) die in Bild 5.4 dargestellte Stichprobe des Seegangs simuliert wurde.

Wir erkennen an der Stichprobe trotz einiger numerisch bedingter Schwankungen die erwähnte Periodizität des so simulierten Seegangs von ungefähr 600 s, d.h., der Seegang ist nur für 600 s realistisch dargestellt. Für Seegangswirkungen, die durch deutlich größere Perioden als die des Seegangs gekennzeichnet sind, z.B. Verankerungskräfte, kann dies von großer Bedeutung sein. Eine Verbesserung wäre erreichbar durch Vergrößerung von N oder, etwas effektiver noch, durch Wahl eines variablen Wertes von $\Delta\omega_n$ in der Weise, daß sich die N Intervalle $\Delta\omega_n$ nicht rational zueinander verhalten, z.B. durch Wahl von

$$\Delta\omega_n = \sqrt{n/(n+1)} \cdot \omega_{max} \Big/ \sum_{n=1}^{N} \sqrt{n/(n+1)}, \tag{5.67}$$

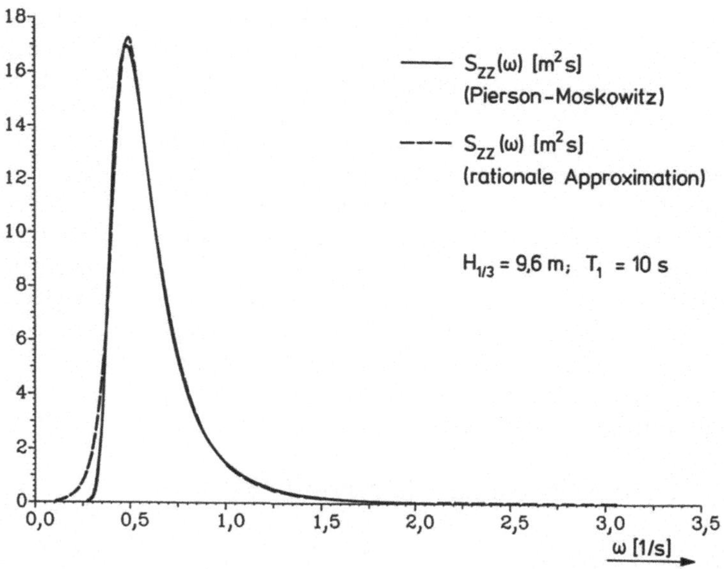

Bild 5.3. Spektrum eines schweren Seegangs in zwei analytischen Darstellungsformen nach [5.13]

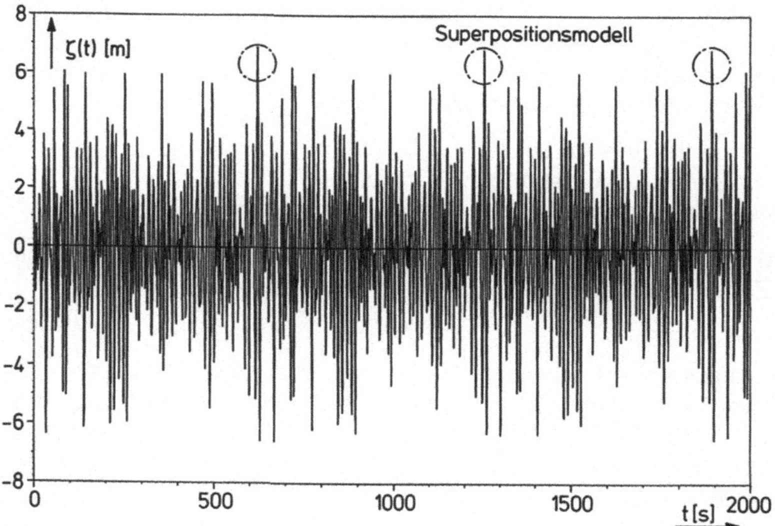

Bild 5.4. Stichprobe des Seegangs mit dem Spektrum nach Bild 5.3

wobei dann mit wachsender Simulationszeit auch die Autokorrelationsfunktion ihre periodischen Eigenschaften (allmählich) verliert, [5.13].

Dennoch, diese Art der Simulation ist aufwendig und für Langzeitsimulationen, die wir im Zusammenhang mit Verankerungsproblemen in Kapitel 6 noch erörtern werden, unbefriedigend. Deshalb wollen wir im folgenden ein zum Superpositionsmodell des Seegangs alternatives Modell in den wichtigsten Grundlagen kennenlernen.

5.2.1.2 Das Zustandsmodell des Seegangs

Wir betrachten bei diesem Modell den Seegang als die Antwort eines gedachten, linearen Systems auf ein Eingangssignal, das von Weißem Rauschen mit dem Spektrum $S_{RR}(\omega)$ herrührt. Also kennen wir sowohl das Erregungs- als auch das Antwortspektrum $S_{ZZ}(\omega)$ des Seegangs, so daß unsere Aufgabe darin besteht, das zugehörige lineare System zu identifizieren, d.h. seine komplexe Übertragungsfunktion $H_{ZR}(\omega)$ zu bestimmen. Diese Aufgabe erledigen wir formal in Anlehnung an (5.53) wie folgt:

$$S_{ZZ}(\omega) = H_{ZR}(-\omega) \cdot H_{ZR}(\omega) \cdot S_{RR}(\omega) = H_{ZR}(-\omega) \cdot H_{ZR}(\omega), \quad (5.68)$$

denn das konstante Spektrum $S_{RR}(\omega)$ des Weißen Rauschens kann ohne Einschränkung der Allgemeinheit dieser Gleichung Eins gesetzt werden. (Wir verwenden den Index R für Weißes Rauschen.) Nun wird $H_{ZR}(\omega)$ in ein rationales Polynom entwickelt, dessen Koeffizienten wir wegen (5.68) aus dem vorgegebenen Spektrum ermitteln können [5.13–5.15],

$$H_{ZR}(\omega) = \sum_{k=0}^{K} b_k \cdot (i\omega)^k \Big/ \sum_{j=0}^{J} a_j \cdot (i\omega)^j, \quad K \leqq J,\ a_J = 1. \quad (5.69)$$

Wenn wir mit $r_F(\omega)$ und $\zeta_F(\omega)$ die Fourier-Transformationen der Stichproben des Weißen Rauschens $r(t)$ bzw. des Seegangs $\zeta(t)$ bezeichnen, so gilt mit (5.69)

$$\sum_{j=0}^{J} a_j \cdot (i\omega)^j \cdot \zeta_F(\omega) = \sum_{k=0}^{K} b_k \cdot (i\omega)^k \cdot r_F(\omega).$$

Hieraus ergibt sich nach Fourier-Transformation beider Seiten, [5.7],

$$\sum_{j=0}^{J} a_j \cdot (i\omega)^j \cdot \partial^j \zeta(t)/\partial t^j = \sum_{k=0}^{K} b_k \cdot (i\omega)^k \cdot \partial^k r(t)/\partial t^k,$$

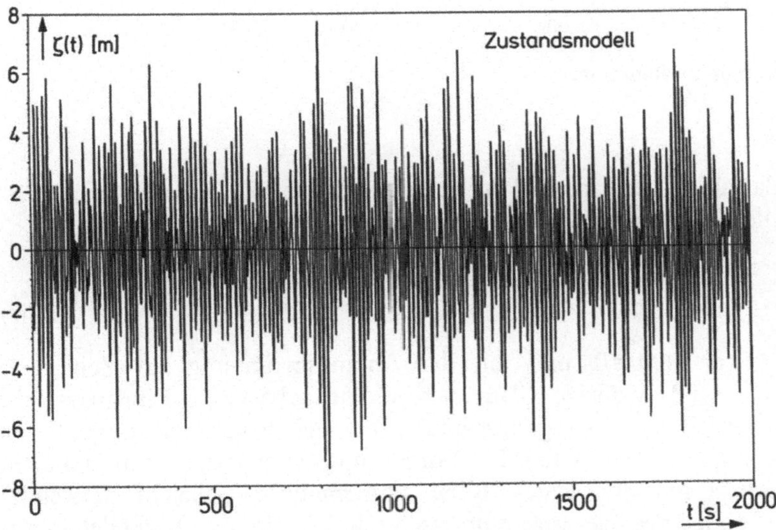

Bild 5.5. Stichprobe des Seegangs mit rational approximiertem Spektrum nach Bild 5.3

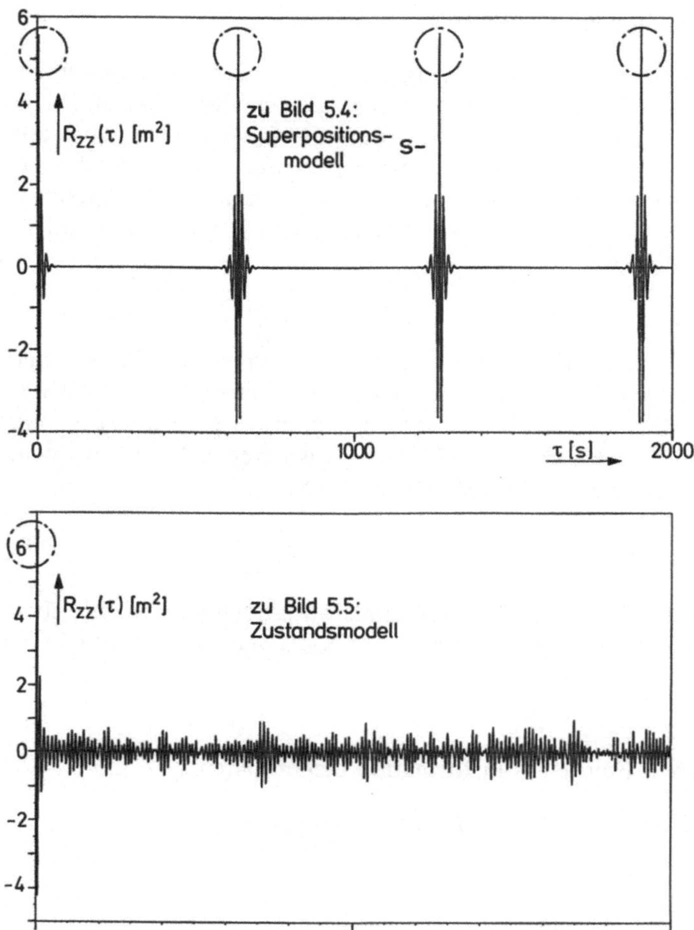

Bild 5.6. Autokorrelationsfunktionen

woraus wir das als Zustandsmodell bezeichnete rekursive Differentialgleichungssystem für alle Zustände $s_j(t)$ gewinnen, [5.16]:

$$\dot{s}_{J-1-j}(t) = s_{J-j}(t) - a_j \cdot s_0(t) + b_j \cdot r(t), \quad j=0,1,2,\ldots,J-1, \tag{5.70}$$

mit $s_0(t) = \zeta(t)$, $s_J(t) \equiv 0$, und mit der Anfangsbedingung zur Zeit $t=0$: $s_{J-1-j}(t) = s_{J-1-j}(0)$, wobei $b_j = 0$ für $j > K$ ist. Für ein beliebiges Eingangssignal $r(t)$ wird aus (5.70) das Ausgangssignal $\zeta(t)$ nach bekannten numerischen Methoden berechnet, siehe [5.13]. Bei Vorliegen der Koeffizienten a_j und b_k in (5.69) ist dieses auf den ersten Blick mathematisch vielleicht aufwendig erscheinende Modell des Seegangs numerisch sehr effektiv und bezüglich der in Bild 5.4 erkennbaren Periodizität des klassischen Superpositonsmodells realistisch: In Bild 5.5 ist eine Stichprobe $\zeta(t)$ für den Seegang des rational nach (5.69) approximierten Spektrums nach Bild 5.3 (gestrichelte Linie) dargestellt. Diese Stichprobe weist keine Periodizität auf und die in Bild 5.6 dargestellte, zugehörige Autokorrelationsfunktion $R_{ZZ}(\tau)$ klingt rasch auf Werte ab, die hier numerische Ungenauigkeiten des Rauschgenerators sind.

Für beide Modelle gilt, daß Kenngrößen des Seegangs auf der Grundlage einer simulierten Stichprobe nur als statistische, nicht als probabilistische Werte zu gewinnen sind, so daß wir uns nun wieder der spektralen Betrachtungsweise des stationären Seegangs zuwenden wollen, um zunächst zu einer rein probabilistischen Beschreibung dieser Kenngrößen zu kommen.

5.2.1.3 Probabilistische Kenngrößen des Seegangs

Wir betrachten als erstes die Parameter des Seegangs, die wir unter den für stationäre Gaußsche Zufallsprozesse gültigen Voraussetzungen bereits definieren können, nämlich eine charakteristische Wellenperiode als Kehrwert der Rate der Null-Aufwärtsüberschreitungen $\nu_0^+ = \nu_Z^+(0)$ des als schmalbandig betrachteten Seegangsprozesses, also

$$T_0 = 1/\nu_0^+ , \tag{5.71}$$

die sich nach (5.20) und (5.63) sehr einfach aus dem Seegangsspektrum $S_{ZZ}(\omega)$ berechnen läßt, und die sog. kennzeichnende Wellenhöhe, die wir als Mittelwert (Erwartung) der 1/3-höchsten Wellen definieren und statistisch durch Sortierung der Wellenhöhen eines gemessenen oder berechneten (simulierten) Wellenzuges schätzen könnten. Der genaue Wert ergibt sich für einen schmalbandigen, stationären Gaußschen Seegangsprozeß nach dieser Definition als Schwerpunkt der oberen Teilfläche des Inhalts 1/3 der Rayleigh-Verteilung nach (5.23), (5.24) und (5.2) aus folgenden drei Gleichungen

$$P[Z > \zeta_{200/3}] = \exp\{-(\zeta_{200/3})^2/(2\sigma_Z^2)\} = 1/3 , \tag{5.72}$$

$$\zeta_{1/3} = 3 \cdot \int_{\zeta_{200/3}}^{\infty} (\zeta^2/\sigma_Z^2) \cdot \exp\{-\zeta^2/(2\sigma_Z^2)\} \mathrm{d}\zeta , \tag{5.73}$$

$$H_{1/3} = 2\zeta_{1/3} . \tag{5.74}$$

Gleichung (5.72) liefert die untere Grenze $\zeta_{200/3}$ des Integrals in (5.73), die wir als 200/3-%-Fraktil der Wellenamplituden bezeichnen. (Ein p-%-Fraktil ist der Wert, der mit der Wahrscheinlichkeit p nicht überschritten wird.) Also gilt

$$\zeta_{200/3} = \sigma_Z \cdot \sqrt{-2\ln\{1-2/3\}} = \sigma_Z \cdot \sqrt{2\ln 3} , \tag{5.75}$$

wobei wir nach (5.14) und (5.63) schreiben

$$\sigma_Z^2 = \int_0^{\infty} S_{ZZ}(\omega)\mathrm{d}\omega . \tag{5.76}$$

Bei Vorliegen der Spektraldichte $S_{ZZ}(\omega)$ des Seegangs kann also die kennzeichnende Wellenhöhe $H_{1/3}$ nach (5.73) bis (5.76) ermittelt werden: Wir erhalten mit

Tabelle 5.1. Kennwerte für Wellenhöhen (Windsee, Tiefwasser)

$1/n$	$H_{1/n}/H_{1/3}$	N	$H_N/H_{1/3}$	p in %	$H_{p-\%}/H_{1/3}$
1/1	0,63	2	0,59	50,0	0,59
1/3	1,00	7,4	1,00	86,5	1,00
1/10	1,27	500	1,76	99,8	1,76
1/100	1,67	1000	1,86	99,9	1,86

$H_{1/n}$ Mittel der $1/n$-höchsten Wellenhöhen
H_N eine Überschreitung von H_N in N Wellen
$H_{p-\%}$ p-%-Fraktil aller Wellenhöhen

den Substitutionen $\zeta = \sqrt{2} \cdot \sigma_Z \cdot z$ und $UG = \sqrt{\ln 3}$

$$\zeta_{1/3} = 3 \cdot 2\sqrt{2}\sigma_Z \cdot \int_{UG}^{\infty} z \cdot z \cdot \exp\{-z^2\} dz = 3 \cdot 2\sqrt{2}\sigma_Z \cdot I,$$

$$I = [-0{,}5 \cdot z \cdot \exp\{-z^2\}]_{UG}^{\infty} + 0{,}5 \cdot \int_{UG}^{\infty} \exp\{-z^2\} dz,$$

$$I = 0{,}5UG/3 + 0{,}5\sqrt{\pi}/2 \cdot (1 - \mathrm{erf}\{UG\}).$$

Die sog. Fehlerfunktion erf ist tabuliert, z.B. [5.17], und wir erhalten schließlich

$$\zeta_{1/3} = \sigma_Z \left[\sqrt{2 \ln 3} + 3\sqrt{\pi/2}(1 - \mathrm{erf}\{\sqrt{\ln 3}\})\right] \simeq 2\sigma_Z. \tag{5.77}$$

Wenn wir die Definition der i-ten Momente der Spektraldichte des Seegangs nach (5.27) und (5.63) verwenden, nämlich

$$m_i = \int_0^{\infty} \omega^i \cdot S_{ZZ}(\omega) d\omega, \tag{5.78}$$

so gilt unter Beachtung von (5.20) und (5.71)

$$T_0 = 2\pi \cdot \sqrt{m_0/m_2} \tag{5.79}$$

und mit (5.74), (5.76) und (5.77) folgt schließlich

$$H_{1/3} = 4 \cdot \sqrt{m_0} = 4\sigma_Z. \tag{5.80}$$

Über die besondere Bedeutung der Seegangsparameter T_0 und $H_{1/3}$ für die praktischen Belange der Meerestechnik werden wir im Abschnitt 5.2.2 noch näheres erfahren. Vorerst wollen wir noch einmal zu (5.72) bis (5.74) zurückkehren: Wir können auf analoge Art und Weise die Schwerpunkte weiterer, oberer Teilflächen des Inhalts $1/n$ der Rayleigh-Verteilungsdichte berechnen, d.h. in unserer Interpretation: Wir können Mittelwerte der $1/n$-höchsten Wellenamplituden bzw. -höhen angeben. Einige Ergebnisse finden wir in Tabelle 5.1.

In dieser Tabelle finden wir noch weitere, für die Praxis interessante Kennwerte der Wellenhöhen: Wenn wir z.B. einen Amplitudenwert ζ_N suchen, der gerade einmal in N Wellen überschritten wird, so gilt nach (5.72)

$$\exp\left\{-\frac{1}{2}\left(\frac{\zeta_N}{\sigma_Z}\right)^2\right\} = \frac{1}{N}.$$

Daraus folgt

$$\zeta_N = \sqrt{2\sigma_Z^2 \cdot \ln\{N\}} \tag{5.81}$$

und mit (5.76), (5.78) und (5.80) erhalten wir daraus für $H_N = 2\zeta_N$

$$H_N = H_{1/3} \cdot \sqrt{\ln\{N\}/2}\,. \tag{5.82}$$

Mit $N = 1\,000$ ergibt sich z.B. eine Überschreitung der Wellenhöhe $H_{1000} = 1{,}86 \cdot H_{1/3}$, siehe Tabelle 5.1, in der auch die entsprechende Interpretation als p-%-Fraktil angegeben ist.

Wenn N relativ groß ist, so dürfen wir H_N als Extremalwert des als stationär betrachteten, natürlichen Seegangs interpretieren. Daher stellt (5.82) einen sehr wichtigen Zusammenhang zwischen einem extremalen und einem kennzeichnenden Wert der Wellenhöhen des Seegangs dar, und es wäre für praktische Anwendungen sehr nützlich, eine ähnliche Beziehung auch für die Wellenperioden zu ermitteln. Wir werden darauf erst im folgenden Abschnitt anhand statistischer Aussagen über den Seegang zurückkommen, die bisher entwickelte probabilistische Betrachtung des Seegangs reicht hierzu noch nicht aus.

5.2.2 Statistische Beschreibung des Seegangs

Wir wollen vorausschicken, daß wir in diesem Abschnitt nur eine begrenzte Auswahl der für unsere Zwecke wichtigsten Forschungsergebnisse aus einem sehr umfangreichen Spezialgebiet der Seegangsforschung herausgreifen und behandeln können. Wir werden dabei versuchen, Möglichkeiten und Grenzen statistischer Berechnungsgrundlagen für meerestechnische Konstruktionen soweit zu verdeutlichen, daß die praktisch wichtigsten Schwerpunkte darauf aufbauender stochastischer Bewertungsmethoden erkennbar werden.

5.2.2.1 Kurzzeitstatistik

Nach den Ausführungen des vorigen Abschnitts über den stationären Seegang müssen wir uns als erstes um eine analytische Darstellung des Seegangsspektrums $S_{ZZ}(\omega)$ bemühen, wenn wir die dort gewonnenen Ergebnisse anwenden wollen.

Gemäß (5.10) und (5.12) können wir das Spektrum mathematisch wie folgt beschreiben

$$S_{ZZ}(\omega) = 1/(2\pi) \int_{-\infty}^{\infty} E[Z(t) \cdot Z(t+\tau)] \cdot \exp\{-i\omega\tau\} d\tau\,. \tag{5.83}$$

Hierin ist $Z(t)$ die Wellenerhebung, bezogen auf den Meeresspiegel. Für voll entwickelte stationäre Windsee nehmen wir an, daß sich das Spektrum bei höheren Frequenzen (kürzeren Wellen) über einen relativ kurzen Zeitabschnitt in seiner Form nicht wesentlich ändert, sich also in einer Art Gleichgewichtszustand befindet. Dieser Gleichgewichtszustand wird natürlich durch die gleichen physikalischen Parameter bestimmt, die auch die (zufällige) Wellenerhebung $Z(t)$ bestimmen, und die wir uns nach dem Superpositionsmodell des vorigen Abschnitts aus vielen Elementarwellen aller möglichen Frequenzen ω und

Amplituden $\zeta_a(\omega)$ (zufällig) zusammengesetzt denken. Für alle Elementarwellen mit höheren Frequenzen nehmen wir an, daß sie einen Zustand der Meeresoberfläche bewirken, bei dem sich gerade kein Wasser aus den Wellenkämmen herauslöst, bei dem also die örtliche Abwärtsbeschleunigung der Wasserpartikel in der Nähe der Wellenkämme gleich der Erdbeschleunigung g ist. Unter dieser Annahme ist der zugehörige Teil des Seegangsspektrums ebenfalls durch g und natürlich durch ω bestimmt. Weil alle weiteren physikalischen Parameter für höhere Frequenzen im Vergleich zu g klein sind, liefert eine einfache Dimensionsbetrachtung des in (5.83) definierten Spektrums, siehe [5.18],

$$[S_{ZZ}(\omega)] = [\text{Länge}^2 \cdot \text{Zeit}] = [g^2 \cdot \omega^{-5}]. \tag{5.84}$$

Wir finden damit für höhere Frequenzen des Seegangsspektrums den Ansatz

$$S_{ZZ}(\omega) = \alpha \cdot g^2 \cdot \omega^{-5}. \tag{5.85}$$

Hierin ist α ein Maßstabsfaktor (Phillips-Konstante), der für bestimmte Seegangs- oder Windverhältnisse anhand von Beobachtungen zu bestimmen ist, wobei gleichzeitig entschieden werden kann, wo der zunächst unbestimmt gelassene Bereich niedrigerer Frequenzen beginnt.

In Weiterentwicklung von (5.85) haben Pierson und Moskowitz verschiedene, schon vorher vorgeschlagene Ansätze für eine analytische Darstellung des Seegangsspektrums anhand von Daten verglichen und sind dabei zu einem in der Meerestechnik häufig verwendeten Modell gekommen, dessen ursprüngliche Form folgendermaßen aussah, [5.19]:

$$S_{ZZ}(\omega) = \frac{\alpha g^2}{\omega^5} \exp\left\{-\beta\left(\frac{\omega_0}{\omega}\right)^4\right\}, \quad \omega \geqq 0. \tag{5.86}$$

Eine Exponentialfunktion bestimmt also die Form des Spektrums im Bereich niedrigerer Frequenzen (längerer Wellen). Dabei gilt $\alpha = 0{,}0081$, $\beta = 0{,}74$, $\omega_0 = g/w$, wobei die Windgeschwindigkeit w in 19,5 m Höhe über dem Wasserspiegel zu messen ist.

Mit (5.78) bis (5.80) erhalten wir mittels (5.86) einen Zusammenhang zwischen der Windgeschwindigkeit w einerseits, und den Seegangsparametern $H_{1/3}$ und T_0 andererseits

$$H_{1/3} = 2\frac{w^2}{g}\sqrt{\frac{\alpha}{\beta}}, \quad T_0 = 2\pi\frac{w}{g}\sqrt[4]{\frac{1}{\beta\pi}}, \tag{5.87}$$

denn die notwendigen Integrationen sind geschlossen darstellbar. Damit können wir das sog. Pierson-Moskowitz-Spektrum nach (5.86) in eine der heute gebräuchlicheren Formen bringen

$$S_{ZZ}(\omega) = 4\pi^3 \frac{H_{1/3}^2}{T_0^4} \cdot \frac{1}{\omega^5} \exp\left\{-16\frac{\pi^3}{T_0^4} \cdot \frac{1}{\omega^4}\right\}. \tag{5.88}$$

Aus (5.87) läßt sich die Windgeschwindigkeit eliminieren, so daß sich folgender, nur für das Pierson-Moskowitz-Spektrum gültiger Zusammenhang zwischen den

Seegangsparametern $H_{1/3}$ und T_0 ergibt

$$H_{1/3}=k \cdot \alpha \cdot g \cdot T_0^2, \; k=0{,}99771 \,. \tag{5.89}$$

Wenn wir auf analoge Art und Weise statt der mittleren Periode zwischen aufeinander folgenden Null-Aufwärtsüberschreitungen der Wellenerhebung $Z(t)$, also statt $T_0=2\pi \cdot \sqrt{m_0/m_2}$ eine mittlere Periode $T_1=2\pi \cdot m_0/m_1$ zur Darstellung des Pierson-Moskowitz-Spektrums einführen, $\omega_1=2\pi/T_1$ definiert den Schwerpunkt der Fläche unter dem Spektrum, so erhalten wir eine zweite gebräuchliche Form

$$S_{ZZ}(\omega)=5{,}57\pi^3 \frac{H_{1/3}^2}{T_1^4} \cdot \frac{1}{\omega^5} \exp\left\{-22{,}28 \frac{\pi^3}{T_1^4} \cdot \frac{1}{\omega^4}\right\}. \tag{5.90}$$

Falls wir (5.88) ohne Beachtung der durch (5.89) gegebenen Nebenbedingung als zweiparametrisches Spektrum für unabhängige Werte $(H_{1/3}, T_0)$ verwenden, so bedeutet dies im allgemeinen eine Verzerrung (Modifikation) des ursprünglich einparametrischen Pierson-Moskowitz-Spektrums nach (5.86). Das gleiche gilt für die Seegangsparameter $(H_{1/3}, T_1)$ in (5.90). Demgemäß wird das Spektrum nach (5.88) oder (5.90) häufiger auch als verzerrtes oder modifiziertes Pierson-Moskowitz-Spektrum bezeichnet.

Dieses Seegangsspektrum hat sich als eine im allgemeinen realistische Darstellung voll entwickelter Windsee in tiefem Wasser und bei unbegrenzter Windwirkstrecke bewährt. Für flacheres Wasser und bei extremen Seegangsverhältnissen gilt dieses Spektrum nicht ohne Einschränkungen. Im sog. JONSWAP-Vorhaben (Joint North Sea Wave Project) wurden daher umfangreiche Messungen vor der deutschen Nordseeküste durchgeführt, auf deren Grundlage das gleichnamige JONSWAP-Spektrum wie folgt formuliert wurde, [5.20]

$$S_{ZZ}(\omega)=\alpha g^2 \cdot \frac{1}{\omega^5} \exp\left\{-1{,}25\left(\frac{\omega_M}{\omega}\right)^4\right\} \cdot \gamma^p,$$

$$p=\exp\left\{-\frac{\omega-\omega_M}{2b^2\omega_M}\right\}.$$

Wenn $\gamma^p=1$ gesetzt wird, stellt dieses Spektrum eine dritte, alternative Formulierung des modifizierten Pierson-Moskowitz-Spektrums dar. Der Faktor γ^p ist eine Funktion, die das Ausgangsspektrum nach Pierson-Moskowitz in der Umgebung der Modalfrequenz ω_M erhöht. Daher wird γ als Überhöhungsfaktor bezeichnet. Für den Bereich der Nordseeküste, in dem die JONSWAP-Messungen durchgeführt wurden, ist mit $\gamma=3{,}3$ die Überhöhung bei ω_M gegeben, und für die Konstante b, die die Breite der Überhöhung steuert, gilt dann $b=0{,}07$ für $\omega<\omega_M$ und $b=0{,}09$ für $\omega \geqq \omega_M$.

Zur alternativen Darstellung der Spektren nach Pierson-Moskowitz oder JONSWAP für ein und denselben Seegang, muß als notwendige Bedingung die Gesamtenergie bzw. die Größe m_0 nach (5.78) für beide Standardformulierungen gleich sein. Unter dieser Bedingung wurde in [5.21] eine für praktische Anwendungen geeignete Formulierung des JONSWAP-Spektrums entwickelt, die es uns erlaubt, wie bei Anwendung von (5.90) von den Seegangsparametern

$(H_{1/3}, T_1)$ auszugehen:

$$S_{ZZ}(\omega)=5{,}32\pi^3\frac{H_{1/3}^2}{T_1^4}\cdot\frac{1}{\omega^5}\exp\left\{-32{,}29\frac{\pi^3}{T_1^4}\cdot\frac{1}{\omega^4}\right\}\cdot\gamma^p, \tag{5.91}$$

$$p=\exp\{-(\omega\cdot T_1/5{,}32-1)^2/(2b^2)\},\ \gamma=3{,}3$$

$$b=0{,}07 \text{ für } \omega<5{,}32/T_1;\ b=0{,}09 \text{ für } \omega\geqq 5{,}32/T_1\,.$$

Die Formulierung des JONSWAP-Spektrums nach (5.91) liefert eine Modalfrequenz ω_M (Frequenz des größten Wertes von S_{ZZ}), die nicht gleich der Modalfrequenz des Pierson-Moskowitz-Spektrums gleicher Energie ist.

Wollen wir die Energie des Seegangs über seine verschiedenen Richtungen μ verteilen, so können wir z.B. den Produktansatz

$$S_{ZZ}(\omega,\mu)=S_{ZZ}(\omega)\cdot 2/\pi\cdot\cos^2\{\mu_0-\mu\},\ -\pi<\mu<\pi,$$

verwenden. $S_{ZZ}(\omega,\mu)$ wird in diesem Zusammenhang als Richtungsspektrum bezeichnet, der zugehörige Seegang wird kurzkämmig genannt, und μ_0 ist die Hauptlaufrichtung dieses Seegangs. Weitere Einzelheiten finden sich z.B. in [5.22]. Eine Reihe weiterer Standardspektren finden wir in [3.11], doch abgesehen von spezielleren Problemstellungen der Forschung und Entwicklung kommen wir mit den vorgenannten Alternativen in der Praxis im allgemeinen aus.

Wenn die Parameter $H_{1/3}$, T_0 (und evtl. μ_0) als sog. Seegangsklassenparameter interpretiert werden, wenn ihnen also Wertebereiche wie z.B. $H_{1/3}=7{,}0$ bis 7,49 m oder $T_0=5{,}0$ bis 6,99 s usw. zugeordnet werden, so können wir einer beliebigen, durch $(H_{1/3}, T_0)$ definierten Seegangsklasse, ein repräsentatives Seegangsspektrum zuordnen, z.B. mit repräsentativen Werten $(H_{1/3}, T_0)=(7{,}25\,\text{m}, 6{,}0\,\text{s})$ für die gewählten Beispielwerte. Diese Möglichkeit ist für die praktische Anwendung von größter Bedeutung, denn die Parameter ($H_{1/3}$, T_0 oder T_1) können durch visuelle Beobachtung des Seegangs erstaunlich gut geschätzt werden. Wir wollen das an einem Übersichtsdiagramm demonstrieren, in dem Regressionsgeraden, gewonnen aus einer Vielzahl unterschiedlicher, visueller Beobachtungen (H_V) und Messungen $(H_{1/3})$, gegenübergestellt sind, Bild 5.7 nach [5.23].

Wir erkennen an Bild 5.7, daß die folgende, einfache Beziehung zwischen der kennzeichnenden Wellenhöhe $H_{1/3}$ und dem statistisch (regressiv) gemittelten Wert der visuell beobachteten Wellenhöhe H_V, d.h.

$$H_{1/3}=4\sqrt{m_0}=4\sigma_Z\simeq H_V, \tag{5.92}$$

für den Bereich der mittleren bis höheren Wellen einigermaßen realistisch ist. Wir müssen uns in diesem Zusammenhang verdeutlichen, daß wir mit (5.92) statistische Kenngrößen verknüpfen, denn H_V vertritt als Regressionswert sowohl größere als auch kleinere Beobachtungswerte, und $H_{1/3}$ wird – wie gerade erläutert – zur Kennzeichnung einer Seegangsklasse verwendet, vertritt also ebenfalls größere und kleinere Werte. In diesem Zusammenhang können analytische Beschreibungen eines Seegangsspektrums aus den eingangs erläuterten Gründen ihrer statistischen Herkunft keinesfalls mehr leisten, als den gemeinsamen Trend vieler, zu einer Seegangsklasse gehörenden, aber zu verschiedenen

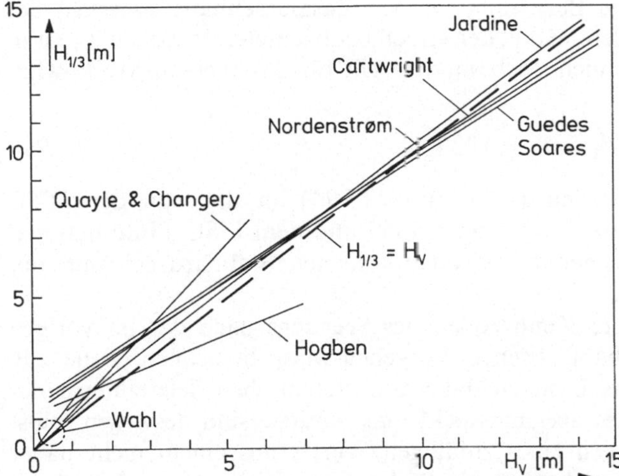

Bild 5.7. Korrelation zwischen H_V und $H_{1/3}$ nach [5.23]

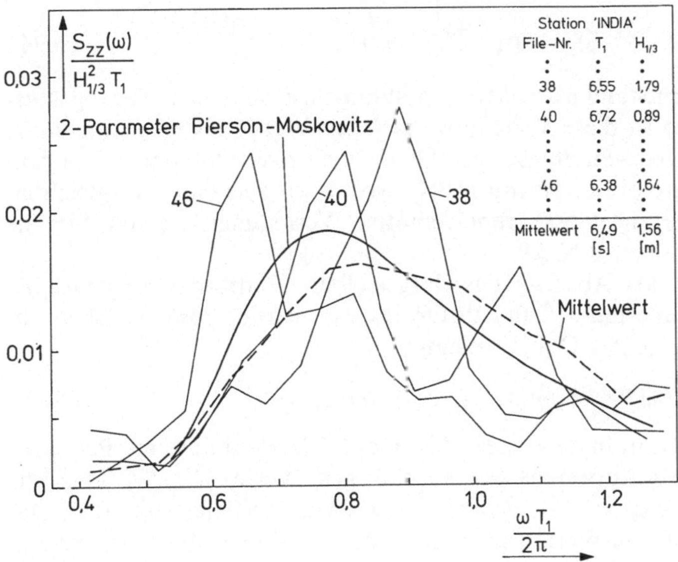

Bild 5.8. Gemessene Spektren annähernd gleicher Seegangsparameter nach [5.24]

Zeiten an irgend einem Ort des Meeres meßbaren Stichproben, im Mittel richtig vorherzusagen, z.B. Bild 5.8 nach [5.24], wo für die Seegangsklasse ($H_{1/3}$, T_1) = (1,56 m, 6,49 s) einige Meßergebnisse gegenübergestellt sind. Das Pierson-Moskowitz-Spektrum repräsentiert hier eine Näherung für den Mittelwert der Spektren aktueller Stichproben. Mit $H_{1/3} = 0{,}89$ bis 1,96 m und $T_1 = 6{,}27$ bis 6,74 s erhalten wir Klassenbreiten von $\Delta H_{1/3} = 1{,}07$ und $\Delta T_1 = 0{,}47$ s.

Eine zu (5.92) analoge Beziehung für den Zusammenhang zwischen der mittleren Periode T_1 und dem Mittel der visuell beobachteten Perioden T_V ist in der Praxis ebenso gebräuchlich. Insbesondere gilt für das Pierson-Moskowitz-Spektrum

$$T_1 = 2\pi \cdot m_0/m_1 \simeq T_V, \quad T_0 = 0{,}92 T_1 \, . \tag{5.93}$$

Mit (5.92) und (5.93) gehen (5.88) und (5.90) in das von der ITTC (International Towing Tank Conference) 1969 und dem ISSC (International Ship Structure Congress) bereits 1964 empfohlenen Standardspektrum der ausgereiften Windsee über.

Wir können nun weitere Kenngrößen des Seegangs nach der im vorigen Abschnitt erläuterten probabilistischen Vorgehensweise berechnen, siehe z.B. Tabelle 5.1. Die Ergebnisse basieren dabei auf statistischen Schätzungen der Seegangsparameter bzw. des Seegangsspektrums, und sie sind deswegen selbst statistische Punktschätzungen eines zufälligen Wertes aus einem nicht näher spezifizierten Vertrauensbereich, der, wie Bild 5.8 qualitativ zeigt, relativ breit ausfallen kann.

Wenn wir beispielsweise analog (5.72) eine Rayleigh-Verteilungsfunktion für die Wellenamplituden formulieren,

$$1 - F_Z(\zeta) = P[Z > \zeta] = \exp\{-\zeta^2/(2m_0)\} \tag{5.94}$$

und dabei m_0 aus einem Standardspektrum bestimmen, das für eine Seegangsklasse repräsentativ ist, so ist diese Verteilung für jeden Wert ζ als eine statistische Punktschätzung der Überschreitenswahrscheinlichkeit zu interpretieren. Vor dem Hintergrund dieser Interpretation von (5.94) wollen wir eine damit vergleichbare, d.h. für eine Seegangsklasse repräsentative Verteilungsfunktion für die Wellenperioden darstellen, Bild 5.9.

In Bild 5.9a sind als Abszisse des dargestellten Koordinatensystems die dimensionslose Wellenperiode T^* und als Ordinate dimensionslose Wellenamplituden ζ^* aufgetragen, [5.25]. Dabei bedeuten

$$T^* = T/T_1 = T/(2\pi \cdot m_0/m_1), \quad \zeta^* = \zeta/\sqrt{2m_0}\, , \tag{5.95}$$

und jeder Punkt im Koordinatensystem des Bildes 5.9a weist auf eine Beobachtung des gemeinsamen Auftretens der zugehörigen Werte (ζ^*, T^*) hin. Wir bemerken eine stochastische Abhängigkeit zwischen Wellenamplituden und -perioden, die mit größeren Werten schwächer wird. In Bild 5.9b sind Konturen gleicher Verteilungsdichte der Wertepaare (ζ^*, T^*) angegeben, und wir erkennen, daß die ebenfalls dargestellte Funktion

$$T^* = (1/0{,}675^{1/4}) \cdot \sqrt{\zeta^*} \tag{5.96}$$

in etwa durch die Modalwerte der bedingten Verteilungsdichten $f(T^*|\zeta^*)$ der Wellenperioden T^* bei gegebenen Werten ζ^* verläuft, [5.26]. Damit dürfen wir (5.96) als einen (statistischen) Schätzwert der dimensionslosen Wellenperiode bei gegebener dimensionsloser Wellenamplitude interpretieren. Wenn wir die Randverteilungsdichte der dimensionslosen Wellenamplituden, d.h. die Integration der gemeinsamen Verteilungsdichte von ζ^* und T^* über $\mathrm{d}T^*$, nach (5.94) als

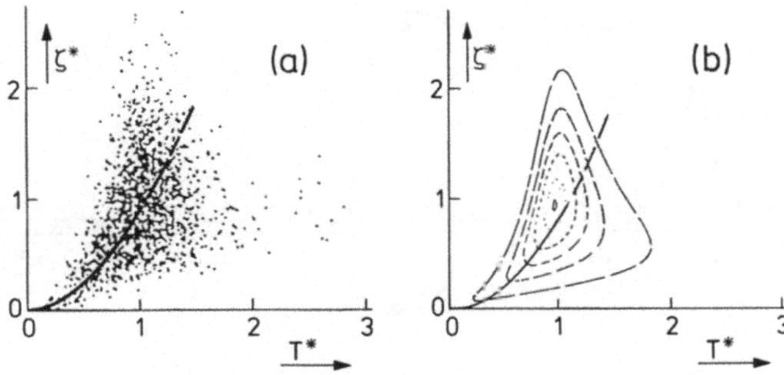

Bild 5.9a, b. Statistik der Wertepaare (ζ^*, T^*) nach [5.25]

Rayleigh-Verteilung ansehen, so gilt

$$f_Z(\zeta^*) = 2\zeta^* \cdot \exp\{-\zeta^{*2}\}. \tag{5.97}$$

Mittels monotoner 1-zu-1 Transformation dieser Verteilungsdichte gemäß (A1.25) erhalten wir daraus mit der (monoton wachsenden) Transformationsgleichung (5.96) eine repräsentative Randverteilungsdichte für die dimensionslosen Wellenperioden, die als dimensionslose Bretschneider-Verteilungsdichte bezeichnet wird, [5.27],

$$f_T(T^*) = 2{,}7(T^*)^3 \cdot \exp\{-0{,}675(T^*)^4\}. \tag{5.98}$$

Die komplementäre Bretschneider-Verteilungsfunktion für dimensionsbehaftete Wellenperioden lautet damit

$$\begin{aligned}\bar{F}_T(\tau) = 1 - F_T(\tau) = P[T > \tau] &= \exp\{-0{,}675\tau^4/T_1^4\} \\ &= \exp\{-0{,}484\tau^4/T_0^4\}.\end{aligned} \tag{5.99}$$

Für den Fall, daß die Anwendung zweidimensionaler Verteilungen von Wellenhöhen (-amplituden) und -Perioden benötigt wird, sei hier noch einmal auf [5.25] hingewiesen.

5.2.2.2 Langzeitstatistik

Wir haben bisher Stationarität des Seegangs vorausgesetzt, d.h. zeitliche Unveränderlichkeit des repräsentativen Spektrums für einen kurzen, nicht näher spezifizierten Zeitraum. Wir wollen uns nun mit der Seegangsstatistik längerer bzw. langer Zeiträume beschäftigen, für die wir Stationarität natürlich nicht voraussetzen können. Zur Veranschaulichung dieses Sachverhalts betrachten wir charakteristische Seegangsparameter $H_{1/3} = 4\sqrt{m_0}$ gemäß (5.80) und $T_1 = 2\pi \cdot m_0/m_1$ gemäß (5.93), wie sie an der Forschungsplattform Nordsee (FPN), siehe Bild 6.16, aus Messungen gewonnen wurden, [5.28], Bild 5.10 nach [5.29]. Es handelt sich hier um Messungen, bei denen alle 3/4 h eine 10 min lange Stichprobe der Wellenerhebung $\zeta(t)$ aufgezeichnet wurde.

Wie erwartet, gilt die Voraussetzung der Stationarität repräsentativer Seegangsparameter nur für einige, wenige Stunden, je nachdem, wie weit oder wie eng

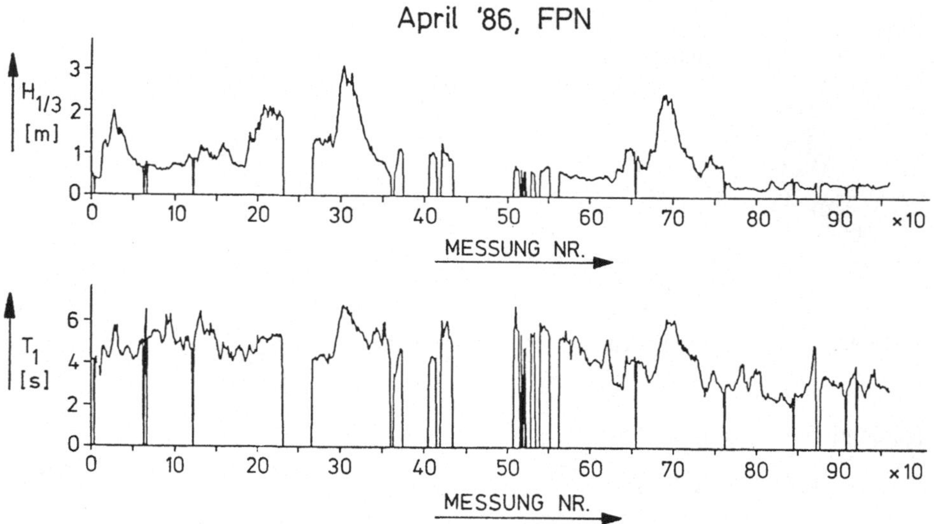

Bild 5.10. Seegangsentwicklung an der Forschungsplattform Nordsee (FPN), April 1986 nach [5.29]

wir die Klassenbreiten ($\Delta H_{1/3}$, ΔT_1) der verschiedenen, durch die Parameter ($H_{1/3}$, T_1) repräsentierten Seegangsklassen wählen. Das wird besonders deutlich, wenn wir aus dem Zeitverlauf der Seegangsparameter nach Bild 5.10 für verschiedene Klassenbreiten die Häufigkeiten ermitteln, mit denen Seegänge in die vorgegebenen Seegangsklassen fallen, Bild 5.11 und 5.12.

Wir sehen, daß bei Vergrößerung der Klassenbreiten,

$$\Delta H_{1/3} \simeq 0{,}25\,\mathrm{m} \rightarrow 0{,}5\,\mathrm{m}, \quad \text{Bild 5.11},$$

$$\Delta T_1 \simeq 0{,}50\,\mathrm{s} \rightarrow 1{,}0\,\mathrm{s}, \quad \text{Bild 5.12},$$

eine Glättung dieser sog. Histogramme erfolgt, weil damit mehr gemessene Seegangsparameter in weniger Klassen fallen. Das bedeutet, daß Seegänge aus Seegangsklassen mit größeren Klassenbreiten im Mittel auch länger andauern als Seegänge aus Seegangsklassen mit kleineren Klassenbreiten. Den Begriff Stationarität müssen wir hier also im Zusammenhang mit den jeweils betrachteten Klassenbreiten interpretieren. In diesem Sinne definieren wir den Begriff quasistationär zur Beschreibung von Seegangsentwicklungen, die sich nur innerhalb einer vorgegebenen Seegangsklasse abspielen. Im theoretisch exakten Sinne, wenn die Klassenbreite gegen Null geht, gilt die Voraussetzung der Stationarität im Mittel gerade noch für die 10 min der Aufzeichnung einer Seegangsstichprobe.

Wir wollen nun längerfristige Seegangsentwicklungen als eine zeitliche Folge zufällig aneinander gereihter Seegangsklassen betrachten, in denen der Seegang als quasi-stationär betrachtet werden kann. Wir sehen am Beispiel des Bildes 5.10, daß sich die Seegangsparameter $H_{1/3}$ und T_1 nicht ganz unabhängig voneinander entwickeln, so daß die getrennte Klassierung nach Bild 5.11 und 5.12 noch nicht die gesamte, statistische Information enthält. Deswegen klassieren wir gewöhnlich nach dem gemeinsamen Auftreten der Klassenparameter, d.h. nach Seegangsklas-

Wellenhöhen-Häufigkeitsanalyse auf der Basis von 744 Beobachtungen

Histogrammparameter: $\Delta = 0{,}25$; Min = 0; Anzahl der Klassen 15

Klasse	Anzahl der Beobachtungen	
0,125	54	*******
0,375	192	************************
0,625	151	*******************
0,875	109	**************
1,125	90	***********
1,375	47	******
1,625	19	**
1,875	29	***
2,125	20	**
2,375	16	**
2,625	9	*
2,875	7	
3,125	1	
3,375	0	
3,625	0	

Histogrammparameter: $\Delta = 0{,}5$; Min = 0; Anzahl der Klassen 10

Klasse	Anzahl der Beobachtungen	
0,25	246	******************************
0,75	260	********************************
1,25	137	*****************
1,75	48	******
2,25	36	****
2,75	16	**
3,25	1	
3,75	0	
4,25	0	
4,75	0	

Bild 5.11. Statistiken $H_{1/3}$ für FPN, April 1986 nach [5.29]

sen $(H_{1/3i}, T_{1j})$. Für das Beispiel des Bildes 5.10 ergeben sich für die größeren der gewählten Klassenbreiten die in Tabelle 5.2 zusammengestellten Daten, die nun in der üblichen Art und Weise zu relativen Häufigkeiten umgeformt sind, d.h., die Zahl der Messungen der Seegangsparameter jeder Klasse wurde durch die Gesamtzahl der Beobachtungen (im Beispiel 744) dividiert.

In diesem Zusammenhang sprechen wir auch von einer statistischen Darstellung (Langzeitstatistik) des lokalen und saisonalen Wellenklimas, in der angelsächsischen Literatur als scatter diagrams bezeichnet. Diagramme dieser Art sind für Gebiete, die für Schiffahrt und Meerestechnik Bedeutung haben, in größerer Zahl veröffentlicht, z.B. [5.30 – 5.33], in besonderen Fällen können die regional zuständigen Hydrographischen Institute solche Diagramme erstellen.

Wellenperioden-Häufigkeitsanalyse auf der Basis von 744 Beobachtungen

Histogrammparameter: $\Delta = 0{,}5$; Min = 0; Anzahl der Klassen 15

Klasse	Anzahl der Beobachtungen	
0,25	0	
0,75	0	
1,25	0	
1,75	0	
2,25	22	**
2,75	67	********
3,25	107	**************
3,75	56	*******
4,25	144	*******************
4,75	104	*************
5,25	131	*****************
5,75	78	**********
6,25	27	***
6,75	8	*
7,25	0	

Histogrammparameter: $\Delta = 1$; Min = 0; Anzahl der Klassen 10

Klasse	Anzahl der Beobachtungen	
0,5	0	
1,5	0	
2,5	89	***********
3,5	163	*********************
4,5	248	*********************************
5,5	209	***************************
6,5	35	****
7,5	0	
8,5	0	
9,5	0	

Bild 5.12. Statistiken T_1 für FPN, April 1986 nach [5.29]

Tabelle 5.2. Relative Häufigkeiten für FPN, April 1986

T_1 in s	$H_{1/3}$ in m							
	0,250	0,750	1,250	1,750	2,250	2,750	3,250	
2,5	0,101	0,019						0,120
3,5	0,156	0,051	0,012					0,219
4,5	0,062	0,122	0,130	0,016	0,003			0,333
5,5	0,012	0,149	0,035	0,048	0,036			0,281
6,5		0,008	0,007		0,009	0,022	0,001	0,047
Σ	0,331	0,349	0,184	0,065	0,048	0,022	0,001	1,000

Im folgenden wollen wir zwei, für Windsee in tiefem Wasser geeignete Methoden zur Ermittlung von Extremalwerten der Wellenhöhe beschreiben und am Beispiel der Daten nach Tabelle 5.2 illustrieren:

Methode I

Wir gehen analog (A1.22) von der allgemeinen Definition des Mittelwertes $E[N]$ einer diskreten Zufallszahl N aus

$$E[N] = \sum_{(n)} n \cdot P[N=n], \quad n=1, 2, \ldots . \tag{5.100}$$

Hierbei können wir $P[N=n]$ als Rand-Massenverteilung einer zweidimensionalen Wahrscheinlichkeitsverteilung $P[N=n \cap X_i]$ interpretieren, in der eine Zufallsgröße X Werte x aus den Bereichen X_i annehmen kann (siehe (A1.9)), d.h. nach (A1.17)

$$P[N=n] = \sum_{i=1}^{I} P[N=n \cap X_i]. \tag{5.101}$$

Aus (5.100) folgt ebenfalls nach (A1.17)

$$\begin{aligned} E[N] &= \sum_{(n)} n \cdot \sum_{i=1}^{I} P[N=n \cap X_i] = \sum_{i=1}^{I} \sum_{(n)} n \cdot P[N=n|X_i] \cdot P[X_i] \\ &= \sum_{i=1}^{I} E[N|X_i] \cdot P[X_i] = \sum_{i=1}^{I} E[N_i] \cdot P[X_i]. \end{aligned} \tag{5.102}$$

Mit Blick auf (5.100) sehen wir, daß in (5.102) eine bedingte Erwartung von N definiert ist, die wir hier mit $E[N_i]$ abgekürzt haben. Wenn wir nun $P[N=n]$ als Randverteilung einer dreidimensionalen Wahrscheinlichkeitsverteilung $P[N=n \cap X_i \cap Y_j]$ interpretiert hätten, so würden wir auf die gleiche Art und Weise statt (5.102) in der verkürzten Schreibweise $P[X_i \cap Y_i] =: P[X_i, Y_i]$ folgende Beziehung abgeleitet haben

$$E[N] = \sum_{i=1}^{I} \sum_{j=1}^{J} E[N_{ij}] \cdot P[X_i, Y_j]. \tag{5.103}$$

Wir wollen diese allgemein gültige Gleichung auf das spezielle Problem der Berechnung einer mittleren (Aufwärts-) Überschreitensrate (ν_B^+) eines Wertes ζ_B im langfristigen, während eines Zeitraums T_B beobachteten Seegangsprozesses $\{Z(t)\}$ anwenden. Das geschieht, indem wir X_i in (5.103) durch die Seegangsklasse mit der visuell beobachteten Wellenhöhe $H_{Vi} = H_{1/3i}$ ersetzen und Y_j durch die Wellenperiode $T_{Vj} = T_{1j}$. Damit erhalten wir für alle seltener erwarteten Ereignisse, die wir mit $\nu_B^+ = E[N(T_B)]/T_B$ gemäß (5.28) als Ereignisse eines stationären Poisson-Prozesses ansehen wollen, siehe hierzu auch (5.116),

$$\nu_B^+ = \sum_{i=1}^{I} \sum_{j=1}^{J} \nu_{Bij}^+ \cdot P[H_{Vi}, T_{Vj}]. \tag{5.104}$$

Wir können $\nu_{Bij}^+ = \nu_B^+ (H_{Vi}, T_{Vj})$ als die mittlere Überschreitensrate des Wertes ζ_B in den jeweils durch (H_{Vi}, T_{Vj}) definierten quasi-stationären Seegängen auffassen, deren Auftretenswahrscheinlichkeit $P[H_{Vi}, T_{Vj}]$ innerhalb T_B durch die relative Häufigkeit ersetzt wird, mit der diese Seegänge beobachtet wurden, siehe Tabelle 5.2. Mit (5.25) erhalten wir für jeden stationären Seegang mit den Klassenparametern (H_{Vi}, T_{Vj}), den wir als Gaußschen Prozeß betrachten,

$$\nu_{Bij}^{+} = \nu_{0ij}^{+} \cdot P[Z_{ij} > \zeta_B], \qquad (5.105)$$

wobei gemäß (5.24), (5.80), (5.20) und (5.27) gilt

$$\nu_{0ij}^{+} = 1/\left(2\pi\sqrt{m_{0ij}/m_{2ij}}\right), \; P[Z_i > \zeta_B] = \exp\{-\zeta_B^2/(2m_{0ij})\}$$

und m_{0ij} und m_{2ij} z.B. aus dem Pierson-Moskowitz- oder JONSWAP-Spektrum nach (5.90) bzw. (5.91) mit $H_{1/3} = H_{Vi}$ und $T_1 = T_{Vj}$ berechnet werden können. Aus (5.104) folgt damit für die Zahl der Überschreitungen $n_B^+ = \nu_B^+ \cdot T_B$ eines Wertes $H_B = 2\zeta_B$ innerhalb eines Zeitraums T_B mit (5.92)

$$n_B^+ = T_B \cdot \sum_{i=1}^{I} \sum_{j=1}^{J} \nu_{0ij}^{+} \cdot \exp\{-2H_B^2/H_{Vi}^2\} \cdot P_{ij}. \qquad (5.106)$$

Hierbei haben wir abgekürzt $P_{ij} = P[H_{Vi}, T_{Vj}]$. Unter der vereinfachenden Annahme eines konstanten Wertes $\nu_{0ij}^{+} \rightarrow \nu_{0m}^{+}$ mit $\nu_{0m}^{+} = 1/T_{0m}$ – siehe (5.31) – für alle Seegänge, können wir (5.106) auf eine in der Praxis häufig verwendete Näherungsform bringen

$$n_B^+ \simeq T_B/T_{0m} \cdot \sum_{i=1}^{I} \sum_{j=1}^{J} \exp\{-2H_B^2/H_{Vi}^2\} \cdot P_{ij}, \qquad (5.107)$$

$$n_B^+ \simeq T_B/T_{0m} \cdot \sum_{i=1}^{I} \exp\{-2H_B^2/H_{Vi}^2\} \cdot P_i, \qquad (5.108)$$

wobei die zweite Gleichung auf das Rand-Histogramm $P_i = P[H_{Vi}]$ anzuwenden ist.

Setzen wir z.B. $T_B = 100$ Jahre und $n_B^+ = 1$, so erhalten wir mit einem Schätzwert für T_B/T_{0m} (Größenordnung $5 \cdot 10^8$ für $T_B = 100$ Jahre) bei iterativer Auswertung dieser Gleichung eine Schätzung des sog. 100-Jahre-Wertes der Wellenhöhe, also den Wert $H_B = 2\zeta_B$, der im Mittel einmal in 100 Jahren in einem Seegebiet, dessen Wellenklima durch eine Langzeitwahrscheinlichkeit P_{ij} bzw. P_i beschrieben werden kann, überschritten wird. So berechnete Extremalwerte der Wellenerhebung definieren wir als Bemessungswerte, und dementsprechend nennen wir T_B den zugehörigen Bemessungszeitraum.

Der Vorteil dieser Vorgehensweise zur Festlegung von Bemessungswerten liegt in der Tatsache begründet, daß bei Berechnung des Bemessungswertes, der theoretisch in jeder Seegangsklasse auftreten kann, auch jede Seegangsklasse unter Maßgabe ihrer Auftretenswahrscheinlichkeit berücksichtigt wird. Als Nachteil ist zu vermerken, daß bei Verwendung von Seegangsstatistiken, die nur für einen relativ kurzen Zeitraum erstellt wurden – wie z.B. in Bild 5.10 – die Möglichkeit des Auftretens extremer Seegangsverhältnisse unberücksichtigt bleibt. Deswegen wäre es wenig sinnvoll, die Methode I unmittelbar zur Berechnung eines 100-Jahre-Bemessungswertes für den Monat April an der FPN auf die hier nur für einen Monat vorliegenden Daten anzuwenden.

Wir wollen deshalb versuchen, auch nicht beobachtete, aber mögliche Extrema der kennzeichnenden Seegangsparameter, durch statistische Schätzung

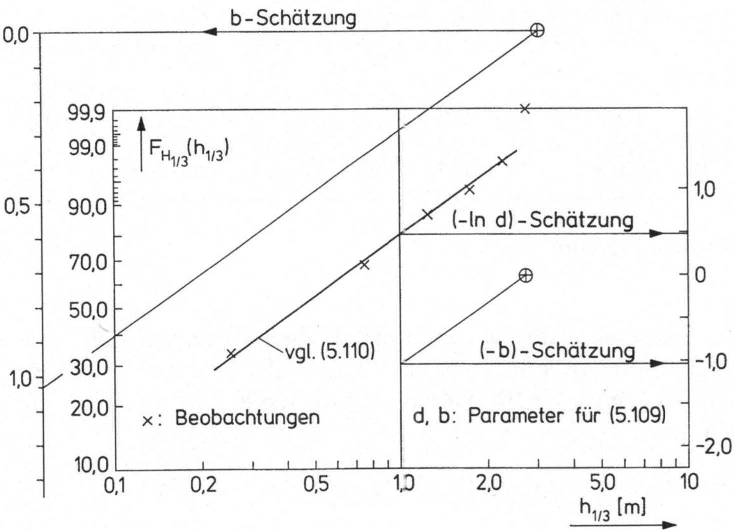

Bild 5.13. $H_{1/3}$-Weibull-Verteilung für FPN, April, Daten nach Bild 5.11 ($\Delta=0{,}5$)

ihrer Auftretenswahrscheinlichkeit zu erfassen. Dies geschieht durch Annäherung der Seegangsbeobachtungen mittels eines geeigneten stochastischen Modells, d.h. durch eine geeignete Verteilungsfunktion, deren Parameter auf der Basis der beobachteten Werte (Stichproben) geschätzt werden. Die in weiten Bereichen von Naturwissenschaft und Technik für solche Zwecke bewährte Weibull-Verteilung hat sich, in Anlehnung an visuelle Beobachtungen der kennzeichnenden Wellenhöhe, häufig als ein für dieses Ziel bestens geeignetes Modell erwiesen, siehe z.B. [5.34] und [5.35], wo auch andere Verteilungen neben der Weibull-Verteilung verwendet werden:

$$1-F_{H1/3}(h_{1/3})=P[H_{1/3}>h_{1/3}]=\exp\{-[(h_{1/3}-h_0)/d]^b\}. \tag{5.109}$$

Hierin ist der sog. Ortsparameter h_0 eine untere Grenze für $H_{1/3}$ (bei Randverteilungen der kennzeichnenden Wellenhöhen im allgemeinen Null) und d und b sind sog. Maßstabs- bzw. Formparameter, die aus dem vorhandenem Datenmaterial bestimmt werden können, wenn sich dessen Auftragung auf sog. Weibull-Papier einer Geraden annähern läßt.

Obwohl uns mit dem Beispiel des Bildes 5.11 nur wenige Daten für einen sehr begrenzten Zeitraum zur Verfügung stehen, können wir die gute Eignung der Weibull-Verteilung als statistisches Modell der repräsentativen kennzeichnenden Wellenhöhe demonstrieren, Bild 5.13.

Bis auf den größten der für die betrachteten Klassen repräsentativen Wert der kennzeichnenden Wellenhöhe können wir die Histogrammwerte also durch folgende Weilbull-Verteilung (kumulativ) recht gut annähern

$$P[H_{1/3}>h_{1/3}]=\exp\{-[h_{1/3}/0{,}618]^{1{,}03}\}. \tag{5.110}$$

Die Histogrammwerte der $H_{1/3}$-Randverteilung nach Tabelle 5.2 wollen wir zur Illustration den Schätzwerten nach dieser Weibull-Verteilung gegenüberstellen, Tabelle 5.3.

Tabelle 5.3. Langzeitstatistik für FPN, April, mit Beispieldaten nach Bild 5.11

	$H_{1/3}$ in m									
	0,25	0,75	1,25	1,75	2,25	2,75	3,25	3,75	4,25	>4,5
$P[H_{1/3}]$[a]	0,331	0,349	0,184	0,065	0,048	0,022	0,001	–	–	–
$P[H_{1/3}]$[b]	0,325	0,380	0,168	0,073	0,031	0,013	0,006	0,002	0,001	0,001

[a] Siehe Tabelle 5.2
[b] Aus der Weibull-Verteilung (5.110)

Wir wollen die Methode I auf die durch die Weibull-Verteilung definierten Werte in Tabelle 5.3 anwenden. Für $n_B^+ = 1$ und $T_{0m} = 4{,}5$ s (geschätzt nach Bild 5.12), sowie $T_B = 100/12$ Jahre (= 100 Monate „April"), d.h. $T_B/T_{0m} = 0{,}58 \cdot 10^8$, folgt nach (5.108)

$$1{,}7 \cdot 10^{-8} = \sum_{i=1}^{10} \exp\{-2H_B^2/H_{1/3i}^2\} \cdot P[H_{1/3i}].$$

Die iterative Auswertung dieser Gleichung liefert $H_B \simeq 11{,}15$ m als den Wert, der etwa einmal während 100 Jahren im Monat April überschritten wird, wobei wir hier statt mit $H_{1/3} > 4{,}5$ m mit $H_{1/3} = 4{,}75$ m gerechnet haben. Ohne Modifikation der Methode I mit Hilfe des stochastischen Modells nach (5.110) wäre H_B zu klein ausgefallen.

Methode II

Wir suchen die kennzeichnende Wellenhöhe $H_{1/3B}$, die in n_B Jahren gerade einmal überschritten wird, d.h. den Bemessungsseegang. Dazu schätzen wir zunächst die zugehörige Wahrscheinlichkeit $P[H_{1/3} > H_{1/3B}]$ auf der Basis einer Annahme für die Dauer des zugehörigen Seegangs, d.h. für die Sturmdauer T_S

$$P[H_{1/3} > H_{1/3B}] := T_S/T_B. \qquad (5.111)$$

Hierin ist T_B wieder der Bemessungszeitraum. Nun finden wir den zugehörigen Bemessungswert der kennzeichnenden Wellenhöhe $H_{1/3B}$ gemäß (5.110) zu

$$H_{1/3B} = d \cdot [-\ln\{T_S/T_B\}]^{1/b}, \qquad (5.112)$$

und wir können die mittlere Wellenperiode dieses Seegangs z.B. nach (5.89) schätzen

$$T_{0B} \simeq 3{,}55 \cdot \sqrt{H_{1/3B}}, \quad (H_{1/3B} \text{ in m}, T_{0B} \text{ in s}). \qquad (5.113)$$

Mit $N = T_S/T_{0B}$ als Anzahl der Wellen im Seegang mit $H_{1/3B}$ ergibt sich nach (5.82) ein Schätzwert für die größte Einzelwelle H_{BN}, die also im Mittel einmal in diesem Seegang, d.h. auch einmal im Bemessungszeitraum T_B, überschritten wird, zu

$$H_{BN} \simeq H_{1/3B} \cdot \sqrt{\ln\{N\}/2}\,. \qquad (5.114)$$

Wir illustrieren die Methode II am Beispiel des Bildes 5.10 mit zwei angenommenen Zeiten für die Sturmdauer ($T_{S1} = 1$ h und $T_{S2} = 5$ h) für einen Bemessungszeitraum $T_B = 100 \cdot 30 \cdot 24$ h (100-Jahre-Bemessungszeitraum für die Berechnung

Tabelle 5.4. Bemessungswerte H_{BN} für FPN, April, mit Beispieldaten nach Bild 5.11

i	T_{Si} in h	$H_{1/3\,Bi}$ in m	T_{OBi} in s	N_i	H_{BNi} in m
1	1	6,44	9,01	400	11,15
2	5	5,54	8,36	2154	10,85

($d=0{,}618$, $b=1{,}03$, siehe (5.94) und Bild 5.13)

der 100-Jahre-Bemessungswellenhöhe des Monats April an der FPN). Es ergeben sich die Zahlenwerte der Tabelle 5.4.

Wir erkennen, daß der Schätzwert der Sturmdauer T_S keinen bedeutsamen Einfluß auf das Ergebnis hat, doch sollten wir, wie der Vergleich mit dem Ergebnis nach der modifizierten Methode I zeigt ($H_B=11{,}15$ m), T_S nicht zu hoch wählen.

Für die praktische Anwendung zur Bewertung von meerestechnischen Konstruktionen in relativ großer Wassertiefe und bei unbeschränkter Windwirkstrecke (fetch) ist dieses Detail aber von untergeordneter Bedeutung, und das trifft auch auf eine ganze Reihe von Abwandlungen der Methoden I und II zu, auf die wir hier im einzelnen nicht näher eingehen. Von praktischem Interesse ist aber die Frage, mit welcher Wahrscheinlichkeit ein Bemessungswert H_B zu bestimmten Zeiten t innerhalb oder außerhalb des Bemessungszeitraumes T_B überschritten wird. Hierzu folgender Hinweis:

Bei k unabhängigen Stichproben mit dem Zufallsergebnis $N_1, N_2, \ldots, N_k$ aus der gleichen Grundgesamtheit von Zufallszahlen N (alle Stichproben sind identisch verteilt), für die ein stochastisches Modell $F_N(n)=P[N\leqq n]$ gelte, finden wir das stochastische Modell dafür, daß die Ergebnisse aller Stichproben kleiner als n sind, aus

$$\begin{aligned} P_{nk} &= P[N_1\leqq n,\, N_2\leqq n, \ldots, N_k\leqq n] \\ &= P[N_1\leqq n]\cdot P[N_2\leqq n]\cdot\ldots\cdot P[N_k\leqq n] \\ &= (P[N\leqq n])^k = (F_N(n))^k. \end{aligned} \tag{5.115}$$

Nun ist $P[N>n]=1-P[N\leqq n]=1/n$ die Wahrscheinlichkeit eines Wertes, der einmal in n Stichproben überschritten wird, wenn N gleichverteilt ist. Diese Bedingung dürfen wir für jeweils eine Stichprobe pro Jahr aus dem Seegangsgeschehen von k aufeinander folgenden Jahren für den n-Jahre-Bemessungswert H_{Bn}, $n>1$, als erfüllt ansehen. Damit erhalten wir die Wahrscheinlichkeit, daß H_{Bn} in der Zeit $T_k=k\cdot T_1$, $T_1=1$ Jahr, überschritten wird, zu

$$\begin{aligned} P_{nk} &= P[H>H_{Bn}] = 1-(1-1/n)^k \\ &\simeq 1-\exp\{-k/n\}, \quad 1/n<0{,}1 \\ &= 1-\exp\{-T_k/T_n\} \\ &= 1-\exp\{-\nu_n\cdot T_k\} = P[T\leqq T_k], \end{aligned} \tag{5.116}$$

wobei $T_n=n\cdot T_1$ und $\nu_n=1/T_n$ ist. Gleichung (5.29) liefert ebenfalls dieses Ergebnis, woraus sich der für uns im Zusammenhang mit (5.104) wichtige

Nachweis ergibt, daß wir das Überschreiten eines n-Jahre-Bemessungswertes H_{Bn} mit kleinen Überschreitungsraten ν_n auch als Ereignis eines stationären Poisson-Prozesses auffassen können. Insbesondere müssen wir damit rechnen, daß die Wahrscheinlichkeit des Auftretens des Bemessungswertes jährlich exponentiell wächst: Für $k=n$ Jahre nach einem Überschreiten des Bemessungswertes H_{Bn} folgt z.B. aus (5.116), daß der Bemessungswert mit der Wahrscheinlichkeit $1-\exp\{-1\}=0{,}63$ erneut überschritten wird.

Wir haben in diesem Abschnitt einige grundlegende, für die Bewertung meerestechnischer Konstruktionen wichtige statistische Eigenschaften des natürlichen Seegangs erörtert und auch einige Hinweise auf Grenzen des Vertrauens in diese Eigenschaften gegeben. Mit Vertrauensgrenzen statistischer Eigenschaften des Seegangs, z.B. bezüglich stochastischer Modelle und deren Parameter, beschäftigt sich die empirische Seegangsforschung heute besonders intensiv, denn vor dem Hintergrund moderner Methoden der Zuverlässigkeitsanalyse, auf die wir im Abschnitt 6.3 noch näher eingehen, ergibt sich die Möglichkeit, statistische Unsicherheiten bis zu einem gewissen Grade bei der Bewertung meerestechnischer Konstruktionen quantitativ zu berücksichtigen. Im Rahmen dieses Buches müssen wir uns darauf beschränken, den am Thema Seegangsstatistik besonders interessierten Leser auf weitergehende Fachliteratur hinzuweisen, z.B. [5.36] – daraus insbesondere [5.37] – oder [5.38] als neuere Untersuchung des speziellen Themas der Verifikation (bedingten Falsifikation) der Betrachtung des Seegangs als Gaußschen Prozeß.

5.2.3 Wind und Meeresströmungen

Wir haben bereits erwähnt, daß Wirkungen von Wind und Meeresströmungen bei meerestechnischen Konstruktionen im Vergleich zu Wirkungen des Seegangs im allgemeinen eine verhältnismäßig untergeordnete Rolle spielen. Dennoch gibt es ein paar praktische Gesichtspunkte zur Berücksichtigung dieser Umwelteinflüsse, die bei der entwurfs- oder sicherheitstechnischen Bewertung meerestechnischer Konstruktionen nicht vernachlässigt werden dürfen. Im folgenden werden wir kurz darauf eingehen.

5.2.3.1 Wind

Wenn wir die als Wind bezeichneten Luftbewegungen in der Nähe der Erd- oder Meeresoberfläche analysieren, so stellen wir einen, im allgemeinen relativ langsam (über Stunden) schwankenden Mittelwert der Geschwindigkeit fest, der auch Dauerwindgeschwindigkeit genannt wird. Dieser Dauerwindgeschwindigkeit sind relativ schnelle, zufällig erscheinende Fluktuationen, sog. Böen oder Turbulenzen, aufgeprägt. Ursache beider Erscheinungsformen des Windes sind zunächst atmosphärische Druckschwankungen, die in großen Höhen, in denen Grenzschichteinflüsse vernachlässigbar sind, zu relativ gleichmäßigen, sog. geostrophischen Winden führen, deren Richtungen bei quasi-stationärer Wetterlage durch die Linien gleichen Luftdruckes (Isobaren) bestimmt sind. Die sog. Gradientengeschwindigkeit des geostrophischen Windes wird in der Nähe der Erdoberfläche (zwischen 300 und 600 m Höhe) durch Grenzschichteinflüsse abgebremst, und durch Impulsaustausch zwischen verschiedenen Schichten der Grenzschicht kommt es zu den erwähnten Turbulenzen, wobei die mittlere Windgeschwindigkeit noch einer generellen Richtungsänderung in Bodennähe unterliegt.

Für die Bewertung meerestechnischer Konstruktionen interessiert uns Wind in unmittelbarer Nähe der Meeresoberfläche bis zu einer Höhe von etwa 100 m, also im unteren Grenzschichtbereich, den wir im Rahmen praktischer Ingenieursaufgaben am effektivsten mit stochastischen (statistisch-probabilistischen) Kenngrößen beschreiben, die aus den eingangs genannten Gründen in Entwurfsformeln mit relativ bescheidenem Genauigkeitsanspruch Verwendung finden können.

Zu stochastischen Kenngrößen der als Zufallsgröße W betrachteten Windgeschwindigkeit gehören vor allem der Mittelwert $\bar{w}$ und die Standardabweichung σ_W. Bei der Bestimmung von $\bar{w}$ aus Beobachtungen des Windes entsteht das Problem einer sinnvollen Festlegung der Länge der Stichprobe, über die gemittelt werden soll, vergleichbar mit dem Problem einer sinnvollen Festlegung der Klassenbreite bei der Auswertung von Seegangsbeobachtungen, das wir im Abschnitt 5.2.2 ausführlicher erörtert haben. Die natürlichen Eigenschaften des Windes lassen Stichproben der Größenordnung von 1 h, d.h. Darstellung von sog. 60-min-Mittelwerten $\bar{w}_{60}$ als die vernünftigste aller Möglichkeiten erscheinen, [5.39, 5.40], aber aus Sicht der Bewertung meerestechnischer Konstruktionen sind 10-min-Mittelwerte $\bar{w}_{10}$ sicherer, denn der größte 10-min-Mittelwert ist natürlich größer als der größte 60-min-Mittelwert, $\bar{w}_{10\max} > \bar{w}_{60\max}$, so daß (mindestens) $\bar{w}_{10\max}$ für eine Bewertung der Belastbarkeit von Konstruktionen als maßgeblich angesehen wird.

Natürlich muß die Bestimmung der Standardabweichung σ_W passend zu dem jeweils betrachteten Mittelwert dargestellt werden, d.h., entweder rechnen wir mit den stochastischen Kenngrößen $(\bar{w}_{60}, \sigma_{W60})$ oder mit $(\bar{w}_{10}, \sigma_{W10})$. Wenn es uns auf dieser Basis um die Darstellung von Geschwindigkeitsspitzen als Fraktile der Wahrscheinlichkeitsverteilung $F_W(w)$ geht, z.B. um den Wert p, der zum größten 3-s-Mittelwert der Windgeschwindigkeit gehört, also um das zur sog. Böenwindgeschwindigkeit gehörende p-%-Fraktil, so müssen die zu jeweils einer Kenngrößenkombination $(\bar{w}, \sigma_W)$ und der durch sie definierten Wahrscheinlichkeitsverteilung gehörenden Ergebnisse trotz unterschiedlicher p-%-Werte gleich sein. Aus praktischen Gründen wählen wir hier die Kenngrößenkombination $(\bar{w}_{60}, \sigma_{W60})$, denn dann können wir zur Bestimmung von σ_{W60} folgenden, empirisch gefundenen Zusammenhang verwenden, [5.41],

$$\sigma_{W60} = 2{,}58\sqrt{\varkappa} \cdot \bar{w}_{60}(z_{10}), \; z_{10} = 10\,\mathrm{m}. \tag{5.117}$$

Hierbei beziehen wir $\bar{w}_{60}$ auf die im allgemeinen übliche Beobachtungshöhe z in 10 m über dem Meeresspiegel, $\varkappa$ ist ein Widerstandsbeiwert, den wir für rauhe See mit 0,001 (auch 0,002 bei sehr rauher See) ansetzen können.

In [5.42] sind Daten für den größten 60-min-Mittelwert $\bar{w}_{60\max}$ für einen Bemessungszeitraum von 50 Jahren angegeben, so daß die Berechnung von $\sigma_{W60\max}$ für den gleichen Zeitraum nach (5.117) möglich ist. Damit können wir die Parameter der als stochastisches Modell für die Windgeschwindigkeiten z.B. in [5.43] empfohlenen Größtwertverteilung vom Typ I,

$$F_W(w) = \exp\{-\exp\{-\delta(w-\mu)\}\}, \tag{5.118}$$

die auch Gumbel-Verteilung genannt wird, bestimmen, denn für die Parameter δ (Dispersionswert) und μ (Modalwert) gilt

$$\delta = 1{,}282/\sigma_W;\ \mu = \bar{w} - 0{,}577/\delta = \bar{w} - 0{,}45\sigma_W\,. \tag{5.119}$$

Wenn wir z.B. nach [5.42] den Wert $\bar{w}_{60\max} = 34$ m/s für die Nordsee in Küstennähe bei $z_{10} = 10$ m Höhe verwenden, so folgt aus (5.117) $\sigma_{W60\max} = 2{,}77$ m/s ($\varkappa = 0{,}001$), und nach (5.118) und (5.119) gilt

$$F_W(w) = \exp\{-\exp\{-0{,}462(w - 32{,}75)\}\}.$$

Ebenfalls in [5.42] wird zur Ermittlung eines Spitzenwertes der Windgeschwindigkeit der Mittelwert über 3 s (0,05 Minuten) empfohlen, dessen Größe über offener See mit

$$\bar{w}_{0{,}05\max} = 1{,}37\bar{w}_{60\max} \tag{5.120}$$

angegeben wird, d.h. im Beispiel $\bar{w}_{0{,}05\max} = 46{,}6$ m/s. (Über Land gelten höhere Faktoren als 1,37.) Für den nach (5.120) berechenbaren 3-s-Mittelwert erhalten wir mit obigen Zahlenwerten $F_W(\bar{w}_{0{,}05\max}) = 0{,}9983$, so daß wir die so definierte Böenwindgeschwindigkeit als 99,8-%-Fraktil interpretieren können: Etwa 0,2 % aller Windgeschwindigkeiten innerhalb der Stunde, in der der größte, in 50 Jahren erwartete 60-min-Mittelwert $\bar{w}_{60\max}$ auftritt, sind größer als $\bar{w}_{0{,}05\max}$. Dieses Ergebnis erlaubt es uns, mittels (5.118) und (5.119) zulässige Bemessungswerte $\bar{w}_{0{,}05\max}$ als 99,8 %-Fraktile auf der Basis evtl. verfügbarer statistischer Daten zu definieren, wobei die so erhaltenen Bemessungswerte den Annahmen in [5.42] in etwa gleichwertig sind. Dabei ist auch die Umrechnung des 50-Jahre-Zeitraums auf einen beliebigen anderen Zeitraum, der ein k-faches des 50-Jahre-Zeitraums ist, mit (5.115) wie folgt darstellbar, [5.43]:

$$F_{Wk}(w) = (F_W(w))^k = \exp\{-k \cdot \exp\{-\delta(w - \mu)\}\}, \tag{5.121}$$

wobei sich gegenüber der Ausgangsverteilung nach (5.118) nur der Mittelwert, nicht die Standardabweichung, ändert:

$$\bar{w}_k = \bar{w} + 1{,}8\sigma_{Wk} \cdot \log\{k\};\ \sigma_{Wk} = \sigma_W\,. \tag{5.122}$$

Wenn wir beispielsweise Windgeschwindigkeiten $\bar{w}_{60}$ über einen Zeitraum von n Jahren beobachtet haben, so kennen wir Schätzwerte für die Momente $\bar{w}_{60\max}(n)$ und, nach (5.117), $\sigma_{60\max}(n)$ bzw. nach (5.119) die Parameter δ_n und μ_n der zugehörigen Gumbel-Verteilung (5.118). Wir können auf dieser Basis nach (5.121) einen realistischen Bemessungswert $\bar{w}_{0{,}05\max}(N)$ für den Bemessungszeitraum von N Jahren schätzen

$$\bar{w}_{0{,}05\max}(N \text{ Jahre}) = \mu_n - \ln\{-n/N \cdot \ln 0{,}998\}\delta_n\,. \tag{5.123}$$

Für unser obiges Beispiel ist $n = 50$ Jahre und wir erhalten mit den bisher von uns verwendeten Daten z.B. den 100-Jahre-Bemessungswert ($n/N = 50/100$) zu $\bar{w}_{0{,}05\max}(100 \text{ Jahre}) = 47{,}7$ m/s, also einen nur wenig größeren als den zum 50-Jahre-Zeitraum gehörenden Bemessungswert von 46,2 m/s ($n = N = 50$). Für Anwendungen bei meerestechnischen Konstruktionen ist dieser Unterschied unerheblich und eine Erörterung der Frage nach dem richtigen Bemessungszeitraum erübrigt sich vor dem Hintergrund der im allgemeinen untergeordneten

Bedeutung von Windlasten im Vergleich zu Seegangslasten sowie sonstiger statistischer Unsicherheiten, die mit der Schätzung von μ_n bzw. δ_n zusammenhängen.

Praktischen Nutzen hat (5.123) für die Ermittlung örtlicher Bemessungslasten (z.B. auf Hubschrauberlandedecks etc.) in all den Fällen, in denen uns Beobachtungen nur für einen relativ kurzen Zeitraum zur Verfügung stehen, z.B. für ein Jahr oder wenige Jahre ($n=1, 2, \ldots$), uns aber ein 50- oder 100-Jahre-Bemessungswert interessiert. Diese Gleichung gilt nur unter der Bedingung (5.120), für andere Verhältnisse als $\bar{w}_{0,05\max}/\bar{w}_{60\max}=1{,}37$ kann der Leser eine zu (5.123) analoge Gleichung nun aber selbst entwickeln.

Nach [5.42] können wir dann den für globale Belastungen meerestechnischer Konstruktionen maßgeblichen 10-min-Mittelwert der Windgeschwindigkeit aus folgender, für offene See geltenden Beziehung ermitteln

$$\bar{w}_{10\max}(N \text{ Jahre}) = \bar{w}_{0,05\max}(N \text{ Jahre})/1{,}3\,, \tag{5.124}$$

wobei wir hier für $\bar{w}_{0,05\max}$ den Bemessungswert verwenden, den wir wie vorstehend beschrieben berechnet haben. Wenn wir $\bar{w}_{0,05\max}$ aus (5.120) und (5.124) eliminieren, erhalten wir schließlich den zugehörigen 60-min-Mittelwert

$$\bar{w}_{60\max}(N \text{ Jahre}) = \bar{w}_{10\max}(N \text{ Jahre})/1{,}054\,. \tag{5.125}$$

Die mit (5.123) bis (5.125) beschriebene Vorgehensweise ist nicht die einzig mögliche, sie hat aber den Vorteil, daß sich die für Entwurfszwecke benötigten Bemessungswerte der Windgeschwindigkeit relativ einfach und im allgemeinen mit ausreichender Genauigkeit darstellen lassen, wenn Ausgangsdaten $\bar{w}_{60}$ für einen relativ kurzen Beobachtungszeitraum (z.B. 1 Jahr) bekannt sind.

Bisher haben wir die Windverhältnisse nur in $z_{10}=10\,\text{m}$ Höhe über der Meeresoberfläche betrachtet. Für den Bereich bis 100 m über der Meeresoberfläche, der uns im Zusammenhang mit meerestechnischen Konstruktionen interessiert, ist die Standardabweichung σ_W praktisch unabhängig von z, [5.40], d.h., das Ergebnis aus (5.117) ist für alle z anwendbar. Wir bezeichnen den Variationskoeffizienten $\sigma_W/\bar{w}(z)$ im hier erörterten Zusammenhang auch als Böigkeit oder Turbulenzintensität. Letztere nimmt mit zunehmender Höhe z ab, denn auch bei konstanter Standardabweichung wächst $\bar{w}(z)$ innerhalb der Grenzschicht nach einem Potenzgesetz der Form

$$\bar{w}(z) = \bar{w}(z_{10}) \cdot (z/z_{10})^{1/r}\,, \quad 8<r<10\,. \tag{5.126}$$

Wenn wir den Zusammenhang (5.120) wie folgt formalisieren

$$\bar{w}_{0,05\max} = [1+\varphi] \cdot \bar{w}_{60\max}\,, \quad \varphi=0{,}37\,, \tag{5.127}$$

so gilt wegen der Unabhängigkeit von σ_W von der Höhe innerhalb $0<z<100\,\text{m}$ über dem Meeresspiegel, daß auch φ unabhängig von z ist, denn in vorstehender Formel berücksichtigt φ ja stochastische Abweichungen der Windgeschwindigkeit vom Mittelwert infolge Turbulenz. Seit Juli 1984 wird φ in [5.42] (Proposed Revisions) allerdings in Abhängigkeit von $\bar{w}_{60\max}$ mit variablen Werten vorgeschlagen: Bei Windgeschwindigkeiten über 31 m/s ist danach $\varphi>0{,}37$ (z.B. $\varphi=0{,}38$ bei $\bar{w}_{60\max}=34\,\text{m/s}$ und $\varphi=0{,}43$ bei $\bar{w}_{60\max}=42\,\text{m/s}$). Wir erhalten, unabhängig von den gerade aktuellen Werten von φ, nach (5.126) eine einfache

Tabelle 5.5. Eulersche Mittelwerte winderzeugter Meeresströmung $u(z)$ nach [5.47]

w in m/s	z in m	
	0,0	−2,00
5	1,3[a]	0,42
10	1,2	0,91
20	1,2	0,93
30	1,0	0,86

[a] u in % von w

Entwurfsformel zur Ermittlung des größten 3-s-Mittelwertes der in verschiedenen Höhen z über dem Meeresspiegel wirkenden Windgeschwindigkeit

$$\bar{w}_{0,05\max}(z) = [(z/z_{10})^{1/r} + \varphi] \cdot \bar{w}_{60\max}(z_{10}). \tag{5.128}$$

Wenn wir $\bar{w}_{60\max}(z_{10})$ als Ursache der Windsee mit der kennzeichnenden Bemessungswellenhöhe $H_{1/3\mathrm{B}}$, also als mittlere Geschwindigkeit des Bemessungssturmes, ansehen, so können wir nach (5.87) – $z = 19{,}5$ m mit (5.126) umgerechnet auf z_{10} mit $r = 8$ – für Entwurfswerte auch davon ausgehen, daß der größte 3-s-Mittelwert der Windgeschwindigkeit gemäß (5.128) etwa gleich ist dem Wert

$$\bar{w}_{0,05\max}(z)\,[\mathrm{m/s}] := 6{,}3[(z/z_{10})^{1/8} + \varphi] \cdot \sqrt{H_{1/3\mathrm{B}}[\mathrm{m}]}. \tag{5.129}$$

$H_{1/3\mathrm{B}}$ berechnen wir z.B. wie in Abschnitt 5.2.2.2 mit (5.111) und (5.112) näher ausgeführt. Eine nahezu identische Beziehung wurde auch von der IMO (Intergovernmental Maritime Organization) im Sub-Committee Ship Design & Equipment in der Agenda Punkt 5 zur 30. Sitzung im März 1987 vorgeschlagen, und zwar für den Fall gleichzeitigen Auftretens extremer Wind-Wellen-Bedingungen für unbeschränkte Windwirkstrecke (fetch) und (quasi) unendliche Wassertiefe, andernfalls siehe z.B. [5.54]. Sie gilt natürlich nicht für besondere Wetterbedingungen, z.B. für Hurricane-Windgeschwindigkeiten, die im Verhältnis zur gleichzeitig anzusetzenden kennzeichnenden Wellenhöhe viel größer sind.

Für detailliertere Bewertungen meerestechnischer Konstruktionen nach der spektralen Betrachtungsweise, auf die wir im Kapitel 6 näher eingehen werden, läßt sich die Standardabweichung σ_W statt nach (5.117) auch genauer mittels (5.14) berechnen, wenn wir Windspektren $S_\mathrm{WW}(\omega)$ unter der Bedingung $\bar{w}$ kennen. Nach [5.44] gilt

$$S_\mathrm{WW}(\omega) = 4\varkappa\bar{w}^2 \cdot \frac{\xi^2}{\omega(1+\xi^2)^{4/3}}, \tag{5.130}$$

doch nach [5.41] kann auch mit

$$S_\mathrm{WW}(\omega) = 4\varkappa\bar{w}^2 \cdot \frac{\xi}{\omega(2+\xi^2)^{5/3}} \tag{5.131}$$

gerechnet werden, wobei ω als Kreisfrequenz zu interpretieren ist, und es bedeutet $\xi = \omega\Lambda/(2\pi\bar{w})$ mit dem empirisch definierten Wert $\Lambda = 1\,200$ m in (5.130) und

$\Lambda = 1\,800$ m in (5.131). Für Wind über rauher See setzen wir wieder $\varkappa = 0{,}001$ und $\bar{w} = \bar{w}(z_{10})$.

Ein weiteres Standardspektrum des Windes, bei dem ein Einfluß der Höhe z miterfaßt ist, finden wir in [5.45], doch sind solche Feinheiten bei Anwendung auf meerestechnische Konstruktionen, an denen der Seegang viel größere Wirkungen zeitigt als der Wind, im allgemeinen ohne praktische Bedeutung.

5.2.3.2 Meeresströmungen

Als Meeresströmungen bezeichnen wir Wasserbewegungen, die einen Wasserkörper größerer Abmessungen mit merklicher Geschwindigkeit in eine bestimmte Richtung transportieren. Dabei unterscheiden wir je nach Ursache im wesentlichen drei Strömungsarten:

1. Thermosaline Konvektionsströmungen, die durch unterschiedliche Temperaturen und/oder Salzgehalte im Meer entstehen,
2. Gezeitenströmungen, die im wesentlichen durch die Gravitationskräfte des Mondes bei seinem Umlauf um die Erde entstehen, und
3. winderzeugte Meeresströmungen, die durch Umwandlung von Windenergie in Strömungsenergie des Meerwassers, insbesondere durch den komplizierten Vorgang der Erzeugung von Meereswellen durch Wind, entstehen.

Alle Arten von Meeresströmungen unterliegen topographischen Besonderheiten des Meeresbodens und der Küsten, zum Teil auch Einflüssen der Erdrotation. Für die Bewertung von meerestechnischen Konstruktionen sind diese Einflüsse von Bedeutung, und sie werden im Rahmen praktischer Ingenieursaufgaben auf der Basis von Beobachtungen im allgemeinen als deterministische Kenngrößen beschrieben, von denen uns der Bemessungswert der alle wirksamen Ursachen umfassenden Strömungsgeschwindigkeit u an der Meeresoberfläche und die Verteilung von u über die Wassertiefe z, das sog. Geschwindigkeitsprofil $u(z)$, besonders interessieren.

Entsprechende Angaben zu lokalen Erscheinungsformen thermosaliner Strömungen und Gezeitenströmungen können von hydrographischen Instituten bereitgestellt werden, z.B. [5.46]. Angaben zu winderzeugten Oberflächenströmungen und zu Strömungsprofilen sind schwer zu messen, doch gibt es heute geeignete Modelle zur numerischen Simulation von Oberflächenströmungen, z.B. [5.47]. Bei Belastungsberechnungen an meerestechnischen Bauwerken interessiert uns dabei der sog. Eulersche Mittelwert der Strömungsgeschwindigkeit, d.h. das (Vektor-) Mittel der Geschwindigkeit über mehrere Wellenzyklen an einem festen Ort. Die Zahlenwerte der Tabelle 5.5 sind (indirekt) berechnete Eulersche Mittelwerte der Geschwindigkeit winderzeugter Oberflächenströmung $u(z)$ in Abhängigkeit von der Windgeschwindigkeit w nach [5.47]. Sie geben uns einen realistischen Anhalt der Größenordnung der Naturwerte.

Zur Anwendung der Tabellenwerte können wir näherungsweise mit $w = \bar{w}_{60}(z_{10})$ rechnen.

Der umgekehrte Effekt, also eine Beeinflussung des Seegangs durch eine thermosaline oder durch Gezeiten bewirkte Strömung, kann in (nichtlinearer) Erweiterung des in Kapitel 3 auf der Basis linearer Wellentheorie deterministisch entwickelten Zusammenhangs zwischen Wellenhöhe und Strömungsgeschwindigkeit, prinzipiell auch durch eine Veränderung des originalen Pierson-Moskowitz-Seegangsspektrums nach (5.86) infolge Meeresströmung dargestellt werden, [5.48],

$$S_{ZuZu}(\omega)=4S_{ZZ}(\omega)/[\chi\cdot(1+\chi)^2],\quad \chi=\sqrt{1+4u\omega/g}\,. \tag{5.132}$$

Dieses Ergebnis besagt, daß ein und dieselbe Windgeschwindigkeit w (hier gemessen in 19,5 m Höhe über der Meeresoberfläche) weniger Energie in Wellenenergie umsetzt, wenn w und u gleichgerichtet sind, als im umgekehrten Fall. In der Praxis verwenden wir im allgemeinen Spektren ohne Berücksichtigung des Einflusses der Strömungsgeschwindigkeit. Dabei ist es konsequent, wenn im Zusammenhang mit der spektralen Betrachtungsweise, die wir prinzipiell in Bild 5.2 dargestellt haben, mit Übertragungsfunktionen der Seegangswirkung ohne Strömungseinfluß gerechnet wird, und der Strömungseinfluß erst nachträglich den berechneten Kennwerten der Seegangswirkung überlagert wird.

Die einfachste, und für die Bewertung einer Konstruktion in Meeresströmungen gebräuchlichste Darstellung des Geschwindigkeitsprofils $u(z)$, entsteht aus der Superposition des Profils $u_p(z)$ einer sog. permanenten Strömung, mit der wir sowohl thermosaline Strömungen als auch Gezeitenströmungen oder beide gleichzeitig beschreiben, und des Profils $u_W(z)$ der winderzeugten Strömung,

$$u(z)=u_p(0)\cdot[(z+d)/d]^{1/7}+u_W(0)\cdot(z+d)/d,\; 0\geqq z\geqq -d, \tag{5.133}$$

mit z als vertikaler Koordinatenachse, deren Ursprung in der Meeresoberfläche liegt, und d als Wassertiefe. Einen Bemessungswert $u_B(z)$ gewinnen wir z.B. mit $u_{Bp}(0)$ als statistischen Größtwert einer langzeitlichen Beobachtungsreihe permanenter Strömungen, und mit $u_{BW}(0)=0{,}012\bar{w}_{60\max}(z_{10})$, siehe Tabelle 5.5, zusätzliche Anteile aus den Wellen selbst (Stokesdrift) sind ggf. zu addieren. Weitere Möglichkeiten siehe [5.42] (Proposed Revisions).

Wenn die Strömung im Bereich des Meeresbodens von besonderer Bedeutung ist, wie z.B. bei der Bewertung der Lagesicherheit von Unterwasserrohrleitungen, so sind Modifikationen von (5.133) sinnvoll, siehe z.B. [5.49]. Bei Berechnungen von Seegangswirkungen unter Berücksichtigung der Oberflächenkontur der Meereswellen, muß bei vorhandener Meeresströmung konsequenterweise auch das Strömungsprofil bis an diese Oberflächenkontur erstreckt werden, [5.50]. Für die Praxis sind solche Fragen aber von marginaler Bedeutung, da Meeresströmungskräfte im Vergleich zu Seegangskräften im allgemeinen relativ klein sind.

Allerdings ist ein Bemessungswert $u_B(z)$ gemäß (5.133) in nicht unerheblichem Maße von einer realistischen Definition der Bemessungswassertiefe d_B abhängig, wenn die permanente Strömungskomponente u_{Bp} zu einem Teil oder ganz von einer Gezeitenströmung bestimmt ist, denn die Wassertiefe kann sich bekanntlich deutlich mit den Gezeiten ändern. Auch der lokale Luftdruck kann die Wassertiefe merklich beeinflussen.

In diesem Zusammenhang ist es üblich, Begriffe wie Wasserstand oder Wasserhöhe für die Abweichung der Meeresoberfläche von einem Standardwert der Wassertiefe zu verwenden. Für ortsfeste, meerestechnische Konstruktionen müssen Größtwerte der Wasserstände an der Lokation, die über einen längeren Zeitraum beobachtet wurden, diesem Standardwert hinzugezählt werden. Nach

Empfehlung der Internationalen Hydrographischen Konferenzen soll der Standardwert, das sog. Seekarten-Null (SKN), so tief angesetzt werden, daß das Wasser nur selten darunter fällt. Daher wird das SKN in vielen Seegebieten gleich der über längere Zeit gemittelten Wassertiefe bei Springniedrigwasser gesetzt, so daß es sinnvoll ist, den Bemessungswert der Wassertiefe als Summe des mittleren Springhochwasserstandes (M.Sp.H.W.) und der Wassertiefe auf Seekarten Null d_{SKN} zu bilden

$$d_B \geqq d_{SKN} + \text{M.Sp.H.W.} \qquad (5.134)$$

Wir verwenden das $\geqq$ Zeichen, weil die bei der Mittelwertbildung von M.Sp.H.W. berücksichtigten Springhochwasserstände astronomischen Bedingungen (Mond-Sonnenkonstellationen) unterliegen, nicht den Besonderheiten des Wetters (Luftdruck und Wind). Vor allem in küstennahen Gebieten sind zur genauen Bestimmung von d_B wetterbedingte Wasserstandsvergrößerungen zu berücksichtigen. Diese, wie alle vorher genannten Einflußgrößen, können für die Lokation einer ortsfesten, meerestechnischen Konstruktion im allgemeinen von den zuständigen Hydrographischen Instituten beigestellt werden, siehe [5.46] und Hinweise in [5.42].

5.3 Symbolverzeichnis

Das Symbolverzeichnis enthält in erster Linie Symbole, die in verschiedenen Abschnitten dieses Kapitels in gleicher Bedeutung verwendet werden. Außerdem werden auch einige Symbole berücksichtigt, die in der Fachliteratur allgemein üblich sind oder die durch die hier gegebene Definition eine zusätzliche Klärung erfahren. Abgeleitete Symbole (z.B. $E[A], m_a$ usw.) siehe unter X (z.B. $E[X], m_X$ usw.).

$\text{Cov}[X_1, X_2]$	Kovarianz der Zufallsgrößen X_1 und X_2
$\mathbf{C}$	Kovarianzmatrix
D	Zufallsgröße mit der Realisierung d_i zur Kennzeichnung diskreter Zustände
E	Zufallsphasenwinkel
E_n	Zufallsphasenwinkel der n-ten Wellenkomponente
$E[X]$	Erwartung der Zufallsgröße $X(=m_X)$
$E[\mathbf{X}]$	Vektor der Erwartungen
F	stochastische Erregergröße
$F_X(x)$	Verteilungsfunktion $P[X \leqq x]$
$\bar{F}_X(x)$	Komplementäre Verteilungsfunktion $P[X > x] = 1 - F_X(x)$
H	Wellenhöhe
H_B	Bemessungswert der Wellenhöhe für T_B
H_V	beobachtete Wellenhöhe
H_{Vi}	Für die i-te Seegangsklasse repräsentative Beobachtete Wellenhöhe
$H_{XY}(\omega)$	komplexe Übertragungsfunktion zwischen dem Erregungsprozeß $\{Y(t)\}$ und dem Antwortprozeß $\{X(t)\}$

$H_{1/3}$	kennzeichnende Wellenhöhe (Mittel der 1/3-höchsten Wellenhöhen)
$H_{1/3B}$	Bemessungswert der kennzeichnenden Wellenhöhe für T_B
$H_{1/3i}$	für die i-te Seegangsklasse repräsentative kennzeichnende Wellenhöhe
I	Größtwert von i, z.B. Anzahl von Seegangsklassen $H_{1/3i}$ bzw. H_{Vi}
J	Größtwert von J, z.B. Anzahl von Seegangsklassen T_{1j} bzw. T_{Vj}
K	Größtwert von k, z.B. Anzahl stochastischer Größen X_k
L	Wellenlänge
N	Größtwert von n, z.B. Anzahl harmonischer Komponenten $\zeta_n(t)$ zur Simulation des irregulären Seegangs
N	ganzzahlige Zufallsgröße (Ereigniszahl)
$\{N(t)\}$	Zufallsprozeß der ganzzahligen Zufallsgröße N (Zählprozeß)
$\boldsymbol{P}$	Matrix der Übergangswahrscheinlichkeiten p_{ij} vom Zustand d_i nach d_j
$P[X]$	Wahrscheinlichkeit $P[x<X \leqq x+dx]=f_X(x)dx$
$P[X_i]$	Wahrscheinlichkeit $P[x \in X_i]$
P_{ij}	Wahrscheinlichkeit $P[H_{Vi}, T_{Vj}]$ für Seegangsbeobachtungen H_V und T_V aus der Seegangsklasse mit den Parametern H_{Vi} und T_{Vj}
$R_{XX}(\tau)$	Autokorrelationsfunktion des stationären Zufallsprozesses $\{X(t)\}$
$R_{XY}(\tau)$	Kreuzkorrelationsfunktion der stationären Zufallsprozesse $\{X(t)\}$ und $\{Y(t)\}$
$R_{ZZ}(\tau)$	Autokorrelationsfunktion des Seegangsprozesses $\{Z(t)\}$
S	stochastische Bewegungsgröße
$S_{WW}(\omega)$	Spektrum der Windgeschwindigkeit
$S_{XX}(\omega)$	Autospektrum (Spektrum) des stationären Zufallsprozesses $\{X(t)\}$
$S_{XY}(\omega)$	Kreuzspektrum der stationären Zufallsprozesse $\{X(t)\}$ und $\{Y(t)\}$
$S_{ZZ}(\omega)$	Seegangsspektrum (Autospektrum des stationären Zufallsprozesses $\{Z(t)\}$)
T	Zeitabschnitt
T	Periode, bei harmonischer Schwingung $2\pi/\omega$,
T	„Transposition" falls im Exponenten von Vektoren oder Matrizen
T_B	Bemessungszeitraum (Größenordnung: Jahre/Jahrzehnte)
T_S	Sturmdauer (Größenordnung: Stunden)
T_V	beobachtete Wellenperiode
T_{Vj}	für die j-te Seegangsklasse repräsentative beobachtete Wellenperiode
T_0	mittlerer Zeitabschnitt zwischen aufeinander folgenden Nullaufwärtsüberschreitungen im Seegangsprozeß $\{Z(t)\}$,
T_0	„charakteristische" Wellenperiode
T_{0B}	charakteristische Wellenperiode des Bemessungsseegangs
T_{0m}	Langzeitmittel von T_0 (über mehrere Jahre/Jahrzehnte)
T_1	mittlere Periode $(=2\pi/\omega_1)$

T_{1j}	für die j-te Seegangsklasse repräsentative mittlere Periode T_1
U	standardisierte Zufallsgröße $(X-m_X)/\sigma_X$
$\mathrm{Var}[X]$	Varianz (Streuung) der Zufallsgröße $X(=\sigma_X^2)$
W	stochastische Windgeschwindigkeit
X	Zufallsgröße, bei abgeleiteten Größen im Symbolverzeichnis auch stellvertretend für E, F, S, W, Z
$\mathbf{X}$	Zufallsvektor: $(X_1, X_2, \ldots, X_K)^T$
$\{X(t)\}$	Zufallsprozeß der Zufallsgröße X
$\{Z(t)\}$	stochastischer Seegangsprozeß (Zufallsprozeß der Wellenerhebung)
$Z_n(t)$	stochastischer Wert der Wellenerhebung der n-ten harmonischen Wellenkomponente zur Zeit t
b	Parameter der Weibull-Verteilung
d	Dämpfungskoeffizient
d	Wassertiefe
d	Parameter der Weibullverteilung
d_i	Realisierung zufälliger diskreter Zustände D
det	Determinante
f	Erregerkraft
$f_X(x)$	Wahrscheinlichkeitsdichtefunktion der Zufallsgröße X
g	Erdbeschleunigung $(=9{,}81\ \mathrm{m/s^2})$
$h(t)$	komplexe Impulsantwortfunktion
$h_{1/3}$	Realisierung von $H_{1/3}$ wenn $H_{1/3}$ als Zufallsgröße anzusehen ist
i	Laufindex $(i=1, 2, \ldots, I)$, z.B. Zustände d_i; Klassenindex für Wellenhöhen $H_{1/3i}$ bzw. H_{Vi}; Unterscheidungsindex
i	$\sqrt{-1}$, imaginäre Zahl
j	Laufindex $(j=1, 2, \ldots, J)$, z.B. Zustände d_j; Klassenindex für Wellenperioden T_{1j} bzw. T_{Vj}
k	Stichprobenzahl
k	Rückstellkoeffizient
m	Masse
m_X	Mittelwert der Zufallsgröße $X(=E[X])$
m_i	i-te Momente des Spektrums
n	Laufindex $(n=1, 2, \ldots, N)$, z.B. zur Kennzeichnung harmonischer Komponenten des natürlichen Seegangs
n	Realisierung der ganzzahligen Zufallsgröße N
n_B^+	Kurzform für $n_X^+(x_B)$: Überschreitenshäufigkeit des Wertes x_B im Bemessungszeitraum T_B
p_{ij}	Übergangswahrscheinlichkeit vom Zustand d_i nach d_j
s	Bewegungsgröße, $\dot{s}=\partial s/\partial t$, $\ddot{s}=\partial^2/\partial t^2$
t	Zeitvariable
u	Realisierung der standardisierten Zufallsgröße U,
u	Meeresströmungsgeschwindigkeit
w	Windgeschwindigkeit ($\bar{w}$: Mittelwert)
x	Realisierung der Zufallsgröße X,
x	horizontale Koordinatenachse, senkrecht y, z
x_i	Realisierung der Zufallsgröße X_i

$\boldsymbol{x}$	Vektor $(x_1, x_2, \ldots, x_K)^T$
(x, y, z)	rechtwinkliges Koordinatensystem (Rechstsystem)
y	horizontale Koordinatenachse, senkrecht x, z
z	vertikale Koordinatenachse, senkrecht x, y
$\Delta H_{1/3}$	Klassenbreite der durch $H_{1/3}$ repräsentierten Seegangsklasse
ΔT_1	Klassenbreite der durch T_1 repräsentierten Seegangsklasse
$\Delta\omega_n$	Breite eines Frequenzintervalls im Spektrum
α	Breitenparameter des Spektrums
α	Phillips-Konstante
δ	Dämpfungsmaß
$\delta(t-\tau)$	Dirac-Delta-Funktion
ε	Realisierung des zufälligen Phasenwinkels E
ζ	Wellenerhebung (Abweichung vom Wasserspiegel)
$\zeta(t)$	Stichprobe des Seegangsprozesses $\{Z(t)\}$
ζ_B	Bemessungswert der Wellenerhebung in T_B
$\zeta_a(\omega)$	reale Amplitude einer Elementarwelle der Frequenz ω
$\zeta_n(t)$	Realisierung von $Z_n(t)$
μ	Wellenfortschrittsrichtung
μ_0	Hauptlaufrichtung des natürlichen Seegangs
ν	Ereignisrate
ν	Frequenz, bei harmonischer Schwingung $1/T$
ν_B^+	Überschreitensrate von ζ_B bzw. H_B
ν_{Bij}^+	Überschreitensrate ν_B^+ in der Seegangsklasse mit den Parametern H_{Vi} und T_{Vj}
ν_0^+	Null-Aufwärtsüberschreitensrate $(=\nu_X^+(x=0))$
ν_{0ij}^+	ν_0^+ in der Seegangsklasse mit den Parametern H_{Vi} und T_{Vj}
π	Umfang des Kreises mit dem Durchmesser 1 (=3,1415926535...)
$\pi_x(i)$	Wahrscheinlichkeit für das Erreichen eines Zustands d_i zur Zeit $t=x$
$\boldsymbol{\pi}_x$	Vektor der Zustandswahrscheinlichkeiten zur Zeit x
ϱ	Dichte
σ_X	Standardabweichung des Zufallsprozesses $\{X(t)\}$
$\sigma(\omega)$	komplexe Amplitude einer harmonischen Bewegungsgröße, Fourier-Transformation einer Bewegungsfunktion $s(t)$
τ	Zeitintervall t_2-t_1, Realisierung von T, wenn T als Zufallsgröße anzusehen ist
$\varphi(u)$	Standardnormale Verteilungsdichte (standardisierte Gaußsche Normalverteilungsdichte)
$\varphi(\omega)$	komplexe Amplitude einer harmonischen Erregerkraft, Fourier-Transformation einer Erregungsfunktion $f(t)$
ω	Kreisfrequenz, bei harmonischer Schwingung $2\pi/T$
ω_M	Modalkreisfrequenz eines Seegangsspektrums
ω_1	Schwerpunktskreisfrequenz eines Seegangsspektrums
ω_0	Eigenkreisfrequenz eines schwingenden Systems

6 Bewertung meerestechnischer Konstruktionen

Wie einleitend zu Kapitel 5 ausgeführt, konzentrieren wir uns vor allem auf die Bewertung der durch Seegang bedingten Besonderheiten meerestechnischer Konstruktionen und auf einige Wirkungen von Wind und Meeresströmungen. Nachdem wir uns im Kapitel 5 zunächst mit der stochastischen Bewertung der durch diese Einflußgrößen repräsentierten marinen Umwelt selbst auseinandergesetzt haben, kommen wir in diesem Kapitel zur Bewertung ihrer Wirkungen an meerestechnischen Konstruktionen. Weil der Seegang, dessen Wirkungen in besonderer Weise als maßgeblich für die Dimensionierung meerestechnischer Konstruktionen zu betrachten ist, nach stochastischen (probabilistisch-statistischen) Methoden im Rahmen sog. Kurz- und Langzeitbewertung betrachtet werden konnte, siehe Abschnitte 5.2.2.1 und 5.2.2.2, folgen wir bei der Bewertung der Seegangswirkungen nach klassischen Methoden auch hier diesem Konzept.

In Abschnitt 6.1 beschreiben wir zunächst die Kurzzeitbewertung unterschiedlicher meerestechnischer Konstruktionen, für die sich im Laufe der Zeit besondere Betrachtungsweisen herausgebildet haben. In Abschnitt 6.2 behandeln wir dann die darauf aufbauende Langzeitbewertung, und zwar einerseits zur Darstellung von Bemessungswerten, die eine ausreichende Dimensionierung der Konstruktion unter extremen Seegangsbedingungen ermöglichen, und andererseits zur Darstellung von Betriebsfestigkeitskriterien, die den Einsatz der Konstruktion unter Berücksichtigung aller, während der Einsatzzeit erwarteten Seegangsbedingungen, gewährleisten. Wir werden damit die Grundzüge eines bereits als klassisch zu bezeichnenden Bemessungs- und Bewertungskonzeptes für meerestechnische Konstruktionen entwickeln und dabei auf einige methodische Besonderheiten hinweisen, die mit der Vielfalt der Realisierungen von Arbeitsplattformen im Meer, ob schwimmend, feststehend oder nachgiebig verankert, zu tun haben.

In Abschnitt 6.3 erörtern wir schließlich ergänzende Bewertungsmethoden auf der Grundlage moderner Prinzipien der Zuverlässigkeitstechnik, durch die heute eine erweiterte Behandlung einiger Entwurfs- und Sicherheitsprobleme meerestechnischer Konstruktionen möglich wird. Diese Grundlagen sind im gesamten Bereich des Ingenieurbaus Voraussetzung zum Verständnis neuester Entwurfsvorschriften, auf die wir später im Abschnitt 7.4.1 noch eingehen werden. In diesem Kapitel geht es uns zunächst darum, den Leser an moderne Entwicklungen heranzuführen, von denen sich gerade die Meerestechnik Fortschritte in Richtung auf rationale Entwurfs- und Einsatzstrategien verspricht.

Das gesamte Bewertungskonzept, ob nun klassisch oder modern, basiert auf stochastischen Aussagen als wesentlichem Bestandteil jedweder Entscheidung, die im Zuge der Entwicklung und der Einsatzplanung einer meerestechnischen Konstruktion gefällt werden muß. Das bedeutet für den Entscheidungsträger, ob Konstrukteur oder Betreiber, den Umgang mit Risiken, deren Größe, Ursachen und Auswirkungen (im Eintrittsfalle) zu kennen, um sie zu beherrschen, und deswegen ist es aus unserer Sicht wichtiger, auch in diesem Kapitel 6 einen möglichst weiten Überblick über verschiedene, für die Praxis relevante Aspekte der stochastischen Bewertung meerestechnischer Konstruktionen anzubieten, als das eine oder andere Teilproblem in allen uns heute bekannten Einzelheiten zu vertiefen.

6.1 Klassische Methoden der Kurzzeitbewertung

In Abschnitt 6.1.1 stellen wir das Konzept der spektralen Betrachtungsweise in Anwendung auf Bewegungsgrößen eines Halbtauchers dar und erläutern daran einige Möglichkeiten für praktische Konstruktions- oder Einsatzentscheidungen. Die Bewertung der Offshore-Verankerung von Halbtauchern und anderen schwimmenden Konstruktionen, führt auf eine ganze Reihe besonderer Problemstellungen, die wir anschließend im Abschnitt 6.1.2 erörtern, wobei wir Ergebnisse von Beispielrechnungen, die sowohl auf der Grundlage der spektralen Betrachtungsweise als auch der Zeitsimulation gewonnen wurden, miteinander vergleichen. In Abschnitt 6.1.3 behandeln wir schließlich einige Besonderheiten, die bei der Bewertung feststehender Konstruktionen beachtet werden müssen.

Die hier behandelten Methoden dienen im wesentlichen als Grundlage der erst im folgenden Abschnitt 6.2 behandelten Langzeitbewertung meerestechnischer Konstruktionen. Kurzzeitbewertungen haben, für sich betrachtet, nur marginale praktische Bedeutung, so daß wir uns hier auf die Darlegung der wichtigsten Aspekte beschränken. Wir bezeichnen diese Methoden als klassisch, weil sie heute ein in sich geschlossenes, in der Praxis vielfach erprobtes Bewertungskonzept bilden, das seit langem ohne grundsätzliche Veränderungen angewandt wird.

6.1.1 Schwimmende Konstruktionen

Wir knüpfen nun wieder an das in Abschnitt 5.1.4 als spektrale Betrachtungsweise bezeichnete Konzept an, das zur Bewertung meerestechnischer Konstruktionen im marinen Umfeld besonders gut geeignet ist, weil sich Seegang und Wind, als die beiden wichtigsten stochastischen Erregungen meerestechnischer Konstruktionen, durch Gaußsche Zufallsprozesse, deren Spektren innerhalb gewisser Vertrauensgrenzen realistisch darstellbar sind, modellieren lassen, siehe Abschnitt 5.2.2 und 5.2.3, und weil die für die Praxis wichtigsten Systemeigenschaften meerestechnischer Konstruktionen häufig linear modelliert werden können, siehe Kapitel 3 und 4. Wenn wir uns zunächst nur mit schwimmenden Konstruktionen befassen, so hat das zwei Gründe: Zum einen werden wir damit der historischen Entwicklung der Meerestechnik gerecht, denn die Exploration von Erdölressourcen in größeren Wassertiefen hat zunächst zur Entwicklung der dafür geeigneten

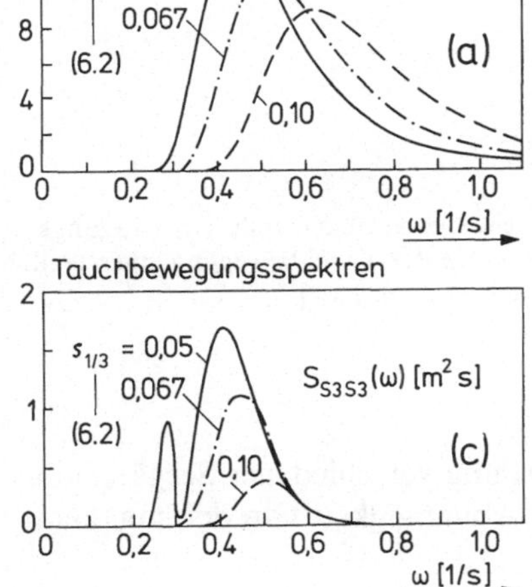

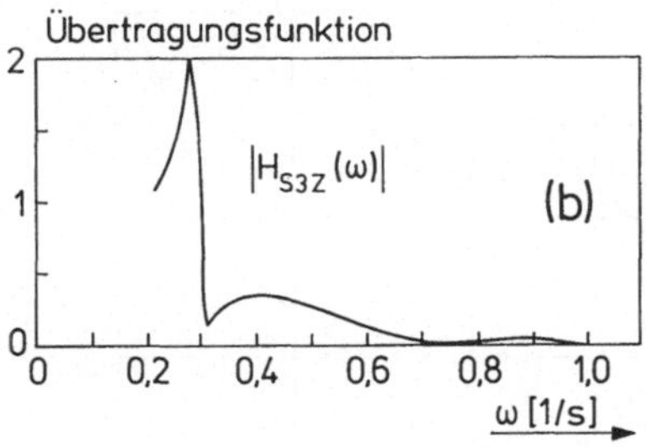

Bild 6.1. Spektrale Betrachtung der Tauchbewegung eines Halbtauchers im Seegang nach [6.1]

schwimmenden Konstruktionen, den sog. Halbtauchern, geführt, zum anderen läßt sich die spektrale Betrachtungsweise an Starrkörperbewegungen schwimmender Konstruktionen besonders anschaulich illustrieren.

Wir betrachten als Beispiel die für den erfolgreichen Bohrbetrieb eines Halbtauchers besonders wichtige Tauchbewegung s_3, für die wir den Betrag der Übertragungsfunktion $|H_{S3Z}(\omega)|$ am Beispiel eines neueren Halbtaucherentwurfs in Bild 6.1b dargestellt haben, [6.1]. Den Betrag der Übertragungsfunktion erhalten wir am einfachsten aus dem (realen) Amplitudenverhältnis s_{3a}/ζ_a für verschiedene Frequenzen ω, denn es gilt in Verallgemeinerung von (5.54) und (5.62) für einen Antwortprozeß der Bewegungsgröße s eines linearen Systems, das durch den (Gaußschen) Seegangsprozeß erregt wird,

$$\begin{aligned} s_a(\omega)/\zeta_a(\omega) &= \sqrt{s_a^2(\omega)/\zeta_a^2(\omega)} \\ &= \sqrt{2S_{SS}(\omega)\mathrm{d}\omega/(2S_{ZZ}(\omega)\mathrm{d}\omega)} \\ &= |H_{SZ}(\omega)|, \end{aligned} \tag{6.1}$$

mit der realen Amplitude $s_a(\omega) = \sqrt{\sigma^2(\omega)} = \sqrt{\sigma_R^2(\omega) + \sigma_I^2(\omega)}$, siehe (5.36). Also erhalten wir durch Berechnung der Amplituden s_{ai} der Bewegungsgrößen s_i, $i = 1, 2, \ldots, 6$, eines Halbtauchers in harmonischen Wellen der Amplitude ζ_a, siehe Einzelheiten in Kapitel 3, die jeweils interessierende Übertragungsfunktion punktweise, d.h. für ausgewählte Werte von ω, z.B. die Übertragungsfunktion $|H_{S3Z}(\omega)|$ der Tauchbewegung $s_3(\omega)$, wobei alle evtl. vorhandenen Kopplungen mit den anderen Starrkörper-Bewegungsgrößen s_i (i = 1, 2, 4, 5 und 6 im Beispiel mit der Tauchbewegung s_3) berücksichtigt werden können. Im Zusammenhang mit $s_a(\omega)/\zeta_a(\omega)$ sprechen wir auch vom Antwort-Amplituden-Operator (englisch: RAO = Response Amplitude Operator) der Frequenz ω.

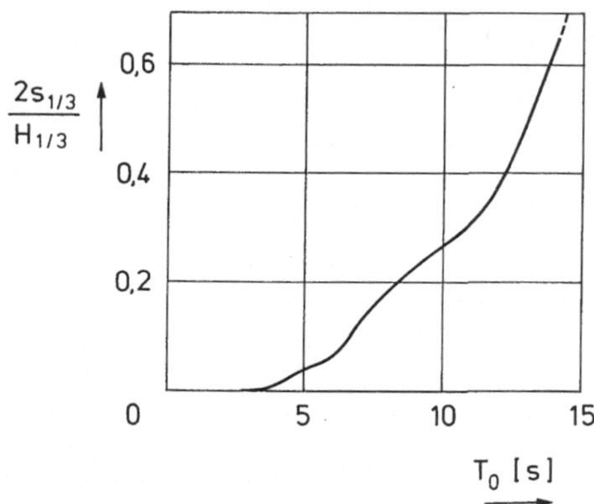

Bild 6.2. Kennzeichnende Übertragungsfunktion der Tauchbewegung eines Halbtauchers nach [6.1]

Wir haben zur Veranschaulichung der Wirkung verschiedener Seegänge das Pierson-Moskowitz-Spektrum nach (5.88) in Abhängigkeit von der sog. kennzeichnenden Wellensteilheit

$$\varsigma_{1/3} = 2\pi \cdot H_{1/3}/(gT_0^2) \tag{6.2}$$

als Parameter in Bild 6.1a verwendet. Die kennzeichnende Wellenhöhe $H_{1/3}$ wurde so gewählt, daß alle Seegänge in etwa die gleiche Energie in anderer Verteilung erhalten, und wir sehen, daß sich die in Bild 6.1c als Spektren $S_{s3s3}(\omega)$ der Tauchbewegung repräsentierten Wirkungen der so definierten Seegänge trotz deren nahezu gleicher Gesamtenergie deutlich unterscheiden. Das ist auf den Einfluß der Übertragungsfunktion $H_{s3Z}(\omega)$ als eine Seegangseigenschaft des betrachteten Halbtauchers zurückzuführen.

Im Prinzip reichen Darstellungen wie die des Bildes 6.1 zur vollständigen Charakterisierung des Seeverhaltens und zur Bewertung der Seefähigkeit einer meerestechnischen Konstruktion bezüglich der jeweils betrachteten Antwort auf die Einwirkung stationärer Seegänge aus. In der Praxis hat sich aber für die (seltenen) Fälle, bei denen Entscheidungen auf der Grundlage solcher Kurzzeiteigenschaften schwimmender Konstruktionen im Seegang getroffen werden müssen, eine andere Darstellung als zweckmäßiger erwiesen: Wenn wir nämlich die kennzeichnende Seegangswirkung, die wir für lineare Systeme unter Gaußscher Erregung in Verallgemeinerung von (5.14) analog (5.80) durch die kennzeichnende Doppelamplitude der Bewegungsgröße s darstellen können,

$$2s_{1/3} = 4\sqrt{\int_0^\infty S_{ss}(\omega)\,\mathrm{d}\omega}\,, \tag{6.3}$$

auf die kennzeichnende Wellenhöhe $H_{1/3}$ beziehen, so erhalten wir in Abhängigkeit von der charakteristischen Wellenperiode T_0, die wir im Pierson-Moskowitz-Spektrum nach (5.88) variieren können, eine sog. kennzeichnende Übertragungsfunktion $2s_{1/3}/H_{1/3}$, die wir für das Beispiel des Bildes 6.1 in Bild 6.2 für die Tauchbewegung s_3 dargestellt haben, [6.1].

An einer kennzeichnenden Übertragungsfunktion wie der des Bildes 6.2, können wir für jede beliebige Seegangsklasse $(H_V, T_V) \simeq (H_{1/3}, 1{,}087T_0)$, siehe (5.92) und (5.93), sofort die zugehörige kennzeichnende Doppelamplitude $2s_{1/3}$

der interessierenden Seegangswirkung ablesen, und daraus, in Verallgemeinerung von (5.82) auf die betrachtete Bewegungsgröße, Rückschlüsse auf Extremalwerte im stationären Seegang ziehen. Praktische Anwendung findet dieses Konzept z.B. bei Einsatzentscheidungen von Offshore-Kränen [6.2, 6.3] sowie Verlegebargen für Seerohrleitungen [6.4].

Natürlich läßt sich die in Bild 6.1 am Beispiel einer Bewegungsgröße erläuterte spektrale Betrachtungsweise auf alle linear vom Seegang abhängigen Seegangswirkungen erweitern. So z.B. auf Spannungen und Deformationen der Konstruktion, soweit letztere als linear-elastisch betrachtet werden kann. Für solche Fälle wurde bereits in [6.5] gezeigt, daß es aus praktischer Sicht sinnvoll ist, das sog. Einheitslastenkonzept anzuwenden, d.h., bei einer schwimmenden Konstruktion zunächst statt der hydrodynamischen Lasten sog. Einheitslasten sowie die im Schwerpunkt anzunehmenden Einheitsbeschleunigungen anzuwenden, und dann für alle betrachteten Elementarwellen die berechneten hydrodynamischen Lasten und Beschleunigungen mit den vorher ermittelten Wirkungen der Einheitslasten bzw. -beschleunigungen zu multiplizieren, um so die jeweils interessierende Spannung oder Deformation unter Wellenwirkung zu erhalten. Auf diese Weise ergeben sich Übertragungsfunktionen der Spannungen und Deformationen, also nach der spektralen Betrachtungsweise auch Spannungs- bzw. Deformationsspektren, aus denen alle interessierenden statistisch-probabilistischen Kenngrößen ermittelt werden können.

Wir wollen für alle weiteren Betrachtungen, die auf rechnerisch ermittelten Übertragungsfunktionen der gerade interessierenden Antwort auf Seegangserregungen basieren, von vornherein darauf hinweisen, daß nicht nur die im Kapitel 5 eingehender diskutierten statistischen Unsicherheiten des Seegangsspektrums selbst von Bedeutung sind, sondern auch sog. Modellunsicherheiten:

Zur Illustration nehmen wir Bezug auf eine systematische Untersuchung der 17th International Towing Tank Conference (ITTC) von 1984, [6.6], bei der es um Vergleichsrechnungen für einen Modell-Halbtaucher ging, dessen Bewegungsverhalten im Versuchstank getestet wurde, so daß diese Modellversuchsergebnisse gleichzeitig als Test für die Qualität der Berechnungsprogramme bzw. für die Qualität der dahinter stehenden Theorien und deren Voraussetzungen dienten. Die Modellversuche wurden für zwei Wellenhöhen durchgeführt: $2\zeta_a = 0{,}046$ m ($\triangleq H = 4{,}1$ m) und $2\zeta_a = 0{,}16$ m ($\triangleq H = 10{,}24$ m), mit ζ_a Wellenamplitude im Modellversuch und H Wellenhöhe in der Großausführung. An den Vergleichsrechnungen haben sich 28 Institute aus zehn Ländern beteiligt, alle mit linearer Bewegungsanalyse. Hier interessiert uns in erster Linie der Vergleich der Rechenergebnisse untereinander, wobei wir wieder die Übertragungsfunktionen der Tauchamplituden betrachten wollen, Bild 6.3.

Wir sehen zunächst, daß lineares Bewegungsverhalten (Unabhängigkeit von der Wellenhöhe) für diesen Halbtaucher im Periodenbereich unterhalb der Periode mit dem relativen Minimum der Übertragungsfunktion (Löschungsperiode, englisch: cancellation period T_C), in den Experimenten bestätigt wird: $T_C \simeq 2{,}75$ s im Modellmaßstab 1/64, d.h. $T_C \simeq 22{,}0$ s in der Großausführung (Froudesches Modellgesetz). Wir sehen aber auch, daß diese hydrodynamisch scheinbar einfache Struktur nach den Berechnungen von 28, weltweit renommierten Instituten zu deutlichen Unterschieden in den durch

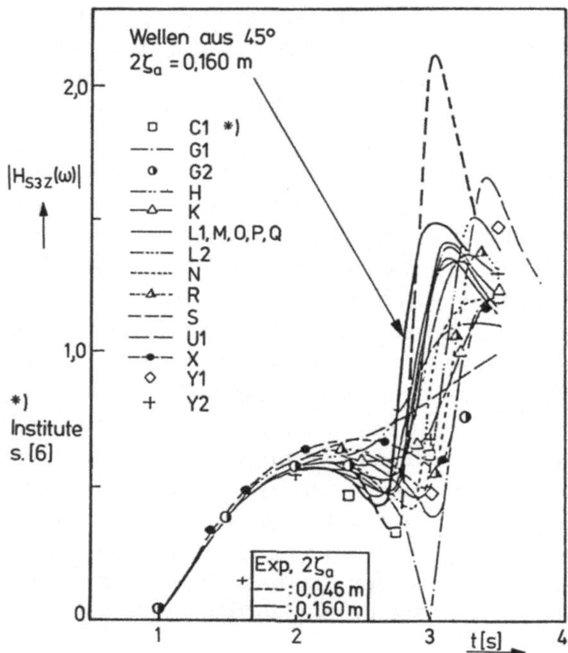

Bild 6.3. ITTC-Vergleichsrechnungen nach [6.6]

verschiedene Buchstaben kodierten Übertragungsfunktionen führt. Die Streubreite der Berechnungsergebnisse für diesen einen Halbtaucher ist nahezu ebenso groß, wie die in Bild 2.15 erkennbare Streubreite entsprechender Übertragungsfunktionen von sechs Halbtauchern deutlich unterschiedlicher Konstruktionen.

Die Ursachen unterschiedlicher Berechnungsergebnisse sind vielfältig. Sie rühren zum Teil von der verwendeten Theorie her, zum Teil sind sie in der Numerik und auch in der für die Berechnung vorgenommenen Idealisierung der Strukturgeometrie begründet. Einzelheiten hierzu finden sich in der Vergleichsstudie [6.6] und in einer auführlicheren Diskussion dieses Themas in [6.7].

Uns interessiert an dieser Stelle vor allem die Tatsache der Streuung von Berechnungsergebnissen, nicht so sehr ihre möglichen Ursachen, denn diese Tatsache macht deutlich, wie wichtig es ist, in ein rationales Bewertungskonzept alle Quellen möglicher Unsicherheit miteinzubeziehen: Dabei kann es also nicht nur um sog. statistische Unsicherheit gehen, die wir im Zusammenhang mit der analytischen Darstellung des Seegangs in Abschnitt 5.2.2.1 bereits ausführlich diskutiert haben, siehe Bild 5.8, sondern auch oder insbesondere um sog. mechanische Modellunsicherheit, die anhand von Bild 6.3 für die Ergebnisse einer Bewegungsanalyse besonders deutlich wird. Beide Arten der Unsicherheit machen sich über die Grundgleichung (5.54) der spektralen Betrachtungsweise in den Antworten des Systems, wie in Bild 6.1c für die Spektren der Tauchbewegung illustriert, und in allen darauf aufbauenden Berechnungen, bemerkbar. Soweit diese Berechnungen probabilistischer Natur sind, müssen wir im allgemeinen auch noch mit stochastischer Modellunsicherheit fertig werden, d.h. mit der Frage, ob die Grundgesamtheit der betrachteten Zufallsgröße sich so verhält, wie wir es durch Wahl einer Verteilungsfunktion erwarten (siehe das Beispiel der Weibull-Verteilung für die kennzeichnende Wellenhöhe $H_{1/3}$ nach (5.109) und (5.110) und Bild 5.13).

In Abschnitt 6.3 werden wir ein modernes Bewertungskonzept tragender Konstruktionen erörtern, das im Prinzip erlaubt, alle Unsicherheiten rational zu erfassen. Bis dahin bleiben wir beim klassischen Bewertungskonzept darauf angewiesen, die Gültigkeit mechanischer Modelle (hier Übertragungsfunktionen) und den richtigen Umgang mit ihnen vorauszusetzen.

6.1.2 Nachgiebige Verankerungen

Unter nachgiebigen Verankerungen verstehen wir Positionierungseinrichtungen, die es der meerestechnischen Konstruktion erlauben, die umweltbedingten Kraftwirkungen bis zu einem gewissen Grade durch Bewegungen abzumindern, so z.B. bei konventioneller Seil- und/oder Kettenverankerung von schwimmenden Konstruktionen, aber auch bei Gelenkverankerungen und ähnlichen moderneren Positionierungskonzepten. Für die Beurteilung nachgiebiger Verankerungen ist es wichtig, die horizontalen Driftkräfte in die Betrachtung miteinzubeziehen, wozu in der Praxis eine einfache Theorie verwendet wird, die wir hier in ihrem grundlegenden Ansatz entwickeln wollen:

Wir stellen uns dazu eine Stichprobe des Seegangs als zeitliche Aneinanderreihung von Einzelwellen vor, d.h. die Stichprobe als sog. Juxtaposition von Einzelwellen. Den Begriff Einzelwelle verwenden wir für die Wellenform zwischen zwei aufeinanderfolgenden Null-Aufwärtsüberschreitungen der Wellenerhebung. Mit dem Begriff Elementarwelle haben wir bereits in Abschnitt 5.2.1 den unendlich langen, regelmäßigen Wellenzug definiert. Wir können hier formal ergänzen, daß eine Elementarwelle aus aneinander gereihten Einzelwellen immer gleicher Frequenz und Amplitude besteht.

Die Einzelwellen der Stichprobe des natürlichen Seegangs haben unterschiedliche Perioden T (Zeiten zwischen zwei aufeinanderfolgenden Null-Aufwärtsüberschreitungen der Wellenerhebung) bzw. mittlere Frequenzen $\omega = 2\pi/T$ und mittlere Amplituden $\zeta_a = (\zeta_{max} + |\zeta_{min}|)/2$ innerhalb T. Damit können wir jede dieser Einzelwellen näherungsweise als einen Ausschnitt aus einer Elementarwelle konstanter Amplitude und Frequenz betrachten, für die wir die zugehörigen Driftkräfte nach hydrodynamischen Theorien zweiter Ordnung berechnen können, siehe Kapitel 3 und ergänzend z.B. [6.8 – 6.10]. Mit der zeitlichen Aneinanderreihung verschiedener Einzelwellen zu einer Stichprobe des natürlichen Seegangs erhalten wir so eine zeitliche Aneinanderreihung verschiedener Driftkräfte, die wir nun als Stichprobe der Driftkraftschwankungen $f^{(2)}(t)$ einer meerestechnischen Konstruktion in Abhängigkeit von der Amplitudenschwankung $a(t)$ der Stichprobe des Seegangs in einfachster, aber für praktische Anwendungen im allgemeinen ausreichender Form wie folgt darstellen:

$$f^{(2)}(t) = \varrho/2 \cdot gL \cdot \alpha_0^2 \cdot a^2(t). \tag{6.4}$$

Hierbei ist α_0^2 ein mittlerer Driftkraftbeiwert, den wir im folgenden noch definieren werden, siehe (6.6), und $a(t)$ definieren wir als die Einhüllende der Stichprobe des Seegangs, die der Amplitudenschwankung der Stichprobe des Seegangs entsprechen soll. L ist eine charakteristische Länge der betrachteten Konstruktion. Zur Berechnung von statistisch-probabilistischen Kennwerten der Driftkraft bzw. der zugehörigen Verankerungsbelastung auf der Grundlage von (6.4) sind in der Praxis zwei Methoden gebräuchlich, auf die wir im folgenden kurz eingehen wollen:

Methode I: Spektrale Betrachtungsweise

Der zur Driftkraft gehörende stationäre Zufallsprozeß $\{F^{(2)}(t)\}$ hat nach (6.4) zu jeder Zeit t einen Mittelwert

$$E[F^{(2)}] = \bar{F}^{(2)} = \varrho/2 \cdot gL \cdot \alpha_0^2 \cdot E[A^2]. \tag{6.5}$$

Den mittleren Driftkraftbeiwert α_0^2 in (6.5) definieren wir analog zum Mittelwert ω_0^2 nach (5.20) als am Seegangsspektrum gewichtetes Mittel

$$\alpha_0^2 = \int_0^\infty \alpha^2(\omega) \cdot S_{ZZ}(\omega)\,\mathrm{d}\omega \Big/ \int_0^\infty S_{ZZ}(\omega)\,\mathrm{d}\omega\,. \tag{6.6}$$

Werte für $\alpha^2(\omega)$ liegen uns aus hydrodynamischen Berechnungen der mittleren, horizontalen Driftkraft $f^{(2)}(\omega)$ vor, die als Wirkung von Elementarwellen der Amplitude ζ_a $(=a(t)=a=\text{const}$, siehe Bild 6.4b) und Frequenz ω berechnet wird:

$$\alpha^2(\omega) = f^{(2)}(\omega)/(\varrho/2 \cdot gL \cdot \zeta_a^2). \tag{6.7}$$

Ergebnisse solcher Berechnungen für ein in [6.11] behandeltes Beispiel sind in Bild 6.5 wiedergegeben, wobei die zugehörige schwimmende Konstruktion (ein Ponton) in Bild 6.6 dargestellt ist. (Zur Klein- bzw. Großschreibung siehe Einleitung zu Kapitel 5.)

Zur Ermittlung der Erwartung $E[A^2]$ in (6.5) betrachten wir zunächst eine Stichprobe $\zeta(t)$ des Seegangsprozesses $\{Z(t)\}$ der Wellenerhebung und definieren die Einhüllende in der Zeitebene nach Bild 6.4a als Ortsvektor $\boldsymbol{r}(t)$ des Bildpunktes in der Phasenebene, die durch die Koordinaten ζ und $(\mathrm{d}\zeta/\mathrm{d}t)/\omega_0$ aufgespannt wird, wobei wir ω_0 zunächst als eine willkürlich wählbare Bezugsfre-

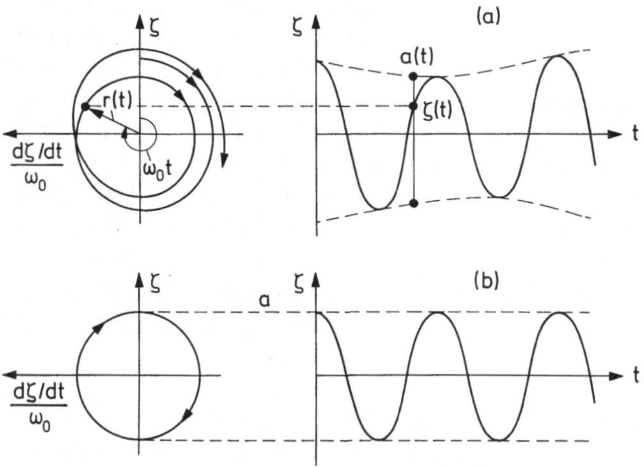

Bild 6.4a, b. Stichprobenfunktionen mit Einhüllenden

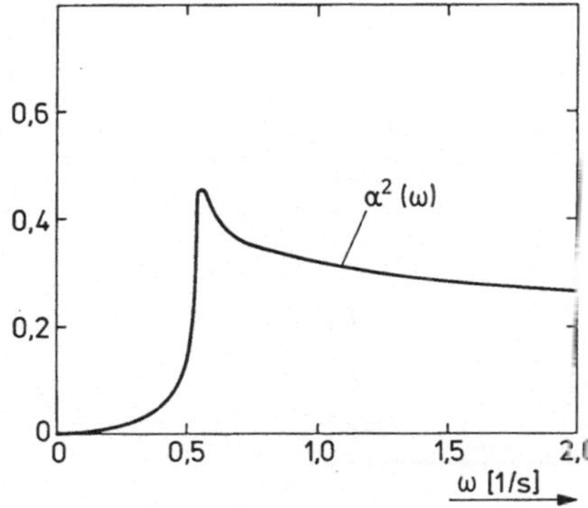

Bild 6.5. Driftkraftbeiwert für den Ponton nach Bild 6.6

quenz betrachten können. Bild 6.4b dient der Veranschaulichung des einfachen Falles einer Elementarwelle mit $\zeta = \zeta_a \cdot \cos\{\omega_0 t\}$, d.h. $(d\zeta/dt)/\omega_0 = -\zeta_a \sin\{\omega_0 t\}$ und $r^2(t) = \zeta_a^2$, also $a^2(t) = \zeta_a^2 = \text{const.}$

In rein amplitudenmodulierter Darstellung ($\omega_0 = \text{const}$), die wir hier zur Vereinfachung der folgenden Ableitungen verwenden, ohne daß die Ergebnisse dadurch unrealistisch würden, gilt allgemeiner nach Bild 6.5a

$$\zeta(t) = a(t) \cdot \cos\{\omega_0 t\}. \tag{6.8}$$

Daraus erhalten wir das zeitliche Mittel der Stichprobe über einen längeren Zeitraum $T \to \infty$ zu

$$\begin{aligned}\langle \zeta^2(t) \rangle &= 1/T \cdot \int_0^T a^2(t) \cos^2\{\omega_0 t\} dt \\ &\triangleq \langle a^2(t) \rangle \cdot 1/T \cdot \int_0^T \cos^2\{\omega_0 t\} dt \\ &= \langle a^2(t) \rangle \cdot [2\omega_0 + \sin\{2\omega_0 T\}/T]/[4\omega_0] \\ &= \langle a^2(t) \rangle \cdot 1/2\end{aligned}$$

Wenn wir $\zeta(t)$ als Stichprobe eines ergodischen Seegangsprozesses betrachten, vergl. (5.7) und (5.8), gilt also zu jeder Zeit t für die zufälligen Prozeßwerte A und Z

$$E[Z^2] = E[A^2]/2,$$

$$E[A^2] = 2E[Z^2] = 2\sigma_Z^2 = 2 \cdot \int_0^\infty S_{ZZ}(\omega) d\omega = E[2Z^2]. \tag{6.9}$$

Unter Berücksichtigung von (6.5) und (6.6) erhalten wir hieraus für die Erwartung $\bar{F}^{(2)}$ des Zufallsprozesses $\{F^{(2)}(t)\}$ zu irgend einer Zeit t

$$\bar{F}^{(2)} = \varrho \cdot gL \cdot \int_0^\infty \alpha^2(\omega) \cdot S_{ZZ}(\omega) d\omega. \tag{6.10}$$

Wir wollen im nächsten Schritt das Spektrum der Driftkraft bestimmen, denn daraus gewinnen wir nach (5.14) ihre Standardabweichung:

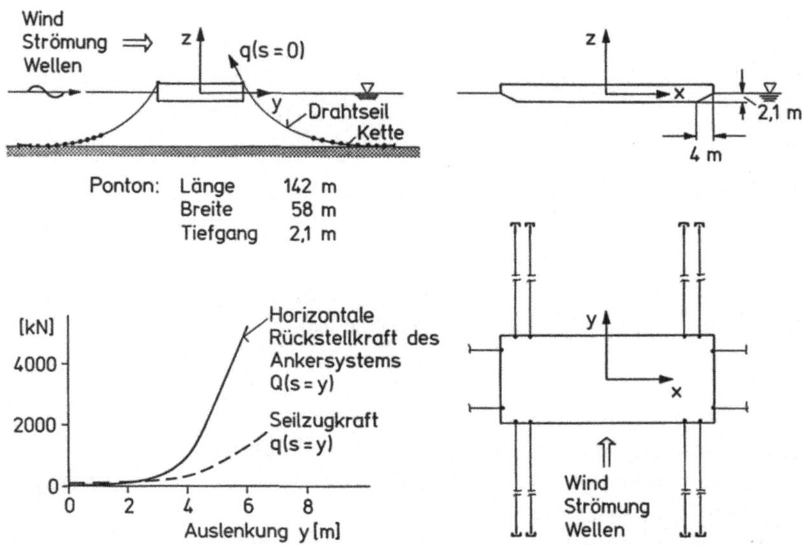

Bild 6.6. Pontonverankerung und Kennlinien $Q(y)$ bzw. $q(y)$ nach [6.11]

Bei Ergodizität gilt analog (5.7) und (5.8) mit (6.8) für einen der Autokorrelation entsprechenden zeitlichen Mittelwert der Stichprobe $\zeta^2(t)$ mit $T \to \infty$

$$\begin{aligned}
&\langle \zeta^2(t) \cdot \zeta^2(t+\tau) \rangle \\
&= 1/T \cdot \int_0^T a^2(t) \cos^2\{\omega_0 t\} \cdot a^2(t+\tau) \cos^2\{\omega_0(t+\tau)\} \mathrm{d}t \\
&\triangleq \langle a^2(t) \cdot a^2(t+\tau) \rangle \cdot 1/T \cdot \int_0^T \cos^2\{\omega_0 t\} \cdot \cos^2\{\omega_0(t+\tau)\} \mathrm{d}t \\
&= \langle a^2(t) \cdot a^2(t+\tau) \rangle \cdot (2+\cos\{2\omega_0\tau\})/8 .
\end{aligned}$$

Wegen der Ergodizität des betrachteten Zufallsprozesses erhalten wir unter Beachtung von (5.8) und (5.10) eine Relation zwischen den Autokorrelationsfunktionen der Zufallsprozesse $\{Z^2(t)\}$ und $\{A^2(t)\}$

$$4R_{\mathrm{Z2Z2}}(\tau) = R_{\mathrm{A2A2}}(\tau) + R_{\mathrm{A2A2}}(\tau) \cos\{2\omega_0\tau\}/2 . \tag{6.11}$$

Die Fourier-Transformation beider Seiten dieser Gleichung liefert mit

$$\cos\{2\omega_0\tau\} = \exp\{\mathrm{i}2\omega_0\tau\}/2 + \exp\{-\mathrm{i}2\omega_0\tau\}/2$$

das Ergebnis

$$4S_{\mathrm{Z2Z2}}(\omega) = S_{\mathrm{A2A2}}(\omega) + [S_{\mathrm{A2A2}}(\omega - 2\omega_0) + S_{\mathrm{A2A2}}(\omega + 2\omega_0)]/4 \tag{6.12}$$

(siehe auch Modulationstheorem der Fourier-Transformationen, z.B. [6.12]). Die beiden letzten Terme können als das Spektrum der Einhüllenden der mit $\cos\{2\omega_0\tau\}$ modulierten Autokorrelationsfunktion $R_{\mathrm{A2A2}}(\tau)$ interpretiert werden. Wir sehen, daß sich ein um $\omega=0$ verteiltes Ausgangsspektrum $S_{A2A2}(\omega)$ in deutlich abgeschwächter Form um $\omega=\pm 2\omega_0$ abbildet, wenn wir von einem schmalbandigen Spektrum $S_{ZZ}(\omega)$ ausgehen. Diese abgeschwächten Abbildungen sind für das von uns betrachtete Verankerungsproblem uninteressant, weil nur die niedrigen Frequenzen signifikante Anteile zur Driftbewegung beisteuern. Im folgenden betrachten wir deshalb nur den ersten Term in (6.11) und (6.12) und verwenden (ausschließlich für das Verankerungsproblem !)

$$R_{A2A2}(\tau)\simeq 4R_{Z2Z2}(\tau) \quad \text{bzw.} \quad S_{A2A2}(\omega)\simeq 4S_{Z2Z2}(\omega). \tag{6.13}$$

Wir wollen nun eine Beziehung zwischen $S_{Z2Z2}(\omega)$ und $S_{ZZ}(\omega)$, dem Seegangsspektrum, darstellen. Dazu nehmen wir an, daß $\{Z(t)\}$ ein Gaußscher Zufallsprozeß mit dem Mittelwert Null ist. Nach [6.13] gilt dann

$$\begin{aligned}E[Z(t_1)Z(t_2)Z(t_3)Z(t_4)] &= E[Z_1Z_2Z_3Z_4]\\ &= E[Z_1Z_2]E[Z_3Z_4]-E[Z_2Z_3]E[Z_1Z_4]+E[Z_1Z_3]E[Z_2Z_4].\end{aligned}$$

Diese Gleichung gilt auch für $t_1=t_3$ und $t_2=t_4$, d.h.

$$E[Z_1^2Z_2^2]=E[Z_1^2]E[Z_2^2]+2E^2[Z_1Z_2].$$

Mit $t_1=t$ und $t_2=t+\tau$ erhalten wir nach (5.10) und (5.11)

$$R_{Z2Z2}(\tau)=R_{ZZ}^2(0)+2R_{ZZ}(\tau)\cdot R_{ZZ}(\tau). \tag{6.14}$$

Nach dem sog. Faltungstheorem der Fourier-Transformationen ist die Fourier-Transformation eines Produktes gleich der Faltung der Fourier-Transformation der Faktoren. Also folgt durch Fourier-Transformation von $R_{Z2Z2}(\tau)$

$$S_{Z2Z2}(\omega)=2\pi\cdot R_{ZZ}^2(0)\delta\omega+2S_{ZZ}(\omega)*S_{ZZ}(\omega).$$

Der erste Term mit der Dirac-Delta-Funktion $\delta\omega$ hat nur bei $\omega=0$ einen von Null verschiedenen Wert und interessiert uns für das Verankerungsproblem nicht weiter, denn die Wellendriftkraft ist bei $\omega=0$ immer Null, siehe Bild 6.5 und (6.4). Den zweiten Term verwenden wir in (6.13) und erhalten (ausschließlich für das Verankerungsproblem !)

$$\begin{aligned}S_{A2A2}(\omega)=8S_{ZZ}(\omega)*S_{ZZ}(\omega) &= 8\cdot\int_{-\infty}^{\infty} S_{ZZ}(\mu)\cdot S_{ZZ}(\mu-\omega)\,d\mu\\ &= 8\cdot\int_{-\infty}^{\infty} S_{ZZ}(\mu)\cdot S_{ZZ}(\mu+\omega)\,d\mu.\end{aligned}$$

Die letzte Aussage können wir mit der Substitution $\mu=-\mu$ wegen der Symmetrie des Seegangsspektrums $S_{ZZ}(\mu)$ zu $\mu=0$ verifizieren. Damit gilt unter alternativer Verwendung jeweils einer der beiden letzten Aussagen für $\mu\geqq 0$

$$\begin{aligned}S_{A2A2}(\omega)=8\cdot &\int_{-\infty}^{0} S_{ZZ}(-\mu)\cdot S_{ZZ}(-\mu-\omega)\,d\mu\\ &+8\cdot\int_{0}^{\infty} S_{ZZ}(u)\cdot S_{ZZ}(\mu+\omega)\,d\mu.\end{aligned}$$

Die Integranden beider Integrale sind symmetrische Funktionen zu $\mu=0$. Wir können also bei ausschließlicher Betrachtung von Frequenzen $\mu\geqq 0$ in Anwendung von (5.63) die Summe beider Integranden gleich dem zweiten Integranden setzen, so daß schließlich gilt

$$S_{\mathrm{A2A2}}(\omega)=8\cdot\int_0^\infty S_{\mathrm{ZZ}}(\mu)\cdot S_{\mathrm{ZZ}}(\mu+\omega)\,\mathrm{d}\mu\,. \tag{6.15}$$

Gemäß (6.4) schreiben wir für stochastische Prozesse $\{F^{(2)}(\tau)\}$ und $\{A^2(t)\}$

$$F^{(2)}(t)=\varrho/2\cdot gL\cdot\alpha_0^2\cdot A^2(t)\,.$$

Durch Bildung der Erwartungen auf beiden Seiten dieser Gleichung erhalten wir unter Beachtung von (6.13)

$$\begin{aligned}R_{\mathrm{F(2)F(2)}}(\tau)&=(\varrho/2\cdot gL)^2\cdot\alpha_0^4\cdot R_{\mathrm{A2A2}}(\tau)\\&=(\varrho gL)^2\cdot\alpha_0^4\cdot R_{\mathrm{Z2Z2}}(\tau)\\&=2(\varrho gL)^2\cdot\alpha_0^4\cdot R_{\mathrm{ZZ}}(\tau)R_{\mathrm{ZZ}}(\tau)\,.\end{aligned}$$

Die Fourier-Transformation beider Seiten liefert unter Beachtung der bereits für (6.15) erläuterten Beschränkung auf $\mu\geqq 0$ schließlich das Driftkraftspektrum

$$S_{\mathrm{F(2)F(2)}}(\omega)\simeq 2\varrho^2\cdot g^2L^2\cdot\alpha_0^4\cdot\int_0^\infty S_{\mathrm{ZZ}}(\mu)\cdot S_{\mathrm{ZZ}}(\mu+\omega)\,\mathrm{d}\mu \tag{6.16}$$

in einer für praktische Anwendungen im allgemeinen ausreichend genauen Näherungsform. Wir zitieren zum Vergleich eine leicht modifizierte, in der Praxis verbreitete Näherungsform, die in [6.14] auf anderem Wege (teilweise) abgeleitet wurde:

$$S_{\mathrm{F(2)F(2)}}(\omega)\simeq 2\varrho^2\cdot g^2L^2\cdot\int_0^\infty \alpha^4(\mu+\omega/2)\cdot S_{\mathrm{ZZ}}(\mu)\cdot S_{\mathrm{ZZ}}(\mu+\omega)\,\mathrm{d}\mu\,. \tag{6.17}$$

Obwohl das hinter (6.4) stehende Juxtapositions-Prinzip der Driftkräfte die Wirklichkeit relativ stark vereinfacht und für Einzelwellen, die im Vergleich zur charakteristischen Länge L der betrachteten meerestechnischen Konstruktion kurz sind, d.h. hohe Frequenzen haben, nicht realistisch sein kann, hat sich dieser Ansatz im Zusammenhang mit der Beurteilung von nachgiebigen Verankerungen dennoch bewährt, denn die wesentlichen Anteile an der Driftkraft sind sehr niedrigen Frequenzen des Wellenspektrums zuzuordnen, was durch die Faltung nach (6.16) oder (6.17) anschaulich belegt ist. Wir können uns nun mit der Anwendung des Driftkraftspektrums zur Bewertung der Kräfte und Bewegungen nachgiebiger Verankerungen beschäftigen:

Im wesentlichen interessieren uns dabei die mit der horizontalen Bewegung s verbundenen Kräfte in den Verankerungselementen (Ketten, Seilen etc.). Wir lösen dazu die lineare Differentialgleichung der Bewegung s

$$(m+m_{\mathrm{Hs}})\ddot{s}^{(2)}(t)+d_{\mathrm{s}}\dot{s}^{(2)}(t)+k_{\mathrm{s}}s^{(2)}(t)=f_{\mathrm{s}}^{(2)}(t)\,. \tag{6.18}$$

Hierbei ist m_{Hs} die hydrodynamische Masse der betrachteten meerestechnischen Konstruktion in Richtung der Bewegung s, d_{s} der hydrodynamische Dämpfungskoeffizient der Konstruktion und k_{s} der Steifigkeitskoeffizient des Verankerungssystems in Richtung s. Die hydrodynamische Masse m_{Hs} ist im allgemeinen frequenzabhängig, doch haben wir gerade gesehen, daß nur kleine Frequenzen signifikante Anteile zur Driftkraft liefern, so daß die Annahme konstanter hydrodynamischer Masse über den relativ schmalen Bereich der beim Verankerungsproblem praktisch interessierenden Frequenzen gerechtfertigt ist. Das gleiche gilt natürlich für den Dämpfungskoeffizienten d_s.

Etwas problematischer ist die Annahme eines konstanten Steifigkeitskoeffizienten k_s, denn die Betrachtung der Systemkennlinie $Q(s=y)$ bzw. einer Seil/Ketten-Kennlinie $q(y)$ für die Querbewegung y des einfachen Pontons in Bild 6.6 zeigt in Teilen ein stark nichtlineares Verhalten. (Zur Ermittlung der Verankerungskennlinien und zu den beim Entwurf von Verankerungssystemen zu beachtenden Prinzipien siehe [6.15].)

Wir behelfen uns mit der Definition eines quasi-linearen Steifigkeitskoeffizienten, gegeben durch die Tangente in einem Punkt der Systemkennlinie, der durch die mittlere Driftkraft nach (6.10) bestimmt ist

$$\bar{s}=s(Q=\bar{F}^{(2)}+f_{\mathrm{WS}}), \tag{6.19}$$

wobei f_{WS} die als zeitlich konstant angesehene Summe aus Wind- und Meeresströmungskräften ist. Die Schreibweise $s(Q)$ definiert hier die Umkehrfunktion der Kennlinie $Q(s)$ der Verankerung eines Pontons nach Bild 6.6. Damit kann das Verankerungssystem über einen begrenzten Schwankungsbereich von $s^{(2)}$ als linear angesehen werden, und wir erhalten das Spektrum der Driftbewegung nach (5.54) zu

$$S_{\mathrm{S(2)S(2)}}(\omega)=|H_{\mathrm{S(2)F(2)}}(\omega)|^2\cdot S_{\mathrm{F(2)F(2)}}(\omega). \tag{6.20}$$

Das Driftkraftspektrum $S_{\mathrm{F(2)F(2)}}(\omega)$ ist nach (6.16) oder (6.17) zu berechnen, das Quadrat des Betrags der Übertragungsfunktion $H_{\mathrm{S(2)F(2)}}$ erhalten wir unter Berücksichtigung von (6.18) aus (5.38) zu

$$k_s^2\cdot|H_{\mathrm{S(2)F(2)}}(\omega)|^2=1/[\{1-(\omega/\omega_0)^2\}^2+4\delta_s^2(\omega/\omega_0)^2], \tag{6.21}$$

$$\omega_0^2=k_s/(m+m_{\mathrm{Hs}}),\ \delta_s=d_s/[2\sqrt{k_s(m+m_{\mathrm{Hs}})}].$$

Daraus ergibt sich analog (5.14) die Varianz des Zufallsprozesses $\{S^{(2)}(t)\}$ der horizontalen Auslenkung

$$\sigma_{\mathrm{S(2)}}^2=\int_0^\infty S_{\mathrm{S(2)S(2)}}(\omega)\,\mathrm{d}\omega. \tag{6.22}$$

Weiterhin liefert die Addition der Quadrate der Standardabweichungen der als stochastisch unabhängig voneinander anzusehenden Zufallsprozesse der Bewegungen erster und zweiter Ordnung die Gesamtvarianz der Summe beider Prozesse

$$\sigma_{\mathrm{S}}^2=\sigma_{\mathrm{S(2)}}^2+\sigma_{\mathrm{S(1)}}^2. \tag{6.23}$$

Wir können zwar nicht sicher sein, daß mit dem Mittelwert $\bar{s}$ nach (6.19) und der Standardabweichung σ_{S} der zusammengesetzten Bewegung gemäß (6.23) die Kennwerte eines Gaußschen Zufallsprozesses definiert sind, denn wir haben die Steifigkeitskoeffizienten nur linear approximiert, doch gegebenenfalls können wir alle probabilistischen Kenngrößen, z.B. p-%-Fraktile s_p, genau so, wie für die

Wellenerhebung mit (5.77) bis (5.82) gezeigt, ermitteln, um daraus Entwurfswerte für die Kräfte in den Verankerungselementen aus den zugehörigen Kennlinien $q(s)$ mittels

$$q_{\mathrm{p}}=q(\bar{s}+s_{\mathrm{p}})$$

zu berechnen. Es ist daher von besonderer praktischer Bedeutung, die Annahme eines Gaußschen Prozesses für die zusammengesetzte Bewegung entweder zu untermauern, oder durch eine alternative Vorgehensweise, falls praktischer, ganz zu umgehen:

Methode II: Simulation

Die Stichprobe des Seegangsprozesses erhalten wir z.B. nach (5.65) zu

$$\zeta(t)=\sum_{n=1}^{N}\sqrt{2S_{\mathrm{ZZ}}(\omega_{\mathrm{n}})\Delta\omega_{\mathrm{n}}}\cos\{-\omega_{\mathrm{n}}t+\varepsilon(\omega_{\mathrm{n}})\}, \tag{6.24}$$

wobei das Spektrum $S_{\mathrm{ZZ}}(\omega_{\mathrm{n}})$, das z.B. nach (5.88) für vorgegebene Klassenparameter $(H_{1/3}, T_0)$ definiert ist, in N Streifen der Breite $\Delta\omega_{\mathrm{n}}$ geteilt wird. (Die besonderen Probleme dieser Vorgehensweise und eine Alternative haben wir in den Abschnitten 5.2.1.1 und 5.2.1.2 ausführlicher erörtert.) Wir generieren für jeden dieser Streifen einen Phasenwinkel $0\leqq\varepsilon_{\mathrm{n}}<2\pi$ aus einer Gleichverteilung $f_{\mathrm{En}}(\varepsilon_{\mathrm{n}})=1/(2\pi)$, $\varepsilon_{\mathrm{n}}=\varepsilon(\omega_{\mathrm{n}})$. Damit erhalten wir auch eine Stichprobe $a^2(t)$ des Zufallsprozesses $\{A^2(t)\}$ nach Bild 6.4 zu

$$a^2(t)=\zeta^2(t)+(\mathrm{d}\zeta/\mathrm{d}t)^2/\omega_0^2. \tag{6.25}$$

Hierbei kann $\omega_0=2\pi/T_0$ durch den Parameter T_0 der vorgegebenen Seegangsklasse $(H_{1/3}, T_0)$ definiert werden.

Wenn wir nun mit (6.24) zur Zeit t durch Superposition von N harmonischen Seegangskräften erster Ordnung, die wir nach einem der in Kapitel 3 entwickelten Verfahren berechnen können, eine Stichprobe $f^{(1)}(t)$ des Zufallsprozesses $\{F^{(1)}(t)\}$ darstellen und mit (6.25) unter Verwendung von (6.4) eine Stichprobe $f^{(2)}(t)$ des Zufallsprozesses $\{F^{(2)}(t)\}$ der Driftkraft gewinnen, so wären beide Kräfte phasenrichtig zu einer Stichprobe der gesamten Wellenkraft superponierbar. Da aber die Bewegungen erster und zweiter Ordnung, $s^{(1)}$ und $s^{(2)}$, praktisch unabhängig voneinander sind – die Prozesse sind getrennten Frequenzbereichen, die sich kaum überdecken, zuzuordnen – ist dieser Aufwand unnötig. Wir können die Simulation der zusammengesetzten Kräfte oder Bewegungen erster und zweiter Ordnung unabhängig voneinander durchführen und die Ergebnisse ohne Berücksichtigung der Phasenlage superponieren.

Damit wird die Simulation der Wellenkräfte erster Ordnung $f^{(1)}(t)$ und der zugehörigen Bewegungen $s^{(1)}(t)$ deutlich einfacher: Das Simulationsverfahren besteht zunächst darin, das nach (6.24) gebildete Eingangssignal $\zeta(t)$ mittels Fourier-Transformation in Abhängigkeit von ω darzustellen, dann z.B. gemäß (5.37) mit der interessierenden Übertragungsfunktion $H_{\mathrm{F(1)Z}}(\omega)$ oder $H_{\mathrm{S(1)}}(\omega)$ zu multiplizieren und das Ergebnis mittels erneuter Fourier-Transformation wieder in eine Stichprobe des Zufallsprozesses $\{F^{(1)}(t)\}$ bzw. $\{S^{(1)}(t)\}$ umzuwandeln. Diese Vorgehensweise ist durch Prozeduren der sog. Fast-Fourier-Transformationen problemlos mit EDV darstellbar.

Mit den so ermittelten Stichproben $f^{(1)}(t)$ bzw. $s^{(1)}(t)$ ergeben sich für die weitere Simulation der Driftkräfte $f^{(2)}(t)$ und der Bewegungen zweiter Ordnung $s^{(2)}(t)$ zwei Möglichkeiten der weiteren Behandlung des Verankerungsproblems, die in [6.11] erprobt wurden. Wir wollen diese Möglichkeiten unter den Stichwörtern Simulation I und Simulation II kurz beschreiben und anhand der in [6.11] vorgelegten und hier ergänzten Beispielergebnisse miteinander vergleichen:

Simulation I:

1. Berechnung der näherungsweise als zeitlich konstant betrachteten Wind- und Meeresströmungskräfte f_{WS}.
2. Berechnung einer Stichprobe der Wellenkraft erster Ordnung $f^{(1)}(t)$ mittels $H_{\mathrm{F(1)Z}}(\omega)$ nach (5.37) wie oben beschrieben.
3. Berechnung einer Stichprobe der Wellendriftkraft $f^{(2)}(t)$ mit (6.4), (6.6), (6.7), (6.24) und (6.25), $\alpha^2(\omega)$ siehe Bild 6.5
4. Superposition $f(t)=f_{\mathrm{WS}}+f^{(1)}(t)+f^{(2)}(t)$.
5. Lösung der folgenden Bewegungsgleichungen mit $f_{\mathrm{s}}(t)=f(t)$ nach 4. für die interessierende Richtung der Bewegung s

$$(m+m_{\mathrm{Hs}})\ddot{s}(t)+d_{\mathrm{s}}\dot{s}(t)+k_{\mathrm{s}}(s)s(t)=f_{\mathrm{s}}(t). \tag{6.26}$$

Wir sehen, daß bei der Simulation ein Steifigkeitskoeffizient $k_{\mathrm{s}}(s)$ als Tangente an $Q(s)$ für jede beliebige Auslenkung s verwendet werden kann. Selbstverständlich muß bei dieser Vorgehensweise erst ein eingeschwungener Zustand des Systems erreicht sein, bevor die Ergebnisse im Sinne der für das Ausgangsspektrum des Seegangs angenommenen Stationarität des Prozesses interpretierbar (statistisch auswertbar) werden.

6. Bestimmung der für die jeweils gültige Auslenkung $s(t)$ aus der Kennlinie $q(s)$ der Elemente des Verankerungssystems ablesbaren Zugbelastung $q(t)$.

Simulation II:

1. Wie Simulation I, Punkt 1.
2. Berechnung einer Stichprobe der Bewegungen erster Ordnung $s^{(1)}(t)$ mittels $H_{\mathrm{S(1)Z}}(\omega)$ nach (5.37) wie oben beschrieben.
3. Wie Simulation I, Punkt 3.
4. Superposition $f(t)=f_{\mathrm{WS}}+f^{(2)}(t)$.
5. Lösung von (6.26) mit $f_{\mathrm{s}}(t)=f(t)$ nach 4. für die interessierende Bewegungsrichtung und Superposition der Lösung $s(t)$ mit $s^{(1)}(t)$ nach 2.
6. Wie Simulation I, Punkt 6, mit $s(t):=s(t)+s^{(1)}(t)$ nach 5.

Zur Illustration dieser Simulation betrachten wir die Verankerung des in Bild 6.6 dargestellten einfachen Pontons. Die interessierende Bewegung sei $s=y$, d.h., die Wellen treffen seitlich auf den Ponton. In Bild 6.7 und 6.8 sind kurzzeitige Ausschnitte von 300 s aus den durch die beschriebenen Simulationen ermittelten Stichproben der Wellenerhebung $\zeta(t)$, der Querbewegung $y(t)$ und der Zugkraft in den luvseitigen Ankerelementen $q(t)$ aufgetragen.

Für die Bewertung der Ergebnisse in Hinblick auf Entwurfsentscheidungen (eventuelle Konfigurations- und Dimensionierungsänderungen) bedarf es der statistischen Auswertung der gesamten Länge dieser Stichproben (Größenordnung 10^4 s), z.B. durch Ermittlung einer Wahrscheinlichkeitsdichte-

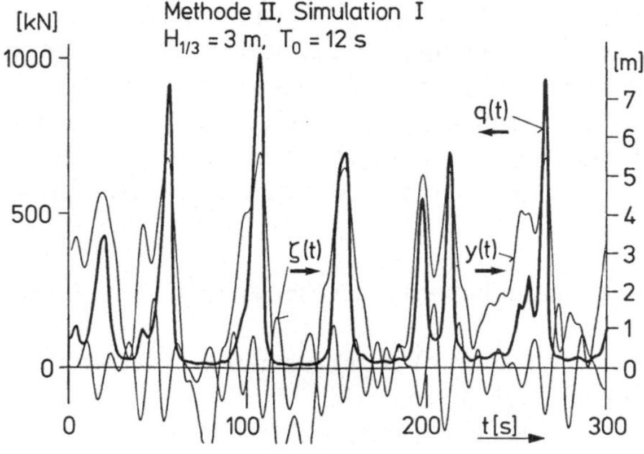

Bild 6.7. Simulation I für die Verankerung nach Bild 6.6

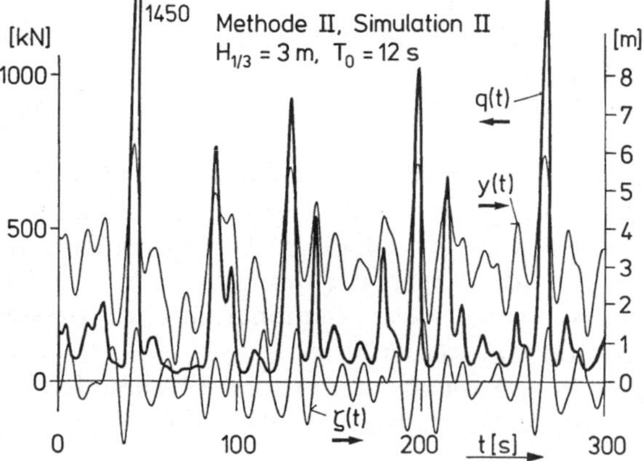

Bild 6.8. Simulation II für die Verankerung nach Bild 6.6

verteilung $f_Y(y)$ der berechneten Werte y, die in Bild 6.9 für beide Simulationen der Methode II und für die spektrale Betrachtungsweise der Methode I dargestellt ist.

Wir erkennen, daß die Simulationen I und II deutlich voneinander abweichende Verteilungen liefern, die aber in dem für die Darstellung von Entwurfswerten allein interessierenden Bereich geringer Überschreitenswahrscheinlichkeiten, d.h. im Bereich großer Werte y, die selten auftreten, relativ gut übereinstimmen. Von daher gesehen sind beide Simulationen praktisch brauchbar. Interessanterweise ist die Abweichung der Ergebnisse von einer Gaußschen Wahrscheinlichkeitsdichteverteilung bei der Simulation I, wo wir getrennt berechnete Kräfte erster und zweiter Ordnung superponieren, größer als bei der Simulation II, wo wir getrennt berechnete Bewegungen 1. und 2. Ordnung superponieren. Die Simulation II entspricht in etwa der als Methode I vorgestellten, rein spektralen Betrachtungsweise, so daß die hier wiedergegebenen Ergebnisse nicht im Widerspruch zu der Annahme eines Gaußschen Prozesses für die zusammengesetzten Bewegungsgrößen erster und zweiter Ordnung stehen.

Beide Methoden enthalten wegen des vereinfachenden Gedankenmodells der Driftkraftberechnung im natürlichen Seegang, siehe (6.4), relativ hohe mechani-

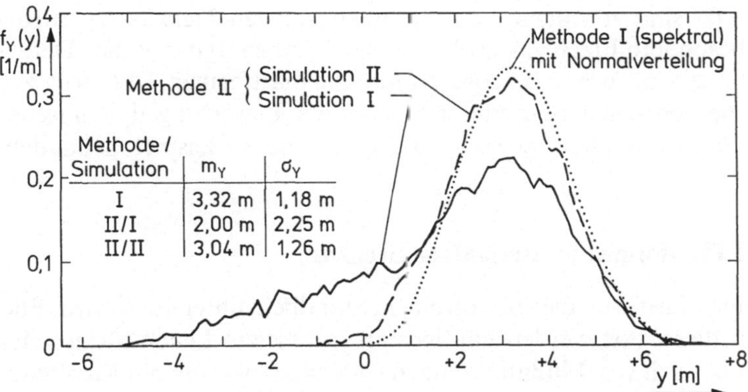

Bild 6.9. Histogramme der Querbewegung des Pontons nach Bild 6.6

sche Modellunsicherheiten, die auch durch Modellversuche nicht vollständig ausgeräumt sind, [6.16]. Bei der Methode II wird durch die Simulation I die Verankerungskennlinie recht gut erfaßt, aber die Frequenzabhängigkeit der hydrodynamischen Masse und Dämpfung, die für die Bewegung erster Ordnung von Bedeutung sind, kann nicht ausreichend berücksichtigt werden. Durch die Simulation II wird ein etwas zu kleiner Bereich der Kennlinie erfaßt, aber die Bewegung erster Ordnung berücksichtigt die genannten Frequenzabhängigkeiten in ausreichendem Maße. Für vergleichende Beurteilungen von Verankerungskonfigurationen in der Entwurfsphase können die vorgestellten Methoden dennoch als realistische Entscheidungsbasis verwendet werden.

6.1.3 Feststehende Konstruktionen

Die Anwendung der spektralen Betrachtungsweise auf feststehende meerestechnische Konstruktionen unterscheidet sich nicht grundsätzlich von der Anwendung auf schwimmende Konstruktionen. Die Tatsache, daß wir den feststehenden Konstruktionen, in erster Linie den sog. Jackets, dennoch einen eigenen Abschnitt widmen, hängt in erster Linie mit einigen Besonderheiten zusammen, die im nicht statischen, d.h. dynamischen Verhalten dieser Konstruktionen begründet sind.

Wir sprechen hier und im folgenden von quasi-statischem Verhalten einer Konstruktion, wenn ihre elastischen Deformationen unter dem Einfluß der Seegangskräfte soweit außerhalb des Bereichs der elastischen Eigenschwingungen liegen, daß eine rein statische Betrachtung der interessierenden Seegangswirkungen zulässig ist. Das sind im allgemeinen Konstruktionen, die für weniger als etwa 250 bis 300 m Wassertiefe verwendet werden. Für solche Konstruktionen mit linear elastischem Deformationsverhalten ist das in Abschnitt 6.1.1 beschriebene Einheitslastenkonzept gemäß [6.5] als die effektivste Möglichkeit einer rationalen Bewertung anzusehen, wobei sich dieses Konzept für feststehende Konstruktionen wegen der fehlenden Starrkörperbewegungen (-beschleunigungen) als besonders einfach darstellt.

Wir sprechen im Gegensatz zu quasi-statischen von dynamischen Konstruktionen, wenn die untersten elastischen Eigenfrequenzen vom Seegang erregt werden können. Das sind vor allem die heute noch seltenen Tiefwasserplattformen, aber auch besondere Flachwasserplattformen können dynamisches Deformationsverhalten zeigen, wie z.B. sog. Monopod-Plattformen, die wir zur Illustration der methodischen Besonderheiten bei der Bewertung dynamischer Konstruktionen im stationären Seegang als einleitendes Beispiel behandeln wollen.

6.1.3.1 Monopod-Plattformen im stationären Seegang

Wir betrachten eine Plattform, die nur von einem Standbein unterstützt wird, Bild 6.10. Plattformen dieser Art werden häufiger als unbesetzte Leuchttürme oder Meßstationen im Bereich von Flußmündungen verwendet, wo sowohl Richtfeuer als auch kontinuierliche Informationen über Wasserstände und Wellenhöhen für die Seeschiffahrt in beschränktem Fahrwasser von besonderer Bedeutung sind.

Auf den im Wasser befindlichen Teil des Standbeines wirkt nach der in Kapitel 3 ausführlich diskutierten Morison-Formel die Wellenkraft

$$f(t) = \int_{-d}^{\infty} [k_m \cdot \dot{u}(z, t) + k_d \cdot u(z, t)|u(z, t)|] \mathrm{d}z . \qquad (6.27)$$

Hierin ist z die nach oben gerichtete Koordinatenachse mit dem Ursprung in der Ruhewasserlinie, $k_m = C_m \cdot \varrho \cdot \pi D^2/4$ und $k_d = C_d \cdot \varrho/2 \cdot D$ sind durch die in Kapitel 3 eingeführten Kraftbeiwerte C_d und C_m definiert, und D ist der Durchmesser des

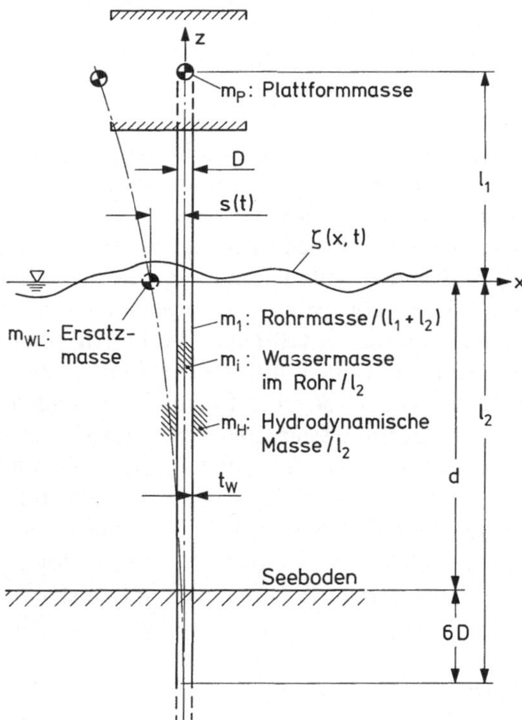

Bild 6.10. Monopod-Plattform, schematisch

Standbeines. Für große Wassertiefen sind z.B. die Wellengeschwindigkeiten nach Tabelle 3.1 und (3.40) gegeben durch

$$u(z, t) = \omega \cdot \exp\{\omega^2 \cdot z/g\} \cdot \zeta(t). \tag{6.28}$$

Betrachten wir den stochastischen Seegangsprozeß $\{Z(t)\}$, so verwenden wir hier zur formalen Kennzeichnung von Zufallsgrößen wieder Großbuchstaben, d.h.

$$F(t) = \int_{-d}^{\infty} [k_m \cdot \dot{U}(z, t) + k_d \cdot U(z, t)|U(z, t)| dz. \tag{6.29}$$

(Wir setzen k_m und k_d als deterministische Größen ein, wobei wir aus Sicht der Praxis anmerken, daß Streuungen der Einflußgrößen Wellenhöhe und Meeresströmung eine weit größere Auswirkung auf die Streuung der mit der Morison-Formel berechneten Last haben, als Streuungen der Beiwerte k_m und k_d, [6.17].)

Wenn wir uns gedanklich eine Fourier-Transformation von (6.28) vorstellen, so können wir den Zusammenhang zwischen Wellengeschwindigkeit und Wellenerhebung analog (5.37) als Ausgangs-Eingangs-Relation eines linearen Systems beschreiben, bei dem die Übertragungsfunktion für tiefes Wasser wie folgt definiert ist:

$$|H_{UZ}(\omega, z)| = \omega \cdot \exp\{\omega^2 \cdot z/g\}. \tag{6.30}$$

Nach (5.54) und (5.14) gilt daher

$$S_{UU}(\omega, z) = |H_{UZ}(\omega, z)|^2 \cdot S_{ZZ}(\omega), \tag{6.31}$$

$$\sigma_U(z) = \sqrt{\int_0^{\infty} S_{UU}(\omega, z) d\omega}. \tag{6.32}$$

Nach (6.29) läßt sich gemäß (5.10) die Autokorrelationsfunktion $R_{FF}(\tau)$ bilden und gemäß (5.12) durch deren Fourier-Transformation das zugehörige Spektrum $S_{FF}(\omega)$ der Seegangskräfte berechnen. Dieser Weg ist zu aufwendig für den Rahmen dieses Buches, so daß wir hier mit Hinweis auf die detaillierte Ableitung in [6.18] und auf ein Beispiel in [6.19] nur das spezielle Ergebnis für unser Beispiel nach Bild 6.10, d.h. für ein Standbein in relativ tiefem Wasser, betrachten wollen

$$S_{FF}(\omega) = |H_{FZ}(\omega)|^2 \cdot S_{ZZ}(\omega),$$

$$|H_{FZ}(\omega)|^2 = (k_m \cdot \omega^2/k_0)^2 + (8/\pi) \cdot \left(\int_{-d}^{0} k_d \cdot \sigma_U(z) \cdot |H_{UZ}(\omega, z)| dz \right)^2. \tag{6.33}$$

Hierin ist k_0 die Wellenzahl. Wir sehen an Tabelle 3.1, daß der erste Term in tiefem Wasser oder bei hohen Wellenfrequenzen die asymptotische Form $(k_m g)^2$ annimmt, d.h. keine, auf einen bestimmten Frequenzbereich begrenzte Verstärkungseigenschaft hat.

Bei gegebenem Seegangsspektrum $S_{ZZ}(\omega)$ können wir nach (6.33) mit (6.30) bis (6.32) das Belastungsspektrum $S_{FF}(\omega)$ für das Standbein einer Monopod-Plattform numerisch etwas effektiver berechnen, als nach dem in Bild 5.2 bzw. Bild 6.1 dargestellten Konzept. Letzteres wäre natürlich auch hier

Tabelle 6.1. Beispieldaten für die Monopod-Plattform nach Bild 6.10

$c_d=0{,}8$	$C_m=2{,}0$	$g=9{,}81\ \mathrm{m/s^2}$	$\varrho=1025\ \mathrm{Ns^2/m^4}$	$\delta=0{,}005$
$d=10$ m	$D=0{,}5$ m	$t_W=0{,}012$ m	$l_1=7{,}0$ m	$l_2=d+6D=13$ m
$E=2{,}1\cdot10^{11}\ \mathrm{N/m^2}$		$I=5{,}48\cdot10^{-4}\ \mathrm{m^4}$	$k_{WL}=166490$ N/m	$\omega_0=5{,}48/\mathrm{s}$
$m_1=143{,}5$ kg/m		$m_i=191{,}7$ kg/m	$m_H=201{,}3$ kg/m	$m_P=500$ kg
$H_{1/3}=0{,}75$ m (kennz. Wellenhöhe)			$T_1=2{,}5$ s (mittlere	W. periode)

anwendbar, indem wir eine Übertragungsfunktion f_a/ζ_a durch Anwendung von (6.27) für verschiedene Wellen der Amplitude ζ_a mit Frequenzen ω punktweise konstruieren, wobei wir für $\tanh\{kd\}\to1$ z.B. mit $f_a\simeq(f_{max}+|f_{min}|)/2$ aus einem Wellendurchlauf rechnen können.

Um festzustellen, ob wir es bei der betrachteten Monopod-Plattform mit einem dynamischen System zu tun haben, interessieren wir uns zunächst und vor allem für die erste Eigenfrequenz der Biegeschwingung der Konstruktion, da die nächst höheren Eigenfrequenzen häufig schon so hoch liegen, daß diese durch den Seegang nicht erregt werden. Dies gilt insbesondere deshalb, weil die erregenden Kräfte des Seegangs im Bereich der Schwingungsknoten der höheren Eigenformen angreifen.

Zur Ermittlung der ersten Eigenfrequenz läßt sich der Rechengang dadurch vereinfachen, daß die Plattform, die nahezu kontinuierlich verteilte Massen und damit theoretisch unendlich viele Eigenfrequenzen bzw. Eigenformen besitzt, in einen Ein-Masse-Schwinger so transformiert wird, daß die Eigenfrequenz dieses Ein-Masse-Schwingers mit der ersten Eigenfrequenz des Ausgangssystems übereinstimmt. Das Ersatzsystem des in Bild 6.10 schematisch dargestellten Beispiels stellt einen Kragträger der Länge l_2 dar, an dessen Spitze die Wellenkraft angreift. Dort befindet sich auch die Ersatzmasse

$$m_{WL}=k_{WL}/\omega_0^2\,. \tag{6.34}$$

Hierin ist die Biegesteifigkeit durch $k_{WL}=3E\cdot I/l_2^3$ gegeben, wobei E der Elastizitätsmodul des Standbeinmaterials und I das Flächenträgheitsmoment des Standbeinquerschnitts ist, und ω_0 ist die niedrigste Eigenfrequenz des Ausgangssystems, die sich aus den in Abschnitt 4.5 erörterten Finite-Element Berechnungen ergibt. (Auch einfachere Überschlagsformeln sind hier anwendbar, [6.20].)

Im Beispiel betrachten wir den Zufallsprozeß $\{S(t)\}$ der horizontalen Auslenkung des Standbeines in der Wasserlinie. In Anwendung von (5.54) gilt für das Spektrum dieses Zufallsprozesses

$$S_{SS}(\omega)=|H_{SF}(\omega)|^2\cdot S_{FF}(\omega), \tag{6.35}$$

wobei wir $|H_{SF}(\omega)|$ aus (5.38) mittels

$$k_{WL}^2\cdot|H_{SF}(\omega)|^2=1/[\{1-(\omega/\omega_0)^2\}^2+4\delta^2(\omega/\omega_0)^2] \tag{6.36}$$

und $S_{FF}(\omega)$ nach (6.33) berechnen. Dabei verwenden wir im Beispiel das Pierson-Moskowitz-Spektrum $S_{ZZ}(\omega)$ in der Form nach (5.90), wobei wir von einem sehr moderaten Seegang ausgehen, wie er in relativ geschützten Flußmündungsgebieten häufiger zu erwarten ist, Tabelle 6.1. Damit dürfen wir auch annehmen, daß die gewählte Wassertiefe d die Annahme „unendlicher“ Wassertie-

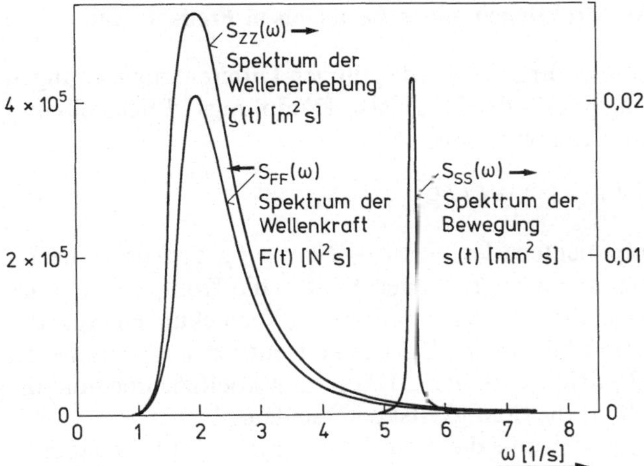

Bild 6.11. Spektren für das Beispiel des Bildes 6.10

fe für höhere Frequenzen (hier $\omega \geqq 1{,}75/\mathrm{s}$) rechtfertigt, so daß (6.30) bis (6.32) zur Berechnung der Standardabweichung $\sigma_U(z)$ der Geschwindigkeiten U der Wasserpartikel in Abhängigkeit von der vertikalen Tiefenkoordinate z verwendet werden können. In Tabelle 6.1 sind die weiteren Daten für die Beispielrechnung zusammengestellt, die wichtigsten Ergebnisse enthält Bild 6.11.

Wir sehen an Bild 6.11, daß das Seegangsspektrum $S_{ZZ}(\omega)$ und das Horizontalkraftspektrum $S_{FF}(\omega)$ im Beispiel ähnlich verteilt sind. Das ist nicht immer der Fall, insbesondere kann ein weiteres relatives Maximum von $S_{FF}(\omega)$ bei höheren Frequenzen auftreten, wenn sich der nichtlineare Zähigkeitsanteil der Horizontalkraft bestimmter (niedrigfrequenter) Elementarwellen bei dreifacher Wellenfrequenz bemerkbar macht, siehe Kapitel 3 und [6.7]. (Dieser Effekt kann für die Betriebsfestigkeit von Tiefwasser-Plattformen große Bedeutung haben.)

Wir sehen ferner, daß das Antwortspektrum $S_{SS}(\omega)$ der horizontalen Auslenkung in der Wasserlinie sehr ausgeprägt ist, obwohl die Energie des Seegangs im Bereich der Eigenfrequenz relativ klein ist. Dies ist das besondere Charakteristikum einer dynamischen Konstruktion, das bei der Bewertung der Betriebsfestigkeit meerestechnischer Konstruktionen bedeutsam sein kann. (Wir kommen darauf in Abschnitt 6.2.3 zurück.) Wenn das Antwortspektrum aber schmal ist, können wir alle, im Sinne einer Kurzzeitstatistik interessierenden statistischen Kennwerte des Zufallsprozesses der betrachteten Seegangswirkung $\{S(t)\}$ recht genau berechnen, denn alle, z.B. in Abschnitt 5.2.1.3 für schmalbandige Gaußsche Seegangsprozesse abgeleiteten Formeln zur Bestimmung von probabilistischen Kenngrößen der Wellenhöhe gelten sinngemäß auch für die Antworten der linear elastischen Konstruktion. Bei größeren dynamischen Systemen mit vielen Freiheitsgraden können die Antwortspektren allerdings auch relativ breit ausfallen und durch mehrere relative Maxima gekennzeichnet sein, so daß die im Zusammenhang mit Bild 5.1 gegebenen Hinweise auf die Verteilung der Maxima breitbandiger Zufallsprozesse zu beachten sind.

6.1.3.2 Linear elastische Konstruktionen mit mehr als einem Freiheitsgrad

Die für jeden der N betrachteten Freiheitsgrade gültigen Differentialgleichungen zur Beschreibung des Gleichgewichts der Trägheits-, Dämpfungs-, Rückstell- und Erregerkräfte lauten in Matrixschreibweise

$$\boldsymbol{m} \cdot \ddot{\boldsymbol{s}}(t) + \boldsymbol{d} \cdot \dot{\boldsymbol{s}}(t) + \boldsymbol{k} \cdot \boldsymbol{s}(t) = \boldsymbol{f}(t). \tag{6.37}$$

Hierin bedeuten die Komponenten des Vektors $\boldsymbol{f}(t) = \boldsymbol{f}_a \cdot \exp\{i\omega t\}$ die an verschiedenen Knoten des Systems angreifenden Kräfte, die Komponenten des Vektors $\boldsymbol{s}(t)$ sind die zugehörigen Deformationen (Verrückungen aus der Ruhelage), die Matrix $\boldsymbol{m}$ enthält die in den Knoten konzentriert angenommenen Massen, die symmetrische Matrix $\boldsymbol{d}$ enthält die Dämpfungskoeffizienten, und die symmetrische Matrix $\boldsymbol{k}$ enthält die Steifigkeitskoeffizienten.

Zur Illustration können wir uns die unter Abschnitt 6.1.3.1 behandelte Monopod-Plattform mit zwei konzentrierten Massen oder mit einer Masse in zwei Freiheitsgraden vorstellen, so daß das zur Bestimmung der ersten und zweiten Eigenfrequenz und Eigenform geeignete Differentialgleichungssystem gemäß (6.37), bei Vernachlässigung der Dämpfung, wie folgt aussehen würde

$$\begin{bmatrix} m_1 & 0 \\ 0 & m_2 \end{bmatrix} \cdot \begin{bmatrix} \ddot{s}_1 \\ \ddot{s}_2 \end{bmatrix} + \begin{bmatrix} k_1 + k_2 & -k_2 \\ -k_2 & k_2 \end{bmatrix} \cdot \begin{bmatrix} s_1 \\ s_2 \end{bmatrix} = \begin{bmatrix} f_1(t) \\ f_2(t) \end{bmatrix}. \tag{6.38}$$

Es gibt verschiedene Möglichkeiten, das Gleichungssystem (6.37) zur Bestimmung der Bewegungsgrößen und damit verbundener Effekte zu lösen. Wir wollen hier die in der Meerestechnik gebräuchlichste Vorgehensweise, nämlich die im Anhang 2 deterministisch behandelte Modalanalyse, unter dem Gesichtspunkt stochastischer Erregungen durch den Seegang noch etwas vertiefen:

Wenn die Dämpfung des Systems vernachlässigbar klein ist, oder wenn wir annehmen dürfen, daß sich die Marix $\boldsymbol{d}$ als Linearkombination von $\boldsymbol{m}$ und $\boldsymbol{k}$ gut annähern läßt (d.h. $\boldsymbol{d} = \alpha \cdot \boldsymbol{m} + \gamma \cdot \boldsymbol{k}$ mit α und γ als Proportionalitätskonstanten), so kann jede der N entkoppelten Differentialgleichungen nach den bereits für einen Freiheitsgrad illustrierten Prinzipien der spektralen Betrachtungsweise behandelt werden. Wir bestimmen dazu zunächst die Eigenfrequenzen ω_i und eine Transformationsmatrix $\boldsymbol{T}$ der normierten Eigenvektoren, so daß wir über transformierte Koeffizientenmatrizen $\boldsymbol{I}_m$, $\boldsymbol{\Delta}$ und $\boldsymbol{\Omega}$ bzw. Erregerkräfte $\boldsymbol{v}(t)$, *also*

$$\boldsymbol{I}_m = \boldsymbol{T}^T \boldsymbol{m} \boldsymbol{T}, \quad \boldsymbol{\Delta} = \boldsymbol{T}^T \boldsymbol{d} \boldsymbol{T}, \quad \boldsymbol{\Omega} = \boldsymbol{T}^T \boldsymbol{k} \boldsymbol{T}, \quad \boldsymbol{v}(t) = \boldsymbol{T}^T \boldsymbol{f}(t), \tag{6.39}$$

ein entkoppeltes Differentialgleichungssystem erhalten

$$\boldsymbol{I}_m \cdot \ddot{\boldsymbol{w}}(t) + \boldsymbol{\Delta} \cdot \dot{\boldsymbol{w}}(t) + \boldsymbol{\Omega} \cdot \boldsymbol{w}(t) = \boldsymbol{v}(t). \tag{6.40}$$

$\boldsymbol{I}_m$ ist die Einheits-Massenmatrix, $\boldsymbol{\Delta}$ ist eine Diagonalmatrix (z.B. $\alpha \boldsymbol{I}_m + \gamma \boldsymbol{\Omega}$), und $\boldsymbol{\Omega}$ ist die Diagonalmatrix der quadrierten Eigenwerte ω_i, siehe Anhang 2. Dabei gelten die inversen Transformationen

$$\boldsymbol{s} = \boldsymbol{T} \boldsymbol{w}, \quad s_n = \boldsymbol{T}_n^T \boldsymbol{w} = \sum_{i=1}^{N} T_{ni} \cdot w_i. \tag{6.41}$$

Wenn wir jede Erregung unseres Systems wieder als stochastischen Prozeß $\{F(t)\}$ bzw. $\{V(t)\}$ begreifen, so ist jede Antwort ebenfalls ein stochastischer Prozeß $\{S(t)\}$ bzw. $\{W(t)\}$, dessen Autokorrelationsfunktion für den n-ten Freiheitsgrad des Systems aus der vorstehenden Transformationsgleichung (6.41) gemäß (5.10) berechnet werden kann

$$R_{\mathrm{SnSn}}(\tau)=E\left[\sum_{i=1}^{N} T_{\mathrm{ni}}\cdot w_{\mathrm{i}}(t)\sum_{j=1}^{N} T_{\mathrm{nj}}\cdot w_{\mathrm{j}}(t+\tau)\right]=\sum_{i=1}^{N}\sum_{j=1}^{N} T_{\mathrm{ni}}\cdot T_{\mathrm{nj}}\cdot R_{\mathrm{WiWj}}(\tau). \tag{6.42}$$

Durch Fourier-Transformation beider Seiten erhalten wir das Spektrum

$$S_{\mathrm{SnSn}}(\omega)=\sum_{i=1}^{N}\sum_{j=1}^{N} T_{\mathrm{ni}}\cdot T_{\mathrm{nj}}\cdot S_{\mathrm{WiWj}}(\omega) \tag{6.43}$$

für jeden Freiheitsgrad $n=1,2,\ldots,N$. Wir benötigen nun also neben Autospektren ein und desselben Zufallsprozesses zusätzlich Kreuzspektren verschiedener, gleichzeitig auftretender Zufallsprozesse der sog. generalisierten (modalen) Deformationen $\{W_1(t)\}$, $\{W_2(t)\}$ usw. in allen Freiheitsgraden. Sie lassen sich analog (5.49) bis (5.53) auf die entsprechenden Kreuzspektren der sog. generalisierten (modalen) Wellenerregungen $S_{\mathrm{ViVj}}(\omega)$ zurückführen

$$S_{\mathrm{WiWj}}(\omega)=H_{\mathrm{WVi}}(-\omega)\cdot H_{\mathrm{WVj}}(\omega)\cdot S_{\mathrm{ViVj}}(\omega)=\hat{H}_{\mathrm{WVi}}(\omega)\cdot H_{\mathrm{WVj}}(\omega)\cdot S_{\mathrm{ViVj}}(\omega). \tag{6.44}$$

(Mit dem ^-Symbol kennzeichnen wir im folgenden konjugiert komplexe Funktionen mit allgemeinerem Aufbau als $H_{\mathrm{WVj}}(\omega)$.) Analog (5.38) gilt hier z.B. mit $2\delta_{\mathrm{j}}\omega_{\mathrm{j}}=\alpha+\gamma\omega_{\mathrm{j}}^2$ und 1_{m} als Diagonalglied der Matrix $\boldsymbol{I}_{\mathrm{m}}$

$$H_{\mathrm{WVj}}(\omega)=1/[1_{\mathrm{m}}\cdot(\omega_{\mathrm{j}}^2-\omega^2+2i\cdot\delta_{\mathrm{j}}\cdot\omega_{\mathrm{j}}\cdot\omega)]. \tag{6.45}$$

Auf der Basis der Morison-Formel und in Erweiterung der in [6.18] entwickelten Möglichkeiten zur Darstellung von Kreuzspektren der Wellengeschwindigkeiten und -beschleunigungen, die auch zur Ableitung der Wellenkraft nach (6.33) verwendet wurden, wurde in [6.21] die Berechnung der Kreuzspektren $S_{\mathrm{ViVj}}(\omega)$ im Prinzip erläutert. In [6.22] wird dieses Problem sehr detailliert behandelt, so daß wir hier auf die Einzelheiten verzichten können. Wir dürfen im folgenden voraussetzen, daß z.B. nach [6.22] die (komplexen) Übertragungsfunktionen $H_{\mathrm{VjZ}}(\omega)$ zwischen $v_{\mathrm{j}}(t)$ und der Wellenerhebung $\zeta(t)$ berechenbar sind, auf deren Grundlage die Beziehungen

$$S_{\mathrm{ViVj}}(\omega)=\hat{H}_{\mathrm{ViZ}}(\omega)\cdot H_{\mathrm{VjZ}}(\omega)\cdot S_{\mathrm{ZZ}}(\omega) \tag{6.46}$$

ausgewertet werden können. Damit läßt sich das Spektrum $S_{\mathrm{SnSn}}(\omega)$ der Deformationen $s(t)$ für jeden Schwingungsgrad n mittels (6.43) bis (6.46) auf der Grundlage eines Standardspektrums $S_{\mathrm{ZZ}}(\omega)$ des Seegangs, z.B. (5.90), berechnen. Wenn wir weitere lineare Transformationen formal wie (6.41) bilden, z.B. für die interne Schnittlast l mittels

$$l_{\mathrm{n}}=\boldsymbol{L}_{\mathrm{n}}^{T}\boldsymbol{w}=\sum_{i=1}^{N} L_{\mathrm{ni}}\cdot w_{\mathrm{i}}, \tag{6.47}$$

so erhalten wir analog zu (6.42) und (6.43) das Spektrum der internen Schnittlasten zu

$$S_{\mathrm{LnLn}}(\omega)=\sum_{i=1}^{N}\sum_{j=1}^{N}L_{\mathrm{ni}}\cdot L_{\mathrm{nj}}\cdot S_{\mathrm{WiWj}}(\omega), \tag{6.48}$$

das mittels $S_{\mathrm{WiWj}}(\omega)$ nach (6.44) bis (6.46) nun ebenfalls aus dem Seegangsspektrum S_{ZZ} berechenbar ist. Ganz analog würden wir verfahren, wenn uns Spannungen statt Schnittlasten interessierten. Wegen der besonderen Rolle, die bei dieser Betrachtung die Kreuzspektren der generalisierten (modalen) Deformationen $S_{\mathrm{WiWj}}(\omega)$ spielen, werden diese mitunter durch einen besonderen Namen als Partizipierungsfaktoren $S_{\mathrm{ij}}:=S_{\mathrm{WiWj}}(\omega)$ gekennzeichnet.

Aus den nach (6.43) oder (6.48) berechneten Autospektren folgen wieder alle im Sinne der Kurzzeitstatistik interessierenden Kennwerte des jeweils betrachteten Zufallsprozesses, womit die Bewertung dynamischer Konstruktionen im weiteren genau so wie für quasi-statische Konstruktionen durchgeführt werden kann.

Wir merken noch an, daß bei FE-Idealisierungen großer Systeme (Größenordnung 1 000 Freiheitsgrade) die höheren Eigenformen ohne praktisches Interesse sind, oft interessieren nur die ersten beiden Eigenformen. Trotzdem müssen bei der Modalanalyse alle Eigenformen bestimmt werden, um die Transformationen mit $\boldsymbol{T}$ oder $\boldsymbol{L}$ usw. durchführen zu können, siehe z.B. (6.41). Die hier erläuterte Vorgehensweise kann bei großen Systemen also nicht unbedingt als effektiv gelten und stark vereinfachte Systemidealisierungen sind in der Regel die Folge. Meistens werden die Kreuzspektren S_{ViVj} der generalisierten Erregerkräfte in Anbetracht der stark vereinfachten Systemidealisierungen von vornherein vernachlässigt, so daß z.B. in (6.43) nur die Summation über i auszuführen ist. Nach (6.44) und (6.46) können wir dann für jeden Freiheitsgrad i der generalisierten Deformation w_{i} den Partizipierungsfaktor wieder in Form der Grundgleichung der spektralen Betrachtungsweise darstellen:

$$\begin{aligned} S_{\mathrm{WiWi}} &= \hat{H}_{\mathrm{WVi}}(\omega)\cdot H_{\mathrm{WVi}}(\omega)\cdot \hat{H}_{\mathrm{ViZ}}(\omega)\cdot H_{\mathrm{ViZ}}(\omega)\cdot S_{\mathrm{ZZ}}(\omega)\\ &= \hat{H}_{\mathrm{WiZ}}(\omega)\cdot H_{\mathrm{WiZ}}(\omega)\cdot S_{\mathrm{ZZ}}(\omega)\\ &= |H_{\mathrm{WiZ}}(\omega)|^2\cdot S_{\mathrm{ZZ}}(\omega). \end{aligned} \tag{6.49}$$

Außderdem haben wir bei unseren bisherigen Überlegungen stillschweigend vorausgesetzt, daß die hydrodynamischen Massen und Dämpfungen für alle interessierenden Frequenzen gleich sind. Diese Voraussetzung gilt bestenfalls näherungsweise, so daß wir in der Praxis häufiger mit einem für diese Frequenzen konstanten Mittelwert rechnen.

6.2 Klassische Methoden der Langzeitbewertung

Wir wollen uns im Abschnitt 6.2.1 zunächst mit der Bewertung der Belastbarkeit von meerestechnischen Konstruktionen unter extremen Umweltbedingungen beschäftigen. Dabei verstehen wir unter extremen Umweltbedingungen Naturereignisse, die in sehr langen Zeiträumen der Größenordnung 50 bis 100 Jahre höchstens einmal erwartet werden. Versagen von Konstruktionen unter den dabei auftretenden Belastungen wäre im allgemeinen mit Verlusten an Menschenleben und wirtschaftlichen Werten, sowie der Möglichkeit großer Umweltschäden verbunden, so daß der Betrachtung extremer Umweltlasten bei langzeitigem Einsatz naturgemäß besondere Bedeutung zukommt. In diesem Zusammenhang wird die Frage der Superposition verschiedener Umweltlasten das zentrale Thema unserer Überlegungen sein.

Wir dürfen aber nicht übersehen, daß meerestechnische Konstruktionen im Zeitraum zwischen den selten zu erwartenden extremen Umweltlasten, nahezu ununterbrochen moderateren, aber wesentlich häufiger auftretenden Umweltlasten ausgesetzt sind. Tatsächlich sind die meisten, z.B. an Jacket-Konstruktionen festgestellten partiellen Schäden auf Materialermüdung zurückzuführen. Abgesehen davon, daß Schäden an Teilen einer Konstruktion immer auch die Sicherheit der gesamten Konstruktion unter nachfolgenden extremen Belastungen herabsetzen, können sie den normalen Betrieb einschränken oder sogar unmöglich machen. In diesem Sinne hat die Bewertung der Betriebsfestigkeit meerestechnischer Konstruktionen unter häufigen Lastwechseln auf verschiedenen Lastniveaus unterhalb extremer Lasten ähnliche sicherheitstechnische und wirtschaftliche Relevanz wie die Bewertung ihres Verhaltens unter extremen Lasten. In den Abschnitten 6.2.2 und 6.2.3 werden wir deshalb einige der heute üblichen Methoden der Betriebsfestigkeitsbewertung meerestechnischer Konstruktionen im langfristigen Einsatz auf See in den wichtigsten Grundlagen und Anwendungsmöglichkeiten erörtern.

Die in den Abschnitten 6.2.1 bis 6.2.3 vorgestellten Methoden können sich zwar auf eine Datenbasis stützen, die in den letzten zwei bis drei Jahrzehnten kontinuierlich gewachsen ist, doch sind diese, in der heutigen Bemessungspraxis verwendeten Methoden im allgemeinen die gleichen, die bereits vor etwa drei Dekaden am Beginn der Entwicklung meerestechnischer Konstruktionen bekannt waren. Wir behandeln in diesem Abschnitt also im wesentlichen klassische Methoden der Langzeitbewertung, auch wenn deren praktische Bedeutung zum Teil erst in jüngerer Zeit durch stärkere Verbreitung der elektronischen Datenverarbeitung erkannt wurde. Wir werden den Leser auch mit einigen neueren, stochastischen Betrachtungsweisen der Betriebsfestigkeit im Ansatz vertraut machen, so daß er sich abzeichnende, modernere Betrachtungsweisen auf diesem Gebiet weiterverfolgen kann. Im eigentlichen Sinne als modern zu bezeichnende Bewertungsmethoden werden wir aber erst im Abschnitt 6.3 ansatzweise behandeln.

6.2.1 Bemessungswerte der Umweltlasten

Wir nennen Antworten einer meerestechnischen Konstruktion auf umweltbedingte Erregungen fortan einfach Umweltlasten, die wir generell mit dem Symbol y (für deterministische Werte) bzw. Y (für stochastische Größen) abkürzen wollen. Dieser Begriff soll hier sowohl tatsächliche Lasten, innere wie äußere, als auch alle Wirkungen umweltbedingter Erregungen einschließen, die direkt oder indirekt zu Lasten beitragen, d.h., daß auch elastische Deformationen oder Starrkörperbewegungen usw. in diesem Abschnitt summarisch unter dem Begriff Lasten betrachtet werden.

Bei der Darstellung von Bemessungswerten für Seegangslasten geht es zunächst um die im Prinzip einfache Erweiterung der z.B. für Bemessungswerte der Seegangsparameter selbst in Abschnitt 5.2.2.2 (Langzeitstatistik) bereits ausführlich behandelten Methoden. Diese Erweiterung gewinnt hier aber dadurch besondere Bedeutung, daß die gleiche Umweltlast, z.B. eine Spannung oder Deformation, auch verschiedene, gleichzeitig präsente Ursachen haben kann, z.B. Seegangs- und Winderregung, so daß uns nun auch die Überlagerung verschiedener stochastischer Prozesse, die die gleiche Umweltlast hervorrufen, beschäftigen muß, denn die einfache Addition getrennt berechneter Bemessungswerte wäre im allgemeinen unnötig konservativ. Bei der Darstellung einiger Prinzipien der Überlagerung von Zufallsprozessen werden wir als Einführung eine praktische, vergleichende Bewertungsmethodik behandeln und erst dann auf die eigentliche Darstellung von Bemessungswerten überlagerter Lastprozesse eingehen.

6.2.1.1 Bemessungswert einer einzelnen Seegangslast

Wenn wir statt der in Abschnitt 5.2.2 behandelten Gaußschen Seegangsprozesse $\{Z(t)\}$ die ebenfalls Gaußschen Lastprozesse $\{Y(t)\}$ linearer Systeme im Seegang betrachten, so können wir unter Verwendung der kennzeichnenden Parameter schmalbandiger Seegangs- und Lastprozesse folgende, zu (5.106) analoge Beziehung zur Ermittlung bestimmter Werte y der Seegangslast in Abhängigkeit von der zugehörigen Überschreitenshäufigkeit $n_{\mathrm{Y}}^{+}(y)$ auf die gleiche Art und Weise herleiten, wie (5.106) selbst. Wir erhalten

$$n_{\mathrm{Y}}^{+}(y) = T \cdot \sum_{i=1}^{I} \sum_{j=1}^{J} \nu_{\mathrm{Yij}}^{+}(0) \cdot \exp\{-y^2/(2m_{\mathrm{Y0ij}})\} \cdot P_{\mathrm{ij}} . \tag{6.50}$$

Hierin bedeuten, siehe (5.20), (5.27) und (5.54)

$$\nu_{\mathrm{Yij}}^{+}(0) = 1/(2\pi) \cdot \sqrt{m_{\mathrm{Y2ij}}/m_{\mathrm{Y0ij}}} , \tag{6.51}$$

$$m_{\mathrm{Ynij}} = \int_{-\infty}^{\infty} \omega^n \cdot S_{\mathrm{YYij}}(\omega)\,\mathrm{d}\omega , \tag{6.52}$$

$$S_{\mathrm{YYij}}(\omega) = |H_{\mathrm{YZ}}(\omega)|^2 \cdot S_{\mathrm{ZZ}}(\omega|(H_{\mathrm{Vi}}, T_{\mathrm{Vj}})) , \tag{6.53}$$

wobei wir $S_{\mathrm{ZZ}}(\omega|(H_{\mathrm{Vi}}, T_{\mathrm{Vj}}))$ z.B. nach (5.90), (5.92) und (5.93) für die $I \cdot J$ Seegangsklassen $(H_{\mathrm{Vi}}, T_{\mathrm{Vj}})$, die mit der Wahrscheinlichkeit P_{ij} auftreten, berechnen können. Rechts vom Symbol „|“ steht als „Bedingung“ die Seegangsklasse, für die $S_{\mathrm{ZZ}}(\omega)$ berechnet wird, und die etwas genauere Schreibweise $n_{\mathrm{Y}}^{+}(y)$ bzw. $\nu_{\mathrm{Y}}^{+}(0)$ statt n_{Y}^{+} bzw. ν_{Y0}^{+} (siehe (5.20)) verwenden wir hier zur Darstellung einiger im folgenden noch zu diskutierender Zusammenhänge. Zur Verwendung einer Langzeitstatistik $P_{\mathrm{ij}} = P[H_{\mathrm{Vi}}, T_{\mathrm{Vj}}]$ in (6.50) sind die gleichen Prinzipien zu beachten, die wir in Abschnitt 5.2.2.2 am Beispiel der Berechnung einer Bemessungswellenhöhe ausführlich erörtert haben. Die (iterative) Berechnung eines Bemessungswertes $y = y_{\mathrm{B}}$ erfolgt wieder mit der Festlegung $n_{\mathrm{YB}}^{+} = n_{\mathrm{Y}}^{+}(y_{\mathrm{B}}) = 1$ für einen Bemessungszeitraum $T = T_{\mathrm{B}}$, wie im Zusammenhang mit (5.106) erläutert, aber es ist für praktische Anwendungen sehr nützlich, von vornherein für eine Reihe von Werten y die zugehörigen Überschreitenshäufigkeiten $n_{\mathrm{Y}}^{+}(y)$ innerhalb des Bemessungszeitraums T_{B} zu berechnen, um so eine sog.

Überschreitenshäufigkeitsverteilung für y darstellen zu können. Wir werden das im folgenden noch am Beispiel verdeutlichen.

Wir können (6.50) im Bedarfsfalle natürlich auf breitbandige Zufallsprozesse und auf weitere Parameter erweitern (Seegangsrichtungen, Beladungszustände etc., siehe z.B. [6.23]), doch sind dies Feinheiten, die uns hier keine grundsätzlich neuen Erkenntnisse liefern.

6.2.1.2 Vergleichende Bewertung von Seegangslasten

Wir wollen zur Einführung in die Problematik der Superposition von Umweltlasten zu einem zusammengesetzten Bemessungswert zunächst eine, für Anwendungen in der Praxis nützliche, vergleichende Methode zur Festlegung von Bemessungswerten für die gleiche Seegangswirkung an verschiedenen meerestechnischen Konstruktionen behandeln, [6.24–6.26]:

Wir betrachten als Beispiel zwei Halbtaucher, die in ihrem Bewegungsverhalten bei schwerem Seegang recht unterschiedliche Eigenschaften haben. Es handelt sich einerseits um den Halbtaucherentwurf RS–35, siehe Bild 2.26, dessen Tauchbewegungen wir anhand des Bildes 3.71 bereits etwas eingehender diskutiert haben und andererseits um den Entwurf der relativ großen, halbtauchenden Plattform SEAGAS, die zur Produktion und Speicherung von Flüssiggas entworfen wurde, [6.27, 6.28], siehe Bild 3.84. Im Bild 6.12 sind beide Halbtaucher im maßstabsgerechten Größenvergleich dargestellt.

Für beide Halbtaucher haben wir nach (6.50) Überschreitenshäufigkeitsverteilungen der relativen Bewegung r_i zwischen äußerster Plattformunterkante und Wellenerhebung ζ berechnet, wobei wir die Übertragungsfunktionen $|H_{RZ}(\omega)| = r_{ia}/\zeta_a$ punktweise nach linearer Bewegungsanalyse in regelmäßigen Wellen der Amplitude ζ_a und Frequenz ω berechnet haben (Index $i=1$ für RS–35 und Index $i=2$ für SEAGAS). In Bild 6.13 sind die Überschreitenshäufigkeitsverteilungen n^+ der Wellenerhebung ζ nach (5.106) und der Relativbewegungen r_1 und r_2 nach (6.50) für beide Halbtaucher unter Berücksichtigung der Seegangsstatistiken zweier Einsatzgebiete mit deutlich unterschiedlichem Wellenklima (Langzeitstatistik des Seegangs) aufgetragen. Wir verwenden die Langzeitstatistik der kennzeichnenden Wellenparameter nach [6.29], AREA 3, für die Nordsee, und nach [6.30], AREA 31, für das Seegebiet östlich von Malaysia.

Wir sehen, daß der kleinere (konventionelle) Halbtaucher RS–35 Amplituden der Relativbewegung aufweist, die deutlich kleiner sind als die Wellenamplitu-

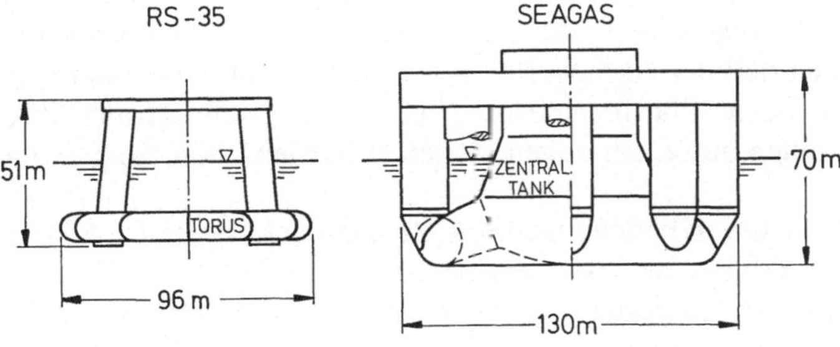

Bild 6.12. Halbtaucher RS–35 und SEAGAS

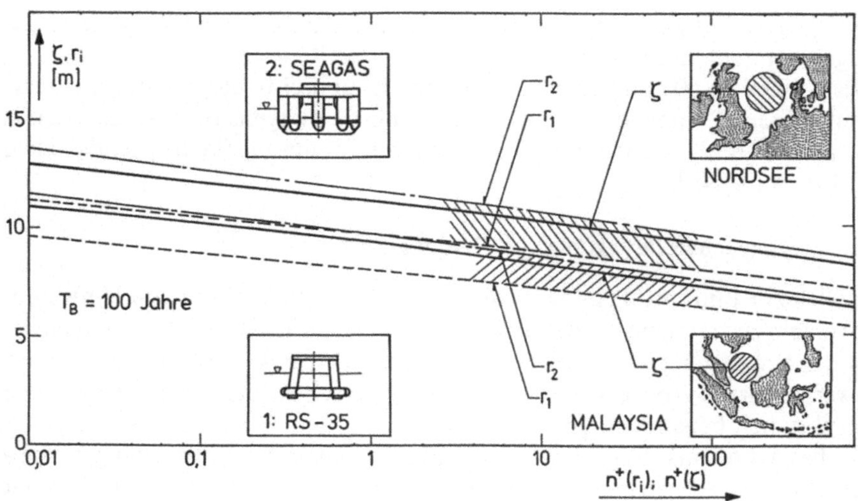

Bild 6.13. Überschreitenshäufigkeiten n^+ der Wellenerhebungen ζ und Relativbewegungen r_i

den, während der größere (hydrodynamisch kompakte) Halbtaucher SEAGAS Amplituden der Relativbewegungen hat, die etwas größer sind als die Wellenamplituden: RS−35 folgt also der Wellenkontur im langzeitlichen Mittel besser als SEAGAS. Wenn wir nun an die Bemessung eines ausreichenden Freiraums zwischen Plattformunterseite und Wasserspiegel denken, so wird offensichtlich, daß der größere Halbtaucher SEAGAS bei gleicher Sicherheit gegen exzessiven Seeschlag eines größeren Freiraums über dem Meeresspiegel bedarf als der Halbtaucher RS−35. Das Problem ist nun, wie diese Freiräume so zu bemessen sind, daß wir den unterschiedlichen Bewegungseigenschaften der beiden Halbtaucher gerecht werden.

Es gibt für Halbtaucher bis heute keine verbindliche Richtlinie, die uns explizit sagen würde, bei welchen mittleren Überschreitenshäufigkeiten der Relativbewegung die Bemessungswerte der (Mindest-) Plattformhöhen über dem Glattwasserspiegel festzulegen wären, damit ausreichende Sicherheit für den Betrieb der Plattformen während ihrer Einsatzzeit im betrachteten Seegebiet gewährleistet ist. Wir können hier nur eine Vereinbarung der IACS (International Association of Classification Societies) aufgreifen, nach der feststehende Plattformen als ausreichend vor Seeschlag geschützt gelten, wenn über dem Kamm der 100-Jahre-Bemessungswelle noch ein, im Englischen „air gap" genannter Freiraum von 1,20 m gewährleistet ist. Unsere Aufgabe ist es daher, diesen (implizit) für feststehende Plattformen definierten Sicherheitsanspruch so auf die beiden hier betrachteten schwimmenden Plattformen zu übertragen, daß daraus ihre (Mindest-) Plattformhöhen unter den angenommenen Betriebsbedingungen definiert werden können.

Dazu wollen wir an die Überlegungen im Zusammenhang mit (5.116) anknüpfen: Wir wissen, daß der Bemessungswert y_B, der im Zeitraum T_n von n Jahren im Mittel gerade einmal auftritt, in einem anderen Zeitraum T_k von k Jahren mit der Wahrscheinlichkeit

$$P_{nk} = 1 - \exp\{-\nu_n \cdot T_k\} = 1 - \exp\{-T_k/T_n\} \tag{6.54}$$

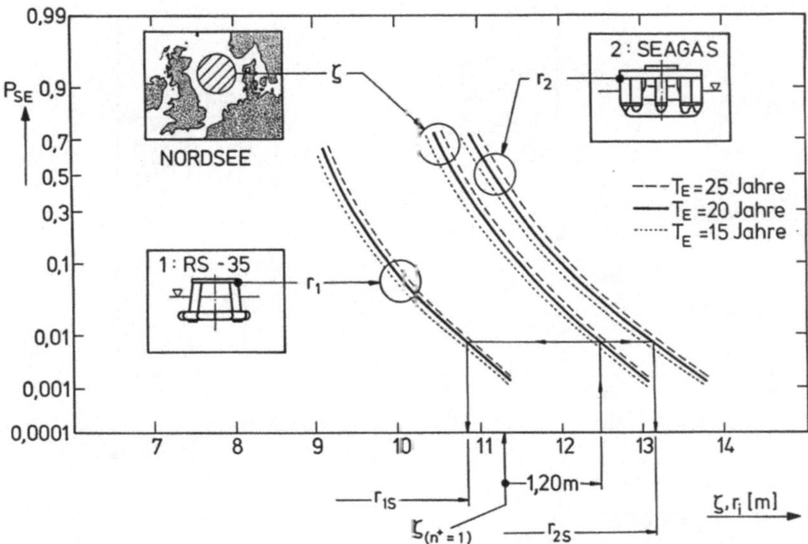

Bild 6.14. Bemessung der Plattformhöhen über dem Wasserspiegel bei vergleichbarem Risiko

überschritten wird, wobei $\nu_n = 1/T_n$ die Auftretensrate des betrachteten Poisson-Prozesses der (langzeitlichen) Seegangslast y_B ist, die wir gerade betrachten. Im folgenden definieren wir analog zum Begriff des Bemessungszeitraums $T_B = T_n$ (z.B. $n = 100$ Jahre) den Begriff des Einsatzzeitraums (Einsatzzeit) $T_E = T_k$ (z.B. $k = 25$ Jahre) und erhalten

$$P_{BE} = 1 - \exp\{-T_E/T_B\}. \tag{6.55}$$

Nun können wir natürlich jeden, bei einer beliebigen Überschreitenshäufigkeit $n^+_{YS} = n^+_Y(y_S)$ aus einer Überschreitenshäufigkeitsverteilung (wie der des Bildes 6.13 mit $y = r_i$) abgelesenen Wert y_S zum sicheren Bemessungswert erklären, wenn wir meinen, daß der bei $n^+_{YB} = n^+_y(y_B)$ abgelesene Bemessungswert eine zu hohe oder zu niedrige Seefähigkeit impliziert. In Entwurfsvorschriften wird der Bemessungswert entweder durch eine sog. Sicherheitsmarge Δy beaufschlagt $(y_S = y_B + \Delta y)$ oder mittels eines sog. Sicherheitsfaktors γ gebildet $(y_S = \gamma \cdot y_B)$. Für die so erhaltene, hier als Sicherheitswert bezeichnete Bemessungsgröße y_S gilt analog (6.55) mit T_S als Sicherheitszeitraum

$$P_{SE} = 1 - \exp\{-T_E/T_S\}. \tag{6.56}$$

Unter der plausiblen, für stationäre Poisson-Prozesse gültigen Voraussetzung, daß langfristig (mehrere Jahre) ein lineares Verhältnis zwischen der Anzahl der Überschreitungen der Werte y_E und y_S sowie dem Kehrwert der zugehörigen Wartezeiten T_E und T_S besteht, gilt mit $n^+_{YE} = n^+_Y(y_E)$

$$P_{SE} = 1 - \exp\{-n^+_{YS}/n^+_{YE}\} \tag{6.57}$$

als Wahrscheinlichkeit dafür, daß bereits während der Einsatzzeit T_E eine Überschreitung des bei n^+_{YS} abgelesenen Sicherheitswertes y_S auftritt. Wir wollen dieses Ergebnis am Beispiel der Halbtaucher RS−35 und SEAGAS für drei verschiedene Einsatzzeiten T_E illustrieren, Bild 6.14.

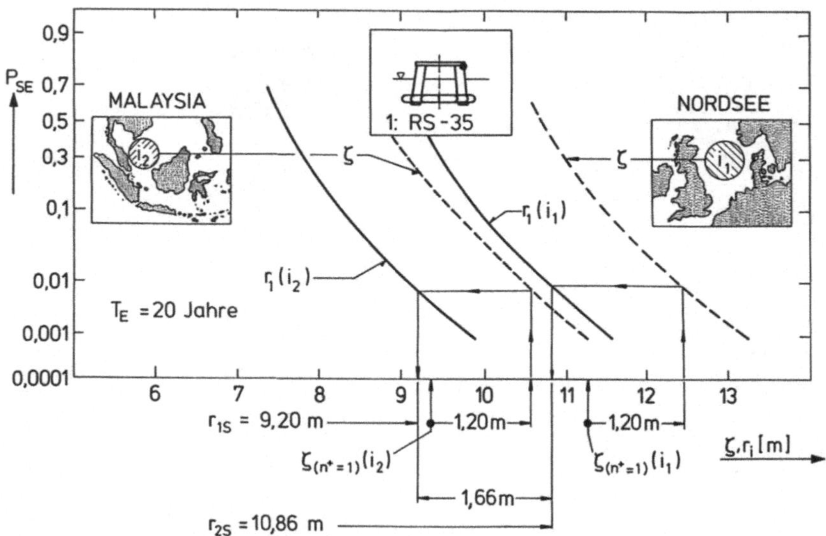

Bild 6.15. Bemessung der Plattformhöhe für verschiedene Seegebiete

Die dargestellten Ergebnisse sind auf der Grundlage des Bildes 6.13 und (6.57) so entwickelt worden, daß über den bei variablen Werten n^+_{YS} aus Bild 6.13 abgelesenen Sicherheitswerten $y_S = \zeta_S$ oder $y_S = r_{iS}$ ($i=1$ oder 2 für die beiden Halbtaucher) die nach (6.57) für $T_E = 15$; 20; 25 Jahre (d.h. $n^+_{YE} = 6{,}7$; 5; 4) berechneten Überschreitenswahrscheinlichkeiten aufgetragen wurden. Wir sehen zunächst einmal, daß der Einfluß der Einsatzzeit T_E wenig ausgeprägt ist. Wir wollen uns daher im folgenden nur auf eine Einsatzzeit (20 Jahre) konzentrieren:

In Bild 6.14 ist das dabei verfolgte Konzept einer vergleichenden Beurteilung der Seefähigkeit nach den Kriterien einer gegen Seeschlag ausreichend geschützten (Mindest)-Plattformhöhe über dem Glattwasserspiegel zunächst für das Wellenklima (Langzeitstatistik des Seegangs) der mittleren Nordsee graphisch demonstriert: Wir addieren zum 100-Jahre-Bemessungswert der Wellenamplitude den Wert 1,20 m (IACS-Vereinbarung für feste Plattformen, siehe oben) und finden die Überschreitenswahrscheinlichkeit P_{SE} dieses Wertes für die Einsatzzeit (T_E) von 20 Jahren. Für die gleiche Wahrscheinlichkeit (hier $P_{SE} \simeq 0{,}009 = 0{,}9\%$) lesen wir aus Bild 6.14 die zugehörigen Sicherheitswerte der Relativbewegungen r_{iS} der beiden Halbtaucher ab und erhalten mit dieser Methode einer vergleichenden Beurteilung der Seefähigkeit zweier Halbtaucher mit einer feststehenden Plattform die gesuchten (Mindest-) Plattformhöhen für die Halbtaucher selbst. Wir haben dabei gleiches Risiko P_{SE} gegen Seeschlag für alle drei Plattformen zum Kriterium vergleichbarer Seefähigkeit gemacht.

Entsprechendes gilt natürlich für die Berücksichtigung des Einflusses des Wellenklimas eines anderen Seegebietes. In Bild 6.15 ist dies am Beispiel des Halbtauchers RS – 35 demonstriert.

Wir erhalten für das Seegebiet östlich Malaysia (i_2) eine um 1,66 m geringere Plattformhöhe als für das Seegebiet der mittleren Nordsee (i_1). Gleichzeitig sehen wir, daß die für feststehende Plattformen international vereinbarte Richtlinie eines 1,20-m-Freiraums über dem Kamm der 100-Jahre-Bemessungswelle kein einheitliches Risiko P_{SE} für unterschiedliche Einsatzgebiete definiert. Dies ist ein genereller Nachteil bei der Verwendung sog. Sicherheitsmargen, die heute als ein Mittel der Gewährleistung von Sicherheit im konstruktiven Ingenieurbau häufiger verwendet werden, weil sie einfach anzuwenden sind. Sie ergeben, im Lichte einer rationalen Bewertung der Zuverlässigkeit von meerestechnischen Konstruktionen betrachtet, kein objektives Bild der erreichten Sicherheit: Im hier vorgestellten Beispiel des Plattformeinsatzes RS – 35 im Seegebiet östlich Malaysia stellt sich beim Vergleich mit dem Einsatz der gleichen Plattform im Seegebiet der mittleren Nordsee heraus, daß auf der Grundlage gleichen Risikos ein etwas geringerer Freiraum im Seegebiet östlich Malaysia als im Seegebiet der mittleren Nordsee gerechtfertigt wäre.

6.2.1.3 Überlagerung von Belastungsprozessen

Mit der Betrachtung der gleichen Seegangswirkung an zwei Halbtauchern haben wir ein erstes Grundprinzip der Bestimmung von Bemessunswerten, die auf verschiedene, gleichzeitig wirkende, stochastische Ursachen zurückgehen, indirekt angesprochen:

Das gemeinsame Überschreitensrisiko der Bemessungswerte zweier gleichzeitig wirkender Lasten sollte gleich sein dem Überschreitensrisiko des Bemessungswertes jeder Einzellast unter der Bedingung, daß die andere Last gerade Null ist.

Dieses Prinzip, so einfach es klingt, enthält doch einige praktische Probleme, auf die wir hier anhand eines weiteren Beispiels kurz hinweisen wollen.

Wir betrachten dabei die Spannung an einem bestimmten Element einer meerestechnischen Konstruktion als Wirkung zweier innerer Seegangs(-Schnitt)lasten, Biegemoment und Normalkraft, die zwar beide auf den gleichen Seegangsprozeß zurückgehen, deren Bemessungswerte aber wegen der unterschiedlichen Übertragungsmechanismen zwischen äußerer Seegangslastverteilung an der Konstruktion und den inneren Lasten am betrachteten Konstruktionselement mit praktisch ausreichender Näherung als stochastisch unabhängig voneinander angesehen werden können.

Als Beispiel dient die feststehende statische Konstruktion nach Bild 6.16, nämlich die nordwestlich von Helgoland in der Deutschen Bucht betriebene Forschungsplattform Nordsee (FPN), bei der wir zur Berechnung innerer

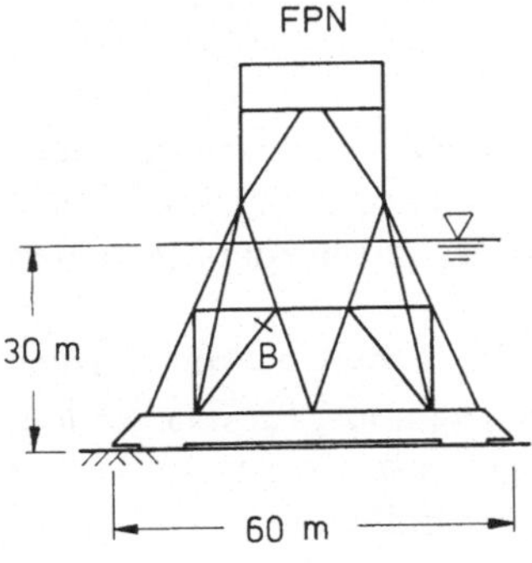

Bild 6.16. Forschungsplattform Nordsee (FPN), schematisch

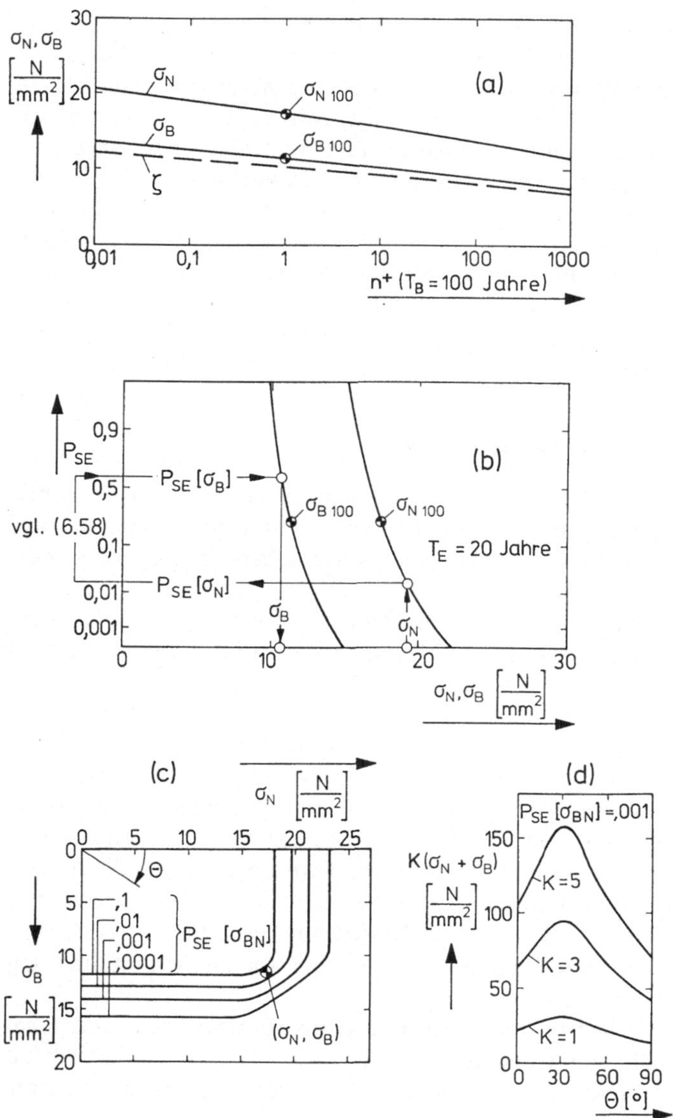

Bild 6.17 a–d. Beispiel zur Überlagerung stochastisch unabhängiger Beanspruchungen

Beanspruchungen das in Abschnitt 6.1.1 erwähnte Einheitslastenkonzept nach [6.5] anwenden können. Wir berechnen auf diese Weise Übertragungsfunktionen der Biegespannungen σ_B und der Normalspannungen σ_N am gekennzeichneten Balkenende *B*.

Mit (6.50) bis (6.53) bzw. (5.106) ermitteln wir, formal wie im vorigen Beispiel, Überschreitenshäufigkeitsverteilungen von σ_B, σ_N und ζ für das Wellenklima der südlichen Nordsee [6.29]. Diese Verteilungen haben wir in Bild 6.17a dargestellt. Bild 6.17b entsteht daraus wieder auf der Grundlage von (6.57) für verschiedene, angenommene Sicherheitswerte $y_S = \sigma_{BS}$ bzw. σ_{NS} und $n_{YE}^{+} = 5$ ($T_E = 20$ Jahre).

Nun gilt unter Annahme stochastischer Unabhängigkeit zwischen Biege- und Normalspannung

$$P_{SE}[\sigma > \sigma_B + \sigma_N] = P_{SE}[\sigma_{BN}]$$
$$= P_{SE}[\sigma_B] \cdot P_{SE}[\sigma_N] = P_{SE}[\sigma > \sigma_B] \cdot P_{SE}[\sigma > \sigma_N], \tag{6.58}$$

woraus wir unter Auswertung des Bildes 6.17b das Bild 6.17c gewinnen, wobei verschiedene Werte für $P_{SE}[\sigma_{BN}]$ als Parameter variiert wurden.

Wir sehen, daß es unendlich viele Kombinationen von σ_B und σ_N gibt, die alle das gleiche Überschreitensrisiko $P_{SE}[\sigma_{BN}]$ haben. Dennoch ist unsere Aufgabe nicht unbestimmt, denn wie wir an der Auftragung nach Bild 6.17d sehen, gibt es eine einzige Parameterkombination, die eine Maximalbelastung bei gegebenem gemeinsamen Überschreitensrisiko darstellt. Das ist natürlich der anzuwendende Bemessungswert der kombinierten Biege- und Normalspannung. Wir haben mit dem Faktor K angedeutet, daß im Knoten noch mit einer lokalen Spannungskonzentration zu rechnen ist.

Die hier kurz beschriebene Vorgehensweise, deren Einzelheiten an Bild 6.17 verdeutlicht sind, ist insbesondere für Lastprozesse verschiedener Ursache (z.B. Wind und Seegang) geeignet. Die im Beispiel illustrierte lineare Lastkombination bedeutet keine Einschränkung der Vorgehensweise, die auch auf nicht lineare Lastkombinationen anwendbar ist. Die Bearbeitung eines Problems auf diese Art und Weise ist zwar recht aufwendig, doch im Verhältnis zu den hohen Baukosten einer meerestechnischen Konstruktion, für die viele Teilschritte des Rechnungsganges aus anderen Gründen sowieso durchzuführen sind, ist eine solche Betrachtung durchaus angemessen.

Als weitere, alternative Vorgehensweise zur Bestimmung von Bemessungswerten, die auf verschiedene, gleichzeitig wirkende stochastische Ursachen zurückgehen, wollen wir eine weitere Regel am Beispiel linearer Lastkombination betrachten, weisen jedoch in diesem Zusammenhang auf allgemeinere Grundlagen und Erweiterungen zur Behandlung nichtlinearer Lastkombinationen in [6.71] und [6.55] bzw. [6.72] hin.

Das Überschreitensrisiko des Bemessungswertes eines als Summe der beteiligten Zufallsprozesse der Einzellasten gebildeten stochastischen Summenprozesses soll gleich sein dem Überschreitensrisiko des Bemessungswertes jeder Einzellast unter der Bedingung, daß alle anderen Lasten gerade Null sind.

Wir betrachten zur Illustration wieder nur zwei stochastisch unabhängige, beliebige Lastprozesse $\{Y_1(t)\}$ und $\{Y_2(t)\}$. Die Frage nach einem Bemessungswert y_B oder Sicherheitswertes y_S des zusammengesetzten Belastungsprozesses $\{Y(t)\} = \{Y_1(t) + Y_2(t)\}$ ist allgemein auf der Grundlage der Verteilungsfunktion $F_{Y\,\max,T}$ des Größtwertes der zusammengesetzten Last zu beantworten, denn dann ist y_B bzw. y_S als Größtwert $y_{\max}$ über das p-%-Fraktil auf der Basis eines akzeptierten Überschreitensrisikos $q = 1 - p$ sofort darstellbar

$$y_{\max} = F_{Y\,\max,T}^{-1}(p). \tag{6.59}$$

(Der Exponent -1 symbolisiert die inverse Verteilungsfunktion von F.) Den Zufallswert $Y_{\max,T}$ definieren wir als Maximalwert der Summe (Linearkombi-

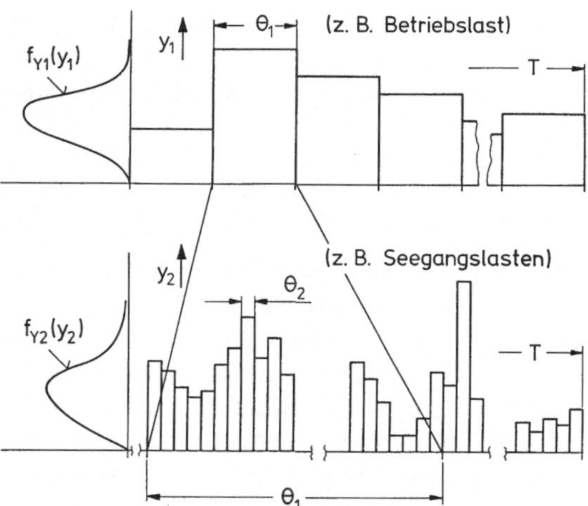

Bild 6.18. Rechteckwellenprozesse verschiedener Lasten

nationen) der zufälligen Werte Y_1 und y_2 im Zeitraum T

$$Y_{\max,T} = \underset{[0,T]}{\mathrm{Max}}\,[Y_1 + Y_2]. \tag{6.60}$$

In Anwendung des totalen Wahrscheinlichkeitstheorems erhalten wir nach (A1.19) zunächst die Verteilungsfunktion $F_Y(y)$ der zusammengesetzten Belastung

$$\begin{aligned} F_Y(y) &= P[Y_1 + Y_2 \leqq y] \\ &= \int_{-\infty}^{\infty} P[Y_2 \leqq y - y_1 | Y_1 = y_1] \cdot f_{Y1}(y_1)\mathrm{d}y_1 \\ &= \int_{-\infty}^{\infty} F_{Y2}(y-v) f_{Y1}(v)\mathrm{d}v, \quad (v \equiv y_1). \end{aligned} \tag{6.61}$$

Ferner folgt analog (5.115) für N unabhängige Stichproben gleichverteilter Zufallsgrößen Y_n als sog. Maximalverteilung

$$\begin{aligned} F_{Y\max}(y) &= P[Y_1 \leqq y, Y_2 \leqq y, \ldots, Y_N \leqq y] \\ &= P[Y_1 \leqq y] \cdot P[Y_2 \leqq y] \cdot \ldots \cdot P[Y_N \leqq y] \\ &= (P[Y \leqq y])^N = [F_Y(y)]^N. \end{aligned} \tag{6.62}$$

N wird in diesem Zusammenhang auch als Wiederholungszahl bezeichnet. Wir betrachten nun die beiden Lastprozesse $\{Y_1(t)\}$ und $\{Y_2(t)\}$ vereinfacht als Zufallsprozesse, die sich durch rechtwinklige Laststufen (Rechteckwellenprozesse) modellieren lassen, wobei jede Laststufe für eine Zeitspanne θ_1 bzw. θ_2 konstant sei, Bild 6.18. Weiterhin gelte $\theta_1 > \theta_2$, $T/\theta_1 = N$, $\theta_1/\theta_2 = M$, N und M ganzzahlig. Dann können wir statt (6.60) auch schreiben

$$Y_{\max,T} = \underset{[0,T]}{\mathrm{Max}} \left[Y_1 + \underset{[t,t+\theta_1]}{\mathrm{Max}}\,[Y_2] \right]. \tag{6.63}$$

Mit (6.61) und (6.62) gilt daher

$$F_{Y\,\max,T}(y) = \left\{ \int_{-\infty}^{\infty} [F_{Y2}(y-v)]^M \cdot f_{Y1}(v)\,dv \right\}^N. \qquad (6.64)$$

Berechnungen für drei und mehr stochastisch unabhängige Lastprozesse erfolgen nach gleichem Muster. Allerdings sind solche Berechnungen für ingenieursmäßige Anwendungen im allgemeinen zu aufwendig, in vielen Fällen auch zu kompliziert, um exakt durchführbar zu sein. Deshalb wird statt (6.63) häufiger folgende Näherung verwendet:

$$Y_{\max,T} \simeq \mathrm{Max}\left[\underset{[0,T]}{\mathrm{Max}}\,[Y_1] + Y_2,\; Y_1 + \underset{[0,T]}{\mathrm{Max}}\,[Y_2] \right]. \qquad (6.65)$$

Diese als Turkstra-Regel bezeichnete Näherung wollen wir zunächst einmal zur Bestimmung einer oberen Schranke für die gemeinsame Aufwärtsüberschreitensrate $\nu_Y^+(y)$ eines Wertes y des superponierten Prozesses $\{Y(t)\}$ verwenden, die uns ja im Zusammenhang mit allen, auf (6.50) aufbauenden, praktischen Anwendungen interessiert. Mit $N_Y^+(y)$ als Zufallszahl der Aufwärtsüberschreitungen eines Wertes y des Zufallsprozesses $\{Y(t)\}$ in $[0, T]$ schätzen wir

$$\begin{aligned} &P[Y_{\max,T} > y] \\ &\quad \leqq P[Y_{\max,0} > y] + P[N_Y^+(y) \geqq 1] \\ &\quad \leqq P_0 + \sum_{n=1}^{\infty} P[N_Y^+(y) = n] \leqq P_0 + \sum_{n=1}^{\infty} n \cdot P[N_Y^+(y) = n] \\ &\quad = P_0 + E[N_Y^+(y)] \simeq E[N_Y^+(y)] = \nu_Y^+(y) \cdot T,\; P_0 \simeq 0. \end{aligned} \qquad (6.66)$$

Dieses Ergebnis ist exakt für die Voraussetzungen eines Poisson-Prozesses, siehe Abschnitt 5.1.3.1 (Postulate 1. bis 4.), und es ist eine recht gute Abschätzung für den Fall, daß die Wahrscheinlichkeit des Auftretens von mehr als einer Überschreitung in T klein ist, also für die Sicherheitswerte $y = y_S$.

Weiterhin gilt unter Verwendung der Turkstra-Regel nach (6.65)

$$P[Y_{\max,T} > y] \leqq P\left[\left(\underset{[0,T]}{\mathrm{Max}}\,[Y_1] + Y_2 \right) > y \right] + P\left[\left(Y_1 + \underset{[0,T]}{\mathrm{Max}}\,[Y_2] \right) > y \right]. \qquad (6.67)$$

Mit dem totalen Wahrscheinlichkeitstheorem nach (A1.19) erhalten wir z.B. für den ersten Term in (6.67) unter Verwendung von (6.66)

$$\begin{aligned} &P\left[\left(\underset{[0,T]}{\mathrm{Max}}\,[Y_1] + Y_2 \right) > y \right] \\ &\quad = \int_{-\infty}^{\infty} P[Y_{1\,\max,T} > v \mid Y_2 = y - v] \cdot f_{Y2}(y-v)\,dv \\ &\quad = T \cdot \int_{-\infty}^{\infty} \nu_{Y1}^+(v) \cdot f_{Y2}(y-v)\,dv. \end{aligned}$$

Ein analoges Ergebnis erhalten wir für den zweiten Term in (6.67), so daß wir für die Überschreitungsrate eines Wertes y des Zufallsprozesses $\{Y(t)\}=\{Y_1(t)+Y_2(t)\}$ schließlich finden

$$\nu_Y^+(y) \leqq \int_{-\infty}^{\infty} \nu_{Y1}^+(\upsilon)\cdot f_{Y2}(y-\upsilon)\,d\upsilon + \int_{-\infty}^{\infty} \nu_{Y2}^+(\upsilon)\cdot f_{Y1}(y-\upsilon)\,d\upsilon\,. \tag{6.68}$$

Dieses, auf der Grundlage der Turkstra-Regel als Näherung abgeleitete Ergebnis läßt sich auch allgemeiner als eine gute obere Schranke darstellen [6.19], so daß wir die Turkstra-Regel nach (6.65) unter den gegebenen Voraussetzungen als eine praktisch akzeptable Näherung erkennen. Die Schranke nach (6.68) läßt sich auf drei und mehr unabhängige Prozesse $\{Y_i(t)\}$ erweitern, die nicht notwendigerweise Rechteckwellenprozesse sein müssen, siehe ebenfalls [6.19], wo auch weitere Hinweise auf mögliche Vertiefungen des mit (6.68) angedeuteten Lastüberlagerungskonzepts und auf die zugehörige (reichhaltige) Literatur zu diesem Thema gegeben sind.

Bei Anwendung von (6.68) auf unser Beispiel nach Bild 6.17 benötigen wir Überschreitensraten $\nu_{Yk}^+(\upsilon)$, $y_1=\sigma_B$ und $y_2=\sigma_N$, die wir mit (6.50) bis (6.53) für $\nu_{Yk}^+(\upsilon)=n_{Yk}^+(\upsilon)/T$, $k=1$ und 2, berechnen können. Dann können wir $\nu_Y^+(y)$ gleich einer für Sicherheitswerte angemessen kleinen Überschreitensrate setzen, z.B. 0,01, und (6.68) für verschiedene Kombinationen (σ_B, σ_N) zur Bestimmung von $y=\sigma_B+\sigma_N$ lösen, um daraus das Maximum von $K\cdot y$ des zusammengesetzten Sicherheitswertes abzuleiten. (Bei stochastischer Abhängigkeit der beteiligten Lastprozesse stellt der so berechnete Sicherheitswert nur eine untere Grenze dar.) Wir benötigen dazu die Verteilungsdichten $f_{Yk}(y-\upsilon)$ der betrachteten Prozesse $\{Y_k(t)\}$, $k=1$ und 2, zu irgendeinem beliebigen Zeitpunkt. Diese Verteilungsdichten berechnen wir analog (6.50) mittels

$$f_{Yk}(y)=dF_{Yk}(y)/dy\,,$$

wobei nach dem totalen Wahrscheinlichkeitstheorem für schmalbandige Prozesse $\{Y_k(t)\}$ gilt

$$F_{Yk}(y)=1-\sum_{i=1}^{I}\sum_{j=1}^{J}\exp\{-y^2/(2m_{(Yk)0ij})\}\cdot P_{ij},\ k=1 \text{ und } 2\,.$$

Diese Vorgehensweise ist natürlich ebenso aufwendig wie die nach dem zunächst verfolgten Prinzip, siehe Bild 6.17. Die zugrundeliegende Turkstra-Regel hat aber als Grundlage zur Entwicklung rationaler Sicherheitsformate besondere Bedeutung. Wir kommen darauf im Abschnitt 7.4.1 noch einmal zurück.

6.2.2 Betriebsfestigkeitsmodelle

Als Ermüdung eines Werkstoffs wird ein Vorgang bezeichnet, der durch graduelle Abnahme der Fähigkeit des Werkstoffs, zyklische Belastungen zu ertragen, gekennzeichnet ist. Als Schädigung gilt die Abnahme an Festigkeit nach einer bestimmten Anzahl zyklischer Belastungen. Dabei unterscheiden wir im allgemeinen drei Entwicklungsstufen der Werkstoffschädigung, nämlich Rißbildung,

Rißfortschritt und Versagen, wobei die erste Stufe, Rißbildung, häufig schon vor dem ersten Lastzyklus auftritt und dann vorwiegend durch Fertigungseinflüsse, z.B. Schweißen, bedingt ist. Die Modellierung der dritten Stufe, des abschließenden Versagensvorgangs, der meistens in Form eines sog. Gewaltbruchs relativ schnell abläuft, hätte hier wenig praktischen Nutzen und wird uns daher im folgenden nicht weiter beschäftigen.

Die Rißbildungsphase unter zyklischer Belastung werden wir im Abschnitt 6.2.2.1 mit dem sog. Ermüdungsmodell der Betriebsfestigkeit beschreiben, in Abschnitt 6.2.2.2 behandeln wir dann ein ausschließlich zur Beschreibung des Rißfortschritts geeignetes Modell. Im Abschnitt 6.2.2.3 ergänzen wir diese Modelle schließlich um einige Aussagen zu stochastischen Betriebsfestigkeitsbewertungen.

6.2.2.1 Ermüdungsmodell

Wir betrachten den sog. Schadensindikator D, im folgenden einfach als Schaden bezeichnet, dessen Wert vor dem ersten Lastzyklus Null und nach dem letzten Lastzyklus (Versagen) Eins sei. Als Schadenszunahme je Lastzyklus definieren wir für den n-ten Lastzyklus $\Delta D_n = D_n - D_{n-1}$.

Diese Schadenszunahme ist vom gesamten zurückliegenden Schädigungsvorgang $(D_1, D_2, \ldots, D_{n-1})$ und dem sog. Spannungsspiel s_n (Spannungsschwingbreite) im n-ten Lastzyklus beeinflußt. Im Rahmen einer sog. interaktionsfreien Schadensakkumulationstheorie wird die Schadenszunahme ΔD_n aber vereinfachend als unabhängig von den weiter als D_{n-1} zurückliegenden Schäden betrachtet, d.h. $\Delta D_n = \varphi(D_{n-1}, s^n)$.

Mit anderen Worten: Die Reihenfolge der Schadenszunahmen vor dem $(n-1)$-ten Lastzyklus spiele keine Rolle für die Schadenszunahme im n-ten Lastzyklus selbst. Wenn nun der Schaden relativ langsam und stetig mit den auftretenden Lastzyklen n wächst, so kann ΔD_n durch die Ableitung $\mathrm{d}D/\mathrm{d}n$ angenähert werden, und wir erhalten das sog. kinetische Gesetz der interaktionsfreien Schadensakkumulation

$$\mathrm{d}D/\mathrm{d}n = \varphi(D, s). \tag{6.69}$$

Eine Abhängigkeit der Schadenszunahme von einer konstanten Mittelspannung kann für meerestechnische Konstruktionen häufig vernachlässigt werden. Wenn wir außerdem annehmen können, daß das Spannungsspiel s in jedem Lastzyklus das gleiche ist (wie bei den heute meistens üblichen Ermüdungstests), so können wir den zugehörigen Schadensindikator D_s als abhängig vom Verhältnis $n(s)/N(s)$ der ertragenen Lastzyklen $n(s)$ zu den insgesamt ertragbaren Lastzyklen $N(s)$ und dem Spannungsspiel s betrachten

$$D_s = \gamma(n(s)/N(s), s). \tag{6.70}$$

Wenn wir überdies die explizite Abhängigkeit des Schadensindikators D_s vom Spannungsspiel s vernachlässigen können, so erhalten wir das sog. spannungsunabhängige Modell des Schadens

$$D_s = \gamma(n(s)/N(s)). \tag{6.71}$$

Daraus folgt nach (6.69) als spannungsunabhängiges, kinetisches Gesetz der interaktionsfreien Schadensakkumulation

$$\mathrm{d}D_s/\mathrm{d}n(s) = 1/N(s) \cdot \gamma'(n(s)/N(s)) \tag{6.72}$$

oder, unter Verwendung der Umkehrfunktion γ^{-1} in (6.71)

$$\mathrm{d}D_s = 1/N(s) \cdot \gamma'(\gamma^{-1}(D_s))\mathrm{d}n(s), \tag{6.73}$$

wobei $\mathrm{d}n(s)$ die Anzahl der Lastzyklen zwischen Spannungsspielen der Größe s und $s+\mathrm{d}s$ ist. Trennung der Variablen führt zu

$$\mathrm{d}n(s)/N(s) = \mathrm{d}D_s/\gamma'(\gamma^{-1}(D_s)), \quad 0 \leqq D_s \leqq 1.$$

Da wegen der Grenzen von D_s die Funktionswerte $\gamma(0)=0$ und $\gamma(1)=1$ sind, folgt mit der Substitution $D_s = \gamma(x)$, d.h.

$$\gamma'(\gamma^{-1}(D_s)) = \mathrm{d}D_s/\mathrm{d}x,$$

$$\mathrm{d}n(s)/N(s) = \mathrm{d}x, \quad 0 \leqq x \leqq 1,$$

und nach Integration über alle Spannungsspiele s erhalten wir mit D_R als Gesamtschaden die Versagensbedingung

$$D_R := \int_0^\infty \mathrm{d}n(s)/N(s) = \int_0^1 \mathrm{d}x = 1. \tag{6.74}$$

Wenn wir I separate Bereiche mit mittlerem Spannungsspiel s_i, $i=1, 2, \ldots, I$, betrachten, so folgt als Versagensbedingung

$$D_R := \sum_{i=1}^{I} n(s_i)/N(s_i) = \sum_{i=1}^{I} n_i/N_i = 1. \tag{6.75}$$

Diese, als Miner-Regel bezeichnete Versagensbedingung für Materialermüdung unter zyklischer Belastung, erlaubt es uns, Testergebnisse $N_i = N(s_i)$, die mit jeweils konstantem Spannungsspiel s_i gewonnen wurden, im Zusammenhang mit sog. Beanspruchungskollektiven $s_i = s(n_i)$ bzw. als Umkehrfunktion $n_i = n(s_i)$, i $=1, 2, \ldots$, I, wie sie beim realen Betrieb meerestechnischer Konstruktionen auftreten, bzw. nach den in Abschnitt 6.2.1 erläuterten Methoden der spektralen Betrachtungsweise aus Überschreitenshäufigkeitsverteilungen im voraus berechnet werden können, zur Voraussage der Betriebsfestigkeit zu verbinden. Wir gehen darauf im Abschnitt 6.2.3 noch ausführlicher ein, wir können aber schon jetzt erkennen, wie aus (6.75) unmittelbar die Lebensdauer eines Konstruktionselementes abgeleitet werden kann: Wenn wir das Kollektiv n_i, $i=1, 2, \ldots, I$, für einen bestimmten Referenzzeitraum T_R, z.B. für den Bemessungszeitraum $T_R = T_B$ $=100$ Jahre nach Abschnitt 6.2.1, bestimmt haben, so ist die Betriebs- oder Lebensdauer

$$T_L = T_R/D_R. \tag{6.76}$$

Wegen der zur Ableitung der Miner-Regel, bei der wir hier einer Darstellung nach [6.19] gefolgt sind, eingeführten Vereinfachungen, können wir nicht erwarten, daß diese Regel für jeden Werkstoff gleichermaßen zuverlässige Ermüdungsvoraussagen bzw. Betriebsdauern liefert, aber als Kriterium zur vergleichenden Bewertung relativer Betriebsfestigkeit bestimmter Konstruktionselemente einer

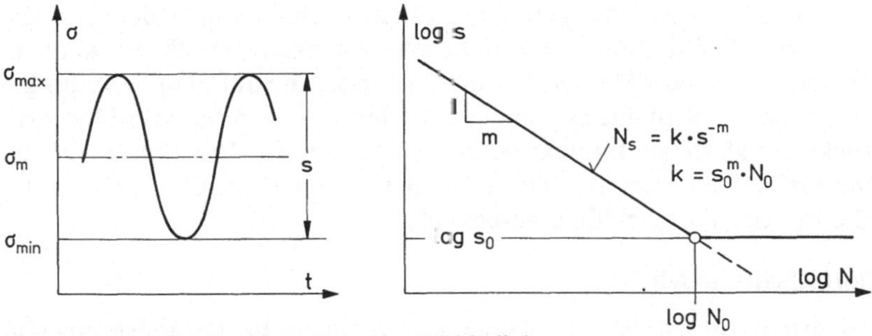

Bild 6.19. Prinzipielle Darstellung der Wöhlerlinie

Konstruktion, hat sie zurecht besondere praktische Bedeutung erlangt. Wir merken an, daß wir in unserer Ableitung bisher nicht von einer linearen Abhängigkeit zwischen Schädigung D_s und $n(s)/N(s)$ ausgegangen sind, wie z.B. im Originalbeitrag von Miner, [6.31], so daß wir den seither weit verbreiteten Begriff der linearen Schadensakkumulationshypothese im Zusammenhang mit (6.74) und (6.75) nicht benötigen. Wenn wir allerdings statt (6.71) mit einer linearen Abhängigkeit

$$D_s = n(s)/N(s) \tag{6.77}$$

rechnen, so folgt als Schadenszunahme je Lastzyklus

$$\Delta D_s = \Delta D(s) = \mathrm{d}D_s/\mathrm{d}n(s) = 1/N(s), \tag{6.78}$$

wobei wir in diesem Zusammenhang von einem linearen, spannungsunabhängigen, kinetischen Gesetz der interaktionsfreien Schadensakkumulation sprechen können, für das (6.74) und (6.75) natürlich auch gültig sind.

Als eine realistische Darstellung für die vom Material bei Spannungsspielen s ertragbaren Lastzyklen $N_s = N(s)$ gilt

$$\begin{aligned} N_s &= k \cdot s^{-m}, \quad s > s_0, \quad m > 0, \\ &= \infty, \qquad s \leqq s_0, \end{aligned} \tag{6.79}$$

wobei k, m und s_0 durch Tests bei konstantem Spannungsspiel s näher bestimmt werden. Unter der Annahme, daß die Probe im Test ab $s \leqq s(N_0) = s_0$ dauerfest ist, können wir die erste Alternative in obiger Gleichung auch in folgender Form darstellen, Bild 6.19,

$$N_s/N_0 = (s/s_0)^{-m}, \quad s > s_0, \quad k = s_0^m \cdot N_0 . \tag{6.80}$$

Beide Darstellungen (6.79) und (6.80) werden im Deutschen als Wöhlerlinien bezeichnet, im Englischen finden wir die allgemeinere Bezeichnung $S-N$-Linien. Wir merken hier an, daß bei experimentell ermittelten Wöhlerlinien umso höhere Streuungen in den Parametern (N_0, s_0) oder (k, m) auftreten, je niedriger s bzw. je höher N_s wird. Das führt in der Praxis dazu, daß aus Sicherheitsgründen häufiger ganz ohne Dauerfestigkeit gerechnet wird, $s_0 = 0$, wenn die für eine gesicherte (statistische) Aussage notwendige Zahl der Tests (Proben) aus Kostengründen zu hoch wird, wobei dann eine bei $(N_0,\ s_0)$ begradigte Wöhlerlinie ohne Dauerfestigkeitsteil verwendet werden kann, siehe Bild 6.19.

Außerdem ist es für Anwendungen in der Meerestechnik von Bedeutung, die Art des durch die Wöhlerlinie beschriebenen Versagensmodus zu kennen: Entweder beschreibt N_s die Zahl der Spannungszyklen, die auf dem Spannungsspielniveau s zur ersten Rißbildung (engl. crack initiation) oder zum Durchriß des Probestücks (engl. through thickness crack) führen. Bei Rohrknoten ist die mit der Rißbildungslinie berechnete Betriebsdauer T_L etwa eine Größenordnung kleiner als die mit der Durchrißlinie berechnete!

6.2.2.2 Rißfortschrittsmodell

Bei vielen Konstruktionen ist die Frage des Rißfortschritts deswegen von besonderer Bedeutung, weil von vornherein mit dem Vorhandensein relativ kleiner Anrisse oder feiner Kerben für einen großen Teil der tragenden Konstruktionselemente gerechnet werden muß, so z.B. bei allen Schweißkonstruktionen, die ja für die Meerestechnik eine große Bedeutung haben. Rißfortschritt beginnt im allgemeinen erst nach einer gewissen Anfangszeit kaum merklicher Rißvergrößerung, die vom hier betrachteten Rißfortschrittsmodell überbewertet wird. Dann jedoch beginnt ein Riß der Länge a mit jedem Lastspiel zu wachsen, wobei die Fortschrittsrate $\Delta a_n = \mathrm{d}a/\mathrm{d}n$ je Lastwechsel nach der sog. Paris-Erdogan-Regel, die aus Beobachtungen des Rißfortschritts hergeleitet ist [6.32], wächst

$$\Delta a_n = \mathrm{d}a/\mathrm{d}n = C(\Delta K)^M, \quad \Delta K > 0\,. \tag{6.81}$$

Wir haben diesen Zusammenhang in Bild 6.20 illustriert. In (6.81) bedeutet C eine von Materialeigenschaften (Elastizität, Fließspannung und Bruchfestigkeit) bestimmte Konstante, M ist eine Modelleinflußzahl zwischen 2 und 4, und ΔK ist die Schwankungsbreite eines von Größe und Art des Risses abhängigen Spannungskonzentrationsfaktors K, der die Umverteilung einer (z.B. linear elastisch) berechneten Spannung σ, wie sie am Ort des Risses bei intaktem Körper anzutreffen wäre, an der Rißspitze berücksichtigen soll. Auf der Grundlage rein mechanischer Betrachtung des Problems, z.B. in [6.33], läßt sich der K-Faktor wie folgt darstellen

$$K = Y(a) \cdot \sqrt{\pi a} \cdot \sigma\,, \tag{6.82}$$

$$\Delta K = Y(a) \cdot \sqrt{\pi a} \cdot s\,, \tag{6.83}$$

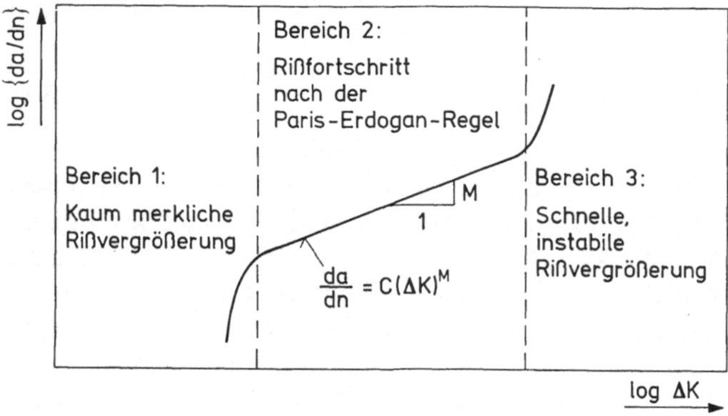

Bild 6.20. Prinzipielle Darstellung der Paris-Erdogan-Regel

wobei wir unter s wieder das Spannungsspiel bzw. die Spannungsschwingbreite je Lastzyklus verstehen, und $Y(a)$ ist ein Geometrie-Korrekturfaktor, der von der Rißform, der Rißgröße (Rißlänge a) sowie von der Bauteilform abhängt. In erster Näherung können wir mit $Y(a)=1{,}1$ rechnen, [6.34]. Dann gilt nach (6.81) und (6.83)

$$\mathrm{d}a/\mathrm{d}n = C(1{,}1\sqrt{\pi a}\cdot s)^M . \qquad (6.84)$$

6.2.2.3 Stochastische Bewertung der Betriebsfestigkeit

In der Form (6.84) ist die Paris-Erdogan-Regel nur für konstante Spannungsspiele s anwendbar. Wir müssen bei Anwendung auf meerestechnische Konstruktionen noch den natürlichen (nicht harmonischen) Veränderungen der Spannungsspiele seegangsinduzierter Beanspruchungen Rechnung tragen:

Wenn wir in (6.84) die Variablen trennen und integrieren (Index i und f für Anfang bzw. Ende), so erhalten wir unter der Annahme einer konstanten Rate $v=n/t=N_f/T$ für die Anzahl n oder N_f der Spannungsspiele je Zeitabschnitt t bzw. T

$$\begin{aligned}\int_{a_i}^{a_f} a^{-M/2}\mathrm{d}a &= C(1{,}1\sqrt{\pi})^M\cdot\int_0^{N_f} s^M(n)\,\mathrm{d}n = C(1{,}1\sqrt{\pi})^M\cdot v\cdot\int_0^T s^M(t)\,\mathrm{d}t\\ &= C(1{,}1\sqrt{\pi})^M\cdot N_f\cdot(1/T)\cdot\int_0^T s^M(t)\,\mathrm{d}t\\ &= C(1{,}1\sqrt{\pi})^M\cdot N_f\cdot\langle s(t)^M\rangle = C(1{,}1\sqrt{\pi})^M\cdot N_f\cdot E[S^M].\end{aligned}$$

Die letzte Gleichung gilt unter der Annahme der Ergodizität des Zufallsprozesses der Spannungsspiele $\{S(t)\}$ mit der Stichprobe $s(t)$, siehe Anmerkung zu (5.8). Diese Auswertung der Paris-Erdogan-Regel in der Form (6.84) unterscheidet sich von einer analogen Auswertung mit konstantem Spannungsspiel s nur durch die Verwendung von $E[S^M]$ statt s^M, wobei wir den Rißfortschritt von a_i nach a_f als unabhängig von der Reihenfolge der insgesamt N_f Spannungsspiele betrachten (interaktionsfreies Modell des Rißfortschritts). Wir definieren daher für ergodische Zufallsprozesse $\{S(t)\}$ ein äquivalentes Spannungsspiel $\bar{s}$ wie folgt

$$\bar{s}^M := E[S^M] = \sum_{i=1}^{I} E[S^M|S_i]\cdot P[S_i]. \qquad (6.85)$$

(Zur Darstellung des letzten Terms dieser Gleichung siehe z.B. (5.102), wobei wir hier ein stochastisches Spannungsspiel S betrachten, das Werte s aus Bereichen S_i annimmt.) Zur Auswertung von (6.85) schätzen wir

$$P[S_i] = n_i/N ,$$

wobei $n_i = n(s_i)$ die Anzahl der Spannungsbeispiele auf dem Niveau s_i ist, das den Bereich S_i repräsentiert, und N ist die Gesamtzahl der Spannungsspiele auf allen I Spannungsspielniveaus s_i im stationären Seegang. Analog zu der mit (6.85) gegebenen Definition setzen wir

$$E[S^M|S_i] := s_i^M .$$

Damit erhalten wir aus (6.85) das zur Anwendung der Paris-Erdogan-Regel auf den natürlichen ergodischen Seegang benötigte äquivalente Spannungsspiel zu

$$\bar{s} \simeq \left(\sum_{i=1}^{I} n_i \cdot s_i^M / N \right)^{1/M}, \quad N = \sum_{i=1}^{I} n_i. \qquad (6.86)$$

Die Gesamtzahl der Lastzyklen N_f für den Rißfortschritt von a_i nach a_f erhalten wir aus der Integration der Paris-Erdogan-Regel in der Form (6.84) unter Beachtung von (6.86). Nach Trennung der Variablen ergibt sich

$$\int_{a_i}^{a_f} a^{-M/2} \mathrm{d}a = C(1{,}1\sqrt{\pi} \cdot \bar{s})^M \cdot \int_0^{N_f} \mathrm{d}n,$$

$$N_f = 2[a_i^{(2-M)/2} - a_f^{(2-M)/2}]/[(M-2) \cdot C(1{,}1\sqrt{\pi} \cdot \bar{s})^M], \qquad (6.87)$$

wobei $M > 2$ sei. Wir erkennen den Einfluß der Anfangsrißlänge a_i, für die wir im allgemeinen nur statistische Schätzwerte kennen.

Wir können auch eine der Miner-Regel entsprechende stochastische Aussage zum erwarteten Schaden entwickeln: Dazu betrachten wir den Schaden $D(s) = D_s$ nach I Lastzyklen innerhalb einer Referenzzeit T_R auf dem Spannungsspielniveau s als Summe der einzelnen Schadenszunahmen $\Delta D(s)$ d.h. $D_s = \Delta D_1(s) + \Delta D_2(s) + \ldots + \Delta D_I(s)$. Unter der plausiblen Annahme, daß gleiche Spannungsspiele s im Seegangsprozeß zeitlich nicht unmittelbar aufeinander folgen, so daß die Schadenszunahmen $\Delta D_i(s)$ stochastisch unabhängig voneinander sind, gilt

$$E[D_s] = E[\Delta D_1(S)|S=s] + E[\Delta D_2(S)|S=s]$$
$$+ \ldots + E[\Delta D_I(S)|S=s] = I \cdot E[\Delta D(S)|S=s].$$

Für den Gesamtschaden nach n Spannungsspielen innerhalb T_R erhalten wir daraus unter Berücksichtigung aller möglichen Spannungsspiele $S=s$ mit identischer Verteilungsdichte $f_S(s)$ wegen $I = n \cdot f_S(s)\mathrm{d}s$ analog (5.102)

$$E[D_R] = n \cdot \int_0^{\infty} E[\Delta D(S)|S=s] \cdot f_S(s)\mathrm{d}s, \qquad (6.88)$$

wobei $f_S(s)\mathrm{d}s$ die Wahrscheinlichkeit $P[S]$ in der Interpretation nach (A1.10) ist. Nach (6.78) ist der je nach Lastzyklus auf dem Spannungsspielniveau s erwartete Schaden $E[\Delta D(S)|S=s] \simeq 1/N(s)$, wobei $N(s)$ die Gesamtzahl der Lastzyklen mit dem Spannungsspiel s ist, die zum Versagen führt. Damit gilt

$$E[D_R] \simeq n \cdot \int_0^{\infty} 1/N(s) \cdot f_s(s)\mathrm{d}s. \qquad (6.89)$$

Wenn wir I separate Bereiche mit mittlerem Spannungsspiel s_i, $i=1, 2, \ldots, I$, betrachten, so erhalten wir

$$E[D_R] \simeq n \cdot \sum_{i=1}^{I} 1/N(s_i) \cdot P[S_i] = n \cdot \sum_{i=1}^{I} 1/N_i \cdot P_i. \qquad (6.90)$$

Die Zahl der schadensrelevanten Spannungsspiele s in einer Stichprobe eines Spannungsprozeses $\{\Sigma(t)\}$ hängt von der Zählmethode ab, mit der wir

Amplituden der Spannung σ dem Spannungsspiel s zuordnen. An dieser Stelle wollen wir zunächst einmal jeder dieser Amplituden ein halbes Spannungsspiel zuordnen, d.h. $\sigma = s/2$, was für einen schmalbandigen Prozeß sicher realistisch ist. Da wir für die Verteilungsdichte der Spitzenwerte unter dieser Voraussetzung die Rayleigh-Verteilung annehmen dürfen, folgt aus (6.89) mit (6.79)

$$E[D_R] = (n/k) \cdot \int_0^\infty (2\sigma)^m \cdot \sigma/\mathrm{Var}[\Sigma] \cdot \exp\{-\sigma^2/(2\,\mathrm{Var}[\Sigma])\} d\sigma$$

$$= (2\sqrt{2})^m \cdot n \cdot \sqrt{\mathrm{Var}[\Sigma]}^m \cdot \Gamma\{1 + m/2\}. \qquad (6.91)$$

Hierbei ist die Γ-Funktion definiert als

$$\Gamma\{(a+1)/b\} = b \cdot \int_0^\infty u^a \exp\{-u^b\} du, \quad a = m+1, \; b = 2, \; u = \sigma/\sqrt{2\,\mathrm{Var}[\Sigma]}. \qquad (6.92)$$

Die Ermittlung der Varianz von D_R, $\mathrm{Var}[D_R]$, ist etwas aufwendiger, läßt sich aber ebenfalls in analytisch geschlossener Form darstellen [6.35].

Weitergehende Entwicklungen zur stochastischen Bewertung der Betriebsfestigkeit auf der Grundlage der Miner- oder Paris-Erdogan-Regel könnten wir erst im Zusammenhang mit der Zuverlässigkeitsanalyse mechanischer Komponenten tragender Konstruktionen verstehen, die wir zwar in Abschnitt 6.3.1 noch einführend erörtern werden, doch im Hinblick auf die Betriebsfestigkeitsbewertung im Rahmen dieses Buches nicht mehr vertiefen wollen, da solche Entwicklungen bisher weder abgeschlossen sind noch Eingang in die Bemessungspraxis meerestechnischer Konstruktionen gefunden haben. Der interessierte Leser findet aber Hinweise dazu z.B. in [6.67 und 6.68].

Wir wollen abschließend aber noch ein probabilistisches Modell der Betriebsfestigkeit beschreiben, bei dem die (unsichere) Vorschädigung vor dem ersten Lastzyklus explizit berücksichtigt werden kann. Dabei gehen wir hier von der einfachsten Version dieses Modells aus, dessen Erweiterung und Anwendungen ausführlich in [6.36] behandelt sind.

Wir betrachten sog. Betriebszyklen (engl. duty cycles) gleicher Intensität, wobei wir Betriebszyklen als längere, regelmäßig wiederkehrende Einsatzzeiträume definieren, in denen das Konstruktionselement einen Schadenszuwachs erleidet. Mit dem Begriff gleicher Intensität beschreiben wir die Annahme, daß alles, was in irgend einem Betriebszyklus passiert, auch in jedem anderen Betriebszyklus passieren soll. Der Schadenszuwachs in einem Betriebszyklus sei nur abhängig vom Schaden zu Beginn eines Betriebszyklus, und bei Einteilung des Schadens in verschiedene Klassen d_i, $i = 1, 2, \ldots, I$, soll sich der Schaden, wenn er sich weiter entwickelt, nur in die nächsthöhere Schadensklasse entwickeln können, also nach einem Betriebszyklus keine Klasse übersprungen haben. Der Schaden d_I sei Eins, d.h., das Erreichen der I-ten Klasse bedeutet Versagen.

Unter diesen Voraussetzungen läßt sich die Schadensentwicklung als Markoff-Kette beschreiben, die wir in Abschnitt 5.1.3.2 bereits kennengelernt haben. In diesem Fall hat die Matrix der Übergangswahrscheinlichkeiten $\boldsymbol{P}$ (Übergangsmatrix) nur Glieder auf der Hauptdiagonalen (Beharrungswahrscheinlichkeiten p_{ii} in einer Klasse d_i) und auf der oberen Nebendiagonalen

(Übergangswahrscheinlichkeiten $p_{ij} = i_{i,i+1} = 1 - p_{ii}$ in die nächsthöhere Klasse d_{i+1})

$$P = \begin{bmatrix} p_{11} & p_{12} & & & & \\ & p_{22} & p_{23} & & & \\ & & \cdots & \cdots & & \\ & & & p_{ii} & p_{i,i+1} & \\ & & & & \cdots & \cdots \\ & & & & & p_{II} \end{bmatrix}. \tag{6.93}$$

Die Wahrscheinlichkeit der Vorschädigung vor dem ersten Einsatzzyklus beschreiben wir als Histogramm durch den Vektor

$$\pi_0^T = (\pi(1), \pi(2), \ldots, \pi(i-1), 0). \tag{6.94}$$

Wenn wir das Erreichen des Schadens d_i zu Zeiten $t = 1, 2, \ldots, x$ usw. mit D_x bezeichnen, d.h.

$$P[D_x = d_i] = \pi_x(i)$$

als Wahrscheinlichkeit eines Schadens d_i zur Zeit $t = x$ definieren, so erhalten wir das Histogramm der Schadenswahrscheinlichkeiten der verschiedenen Klassen zur Zeit $t = x$ als Ergebnis der betrachteten Markoff-Kette nach (5.32) zu

$$\pi_x^T = \pi_0^T \cdot P^x, \quad x = 1, 2, \ldots, \tag{6.95}$$

wobei der Vektor π_x wie folgt definiert ist

$$\pi_x^T = (\pi_x(1), \pi_x(2), \ldots, \pi_x(I)). \tag{6.96}$$

Die Wahrscheinlichkeit des schadensfreien Betriebs bis $t = x$ ist damit

$$P[D_x < d_I] = \sum_{i=1}^{I-1} \pi_x(i) = 1 - \pi_x(I).$$

Damit ist das in [6.36] als B-Modell der kumulativen Schädigung bezeichnete probabilistische Betriebsfestigkeitsmodell in seinen einfachsten Ansätzen beschrieben. Auf die Reihe praktischer Erweiterungen können wir hier nur hinweisen: So ist die für Anwendungen in der Meerestechnik benötigte Berücksichtigung von Betriebszyklen ungleicher Intensität, innerhalb derer die Beanspruchung spektral betrachtet wird, durchaus möglich. Das B-Modell ist seinem Konzept nach bestechend einfach und im Prinzip leicht anwendbar, wenn realistische Angaben zur Ausgangsverteilung π_0 und zur Übergangsmatrix P vorliegen. Die Übergangsmatrix läßt sich allerdings im allgemeinen nur mit relativ großem versuchstechnischem Aufwand durch statistisch gesicherte Daten für die Übergangswahrscheinlichkeiten darstellen, wobei wir hier anmerken, daß die Erweiterung von (6.93) auf eine allgemeine obere Dreiecksmatrix leicht möglich ist. Die Zukunft soll erst zeigen, inwieweit die Meerestechnik von den Möglichkeiten des B-Modells Gebrauch machen kann.

6.2.3 Betriebsfestigkeit unter Seegangslasten

Die besondere Bedeutung der Betriebsfestigkeit für meerestechnische Konstruktionen, insbesondere feststehender Plattformen, wollen wir eingangs durch Nennung einiger Kostenfaktoren bei Fertigung und Betrieb von Rohrknoten unterstreichen:

1. Qualität des Knotenmaterials,
2. Qualität der Knotenfertigung (d.h. z.B. Schweißung, Wärmebehandlung, Nahtbearbeitung usw.),
3. Häufigkeit von Knotenreparaturen, (d.h. z.B. Dauer der Betriebsunterbrechungen, Inspektionsaufwand usw.).

Wegen solcher Kostenfaktoren ist der bereits im Entwurf akzeptierte Aufwand für die Betriebsfestigkeitsbewertung, die sich methodisch häufig auf dem höchsten Niveau des analytisch Machbaren bewegt, in der Praxis im allgemeinen sehr groß, siehe z.B. [6.37, 6.38].

Allen Bewertungen der Betriebsfestigkeit gemeinsam ist die Notwendigkeit, Ergebnisse einer globalen Spannungsanalyse der Konstruktion auf die speziellen Gegebenheiten am betrachteten Konstruktionselement zu übertragen, denn es gibt im eigentlichen Sinne keine Betriebsfestigkeit der gesamten Konstruktion, sondern nur die Betriebsfestigkeit ihrer Elemente. Im Falle des Versagens einzelner oder mehrerer Elemente im Betrieb steht natürlich immer auch die Resttragfähigkeit der teilgeschädigten Konstruktion zur Diskussion, doch ist dies ein Spezialthema der Belastbarkeit unter extremen Umweltbedingungen, Abschnitt 6.2.1, nicht der hier behandelten Belastbarkeit unter Betriebsbedingungen.

Zur Betriebsfestigkeitsanalyse der hochbelasteten Knoten meerestechnischer Konstruktionen, z.B. bei Jacket-Plattformen, ist zunächst eine globale Festigkeitsanalyse der gesamten Konstruktion durchzuführen, um auf dieser Grundlage das lokale Spannungsspiel an den Verschneidungen der in die Knoten einmündenden Konstruktionselemente (Balken oder Stäbe) zu ermitteln: Unter Verwendung sog. Spannungskonzentrationsfaktoren K, die dem Einfluß örtlicher, geometrischer Gegebenheiten, aber auch mikroskopischer Defekte usw. Rechnung tragen, können die lokalen Spannungsspiele an jedem interessierenden Punkt einer Verschneidung aus den Ergebnissen der globalen Spannungsanalyse berechnet werden, so daß unter Verwendung der im Abschnitt 6.2.2 vorgestellten Betriebsfestigkeitsmodelle, Bewertungen der Betriebsfestigkeit beliebiger Knoten möglich sind.

Der Aufwand zur Betrachtung aller Knoten einer Konstruktion ist im allgemeinen so hoch, daß immer nur einige, als besonders kritisch für die Betriebsfestigkeit angesehene Knoten bewertet werden. Im Einzelnen wird dabei unter Berücksichtigung der Besonderheiten der Konstruktionen und ihres Betriebs, sowie der verschiedenen Stadien der Detaillierung im Entwurfsprozeß, auf unterschiedliche Art und Weise vorgegangen. Wir wollen hier vier, für verschiedene Konstruktionen und Zielsetzungen unterschiedlich geeignete Methoden in den wichtigsten Einzelheiten darstellen, und zwar zunächst drei, nach steigendem Aufwand geordnete Methoden der Betriebsfestigkeitsanalyse (Abschnitte 6.2.3.1 bis 6.2.3.3) und schließlich eine Methode, die besonders für den ersten Entwurf auf Betriebsfestigkeit geeignet ist (Abschnitt 6.2.3.4).

6.2.3.1 Deterministische Betrachtungsweise

Bei dieser Betrachtungsweise wird von vornherein auf eine realistische Modellierung des natürlichen Seegangs verzichtet. Vielmehr werden sog. Blöcke periodischer Einzelwellen vorgegebener Höhe H_i und Periode T_j verwendet, $i=1,2,\ldots,I$, $j=1, 2, \ldots, J$. Dabei hängt die Zahl der Einzelwellen in jedem Block von der relativen Häufigkeit $P_{ij}=P[H_{Vi}, T_{Vj}]$ der Seegangsklasse (H_{Vi}, T_{Vj}) im Referenzzeitraum T_R ab, für die der jeweils betrachtete Einzelwellenblock repräsentativ sein soll. Häufig wird im Rahmen dieser stark vereinfachenden Methode nur ein Randhistogramm $P_i=P[H_{Vi}]$ der Wellenhöhe H_{Vi} verwendet, so daß die Einzelwellenperiode T_i repräsentativ für die zugehörige Seegangsklasse (H_{Vi}) zu wählen ist. Es ist durchaus möglich und im Rahmen der deterministischen Betrachtungsweise genauer, zunächst eine kumulative Langzeitverteilung der Einzelwellenhöhen H_i zu schätzen und hieraus – wie für eine beliebige Seegangswirkung y in folgendem Abschnitt 6.2.3.2 näher erläutert – die Auftretenshäufigkeiten $n_i=n(H_i)$ zu bestimmen.

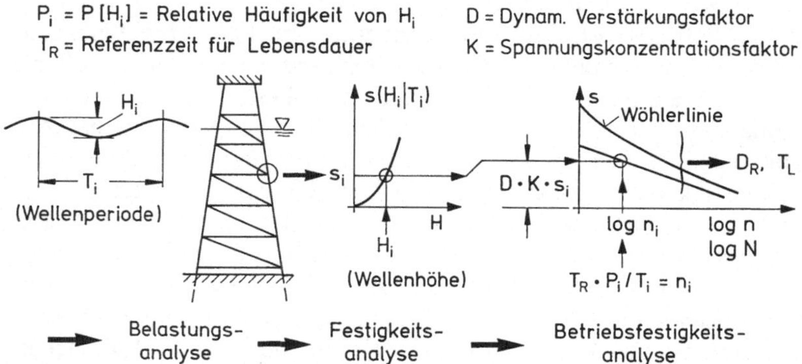

Bild 6.21. Schema der Betriebsfestigkeitsbewertung mit Elementarwellen endlicher Länge

Im hier zunächst betrachteten einfachsten Fall habe der i-te Wellenblock etwa $n_i=T_R \cdot P_i/T_i$ Einzelwellen der Höhe $H_i=H_{Vi}$. Einen solchen Wellenblock wollen wir unter Beibehaltung unserer bisherigen Nomenklatur als Elementarwelle endlicher Länge bezeichnen. Für jede dieser I Elementarwellen endlicher Länge wird eine statische Strukturanalyse durchgeführt, wobei die Wellenkräfte nach den in Kapitel 3 beschriebenen Methoden ermittelt werden. Als Ergebnis der anschließenden Festigkeitsanalyse nach den in Kapitel 4 beschriebenen Methoden erhalten wir I Spannungsspiele $s_i=s(H_i)$ an den Elementenden für jede Wellenhöhe H_i, $i=1, 2, \ldots, I$, die noch mit dem am jeweiligen Konstruktionselement gültigen Spannungskonzentrationsfaktoren K multipliziert werden müssen, Bild 6.21.

Da wir $n_i=n(H_i)$ und $s_i=s(H_i)$ kennen, ergibt sich unmittelbar das zur Anwendung der Miner-Regel nach Abschnitt 6.2.2.1 benötigte sog. Beanspruchungskollektiv $n_i = n(s_i)$, $i = 1, 2, \ldots, I$, und in Anwendung der für das betrachtete Konstruktionselement gültigen Wöhlerlinie $N_i = N(s_i), i = 1, 2, \ldots, I$, erhalten wir nach (6.75) einen nominellen Schaden D_R je Referenzzeit T_R oder nach (6.76) die nominelle Betriebs- bzw. Lebensdauer T_L.

In Bild 6.21 ist auch angedeutet, daß wir hier die Möglichkeit haben, dynamische Einflüsse indirekt aus vorher berechneten Eigenformen mit Hilfe sog. dynamischer Vergrößerungsfaktoren D zu berücksichtigen, wenn wir mit der Periode T_i im Bereich einer Eigenperiode der Konstruktion liegen. Diese dynamischen Vergrößerungsfaktoren können als Verhältnis des dynamischen Spannungsspiels zum hier berechneten quasi-statischen Spannungsspiel dargestellt werden.

Natürlich können wir für jeden Wellenblock z.B. mit (6.87) für $\bar{s} = s_i$ das Verhältnis n_i/N_{fi} und daraus mittels

$$D_R = \sum_{i=1}^{I} n_i/N_{fi}$$

einen nominellen Schaden nach der Paris-Erdogan-Regel berechnen: $D_R < 1$ bedeutet $a < a_f$, siehe (6.87).

6.2.3.2 Spektrale Betrachtungsweise

Wir gehen im Prinzip genau so vor, wie bei der Darstellung von Überschreitenshäufigkeiten $n_Y^+(y)$ des Wertes y einer beliebigen Seegangswirkung Y in einem längeren Bemessungszeitraum T, siehe (6.50) bis (6.53): Der in einem Referenzzeitraum $T = T_R$ als Wirkung des Seegangs der Klasse (H_{Vi}, T_{Vj}) erwartete Teilschaden sei $E[D_{Rij}]$. Dann läßt sich der erwartete Gesamtschaden $E[D_R]$ analog (5.103) mit (6.90) wie folgt darstellen, siehe auch Bild 6.22,

$$E[D_R] = \sum_{i=1}^{I} \sum_{j=1}^{J} E[D_{Rij}] \cdot P_{ij} = \sum_{i=1}^{I} \sum_{j=1}^{J} n_{ij} \left(\sum_{l=1}^{L} 1/N_l \cdot P_{lij} \right) \cdot P_{ij} \,. \tag{6.97}$$

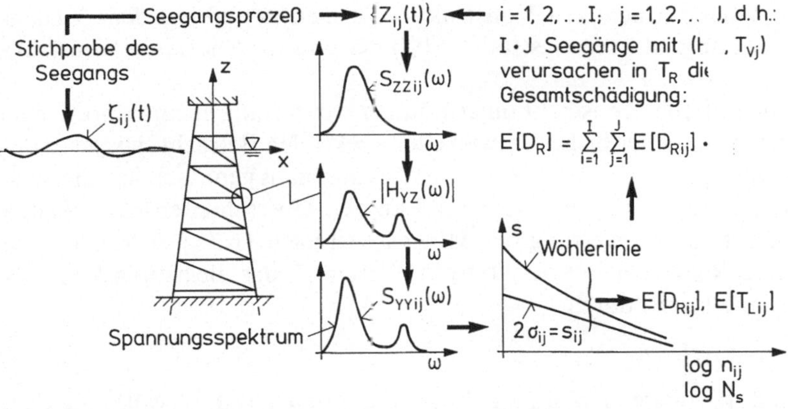

Bild 6.22. Schema der Betriebsfestigkeitsbewertung nach der spektralen Betrachtungsweise

Hierin sind $P_{ij}=P[H_{Vi}, T_{Vj}]$ die Wahrscheinlichkeiten des Auftretens der betrachteten $I \cdot J$ Seegangsklassen (H_{Vi}, T_{Vj}), $P_{lij}=P[S_l|(H_{Vi}, T_{Vj})]$ ist die Wahrscheinlichkeit des Auftretens eines Wertes s des stochastischen Spannungsspiels S aus dem Bereich S_l in der jeweiligen Seegangsklasse, N_l ist die Zahl der Lastzyklen, die bei Spannungsspielen aus dem Bereich S_l zum Versagen des betrachteten Konstruktionselementes führen, und n_{ij} ist die mittlere Zahl der in der Referenzzeit T_R möglichen Wellen in der jeweils betrachteten Seegangsklasse.

Für den Fall einer quasi-statischen Konstruktion mit schmalbandigem Antwortprozeß (-spektrum) können wir z.B. die Rayleigh-Verteilung von $y=\sigma$ zur Bestimmung von P_{lij} verwenden, d.h.

$$P_{lij}=\exp\{-(y_l-\Delta y_l/2)^2/(2m_{Y0ij})\}-\exp\{-(y_l+\Delta y_l/2)^2/(2m_{Y0ij})\} \tag{6.98}$$

mit Δy_l als die Breite der Spannungsklasse $y_l=\sigma_l$, die durch den Index l repräsentiert ist, und

$$n_{ij}=T_R/T_{Y0ij}=T_R/(2\pi)\cdot\sqrt{m_{Y2ij}/m_{Y0ij}}, \tag{6.99}$$

wobei die Momente des Spannungsspektrums m_{Y0ij} und m_{Y2ij} nach (6.52) zu ermitteln sind. Wir betrachten also den Spannungsprozeß $\{Y(t)\}=\{\Sigma(t)\}$, d.h. jeder Wert y in (6.97) bis (6.99) ist als Spitzenwert (Amplitude) der wirksamen Spannung σ (unter Einschluß lokaler Spannungskonzentrationen) zu interpretieren, siehe Bild 6.19. Für schmalbandige Spektren ist das Spannungsspiel s gleich dem doppelten Amplitudenwert der Spannung, $s=2\sigma$, wobei wir den Einfluß einer evtl. vorhandenen Mittelspannung σ_m bei meerestechnischen Konstruktionen im allgemeinen vernachlässigen können. Für schmalbandige Prozesse sei auch an die analytisch geschlossene Darstellung für $E[D_{Rij}]$ nach (6.91) statt (6.90) erinnert, für die wir (6.99) ebenfalls auswerten müssen. Bezüglich einer Korrektur für breitbandige Prozesse siehe Abschnitt 6.2.3.3.

Die Auswertung von (6.97) bis (6.99) für statische Konstruktionen basiert bei der spektralen Betrachtungsweise also auf der Ermittlung aller Antwortspektren $S_{YYij}(\omega)$ für die verschiedenen Seegangsklassen (H_{Vi}, T_{Vj}), z.B. nach dem im Abschnitt 6.1.1 beschriebenen Einheitslastenkonzept, sowie auf der im Prinzip willkürlich definierbaren Referenzzeit T_R (üblich ist ein Jahr), auf der Wöhlerlinie $N_l=N(s_l)$ des betrachteten Konstruktionselementes und auf dem Wellenklima (d.h. der Langzeit-Seegangsstatistik P_{ij}) des Einsatzgebietes der Konstruktion.

Für quasi-statische Konstruktionen können wir im allgemeinen noch eine weitere Vereinfachung der bisher entwickelten spektralen Betrachtungsweise des Betriebsfestigkeitsproblems akzeptieren: So ist es durchaus gebräuchlich, die nach (6.50) bis (6.53) für $T=T_R$ ermittelbaren Langzeit-Überschreitenshäufigkeiten $n_Y^+(y=\sigma)$ direkt zur Auswertung der Miner-Regel nach (6.75) zu verwenden, indem für eine Reihe von repräsentativen Werten $\bar{y}_i$ das Belastungskollektiv $n_i=n(\bar{y}_i)$ definiert wird durch

$$n_i=n_Y^+(y_{iu})-n_Y^+(y_{io}),$$

wobei y_{io} und y_{iu} obere und untere Intervallgrenzen des Intervalls mit dem repräsentativen Wert $\bar{y}_i$ sind. Zu jedem so definierten Wert n_i, $i=1,2,\ldots,I$, gehört dann bei schmalbandigem Antwortprozeß ein repräsentatives Spannungsspiel $\bar{s}_i = 2\bar{y}_i$, so daß wir das Spannungsspielkollektiv $\bar{s}_i = \bar{s}(n_i)$ für die Wirkung aller Seegänge kennen und die Miner-Regel wie in Bild 6.21 nur einmal anwenden müssen.

Mit $E[D_{Rij}] = n_{ij}/N_{fij}$ für n_{ij} nach (6.99) und N_{fij} nach (6.87) und jede Seegangsklasse (H_{Vi}, T_{Vj}) können wir eine zu (6.97) analoge Betrachtung mit der Paris-Erdogan-Regel durchführen, siehe auch Hinweise am Schluß von Abschnitt 6.2.3.1.

6.2.3.3 Simulation

Wir sind aus verschiedenen Gründen, vor allem bei der Behandlung nichtlinearer und/oder dynamischer Systeme, mitunter gezwungen, teilweise oder ganz auf die spektrale Betrachtungsweise zu verzichten und die Bewertung der Betriebsfestigkeit durch Simulationen von Stichproben des interessierenden Zufallsprozesses der Spannung zu gewinnen. Drei wichtige Schritte bei dieser Simulation sind in Bild 6.23 dargestellt.

Den ersten Schritt einer solchen Simulation, nämlich die Darstellung einer Stichprobe $\zeta_{ij}(t)$ des Seegangs der Klasse (H_{Vi}, T_{Vj}), haben wir in Abschnitt 5.2.1 bereits ausführlicher behandelt, und in Abschnitt 6.1.2 haben wir eine Anwendung der Simulationstechnik demonstriert. Für die Betriebsfestigkeitsbewertung interessiert uns im zweiten Schritt der durch eine Stichprobe des Seegangs am Konstruktionselement bewirkte Zeitverlauf der Spannung $\sigma_{ij}(t)$, den wir nach Belastungsberechnungen gemäß Kapitel 3 und Festigkeitsberechnungen gemäß Kapitel 4 für jeden Zeitschritt ermitteln können. Im Zusammenhang mit der Betriebsfestigkeitsbewertung müssen wir hier nur noch ergänzend den dritten Schritt erläutern, d.h., einige für die Praxis bewährte Verfahren zur Ermittlung der relativen Häufigkeit $n_\theta(s_l)$ der Spannungsspielklasse s_l bei einer Stichprobenlän-

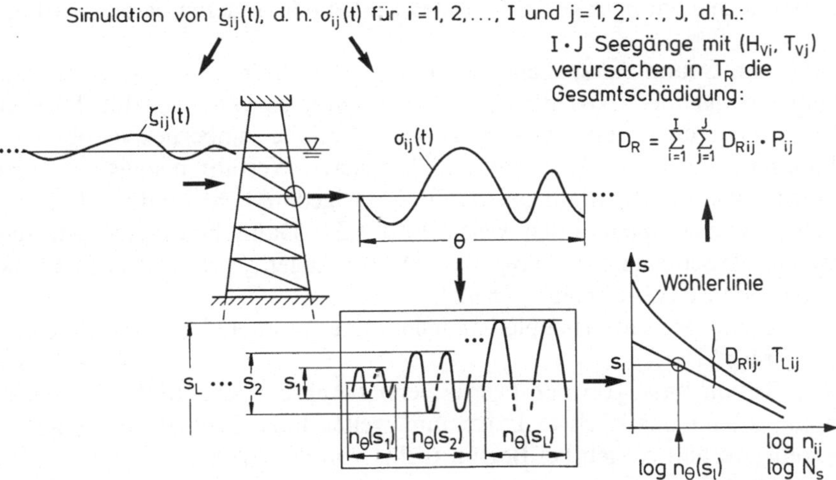

Bild 6.23. Schema der Betriebsfestigkeitsbewertung bei Simulation in der Zeitebene

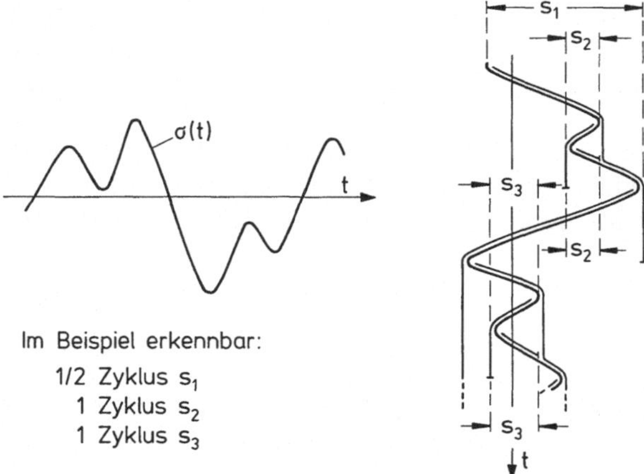

Bild 6.24. Prinzip der Rain-Flow-Methode

ge θ beschreiben, insbesondere für Stichproben, die nicht zu schmalbandigen Prozessen gehören, denn diese sind für eine Zählung der Spannungsspiele besonders problematisch.

Drei wichtige Verfahren zur Zählung der Spannungsspiele einer Spannungsspielklasse s_1 aus einer Stichprobe des Spannungsverlaufs $\sigma(t)$ der Länge θ sind folgende:

1. Zählung der Spannungsmaxima: Bei diesem Verfahren werden alle Spannungsmaxima über Null gezählt und mit dem Betrag eines fiktiven Minimums der gleichen Größe zu einem Spannungsspiel s zusammengesetzt. Dabei müssen Maximum und Minimum nicht aufeinanderfolgen, so daß lokale Maxima unter Null vernachlässigt werden, und aufeinanderfolgende Extrema über Null werden mit zu hohen Spannungsspielzahlen bewertet. Mit der Zählung der Spannungsmaxima liegen wir im allgemeinen auf der sicheren Seite, weil hohe Spannungsspiele häufiger gezählt werden als bei den anderen beiden Verfahren.
2. Zählung von Spannungsspielen: Bei diesem Verfahren wird das Auftreten aufeinanderfolgender Extrema als halber Spannungszyklus gezählt. Hierbei bleiben die großen Spannungsspiele längerer Perioden unberücksichtigt.
3. Zählung nach der Rain-Flow-Methode: Bei diesem Verfahren stellen wir uns die Stichprobe des Spannungsverlaufs $\sigma(t)$ gedanklich so dar, daß die Zeitachse vertikal nach unten weist, Bild 6.24. Dann betrachten wir die Stichprobe als Sequenz von „beregneten Dachschrägen“, von denen der Regen nach folgenden Regeln abläuft, [6.42]:
   – der Ablauf beginnt prinzipiell an jedem Extremum auf der Oberseite der „Dachschräge“,
   – der Beginn links von der (vertikalen) t-Achse (siehe Bild 6.24) wird gestoppt, sobald das nächste Extremum weiter links liegt als bei Beginn. Umgekehrt verhält es sich bei Beginn rechts von der t-Achse,
   – der Ablauf wird immer gestoppt, wenn er mit einem früher gestarteten Ablauf zusammentrifft.

Unter diesen Voraussetzungen wird jeweils ein halber Zyklus dem auf die (horizontale) Spannungsachse projizierten Spannungsspiel s_l zwischen Beginn und Ende des zugehörigen Ablaufweges zugeordnet. Wenn eine Spannungsspielklasse auf diese Weise N-mal gezählt wird, so ist $n_\theta(s_l)=N/2$.

Die Rain-Flow-Methode berücksichtigt sowohl kurz- als auch langperiodische Lastzyklen und gilt daher für breitbandige Zufallsprozesse als die realistischste unter den drei genannten Zählweisen. Im allgemeinen stimmt die z.B. bei der Ableitung von (6.91) benützte Beziehung $\sigma=s/2$ nicht genau, so daß dort häufiger mit einer durch die Zählweise nach 3. gewonnenen sog. Rain-Flow-Korrektur $\lambda(\alpha, m)$ gerechnet wird, wobei α mit (5.26) und m in (6.79) definiert sind, siehe Appendix II in [6.70].

Als Beispiel für eine ausführliche Bewertung der Betriebsfestigkeit einer meerestechnischen Konstruktion mit der Simulationstechnik unter alternativer Anwendung der Miner- und der Paris-Erdogan-Regel, sowie einer ganzen Reihe unterschiedlicher Parameter für das mechanische Modell der Konstruktion (einschließlich Meeresboden), nennen wir [6.34]. Das dort behandelte Beispiel zeigt, wie aufwendig diese Vorgehensweise insgesamt ist, weil wir alle Seegangsklassen nacheinander abarbeiten müssen, wobei wir das Zählergebnis jeder Stichprobe der Länge θ natürlich mit $T_R \cdot P_{ij}/\theta$ (T_R=Referenzzeit, $P_{ij}=P[H_{Vi}, T_{Vj}]$) zu wichten haben, um den zu einem Spannungsspiel s_l gehörenden Schätzwert $n_{ij}(s_l)$ der Spannungsspiele s_l im Seegang der Klasse (H_{Vi}, T_{Vj}) zu erhalten. Aus Gründen der statistischen Vertrauensgrenzen darf θ selbst nicht zu kurz sein. Deswegen wird bei dynamischen Systemen häufiger eine sog. Hybridtechnik eingesetzt, bei der die spektrale Betrachtungsweise mit der Simulation in der Zeitebene sinnvoll zusammengeführt wird, [6.43]:

Wir können die beschriebenen Zählprozesse nämlich dadurch umgehen, daß wir die durch Simulation ermittelten Zeitverläufe der Spannungen $\sigma(t)$ mittels Fourier-Transformation ihrer Autokorrelationsfunktionen zur Darstellung der zugehörigen Spektren verwenden und nach Division durch das Seegangsspektrum den Betrag der Übertragungsfunktion gewinnen, siehe (6.1). Wenn wir einige dieser Übertragungsfunktionen, z.B. für niedrige, mittlere und schwere Seegangsverhältnisse, bestimmt haben, so können wir die Übertragungsfunktionen für die dazwischen liegenden Seegangsverhältnisse näherungsweise durch Interpolation gewinnen, um daraus nach (5.54) durch Multiplikation mit den zugehörigen Seegangsspektren die fehlenden (Pseudo-) Antwortspektren herzuleiten. Dann sind wir in der Lage, wieder nach dem Konzept der spektralen Betrachtungsweise gemäß Abschnitt 6.2.3.2 fortzufahren.

6.2.3.4 Entwurf auf Betriebsfestigkeit

Für den Entwurf ist es wichtig, realistische Schätzungen der Betriebsfestigkeit in effektiver Weise durchzuführen. Für diese Zielsetzung eignet sich das im folgenden entwickelte Verfahren zur Darstellung von Entwurfsspannungsspielen, [6.39]:

Voraussetzungen sind

1. Anwendbarkeit der Miner-Regel, siehe (6.75),

2. Gültigkeit der Weibull-Verteilung für Wellenhöhen, siehe (5.109) für den Spezialfall der kennzeichnenden Wellenhöhe $H_{1/3}$ und
3. Darstellbarkeit des Spannungsspiels s in Abhängigkeit von der Wellenhöhe h in der Form:

$$s = \gamma \cdot h^g, \tag{6.100}$$

siehe die Darstellung $s(H_i|T_i)$ in Bild 6.21.

Daraus erhalten wir mit (6.79)

$$1/N_s = s^m/k = \gamma^m \cdot h^{gm}/k$$

und (6.74) liefert wegen (6.100)

$$D_R = \int_{h=0}^{\infty} dn(h)/N(h) = \gamma^m/k \cdot \int_{h=0}^{\infty} h^{gm} dn(h), \tag{6.101}$$

wobei wir $dn(h)$ als die Zahl von Wellen zwischen h und $h + dh$ interpretieren. Mit der Wahrscheinlichkeitsdichte $f_H(h)$, der als stochastische Größe betrachteten Wellenhöhe H sowie mit der Zahl n_R aller Wellen im Referenzzeitraum T_R gilt

$$dn(h) = n_R \cdot f_H(h) dh,$$

d.h. nach (6.101) und (A1.15)

$$D_R = n_R \cdot \gamma^m/k \cdot \int_0^{\infty} h^{gm} dF_H(h).$$

Für die vorausgesetzte Weibull-Verteilung gilt mit den Formparametern b und d analog (5.109)

$$dF_H(h) = bu^{b-1} \exp\{-u^b\} du, \quad u = h/d,$$

so daß wir unter Verwendung der in (6.92) definierten Γ-Funktion mit $a = gm + b - 1$ erhalten

$$D_R = n_R \cdot \gamma^m/k \cdot d^{gm} \cdot b \cdot \int_0^{\infty} u^a \exp\{-u^b\} du = n_R \cdot \gamma^m/k \cdot d^{gm} \cdot \Gamma\{1 + gm/b\}. \tag{6.102}$$

Wenden wir dieses, unter den genannten Voraussetzungen für beliebig definierte Wellenhöhen h gültige Ergebnis auf den besonderen Fall eines stationären, schmalbandigen Gaußschen Seegangsprozesses an, so geht die Weibull- in die Rayleigh-Verteilung über, d.h. $b = 2$, $d = H_{1/3}/\sqrt{2}$, siehe (5.24) für $a = h/2$ sowie (5.77) und (5.80). Wir erhalten

$$D_{RK} = n_R \cdot \gamma^m \cdot \Gamma\{1 + gm/2\} \cdot (H_{1/3})^{gm} / \left(k\sqrt{2^{gm}}\right). \tag{6.103}$$

(Index K für Kurzzeit.) Die Erweiterung dieser Gleichung auf eine Langzeitbetrachtung liefert mit dem totalen Wahrscheinlichkeitstheorem nach (A1.19)

$$D_{RL} = n_R \cdot \gamma^m \cdot \Gamma\{1 + gm/2\} / \left(k\sqrt{2^{gm}}\right) \cdot \sum_{i=1}^{I} (H_{1/3i})^{gm} \cdot P[H_{1/3i}].$$

Als Langzeitverteilung läßt sich wieder die Weibull-Verteilung verwenden, so daß eine zu vorstehender Ableitung identische Betrachtung schließlich liefert, [6.39]

$$D_{RL} = n_R \cdot \gamma^m \cdot d^{gm} \cdot \Gamma\{1+gm/2\} \cdot \Gamma\{1+gm/b\}/(k\sqrt{2^{gm}}). \qquad (6.104)$$

(Index L für Langzeit.) Die Parameter b und d bestimmen wir, wie mit (5.110) in Bild 5.13 demonstriert, aus statistischen Daten, für n_R setzen wir z.B. die Zahl der Überschreitungen des Wertes $y=0$ nach (6.50) bis (6.53), wir können n_R aber auch mit etwas Erfahrung durch Annahme einer mittleren Wellenperiode recht gut schätzen, siehe (5.108)f. Die Parameter k und m charakterisieren die Wöhlerlinie des betrachteten Konstruktionselementes und die Parameter γ und g lassen sich z.B. auf die mit Bild 6.21 dargestellte Art und Weise ermitteln, evtl. unter zusätzlicher Verwendung einer Regressionsanalyse, wenn $s=s(h)$ einen welligen Charakter hat.

Die Besonderheit des Ergebnisses (6.104) liegt natürlich in der analytisch geschlossenen Darstellung des Langzeitschadens D_{RL}. Wir haben hier einen praktischen Ansatzpunkt für die Anwendung im Entwurf, auf den wir nun noch kurz eingehen wollen:

Wir betrachten ein Spannungsspiel s_R, von dem wir annehmen, daß es gerade einmal in der Referenzzeit T_R überschritten wird. Dann gilt nach (6.79) mit (6.100)

$$k = \gamma^m \cdot N_R \cdot (h_R)^{gm}$$

mit N_R als der Zahl von Spannungszyklen, die beim Spannungsspiel s_R zum Versagen führen und h_R als die Wellenhöhe, die in allen n_R Wellen, die in T_R auftreten, einmal überschritten wird. Eingesetzt in (6.102) erhalten wir

$$D_R = n_R/N_R \cdot (d/h_R)^{gm} \cdot \Gamma\{1+gm/b\}$$

als den Gesamtschaden aus allen Seegängen, bezogen auf einen Entwurfsfall (n_R, h_R, $N_R = N(s_R)$). Nun gilt für die vorausgesetzte Weibull-Verteilung

$$F_U(u) = 1-\exp\{-u^b\},\ u = h_R/d,$$

$$\ln\{1/(1-F_H(h_R))\} = (h_R/d)^b.$$

Weil $1-F_H(h_R)$ die Überschreitenshäufigkeit von h_R ist, die wir als einmal in n_R Wellen vorausgesetzt haben, ist $1/(1-F_H(h_R))$ gleich der Zahl n_R von Wellen in T_R. Also gilt

$$D_R = n_R/N_R \cdot \Gamma\{1+gm/b\}/(\ln\{n_R\})^{gm/b}.$$

Nach (6.79) gilt

$$s_R = (k/N_R)^{1/m},$$

so daß für den sicheren Betrieb eines Konstruktionselementes gemäß $D_R < 1$ für das größte, zulässige Spannungsspiel s_{max} gelten muß

$$s_{max} \leqq s_R = [(k/n_R)/\Gamma\{1+gm/b\}]^{1/m} \cdot [\ln\{n_R\}]^{g/b}. \qquad (6.105)$$

Mit s_R ist das Spannungsspiel definiert, daß bei Auftreten von h_R nicht überschritten werden darf, wenn Betriebsfestigkeit während des gesamten Einsat-

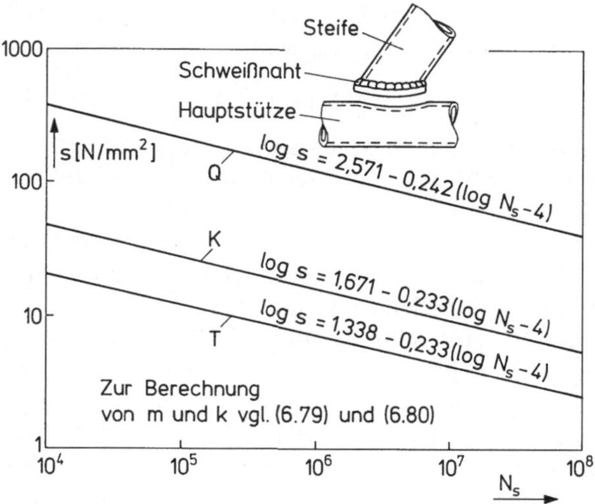

Bild 6.25. Wöhlerlinien für einfache Knotenverbindungen nach [6.40]

zes bei n_R Lastzyklen gewährleistet werden soll. Wir sprechen allgemeiner vom Bemessungswert des Spannungsspiels oder vom Entwurfsspannungsspiel. Die Parameter (k, m) sind mit der Wöhlerlinie des betrachteten Konstruktionselementes definiert, der Parameter b ist durch das Wellenklima nach der vorausgesetzten Weibull-Verteilung bestimmt, und der Parameter g beschreibt nach (6.100) eine charakteristische Festigkeitseigenschaft der Konstruktion bei Wellenbelastungen.

Zur Illustration setzen wir

- Wöhlerlinienparameter: $m=4{,}13$; $k=4{,}2 \cdot 10^{14}$; Bild 6.25, Parameter Q
- Wellenklimaparameter: $b=1$
- Festigkeitsparameter: $g=1{,}3$, siehe Abschnitt 7.3.2
- Wellenanzahl in T_R: $n_R=10^8$ $(T_R \simeq 20$ Jahre$)$.

Also gilt nach (6.105)

$$s_{\max} \leqq [4{,}2 \cdot 10^6/\Gamma\{6{,}37\}]^{1/4{,}13} \cdot \ln^{1{,}3}\{10^8\} = 476 \text{ N/mm}^2 .$$

Das Spannungsspiel s darf bei der Wellenhöhe h_R also nicht größer als 476 N/mm² sein, damit Betriebsfestigkeit für alle langzeitlich erwarteten Spannungsspiele gewährleistet ist.

Wir merken an, daß das Wellenklima auch durch zwei kombinierte Weibull-Verteilungen dargestellt werden kann, um den Besonderheiten bestimmter Einsatzgebiete gerecht zu werden. Den Festigkeitsparameter g haben wir im Beispiel nach Empfehlungen in [6.41] gewählt, und selbstverständlich kann die Referenzzeit T_R aus Gründen der Sicherheit z.B. als Bemessungszeitraum T_B (z.B. 100 Jahre) definiert werden, oder es kann umgekehrt statt des Versagenskriteriums $D_R=1$ z.B. mit $D_R<1$ gerechnet werden, wobei auch Einflüsse wie Seewasserkorrosion etc. zusätzlich berücksichtigt werden können. Diese und ähnliche Variationen kommen in der Praxis vor. Wir wollen uns in diesem

Zusammenhang erneut bewußt machen, daß wir hier zwar rationale Bewertungsmethoden der Belastbarkeit meerestechnischer Konstruktionen unter Betriebsbedingungen entwickelt haben, die zur Gewinnung relativer Betriebsfestigkeitsaussagen hervorragend geeignet sind, daß wir damit aber letztlich nicht in der Lage sind, absolute Aussagen zur Betriebsfestigkeit zu machen.

Während des Entwurfs einer meerestechnischen Konstruktion wird es möglich, die benötigten Parameter schrittweise immer genauer zu schätzen, so daß (6.105) ein wertvolles Kriterium zur Vorabüberprüfung hoch belasteter Konstruktionselemente auf ihre Betriebsfestigkeit ist. Dieses Entwurfskriterium ist durchaus zu vergleichen mit Vorschriftenkriterien, in denen Werte wie zulässige Zug-, Knick-, Beulspannungen etc. vorgegeben werden. Im Zuge konstruktiver Entscheidungen können die Parameter m, k und g natürlich beeinflußt werden.

6.3 Moderne Methoden der Zuverlässigkeitstechnik

Wir haben bei der Erörterung des Betriebsfestigkeitsproblems gesehen, daß das Vermögen einer meerestechnischen Konstruktion, ihren Belastungen Widerstand entgegenzusetzen, d.h. ihre Festigkeit, durch verschiedene Widerstandsparameter beeinflußbar ist, und daß diese Parameter, ebenso wie die Belastungsparameter, stochastische Größen sein können, die zum Teil durch Zufallsprozesse bestimmt sind. Daher ist im Prinzip auch die Festigkeit als ein Zufallsprozeß anzusehen, dem wir den Zufallsprozeß der zusammengesetzten Beanspruchung gegenüberstellen müssen, wenn wir eine Aussage zur mechanischen Zuverlässigkeit der Konstruktion suchen. In den folgenden Abschnitten wollen wir die dabei gültigen Prinzipien für einen bestimmten Zeitpunkt während des Ablaufs dieser Zufallsprozesse von Belastung und Festigkeit betrachten.

Wir wollen aber bereits an dieser Stelle betonen, daß sich der Zeiteinfluß bei der Zuverlässigkeitsanalyse formal nach dem gleichen Konzept behandeln läßt, wenn vorher entsprechende Transformationen durchgeführt werden [6.69], so daß die hier entwickelten Grundlagen eine allgemein gültige Basis auch für weitergehende Betrachtungen im Zeitbereich darstellen.

In Abschnitt 6.3.1 finden wir eine geraffte Zusammenfassung der Methoden erster Ordnung zur Bestimmung der mechanischen Zuverlässigkeit tragender Konstruktionselemente, und im Abschnitt 6.3.2 werden wir diese Grundlagen in Richtung auf den heutigen Stand der Zuverlässigkeitsanalyse meerestechnischer Konstruktionen erweitern. Wir beschränken uns in beiden Abschnitten auf den Teil der modernen Zuverlässigkeitstechnik, der als Ergänzung zu den bisher entwickelten Bewertungsmethoden neue und erweiterte Möglichkeiten rationaler Entscheidungsfindung für den in der Meerestechnik praktizierenden Entwurfs- und Berechnungsingenieur eröffnet. Für eine umfassendere Information zum Thema Zuverlässigkeit tragender Konstruktionen sei der interessierte Leser von vornherein auf eine Auswahl geeigneter Standardwerke hingewiesen [6.19, 6.44–6.50].

Wir bezeichnen Methoden der Zuverlässigkeitstechnik als modern, weil ihre Entwicklung heute nicht abgeschlossen ist. Insbesondere für die Meerestechnik läßt die gerade erst begonnene Entwicklung einer praktisch anwendbaren

Zuverlässigkeitstheorie unter Berücksichtigung des Zeiteinflusses, den wir im Rahmen dieses Buches nicht mehr behandeln können, Fortschritte auf die gemeinsame Betrachtung von Entwurfs- und Inspektions- bzw. Instandhaltungsstrategien erwarten.

6.3.1 Zuverlässigkeit tragender Konstruktionselemente

Wir beschränken unsere Betrachtungen zunächst auf zwei Größen, nämlich auf die Beanspruchung eines Konstruktionselementes einerseits und auf den vorhandenen Widerstand dieses Konstruktionselementes andererseits. Dabei soll unter Beanspruchung sowohl eine äußere Last als auch eine damit verbundene innere Belastung des Konstruktionselementes verstanden werden, wie z.B. eine Schnittlast beim einfachen Balken oder Stab oder auch die daraus resultierende Spannung im Material. Entsprechendes gilt für den Widerstand, bei dem immer die zur Beanspruchung dimensionsgleiche Größe des Widerstands betrachtet wird, also die ertragbare äußere Last, die ertragbare Schnittlast oder die ertragbare Spannung.

Wenn die Beanspruchung durch einen Wert a und der Widerstand durch einen Wert w eindeutig dargestellt werden können, so gilt ein Konstruktionselement als sicher, wenn $a<w$ ist. In der Regel lassen sich solche konkreten Aussagen über Beanspruchung und Widerstand aber nicht machen. Wir können mitunter nur angeben, welche Werte wir für die größte Beanspruchung oder den dann tatsächlich vorhandenen Widerstand erwarten und um welches Maß diese Werte von unserer Erwartung letztlich abweichen könnten. Dabei ist es aus methodischer Sicht ohne Belang, ob wir diese Angaben aufgrund allgemeiner Vorurteile (a priori) machen oder statistische Erkenntnisse bzw. theoretische Überlegungen heranziehen. Es geht im folgenden zunächst darum, die durch unsere Erwartung und die mögliche Abweichung von dieser Erwartung ausgedrückte Unsicherheit über Beanspruchung und Widerstand des Konstruktionselementes auf eine rationale Weise zu erfassen: An die Stelle eines gefühlsmäßigen Abwägens soll die mathematische Beantwortung der Frage treten, inwieweit es wahrscheinlich ist, daß die Wirklichkeit auf ein Wertepaar (a, w) führt, das die Eigenschaft $a<w$ besitzt.

Wir verwenden zu diesem Zweck eine Wahrscheinlichkeitsaussage P und definieren den Begriff Zuverlässigkeit R alternativ in Form einer „Differenzaussage“:

$$R=P[Z>0], \quad Z=W-A, \tag{6.106}$$

einer „Quotientenaussage“:

$$R=P[\Gamma>1], \quad \Gamma=W/A, \tag{6.107}$$

oder einer „Vergleichsaussage“:

$$R=P[W>A]. \tag{6.108}$$

Die Zuverlässigkeit wird damit als eine Größe zwischen 0 und 1 definiert, denn dies ist der Bereich der Wahrscheinlichkeit P. Es ergibt sich die zu R komplementäre Aussage

$$Q=1-R\,, \tag{6.109}$$

wobei wir Q als Risiko bezeichnen. Etwas allgemeiner formuliert:

Wenn wir Sicherheit, wie allgemein üblich, als die Gewißheit betrachten, daß ein Konstruktionselement nicht versagt, so ist Zuverlässigkeit hier als die Wahrscheinlichkeit von Sicherheit definiert. 100 %ige Zuverlässigkeit ist Sicherheit. Wir erinnern an dieser Stelle noch einmal daran, daß wir Zufallsgrößen formal durch Großschreibung und ihre Realisierung durch Kleinschreibung der Symbole kennzeichnen, z.B. Zufallsgröße A mit der Realisierung a usw.

Zur Entwicklung eines rationalen (mathematischen) Formalismus, mit dem Zuverlässigkeit einer Konstruktion bewertet werden kann, wollen wir kurz die Definitionsgleichung (6.106) erörtern. Dazu ist es zweckmäßig, eine andere, aus der Wahrscheinlichkeitstheorie bekannte Schreibweise für (6.106) zu verwenden (siehe auch Anhang 1, (A1.14))

$$R=1-F_Z(z=0)=\int_0^\infty f_Z(z)\,\mathrm{d}z\,. \tag{6.110}$$

F_Z ist die Verteilungsfunktion von Z, $f_Z(z)$ die zugehörige Verteilungsdichte. Betrachten wir den Fall, daß sowohl die zufällige Beanspruchung A als auch der ebenfalls zufällige Widerstand W der Gaußschen Normalverteilung folgen – siehe hierzu (5.18) und (5.19) – so folgt die Differenz $Z=W-A$ ebenfalls dieser Verteilung, wenn W und A stochastisch unabhängig voneinander sind, siehe z.B. [6.48]. Die Parameter der Verteilungsdichte von Z lauten dann für den Mittelwert

$$m_Z=m_W-m_A, \quad m_Z=E[Z]=\int_{-\infty}^{\infty} z\cdot f_Z(z)\,\mathrm{d}z\,, \tag{6.111}$$

und für die Standardabweichung

$$\sigma_Z=\sqrt{\sigma_W^2+\sigma_A^2}, \quad \sigma_Z^2=\mathrm{Var}[Z]=\int_{-\infty}^{\infty}(z-m_Z)^2 f_Z(z)\,\mathrm{d}z\,. \tag{6.112}$$

Wir definieren noch die sog. standardisierte Zufallsgröße U mit der Transformationsgleichung

$$U=(Z-m_Z)/\sigma_Z \tag{6.113}$$

und setzen zur Bestimmung der Zuverlässigkeit nach (6.110) $Z=z=0$, Bild 6.26. Wir erhalten damit nach (6.111) bis (6.113) einen sog. Zuverlässigkeitsindex

$$\beta=U(Z=0)=-m_Z/\sigma_Z=-(m_W-m_A)/\sqrt{\sigma_W^2+\sigma_A^2}\,. \tag{6.114}$$

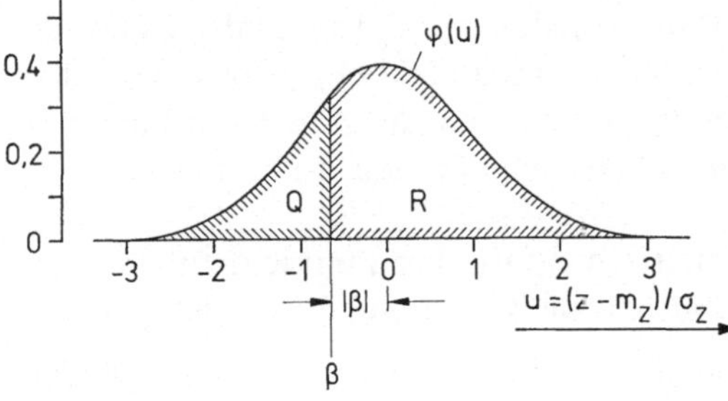

Bild 6.26. Zuverlässigkeitsindex und standardisierte Gaußsche Normalverteilung

Nach (6.110) gilt mit der üblichen Abkürzung Φ für F bzw. φ für f, wenn es sich um standardisierte Gaußsche Normalverteilungen handelt, siehe Bild 6.26,

$$R=1-\Phi(\beta), \quad \beta=\Phi^{-1}(1-R) \tag{6.115}$$

Φ^{-1} symbolisiert die Umkehrfunktion von Φ, und es gilt mit $\varphi(u)$ nach (5.18)

$$\Phi(\beta)=\int_{-\infty}^{\beta}\varphi(u)\,\mathrm{d}u, \quad \varphi(u)=1/\sqrt{2\pi}\cdot\exp\{-u^2/2\}. \tag{6.116}$$

Im folgenden wollen wir noch die Definitionsgleichung (6.108) der Zuverlässigkeit etwas eingehender betrachten, und zwar weiterhin unter der Annahme, daß Beanspruchung A und Widerstand W voneinander stochastisch unabhängige Zufallsgrößen sind. Dann können wir eine gemeinsame Verteilungsdichte $f_{\mathrm{AW}}(a, w)$ mit dem Produkt der Verteilungsdichten $f_{\mathrm{A}}(a)\cdot f_{\mathrm{W}}(w)$ als eine Art „Wahrscheinlichkeitshügel" über der durch rechtwinklige Koordinaten a und w definierten Domäne von P darstellen, Bild 6.27.

Zur Vereinfachung unserer weiteren Überlegungen werden wir nur den ersten Quadranten der Domäne von P betrachten, zunächst also nur positive Werte von A und W zulassen. Die Definitionsgleichung (6.108) fordert nun, daß wir das Teilvolumen des Wahrscheinlichkeitshügels bestimmen, das oberhalb der Geraden $w=a$ liegt, denn in diesem Bereich ist $w>a$. Wir erhalten also

$$R=\int_{a=0}^{\infty}\int_{w=a}^{\infty}f_{\mathrm{A}}(a)f_{\mathrm{W}}(w)\,\mathrm{d}a\mathrm{d}w=\int_{a=0}^{\infty}f_{\mathrm{A}}(a)(1-F_{\mathrm{W}}(a))\,\mathrm{d}a. \tag{6.117}$$

Wir können die gleiche Überlegung auch so durchführen, daß wir R nach (6.109) aus einer Darstellung von Q gewinnen, wobei wir Q als Volumenanteil des Wahrscheinlichkeitshügels unterhalb der Geraden $w=a$ berechnen. Dann ergibt sich

$$R=\int_{w=0}^{\infty}F_{\mathrm{A}}(w)f_{\mathrm{W}}(w)\,\mathrm{d}w. \tag{6.118}$$

(6.117 und 118) gelten für die Erweiterung auf beliebige negative Werte a und w, wenn wir für die untere Grenze $-\infty$ statt 0 setzen. Wir erkennen dies daran, daß z.B. (6.118) formal als die bekannte Aussage des totalen Wahrscheinlichkeitstheorems für alle „Bedingungen" w anzusehen ist, siehe (A1.19).

Wir wollen Bild 6.27 in eine etwas andere Form bringen, indem wir die Zufallsgrößen Beanspruchung A und Widerstand W analog (6.113) standardisieren

$$U_{\mathrm{A}}=(A-m_{\mathrm{A}})/\sigma_{\mathrm{A}}, \quad U_{\mathrm{W}}=(W-m_{\mathrm{W}})/\sigma_{\mathrm{W}}. \tag{6.119}$$

Unter der Voraussetzung, daß die Randverteilungen $f_{\mathrm{A}}(a)$ und $f_{\mathrm{W}}(w)$ der Gaußschen Verteilungsdichte folgen, bildet die durch (6.119) gegebene Transformation die Verteilungsdichtefunktion $f_{\mathrm{AW}}(a, w)$ auf die zum Koordinatenursprung symmetrische, zweidimensionale Gaußsche Standard-Normalverteilung $\varphi(u_{\mathrm{A}}, u_{\mathrm{W}})$ ab, Bild 6.28.

Die Fehlergrenze, die wir als geometrischen Ort aller Punkte definieren, der die Bereiche $a<w$ und $a>w$ trennt, hat hier die Gleichung $a=w$, also gilt

$$u_{\mathrm{W}}=\sigma_{\mathrm{A}}/\sigma_{\mathrm{W}}\cdot u_{\mathrm{A}}+(m_{\mathrm{A}}-m_{\mathrm{W}})/\sigma_{\mathrm{W}}. \tag{6.120}$$

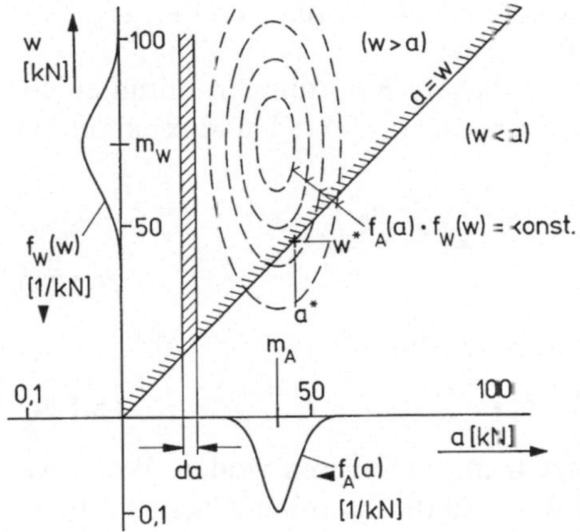

Bild 6.27. Verteilungsdichten von A und W und Fehlergrenze $a = w$

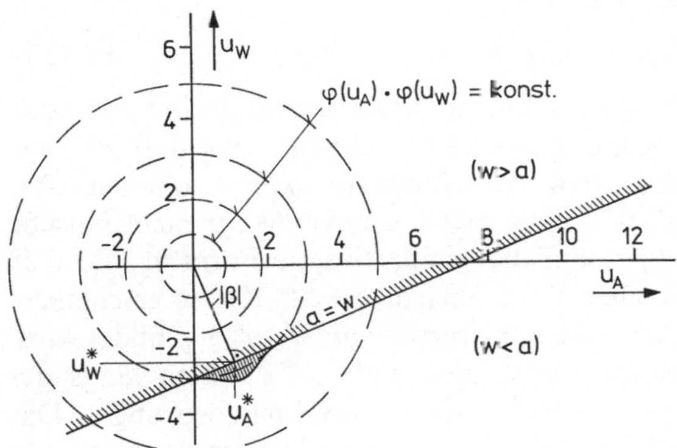

Bild 6.28. Zweidimensionale Verteilungsdichte von A und W und Fehlergrenze $a = w$ in standardisierten Koordinaten

Die Koordinaten (u_A^*, u_W^*) des Schnittpunktes der Fehlergrenze mit einer Geraden durch $(0,0)$, die senkrecht zur Fehlergrenze verläuft, hat die Gleichung $u_W = -\sigma_W/\sigma_A \cdot u_A$. Also gilt

$$u_A^* = \sigma_A (m_W - m_A)/(\sigma_W^2 + \sigma_A^2),$$
$$u_W^* = \sigma_W (m_A - m_W)/(\sigma_W^2 + \sigma_A^2). \tag{6.121}$$

Der Abstand zwischen den Punkten $(0,0)$ und (u_A^*, u_W^*) ergibt sich damit aus

$$\sqrt{u_A^{*2} + u_W^{*2}} = (m_W - m_A)/\sqrt{\sigma_W^2 + \sigma_A^2} = |\beta|, \tag{6.122}$$

und bei Vergleich mit (6.114) erkennen wir in (6.122) eine geometrische Interpretation des Zuverlässigkeitsindex: Der Betrag des Zuverlässigkeitsindex ist gleich dem minimalen Abstand zwischen dem Punkt (0,0) und der Fehlergrenze in standardisierten Koordinaten. Häufig wird der Zuverlässigkeitsindex als Betrag des zweiten Terms in (6.122) definiert, doch ist diese Definition ungeeignet, Risiko und Zuverlässigkeit in allen Fällen eindeutig zu unterscheiden.

Deshalb verwenden wir in diesem Text ausschließlich die mit (6.114) gegebene Definition oder damit kompatible Darstellungen.

Für praktische Rechnungen sind standardisierte Koordinaten mitunter unhandlich. Wir verwenden die Transformationen nach (6.119) und erhalten aus (6.121) die Koordinaten (a^*, w^*) zu

$$a^* = m_A + \beta \cdot \alpha_A \cdot \sigma_A ,$$

$$w^* = m_W + \beta \cdot \alpha_W \cdot \sigma_W . \tag{6.123}$$

Darin werden α_A und α_W als sog. Empfindlichkeitsfaktoren

$$\alpha_A = -\sigma_A / \sqrt{\sigma_W^2 + \sigma_A^2}, \quad \alpha_W = \sigma_W / \sqrt{\sigma_W^2 + \sigma_A^2} \tag{6.124}$$

bezeichnet, die wir weiter unten noch allgemeiner definieren wollen. Wenn wir (6.121) durch β dividieren, so erkennen wir, daß die Empfindlichkeitsfaktoren auch als Richtungskosinus des β-Vektors in Bild 6.28 interpretiert werden können. Da a^* und w^* auf der (45°-) Fehlergrenze liegen, wie sie in Bild 6.27 dargestellt wurde, gilt $a^* = w^*$, d.h. z.B. nach (6.123)

$$a^* = w^* = (m_A \sigma_W^2 + m_W \sigma_A^2) / (\sigma_W^2 + \sigma_A^2). \tag{6.125}$$

Damit können wir den Punkt $a^* = w^*$ in nicht standardisierten Koordinaten (d.h. im Raum der physikalischen Ausgangsgrößen) berechnen, ohne daß wir eine Angabe zum Zuverlässigkeitsindex bzw. zur Zuverlässigkeit benötigen. Wir wissen aber, daß der Punkt (a^*, w^*) eine wichtige zuverlässigkeitstechnische Bedeutung hat, die wir z.B. mit Blick auf die standardisierte Form in Bild 6.28 erkennen: Da dort die Linien gleicher Verteilungsdichte als Kreise erscheinen, muß ein Kreis, dessen Tangente durch die Fehlergrenze in (u_A^*, u_W^*) gebildet wird, die relativ höchste Verteilungsdichte unter allen anderen Punkten längs der Fehlergrenze haben (er liegt am nächsten zum Koordinatensprung). Das bedeutet anschaulich, daß die Wahrscheinlichkeit des Versagens in der Nähe von (u_A^*, u_W^*) bzw. (a^*, w^*) am größten ist. Dieser Punkt heißt allgemein Entwurfspunkt, weil es sinnvoll erscheint, Nennwerte der physikalischen Ausgangsgrößen – z.B. (a_N, w_N) – in Entwurfsrichtlinien (-vorschriften) so festzulegen, daß sie in einem sinnvollen Verhältnis zu den Entwurfswerten – hier (a^*, w^*) – stehen. Wir kommen auf diesen, für die Bemessungspraxis bedeutungsvollen Gedanken in Abschnitt 7.4.1 noch einmal zurück.

Beanspruchung und Widerstand sind selbst von einer ganzen Reihe weiterer physikalischer Ausgangsgrößen beeinflußt, die ihrerseits stochastischer Natur sein können, beim Stahl z.B. die Widerstandsgrößen Fließgrenze, Zugfestigkeit, E-Modul, Bruchdehnung usw., und es ist daher von besonderem praktischen Interesse, wenn wir unsere Betrachtungen auf mehr als zwei physikalische Ausgangsgrößen, die auch korreliert sein können, erweitern und unser bisher nur für A und W entwickeltes Modell mathematisch etwas allgemeiner formulieren. Statt der Ausgangsgrößen A und W betrachten wir daher im folgenden die physikalischen Ausgangsgrößen $X_1, X_2, \ldots, X_K$, die wir im Vektor $\boldsymbol{X}$ zusamenfassen. Wir wollen versuchen, diese Ausgangsgrößen analog (6.113) zu standardisieren, d.h. den X-Raum der Ausgangsgrößen formal mit

$$\boldsymbol{U} = \boldsymbol{C}_X^{-1/2} (\boldsymbol{X} - \boldsymbol{m}_X), \quad \boldsymbol{X} = \boldsymbol{m}_X + \boldsymbol{C}_X^{1/2} \boldsymbol{U} \tag{6.126}$$

in den U-Raum der standardisierten Ausgangsgrößen U_1, U_2, ..., U_K, die im Vektor $\boldsymbol{U}$ zusammengefaßt seien, zu transformieren. $\boldsymbol{C}_X$ ist die in (5.17) bereits definierte Kovarianzmatrix, und mit $\boldsymbol{m}_X$ symbolisieren wir den Vektor $(m_{X1}, m_{X2}, \ldots, m_{XK})^T$. Wir wollen nun zeigen, daß die mit der Transformation (6.126) aus den im allgemeinen korrelierten Ausgangsgrößen X_k gewonnenen Zufallsgrößen U_k standardisiert sind, d.h. alle den Mittelwert Null und die Standardabweichung Eins haben und darüber hinaus unter bestimmten Voraussetzungen stochastisch unabhängig werden:

Wir sehen ohne weiteres, daß (6.126) die Ergebnisse von (6.119) liefert, wenn $X_1 = A$, $X_2 = W$ und $K = 2$ ist, denn bei stochastischer Unabhängigkeit ist die Kovarianzmatrix gleich der Diagonalmatrix, d.h.

$$\boldsymbol{C}_X^{-1/2} = \lceil 1/\sigma_A \;\; 1/\sigma_W \rfloor ,$$

wobei wir mit dem Symbol $\lceil \ldots \rfloor$ den Inhalt der Hauptdiagonalen einer Diagonalmatrix zusammenfassen, alle anderen Elemente sind ja Null. Für den allgemeinen Fall mit K korrelierten Ausgangsgrößen $\boldsymbol{X}$ kann die Matrix $\boldsymbol{C}_X^{-1/2}$ wie folgt berechnet werden

$$\boldsymbol{C}_X^{-1/2} = \boldsymbol{W}\boldsymbol{L}^{-1/2}\boldsymbol{W}^T, \quad \boldsymbol{W} = [\boldsymbol{w}_1 \boldsymbol{w}_2 \ldots \boldsymbol{w}_K], \tag{6.127}$$

wobei die Matrix $\boldsymbol{W}$ die normierten Eigenvektoren $\boldsymbol{w}_k$ zusammenfaßt, die sich aus den Eigenvektoren ω_k als normierte Lösung der K Eigenwertprobleme

$$(\boldsymbol{C}_X - \boldsymbol{I}\lambda_k)\,\omega_k = \boldsymbol{O}, \quad k = 1, 2, \ldots, K$$

ergeben. Die Eigenwerte λ_k sind in der Diagonalmatrix

$$\boldsymbol{L} = \lceil \lambda_1 \lambda_2 \ldots \lambda_K \rfloor, \quad \boldsymbol{L}^{1/2} = \left\lceil \sqrt{\lambda_1}\sqrt{\lambda_2} \ldots \sqrt{\lambda_K} \right\rfloor$$

zusammengefaßt und $\boldsymbol{I} = \lceil 1\,1 \ldots 1 \rfloor$ ist die Einheits(diagonal)matrix. Unter diesen Voraussetzungen gilt $\boldsymbol{C}_X^{1/2}\boldsymbol{C}_X^{1/2} = \boldsymbol{C}_X$, siehe z.B. [6.44] oder [6.48 Teil II], d.h. nach (6.126)

$$E[\boldsymbol{U}] = \boldsymbol{C}_X^{-1/2}(E[\boldsymbol{X}] - \boldsymbol{m}_X) = \boldsymbol{O}, \tag{6.128}$$

$$\boldsymbol{C}_U = \boldsymbol{C}_X^{-1/2}\boldsymbol{C}_X\boldsymbol{C}_X^{-1/2} = \boldsymbol{I}, \tag{6.129}$$

denn für lineare Transformationen $\boldsymbol{Z} = \boldsymbol{A}\boldsymbol{X}$ gilt allgemein $\boldsymbol{C}_Z = \boldsymbol{A}\boldsymbol{C}_X\boldsymbol{A}^T$, [6.44], und nach (6.127) ist

$$(\boldsymbol{C}_X^{-1/2})^T = (\boldsymbol{W}\boldsymbol{L}^{-1/2}\boldsymbol{W}^T)^T = \boldsymbol{W}\boldsymbol{L}^{-1/2}\boldsymbol{W}^T = \boldsymbol{C}_X^{-1/2}.$$

Wegen der durch (6.128) und (6.129) ausgedrückten Eigenschaften der Transformation nach (6.126) kann diese als eine Möglichkeit betrachtet werden, die im allgemeinen korrelierten physikalischen Ausgangsgrößen $\boldsymbol{X}$ in stochastisch unabhängige, standardisierte Zufallsgrößen $\boldsymbol{U}$ zu transformieren. Hinzu kommt eine weitere Eigenschaft dieser Transformation, die darin besteht, physikalische Ausgangsgrößen $\boldsymbol{X}$, die der Gaußschen Normalverteilung folgen, so zu transformieren, daß die entstehenden standardisierten Zufallsgrößen $\boldsymbol{U}$ der standardisierten Gaußschen Normalverteilung folgen, denn mit der allgemein gültigen Transformationsbedingung

$$f_U(\boldsymbol{u}) = f_X(\boldsymbol{x}(\boldsymbol{u}))\,|\boldsymbol{C}_X|^{1/2}$$

($|C_X|^{1/2}$ entspricht der sog. Jakobi-Determinanten, hier angewandt auf (6.126)) erhalten wir

$$f_U(\boldsymbol{u}) = 1/\sqrt{(2\pi)^K} \cdot \exp\{-\boldsymbol{u}^T\boldsymbol{u}/2\} = \prod_{k=1}^{K} \varphi(u_k). \qquad (6.130)$$

(Zur Definition von $\varphi(u_k)$ siehe (6.116) mit Index k.) Damit können wir den U-Raum als den Raum stochastisch unabhängiger, standardnormalverteilter Zufallsgrößen bezeichnen, wenn er mittels (6.126) als Transformation der korrelierten, normalverteilten physikalischen Ausgangsgrößen des X-Raums entstanden ist. Da die Transformation (6.126) linear ist, bildet sie eine lineare Funktion $g_L(\boldsymbol{X})$ auf eine ebenfalls lineare Funktion $h_L(\boldsymbol{U})$ im U-Raum ab. Für beliebige, auch nichtlineare Transformationen gilt mit (6.126)

$$g(\boldsymbol{X}) = h(\boldsymbol{U}) = h(\boldsymbol{C}_X^{-1/2}(\boldsymbol{U} - \boldsymbol{m}_X)). \qquad (6.131)$$

Im folgenden verwenden wir $g(\boldsymbol{X})$ zur Darstellung des sog. mechanischen Modells der physikalischen Ausgangsgrößen, wobei wir unter dem mechanischen Modell eines Elementes oder einer tragenden Konstruktion die analytische Beschreibung des Element- oder Konstruktionsverhaltens unter der Einwirkung von Belastungen verstehen. Wir definieren $g(\boldsymbol{X})$ in der Weise, daß

$$g(\boldsymbol{X}) \begin{cases} <0 & \text{Versagen}, \\ =0 & \text{Indifferenz}, \\ >0 & \text{Tragfähigkeit} \end{cases} \qquad (6.132)$$

bedeutet. In diesem Zusammenhang wird $g(\boldsymbol{X})$ auch als Strukturfunktion bezeichnet. Mit $\boldsymbol{X}$ als Vektor aller stochastischen Ausgangsgrößen ist durch $G = g(\boldsymbol{X})$ eine stochastische Zufallsgröße definiert. Die in (6.106) verwendete Definition $Z = g(A, W) = W - A$, auch Sicherheitsmarge genannt, und die in (6.107) verwendete Definition $\Gamma = g(A, W) = W/A$, die als Sicherheitsfaktor bekannt ist, sind einfache Beispiele solcher Zufallsgrößen. Die Fehlergrenze $g(\boldsymbol{X}) = 0$ ist eine sog. Hyperfläche der Dimension $K-1$, wobei K weiterhin die Zahl der betrachteten physikalischen Ausgangsgrößen ist.

Im U-Raum hatten wir den Betrag des Zuverlässigkeitsindex als den kürzesten Abstand zwischen (0,0) und der Fehlergrenze $h(U_A, U_W) = 0$, siehe (6.120), (6.122) und Bild 6.28, identifiziert. Mit dem in den Versagensbereich $h(\boldsymbol{U}) < 0$ gerichteten Vektor der Einheitsnormalen $\boldsymbol{e}_U$ der Fehlergrenze gilt allgemeiner nach Bild 6.29.

$$\boldsymbol{u}^* = -\beta \cdot \boldsymbol{e}_U^*, \quad h(\boldsymbol{u}^*) = 0. \qquad (6.133)$$

Dies sind $K+1$ Bestimmungsgleichungen für die K Komponenten des Entwurfspunktes $\boldsymbol{u}^*$ und den Zuverlässigkeitsindex β. Wir gehen auf die Reihe der bekannten Möglichkeiten einer algorithmischen Aufbereitung dieser Gleichungen und ihrer Lösung hier nicht weiter ein, siehe z.B. [6.53, 6.54], Bild 6.29 zeigt aber anschaulich, daß eine Lösung existieren kann.

Aus (6.133) erhalten wir durch Multiplikation mit $\boldsymbol{e}_U^{*T}$

$$\beta = -\boldsymbol{e}_U^{*T}\boldsymbol{u}^* = -\boldsymbol{u}^{*T}\boldsymbol{e}_U^* \qquad (6.134)$$

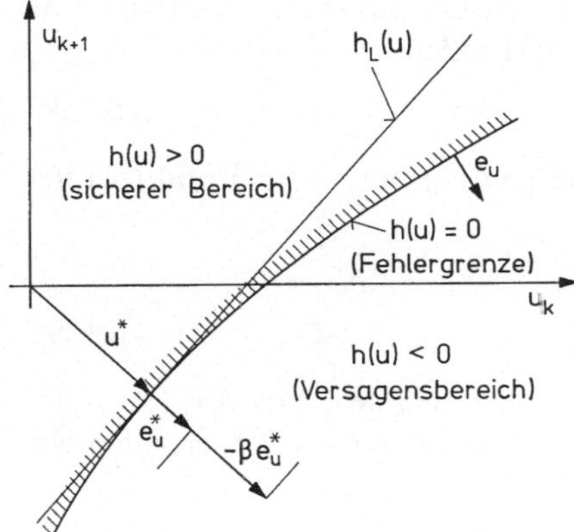

Bild 6.29. Entwurfspunkt und Zuverlässigkeitsindex in standardisierten Koordinaten

und analog zu (6.133) ergibt sich

$$\sqrt{\boldsymbol{u}^{*T}\boldsymbol{u}^*}=\sqrt{\beta^2}=|\beta|\,.$$

Wir transformieren nun $\boldsymbol{u}^*$ in (6.133) und (6.134) mittels (6.126) in den X-Raum der physikalischen Ausgangsgrößen. Dazu fassen wir die partiellen Ableitungen nach den K Koordinatenrichtungen im sog. Nabla-Vektor ∇ zusammen,

$$\nabla_{\mathrm{U}}^T=(\partial/\partial u_1 \partial/\partial u_2 \ldots \partial/\partial u_{\mathrm{K}})\,,$$

$$\nabla_{\mathrm{X}}^T=(\partial/\partial x_1 \partial/\partial x_2 \ldots \partial/\partial x_{\mathrm{K}})\,,$$

und erhalten in Anwendung der Kettenregel der Differentialrechnung auf die Transformationsgleichung (6.126)

$$\nabla_{\mathrm{U}}^T=\nabla_{\mathrm{X}}^T\cdot[\partial x_{\mathrm{i}}/\partial u_{\mathrm{k}}]=\nabla_{\mathrm{X}}^T\boldsymbol{C}_{\mathrm{X}}^{1/2}\,.$$

Hierbei ist $[\partial x_{\mathrm{i}}/\partial u_{\mathrm{k}}]$ eine quadratische Matrix der Dimension K, i ist der Reihenindex, k der Spaltenindex. Wir wenden dieses Ergebnis auf die Strukturfunktion $h(\boldsymbol{U})$ im Entwurfspunkt $\boldsymbol{u}^*$ an und erhalten die partiellen Ableitungen

$$\begin{aligned}\boldsymbol{a}_{\mathrm{U}}^T&=(\nabla_{\mathrm{U}}^T h(\boldsymbol{U})|\boldsymbol{U}=\boldsymbol{u}^*)^T\\&=(\nabla_{\mathrm{X}}^T g(\boldsymbol{X})|\boldsymbol{X}=\boldsymbol{x}^*)^T\boldsymbol{C}_{\mathrm{X}}^{1/2}=\boldsymbol{a}_{\mathrm{X}}^T\boldsymbol{C}_{\mathrm{X}}^{1/2}\,,\\\boldsymbol{a}_{\mathrm{X}}^T&=(\nabla_{\mathrm{X}}^T g(\boldsymbol{X})|\boldsymbol{X}=\boldsymbol{x}^*)^T\end{aligned}\qquad(6.135)$$

mit $g(\boldsymbol{X})$ nach (6.131) und $\boldsymbol{a}_{\mathrm{X}}^T$ als Gradientenvektor der Strukturfunktion im Entwurfspunkt. Nun ist der Vektor der Einheitsnormalen im Entwurfspunkt darstellbar als

$$\boldsymbol{e}_{\mathrm{U}}^*=-\boldsymbol{a}_{\mathrm{U}}/\sqrt{\boldsymbol{a}_{\mathrm{U}}^T\boldsymbol{a}_{\mathrm{U}}}=-\boldsymbol{a}_{\mathrm{X}}^T\boldsymbol{C}_{X}^{1/2}/\sqrt{\boldsymbol{a}_{\mathrm{X}}^T\boldsymbol{C}_{\mathrm{X}}\boldsymbol{a}_{\mathrm{X}}}=-\boldsymbol{\alpha}\,,\qquad(6.136)$$

und mit dieser Definitionsgleichung für die sog. Empfindlichkeitsfaktoren $\boldsymbol{\alpha}$ erkennen wir die wichtige Eigenschaft

$$\boldsymbol{e}_{\mathrm{U}}^{*T}\boldsymbol{e}_{\mathrm{U}}^*=1=\boldsymbol{\alpha}^T\boldsymbol{\alpha}=\sum_{k=1}^{K}\alpha_{\mathrm{k}}^2\,.\qquad(6.137)$$

Die Bestimmungsgleichungen (6.133) für den Entwurfspunkt lauten damit im X-Raum der korrelierten physikalischen Ausgangsgrößen

$$x^* = m_X + \beta \cdot C_X^{1/2} \alpha, \quad g(X) = O. \tag{6.138}$$

Den Zuverlässigkeitsindex erhalten wir analog (6.134) mit (6.126) und (6.136) zu

$$\beta = \alpha^T C_X^{-1/2} (x^* - m_X),$$

$$\beta = a_X^T (x^* - m_X) / \sqrt{a_X^T C_X a_X}. \tag{6.139}$$

Dies ist die allgemeine Definition des Zuverlässigkeitsindex. Mit $X = (A \ W)^T$, $m_X = (m_A \ m_W)^T$, $C_X = \lceil \sigma_A^2 \ \sigma_W^2 \rfloor$, $g(X) = W - A$, also $a_X^T = (-1 \ 1)$, erhalten wir daraus natürlich wieder (6.114)

$$\beta = (-a^* + m_A + w^* - m_W) / \sqrt{(-1 \ 1) \lceil \sigma_A^2 \ \sigma_W^2 \rfloor (-1 \ 1)^T},$$

$$\beta = -(m_W - m_A) / \sqrt{\sigma_W^2 + \sigma_A^2},$$

denn $a^* = w^*$, siehe (6.125) oder Bild 6.27. Außerdem gilt nach (6.136)

$$(\alpha_A \ \alpha_W) = (-\sigma_A / \sqrt{\sigma_W^2 + \sigma_A^2} \ \ \sigma_W / \sqrt{\sigma_W^2 + \sigma_A^2}), \tag{6.140}$$

siehe (6.124). Abgesehen von diesem einfachen, zur Illustration der allgemeinen Definition des Zuverlässigkeitsindex und der zugehörigen Bestimmungsgleichungen verwendeten Falls einer linearen Strukturfunktion, ist der Zuverlässigkeitsindex, wie gesagt, entweder im U-Raum mittels (6.133) oder im X-Raum mittels (6.138), zusammen mit den Entwurfspunktkoordinaten u^* bzw. x^*, iterativ zu bestimmen. Zur Abschätzung des Risikos können wir eine nichtlineare Fehlergrenze linear im Entwurfspunkt approximieren:

$$Q = P[g(X) \leqq 0] \simeq P[g_L(X) \leqq 0] = P[h_L(U) \leqq 0]. \tag{6.141}$$

Mit der Taylor-Reihenentwicklung in u^*

$$h_L(U) \doteq h(u^*) + a_U^T (U - u^*)$$

(a_U^T nach (6.135), das Symbol $\doteq$ bedeutet Abbruch nach Gliedern erster Ordnung) erhalten wir unter Berücksichtigung von (6.133), (6.136) und (6.134)

$$Q \simeq P[\alpha^T U \leqq \beta] = \Phi(\beta), \tag{6.142}$$

denn auch die Summe $\alpha^T U$ ist wegen $E[\alpha^T U] = \alpha^T E[U] = 0$ und $\mathrm{Var}[\alpha^T U] = \alpha^T \alpha = 1$ wieder eine standardnormalverteilte Zufallsgröße. Die Anwendung von (6.115) stellt für den verallgemeinerten Fall von K korrelierten normalverteilten, physikalischen Ausgangsgrößen also eine Zuverlässigkeitsaussage dar, die als lineare Fehlergrenzenapproximation im Entwurfspunkt zu bezeichnen ist. In diesem Zusammenhang sprechen wir von einer Methode erster Ordnung, die natürlich auch dann Ergebnisse liefert, wenn wir uns über die zu den sog. ersten und zweiten Momenten m_X bzw. σ_X^2 gehörende Verteilungsfunktion $F_X(x)$ keine Rechenschaft geben oder einfach annehmen, daß X der Gaußschen Normalverteilung folgt. Daher ist im Englischen auch der Begriff First-Order Second-Moment (FOSM) Methode gebräuchlich.

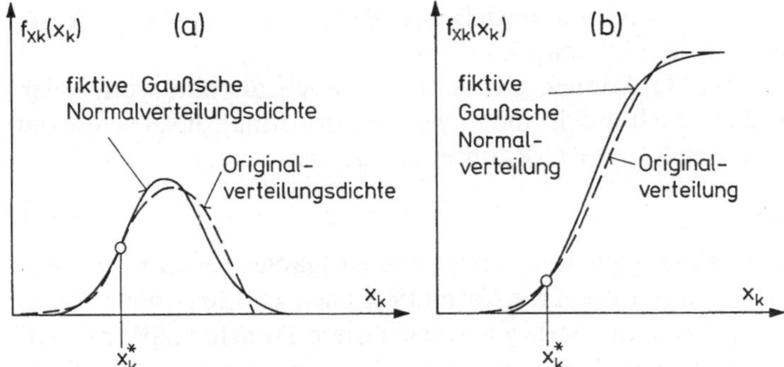

Bild 6.30a, b. Fiktive Gaußsche Normal- und originale Verteilungen

Da für korrelierte physikalische Ausgangsgrößen $\boldsymbol{X}$, die der Gaußschen Normalverteilung folgen, auch die nach (6.126) standardisierten, stochastisch unabhängigen Zufallsgrößen der Gaußschen (Standard)Normalverteilung folgen, ist der Entwurfspunkt $\boldsymbol{x}^*$ bzw. $\boldsymbol{u}^*$ ein Punkt relativ größter Wahrscheinlichkeitsdichte längs der Fehlergrenze, siehe $h(U)$ in Bild 6.28. Aus diesem Grund liefert die lineare Fehlergrenzenapproximation im Entwurfspunkt in der Auswertung nach (6.142) in den meisten praktischen Fällen eine gute Näherung für das Versagensrisiko Q bzw. die Zuverlässigkeit $R=1-Q$. Für Ausgangsgrößen $\boldsymbol{X}$, die nicht der Gaußschen Normalverteilung folgen, können wir vergleichbar gute Näherungen erzielen, wenn es uns gelingt, sowohl Verteilungsfunktion als auch -dichte so durch eine Gaußsche Normalverteilung zu ersetzen, daß Original- und fiktive Gaußsche Ersatzverteilungen im Entwurfspunkt $\boldsymbol{x}^*$ übereinstimmen. Für stochastisch unabhängige Ausgangsgrößen $\boldsymbol{X}$ soll also gelten, Bild 6.30,

$$\Phi((x_k^*-m_{Xk})/\sigma_{Xk})=F_{Xk}(x_k^*), \quad k=1,2,\ldots,K,$$
$$\varphi((x_k^*-m_{Xk})/\sigma_{Xk})=f_{Xk}(x_k^*)\cdot\sigma_{Xk}. \tag{6.143}$$

Die Bedingungen (6.143) sind erfüllt, wenn wir die Parameter der fiktiven Gaußschen Normalverteilung wie folgt berechnen

$$\sigma_{Xk}=\varphi(\Phi^{-1}(F_{Xk}(x_k^*)))/f_{Xk}(x_k^*),$$
$$m_{Xk}=x_k^*-\sigma_{Xk}\cdot\Phi^{-1}(F_{Xk}(x_k^*)).$$

Diese, im Englischen als „Normal Tail Approximation" bezeichnete Vorgehensweise muß bei der iterativen Suche des Entwurfspunktes $\boldsymbol{x}^*$ bzw. $\boldsymbol{u}^*$ nach jedem Iterationsschritt wiederholt werden. In diesem Sinne sprechen wir auch vom sog. Rackwitz-Fießler-Algorithmus, der erstmalig in [6.55] angewandt wurde.

Zur Vereinfachung bei aufwendigen Berechnungen, auf die wir im Abschnitt 6.3.2 noch näher eingehen, wird bisweilen auf die iterative Vorgehensweise verzichtet, und der Entwurfspunkt einfach mit sog. Multiplikationsfaktoren ψ_k geschätzt [6.50]. Analog (6.133) und (6.138) schreiben wir dazu näherungsweise

$$\boldsymbol{x}^*=\boldsymbol{m}_X+\lceil\psi_1,\psi_2,\ldots,\psi_K\rfloor\cdot\boldsymbol{\sigma}_X, \tag{6.144}$$

wobei wir die Multiplikationsfaktoren mittels $\psi_k = \beta \cdot \alpha_k$ über vernünftige Werte für β und α_k schätzen (siehe Abschnitt 7.4.1).

Die Bedingungen (6.143) können wir natürlich auch als eine von vielen anderen, neben (6.126) auch noch möglichen Transformationsgleichungen zwischen allen Punkten des X- und U-Raumes betrachten

$$\Phi(\boldsymbol{u}) = F_X(\boldsymbol{x}), \quad \boldsymbol{u} = \Phi^{-1}(F_X(\boldsymbol{x})), \tag{6.145}$$

denn für stochastisch unabhängige, normalverteilte Ausgangsgrößen wäre diese Transformation ja identisch mit der Transformation nach (6.126), siehe Ableitung von (6.130). Wir wollen nun überlegen, wie wir diese Transformation so auf korrelierte, nicht normalverteilte Ausgangsgrößen $\boldsymbol{X}$ erweitern können, daß die Zufallsgrößen $\boldsymbol{U}$ wieder standardnormalverteilt und stochastisch unabhängig sind. Wir betrachten zunächst zwei korrelierte physikalische Ausgangsgrößen X_1 und X_2. Dann gilt unter der Bedingung stochastischer Unabhängigkeit der zugehörigen standardisierten Zufallsgrößen U_1 und U_2 analog (A1.18) bzw. (A1.21)

$$\Phi(u_1)\Phi(u_2) = F_{X1}(x_1)F_{X2}(x_2|x_1).$$

Bei schrittweiser Transformation der beiden Ausgangsgrößen gilt damit

$$u_1 = \Phi^{-1}(F_{X1}(x_1))$$

$$u_2 = \Phi^{-1}(F_{X2}(x_2|x_1)).$$

Für K Zufallsgrößen setzen wir dieses Schema einfach fort und erhalten auf diese Weise die als sog. Rosenblatt-Transformation bekannte Abbildungsvorschrift nach Hohenbichler und Rackwitz [6.56],

$$\begin{aligned} u_3 &= \Phi^{-1}(F_{X3}(x_3|x_1x_2)) \\ \vdots \;\; &\;\; \vdots \qquad \vdots \\ u_k &= \Phi^{-1}(F_{Xk}(x_k|x_1x_2\ldots x_{k-1})), \quad k = 1,2,\ldots,K. \end{aligned} \tag{6.146}$$

Bei der iterativen Suche nach dem Entwurfspunkt $\boldsymbol{u}^*$ benötigen wir die Transformation nur punktweise, d.h. für bestimmte, vorgegebene Werte $X_1 = x_1$, $X_2 = x_2$, $X_3 = x_3$ usw. Für korrelierte standardnormalverteilte Ausgangsgrößen $Y_k = (X_k - m_k) / \sigma_{Xk}$ entspricht der inversen Rosenblatt-(Hohenbichler-Rackwitz-) Transformation

$$y_k = F_{Xk}^{-1}(\Phi(u_k)|y_1, y_2, \ldots, y_{k-1})$$

die lineare Transformation $\boldsymbol{y} = \boldsymbol{A}\boldsymbol{u}$ mit einer Matrix $\boldsymbol{A}$, deren Werte a_{ij} für $j > i$ gemäß vorstehender Gleichung alle Null sind (es bleibt nur eine untere Dreiecksmatrix). Dies ist der Weg, der insbesondere für praktische Berechnungen mit EDV-Programmen geeignet ist. Weitere Hinweise siehe z.B. [6.51].

Ein für die Bewertung der Zuverlässigkeit meerestechnischer Konstruktionen interessantes Anwendungsbeispiel der Rosenblatt-(Hohenbichler-Rackwitz-) Transformation im Rahmen des hier skizzierten Konzepts der Methode erster Ordnung ist in [6.19] ausgeführt. Wir werden die Einzelheiten hier nicht wiederholen, wollen aber darauf hinweisen, daß es in diesem Beispiel um die Darstellung langzeitlicher Überschreitenswahrscheinlichkeiten (kumulativer

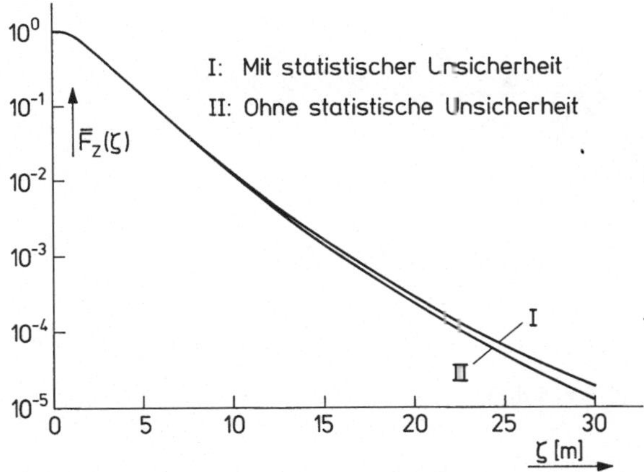

Bild 6.31. Einfluß statistischer Unsicherheiten auf die Überschreitensrisiken der Wellenerhebung nach [6.19]

Verteilungsfunktionen) der Wellenerhebung ζ in einem bestimmten Seegebiet geht. Wir haben mit der letzten Formel des Abschnitts 6.2.1.3 angedeutet, wie Verteilungsfunktionen $F_{Yk}(y)$ irgendwelcher Seegangswirkungen Y_k, also mit $Y_k = Z$ auch der stochastischen Wellenerhebung Z selbst, berechnet werden können, doch liefert eine FOSM-Betrachtung mit der Rosenblatt-(Hohenbichler-Rackwitz-)Transformation, wie in [6.19] ausgeführt, ergänzende Hinweise auf den Einfluß statistischer Unsicherheit, die im Beispiel von den Daten des lokalen Wellenklimas (Langzeitstatistik des Seegangs) herrührt. Diese Beispielrechnungen zeigen, daß solche statistischen Unsicherheiten bei den praktisch interessierenden, selten auftretenden Bemessungswerten der Wellenerhebung bedeutsam sein können, Bild 6.31 nach [6.19]: Bei einem Überschreitensrisiko zwischen 10^{-5} und 10^{-4} hat die Unsicherheit die Größenordnung des Freiraums (air gap) von 1,20 m über dem Kamm der Bemessungswelle erreicht, siehe Abschnitt 6.2.1.2.

6.3.2 Zuverlässigkeit tragender Konstruktionen

Bei allen tragenden Konstruktionen hat die Korrelation zwischen Konstruktionselementen besondere Bedeutung für die Berechnung der Versagenswahrscheinlichkeit, so daß wir hierzu einige Zusammenhänge im voraus klären wollen:

Nach Bild 6.28 aus Abschnitt 6.3.1 erhalten wir die Gleichung der linearen Fehlergrenze $h(u_A, u_W)$ im U-Raum der stochastisch unabhängigen Zufallsgrößen U_A und U_W aus der Bedingung: Beanspruchung gleich Widerstand $(a = w)$. Daraus ergibt sich unter Beachtung von (6.120) sowie (6.114) und (6.124) für ein beliebiges Element i

$$h_i(\boldsymbol{u}) = \alpha_{Wi} \cdot u_W + \alpha_{Ai} \cdot u_A - \beta_i = 0 . \qquad (6.147)$$

Für standardnormalverteilte Zufallsgrößen U_A und U_W ist mit (6.147) eine normalverteilte Zufallsgröße H_i mit der Streuung 1 definiert. Weil (6.147) auch

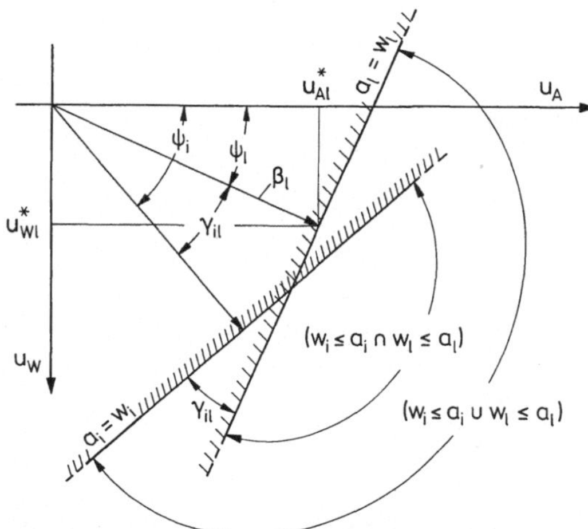

Bild 6.32. Fehlergrenzen der Elemente i und l

für ein beliebiges anderes Element l gilt, erhalten wir für den Korrelationskoeffizienten zwischen zwei Elementen i und l, siehe (A1.28),

$$\begin{aligned}\varrho_{\mathrm{il}} &= \mathrm{Cov}[H_{\mathrm{i}}, H_{\mathrm{l}}] = E[H_{\mathrm{i}} \cdot H_{\mathrm{l}}] - E[H_{\mathrm{i}}] \cdot E[H_{\mathrm{l}}] \\ &= \alpha_{\mathrm{Wi}} \cdot \alpha_{\mathrm{Wl}} + \alpha_{\mathrm{Ai}} \cdot \alpha_{\mathrm{Al}} \,. \end{aligned} \tag{6.148}$$

Nach Bild 6.32, in dem die Fehlergrenzen beider Elemente im U-Raum der standardisierten Zufallsgrößen dargestellt sind, gilt mit (6.124)

$$\cos\psi = u_{\mathrm{A}}^{*}/|\beta| = \alpha_{\mathrm{A}}, \quad \sin\psi = u_{\mathrm{W}}^{*}/|\beta| = -\alpha_{\mathrm{W}}\,, \tag{6.149}$$

Damit ergibt sich aus (6.148) eine für unsere weiteren Betrachtungen wichtige geometrische Interpretation des Korrelationskoeffizienten zwischen Konstruktionselementen i und l

$$\varrho_{\mathrm{il}} = \cos\{\psi_{\mathrm{i}} - \psi_{\mathrm{l}}\} = \cos\gamma_{\mathrm{il}}\,, \tag{6.150}$$

d.h., der Korrelationskoeffizient zweier tragender Konstruktionselemente entspricht dem Kosinus des Winkels, den die beiden Entwurfspunktvektoren bzw. die linearisierten Fehlergrenzen im U-Raum der stochastisch unabhängigen standardisierten Zufallsgrößen miteinander einschließen. Zu seiner Berechnung müssen wir zunächst die Empfindlichkeitsfaktoren bestimmen und in Verallgemeinerung von (6.148) bilden wir dann die sog. Korrelationsmatrix der Elemente mit linearer bzw. linearisierter Strukturfunktion

$$\boldsymbol{P} = \boldsymbol{A} \cdot \boldsymbol{A}^{T}, \tag{6.151}$$

$$\boldsymbol{A} = \begin{bmatrix} \alpha_{11} & \alpha_{12} & \cdots & \alpha_{1\mathrm{K}} \\ \alpha_{21} & \alpha_{22} & \cdots & \alpha_{2\mathrm{K}} \\ \vdots & \vdots & & \vdots \\ \alpha_{\mathrm{I}1} & \alpha_{\mathrm{I}2} & \cdots & \alpha_{\mathrm{IK}} \end{bmatrix},$$

wobei K die Anzahl der betrachteten Ausgangsgrößen und I die Anzahl der betrachteten Konstruktionselemente ist. $\boldsymbol{P}$ hat die Dimension $I \cdot I$ und ist auf der Diagonalen mit Einsen besetzt, siehe (6.137).

Nach diesen Vorbemerkungen können wir uns nun mit der Zuverlässigkeit tragender Konstruktionen etwas näher befassen.

6.3.2.1 Konstruktionen mit Serien- und Parallelstruktur

Definition: Eine Konstruktion hat Serienstruktur, wenn das Versagen eines einzelnen tragenden Elementes zum Versagen der Konstruktion führt. (Konstruktionen mit Serienstruktur funktionieren nur dann, wenn alle tragenden Elemente der Konstruktion funktionieren.)

In Bild 6.33 sind die linearisierten Fehlergrenzen $h(u_A, u_W)=0$ zweier Elemente i und l im U-Raum der stochastisch unabhängigen, standardisierten Zufallsgrößen U_A und U_W von Anspruch und Widerstand dargestellt und die Bereiche gekennzeichnet, in denen die gemäß (6.147) gebildeten Zufallsgrößen H_i und H_l der Konstruktionselemente i und l entweder beide gleichzeitig ($\cap$) oder jedes auch für sich ($\cup$) kleiner als 0 werden, was als Indikator für das Versagen der Konstruktionselemente anzusehen ist, siehe (6.141): F ist ein sog. Fehlerindikator als Kurzschreibweise für $h(U_A, U_W) \leqq 0$.

Damit können wir das Versagensrisiko Q_S für eine Konstruktion mit zwei Elementen in logischer Serienstruktur aus Bild 6.33 direkt ablesen. Es gilt bei stochastischer Unabhängigkeit der Elemente i und l im Versagensbereich $F_i \cup F_l$

$$Q_S = \int_{|u^*_l|}^{\infty} \varphi(u_A)\,du_A \int_{-\infty}^{|u^*_i|} \varphi(u_W)\,du_W + \int_{-\infty}^{\infty} \varphi(u_A)\,du_A \int_{|u^*_i|}^{\infty} \varphi(u_W)\,du_W\,. \tag{6.152}$$

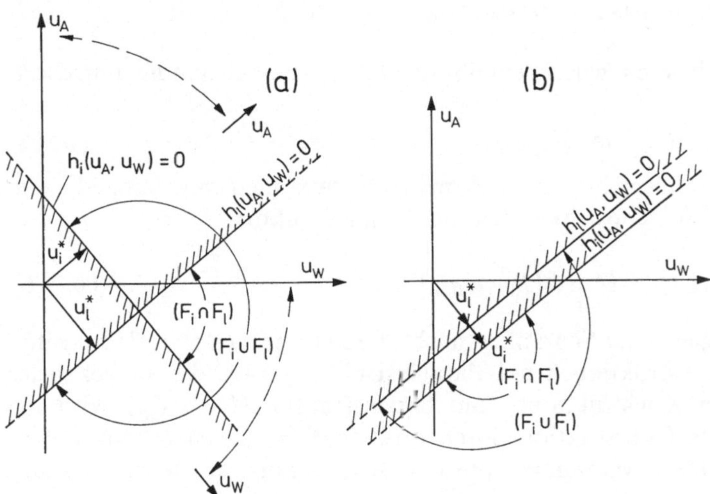

Bild 6.33a, b. Fehlergrenzen der Elemente i und l. **a** bei stochastischer Unabhängigkeit; **b** bei vollständiger Korrelation

Unter Beachtung von $|u^*|=|\beta|$, siehe (6.134)f, und der Identität

$$\Phi(-\beta)=1-\Phi(\beta) \tag{6.153}$$

folgt aus (6.152) für stochastische Unabhängigkeit der Elemente i und l

$$Q_S=1-(1-\Phi(\beta_i))(1-\Phi(\beta_l)),\ \varrho_{il}=0. \tag{6.154}$$

Wir können den entsprechenden Ausdruck für vollständige Korrelation direkt aus Bild 6.33b, ebenfalls für $F_i \cup F_l$, ablesen

$$Q_S=\mathrm{Max}[\Phi(\beta_i),\ \Phi(\beta_l)],\ \varrho_{il}=1, \tag{6.155}$$

und in Verallgemeinerung von (6.154) und (6.155) auf I Elemente folgen daraus die sog. trivialen Schranken für Konstruktionen mit Serienstruktur

$$\underset{i=1}{\overset{I}{\mathrm{Max}}}\,\Phi(\beta_i) \leqq Q_S \leqq 1-\prod_{i=1}^{I}(1-\Phi(\beta_i)),\ \varrho_{il}\geqq 0. \tag{6.156}$$

Diese Schranken lassen sich wesentlich einengen, doch haben solche Details für unsere Betrachtungen nur untergeordnete Bedeutung. Der interessierte Leser sei aber auf eine Übersicht hingewiesen, die sich ausführlicher mit dem Thema Zuverlässigkeitsschranken befaßt [6.57] sowie auf eine neuere Darstellung der numerischen Konsequenzen [6.58]. Wir wollen hier vor allem die Bedeutung der Korrelation zwischen Konstruktionselementen für das Versagensrisiko positiver Serienkonstruktion deutlich machen: Die untere Schranke gilt für vollständige Korrelation, die obere Schranke für stochastische Unabhängigkeit!

Definition: Eine Konstruktion mit Parallelstruktur versagt, wenn alle Elemente versagen. (Sie funktioniert, wenn mindestens ein Element funktioniert.)

Mit Blick auf die Versagensbereiche $F_i \cap F_l$ nach Bild 6.33a sehen wir, daß für zwei stochastisch unabhängige Konstruktionselemente einer Konstruktion mit Parallelstruktur gelten muß

$$Q_P=\int_{|u^*_l|}^{\infty}\varphi(u_A)\,du_A\int_{|u^*_i|}^{\infty}\varphi(u_W)\,du_W=\Phi(\beta_i)\,\Phi(\beta_l),\ \varrho_{il}=0, \tag{6.157}$$

und aus Bild 6.33b lesen wir, ebenfalls für $F_i \cap F_l$ für vollständig korrelierte Elemente ab

$$Q_P=\mathrm{Min}[\Phi(\beta_i),\ \Phi(\beta_l)],\ \varrho_{il}=1. \tag{6.158}$$

Also folgen in Verallgemeinerung auf mehr als zwei Elemente nunmehr sog. triviale Schranken für Konstruktionen mit Parallelstruktur

$$\prod_{i=1}^{I}\Phi(\beta_i) \leqq Q_P \leqq \underset{i=1}{\overset{I}{\mathrm{Min}}}\,\Phi(\beta_i),\ \varrho_{il}\geqq 0. \tag{6.159}$$

Wir sehen bei Vergleich der Schranken nach (6.156) und (6.159), daß positive Korrelation bei Konstruktionen mit Parallelstruktur gerade den umgekehrten Effekt hat wie bei Konstruktionen mit Serienstruktur: Hier (Q_P) wird das Versagensrisiko der Konstruktion durch positive Korrelation erhöht (obere Schranke), dort (Q_S) vermindert positive Korrelation das Risiko (untere Schranke)!

Für tragende Konstruktionen mit Serienstruktur (Ketten, statisch bestimmte Stabwerke etc.) gilt folgende Merkregel: Je weniger Komponenten und je höher

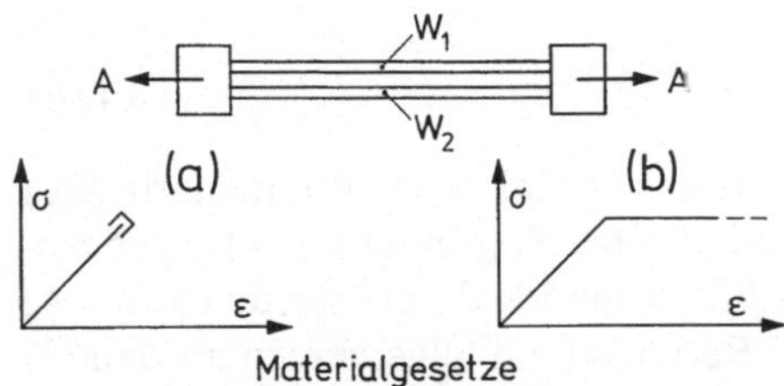

Bild 6.34a, b. Konstruktion mit Parallelstruktur und zwei Materialgesetzen

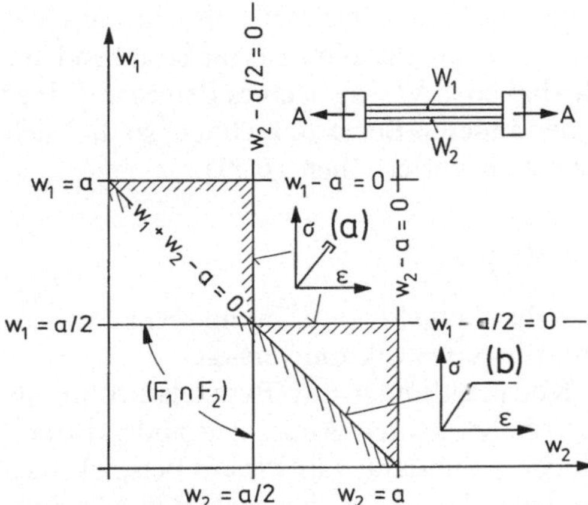

Bild 6.35. Venn-Diagramm für eine Parallelkonstruktion mit zwei Materialgesetzen

deren positive Korrelation, um so geringer der Zuverlässigkeitsverlust gegenüber einer einzigen Komponente. Für Parallelkonstruktionen gilt: Je mehr Komponenten und je niedriger deren positive Korrelation, um so höher der Zuverlässigkeitsgewinn gegenüber einer einzigen Komponente.

Auch die trivialen Schranken nach (6.159) lassen sich, wie die trivialen Schranken bei der Serienstruktur, wesentlich einengen. Bei Konstruktionen mit Parallelstruktur kommt aber als eine besondere Einflußgröße auf das Versagensrisiko der Konstruktion der Einfluß des Materialgesetzes hinzu, zu dem wir hier noch kurz Stellung nehmen müssen:

Wir betrachten dazu am Beispiel einer Konstruktion mit zwei parallelen Zugstäben zwei idealisierte Materialgesetze, nämlich idealelastisch-sprödes Material (Bild 6.34a) und idealelastisch-idealplastisches Material (Bild 6.34b).

Wir können uns den Versagensmechanismus so vorstellen, daß entweder erst das Element 1 versagt und dann Element 2 oder umgekehrt, erst Element 2, dann 1. Daraus ergibt sich als logische Struktur der Parallelkonstruktion eine Serienstruktur, die aus zwei Substrukturen (Moduln) besteht, in denen jeweils zwei Elemente als Parallelstruktur zusammengefaßt sind. Nun stellen wir die Versagensbereiche dieser beiden Substrukturen als sog. Venn-Diagramm dar, wobei wir berücksichtigen, daß beim Materialgesetz (Bild 6.34b) auch nach Versagen eines Elementes noch eine vollplastische Kraft erhalten bleibt, während dies beim Materialgesetz (Bild 6.34a) nicht angenommen werden kann, Bild 6.35. Anhand der unterschiedlich großen Versagensbereiche erkennen wir unmittelbar den Einfluß des Materialgesetzes auf das Versagensrisiko der Parallelkonstruktion

$$Q_P(b) \leqq Q_P(a). \tag{6.160}$$

Das bei vielen meerestechnischen Konstruktionen (Jackets, Halbtauchern etc.) verwendete Baumaterial ist höherfester Stahl, der bei Zug- oder auch Biegebeanspruchung besser nach Bild 6.34b als nach Bild 6.34a idealisiert werden kann, so daß wir den Fall des Materialgesetzes nach Bild 6.34b im allgemeinen als den für die Belange der Meerestechnik repräsentativen betrachten können. Nach (6.160) erhalten wir dann aber immer nur eine untere Schranke der Versagenswahrscheinlichkeit! Abgesehen davon haben wir in der Praxis, z.B. bei Betrachtung einer Tension-Leg-Plattform, als reales Beispiel für eine Parallelstruktur bestehend aus Zugstäben, bei einem dem Sprödbruch ähnlichen Versagen eines Beines mit einer nachfolgenden, stoßartigen Belastung der anderen Beine zu rechnen, so daß sich die wirklichen Risiken für Systemversagen weiter erhöhen [6.59].

6.3.2.2 Konstruktionen mit redundanter Struktur

Definition: Eine Konstruktion hat eine redundante Struktur, wenn mehr Elemente als nur eines versagen müssen, damit die Konstruktion versagt.

Nach dieser Definition sind alle Konstruktionen mit Parallelstruktur als Spezialfälle redundanter Konstruktionen zu betrachten. Außerdem sind natürlich alle statisch unbestimmten Konstruktionen redundant, was wir am Beispiel eines Portalrahmens aus idealelastisch-idealplastischem Material nach Bild 6.36 illustrieren wollen:

Dieser Rahmen ist offenbar statisch unbestimmt, und wenn wir diese Unbestimmtheit durch Einfügen von Gelenken an den höchstbelasteten Stellen des Rahmens aufheben wollen, so müssen wir dazu mindestens zwei Gelenke verwenden, ein drittes könnte schon ausreichen, um die Konstruktion instabil zu

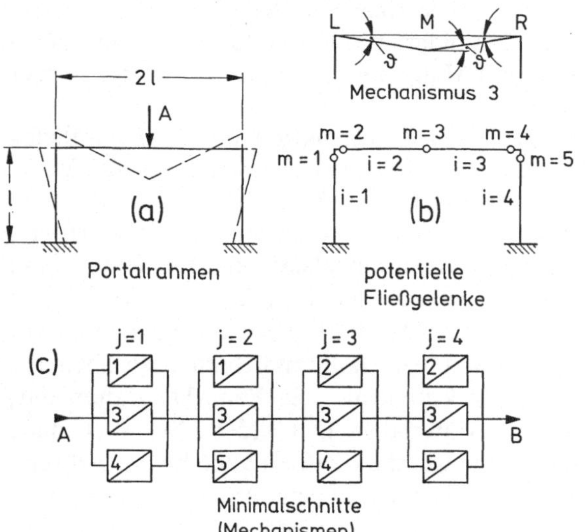

Bild 6.36a – c. Portalrahmen mit potentiellen Fließgelenken und Versagensmechanismen

machen. Wenn wir das idealelastisch-idealplastische Materialgesetz (Bild 6.34b) voraussetzen, so sprechen wir von vornherein von Fließgelenken. Es ist in diesem Fall leicht nachzuweisen [6.48 Teil II], daß das Auftreten folgender Fließgelenkkombinationen (unabhängig voneinander und unabhängig von der Reihenfolge) zum Versagen des Rahmens führen würde: 1–3–4, 1–3–5, 2–3–4, 2–3–5.

Ein allgemein anwendbarer Algorithmus zum Auffinden aller unabhängigen Fließgelenkkombinationen, die auch als fundamentale Versagensmechanismen bezeichnet werden, ist in [6.60] entwickelt worden. Die Strukturfunktionen der Versagensmechanismen – siehe (6.132) – lassen sich im hier betrachteten einfachen Beispiel aus den Formänderungsarbeiten berechnen, siehe Abschnitt 4.4.2. Mit der Abkürzung W als Zufallsgröße für das vollplastische Moment gilt bei Versagen, siehe Bild 6.36b,

$$W_L\vartheta + W_M\vartheta + W_M\vartheta + W_R\vartheta = Al\vartheta, \tag{6.161}$$

und wir erhalten vier stochastische Strukturgrößen $G_j = g_j(W, A)$ für die Versagensmechanismen

$$G_1 = W_1 + 2W_3 + W_4 - Al, \quad G_2 = W_1 + 2W_3 + W_5 - Al,$$
$$G_3 = W_2 + 2W_3 + W_4 - Al, \quad G_4 = W_2 + 2W_3 + W_5 - Al. \tag{6.162}$$

Das Versagensrisiko des redundanten Portalrahmens ergibt sich aus der Bedingung, daß mindestens ein Mechanismus eintritt (eine Strukturgröße G_j kleiner als Null wird). Es gilt also

$$Q_R = P[G_1 \leqq 0 \cup G_2 \leqq 0 \cup G_3 \leqq 0 \cup G_4 \leqq 0], \tag{6.163}$$

d.h., auch die redundante Konstruktion des Portalrahmens hat eine Serienstruktur, deren „Elemente“ Substrukturen (Moduln) sind, die ihrerseits reine Parallelstrukturen aus jeweils drei Elementen darstellen, denn es müssen jeweils drei Elemente versagen, damit sich ein Mechanismus ausbilden kann (Bild 6.36c). Beide Grundstrukturen, Serien- und Parallelstruktur, haben wir in Abschnitt 6.3.2.1 diskutiert. An dieser Stelle wollen wir deutlich machen, daß bei der Zuverlässigkeitsanalyse redundanter Konstruktionen zunächst die Versagensmechanismen (Parallelstrukturen) zu ermitteln sind, die dann als „Elemente“ einer Serienstruktur zur Bildung der logischen Struktur der redundanten Konstruktion verwendet werden. Die Korrelationen zwischen diesen „Elementen“ ermitteln wir nach (6.151), siehe [6.48, Teil II].

Das ist in der Praxis für die meisten, hochgradig redundanten meerestechnischen Konstruktionen sehr aufwendig, weil diese Konstruktionen im allgemeinen sehr viele fundamentale Versagensmechanismen, und Kombinationen davon, aufweisen. Deswegen wurden Verfahren entwickelt, die es mit einer für die meisten praktischen Anwendungen akzeptablen Genauigkeit erlauben, nur die wahrscheinlich bedeutsamen (dominanten) Mechanismen darzustellen, ohne erst alle möglichen Versagensmechanismen zu suchen. Wir wollen hier eine möglichst übersichtliche Kurzbeschreibung der beiden bekanntesten Verfahren mit Hinweisen auf Anwendungen in der Meerestechnik geben, die Einzelheiten müssen der umfangreichen Spezialliteratur zu diesem Thema vorbehalten bleiben, siehe z.B. die ausführliche und übersichtliche Zusammenfassung in [6.50].

„Branch-And-Bound" Technik

1. Verzweigen (branching): Zur Entwicklung eines für die EDV-Programmierung geeigneten Suchalgorithmus gehen wir von der Vorstellung der sequentiellen Bildung von Fließgelenkfolgen aus, d.h., wir verfolgen in einer Art Probiermethode die Entwicklung möglicher Versagenswege bis hin zu dem Fließgelenk, bei dem die Konstruktion letztlich versagt.

Praktisch gehen wir beim idealelastisch-idealplastischen Materialgesetz so vor, daß wir im Falle des Versagens unter reiner Biegemomentenbeanspruchung am potentiellen Fließgelenk ein echtes Gelenk einfügen und dort das vollplastische Moment als äußeres Moment anbringen und mit den ursprünglichen (stochastischen) Lasten eine weitere Rechnung duchführen. (Andere Versagensformen, wie z.B. Knicken und Druckbiegung, können analog modelliert werden, auch Fälle mit Interaktionen verschiedener Schnittlasten.)

Nach jedem Schritt $p=1, 2, \ldots, p_K$ können wir uns z.B. unter allen, für den nächsten Schritt möglichen Fließgelenken $M(p)$ dasjenige heraussuchen, das unter den jeweils gegebenen Umständen als das wahrscheinlich nächste bezeichnet werden kann. Unmittelbar einleuchtend ist dabei ein Kriterium, bei dem dieses Fließgelenk als dasjenige mit der größten Versagenswahrscheinlichkeit gewählt wird, d.h.

$$P[F_m^{(p)}] := \operatorname*{Max}_{m \in M(p)} P[F_m(p)], \tag{6.164}$$

wobei $F_m(p)$ als stochastischer Versagensindikator des jeweils betrachteten Elementes dient. In (6.164) bedeutet (p), daß wir uns im p-ten Schritt dieses Verzweigungsalgorithmus befinden, bei dem noch $M(p)$ potentielle Fließgelenke zur Auswahl anstehen, (p) ist also als ein Indikator für den im p-ten Schritt zu berücksichtigenden Teilschädigungszustand der Konstruktion zu interpretieren. Für $(p)=(1)$ ist die Konstruktion intakt, d.h., $M(1)$ ist die Zahl aller möglichen bzw. aller bei der Modelierung berücksichtigten Fließgelenke. $P[F_m^{(p)}]$ ist daher die für ein Element m gefundene, relativ größte Versagenswahrscheinlichkeit bei einem durch (p) indizierten Teilschädigungszustand der Konstruktion.

Ein etwas aufwendigeres, aber im allgemeinen sehr sinnvolles Verzweigungskriterium wird in [6.61] vorgeschlagen. Dabei wird m im p-ten Schritt des Verzweigungsalgorithmus so gewählt, daß gilt

$$P[F_n^{(1)} \cap F_m^{(p)}] := \operatorname*{Max}_{m \in M(p)} [F_n^{(1)} \cap F_m(p)], \tag{6.165}$$

wobei $F_n^{(1)} \equiv F_m^{(1)}$ wie in (6.164) mit $(p)=(1)$ für $n=m$ bestimmt wird.

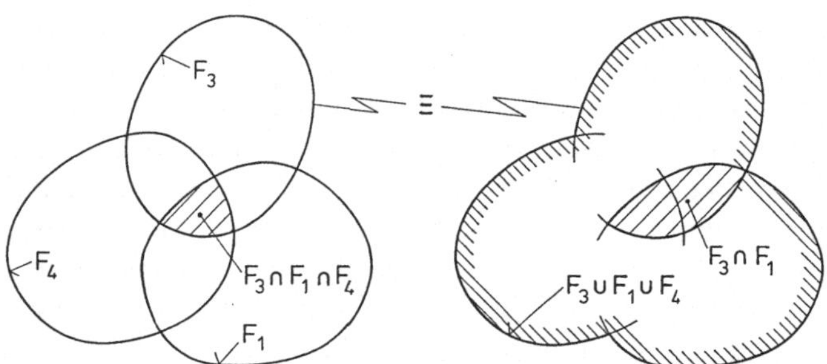

Bild 6.37. Venn-Diagramm für die Bereiche dreier Zufallsgrößen

Die Kriterien (6.164) und/oder (6.165) definieren die Indizes m von Elementen, die zu einer sich sequentiell bildenden, wahrscheinlichen Fließgelenkfolge gehören.

2. Einschränken (bounding): Mit den nach (6.165) definierten Wahrscheinlichkeiten läßt sich für eine partielle (unvollständige) Fließgelenkfolge $q(p)$ mit p Fließgelenken verschiedener Indizes m, deren Auftretenswahrscheinlichkeit sofort abschätzen: Wir erhalten nach Bild 6.37, bei dem der Fall $M(p)=3, m=1, 3$ und 4, in Form eines Venn-Diagramms prinzipiell veranschaulicht ist,

$$\begin{aligned} P[F_{\mathrm{q}}^{(\mathrm{p})}] &= P[F_{\mathrm{m}}^{(1)} \cap F_{\mathrm{m}}^{(2)} \cap \ldots \cap F_{\mathrm{m}}^{(\mathrm{p})}] \\ &= P[(F_{\mathrm{m}}^{(1)} \cap F_{\mathrm{m}}^{(2)}) \cap (F_{\mathrm{m}}^{(1)} \cap F_{\mathrm{m}}^{(3)}) \cap \ldots \cap (F_{\mathrm{m}}^{(1)} \cap F_{\mathrm{m}}^{(\mathrm{p})})] \\ &\leqq \operatorname*{Min}_{k=2}^{p} P[F_{\mathrm{m}}^{(1)} \cap F_{\mathrm{m}}^{(\mathrm{k})}], \end{aligned} \tag{6.166}$$

und es gilt (anschaulich) bei Verwendung dieser oberen Schranke

$$P[F_{\mathrm{q}}^{(1)}] \geqq P[F_{\mathrm{q}}^{(2)}] \geqq \ldots \geqq P[F_{\mathrm{q}}^{(\mathrm{p})}]. \tag{6.167}$$

Die Eigenschaft (6.167) erlaubt es uns, bereits im p-ten Schritt zu entscheiden, welche potentiellen Fließgelenke fallengelassen werden können und welche zur Bildung dominanter Fließgelenkfolgen noch berücksichtigt werden müssen: Wenn wir nämlich einen Grenzwert vorgeben, bei dem eine vollständige Fließgelenkfolge, bestehend aus p_{K} Fließgelenken, als nicht dominant fallengelassen wird, z.B. bei

$$P[F_{\mathrm{q}}^{\mathrm{K}}] \leqq 10^{-\mathrm{n}}, \quad (\text{z.B. } n=6), \tag{6.168}$$

so ist ein solches Kriterium wegen (6.167) bei $p=\mathrm{K}$ erfüllt, wenn es bereits bei irgendeinem Schritt $p \leqq \mathrm{K}$ erfüllt ist. Der praktische Nutzen dieses „branch-and-bound" Algorithmus liegt also in der Möglichkeit, nicht dominante Fließgelenkfolgen auszuscheiden, noch bevor sie vollständig definiert sind. Vollständige Fließgelenkfolgen bilden dann bei beliebiger Reihenfolge der Fließgelenke für das idealelastisch-idealplastische Materialgesetz immer auch eine der gesuchten Fließgelenkkombinationen, deren Auftretenswahrscheinlichkeit durch (6.166) und eine weitere, nicht triviale untere Schranke weiter eingegrenzt werden kann [6.50].

„β-Unzipping" Technik

Bei dieser Vorgehensweise wird die logische Struktur der Konstruktion zunächst relativ grob modelliert. Bei einem daran anschließenden, schrittweisen, systematischen Aufbau immer realistischerer Strukturmodellierungen wird die Entwicklung der Zuverlässigkeitsaussage beobachtet, und bei praktisch nicht mehr relevanten Veränderungen des Ergebnisses wird dieser Vorgang beendet [6.50].

Wir beginnen z.B. mit der Strukturzuverlässigkeit auf dem untersten (gröbsten) Niveau 0, bei dem einfach gesetzt wird

$$Q_{\mathrm{R}} = \operatorname*{Max}_{m=1}^{M} Q_{\mathrm{m}} = \operatorname*{Min}_{m=1}^{M} |\beta_{\mathrm{m}}|, \quad \beta_{\mathrm{m}} \leqq 0, \tag{6.169}$$

wobei Q_{m} das Versagensrisiko des Elements (potentiellen Fließgelenks) m ist.

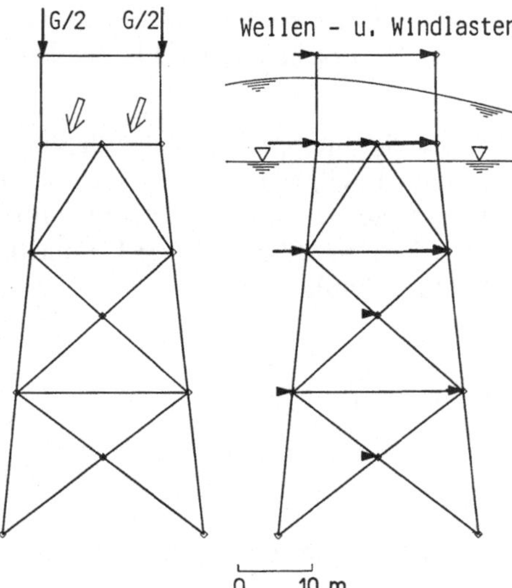

Bild 6.38. 2-D Jacket-Modul, Idealisierung und Belastungen

Auf dem nächsthöheren Niveau 1 modellieren wir die Konstruktion als Serienstruktur, bei der die Elemente verschiedene Zuverlässigkeitsindizes β_m haben und unterschiedlich korreliert sein können ($\varrho_{mn} \neq \varrho_{mk} \neq \varrho_{nk}$ usw.), aber wir berücksichtigen nur Elemente mit Werten $|\beta_m|$, die einen vorgegebenen Mindestwert überschreiten, die also mit einer Mindestwahrscheinlichkeit Q_m versagen. Natürlich verwenden wir für die Serienstruktur Schranken, die wesentlich enger sind als die mit (6.156) vorgestellten trivialen Schranken, siehe z.B. [6.62].

Auf dem nächsthöheren Niveau 2 verwenden wir dann eine Serienstruktur, bestehend aus Substrukturen, die ihrerseits gerade zwei parallele Elemente haben, wobei es darauf ankommt, ausschließlich kritische Elementpaarungen zu finden. Das geschieht zunächst durch Einfügung eines Gelenkes am Element *m*, dessen Versagenswahrscheinlichkeit am größten ist, siehe (6.14), und durch Addition einer äußeren Last (Moment) von der Größe des Elementwiderstands (vollplastischen Moments) an dieser Stelle. Nun wird dieses Element *m* mit all den Elementen zu Parallelstrukturen aus zwei Elementen kombiniert, mit denen sich unter den sonst unveränderten (stochastischen) Lasten eine gemeinsame Versagenswahrscheinlichkeit ergibt, die ein wie z.B. in (6.168) vorgegebenes Niveau überschreitet.

Durch Fortsetzen dieses Algorithmus für Parallelstrukturen, bestehend aus 3, 4, 5 usw. Elementen, die dann zusammen eine vereinfachte Serienstruktur der redundanten Konstruktion bilden, wird schrittweise das Niveau der Zuverlässigkeitsanalyse auf die Niveaus 3, 4, 5 usw. angehoben.

Wir sehen, daß sich die branch-and-bound und die β-unzipping-Methoden vom Niveau 2 an aufwärts immer ähnlicher werden, und die bisher bekannt gewordenen Ergebnisse bestätigen die praktische Brauchbarkeit beider Methoden für die Zuverlässigkeitsanalyse von Tragwerken, die aus Stäben und Balken konstruiert sind. Das sind in der Meerestechnik im wesentlichen Jackets und verwandte Konstruktionen, für die wir im folgenden einige Ergebnisse darstellen wollen.

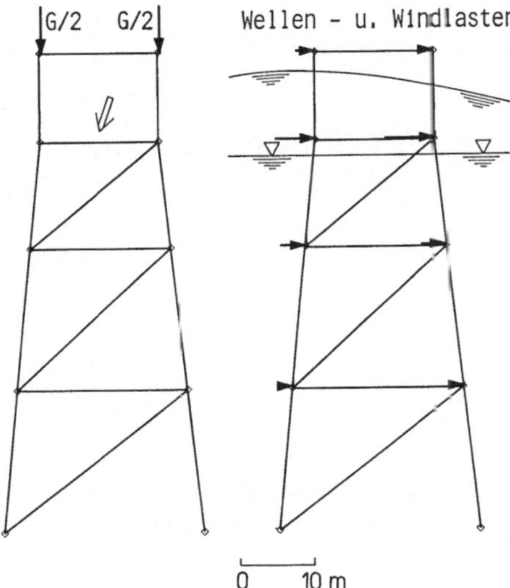

Bild 6.39. 2-D Jacket-Modul, Idealisierung und Belastungen

Zunächst betrachten wir zwei Jacket-Rahmen unter Wind- und Wellenbelastung, Bild 6.38 und 6.39 nach [6.63]: Um einen Vergleich dieser unterschiedlichen Konstruktionsprinzipien durchführen zu können, wollen wir von der gleichen Vordimensionierung für Rohrdurchmesser und -dicken ausgehen und die Belastungen durch die gleiche Welle bei gleicher Phasenlage definieren. Hinzu kommen die Windbelastung auf den gleichen Überwasserteil der Konstruktion und auch die gleiche Gewichtsbelastung G. Diese Werte sind im Sinne unserer stochastischen Betrachtung als mittlere Extremallasten aufzufassen, die über- oder unterschritten werden können. Die Meßzahl, die die mögliche Abweichung vom Mittelwert definiert, ist der Variationskoeffizient, $V=\sigma/m=$Standardabweichung/Mittelwert, den wir in diesem rein illustrativen Beispiel für alle Entwurfsparameter auf 20 % setzen wollen. Alle Rohrelemente mit gleichem Durchmesser und gleicher Wandstärke seien zu 90 % korreliert, bei gleichem Durchmesser aber unterschiedlicher Wandstärke nehmen wir eine geringere Korrelation von 20 % an, sonst sind alle Entwurfsparameter unkorreliert. Die in den Bildern 6.38 und 6.39 angedeuteten Wellenlasten an den Knoten des Jacket-Rahmens sind für eine regelmäßige Welle natürlich linear abhängig voneinander.

Einen Eindruck vom Grad der Redundanz in beiden Fällen bekommen wir anhand der in Bild 6.40 gegenübergestellten Ergebnisse zweier Beispielrechnungen, in denen die vollständigen Versagensmechanismen größter Auftretenswahrscheinlichkeit (größter Dominanz) nach einer branch-and-bound Technik ermittelt wurden, bei der auch die stochastischen Eigenschaften der Festigkeitsparameter berücksichtigt werden konnten. Auf Einzelheiten dieser als stochastische Finite Elemente Technik bezeichneten Vorgehensweise können wir hier nicht näher eingehen, siehe aber [6.64].

Wir sehen an Bild 6.40, daß bei einer einigermaßen ausgewogenen Dimensionierung kaum einmal die Tragfähigkeit oder die sog. Traglast (ultimate limit state) eines Jacket-Rahmens erreicht oder überschritten werden kann: Es muß im

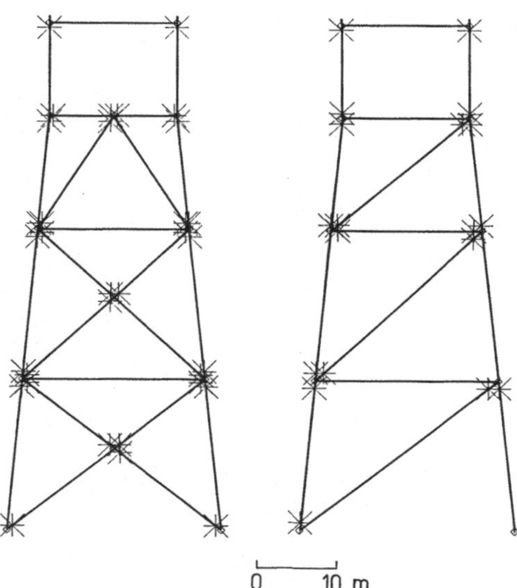

Bild 6.40. Dominante Versagensmechanismen, Module nach Bild 6.38 und 6.39

Prinzip einfach zu viel passieren, damit etwas passiert, und das ist ja der Sinn redundanter Bauweise. Wir werden diese Aussage sogleich noch etwas einschränken, wollen aber zunächst feststellen, daß uns die Zuverlässigkeitsanalyse beim Entwurf meerestechnischer Konstruktionen in die Lage versetzt zu erkennen, an welchen Stellen sich besonders kritische Konstruktionselemente befinden. (Im Beispiel nach Bild 6.38 und 6.39 an den durch Pfeile gekennzeichneten Stellen.) Wir können auf dieser Basis vernünftige, konstruktive Sicherheitsentscheidungen fällen oder schon im Entwurf eine sinnvolle Inspektionsplanung für den späteren Betrieb vornehmen. Das ist der eigentliche Sinn der hier entwickelten Bewertungsmethode für meerestechnische Konstruktionen: Während eines Berechnungszyklus für eine bestimmte Konfiguration der Konstruktion und ihrer Abmessungen können wir feststellen, wie weit wir uns dem Ziel einer sicherheitstechnisch ausgewogenen Entwurfslösung genähert haben. Je schwerer es im Verlauf verschiedener Berechnungszyklen wird, dominante Versagensmechanismen mit den beschriebenen oder ähnlichen Algorithmen aufzufinden, d.h., je mehr Fließgelenke zu jedem Mechanismus gehören, umso weiter haben wir uns einer optimal zuverlässigen Konstruktion genähert.

Diese Aussage wird in einer sehr ausführlichen Studie weitgehend bestätigt [6.65]. Wir wollen daraus noch ein für die Entwurfspraxis allgemein interessierendes Ergebnis zitieren, Bild 6.41. Dabei geht es um die Frage des effektiven Einsatzes von Verstrebungen für Jacket-Rahmen, wobei sog. X- und K-Verstrebungen für verschiedene Verhältnisse von vertikalen Lasten F_V zu horizontalen Lasten F_H verglichen werden.

Die Zuverlässigkeit der betrachteten Rahmenkonfigurationen wächst mit negativen Werten von β, siehe (6.115). Dieser Wert ist in Bild 6.41a für das idealelastisch-spröde Material und in Bild 6.41b für das idealelastisch-idealplastische Material der Verstrebungen dargestellt. Für relativ große Horizontallasten, wie wir sie z.B. für den 100-Jahre-Sturm erwarten müssen, ist die K-Verstrebung

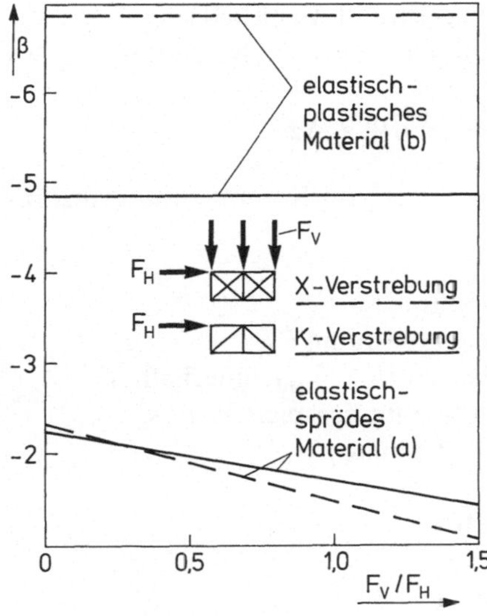

Bild 6.41. β-Vergleich für Rahmen mit X- und K-Verstrebung nach [6.65]

bei Verwendung des Materials nach Bild 6.41a etwa ebenso zuverlässig als die X-Verstrebung. Diese zunächst vielleicht überraschende Aussage weist darauf hin, daß konstruktive Redundanz bei sprödem Material seine zuverlässigkeitstechnische Bedeutung verliert: Es hätte z.B. keinen Sicherheitseffekt, das Bein einer Tension-Leg-Konstruktion aus vielen, über die gleiche Last hochkorrelierten, parallel tragenden Zugstangen (Tendons) aufzubauen, wenn diese aus einem Material mit überwiegend sprödem Bruchverhalten gefertigt würden. Auch diese Aussage wurde in [6.65] noch genauer verifiziert.

Natürlich sind die vorgestellten Beispiele in einer Reihe von Nebenbedingungen, die wir hier nicht alle erwähnen konnten, idealisiert, aber sie zeigen dennoch, daß sich die zuverlässigkeitstechnische Bewertung meerestechnischer Konstruktionen zu einer praxisrelevanten Ergänzung der in den Abschnitten 6.1 und 6.2 erläuterten klassischen Bewertungsmethoden entwickelt hat, siehe [6.66]. Der Einfluß dieser Betrachtungsweise auf moderne Bauvorschriften ist nicht mehr zu übersehen, wir werden in Abschnitt 7.4 noch einmal darauf zurückkommen. Wir verstehen das hier vorgestellte Konzept als Teil des gesamten Bewertungskonzeptes meerestechnischer Konstruktionen, bis hin zur Entwicklung moderner Inspektionsstrategien im Betrieb, wobei wir zu diesem Thema hier nur auf relevante Literatur hinweisen können, z.B. [6.67–6.69]. Der Leser ist damit an den neuesten Stand der Forschung auf diesem Gebiet herangeführt.

6.4 Symbolverzeichnis

Das Symbolverzeichnis enthält in erster Linie Symbole, die in verschiedenen Abschnitten dieses Kapitels in gleicher Bedeutung verwendet werden. Außerdem werden auch einige Symbole berücksichtigt, die in der Fachliteratur allgemein üblich sind oder die durch die hier gegebene Definition eine zusätzliche Klärung erfahren. Abgeleitete Symbole (z.B. $E[A]$, m_A usw.) siehe unter X (z.B. $E[X]$, m_X usw.).

A	stochastische Beanspruchungsgröße (Anspruch)
$A(t)$	stochastischer Wert der Einhüllenden eines Seegangsprozesses zur Zeit t
$\mathrm{Cov}[X_1, X_2]$	Kovarianz der Zufallsgrößen X_1 und X_2
$\boldsymbol{C}$	Kovarianzmatrix
D	Zufallsgröße mit der Realisierung d_i zur Kennzeichnung diskreter Zustände
D	Durchmesser
D	dynamischer Verstärkungsfaktor
D_R	Schadensindikator im Referenzzeitraum T_R
D_{Rij}	Schaden in der Seegangsklasse (H_{Vi}, T_{Vj}) innerhalb T_R
D_s	Schadensindikator auf dem Spannungsspielniveau s,
$E[X]$	Erwartung der Zufallsgröße $X (=m_X)$
$E[\boldsymbol{X}]$	Vektor der Erwartungen
F	Versagens-(Fehler-)Indikator
F	stochastische Erregerkraft
$F_X(x)$	Verteilungsfunktion: $P[X \leqq x]$
$F^{(2)}$	stochastische Erregerkraft zweiter Ordnung
G	stochastischer Wert der Strukturfunktion $g(\boldsymbol{X})$
G	Gewicht (Plattform)
H	Wellenhöhe
H_V	beobachtete Wellenhöhe
H_{Vi}	für die i-te Seegangsklasse repräsentative beobachtete Wellenhöhe
$H_{XY}(\omega)$	komplexe Übertragungsfunktion zwischen dem Erregungsprozeß $\{Y(t)\}$ und dem Antwortprozeß $\{X(t)\}$
$H_{1/3}$	kennzeichnende Wellenhöhe
$H_{1/3i}$	für die i-te Seegangsklasse repräsentative kennzeichnende Wellenhöhe
I	Größtwert von i, z.B. Anzahl von Seegangsklassen $H_{1/3i}$ bzw. H_{Vi},
J	Größtwert von j, z.B. Anzahl von Seegangsklassen T_{1j} bzw. T_{Vj}
K	Größtwert von k, z.B. Anzahl stochastischer Größen X_k
K	Spannungskonzentrationsfaktor
L	Größtwert von l, z.B. Anzahl von Spannungsspielbereichen
L	stochastische Schnittlastgröße
L	charakteristische (Bezugs-)Länge einer Konstruktion
M	Größtwert von m, z.B. Anzahl von Fließgelenken
M	Paris-Erdogan-Parameter
N	Größtwert von n, z.B. Anzahl von Freiheitsgraden
N	ganzzahlige Zufallsgröße (Ereigniszahl)
$N(s)$	Anzahl ertragbarer Spannungsspiele der Größe s $(=N_s)$
P_{SE}	Überschreitenswahrscheinlichkeit von x_S in T_E
$\boldsymbol{P}$	Matrix der Übergangswahrscheinlichkeiten p_{ij} vom Zustand d_i nach d_j
$P[X]$	Wahrscheinlichkeit $P[x < X \leqq x + \mathrm{d}x] = f_X(x)\,\mathrm{d}x$
$P[X_i]$	Wahrscheinlichkeit $P[x \in X_i]$

P_i	Wahrscheinlichkeit $P[H_{Vi}]$ für Seegangsbeobachtungen aus der Seegangsklasse mit dem Parameter H_{Vi}
P_{ij}	Wahrscheinlichkeit $P[H_{Vi}, T_{Vj}]$ für Seegangsbeobachtungen aus der Seegangsklasse mit den Parametern H_{Vi} und T_{Vj}
Q	Risiko $(=1-R)$, (Index S: Serienkonstruktion, P: Parallelkonstruktion, Index R: Redundante Konstruktion)
$Q(s)$	Kennlinie eines Verankerungssystems
R	Zuverlässigkeit $(=1-Q)$
$R_{XX}(\tau)$	Autokorrelationsfunktion des stationären Zufallsprozesses $\{X(t)\}$
$R_{XY}(\tau)$	Kreuzkorrelationsfunktion der stationären Zufallsprozesse $\{X(t)\}$ und $\{Y(t)\}$
$R_{ZZ}(\tau)$	Autokorrelationsfunktion des Seegangsprozesses $\{Z(t)\}$
$R_{A2A2}(\tau)$	Autokorrelationsfunktion des Zufallsprozesses $\{A^2(t)\}$
$R_{Z2Z2}(\tau)$	Autokorrelationsfunktion des Zufallsprozesses $\{Z^2(t)\}$
S	stochastische Bewegungsgröße
S	stochastisches Spannungsspiel
$S_{XX}(\omega)$	Autospektrum (Spektrum) des stationären Zufallsprozesses $\{X(t)\}$
$S_{XY}(\omega)$	Kreuzspektrum der stationären Zufallsprozesse $\{X(t)\}$ und $\{Y(t)\}$
$S_{ZZ}(\omega)$	Seegangsspektrum (Autospektrum des stationären Zufallsprozesses $\{Z(t)\}$)
$S_{A2A2}(\omega)$	Autospektrum des Zufallsprozesses $\{A^2(t)\}$
$S_{Z2Z2}(\omega)$	Autospektrum des Zufallsprozesses $\{Z^2(t)\}$
T	Zeitabschnitt (Index n bzw. k für Anzahl von Jahren)
T	Periode, bei harmonischer Schwingung $2\pi/\omega$
T	„Transposition", falls im Exponenten von Vektoren oder Matrizen
T_B	Bemessungszeitraum (Größenordnung: Jahre/Jahrzehnte)
T_E	Einsatzzeitraum $(<T_B)$
T_R	Referenzzeitraum (üblicherweise 1 Jahr)
T_S	Sicherheitszeitraum $(>T_B)$
T_V	beobachtete Wellenperiode
T_{Vj}	für die j-te Seegangsklasse repräsentative beobachtete Wellenhöhe
T_1	mittlere Periode $(=2\pi/\omega_1)$
T_{1j}	für die j-te Seegangsklasse repräsentative mittlere Periode T_1
T_0	mittlerer Zeitabschnitt (Periode) zwischen aufeinanderfolgenden Null-Aufwärtsüberschreitungen im Seegangsprozeß $\{Z(t)\}$
U	standardisierte Zufallsgröße $(X-m_X)/\sigma_X$,
U	stochastische Größe der Wellen-Partikelgeschwindigkeit
V	stochastische Größe der generalisierten (modalen) Erregungskräfte
$\mathrm{Var}[X]$	Varianz (Streuung) der Zufallsgröße $X\,(=\sigma_X^2)$
W	stochastische Festigkeitsgröße (Widerstand)

W	stochastische Bewegungsgröße der generalisierten (modalen) Transformation
X	Zufallsgröße, bei abgeleiteten Größen im Symbolverzeichnis auch stellvertretend für A, E, L, U, V, W, Y, Z, Σ
$\boldsymbol{X}$	Zufallsvektor: $(X_1, X_2, \ldots, X_K)^T$
$\{X(t)\}$	Zufallsprozeß der Zufallsgröße X
Y	Zufallsgröße, stellvertretend für allgemeine Lasten F, S
Z	stochastische Sicherheitsmarge $(=W-A)$,
Z	stochastische Wellenerhebung (Abweichung vom Wasserspiegel)
$\{Z(t)\}$	Seegangsprozeß (Zufallsprozeß der Wellenerhebung)
a	Rißlänge (Index i: Anfang, Index f: Ende)
a	Realisierung von A
$a(t)$	Einhüllende einer Stichprobe $\zeta(t)$
b	Wellenklimaparameter der Weibullverteilung von H
d	Dämpfungskoeffizient
d	Wassertiefe
f	Erregerkraft
f_{WS}	Summe aus Wind und Strömungskraft
$f_X(x)$	Wahrscheinlichkeitsdichtefunktion der Zufallsgröße X
$f^{(2)}$	Erregerkraft zweiter Ordnung
g	Erdbeschleunigung $(=9{,}81\ \mathrm{m/s^2})$
g	Konstruktions-(Festigkeits-)Parameter
$g(\boldsymbol{X})$	Strukturfunktion (Index L: Linearisiert)
h	Realisierung der stochastischen Größe H (z.B. Wellenhöhe)
$h(\boldsymbol{U})$	Strukturfunktion (Index L: Linearisiert)
i	Laufindex $(\mathrm{i}=1, 2, \ldots, \mathrm{I})$, z.B. Klassenindex für Wellenhöhen $H_{1/3\mathrm{i}}$ bzw. $H_{V\mathrm{i}}$,
i	$\sqrt{-1}$, imaginäre Zahl
j	Laufindex $(\mathrm{j}=1, 2, \ldots, \mathrm{J})$, z.B. Klassenindex für Wellenperioden $T_{1\mathrm{j}}$ bzw. $T_{V\mathrm{j}}$
k	Laufindex $(\mathrm{k}=1, 2, \ldots, \mathrm{K})$, z.B. Ausgangsgrößen X_k
k	Wöhlerlinienparameter
k	Rückstellkoeffizient
l	Laufindex $(\mathrm{l}=1, 2, \ldots, \mathrm{L})$, z.B. Klassenindex für
l	Spannungsspiele s_l
l	Schnittlast
m	Bezeichnungsindex $(\mathrm{m}=1, 2, \ldots, \mathrm{M})$, z.B. für Fließgelenke
m	Masse
m	Wöhlerlinienparameter
m_H	hydrodynamische Masse
m_X	Mittelwert der Zufallsgröße $X (=E[X])$
m_i	i-te Momente des Spektrums $S_{XX}(\omega)$
$\boldsymbol{m}_X$	Vektor der Mittelwerte: $(m_{X1}, m_{X2}, \ldots, m_{XK})^T$
n	Laufindex $(\mathrm{n}=1, 2, \ldots, \mathrm{N})$, z.B. zur Kennzeichnung der n-ten Eigenform oder des n-ten Freiheitsgrades

n_R	Anzahl von Wellen in T_R
n^+	Kurzform für $n_X^+(x)$
$n_X^+(x)$	Überschreitenshäufigkeit des Wertes x, (Zusatzindizes B, E, S für $x = x_B$; x_E; x_S)
$n(s)$	Anzahl von Spannungsspielen der Größe $s(=n_s)$
p_{ij}	Übergangswahrscheinlichkeit vom Zustand d_i nach d_j
$q(s)$	Kennlinie eines Verankerungselementes (Kette oder Seil)
r_i	Relativbewegung in Bewegungsrichtung i
s	Bewegungsgröße, $\dot{s} = \partial s/\partial t$, $\ddot{s} = \partial^2/\partial t^2$,
s	Spannungsspiel (Index R für Bemessungswert von s in T_R)
$s_{1/3}$	kennzeichnende Bewegungsamplitude
t	Zeitvariable
u	Realisierung der standardisierten Zufallsgröße U
u	Geschwindigkeit der Wellenpartikel, $\dot{u} = \partial u/\partial t$
v	generalisierte (modale) Erregerkraft
w	Realisierung von W (Widerstand)
w	normierte Eigenkreisfrequenz
w	generalisierte (modale) Bewegungsgröße
x	Realisierung der Zufallsgröße X
x	horizontale Koordinatenachse, senkrecht y, z
x_B	Bemessungswert von X (eine Überschreitung in T_B)
x_E	Einsatzwert von X (eine Überschreitung in T_E)
x_N	Nennwert von X (Vorschriftenwert)
x_S	Sicherheitswert von X (eine Überschreitung in T_S)
$x_{1/3}$	kennzeichnender Wert von X (Mittel der 1/3-höchsten Werte)
x_k^*	Komponente des Entwurfspunktvektors $\boldsymbol{x}^* = (x_1^*, x_2^*, \ldots, x_K^*)^T$
$\boldsymbol{x}$	Vektor: $(x_1, x_2, \ldots, x_K)^T$
(x, y, z)	rechtwinkliges Koordinatensystem (Rechtssystem)
y	horizontale Koordinatenachse, senkrecht x, z
y	horizontale Auslenkung
z	vertikale Koordinatenachse, senkrecht x, y
z	Realisierung von Z (Sicherheitsmarge)
Γ	stochastischer Sicherheitsfaktor $(=W/A)$
$\Gamma\{\cdot\}$	Gamma-Funktion
Φ	Standardnormalverteilungsfunktion
Σ	stochastische Spannungsgröße
α	Breitenparameter eines Zufallsprozesses
α	Empfindlichkeitsfaktor
$\alpha^2(\omega)$	Driftkraftbeiwert für Wellenerregung mit der Kreisfrequenz ω
α_0^2	spektraler Mittelwert von $\alpha^2(\omega)$
β	Zuverlässigkeitsindex
γ	Realisierung von Γ (Sicherheitsfaktor w/a)
δ	Dämpfungsmaß
δ	Dirac-Delta-Funktion
ε	relative Längenänderung
ζ	Wellenerhebung (Abweichung vom Wasserspiegel)

$\zeta(t)$	Stichprobe des Seegangsprozesses $\{Z(t)\}$
ζ_B	Bemessungswert der Wellenerhebung (eine Überschreitung in T_B)
ζ_S	Sicherheitswert der Wellenerhebung (eine Überschreitung in T_S)
$\zeta_a(\omega)$	reale Amplitude einer Elementarwelle der Frequenz ω
θ	Zeitabschnitt
λ	Eigenwert,
λ	Rainflow-Korrektur
ν	Ereignisrate (Index n für Bezugs-Zeitabschnitt T_n)
$\nu_X^+(x)$	Aufwärtsüberschreitensrate des Wertes x im Zufallsprozeß $\{X(t)\}$
$\nu_X^+(0)$	Null-Aufwärtsüberschreitensrate $(=\nu_0^+)$ im Zufallsprozeß $\{X(t)\}$
ν_{0ij}^+	Null-Aufwärtsüberschreitensrate ν_0^+ in der Seegangsklasse mit den Parametern H_{Vi} und T_{Vj}
π	Umfang des Kreises mit dem Durchmesser 1 $(=3{,}1415926535\ldots)$
$\pi_x(i)$	Wahrscheinlichkeit für das Erreichen eines Zustands d_i zur Zeit $t=x$ (Zustandswahrscheinlichkeit)
$\boldsymbol{\pi}_x$	Vektor der Zustandswahrscheinlichkeiten $\pi_x(i)$
ϱ	Dichte
ϱ	Korrelationskoeffizient
σ	Normalspannung (Index B: Biege-, Index N: Zug/Druck-, Index BN: Biege- und Zug/Druck-Beanspruchung)
σ_X	Standardabweichung des Zufallsprozesses $\{X(t)\}$
ς	(„Sigma“) kennzeichnende Wellensteilheit
τ	Zeitabschnitt
$\varphi(u)$	standardnormale Verteilungsdichte (standardisierte Gaußsche Normalverteilungsdichte)
ω	Kreisfrequenz, bei harmonischer Schwingung $2\pi/T$
ω_0	Eigenkreisfrequenz eines schwingenden Systems, Bezugsfrequenz für reine Amplitudenmodullierung, $2\pi/T_0$
ω_1	Schwerpunktskreisfrequenz eines Seegangsspektrums
∇	Differentialoperator $\partial/\partial x$ („Nabla“)

7 Bemessungspraxis für meerestechnische Stahlkonstruktionen

Die Bemessungspraxis wird einerseits geprägt durch eine Fülle von Vorschriften, Richtlinien und Normen und andererseits durch den Einsatz rationaler Analyse- und Bewertungsverfahren, die wir in den Kapiteln 3 bis 6 ausführlich behandelt haben. Der in der Entwurfspraxis, meist aus Gründen der Vereinfachung der behördlichen Genehmigungsverfahren, häufig begangene Weg der Bemessung nach Vorschriften, baut in vielerlei Hinsicht auf der Grundlage rationaler Analyse- und Bewertungsverfahren auf. Er unterscheidet sich im allgemeinen nicht prinzipiell von rationalen Verfahren, sondern nur formal durch einen stark vereinfachten und daher mitunter unübersichtlichen oder auch unverständlichen Berechnungsgang. Aus diesem Grund wollen wir in diesem abschließenden Kapitel noch beispielhaft versuchen, relevante Vorschriften für die Bemessung meerestechnischer Konstruktionen an einigen ausgewählten Beispielen aus der Bemessungspraxis zu erläutern, um den Zusammenhang mit den bisher behandelten Analyse- und Bewertungsverfahren an diesen Beispielen sichtbar zu machen.

Besonders Fragen der Fertigung, Werkstoffwahl und der Schweißtechnik erweisen sich als außerordentlich komplex. Wir können diesen Themenkreis im Abschnitt 7.1 nur ganz kurz streifen. Im Abschnitt 7.2 wenden wir uns dann aber etwas ausführlicher der statischen Bemessung typischer Bauteile meerestechnischer Konstruktionen nach Vorschriften zu, wobei wir, ohne Anspruch auf Vollständigkeit, aus dem europäischen Raum Vorschriften der internationalen Klassifikationsgesellschaften betrachten, namentlich Det norske Veritas (DnV) aus Norwegen und Germanischer Lloyd (GL) aus der Bundesrepublik Deutschland, sowie die European Convention for Constructional Steelwork (ECCS), und aus dem nordamerikanischen Raum Designcodes des American Petroleum Institute (API) und der American Society of Mechanical Engineering (ASME).

Im Abschnitt 7.3 werden wir Fragen der Bemessung auf Betriebsfestigkeit bzw. des Betriebsfestigkeitsnachweises nach Vorschriften behandeln, wobei wir am Designcode API – RP2A beispielhaft zeigen können, inwieweit die Anwendung rationaler Analyse- und Bewertungsmethoden in einer moderneren Vorschrift für meerestechnische Konstruktionen akzeptiert wird. Schließlich erörtern wir im Abschnitt 7.4 Tendenzen der heutigen Vorschriftenentwicklung selbst, und zwar im Hinblick auf die Einbindung der in Abschnitt 6.3 kurz dargelegten Zuverlässigkeitstechnik und einiger Aspekte des unter dem Namen Qualitätssicherung vor allem in der Bauindustrie diskutierten und z.B. im Joint Committee of Structural Safety (JCSS) näher spezifizierten, allgemeinen Sicherheitskonzeptes für tragende Konstruktionen.

7.1 Fertigung und Werkstoffe

Die Fertigung meerestechnischer Konstruktionen aus Stahl erfolgt in traditionellen Schiffbaubetrieben oder auch, wenn es gilt, Standortvorteile auszunutzen, in speziellen Bau- und Montagebetrieben.

Die Einrichtungen zur Blech- und Profilverarbeitung einschließlich numerisch gesteuerter Brennschneidmaschinen, Profilbiegemaschinen usw. sind auf einer Werft auch für die Fertigung meerestechnischer Bauwerke geeignet. Hierzu gehören u.a. Blechrichtwalzen, Pressen und Schnellsägen. Eine außerordentliche Bedeutung hat die Vormontage der z.T. sehr komplexen Konstruktionen mit gelegentlich gewaltigen Abmessungen. Die Vormontage kann häufig nur im Freien erfolgen, was erhebliche Erschwernisse mit sich bringt. So ist z.B. die Montage von Halbtauchern in schwimmendem Zustand mit besonderen Problemen verbunden. Da meerestechnische Konstruktionen häufig aus höherfesten Stählen gebaut werden und erhöhten statischen und dynamischen Festigkeitsansprüchen genügen müssen, muß die Vermeidung von baulichen Ungenauigkeiten, wie Unrundheiten bei Rohren, Rohrknotenpassungen u.a., bei der Fertigung der Bauteile und des Zusammenbaus beachtet werden. Hierfür sind besondere Einrichtungen für die Vermessung der Montagenähte von Großbauteilen vor dem Zusammenbau notwendig. Theodoliten, Laser- und Ultraschall-Meßgeräte sind für diese Aufgaben gebräuchlich.

Im Gegensatz zum Schiffbau wird bei meerestechnischen Konstruktionen eine große Zahl von verschiedenen Stählen eingesetzt. Obwohl dies konstruktiv nicht immer notwendig ist, leitet sich dieser Umstand u.a. aus der Tatsache ab, daß bis jetzt die Vorschriften der verschiedenen Genehmigungsbehörden und Klassifikationsgesellschaften untereinander nicht harmonisiert worden sind. Verwendet werden in der Regel höher- und hochfeste Kohlenstoff-Manganstähle, die beruhigt oder vollberuhigt erschmolzen werden. Eine ausgefeilte Sekundärmetallographie mit Mikrolegierungszusätzen ergibt Feinkornstahlbau mit zum Teil sehr hohen Streckengrenzen bei ausreichender Zähigkeit. Die Stähle werden normalisiert und heute häufig thermomechanisch (TM) gewalzt geliefert. Besonderes Augenmerk wird auf ausreichende Eigenschaften in Dickenrichtung (Z-Stähle) zur Verhütung der gefürchteten Terassenbrüche (engl. lamellar tearing) gelegt. Die Streckgrenzen bewegen sich im Bereich von 355 N/mm^2 (EH36-Schiffbaustahl) und 685 N/mm^2 (HY−100). Tabelle 7.1 nach [7.1] zeigt eine Auflistung der wichtigsten Stähle verschiedener internationaler Gütenormen.

Bei vorwiegend dynamisch beanspruchten Schweißkonstruktionen wird die Festigkeit durch die Kerbwirkung der Verschweißung beeinflußt und ist damit praktisch unabhängig von der Festigkeit des Grundwerkstoffes. Die hohen Streckgrenzen vieler Stähle für den Bau meerestechnischer Konstruktionen können wir daher häufig gar nicht ausnutzen, so daß die höherfesten Stähle mit Streckgrenzen von 355 bis 420 N/mm^2 am gebräuchlichsten sind. Für weniger hoch beanspruchte Bauteile wird üblicher normalfester Schiffbaustahl verwendet.

Große Bedeutung hat bei meerestechnischen Konstruktionen die Schweißtechnik [7.1], wobei die eigentliche Verschweißung einschließlich der Gütesicherung einen sehr hohen Qualitätsstandard besitzen muß. Als Schweißverfahren

Tabelle 7.1. Werkstoffe der Offshore-Technik nach [7.1]

Stahlsorte	Gütenorm	Chemische Zusammensetzung in % (Höchstwerte in der Schmelzenprobe)											Mechanische Eigenschaften					Sonstige
		C	Si	Mn	P	S	Cr	Cu	Mo	Ni	Nb V	Ti Zr	Streckgrenze N/mm^2	Zugfestigkeit N/mm^2	Bruchschlagdehn. %	Kerbschlagarbeit °C	J	
D		0,21	0,35	1,40	0,040	0,040							235	400–490	22	−20	27	Al > 0,02%
E		0,18	0,35	1,50	0,040	0,040							235	400–490	22	−40	27	Al > 0,02%
DH 36		0,18	0,50	1,60	0,040	0,040	0,20	0,35	0,08	0,40	0,05		355	490–620	21	−20	34	Al 0,07%
	GL, LR, DnV										0,10							
EH 36		0,18	0,50	1,60	0,040	0,040	0,20	0,35	0,08	0,40	0,05		355	490–620	21	−40	34	
											0,10							
A 36		0,25		1,20	0,040	0,050		0,20					250	400–550	23			
A 514/A 517 Type A		0,21	0,80	1,10	0,035	0,040	0,80		0,28			0,13	689	793–931	16	−75	27	B 0,025%
A 514/A 517 Type G		0,21	0,90	1,10	0,035	0,040	0,90		0,60			0,13	689	793–931	16	−75	27	B 0,025%
A 514/A 517 Type F		0,20	0,35	1,00	0,035	0,040	0,65	0,50	0,60	1,00	0,08		689	793–931	16	−46	27	B 0,006%
A 533 Type C Cl. 2		0,25	0,32	1,50	0,035	0,040			0,60	1,00			485	621–793	16			
A 537 Gr. A	ASTM	0,24	0,50	1,35	0,035	0,040							345	483–621	22	−50	27	
A 537 Gr. B		0,24	0,50	1,35	0,035	0,040							414	552–689	22	−60	27	
A 543 Type A Cl. 1		0,23	0,35	0,40	0,035	0,040	2,00		0,60	3,25	0,03		586	724–862	14			
A 572 Gr. 55		0,23	0,30	1,35	0,040	0,050							380	> 485	20			
A 633 Gr. E (N)		0,22	0,50	1,50	0,040	0,050					0,11		415	552–690	23	−50	27	N 0,03%
A 633 Gr. E (QT)		0,22	0,50	1,50	0,040	0,050							520–670	< 770	19	−50	27	
A 699		0,12	0,55	1,90	0,025	0,025			0,35		0,02		355	490–630	24	−75	27	
TT St E 39	St EW 089	0,16	0,50	1,60	0,030	0,030					0,16		385	500–600	20	−50	27	
TT St E 43		0,18	0,50	1,70	0,030	0,030				0,70	0,18		420	530–680	19	−50	27	
TT St E 47		0,15	0,50	1,50	0,030	0,030		0,70		0,70	0,18		460	560–730	17	−50	27	
HY 80	MIL-S 16216	0,18	0,35	0,40	0,025	0,025	1,80		0,60	3,25			550		19	−85	67	
HY 100		0,20	0,35	0,40	0,025	0,025	1,80		0,60	3,50			685		17	−85	67	
50 D		0,18	0,50	1,50	0,040	0,040					0,10		355	500–620	20	−30	27	
55 E	BS 4360	0,22	0,60	1,60	0,040	0,040					0,10		450	550–700	17	−50	27	

Die angegebenen Werte gelten im allgemeinen für Blechdicken bis rd. 35 mm.

werden neben dem Elektrodenhandschweißen und Unterpulver (UP)-Schweißen auch Schutzgasschweißverfahren (MAG, WIG) verwendet. Durch das Verschweißen von Bauteilen entsteht eine Reihe von Kerben durch Einbrand, Nahtüberwölbung, Wurzelrückfall, Kantenversatz sowie eine Vielzahl von weiteren inneren und äußeren Fehlern, wie Porenbildung u.ä. Diese Einflüsse können eine beachtliche Beeinträchtigung der Betriebsfestigkeit bedeuten und müssen so gering wie möglich gehalten werden. Durch das Verschweißen treten bei den höher- und hochfesten Stählen Gefügeveränderungen im Grundwerkstoff im Bereich der Wärmeeinflußzone auf. Diese, durch schnelle Abkühlung entstandenen Aufhärtungen (Martensitbildungen), können Risse verursachen. Außerdem ist eine gewisse Grobkornbildung mit Reduktion der Zähigkeiten des Werkstoffes zu erwarten.

Aus diesen Gründen ist durch Vorwärmen eine zu schnelle Abkühlung beim Schweißen zu verhindern. Hierzu sind moderne Technologien mit geregelter Temperaturführung erforderlich. Weiter treten durch den Schweißvorgang Verwerfungen und Eigenspannungen auf, die sowohl die Betriebsfestigkeit beeinflussen als auch zu Terassenbrüchen führen können. Besonders bei räumlichen, dickwandigen Konstruktionen wie Rohrknoten können durch Eigenspannungen solche Schäden entstehen.

Deshalb ist eine sorgfältige Planung des Schweißprozesses bei meerestechnischen Konstruktionen notwendig. Hierzu gehört auch die sorgfältige Auslegung aller Konstruktionsdetails einschließlich der Nahtvorbereitungen. Insgesamt ist bei meerestechnischen Stahlkonstruktionen ein höherer Konstruktionsstandard als im gewöhnlichen Schiffbau notwendig und üblich.

7.2 Statische Bemessung nach Vorschriften

Die Bemessung meerestechnischer Konstruktionen erfolgt nach den Regeln der Klassifikationsgesellschaften sowie weiterer Behörden. Hier soll anhand von Beispielen gezeigt werden, wie die in den vorherigen Kapiteln erläuterten theoretischen Berechnungsmethoden in die Vorschriften eingeflossen sind. Es können nur wenige Beispiele dargestellt werden und auch diese nicht allzu umfassend. Ein kompletter Kommentar zu einzelnen Vorschriften wird, abgesehen vom Umfang, auch deshalb schwierig, weil Vorschriften einem schnellen Wandel unterliegen. Ursache hierfür ist, daß es sich bei meerestechnischen Konstruktionen häufig um neuartige Konstruktionen handelt, für die Vorschriften erst entwickelt und angepaßt werden müssen. Viele meerestechnische Konstruktionen müssen extreme Einsatzbedingungen erfüllen, so daß neue Erkenntnisse aus der Betriebspraxis, der Forschung und Entwicklung sehr schnell in Form von Vorschriften zur Bemessungspraxis vorliegen müssen. Solche Vorschriften sind natürlich häufiger noch korrekturbedürftig.

7.2.1 Bemessung schlanker, unter Druck stehender Aussteifungen von Platten

In den Vorschriften von Det norske Veritas (DnV) wird bei der Bemessung von Plattenaussteifungen unter Druckbelastung verlangt, daß drei unterschiedliche Versagensformen untersucht werden müssen:

1. Beulversagen, ausgehend vom Beulversagen der Beplattung (engl. plate induced failure),
2. Beulversagen, ausgehend vom Stabilitätsversagen des Flansches der Aussteifung (engl. stiffener induced failure),
3. Drillknicken (engl. torsional buckling).

Für solche Konstruktionen unter Druckbelastung soll nach DnV gelten:

$$\sigma_{\mathrm{Xd}} \leqq \frac{\psi f_{\mathrm{K}}}{\varkappa \gamma_{\mathrm{m}}} \frac{A_{\mathrm{te}}}{A_{\mathrm{t}}} \frac{1+\delta+\eta-\sqrt{(1+\delta+\eta)^2-4\delta}}{2\delta} . \qquad (7.1)$$

σ_{Xd} ist die Druckspannung in Steifenrichtung und ψ ist ein Faktor, der das Nachbeulverhalten des jeweiligen Strukturelementes berücksichtigt. Er soll bei Bauteilen, die ein ausgeprägtes Nachbeulverhalten besitzen, wie Platten, z.B. mit $\psi=1{,}05$ angenommen werden, während für Schalen und Stützen mit wenig ausgeprägtem Nachbeulverhalten $\psi=0{,}9$ gesetzt werden kann. γ_{m} ist ein Materialkoeffizient der Größe $\gamma_{\mathrm{m}}=1{,}15$, f_{K} ist im allgemeinen gleich der Fließgrenze des verwendeten Werkstoffes zu setzen, sofern Drillknicken auszuschließen ist.

Den hinteren Teil von (7.1) können wir als die Formel von Perry-Robertson identifizieren (siehe (4.188)), δ entspricht dabei dem Schlankheitsgrad $\bar{\lambda}_{\mathrm{K}}^2$, denn es gilt

$$\delta=\frac{f_{\mathrm{K}}}{f_{\mathrm{i}}}; \; \bar{\lambda}_{\mathrm{K}}^2=\frac{f_{\mathrm{y}}}{f_{\mathrm{i}}} ,$$

sofern wir für f_{K} die Fließgrenze f_{y} einsetzen. f_{i} entspricht der kritischen Beulspannung eines Stabes

$$f_{\mathrm{i}}=\frac{\pi^2 E r^2}{a^2}, \quad r^2=\frac{I}{A_{\mathrm{t}}} ,$$

mit a Steifenlänge, I Trägheitsmoment der Steife einschließlich Platte und A_{t} Steifenquerschnitt einschließlich Platte und E dem Elastizitätsmodul.

Bauliche Ungenauigkeiten und Verformungen, sog. Imperfektionen, haben erheblichen Einfluß auf das Tragverhalten von schlanken Konstruktionen. Dieser Einfluß ist bei Platten geringer als bei Schalen, er wird berücksichtigt durch den Faktor $\varkappa$. Für Schlankheitsgrade bis $\bar{\lambda}_{\mathrm{K}} \geqq 0{,}5$ soll dieser Faktor $\varkappa=1{,}0$ sein. Für Schlankheitsgrade $\bar{\lambda}_{\mathrm{K}}>1$ soll $\varkappa=1{,}1$ für Platten, und 1,3 für Schalen gesetzt werden. Für Schlankheitsgrade zwischen $\bar{\lambda}_{\mathrm{K}}=0{,}5$ und $\bar{\lambda}_{\mathrm{K}}=1$ kann linear interpo-

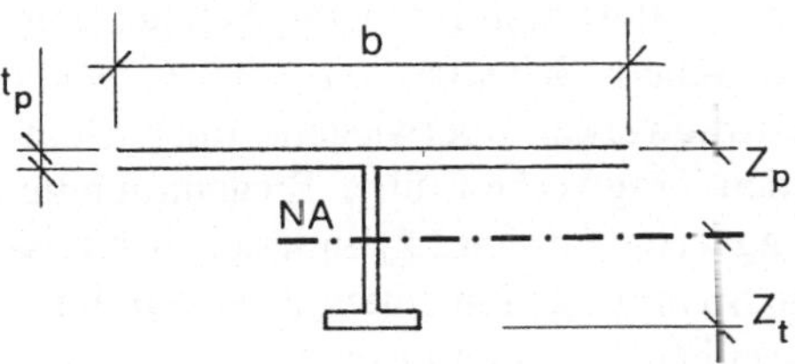

Bild 7.1. Querschnitt einer versteiften Platte (NA: Neutrale Achse)

liert werden. Der Parameter η beschreibt den Einfluß der Vorverformung und der Außermittigkeit der Krafteinleitung

$$\eta=\begin{cases}\dfrac{Z_p\omega}{r^2} & \text{Plattenversagen (engl. plate induced failure)}\\ \omega=0{,}0015a+Z_p\left(\dfrac{A_t}{A_{te}}-1\right) & \\ 0{,}0015\dfrac{Z_t}{r^2}a & \text{Steifenversagen (engl. stiffener induced failure)}\end{cases}$$

Die Größen Z_p und Z_t sind aus Bild 7.1 zu entnehmen. A_{te} ist die effektive Flanschfläche unter Beachtung des Nachbeulverhaltens der Beplattung

$$A_{te}=b_e t_p$$

wobei

$$b_e=bc_x c_y c_\tau$$

ist. Der Korrekturfaktor c_x steht für Längsspannungen, d.h., es wird die effektive mittragende Breite 2. Art eingesetzt. Nun ist der Steifenabstand b meist sehr viel kleiner als die Steifenlänge a, so daß hier die mittragende Breite für eine Platte mit großem Seitenverhältnis verwendet werden muß. DnV setzt hierfür:

$$c_X=\begin{cases}\dfrac{1{,}8}{\beta}-\dfrac{0{,}8}{\beta^2} & \text{wenn } \beta\geqq 1 \\ & \qquad\text{für Plattenversagen}\\ 0{,}9 & \text{wenn } \beta<1\\ 1{,}1-0{,}1\beta & \qquad\text{für Steifenversagen}\end{cases}$$

β ist der Schlankheitsgrad $\beta=b/t_p\cdot\sqrt{f_y/E}$. Die Faktoren c_y und c_τ berücksichtigen Quer- und Schubbelastung, t ist die Plattendicke, [7.18].

Diese Formeln basieren auf den Untersuchungen verschiedener Autoren [7.2. – 7.2].

7.2.2 Bemessung kreiszylindrischer Konstruktionen

Kreiszylinderkonstruktionen mit und ohne Aussteifungen sind bei meerestechnischen Konstruktionen häufig anzutreffen. Die Beliebtheit solcher Tragwerke ist darin begründet, daß von allen denkbaren Tragwerksformen die Schalenkonstruktionen das günstigste Verhältnis zwischen Belastbarkeit und Gewicht besitzen, da die Lastabtragung bei Schalentragwerken überwiegend über Membrankräfte erfolgt und nicht, wie bei ebenen Tragwerken, über Biegemomente. Wir wollen uns diesen Sachverhalt am Tragverhalten eines zylindrischen Kreis- bzw. Quadratrohres vergegenwärtigen: Die Spannungen in einem dünnwandigen Kreisrohr unter Außendruck p sind ausschließlich Membranspannungen der

Größe

$$\sigma = \frac{pr}{h} . \tag{7.2}$$

Für das Quadratrohr erhalten wir den gleichen Membranspannungszustand, dem aber noch ein Biegespannungsanteil an den Ecken von der Größe

$$\sigma_B = 2p\left(\frac{r}{h}\right)^2 \tag{7.3}$$

überlagert werden muß. D.h., der Biegespannungsanteil ist im Durchmesser/Wanddickenverhältnis $2r/h$ größer als der Membranspannungszustand. Das $2r/h$-Verhältnis ist typischerweise sehr groß (100 bis 500), so daß sofort einzusehen ist, weshalb Schalentragwerke im allgemeinen allen anderen Flächentragwerken vorzuziehen sind.

Diesen Vorzügen steht entgegen, daß außer der Festigkeit auch die Stabilität der Schalentragwerke zu beachten ist. Hier zeigt sich, daß die tatsächliche elastische Beullast der bei meerestechnischen Konstruktionen verwendeten Schalenkonstruktionen häufig wesentlich niedriger liegt, als sich aus dem theoretischen Festigkeitsnachweis ergibt, so daß der Vorteil einer Schale häufig nicht voll ausgenutzt werden kann.

Während sich bei Platten und Stäben die theoretischen Beul- bzw. Knicklasten im Experiment recht gut nachweisen lassen, ist bekannt, daß die experimentell ermittelten Beullasten von Schalen häufig deutlich niedriger sind, als theoretisch vorhergesagt. Ursache hierfür ist, daß viele Schalenkonstruktionen außerordentlich empfindlich auf Vorverformungen, örtliche Störungen durch Aussteifungen und unplanmäßige oder planmäßige außermittige Lasteinleitungen reagieren. In der Bemessungspraxis muß daher die theoretische Beullast mit sog. knock-down-Faktoren abgemindert werden, die sich aus Versuchen ergeben.

Als hervorstechendes Beispiel hierfür wollen wir die axialbelastete Kreiszylinderschale betrachten. Wir wollen uns dabei zunächst auf das elastische Beulen beschränken. Das betrachtete Bauteil ist in allen wichtigen Normwerken wie European Convention for Constructional Steelwork (ECCS), Recommendation R.4.6 [7.5], ASME Boiler and pressure vessel code N 284 [7.8], den API-Recommendation for fixed offshore platforms RP2A [7.7], Det norske Veritas Rules for the design construction and inspection of offshore structures [7.6] behandelt. Alle Normen gehen von der theoretischen elastischen Beullast nach (4.126)

$$\sigma_{Ki} = \frac{E}{\sqrt{3(1-\nu^2)}}\,\frac{h}{r}$$

aus. Die tatsächliche Tragspannung wird dann mit

$$\sigma_e = \alpha\sigma_{Ki}$$

festgelegt. Der Korrekturfaktor α wird in den verschiedenen Normwerken unterschiedlich definiert. So wird in der ECCS R. 4.6 für dünnwandige Zylinder

$$\alpha = \frac{0{,}7\ldots0{,}83}{\sqrt{1+0{,}01r/h}}$$

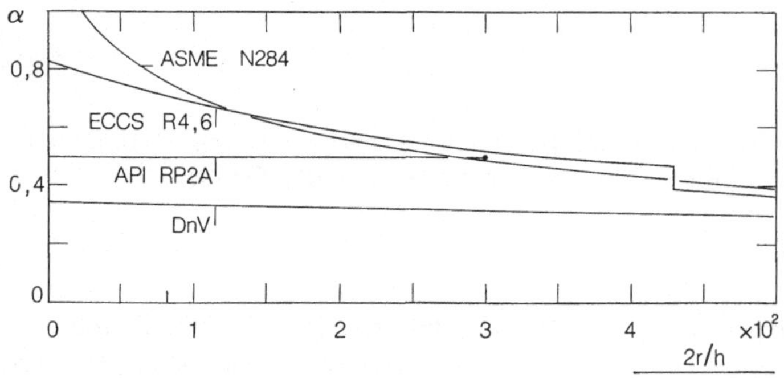

Bild 7.2. Knock-down-Faktoren α für axial gedrückte Kreiszylinderschalen

gesetzt, während der ASME-Code N 284

$$\alpha = 1{,}52 - 0{,}473 \log_{10}\left(\frac{r}{h}\right)$$

und DnV

$$\alpha = 0{,}35 - 0{,}0002\frac{r}{h}$$

verwenden. API empfiehlt eine Reduktion unabhängig vom Durchmesser/Wanddickenverhältnis $2r/h$ von $\alpha = 0{,}50$.

Bild 7.2 zeigt diese knock-down-Faktoren α. Die Unterschiede lassen sich zum Teil dadurch erklären, daß explizit unterschiedliche Sicherheitsbeiwerte gefordert werden, d.h., in einigen Vorschriften sind in den α-Werten zusätzliche Sicherheiten versteckt.

Die maximal zulässige Spannung wird mit Hilfe eines Sicherheitsbeiwertes als Teil der tatsächlichen Tragspannung definiert. Hier sind die Festlegungen der einzelnen Vorschriften unterschiedlich. Die ECCS R.4.6 gibt die Tragspannung mit

$$\sigma_K = \frac{\alpha \sigma_{Ki}}{\gamma}$$

an. Der Beiwert γ wird mit 4/3, ein genereller Sicherheitsbeiwert mit 1,5 festgelegt. Hierdurch ergibt sich im elastischen Bereich eine Sicherheit von 2,0 gegenüber σ_e.

DnV fordert die Erfüllung des Sicherheitsformates

$$\gamma_{fi} S_d \leqq R_d$$

mit R_d als charakteristischem Widerstand und S_d als Entwurfsspannung

$$R_d = \frac{R_K \psi}{\gamma_m \varkappa},$$

wobei die einzelnen Größen ψ, γ_m und $\varkappa$ für den vorliegenden Fall mit $\psi = 0{,}9$, $\gamma_m = 1{,}15$ und $\varkappa$ mit

1,0	für	$\bar{\lambda}_K \leqq 0{,}5$
$0{,}7 + 0{,}6\bar{\lambda}_K$	für	$0{,}5 < \bar{\lambda}_K \leqq 1{,}0$
1,3	für	$1{,}0 < \bar{\lambda}_K$

festgelegt sind. Der auf die Fließgrenze bezogene Schlankheitsgrad ist

$$\bar{\lambda}_K^2 = \frac{f_y}{\alpha \sigma_{Ki}},$$

und f_y ist die Fließgrenze. Weiterhin wird ein sog. Lastvergrößerungsfaktor γ_{fi} definiert, der abhängig von der Lastkategorie mit maximal 1,3 festgesetzt ist. Die auf die Fließgrenze bezogene Tragspannung ist mit

$$R_K = \frac{f_y}{\sqrt{1+\bar{\lambda}_K^4}}$$

definiert.

Wesentlich problematischer als elastisches ist das Beulen im elastoplastischen Bereich. Eine brauchbare Theorie ist für die Bemessungszwecke z.Zt. nicht in Sicht. Daher gehen wir im allgemeinen von folgender Überlegung aus: Bei sehr dickwandigen Zylinderschalen wird ein Beulen nicht auftreten. Da ein konstanter Druckspannungszustand in der Schale wirkt und von einem Werkstoffgesetz mit idealelastisch-plastischem Verhalten ohne Verfestigung ausgegangen wird, ist die Traglast der dickwandigen Zylinderschale mit Erreichen der Fließgrenze festgelegt.

Ein in den meisten Regelwerken beschrittener Weg ist nun der, eine Tragspannungskurve zu definieren, die ausgehend von dem Verhalten der dicken Schalen einen empirischen Verlauf derart darstellt, daß dieser bei schlanken Schalen in die Tragspannungskurve für das elastische Beulen übergeht. Dieser Übergang kann kontinuierlich, wie z.B. bei der obigen Formel von DnV oder wie bei der ECCS R.4.6 nur für den elastoplastischen Bereich mit

$$\sigma_K = \sigma_F (1 - 0{,}4123 \bar{\lambda}_K^{1,2})$$

erfolgen. Hier ist die Fließspannung mit σ_F bezeichnet.

Für den elastoplastischen Bereich verwendet der API – RP2A-Code die folgende Formel für die Tragspannung

$$F_{xc} = F_y \left(1{,}64 - 0{,}2735 \left(\frac{r}{h} \right)^{1/4} \right),$$

wenn

$$F_{xc} \leqq F_{xe}$$

ist. Für kleine $2r/h$-Verhältnisse ($r/h \leqq 30$) wird $F_{xc} = F_y$ gesetzt. F_y ist die Fließgrenze und F_{xe} entspricht der ideellen Beulspannung σ_{Ki}. Die Formel für das elastische Beulen wird erst wirksam bei Fließgrenzen über 600 N/mm². Obige Formel ist auf Rohre mit maximal $r/h = 150$ begrenzt. F_{xc} des API – RP2A-Codes entspricht also der Tragspannung σ_K der ECCS R.4.6.

Die Definition der Sicherheitsbeiwerte im API – RP2A-Code ist kompliziert und wenig anschaulich mit dem Stabknicken verbunden. Läßt man letzteres außer acht, so ergibt sich ein minimaler Sicherheitsfaktor von 1,67.

Der ASME-Code N 284 [7.8] gilt für $r/h \leqq 1\,000$. Die knock-down-Faktoren α werden, wie Bild 7.2 zeigt, für kleine r/h-Verhältnisse sehr groß. Daher werden diese begrenzt durch eine zusätzliche Bedingung, daß α nicht größer sein darf als

$$\alpha = 300\frac{\sigma_F}{E} - 0{,}033$$

(umgerechnet auf metrische Größen).

Für Stahl St 52−3 erhalten wir hiermit eine Begrenzung von $\alpha = 0{,}47$, was bedeutet, daß bis zu einem $2r/h$-Verhältnis von ca. 330 $\alpha = 0{,}47$ ist. Die Tragspannung wird in Abhängigkeit vom Faktor

$$\frac{\sigma_\Phi \mathrm{FS}}{\sigma_y}$$

festgelegt. σ_Φ ist die zu ertragende Membranspannung, FS der Sicherheitsfaktor (engl. factor of safety), der hier mit 2 anzunehmen ist. σ_y ist die Fließspannung des Materials. Die Abminderung der tatsächlichen Tragspannung F_{xc} bzw. σ_{Ki} ist

$$\eta = \begin{cases} 1{,}0 & \text{für} \quad \dfrac{\sigma_\phi \mathrm{FS}}{\sigma_y} < 0{,}55\,, \\[2ex] \dfrac{0{,}18}{1 - 0{,}45\dfrac{\sigma_y}{\sigma_\phi \mathrm{FS}}} & \text{für} \quad 0{,}55 < \dfrac{\sigma_\phi \mathrm{FS}}{\sigma_y} < 0{,}738\,, \\[2ex] 1{,}31 - 1{,}15\dfrac{\sigma_\phi \mathrm{FS}}{\sigma_y} & \text{für} \quad 0{,}738 < \dfrac{\sigma_\phi \mathrm{FS}}{\sigma_y} < 1{,}0\,. \end{cases}$$

Um Vergleiche mit den anderen Normenwerken durchführen zu können, ist die bezogene Tragspannung mit

$$\frac{\sigma_K}{\sigma_F} = \frac{\sigma_\Phi \mathrm{FS}}{\sigma_y} = \frac{\sigma_{Ki}\alpha\eta}{\sigma_F}$$

umzuschreiben. Wir erhalten dann

$$\frac{\sigma_K}{\sigma_F} = \frac{\eta}{\bar{\lambda}_K^2}\,.$$

Damit wird die bezogene Tragspannung

$$\frac{\sigma_K}{\sigma_F} = \begin{cases} 1{,}0 & \text{für} \quad \bar{\lambda}_K \leqq 0{,}4\,, \\[1ex] \dfrac{1{,}31}{1{,}15 + \bar{\lambda}_K^2} & \text{für} \quad 0{,}4 < \bar{\lambda}_K \leqq 0{,}79\,, \\[1ex] 0{,}45 + 0{,}18/\bar{\lambda}_K^2 & \text{für} \quad 0{,}79 < \bar{\lambda}_K \leqq 1{,}35\,, \\[1ex] 1/\bar{\lambda}_K^2 & \text{für} \quad 1{,}35 < \bar{\lambda}_K\,. \end{cases}$$

In Bild 7.3 sind die Tragspannungen, dimensionslos mit der Fließgrenze, als bezogene Tragspannungen über dem Verhältnis Durchmesser zur Wanddicke aufgetragen. Wir können die zum Teil beachtlichen Unterschiede zwischen den

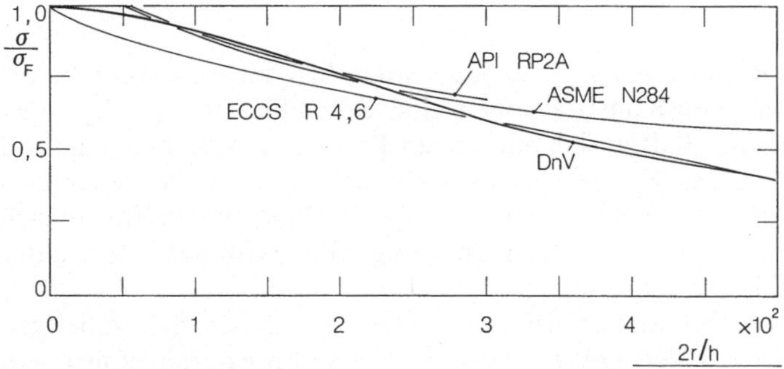

Bild 7.3. Auf die Fließgrenze σ_F bezogene Tragspannungen σ für axial gedrückte Kreiszylinderschalen

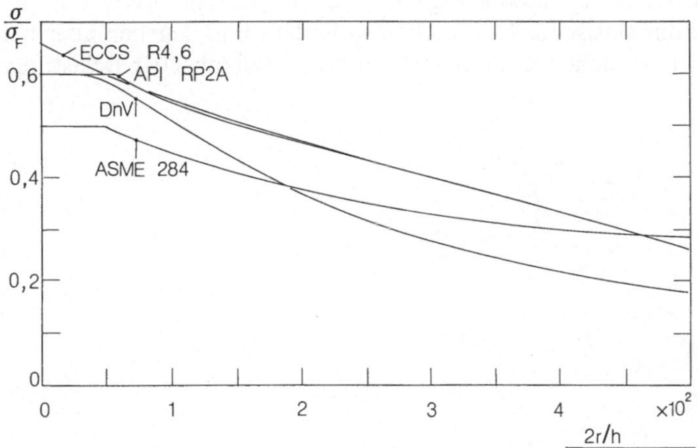

Bild 7.4. Auf die Fließgrenze σ_F bezogene, maximal zulässige Spannungen für axial gedrückte Kreiszylinderschalen

Vorschriften erkennen. Wir erinnern daran, daß die Vorschriften unterschiedliche Sicherheitsbeiwerte vorsehen, so daß sich letztlich noch ein anderes Bild für die zulässigen Spannungen ergibt, Bild 7.4. Wir erkennen, daß die Unterschiede zwischen den einzelnen Vorschriften bis 10 % der Fließgrenze betragen können. Dies ist alles in allem ein relativ geringer Unterschied, ist doch die Differenz zwischen der vom Stahlhersteller zu gewährleistenden Mindeststreckgrenze und dem Mittelwert der tatsächlich vorhandenen Streckgrenzen häufig größer als 10 %. Die Arbeit [7.9] befaßt sich mit dem Vergleich von nicht weniger als 18 Normen bzw. Normvorschlägen für axial belastete Zylinderschalen. Auf weitere Darstellung von Bemessungsrichtlinien für stabilitätsgefährdete Zylinderrohre muß hier aus Platzgründen verzichtet werden. Es soll aber auf [7.10] besonders hingewiesen werden, wo ein ausführlicher Vergleich der einzelnen Normen für Kreiszylinderschalen unter Außendruck gemacht wird, einem für meerestechnische Konstruktionen besonders wichtigen Lastfall.

7.2.3 Rohrknoten

Die Bemessung von Rohrknoten ist eine außerordentlich wichtige Aufgabe bei fast allen meerestechnischen Konstruktionen. Eine Spezialliteratur [7.12] ungewöhnlichen Umfanges beschäftigt sich mit diesem Themenkreis. Demgemäß sind die Richtlinien der einzelnen Klassifikationsgesellschaften und Behörden außerordentlich umfangreich. Spezielle Kongresse [7.13, 7.14] beschäftigen sich überwiegend mit den Problemen der Bemessung von Schweißnähten unter statischer und dynamischer Belastung.

Bei geschweißten Rohrknoten wird eine große Anzahl von Schweißungen konzentriert im Bereich der Verbindungen der einzelnen Rohre durchgeführt, was technologisch außerordentlich ungünstig ist [7.15], denn abgesehen von der sehr aufwendigen Gütesicherung bedeutet die Wärmeeinbringung auf so begrenztem Raum, daß sehr hohe Schweißeigenspannungen auftreten können. Solche Eigenspannungen sind zwar bei der Bewertung von Rohrknoten in bezug auf die Grenztragfähigkeit unter statischer Last nicht von Bedeutung, dagegen aber bei der Frage der Ermüdung solcher Konstruktionen unter dynamischer Belastung.

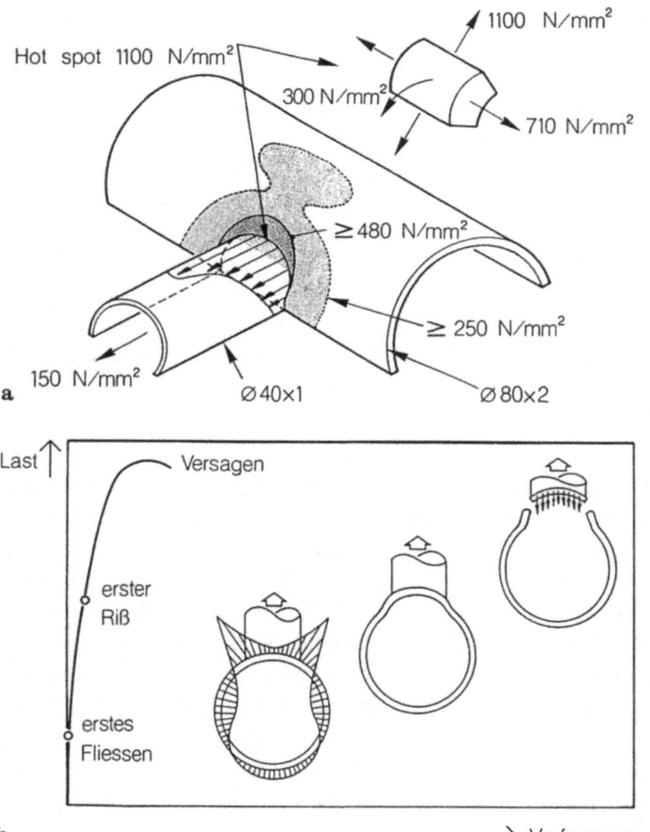

Bild 7.5. **a** Spannungsverteilung im Bereich zwischen Steife und Hauptstütze nach [7.14]; **b** typischer Lastverformungsverlauf für Versagen zwischen Steife und Hauptstütze

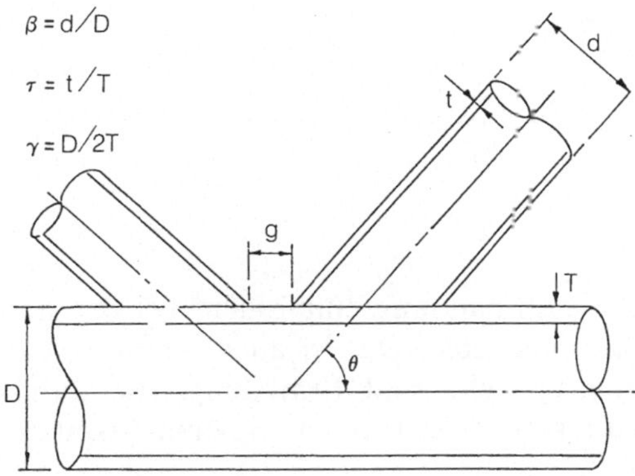

Bild 7.6. Abmessungsverhältnisse am Rohrknoten nach API – RP2A

Maßgebliche Vorschriften für die Bemessung von Rohrknoten sind die API – RP2A-Empfehlungen und der AWS structural welding code AWS D.1 der American Welding Society. Besonders instruktiv sind die Arbeiten von Marshall, die u.a. in [7.14] zu finden sind.

Bei der statischen Bemessung spielen die in einen Rohrknoten einzuleitenden Normalkräfte eine große Rolle. Da die Verbindung von Rohren geometrisch kompliziert ist, treten sehr hohe Spannungsspitzen mit Spannungserhöhungen bis zum zehnfachen Wert der ungestörten Spannungen auf, Bild 7.5a nach [7.14]. Das bedeutet, daß schon bei sehr kleinen Lastspannungen, d.h. ohne Eigenspannungsanteil, lokal die Fließgrenze erreicht wird, ohne daß das Tragwerksverhalten der Gesamtstruktur nennenswert beeinflußt wird. Erst nach wesentlicher Lasterhöhung, Bild 7.5, entstehen erste Risse und nach abermaliger deutlicher Laststeigerung versagt die Struktur. D.h., ein rein elastisches Bemessungsverfahren würde zu außerordentlich unwirtschaftlichen Konstruktionen führen. Doch es liegt eine große Anzahl von Versuchsergebnissen vor, die es ermöglicht, in Abhängigkeit von den wichtigsten Rohrparametern, Bild 7.6, die tatsächlichen Grenzbelastungen für Rohrknoten zu ermitteln und nach Einführung von Sicherheitsbeiwerten zulässige Spannungen zu definieren. So gibt die API – RP2A für die sog. wirksame Schubspannung an

$$v_p = \tau \cdot f \cdot \sin\theta \,.$$

Die zulässige Schubspannung ist

$$v_{pa} = Q_q \frac{F_y}{0{,}6\gamma}$$

(hier haben wir nur den einfachen Fall der konstanten Zugbelastung $f = f_a$ betrachtet). F_y ist die Fließgrenze und Q_q ist ein Faktor, der den Einfluß des Typs der Belastung und Geometrie der Verbindung beschreibt, siehe Bild 7.6,

$$Q_q = \left(1{,}1 + \frac{0{,}2}{\beta}\right) Q_g \,,$$

$$Q_g = \begin{cases} 1{,}8 - 0{,}1\,\dfrac{g}{T} & \text{für} \quad \gamma \leqq 20 \,, \\[2ex] 1{,}8 - 4\,\dfrac{g}{D} & \text{für} \quad \gamma > 20 \,. \end{cases}$$

Wir nehmen einmal einen aktuellen Fall an:

$$\gamma=2{,}0;\ \tau=0{,}5;\ \theta=90\,°;\ \frac{g}{T}=5\,.$$

Damit erhalten wir

$$v_{\mathrm{pa}}=0{,}108F_{\mathrm{y}}$$

d.h., es wird eine maximal zulässige Schubspannung empfohlen, bei der nur unwesentliche lokale Fließerscheinungen auftreten. Das ist auch sehr sinnvoll, denn die wesentlich häufigere Schadensursache sind Ermüdungsrisse durch dynamische Beanspruchung ausgehend von Bereichen mit Spannungsspitzen (engl. hot spot stresses) [7.16].

7.3 Betriebsfestigkeitsbewertung nach Vorschriften

Die Entwicklung einer Vorschrift zur Bewertung der Betriebsfestigkeit meerestechnischer Konstruktionen wurde in der Bundesrepublik Deutschland zunächst durch die Kranbaunorm DIN 15018 beeinflußt. Wir werden uns wegen der damit gegebenen Besonderheiten im Abschnitt 7.3.1 als erstes mit den auf dieser Kranbaunorm aufbauenden Vorschriften der international tätigen deutschen Klassifikationsgesellschaft Germanischer Lloyd (GL) auseinandersetzen [7.17].

Bei der weiteren internationalen Vorschriftenentwicklung für feststehende Stahlplattformen, insbesondere bei der Entwicklung grundlegender Regeln zum Nachweis ihrer Betriebsfestigkeit, macht sich bis heute der starke Einfluß des American Petroleum Institute (API) durch die Empfehlungen RP2A bemerkbar, [7.7]. Dort wird unterschieden zwischen dem Entwurf auf Betriebsfestigkeit (Fatigue Design) und dem Betriebsfestigkeitsnachweis (Fatigue Analysis). Die Empfehlungen API – RP2A für den Entwurf der Betriebsfestigkeit bauen auf den Grundlagen der Entwicklung eines Entwurfsspannungsspiels auf, wie wir sie in Abschnitt 6.2.3.4 ausführlich behandelt haben. Der Betriebsfestigkeitsnachweis soll dagegen auf der Grundlage der Miner-Regel geführt werden, die wir in Abschnitt 6.2.2.1 kurz dargelegt haben, wobei, je nach Problemstellung, die passendste der in Abschnitt 6.2.3.1 bis 6.2.3.3 erläuterten Methoden – und Abwandlungen davon – in Betracht zu ziehen ist.

Beide Betrachtungsweisen der API – RP2A, von denen sich die zweite (Betriebsfestigkeitsnachweis) in ähnlicher Form in vielen anderen internationalen Regelwerken wiederfindet, werden wir in den Abschnitten 7.3.2 bzw. 7.3.3 noch einmal aufgreifen, um auf einige für Vorschriften geltende Besonderheiten der Bemessungspraxis und des praktischen Sicherheitsnachweises bei Betriebsfestigkeitsfragen hinzuweisen.

7.3.1 Entwurf auf Betriebsfestigkeit nach GL-Vorschriften

Als erstes Beispiel für den Entwurf auf Betriebsfestigkeit nach Vorschriften (Fatigue Design) betrachten wir das Konzept des Germanischen Lloyd [7.17]: Darin wird die Bestimmung einer zur Gewährleistung der Betriebsfestigkeit zulässigen Spannung σ_{Vzul} in Abhängigkeit von folgenden Parametern vorgegeben:

- Spannungsspielbereich SB in Abhängigkeit von der Gesamtzahl der im Betrieb erwarteten Lastwechsel,
- Grenzspannungsverhältnis $\varkappa$ als Quotient der oberen und unteren Grenzspannung σ_{max} und σ_{min} bzw. τ_{max} und τ_{min}

$$\varkappa = \sigma_{min}/\sigma_{max} \quad \text{bzw.} \quad \varkappa = \tau_{min}/\tau_{max}\,, \tag{7.4}$$

- Kerbfall KF als Maß der Spannungskonzentration infolge Kerbwirkung in einer Schweißnaht,
- Spannungskollektiv, allerdings erst in der Erweiterung der GL-Vorschriften für Seeschiffe.

Im einzelnen wird bei diesem Nachweis in folgenden Schritten vorgegangen:

1. Definition des Spannungsspielbereichs SB, der bei Seegangslasten im allgemeinen für mehr als $6 \cdot 10^6$ Lastwechsel bestimmt ist.
2. Definition des Kerbfalls KF, z.B. nach einer Tabelle für die üblichen Schweißverbindungen. Auf dieser Basis wird eine zulässige Grundspannung σ_0 für das Grenzspannungsverhältnis $\varkappa = -1$ in Abhängigkeit von der Streckgrenze festgelegt, auf deren Höhe sich damit Werkstoffwahl und konstruktive Maßnahmen (Schweißtechnik) auswirken.
3. Bestimmung des tatsächlichen Grenzspannungsverhältnisses $\varkappa$ am betrachteten Konstruktionselement. Hierzu eine Anmerkung: Für Vorentwurfsrechnungen reicht es häufig aus, ein sog. Pseudo-Grenzspannungsverhältnis $\varkappa^*$ aus dem für alle Konstruktionselemente gleichen Verhältnis $\varkappa^* = Q_{min}/Q_{max}$ zu bestimmen, wobei Q die beim Durchlauf der Bemessungswelle berechnete horizontale Wellenkraft auf die Konstruktion ist. (Annahme: $\sigma_{min}/\sigma_{max} = Q_{min}/Q_{max}$.)
4. Berechnung der zur Gewährleistung der Betriebsfestigkeit zulässigen Vergleichsspannung σ_{Vzul} bzw. $\tau = \sigma_{Vzul}/\sqrt{2}$ in Abhängigkeit von $\varkappa$ oder für Vorentwurfszwecke von $\varkappa^*$, siehe Anmerkung zu Schritt 3.

Diese einfache Vorgehensweise hat den Vorteil relativ geringen Aufwands bei einem recht hohen Grad an konstruktiver Beeinflussungsmöglichkeit des Ergebnisses. Wir müssen uns dabei allerdings der Tatsache bewußt sein, daß eine einfache Methode immer auch hohe Sicherheiten impliziert und deswegen im Detail nicht durchweg die effektivste, konstruktive Lösung erlaubt. Wir wollen uns daher noch mit einer alternativen Betrachtungsweise des Entwurfs auf Betriebsfestigkeit nach Vorschriften befassen, die eine Verbesserung der bisher beschriebenen Möglichkeiten verspricht.

7.3.2 Entwurf auf Betriebsfestigkeit nach Empfehlungen der API – RP2A

Im Jahre 1983 organisierte der API-Ausschuß für feststehende Konstruktionen eine Sondergruppe zum Studium von Betriebsfestigkeitsfragen und zur Empfehlung von Methoden des Entwurfs auf Betriebsfestigkeit, die stochastischen Bewertungsmethoden angepaßt, aber einfach und realistisch genug sein sollten, um in Entwurfsrichtlinien Verwendung zu finden.

Das Ergebnis wurde in der 17. Ausgabe der API – RP2A vom April 1987 vorgelegt [7.7]. Es beruht auf der Betrachtungsweise, die wir in Abschnitt 6.2.3.4 bereits behandelt haben [6.39, 6.41]. Insbesondere wurde versucht, durch Kalibrierung der von uns in (6.100) als Festigkeitsparameter eingeführten Einflußgröße g zur pauschalen Erfassung des Verhaltens einer Konstruktion unter Wellenbelastung, d.h. durch Abgleich der Ergebnisse von (6.105) – in alternativer Form – mit den Ergebnissen von Betriebsfestigkeitsanalysen einer Reihe gebauter Plattformen, allgemein gültige Werte für g abzuleiten. Die Einflußgröße g wurde also als Kalibrierungsparameter behandelt, wobei alle anderen Parameter, insbesondere die Wöhlerlinie, die Überschreitenshäufigkeitsverteilung der Wellenhöhe sowie die Spannungskonzentrationsfaktoren in den Vergleichsrechnungen übereinstimmen mußten. Die Voraussetzungen, unter denen so vorgegangen werden kann, haben wir in Abschnitt 6.2.3.4 genannt.

Zur Bestimmung des Festigkeitsparameters g wurde die in Abschnitt 3.2.2 erörterte Stokessche Wellentheorie verwendet, wobei die (Bemessungs-) Wellenperioden T_B mit hypothetischen Wellensteilheiten von 1/16 und 1/12 aus der jeweiligen (Bemessungs-) Wellenhöhe H_B ermittelt wurden. Mit den für eine Referenzzeit T_R definierten Bemessungswellen wurden zugehörige Spannungsspiele $s_R = s((H_B, T_B)|T_R)$ an den Kontrollstellen der jeweiligen Konstruktion als Differenz zwischen Größtwert σ_{max} und Kleinstwert σ_{min} der Spannungen $\sigma(t)$, $0 < 2\pi t/T_B \leqq 2\pi$, bei einem vollen Wellendurchlauf bestimmt. Damit kann aus (6.105) der zugehörige Festigkeitsparameter g bestimmt werden, nachdem $n_R = n(T_R)$ aus der parallel durchgeführten Betriebsfestigkeitsanalyse mit der durch die Referenzzeit T_R definierten Lebensdauer ermittelt wurde. Diese im Prinzip konsequente Anwendung des in Abschnitt 6.2.3.4 entwickelten Konzepts wurde aus praktischen Gründen dahingehend vereinfacht, daß nur die Spannungsspitze σ_{max} bei einem Durchlauf der Bemessungswelle betrachtet wurde. Mittels

$$s^* = \sigma_{max} \cdot (1 - \varkappa^*), \quad \varkappa^* = Q_{min}/Q_{max} \tag{7.5}$$

konnte dann die als Pseudo-Spannungsspiel s^* bezeichnete Berechnungsgröße definiert werden, wobei Q die bei jedem Zeitschritt des Wellendurchlaufs auf die Konstruktion wirkende horizontale Wellenkraft ist (siehe Anmerkung zu Schritt 3 im Abschnitt 7.3.1). Für die betrachteten Plattformen ergaben sich $\varkappa^*$-Werte zwischen $-0{,}35$ und $-0{,}45$, so daß wir hier nebenher mit $s^* \simeq 1{,}4\sigma_{max}$ eine im ersten Entwurfsstadium verwendbare „Faustformel" für das Entwurfsspannungsspiel bei Konstruktionselementen von Jacket-Plattformen angeben können.

Natürlich streuen die mit dem Pseudo-Spannungsspiel s^* und (6.105) ermittelten Festigkeitsparameter g sowohl von Strukturelement zu Strukturelement innerhalb einer Konstruktion als auch von Konstruktion zu Konstruktion erheblich. Da nach (6.105) größere Werte von g auch größere Werte des Entwurfsspannungsspiels bedingen, mußte sich der in der 17. Ausgabe der API – RP2A empfohlene Wert an der unteren Grenze der Ergebnisse orientieren. Diese Grenze lag bei $g = 1{,}2$ für Konstruktionselemente im Wasserlinienbereich und sonst bei $g = 1{,}3$.

Nachdem g mittels Kalibrierung festgelegt war, konnte in der API – RP2A mit (6.105) – in alternativer Form – für eine beliebige Referenzzeit T_R und, in

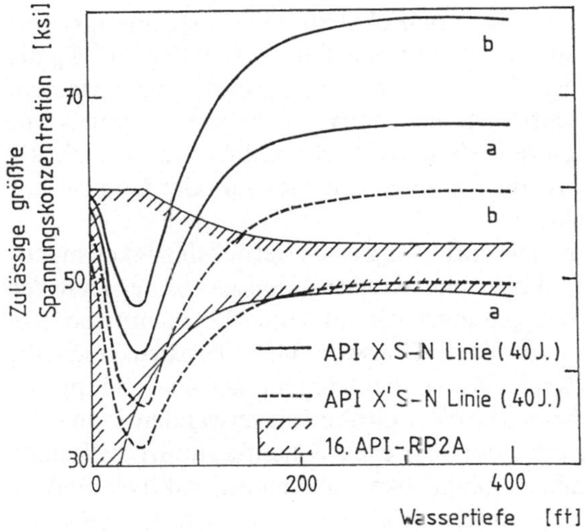

Bild 7.7. Vergleich 16. und 17. API – RP2A nach Kapitel 6: [6.41]

umgekehrter Anwendung von (7.5), eine für Vorschriften geeignete Bemessungsspannung σ_{max} zur Gewährleistung der Betriebsfestigkeit definiert werden. In der API – RP2A wurde dazu der größte gefundene $\varkappa^*$-Wert der Größe $-0{,}35$ verwendet, um auch hier auf der sicheren Seite zu bleiben. Das Regelwerk gibt die so ermittelten, zulässigen größten Spannungskonzentrationen (allowable peak hot spot stresses) für Referenzzeiten T_R von 40 und 100 Jahren an. Dabei sind alle Schritte der Kalibrierungsprozedur für verschiedene Wassertiefen durchgeführt worden, so daß die Vorschriften nun den besonderen Einfluß der Wassertiefen zwischen 0 und 200 m auf die Betriebsfestigkeit angemessen wiedergeben, Bild 7.7 nach [6.41]. (1 ksi = 6,8906 N/mm^2 = 0,68906 kN/cm^2, 1 ft = 0,30488 m.)

In Bild 7.7 bezeichnet der Parameter a Konstruktionselemente in Nähe der Wasseroberfläche und der Parameter b weist auf alle anderen Elemente hin. Die Bezeichnung X S – N-Linien bezieht sich auf beste Schweißnahtausführung nach API – RP2A, bei X' S – N-Linien ist die Schweißnahtausführung von der geringsten zulässigen Qualität, d.h., besonderer Fertigungsaufwand wird auch hier angemessen bewertet. Wir erkennen an Bild 7.7, daß die 17. Ausgabe der API – RP2A bei größeren Wassertiefen höhere zulässige Betriebsfestigkeits-Bemessungsspannungen für Elemente mit API X S – N-Linien zuläßt als die 16. Ausgabe dieses Regelwerkes.

Wir müssen allerdings einschränkend feststellen, daß die nach dieser Betrachtungsweise entwickelten Empfehlungen der API – RP2A nur für das verwendete Wellenklima des Golfes von Mexiko unmittelbar anwendbar sind. Wind und Strömungseinflüsse sind nicht berücksichtigt, und es gelten die API Referenz-Wasserstände. Für alle Konstruktionselemente wurden Spannungskonzentrationsfaktoren der Größe 3 verwendet.

7.3.3 Betriebsfestigkeitsnachweis nach Empfehlungen der API – RP2A

Die im Abschnitt 7.3.1 beschriebene Form des Entwurfs auf Betriebsfestigkeit (Fatigue Design) nach Vorschriften konnte die Besonderheiten des Wellenklimas im Einsatzgebiet der Konstruktion nur sehr pauschal durch den Spannungsspielbereich SB und durch die Bemessungswelle mit den Parametern H_B und T_B als maßgebliche Beeinflussungsgrößen auf das Grenzspannungsverhältnis $\varkappa$ erfassen. Die dann im Abschnitt 7.3.2 beschriebene alternative Form des Entwurfs auf Betriebsfestigkeit nach Vorschriften ist in dieser Hinsicht schon etwas fortschrittlicher, aber z.Zt. ist die Anwendung auf den Golf von Mexiko oder Gebiete mit ähnlichem Wellenklima beschränkt.

Beide Regelwerke empfehlen die Durchführung eines Betriebsfestigkeitsnachweises (Fatigue Analysis) für hochbelastete Konstruktionselemente nach der Miner-Regel, wenn die Voraussetzungen einer vereinfachten Betrachtungsweise nicht mehr gelten oder wenn der Entwurf in die Phase der Detailkonstruktion tritt. Ebenso empfehlen beide Regelwerke, im Zusammenhang mit der Anwendung der Miner-Regel generell einen Sicherheitsfaktor der Größe 2 zu verwenden, wobei die API – RP2A und die Vorschriften der norwegischen Klassifikationsgesellschaft Det norske Veritas (DnV), je nach Zugänglichkeit sowie konstruktiver Bedeutung und Position der Kontrollstellen, unterschiedliche Sicherheitsfaktoren von 1 bis 10(!) verlangen [7.6, 7.18]. Hierbei ist der Sicherheitsfaktor als ein Parameter definiert, mit dem die erwünschte Lebensdauer der Konstruktion zu multiplizieren ist, d.h. bei Anwendung der Miner-Regel, daß der auf die Lebensdauer bezogene zulässige Schadensindikator $D=1$ durch den Sicherheitsfaktor zu dividieren ist, siehe (6.75) und (6.76). Ein Sicherheitsfaktor der Größe 2, d.h. $D=0{,}5$, bewirkt bei gleichem Material und gleicher Fertigungsqualität in etwa eine 10 %ige Erhöhung der Wandstärke, siehe [7.7]. Die Größe des Sicherheitsfaktors hat also entscheidenden Einfluß auf Material- und Fertigungskosten. Die API – RP2A geht ausführlich auf die Einzelheiten der mit Anwendung der Miner-Regel verbundenen Berechnungsschritte des Betriebsfestigkeitsnachweises nach Vorschriften ein. Im Prinzip werden darin zwei Vorgehensweisen akzeptiert:

1. Berechnung des Schadensindikators für jede durch H_V, T_V und auch durch die Hauptlaufrichtung μ_V definierte Seegangsklasse und die anschließende Berechnung der Schadensakkumulation in der Weise, wie wir sie in Abschnitt 6.2.3.2 als spektrale Betrachtungsweise anhand (6.97) und Bild 6.22 dargestellt haben.
2. Berechnung von kumulativen Spannungsverteilungen für den Referenzzeitraum an Stellen höchster Spannungskonzentration und deren Auswertung nach dem Konzept, das wir in Abschnitt 6.2.3.2 als akzeptable Vereinfachung der spektralen Betrachtungsweise für statische Konstruktionen beschrieben haben.

Weil es eigentlich immer um die Bewertung der Betriebsfestigkeit an geschweißten Übergangsstellen zwischen Konstruktionselementen geht, ist es wegen der Vielzahl solcher Stellen bei einer Jacket-Konstruktion nötig, die Stellen größter Spannungskonzentration (hot spots) zu identifizieren, was letztlich nur iterativ durch die globale Spannungsanalyse in Verbindung mit realistischen Werten für die Spannungskonzentrationsfaktoren geschehen kann. Die API – RP2A empfiehlt, mindestens vier Kontrollpunkte auf der Schnittlinie zwischen einer Versteifung (brace) und einer Hauptstütze (chord) zu untersuchen, und zwar sowohl auf der Seite der Versteifung wie auch auf der Seite der Hauptstütze. Als

Belastung sollen zwei von der Versteifung übertragene, senkrecht zueinander wirkende Biegemomente (in plane und out-of-plane) und die von der Versteifung übertragene Axiallast betrachtet werden. Das bedeutet, daß die Spannungen an den Kontrollpunkten mindestens für vier Wellenrichtungen berechnet werden müssen, um die größte Wirkung der kombinierten Belastung einigermaßen sicher zu treffen. Außerdem müssen die berücksichtigten Wellenfrequenzen $\omega = 2\pi/T$ entweder sehr dicht beieinander liegen oder sorgfältig ausgewählt werden: Die API – RP2A empfiehlt, zunächst die Übertragungsfunktion der gesamten, auf das Bauwerk wirkenden horizontalen Wellenkraft Q zu betrachten und in allen weiteren Rechnungen die Frequenzen der relativen Maxima von Q zu berücksichtigen, insbesondere die unteren (elastischen) Eigenfrequenzen bei dynamischen Konstruktionen.

Da es für Elemente, die in der Nähe der Wasseroberfläche liegen, von Bedeutung ist, daß sie sowohl direkt durch die Welle belastet werden (inundation effect) als auch indirekt über die durch Wellenbelastung verursachte Deformation der gesamten Konstruktion, soll nach der API – RP2A die bei der spektralen Betrachtungsweise benötigte Übertragungsfunktion der Spannung auch bei Anwendung linearer Wellentheorie unter Verwendung einer Wellenhöhe H berechnet werden, die sich aus den (wie oben beschrieben) sorgfältig ausgewählten Wellenperioden $T = 2\pi/\omega$ in Verbindung mit einer passenden Wellensteilheit H/L (1/20 bis 1/25 für den Golf von Mexiko) ergibt. (Die Berechnung der Wellenlänge L als Funktion der Wellenperiode T haben wir in Kapitel 3 dargestellt, als Schätzwert für tiefes Wasser können wir $L = 1{,}57T^2$ verwenden.)

Wenn wir die so definierten Wellen verschiedener Frequenz ω in kleinen Zeitschritten durch die Konstruktion laufen lassen und dabei für jeden Zeitschritt alle auf die Rohrknoten bezogenen Wellenlasten berücksichtigen, die unterhalb der aktuellen Wellenkontur liegen, um damit die Spannungen an den Kontrollpunkten zu berechnen, so ist der Eintauchungseffekt der Elemente auch für natürliche Seegangsverhältnisse im Mittel richtig berücksichtigt, falls wir nun die nach einem Wellendurchlauf berechenbaren Spannungsspiele durch die zugehörige Wellenhöhe dividieren, um damit den zur jeweiligen Wellenfrequenz gehörenden Wert der gesuchten Übertragungsfunktion (mit Eintauchungseffekt) zu erhalten. Diese Übertragungsfunktion können wir zur Bestimmung des Spannungsspektrums aus dem Seegangsspektrum analog (5.54) und dann, wie in Abschnitt 6.2.3.2 als spektrale Betrachtungsweise beschrieben, weiterverwenden.

Wenn wir den Vorteil der linearen Wellentheorie, der besonders bei statischen Konstruktionen darin liegt, daß nur zwei Positionen der Welle relativ zum Bauwerk zu analysieren sind, um die gesamte Wirkung des Wellendurchlaufs vollständig zu beschreiben, konsequent nutzen wollen, so werden wir zunächst alle auf den Rohrknoten bezogenen Wellenlasten berücksichtigen, die unterhalb der ungestörten Wasseroberfläche liegen. Dabei wird der Eintauchungseffekt auf das Spannungsspiel bei Rohrknoten im Bereich der Wasseroberfläche aber im allgemeinen unterbewertet (zu kleines Spannungsspiel), und wir sollten nach Empfehlung der API – RP2A nachträglich eine Korrektur der Ergebnisse vornehmen.

Wir merken noch an, daß der Einfluß von Wind und Strömung sowie von Eigenlasten bei einem Betriebsfestigkeitsnachweis nach Vorschriften für meerestechnische Konstruktionen häufig vernachlässigt wird. Nur die Wassertiefe bei Springhochwasserstand, z.B. nach (5.134) oder nach adäquaten Angaben, sollte möglichst gut erfaßt sein, weil die Wassertiefe in Verbindung mit dem gerade erörterten Eintauchungseffekt maßgeblichen Einfluß auf die Betriebsfestigkeit haben kann, siehe Bild 7.7. Die API – RP2A gibt Referenzwasserstände für die Küste der USA an, wie sie in Verbindung mit dem 100-Jahre-Bemessungswert der Wellenhöhe zu erwarten sind.

7.4 Entwicklung moderner Vorschriften

Wir haben uns in den Abschnitten 7.2 und 7.3 mit Beispielen aus Regelwerken befaßt, in denen die von uns als klassisch bezeichneten Bewertungsmethoden mit praktischen Erfahrungen aus etwa drei Jahrzehnten des Konstruierens, Bauens und Überwachens meerestechnischer Konstruktionen zu Entwurfsvorschriften verbunden wurden, die sich in der Praxis vielfach bewährt haben. Wir konnten bereits erkennen, daß sog. Sicherheitsformate, mit denen der Formalismus beschrieben wird, nach dem Beanspruchung und Beanspruchungsfähigkeit einer Konstruktion oder eines Konstruktionselementes miteinander verglichen werden sollen, eigentlich nur einen recht geringen Teil der Vorschrift ausmachen. Den größeren Teil nimmt die vorschriftengemäße Ermittlung von Beanspruchung und Widerstand selbst ein, d.h., Eingangsdaten sowie Analyse- und Bewertungsmethoden werden durch Vorschriften weitgehend festgelegt, da sonst die im Vorschriftenformat verwendeten Sicherheitsfaktoren nicht aussagefähig wären. Dennoch verbleiben Unwägbarkeiten, und es ist selbstverständlich, daß alle mit der Erstellung von Vorschriften befaßten Ingenieure an einer möglichst rationalen Darstellung gerade der Sicherheitsfaktoren bzw. der Sicherheitsmargen oder alternativer Sicherheitsparameter im Vorschriftenformat interessiert sind.

Dazu bieten sich heute die von uns in Abschnitt 6.3.1 in geraffter Form dargestellten Methoden der Zuverlässigkeitsbewertung tragender Konstruktionselemente an. In Vorschriften neuerer Regelwerke wird diese Möglichkeit bereits genutzt, z.B. [7.19], siehe aber auch die Übersicht in [7.20], so daß wir in Abschnitt 7.4.1 einige hierzu gehörige Erläuterungen geben wollen, um potentielle Anwender modernerer Vorschriften mit den dahinter stehenden prinzipiellen Besonderheiten vertraut zu machen.

Unabhängig von der Bemessung nach Vorschriften wird im Zuge der Entwicklung immer größerer meerestechnischer Konstruktionen erkannt, daß Fragen der Sicherheit nicht nur durch sicheres Dimensionieren der Bauteile beantwortbar sind, sondern in gleichem Maße auch durch lebenslange Erhaltung des Sollzustandes, d.h. durch sachgemäßen Umgang mit der Konstruktion. In der Schiffstechnik gibt es zur Wahrnehmung beider Aspekte des Sicherheitsproblems das in mehr als einem Jahrhundert gewachsene und bewährte Konzept der Klassifikation. In der Meerestechnik, wie auch im Bauwesen allgemein, entwickelte sich in der letzten Dekade ein als Qualitätssicherung bezeichnetes Konzept, das dem der Klassifikation sehr ähnlich ist. Wir wollen im Sinne einer möglichst abgerundeten Darstellung der Bemessungspraxis für meerestechnische Konstruktionen im Abschnitt 7.4.2 noch einige Hinweise auf Ziele und Möglichkeiten sowohl der Qualitätssicherung als auch der Klassifikation nach heutigem Stand geben, denn beide Konzepte spielen in der Bemessungspraxis meerestechnischer Konstruktionen eine entscheidende Rolle.

7.4.1 Entwicklung von Vorschriften auf der Grundlage der Zuverlässigkeitstechnik

Während der ersten Anwendungsphase der im Abschnitt 6.3.1 skizzierten Methoden erster Ordnung (FOSM) zur Bewertung der Zuverlässigkeit von Konstruktionselementen trat als praktisch bedeutsamstes Anwendungsziel die Rationalisierung alter Vorschriftenformate in den Vordergrund des Interesses praktizierender Ingenieure. Im Bauingenieurwesen, aus dem die entscheidenden Impulse für die Entwicklung der Zuverlässigkeitstechnik gekommen waren, wurden die ersten und wohl auch grundlegenden Gedanken zu neuen Vorschriftenformaten entwickelt und in sog. Modellvorschriften ausprobiert und diskutiert. Im Zuge des schnell wachsenden Bekanntheitsgrades der FOSM-Methoden haben sich auch Ingenieure anderer Fachgebiete, in neuerer Zeit insbesondere der Meerestechnik, mit den gleichen Fragen auseinandergesetzt, so daß wir den bisher entwickelten Antworten auch in diesem Buch einen kurzen Abschnitt widmen wollen.

Wir fragen zunächst nach Möglichkeiten, den Sicherheitsfaktor γ auf der Basis der Ergebnisse von Zuverlässigkeitsanalysen zu definieren, bzw. die Zuverlässigkeit im Vorschriftenformat mit Sicherheitsfaktoren sichtbar zu machen. Wir betrachten dazu als erstes Bild 7.8:

Zur Vereinfachung unserer Überlegungen konzentrieren wir uns zunächst auf das sog. globale zentrale Sicherheitsformat

$$\gamma_0 \cdot m_A \leqq m_W . \tag{7.6}$$

(Bei nicht schiefen Wahrscheinlichkeitsverteilungen der Beanspruchung A (Anspruch) und der Festigkeit W (Widerstand) sind die Mittelwerte m_A und m_W als die jeweiligen 50-%-Fraktile von Beanspruchung und Festigkeit interpretierbar, daher der Begriff „zentral“, den Begriff „global“ verwenden wir hier als

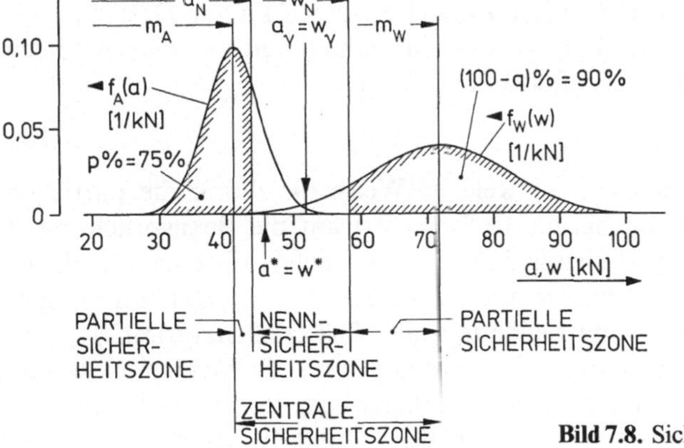

Bild 7.8. Sicherheitszonen im A-W-Format

Gegensatz zu „partiell", wobei der Unterschied im Zusammenhang mit dem Sicherheitsformat (7.9) im folgenden noch genauer geklärt wird.)

Die Definition des globalen zentralen Sicherheitsfaktors γ_0 liefert allein natürlich keine eindeutige Aussage über die erreichte Zuverlässigkeit, weil letztere nach (6.114) und (6.115) eben nicht nur vom Mittelwert m_A und m_W der Beanspruchung und der Festigkeit abhängt, sondern auch von den jeweiligen Standardabweichungen σ_A und σ_W. In neueren Vorschriften wird begonnen mit dem Sicherheitsfaktor gemeinsam auch Hinweise auf zugehörige Werte m und σ bzw. auf damit zusammenhängende Größen zu geben. Konsequenter wäre es natürlich, diese Aussagen gleich im sog. Zuverlässigkeitsindex zusammenzufassen. Dabei ließe sich eine formale Abhängigkeit zwischen dem globalen zentralen Sicherheitsfaktor γ_0, den sog. Variationskoeffizienten $V = \sigma/m$ und dem Zuverlässigkeitsindex β nutzen, die sich aus der Definition des Zuverlässigkeitsindex nach (6.114) unter Verwendung von (7.6) im Grenzfall $\gamma_0 \cdot m_A = m_W$ ergibt

$$\beta = (1 - \gamma_0) / \sqrt{\gamma_0^2 V_W^2 + V_A^2} \,. \tag{7.7}$$

Nach γ_0 aufgelöst liefert (7.7) die Beziehung

$$\gamma_0 = \left(1 - \beta \cdot \sqrt{V_W^2 + V_A^2 - \beta^2 V_W^2 V_A^2}\right) / \left(1 - \beta^2 V_W^2\right). \tag{7.8}$$

Wir können also den globalen zentralen Sicherheitsfaktor für einen gegebenen Zuverlässigkeitsindex und bei gegebenen Variationskoeffizienten von Beanspruchung und Festigkeit berechnen. Die Erweiterung auf Nennwerte (a_N, w_N) statt der Mittelwerte (m_A, m_W) ist möglich [7.21].

In Bild 7.8 können wir partielle Sicherheitszonen für die Beanspruchungsgröße A und die Festigkeitsgröße W identifizieren. Zur Vereinfachung setzen wir die in Bild 7.8 ausgewiesene Nennsicherheitszone Null, so daß sich die zentrale Sicherheitszone aus zwei partiellen Sicherheitszonen für A und W zusammensetzt, die bei einem Wert $a = w$ aneinander grenzen mögen. Das Sicherheitsformat mit sog. partiellen zentralen Sicherheitsfaktoren γ_{0A} und γ_{0W} lautet dann

$$\gamma_{0A} \cdot m_A \leqq m_W / \gamma_{0W} \,. \tag{7.9}$$

In der angelsächsischen Literatur finden wir für Konstruktionen, die auf der Basis eines solchen Sicherheitsformats mit Beanspruchungs/Festigkeitsgrößen entworfen werden, den Ausdruck LRFD (Load and Resistance Factor Design). Wir haben mit (7.6) und (7.9) indirekt folgenden Zusammenhang zwischen globalen und partiellen zentralen Sicherheitsfaktoren definiert

$$\gamma_0 = \gamma_{0A} \cdot \gamma_{0W} \,, \tag{7.10}$$

aber wir haben nicht entschieden, in welcher Weise die durch die partiellen Sicherheitsfaktoren gemeinsam definierte Sicherheit auf die Beanspruchung A bzw. den Widerstand W zu verteilen ist, denn (7.10) liefert für eine unendliche Zahl von Faktoren γ_{0A} und γ_{0W} immer das gleiche Produkt: γ_0. Um nun zu einer möglichst sinnvollen Definition partieller zentraler Sicherheitsfaktoren γ_{0A} und γ_{0W} zu kommen, wollen wir uns an die Bedeutung des sog. Entwurfspunktes (a^*, w^*) nach (6.123) erinnern: Für den Fall des Versagens gilt der Entwurfspunkt bei normalverteilten physikalischen Ausgangsgrößen A und W als der Punkt des wahrscheinlichsten Versagens, siehe (6.125) f. Der Entwurfspunkt war in diesem besonderen Fall unabhängig vom Zuverlässigkeitsindex β und von den Empfindlichkeitsfaktoren α darstellbar. Wenn wir uns bei der Aufstellung der zentralen Sicherheitszone in zwei partielle zentrale Sicherheitszonen auf den Entwurfspunkt als Grenze einigen, so können wir gemäß (7.9) die vorhandenen partiellen zentralen Sicherheitsfaktoren

$$\gamma_{0A} = a^*/m_A, \quad \gamma_{0W} = m_W/w^* \tag{7.11}$$

mit (6.125) sofort berechnen, wenn wir Mittelwerte und Standardabweichungen von Beanspruchung und Festigkeit kennen. Auch hier ist die Erweiterung auf Nennwerte (a_N, w_N) statt der Mittelwerte (m_A, m_W) möglich [7.21].

Wenn wir statt a^* und w^* allgemeine Entwurfswerte der stochastischen Ausgangsgrößen verwenden, die wir in Abschnitt 6.3.1 mit x_k^*, $k=1, 2, \ldots, K$ bezeichnet haben, so gilt nach (6.138) (siehe auch (6.123)) für jede der K stochastisch unabhängigen Ausgangsgrößen X_k

$$x_k^* = m_{Xk} \cdot (1 + \beta \cdot \alpha_k \cdot V_k), \; k=1, 2, \ldots, K. \tag{7.12}$$

Auf der Fehlergrenze muß die Strukturfunktion folgende Bedingung erfüllen

$$g(\boldsymbol{X}|\boldsymbol{X}=\boldsymbol{x}^*) = g(x_k^*) = g(x_1^*, x_2^*, \ldots, x_K^*) = 0, \tag{7.13}$$

siehe (6.132). Wir merken hier an, daß die Strukturfunktion natürlich für verschiedene, in einem Konstruktionsfall gerade aktuelle Grenzzustände definiert werden kann (z.B. für die im Englischen als „ultimate limit states" (ULS) bezeichneten Grenzzustände des Versagens unter sog. Traglasten oder für die im Englischen als „serviceability limit states" (SLS) bezeichneten Grenzzustände der Gebrauchstüchtigkeit). Je nach dem betrachteten Grenzzustand werden andere Parameter (m, V) der stochastischen Widerstandsgrößen betrachtet, doch das hat für den hier interessierenden Formalismus natürlich keine prinzipielle Bedeutung.

Falls wir nun alle stochastischen Ausgangsgrößen X_k so indizieren, daß die kritischste den Index k = 1, die nächstkritische den Index k = 2 erhält usw., so können wir für die Empfindlichkeitsfaktoren α_k, die ja (vorzeichenbehaftete!) Maßzahlen des Einflusses der Ausgangsgrößen auf die Sicherheit der Komponente sind, nach folgendem Schema konservativ schätzen [7.22]: Wir setzen zunächst

$$\alpha_1 = \pm 1. \tag{7.14}$$

(Auch 0,8 bzw. −0,7 sind gebräuchlich, z.B. [7.23] und [7.24].) Das Vorzeichen ist negativ für Beanspruchungsgrößen ($X_k \in A$) und positiv für Festigkeitsgrößen $X_k \in W$), denn die Empfindlichkeitsfaktoren α_k enthalten nach (6.135) und (6.136) die partiellen Ableitungen a_k der Strukturfunktion $g(\boldsymbol{X})$ nach der jeweiligen Ausgangsgröße. Wir haben $g(\boldsymbol{X})$ in (6.132) so definiert, daß eine Erhöhung der Beanspruchung zu einer Erniedrigung von $g(\boldsymbol{X})$ führt (und umgekehrt bei einer Erhöhung des Widerstands). Weiterhin setzen wir

$$\alpha_k = \pm [\sqrt{k} - \sqrt{(k-1)}], \quad k=2, 3, \ldots, K. \tag{7.15}$$

Diese Schätzwerte können wir sehr gut zur Berechnung der Multiplikationsfaktoren ψ_k in (6.144)f verwenden. Hier wollen wir diese Vorgehensweise einmal mit den Daten eines Zugstabes illustrieren:

Zugkraft A	Querschnitt F	Spannung S
$m_A = 41$ kN	$m_F = 175$ mm^2	$m_S = 410$ N/mm^2
$\sigma_A = 4{,}1$ kN	$\sigma_F = 17{,}5$ mm^2	$\sigma_S = 41$ N/mm^2

Die FOSM-Lösung nach Abschnitt 6.3.1 ergibt $\beta = -3{,}07$ und $a^* = 46{,}6$ kN, $f^* = 144$ mm^2, $s^* = 330$ N/mm^2 sowie $\alpha_A = -0{,}448$, $\alpha_F = 0{,}632$, $\alpha_S = 0{,}632$, und es gilt natürlich (6.137), d.h.

$$\alpha_A^2 + \alpha_F^2 + \alpha_S^2 = 1 .$$

Wir setzen nun $X_1 = S$, $X_2 = F$, $X_3 = A$, also nach (7.14) und (7.15) $\alpha_1 = 1$ (FOSM: 0,623), $\alpha_2 = 0{,}414$ (FOSM: 0,632), $\alpha_3 = -0{,}318$ (FOSM: $-0{,}448$), $K = 3$. Es gilt

$$\sum_{k=1}^{K} \alpha_k^2 = 1{,}273 > 1 \quad \text{(konservativ)}.$$

Nun können wir (7.12) näherungsweise auswerten. Wir erhalten $x_1^* = 295$ N/mm^2 (FOSM: 330 N/mm^2), $x_2^* = 154$ mm^2 (FOSM: 144 mm^2), $x_3^* = 44{,}7$ kN (FOSM: 46,6 kN), und die Strukturfunktion $g(\boldsymbol{x}) = g(f, s, a) = f \cdot s - a$ des betrachteten Zugstabes liefert mit $\beta = -2{,}8$ (Schätzung)

$$g(x_k^* | \beta = -2{,}8) = [154 \cdot 0{,}295 - 44{,}7]\,\text{kN} = 0{,}73\,\text{kN} > 0 ,$$

d.h., der Zugstab ist in dem durch $\beta = -2{,}8$ vorgegebenen Rahmen zuverlässig. Mit $\beta = -3{,}2$ (Schätzung) ergibt sich

$$g(x_k^* | \beta = -3{,}2) = [152 \cdot 0{,}278 - 45{,}2]\,\text{kN} = -3\,\text{kN} < 0 ,$$

d.h., der Zugstab ist in den durch $\beta = -3{,}2$ vorgegebenen Rahmen bereits unzuverlässig. Wir sehen, daß wir mit diesem einfachen Zuverlässigkeitstest iterativ eine recht gute Näherung für den Zuverlässigkeitsindex und den Entwurfspunkt bekommen können, $-3{,}2 < \beta < -2{,}8$ (FOSM: $-3{,}07$), so daß bei gegebenen Mittelwerten der Ausgangsgrößen sofort alle zugehörigen partiellen zentralen Sicherheitsfaktoren ermittelt werden können, auch die der Last:

$$\gamma_{0k} = x_k^* / m_{Xk} \quad (X_k \in A),$$

$$\gamma_{0k} = m_{Xk} / x_k^* \quad (X_k \in W). \tag{7.16}$$

(Analog für die Partiellen Nennsicherheitsfaktoren mit Nenn- statt Mittelwerten.)

Die Strukturfunktionen des Zugstabbeispiels haben wir zur Veranschaulichung der grundsätzlichen Zusammenhänge so einfach wie möglich gehalten. Bei Betrachtung ähnlicher Konstruktionselemente in der Meerestechnik (z.B. Zuganker bei einer Tension Leg Plattform oder auf Zug belasteter Aussteifungen einer Jacket-Plattform) sind die hier entwickelten Prinzipien unmittelbar anwendbar. Natürlich gibt es eine ganze Reihe sinngemäßer Vereinfachungen oder Erweiterungen, je nachdem, was für das spezielle Konstruktionselement und seine Strukturfunktion nützlich ist, siehe z.B. [7.25, 7.26].

Wir haben zur rationalen (an der Zuverlässigkeitstechnik orientierten) Bestimmung von Sicherheitsfaktoren allerdings noch ein weiteres Problem zu betrachten, nämlich das einer sinnvollen Superposition von Lasten, die verschiedenen, gleichzeitig möglichen Zufallsprozessen zuzuordnen sind.

Wir wollen uns daher noch einmal mit einer für die Praxis besonders wichtigen Konsequenz der Turkstra-Regel beschäftigen, wobei wir nun statt (6.65) die sog. modifizierte Turkstra-Regel, die auch Borges-Castanheta-Regel genannt wird [7.27], betrachten:

$$A_{\max,\mathrm{T}} \simeq \mathrm{Max}\left[\underset{[0,T]}{\mathrm{Max}}\,[A_1] + \underset{[t,t+\theta_1]}{\mathrm{Max}}\,[A_2],\; A_1 + \underset{[0,T]}{\mathrm{Max}}\,[A_2]\right], \tag{7.17}$$

wobei wieder $T/\theta_1 = N$ und N ganzzahlig sei, siehe Bild 6.18 mit A statt Y zur Symbolisierung des Anspruchs im Vorschriftenformat. Häufig ist das p-%-Fraktil $(F^{-1}(p))$ der superponierten Extremalbelastung $A_{\max,\mathrm{T}}$ durch folgende Gleichung ausreichend approximiert [7.28]:

$$\begin{aligned} F^{-1}_{\mathrm{Amax,T}}(p) \simeq \mathrm{Max}[&F^{-1}_{\mathrm{A1max,T}}(p) + F^{-1}_{\mathrm{A2max,\theta 1}}(0{,}5), \\ &F^{-1}_{\mathrm{A1}}(0{,}5) + F^{-1}_{\mathrm{A2max,T}}(p)]. \end{aligned} \tag{7.18}$$

Für unsere Betrachtungen ist hier nur wichtig, daß die Schreibweise nach (7.18) auf eine Möglichkeit hinweist, die in Vorschriften verwendeten Sicherheitsformate bezüglich der Superposition von Lasten unter Verwendung von partiellen Sicherheits- und sog. Lastkombinationsfaktoren, $\gamma_{\mathrm{Nk}} = \gamma_{\mathrm{N}}(A_{\mathrm{k}})$ bzw. $\Psi_{\mathrm{kj}} = \Psi(A_{\mathrm{k}}, A_{\mathrm{j}})$ im Sinne der Zuverlässigkeitstechnik vernünftig zu gestalten. Sicherheitsformate der Form

$$\gamma_{\mathrm{N1}} \cdot a_{\mathrm{N1}} + \gamma_{\mathrm{N2}} \cdot \Psi_{12} \cdot a_{\mathrm{N2}} \leqq w_{\mathrm{N}}/\gamma_{\mathrm{NW}} \tag{7.19}$$

oder

$$\gamma_{\mathrm{N2}} \cdot a_{\mathrm{N2}} + \gamma_{\mathrm{N1}} \cdot \Psi_{21} \cdot a_{\mathrm{N1}} \leqq w_{\mathrm{N}}/\gamma_{\mathrm{NW}} \tag{7.20}$$

können wir bei Vergleich mit (7.18) mit sinnvollen Werten für die partiellen Lastsicherheitsfaktoren γ_{Nk} bzw. Lastkombinationsfaktoren Ψ_{kj} ausfüllen und uns danach für das Format mit der jeweils größeren linken Seite entscheiden.

Die in (7.19) und (7.20) mit dem Index N versehenen sog. Nennwerte a_{Ni} sind im allgemeinen als p-%-Fraktile vorgegeben oder interpretierbar. Wenn wir in Anwendung der im Abschnitt 6.3.1 erläuterten FOSM-Methode Entwurfswerte a^*_{k} bestimmen, so ergeben sich die partiellen Lastsicherheitsfaktoren zu

$$\gamma_{\mathrm{Nk}} = a^*_{\mathrm{k}}/a_{\mathrm{Nk}}. \tag{7.21}$$

Also ergeben sich die Lastkombinationsfaktoren zu

$$\Psi_{\mathrm{kj}} = F^{-1}_{\mathrm{Aj}\ldots,\ldots}(0{,}5)/a^*_{\mathrm{j}}, \tag{7.22}$$

wobei sich der Index j auf die in (7.18) als 0,5-%-Fraktil ausgewiesene Beanspruchungsgröße, der Index k auf die als p-%-Fraktil ausgewiesene Beanspruchungsgröße bezieht.

Natürlich können wir die Borges-Castanheta-Regel auf mehr als nur zwei Lastprozesse erweitern, allerdings wächst dann die Zahl der zu berücksichtigenden Alternativen überproportional zur Zahl der betrachteten Prozesse, z.B. vier Alternativen bei drei Prozessen [7.29, 7.21]. Das dazu passende, verallgemeinerte Vorschriftenformat wäre dann bei zusätzlicher Berücksichtigung einer zeitlich konstanten Nennlast d_N, die z.B. das Eigengewicht meerestechnischer Konstruktionen bedeuten kann, als das als CEB – FIP bekannt gewordene Modell-Sicherheitsformat [7.30] wie folgt darstellbar:

$$\gamma_D \cdot d_N + \gamma_{Nk} \cdot a_{Nk} + \sum_{j \neq k} \gamma_{Nj} \cdot \Psi_{kj} \cdot a_{Nj} \leqq w_N / \gamma_{NW} \,. \tag{7.23}$$

7.4.2 Prinzipien der Qualitätssicherung und Klassifikation

Eine übersichtliche Darstellung eines neueren Qualitätssicherungskonzeptes hat das Joint Committee on Structural Safety (JCSS) entwickelt [7.31]. In Anlehnung daran wollen wir hier einige ausgewählte Schwerpunkte der Qualitätssicherung (Quality Assurance: QA) zusammenstellen, um diesen, nicht immer im gleichen Sinne gebrauchten Begriff wenigstens axiomatisch eindeutig zu erklären.

QA basiert immer auf einer Anzahl konstruktionsspezifischer Anforderungen (performance requirements) an das Verhalten der Konstruktion im Einsatz, d.h. auf festgelegten Regeln der Technik, insbesondere auf Empfehlungen oder Vorschriften für Bau und Betrieb von Konstruktionen, die im wesentlichen drei Qualitätskriterien vorgeben sollen: Sicherheit (safety), Gebrauchstüchtigkeit (serviceability) und Dauerhaftigkeit (durability). Der Begriff Sicherheit impliziert hier die Forderung, daß die Erwartung (likelyhood) von materiellen Schäden oder Verlusten an Menschenleben akzeptierbar gering sein soll. Der Begriff Gebrauchstüchtigkeit impliziert hier nur eine Empfehlung, daß die Erwartung (likelihood) eines nicht nutzbaren Zustandes der Konstruktion akzeptierbar gering sein soll. Mit dem Begriff Dauerhaftigkeit wird ausgedrückt, daß die Forderung nach Sicherheit und die Empfehlung der Gebrauchstüchtigkeit für die geplante Lebenszeit der Konstruktion gelten soll. Was dabei als akzeptierbar geringe Erwartung gelten soll, wird im QA-Konzept offen gelassen: Dieses Konzept definiert relevante Vorkehrungen zur Qualitätssicherung, nicht aber das akzeptierbare Schadensrisiko selbst. Als für die Qualitätssicherung relevant gelten folgende Vorkehrungen:

Im QA-Konzept sind alle voraussehbaren Gefahrensituationen (hazard scenarios) einschließlich aller voraussehbaren Unfallsituationen und alle voraussehbaren Nutzungsbedingungen (utilisation scenarios) sowie mögliche Überlagerungen dieser Gegebenheiten zu beachten.

Im QA-Konzept ist zu gewährleisten, daß eine lebenslange, kritische Betreuung und Beaufsichtigung (control) des gesamten Prozesses zwischen Planung und Verschrottung, d.h. bei Entwurf, Bau, Betrieb und Abriß, möglich ist, und daß für die Durchführbarkeit von Erhaltungs- und Reparaturmaßnahmen Vorsorge getroffen wird.

Im QA-Konzept sollen ferner alle bedeutsamen Dokumente aus der gesamten Entstehungs- und Betriebszeit der Konstruktion zugänglich sein und fortlaufend ergänzt werden.

Im QA-Konzept sollen schließlich adäquate Maßnahmen gegen die Möglichkeit menschlichen Versagens getroffen werden.

Wir wollen diesen grundlegenden Elementen des QA-Konzepts des JCSS, zu dem in [7.31] noch eine Vielzahl detaillierter Erläuterungen gegeben wird, entsprechende Elemente eines Klassifikationskonzeptes gegenüberstellen: Wir beziehen uns dabei noch einmal auf die Vorschriften für Konstruktion und Prüfung von meerestechnischen Einrichtungen des Germanischen Lloyd [7.17], die noch relativ deutlich am klassischen Konzept der Schiffsklassifikation orientiert sind.

Diese Vorschriften enthalten konstruktionsspezifische Anforderungen an meerestechnische Konstruktionen (performance requirements) in Form sog. Bemessungsgrundlagen. Es werden verschiedene Lastfälle definiert, für die bestimmte Belastungswerte nach Vorschrift dargestellt werden können, und die damit berechenbaren Beanspruchungen müssen in der durch Sicherheitsformate vorgegebenen Art und Weise zu einem Vergleichswert der Beanspruchung zusammengesetzt werden. Bei zulässiger Dimensionierung der Bauteile ist der Vergleichswert der Beanspruchung kleiner oder gleich der zulässigen Beanspruchbarkeit. Die verschiedenen Sicherheitsformate dienen der adäquaten Berücksichtigung unterschiedlicher Versagensformen, z.B. Fließen des Materials, Stabilitätsverlust des Bauteils, Ermüdung des Bauelements, u.a.m, siehe hierzu Beispiele aus den Abschnitten 7.2 und 7.3. Daneben wird u.a. verlangt, daß bestimmte Grenzwerte der Verformung von Bauteilen nicht überschritten werden, z.B. mit dem ausdrücklichen Hinweis, daß die Steifigkeit der tragenden Teile des Bauwerks so bemessen sein muß, daß die normalen Funktionen im Betriebszustand durch Verformungen nicht beeinträchtigt werden.

Die betrachtete Klassifikationsvorschrift enthält also alle für das QA-Konzept bedeutsamen Qualitätskriterien (Sicherheit, Gebrauchstüchtigkeit, Dauerhaftigkeit) mit der Erweiterung, daß nun auch eine (implizite) Festlegung auf ein akzeptierbares Schadensrisiko vorgenommen ist, und zwar durch die Verwendung bestimmter Sicherheitsfaktoren oder vergleichbarer Parameter im Vorschriftenformat, denn nach den im Abschnitt 7.4.1 erörterten Zusammenhängen besteht ja ein Zusammenhang zwischen Sicherheitsfaktor und Zuverlässigkeitsindex, wobei letzterer eine Maßzahl für die Wahrscheinlichkeit von Sicherheit ist, siehe Text zu (6.106) bis (6.109).

Was nun die anderen, im QA-Konzept genannten relevanten Vorkehrungen zur Qualitätssicherung angeht (Beaufsichtigung, Dokumentation und menschliches Versagen), so finden wir in den allgemeinen Prüfbedingungen der GL-Vorschrift einen Forderungskatalog über Prüfumfang und Prüfvorgang, in dem Fragen der Beaufsichtigung (Bau- und Betriebsüberwachung, Besichtigungen) und der Dokumentation (Prüfunterlagen) sehr detailliert, wenn auch mit etwas anderen Schwerpunkten als beim QA-Konzept des JCSS, behandelt werden. In dieser Hinsicht besteht kein prinzipieller Unterschied zwischen Qualitätssicherung und Klassifikation.

Hinsichtlich des „Risikofaktors Mensch“ gibt es in der betrachteten GL-Vorschrift zwar das Beispiel eines Anspruchs an die Qualifikation des Schweißpersonals beim Bau von Stahlkonstruktionen, aber in der vom JCSS in [7.31] viel weiter gefaßten Bedeutung wird die Möglichkeit menschlichen Versagens als regulierbarer Risikofaktor beim Bau und Betrieb meerestechnischer Konstruktionen im Rahmen der Klassifikation nicht behandelt. Einen kleinen Schritt weiter geht in dieser Hinsicht die Empfehlung API – RP2A, [7.7], wo auch Anforderungen an die Qualifikation des Inspektionspersonals formuliert werden, bedeutsamerweise nicht nur bezüglich der Ausbildung der Inspektoren (Besichtiger), sondern auch bezüglich ihrer Erfahrung. Wahrscheinlich werden in Zukunft weitere Regelwerke mit Forderungen folgen, die dem Risiko bewußter oder unbewußter Nachlässigkeit, ungeklärter Verantwortlichkeiten, nicht adäquater Arbeitsvorgänge oder ähnlicher Risikofaktoren aus dem Einflußbereich der an Planung, Konstruktion, Bau und Einsatz meerestechnischer Konstruktionen beteiligten Personen mehr als bisher Rechnung tragen. Doch dies sind Probleme, mit deren Erörterung wir die Themen dieses Buches, das vornehmlich den besonderen Aspekten der Analyse und Bewertung meerestechnischer Konstruktionen gewidmet ist, verlassen.

7.5 Symbolverzeichnis

A	Beanspruchung (stochastische Größe)
$A_{\mathrm{max,T}}$	Extremalwert von A im Zeitraum T (stochastische Größe)
A_{t}	Steifenquerschnitt einschließlich Platte
A_{te}	effektive Flanschfläche (Beachtung von Nachbeulen)
E	Elastizitätsmodul
F	Verteilungsfunktion, z.B. $F_{\mathrm{A}}(a_{\mathrm{p}}) = P[A \leqq a_{\mathrm{p}}] = p$
F^{-1}	Umkehrfunktion von F, z.B. $F_{\mathrm{A}}^{-1}(p) = a_{\mathrm{p}}$
FS	Sicherheitsfaktor
F_{y}	Fließspannung
H	Wellenhöhe
H_{B}	Bemessungswellenhöhe
H_{V}	visuell beobachtete Wellenhöhe
I	Trägheitsmoment
L	Wellenlänge
P	Wahrscheinlichkeit
Q	gesamte horizontale Wellenkraft auf die Konstruktion
Q_{max}	Maximalwert von Q bei einem Wellendurchlauf
Q_{min}	Minimalwert von Q bei einem Wellendurchlauf
S	Normalspannung (stochastische Größe)
T	Wellenperiode $2\pi/\omega$ oder Zeitraum $0 \leqq t \leqq T$
T_{B}	Bemessungswellenperiode
T_{R}	Referenzzeitraum für Betriebsfestigkeit
T_{V}	visuell beobachtete Wellenhöhe
V	Variationskoeffizient (Standardabweichung σ/Mittelwert m)
V_{A}	Variationskoeffizient der Beanspruchung
V_{W}	Variationskoeffizient des Widerstands
V_{k}	Variationskoeffizient der stochastischen Größe X_{k}
W	Widerstand (stochastische Größe)
X_{k}	stochastische Größen, $k = 1, 2, \ldots, K$

a	Realisierung von A,
a	Steifenlänge
a_N	Nennwert der Beanspruchung A
a_p	p-%-Fraktil von A: $a_p = F_A^{-1}(p)$, $p = p$-%/100
a^*	Entwurfswert der Beanspruchung A
b	Steifenabstand
f_y	Fließspannung
g	Festigkeitsparameter
$g(\cdot)$	Strukturfunktion
h	Kreiszylinderwanddicke
j	Zählindex
k	Zählindex
m	Mittelwert
m_A	Mittelwert der Beanspruchung A
m_W	Mittelwert des Widerstands W
m_{Xk}	Mittelwert der stochastischen Größe X_k
n_R	Anzahl von Wellen in T_R
p	Druck
p	Wahrscheinlichkeitsmaß: $0 \leqq p \leqq 1$
p-%	Wahrscheinlichkeitsmaß p in %: $0 \leqq p\text{-}\% \leqq 100$
r	Trägheitsradius
r	Kreiszylinderradius
s	Spannungsspiel (-schwingbreite)
s_R	Entwurfsspannungsspiel für T_R
s^*	Pseudo-Spannungsspiel $\sigma_{max} \cdot (1 - \varkappa^*)$
t	Zeitvariable
w_N	Nennwert des Widerstands W
w^*	Entwurfswert des Widerstands W
x_k^*	Entwurfswert von X_k
Ψ_{kj}	Lastkombinationsfaktor, k und j sind Lastindizes
α	Empfindlichkeitsfaktor
α	Knock-down-Faktor (tatsächliche/theoretische Beullast)
α_k	Empfindlichkeitsfaktor für X_k
β	Zuverlässigkeitsindex
β	Schlankheitsgrad
γ	Sicherheitsfaktor
γ_N	globaler Nennsicherheitsfaktor
γ_{Nk}	partieller Nennsicherheitsfaktor für A_k
γ_{NW}	partieller Nennsicherheitsfaktor für W
γ_0	globaler zentraler Sicherheitsfaktor
γ_{0A}	partieller zentraler Sicherheitsfaktor für A
γ_{0W}	partieller zentraler Sicherheitsfaktor für W
δ	Faktor für Schlankheitsgrad $(\bar{\lambda}^2)$
θ	Zeitraum T/N, N ganzzahlig
$\varkappa$	Grenzspannungsverhältnis $\sigma_{min}/\sigma_{max}$ oder τ_{min}/τ_{max}
$\varkappa^*$	Pseudo-Grenzspannungsverhältnis Q_{min}/Q_{max}
$\bar{\lambda}$	Schlankheitsgrad

μ_V	visuell beobachtete Hauptlaufrichtung des Seegangs
σ	Normalspannung
σ	Standardabweichung
σ_A	Standardabweichung der Beanspruchung
σ_B	Biegespannung
σ_F	Fließspannung
σ_W	Standardabweichung des Widerstands
σ_m	Mittelwert der Spannung bei einem Wellendurchlauf
σ_{max}	Maximalspannung bei einem Wellendurchlauf
σ_{min}	Minimalspannung bei einem Wellendurchlauf
σ_y	Fließspannung
τ	Schubspannung
ψ_k	Multiplikationsfaktor
ω	Wellenfrequenz $2\pi/T$

Anhang

A1 Ausgewählte Grundlagen der Wahrscheinlichkeitstheorie

Wir beginnen mit der Planung eines hypothetischen Experimentes, bei dem wir in einem Kühlwasserkreislauf die Differenz von Eintritts- und Austrittstemperaturen eines zu kühlenden Motors messen wollen. Wir erwarten, daß diese Temperaturdifferenz T in einem Bereich zwischen 0 und 100 °C liegt, und deshalb können wir diesen Bereich schon vor der Meßreihe in I Temperaturbereiche T_i der Ausdehnung Δt_i, $i = 1, 2, \ldots, I$, einteilen. Wir wollen dann während der Messungen mitzählen, wie häufig jedem dieser Bereiche ein Meßergebnis t zugeordnet werden kann. Das Ergebnis nach M Messungen sei die Häufigkeit μ_i je Temperaturbereich T_i. Definieren wir den Begriff relative Häufigkeit mittels

$$\nu_i = \mu_i / M \tag{A1.1}$$

so wissen wir a priori, daß ν_i folgende drei Bedingungen erfüllen muß:

$$0 \leqq \nu_i \leqq 1 \,, \tag{A1.2}$$

$$\sum_{i=1}^{I} \nu_i = 1/M \cdot \sum_{i=1}^{I} \mu_i = 1/M \cdot M = 1 \,, \tag{A1.3}$$

$$\nu_{ij} = (\mu_i + \mu_j)/M = \nu_i + \nu_j \,. \tag{A1.4}$$

Mit ν_{ij} bezeichnen wir die relative Häufigkeit von Messungen, die in den Bereich T_i oder T_j oder beide fallen, und wir sprechen in diesem Sinne von der Vereinigung zweier Bereiche. Eine solche Vereinigung kürzen wir fortan mit dem aus der Mengenlehre entlehnten Symbol $\cup$ „oder" ab: $T_i \cup T_j$.

Wenn wir ν_i für den i-ten Bereich nach M Messungen gemäß (A1.1) berechnet haben und uns die Frage stellen, wie wahrscheinlich es ist, daß die Messung $M+1$ eine Temperaturdifferenz zeitigt, die wieder in den i-ten Bereich T_i der Ausdehnung Δt_i fällt, so würden wir antworten: Die Wahrscheinlichkeit ist ν_i, falls die Ergebnisse aller Messungen als zufällig angesehen werden können. Dabei meinen wir mit dem Begriff Zufall, daß wir keine rationale Begründung für den Verlauf des Experimentes kennen. Wenn wir also nach einer mathematischen Formulierung des Begriffs Wahrscheinlichkeit suchen, dann sollte sie die gleichen Bedingungen erfüllen, die (a priori) für die relative Häufigkeit ν_i gelten:

Wir wollen nun statt der zufälligen Temperaturdifferenz T in unserem hypothetischen Experiment die Zufallszahlen X verwenden, und statt der Gesamtheit aller I Bereiche von 0 bis 100 °C definieren wir eine Zahlenmenge

(Zahlenbereich) X_S, den sog. sicheren Bereich oder die Domäne der Wahrscheinlichkeit. (Statt Zufallszahl wird auch der Begriff stochastische Größe für X verwendet.) Weiterhin wollen wir anstelle der I Temperaturbereiche T_i, I Teilmengen X_i betrachten, die auf der Zahlengeraden die Ausdehnung Δx_i statt Δt_i beanspruchen. Ein Meßergebnis t nennen wir nun die Realisierung x der Zufallszahl X, und wir schreiben $x \in X_i$, wenn dieser Wert zur Teilmenge X_i gehört, wobei alle Teilmengen X_i, i = 1, 2, ..., I, gemeinsam die Domäne X_S aller möglichen Realisierungen x bilden, was wir durch $X_i \subset X_S$ symbolisieren. Keine dieser Teilmengen X_i möge eine andere überdecken. Dann können wir analog zu (A1.2) bis (A1.4) drei sog. Axiome angeben, durch die wir den Begriff der Wahrscheinlichkeit dafür, daß eine Realisierung x der Zufallszahl X in den Bereich X_i fällt, symbolisiert durch $P[x \in X_i]$ (statt v_i), wie folgt definieren:

Axiom 1 (Bereich der Wahrscheinlichkeit):

$$0 \leqq P[x \in X_i] \leqq 1 , \tag{A1.5}$$

Axiom 2:

$$P[x \in X_S] = \sum_{i=1}^{I} P[x \in X_i] = 1 , \tag{A1.6}$$

Axiom 3:

$$P[x \in X_i \cup x \in X_j] = P[x \in X_i] + P[x \in X_j] . \tag{A1.7}$$

Für einen beliebigen Bereich $X_T \subset X_S$, bestehend aus einer Anzahl von J Teilbereichen X_i, $1 < J \leqq I$, gilt gemäß Axiom 3

$$P[x \in X_T] = P\left[\bigcup_{i=1}^{J} x \in X_i \right] = \sum_{i=1}^{J} P[x \in X_i] . \tag{A1.8}$$

Wir wollen die bisherige Schreibweise noch etwas verkürzen und setzen

$$X_i := x \in X_i . \tag{A1.9}$$

Außerdem wird es im folgenden nützlich sein, die Wahrscheinlichkeit für infinitesimal kleine Intervallgrößen $\Delta x_i \to \mathrm{d}x$ eines beliebig schmalen Bereichs $X_i \to X$ darzustellen. Wir schreiben dann

$$P[X] = P[x < X \leqq x + \mathrm{d}x] = f_X(x)\,\mathrm{d}x , \tag{A1.10}$$

und wir nennen die Funktion $f_X(x)$ unter Berücksichtigung ihrer Dimension Verteilungsdichte der Wahrscheinlichkeit. In diesem Sinne definieren wir X als eine Zufallszahl (stochastische Größe), wobei $P[X]$ die Wahrscheinlichkeit ist, daß eine Realisierung x der Zufallszahl X im Bereich $(x, x + \mathrm{d}x]$ liegt.

Mit Bezug auf das Axiom 2 gilt dann

$$\int_{-\infty}^{\infty} f_X(x)\,\mathrm{d}x = 1, \quad -\infty \leqq x \leqq \infty \tag{A1.11}$$

und analog (A1.8) schreiben wir

$$P[x_1 < X \leqq x_2] = \int_{x_1}^{x_2} f_X(x)\,\mathrm{d}x . \tag{A1.12}$$

Insbesondere gilt

$$P[X \leqq x_p] = F_X(x_p) = \int_{-\infty}^{x_p} f_X(x)\,dx. \tag{A1.13}$$

Hierbei wird $F_X(x)$ als Verteilungsfunktion der Wahrscheinlichkeit bezeichnet. Wegen des Axioms 2 gilt für die sog. komplementäre Verteilungsfunktion $\bar{F}_X(x)$

$$\bar{F}_X(x_p) = \int_{x_p}^{\infty} f_X(x)\,dx = 1 - F_X(x_p). \tag{A1.14}$$

Die Umkehrfunktion von (A1.13)

$$x_p = F_X^{-1}(P[X \leqq x_p])$$

liefert für eine zwischen 0 und 1 (0 und 100 %) vorgegebene Wahrscheinlichkeit $P[X \leqq x_p]$ einen Wert x_p, der als p-%-Fraktil bezeichnet wird. Wenn eine Verwechslung ausgeschlossen ist, so werden $f_X(x)$ und $F_X(x)$ sowie $\bar{F}_X(x)$ insgesamt Wahrscheinlichkeitsverteilungen genannt. Eine Auswahl der im Haupttext verwendeten Dichtefunktionen $f_X(x)$ ist in Tabelle A1 zusammengestellt.

Durch Differenzieren des Integrals in (A1.13) nach der oberen Grenze $x = x_p$ erhalten wir außerdem

$$f_X(x) = dF_X(x)/dx. \tag{A1.15}$$

Damit haben wir aus den drei axiomatischen Forderungen an den Begriff Wahrscheinlichkeit eine Möglichkeit entwickelt, Wahrscheinlichkeitsaussagen auf der Grundlage von Verteilungen zu gewinnen, wenn diese Verteilungen zwei Voraussetzungen erfüllen:

1. Sie sind zulässig im Sinne von (A1.11)
2. Sie sind zulässig für das betrachtete Problem.

Die erste Voraussetzung erfüllt ein ganzer Katalog von Verteilungen, die in der Literatur auch stochastische Modelle genannt werden, [A1]. Im Kapitel 5 und 6 wird eine Auswahl davon verwendet. Die zweite Voraussetzung kann natürlich nicht allgemein abgehandelt werden. Statistische Daten und/oder theoretische Ansätze passen aber auf eine Reihe praktischer Probleme. Bisweilen müssen wir uns mit hypothetischen Annahmen, von denen wir glauben, daß sie relativ sichere Ergebnisse liefern, behelfen.

Bisher haben wir Bereiche (Mengen) X_i, $i = 1, 2, \ldots, I$, betrachtet, die sich nicht überdecken sollten. Wir wollen nun auch Wahrscheinlichkeitsaussagen zu Bereichen, die einander überdecken, darstellen. Dazu definieren wir die sog. gemeinsame Wahrscheinlichkeit von X_i und X_j mittels

$$\begin{aligned} P[X_i \cap X_j] &= P[X_i | X_j] \cdot P[X_j] \\ &= P[X_j | X_i] \cdot P[X_i]. \end{aligned} \tag{A1.16}$$

Dabei ist die hinter dem Symbol „|" stehende Aussage als vorgegebene Bedingung zu verstehen: $|X_j$ heißt, daß die Bedingung $x \in X_j$ bereits eingetreten ist. Wir sehen, daß bei vollständiger Überdeckung von X_i und X_j $P[X_i | X_j] = 1$ ist, und bei einander nicht überdeckenden („einander ausschließenden") Bereichen X_i und

Tabelle A1. Wahrscheinlichkeitsdichtefunktionen für den Haupttext

Typ	Dichtefunktion $f_X(x)$	Definitionsbereiche		Erwartung	Standard-abweichung	Textstelle
Exponential-Verteilung	$\lambda \cdot \exp\{-\lambda x\}$	$0 \le x < \infty$	$\lambda > 0$	$\frac{1}{\lambda}$	$\frac{1}{\lambda}$	(5.29) mit $x = t$; $\lambda = \nu$
Poisson-Verteilung	$\frac{\lambda^x}{x!} \cdot \exp\{-\lambda\}$	$x = 0, 1, 2, \ldots$	$\lambda > 0$	λ	λ	s. 5.1.3.1 mit $\lambda = \nu \cdot t$; $x = n$
Standard-Normal-Verteilung	$\frac{1}{\sqrt{2\pi}} \cdot \exp\{-\frac{1}{2} x^2\}$	$-\infty < x < \infty$	-	0	1	(5.18) mit $x = u$
Normal-Verteilung	$\frac{1}{\sqrt{2\pi} \cdot \sigma} \cdot \exp\{-\frac{1}{2}(\frac{x-m}{\sigma})^2\}$	$-\infty < x < \infty$	$\sigma > 0$	m	σ	(5.19) mit $m = m_X$; $\sigma = \sigma_X$
Rayleigh-Verteilung	$\frac{x}{\sigma^2} \cdot \exp\{-\frac{1}{2}(\frac{x}{\sigma})^2\}$	$0 \le x < \infty$	$\sigma > 0$	$\sigma \cdot \sqrt{\frac{\pi}{2}}$	$\sigma \cdot \sqrt{\frac{2-\pi}{2}}$	(5.23) mit $x = a$; $\sigma = \sigma_X$
Weibull-Verteilung	$\frac{\lambda}{\sigma} \cdot y^{\lambda-1} \cdot \exp\{-y^{\lambda}\}$; $y = \frac{x-\mu}{\sigma}$	$\mu \le x < \infty$	$\sigma > 0$; $\lambda > 0$	s. [A1]	s. [A1]	(5.109) mit $x = h_{1/3}$ $\lambda = b$; $\sigma = d$; $\mu = h_0$
Gumbel-Verteilung	$\frac{1}{\sigma} \cdot \exp\{-y - \exp\{-y\}\}$, $y = \frac{x-\mu}{\sigma}$	$-\infty < x < \infty$	$\sigma > 0$	$\mu + 0{,}577 \cdot \sigma$	$1{,}282 \cdot \sigma$	(5.118) mit $\delta = \frac{1}{\sigma}$

X_j ist $P[X_i|X_j]=0$. Die sog. bedingte Wahrscheinlichkeit $P[X_i|X_j]$ sagt also etwas über den wahrscheinlichen Grad der Überdeckung der Bereiche X_i und X_j aus, während die gemeinsame Wahrscheinlichkeit $P[X_i \cap X_j]=P[X_i, X_j]$ etwas darüber aussagt, wie wahrscheinlich es ist, daß ein Wert x in dem von X_i und X_j gemeinsam gebildeten Bereich liegt. (Wir verwenden das aus der Mengenlehre entlehnte Symbol $\cap$ für den sog. Durchschnitt zweier Mengen, hier als Überdeckungsgrad zweier Bereiche X_i und X_j auf der Zahlengeraden interpretiert.)

Wenn wir nun einen Bereich $X_T \subset X_S$ betrachten, den wir in Teilbereiche $X_i \subset X_T$, $i=1, 2, \ldots, J$, eingeteilt haben, die sich nicht überdecken, so gilt nach (A1.8) und (A1.16) wegen $X_i = X_T \cap X_i$

$$P[X_T] = \sum_{i=1}^{J} P[X_T \cap X_i] = \sum_{i=1}^{J} P[X_T|X_i] \cdot P[X_i]. \tag{A1.17}$$

Diese Aussage wird als totales Wahrscheinlichkeitstheorem bezeichnet. Da die Aufteilung von X_T in einander nicht überdeckende Teilbereiche X_i völlig frei ist, hat dieses Theorem eine große praktische Bedeutung erlangt. Wir müssen nur beachten, daß die von uns jeweils definierten Teilbereiche X_i den Bereich X_T vollständig (total) ausfüllen, im übrigen können wir die X_i so wählen, wie es uns zweckmäßig erscheint. (Wir machen in den Kapiteln 5 und 6 von dieser Möglichkeit häufig Gebrauch.) Wir dürfen natürlich auch mit infinitesimalen Bereichen $x < X \leqq x + \mathrm{d}x$ oder $y < Y \leqq y + \mathrm{d}y$ arbeiten, statt mit X_i und X_j, d.h. statt (A1.16) die Form

$$f_{XY}(x, y) = f_{XY}(x|y) \cdot f_Y(y) = f_{XY}(y|x) \cdot f_X(x) \tag{A1.18}$$

bzw. statt (A1.17) die Form

$$f_X(x) = \int_{-\infty}^{\infty} f_{XY}(x, y)\,\mathrm{d}y = \int_{-\infty}^{\infty} f_{XY}(x|y) \cdot f_Y(y)\,\mathrm{d}y \tag{A1.19}$$

verwenden $(-\infty \leqq y \leqq \infty)$. Wir nennen $f_X(x)$ im Sinne des zweiten Terms des totalen Wahrscheinlichkeitstheorems nach (A1.19) auch marginale oder Randverteilung der gemeinsamen Verteilung $f_{XY}(x, y)$ von X und Y, im Sinne des dritten Terms sprechen wir vom Konditionieren der Verteilung $f_X(x)$, wobei $f_{XY}(x|y)$ bedingte Verteilung genannt wird.

Wenn wir feststellen, daß

$$P[X|Y] = P[X] \quad \text{oder} \quad f_{XY}(x|y) = f_X(x) \tag{A1.20}$$

ist, so bezeichnen wir X und Y als stochastisch unabhängige Zufallszahlen. Bei stochastischer Unabhängigkeit gilt dann mit (A1.16) und (A1.18)

$$P[X, Y] = P[X] \cdot P[Y] \quad \text{oder} \quad f_{XY}(x, y) = f_X(x) \cdot f_Y(y). \tag{A1.21}$$

Wir wollen nun das sog. erste Moment um $x=0$ berechnen:

$$m_X = \int_{-\infty}^{\infty} x \cdot f_X(x)\,\mathrm{d}x. \tag{A1.22}$$

Unter Berücksichtigung von (A1.11) können wir auch schreiben

$$m_X = \int_{-\infty}^{\infty} x \cdot f_X(x)\,\mathrm{d}x \Big/ \int_{-\infty}^{\infty} f_X(x)\,\mathrm{d}x,$$

und dies ist nach den Regeln der Mechanik ein Hebelarm, der zum Schwerpunkt der Fläche unter $f_X(x)$ weist, also ein Mittelwert. Wir nennen diesen Mittelwert der Zufallszahl X auch Erwartung $E[X]$, so daß wir für $m_X = E[X]$ die Ausdrücke „erstes Moment", „Mittelwert" und „Erwartung" verwenden können. Die Schreibweise $E[X]$ bevorzugen wir, wenn wir die mathematische Operation der Mittelwertbildung darstellen wollen, aber die Schreibweise m_X, wenn das Ergebnis gemeint ist.

Wir wollen auch das sog. zweite zentrale Moment definieren:

$$\sigma_X^2 = \int_{-\infty}^{\infty} (x - m_X)^2 \cdot f_X(x) \mathrm{d}x. \tag{A1.23}$$

Wir sehen, daß dies die mittlere quadratische Abweichung vom Mittelwert ist, die auch Streuung oder Varianz (VAR) genannt wird:

$$\mathrm{Var}[X] = E[(X - m_X)^2] = \sigma_X^2. \tag{A1.24}$$

Hierin ist σ_X die sog. Standardabweichung. Wir verwenden hier die Schreibweise $\mathrm{Var}[X]$, wenn wir die mathematische Operation darstellen wollen, aber die Schreibweise σ_X^2, wenn das Ergebnis gemeint ist. Um Verwechslungen mit dem Spannungssymbol σ auszuschalten, weichen wir bei gemeinsamer Darstellung von Spannung und Standardabweichung für letztere auf die Schreibweise $\sqrt{\mathrm{Var}[\Sigma]}$ aus, siehe (6.92).

Wir betrachten nun funktionale Abhängigkeit zweier Zufallszahlen Y bzw. X, die durch eine monoton wachsende oder fallende Funktion ihrer Realisierungen

$$y = g(x), \quad x = g^{-1}(x)$$

gegeben ist, wobei der Exponent -1 wieder die Umkehrfunktion symbolisiert. Mit $P[X] = f_X(x)\mathrm{d}x$ und $P[Y] = f_Y(y)\mathrm{d}y$ gemäß (A1.10) gilt für $P[Y] = P[X]$

$$f_Y(y) = f_X(x) \cdot |\mathrm{d}x/\mathrm{d}y| = f_X(g^{-1}(y))/|\mathrm{d}y/\mathrm{d}x|. \tag{A1.25}$$

Dieser Zusammenhang heißt „monotone 1-zu-1-Transformation". Die Erweiterung dieser Transformation auf mehr als zwei Zufallsgrößen ist im Prinzip leicht möglich, siehe z.B. ebenfalls [A1].

Mit $U = (X - m_X)/\sigma_X$, d.h. $u = g(x) = (x - m_X)/\sigma_X$, liefert (A1.25) für $y := u$ unter der Voraussetzung, daß X der Gaußschen Normalverteilung nach (5.19) folgt, die in (5.18) definierte sog. Standardnormalverteilung $\varphi(u)$ für U.

Wir bilden nun formal die Erwartung des Ausdrucks $(X - m_X) \cdot (Y - m_Y)$ und definieren damit eine Größe

$$\mathrm{Cov}[X, Y] = E[(X - m_X) \cdot (Y - m_Y)], \tag{A1.26}$$

die wir, in Anlehnung an die im Zusammenhang mit (A1.23) und (A1.24) eingeführten Begriffe, gemischtes zentrales Moment oder Kovarianz nennen. Mit $X = Y$ erhalten wir den Zusammenhang

$$\mathrm{Cov}[X, X] = \mathrm{Var}[X], \tag{A1.27}$$

und wenn wir die Klammern in (A1.26) ausmultiplizieren, so folgt wegen $E[CX]=CE[X]$ gemäß (A1.22)

$$\mathrm{Cov}[X, Y]=E[X \cdot Y]-m_X \cdot m_Y. \tag{A1.28}$$

Mit Blick auf (A1.21) und (A1.22) sehen wir nun, daß die Kovarianz bei stochastischer Unabhängigkeit von X und Y Null wird. Wir dürfen umgekehrt aber nicht folgern, daß bei verschwindender Kovarianz immer auch stochastische Unabhängigkeit vorliegt: Kovarianz und stochastische Abhängigkeit sind nicht identische Begriffe!

Positive Kovarianz ist aber immer ein Indikator dafür, daß bei Anwachsen der Werte $x \in X$ wahrscheinlich auch die Werte $y \in Y$ wachsen und bei negativer Kovarianz würden letztere wahrscheinlich fallen. In diesem Sinne können wir die Kovarianz zweier Zufallszahlen X und Y inhaltlich als ein Maß für deren sog. tendenzielle Bindung oder (lineare) Korrelation verstehen. Dieses Maß wollen wir aus rein praktischen Erwägungen auf den sog. Korrelationskoeffizienten ϱ normieren, wobei letzterer die folgenden Extremwerte annehmen soll: $\varrho=1$: vollständige Korrelation, $\varrho=0$: keine Korrelation, $\varrho=-1$: vollständige negative Korrelation. Diese Randwerte erhalten wir automatisch bei folgender Definition des Korrelationskoeffizienten

$$\varrho_{XY}=\mathrm{Cov}[X, Y]/(\sigma_X \cdot \sigma_Y), \tag{A1.29}$$

denn dieser Ausdruck hat die Eigenschaft $-1 \leqq \varrho \leqq 1$, siehe [6.48] oder [A2]. Der Mittelwert standardnormalverteilter Zufallsgrößen U ist immer Null und die Standardabweichung Eins, siehe (5.18), so daß nach (A1.28) und (A1.29) gilt

$$\varrho_{12}=\mathrm{Cov}[U_1, U_2]=E[U_1 \cdot U_2]. \tag{A1.30}$$

A2 Ausgewählte Grundlagen der Matrizenrechnung

Das Matrizenkalkül dient zur verkürzten und damit übersichtlich gestalteten Darstellung der linearen Algebra, darüber hinaus sind die Möglichkeiten elektronischer Rechner mit den typischen Feldzuweisungen ideal geeignet, in Matrizenschreibweise formulierte Aufgaben zu bearbeiten. Die Grundlagen der Matrizenrechnung sind schon im vorigen Jahrhundert (J. J. Sylvester 1850 und A. Cayley 1857) gelegt worden, ihre eigentliche Anwendung begann dagegen erst in den 20er Jahren dieses Jahrhunderts im Bereich der Kernphysik und mit der Entstehung leistungsfähiger Rechner in den 50er Jahren bei der Lösung umfangreicher Strukturanalysen in der Luft- und Raumfahrt.

Unter einer Matrix verstehen wir eine Anordnung von Größen oder Elementen in n Spalten und m Zeilen. Diese Größen können einzelne Zahlen oder auch Matrizen sein. Es sind durchaus komplette mathematische Ausdrücke, Funktionen oder Anweisungen zugelassen. Ist die gleiche Anzahl von Zeilen und Spalten vorhanden, dann liegt eine quadratische Matrix vor. Gilt darüber hinaus für die Größen a_{ij} der Matrix $a_{ij}=a_{ji}$, so liegt der Fall einer symmetrischen Matrix vor.

Häufig sind die Größen strukturiert angeordnet, so daß wir z.B. für den Fall

$$a_{ij}=0, \quad i \neq j; \quad a_{ij} \neq 0, \quad i=j$$

sog. Diagonalmatrizen erhalten, d.h., es sind nur auf der Hauptdiagonalen Größen oder Elemente ungleich Null vorhanden.

Sind nur wenige Nebendiagonalen mit Elementen ungleich Null besetzt, dann sprechen wir von Bandmatrizen. Sind entweder unterhalb oder oberhalb der Hauptdiagonalen alle Größen gleich Null aber jeweils oberhalb bzw. unterhalb der Hauptdiagonalen ungleich Null, so sprechen wir von oberen bzw. unteren Dreiecksmatrizen.

Der Betrag einer Matrix wird Determinante genannt. Die Regeln der Determinantenrechnung (A. T. Vandermonde 1771) sind auf die Elemente anzuwenden. So ergibt die Determinante einer Matrix $\boldsymbol{A}$ mit vier Elementen

$$\det \boldsymbol{A} = \begin{vmatrix} a_{11} & a_{12} \\ a_{21} & a_{22} \end{vmatrix} = a_{11}a_{22} - a_{22}a_{12} .$$

Ziehen wir zwei Zeilen oder Spalten einer Matrix voneinander ab, so ändert sich der Wert der Determinante nicht

$$\det \boldsymbol{A} = \begin{vmatrix} a_{11} & a_{12} \\ a_{21}-a_{11} & a_{22}-a_{12} \end{vmatrix} = a_{11}a_{22} - a_{21}a_{12} .$$

Hieraus ergibt sich die gebräuchlichste Vorgehensweise zur Ermittlung der Determinante von großen Matrizen. Durch geschicktes Addieren erreichen wir eine Dreieckszerlegung einer Matrix (Gauß 1801). Die Determinante läßt sich dann bequem als Produkt der Hauptdiagonalenelemente berechnen.

Die allgemeinen algebraischen Rechenregeln Addition und Subtraktion erfolgen auf Elementebene, d.h.

$$\boldsymbol{A} \pm \boldsymbol{B} = \boldsymbol{C} \quad \text{entspricht} \quad a_{ij} \pm b_{ij} = c_{ij} . \tag{A2.1}$$

Konstante Faktoren einer Matrix werden mit jedem Element multipliziert.

Eine Besonderheit stellt die Matrizenmultiplikation dar. Es ist auf die Reihenfolge zu achten, denn

$$\boldsymbol{A} \cdot \boldsymbol{B} \neq \boldsymbol{B} \cdot \boldsymbol{A} . \tag{A2.2}$$

Das wird sofort klar, wenn wir die Matrix $\boldsymbol{A}$ der Größe $m \times n$ und die Matrix $\boldsymbol{B}$ der Größe $n \times o$ miteinander multiplizieren. Wir erhalten für das Produkt aus

$$\boldsymbol{A} \cdot \boldsymbol{B} = \boldsymbol{C} \tag{A2.3}$$

eine Matrix der Größe $m \times o$. Die Elemente der Matrix $\boldsymbol{C}$ sind

$$c_{ij} = \sum_{k=1}^{n} a_{ik} \cdot b_{kj} .$$

Wir erkennen, daß eine Umkehr $\boldsymbol{B} \cdot \boldsymbol{A} \neq \boldsymbol{C}$ ist.

Wollen wir Zeilen und Spalten einer Matrix vertauschen, so sprechen wir von Transponieren oder Stürzen einer Matrix und kennzeichnen dieses mit einem hochgestellten T. Für eine symmetrische Matrix gilt dann z.B.

$$\boldsymbol{A} = \boldsymbol{A}^T . \tag{A2.4}$$

Der oben erwähnte Einfluß der Reihenfolge bei der Multiplikation wird besonders deutlich bei der Multiplikation von Spalten- bzw. Zeilenvektoren. Sind $\boldsymbol{a}$ und $\boldsymbol{b}$ zwei Spaltenvektoren, so ist das Produkt

$$\boldsymbol{a}^T \cdot \boldsymbol{b} = c,$$

also eine skalare Größe. Wird dagegen $\boldsymbol{a}$ mit dem transponierten Spaltenvektor $\boldsymbol{b}^T$ multipliziert

$$\boldsymbol{a} \cdot \boldsymbol{b}^T = \boldsymbol{C},$$

so erhalten wir mit $\boldsymbol{C}$ eine quadratische Matrix, die auch als dyadisches Produkt bezeichnet wird. Bei der Transponierung des Produkts mehrerer Matrizen vertauscht sich die Reihenfolge der einzeln transponierten Matrizen

$$(\boldsymbol{ABCD})^T = \boldsymbol{D}^T\boldsymbol{C}^T\boldsymbol{B}^T\boldsymbol{A}^T. \qquad \text{(A2.5)}$$

Die Symmetrie bei der Multiplikation von zwei symmetrischen Matrizen verschwindet im allgemeinen, wie das folgende Beispiel zur Produktbildung zweier 2×2-Matrizen $\boldsymbol{A}$ und $\boldsymbol{B}$ zeigt:

$$\boldsymbol{A} = \begin{bmatrix} a_{11} & a_{12} \\ a_{21} & a_{22} \end{bmatrix}; \quad \boldsymbol{B} = \begin{bmatrix} b_{11} & b_{12} \\ b_{21} & b_{22} \end{bmatrix};$$

$$\boldsymbol{A} \cdot \boldsymbol{B} = \begin{bmatrix} a_{11}b_{11} + a_{12}b_{21} & a_{11}b_{12} + a_{12}b_{22} \\ a_{21}b_{11} + a_{22}b_{21} & a_{21}b_{12} + a_{22}b_{22} \end{bmatrix}.$$

Wenn $a_{ij} = a_{ji}$ bzw. $b_{ij} = b_{ji}$ ist, dann erhalten wir als Produkt der Matrizen $\boldsymbol{A}$ und $\boldsymbol{B}$

$$\begin{bmatrix} a_{11}b_{11} + a_{12}b_{12} & a_{11}b_{12} + a_{12}b_{22} \\ a_{12}b_{11} + a_{22}b_{12} & a_{12}b_{12} + a_{22}b_{22} \end{bmatrix}.$$

Wir erkennen, daß das Produkt aus symmetrischen Matrizen im allgemeinen unsymmetrisch ist

$$a_{12}b_{11} + a_{22}b_{12} \neq a_{11}b_{12} + a_{12}b_{22}.$$

Das gilt auch für den Fall, daß die Matrix $\boldsymbol{A}$ oder $\boldsymbol{B}$ eine Diagonalmatrix ist, was gelegentlich übersehen wird. Eine häufige Aufgabe der Matrizenrechnung ist die Beantwortung der Frage, wie man die invertierte Matrix von $\boldsymbol{A}$ erhält, so daß

$$\boldsymbol{A}\boldsymbol{A}^{-1} = \boldsymbol{I} \qquad \text{(A2.6)}$$

wird. $\boldsymbol{A}^{-1}$ ist die Invertierte der Matrix $\boldsymbol{A}$, $\boldsymbol{I}$ ist die sog. Einheitsmatrix (Diagonalmatrix mit Elementen 1). Die Invertierung wird formal dann nötig, wenn wir z.B. das lineare Gleichungssystem

$$\boldsymbol{A} \cdot \boldsymbol{x} = \boldsymbol{r}$$

nach $\boldsymbol{x}$ auflösen wollen.

$$\boldsymbol{x} = \boldsymbol{A}^{-1}\boldsymbol{r}$$

Diese Invertierung erfordert eine große Zahl von Manipulationen und ist daher nach Möglichkeit zu umgehen. Für eine Matrix der Größe 2×2 gibt es eine einfache Invertierungsvorschrift. Für

$$A=\begin{bmatrix} a_{11} & a_{12} \\ a_{21} & a_{22} \end{bmatrix}$$

erhalten wir

$$A^{-1}=\frac{1}{\det A}\begin{bmatrix} a_{22} & -a_{12} \\ -a_{21} & a_{11} \end{bmatrix}.$$

Hieran können wir erkennen, daß die Matrix A eine von 0 verschiedene Determinante haben muß. Erfüllt eine Matrix diese Forderung, dann bezeichnen wir sie als regulär, wenn dagegen die Determinante einer Matrix verschwindet, so sprechen wir von einer singulären Matrix.

Bei der Ableitung von Steifigkeitsmatrizen treten sog. quadratische Formen

$$S=\boldsymbol{x}^T\boldsymbol{A}\boldsymbol{x} \tag{A2.7}$$

auf. S ist eine skalare Größe. Führen wir eine nichtsinguläre Transformation mit

$$\boldsymbol{x}=\boldsymbol{T}\cdot\boldsymbol{y}$$

durch, so erhalten wir

$$S=\boldsymbol{y}^T\boldsymbol{C}\boldsymbol{y}$$

$$\boldsymbol{C}=\boldsymbol{T}^T\boldsymbol{A}\boldsymbol{T}\,.$$

Wenn $\boldsymbol{A}$ eine symmetrische Matrix ist, dann ist $\boldsymbol{C}$ in jedem Fall symmetrisch, unabhängig davon, ob $\boldsymbol{T}$ symmetrisch ist oder nicht. Wir sprechen in solchen Fällen von Ähnlichkeitstransformationen. Es werden häufig Ableitungen von S nach den Größen x_i des Vektors $\boldsymbol{x}$ benötigt. Wir erhalten z.B. für

$$S=\frac{1}{2}\boldsymbol{x}^T\boldsymbol{A}\boldsymbol{x}$$

$$\frac{\partial S}{\partial \boldsymbol{x}}=\boldsymbol{A}\boldsymbol{x}\,. \tag{A2.8}$$

Dieses Ergebnis läßt sich z.B. für eine 2×2 Matrix von $\boldsymbol{A}$ nachweisen:

$$S=\frac{1}{2}[x_1x_2]\begin{bmatrix} a_{11} & a_{12} \\ a_{12} & a_{22} \end{bmatrix}\begin{bmatrix} x_1 \\ x_2 \end{bmatrix},$$

$$S=\frac{1}{2}(a_{11}x_1^2+2a_{12}x_1x_2+a_{22}x_2^2),$$

$$\begin{bmatrix} \dfrac{\partial S}{\partial x_1} \\ \dfrac{\partial S}{\partial x_2} \end{bmatrix}=\begin{bmatrix} a_{11} & a_{12} \\ a_{12} & a_{22} \end{bmatrix}\cdot\begin{bmatrix} x_1 \\ x_2 \end{bmatrix}.$$

Die Umkehrung ist dann

$$\int \boldsymbol{A}\boldsymbol{x}\mathrm{d}\boldsymbol{x}=\frac{1}{2}\boldsymbol{x}^T\boldsymbol{A}\boldsymbol{x}+\text{const}\,. \tag{A2.9}$$

Die Voraussetzung, daß die Matrix $\boldsymbol{A}$ symmetrisch ist, können wir mit obigem Beispiel prüfen.

Eigenwerte, Eigenvektoren, Modalanalyse:
Gegeben ist ein lineares Gleichungssystem

$$\boldsymbol{A} \cdot \boldsymbol{x} = \boldsymbol{r}.$$

Es wird ein Faktor λ gesucht, der mit dem Vektor $\boldsymbol{x}$ multipliziert, gerade den Vektor der rechten Seite $\boldsymbol{r}$ ergibt

$$\boldsymbol{A}\boldsymbol{x} = \lambda \boldsymbol{x}.$$

Wir erhalten damit ein homogenes Gleichungssystem

$$(\boldsymbol{A} - \lambda \boldsymbol{I})\boldsymbol{x} = 0. \tag{A2.10}$$

Ein solches Gleichungssystem hat nur dann eine nichttriviale Lösung, wenn die Koeffizientenmatrix verschwindet, d.h.

$$|\boldsymbol{A} - \lambda \boldsymbol{I}| = 0. \tag{A2.11}$$

λ sind die sog. Eigenwerte, die es zu finden gilt. Für eine 2×2 Matrix $\boldsymbol{A}$ erhalten wir

$$\left\| \begin{bmatrix} a_{11} & a_{12} \\ a_{21} & a_{22} \end{bmatrix} - \lambda \begin{bmatrix} 1 & \\ & 1 \end{bmatrix} \right\| = 0.$$

Die Determinante führt zur charakteristischen Gleichung

$$(a_{11} - \lambda)(a_{22} - \lambda) - a_{21}a_{12} = 0.$$

Die Nullstellen der charakteristischen Gleichung liefern die Eigenwerte

$$\lambda_{1,2} = \frac{a_{22} + a_{11}}{2} \pm \sqrt{\left(\frac{a_{22} + a_{11}}{2}\right)^2 + a_{11}a_{22} - a_{21}a_{12}}.$$

Das Produkt der Eigenwerte liefert

$$\lambda_1 \cdot \lambda_2 = a_{11}a_{22} - a_{12}a_{21} = \det \boldsymbol{A}$$

und die Summe ist

$$\lambda_1 + \lambda_2 = a_{11} + a_{22}.$$

Dies gilt allgemein. Das Produkt aller n Eigenwerte einer $n \times n$ Matrix ist gleich der Determinante von $\boldsymbol{A}$. Die Summe der Eigenwerte ist gleich der Summe der Hauptdiagonalelemente. Aus dem ersten Satz können wir erkennen, daß eine nicht singuläre Matrix $\boldsymbol{A}$, bei der $\det \boldsymbol{A} \neq 0$ ist, stets Eigenwerte besitzt, die ebenfalls alle $\neq 0$ sein müssen.

Wir bestimmen die Lösung der homogenen Gleichung $(\boldsymbol{A} - \lambda \boldsymbol{I})\boldsymbol{x} = 0$ durch Einsetzen der Eigenwerte. Wir müssen eine Unbekannte x_i frei wählen: z.B. $x_2 = 1$ und können dann die beiden Eigenvektoren $\boldsymbol{x} = \boldsymbol{b}_1$ bzw. $\boldsymbol{b}_2$ bestimmen

$$\boldsymbol{b}_1 = \begin{Bmatrix} \dfrac{-a_{12}}{a_{11} - \lambda_1} \\ 1 \end{Bmatrix}, \quad \boldsymbol{b}_2 = \begin{Bmatrix} \dfrac{-a_{12}}{a_{11} - \lambda_2} \\ 1 \end{Bmatrix}.$$

Am Produkt

$$b_1^T \cdot b_2 = -\frac{a_{12}^2}{a_{12}a_{21}} + 1 .$$

Können wir erkennen, wann die Matrix A symmetrisch ist: Für diesen Fall gilt

$$b_1^T \cdot b_2 = 0 .$$

Das heißt, die Vektoren stehen senkrecht aufeinander, sie bilden ein orthogonales System.

Die Matrix der Eigenvektoren nennen wir Modalmatrix T. Die Besonderheit dieser Modalmatrix ist, daß die transponierte identisch mit ihrer invertierten ist,

$$T^T = T^{-1},$$

wenn die Ausgangsmatrix A symmetrisch ist und die Eigenvektoren normiert worden sind. Anschaulich bedeutet Normierung, daß die Vektoren b_1 bzw. b_2 durch ihre Länge geteilt wurden.

Die Transformation der Matrix A mit Hilfe der normierten Modalmatrix liefert die Eigenwerte

$$\Omega = T^{-1} A T,$$

$$\Omega = \begin{bmatrix} \lambda_1 & & & \\ & \lambda_2 & & \\ & & \ddots & \\ & & & \lambda_n \end{bmatrix} . \tag{A2.12}$$

Die Eigenschaft dieser Modaltransformation können wir verwenden, wenn wir von einer symmetrischen Matrix A mit $\det A > 0$ den Wert

$$A^n$$

(n beliebige rationale Zahl) bilden wollen:

Wir transformieren mit Hilfe (A2.12) die Matrix A in Ω. Sodann bilden wir Ω^n, was ja, da nur auf der Hauptdiagonalen Werte stehen, direkt möglich ist und bilden dann durch Rücktransformation

$$A^n = T^T \Omega^n T . \tag{A2.13}$$

Das häufige Problem der Lösung gekoppelter Gleichungen eines schwingungsfähigen Systems mit n Freiheitsgraden

$$M\ddot{s} + D\dot{s} + Ks = f(t) \tag{A2.14}$$

läßt sich nun unter Verwendung der Eigenschaften der Modalmatrizen mittels n entkoppelter Systeme mit je einem Freiheitsgrad behandeln. Es liegt auf der Hand, daß eine n-fache Behandlung von Gleichungen mit einem Freiheitsgrad wesentlich bequemer ist, als das gekoppelte System zu bearbeiten. Voraussetzung ist, daß sich die Dämpfungsmatrix D als Linearkombination von Steifigkeitsmatrix K und

Massenmatrix $\boldsymbol{M}$ darstellen läßt

$$\boldsymbol{D}=\alpha\boldsymbol{M}+\gamma\boldsymbol{K}. \tag{A2.15}$$

Zunächst wird das Eigenwertproblem ohne Berücksichtigung einer Dämpfung

$$|\boldsymbol{K}-\omega^2\boldsymbol{M}|=0$$

gelöst. Aus den Eigenwerten ω_i^2 erhalten wir die Eigenvektoren $\boldsymbol{b}_i$, $i=1$ bis n. Diese fassen wir zur Modalmatrix $\boldsymbol{T}$ zusammen

$$\boldsymbol{T}=[\boldsymbol{b}_1\boldsymbol{b}_2\ldots\boldsymbol{b}_n]. \tag{A2.16}$$

Die Transformation auf die Schwingungsgleichung (A2.14) angewendet ergibt

$$\boldsymbol{T}^T\boldsymbol{M}\boldsymbol{T}=\boldsymbol{I},$$

$$\boldsymbol{T}^T\boldsymbol{K}\boldsymbol{T}=\boldsymbol{\Omega}$$

und

$$\begin{aligned}\boldsymbol{T}^T\boldsymbol{D}\boldsymbol{T}&=\boldsymbol{T}^T(\alpha\boldsymbol{M}+\gamma\boldsymbol{K})\boldsymbol{T}\\&=\alpha\boldsymbol{T}^T\boldsymbol{M}\boldsymbol{T}+\gamma\boldsymbol{T}^T\boldsymbol{K}\boldsymbol{T}\\&=\alpha\boldsymbol{I}+\gamma\boldsymbol{\Omega}.\end{aligned}$$

Die neuen, generalisierten oder modalen Koordinaten w erhalten wir aus

$$\boldsymbol{s}=\boldsymbol{T}\boldsymbol{w};\ \dot{\boldsymbol{s}}=\boldsymbol{T}\dot{\boldsymbol{w}};\ \ddot{\boldsymbol{s}}=\boldsymbol{T}\ddot{\boldsymbol{w}}.$$

Es ergeben sich n entkoppelte Gleichungen

$$\ddot{w}_i+(\alpha+\gamma\omega_i^2)\dot{w}_i+\omega_i^2 w_i=\boldsymbol{b}_i^T\cdot\boldsymbol{f}(t).$$

Diese sind nunmehr einzeln mit den klassischen Methoden der Schwingungslehre zu behandeln.

Literaturverzeichnis

Literatur zu Kapitel 1

1.1 Moses: 1. Buch – Genesis, Kap. 6–8
1.2 Deacon, G.E.R. (Hrsg.): Die Meere der Welt. Stuttgart: Belser 1970
1.3 Kruppa, C.: Meerestechnik, TUB 2. Berlin: Technische Universität 1970, S. 103–109
1.4 Beushausen, J.; Clauss, G.; Kruppa, C.: Neuere Entwicklungen in der Meerestechnik, TUB 1. Berlin Technische Universität: 1971, S. 38–47
1.5 International Petroleum Encyclopedia. Tulsa: PennWell Publishing Co. 1982 and 1984
1.6 Erdöl, Erdgas – Suchen, Fördern, Verarbeiten. Mobil Oil AG 1983, S. 1–33
1.7 Oeldorado 75. Esso-Magazin (1976) H. 1, 11–16
1.8 Planning focuses on energy prices. Offshore (1983) H. 5, 57–62
1.9 Die Chance steht 1:100. ESSO Informationsprogramm Nr. 4, 1974
1.10 Whitehead, H.: An A–Z of offshore oil & gas. London: Kogan Page 1983, p. 1–438
1.11 Oil and gas activity – Northwest European continental shelf. Offshore Eng. (1987) 125–161
1.12 Prescott, W.T.; Dildine, S.M.; Fluke, G.R.; Langewis, C.; Scott, S.A.: The deepwater Jolliet Field: The evolution of a flexure-trend oil discovery. OTC 5698 (1988) 163–170
1.13 Le Blanc, L.A.: Operators probe for least cost production. Offshore (1985) H. 11, 49–57
1.14 Redden, J.: Geology of deep water, arctic poses challenge. Offshore (1985) H. 11, 5–15
1.15 Karsan, D.I.; Nair, V.V.D.: Design, construction of deepwater fixed platforms. Offshore (1985) H. 11, 126–131
1.16 Freire, W.: An overview on Campos Basin. OTC 5807 (1988) 9–16
1.17 Furuholt, E.M.; Torp, T.A.: With Poseidon Technology towards year 2000. OTC 5646 (1988) 255–262
1.18 Freudenreich, M.; Maupu, D.; Viard, A.: East frigg subsea stations. OTC 5766 (1988) 193–202

Literatur zu Kapitel 2

2.1 Danforth, L.J.: Environmental constraints on drill rig configurations. Mar. Technol. 14 (1977) 244–264
2.2 Rüsen, J.: New slender hydraulic hammer saves time offshore. Pet. Eng. Int. (1980) H. 10, 114–124
2.3 van Luipen, P.: Experience with heavy pile driving hammers in the North Sea. Offshore Brasil 78 (1978) paper 13, 1–13
2.4 Deepwater hammer development by Menck. Offshore (1987) H. 8, 99
2.5 Fjeld, S.; Flogeland, S.: Deepwater platform problem areas. European Offshore Petroleum Conference and Exhibition 1980, p. 223–234
2.6 Le Tirant, P.: Seabed reconnaissance and offshore soil mechanics for the installation of petroleum structures. Paris: Editions Technip 1979
2.7 Dutta, D.; Mang, F.; Reuter, M.: Stahlbau Handbuch. Köln: Stahlbau-Verlagsgesellschaft 1985, S. 969–1 035

2.8 Howe, R.J.: Evolution of offshore drilling and production technology. OTC 5354 (1986) 593–603
2.9 Scales, R.E.: A deep water mat-supported jack-up drilling unit with tubular telescoping columns and intermediate column frame. OTC 2504 (1976) 831–846
2.10 Huslid, J.M.; Gudmestad, O.T.; Alm-Paulsen, A.: Alternate deep water concept for northern North Sea extreme conditions. Int. Conf. Behavior of Offshore structures, Cambridge (Mass.) 1982, p. 18–49
2.11 Bourne, M.J.: Planning and installation of the first Forties field platform. Oceanology Int. '75. Brighton, UK 1975, p. 93–98
2.12 Carmichael, A.J.; Garga, P.K.: Assembly of the Magnus tower. OTC 4570 (1983) 475–480
2.13 Rigden, W.J.; Semple, R.M.: Design and installation of the Magnus foundations: installation studies and platform installation. In: Design in Offshore Structures. London: Telford 1983, p. 37–60
2.14 Fu, S.L.; Anderson, J.; Bouquet, A.G.; Gudmestad, O.T.; Piermattei, E.J.: Joint industry project: Deep water fixed steel tower for North Sea. OTC 5300 (1986) 67–78
2.15 Karsan, D.I.; Nair, V.V.D.: Design, construction of deepwater fixed platforms. Offshore (1985) H. 11, 126–131
2.16 Sterling, G.H.; Casbarian, A.O.P.; Dodge, N.L.; Godfrey, D.G.: Construction of the Cognac platform, 1025 feet of water, Gulf of Mexico. OTC 3493 (1979) 1169–1184
2.17 Sterling, G.H.; Warrington, R.M.: Design of the Cognac platform for 1025 feet water depth, Gulf of Mexico. OTC 3494 (1979) 1185–1198
2.18 Kinra, R.K.; Marshall, P.W.: Fatigue analysis of the Cognac platform. OTC 3378 (1979) 169–185
2.19 Jansz, J.W.: Underwater piledriving. Todays experiences and what is about to come. Int. Conf. Behavior of Offshore Structures, London 1979 p. 447–474
2.20 Lee, G.C.: Design and construction of deep water jacket platforms. Int. Conf. Behavior of Offshore Structures, Cambridge (Mass.) 1982, p. 3–17
2.21 Le Blanc, L.: Cognac weathers odds, tops all expectations. Offshore (1978) H. 11, 43–55
2.22 Sedillot, F.; Boston, L.A.: The technical development of two deep water compliant structures. Offshore Eng. 5 (1985) 276–299
2.23 Karsan, D.I.; Valdivieso, J.B.; Suhendra, R.: An economic study on parameters influencing the cost of deepwater fixed platforms. OTC 5301 (1986) 79–93
2.24 Le Blanc, L.: The Gulf of Mexico; choice tracts, low costs fail to brighten picture. Offshore (1986) H. 2, 38–45
2.25 Henriksson, A.K.: Deep water jacket for North Sea conditions. Offshore Europe (1985), paper SPE 14031, 1–20
2.26 Skattum, K.: Deep water fixed platforms. Offshore North Sea T–II/3 Stavanger (1980) 1–29
2.27 MAN; Hochtief; Harms: Mandrill 400. Technical report 1980
2.28 Heerema revamps TTP for deeper seas. Offshore (1983) H. 5, 118–123
2.29 Shell develops new technology for the Troll field. Ocean Ind. (1984) H. 2, 69–70
2.30 Tripod platform producing for Unocal. Pet. Eng. Int. (1986) H. 11, 18
2.31 Lalli, D.: Design, construction and installation of the Loango steel gravity platforms. Design and construction of offshore structures. Inst. Civil Eng., London 1976, p. 31–38
2.32 Antonakis, J.: Steel vs. concrete platforms. Offshore Eng. Technol. Energy Publ. 1982, p. 180–185
2.33 Hammett, D.S.: Sedco 445 – Dynamic stationed drill ship. OTC 1626 (1972) 104–129
2.34 Bos, R.W.; Olsen, O.N.; Vasseur, B.: The development of a dynamically positioned drillship for severe environments. OTC 5321 (1986) 281–292
2.35 Rodnight, T.V.: New generation of semis improves offshore drilling operations. Pet. Eng. Int. (1983) H. 10, 72–82
2.36 Steven, R.R.: Norwegian rules influence rig designs. Offshore (1982) H. 5, 130–136
2.37 Springett, C.N.; Praught, M.W.: Semisubmersible design considerations – some new developments. Mar. Technol. 23 (1986) 12–22
2.38 Bennett, W.T.: More precise analysis used in deep rig design. Noroil (1985) H. 8, 189–193
2.39 New generation semisubmersible incorporates moon pool column. Offshore (1987) H. 4, 38

2.40 Haring, R.E.; Adams, R.B.; Beazley, R.A.; Kipp, K.L.: Design of single-point mooring systems for the open ocean. OTC 1022 (1969) 211–222
2.41 Townshend, P.E.: Crude oil transport from offshore fields. Oceanology Int. '75 (1975) 31–34
2.42 Bax, J.D.: First SPAR storage-loading buoy project posed complex design, construction problem. Oil Gas J. (1974) H. 5, 53–57
2.43 Curtis, L.B.: How Conoco developed the tension leg platform. Ocean Ind. (1984) H. 8, 35–46
2.44 How the TLP was installed. Ocean Ind. (1984) H. 8, 50–56
2.45 Tetlow, J.H.; Ellis, N.; Mitra, J.K.: The Hutton tension leg platform. In: Design in Offshore Structures. London: Telford 1983, p. 137–150
2.46 Taylor, D.M.: Conoco pre-drills Hutton wells in record time. Ocean Ind. (1984) H. 8, 57–60
2.47 Capanoglu, C.: Tension-leg platform design: interaction of naval architectural and structural design considerations. Mar. Technol. 16 (1979) 343–352
2.48 Salama, M.M.: Lightweight materials for mooring lines of deepwater tension leg platforms. Mar. Technol. 21 (1984) 234–241
2.49 Mercier, J.A.; Leverette, S.J.; Bliault, A.L.: Evaluation of Hutton TLP response to environmental loads. OTC 4429 (1982) 585–601
2.50 Dillingham, J.T.: Recent experience in model-scale simulation of tension leg platforms. Mar. Technol. 21 (1984) 186–200
2.51 Taylor, D.M.: What's ahead for the TLP. Ocean Ind. (1984) H. 8, 62–67
2.52 Milner, B.: TLP theory fulfilling expectations. Offshore (1985) H. 1, 37–39
2.53 New production era envisioned in Gulf. Offshore (1987) H. 4, 44
2.54 Glasscock, M.S.; Turner, J.W.; Finn, J.D.; Pike, P.J.: Design of the Lena guyed tower. OTC 4650 (1984) 19–28
2.55 Glasscock, M.S.; Finn, L.D.: Exxon's guyed tower nears loadout date. Offshore (1983) H. 4, 47–60
2.56 Parnell, R.E.; Houghton, R.J.; McClellan, J.D.: Fabrication of the Lena guyed tower jacket. OTC 4651 (1984) 29–37
2.57 Flood, J.K.; Pichini, P.Q.; Danaczko, M.A.; Greiner, W.L.: Side launch of the Lena guyed tower jacket. OTC 4652 (1984) 39–49
2.58 Granville, A.J.; Fisher, P.M.: Articulated loading column – Maureen field. In: Design in Offshore Structures. London: Telford 1983, p. 151–158
2.59 van Oortmerssen, G.: Non-linear dynamic mooring problems. 2nd WEGEMT Graduate School „Advanced aspects of offshore engineering" Part I. Trondheim 1979, p. 1–33
2.60 Gruy, R.H.; Kiely, W.L.: Marginal field (early production): options for offshore loading. Offshore Mechanics and Arctic Eng. Conf. (OMEA) 1983, p. 378–397
2.61 Bliault, A.E.; Stewart, W.P.: Single point mooring terminals: a summary of selection and design methods. R. Inst. Naval Architects (1980) 73–91
2.62 Hook, P.; Lang, J.R.A.; Mac Farlane, C.J.: Buchan production system. In: Design in Offshore Structures. London: Telford 1983, p. 159–173
2.63 van Lent, A.: Mooring costs drop as technology evolves. Offshore (1987) H. 2, 42–43
2.64 Karve, S.: Tanker-based production eyed for Gulf of Mexico use. Pet. Eng. Int. (1986) H. 5, 44–50
2.65 Mack, R.C.; Wolfram, W.R.; Gunderson, R.H.; Lunde, P.A.: Fulmar, the first North Sea SALM/VLCC storage system. OTC 4014 (1981) 59–70
2.66 Tazerka unit is state-of-the-art technology. Offshore (1983) H. 3, 68
2.67 Beare, A.J.; Remery, G.F.M.: Tanker production eyed for deep, rough seas. Offshore (1983) H. 3, 65–71
2.68 Pinkster, J.A.; Remery, G.F.M.: The role of model tests in the design of single point mooring terminals. OTC 2212 (1975) 679–702
2.69 Maddox, N.R.: An energy basis for the design of open-ocean single-point moorings. OTC 1536 (1972) 255–265
2.70 Schellin, T.E.; Clauss, G.F.: Zur Verankerung schwimmender Seebauwerke in ungeschützten Gewässern geringer Wassertiefe. Jahrbuch der Schiffbautechnischen Gesellschaft. Berlin: Springer 1983, S. 533–566

2.71 Röhl, O.; Schellin, T.E.; Wittenberg, L.: Gesichtspunkte zur Auswahl und Auslegung von Offshore-Ladeterminals. Jahrbuch der Schiffbautechnischen Gesellschaft. Berlin: Springer 1987
2.72 Mangiavacchi, A.; Raj, A.; Rawstron, P.: Construction and installation of deepwater floating systems. Offshore (1985) H. 11, 133–141
2.73 Drawe, W.J.; Raj, A.; Rawstron, P.J.: Technical and economic considerations in developing offshore oil and gas prospects using floating production systems. Mar. Technol. 23 (1986) 253–271
2.74 Jensen, O.: The subsea system for the production test ship – „Petrojarl 1". Proc. of the Conf. „Subsea completion – Norwegian subsea installations" 1987, p. 1–60
2.75 More ships may turn into production systems. Offshore (1987) H. 5, 108
2.76 Petrojarl outperforms in first half year. Offshore Eng. 4 (1987) 42
2.77 Drangeid, G.A.: Petrojarl attracts growing interest. Noroil (1987) H. 3, 16–18
2.78 BP's production test ship sets course for 1988 startup. Noroil (1987) H. 8, 135–136
2.79 Milner, B.S.: Britain faces critical phase in North Sea. Offshore (1987) H. 5, 97–98
2.80 Floating oil production. Veritas, July/August (1986) 38–42
2.81 Hummelinck, M.G.W.; Davison, C.: Self installable: Floating production facility requires only light support craft. OTC 4544 (1983) 271–280
2.82 Carter, J.H.T.; Ballard, P.G.; Remery, G.F.M.: Tazerka floating production system: the first 400 days. OTC 4788 (1984) 109–118
2.83 Steven, R.R.: UK to boost work in subsea completions. Offshore (1981) H. 1, 72–78
2.84 Vincken, L.M.J.: Status, trends of floating systems. Offshore (1981) H. 1, 60–70
2.85 McNally, R.: Floating production system meets specs at Balmoral. Pet. Eng. Int. (1987) H. 8, 28–30
2.86 Mahoney, T.R.; Bouvard, M.J.: Flexible production riser system for floating production application in the North Sea. OTC 5163 (1986) 111–120
2.87 Donovan, J.F.; Beran, W.T.; Nash, N.W.: The Balmoral subsea production template. OTC 5431 (1987) 79–87
2.88 Cober, W.J.; Filson, J.J.; Teers, M.L.: An overview of the Green Canyon Block 29 development. OTC 5397 (1987) 347–357
2.89 Placid pushes on with trial by deep water. Offshore Eng. (1987) H. 4, 30–37
2.90 Mahoney, T.R.: Balmoral: conception to production. OTC 5430 (1987) 67–77
2.91 Flexible risers used for Balmoral floater. Offshore (1986) H. 8, 76–80
2.92 Craft, J.C.: Design features for Penrod's four new semisubmersibles. Ocean Ind. (1973) H. 4, 145–148
2.93 Circular semi production system boosts deckload capability. Offshore (1984) H. 1, 67
2.94 Clauss, G.F.; Bauer, P.: Dynamic stability and operational characteristics of the RS–35 drilling and production system. Schiff und Hafen (1983) H. 11, 61–66
2.95 Burn, A.J.; Graaf, G.: Topside facilities for floating production systems require new engineering thinking. OTC 4543 (1983) 261–270
2.96 Variations on the floater. Offshore Eng. (1986) H. 4, 71–72
2.97 Arendal, G.: Conversions for floating production – a competitive solution? Noroil (1986) H. 9, 60–62
2.98 Key, J.W.; Shumaker, F.E.: Suitability of tankers for floating production systems in hostile environments. OTC 4787 (1984) 103–108
2.99 Key, J.W.; Shumaker, F.E.; Theisinger, E.J.; Thompson, B.L.; Turner, E.H.: Design and analysis of turret mooring systems for tanker-based storage or production facilities. OTC 5250 (1986) 241–254
2.100 Redden, J.: Brasil sees giant possibilities. Offshore (1987) H. 2, 29–30
2.101 Argyll field takes flexible approach. Offshore (1981) H. 2, 82–86
2.102 Le Blanc, L.: Operators seek deepwater solution. Offshore (1984) H. 11, 47–55
2.103 Lewis, R.E.: An overview of deepwater compliant structures. In: Offshore Energy and Technol. Dallas: 1982, Energy Publ. p. 141–147
2.104 Bleakley, W.B.: What structures to expect for deepwater developments. Pet. Eng. Int. (1984) H. 11, 32–44
2.105 Le Blanc, L.: Analyzing platform pricetags. Offshore (1980) H. 3, 43–50
2.106 Homer, A.: Floating units cut production costs. Offshore (1983) H. 5, 227–233

2.107 Hammett, D.S.: DP drilling extends technology. Offshore (1982) H. 2, 79–90
2.108 Crawford, D.: State-of-the-art in exotic platforms. Offshore (1979) H. 4, 52–65
2.109 McClelland, B.; Reifel, M.D.: Planning and design of fixed offshore platforms. New York: Van Nostrand Reinhold 1986
2.110 Ellers, F.S.: Offshore-Bohrplattformen mit neuen Dimensionen. Spektrum der Wissenschaft (1982) H. 6, 20–32
2.111 Oil and gas activity – Northwest European continental shelf. Offshore Eng. (1987) H. 9, 125–161
2.112 Buslov, V.M.; Karsan, D.I.: Deepwater platform designs: an illustrated review. Ocean Ind. (1985) H. 10, 47–52; (1985) H. 12, 51–55; (1986) H. 2, 53–62
2.113 Andrier, B.L.; Delepine, Y.; Gauvrit, J.: Roseau, a deepwater compliant platform. OTC 5256 (1986) 299–308
2.114 Morgan, G.W.; Cowan, R.; Krolikowski, L.; Nikkel, K.G.; Labbe, J.R.; Horton, E.E.: Modern Production risers. Pet. Eng. Int. (1980) H. 10, 86–100; (1980) H. 11, 26–40; (1980) H. 12, 66–76; (1981) H. 1, 78–88; (1981) H. 2, 36–48; (1981) H. 3, 62–70; (1981) H. 4, 26–38; (1981) H. 5, 41–66; (1981) H. 7, 88–94; (1982) H. 4, 100–132; (1983) H. 2, 36–56; (1984) H. 8, 52–64; (1984) H. 10, 48–58; (1984) H. 11, 14–19; (1985) H. 2, 44–50; (1985) H. 5, 56–64
2.115 Hammett, D.S.: Deep water drilling without anchors-dynamic stationing. 3rd. Ocean Development Conf. 2, B–5001 (1975) 553–575
2.116 Valenzuela, E.D.: Dynamic behavior and cost comparison of surface and nonsurface piercing deepwater production risers. OTC 5799 (1988) 481–488
2.117 Kure, G.; Lindaas, O.J.: Record-breaking air lifting operation on the Gullfaks C project. OTC 5775 (1988) 283–290
2.118 Bakonyi, A.; Altermann, J.A.: Drilling and handling systems on the „Zane Barnes". OTC 5626 (1988) 99–106
2.119 Allan, R.J.: Integrated Motion, Stability, and variable load design of the trendsetter class semisubmersible „Zane Barnes". OTC 5625 (1988) 87–97
2.120 Prescott, W.T.; Dildine, S.M.; Fluke, G.R.; Scott, S.A.: The deepwater Jolliet Field: The Evolution of a flexure-trend oil discovery. OTC 5698 (1988) 163–170
2.121 Oien, L.; Sandnes, J.: Deepwater North Sea development: Snorre Field concept. OTC 5830 (1988) 207–213
2.122 de Oliveira, J.; Fjeld, S.: Concrete hulls for tension leg platforms. OTC 5636 (1988) 179–188
2.123 Rasmussen, J.; Karlsson, P.: A new and cost-beneficial approach to TLP tethering. OTC 5722 (1988) 357–366
2.124 Jeannin, O.; Zhao, Z.Q.; Haythornthwaite, G.: Disconnectable mooring system for the first floating production, storage, and offloading unit in Bohai Bay, People's Republic of China. OTC 5750 (1988) 37–46
2.125 d'Hautefeiulle, B.B.; Schouten, M.J.W.; Taylor-Jones, D.J.: High-pressure gas swivel to enhance production from floating units. OTC 5748 (1988) 21–28
2.126 Bryans, R.A.: Conversion of the „Deepsea Pioneer". OTC 5692 (1988) 101–110
2.127 McGuire, L.V.; Kearns, J.: The operational aspects and reliability of floating production systems. OTC 5693 (1988) 111–120
2.128 Wilson, R.: A review of the development of the SWOPS subsea production system. OTC 5724 (1988) 373–380
2.129 Gautreaux, A.N.: An overview of Green Canyon Block 29 development. OTC 5843 (1988) 323–330
2.130 Breese, G.B.H.; Dove, P.G.S.; Hanna, S.G.: Deepwater moorings for the Green Canyon Block 29 development. OTC 5844 (1988) 331–342
2.131 Filson, J.J.; Henderson, A.D.; Edelblum, L.S.: Modification of the Penrod 72 for Green Canyon Block 29 development. OTC 5845 (1988) 343–351
2.132 Fisher, E.A.; Berner, P.C.: Non-integral production riser for Green Canyon Block 29 development. OTC 5846 (1988) 353–360
2.133 Teers, M.L.; Stroud, T.M.; Masciopinto, A.J.: Subsea template and trees for Green Canyon Block 29 development. OTC 5847 (1988) 361–369

2.134 Hesketh-Prichard, R.M.; Walsh, K.: Production and workover control systems for the Green Canyon Block 29 development. OTC 5848 (1988) 371–379
2.135 von Hoffman, V.: Floating production vessels: capital cost considerations. OTC 5804 (1988) 529–536

Literatur zu Kapitel 3

3.1 Korteweg, D.J.; de Vries, G.: On the change of form of long waves advancing in a rectangular channel, and on a new type of long stationary waves. Philos. Mag. 5th Ser. 39 (1895) 422–443
3.2 Ursell, F.: The long wave paradox in the theory of gravity waves. Proc. Cambridge Philos. Soc. 49 (1953) 685–694
3.3 Airy, G.B.: Tides and waves. Encycl. Metrop., Art. 192 (1845) 241–396
3.4 Dean, R.G.: Relative validities of water wave theories. J. Waterways, Harbors and Coastal Eng. Div. ASCE 96 (1970) 105–119
3.5 Kinsman, B.: Wind waves. Englewood Cliffs, N.J.: Prentice Hall 1965
3.6 Gaillard, D.D.: Wave action in relation to engineering structures. Fort Belvoir, Va.: Engineering School 1935
3.7 Miche, A.: Mouvements ondulatoires de la mer en profondeur constante de décroissante. Ann. Ponts et Chaussees (1944) 25–78, 131–164, 270–292, 369–406
3.8 Gerstner, F.J.: Theorien der Wellen. Abhandlungen der Königlichen Böhmischen Gesellschaft der Wissenschaften, Prag 1802 sowie Ann. Phys. 32 (1809) 412–440
3.9 Le Mehaute, B.: An introduction to hydrodynamics and water waves. New York, Heidelberg, Berlin: Springer 1976
3.10 Sarpkaya, T.; Isaacson, M.: Mechanics of wave forces on offshore structures. New York: Van Nostrand Reinhold 1981
3.11 Chakrabarti, S.K.: Hydrodynamics of offshore structures. Southampton, Berlin: Computational Mechanics Publications and Springer 1987
3.12 Longuet-Higgins, M.S.: Mass transport in water waves. Philos. Trans. R. Soc. 245 A. 903 (1953) 535–581
3.13 Russell, R.C.H.; Osorio, J.D.C.: An experimental investigation of drift profiles in a closed channel. Proc. 6th Coastal Eng. Conf., Miami 1958, p. 171–195
3.14 Shore protection manual. Dept. of the Army, Coastal Engineering Research Center, Washington 1984
3.15 Skejelbreia, L.; Hendrickson, J.A.: Fifth order gravity wave theory. Proc. 7th Coastal Eng. Conf. The Hague 1961, p. 184–196
3.16 Wheeler, J.D.: Method of calculating forces produced by irregular waves. J. Pet. Technol. (1970) 359–367
3.17 Chakrabarti, S.K.: Discussion on Dynamics of single point mooring in deep water. J. Waterways, Harbour and Coastal Eng. Div. ASCE 97 WW3 (1971) 588–590
3.18 Gudmestad, O.T.; Connor, J.J: Engineering approximations to nonlinear deepwater waves. Appl. Ocean Res. 8 (1986) 76–88
3.19 Schneekluth, H.: Hydromechanik zum Schiffsentwurf. Herford: Koehler 1977
3.20 Beckwith, H.; Skillman, M.: Assessment of the stability of floating platforms. Trans. North East Coast Eng. and Shipbuilding (1975) 143–158
3.21 Bauer, P.; Clauss, G.: Halbtauchersystem RS 35 – Entwicklungs- und Modellversuchsergebnisse. Meerestechnik 14 (1983) H. 2
3.22 Havig, K.M.: New Norwegian regulations for semi-submersible units. RINA – Int. Symp. Semi-Submersibles: The New Generations. London: R. Inst. Naval Architects 1983
3.23 Vorschriften für Konstruktion und Prüfung von meerestechnischen Einrichtungen. Hamburg: Germanischer Lloyd 1976
3.24 Rules of the design and Construction and inspection of offshore structures. Oslo: Det Norske Veritas 1977
3.25 Regulations for mobile drilling platforms with installation and equipment used for drilling of petroleum in Norwegian internal waters, in Norwegian territorial waters, and in part of

the continental shelf which is under Norwegian sovereignty. Norwegian Maritime Directorate 1973

3.26 Rules for the construction and classification of mobile offshore units. Lloyds Register of Shipping 1972

3.27 The offshore installations (construction and survey). London: Department of Energy 1974

3.28 Rules and regulations for the construction and classifications of offshore platforms. Paris: Bureau Veritas 1975

3.29 Rules for building and classing offshore mobile drilling units. New York: American Bureau of Shipping 1973

3.30 Rusaas, S.: The capsizing of Alexander L. Kielland. 2nd Int. Conf. Stability of Ships and Ocean Vehicles. Tokyo 1982, p. 3 – 17

3.31 Numata, E.; Michel, W.H.; McClure, A.C.: Assessment of stability requirements for semisubmersible units. SNAME Annual Meeting. New York 1976

3.32 Clauss, G.: Stability and dynamics of semisubmersible after accidental damage. OTC 4729 (1984) 159 – 166

3.33 Kuo, C.; Vassalos, D.; Lee, B.S.: Methods of dealing with the stability of semisubmersibles. RINA – Int. Symp. Semi-Submersibles: The New Generations. London: R. Inst. Naval Architects 1983

3.34 Van Oortmerssen, G.: Non-linear dynamic mooring problems. 2nd WEGEMT Graduate School „Advanced aspects of offshore engineering" Part I. Trondheim 1979

3.35 Wendel, K.: Hydrodynamische Massen und hydrodynamische Massenträgheitsmomente. Jahrb. Schiffbautech. Ges. 44. Berlin: Springer 1950, S. 207 – 255

3.36 Newman, J.N.: Marine hydrodynamics. Cambridge, Mass.: The MIT Press 1977

3.37 Flagg, C.N.; Newman, J.N.: Sway added-mass coefficients for rectangular profiles in shallow water. J. Ship Res. (1971) 257 – 265

3.38 Bai, K.J.: The added mass of two-dimensional cylinders heaving in water of finite depth. J. Fluid Mech. 81 (1977) 85 – 105

3.39 Morison, J.R.; O'Brian, M.P.; Johnson, J.W.; Schaaf, S.A.: The force exerted by surface waves on piles. Pet. Trans. AIME, T.P. 2846, 189 (1950) 149 – 157

3.40 Isaacson, M. de St. Q.: Nonlinear inertia forces on bodies. J. Waterways Port, Coastal and Ocean Division ASCE 105 (1979) 213 – 227

3.41 Chakrabarti, S.K.: Impact of analytical, model and field studies on the design of offshore structures. Int. Symp. Ocean Eng. Ship Handling. Gothenburg: Swedish Maritime Research Centre, SSPA 1980

3.42 Bretschneider, C.L.; Denis, M.St.: Wind and wave loads. In: Myers, J.J.; Holms, C.H.; McAllister, R.F. (Hrsg.): Handbook of Ocean and Underwater Engineering. New York: McGraw-Hill 1969, Chap. 2

3.43 Bea, R.G.; Lai, N.W.: Hydrodynamic loadings on offshore platforms, OTC 3064 (1978) 155 – 168

3.44 Hogben, N.; Standing, R.G.: Experience in computing wave loads on large bodies, OTC 2189 (1975) 413 – 431

3.45 Chakrabarti, S.K.; Tam, W.A.; Wolbert, A.L.: Wave forces on a randomly oriented tube, OTC 2190 (1975) 433 – 447

3.46 Östergaard, C.; Schellin, T.E.: Comparison of experimental and theoretical wave actions on floating compliant offshore structures. Appl. Ocean Res. 9 (1987) 192 – 213

3.47 Keulegan, G.H.; Carpenter, L.H.: Forces on cylinders in an oscillating fluid. J. Res. Nat. Bur. Stand. 60 (1958) 423 – 440

3.48 Sarpkaya, T.: A critical assessment of the methods of analysis of offshore structures after ten years of basic and applied research. Proc. Water Wave Res. Hannover (1985) 89 – 119

3.49 Sarpkaya, T.: Past progress and outstanding problems in time-dependent flows about ocean structures. Proc. Separated Flow around Marine Structures. Norwegian Institute of Technology 1985

3.50 Chakrabarti, S.K.; Cotter, D.C.; Libby, A.R.: Hydrodynamic coefficients of a harmonically oscillated tower. Appl. Ocean Res. 5 (1983) 226 – 233

3.51 Cotter, D.C.; Chakrabarti, S.S.: Wave force tests on vertical and inclined cylinders. J. Waterways, Port and Coastal Eng. 110 (1984) 1 – 14

3.52 Bearman, P.W.; Chaplin, J.R.; Graham, J.M.R.; Kostense, J.K.; Hall, P.F.; Klopman, G.: The loading on a cylinder in post-critical flow beneath periodic and random waves. Proc. Behaviour of Offshore Structures (1985) 213–225

3.53 Sparboom, U.: Über die Seegangsbelastung lotrechter zylindrischer Pfähle im Flachwasserbereich. Diss. Univ. Braunschweig 1987

3.54 Gaston, J.D.; Ohmart, R.D.: Effect of surface roughness on drag coefficients. Civ. Eng. Ocean IV, San Franzisco (1979) 611–621

3.55 ITTC: 17th Int. Towing Tank Conf., Rep. Ocean Engineering Committee. Göteborg 1984, p. 535–588

3.56 Östergaard, C.; Schellin, T.E.: On the treatment of viscous effects in the analysis of ocean platforms. Schiff und Hafen 4 (1977) 343–349

3.57 Oo, K.M.; Miller, N.S.: Semi-submersible design: The effect of differing geometries on heaving response and stability. London: R. Inst. Naval Architects 1976, p. 97–119

3.58 Schellin, R.E.; Koch, T.: Calculated dynamic response of an articulated tower in waves – comparison with model tests. J. Offshore Mech. Arctic. Eng. 109 (1987) 43–51

3.59 Vugts, J.H.: The hydrodynamic coefficients for swaying, heaving and rolling cylinders in a free surface. Int. Shipbuild. Prog. 15 (1968) 251–276

3.60 Sommerfeld, A.: Partielle Differentialgleichungen der Physik. Leipzig: Akademische Verlagsanstalt 1958, S. 179

3.61 Bronstein, I.N.; Semendjajew, K.A.: Taschenbuch der Mathematik. Leipzig: Teubner 1960

3.62 Havelock, T.H.: The pressure of water waves upon a fixed obstacle. Proc. R. Soc. 175 (1940) 409–421

3.63 MacCamy, R.C.; Fuchs, R.A.: Wave forces on piles: A diffraction theory. Technical Memorandum 69, Beach Erosion Board 1954

3.64 Flokstra, C.: Wave forces on a vertical cylinder in infinite waterdepth. Wageningen: Netherlands Ship Model Basin 107 (1969)

3.65 Hooft, J.P.: Hydrodynamic aspects of semi-submersible platforms. Wageningen: Netherlands Ship Model Basin 400 (1970)

3.66 Wehausen, J.V.; Laitone, E.V.: Surface waves. Handbuch der Physik 4. Berlin: Springer 1960

3.67 Faltinsen, O.M.; Michelsen, F.C.: Motions of large structures in waves at zero Froude number. Int. Symp. Dynamics of Marine Vehicles and Structures in Waves. London: Inst. Mech. Eng. 1975

3.68 Sükan, M.: Beitrag zur linearisierten Berechnung der Wellenwirkung auf feste und bewegliche Offshore-Konstruktionen beliebiger Größe und Form. Diss. TU Berlin (D83) 1980

3.69 Grim, O.: A method for a more precise computation of heaving and pitching motions both in smooth water and in waves. 3rd Symp. Naval Hydrodynamics. Scheveningen 1960, pp. 483–524

3.70 Grim, O.: Die Bewegungen und Belastungen des Schiffes im Seegang. Jahrb. Schiffbautech. Ges., Bd. 61. Berlin: Springer 1968, S. 2–13

3.71 Söding, H.: Eine Modifikation der Streifenmethode. Schiffstechnik 16 (1969) 15–18

3.72 Grim, O.; Schenzle, P.: Zur Vorhersage der Torsionsbelastung der lateralen Biegebelastung und der horizontalen Schubbelastung eines Schiffes im Seegang. Schiffstechnik 18 (1971) 63–71

3.73 Kudou, K.: The drifting force acting on a three-dimensional body in waves. JSNA Japan 141 (1977) 71–77

3.74 Maruo, H.: The drift of a body floating in waves. J. Ship Res. 4 (1960) 1–10

3.75 Clauss, G.F.; Bergmann, J.: Gaussian wave packets – a new approach to seakeeping tests of ocean structures, Appl. Ocean Res. 8 (1986) 190–206

3.76 Östergaard, C.; Schellin, T.E.; Sükan, M.: Hydrodynamische Berechnungen für kompakte Strukturen. Schiff und Hafen 1 (1979) 71–79

3.77 Blume, P.; Hattendorf, H.G.: Seegangsversuche mit dem Modell des SEAGAS-Halbtauchers. Hamburgische Schiffbauversuchsanstalt (HSVA), Hamburg 1978, S. 126–178

3.78 Faltinsen, O.M.; Michelsen, F.C.: Motions of large structures in waves at zero Froude number. Int. Symp. Dynamics of Marine Vehicles and Structures in Waves (1974) London: Inst. Mech. Eng. 1975

3.79 Newman, J.N.: The drift force and moment on ships in waves. J. Ship Res. (1967) 51–60
3.80 Ogilvie, T.: Second-order hydrodynamic effects on ocean platforms. Proc. Int. Workshop „Ship and Platform Motions". Berkeley: 1983, p. 205–265
3.81 Pinkster, J.A.: Low frequency phenomena associated with vessels moored at sea. SPR-AIME, European Spring Meeting, Paper No. 4837, Amsterdam 1974
3.82 Pinkster, J.A.: Low frequency second order wave forces on vessels moored at sea. 11th Symp. Naval Hydrodynamics, London: University College 1976
3.83 Pinkster, J.A.: Mean and low frequency wave drifting forces on floating structures. Ocean Eng. 6 (1979) 593–615
3.84 Pinkster, J.A.: Low frequency second order wave exciting forces on floating structures. Wageningen: Netherlands Ship Model Basin 650 (1981)
3.85 Salvesen, N.: Second-order steady-state forces and moments on surface ships in oblique regular waves. Symp. Dynamics of Marine Vehicles and Structures in Waves. London: 1974, p. 212–226
3.86 Schellin, T.E.; Clauss, G.F.: Zur Verankerung schwimmender Seebauwerke in ungeschützten Gewässern geringer Wassertiefe. Jahrb. Schiffbautech. Ges., Bd. 76. Berlin: Springer 1982, S. 533–566
3.87 Clauss, G.F.; Sükan, M.; Schellin, T.E.: Drift forces on compact offshore structures in regular and irregular waves. Appl. Ocean Res. 4 (1982) 208–218
3.88 Clauss, G.F.; Schellin, T.E.: Slow drift forces and motions on a barge-type structure comparing model tests with calculated results, OTC 4435 (1982)
3.89 Bowers, E.C.; Standing, R.G.: Environmental loading and response. Offshore Moorings. London: Telford 1982, pp. 1–26
3.90 Papanikolaou, A.; Zaraphonitis, G.: On an improved method for the evaluation of second-order motions and loads on 3D floating bodies in waves. Schiffstechnik 34 (1987) 170–211
3.91 Grim, O.: Rollschwingungen, Stabilität und Sicherheit im Seegang. Schiffstechnik 1 (1952) 10–21
3.92 Gudmestad, O.T.; Johnsen, I.M.; Skjelbreia, I.; Tørum, A.: Regular water wave kinematics, Behaviour of Offshore Structures BOSS '88, Trondheim 1988, p. 789–803
3.93 Bearman, P.W.: Wave loading experiments on circular cylinders at large scale, Behaviour of Offshore Structures, BOSS '88, Trondheim 1988, p. 471–487

Literatur zu Kapitel 4

4.1 Ritz, W.: Über eine neue Methode zur Lösung gewisser Variationsprobleme der mathematischen Physik. J. reine u. angewandte Math. 135 (1908) 1–61
4.2 Petersen, Ch.: Statik und Stabilität der Baukonstruktionen. Braunschweig: Vieweg 1980
4.3 Timoshenko, S.P.; Woinowsky-Krieger: Theory of plates and shells. New York: McGraw-Hill 1959
4.4 Timoshenko, S.P.; Goodier, J.N.: Theory of elasticity. New York: McGraw-Hill 1970
4.5 Girkmann, K.: Flächentragwerke. 3. Aufl. Wien: Springer 1954
4.6 Chen, W.F.; Atsuta, T.: Theory of beam-colums. Vol. 1.: In-plane behavior and design. New York: McGraw-Hill 1976
4.7 Hetenyi, M.: Beams of elastic foundation. Ann Arbor: University of Michigan Press 1971
4.8 Flügge, W.: Statik und Dynamik der Schalen. Berlin: Springer 1962
4.9 Kollar, L.; Dulacska, E.: Schalenbeulen. Düsseldorf: Werner 1975
4.10 Axelrad, E.: Schalentheorie. Stuttgart: Teubner 1983
4.11 Wolf, E.: Über eine Erweiterung des Begriffes der mittragenden Breite und Konsequenzen im Schiffbau. Schiffstechnik 29 (1982) 63–104
4.12 Schade, H.A.: The effective breadth concept in ship-structure design. Trans. SNAME 61 (1953) 410–430
4.13 Schmidt, H.; Peil, U.: Berechnung von Balken mit breiten Gurten. Berlin: Springer 1976
4.14 Petershagen, H.J.: Beiträge zur Behandlung von Sonderproblemen bei schiffstechnischen Biegeträgern. Jahrb. Schiffsbautech. Ges., Bd. 59. Berlin: Springer 1965

4.15 Filonenko-Boroditsch, M.M.: Festigkeitslehre. Bd. I und II. Berlin: VEB Verlag Technik 1954
4.16 Hampe, E.: Statik der rotationssymmetrischen Flächentragwerke. Bd. 1 bis 4. Berlin: VEB Verlag für Bauwesen 1966
4.17 Lehmann, E.: Festigkeit und Stabilität von dickwandigen Rohren. Jahrb. Schiffsbautech. Ges., Bd. 77. Berlin: Springer 1983
4.18 Pflügel, A.: Elementare Schalenstatik. Berlin: Springer 1960
4.19 Klöppel, K.; Lie, K.N.: Das hinreichende Kriterium für den Verzweigungspunkt des elastischen Gleichgewichtes. Stahlbau 16 (1943) 17–21
4.20 AISC Steel Construction Manual, Specification for the Design, Fabrication and Erection of Structural Steel for Buildings. American Institute of Steel Construction, 1970
4.21 Lehmann, E.: Berechnung schiffbaulicher und meerestechnischer Bauwerke nach der Spannungstheorie 2. Ordnung. Handbuch der Werften Bd. XVI und XVII Hamburg: Schiffahrtsverlag Hansa 1982 und 1984
4.22 Levy, S.: Buckling of rectangular plates with large deflections. NACA Report No. 737, 1942
4.23 Schultz, H.-G.: Über die effektive Breite druckbeanspruchter Schiffsplatten. Schiff und Hafen 16 (1964) 730–739
4.24 Schultz, H.-G.: Neue Ergebnisse der Schiffsfestigkeitsforschung. Jahrb. Schiffsbautech. Ges., Bd. 58. Berlin: Springer 1964
4.25 Den Hartog, J.P.; Mesmer, G.: Mechanische Schwingungen. Berlin: Springer 1952
4.26 Roik, K.: Vorlesungen über Stahlbau. Berlin: Ernst & Sohn 1983
4.27 Lehmann, E.: Analytische und halbanalytische Finite Elemente zur Konstruktionsberechnung schiffbaulicher Tragwerke. Jahrb. Schiffsbautech. Ges., Bd. 70. Berlin: Springer 1976
4.28 Bathe, K.-J.: Finite-Elemente-Methode. Berlin: Springer 1986
4.29 Zienkiewicz, O.C.: Methode der finiten Elemente. München: Hanser 1975
4.30 Argyris, J.: Die Methode der finiten Elemente der elementaren Strukturmechanik. Braunschweig: Vieweg 1986
4.31 Przemieniecki, J.S.: Theory of matrix structural analysis. New York: McGraw-Hill 1968
4.32 Lehmann, E.; Hung, Ch.: Das Aranea Element. Schiffstechnik 32 (1985) 84–96

Literatur zu Kapitel 5

5.1 Papoulis, A.: Probability, random variables, and stochastic processes. 2nd ed. New York: McGraw-Hill 1984
5.2 Crandall, S.H.; Mark, W.D.: Random vibration in mechanical systems. New York: Academic Press 1973
5.3 Newland, D.E.: Random vibrations and spectral analysis. London: Longman 1975
5.4 Lin, Y.K.: Probabilistic theory of structural dynamics. (Reprint). New York: Krieger 1976
5.5 Ross, S.M.: Introduction to probability models. New York: Academic Press 1980
5.6 Benjamin, J.R.; Cornell, C.A.: Probability, statistics, and decision for civil engineers. New York: McGraw-Hill 1970
5.7 Bracewell, R.N.: The Fourier transform and its application. 2nd ed. New York: McGraw-Hill 1978
5.8 Rice, S.O.: Mathematical analysis of random noise. Bell Syst. Tech. J. 23 (1944) 228–332; 25 (1944) 46–156
5.9 Cartwright, D.E.; Longuet-Higgins, M.S.: The statistical distribution of the maxima of a random function. Proc. R. Soc. A 237 (1956) 212–232
5.10 Bogdanoff, J.L.; Kozin. F.: Probabilistic models of cumulative damage. New York: Wiley 1985, p. 19–30
5.11 Pierson, W.J.; Neuman, G.; James, R.W.: Practical methods for observing and forcasting ocean waves. U.S. Navy Hydrographic Office Publ. No. 603 (1955) 23–25
5.12 Heinhold, J.; Gaede, K.W.: Ingenieur-Statistik. München: Oldenburg 1972, S. 156–164
5.13 Jiang, T.: Rationale Beschreibung des Seegangs in der Zeitebene. Hamburg: Germanischer Lloyd Bericht 1987

5.14 Flower, J.O.; Vijeh, N.: A note on ratio-of-polynomials curve-fitting of seaway spectra. J. Shipbuilding Prog. 30 (1983)

5.15 Flower, J.O.; Vijeh, N.: Further consideration of the ratio-of-polynomial form-fit of seawave spectra. J. Shipbuilding Prog. 32 (1985) 2–5

5.16 Schmiechen, M.: On state space models and their application to hydrodynamic systems. Univ. of Tokyo, Naut. Rep. 5002 (1973)

5.17 Abramowitz, M.; Stegun, I.A.: Handbook of mathematical functions. New York: Dover 1970, p. 295–329

5.18 Phillips, O.M.: The equilibrium range in the spectrum of wind-generated waves. J. Fluid Mech. 4 (1958) 426–434

5.19 Pierson, W.J.; Moskowitz, L.: A proposed spectral form for fully developed wind seas based on the similarity theory of S. A. Kitaigorodskii. J. Geophys. Res. 69 (1964) 5 181–5 190

5.20 Hasselmann et (15) al.: Measurements of wind-wave growth and swell decay during the joint northsea wave project (JONSWAP). Deutsches Hydrographisches Institut, Reihe A(8°) (1973) Nr. 12

5.21 Söding, H.: Lastannahmen bei der direkten Dimensionierung. 22. Fortbildungskurs, Inst. f. Schiffbau, Univ. Hamburg 1986

5.22 Wiegel, R.L. (Ed.): Directional wave spectra applications. New York: ASCE 1981

5.23 Guedes Soares, C.: Assessment of the uncertainty in visual observations of wave height. Ocean Eng. 13 (1986) 37–56

5.24 Hoffman, D.; Lewis, E.V.: Analysis and interpretation of full scale data on midship bending stresses of dry cargo ships. Ship Struct. Comm. Rep. SSC–196 (1969)

5.25 Longuett-Higgins, M.S.: On the joint distribution of wave periods and amplitudes in a random wave field. Proc. R. Soc. London A 389 (1983) 241–258

5.26 Östergaard, C.: Written discussion of committee I.1-Rep. Int. Ship Struct. Cong. 1 (1985) 171–174

5.27 Bretschneider, C.L.: On the determination of the design ocean wave spectrum. Look Lab/Hawaii 7 (1977)

5.28 Rathlev, J. et al.: Darstellung kennzeichnender Werte für FPN-Seegangsdaten. Datenbänder IAP, Univ. Kiel 1986

5.29 Koch, T.; Östergaard, C.: Seegangsprozesse FPN. Hamburg: Germanischer Lloyd-Bericht STB–1370, 1987

5.30 Hogben, N.; Dacunha, N.M.; Olliver, G.F. (primary contributors): Global wave statistics. Brit. Maritime Technol. (1986)

5.31 Yoshifumi, T.; Tsugio, M.; Shigeo, O.: Winds and waves of the north pacific ocean; 1964–1973. Ship Res. Inst. Tokyo (1980)

5.32 Schiffsregister der UdSSR: The winds and waves at oceans and seas. Leningrad: Izdatelstwo „Transport" 1974

5.33 Secretary of the Navy: Oceanographic atlas of the north atlantic ocean. Sec. IV Sea and Swell. U.S. Naval Oceanographic Office Reprint (1970)

5.34 Nordenström, N.: A method of predict long term distributions of waves and wave induced motions and loads on ships and other floating structures. Det Norske Veritas 31 (1973)

5.35 Dept. of Energy: Waves recorded at ocean weather station Lima; Dec. 1975 – Nov. 1981. Inst. Oceanogr. Sc. Taunton OTH 84204 (1985)

5.36 Spanos, P.D. (Ed.): Probabilistic Offshore mechanics. Southampton: CML Publ. 1985

5.37 Haver, S.; Moan T.: On some uncertainties related to the short term stochastic modelling of ocean waves. In: [5.36], p. 1–16

5.38 Spidsoe, N.; Karunakaran, D.: Statistical and directional properties of measured ocean waves. Offshore Technol. Conf. OTC 5414 (1987) 469–480

5.39 Van der Hoven, I.: Power spectrum of horizontal wind speed in the frequency range from 0,0007 to 900 cycles per hour. J. Meteorol. 14 (1957)

5.40 Harris, R.I.: The nature of the wind. Mod. Des. Wind Sensitive Struct. CIRIA 1971, p. 29–55

5.41 Harris, R.I.: On the spectrum and autocorrelation function of gustiness in high winds. E.R.A. Report 5273 (1968)

5.42 Dept. of Energy Offshore Installations Guidance Notes. Part II, Sect. 2 (1984), as well as Proposed Revisions of Part II, Sect. 2, (1987). London: H.M.S.O.

5.43 Rackwitz, R. (Coordinator) et (8) al.: Wind velocities in western Europe. First order reliability concepts for design codes, basic notes on actions. A–07. Bull. D'Information No. 112, Joint Committee CEB/CECM/CIB/FIP/IABSE on Structural Safety (1976), A–00.6
5.44 Davenport, A.G.: The spectrum of horizontal gustiness near the ground in high winds. Q. J. R. Soc. 87 (1961) 194–211
5.45 Kaimal, J.C.; Wyngaard, J.C.; Izumi, Y.; Cote, O.R.: Spectral characteristics of surface layer turbulence. Q. J. R. Met. Soc. 98 (1972) 563–589
5.46 Atlas der Gezeitenströme für die Nordsee, den Kanal und die Britischen Gewässer. Hamburg: Deutsches Hydrographisches Inst. 1963
5.47 Jenkins, A.D.: A dynamically consistant model for simulating near surface ocean currents in the presence of waves. Modelling the offshore environment. Proc. Soc. Underwater Technol., London 1987
5.48 Hunag, N.E.; Davidson, T.C.; Tung, C.C.; Smith, J.: Steady non-uniform currents and gravity waves with applications for current measurements. J. Phys. Oceanography 2 (1972) 421–431
5.49 Deigaard, R.; Jacobson, V.; Bryndum, M.B.: A critical review of near bottom boundary layer models with special attention to stability of marine pipelines. Proc. 4th Int. OMAE Symp. 1. New York: ASME 1985, p. 542–549
5.50 Eastwood, J.W.; Townend, I.H.; Watson, C.J.H.: The modelling of wave current velocity profiles in the offshore design process. Modelling the offshore environment. Proc. Soc. Underwater Technol., London 1987
5.51 Kamenkovich, V.M.: Fundamentals of ocean dynamics. Oceanographic Series, Vol. 16. Amsterdam: Elsevier 1977
5.52 Francis, P.E.: The north European storm study (NESS). Modelling the offshore environment. Proc. Soc. Underwater Technol., London 1987
5.53 Committee V1: Reports. Proc. 1 to 10, Int. Ship Struct. Cong. (ISSC) (1958, 1961, ..., 1988)
5.54 Shore protection manual. Vol. I. Washington D.C.: Dept. of the Army, Coastal Eng. Res. Center, US Government Printing Office 1984, 3–42 to 3–66

Literatur zu Kapitel 6

6.1 Clauss, G.F.; Bauer, P.: Dynamic stability and operational characteristics of the RS–35 drilling and production system. Schiff Hafen/Kommandobrücke No. 11 (1983) 61–66
6.2 Grim, O.: „Sea Troll" Grenzarbeitsbedingungen eines Kranschiffes im Seegang. Inst. Schiffbau Ber. Nr. 355, 1977
6.3 Schellin, T.E.: Motions and mooring study of a 3 500 t crane vessel. Germanischer Lloyd Ber. STB–1261, 1985
6.4 Scharrer, M.; Schellin, T.E.: Pipe laying barge, motions and accellerations in waves. Germanischer Lloyd Ber. STB–1480, 1986
6.5 Östergaard, C.; Payer, H.: Rationale Beurteilung der Festigkeit von Halbtauchern. Jahrb. Schiffbautech. Ges. 76 (1973) 141–159
6.6 Tagaki, M.; Arai, S.-I.: A comparison of methods for calculating the motion of a semi-submersible. Tech. Res. Inst. Rep., Hitachi Zosen Corp. 1984
6.7 Östergaard, C.; Schellin, T.E.: Comparison of experimental and theoretical wave actions on floating and compliant offshore structures. Appl. Ocean Res. 9 (1987) 192–213
6.8 Ogilvie, T.F.: Second order hydrodynamic effects on ocean plattforms. Proc. Int. Workshop on Ship and Ocean Plattform Motion, Berkeley 1983, p. 205–265
6.9 Maruo, H.: The drift of a body floating in waves. J. Ship Res. 4 (1960) 1–10
6.10 Newman, J.N.: Second order slowly varying forces on vessels in irregular waves. Proc. Int. Symp. Dynamics of Marine Vehicles and Structures in Waves. Univ. College London 1974, p. 182–186
6.11 Schellin, T.E.; Scharrer, M.; Mathies, G.: Analysis of vessels moored in shallow, unprotected waters. Offshore Technol. Conf., OTC 4243 (1982) 161–176

6.12 Bracewell, R.N.: The Fourier Transform and its application. 2nd ed. New York: McGraw-Hill 1978

6.13 Papoulis, A.: Probability, random variables, and stochastic processes. 2nd ed. New York: McGraw-Hill 1984

6.14 Pinkster, J.A.: Low frequency phenomena associated with vessels moored at sea. Soc. Petrol. Eng. 4837 (1974)

6.15 Schellin, T.E.; Scharrer, M.: Auslegungsprinzipien für Ankersysteme. Hansa 118 (1981) 432–438

6.16 Clauss, G.F.; Schellin, T.E.: Slow drift forces and motions on a barge type structure comparing model tests with calculated results. Offshore Technol. Conf., OTC 4435 (1982) 677–692

6.17 Guedes Soares, C.; Moan, T.: On the uncertainties related to the extreme hydrodynamic loading of a cylindrical pile. Reliability theory and its application in structural & soil mechanics. The Hague: Martinus Nijhoff 1987, p. 351–364

6.18 Borgman, L.E.: Spectral analysis of ocean wave forces on piling. J. Waterways Harbors Div., Proc. ASCE (1967) 129–156

6.19 Madsen, H.O.; Krenk, S.; Lind, N.C.: Methods of structural safety. New Jersey: Prentice Hall 1986

6.20 Hallam, M.G.; Heaf, N.J.; Wootton, L.R.: Dynamics of marine-structures – methods of calculating the dynamic response of fixed structures subject to wave and current action. London: Constr. Ind. Res. Inf. Ass. CIRIA/UEG 1978, p. 66

6.21 Malhotra, A.K.; Penzien, J.: Response of offshore structures to random wave forces. J. Struct. Div., Proc. ASCE (1970) 2155–2173

6.22 Karadeniz, H.: Spectral analysis and stochastic fatigue reliability calculation of offshore steel structures. Offshore Struct. Anal. Rep., Delft Univ. of Techn., Dept. C.E. 1983

6.23 Hutchison, B.: Risk and operability analysis in the marine environment. Proc. Soc. Nav. Arch. Mar. Eng. 3 (1981) 127–149

6.24 Östergaard, C.; Schellin, T.E.: The use of risk analysis to evaluate the seaworthiness of offshore structures. Proc. Brasil Offshore (1979). 1st Reprint: Appl. Ocean Res. 2 (1980) 113–117; 2nd Reprint: Probabilistic Offshore Mechanics Southampton: CML Publ. 1985, p. 92–96

6.25 Östergaard, C.; Schellin, T.E.: On safety of offshore structures in the sea. ASCE Proc. Civ. Eng. in the Ocean IV, 2 (1979) 918–931

6.26 Östergaard, C.; Schellin, T.E.: An approach to assess the seaworthiness of offshore structures using risk analysis. Schiff Hafen 12 (1979) 1 070–1 074

6.27 Östergaard, C.; Schellin, T.E.: Berechnung der Seegangseigenschaften des schwimmenden LNG-Verflüssigungs- und Lagersystems SEAGAS. Germanischer Lloyd Ber. STB 564, 1978

6.28 Östergaard, C.; Schellin, T.E.; Sükan, M.: Zur Sicherheit von Seebauwerken – Hydrodynamische Berechnungen für kompakte Strukturen. Schiff Hafen 1 (1979) 71–76

6.29 Pflugbeil, C.; Schäfer, P.; Walden, H.: Wave observations by ship-borne German weather stations in the North Sea 1957 to 1966. Deutscher Wetterdienst No. 75 (1971)

6.30 Hogben, N.; Lumb, F.E.: Ocean wave statistics. Nat. Phys. Lab., H.M.S.O. 1976

6.31 Miner, M.A.: Cumulative damage in fatigue. ASME J. Appl. Mech. 12 (1945) A159–A164

6.32 Paris, P.C.; Erdogan, F.: A critical analysis of crack propagation laws. ASME J. Basic Eng. 85 (1963) 528–534

6.33 Paris, P.C.; Sih, G.C.: Stress analysis of cracks. Fracture toughness testing and its applications. ASTM STP 381 (1965) 30–82

6.34 Gupta, A.; Singh, R.P.: Fatigue behaviour of offshore structures. Berlin: Springer 1986

6.35 Crandall, S.H.; Mark, W.D.; Khabbaz, G.R.: The variance in Palmgren-Miner damage due to random vibration. Proc. 4th U.S. Nt. Congr. Appl. Mech. 1962, p. 119–126

6.36 Bogdanoff, J.L.; Kozin. F.: Probabilistic models of cumulative damage. New York: Wiley 1985

6.37 Marshall, P.W.: Tubular joint design. Planning and design of fixed offshore platforms. New York: Van Norstrand Reinhold 1986, Chap. 18

6.38 Marshall, P.W.: Steel selection for fracture control. Planning and design of fixed offshore platforms. New York: Van Norstrand Reinhold 1986, Chap. 19

6.39 Nolte K.G.; Hansford, J.E.: Closed-form expressions for determining the fatigue damage of structures due to ocean waves. Offshore Technol. Conf., OTC 2606 (1976) 861–872
6.40 Department of Energy: Guidance on the design and construction of offshore installations. Part II, Sect. 4, 1974/77
6.41 Luyties, W.H.; Geyer, J.F.: The development of allowable fatigue stresses in API RP2A. Offshore Technol. Conf., OTC 5555 (1987) 47–57
6.42 Wirsching, P.H.; Shehata, A.M.: Fatigue under wide band random stresses using the rainflow method. ASME J. Eng. Mat. Techn. (1977) 2340–2356
6.43 Kan, D.K.Y.; Petrouskas, C.: Hybrid time-frequency domain fatigue analysis for deep water platforms. Offshore Technol. Conf., OTC 3965 (1981) 127–143
6.44 Ditlevsen, O.: Uncertainty modelling. New York: McGraw-Hill 1981
6.45 Schuëller, G.I.: Einführung in die Sicherheit und Zuverlässigkeit von Tragwerken. München: Ernst & Sohn 1981
6.46 Thoft-Christensen, P.; Baker, M.J.: Structural reliability theory and its applications. New York: Springer 1982
6.47 Augusti, G.; Baratta, A.; Casciati, F.: Probabilistic methods in structural engineering. London: Chapman & Hall 1984
6.48 Östergaard, C.: Zuverlässigkeit von Konstruktionen. In: Handbuch der Werften, Bd. XVI und XVII. Hamburg: Hansa Teil I (1982) und Teil II (1984)
6.49 Ang, A.H.-S.; Tang, W.H.: Probability concepts in engineering planning and design. New York: Wiley Vol. I (1975), Vol. II (1984)
6.50 Thoft-Christensen, P.; Murotsu, Y.: Application of structural systems reliability theory. New York: Springer 1986
6.51 Rackwitz, R.: Analytische Verfahren 4 (Baukonstruktionen). In: Peters, O.H.; Meyna, A. (Hrsg.): Handbuch der Sicherheitstechnik 1. München: Hanser 1985
6.52 Kersken-Bradley, M.; Diamantidis, D.: Sicherheit von Baukonstruktionen. In: Peters, O.H.; Meyna, A. (Hrsg.): Handbuch der Sicherheitstechnik 1. München: Hanser 1985
6.53 Fießler, B.: Das Programmsystem FORM zur Berechnung der Versagenswahrscheinlichkeit von Komponenten von Tragsystemen. Ber. zur Zuverlässigkeitstheorie der Bauwerke 43. München: Laboratorium für den konstruktiven Ingenieurbau 1979
6.54 Parkinson, D.B.: Computer solution for the reliability index. Eng. Struct. 2 (1980) 57–62
6.55 Rackwitz, R.; Fiessler, B.: Structural reliability under combined random load sequences. Computers and Structures 9 (1978) 489–494
6.56 Hohenbichler, M.; Rackwitz, R.: Non-normal dependent vectors in structural safety. J. Eng. Mech. Div., ASCE 107 (EM6) (1981) 1227–1238
6.57 Chen, Y.: On the reliability analysis of structural systems. Inst. Mechanik Univ. Innsbruck, Internal Working Rep. 1 (1986)
6.58 Frangopol, D.M.; Nakib, R.: Accuracy of methods for structural system reliability evaluation. Eng. Comp. 4 (1987) 90–103
6.59 Stahl, B.; Geyer, J.F.: Ultimate strength reliability of tension leg platform tendon systems. Offshore Technol. Conf., OTC 4857 (1985) 151–160
6.60 Watwood, V.B.: Mechanism generation for limit state analysis of frames. J. Struct. Div., ASCE 1090, ST1 (1979) 1–15
6.61 Murotsu, Y.: Combinatorial properties of identifying dominant failure paths in structural systems. Bull. Univ. Osaka Pref., Ser. A, 32 (1983) 107–116
6.62 Ditlevsen, O.: Generalized second moment reliability index. J. Struct. Mech. 7 (1979) 435–451
6.63 Östergaard, C.: Anwendung der Zuverlässigkeitstechnik auf tragenden Konstruktionen. 22. Fortbildungskurs, Inst. Schiffbau Univ. Hamburg 1986
6.64 Koch, T.; Östergaard, C.: Methodik und Bestimmung dominanter Versagensformen der Rahmenkonstruktion von Großtankern bei Strandung auf annähernd ebenem Meeresboden. Germanischer Lloyd Ber. (1985)
6.65 Guenard, Y.F.: Application of system reliability analysis to offshore structures. PhD Thesis, The J. Blume Earthq. Eng. Center, Stanford Univ. Rep. No. 71 (1984)
6.66 Zuverlässigkeit der Bauwerke. Abschlußkolloquium SFB 96. Berichte zur Zuverlässigkeitstheorie der Bauwerke 81. München: Laboratorium für den konstruktiven Ingenieurbau 1986

6.67 Guers, F.; Rackwitz, R.: On the calculation of upcrossing rates for narrow-band Gaussian processes related to structural fatigue. Berichte zur Zuverlässigkeitstheorie der Bauwerke 79. München: Laboratorium für den konstruktiven Ingenieurbau 1986

6.68 Guers, F.; Rackwitz, R.: Time-variant reliability of structural systems subject to fatigue. Proc. ICASP (1987) 497–505

6.69 Fujita, M.; Schall, G.; Rackwitz, R.: Time variant component reliabilities by FORM-SORM and updating by importance sampling. Rel. & Risk Analysis in Civil Eng. 1, Ed. Lind, N.C., Inst. Risk Res. Univ. of Waterloo (1987) 520–527

6.70 Wirsching, P.H.: Fatigue reliability for offshore structures. Journ. struct. engineering 110 (1984) 2340–2356

6.71 Veneziano, D.; Grigoriu, M.; Cornell, C.A.: Vector-process models for system reliability. Journ. eng. mech. div., ASCE 103(EM3) (1977) 441–460

6.72 Breitung, K.; Rackwitz, R.: Nonlinear combination of load processes. Journ. struct. mech., 10 (1982) 145–166

Literatur zu Kapitel 7

7.1 Schönfeld, H.: Fertigung und Stahlwerkstoffe. Handbuch der Werften. Hamburg: Hansa 1980

7.2 Carlsen, C.A.: Collapse of stiffened panels in compression. Det norske Veritas 79–306 (1976)

7.3 Carlsen, C.A.: Simplified collapse analysis of stiffened plates. Norwegian Maritime Res. 4 (1977) 20–36

7.4 Faulkner, D.: Design against collapse for marine structures. Int. Symp. Adv. Marine Techn., Trondheim 1979

7.5 Europ. Rec. Steel Constr., 4.6: Buckling of Shells. New York: The Constr. Press 1981

7.6 Rules for the construction and inspection of offshore structures. Oslo: Det norske Veritas 1977

7.7 Recommended practice for planning, designing and constructing fixed offshore platforms. RP2A. Washington: Am. Petr. Inst. 1987

7.8 Boiler and Pressure Vessel Code, Case N 284 Sect. III, Div. 1 Class MC. Washington: ASME 1987

7.9 Bornscheuer B.-F.: Einheitliches Bemessungskonzept für gedrückte Schalen, Platten und Stäbe aus Baustahl. Stuttgart: Forschungsberichte Inst. für Tragkonstr. und Entwerfen 1984

7.10 Stracke, M.: Stabilität kurzer stählerner Kreiszylinderschalen unter Außendruck. Dtsch. Verb. für Schweißtechnik, Forschungsberichte 12 (1987)

7.11 Buckling of offshore structures. Dept. of Energy Report 0T/0/8312 (1983)

7.12 UEG Offshore Res.: Design of tubular joints for offshore structures. Norwich: Page Bros. Ltd. 1985

7.13 Proc. Int. Conf. on Fatigue and Crack Growth in Offshore Structures. London 1986

7.14 Int. Conf. on Welding in Offshore Constructions. Newcastle: Welding Inst. 1974

7.15 Bainbridge, C.A.: Fatigue analysis offshore structures. Trans. Inst. Marine Eng. London: Marine Management Ltd. 1986

7.16 Dept. of Energy: Background to new fatigue Design. Guidance for steel welded joints in offshore structures. Rev. Guidance Notes Drafting Panel. London: HMSO 1984

7.17 Vorschriften für Konstruktion und Prüfung von Meerestechnischen Einrichtungen. Band 1 – Meerestechnische Einheiten – (Seebauwerke). Hamburg: Germanischer Lloyd 1976

7.18 Rules for the design, construction and inspection of offshore structures. Oslo: Det norske Veritas 1981

7.19 Komission der Europäischen Gemeinschaft: Eurocode 4. Gemeinsame einheitliche Regeln für Verbundkonstruktionen aus Stahl und Beton. Bericht EUR 9886 DE (1985)

7.20 Mansour, A.E.; Ian, H.Y.; Zigelman, C.I.; Chen, Y.N.; Harding, S.J.: Implementation of reliability methods to marine structures. Proc. SNAME (1985) 353–377

7.21 Östergaard, C.: Neuere Sicherheitsformate für Vorschriften, die sich an der Zuverlässigkeitstechnik orientieren. 22. Fortbildungskurs, Inst. Schiffbau Univ. Hamburg 1986
7.22 Rackwitz, R.: Implementation of probabilistic safety concepts in design and organizational codes. In: Moan, T.E.; Shinozuka, M. (Ed.): Structural safety and reliability. Amsterdam: Elsevier 1981, p. 593–614
7.23 NaBau: Grundlagen zur Festlegung von Sicherheitsanforderungen für bauliche Anlagen. Dtsch. Inst. für Normung (DIN). Berlin: Beuth 1981
7.24 Int. Organization for Standardization (ISO): General principles on reliability for structures. ISO Draft ISO/DIS 2394 (1984)
7.25 Ravindra, M.K.; Galambos, T.V.: Load and resistance factor design for steel. J. Struct. Div. ASCE 104, ST9 (1978) 1 337–1 353
7.26 Yura, J.A.; Galambos, T.V.; Ravindra, M.K.: The bending resistance of steel beams. J. Struct. Div. ASCE 104, ST9 (1978) 1 355–1 370
7.27 Borges, J.F.; Castanheta, M.: Structural safety. 2nd. ed. Lisbon: Nat. Civil Eng. Lab. 1971
7.28 Turkstra, C.J.; Madsen, H.O.: Load combinations in codified structural design. J. Struct. Div. ASCE 106 ST12 (1980) 2 527–2 543
7.29 Hart, D.K.; Rutherford, S.E.; Wickham, A.H.S.: Structural reliability analysis of stiffened panels. R. Inst. Naval Arch. 1985, p. 293–302
7.30 Comité Euro-International du Beton (CEB): CEB/FIP Modellrichtlinie für Tragwerke aus Stahlbeton. Paris: CEB 1978
7.31 Joint Committee of Structural Safety (JCSS): General principles on quality assurance for structures. Ber. der Arbeitskommissionen, Bd. 35 IABSE–AIPC–IVBH (1981)

Literatur zu Anhang A1

A1 Hahn, G.J.; Shapiro, S.S.: Statistical models in engineering. New York: Wileys 1967
A2 Ditlevsen, O.: Uncertainty modeling. New York: McGraw-Hill 1981

Sachverzeichnis

Springer

Müller/Krauß

Handbuch für die Schiffsführung

Fortgeführt von M. Berger, W. Helmers, K. Terheyden, G. Zickwolff, F. van Dieken
9., neubearbeitete und erweiterte Auflage.

Band 2

Schiffahrtsrecht und Manövrieren

Teil A: Schiffahrtsrecht 1, Manövrieren

W. Helmers, F. van Dieken (Hrsg.)

Unter Mitarbeit von R. Amersdorffer, J. Froese, W. Huth, H.-J. Röper, H. Weber

1988. 92 Abbildungen. 240 Seiten. Gebunden DM 138,–.
ISBN 3-540-17939-9

Inhaltsübersicht: Zur Seestraßenordnung. – Wichtiges aus der Seeschiffahrtstraßenordnung (SeeSchStrO). – Umweltschutzrecht. – Sicherung der Seefahrt. – Völkerrechtliche Einteilung der Gewässer, die Hohe See und staatliche Hoheitsgewalt. – Untersuchung von Seeunfällen. – Manövrieren. – Wirkungsweise der Manövriereinrichtungen. – Wichtige Manövriereigenschaften. – Manöver in verschiedenen Situationen. – Handhabung des Schiffes in schwerem Wetter. – Sachverzeichnis.

Teil B: Schiffahrtsrecht II

W. Helmers, F. van Dieken, (Hrsg.)

Unter Mitarbeit von H.-D. Lübbers

1988. XIV, 230 Seiten. Gebunden DM 118,–.
ISBN 3-540-17973-9

Inhaltsübersicht: Besatzungsangelegenheiten. – Bestimmungen über die Beförderung von Reisenden und ihrem Gepäck auf See. – Seetagebücher. – Papiere aller Art, Gesetze und Bücher. – Zollvorschriften. – Behörden, Gerichte, Organisationen. – Verklarung und Seeprotest. – Seefrachtgeschäft. – Havarie. – Schiffsrat. – Zusammenstoß. – Bergung und Hilfeleistung. – Schiffsgläubigerrechte, Verjährung und Sicherung von Forderungen. – Haftungsbeschränkung für Seeforderungen im In- und Ausland. – Seeversicherungen. – Schleppbedingungen. – Werftbedingungen (Dock- und Reparaturbedingungen). – Geschäftliche Angelegenheiten. – Gebräuchliche Abkürzungen. – Sachverzeichnis.

Springer-Verlag
Berlin Heidelberg New York
London Paris Tokyo